中国近海底栖动物多样性丛书

丛书主编　王春生

东海底栖动物常见种形态分类图谱

上册

寿　鹿　主编

科学出版社

北　京

内容简介

本书作者在团队研究成果的基础上,根据历年来搜集的东海海域常见的底栖动物标本,收录并整理鉴定了东海常见底栖动物共13门229科522种,在详细描述了各物种的标本采集地、形态特征、生态习性和地理分布等鉴定资料基础上,同时附有每个物种的图片及参考文献。

本书对于我国东海海域底栖动物的鉴定及分类工作具有指导作用,可供从事海洋学研究、海洋底栖动物研究、环境保护等专业的教学人员和研究人员使用。

图书在版编目(CIP)数据

东海底栖动物常见种形态分类图谱:全2册 / 寿鹿主编. — 北京:科学出版社,2024.3
(中国近海底栖动物多样性丛书 / 王春生主编)
ISBN 978-7-03-073731-1

Ⅰ. ①东… Ⅱ. ①寿… Ⅲ. ①东海-底栖动物-动物形态学-分类-图谱 Ⅳ. ①Q958.8-64

中国版本图书馆CIP数据核字(2022)第206010号

责任编辑:李 悦 田明霞 / 责任校对:郑金红 / 责任印制:肖 兴
封面设计:刘新新 / 装帧设计:北京美光设计制版有限公司

科学出版社 出版
北京东黄城根北街16号
邮政编码:100717
http://www.sciencep.com
北京华联印刷有限公司 印刷
科学出版社发行 各地新华书店经销

*

2024年3月第 一 版 开本:787×1092 1/16
2024年3月第一次印刷 印张:60 3/4
字数:1 440 000

定价(上、下册):988.00元
(如有印装质量问题,我社负责调换)

"中国近海底栖动物多样性丛书"
编辑委员会

丛书主编　　王春生

丛书副主编（以姓氏笔画为序）

　　　　　　　王建军　寿　鹿　李新正　张东声　张学雷　周　红
　　　　　　　蔡立哲

编　　　委（以姓氏笔画为序）

　　　　　　　王小谷　王宗兴　王建军　王春生　王跃云　甘志彬
　　　　　　　史本泽　刘　坤　刘材材　刘清河　汤雁滨　许　鹏
　　　　　　　孙　栋　孙世春　寿　鹿　李　阳　李新正　邱建文
　　　　　　　沈程程　宋希坤　张东声　张学雷　张睿妍　林施泉
　　　　　　　周　红　周亚东　倪　智　徐勤增　郭玉清　黄　勇
　　　　　　　黄雅琴　龚　琳　鹿　博　葛美玲　蒋　维　傅素晶
　　　　　　　曾晓起　温若冰　蔡立哲　廖一波　翟红昌

审稿专家　　张志南　蔡如星　林　茂　徐奎栋　江锦祥　刘镇盛
　　　　　　　张敬怀　肖　宁　郑凤武　李荣冠　陈　宏　张均龙

《东海底栖动物常见种形态分类图谱》（上、下册）编辑委员会

主　　编　寿　鹿

副 主 编（以姓氏笔画为序）

　　　　　王建军　汤雁滨　张学雷　周　红

编　　委（以姓氏笔画为序）

　　　　　王宗兴　王建军　王春生　叶文建　史本泽　刘　坤
　　　　　刘材材　刘清河　汤雁滨　孙世春　寿　鹿　李　阳
　　　　　何鎏臻　宋希坤　张东声　张均龙　张学雷　陈　健
　　　　　周　红　赵盛龙　徐勤增　郭玉清　黄雅琴　龚　琳
　　　　　葛美玲　曾晓起　廖一波　翟红昌

丛书序

海洋底栖动物是海洋生物中种类最多、生态学关系最复杂的生态类群，包括大多数的海洋动物门类，在已有记录的海洋动物种类中，60%以上是底栖动物。它们大多生活在有氧和有机质丰富的沉积物表层，是组成海洋食物网的重要环节。底栖动物对海底的生物扰动作用在沉积物－水界面生物地球化学过程研究中具有十分重要的科学意义。

海洋底栖动物区域性强，迁移能力弱，且可通过生物富集或生物降解等作用调节体内的污染物浓度，有些种类对污染物反应极为敏感，而有些种类则对污染物具有很强的耐受能力。因此，海洋底栖动物在海洋污染监测等方面具有良好的指示作用，是海洋环境监测和生态系统健康评估体系的重要指标。

海洋底栖动物与人类的关系也十分密切，一些底栖动物是重要的水产资源，经济价值高；有些种类又是医药和多种工业原料的宝贵资源；有些种类能促进污染物降解与转化，发挥环境修复作用；还有一些污损生物破坏水下设施，严重危害港务建设、交通航运等。因此，海洋底栖动物在海洋科学研究、环境监测与保护、保障海洋经济和社会发展中具有重要的地位与作用。

但目前对我国海洋底栖动物的研究步伐远跟不上我国社会经济的发展速度。尤其是近些年来，从事分类研究的老专家陆续退休或离世，生物分类研究队伍不断萎缩，人才青黄不接，严重影响了海洋底栖动物物种的准确鉴定。另外，缺乏规范的分类体系，无系统的底栖动物形态鉴定图谱和检索表等分类工具书，也造成种类鉴定不准确，甚至混乱。

在海洋公益性行业科研专项"我国近海常见底栖动物分类鉴定与信息提取及应用研究"的资助下，结合形态分类和分子生物学最新研究成果，我们组织专家开展了我国近海常见底栖动物分类体系研究，并采用新鲜样品进行图像等信息的采集，编制完成了"中国近海底栖动物多样性丛书"，共10册，其中《中国近海底栖动物分类体系》1册包含18个动物门771个科；《中国近海底栖动物常见种名录》1册共收录了18个动物门4585个种；渤海、黄海（上、下册）、东海（上、下册）和南海（上、中、下册）形态分类图谱分别包含了12门151科260种、13门219科484种、13门229科522种和13门282科680种。

在本丛书编写过程中，得到了项目咨询专家中国海洋大学张志南教授、浙江大学蔡如星教授和自然资源部第三海洋研究所林茂研究员的指导。中国科学院海洋研究所徐奎栋研究员、肖宁博士和张均龙博士，自然资源部第二海洋研究所刘镇盛研究员，自然资源部第三海洋研究所江锦祥研究员、郑凤武研究员和李荣冠研究员，自然资源部南海局张敬怀研究员，海南南海热带海洋研究所陈宏研究员审阅了书稿，并提出了宝贵意见，在此一并表示感谢。

同时本丛书得以出版与原国家海洋局科学技术司雷波司长和辛红梅副司长的支持分不开。在实施方案论证过程中，原国家海洋局相关业务司领导及评审专家提出了很多有益的意见和建议，笔者深表谢意！

在丛书编写过程中我们尽可能采用了 WoRMS 等最新资料，但由于有些门类的分类系统在不断更新，有些成果还未被吸纳进来，为了弥补不足，项目组注册并开通了"中国近海底栖动物数据库"，将不定期对相关研究成果进行在线更新。

虽然我们采取了十分严谨的态度，但限于业务水平和现有技术，书中仍不免会出现一些疏漏和不妥之处，诚恳希望得到国内外同行的批评指正，并请将相关意见与建议上传至"中国近海底栖动物数据库"，便于编写组及时更正。

"中国近海底栖动物多样性丛书"编辑委员会
2021 年 8 月 15 日于杭州

前　言

东海是一个比较开阔的边缘海，西北接黄海，东北以韩国济州岛东南端至日本福江岛与长崎半岛野母崎角连线，与朝鲜海峡为界，并经朝鲜海峡与日本海沟通；东以日本九州、我国台湾省以及琉球群岛连线，与太平洋相隔；西滨我国上海市、浙江省和福建省；南以我国广东省南澳岛与台湾省南端猫鼻头和南海相通。东海在我国各海区中大陆架最为宽阔延伸，面积约77万 km^2，平均水深349m，平均水温20～24℃，为海洋生物生存提供了良好的栖息场所。由于受长江、钱塘江、闽江等径流输入，以及黑潮暖流入侵的影响，东海的生源要素极为丰富，初级生产力旺盛，孕育了我国著名的渔场——舟山渔场，同时也为数量众多、物种极为丰富的底栖动物的生存创造了理想环境。

本书作者根据908专项调查报告，统计了东海海域内大型底栖动物1300种，远高于渤海（413种）和黄海（853种）种类数，其中多毛类环节动物428种、软体动物291种、甲壳动物283种、棘皮动物80种、其他动物218种。这其中多毛类环节动物、软体动物和甲壳动物构成了东海大型底栖动物的主要类群，三者占总种数的77%；统计了小型底栖动物类群35个，其中线虫和桡足类为绝对优势类群，二者占据了小型底栖动物总丰度的90%以上。

我国对东海底栖生物生态学和生物多样性研究相对较早，从1958年便开展了系统的调查，为了解我国海洋生物资源与生态系统特征积累了大量的数据和资料，取得了丰富的成果。本图册根据国内历次大规模海洋底栖生物调查研究成果，参考《中国动物志　无脊椎动物》、《中国海洋生物种类与分布（增订版）》（黄宗国主编，2008年）、《中国海洋生物名录》（刘瑞玉主编，2008年）、《中国海洋物种和图集》（黄宗国、林茂主编，2012年），以及国内外相关分类学文献，对13个门类522种东海常见底栖动物进行了整理汇编，进一步更新、完善了其分类学地位，汇总了物种的主要鉴别特征和生态学信息，可作为在常规底栖生态调查中对底栖动物进行快速、准确鉴定的参考图册，以满足科研人员对我国海洋底栖生态学调查研究的需要。

参与编写本书的单位有自然资源部第二海洋研究所、自然资源部第一海洋研究所、自然资源部第三海洋研究所、中国海洋大学和中国科学院海洋研究所等。本书的出版得到了海洋公益性行业科研专项"我国近海常见底栖动物分类鉴定与信息提取及应用研究"（201505004）的资助。本书还参考了国内众多分类学前辈编写的资料，并在撰写过程中当面请教了多位同行专家，在此一并致谢。

作　者

2023年12月

目 录

上册

丛书序 i

前言 iii

多孔动物门 Porifera

寻常海绵纲 Demospongiae
 繁骨海绵目 Poecilosclerida
  山海绵科 Mycalidae Lundbeck, 1905
   山海绵属 *Mycale* Gray, 1867
    叶片山海绵 *Mycale* (*Carmia*) *phyllophila* Hentschel, 1911 2
    巴里轭山海绵 *Mycale* (*Zygomycale*) *parishii* (Bowerbank, 1875) 4
 简骨海绵目 Haplosclerida
  石海绵科 Petrosiidae van Soest, 1980
   锉海绵属 *Xestospongia* de Laubenfels, 1932
    龟壳锉海绵 *Xestospongia testudinaria* (Lamarck, 1815) 6

多孔动物门参考文献 6

刺胞动物门 Cnidaria

水螅纲 Hydrozoa
 被鞘螅目 Leptothecata
  钟螅科 Campanulariidae Johnston, 1836
   薮枝螅属 *Obelia* Péron & Lesueur, 1810
    膝状薮枝螅 *Obelia geniculata* (Linnaeus, 1758) 10
   根茎螅属 *Rhizocaulus* Stechow, 1919
    中国根茎螅 *Rhizocaulus chinensis* (Marktanner-Turneretscher, 1890) 11
  小桧叶螅科 Sertularellidae Maronna et al., 2016
   小桧叶螅属 *Sertularella* Gray, 1848
    尖齿小桧叶螅 *Sertularella acutidentata* Billard, 1919 12

清晰小桧叶螅 *Sertularella diaphana* (Allman, 1885) 13
奇异小桧叶螅 *Sertularella mirabilis* Jäderholm, 1896 14
桧叶螅科 Sertulariidae Lamouroux, 1812
　特异螅属 *Idiellana* Cotton & Godfrey, 1942
　　锯形特异螅 *Idiellana pristis* (Lamouroux, 1816) 16
　海女螅属 *Salacia* Lamouroux, 1816
　　斑荚海女螅 *Salacia punctagonangia* (Hargitt, 1924) 17
辫螅科 Symplectoscyphidae Maronna et al., 2016
　辫螅属 *Symplectoscyphus* Marktanner-Turneretscher, 1890
　　三齿辫螅 *Symplectoscyphus tricuspidatus* (Alder, 1856) 18

花裸螅目 Anthoathecata
筒螅水母科 Tubulariidae Goldfuss, 1818
　外肋筒螅属 *Ectopleura* Agassiz, 1862
　　黄外肋筒螅 *Ectopleura crocea* (Agassiz, 1862) 19

珊瑚虫纲 Anthozoa
海鳃目 Pennatulacea
棒海鳃科 Veretillidae Herklots, 1858
　仙人掌海鳃属 *Cavernularia* Valenciennes, 1850
　　强壮仙人掌海鳃 *Cavernularia obesa* Valenciennes, 1850 20

海葵目 Actiniaria
海葵科 Actiniidae Rafinesque, 1815
　海葵属 *Actinia* Linnaeus, 1767
　　等指海葵 *Actinia equina* (Linnaeus, 1758) 21
　侧花海葵属 *Anthopleura* Duchassaing de Fonbressin & Michelotti, 1860
　　绿侧花海葵 *Anthopleura fuscoviridis* Carlgren, 1949 22
　近瘤海葵属 *Paracondylactis* Carlgren, 1934
　　亨氏近瘤海葵 *Paracondylactis hertwigi* (Wassilieff, 1908) 23
　洞球海葵属 *Spheractis* England, 1992
　　洞球海葵 *Spheractis cheungae* England, 1992 24
矶海葵科 Diadumenidae Stephenson, 1920
　矶海葵属 *Diadumene* Stephenson, 1920
　　纵条矶海葵 *Diadumene lineata* (Verrill, 1869) 26
滨海葵科 Haliactinidae Carlgren, 1949

植形海葵属 *Phytocoetes* Annandale, 1915
    中华植形海葵 *Phytocoetes sinensis* Li, Liu & Xu, 2013 28
  蠕形海葵科 Halcampoididae Appellöf, 1896
    蠕形海葵属 *Halcampella* Andres, 1883
      大蠕形海葵 *Halcampella maxima* Hertwig, 1888 29
  链索海葵科 Hormathiidae Carlgren, 1932
    美丽海葵属 *Calliactis* Verrill, 1869
      日本美丽海葵 *Calliactis japonica* Carlgren, 1928 30
    近丽海葵属 *Paracalliactis* Carlgren, 1928
      中华近丽海葵 *Paracalliactis sinica* Pei, 1982 31

刺胞动物门参考文献 32

扁形动物门 Platyhelminthes

多肠目 Polycladida
  泥平科 Ilyplanidae Faubel, 1983
    泥涡属 *Ilyella* Faubel, 1983
      大盘泥涡虫 *Ilyella gigas* (Schmarda, 1859) 36
  伪角科 Pseudocerotidae Lang, 1884
    伪角属 *Pseudoceros* Lang, 1884
      蓝纹伪角涡虫 *Pseudoceros indicus* Newman & Schupp, 2002 37
      蓝带伪角涡虫 *Pseudoceros concinnus* (Collingwood, 1876) 38
      外伪角涡虫 *Pseudoceros exoptatus* Kato, 1938 40

扁形动物门参考文献 41

纽形动物门 Nemertea

古纽纲 Palaeonemertea
  细首科 Cephalotrichidae McIntosh, 1874
    细首属 *Cephalothrix* Örsted, 1843

东海底栖动物常见种形态分类图谱

　　　　香港细首纽虫 Cephalothrix hongkongiensis Sundberg, Gibson & Olsson, 2003 44

帽幼纲 Pilidiophora
　异纽目 Heteronemertea
　　纵沟科 Lineidae McIntosh, 1874
　　　拟脑纽属 Cerebratulina Gibson, 1990
　　　　浮游拟脑纽虫 Cerebratulina natans (Punnett, 1900) 46
　　　岩田属 Iwatanemertes Gibson, 1990
　　　　椒斑岩田纽虫 Iwatanemertes piperata (Stimpson, 1855) 47
　　　纵沟属 Lineus Sowerby, 1806
　　　　血色纵沟纽虫 Lineus sanguineus (Rathke, 1799) 48
　　　尹氏属 Yininemertes Sun & Lu, 2008
　　　　喜草尹氏纽虫 Yininemertes pratensis (Sun & Lu, 1998) 50
　　壮体科 Valenciniidae Hubrecht, 1879
　　　无沟属 Baseodiscus Diesing, 1850
　　　　亨氏无沟纽虫 Baseodiscus hemprichii (Ehrenberg, 1831) 52

针纽纲 Hoplonemertea
　单针目 Monostilifera
　　笑纽科 Prosorhochmidae Bürger, 1895
　　　额孔属 Prosadenoporus Bürger, 1890
　　　　莫顿额孔纽虫 Prosadenoporus mortoni (Gibson, 1990) 54

纽形动物门参考文献 55

线虫动物门 Nematoda

嘴刺纲 Enoplea
　嘴刺目 Enoplida
　　腹口线虫科 Thoracostomopsidae Filipjev, 1927
　　　类嘴刺线虫属 Enoploides Ssaweljev, 1912
　　　　德氏类嘴刺线虫 Enoploides delamarei Boucher, 1977 58
　　　嘴咽线虫属 Enoplolaimus de Man, 1893

小细嘴咽线虫 *Enoplolaimus lenunculus* Wieser, 1959 60
　表刺线虫属 *Epacanthion* Wieser, 1953
　　簇毛表刺线虫 *Epacanthion fasciculatum* Shi & Xu, 2016 62
　　疏毛表刺线虫 *Epacanthion sparsisetae* Shi & Xu, 2016 64
　　多毛表刺线虫 *Epacanthion hirsutum* Shi & Xu, 2016 66
　　长尾表刺线虫 *Epacanthion longicaudatum* Shi & Xu, 2016 68
　棘尾线虫属 *Mesacanthion* Filipjev, 1927
　　奥达克斯棘尾线虫 *Mesacanthion audax* (Ditlevsen, 1918) 70
　　幼稚棘尾线虫 *Mesacanthion infantile* (Ditlevsen, 1930) 72
裸口线虫科 Anoplostomatidae Gerlach & Riemann, 1974
　裸口线虫属 *Anoplostoma* Bütschli, 1874
　　拟胎生裸口线虫 *Anoplostoma paraviviparum* Li & Guo, 2016 74
　　膨大裸口线虫 *Anoplostoma tumidum* Li & Guo, 2016 76
烙线虫科 Ironidae de Man, 1876
　柯尼丽线虫属 *Conilia* Gerlach, 1956
　　中华柯尼丽线虫 *Conilia sinensis* Chen & Guo, 2015 78
　费氏线虫属 *Pheronous* Inglis, 1966
　　东海费氏线虫 *Pheronous donghaiensis* Chen & Guo, 2015 80
　三齿线虫属 *Trissonchulus* Cobb, 1920
　　乳突三齿线虫 *Trissonchulus benepapillosus* (Schulz, 1935) 82
　　宽刺三齿线虫 *Trissonchulus latispiculum* Chen & Guo, 2015 84
　　海洋三齿线虫 *Trissonchulus oceanus* Cobb, 1920 86
尖口线虫科 Oxystominidae Chitwood, 1935
　浮体线虫属 *Litinium* Cobb, 1920
　　锥尾浮体线虫 *Litinium conicaudatum* Huang, Sun & Huang, 2017 88
　线形线虫属 *Nemanema* Cobb, 1920
　　小线形线虫 *Nemanema minutum* Sun, Huang & Huang, 2018 90
　海咽线虫属 *Thalassoalaimus* de Man, 1893
　　粗尾海咽线虫 *Thalassoalaimus crassicaudatus* Huang, Sun & Huang, 2017 92
瘤线虫科 Oncholaimidae Filipjev, 1916
　瘤线虫属 *Oncholaimus* Dujardin, 1845
　　张氏瘤线虫 *Oncholaimus zhangi* Gao & Huang, 2017 94
　异八齿线虫属 *Paroctonchus* Shi & Xu, 2016
　　南麂异八齿线虫 *Paroctonchus nanjiensis* Shi & Xu, 2016 96

矛线虫科 Enchelidiidae Filipjev, 1918
　　多胃球线虫属 *Polygastrophora* de Man, 1922
　　　　九球多胃球线虫 *Polygastrophora novenbulba* Jiang, Wang & Huang, 2015.............................. 98
三孔线虫科 Tripyloididae Filipjev, 1918
　　三孔线虫属 *Tripyloides* de Man, 1886
　　　　厦门三孔线虫 *Tripyloides amoyanus* Fu, Zeng, Zhou, Tan & Cai, 2018............................... 100
　　　　红树三孔线虫 *Tripyloides mangrovensis* Fu, Zeng, Zhou, Tan & Cai, 2018........................ 102
长尾线虫科 Trefusiidae Gerlach, 1966
　　非洲线虫属 *Africanema* Vincx & Furstenberg, 1988
　　　　多乳突非洲线虫 *Africanema multipapillatum* Shi & Xu, 2017 104
花冠线虫科 Lauratonematidae Gerlach, 1953
　　花冠线虫属 *Lauratonema* Gerlach, 1953
　　　　东山花冠线虫 *Lauratonema dongshanense* Chen & Guo, 2015 106
　　　　大口花冠线虫 *Lauratonema macrostoma* Chen & Guo, 2015 108

色矛纲 Chromadorea
色矛目 Chromadorida
色矛线虫科 Chromadoridae Filipjev, 1917
　　光线虫属 *Actinonema* Cobb, 1920
　　　　镰刀光线虫 *Actinonema falciforme* Shi, Yu & Xu, 2018 110
　　弯齿线虫属 *Hypodontolaimus* de Man, 1886
　　　　腹突弯齿线虫 *Hypodontolaimus ventrapophyses* Huang & Gao, 2016 112
　　折咽线虫属 *Ptycholaimellus* Cobb, 1920
　　　　长咽球折咽线虫 *Ptycholaimellus longibulbus* Wang, An & Huang, 2015............................ 114
　　　　梨形折咽线虫 *Ptycholaimellus pirus* Huang & Gao, 2016 116
色拉支线虫科 Selachinematidae Cobb, 1915
　　伽马线虫属 *Gammanema* Cobb, 1920
　　　　大伽马线虫 *Gammanema magnum* Shi & Xu, 2018 118
　　共齿线虫属 *Synonchium* Cobb, 1920
　　　　尾管共齿线虫 *Synonchium caudatubatum* Shi & Xu, 2018 122
疏毛目 Araeolaimida
轴线虫科 Axonolaimidae Filipjev, 1918
　　拟齿线虫属 *Parodontophora* Timm, 1963
　　　　长化感器拟齿线虫 *Parodontophora longiamphidata* Wang & Huang, 2016 124

假拟齿线虫属 *Pseudolella* Cobb, 1920
  大假拟齿线虫 *Pseudolella major* Wang & Huang, 2016 126
联体线虫科 Comesomatidae Filipjev, 1918
  霍帕线虫属 *Hopperia* Vitiello, 1969
    大化感器霍帕线虫 *Hopperia macramphida* Sun, Huang & Huang, 2018 128
    中华霍帕线虫 *Hopperia sinensis* Guo, Chang, Chen, Li & Liu, 2015 130
  后联体线虫属 *Metacomesoma* Wieser, 1954
    大化感器后联体线虫 *Metacomesoma macramphida* Huang & Huang, 2018 132
  拟联体线虫属 *Paracomesoma* Schuurmans Stekhoven, 1950
    张氏拟联体线虫 *Paracomesoma zhangi* Huang & Huang, 2018.. 134
  毛萨巴线虫属 *Setosabatieria* Platt, 1985
    长引带毛萨巴线虫 *Setosabatieria longiapophysis* Guo, Huang, Chen, Wang & Lin, 2015 136

链环目 Desmodorida
微咽线虫科 Microlaimidae Micoletzky, 1922
  螺旋球咽线虫属 *Spirobolbolaimus* Soetaert & Vincx, 1988
    波形螺旋球咽线虫 *Spirobolbolaimus undulatus* Shi & Xu, 2017.. 138

单宫目 Monhysterida
隆唇线虫科 Xyalidae Chitwood, 1951
  库氏线虫属 *Cobbia* de Man, 190
    异刺库氏线虫 *Cobbia heterospicula* Wang, An & Huang, 2018.. 142
  吞咽线虫属 *Daptonema* Cobb, 1920
    东海吞咽线虫 *Daptonema donghaiensis* Wang, An & Huang, 2018 144
  埃尔杂里线虫属 *Elzalia* Gerlach, 1957
    双叉埃尔杂里线虫 *Elzalia bifurcata* Sun & Huang, 2017 146
  线宫线虫属 *Linhystera* Juario, 1974
    短引带线宫线虫 *Linhystera breviapophysis* Yu, Huang & Xu, 2014... 148
    长引带线宫线虫 *Linhystera longiapophysis* Yu, Huang & Xu, 2014 150
  后合咽线虫属 *Metadesmolaimus* Schuurmans Stekhoven, 1935
    张氏后合咽线虫 *Metadesmolaimus zhanggi* Guo, Chen & Liu, 2016.. 152
  拟格莱线虫属 *Paragnomoxyala* Jiang & Huang, 2015
    短毛拟格莱线虫 *Paragnomoxyala breviseta* Jiang & Huang, 2015... 154
    大口拟格莱线虫 *Paragnomoxyala macrostoma* (Huang & Xu, 2013).. 156
  拟单宫线虫属 *Paramonohystera* Steiner, 1916
    中华拟单宫线虫 *Paramonohystera sinica* Yu & Xu, 2015 158

拟双单宫线虫属 *Paramphimonhystrella* Huang & Zhang, 2006
　　　　　真口拟双单宫线虫 *Paramphimonhystrella eurystoma* Shi, Yu & Xu, 2017 160
　　　伪埃尔杂里线虫属 *Pseudelzalia* Yu & Xu, 2015
　　　　　长毛伪埃尔杂里线虫 *Pseudelzalia longiseta* Yu & Xu, 2015 162
　　　吻腔线虫属 *Rhynchonema* Cobb, 1920
　　　　　装饰吻腔线虫 *Rhynchonema ornatum* Lorenzen, 1975 164
　　　隆唇线虫属 *Xyala* Cobb, 1920
　　　　　环纹隆唇线虫 *Xyala striata* Cobb, 1920 166
　　条形线虫科 Linhomoeidae Filipjev, 1922
　　　微口线虫属 *Terschellingia* de Man, 1888
　　　　　丝尾微口线虫 *Terschellingia filicaudata* Wang, An & Huang, 2017 170
　　　　　尖头微口线虫 *Terschellingia stenocephala* Wang, An & Huang, 2017 172

线虫动物门参考文献 174

环节动物门 Annelida

多毛纲 Polychaeta / 螠亚纲 Echiura
　　绿螠科 Thalassematidae Forbes & Goodsir, 1841
　　　管口螠属 *Ochetostoma* Rüppell & Leuckart, 1828
　　　　　绛体管口螠 *Ochetostoma erythrogrammon* Leuckart & Ruppell, 1828 180

多毛纲 Polychaeta / 隐居亚纲 Sedentaria
　　小头虫科 Capitellidae Grube, 1862
　　　小头虫属 *Capitella* Blainville, 1828
　　　　　小头虫 *Capitella capitata* (Fabricius, 1780) 181
　　单指虫科 Cossuridae Day, 1963
　　　单指虫属 *Cossura* Webster & Benedict, 1887
　　　　　足刺单指虫 *Cossura aciculata* (Wu & Chen, 1977) 182
　　竹节虫科 Maldanidae Malmgren, 1867
　　　新短脊虫属 *Metasychis* Light, 1991
　　　　　五岛新短脊虫 *Metasychis gotoi* (Izuka, 1902) 184
　　海蛹科 Opheliidae Malmgren, 1867
　　　角海蛹属 *Ophelina* Örsted, 1843

华丽角海蛹 *Ophelina grandis* (Pillai, 1961) 186
锥头虫科 Orbiniidae Hartman, 1942
　刺尖锥虫属 *Leodamas* Kinberg, 1866
　　红刺尖锥虫 *Leodamas rubrus* (Webster, 1879) 188
　锥头虫属 *Orbinia* Quatrefages, 1866
　　叉毛锥头虫 *Orbinia dicrochaeta* Wu, 1962 190
异毛虫科 Paraonidae Cerruti, 1909
　卷须虫属 *Cirrophorus* Ehlers, 1908
　　鳃卷须虫 *Cirrophorus branchiatus* Ehlers, 1908 192
梯额虫科 Scalibregmatidae Malmgren, 1867
　梯额虫属 *Scalibregma* Rathke, 1843
　　梯额虫 *Scalibregma inflatum* Rathke, 1843 194
龙介虫科 Serpulidae Rafinesque, 1815
　盘管虫属 *Hydroides* Gunnerus, 1768
　　白色盘管虫 *Hydroides albiceps* (Grube, 1870) 196
　　班达盘管虫 *Hydroides bandaensis* Zibrowius, 1972 198
　　基刺盘管虫 *Hydroides basispinosa* Straughan, 1967 200
　　华美盘管虫 *Hydroides elegans* (Haswell, 1883) 202
　　高盘管虫 *Hydroides exaltata* (Marenzeller, 1884) 204
　　内刺盘管虫 *Hydroides ezoensis* Okuda, 1934 206
　　格氏盘管虫 *Hydroides grubei* Pillai, 1965 208
　　突出盘管虫 *Hydroides minax* (Grube, 1878) 210
　　中华盘管虫 *Hydroides sinensis* Zibrowius, 1972 212
　　无殖盘管虫 *Hydroides tambalagamensis* Pillai, 1961 214
缨鳃虫科 Sabellidae Latreille, 1825
　分歧管缨虫属 *Dialychone* Claparède, 1868
　　白环分歧管缨虫 *Dialychone albocincta* (Banse, 1971) 217
　伪刺缨虫属 *Pseudopotamilla* Bush, 1905
　　欧伪刺缨虫 *Pseudopotamilla occelata* Moore, 1905 218
杂毛虫科 Poecilochaetidae Hannerz, 1956
　杂毛虫属 *Poecilochaetus* Claparède in Ehlers, 1875
　　蛇杂毛虫 *Poecilochaetus serpens* Allen, 1904 220
海稚虫科 Spionidae Grube, 1850
　后稚虫属 *Laonice* Malmgren, 1867

后稚虫 *Laonice cirrata* (M. Sars, 1851) 222
  奇异稚齿虫属 *Paraprionospio* Caullery, 1914
    冠奇异稚齿虫 *Paraprionospio cristata* Zhou, Yokoyama & Li, 2008 224
丝鳃虫科 Cirratulidae Ryckholt, 1851
  双指虫属 *Aphelochaeta* Blake, 1991
    细双指虫 *Aphelochaeta filiformis* (Keferstein, 1862) 226
  须鳃虫属 *Cirriformia* Hartman, 1936
    须鳃虫 *Cirriformia tentaculata* (Montagu, 1808) 228
扇毛虫科 Flabelligeridae de Saint-Joseph, 1894
  足丝肾扇虫属 *Bradabyssa* Hartman, 1867
    绒毛足丝肾扇虫 *Bradabyssa villosa* (Rathke, 1843) 230
  海扇虫属 *Pherusa* Oken, 1807
    孟加拉海扇虫 *Pherusa bengalensis* (Fauvel, 1932) 232
双栉虫科 Ampharetidae Malmgren, 1866
  扇栉虫属 *Amphicteis* Grube, 1850
    扇栉虫 *Amphicteis gunneri* (M. Sars, 1835) 234
  似蛰虫属 *Amaeana* Hartman, 1959
    西方似蛰虫 *Amaeana occidentalis* (Hartman, 1944) 236
蛰龙介科 Terebellidae Johnston, 1846
  树蛰虫属 *Pista* Malmgren, 1866
    长鳃树蛰虫 *Pista brevibranchia* Caullery, 1915 237
不倒翁虫科 Sternaspidae Carus, 1863
  不倒翁虫属 *Sternaspis* Otto, 1821
    中华不倒翁虫 *Sternaspis chinensis* Wu, Salazar-Vallejo & Xu, 2015 238

多毛纲 Polychaeta / 游走亚纲 Errantia
仙虫科 Amphinomidae Lamarck, 1818
  海毛虫属 *Chloeia* Lamarck, 1818
    梯斑海毛虫 *Chloeia parva* Baird, 1868 240
  拟刺虫属 *Linopherus* Quatrefages, 1866
    含糊拟刺虫 *Linopherus ambigua* (Monro, 1933) 243
矶沙蚕科 Eunicidae Berthold, 1827
  矶沙蚕属 *Eunice* Cuvier, 1817
    滑指矶沙蚕 *Eunice indica* Kinberg, 1865 244
    哥城矶沙蚕 *Eunice kobiensis* (McIntosh, 1885) 246

岩虫属 *Marphysa* Quatrefages, 1865
　　岩虫 *Marphysa sanguinea* (Montagu,1813) 248
索沙蚕科 Lumbrineridae Schmarda, 1861
　科索沙蚕属 *Kuwaita* Mohammad, 1973
　　异足科索沙蚕 *Kuwaita heteropoda* (Marenzeller, 1879) 250
　索沙蚕属 *Lumbrineris* Blainville, 1828
　　日本索沙蚕 *Lumbrineris japonica* (Marenzeller, 1879) 252
　　短叶索沙蚕 *Lumbrineris latreilli* Audouin & Milne Edwards, 1833 254
　鳃索沙蚕属 *Ninoe* Kinberg, 1865
　　掌鳃索沙蚕 *Ninoe palmata* Moore, 1903 256
欧努菲虫科 Onuphidae Kinberg, 1865
　巢沙蚕属 *Diopatra* Audouin & Milne Edwards, 1833
　　智利巢沙蚕 *Diopatra chiliensis* Quatrefages, 1866 258
　　铜色巢沙蚕 *Diopatra cuprea* (Bosc, 1802) 260
　欧努菲虫属 *Onuphis* Audouin & Milne Edwards, 1833
　　欧努菲虫 *Onuphis eremita* Audouin & Milne Edwards, 1833 262
　　微细欧努菲虫 *Onuphis eremita parva* Berkeley & Berkeley, 1941 264
　　四齿欧努菲虫 *Onuphis tetradentata* Imajima, 1986 266
蠕鳞虫科 Acoetidae Kinberg, 1856
　蠕鳞虫属 *Acoetes* Audouin & Milne Edwards, 1832
　　黑斑蠕鳞虫 *Acoetes melanonota* (Grube,1876) 268
鳞沙蚕科 Aphroditidae Malmgren, 1867
　鳞沙蚕属 *Aphrodita* Linnaeus, 1758
　　鳞沙蚕 *Aphrodita aculeata* Linnaeus, 1758 270
　镖毛鳞虫属 *Laetmonice* Kinberg, 1856
　　日本镖毛鳞虫 *Laetmonice japonica* McIntosh, 1885 272
多鳞虫科 Polynoidae Kinberg, 1856
　伪格鳞虫属 *Gaudichaudius* Pettibone, 1986
　　臭伪格鳞虫 *Gaudichaudius cimex* (Quatrefages, 1866) 274
　哈鳞虫属 *Harmothoe* Kinberg, 1856
　　亚洲哈鳞虫 *Harmothoe asiatica* Uschakov & Wu, 1962 276
　　网纹哈鳞虫 *Harmothoe dictyophora* (Grube, 1878) 278
　　覆瓦哈鳞虫 *Harmothoe imbricata* (Linnaeus, 1767) 280
　伪囊鳞虫属 *Paradyte* Pettibone, 1969

百合伪囊鳞虫 *Paradyte crinoidicola* (Potts, 1910) 282

锡鳞虫科 Sigalionidae Kinberg, 1856

 埃刺梳鳞虫属 *Ehlersileanira* Pettibone, 1970

  黄海刺梳鳞虫 *Ehlersileanira incisa hwanghaiensis* (Uschakov & Wu, 1962) 284

  埃刺梳鳞虫 *Ehlersileanira incisa* (Grube, 1877) 286

 怪鳞虫属 *Pholoe* Johnston, 1839

  微怪鳞虫 *Pholoe minuta* (Fabricius, 1780) 288

 强鳞虫属 *Sthenolepis* Willey, 1905

  日本强鳞虫 *Sthenolepis japonica* (McIntosh, 1885) 290

吻沙蚕科 Glyceridae Grube, 1850

 吻沙蚕属 *Glycera* Lamarck, 1818

  白色吻沙蚕 *Glycera alba* (O. F. Müller, 1776) 292

  长吻沙蚕 *Glycera chirori* Izuka, 1912 294

  锥唇吻沙蚕 *Glycera onomichiensis* Izuka, 1912 296

  箭鳃吻沙蚕 *Glycera sagittariae* McIntosh, 1885 298

  浅古铜吻沙蚕 *Glycera subaenea* Grube, 1878 300

  吻沙蚕 *Glycera unicornis* Lamarck, 1818 302

角吻沙蚕科 Goniadidae Kinberg, 1866

 角吻沙蚕属 *Goniada* Audouin & H Milne Edwards, 1833

  日本角吻沙蚕 *Goniada japonica* Izuka,1912 304

  色斑角吻沙蚕 *Goniada maculata* Örsted, 1843 306

拟特须虫科 Paralacydoniidae Pettibone, 1963

 拟特须虫属 *Paralacydonia* Fauvel, 1913

  拟特须虫 *Paralacydonia paradoxa* Fauvel, 1913 308

金扇虫科 Chrysopetalidae Ehlers, 1864

 金扇虫属 *Chrysopetalum* Ehlers, 1864

  西方金扇虫 *Chrysopetalum occidentale* (Johnson, 1897) 310

海女虫科 Hesionidae Grube, 1850

 海女虫属 *Hesione* Lamarck, 1818

  纵纹海女虫 *Hesione intertexta* Grube, 1878 312

 海结虫属 *Leocrates* Kinberg, 1866

  中华海结虫 *Leocrates chinensis* Kinberg, 1866 314

  无疣海结虫 *Leocrates claparedii* (Costa in Claparède, 1868) 316

 小健足虫属 *Micropodarke* Okuda, 1938

双小健足虫 *Micropodarke dubia* (Hessle, 1925) 318
沙蚕科 Nereididae Blainville, 1818
　突齿沙蚕属 *Leonnates* Kinberg, 1865
　　粗突齿沙蚕 *Leonnates decipiens* Fauvel, 1929 320
　刺沙蚕属 *Neanthes* Kinberg, 1865
　　腺带刺沙蚕 *Neanthes glandicincta* (Southern, 1921) 322
　全刺沙蚕属 *Nectoneanthes* Imajima, 1972
　　全刺沙蚕 *Nectoneanthes oxypoda* (Marenzeller, 1879) 324
　沙蚕属 *Nereis* Linnaeus, 1758
　　滑镰沙蚕 *Nereis coutieri* Gravier, 1899 326
　　异须沙蚕 *Nereis heterocirrata* Treadwell, 1931 328
　　环带沙蚕 *Nereis zonata* Malmgren, 1867 330
　拟突齿沙蚕属 *Paraleonnates* Chlebovitsch & Wu, 1962
　　拟突齿沙蚕 *Paraleonnates uschakovi* Chlebovitsch & Wu, 1962 332
　围沙蚕属 *Perinereis* Kinberg, 1865
　　双齿围沙蚕 *Perinereis aibuhitensis* (Grube, 1878) 334
　　弯齿围沙蚕 *Perinereis camiguinoides* (Augener, 1922) 336
　　独齿围沙蚕 *Perinereis cultrifera* (Grube, 1840) 338
　　枕围沙蚕 *Perinereis vallata* (Grube, 1857) 340
　　扁齿围沙蚕 *Perinereis vancaurica* (Ehlers, 1868) 342
　阔沙蚕属 *Platynereis* Kinberg, 1865
　　双管阔沙蚕 *Platynereis bicanaliculata* (Baird, 1863) 344
　　杜氏阔沙蚕 *Platynereis dumerilii* (Audouin & Milne Edwards, 1833) 346
　伪沙蚕属 *Pseudonereis* Kinberg, 1865
　　异形伪沙蚕 *Pseudonereis anomala* Gravier, 1899 348
　软疣沙蚕属 *Tylonereis* Fauvel, 1911
　　软疣沙蚕 *Tylonereis bogoyawlenskyi* Fauvel, 1911 350
　疣吻沙蚕属 *Tylorrhynchus* Grube, 1866
　　疣吻沙蚕 *Tylorrhynchus heterochetus* (Quatrefages, 1866) 352
白毛虫科 Pilargidae Saint-Joseph, 1899
　白毛虫属 *Pilargis* Saint-Joseph, 1899
　　贝氏白毛虫 *Pilargis berkeleyae* Monro, 1933 354
　刺毛虫属 *Synelmis* Chamberlin, 1919
　　阿氏刺毛虫 *Synelmis albini* (Langerhans, 1881) 355

裂虫科 Syllidae Grube, 1850
    裂虫属 *Syllis* Lamarck, 1818
        轮替裂虫 *Syllis alternata* Moore, 1908 356
        粗毛裂虫 *Syllis amica* Quatrefages, 1866 358
        叉毛裂虫 *Syllis gracilis* Grube, 1840 360
    钻穿裂虫属 *Trypanosyllis* Claparède, 1864
        带形条钻穿裂虫 *Trypanosyllis taeniaeformis* (Haswell, 1886) 362

齿吻沙蚕科 Nephtyidae Grube, 1850
    内卷齿蚕属 *Aglaophamus* Kinberg, 1865
        杰氏内卷齿蚕 *Aglaophamus jeffreysii* (McIntosh, 1885) 364
        中华内卷齿蚕 *Aglaophamus sinensis* (Fauvel, 1932) 366
    无疣齿吻沙蚕属 *Inermonephtys* Fauchald, 1968
        无疣齿吻沙蚕 *Inermonephtys inermis* (Ehlers, 1887) 368
    微齿吻沙蚕属 *Micronephthys* Friedrich, 1939
        寡鳃微齿吻沙蚕 *Micronephthys oligobranchia* (Southern, 1921) 370
    齿吻沙蚕属 *Nephtys* Cuvier, 1817
        加州齿吻沙蚕 *Nephtys californiensis* Hartman, 1938 372
        多鳃齿吻沙蚕 *Nephtys polybranchia* Southern, 1921 374

叶须虫科 Phyllodocidae Örsted, 1843
    双须虫属 *Eteone* Savigny, 1822
        三角洲双须虫 *Eteone delta* Wu & Chen, 1963 376
    巧言虫属 *Eulalia* Savigny, 1822
        巧言虫 *Eulalia viridis* (Linnaeus, 1767) 378
    神须虫属 *Mysta* Malmgren, 1865
        张氏神须虫 *Mysta tchangsii* (Uschakov & Wu, 1959) 380
        锦绣神须虫 *Mysta ornata* (Grube, 1878) 382
    背叶虫属 *Notophyllum* Örsted, 1843
        华彩背叶虫 *Notophyllum splendens* (Schmarda, 1861) 384
    叶须虫属 *Phyllodoce* Lamarck, 1818
        乳突半突虫 *Phyllodoce papillosa* (Uschakov & Wu, 1959) 386

多毛纲 Polychaeta / 未定亚纲
    长手沙蚕科 Magelonidae Cunningham & Ramage, 1888
        长手沙蚕属 *Magelona* F. Müller, 1858
            尖叶长手沙蚕 *Magelona cincta* Ehlers, 1908 388

栉状长手沙蚕 *Magelona crenulifrons* Gallardo, 1968 390
欧文虫科 Oweniidae Rioja, 1917
　欧文虫属 *Owenia* Delle Chiaje, 1844
　　欧文虫 *Owenia fusiformis* Delle Chiaje, 1841 392

环节动物门参考文献 394

星虫动物门 Sipuncula

革囊星虫纲 Phascolosomatidea
革囊星虫目 Phascolosomatida
革囊星虫科 Phascolosomatidae Stephen & Edmonds, 1972
　革囊星虫属 *Phascolosoma* Leuckart, 1828
　　弓形革囊星虫 *Phascolosoma arcuatum* (Gray, 1828) 398
盾管星虫目 Aspidosiphonida
反体星虫科 Antillesomatidae Kawauchi, Sharma & Giribet, 2012
　反体星虫属 *Antillesoma* Stephen & Edmonds, 1972
　　安岛反体星虫 *Antillesoma antillarum* (Grube, 1858) 400

方格星虫纲 Sipunculidea
戈芬星虫目 Golfingiida
方格星虫科 Sipunculidae Rafinesque, 1814
　方格星虫属 *Sipunculus* Linnaeus, 1766
　　裸体方格星虫 *Sipunculus nudus* Linnaeus, 1766 402

星虫动物门参考文献 403

中文名索引 405

拉丁名索引 409

多孔动物门
Porifera

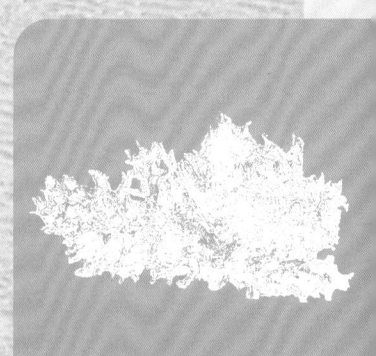

繁骨海绵目 Poecilosclerida
山海绵科 Mycalidae Lundbeck, 1905
山海绵属 Mycale Gray, 1867

叶片山海绵
Mycale (*Carmia*) *phyllophila* Hentschel, 1911

标本采集地：东海。

形态特征：本种海绵是中国东南沿岸比较常见的海绵，其生物量非常大，外形多种多样，多呈大块状，有时附着在渔排的绳索上呈大片的生长趋势。海绵多为红色，出水口大多不明显，在一些长势很好的海绵中可清晰看见其出水口，海绵略有弹性。骨针有 3 种，分别为山海绵型骨针、掌形异爪状骨针、卷轴骨针。大骨针为山海绵型骨针，一端为不太明显的头状体，另一端尖。掌形异爪状骨针分为 2 种。卷轴骨针数量较多。该海绵缺乏连续的外皮骨骼，其表面有一层薄的皮层，皮层中无特殊的骨骼构造。领细胞层骨骼呈羽状，从底部逐渐向上，在接近海绵表面的时候，骨针束加粗，伸出斜的辐射状的结构。

生态习性：生活在我国东海的浅海区域，能在渔排上大量繁殖。

地理分布：东海，南海；澳大利亚，南非纳塔尔。

参考文献：龚琳，2013。

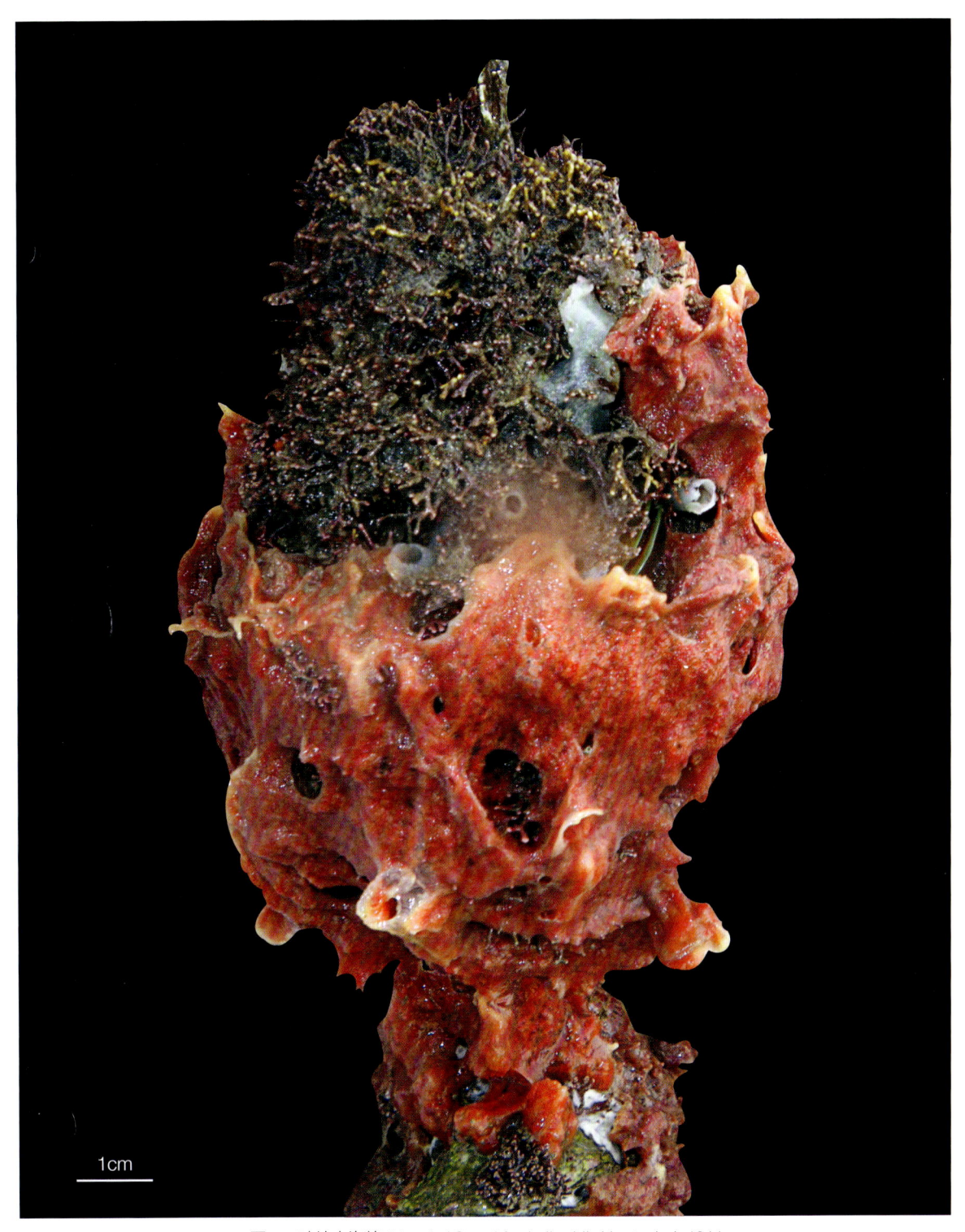

图 1　叶片山海绵 *Mycale* (*Carmia*) *phyllophila* Hentschel, 1911

巴里轭山海绵
Mycale (*Zygomycale*) *parishii* (Bowerbank, 1875)

标本采集地： 南海。

形态特征： 海绵呈枝状，形成许多细而短的分枝，海绵青紫色，附着基底面呈棕色，也可能全身是棕色。青紫色海绵干燥后呈淡粉色。表面外皮骨骼明显，比较容易获得，有骨针束突出体表，形成细毛状突起。海绵有弹性，可压缩。出水口数量较少。骨针有 6 种，分别为山海绵型骨针、掌形异爪状骨针、卷轴骨针、弓形骨针、发状骨针、等形爪状骨针。掌形异爪状骨针有 2 种大小。卷轴骨针呈"C"形或"S"形，有两种规格。与表面平行的切向骨骼是由多骨针纤维骨针束交叉形成的网眼结构清晰的网状结构。领细胞层骨骼是由粗壮的多骨针纤维骨针束组成的羽状结构。

生态习性： 是一类珊瑚礁常见海绵，分布很广。

地理分布： 南海，东海；亚得里亚海，爱琴海，北大西洋。

参考文献： 龚琳，2013；李宗轩，2013。

图 2　巴里轭山海绵 *Mycale* (*Zygomycale*) *parishii* (Bowerbank, 1875)

简骨海绵目 Haplosclerida
石海绵科 Petrosiidae van Soest, 1980
锉海绵属 Xestospongia de Laubenfels, 1932

龟壳锉海绵
Xestospongia testudinaria (Lamarck, 1815)

标本采集地： 涠洲岛。

形态特征： 海绵呈粉红色，通常呈桶状，在海绵顶端有一个较大的中央出水口。海绵体表有很多进水孔。海绵表面不光滑，有很多褶皱状突起。质地较硬，不易压缩。骨针为两种大小的二尖骨针，不含小骨针。外皮层骨骼不规则。领细胞层骨骼为不规则的多骨针束结构。

生态习性： 珊瑚礁海绵，有的个体很大，能为其他生物提供栖息场所。

地理分布： 南海，东海；新加坡，澳大利亚，菲律宾，印度，红海，肯尼亚，巴西。

参考文献： 李宗轩，2013。

多孔动物门参考文献

龚琳. 2013. 中国东南沿岸山海绵属分类学研究. 厦门大学硕士学位论文.

龚琳, 李新正. 2015. 黄海一种寄居蟹海绵宽皮海绵的记述. 广西科学, (5): 564-567.

李宗轩. 2013. 澎湖南方海域寻常海绵纲生物多样性之初探. 台湾中山大学硕士学位论文.

Gong L, Li X Z, Qiu J W. 2015. Two new species of Hexactinellida (Porifera) from the South China Sea. Zootaxa, 4034(1): 182-192.

图3 龟壳锉海绵
Xestospongia testudinaria
(Lamarck, 1815)

刺胞动物门
Cnidaria

被鞘螅目 Leptothecata
钟螅科 Campanulariidae Johnston, 1836
薮枝螅属 *Obelia* Péron & Lesueur, 1810

膝状薮枝螅
Obelia geniculata (Linnaeus, 1758)

标本采集地：山东青岛。

形态特征：螅根网状，茎高 25mm，分枝不规则。分枝的上方有环轮 3～4 个，芽鞘互生，分枝之处有屈膝状弯曲。芽鞘口缘齐平，高与宽几乎相等，芽鞘底部明显加厚。生殖鞘长卵形，生于分枝与主茎的腋间，柄部具环纹 3～4 个。

生态习性：附着在海藻、岩石、贝壳、养殖设施、舰船及其他人工设施上。

地理分布：渤海，黄海，东海，南海；世界性分布。

经济意义：污损生物，危害船舶、养殖设施等。

参考文献：冈田要等，1960；杨德渐等，1996；曹善茂等，2017。

图 4　膝状薮枝螅 *Obelia geniculata* (Linnaeus, 1758)（曾晓起供图）

根茎螅属 *Rhizocaulus* Stechow, 1919

中国根茎螅
Rhizocaulus chinensis (Marktanner-Turneretscher, 1890)

标本采集地： 黄海。

形态特征： 群体株高 100～150mm，螅茎及分枝中下部聚集成束，呈多管状。分枝不规则，芽鞘具长柄，呈轮状着生在茎或分枝的周围。柄上部和基部有环轮或波纹，但中部大部分光滑。芽鞘钟状，高、宽相近，口部稍张开，其上有数条纵肋，边缘齿 10～12 个。生殖鞘呈纺锤形。图 5 中无完整芽鞘，仅柄部剩余。

生态习性： 栖息水深 30m 至 400 余米，主要分布于 100m 以内浅海。

地理分布： 渤海，黄海，东海，南海；西北太平洋，北大西洋，北极。

参考文献： 杨德渐等，1996。

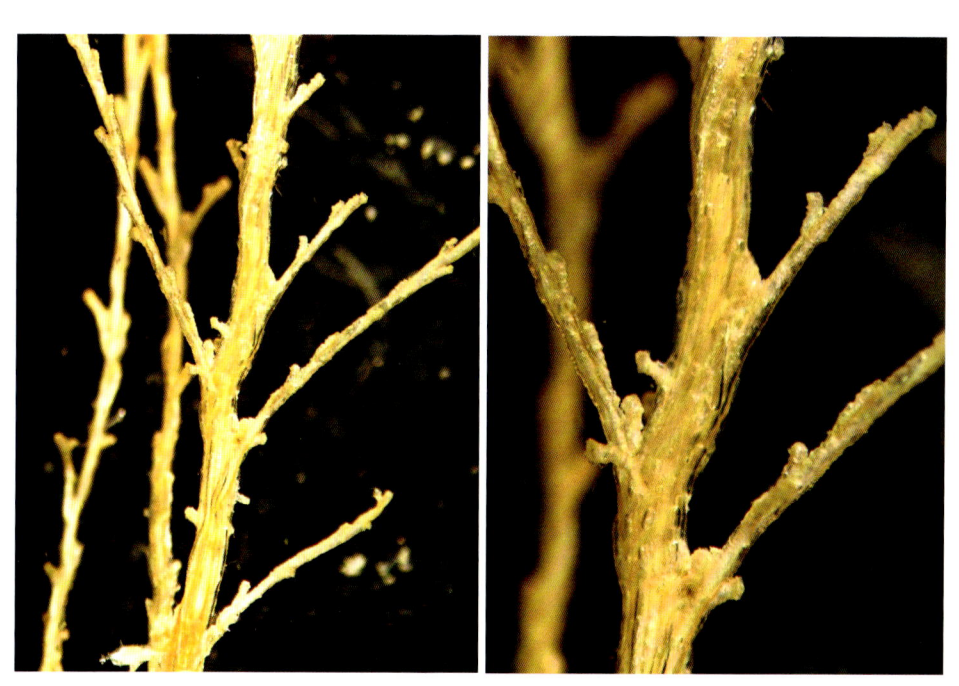

图 5 中国根茎螅 *Rhizocaulus chinensis* (Marktanner-Turneretscher, 1890)

小桧叶螅科 Sertularellidae Maronna et al., 2016
小桧叶螅属 *Sertularella* Gray, 1848

尖齿小桧叶螅
Sertularella acutidentata Billard, 1919

同物异名： *Sertularella phillippensis* Hargitt, 1924

标本采集地： 东海。

形态特征： 群体直立，具明显主茎，分枝互生，位于同一平面，不具次级分枝，分枝腋窝处具垫突和腋生芽鞘；主茎和分枝均分节，主茎每节3个芽鞘，分枝每节1个芽鞘，芽鞘互生。芽鞘管状，上下近等粗，表面光滑，1/3～2/3贴生，具4个尖锐的缘齿和4瓣芽盖，围成塔状，具离茎盲囊，未观察到内部齿。生殖鞘呈倒置的瓶状，着生于芽鞘侧下方，鞘口具3个尖齿和3瓣等大鞘盖。

生态习性： 栖息于水深76～116m的陆架浅海底。

地理分布： 东海；日本，印度尼西亚，菲律宾。

参考文献： 王春光等，2012；宋希坤，2019。

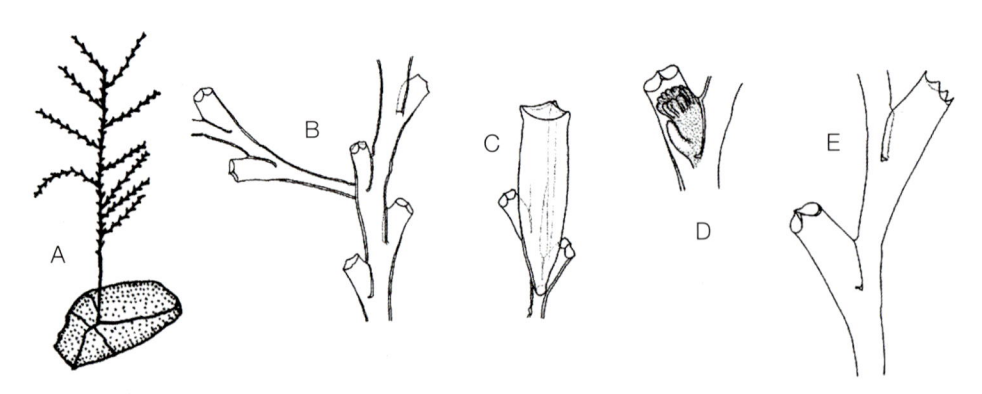

图6 尖齿小桧叶螅 *Sertularella acutidentata* Billard, 1919（引自宋希坤，2019）
A. 群体；B. 主茎和分枝；C. 生殖鞘；D. 离茎盲囊；E. 芽鞘

清晰小桧叶螅
Sertularella diaphana (Allman, 1885)

同物异名： *Sertularella delicata* Billard, 1919; *Sertularella diaphana* var. *delicata* Billard, 1919; *Sertularella diaphana madagascarensis* Billard, 1921; *Hincksella brevitheca* Galea, 2009

标本采集地： 东海。

形态特征： 群体直立，具明显主茎，主茎粗壮，分枝互生，分枝腋窝处具垫突和芽鞘，主茎与分枝均分节，芽鞘互生，排成两纵列，位于同一平面。芽鞘几乎完全贴生，上下近等粗，表面光滑，近茎侧口部略弯曲，顶部具4个等大的缘齿，芽盖由4片三角形缘瓣围成塔状，不具内部齿。生殖鞘由芽鞘下生出，长椭圆形，表面具多条纵肋，至基部收缩呈柄状，口部具单盖，中间具单个横向隆脊。

生态习性： 栖息于浅海内湾水深为 19～44m 的砂质泥或细粉砂底质。

地理分布： 东海（包括台湾岛），南海；澳大利亚，日本，韩国，环热带或亚热带分布。

参考文献： 宋希坤，2019。

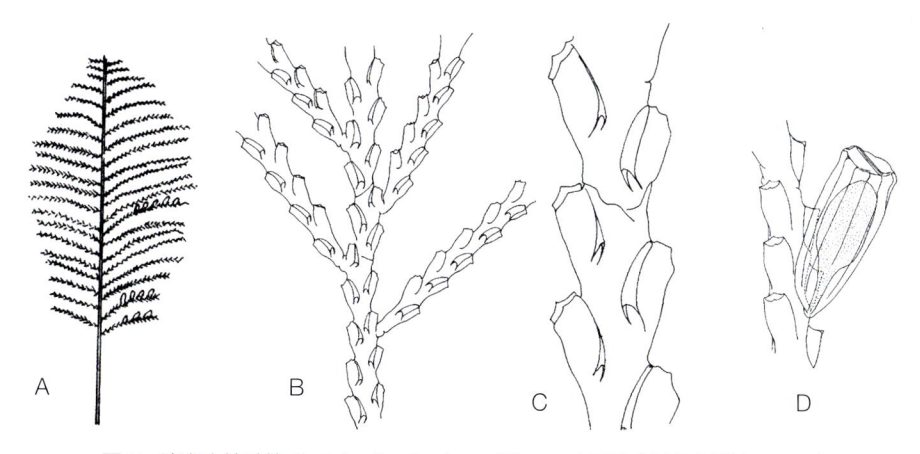

图7 清晰小桧叶螅 *Sertularella diaphana* (Allman, 1885)（引自宋希坤，2019）
A. 群体；B. 主茎和分枝；C. 侧枝；D. 生殖鞘

奇异小桧叶螅
Sertularella mirabilis Jäderholm, 1896

同物异名： *Diphasia mirabilis* Verill, 1873

标本采集地： 东海。

形态特征： 群体蓬松，絮状成团，海绵状，无明显主茎，分枝连续、重复、多级双歧分枝，每级双歧分枝具3个小枝，近等长或不等长，位于同一平面上，彼此间夹角120°，腋窝处不具垫突、具腋生芽鞘，远端的两个小枝向外继续双歧分枝，新的小枝所在平面与原平面垂直，经多级分枝、拓扑、延伸，部分分枝交联相接、闭合成环，立体交织成网。有的群体末端的分枝直立，不呈网状。芽鞘一般只着生于分枝腋窝处，分枝上一般不具芽鞘，各双歧分枝远端的腋部均具单个芽鞘，多级分枝的终点处（一般位于群体边缘）亦具单个芽鞘，少数单枝上具2个或2个以上互生的芽鞘。芽鞘下半部贴生，底部较窄，向上逐渐变宽，至顶部又收缩，顶部具4个等大的缘齿，芽盖由4片三角形缘瓣围成塔状，芽鞘整体或仅中上部具4～8圈明显的环纹。具离茎盲囊。生殖鞘由芽鞘下生出，具柄，表面具3～4圈明显的横纹，口部有一领状突起。

生态习性： 栖息于潮下带的岩石、贝壳等硬质基底上。

地理分布： 黄海，东海，南海；日本，韩国。

参考文献： 王春光等，2012；宋希坤，2019。

小桧叶螅属分种检索表

1. 群体蓬松，絮状成团，海绵状，无明显主茎，分枝连续、重复、多级双歧分枝 ·· 奇异小桧叶螅 *S. mirabilis*
- 非海绵状 ·· 2
2. 生殖鞘长椭圆形，表面具多条纵肋 ·· 清晰小桧叶螅 *S. diaphana*
- 生殖鞘呈倒置的瓶状 ··· 尖齿小桧叶螅 *S. acutidentata*

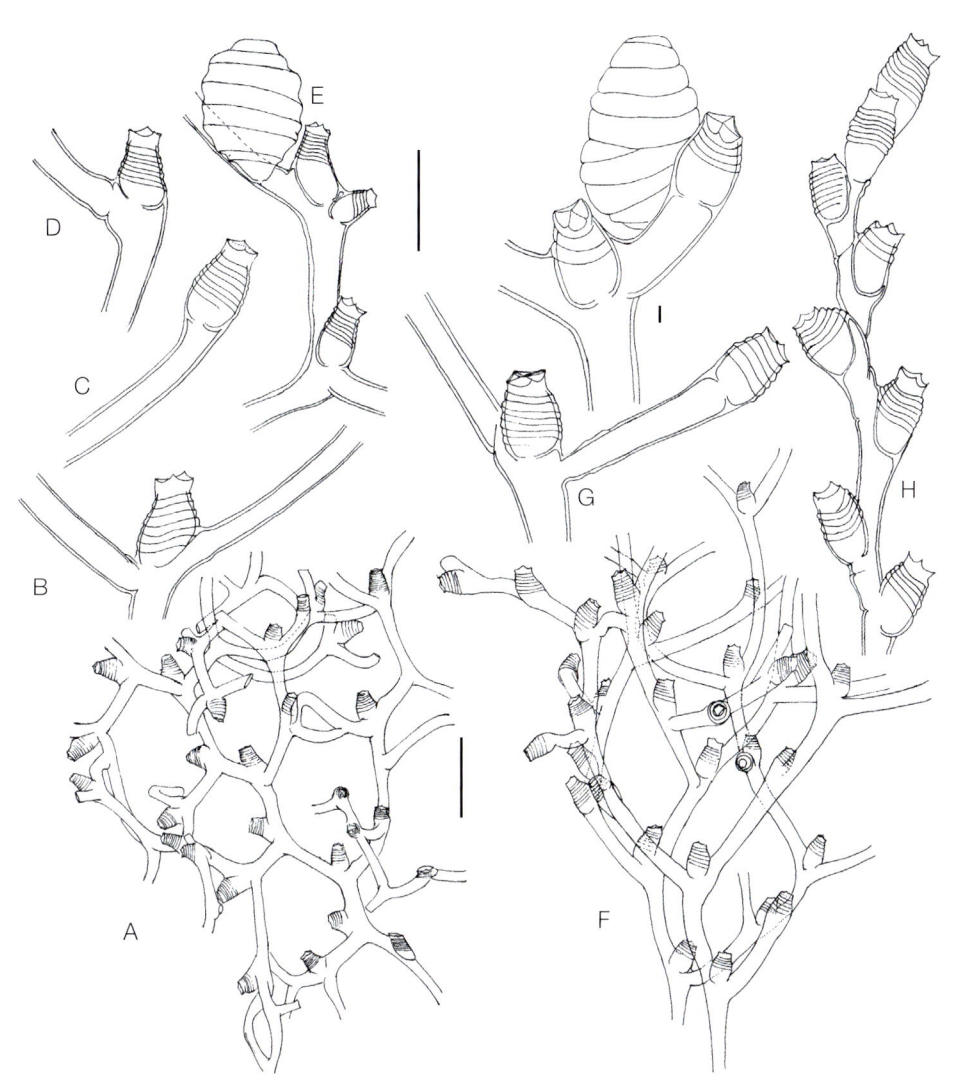

图 8　奇异小桧叶螅 Sertularella mirabilis Jäderholm, 1896（引自宋希坤, 2019）
A、F. 群体；B～D、G. 芽鞘；E、I. 生殖鞘；H. 分枝
比例尺：A、F = 1mm；B～E, G～I = 0.5mm

桧叶螅科 Sertulariidae Lamouroux, 1812
特异螅属 *Idiellana* Cotton & Godfrey, 1942

锯形特异螅
Idiellana pristis (Lamouroux, 1816)

同物异名： *Idia pristis* Lamouroux, 1816; *Idiella pristis* (Lamouroux, 1816)

标本采集地： 东海。

形态特征： 群体直立；主茎、侧枝粗壮，部分充分成熟群体的侧枝在主茎上可以围成多层伞状。主茎具规律分节，节间1个侧枝；侧枝在主茎上1个或多个位点轮生，围成单层或多层伞状；分枝在主茎或侧枝上互生，同一个平面，具明显分节，不规律；芽鞘在侧枝或分枝上排成两纵列，仅位于侧枝或分枝一侧，侧枝相邻分枝间隔3个芽鞘，1个腋生，另2个互生，分枝上的芽鞘互生或近互生，密集处相邻芽鞘叠生，芽鞘表面光滑，无柄，近茎侧2/3贴生，顶部外弯下垂，顶端具2个侧齿，位于近茎与远茎的正中间，近茎端具单瓣椭圆形芽盖。生殖鞘壶状，在主茎或侧枝芽鞘基部着生，基部具短柄，顶部具短领，表面具10～13条纵脊。

生态习性： 栖息于潮间带、潮下带的岩石、贝壳等硬质基底上。

地理分布： 黄海，东海，南海；日本，新西兰，澳大利亚，印度尼西亚，南非，西大西洋。

参考文献： 宋希坤，2019。

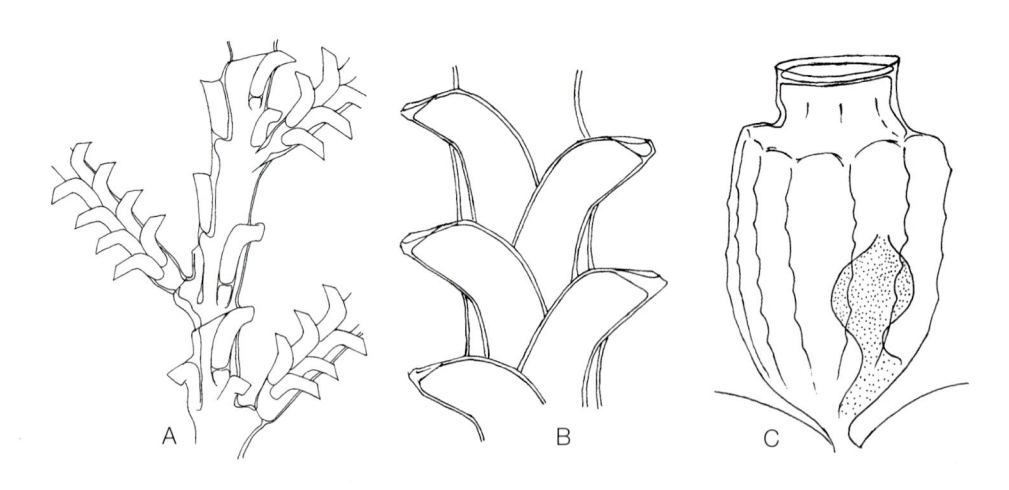

图9 锯形特异螅 *Idiellana pristis* (Lamouroux, 1816)（引自宋希坤，2019）
A. 主茎和分枝；B. 分枝；C. 生殖鞘

海女螅属 *Salacia* Lamouroux, 1816

斑荚海女螅
Salacia punctagonangia (Hargitt, 1924)

同物异名： *Sertularella punctagonangia* Hargitt, 1924

标本采集地： 东海。

形态特征： 群体直立，具明显主茎，略呈"Z"字形，分枝互生，与主茎夹角呈60°～90°，分枝腋窝处具垫突和腋生芽鞘。主茎与分枝不规律分节，分节处具1～2个环轮，每节主茎具1～2个分枝，每节分枝具2～4个芽鞘。主茎上芽鞘互生，分枝上芽鞘近对生，排成两纵列，位于同一平面。主茎和分枝上的芽鞘排列稀疏。芽鞘表面光滑，拇指状，往芽鞘末端渐细，约2/5贴生，末端开口较大，呈"V"形，朝向主茎或分枝的侧下方，不具缘齿和内部齿，远茎侧具单瓣近"V"形芽盖。标本组织中空，未观察到明显的离茎盲囊。无生殖鞘标本。

生态习性： 栖息于水深114～274m的潮下带海底。

地理分布： 东海；日本，菲律宾。

参考文献： 宋希坤，2019。

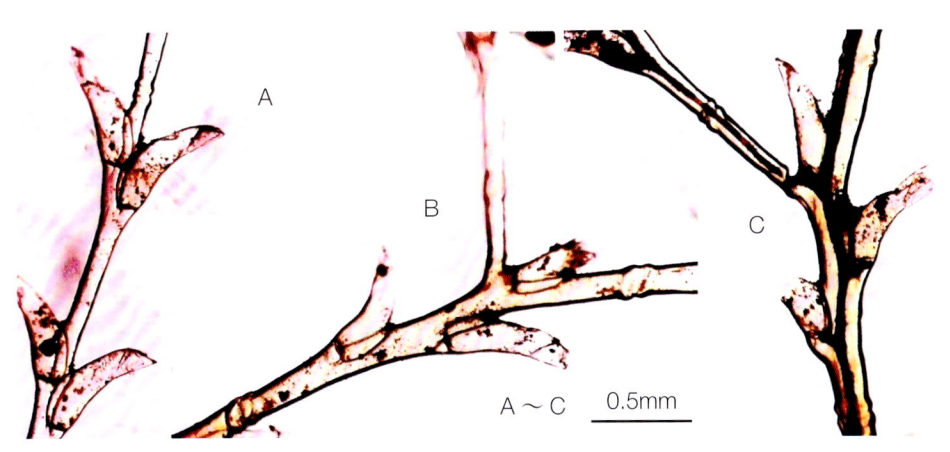

图10 斑荚海女螅 *Salacia punctagonangia* (Hargitt, 1924)（引自宋希坤，2019）
A. 群体；B. 主茎和分枝；C. 分枝

辫螅科 Symplectoscyphidae Maronna et al., 2016

辫螅属 *Symplectoscyphus* Marktanner-Turneretscher, 1890

三齿辫螅
Symplectoscyphus tricuspidatus (Alder, 1856)

同物异名： *Sertularella tricuspidata* (Alder, 1856); *Sertularia tricuspidata* Alder, 1856

标本采集地： 东海。

形态特征： 无明显主茎，多级双歧分枝，位于同一平面上，分枝腋部具垫突和芽鞘，主茎和分枝均分节，节间具1个芽鞘，相邻分枝间存在交联现象。芽鞘在主茎和分枝上均互生，排成两纵列，芽鞘管状，表面光滑，近茎侧1/5～1/2贴生，口部具3个等大的缘齿，芽盖3瓣，不具内部齿。螅芽收缩后具离茎盲囊。有些芽鞘侧下方具孔隙。生殖鞘具柄，椭圆形，从芽鞘侧下方的孔隙中生出，表面约具10圈环褶，顶端具短领。

生态习性： 多栖息于潮下带细砂底，水深66～510m。

地理分布： 东海，黄海；北太平洋，北大西洋，北冰洋。

参考文献： 唐质灿和高尚武，2008；宋希坤，2019。

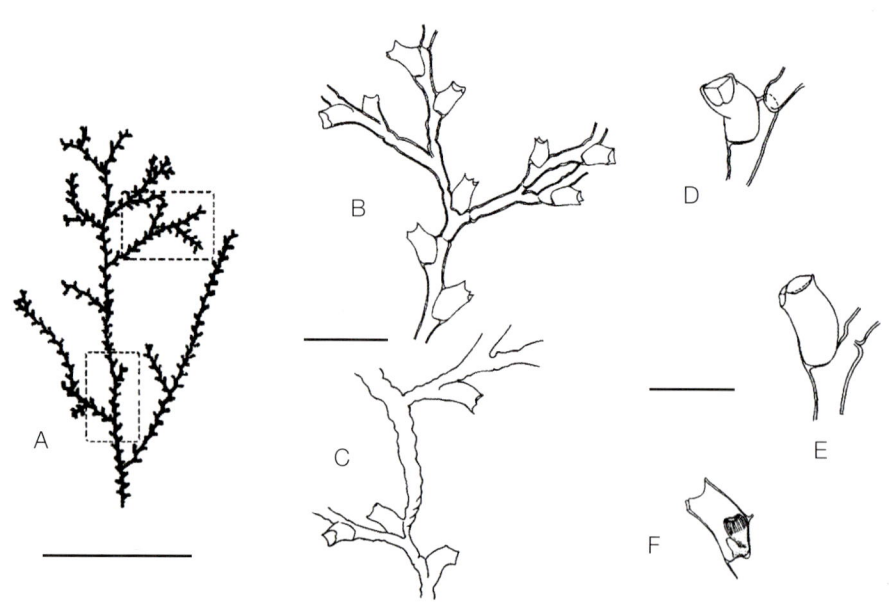

图11 三齿辫螅 *Symplectoscyphus tricuspidatus* (Alder, 1856)（引自宋希坤，2019）
A. 整体外观图；B. 次级分支；C. 交联结构；D、E. 芽鞘；F. 离茎盲囊
比例尺：A = 1cm；B、C = 1mm；D～F = 0.5mm

花裸螅目 Anthoathecata
筒螅水母科 Tubulariidae Goldfuss, 1818
外肋筒螅属 *Ectopleura* Agassiz, 1862

黄外肋筒螅
Ectopleura crocea (Agassiz, 1862)

同物异名： 中胚花筒螅 *Tubularia mesembryanthemum* Allman, 1871

标本采集地： 黄海，东海。

形态特征： 群体高 25～60mm。水螅茎直立，不分枝。茎顶端与芽体间有一缢缩。芽体瓶状，通常具2轮触手，触手25～30个；围口触手短，18～26个。生殖体位于围口触手和基部触手之间。

生态习性： 固着于岩石及人工设施上，常在水产养殖设施上大量出现。

地理分布： 黄海，东海，南海；日本，朝鲜半岛。

经济意义： 污损生物，危害养殖网箱等海洋设施。

参考文献： Huang et al., 1993；严岩等，1995；杨德渐等，1996；宋希坤等，2006。

图 12　黄外肋筒螅 *Ectopleura crocea* (Agassiz, 1862)

海鳃目 Pennatulacea
棒海鳃科 Veretillidae Herklots, 1858
仙人掌海鳃属 Cavernularia Valenciennes, 1850

强壮仙人掌海鳃
Cavernularia obesa Valenciennes, 1850

标本采集地： 山东青岛、长岛、日照。

形态特征： 群体大型，棍棒状。上部为轴部，周围具很多水螅体；下部为柄部，无水螅体。轴部长度为柄部的 2 倍以上。体较松软，体型因伸缩程度不同而常有变化。水螅体无芽鞘，收缩后可隐入轴部。轴部内含有很多石灰质小骨片。活体淡黄色或橙色。

生态习性： 栖息于潮间带、潮下带泥沙滩。

地理分布： 渤海，黄海，东海，南海。

参考文献： 冈田要等，1960；杨德渐等，1996；曹善茂等，2017。

图 13　强壮仙人掌海鳃 *Cavernularia obesa* Valenciennes in Milne Edwards & Haime, 1850
（孙世春供图）

海葵目 Actiniaria
海葵科 Actiniidae Rafinesque, 1815
海葵属 *Actinia* Linnaeus, 1767

等指海葵
Actinia equina (Linnaeus, 1758)

标本采集地： 中国沿海潮间带。

形态特征： 活体全身鲜红色到暗红色，酒精保存则褪色。足盘直径、柱体高和口盘直径大致相等，通常为 20～40mm。柱体光滑，部分大个体领窝内具边缘球。触手中等大小，100 个左右，按 6 的倍数排成数轮，完整模式为 6+6+12+24+48+96=192 个；内、外触手大小近等。

生态习性： 栖息于潮间带及潮下带的岩石上。

地理分布： 渤海，黄海，东海，南海；世界性分布。

参考文献： 裴祖南，1998；李阳，2013。

图 14　等指海葵 *Actinia equina* (Linnaeus, 1758) 活体伸展照（李阳供图）

侧花海葵属 *Anthopleura* Duchassaing de Fonbressin & Michelotti, 1860

绿侧花海葵　　绿海葵
Anthopleura fuscoviridis Carlgren, 1949

同物异名： 绿疣海葵 *Anthopleura midori* Uchida & Muramatsu, 1958

标本采集地： 山东青岛、长岛、日照。

形态特征： 柱体高 20～80mm，直径 15～60mm。柱体圆柱形，上部较宽，中部常缢缩。体表具 48 列疣状突起，在口盘附近较为发达明显。口盘浅绿色或浅褐色，口圆形或裂缝状。触手多为 96 个，长度与口盘直径相近。体壁绿色。触手淡绿色、白色或浅褐色。

生态习性： 栖息于潮间带，固着于潮间带、潮下带受海水冲击的岩礁或石块上。

地理分布： 渤海，黄海，东海，南海；日本。

参考文献： 杨德渐等，1996；裴祖南，1998；曹善茂等，2017。

图 15　绿侧花海葵 *Anthopleura fuscoviridis* Carlgren, 1949（孙世春供图）
A. 口面观；B、C. 侧面观；D. 生态照

近瘤海葵属 *Paracondylactis* Carlgren, 1934

亨氏近瘤海葵
Paracondylactis hertwigi (Wassilieff, 1908)

标本采集地： 中国沿海。

形态特征： 海葵体浅红棕色，易收缩，伸展时可见隔膜插入痕。柱体延长，上端粗，向下变细。保存状态下最大个体长 7.0cm，柱体最大直径 3.5cm，足盘直径 1.0cm。领部有 24 个假边缘球。无疣突。有边缘孔。触手短小，有斑点，48 个；内触手长于外触手。边缘括约肌弥散型。两个口道沟，连接两对指向隔膜，指向隔膜可育。隔膜三轮 24 对，按 6+6+12 的方式排列。

生态习性： 栖息于近岸泥沙滩中。

地理分布： 渤海，黄海，东海，南海；日本，韩国。

经济意义： 可供食用。

参考文献： 裴祖南，1998；李阳，2013。

图 16　亨氏近瘤海葵 *Paracondylactis hertwigi* (Wassilieff, 1908)（李阳供图）

洞球海葵属 *Spheractis* England, 1992

洞球海葵
Spheractis cheungae England, 1992

标本采集地： 东海潮间带。

形态特征： 柱体近圆柱形，收缩时下部宽于上部；伸展时体型多变，口盘直径通常超过足盘；柱体上部呈棕色，下部更深。收缩的保存标本呈圆顶状。柱体从边缘到下部紧密覆盖大而简单、球状、无吸附性的囊泡。囊泡大概排列成 50 个纵列，通常每列 20~30 个，但并不总是很规则。边缘锯齿状，具明显的内胚层性边缘突起，每个突起常常在其反口面着生 3~5 个囊泡。无边缘球。触手膨大，伸展个体触手反口端削尖，收缩个体触手圆形；最大触手长 10mm，根部直径 5mm。触手数 104~138 个，按 6 的倍数约排成 5 轮；内触手略大于外触手。

生态习性： 栖息于潮间带及潮下带的岩石上。

地理分布： 东海，南海。

参考文献： 李阳，2013。

图 17　洞球海葵 *Spheractis cheungae* England, 1992

海葵科分属检索表

1. 具边缘球 2
 - 无边缘球 3
2. 无疣突 .... 海葵属 *Actinia*
 - 具疣突 .... 侧花海葵属 *Anthopleura*
3. 柱体覆盖球状囊泡 .... 洞球海葵属 *Spheractis*
 - 柱体无囊泡覆盖 .... 近瘤海葵属 *Paracondylactis*

矶海葵科 Diadumenidae Stephenson, 1920

矶海葵属 *Diadumene* Stephenson, 1920

纵条矶海葵
Diadumene lineata (Verrill, 1869)

标本采集地： 山东长岛、灵山岛，西沙群岛。

形态特征： 个体较小，圆筒形。褐色、浅灰色、橄榄绿色，常有橙色、黄色或白色纵条纹，或为双色条纹。头部与柱体交界处有一圈颜色较深的横带（领部）。伸展时体表可见很多小的壁孔，是枪丝的射出通道。口盘喇叭形，灰绿色，常有白斑，有时具浅红色斑点。基盘略宽于下体柱。受到干扰后从柱体壁孔和口中射出枪丝，是该种明显的鉴别特征。

生态习性： 潮间带习见种，附着于岩礁、石块，也见于养殖筏架等人工设施上。

地理分布： 渤海，黄海，东海，南海；世界性分布。

参考文献： 杨德渐等，1996；裴祖南，1998；李阳，2013。

图 18-1 纵条矶海葵 *Diadumene lineata* (Verrill, 1869) 活体伸展照（孙世春供图）

图 18-2 纵条矶海葵 *Diadumene lineata* (Verrill, 1869) 活体收缩照（李阳供图）

滨海葵科 Haliactinidae Carlgren, 1949
植形海葵属 *Phytocoetes* Annandale, 1915

中华植形海葵
Phytocoetes sinensis Li, Liu & Xu, 2013

标本采集地： 浙江玉环。

形态特征： 身体延长、光滑，不分区；柱体收缩时有环沟。反口端膨大或扁平。酒精保存标本呈棕色至白色；福尔马林保存标本呈棕色、半透明，透过体壁可见隔膜插入痕。口盘圆形，不分叶，颜色与柱体相同，可见白线状的隔膜插入痕。伸展个体口盘直径 6～27mm，通常超过柱体直径。口卵圆形、白色，隆起于口盘中央。触手边缘着生，光滑，反口端削尖，颜色浅于柱体，保存状态下通常长 10～25mm。触手通常按 6 的倍数排成 5 轮，内触手稍长于外触手。

生态习性： 栖息于潮间带泥滩。

地理分布： 东海。

参考文献： Li et al., 2013；李阳，2013。

图 19　中华植形海葵 *Phytocoetes sinensis* Li, Liu & Xu, 2013

蠕形海葵科 Halcampoididae Appellöf, 1896
蠕形海葵属 *Halcampella* Andres, 1883

大蠕形海葵
Halcampella maxima Hertwig, 1888

标本采集地： 东海。

形态特征： 海葵体延长型，上粗下窄。柱体高 4～9cm，最大直径 1～3cm，足节与柱体连接处最窄，约 3.5mm。海葵体分足节、柱体和头部。足节奶油色，可见 12 个隔膜插入痕。柱体具坚硬的黑色表皮，吸附很多细小砂粒，由 12 条纵肋等分。触手 20～30 个，缩进口盘；内触手长于外触手。隔膜 12 对。

生态习性： 栖息于浅海泥砂底。

地理分布： 中国近海；日本，韩国，菲律宾。

参考文献： 裴祖南，1998；李阳，2013。

图 20　大蠕形海葵 *Halcampella maxima* Hertwig, 1888（李阳供图）

链索海葵科 Hormathiidae Carlgren, 1932
美丽海葵属 *Calliactis* Verrill, 1869

日本美丽海葵
Calliactis japonica Carlgren, 1928

同物异名： 日本近丽海葵 *Paracalliactis japonica* Pei, 1998
标本采集地： 黄海南部。
形态特征： 海葵体布满红褐色斑点，伸展时圆柱形。基部发达，通常附着在褐管蛾螺等螺类的壳上，有时附着于寄居蟹栖居的螺壳上，在无螺壳时，海葵基部包裹泥沙、碎壳等杂物。柱体上覆盖一层表皮，酒精保存后容易脱落。两个口道沟。口盘具纵沟和突起。触手纤细，有的个体为纯黄色，有的为透明色，或具暗红色斑点；其排列为5轮，完整模式下为192个。内触手长于外触手。
生态习性： 常附着于寄居蟹栖居的螺壳上。
地理分布： 黄海南部，东海；日本，韩国。
参考文献： 裴祖南，1998；李阳，2013。

图21 日本美丽海葵 *Calliactis japonica* Carlgren, 1928

近丽海葵属 *Paracalliactis* Carlgren, 1928

中华近丽海葵
Paracalliactis sinica Pei, 1982

标本采集地： 黄海南部。

形态特征： 附着于寄居蟹栖居的螺壳或蟹的大螯肢上。基部宽阔，固着于螺壳上；边缘薄，色浅，可见隔膜插入痕。柱体呈低矮的圆锥形，保存标本苍白色或淡黄色，多少透明；体壁上有横线隆起交织成网状。无壁孔。两个口道沟。触手短小，圆锥形。隔膜5轮。

生态习性： 常附着于寄居蟹栖居的螺壳上。

地理分布： 黄海，东海。

参考文献： 裴祖南，1998；李阳，2013。

图22　中华近丽海葵 *Paracalliactis sinica* Pei, 1982

刺胞动物门参考文献

曹善茂,印明昊,姜玉声,等. 2017. 大连近海无脊椎动物. 沈阳：辽宁科学技术出版社：334.

李阳. 2013. 中国海海葵目（刺胞动物门：珊瑚虫纲）种类组成与区系特点研究. 中国科学院海洋研究所博士学位论文.

裴祖南. 1998. 中国动物志 腔肠动物门 海葵目 角海葵目 群体海葵目. 北京：科学出版社：286.

宋希坤. 2019. 中国与两极海域桧叶螅科刺胞动物多样性. 北京：科学出版社：261.

宋希坤,冯碧云,郭峰,等. 2006. 中胚花筒螅辐射幼体附着和变态及其温盐效应. 厦门大学学报（自然科学版）, 45 (S1): 211-215.

唐质灿,高尚武. 2008. 水母亚门 Subphylum Medusozoa Petersen, 1979 // 刘瑞玉. 中国海洋生物名录. 北京：科学出版社：301-332.

王春光,林茂,许振祖. 2012. 水螅虫总纲 Superclass Hydroza// 黄宗国,林茂. 中国海洋物种和图集（下卷）：中国海洋生物图集, 第三册. 北京：海洋出版社：11-60.

严岩,严文侠,董钰. 1995. 湛江港污损生物挂板试验. 热带海洋, 14(3): 81-85.

杨德渐,王永良,等. 1996. 中国北部海洋无脊椎动物. 北京：高等教育出版社：538.

岡田要,內田亨,等. 1960. 原色動物大圖鑑, IV. 東京：北隆館, 247.

Huang Z G, Zheng C X, Lin S, et al. 1993. Fouling Organisms at Daya Bay Nuclear Power Station, China. The Marine Biology of the South China Sea. Hong Kong: Hong Kong University Press: 121-130.

Li Y, Liu R Y, Xu K. 2013. *Phytocoetes sinensis* n. sp. and *Telmatactis clavata* (Stimpson, 1855), two poorly known species of Metridioidea (Cnidaria: Anthozoa: Actiniaria) from Chinese waters. Zootaxa, 3637(2): 113-122.

Song X, Gravili C, Ruthensteiner B, et al. 2018. Incongruent cladistics reveal a new hydrozoan genus (Cnidaria: Sertularellidae) endemic to the eastern and western coasts of the North Pacific Ocean. Invertebrate Systematics, 32(5): 1083-1101.

Song X, Xiao Z, Gravili C, et al. 2016. Worldwide revision of the genus *Fraseroscyphus* Boero and Bouillon, 1993 (Cnidaria: Hydrozoa): an integrative approach to establish new generic diagnoses. Zootaxa, 4168 (1): 1-37.

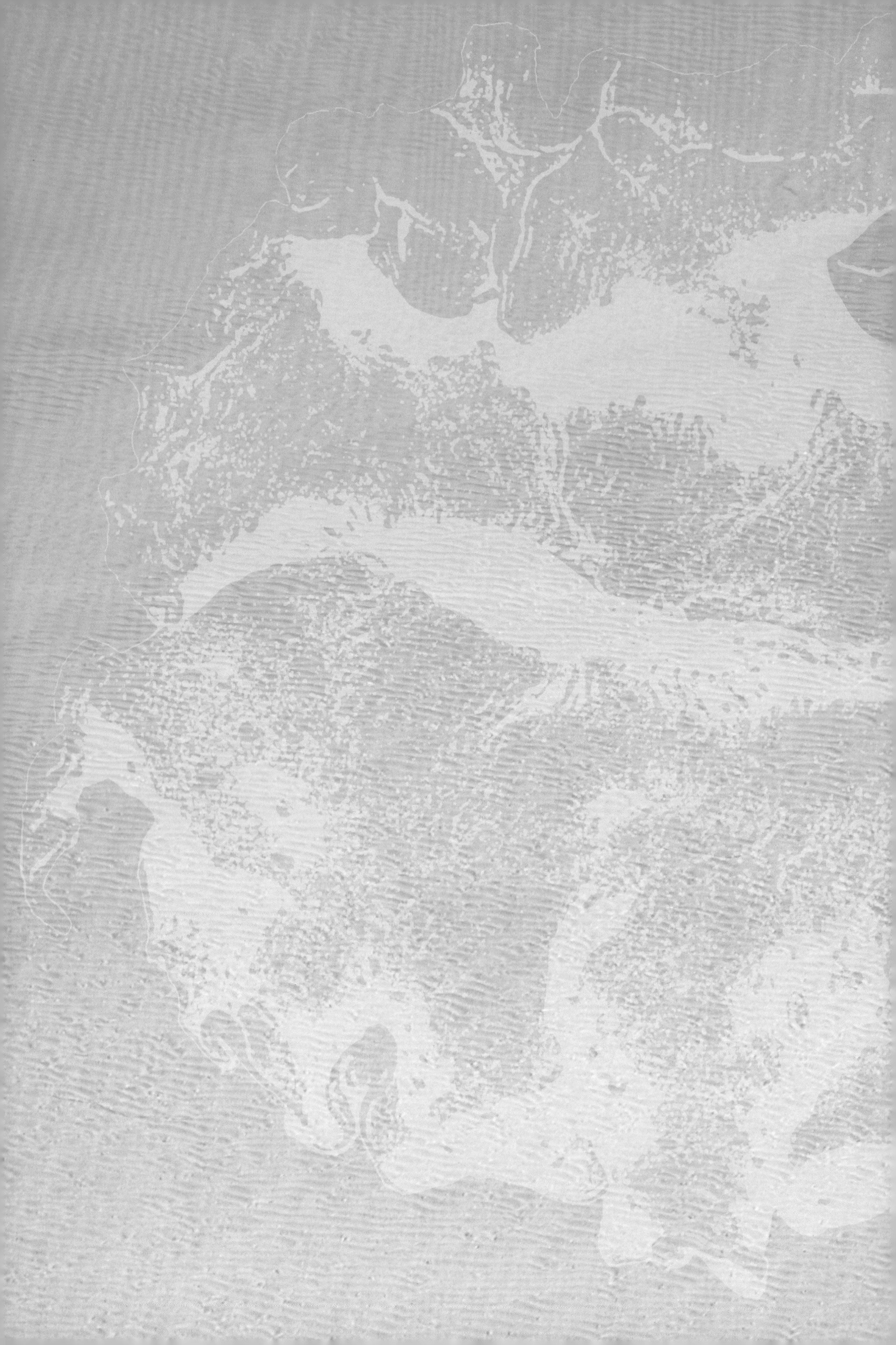

扁形动物门
Platyhelminthes

多肠目 Polycladida
泥平科 Ilyplanidae Faubel, 1983
泥涡属 *Ilyella* Faubel, 1983

大盘泥涡虫
Ilyella gigas (Schmarda, 1859)

标本采集地： 海南三亚，台湾屏东。

形态特征： 身体长椭圆形，体长可达 40mm。身体底色为乳白色或略显蓝紫色，具大量棕色斑点，在体中心附近较密且较大。无触角。

生态习性： 栖息于潮间带石下，以小虾蟹为食。

地理分布： 海南（新记录），台湾岛；日本，斐济，印度尼西亚，密克罗尼西亚。

参考文献： 揭维邦和郭世杰，2015。

图 23　大盘泥涡虫 *Ilyella gigas* (Schmarda, 1859)

伪角科 Pseudocerotidae Lang, 1884

伪角属 *Pseudoceros* Lang, 1884

蓝纹伪角涡虫
Pseudoceros indicus Newman & Schupp, 2002

标本采集地： 海南临高、儋州。

形态特征： 身体近椭圆形，体长最大可达 60mm。身体底色为乳白色或略显黄褐色，边缘具蓝色条带，并间断加深为深蓝色斑点。头部前缘具一对拟触角，近前端背面具一黑褐色脑眼，不甚明显。

生态习性： 栖息于潮间带中、低潮区的岩礁间或沙滩。文献报道也在红树林泥滩发现。

地理分布： 海南（新记录），台湾岛；印度尼西亚，密克罗尼西亚，马尔代夫，澳大利亚，南非。

参考文献： 揭维邦和郭世杰，2015。

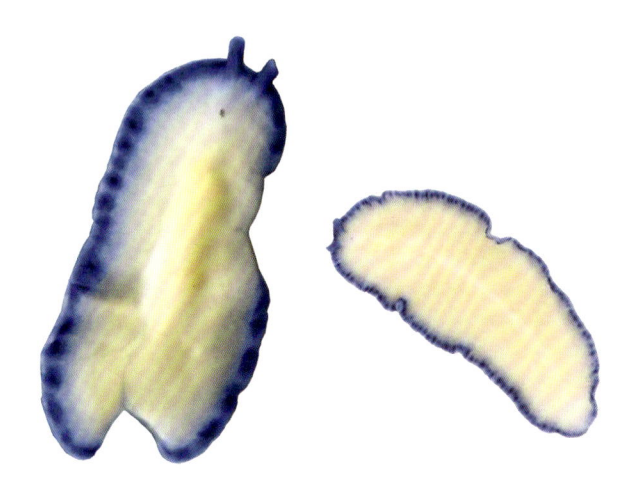

图 24　蓝纹伪角涡虫 *Pseudoceros indicus* Newman & Schupp, 2002

蓝带伪角涡虫
Pseudoceros concinnus (Collingwood, 1876)

标本采集地： 海南儋州。

形态特征： 身体长椭圆形，长约 20mm。身体背面底色为乳白色、淡蓝色或浅褐色。身体周围由一蓝色条纹环绕。体中央具一蓝色纵带，前、后端均不及身体边缘，有的个体该纵带断为前后两段。蓝纵带常被中央一橙色细纹分为左右两部分。头部前缘具一对明显的拟触角。蓝纵带前方具一脑眼。

生态习性： 栖息于潮间带岩礁区域。

地理分布： 海南（新记录），台湾岛；印度尼西亚，新几内亚岛，越南，菲律宾。

参考文献： 揭维邦和郭世杰，2015。

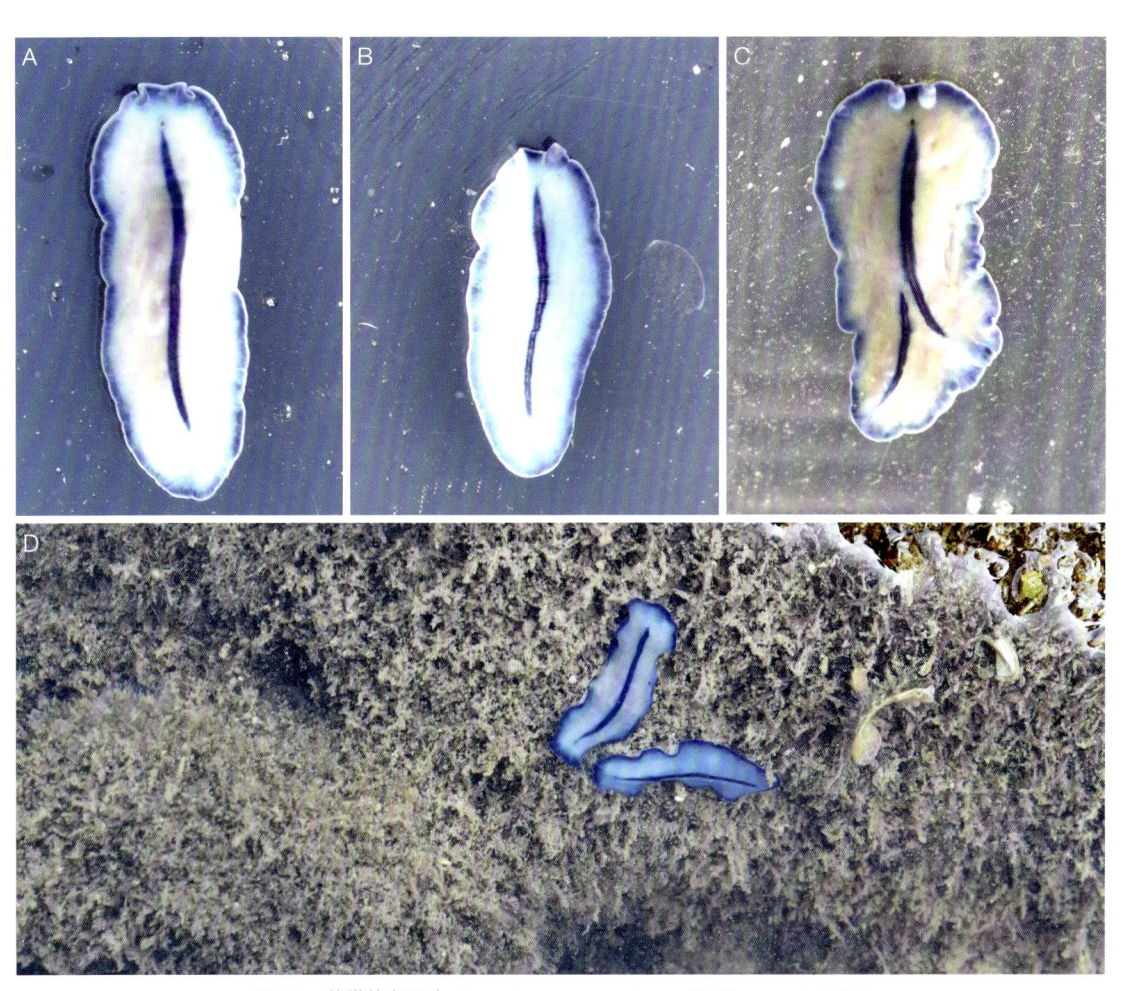

图 25 蓝带伪角涡虫 *Pseudoceros concinnus* (Collingwood, 1876)

外伪角涡虫
Pseudoceros exoptatus Kato, 1938

标本采集地：山东日照。

形态特征：身体卵圆形，边缘呈波浪状。体长可达 60～80mm，体宽约 40mm。体前端具一对明显的触叶。肠分枝复杂，口位于腹面靠后端。雌、雄生殖孔均位于口后。触叶上生有很多眼点，脑眼呈马蹄形排列。体色黄褐色或灰褐色，具白色斑点，散布于体表。体中央明显隆起，颜色较深。

生态习性：栖息于潮间带中、低潮区的岩礁间或沙滩。

地理分布：黄海，东海，南海；日本。

参考文献：曹善茂等，2017。

图26　外伪角涡虫 *Pseudoceros exoptatus* Kato, 1938

伪角属分种检索表

1. 体边缘具蓝色条带 ··· 蓝纹伪角涡虫 *P. indicus*
- 体边缘无蓝色条带 ···2
2. 体中央具1蓝色纵带 ·· 蓝带伪角涡虫 *P. concinnus*
- 体中央无蓝色纵带 ··· 外伪角涡虫 *P. exoptatus*

扁形动物门参考文献

曹善茂, 印明昊, 姜玉声, 等. 2017. 大连近海无脊椎动物. 沈阳：辽宁科学技术出版社：112.

揭维邦, 郭世杰. 2015. 台湾的多歧肠海扁虫. 屏东：台湾海洋生物博物馆.

纽形动物门
Nemertea

细首科 Cephalotrichidae McIntosh, 1874
细首属 Cephalothrix Örsted, 1843

古纽纲 Palaeonemertea

香港细首纽虫
Cephalothrix hongkongiensis Sundberg, Gibson & Olsson, 2003

同物异名： *Procephalothrix arenarius* Gibson, 1990
标本采集地： 山东长岛、青岛，浙江大陈岛，福建厦门，广东深圳，香港。
形态特征： 虫体细长线状，头端至脑部较其后部略细，尾端渐细。伸展状态体长可达 110mm 以上，最大体宽约 1mm。虫体呈浅黄色或浅褐色，肠区颜色常因食物而变化，头端颜色呈橘红或黄褐色加深，有的个体体表可见数目不等的浅色环纹。吻孔位于虫体前端。口位于脑后腹面，距头端距离约为体宽的 3 倍。无头沟，无眼点。
生态习性： 栖息于潮间带石下、粗砂中，也见于大型海藻丛中。
地理分布： 黄海、东海、南海；韩国，澳大利亚。
参考文献： Gibson, 1990；孙世春, 1995；Chen et al., 2010。

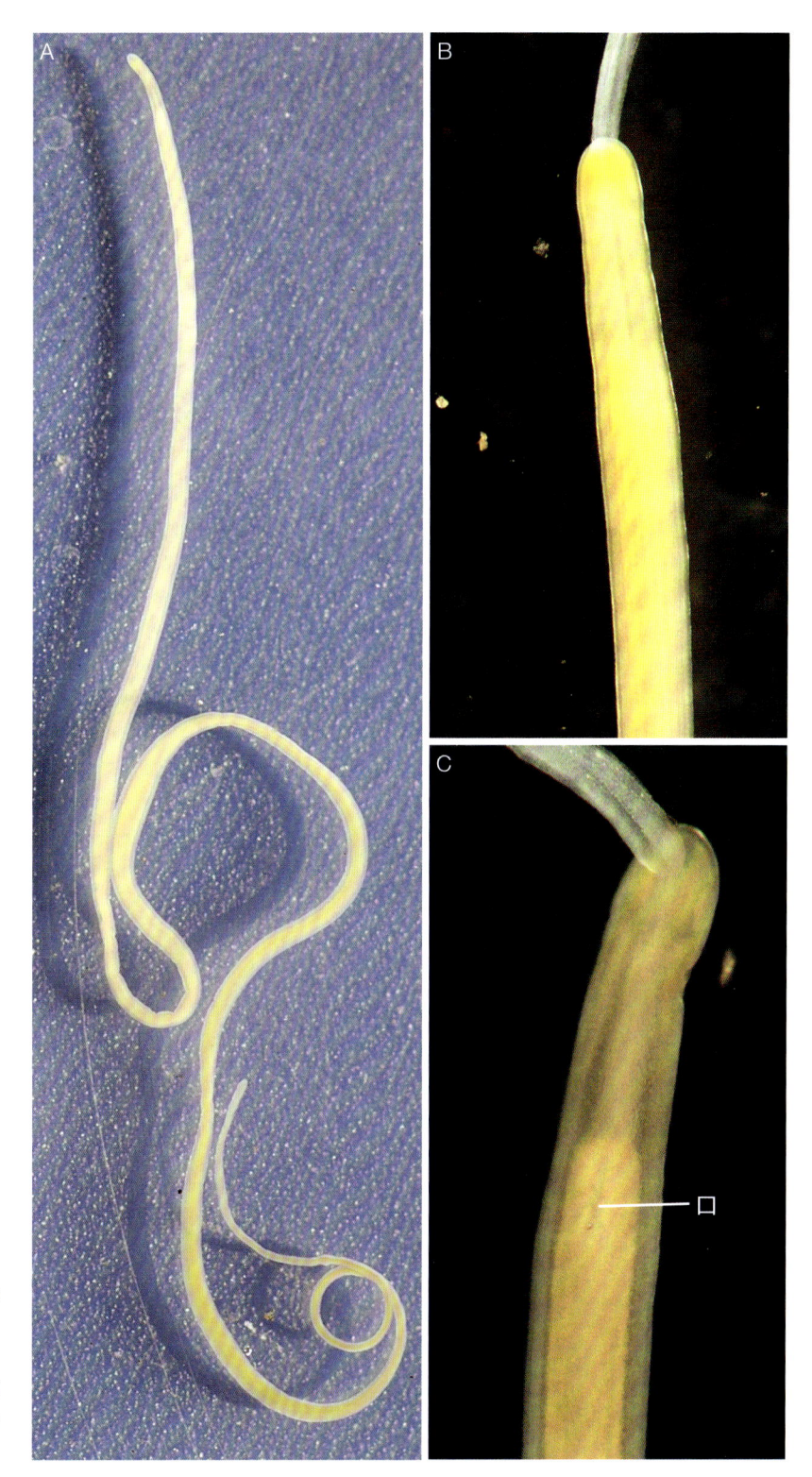

图27 香港细首纽虫 *Cephalothrix hongkongiensis* Sundberg, Gibson & Olsson, 2003
A. 整体外形；B. 头部背面观（吻部分翻出）；C. 头部腹面观（吻部分翻出）（孙世春供图）

异纽目 Heteronemertea
纵沟科 Lineidae McIntosh, 1874
拟脑纽属 *Cerebratulina* Gibson, 1990

帽幼纲 Pilidiophora

浮游拟脑纽虫
Cerebratulina natans (Punnett, 1900)

同物异名： *Cerebratulus natans* Punnett, 1900

标本采集地： 福建厦门。

形态特征： 虫体扁平带状，侧缘很薄，呈翼状。个体较大，固定标本最大体长约130mm，最大体宽约6mm。头端明显较躯干部细，呈锥状。尾端尖，具尾须，长约1mm。体色棕黄色，肠区橘红色，侧缘呈透明状。头部具一鞋钉形色斑，黑褐色，背、腹面均可见。活体可见位于虫体两侧的一对纵神经，红色。头部两侧具一对水平头裂，无眼。

生态习性： 栖息于红树林泥滩，牡蛎、砾石间泥中。

地理分布： 福建厦门，香港；新加坡。

参考文献： Gibson, 1990；孙世春, 1995, 2008。

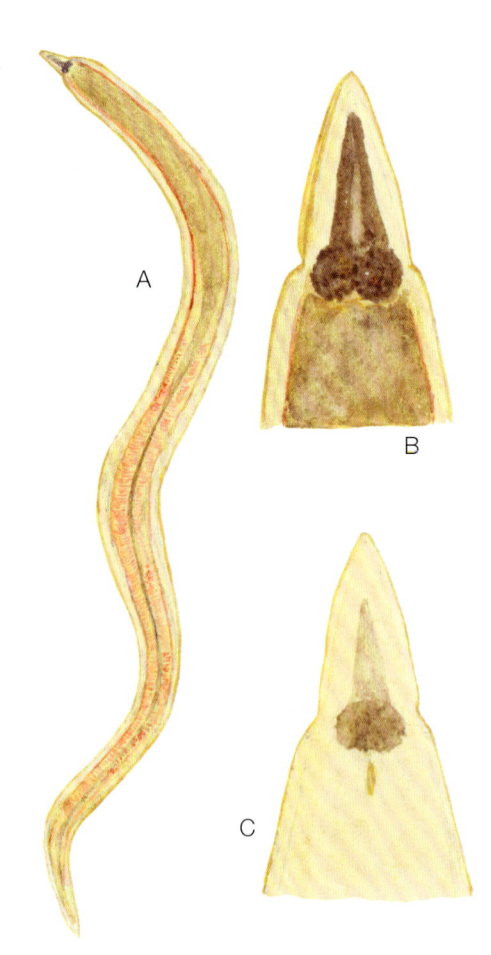

图 28 浮游拟脑纽虫 *Cerebratulina natans* (Punnett, 1900)
A. 整体外形；B. 头部背面观；C. 头部腹面观

岩田属 *Iwatanemertes* Gibson, 1990

椒斑岩田纽虫
Iwatanemertes piperata (Stimpson, 1855)

同物异名： *Meckelia piperata* Stimpson, 1855

标本采集地： 福建惠安、连江、厦门、香港。

形态特征： 虫体伸缩力强，体型变化较大，伸展时细长，头端钝圆，尾端稍尖。伸展后体长 40～120mm，体宽 0.8～2.0mm。虫体头部侧面具一对水平头裂。本种体表具特殊花纹，易于鉴别。虫体背面一般呈浅黄色或黄绿色，腹面呈浅黄色或灰绿色，腹面体色较背面浅。虫体背面具黑色或黑褐色色斑，形态、大小不一，排列不规则，色斑常在背中线附近集中成一条纵行色带。头部前端具两团橘红色色斑，有时沿身体侧面向后延伸，通常不连续。虫体腹面无色斑。本种无尾须和眼点。

生态习性： 栖息于潮间带石缝、石下、海藻间。

地理分布： 东海，南海；日本。

参考文献： Gibson, 1990；孙世春, 1995。

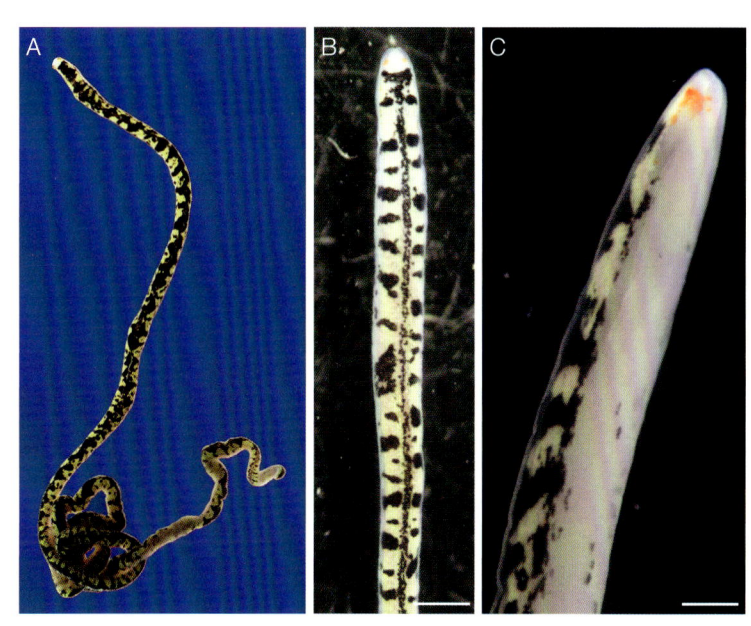

图29 椒斑岩田纽虫 *Iwatanemertes piperata* (Stimpson, 1855)
A. 活体外形；B. 头部背面；C. 头部侧面
比例尺：B = 1.0mm；C = 0.5mm

纵沟属 *Lineus* Sowerby, 1806

血色纵沟纽虫
Lineus sanguineus (Rathke, 1799)

标本采集地： 辽宁旅顺、大长山岛，山东长岛、青岛、灵山岛，浙江泗礁山，福建平潭，广东硇洲岛。

形态特征： 虫体细长，所见最大个体伸展时体长达30cm，宽约1mm。体色多变，背面常呈棕红色、暗红色、暗褐色、黄褐色，有的个体略显绿色，腹面色较浅。一般前部体色较深，向后变浅，年幼个体体色较浅。体表常可见若干淡色环纹，间距不等，数目与个体大小正相关。头部具一浅色的区域，呈红色，是脑神经节所在部位。头部两侧的水平头裂长而明显。眼点位于头部两侧边缘，每侧1～6个，作直线排列成单行。口位于两侧脑后腹面中央，呈椭圆形。吻孔位于头端中央。无尾须。

生态习性： 常栖息于潮间带泥沙底的石块下，海藻固着器、牡蛎、贻贝等固着生物群中。再生能力极强，自然状态下常通过自切断裂方式进行无性生殖。

地理分布： 辽宁、山东、浙江、福建、广东沿海；在日本，北美洲太平洋、大西洋沿岸，欧洲，南美洲太平洋、大西洋沿岸，新西兰等有记录，但未曾在赤道附近报道。

参考文献： 尹左芬等，1986；孙世春，2008；Kang et al., 2015。

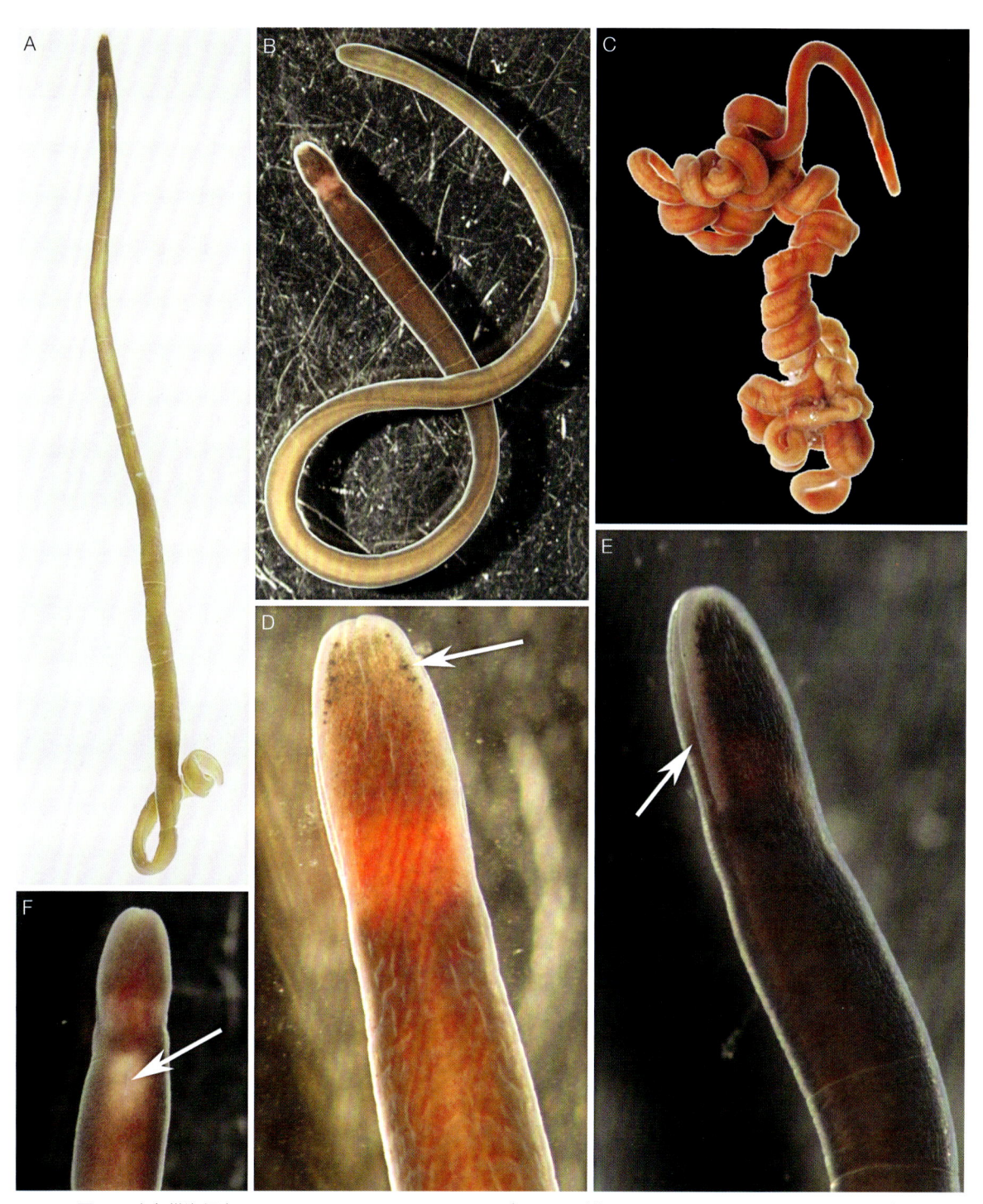

图 30　血色纵沟纽虫 *Lineus sanguineus* (Rathke, 1799)（A～C 引自 Kang et al., 2015; D～F 孙世春供图）
A～C. 整体外形，示体色变化；D. 头部背面观，箭头指向眼点；E. 头部背侧面观，箭头所指为水平头裂；
F. 头部腹面观，箭头所指为口

尹氏属 *Yininemertes* Sun & Lu, 2008

喜草尹氏纽虫
Yininemertes pratensis (Sun & Lu, 1998)

同物异名： *Yinia pratensis* Sun & Lu, 1998；*Novoyinia pratensis* Özdikmen, 2009

标本采集地： 上海浦东、崇明。

形态特征： 虫体扁平带状，背、腹扁平。体型因收缩程度不同而有变化，伸展状态体长 40～140mm，体宽 2～5mm。头端钝圆，两侧各具一条纵沟，身体在纵沟后端常稍缢缩，但有时不明显。口位于身体腹面纵沟之后，呈圆形或椭圆形。尾端圆形或稍尖，无尾须。身体呈红色或紫红色，后部颜色常有变化，有的个体变浅，有的个体变深。体表常具环纹，数量 4～29 条，但在有的个体中不明显。

生态习性： 本种为耐低盐河口种，可在淡水中生存。栖息于河口潮间带、潮下带软泥或沙泥中，在三棱藨草 *Scirpus mariqueter* 繁茂的沙泥中多见。高潮区个体常分泌黏液管包被身体。

地理分布： 上海（长江口）；韩国。

经济意义： 2013 年以来，该纽虫在韩国汉江口大量暴发，对当地鳗鲡（*Anguilla japonica* Temminck & Schlegel）苗捕捞业造成严重损失（渔获物 90% 为纽虫，少数鳗鲡苗均死亡）。

参考文献： Sun and Lu，1998，2008；Park et al.，2019。

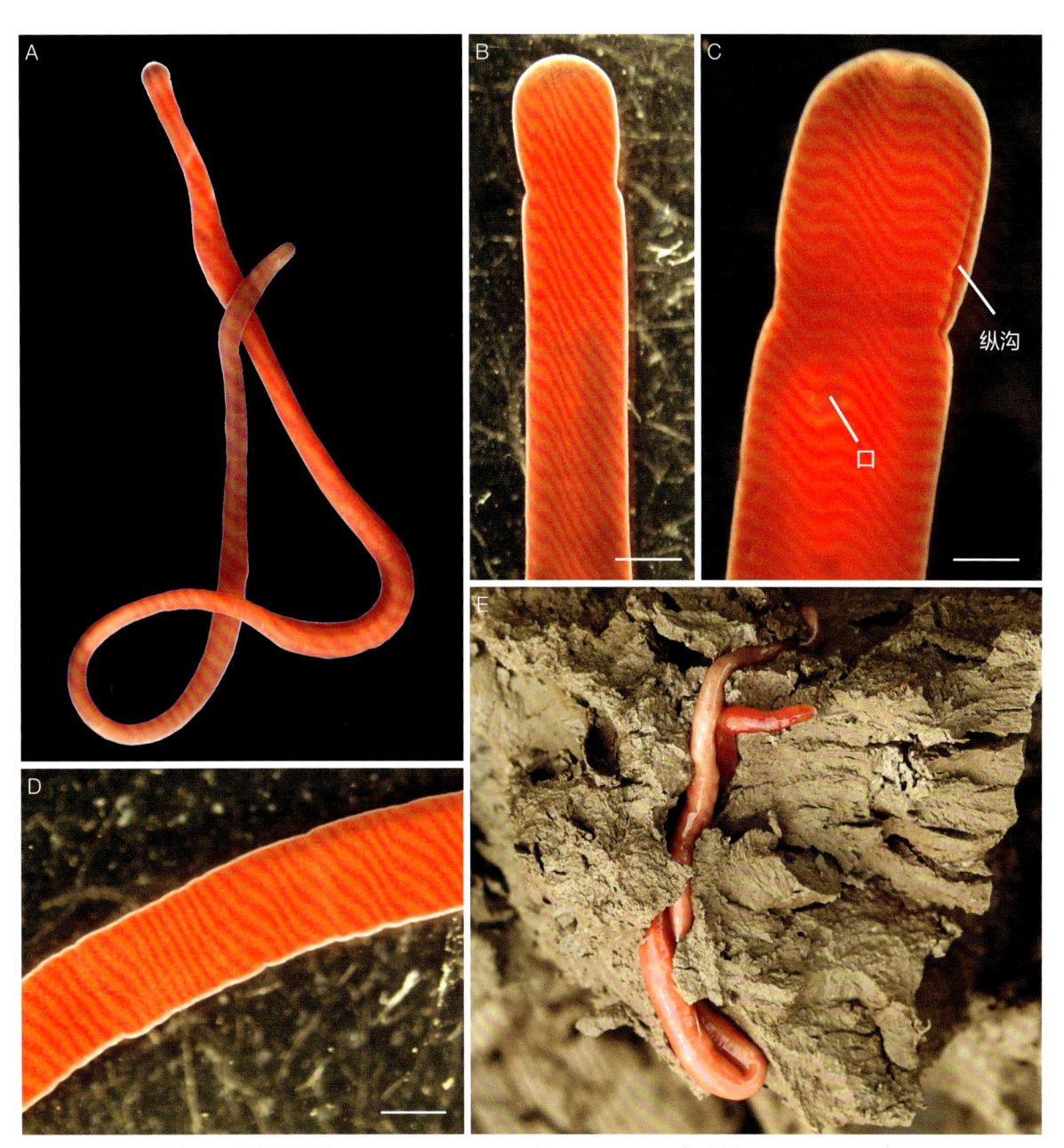

图 31　喜草尹氏纽虫 *Yininemertes pratensis* (Sun & Lu, 1998)（D 引自 Park et al., 2019）
A. 活体外形；B. 头部背面观；C. 头部腹面观；D. 肠区部分（示体表环纹）；E. 生活环境
比例尺：B、D = 1.0mm；C = 0.5mm

壮体科 Valenciniidae Hubrecht, 1879
无沟属 *Baseodiscus* Diesing, 1850

亨氏无沟纽虫
Baseodiscus hemprichii (Ehrenberg, 1831)

同物异名： *Eupolia brockii* Bürger, 1890; *Eupolia mediolineata* Bürger, 1893

标本采集地： 南海西沙群岛。

形态特征： 大型纽虫，体细长，所见最大个体伸展时体长可达 1m 以上，宽 2.0～2.5mm，后端渐细。头部近圆形，由一横头沟与后部身体分开。前端中央有一小的凹陷。头后部两侧背、腹面均具多条平行排列的细弱纵沟（次级头沟），向后延伸至横头沟。头两侧近边缘各具一列眼点，并在头后端聚集成团。口椭圆形，位于横头沟后腹面。身体白色。头部背面中央具一紫红色横斑。身体背面中央具一条纵向条带，紫红色，前端始于横头沟稍后，并与一横向色斑相连成 T 形，后端延伸至身体末端。腹面中央亦具一条紫红色纵向条带，前端始于口后，该条带有时有间断。无尾须。本种具独特的体色、花纹，易与其他纽虫区分。文献报道其他海区发现的部分个体头斑及身体背、腹面色带有所变异。

生态习性： 本种为热带海洋习见种，常见于珊瑚礁盘、石下粗沙等生境。

地理分布： 本种为热带广布种。国内只分布于海南（新记录）、台湾岛沿海；国外分布于印度洋 - 太平洋热带海域。

参考文献： Kazmi and Gibson，1994。

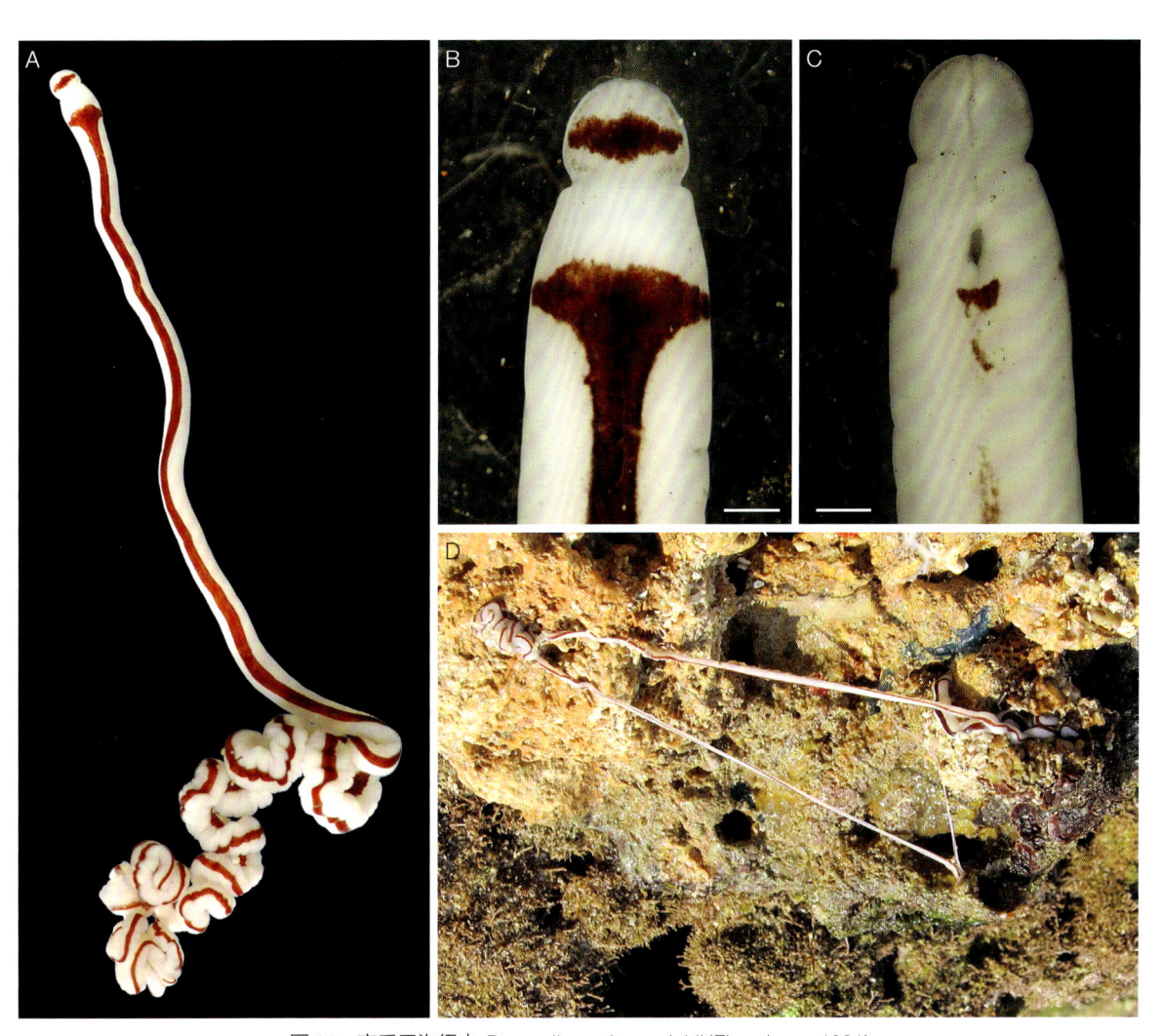

图 32 亨氏无沟纽虫 *Baseodiscus hemprichii* (Ehrenberg, 1831)
A. 整体；B. 头部背面观；C. 头部腹面观；D. 生态照片
比例尺：B、C = 1.0mm

单针目 Monostilifera
笑纽科 Prosorhochmidae Bürger, 1895
额孔属 *Prosadenoporus* Bürger, 1890

莫顿额孔纽虫
Prosadenoporus mortoni (Gibson, 1990)

同物异名： *Pantinonemertes mortoni* Gibson, 1990

标本采集地： 福建厦门，广东深圳，香港。

形态特征： 虫体较细长，圆柱状或略扁平，伸展状态体长 25～70mm，体宽 1～2mm。头端圆，略呈双叶状，吻孔位于前端。头部具 2 对眼点、一对横头沟和一笑裂（体前端水平头沟）。尾端钝圆。虫体背面边缘区呈浅黄色，中央区呈蓝绿色，此种色素在背中线集中成一条深蓝绿色纵线，自虫体前部延伸至尾端。吻具主针一枚，主针基座圆柱形，副针囊 2 个。

生态习性： 栖息于潮间带石下、粗砂、牡蛎、砾石间，多见于高、中潮区。

地理分布： 东海，南海。

参考文献： Gibson, 1990；孙世春, 1995。

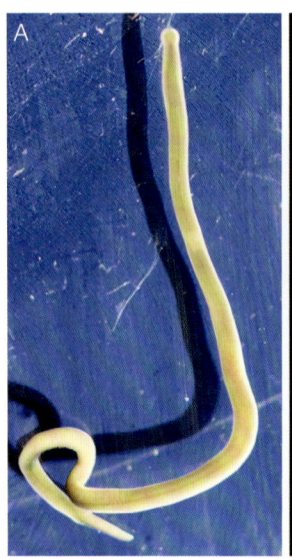

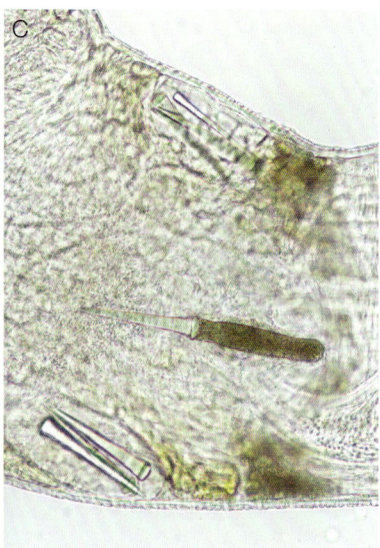

图 33　莫顿额孔纽虫 *Prosadenoporus mortoni* (Gibson, 1990)
A. 整体图；B. 头部背面观；C. 吻部主针及副针

纽形动物门参考文献

孙世春. 1995. 台湾海峡纽形动物初报. 海洋科学, (5): 45-48.

孙世春. 2008. 纽形动物门 Phylum Nemertea Schultze, 1961 // 刘瑞玉. 中国海洋生物名录. 北京：科学出版社: 388-392.

尹左芬, 史继华, 李诺. 1986. 山东沿海纽形动物的初步调查. 海洋通报, 5: 67-71.

赵世民. 2003. 台湾岩礁海岸地图. 台中：晨星出版有限公司.

Chen H X, Strand M, Norenburg J L, et al. 2010. Statistical parsimony networks and species assemblages in cephalotrichid nemerteans (Nemertea). PLoS ONE, 5(9): e12885. doi:10.1371/journal.pone.0012885.

Gibson R. 1990. The macrobenthic nemertean fauna of Hong Kong // Morton B. Proceedings of the Second International Marine Biological Workshop: the Marine Flora and Fauna of Hong Kong and Southern China, Vol. 1. Hong Kong: Hong Kong University Press: 33-212.

Kang X X, Fernández-Álvarez F Á, Alfaya J E F, et al. 2015. Species diversity of *Ramphogordius sanguineus* / *Lineus ruber* like nemerteans (Nemertea: Heteronemertea) and geographic distribution of *R. sanguineus*. Zoological Science, 32(6): 579-589.

Kazmi Q B, Gibson R. 1994. On the rediscovery of *Baseodiscus hemprichii* (Ehrenberg,1831) (Nemertea, Anopla, Baseodiscidae) from Karachi waters. Pakistan Journal of Marine Sciences, 3(1): 79-82.

Park T, Lee S, Sun S C, et al. 2019. Morphological and molecular study on *Yininemertes pratensis* (Nemertea, Pilidiophora, Heteronemertea) from the Han River Estuary, South Korea, and its phylogenetic position within the family Lineidae. ZooKeys, 852: 31-51.

Sun S C, Lu J R. 1998. A new genus and species of heteronemertean from the Changjiang (Yangtze) River Estuary. Hydrobiologia, 365: 175-187.

Sun S C, Lu J R. 2008. *Yininemertes* nom. nov. for Preoccupied *Yinia* Sun and Lu, 1998 (Nemertea: Heteronemertea). Species Diversity,13: 187-188.

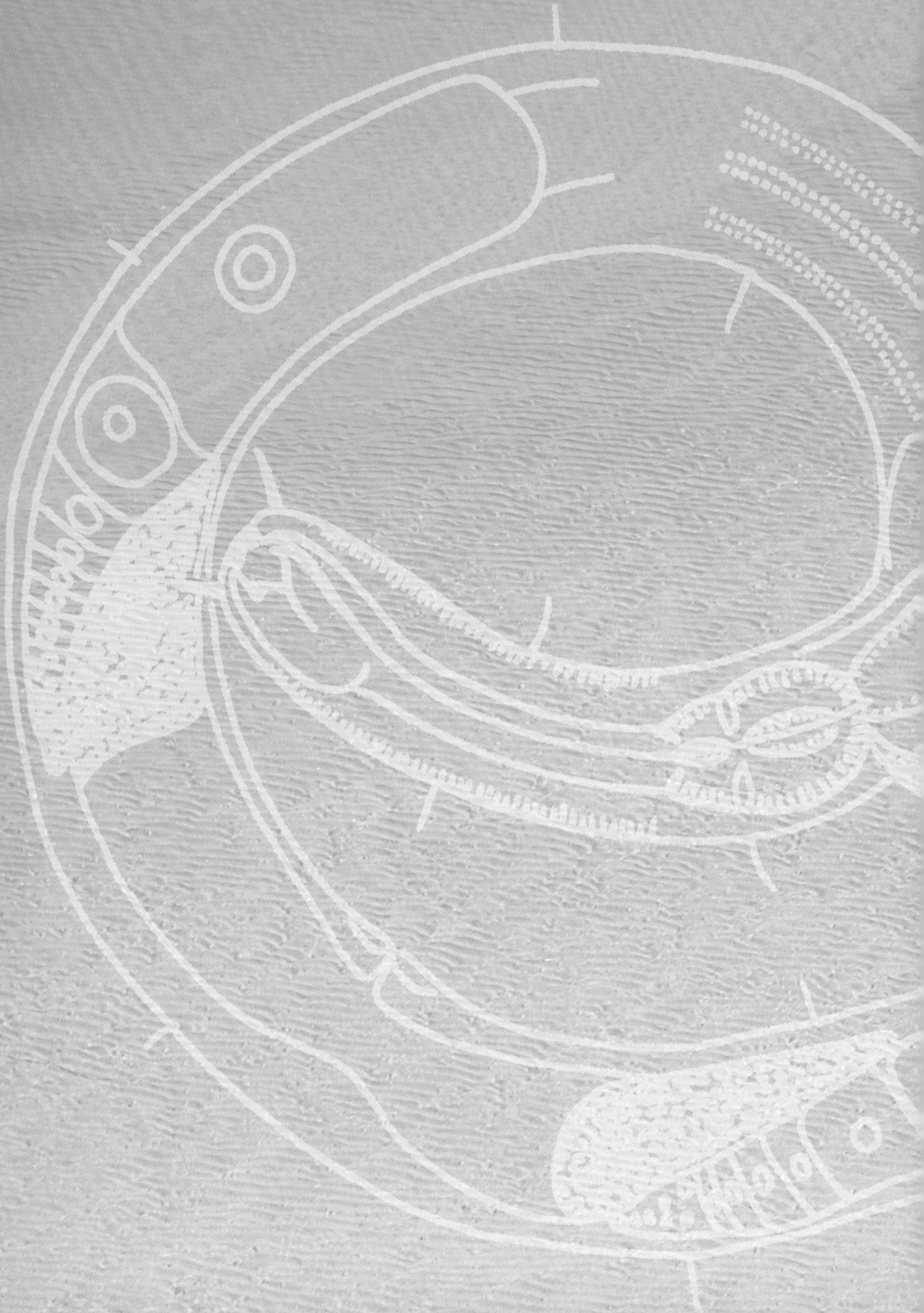

线虫动物门
Nematoda

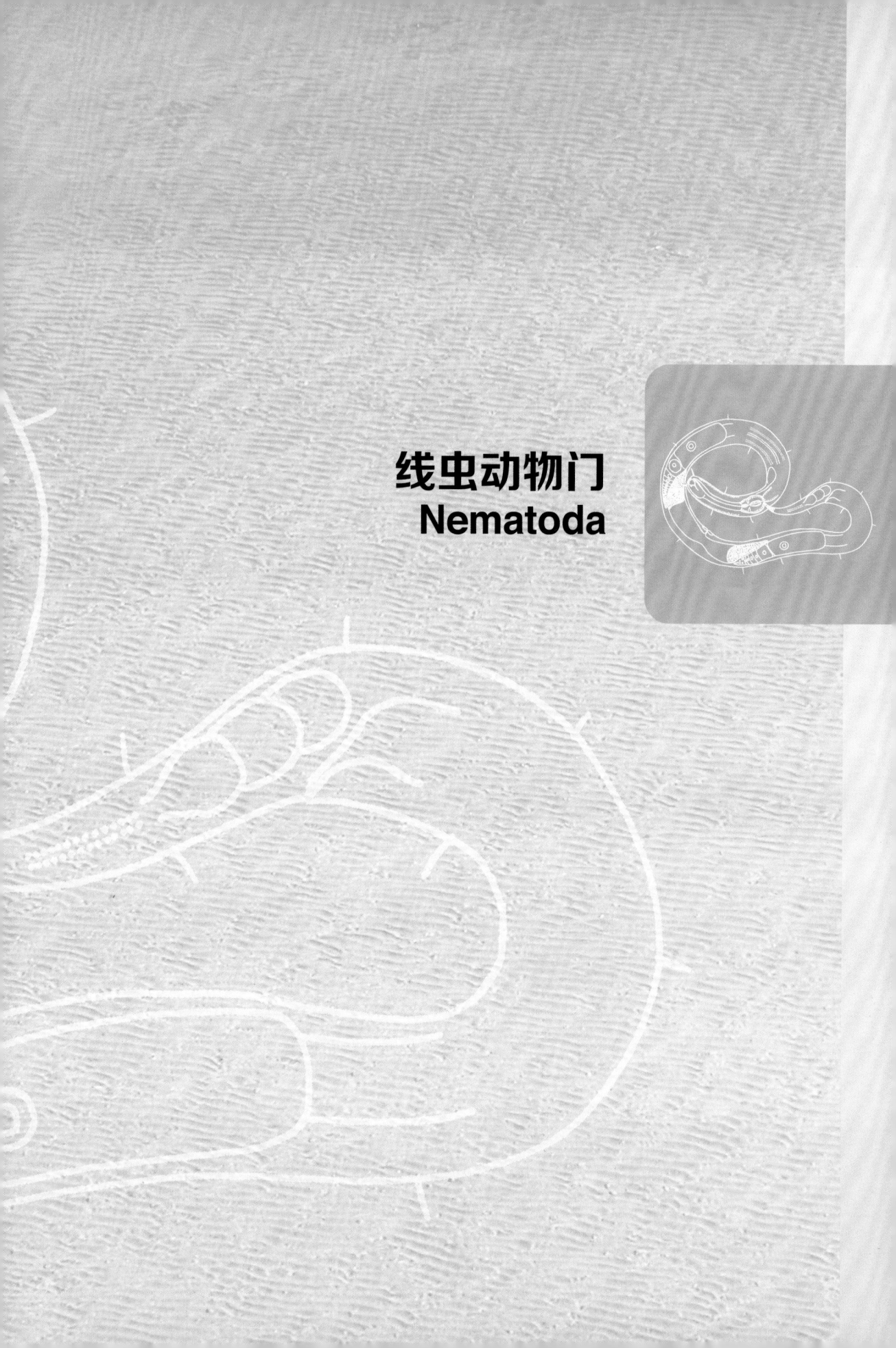

嘴刺目 Enoplida
腹口线虫科 Thoracostomopsidae Filipjev, 1927
类嘴刺线虫属 *Enoploides* Ssaweljev, 1912

德氏类嘴刺线虫
Enoploides delamarei Boucher, 1977

标本采集地：浙江温州南麂列岛砂质滩。

形态特征：体长 2.1～2.7mm，最大体宽 56～73μm［体长/体宽（*a*）=29～34］。角皮光滑，唇高；唇刚毛长 0.3～0.5 倍头直径；头刚毛位于头鞘前缘，包括 6 根较长的（1.0～1.6 倍头直径）和 4 根较短的（0.3～0.7 倍头直径）头刚毛；3 个实心的颚齿尖端分叉成螯状；3 个小咽齿等大；三角形的辐射口从咽齿向两旁扩展，另有两个角皮加厚从每个咽齿向后延展；食道前端具圆形的膨大（前食道球）。尾长 2.5～4.2 倍肛门相应直径，前 1/3 锥形，其余部分柱形。雄性交接刺细长，长 298～343μm，5.8 倍相应肛门直径，具横纹，近端具柄状突起；引带复杂，为成对的管状结构，长 47～62μm，每个引带远端膨大，近端有 1 钝齿和 1 较尖的侧齿；肛前附器简单，管状，位于肛门前方交接刺 1/2 长度处；雄性尾部有 1 对明显的肛后乳突。雌性具 1 对相对并反折的卵巢；阴孔位于体长 56%～59% 处。

生态习性：潮间带粗砂质沉积物；潮下带细砂质沉积物。

地理分布：东海，南海；东北太平洋（法国布列塔尼），北海（比利时）。

参考文献：Boucher, 1977。

图 34-1　德氏类嘴刺线虫 *Enoploides delamarei* Boucher, 1977（引自 Boucher, 1977）

A. 雄性体前部侧面观，示头刚毛、具颚齿的口腔和前食道球；B. 雄性体后部侧面观，示具横纹的交接刺，引带和肛后乳突以及管状的肛前附器；C. 交接刺近端柄状突起部分

比例尺：30μm

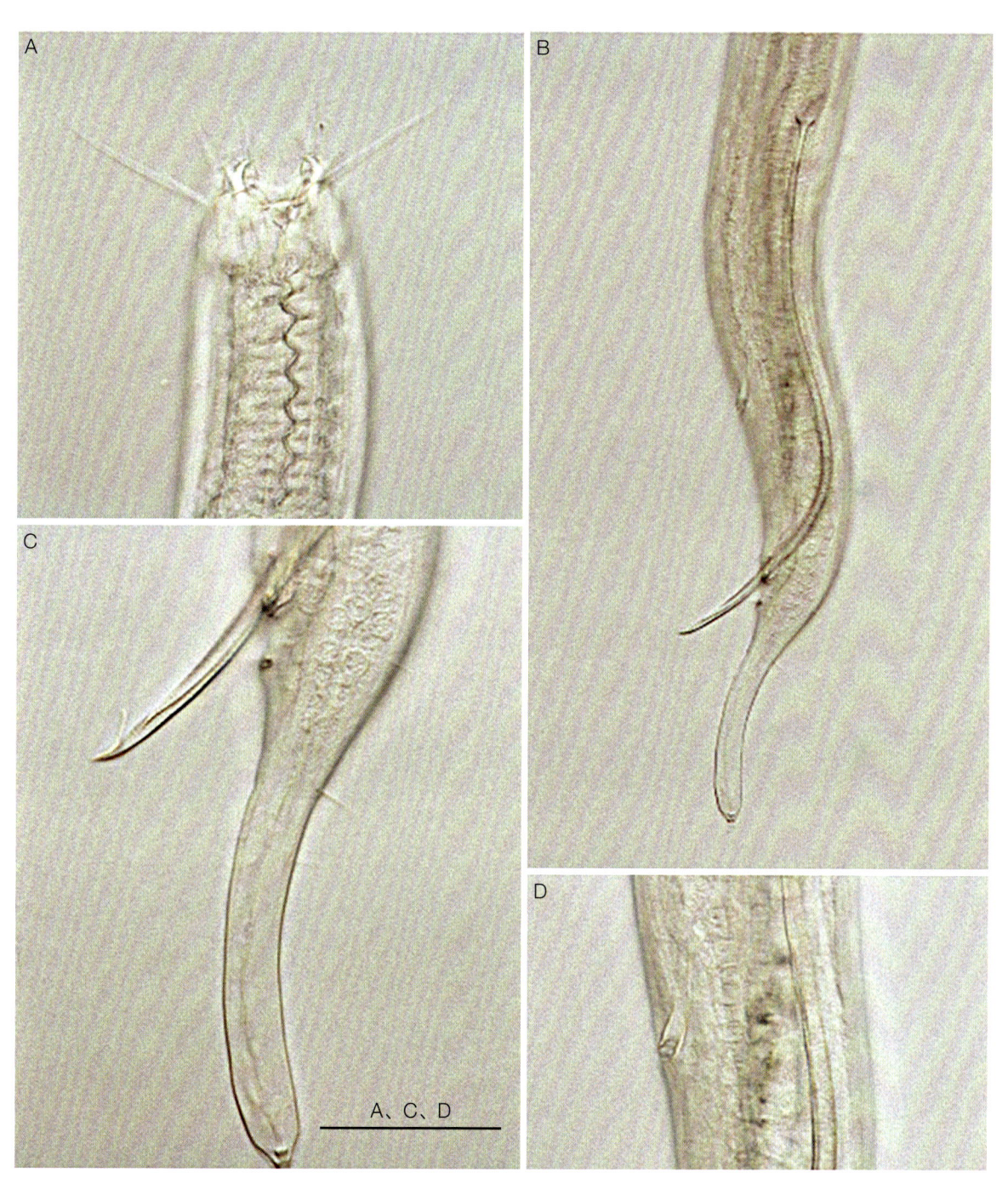

图 34-2 德氏类嘴刺线虫 *Enoploides delamarei* Boucher, 1977（史本泽供图）
A. 雄性体前部侧面观，示颚齿、唇刚毛和头刚毛；B. 雄性体后部侧面观，示长交接刺和肛前附器；
C. 雄性尾部侧面观，示具横纹的交接刺，引带和肛后乳突；D. 雄性体后部侧面观，示肛前附器
比例尺：50μm

嘴咽线虫属 *Enoplolaimus* de Man, 1893

小细嘴咽线虫
Enoplolaimus lenunculus Wieser, 1959

标本采集地： 浙江温州南麂列岛砂质滩。

形态特征： 体长 2.6～3.5mm（*a*=46～53）；头直径 30～38μm；雌性食道基部体宽 58μm；具短的颈刚毛和体刚毛；6 根唇刚毛长 12～15μm；6 根较长（42～54μm）和 4 根较短（12～19μm）的头刚毛位于头鞘后缘；雄性有 1 圈长 22μm 的亚头刚毛；化感器很大，呈不规则的椭圆形，长 15μm；头鞘后缘由 1 排密集的细点组成；口腔具中空颚齿，在颚齿尖与颚杆连接处具有 2 个横向后突，咽齿发达；头部前区角皮有时加厚；交接刺长 46μm，弯曲接近半圆形；引带小，与交接刺的远端贴合，无龙骨突；肛前附器位于肛门前方 90μm 处；肛区有几根长刚毛；尾棍棒状，长 3.3～3.5 倍肛门相应直径（肛门直径 36～48μm）；吐丝器（spinneret）开口于 1 窄管顶端。

生态习性： 砂质潮间带沉积物。

地理分布： 东海；美国太平洋沿岸（普吉特湾）。

参考文献： Wieser，1959。

图 35-1 小细嘴咽线虫 *Enoplolaimus lenunculus* Wieser, 1959（引自 Wieser, 1959）
A. 雌性体前端侧面观，示颚齿、唇刚毛和头刚毛及亚头刚毛；B. 颚齿；C. 雄性体后部侧面观，示交接刺、引带和肛前附器；D. 雌性尾部侧面观

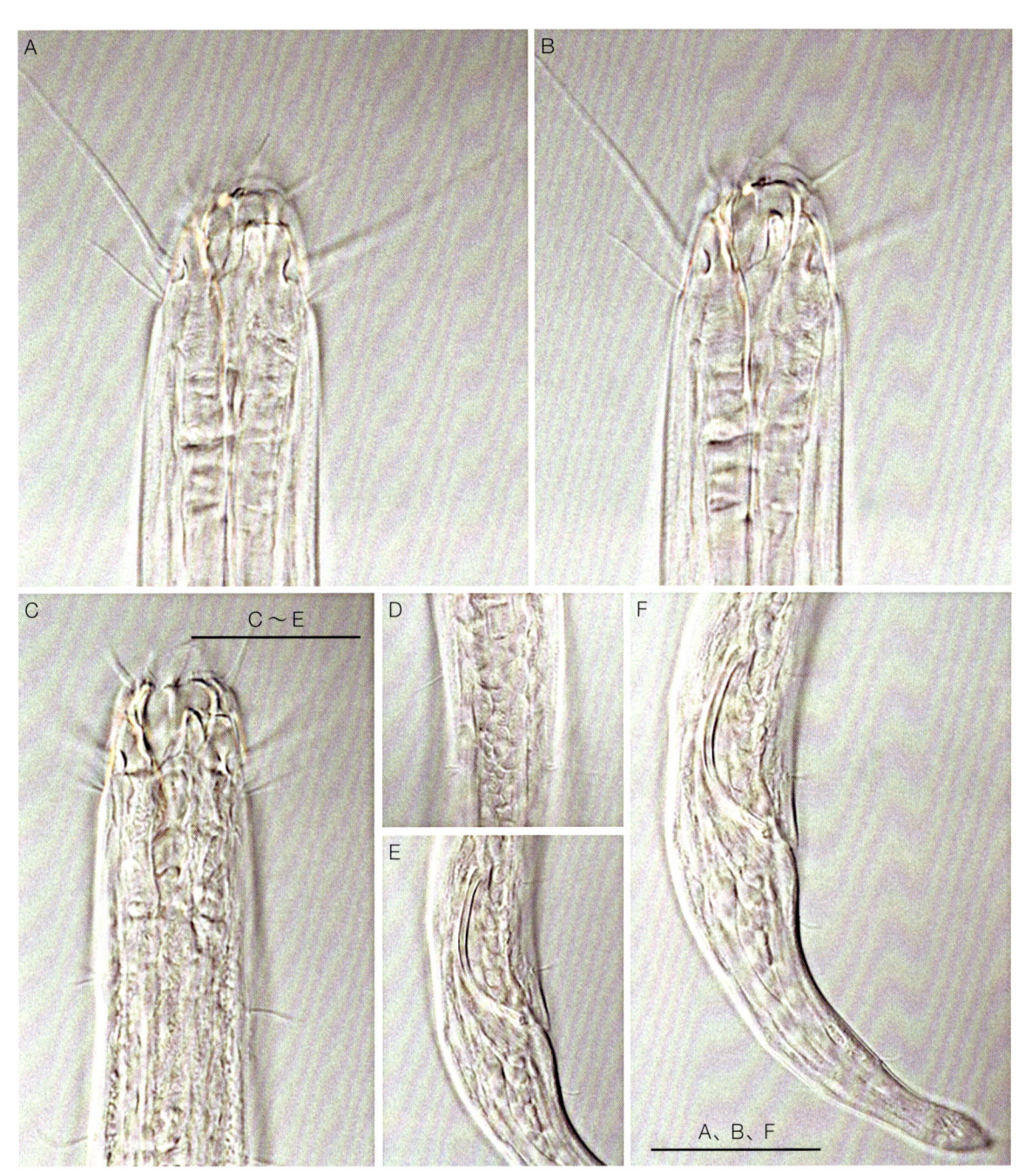

图 35-2　小细嘴咽线虫 *Enoplolaimus lenunculus* Wieser, 1959（史本泽供图）

A、B. 雄性体前部，示颚齿、唇刚毛和头刚毛及亚头刚毛；C. 雄性体前部，示颈刚毛；D. 雄性颈部，示成簇短刚毛；
E. 雄性肛区侧面观，示弯曲成半圆形的交接刺和小的管状引带；F. 雄性尾部侧面观，示交接刺和棍棒状尾

比例尺：50μm

表刺线虫属 *Epacanthion* Wieser, 1953

簇毛表刺线虫
Epacanthion fasciculatum Shi & Xu, 2016

标本采集地： 浙江温州南麂列岛大沙岙砂质滩。

形态特征： 雄性体长 4.7mm，最大体宽 58μm（a=82）。角皮光滑；头尖，头鞘强烈角质化；唇高，具 3 个明显的副叶，上无条纹；口腔具 3 个颚齿，长 15μm，1.5～2 倍最大宽度，两颚柱彼此靠近，中间由一层薄膜连接，3 个不等大的咽齿，2 个亚腹齿大于背齿；12 对长度不等的亚头刚毛排成 1 圈，很多长的颈刚毛，神经环之后有 1 圈 18 簇颈刚毛，每簇由 10 根短而密集排列的刚毛组成；交接刺长 1.3 倍肛门相应直径；引带针状，长为交接刺的 1/3；1 个管状的肛前附器，位于肛门前方 3 倍肛门相应直径处；尾长锥形-柱形，长 6.6 倍肛门相应直径。

生态习性： 砂质潮间带表层沉积物。

地理分布： 东海。

参考文献： Shi and Xu，2016a。

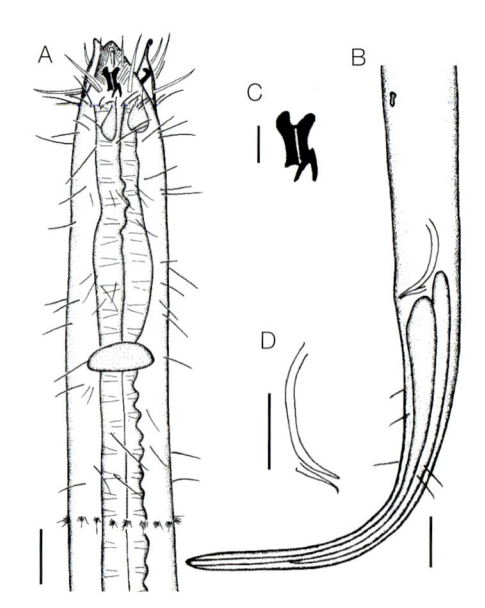

图 36-1　簇毛表刺线虫 *Epacanthion fasciculatum* Shi & Xu, 2016（引自 Shi and Xu, 2016a）
A、B. 雄性体前部和体后部侧面观，示神经环之后 1 圈 18 簇颈刚毛，每簇由 10 根短而密集排列的刚毛组成；C. 颚齿；D. 交接刺和引带
比例尺：A、B、D = 30μm；C = 10μm

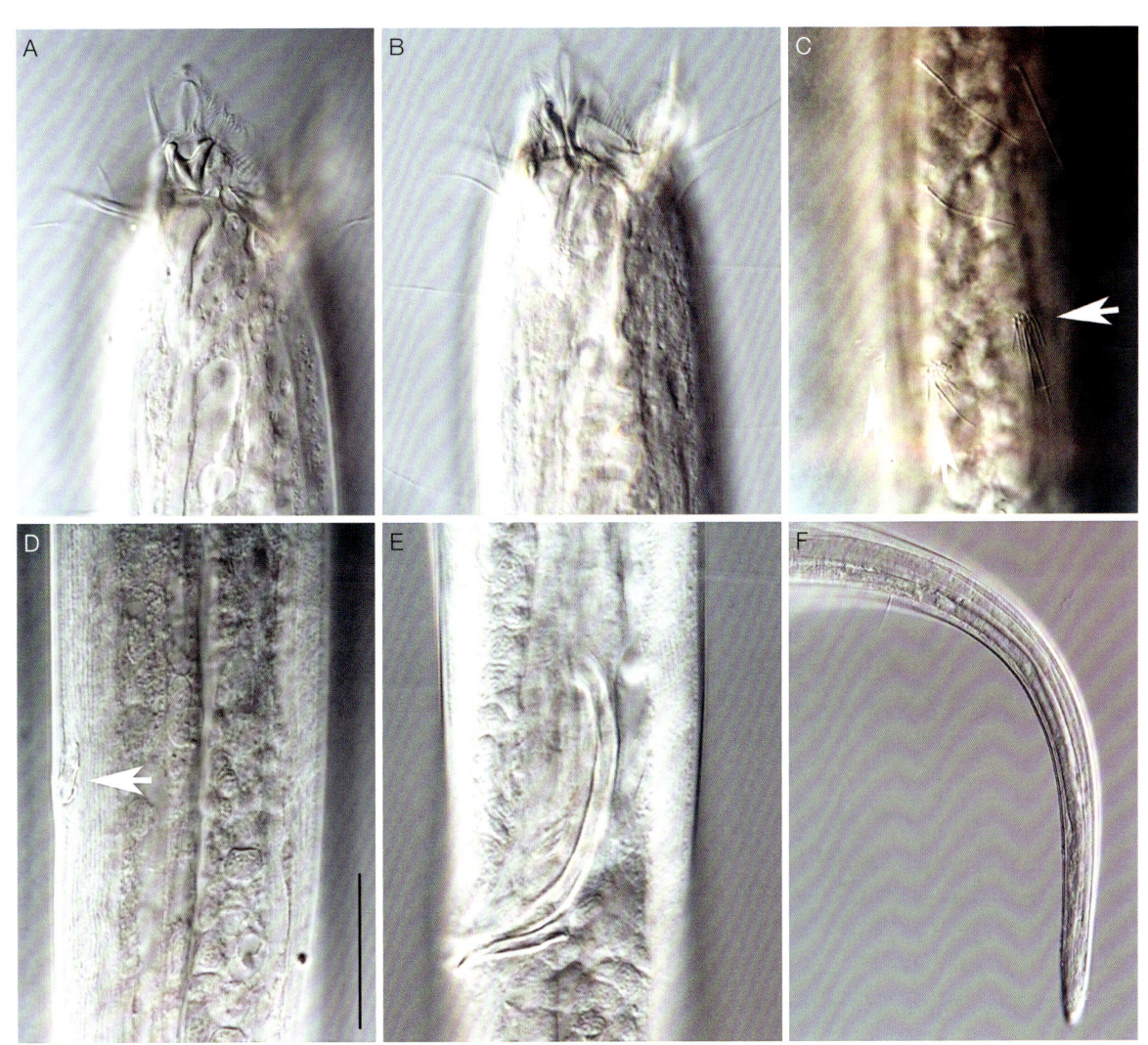

图 36-2　簇毛表刺线虫 *Epacanthion fasciculatum* Shi & Xu, 2016（引自 Shi and Xu, 2016a）

A、B. 雄性头部，示颚的不同焦面结构，两颚柱互相紧靠，中间由一层薄膜连接；C. 雄性食道区，示神经环之后由 18 簇短而密集排列的刚毛形成的刚毛环（箭头）；D、E. 雄性肛门区侧面观，示肛前附器（箭头）、交接刺和引带；F. 雄性尾部，示稀疏分布的尾刚毛
比例尺：30μm

疏毛表刺线虫
Epacanthion sparsisetae Shi & Xu, 2016

标本采集地：浙江温州南麂列岛大沙岙砂质滩。

形态特征：体长 2.5～2.6mm，最大体宽 38～42μm（a=64～66）。角皮光滑；头略尖，头鞘强烈角质化；唇高，具 3 个明显的副叶，上无条纹；口腔具 3 个角质化的颚齿，颚柱相互平行，中间由一层角皮隔开，长 13μm，与最大宽度相等；3 个不等大的咽齿：2 个亚腹齿大于背齿，食道腺开口于齿尖处；具前食道球。雄性具 12 对长度不等的亚头刚毛，排列成 1 圈；体刚毛较稀疏；神经环之前有 1 圈 8 簇颈刚毛，每簇由 10 根短而密集的刚毛组成，每簇之下具腺囊样结构（图37-2C、D）；1 对交接刺光滑，等长，1.0 倍肛门相应直径；引带锥形，尖端向下弯曲，约为交接刺长度的 1/5；1 个管状的肛前附器，位于肛门前方 3 倍肛门相应直径处；尾长锥-圆柱形，长 6.5～6.9 倍肛门相应直径，具 3 根长的亚顶端刚毛。雌性个体稍大于雄性，仅具 1 圈 12 根亚头刚毛；具前后 1 对反折的卵巢，阴孔位于距体前端 55% 体长处。

生态习性：砂质潮间带表层沉积物。

地理分布：东海。

参考文献：Shi and Xu，2016a。

图37-1 疏毛表刺线虫 *Epacanthion sparsisetae* Shi & Xu, 2016（引自 Shi and Xu, 2016a）
A、B. 雄性体前部和体后部侧面观，神经环之后 1 圈 8 簇颈刚毛，每簇由 10 根短而密集排列的刚毛组成；C. 颚齿；D. 交接刺和引带
比例尺：A、B、D = 30μm；C = 10μm

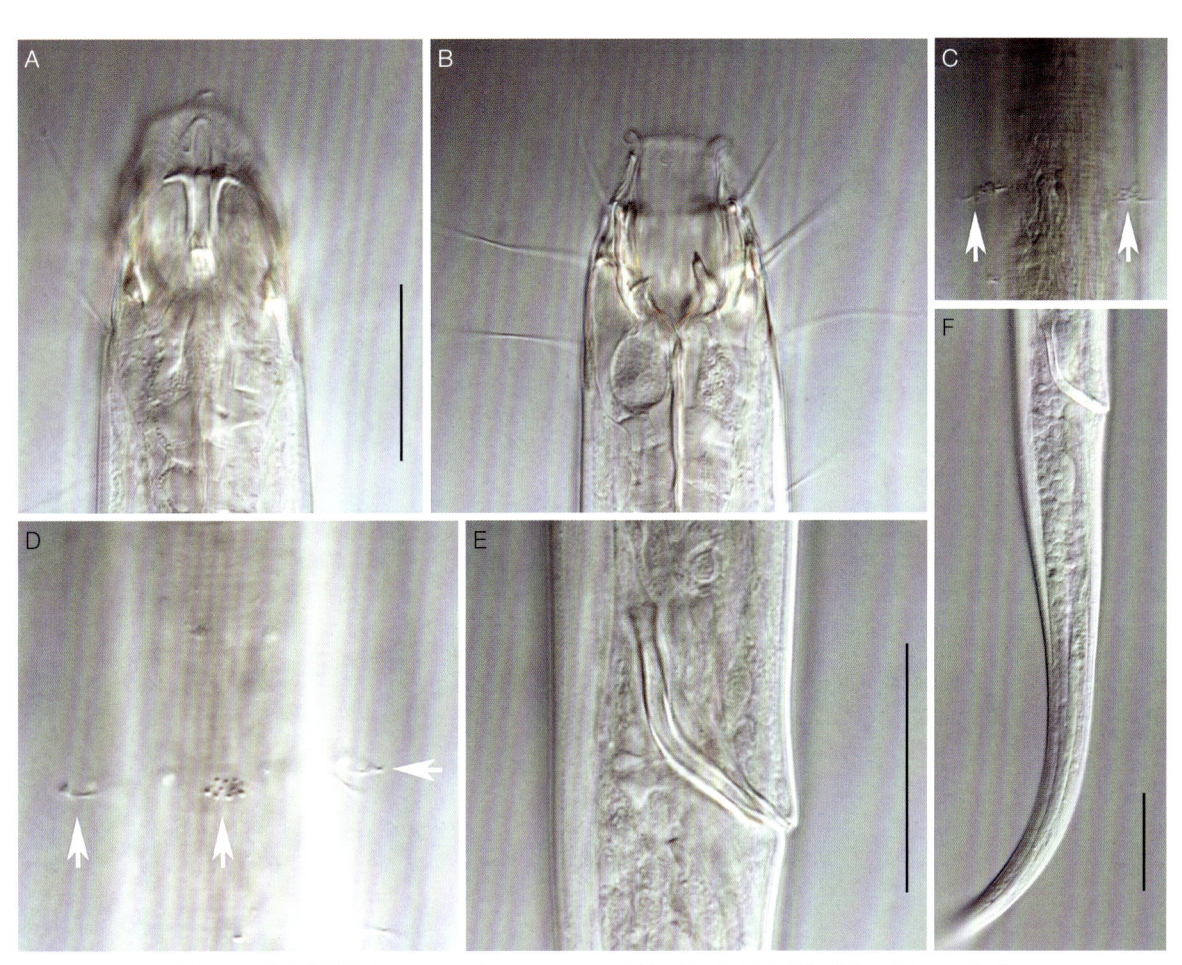

图 37-2 疏毛表刺线虫 *Epacanthion sparsisetae* Shi & Xu, 2016（引自 Shi and Xu, 2016a）

A、B. 雄性头部侧面观，示颚齿、不等大的咽齿以及长刚毛；C、D. 雄性食道区，示神经环之前由 8 簇短而密集排列的刚毛形成的刚毛环，每簇有 10 根短刚毛呈两纵列排布；E、F. 雄性尾部侧面观，示交接刺和锥-柱形尾

比例尺：30μm

多毛表刺线虫
Epacanthion hirsutum Shi & Xu, 2016

标本采集地： 浙江温州南麂列岛大沙岙砂质滩。

形态特征： 体长 1.9～2.4mm，最大体宽 45～58μm（*a*=36～52）。角皮光滑；头尖，头鞘强烈角质化；唇高，具 3 个明显的副叶，内部具半月形条纹；口腔具 3 个颚齿，长 13～17μm，1.9 倍最大宽度，颚柱薄，中间由一层角皮隔开，3 个等大的咽齿，直达颚齿的基部（图 38-2A、B），包括 2 个亚腹齿和 1 个背齿。雄性具 8 对亚头刚毛且排成 1 圈，食道区有很多长的颈刚毛，神经环之后另有 1 圈短而密集排列的颈刚毛；交接刺长 0.7 倍肛门相应直径；引带小锥形，与交接刺的远端平行，长为交接刺的 1/4；无肛前附器；尾圆锥 - 圆柱形，长 4.5 倍肛门相应直径，尾的圆锥 - 圆柱连接处具 4 根长的尾刚毛，尾的亚顶端和顶端各具 2 根刚毛。雌性个体较雄性稍大，无亚头刚毛；具前后 1 对反折的卵巢，阴孔位于距体前端 59%～64% 体长处。

生态习性： 砂质潮间带表层沉积物。

地理分布： 东海。

参考文献： Shi and Xu，2016a。

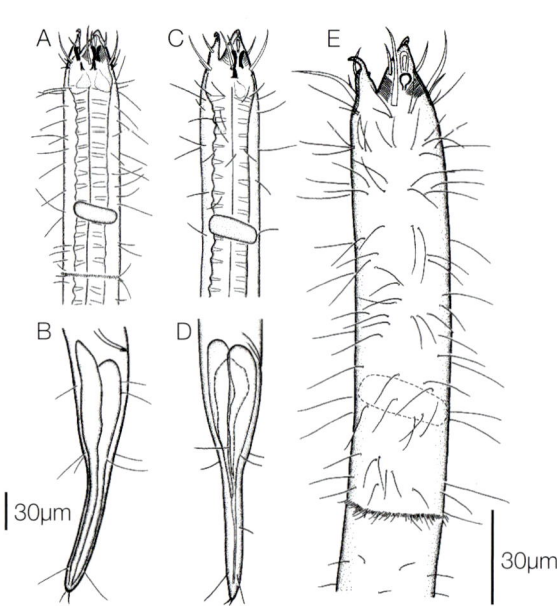

图 38-1 多毛表刺线虫 *Epacanthion hirsutum* Shi & Xu, 2016（引自 Shi and Xu, 2016a）
A、B. 雄性体前部和体后部侧面观；C、D. 雌性体前部和体后部侧面观；E. 雄性体前部侧面观，示很多颈刚毛和神经环之后 1 圈短而密集排列的颈刚毛

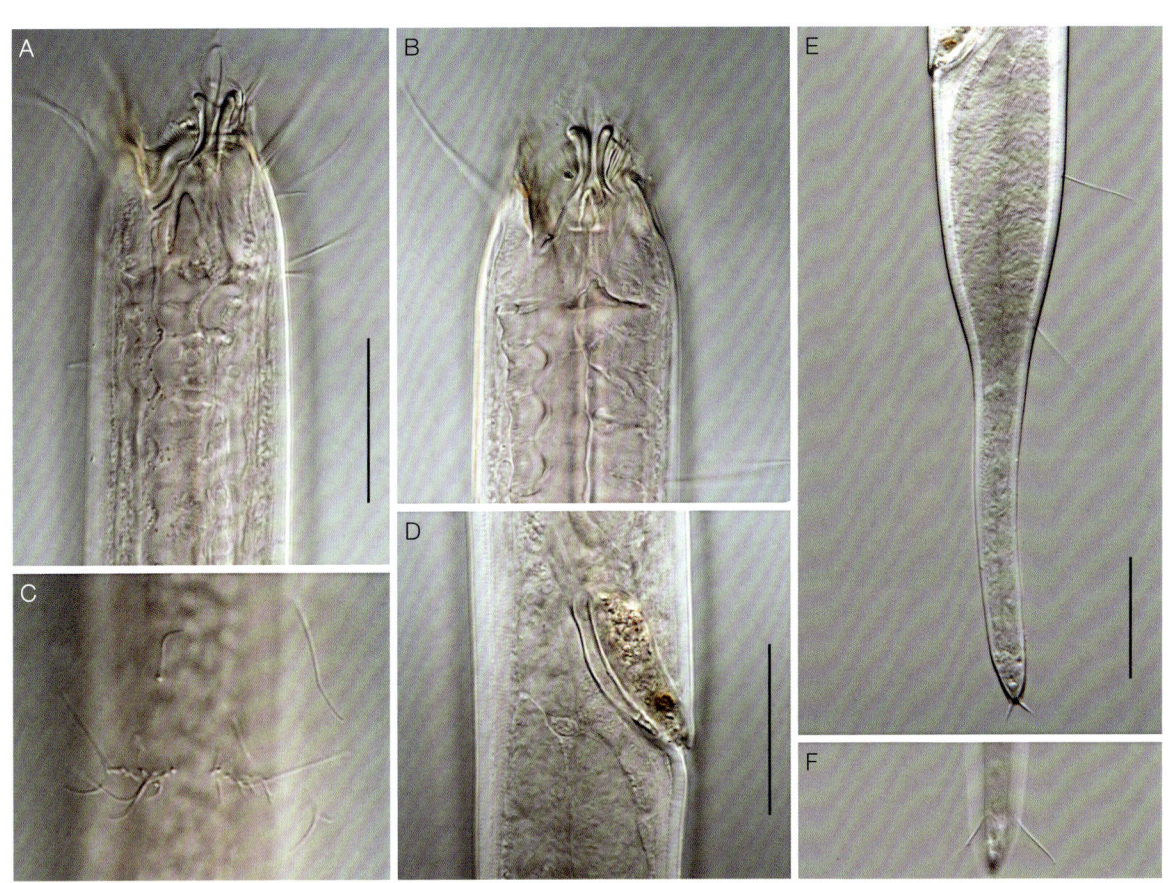

图 38-2 多毛表刺线虫 *Epacanthion hirsutum* Shi & Xu, 2016（引自 Shi and Xu, 2016a）

A. 雄性头部，示颚齿和咽齿、头刚毛与亚头刚毛；B. 雌体头部，示颚齿和咽齿；C. 雄性食道区，示由单排短而密集排列的刚毛形成的特殊的刚毛环；D. 雄性肛门区侧面观，示交接刺和引带；E、F. 雄性尾部，示 4 根尾刚毛，2 根长的亚端刚毛和 2 根短的端刚毛

比例尺：30μm

长尾表刺线虫
Epacanthion longicaudatum Shi & Xu, 2016

标本采集地：浙江温州南麂列岛大沙岙砂质滩。

形态特征：体长 2.2～2.7mm，最大体宽 35～42μm（a=56～69）。角皮光滑且厚；头略尖，头鞘强烈角质化；唇高，具 3 个狭长副叶，上无明显条纹；口腔具 3 个角质化的颚齿，之间由一层角皮隔开，颚齿的前端外弯，长 8μm，0.7～0.8 倍最大宽度；3 个不等大的咽齿，2 个亚腹齿大于背齿，食道腺开口于齿尖处；具前食道球。雄性具 10 组亚头刚毛且排成 1 圈，每组包括 3 根长度不等的刚毛；食道区有很多长的颈刚毛，大致排列成 3 圈：第 1 圈包括约 40 根刚毛，其余两圈各包括约 20 根刚毛，神经环之后有 1 圈 16 簇颈刚毛，每簇由 6 根短的呈两列排布的刚毛组成；交接刺长 0.9～1.2 倍肛门相应直径；引带锥形，尖端向下弯曲，约为交接刺长度的 1/5；1 个管状的肛前附器，位于肛门前方 3 倍肛门相应直径处；尾长，圆锥 - 圆柱形，长约 7.5 倍肛门相应直径，具 3 根长的亚顶端刚毛。雌性个体稍大于雄性，仅具 1 圈 12 根亚头刚毛；具前后 1 对反折的卵巢，阴孔位于距体前端 55% 体长处。

生态习性：砂质潮间带表层沉积物。

地理分布：东海。

参考文献：Shi and Xu, 2016a。

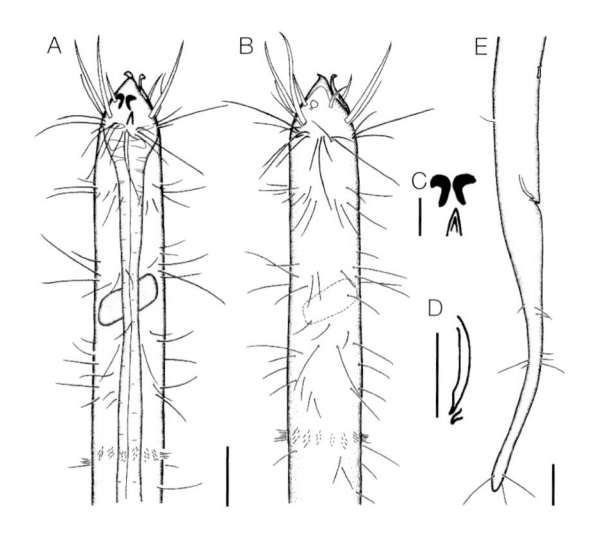

图 39-1　长尾表刺线虫 *Epacanthion longicaudatum* Shi & Xu, 2016（引自 Shi and Xu, 2016a）

A～C. 雄性体前部侧面观，示颚齿和齿，以及神经环之后 1 圈 16 簇颈刚毛，每簇由 6 根短的呈两列排布的刚毛组成；D、E. 雄性体后部侧面观，示交接刺和引带以及长的尾

比例尺：A、D、E = 30μm；C = 10μm

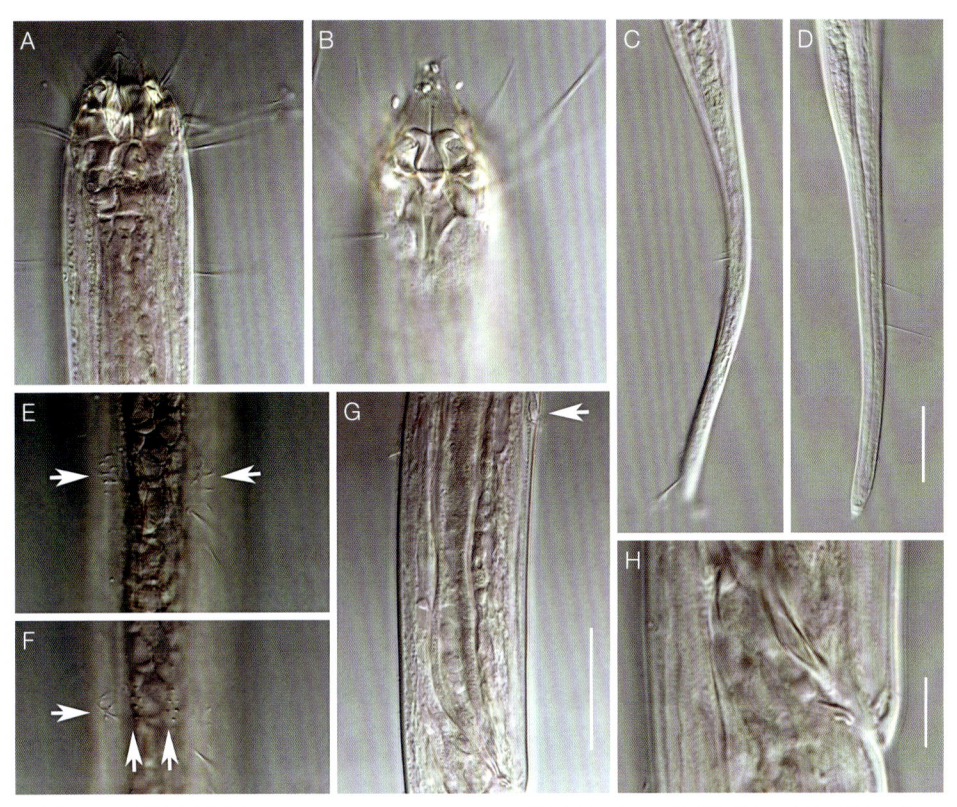

图 39-2　长尾表刺线虫 *Epacanthion longicaudatum* Shi & Xu, 2016（引自 Shi and Xu, 2016a）
A. 雄性头部；B. 雌性头部；C. 雄性尾部；D. 雌性尾部；E、F. 雄性食道区，示由 16 簇短而密集排列的刚毛形成的刚毛环，每簇刚毛有 6 根短刚毛呈两列排布（箭头）；G、H. 雄性尾部侧面观，示肛前附器（箭头）、交接刺和引带
比例尺：30μm

表刺线虫属分种检索表

1. 雄性食道区神经环之后有 1 圈短而密集的颈刚毛，不成簇，无肛前附器 ....
   .... 多毛表刺线虫 *E. hirsutum*
- 雄性食道区颈刚毛成簇排列，有肛前附器 2
2. 雄性食道区颈刚毛位于神经环之前，由 1 圈 8 簇颈刚毛，每簇 10 根短而密集的刚毛组成 ....
   .... 疏毛表刺线虫 *E. sparsisetae*
- 食道区颈刚毛位于神经环之后 3
3. 雄性食道区神经环之后有 1 圈 16 簇颈刚毛，每簇由 6 根短的呈两列排布的刚毛组成 ....
   .... 长尾表刺线虫 *E. longicaudatum*
- 雄性食道区神经环之后有 1 圈 18 簇颈刚毛，每簇由 10 根短而密集排列的刚毛组成 ....
   .... 簇毛表刺线虫 *E. fasciculatum*

棘尾线虫属 *Mesacanthion* Filipjev, 1927

奥达克斯棘尾线虫
Mesacanthion audax (Ditlevsen, 1918)

标本采集地： 浙江温州南麂列岛砂质滩。

形态特征： 雄性体长 3.7mm（a=57）；体细长，整体粗细均匀；角皮具很细的环纹；颚齿很窄，形状与普通嘴刺线虫类似，但中间齿相当发达，中等大小；头部具 3 圈刚毛，第一圈和第二圈刚毛粗短；第三圈刚毛大约位于颚齿的中间水平，较长，呈触手状；在头基部有第四圈刚毛，长度约为第三圈"触手样"刚毛的一半；尾中等长度，锥 - 柱形；尾部有很多连续排列的长刚毛，肛门前后还各有数根细的尾刚毛；交接刺大而弯曲，大致呈直角，其尖端具有倒刺，其近端具有细长、顶端呈头状的龙骨突；肛门前方 178μm 处（略短于 1 个尾长），有 1 个几丁质化的管状肛前附器。

生态习性： 砂质潮间带表层沉积物。

地理分布： 东海；北大西洋，北海（比利时）。

参考文献： Ditlevsen，1918。

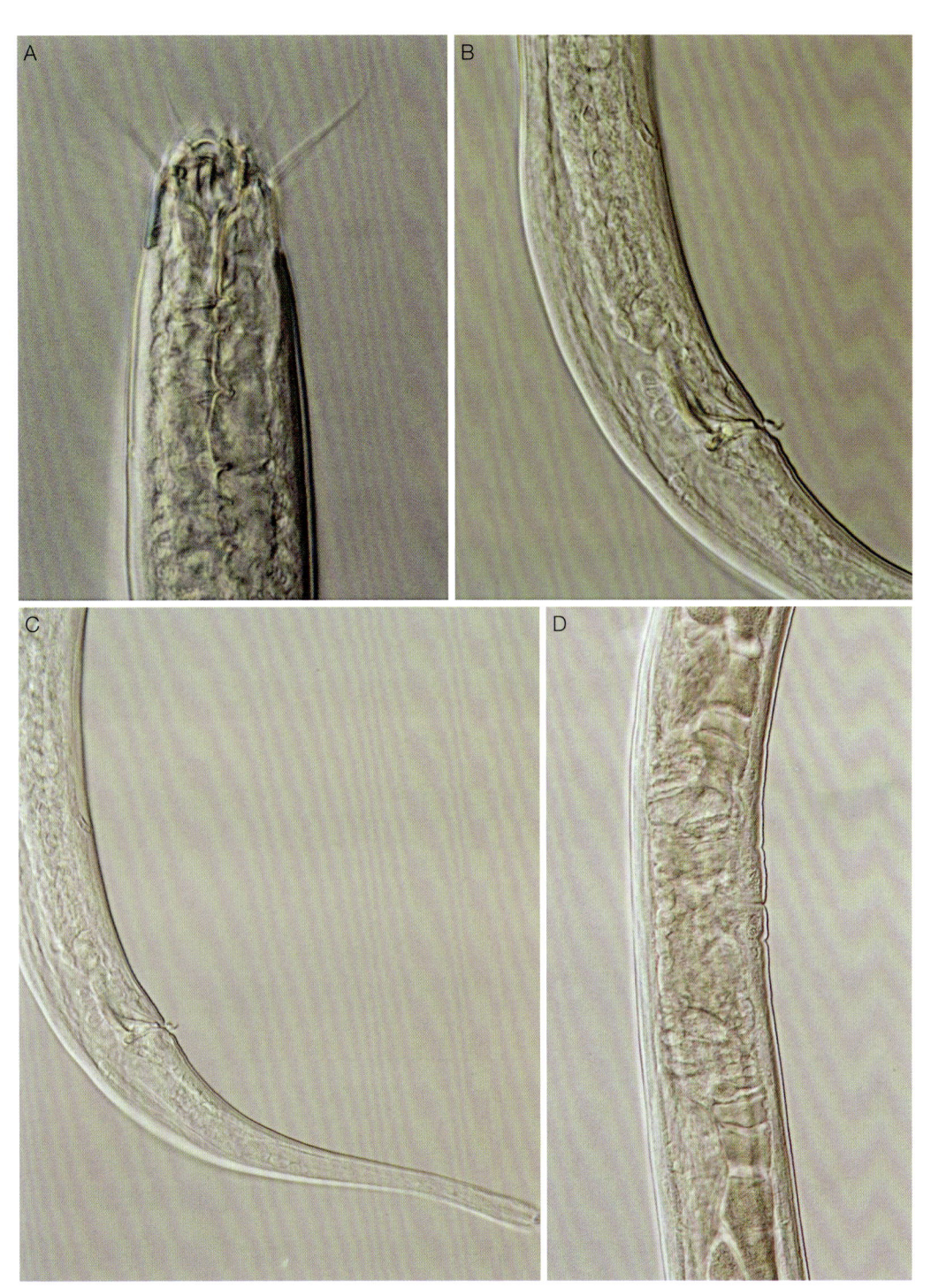

图 40　奥达克斯棘尾线虫 *Mesacanthion audax* (Ditlevsen, 1918)（史本泽供图）
A. 雄性头部侧面观，示口腔颚齿和头部刚毛；B. 雄性肛门区侧面观，示管状肛前附器、交接刺和引带龙骨突；
C. 雄性尾部侧面观，示交接器及尾部形态；D. 雌性体中部侧面观，示阴孔及卵巢

幼稚棘尾线虫
Mesacanthion infantile (Ditlevsen, 1930)

标本采集地： 浙江南麂列岛砂质滩。

形态特征： 虫体大而粗，体长 5mm（$a=23$），因对该种的描述大多基于幼体，由此得名；头刚毛 2 圈排列，最前面的 1 圈短，并指向前；后面的 1 圈长而细；在头刚毛旁的头后区有数根细刚毛；口腔深，前部较后部宽，口腔基部形成小圆形袋状结构；尾短，长锥形，1.3～1.5 倍肛门相应体宽，尾末端有数根长刚毛；交接刺短而粗，呈钝角弯曲，长 150～200μm，近端部分稍长于远端；其近端呈柄状，柄的后方有 1 收缩，远端尖；引带龙骨突结构复杂，向背后方延伸；1 个管状附器位于肛门前方（与肛门距离稍长于尾长）。

生态习性： 栖息于砂质潮间带表层沉积物。

地理分布： 东海；新西兰，北大西洋，北海（比利时），南大洋。

参考文献： Ditlevsen，1930。

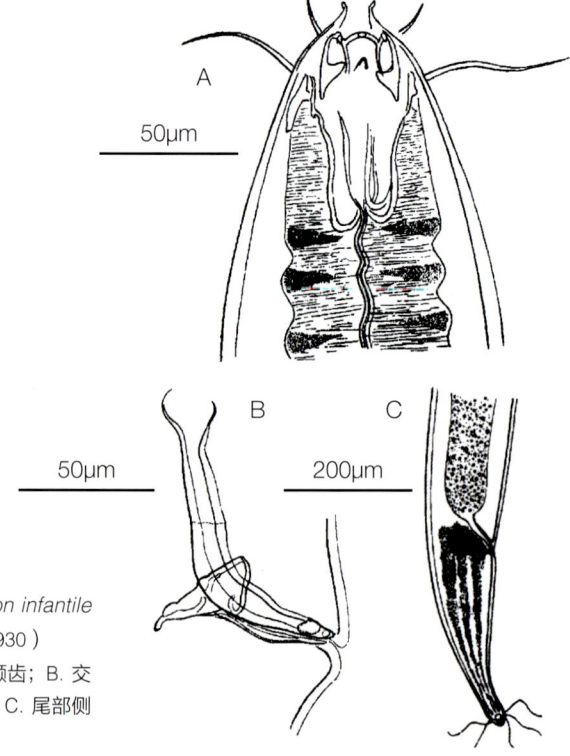

图 41-1 幼稚棘尾线虫 *Mesacanthion infantile* (Ditlevsen, 1930)（引自 Ditlevsen, 1930）
A. 体前端侧面观，示头刚毛、口腔和颚齿；B. 交接器侧面观，示交接刺和引带龙骨突；C. 尾部侧面观

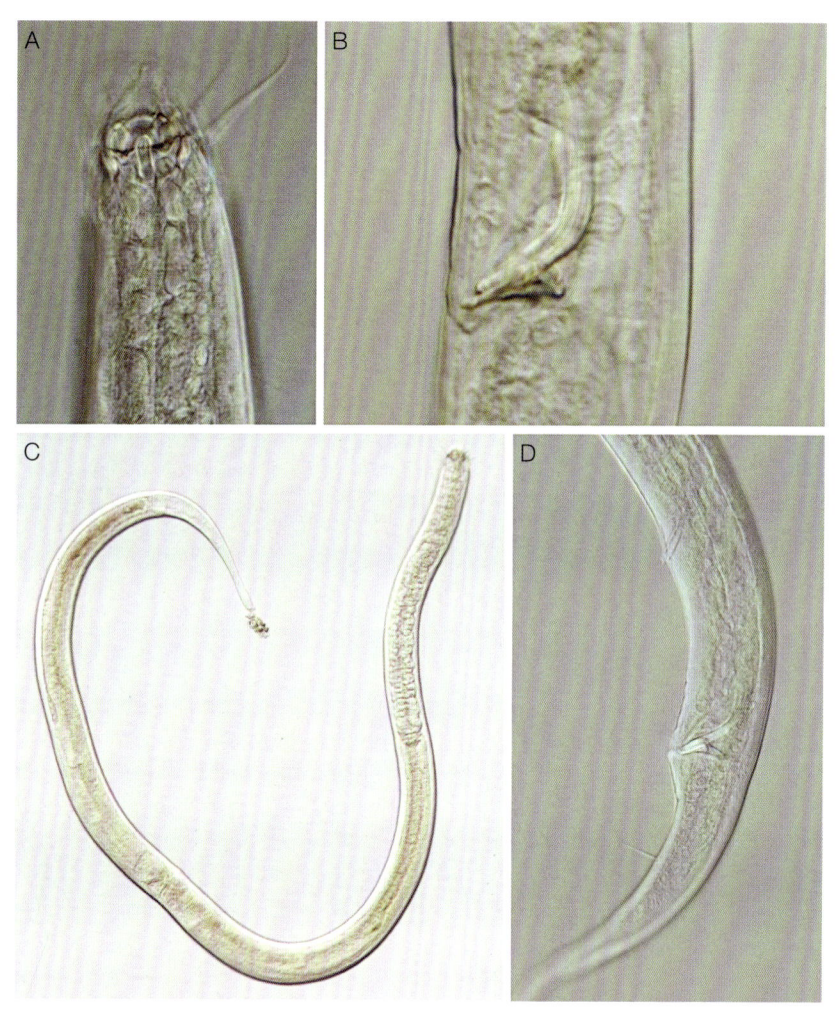

图 41-2　幼稚棘尾线虫 *Mesacanthion infantile* (Ditlevsen, 1930)（史本泽供图）
A. 雄性头部侧面观，示口腔颚齿和头部刚毛；B. 雄性肛门区侧面观，示交接刺和引带龙骨突；C. 雌性整体侧面观，示阴孔及卵巢；D. 雄性尾部侧面观，示交接器和肛前附器

腹口线虫科分属检索表

1. 颚齿实心 2
 - 颚齿中空 3
2. 颚齿前端呈螯状分叉，交接刺通常较长 .... 类嘴刺线虫属 *Enoploides*
 - 颚齿宽，两个颚柱之间以一薄膜连接 .... 表刺线虫属 *Epacanthion*
3. 头刚毛位于头鞘后缘 .... 嘴咽线虫属 *Enoplolaimus*
 - 头刚毛位于头鞘中部或前部 .... 棘尾线虫属 *Mesacanthion*

裸口线虫科 Anoplostomatidae Gerlach & Riemann, 1974
裸口线虫属 Anoplostoma Bütschli, 1874

拟胎生裸口线虫
Anoplostoma paraviviparum Li & Guo, 2016

标本采集地： 福建厦门湾红树林。

形态特征： 体长 1.2～1.7mm，最大体宽 37～49μm（a=33～38）；角皮光滑，无环纹或装饰点；6 个唇乳突不明显；6 根长的外唇刚毛，4 根短的头刚毛；头部在头刚毛之后有 1 明显收缩；体感器（loxometaneme）可见，但其实际长度无法测量；化感器长杯形，与体前端距离 2.5～3.2 倍头直径；口腔大，长 12～14μm，包括由显著角质化的平行口腔壁构成的柱状部和圆锥形的后部；无食道球；尾圆锥-圆柱形，长 168～225μm；雄性交接刺长，弧长 46～69μm，近端呈球柄状，远端尖细；引带长 11～15μm，呈带状；1 对肛后刺长 4～6μm，位于尾的锥形部和柱状部交接处；交合囊发达，围绕着肛门，从肛后刺的位置向前延伸至交接刺的近端附近，交合囊内各有 1 个肛前乳突和 1 个肛后乳突。雌性双宫，1 对前后等大卵巢，反折，阴孔距体前端的距离为体长的 43%～45%；子宫大，具两枚发达的卵，但无发育中的胚胎或幼体。

生态习性： 栖息于红树林潮间带泥质沉积物。

地理分布： 东海。

参考文献： Li and Guo，2016。

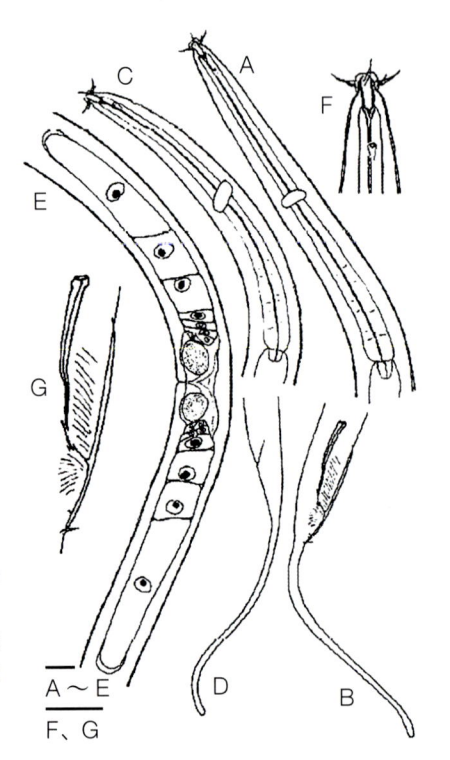

图 42-1 拟胎生裸口线虫 *Anoplostoma paraviviparum* Li & Guo, 2016（引自 Li and Guo, 2016）
A. 雄性体前部侧面观；B. 雄性尾部侧面观；C. 雌性体前部侧面观；D. 雌性尾部侧面观；E. 雌性生殖系统侧面观，示卵巢和卵；F. 雄性头部侧面观，示口腔、头刚毛和化感器；G. 雄性交接器侧面观，示交接刺、引带、肛后刺和交合囊
比例尺：20μm

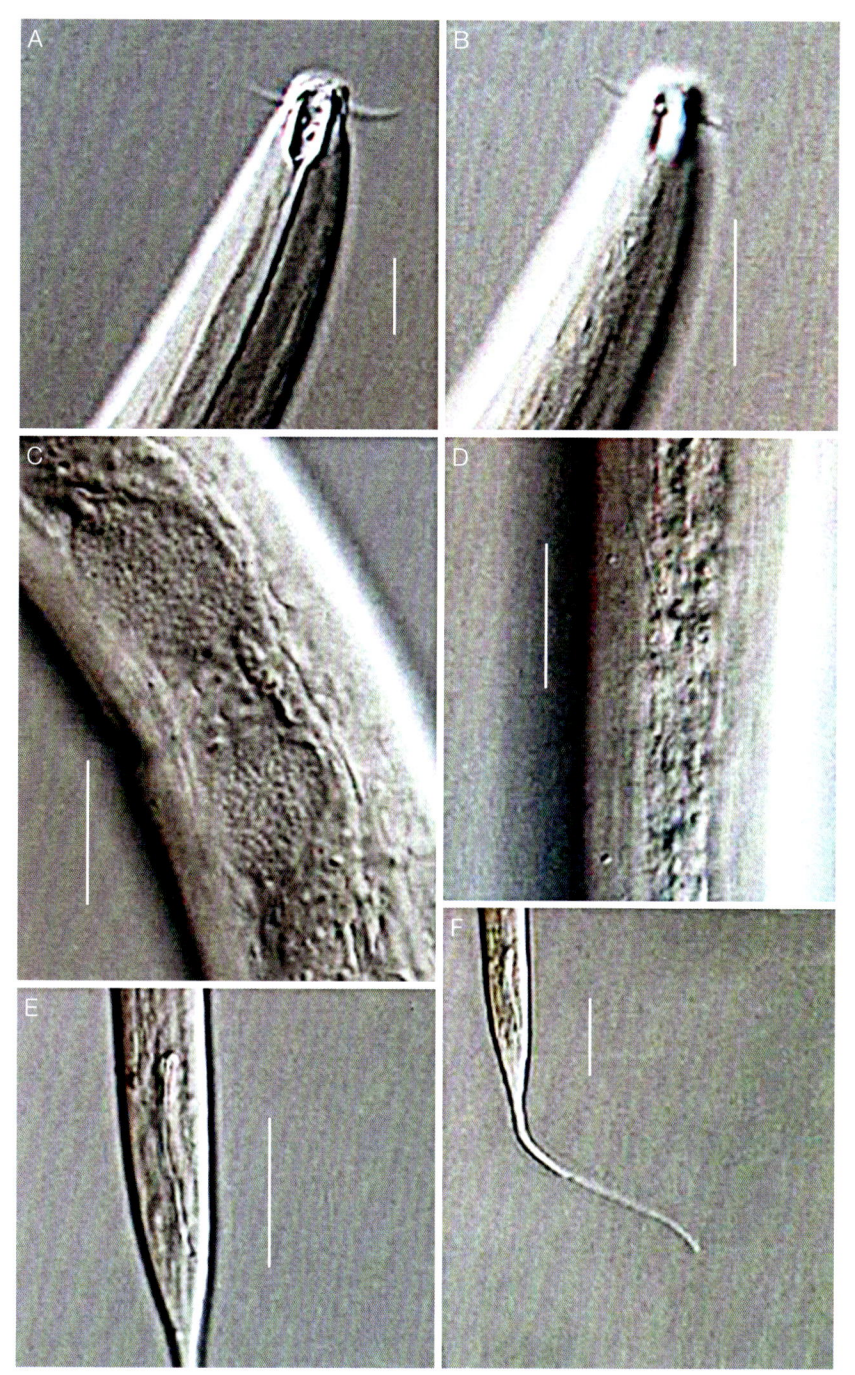

图 42-2 拟胎生裸口线虫 Anoplostoma paraviviparum Li & Guo, 2016（引自 Li and Guo, 2016）
A. 雌性体前端侧面观，示口腔；B. 雌性体前端侧面观，示化感器；C. 雌性阴孔区侧面观；D. 雌性体感器；E. 雄性肛区侧面观，示交接器；F. 雄性体后部侧面观
比例尺：A = 10μm；B～D = 20μm；E、F = 50μm

膨大裸口线虫
Anoplostoma tumidum Li & Guo, 2016

标本采集地： 福建厦门红树林。

形态特征： 体长 1.5～1.7mm，最大体宽 44～56μm（$a=30$～39）；角皮光滑，无环纹或装饰点；6 个唇乳突不明显；6 根长 6～7μm 的外唇刚毛，位于 4 根头刚毛的稍前方；头部在头刚毛之后有 1 明显收缩；体感器（loxometaneme）可见，但其实际长度无法测量；化感器长杯形，与体前端距离 2.7～3.3 倍头直径；口腔大，柱状，平行的口腔壁显著角质化，后部圆锥形；无食道球；尾圆锥 - 圆柱形，长 194～230μm，具 2 根 4～6μm 长的端刚毛；雄性交接刺中空管状，细而弯曲，弧长 94～101μm，远端具 1 明显膨大，顶端尖；引带长 25～28μm，沿交接刺的远端形成明显的中空楔状结构；1 对肛后刺长 4～5μm，位于尾的锥形部和柱状部交接处；交合囊发达，围绕着肛门，从肛后刺的位置向前延伸至交接刺的近端附近，交合囊内未见肛前乳突和肛后乳突。雌性双宫，1 对前后等大卵巢，反折，阴孔距体前端的距离为体长的 44%～46%。

生态习性： 栖息于红树林潮间带泥质沉积物。

地理分布： 东海。

参考文献： Li and Guo，2016。

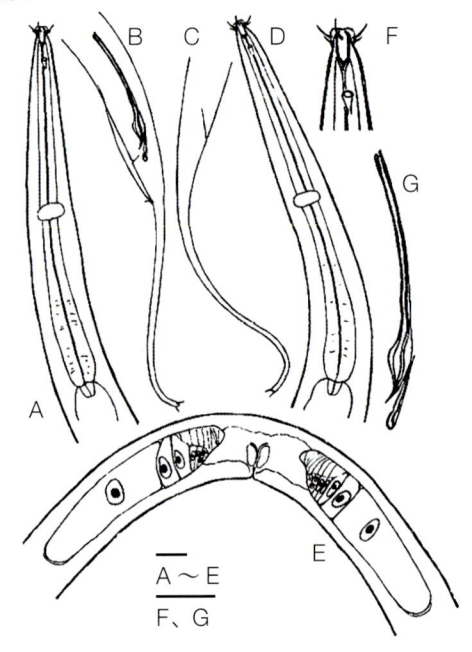

图 43-1 膨大裸口线虫 *Anoplostoma tumidum* Li & Guo, 2016（引自 Li and Guo, 2016）
A. 雄性体前部侧面观；B. 雄性尾部侧面观，示交接刺、引带、肛后刺和交合囊；C. 雌性尾部侧面观；D. 雌性体前部侧面观；E. 雌性生殖系统侧面观，示阴孔和卵巢；F. 雌性头部侧面观，示口腔、头刚毛和化感器；G. 雄性交接器
比例尺：20μm

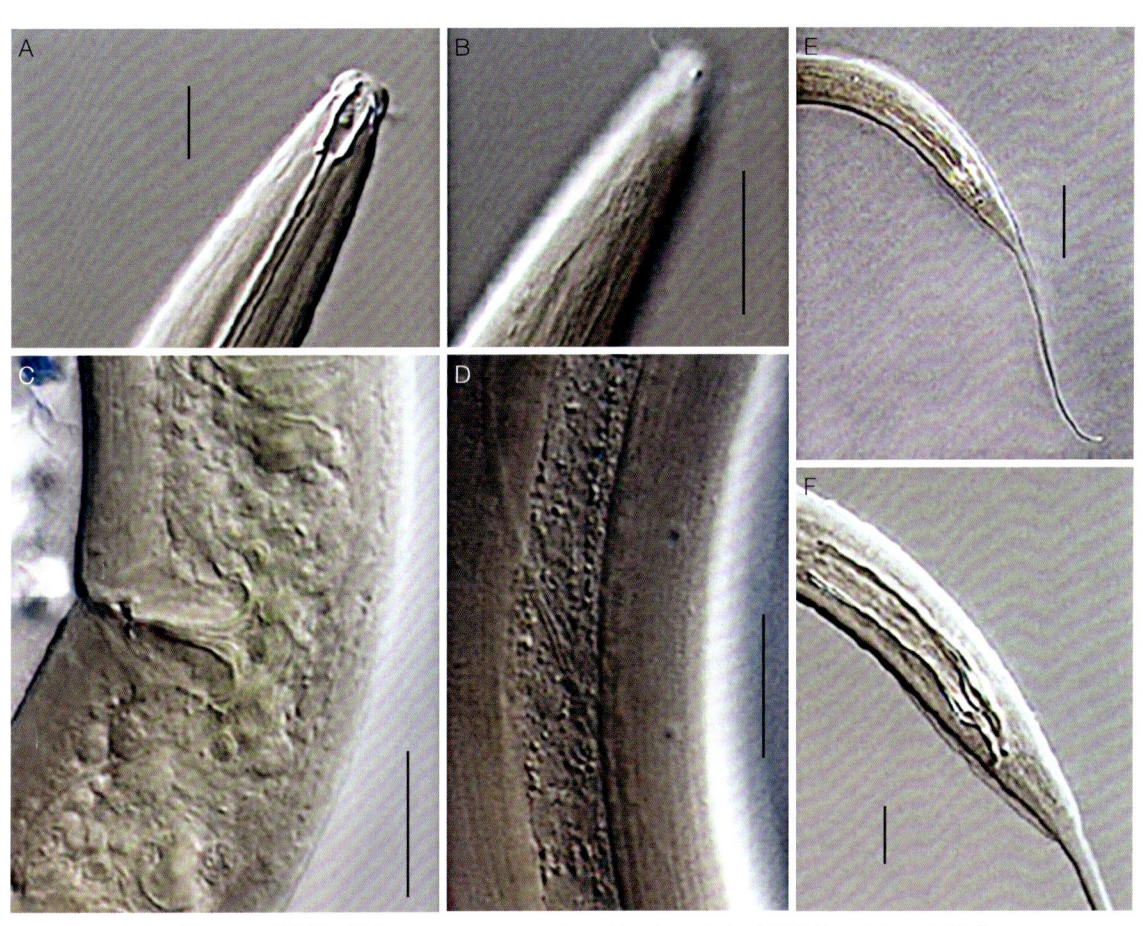

图 43-2　膨大裸口线虫 *Anoplostoma tumidum* Li & Guo, 2016（引自 Li and Guo, 2016）
A. 雌性体前端侧面观，示口腔；B. 雌性体前端侧面观，示化感器；C. 雌性阴孔区侧面观；D. 雌性体感器；E. 雄性体后部侧面观；
F. 雄性肛区侧面观，示交接器
比例尺：A = 10μm；B～D、F = 20μm；E = 50μm

烙线虫科 Ironidae de Man, 1876
柯尼丽线虫属 *Conilia* Gerlach, 1956

中华柯尼丽线虫
Conilia sinensis Chen & Guo, 2015

标本采集地： 福建漳州东山岛砂质滩。

形态特征： 体长 1.9～2.4mm，最大体宽 33～48μm（a=43～71）；角皮光滑，但常黏附杆状细菌；头端钝，唇区发达并隆起，其外壁上有数个褶皱（图44C）；6个唇感器乳突状，6根较长的与4根粗短而钝的头刚毛形成一环；化感器未见；口腔包括杯形的前部和强烈角质化的管状部，长度分别为 5～12μm 和 29～31μm；3个实心爪状弯齿嵌在口腔前部和管状部的连接处，口腔杯状部的前缘还有1排小的角皮齿；尾圆锥-圆柱形，长 4.5～5.7 倍肛门相应直径，向腹面显著弯曲；尾的中间亚腹侧有一小的隆起；肛门前方具3个长的尾腺。雄性具1个长交接刺，弧长 87～100μm（3.5～4.2 倍肛门相应直径），上有横纹或斜纹；引带侧片1对，长 25～28μm，具加厚的前腹肋和后背肋，肋向背部弯曲，并形成强壮的钩样结构以及圆形的可变的近端突出；引带呈稍弯曲的细带状（图44K），长 18～22μm；具1个向腹面隆起的肛前附器。雌性比雄性更粗胖；头部与身体轮廓连续；尾更直，上无刚毛或隆起；1对前后相等的卵巢，反折；阴孔距体前端的距离为体长的 54%～57%。

生态习性： 栖息于砂质潮间带表层沉积物中。
地理分布： 黄海，东海。
参考文献： Chen and Guo，2015b。

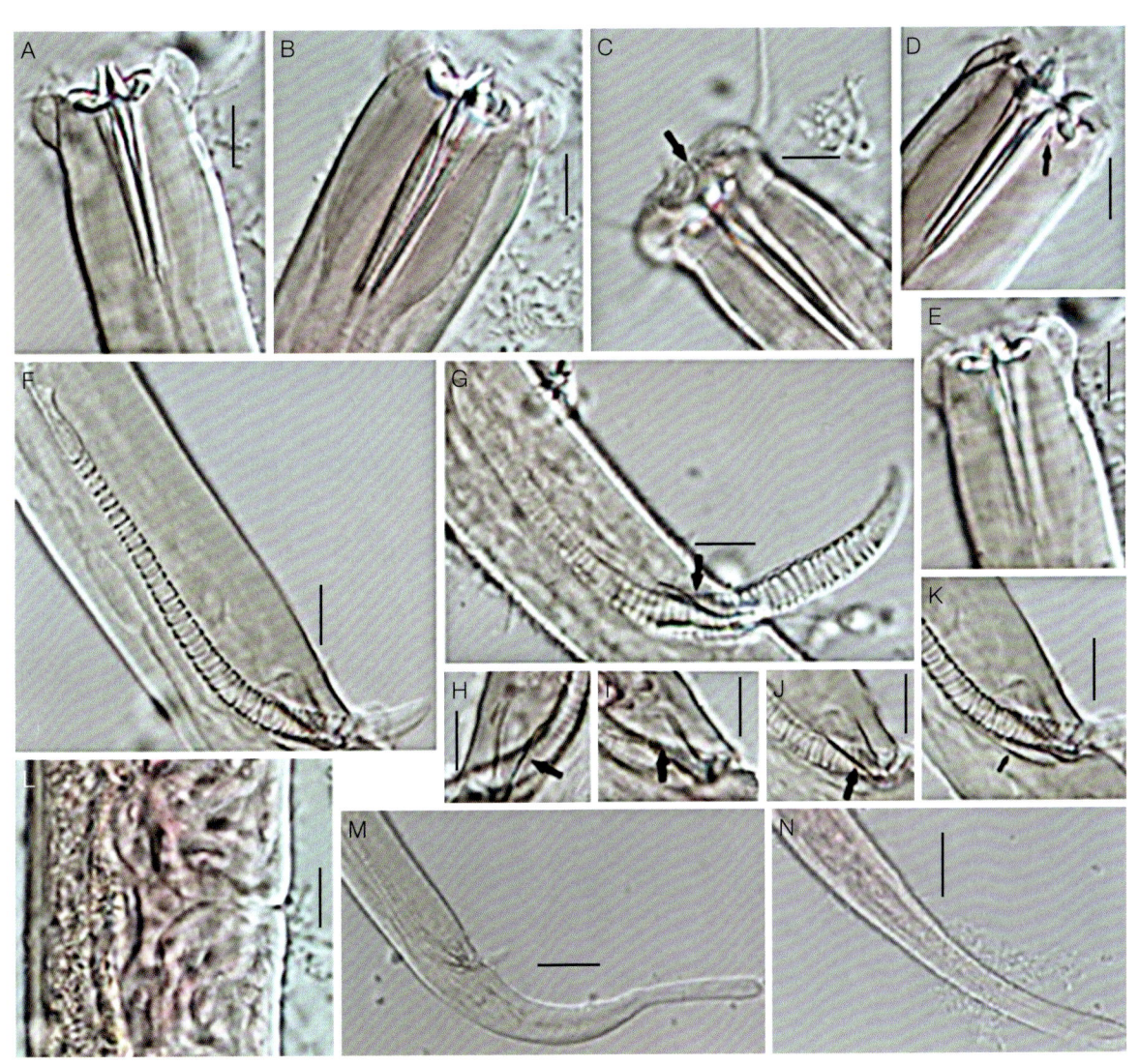

图44 中华柯尼丽线虫 Conilia sinensis Chen & Guo, 2015（引自 Chen and Guo, 2015b）

A. 雄性头部侧面观，示口腔和齿；B. 雌性头部侧面观，示口腔和黏附的细菌；C. 雄性头部侧面观，示唇部褶皱，头刚毛和条带；D. 幼体头部侧面观，示替换齿；E. 雄性头部侧面观，示小的角皮齿；F、G. 雄性肛区侧面观，示交接刺；H～J. 雄性肛区侧面观，示引带侧片；K. 雄性肛区侧面观，示引带；L. 雌性体中部侧面观，示阴孔；M. 雄性尾部侧面观；N. 雌性尾部侧面观

比例尺：A～L = 10μm；M、N = 25μm

费氏线虫属 *Pheronous* Inglis, 1966

东海费氏线虫
Pheronous donghaiensis Chen & Guo, 2015

标本采集地： 福建厦门黄厝和漳州东山岛砂质滩。

形态特征： 体长 1.3～2.2mm，最大体宽 36～60μm（a=30～40）；角皮厚且光滑，上有数个散在的小锥形乳突，多少与角皮隆起有关；头部与体区以 1 深沟相分离；头感器乳突状，按 6+（6+4）排成两圈，6 个内唇感器小，6 个外唇感器与 4 个头感器排成 1 圈，粗短而钝，位于头区基部；化感器袋状，约 0.6 倍相应体宽，其前缘恰位于头沟的后缘上；口腔分为前面的杯状部和后面强烈角质化的管状部，长度分别为 5～8μm 和 55～56μm；在口腔前部和管状部的连接处，还有 2 个较小的背齿和 2 个较大的实心弯曲的亚腹齿；尾端极尖，无尾腺；在肛后亚腹侧有 3 对呈 2 排对称或不对称排列的小锥形乳突；在肛前亚腹侧另有 2 排不对称排列的小锥形乳突，每排包括 8～9 个乳突。雄性具 1 对粗的交接刺，其近端中央有隔膜；引带较短，近端稍细，远端较粗并形成 2 个爪状结构。雌性体长短于雄性，但尾更长，上有几个不规则、散在分布的小乳突，但缺乏雄性所具有的肛前和肛后亚腹侧乳突；生殖系统双宫，具 1 前 1 后反折的卵巢；阴孔距体前端的距离为体长的 60%。

生态习性： 栖息于砂质潮间带表层沉积物。

地理分布： 东海。

参考文献： Chen and Guo, 2015b。

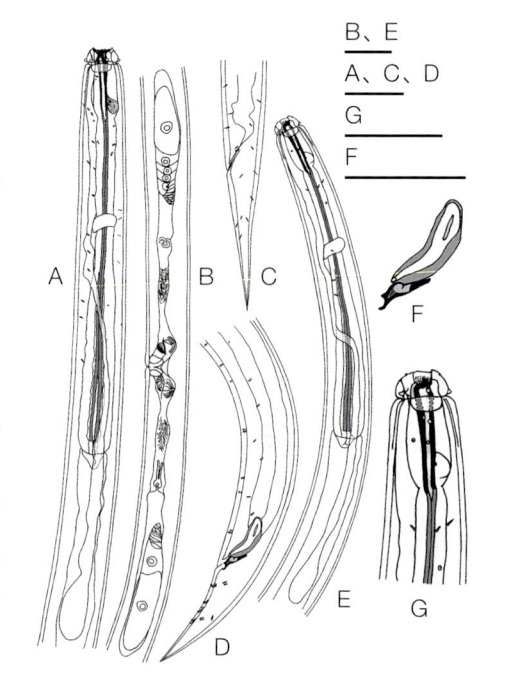

图 45-1 东海费氏线虫 *Pheronous donghaiensis* Chen & Guo, 2015（引自 Chen and Guo, 2015b）
A. 雌性体前部侧面观；B. 雌性生殖系统；C. 雌性尾部侧面观；D. 雄性体后部侧面观，示交接器和肛前、肛后亚腹侧乳突；E. 雄性体前部侧面观；F. 雄性交接器侧面观，示交接刺和引带；G. 雄性头部侧面观，示头感器、化感器、口腔和齿
比例尺：50μm

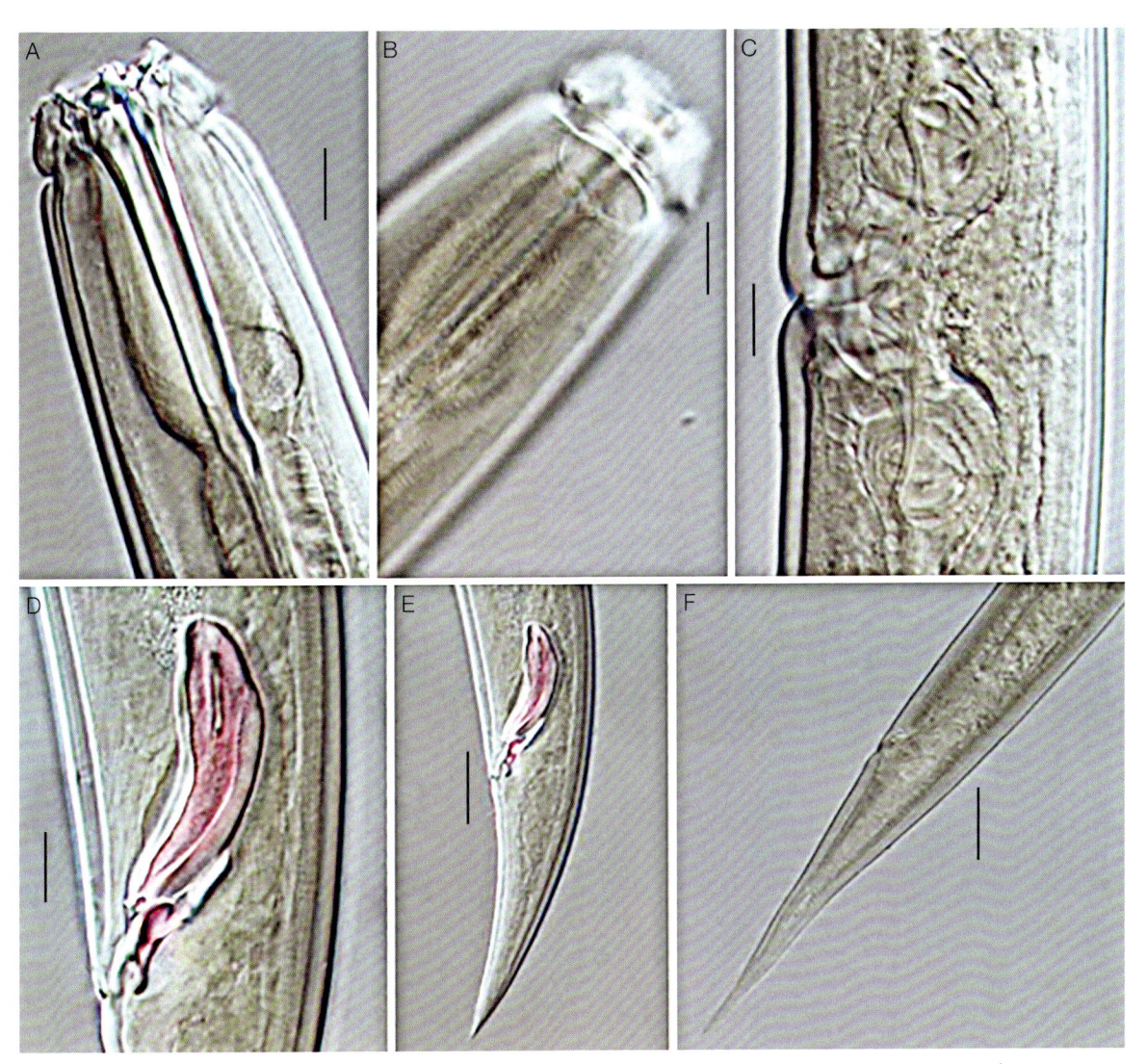

图 45-2　东海费氏线虫 Pheronous donghaiensis Chen & Guo, 2015（引自 Chen and Guo, 2015b）
A. 雌性头部侧面观，示口腔和齿；B. 雄性头部侧面观，示头感器和化感器；C. 雌性体中部侧面观，示阴孔；
D. 雄性肛区侧面观，示交接器；E. 雄性尾部侧面观；F. 雌性尾部侧面观
比例尺：A～D = 10μm；E、F = 25μm

三齿线虫属 *Trissonchulus* Cobb, 1920

乳突三齿线虫
Trissonchulus benepapillosus (Schulz, 1935)

同物异名： *Syringolaimus benepapillosus* Schulz, 1935; *Dolicholaimus benepapillosus* (Schulz, 1935)

标本采集地： 福建漳州东山岛砂质滩。

形态特征： 体长 1.5～1.8mm，最大体宽 37～47μm（a=36～42）；角皮厚且光滑，颈部前区有数个乳突；头部有 1 深沟与体部脱离，具 3 个唇片；头感器包括内圈 6 个唇乳突，外圈 10 根粗短的锥形刚毛，其中 6 根较长；化感器袋状，0.6～0.7 倍相应体宽，位于近头沟处；口腔包括杯形的前部和强烈角质化的管状后部，长度分别为 4～6μm 和 36～39μm；口腔管状部的前端具有 1 个小的角质背齿，在腹侧部各有 1 个大齿；尾钝圆锥形，肛后亚腹区具有 2 排 3 对呈对称排列的小锥形乳突，肛前亚腹区另有 2 排不对称排列的小锥形乳突。雄性有 1 对宽的交接刺，近端宽，远端钝尖，中间具隔膜；引带较短，近端细，远端粗，与 1 个短的龙骨突连接。雌性个体较雄性更大，尾部不具肛前和肛后锥形乳突；1 对前后反折的卵巢；阴孔距体前端的距离为体长的 56%。

生态习性： 栖息于砂质潮间带表层沉积物。

地理分布： 东海；波罗的海，墨西哥湾，地中海，北海（比利时），北大西洋。

参考文献： Chen and Guo, 2015b。

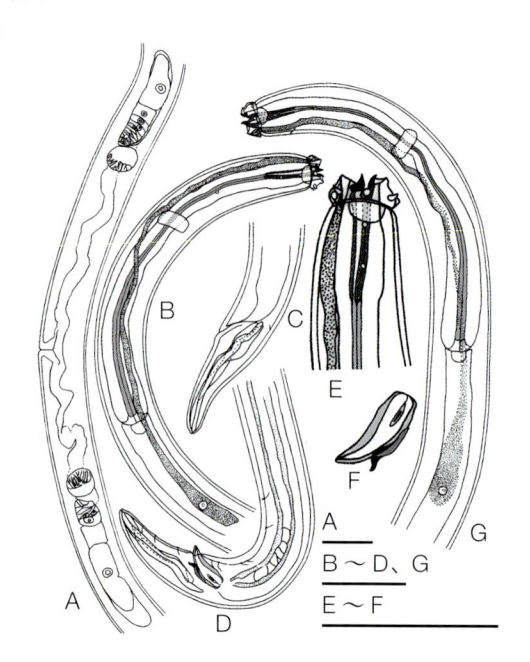

图 46-1 乳突三齿线虫 *Trissonchulus benepapillosus* (Schulz, 1935)（引自 Chen and Guo, 2015b）
A. 雌性生殖系统侧面观； B. 雄性体前部侧面观； C. 雌性尾部侧面观； D. 雄性体后部侧面观，示交接器和肛前、肛后亚腹侧乳突； E. 雄性头部侧面观，示乳突状头感器、化感器、口腔和齿； F. 雄性交接器侧面观，示交接刺和引带龙骨突； G. 雌性体前部侧面观
比例尺：50μm

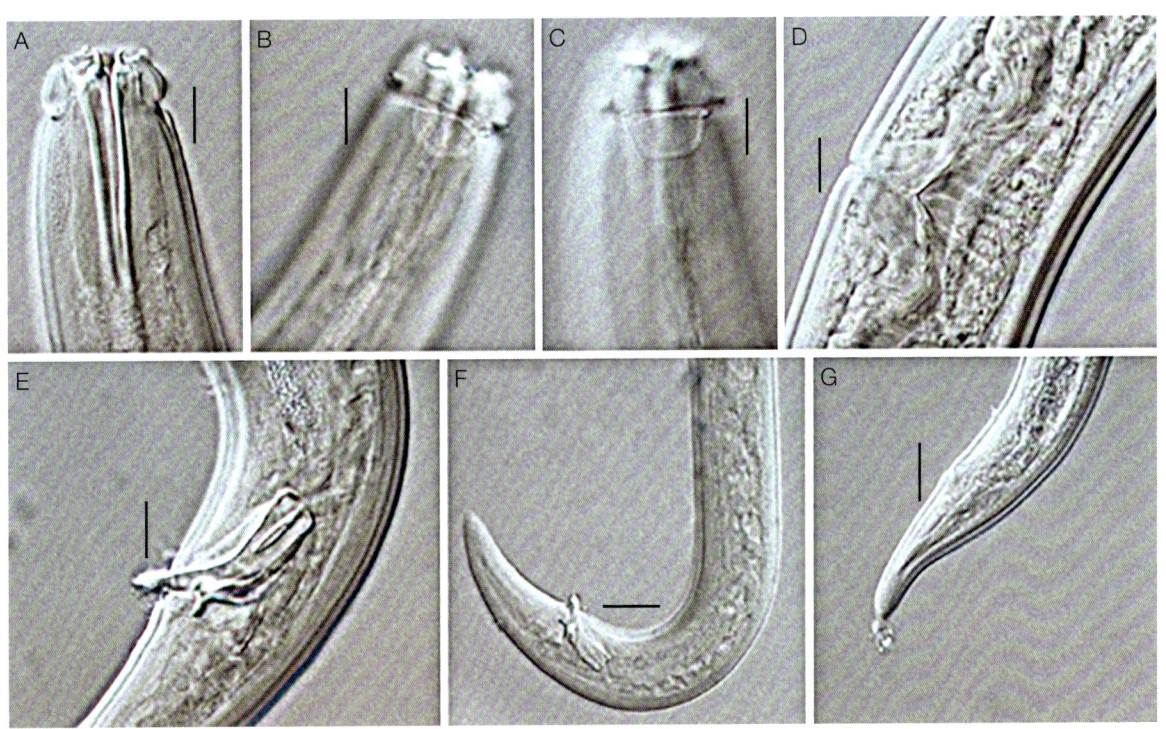

图 46-2　乳突三齿线虫 Trissonchulus benepapillosus (Schulz, 1935)（引自 Chen and Guo, 2015b）
A. 雄性头部侧面观，示口腔和齿；B. 雌性头部侧面观，示头感器；C. 雄性头部侧面观，示化感器；D. 雌性体中部侧面观，示阴孔；E. 雄性肛区侧面观，示交接器；F. 雄性尾部侧面观；G. 雌性尾部侧面观
比例尺：A～E = 10μm；F、G = 25μm

宽刺三齿线虫
Trissonchulus latispiculum Chen & Guo, 2015

标本采集地： 福建泉州洛阳江口红树林。

形态特征： 体长 3.4～4.5mm，最大体宽 76～95μm（a=36～54）；角皮光滑；头部锥形，与体区连续，具有内圈 6 个内唇乳突，外圈 6 个小的外唇乳突和 4 个较大的乳突状头感器；化感器袋状，0.3～0.4 倍相应体宽，位于侧面外唇乳突之后；口腔包括强烈角质化的管状部和前庭部，长度分别为 54～57μm 和 10～12μm；3 个实心爪状弯齿嵌在口腔管状部的前缘，其中 2 个亚腹齿等大并大于背齿，口腔前庭部的内壁上衬有许多小齿；尾短，粗而钝，具数个乳突，乳突多少与显著隆起的角皮有关。雄性具 1 对宽翼状的交接刺，中部有明显的隔膜，近端略呈头状；交接刺的中脊稍向侧缘膨大；引带较短，近端细，远端粗而发达。雌性的尾更圆并稍长于雄性，雌性的口腔总长也超过雄性；1 对前后反折的卵巢；阴孔距体前端的距离为体长的 49%。

生态习性： 栖息于红树林表层沉积物。

地理分布： 东海。

参考文献： Chen and Guo, 2015b。

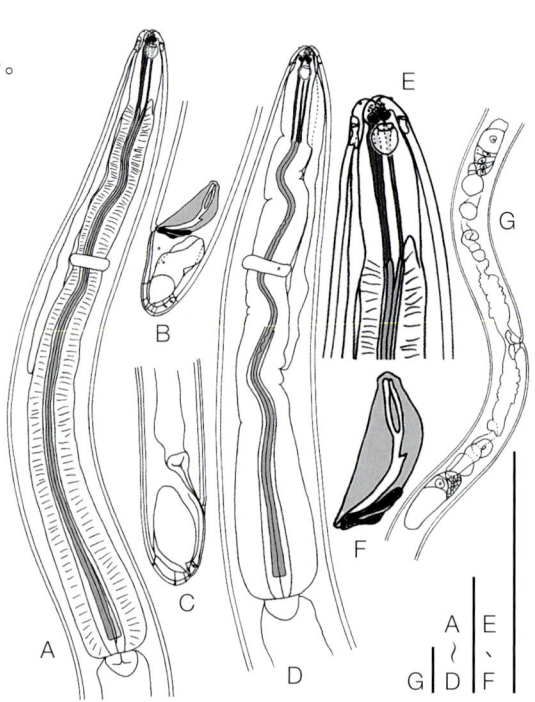

图 47-1 宽刺三齿线虫 *Trissonchulus latispiculum* Chen & Guo, 2015（引自 Chen and Guo, 2015b）

A. 雄性体前部侧面观；B. 雄性尾部侧面观；C. 雌性尾部侧面观；D. 雌性体前部侧面观；E. 雄性头部侧面观，示乳突状头感器、化感器、口腔和齿；F. 雄性交接器侧面观，示交接刺和引带；G. 雌性生殖系统侧面观

比例尺：100μm

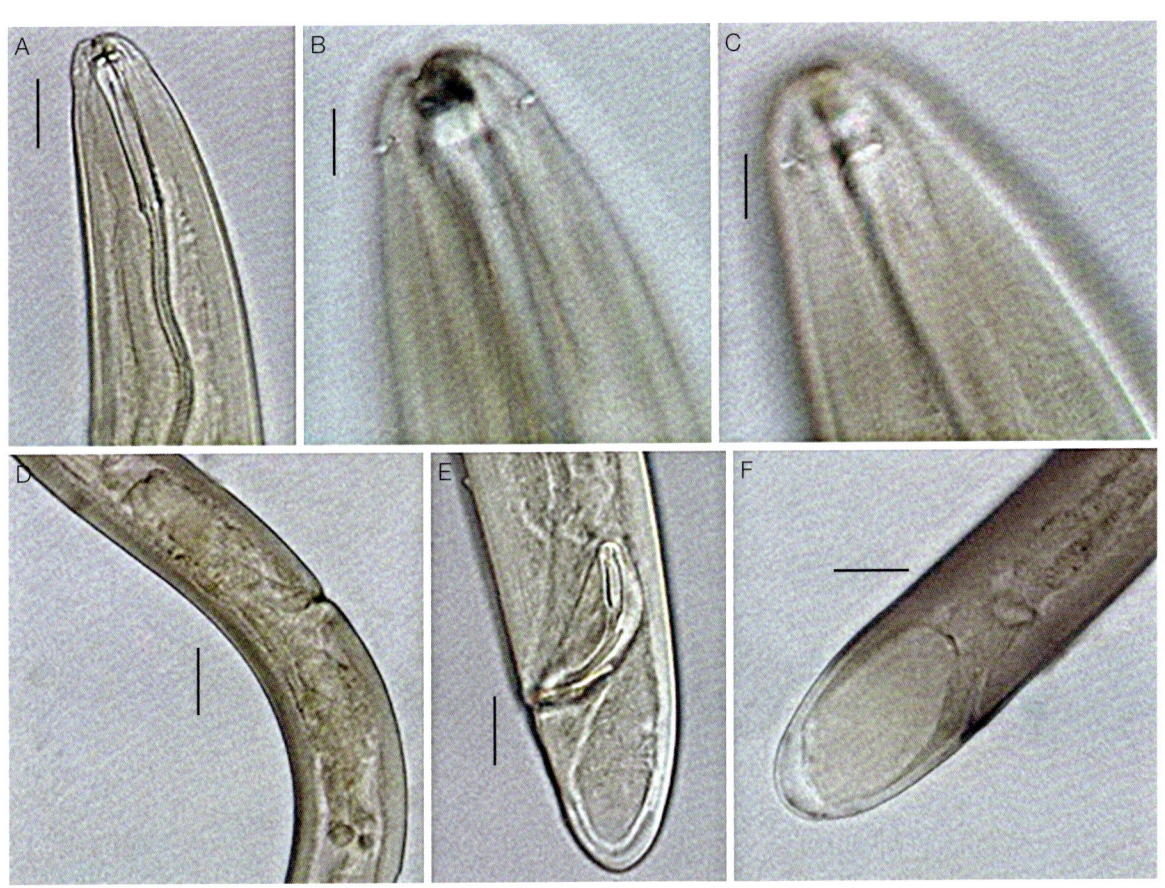

图 47-2 宽刺三齿线虫 *Trissonchulus latispiculum* Chen & Guo, 2015（引自 Chen and Guo, 2015b）
A. 雄性头部侧面观，示口腔和齿；B. 雌性头部侧面观，示头感器；C. 雄性头部侧面观，示化感器；
D. 雌性体中部侧面观，示生殖系统；E. 雄性肛区侧面观，示交接器；F. 雌性尾部侧面观
比例尺：A、E、F = 25μm；B、C = 10μm；D = 50μm

海洋三齿线虫
Trissonchulus oceanus Cobb, 1920

标本采集地： 福建漳州东山岛砂质滩。

形态特征： 体长 2.3～2.7mm，最大体宽 42～59μm（a=41～63）；角皮光滑；头部以 1 条缝合线与体区分离；唇前端有 1 圈 6 个小的内唇乳突，10 个小而圆的头乳突，其中位于亚中部的 2 个乳突难以区分。化感器袋状，0.4～0.5 倍相应体宽，位于头部缝合线附近；口腔包括杯形的前庭部和强烈角质化的管状部，长度分别为 7～10μm 和 37～41μm；3 个几乎等大的实心齿嵌在口腔前庭部和管状部的交界处，前庭部的内壁有数排小齿；尾短，稍向腹侧弯曲，具 3 对稀疏分布的乳突。雄性尾区另具 2～4 对肛前乳突和 1～2 对肛后乳突，但均处于端刚毛前方亚腹侧的位置；1 对宽的交接刺，稍弯向腹侧，其近端略呈头状，中央具隔膜，并可见交接肌；引带较短，远端发达。雌性的尾比雄性更圆，缺乏肛前乳突和肛后乳突，但与雄性一样，具 3 对乳突；具 1 个前输卵管和 1 个退化的前卵巢，后输卵管和后卵巢均发达并反折；阴孔距体前端的距离为体长的 47%～49%。

生态习性： 栖息于砂质潮间带表层沉积物中。

地理分布： 东海。

参考文献： Chen and Guo, 2015b。

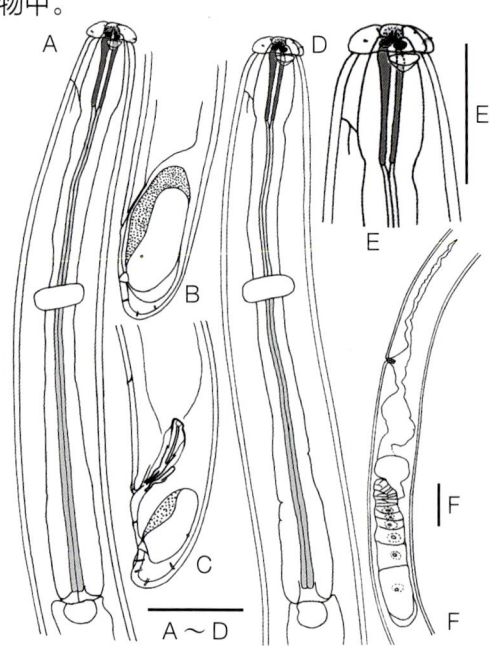

图48-1 海洋三齿线虫 *Trissonchulus oceanus* Cobb, 1920（引自 Chen and Guo, 2015b）
A. 雌性体前部侧面观；B. 雌性尾部侧面观；C. 雄性体后部侧面观，示交接刺、引带和肛前、肛后亚腹侧乳突；D. 雄性体前部侧面观；E. 雄性头部侧面观，示乳突状头感器、化感器、口腔和齿；F. 雌性生殖系统侧面观，示退化的前卵巢
比例尺：50μm

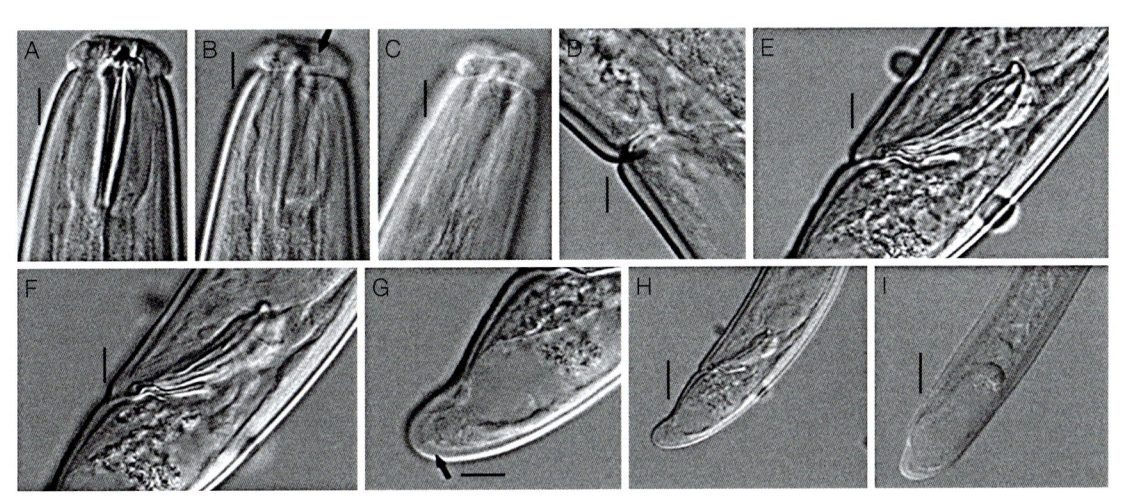

图 48-2 海洋三齿线虫 Trissonchulus oceanus Cobb, 1920（引自 Chen and Guo, 2015b）
A. 雄性头部侧面观，示口腔和齿；B. 雄性头部侧面观，示头感器和化感器；C. 雌性头部侧面观，示头感器；D. 雌性体中部侧面观，示阴孔；E. 雄性肛区侧面观，示交接刺；F. 雄性肛区侧面观，示引带；G. 雄性尾部侧面观，示尾部乳突；
H. 雄性尾部侧面观；I. 雌性尾部侧面观
比例尺：A～G = 10μm；H、I = 25μm

三齿线虫属分种检索表

1. 尾钝圆锥形 .... 乳突三齿线虫 T. benepapillosus
- 尾圆形 2
2. 头部锥形，与体区连续；交接刺宽，呈翼状 .... 宽刺三齿线虫 T. latispiculum
- 头部以 1 条缝合线与身体轮廓分离；交接刺宽，但不呈翼状 .... 海洋三齿线虫 T. oceanus

烙线虫科分属检索表

1. 尾圆锥 - 圆柱形；交接器结构特殊，仅有 1 个交接刺 .... 柯尼丽线虫属 Conilia
- 尾短，锥形或钝圆；交接器结构正常，由 1 对宽的交接刺和引带组成 2
2. 尾钝圆锥形或圆形，有尾腺 .... 三齿线虫属 Trissonchulus
- 尾尖锥形，无尾腺 .... 费氏线虫属 Pheronous

尖口线虫科 Oxystominidae Chitwood, 1935
浮体线虫属 Litinium Cobb, 1920

锥尾浮体线虫
Litinium conicaudatum Huang, Sun & Huang, 2017

标本采集地： 东海潮下带。

形态特征： 雄性体细长，几近柱状，体长 2.5mm，最大体宽 35μm（$a=72$）；角皮光滑，无体刚毛；头圆，宽 8μm；12 根头刚毛按 6+6 式排列成 2 圈：外圈与内圈刚毛靠近，长 3μm，距体前端 3μm；另有 4 根头刚毛长 3μm，位于化感器后端，距体前端 12μm；化感器大，葫芦状，宽 6.5μm；口腔小，咽基部加宽呈三角形，具弱的辐射状肌肉束，排泄孔位于神经环与体前端中间，腹腺未见；尾极短，长 0.8 倍肛门相应体宽，锥形具钝末端。交接刺细而弯，角质化，长 1.4 倍肛门相应体宽，近端钩状、具头，远端尖细，具腹翼；引带三角形，有 1 指向背后的龙骨突，长 6μm；1 个乳突形肛前附器，上具 1 根长 3μm 的刚毛，位于交接刺中间水平，距离肛门 20μm。雌性未见。

生态习性： 栖息于潮下带泥质沉积物表层（0～2cm），水深 61m。

地理分布： 东海。

参考文献： Huang et al.，2017。

图 49-1 锥尾浮体线虫 *Litinium conicaudatum* Huang, Sun & Huang, 2017（引自 Huang et al., 2017）
A. 雄性体前部侧面观，示化感器、食道和排泄孔；B. 雄性头部侧面观，示头刚毛和化感器；C. 雄性尾部侧面观，交接刺、引带龙骨突和 1 个肛前附器

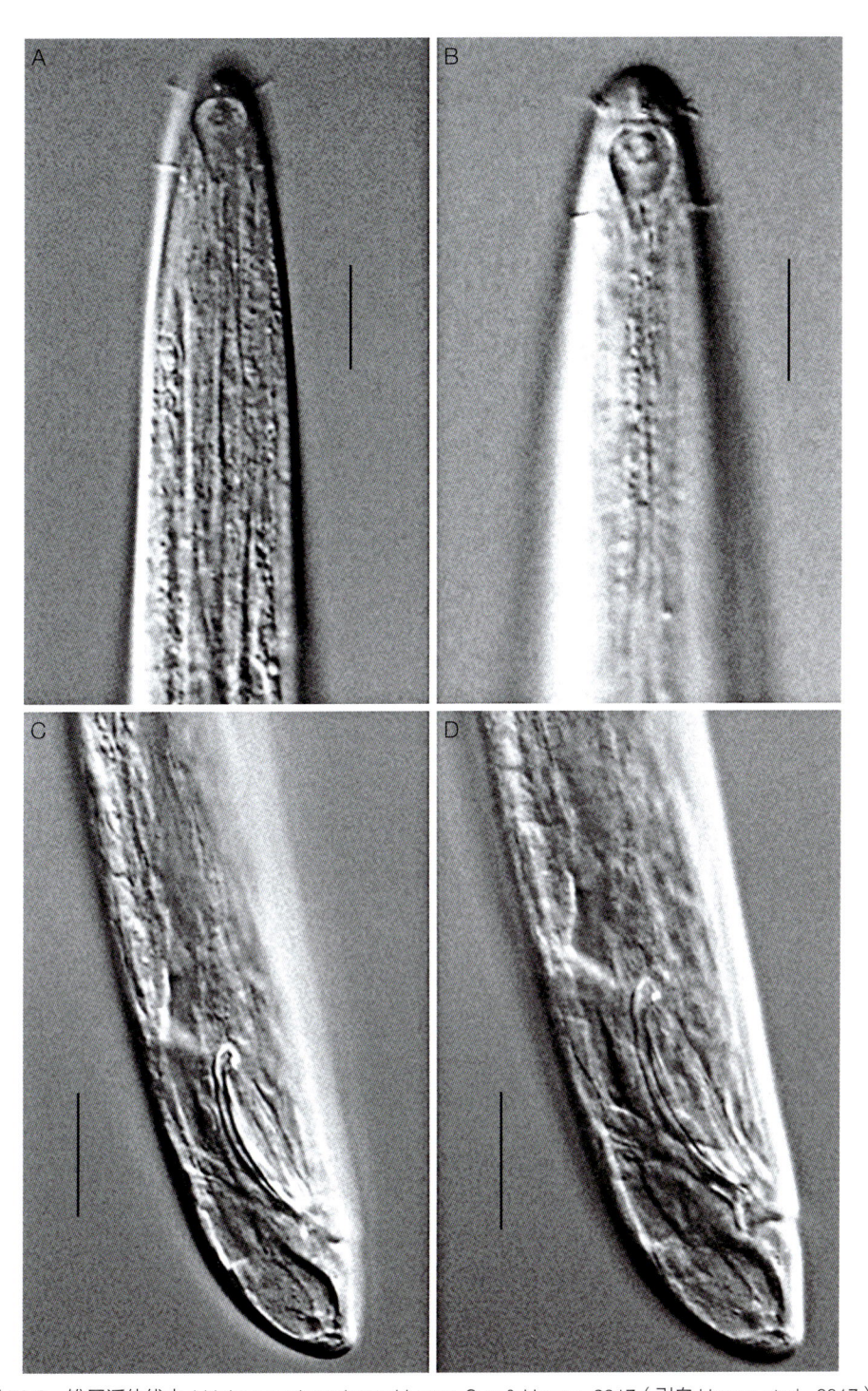

图 49-2　锥尾浮体线虫 *Litinium conicaudatum* Huang, Sun & Huang, 2017（引自 Huang et al., 2017）
A、B. 雄性头部侧面观，示唇刚毛、头刚毛和化感器；C、D. 雄性尾部侧面观，示交接刺、引带和尾腺细胞
比例尺：A、B = 10μm；C、D = 20μm

线形线虫属 *Nemanema* Cobb, 1920

小线形线虫
Nemanema minutum Sun, Huang & Huang, 2018

标本采集地： 东海潮下带泥质沉积物。

形态特征： 体长 1.9mm，最大体宽 50μm（*a*=39）；角皮光滑，整个体腔散在分布着明显的卵圆形细胞；6 根头刚毛长 1.5μm；4 根亚头刚毛，与体前端距离 1.4 倍头直径；无口腔；化感器卵圆形，长 8μm，宽 5.5μm，距体前端 3.4 倍头直径；咽部无后食道球；尾锥形，长 2.8 倍肛门相应直径。雄性交接刺细，近端具钩，远端尖细，具翼；其近端中央有隔膜；引带侧面观似环形；肛前附器乳突状，并具 3 根短刚毛，位于交接刺前端水平，距离肛门 22μm。

生态习性： 栖息于潮下带泥质沉积物中，水深 67m。

地理分布： 东海。

参考文献： Sun et al., 2018。

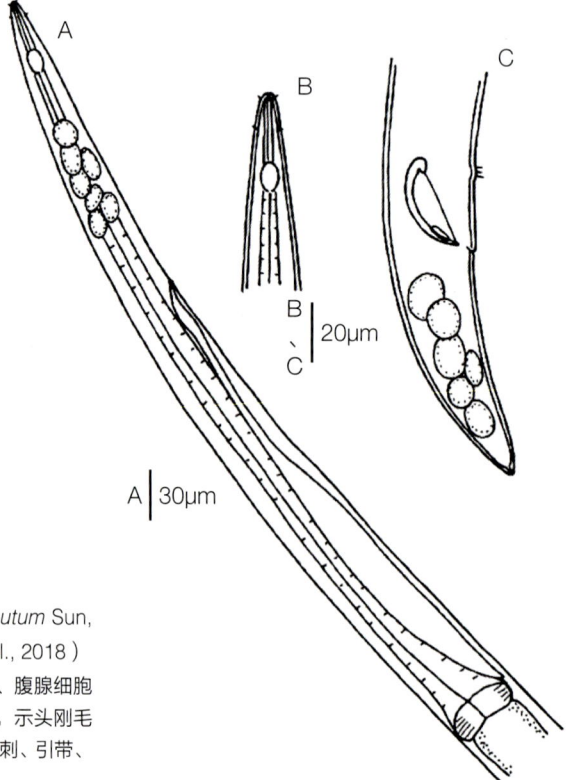

图 50-1　小线形线虫 *Nemanema minutum* Sun, Huang & Huang, 2018（引自 Sun et al., 2018）
A. 雄性体前部侧面观，示化感器、食道、腹腺细胞和卵圆形体腔细胞；B. 雄性头部侧面观，示头刚毛和化感器；C. 雄性体后部侧面观，示交接刺、引带、肛前附器和卵圆形体腔细胞

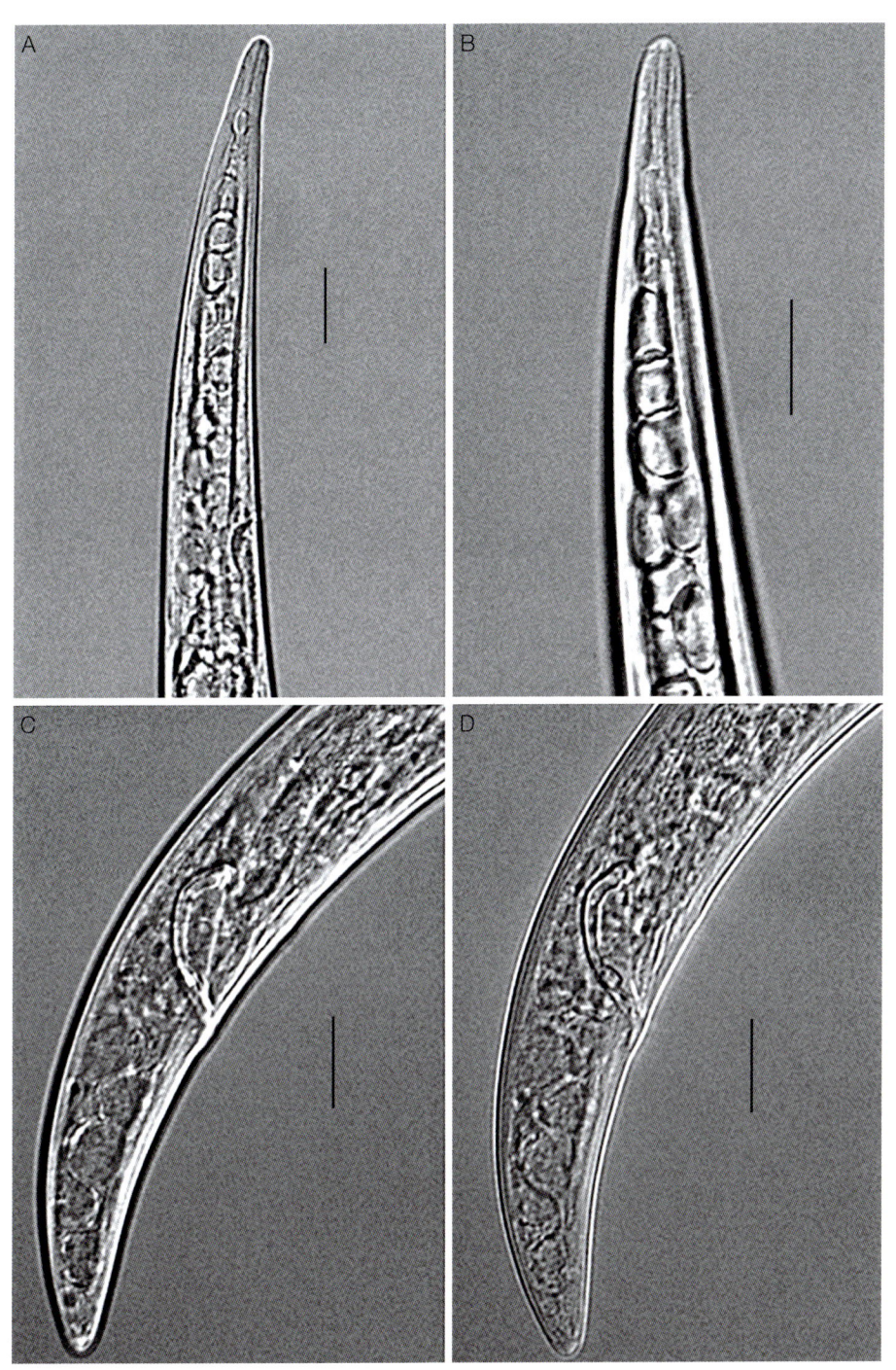

图 50-2 小线形线虫 *Nemanema minutum* Sun, Huang & Huang, 2018（引自 Sun et al., 2018）
A. 雄性体前部侧面观，示化感器；B. 雄性头部侧面观，示头刚毛和卵圆形体腔细胞；C. 雄性尾部侧面观，
示交接刺和肛前附器；D. 雄性尾部侧面观，示交接刺和引带
比例尺：A = 30μm；B～D = 20μm

海咽线虫属 *Thalassoalaimus* de Man, 1893

粗尾海咽线虫
Thalassoalaimus crassicaudatus Huang, Sun & Huang, 2017

标本采集地： 东海潮下带。

形态特征： 雄性体细长，柱状，长 2.5～2.7mm，最大体宽 25～27μm（a=93～107）；角皮光滑且透明；头圆，宽 8μm；12 根头刚毛按 6+6 式排列成 2 圈：外圈与内圈刚毛靠近，长 3μm，距体前端 3μm；另有 4 根亚头刚毛长 2.5μm，位于化感器后缘，距体前端 15μm；化感器倒置瓶状，宽 5.5μm；口腔小，咽部无后食道球；尾长圆形，长 1.3 倍肛门相应体宽，在其亚末端腹面有 1 个大而尖的角质化突起（图 51-2C、D，尾刺突）。交接刺稍弯，中部宽，两端窄，具中央带，远端圆形，长 1.2 倍肛门相应体宽；引带板状，长 11μm；2 个乳突形肛前附器，每个具 1 根长 2μm 的刚毛。雌性未见。

生态习性： 栖息于潮下带泥质沉积物表层（0～2cm），水深 86m。

地理分布： 东海。

参考文献： Huang et al., 2017。

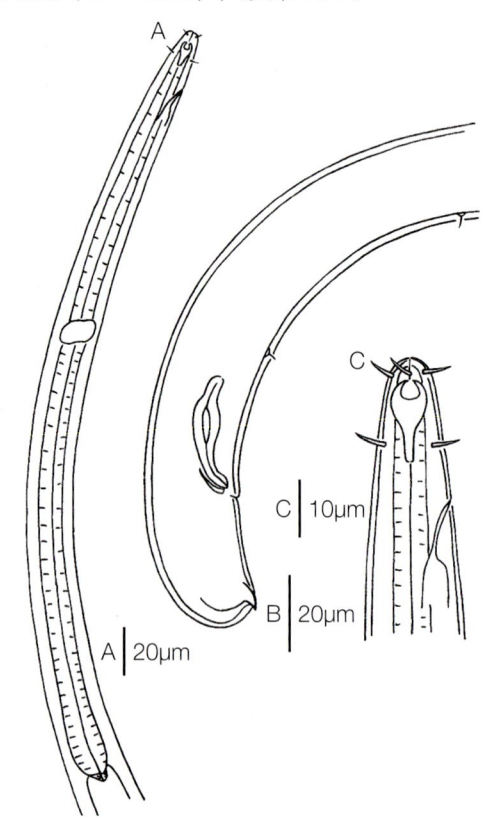

图 51-1 粗尾海咽线虫 *Thalassoalaimus crassicaudatus* Huang, Sun & Huang, 2017（引自 Huang et al., 2017）
A. 雄性体前部侧面观，示化感器、食道和排泄孔；B. 雄性体后部侧面观，示交接刺、引带、2 个肛前附器和尾刺突；C. 雄性头部侧面观，示头刚毛、化感器和排泄孔

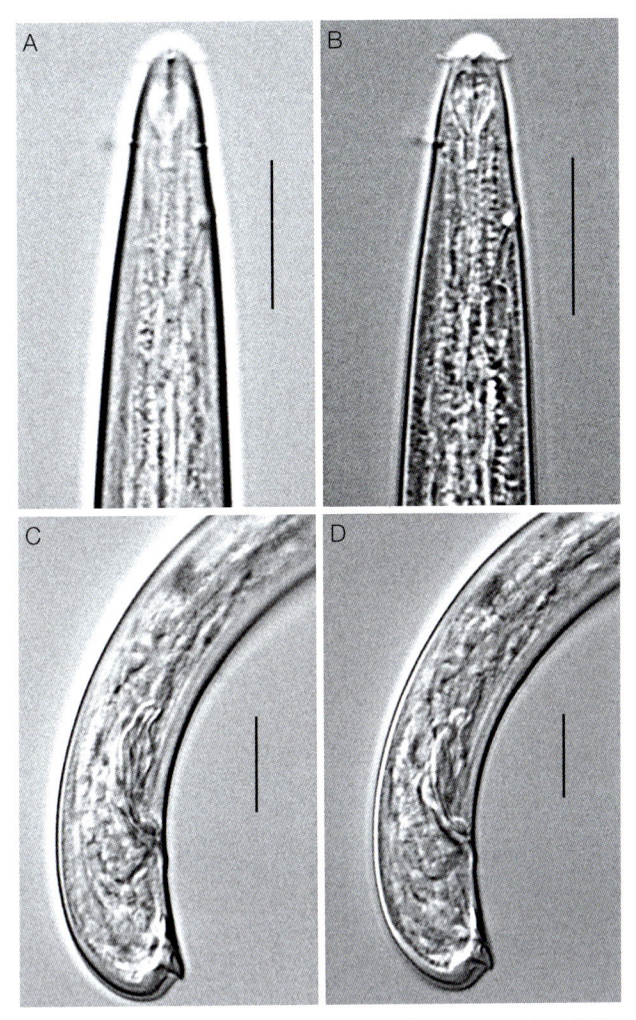

图 51-2 粗尾海咽线虫 *Thalassoalaimus crassicaudatus* Huang, Sun & Huang, 2017
（引自 Huang et al., 2017）
A、B. 雄性头部侧面观，示唇刚毛、头刚毛、化感器和排泄孔；C、D. 雄性尾部侧面观，
示交接刺、引带和尾刺突
比例尺：20μm

尖口线虫科分属检索表

1. 6 根头刚毛；化感器卵圆形 .... 线形线虫属 *Nemanema*
  - 10～12 根头刚毛；化感器非卵圆形 2
2. 雄性化感器倒置瓶状 .... 海咽线虫属 *Thalassoalaimus*
  - 雄性化感器马蹄状或葫芦状 .... 浮体线虫属 *Litinium*

瘤线虫科 Oncholaimidae Filipjev, 1916

瘤线虫属 Oncholaimus Dujardin, 1845

张氏瘤线虫
Oncholaimus zhangi Gao & Huang, 2017

标本采集地： 福建漳州东山岛砂质滩。

形态特征： 体长 3.2～3.9mm，最大体宽 61～79μm（a=48～62）；角皮光滑，具 6 纵排粗壮的体刚毛；6 个圆形唇上有 6 个小而不明显的乳突；10 根头刚毛排成 1 圈，几乎等长；口腔大，桶形，深 33～35μm，宽 18～20μm，口腔壁角质化并具 3 个齿：左亚腹齿大于右亚腹齿和背齿；化感器浅杯状，位于口腔中部，大约 0.3 倍相应体宽；尾锥形，向后逐渐变细为柱状，并弯向腹面；尾的中部之后有 1 大的腹面隆起；尾上还具 1 排 6～7 根生殖刚毛（长 5μm），其中 3～4 根位于肛前，另外 3 根位于肛后；此外，尾上还有 6 对短刚毛（长 4μm），在肛门周围呈环形排列。雄性交接刺长 1.2～1.5 倍肛门相应体宽，细长并自中部向腹面弯曲，远端宽具尖的顶端，近端形成微弱的头柄；引带无；肛前附器不存在。雌性无体刚毛，体型略小于雄性；生殖系统单宫，仅具前面 1 个反折的卵巢；阴孔距体前端的距离为体长的 66%；德曼系统为发达的管状系统，位于肠的右侧，主管终端开口在身体侧面。

生态习性： 栖息于砂质潮间带表层沉积物中。

地理分布： 东海。

参考文献： Gao and Huang, 2017。

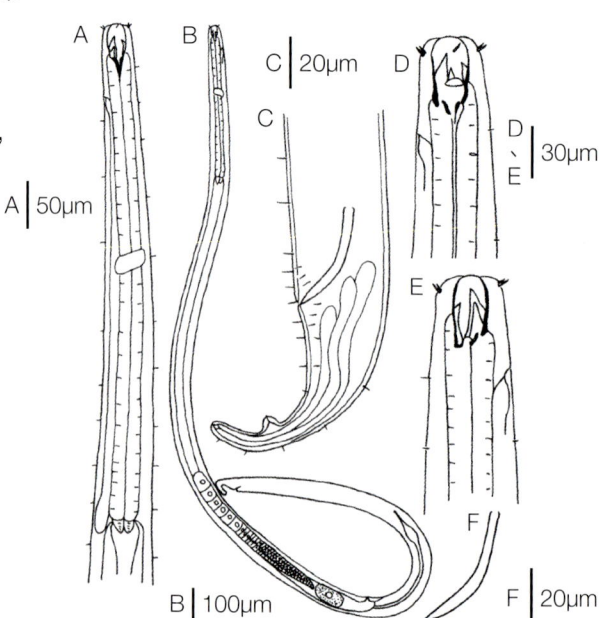

图52-1 张氏瘤线虫 *Oncholaimus zhangi* Gao & Huang, 2017（引自 Gao and Huang, 2017）

A. 雄性体前部侧面观，示食道和腹腺；B. 雌性整体侧面观，示阴孔和卵巢；C. 雄性尾部侧面观，示交接刺、生殖刚毛、尾腹面隆起和尾腺；D. 雄性体前端侧面观，示头刚毛和化感器；E. 雌性体前端侧面观，示口腔、齿和排泄孔；F. 雄性交接刺侧面观

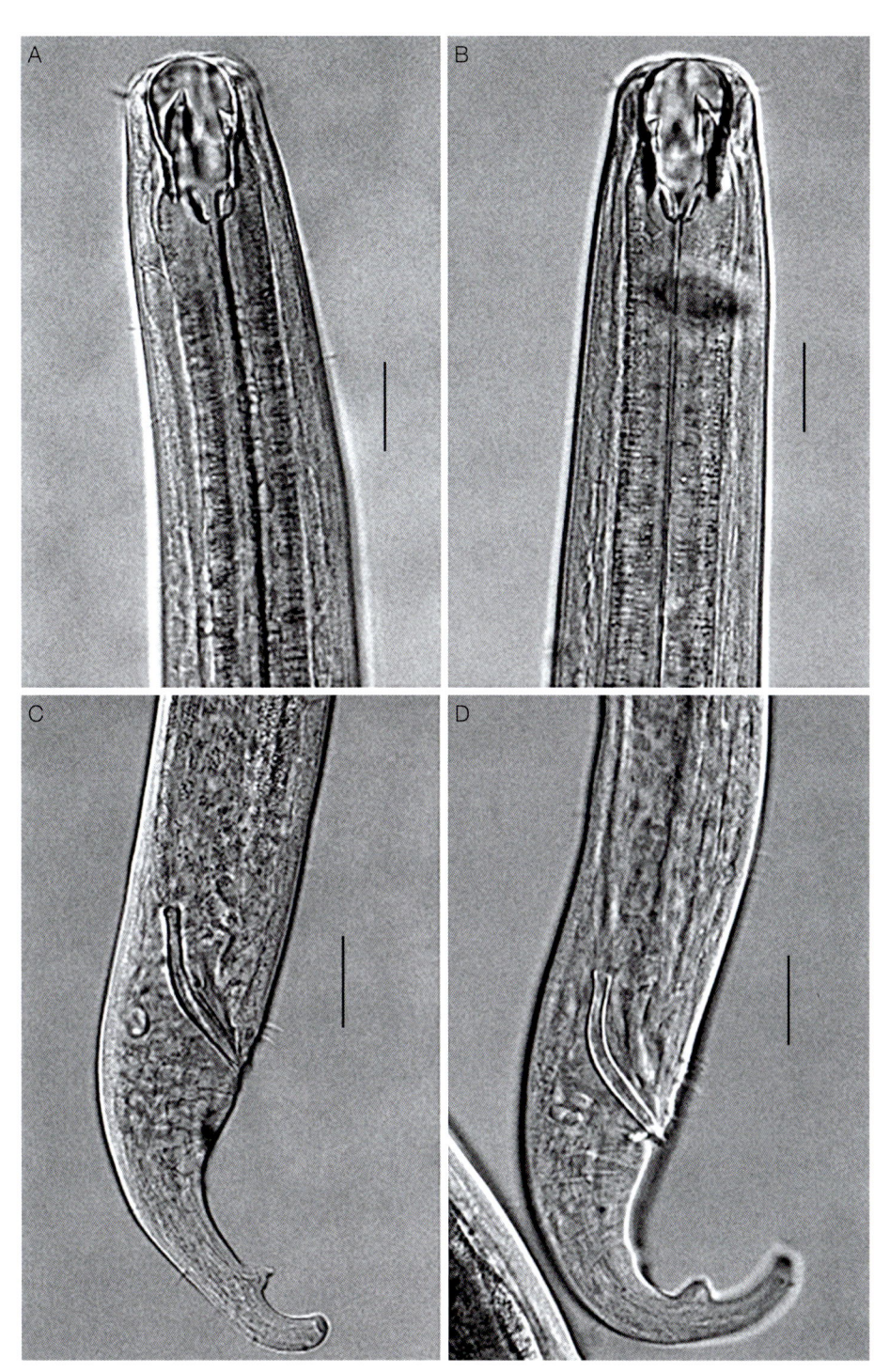

图 52-2 张氏瘤线虫 *Oncholaimus zhangi* Gao & Huang, 2017（引自 Gao and Huang, 2017）
A. 雄性体前部侧面观；B. 雌性体前部侧面观；C. 雄性尾部侧面观；D. 雄性尾部侧面观，示交接刺
比例尺：20μm

异八齿线虫属 *Paroctonchus* Shi & Xu, 2016

南麂异八齿线虫
Paroctonchus nanjiensis Shi & Xu, 2016

标本采集地： 浙江温州南麂列岛大沙岙砂质滩。

形态特征： 体长 3.5～4.8mm，最大体宽 47～52μm（*a*=48～62）；角皮光滑；6 个内唇乳突位于 6 个圆形唇上，6 根外唇刚毛与 4 根头刚毛排成 1 圈，等长；口腔大，口腔壁强烈角质化，仅后端由咽组织包围；具瘤线虫科的典型 3 齿：左亚腹齿最大，右亚腹齿稍大于背齿；另有大约 27 枚小齿分布在口腔壁；化感器袋状，具横裂状开口，位于口腔中部；口腔基部有 6 根亚头刚毛；颈刚毛在咽区大致排成 4 纵排；贲门明显，呈锥形；尾圆锥-圆柱形，具 3 个尾腺，尾端吐丝器存在；身体背侧和腹侧未见体感器（orthometaneme）。雄性交接刺短而直，匕首状；引带无；大约 10 个瘤样肛前附器，在亚腹侧排成 2 排；肛区还有 2 根粗短刚毛；雄性体后部显著向腹面弯曲，尾的柱状部具数根刚毛，亚末端有 4 根刚毛，尾的末端稍膨大。雌性具前后 2 个反折的卵巢；阴孔距体前端的距离为体长的 64%～65%；阴道短，肌肉质，周围有许多小腺细胞；德曼系统未见；尾部仅具 4 根亚末端刚毛。

生态习性： 栖息于砂质潮间带表层沉积物中。

地理分布： 东海。

参考文献： Shi and Xu, 2016b。

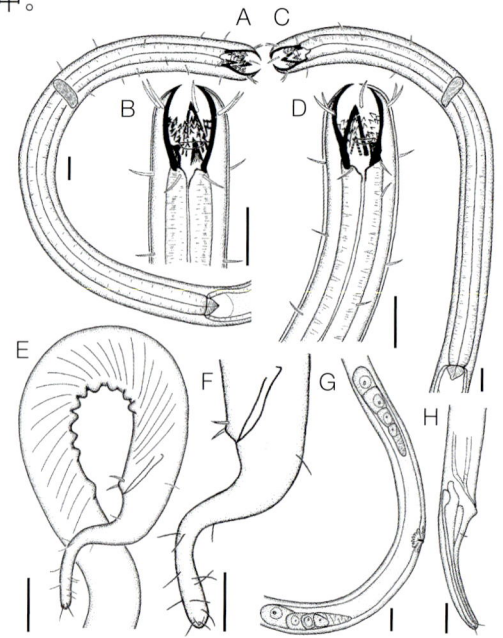

图 53-1 南麂异八齿线虫 *Paroctonchus nanjiensis* Shi & Xu, 2016（引自 Shi and Xu, 2016b）
A、B. 雄性体前部和头部侧面观，示强烈角质化的大口腔，背齿、1 对亚腹齿和许多小齿；C、D. 雌性体前部和头部侧面观；E、F. 雄性体后部和尾部侧面观，示短而直的交接刺、许多肛前附器、肛区 2 根粗刚毛和尾刚毛；G、H. 雌性体后部和尾部侧面观，示阴孔、反折的卵巢和尾腺
比例尺：30μm

图 53-2 南鹿异八齿线虫 Paroctonchus nanjiensis Shi & Xu, 2016（引自 Shi and Xu, 2016b）

A～D. 雄性体前部侧面观，示口具 6 个唇和 6 个唇乳突（短箭头），口腔角质化且仅后部被咽组织包围，一个背齿和两个亚腹齿以及很多小齿，化感器窝的横裂状开口（长箭头）；E. 雄性头部侧面观，示最大的左亚腹齿和化感器的背侧观（长箭头）；F～H. 雄性体后部和整体侧面观，示短而直呈匕首状的交接刺，肛前附器和锥-柱形尾，以及虫体的细长外形

比例尺：A～G = 30μm；H = 100μm

矛线虫科 Enchelidiidae Filipjev, 1918

多胃球线虫属 *Polygastrophora* de Man, 1922

九球多胃球线虫
Polygastrophora novenbulba Jiang, Wang & Huang, 2015

标本采集地： 温州西门岛泥滩。

形态特征： 体长 2.3mm，最大体宽 65μm（*a*=36）；身体自食道后部开始向前迅速变窄，因此头小，宽 9.5μm；食道前区有很多散在的颈刚毛，最长 14μm；口腔深 15μm，由横环分割成 4 室，第 1 室宽 6μm，宽于后面的几个室；口腔第 2 室的基部有 3 个发达的齿，右亚腹齿大于左亚腹齿和背齿；口周围有 6 个乳突和 1 圈 10 根 4μm 长的刚毛；化感器未见；神经环位于食道中部，食道后 1/3 处形成 9 个明显的食道球；尾长 170μm（4.3 倍肛门相应直径），圆锥 - 圆柱形，末端稍膨大；柱状部占尾长的 1/2，上有 8 根亚腹刚毛和 1 根亚端刚毛，长 4～5μm。雄性交接刺长而窄，远端具钩，长 135μm；引带棒状，长 23μm；6 个小的乳突状肛前附器，第 1 个离肛门 10μm，最远的 1 个离肛门 425μm。

生态习性： 栖息于潮间带泥质沉积物表层（0～2cm）。

地理分布： 东海。

参考文献： Jiang et al., 2015。

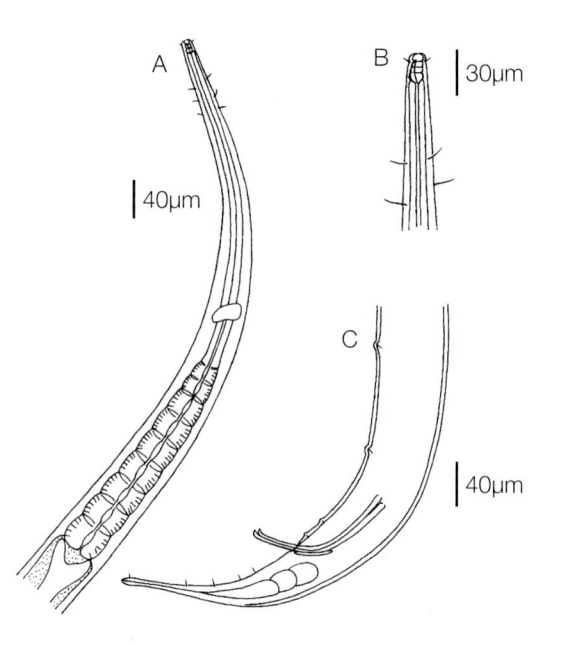

图54-1 九球多胃球线虫 *Polygastrophora novenbulba* Jiang, Wang & Huang, 2015（引自 Jiang et al., 2015）
A. 雄性体前部侧面观，示食道和食道球；
B. 雄性头部侧面观，示口腔、齿、头刚毛和颈刚毛；C. 雄性体后部侧面观，示交接刺、引带和乳突状的肛前附器

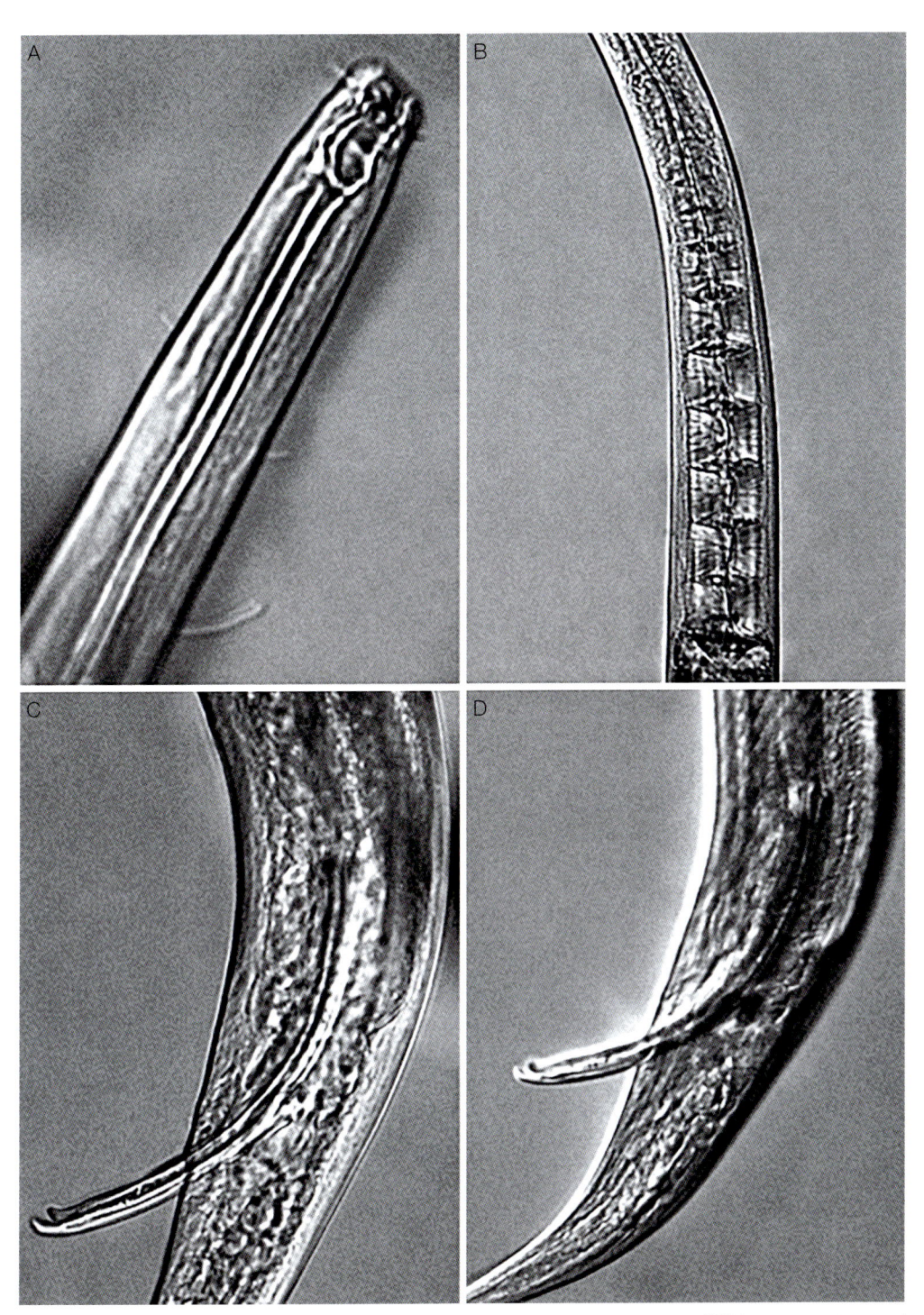

图 54-2 九球多胃球线虫 Polygastrophora novenbulba Jiang, Wang & Huang, 2015（引自 Jiang et al., 2015）
A. 雄性体前部侧面观，示口腔；B. 雄性食道部侧面观，示神经环和食道球；C. 雄性尾部侧面观，示 2 个交接刺和引带；
D. 雄性尾部侧面观，示交接刺

三孔线虫科 Tripyloididae Filipjev, 1918

三孔线虫属 *Tripyloides* de Man, 1886

厦门三孔线虫
Tripyloides amoyanus Fu, Zeng, Zhou, Tan & Cai, 2018

标本采集地： 福建厦门同安湾和海门岛红树林。

形态特征： 体长 1.4～1.8mm，最大体宽 58～94μm（a=19～24）；角皮光滑；口腔具明显硬化的壁，柱-锥形，具小齿，分为3室；唇感器乳突状，10根头刚毛形成1圈，包括6根较长而粗的头刚毛，长9μm，占相应体宽的42%，包括2节以及4根较短的头刚毛，长6μm；化感器小而圆，呈句号状双环，位于口腔之后，直径7μm，19% 相应体宽；食道向后端逐渐膨大但无明显的食道球；尾长3.5倍肛门相应直径，圆锥-圆柱形，柱状部占尾长的1/3，末端不膨大。雄性交接刺短，长39μm，略弯，具纵肋，远端尖，近端不呈柄状；引带不硬化，但具4个指向腹侧的齿。雌性生殖系统双宫，具前后2个反折的卵巢。

生态习性： 栖息于红树林表层沉积物中。

地理分布： 东海。

参考文献： Fu et al., 2018。

图 55-1 厦门三孔线虫 *Tripyloides amoyanus* Fu, Zeng, Zhou, Tan & Cai, 2018（引自 Fu et al., 2018）

A. 雌性体前部侧面观，示食道和腹腺；B. 雄性头部侧面观，示头刚毛、口腔、齿和化感器；C. 雌性生殖系统侧面观，示阴孔和2个反折的卵巢；D. 雄性尾部侧面观，示交接器和尾腺；E. 雄性肛区侧面观，示交接刺和引带

比例尺：A、D = 50μm；B、E = 10μm；C = 100μm

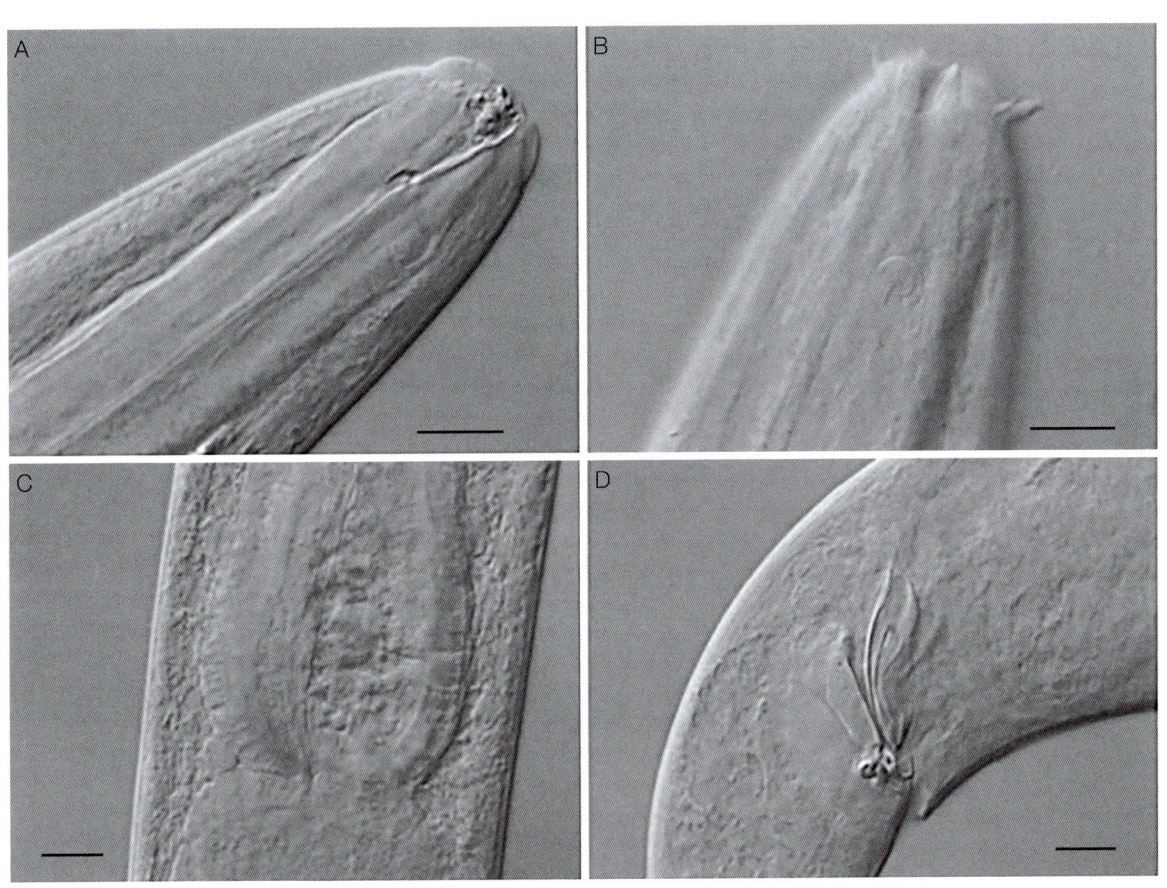

图 55-2 厦门三孔线虫 *Tripyloides amoyanus* Fu, Zeng, Zhou, Tan & Cai, 2018（引自 Fu et al., 2018）
A. 雌性头部侧面观，示口腔；B. 雄性头部侧面观，示化感器、头刚毛和外唇刚毛；C. 雄性食道部侧面观；
D. 雄性体后部侧面观，示交接刺和引带
比例尺：10μm

红树三孔线虫
Tripyloides mangrovensis Fu, Zeng, Zhou, Tan & Cai, 2018

标本采集地： 福建厦门同安湾和海门岛红树林。

形态特征： 体长 1.1～1.8mm，最大体宽 66～102μm（*a*=17～23）；角皮光滑；内唇感器乳突状，6 根粗的外唇刚毛长约 7μm，占相应体宽的 31%；4 根头刚毛长 5～7μm，比外唇刚毛略短而细；化感器小，环形，位于口腔后袋状部的水平；口腔具角质化壁，由明显的角皮横环分割成 2 室：前室不规则杯形并具 1 枚三角形实心背齿；后室包括不规则的柱-锥部及侧面 2 个半球形的袋状部；食道后端膨大但无食道球；尾圆锥-圆柱形，柱状部占尾长的 2/3，末端不膨大，具 3 根肛前刚毛和 3 个尾腺。雄性交接刺短而粗，略弯，远端尖，近端具 1 环形结构；引带平行于交接刺，稍硬化，远端具实心的半矩形结构。雌性生殖系统双宫，具前后 2 个反折的卵巢。

生态习性： 栖息于红树林表层沉积物中。

地理分布： 东海。

参考文献： Fu et al., 2018。

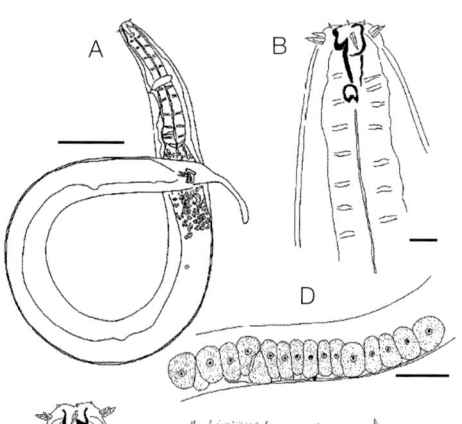

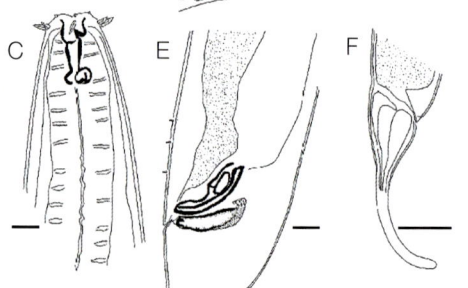

图 56-1 红树三孔线虫 *Tripyloides mangrovensis* Fu, Zeng, Zhou, Tan & Cai, 2018（引自 Fu et al., 2018）

A. 雄性整体侧面观；B. 雌性头部侧面观；C. 雄性头部侧面观；D. 雌性生殖系统侧面观；E. 雄性肛区侧面观，示交接刺、引带和肛前刚毛；F. 雌性尾部侧面观
比例尺：A、D = 100μm；B、C、E = 10μm；F = 150μm

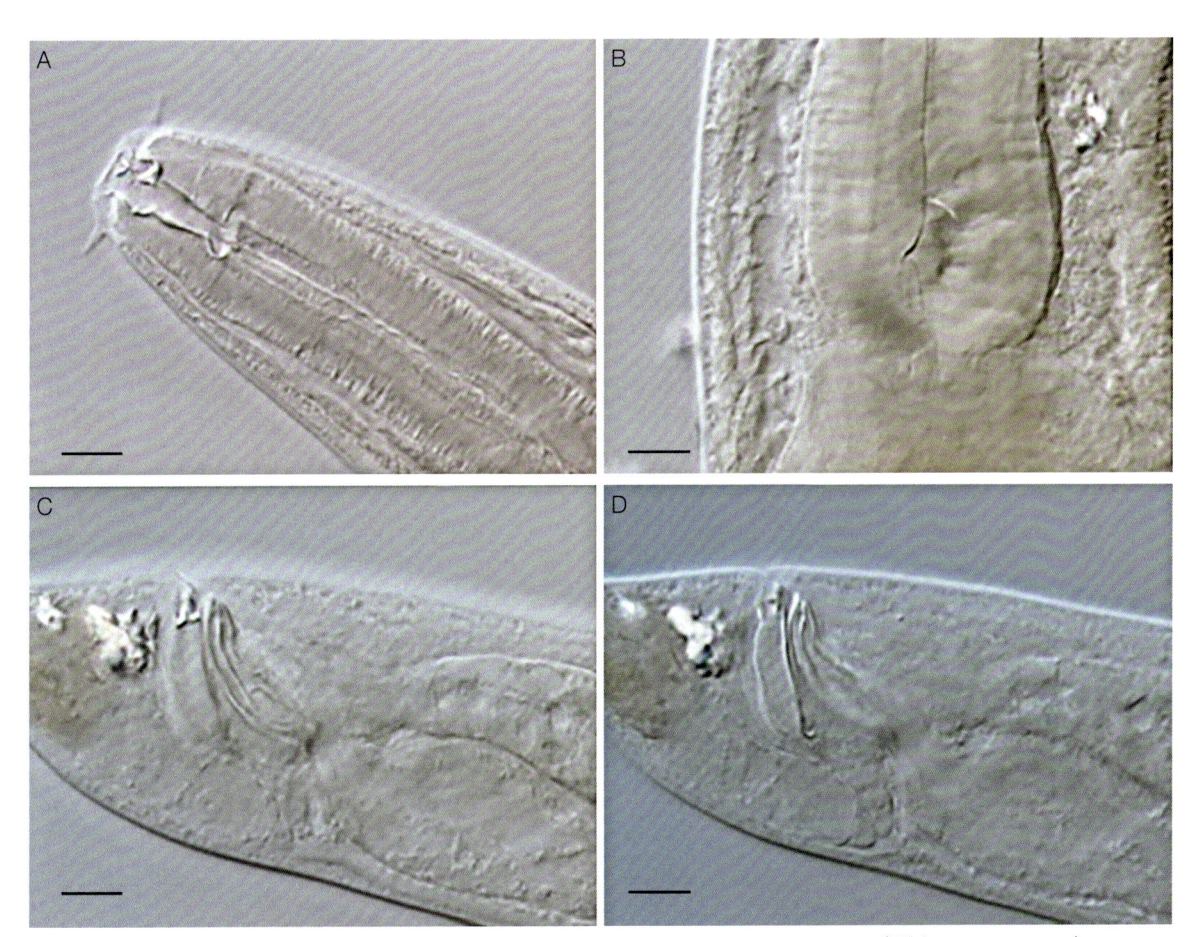

图 56-2　红树三孔线虫 *Tripyloides mangrovensis* Fu, Zeng, Zhou, Tan & Cai, 2018（引自 Fu et al., 2018）
A. 雄性头部侧面观，示口腔和化感器；B. 雌性食道部侧面观；C. 雄性体后部侧面观，示交接刺；D. 雄性体后部侧面观，示引带
比例尺：10μm

长尾线虫科 Trefusiidae Gerlach, 1966
非洲线虫属 *Africanema* Vincx & Furstenberg, 1988

多乳突非洲线虫
Africanema multipapillatum Shi & Xu, 2017

标本采集地： 温州南麂列岛大沙岙砂质滩。

形态特征： 体细长，长 2.0～3.0mm，最大体宽 28～34μm（a=62～95）；角皮具弱环纹；体感器不存在；头稍尖，在头刚毛处与体区分离；3 个唇，6 根粗的唇刚毛，分两节；6 根较长的头刚毛，分 3 节；4 根细而稍短的头刚毛，位于口腔基部；口腔无齿，大而柱状，口腔壁强烈角质化，仅在后部被咽组织包围；头鞘无，化感器位于口腔基部，长沟形且具横纹；颈刚毛稀疏，无体刚毛；尾圆锥-圆柱形，长为 10 倍肛门相应直径，末端稍膨大。雄性交接刺角质化并弯曲，长为肛门相应直径的 2 倍；引带角质化，具指向背后方的龙骨突；大约 13 个乳突状肛前附器。雌性具单一后卵巢，反折；阴孔位于咽区后方，距体前端 1/4 体长处；阴道长，角质化；储精囊大，充满细长的精细胞。

生态习性： 栖息于砂质潮间带表层沉积物中。

地理分布： 东海。

参考文献： Shi and Xu，2017。

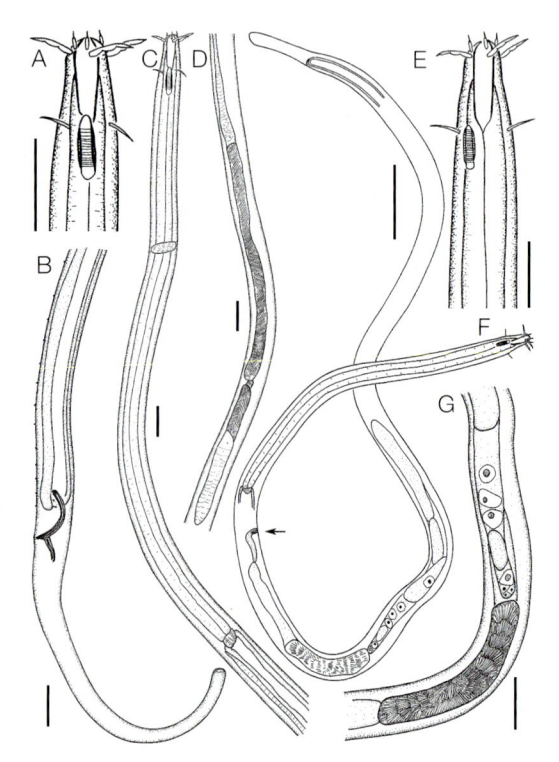

图 57-1 多乳突非洲线虫 *Africanema multipapillatum* Shi & Xu, 2017（引自 Shi and Xu, 2017）
A. 雄性头部侧面观，示唇刚毛、头刚毛、柱状的大口腔和带横纹的长化感器；B. 雄性体后部侧面观，示交接刺、引带龙骨突和肛前附器；C. 雄性体前部侧面观，示食道和直达食道区的前精巢；D. 雄性生殖系统侧面观，示前后两个精巢，后精巢较短；E. 雌性头部侧面观；F. 雌性整体侧面观，示阴孔（箭头）、阴道、大储精囊和单个反折的后卵巢；G. 雌性生殖系统侧面观，示卵巢前方充满精子的储精囊
比例尺：A～E、G = 30μm；F = 100μm

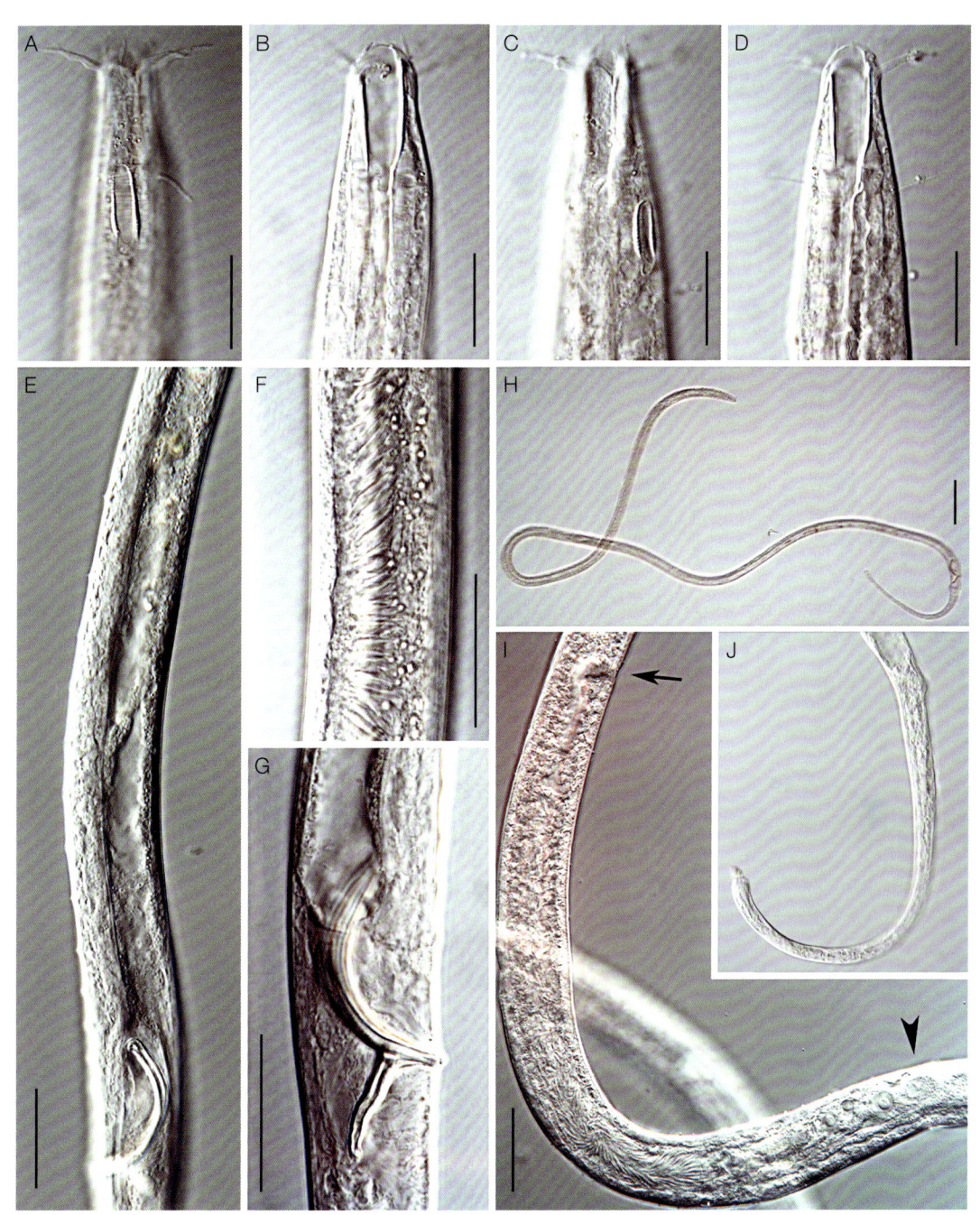

图 57-2　多乳突非洲线虫 Africanema multipapillatum Shi & Xu, 2017（引自 Shi and Xu, 2017）

A、B. 雄性头部侧面观，示分节的内唇刚毛和外唇刚毛，纤细的头刚毛位于口腔基部，长沟形化感器以及柱状口腔，无齿，仅后半部分被咽组织包围；C、D. 雌性头部侧面观，示与雄性相似的特征；E～G. 雄性体后部侧面观，分别示 13 个乳突状肛前附器，储精囊充满精细胞，角质化交接刺具指向背后的引带龙骨突；H. 雄性整体观，示长而纤细的体型和短而钝圆的尾；I. 雌性生殖系统，示阴孔（长箭头），大储精囊充满精细胞以及单个后卵巢（短箭头）；J. 雌性尾部侧面观

比例尺：30μm

105

花冠线虫科 Lauratonematidae Gerlach, 1953
花冠线虫属 *Lauratonema* Gerlach, 1953

东山花冠线虫
Lauratonema dongshanense Chen & Guo, 2015

标本采集地： 福建漳州砂质滩。

形态特征： 体长 1.4～1.5mm，最大体宽 25~33μm（a=45～61）；角皮具明显的横纹，从化感器的后缘一直延伸至尾尖端；角皮上或多或少黏附着杆状细菌；唇感器未见，6 根较长和 4 根较短的头刚毛排成 1 圈，长度分别为 8～10μm 和 5～7μm；漏斗形口腔具强烈角质化的横带结构，深几乎与宽相等；化感器杯形，位于侧外唇刚毛之后，0.3～0.4 倍相应体宽；尾长圆锥形，长 123～126μm，5.3～5.6 倍肛门相应直径；尾腺发达，端刚毛不存在。雄性尾部亚腹侧具 2 排刚毛；两个精巢前后排列；交接刺叶片状，短而直，0.6～0.7 倍肛门相应直径；引带未见；1 个小乳突位于肛门前方，距肛门 15μm。雌性尾较雄性稍长，长 137～141μm，但不具亚腹侧刚毛；生殖系统单宫，具 1 个反折的卵巢，生殖管与直肠联合形成泄殖腔。

生态习性： 栖息于砂质潮间带表层沉积物中。

地理分布： 东海。

参考文献： Chen and Guo，2015a。

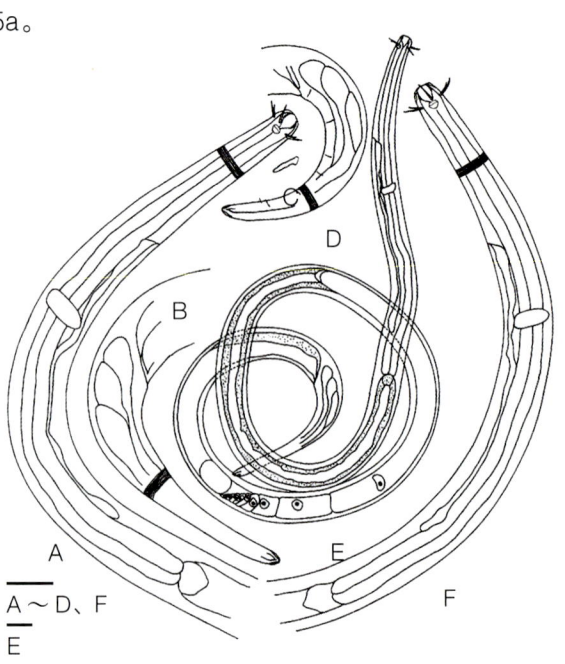

图 58-1 东山花冠线虫 *Lauratonema dongshanense* Chen & Guo, 2015（引自 Chen and Guo, 2015a）
A. 雌性体前部侧面观，示头刚毛、口腔、化感器、食道和腹腺；B. 雌性尾部侧面观，示尾腺；C. 雄性交接刺侧面观；D. 雄性尾部侧面观，示交接刺、尾腺和亚腹侧尾刚毛；E. 雌性整体侧面观，示阴孔和单个反折的后卵巢；F. 雄性体前部侧面观，示头刚毛、口腔、化感器、食道和腹腺
比例尺：25μm

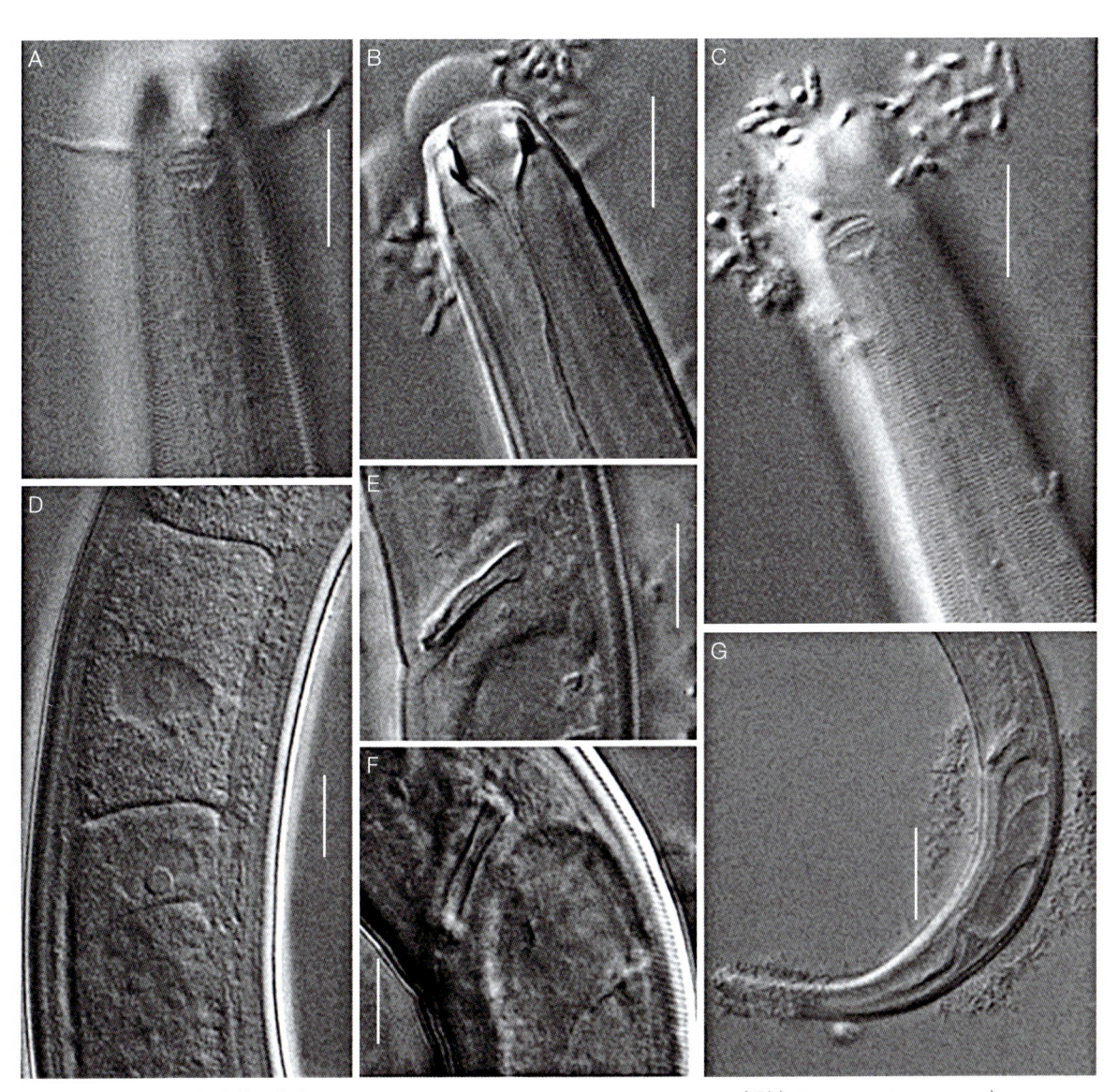

图 58-2 东山花冠线虫 *Lauratonema dongshanense* Chen & Guo, 2015（引自 Chen and Guo, 2015a）
A. 雄性头部侧面观，示化感器和头刚毛；B. 雌性头部侧面观，示口腔；C. 雌性头部侧面观，示化感器和细菌；
D. 雌性体中部侧面观，示卵；E、F. 雄性体后部侧面观，示交接刺；G. 雄性尾部侧面观
比例尺：A～F = 10μm；G = 25μm

大口花冠线虫
Lauratonema macrostoma Chen & Guo, 2015

标本采集地： 福建漳州砂质滩。

形态特征： 体长 1.5～1.8mm，最大体宽 28～34μm（a=48～61）；角皮具细而明显的环纹，始于头刚毛基部，并或多或少黏附着杆状细菌；唇感器未见，6 根较长和 4 根较短的头刚毛排成 1 圈，长度分别为 13～17μm 和 9～12μm，位于口腔深度的 2/3 水平；口腔大桶形，口腔壁强烈角质化，深为宽的 2 倍多，中部略窄；化感器杯形，位于侧外唇刚毛之后，直径为相应体宽的 1/3；尾长圆锥形，长 4.6～5.7 倍肛门相应直径；尾腺发达，末端具小的吐丝器，无端刚毛。雄性具前后两个精巢；交接刺对称，直，叶片状，长 0.6～0.7 倍肛门相应直径；引带未见；尾部亚腹侧具 2 排刚毛。雌性不具亚腹侧尾刚毛；生殖系统单宫，具 1 个反折的卵巢，生殖管与直肠联合形成泄殖腔。

生态习性： 栖息于砂质潮间带表层沉积物中。

地理分布： 东海。

参考文献： Chen and Guo, 2015a。

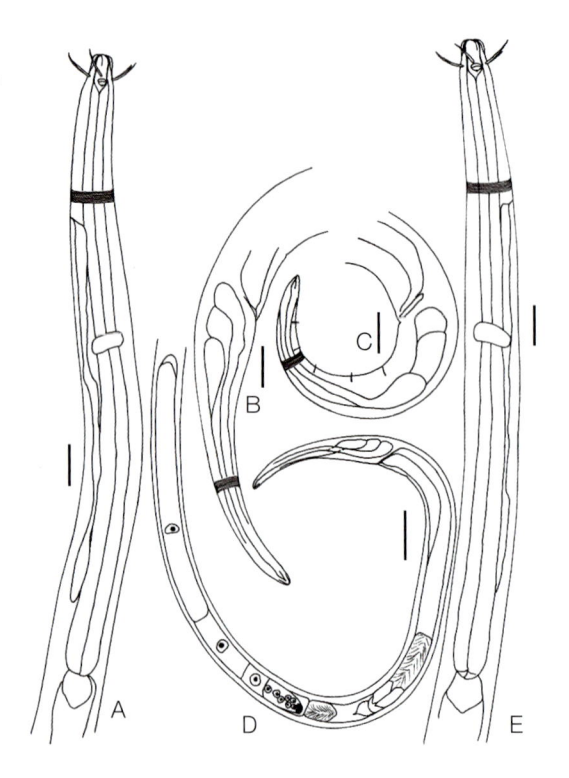

图 59-1 大口花冠线虫 *Lauratonema macrostoma* Chen & Guo, 2015（引自 Chen and Guo, 2015a）
A. 雄性体前部侧面观，示头刚毛、口腔、化感器、食道和腹腺；B. 雌性尾部侧面观，示尾腺；C. 雄性尾部侧面观，示交接刺、尾腺和亚腹侧尾刚毛；D. 雌性体后部侧面观，示单个反折的后卵巢；E. 雌性体前部侧面观，头刚毛、口腔、化感器、食道和腹腺
比例尺：A～C、E = 20μm；D = 50μm

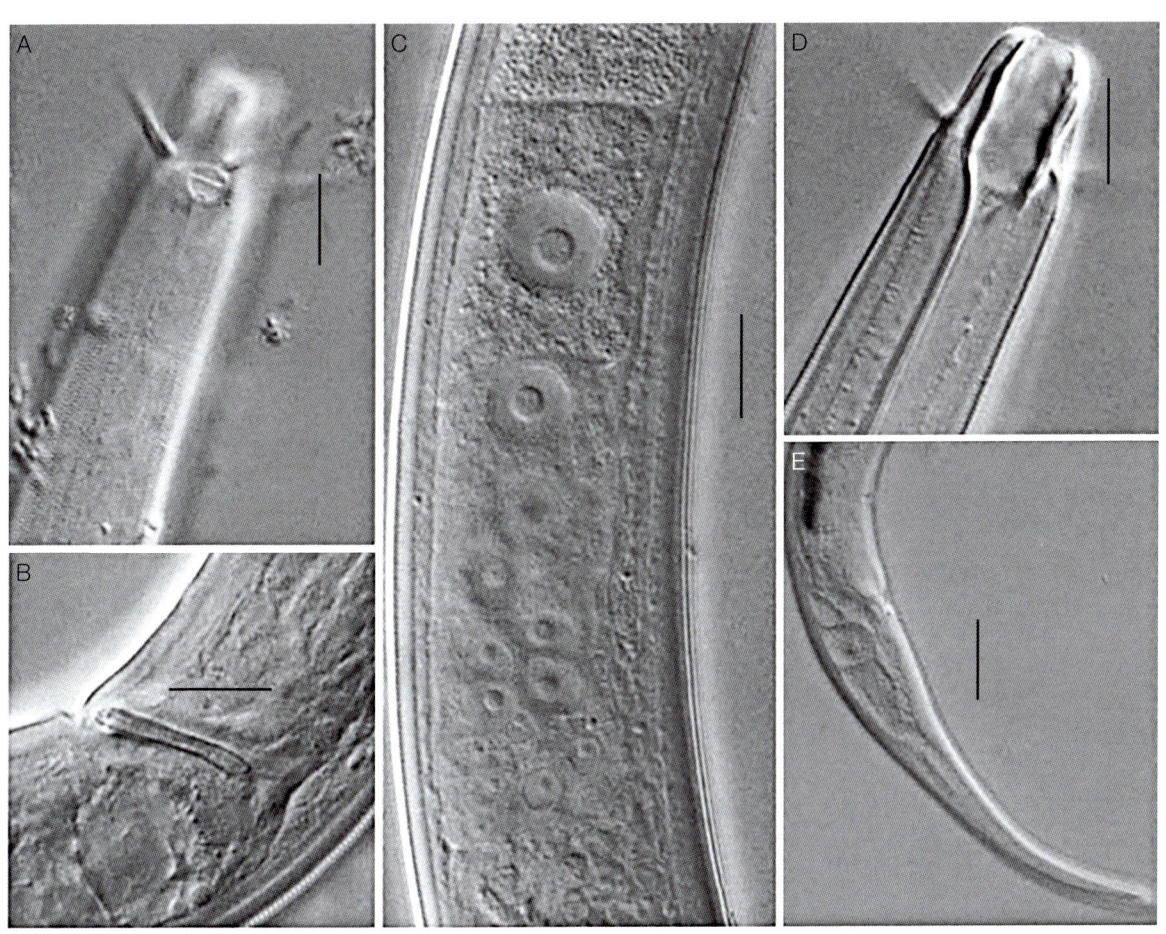

图 59-2　大口花冠线虫 *Lauratonema macrostoma* Chen & Guo, 2015（引自 Chen and Guo, 2015a）
A. 雄性头部侧面观，示化感器和细菌；B. 雄性体后部侧面观，示交接刺；C. 雌性体中部侧面观，示卵；
D. 雌性头部侧面观，示口腔；E. 雌性尾部侧面观
比例尺：A～D = 10μm；E = 25μm

色矛目 Chromadorida
色矛线虫科 Chromadoridae Filipjev, 1917
光线虫属 *Actinonema* Cobb, 1920

镰刀光线虫
Actinonema falciforme Shi, Yu & Xu, 2018

标本采集地： 东海潮下带。

形态特征： 体长 0.4～0.6mm，最大体宽 19～26μm（a=19～29）；口腔锥形，具尖细的背齿；6 个唇乳突小，不明显；6 根较长和 4 根较短的头刚毛形成 1 圈，几乎等长，25%～43% 头直径；化感器明显，横椭圆形，有 1 中央裂缝，宽为 76%～95% 相应身体直径；角皮装饰异质而复杂：食道前部为横点，不规则的侧分化始于神经环之前，规则的侧分化始于食道基部之前，至尾前 1/4 处开始消失（距肛门约 18μm）；食道具明显的后食道球；尾锥形，末端尖细，具 3 个尾腺。雄性仅具前面 1 个精巢，反折；缺乏交接刺和引带；引带侧片镰刀状，远端尖，近端有 1 明显的钩；无肛前附器。雌性具前后 2 个反折的卵巢；阴孔位于身体中部，具储精囊。

生态习性： 栖息于潮下带泥质表层沉积物中，水深 50～64m。

地理分布： 东海。

参考文献： Shi et al., 2018。

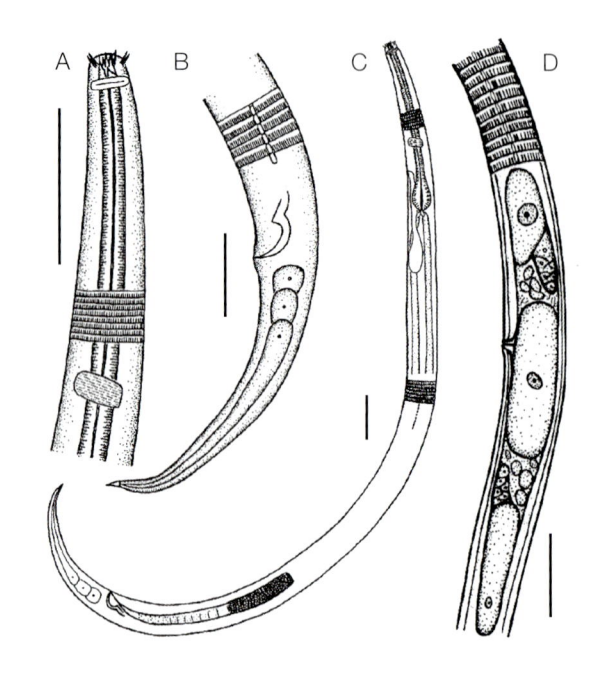

图 60-1 镰刀光线虫 *Actinonema falciforme* Shi, Yu & Xu, 2018（引自 Shi et al., 2018）

A. 雄性体前部侧面观，示头刚毛、大化感器、锥形口腔和 1 个大背齿；B. 雄性体后部侧面观，示镰刀状引带侧片、尾腺和角皮侧分化；C. 雄性整体侧面观，示后食道球和单个反折的前精巢；D. 雌性体中部侧面观，示阴孔和 2 个反折的卵巢
比例尺：A～C = 15μm；D = 60μm

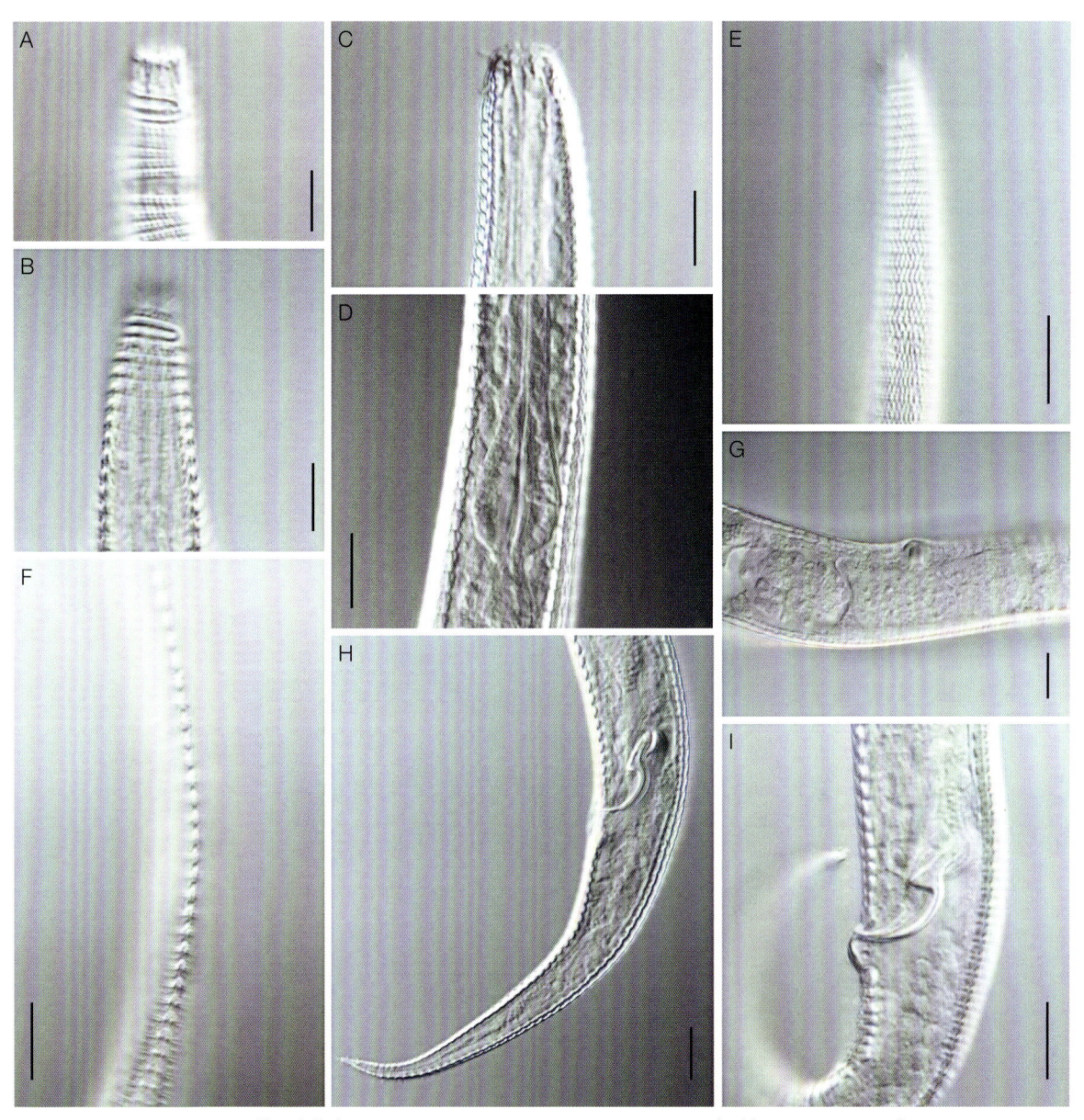

图 60-2　镰刀光线虫 Actinonema falciforme Shi, Yu & Xu, 2018（引自 Shi et al., 2018）
A. 雄性头部侧面观，示横椭圆形化感器，中间具裂缝；B. 雌性头部侧面观，示化感器；C. 雄性体前部侧面观，示口腔和背齿；D. 雄性食道部侧面观，示后食道球；E、F. 雄性体前部侧面观，示角皮侧分化复杂且前后不一致；G. 雌性体中部侧面观，示阴孔；H. 雄性体尾部侧面观，示交接刺和引带缺失，仅具镰刀状引带侧片和锥形尾；I. 雄性体后部侧面观，示镰刀状引带侧片近端具明显的钩状结构，远端尖
比例尺：10μm

弯齿线虫属 *Hypodontolaimus* de Man, 1886

腹突弯齿线虫
Hypodontolaimus ventrapophyses Huang & Gao, 2016

标本采集地： 福建漳州东山岛康美镇砂质滩。

形态特征： 体长 0.6～0.7mm，最大体宽 21～28μm（a=23～30）；角皮匀质，具有横排的环形装饰点；侧分化为 2 排较大的纵点，但彼此间没有细棒连接；体刚毛长 7～12μm，呈 4 纵排排列；唇刚毛不明显，6 根较短的和 4 根较长的头刚毛排成 1 圈；口腔具 1 大的 S 形中空背齿和 1 个发达的背肌肉球；食道末端具发达的椭圆形食道球。雄性交接刺细长，弯曲，长 1.6～1.8 倍肛门相应直径；引带长度为 1.0 倍肛门相应直径，腹侧具一板状龙骨突，指向体前方；无肛前附器；尾长圆锥形，末端有一明显的吐丝器。雌性不具体刚毛；具前后 2 个卵巢，反折；阴孔位于身体中点处。

生态习性： 栖息于粉砂质潮间带表层 0～2cm 沉积物中。

地理分布： 黄海，东海。

参考文献： Huang and Gao，2016。

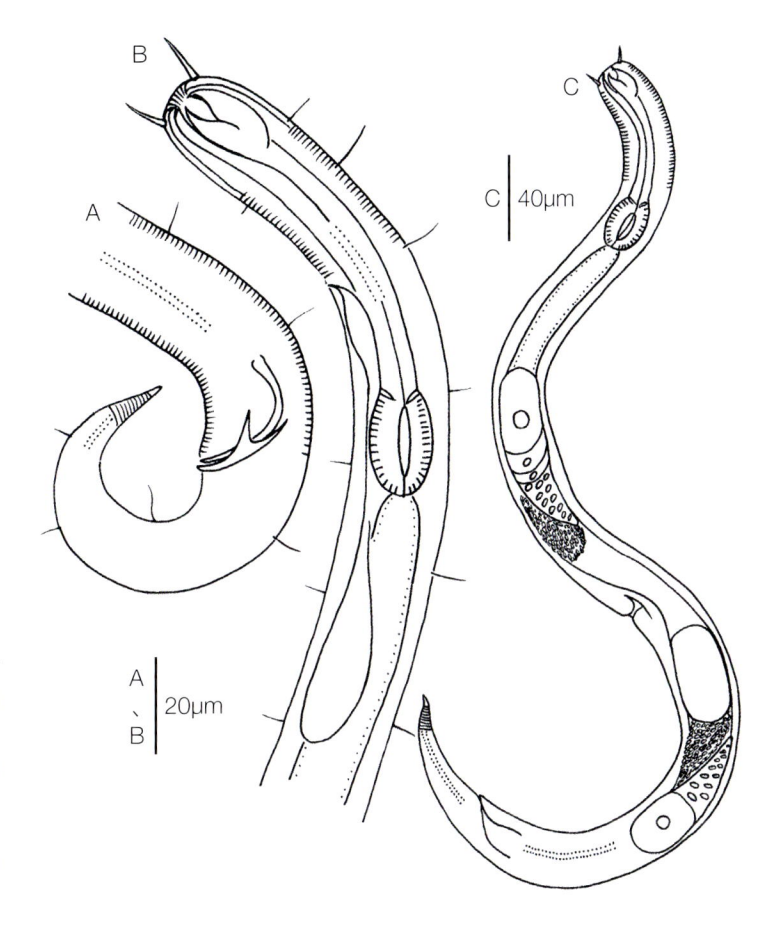

图61-1 腹突弯齿线虫 *Hypodontolaimus ventrapophyses* Huang & Gao, 2016（引自 Huang and Gao, 2016）

A. 雄性体后部侧面观，示侧分化、交接刺和引带龙骨突；B. 雄性体前部侧面观，示口腔和 S 形中空背齿、头刚毛、食道和食道球以及腹腺细胞；C. 雌性整体侧面观，示阴孔和卵巢

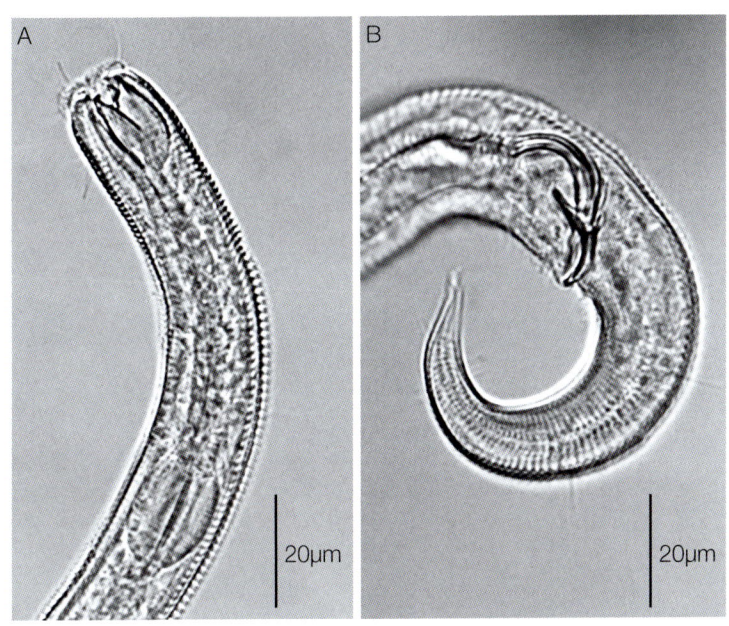

图61-2 腹突弯齿线虫 *Hypodontolaimus ventrapophyses* Huang & Gao, 2016（引自 Huang and Gao, 2016）

A. 雌性体前部侧面观，示口腔、头刚毛和食道球；B. 雄性尾部侧面观，示交接刺和引带龙骨突

折咽线虫属 *Ptycholaimellus* Cobb, 1920

长咽球折咽线虫
Ptycholaimellus longibulbus Wang, An & Huang, 2015

标本采集地： 厦门岛泥质滩。

形态特征： 体长 1.1～1.4mm，最大体宽 45～53μm（$a=25～28$）；头宽，通过领（窄的收缩部）与身体其余部分分开；腹腺由 1 个大的壶腹开口入领，壶腹与开口之间由 1 细管连接；角皮具环纹，装饰点同质具 2 纵排由 3 个点组成的侧分化，彼此间距 3μm，自体前端分布至体后；自食道中部至肛门，纵排点之间由横条连接；化感器未见；唇感器不明显；4 根头刚毛长约 9μm（0.5 倍头直径）；口腔具 1 大的角质化的 S 形中空背齿，其顶端钩状；食道具 1 前食道球和 1 个十分发达的双后食道球，长 96～106μm，占食道长度的 44%～49%；腹腺细胞大，囊状，与肠前部重叠；尾圆锥-圆柱形，长 4.3 倍肛门相应直径，向末端逐渐变细，具 1 长约 10μm 的指状吐丝器，3 个尾腺。雄性仅具 1 个前伸的精巢；交接刺弯曲，长 55μm（1.7 倍肛门相应直径）；引带月牙形，长 25μm；无肛前附器。雌性具前后 2 个反折的卵巢；阴孔位于身体中部。

生态习性： 栖息于泥质潮间带表层 0～2cm 沉积物中。

地理分布： 东海。

参考文献： Wang et al., 2015。

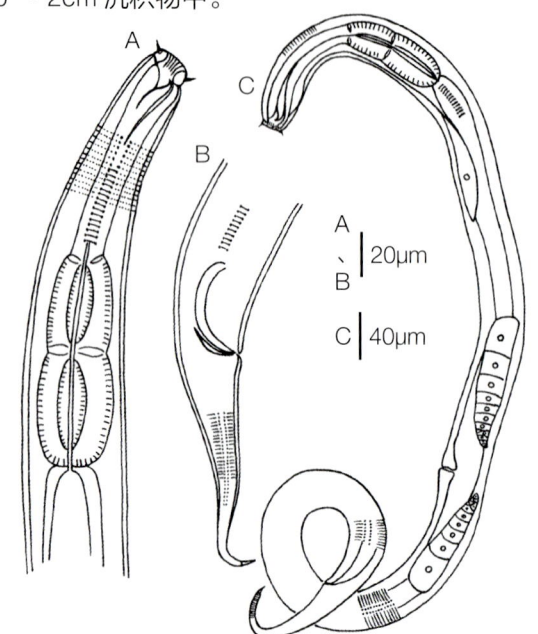

图 62-1 长咽球折咽线虫 *Ptycholaimellus longibulbus* Wang, An & Huang, 2015（引自 Wang et al., 2015）

A. 雄性体前部侧面观，示 S 形中空背齿、角皮侧分化和双后食道球；B. 雄性体后部侧面观，示角皮侧分化、交接刺和引带；C. 雌性整体侧面观，示阴孔、卵巢和腹腺细胞

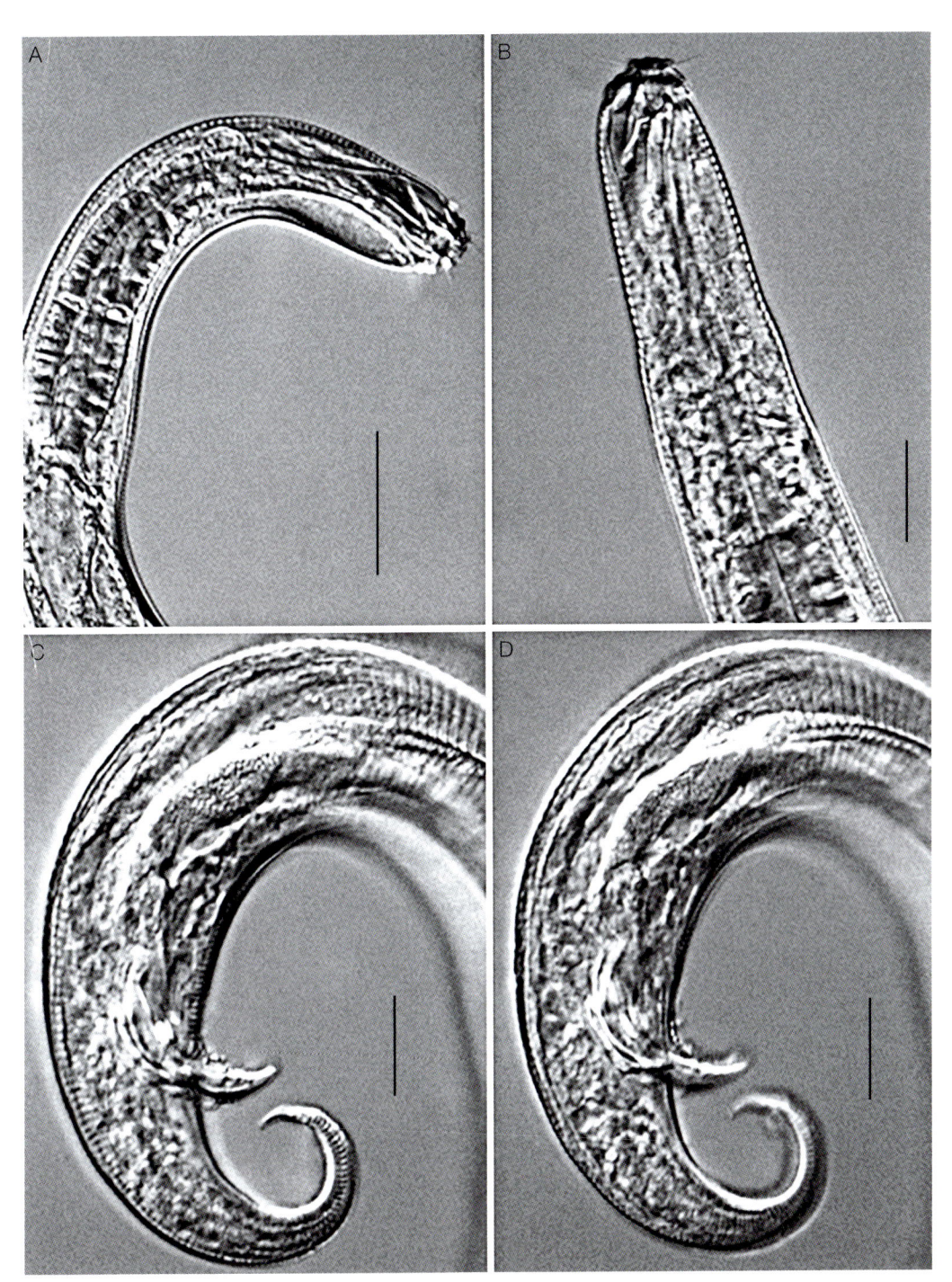

图 62-2　长咽球折咽线虫 *Ptycholaimellus longibulbus* Wang, An & Huang, 2015（引自 Wang et al., 2015）
A. 雌性食道部侧面观，示口腔、壶腹和双后食道球；B. 雄性体前部侧面观，示头、头刚毛和 S 形背齿；
C. 雄性尾部侧面观，示交接刺；D. 雄性尾部侧面观，示交接刺和引带
比例尺：A = 50μm；B～D = 20μm

梨形折咽线虫
Ptycholaimellus pirus Huang & Gao, 2016

标本采集地：福建漳州东山岛康美镇粉砂质潮间带。

形态特征：体长 0.7～0.8mm，最大体宽 22～32μm（a=23～32）；角皮具装饰和环纹，6 纵排水平双点自体前端延伸至体后端，其中侧面的 2 纵排双点较大，间距 2μm，其他纵排点较小，间距 1μm；体刚毛长，长 11～18μm，散布在全身；头较圆，以 1 领（沟）与身体其他部分分离；化感器未见；唇感器不明显，4 根头刚毛长约 1 倍头直径；口腔具 1 个大的角质化的 S 形中空背齿，其顶端钩状；食道柱状，具发达的前食道球和后食道球；前食道球不对称，背部较大；后食道球梨形，具 1 前收缩部，长 25～28μm，占食道全长的 26%～30%；尾长锥形，长 4.2 倍肛门相应直径，末端具 1 短的吐丝器。雄性仅具 1 个伸展的精巢；交接刺细，强烈弯曲，长 1.5 倍肛门相应直径；引带板长 11μm，与交接刺平行；无肛前附器。雌性具 1 前 1 后 2 个反折的卵巢；阴孔位于身体中部。

生态习性：栖息于粉砂质潮间带表层 0～2cm 沉积物中。

地理分布：东海。

参考文献：Huang and Gao，2016。

色矛线虫科分属检索表

1. 10 根头刚毛几乎等长；角皮异质；中空背齿小，不呈 S 形；化感器明显 ....光线虫属 *Actinonema*
- 10 根头刚毛中仅 4 根较长而明显；角皮同质；中空背齿大，呈 S 形；化感器不明显 2
2. 单后食道球 ....弯齿线虫属 *Hypodontolaimus*
- 双后食道球 ....折咽线虫属 *Ptycholaimellus*

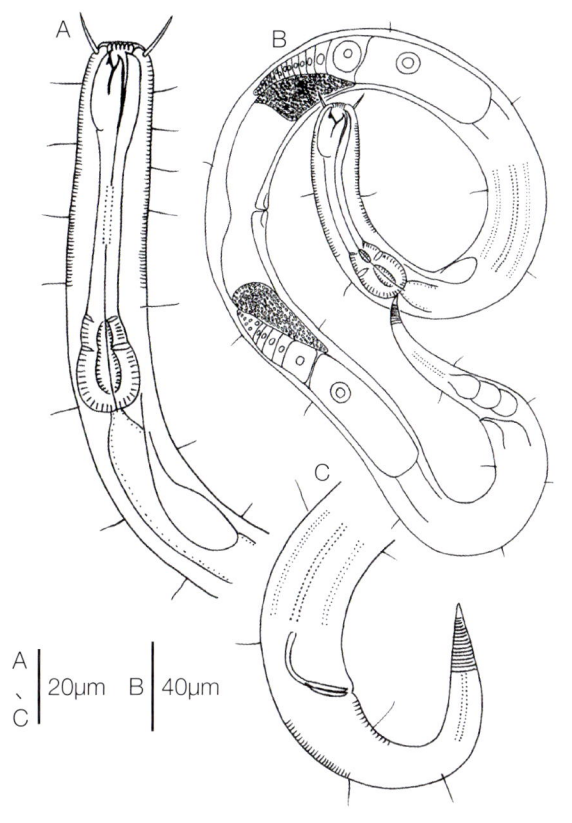

图 63-1　梨形折咽线虫 Ptycholaimellus pirus Huang & Gao, 2016（引自 Huang and Gao, 2016）
A. 雄性体前部侧面观，示 S 形中空背齿、头刚毛和体刚毛、梨形食道球以及腹腺细胞；B. 雌性整体侧面观，示阴孔和反折的卵巢；
C. 雄性体后部侧面观，示侧分化、交接刺和引带

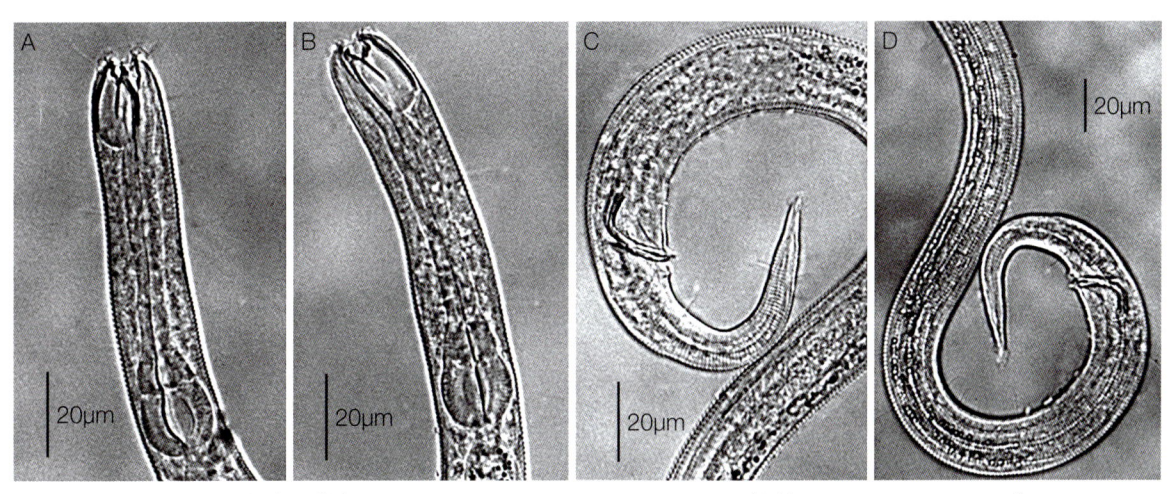

图 63-2　梨形折咽线虫 Ptycholaimellus pirus Huang & Gao, 2016（引自 Huang and Gao, 2016）
A. 雄性体前部侧面观；B. 雌性体前部侧面观；C. 雄性尾部侧面观；D. 雄性体后部侧面观

117

色拉支线虫科 Selachinematidae Cobb, 1915
伽马线虫属 Gammanema Cobb, 1920

大伽马线虫
Gammanema magnum Shi & Xu, 2018

标本采集地： 浙江温州南麂列岛大沙岙砂质滩。

形态特征： 体长 2.5～4.1mm，最大体宽 60～103μm（a=28～52）；角皮厚，具环纹和环形排列的装饰点，无侧分化；头钝，具 6 片薄膜状的角皮延伸；头感器呈 3 圈排列：6 根唇刚毛，6 根叶片状的头刚毛，基部宽，4 根细的头刚毛，另有 4 根颈刚毛位于化感器后缘；口腔前部宽，杯形，具 12 枚角质化的杆状齿，每个杆状齿后端具 6 个尖的小齿；口腔后部窄，柱状，由 6 枚杆状齿所环绕；食道柱状，前端稍膨大，但非球状，无后食道球，食道周围有多个细胞；肠细胞大，充满褐色颗粒状内含物；肠管不规则，有时其中可见表刺线虫属（*Epacanthion*）的被捕食种；尾短，锥形，具 3 个尾腺和末端吐丝器。雄性化感器大螺旋状，约 1.3 环，约占相应体宽的 80%；前后 2 个相对的精巢；交接刺不等长，稍弯曲，左侧短于右侧；无引带；无肛前附器。雌性化感器小螺旋状，约 2 环，占相应体宽的 13%；具 1 前 1 后 2 个反折的卵巢；阴孔位于距体前端 62%～67% 体长处。

生态习性： 砂质潮间带表层沉积物。

地理分布： 东海。

参考文献： Shi and Xu，2018b。

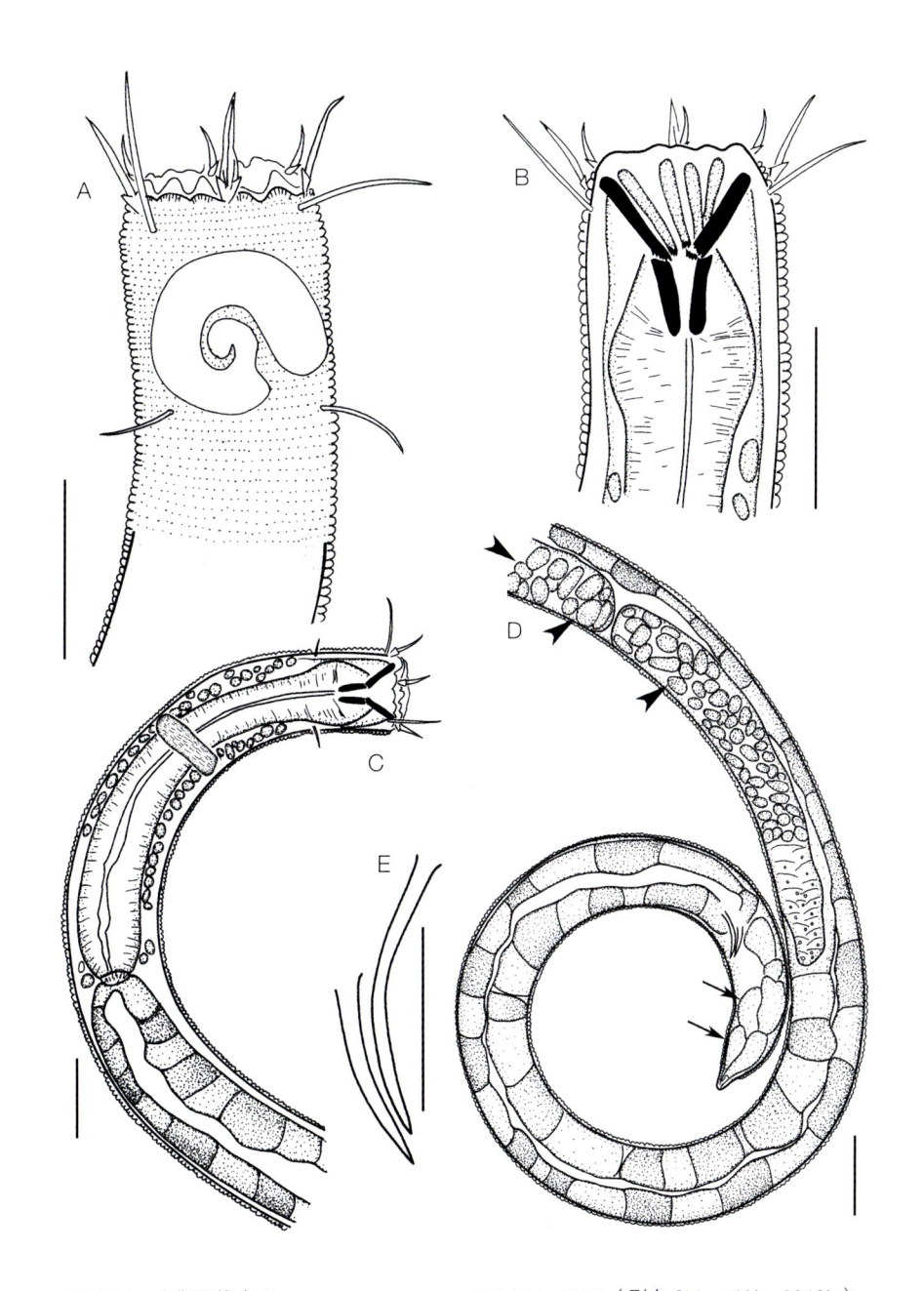

图 64-1 大伽马线虫 *Gammanema magnum* Shi & Xu, 2018（引自 Shi and Xu, 2018b）
A. 雄性头部表面观，示大螺旋状化感器、6 根叶片状头刚毛、4 根细的头刚毛和 4 根细的颈刚毛及横排角皮装饰点；B. 雄性头部侧面观，示宽大的口腔前部具 12 枚角质化杆状齿，每个杆状齿末端具 6 个小尖齿，窄而柱状的后口腔被 6 枚杆状齿所环绕；C. 雄性体前部侧面观，示食道前端膨大，食道周围有多个细胞，神经环，大的肠细胞充满颗粒状内含物及肠内壁褶皱；D. 雄性体后部侧面观，示 2 个充满精细胞的精巢（箭头）、交接刺和尾腺（箭头）；E. 2 个不等长的交接刺
比例尺：50μm

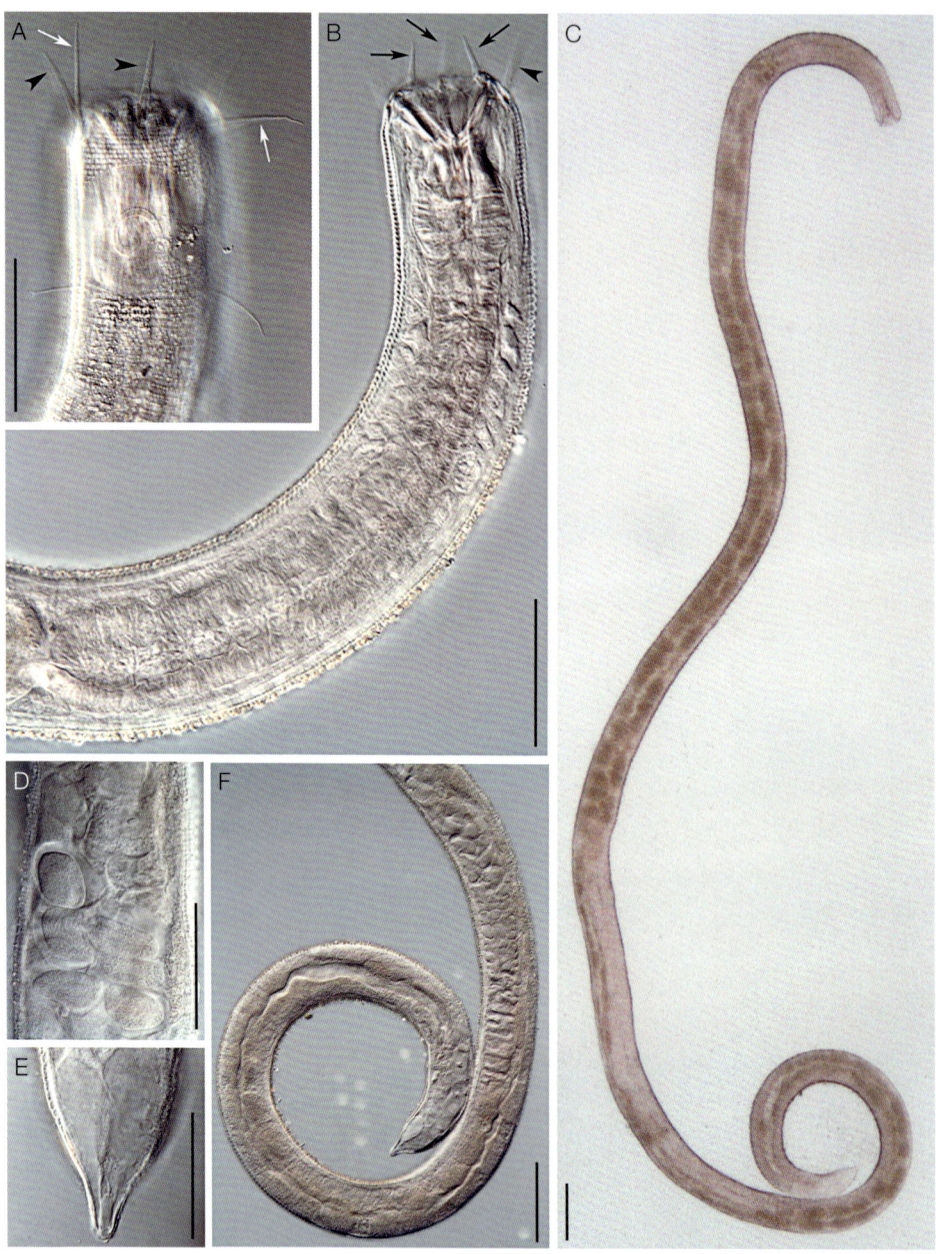

图 64-2 大伽马线虫 Gammanema magnum Shi & Xu, 2018（引自 Shi and Xu, 2018b）
A. 雄性头部侧面观，示大螺旋状化感器，6 根叶片状头刚毛（黑箭头），4 根细的头刚毛（白箭头）和 4 根颈刚毛，环形排列的装饰点，宽大的口腔前部被杆状齿包围，杆状齿末端具约 6 个小齿；B. 雄性体前部侧面观，示 6 根唇刚毛（黑箭头），柱状食道，食道前端膨大，肠细胞大且充满颗粒状内含物，肠内壁褶皱；C. 雄性整体侧面观，示细长的体型和锥形尾；D. 雄性体中部，示球形或卵形精细胞；E、F. 雄性体后部侧面观，示前后相对精巢、锥形尾、吐丝器
比例尺：A、B = 50μm；C～F = 100μm

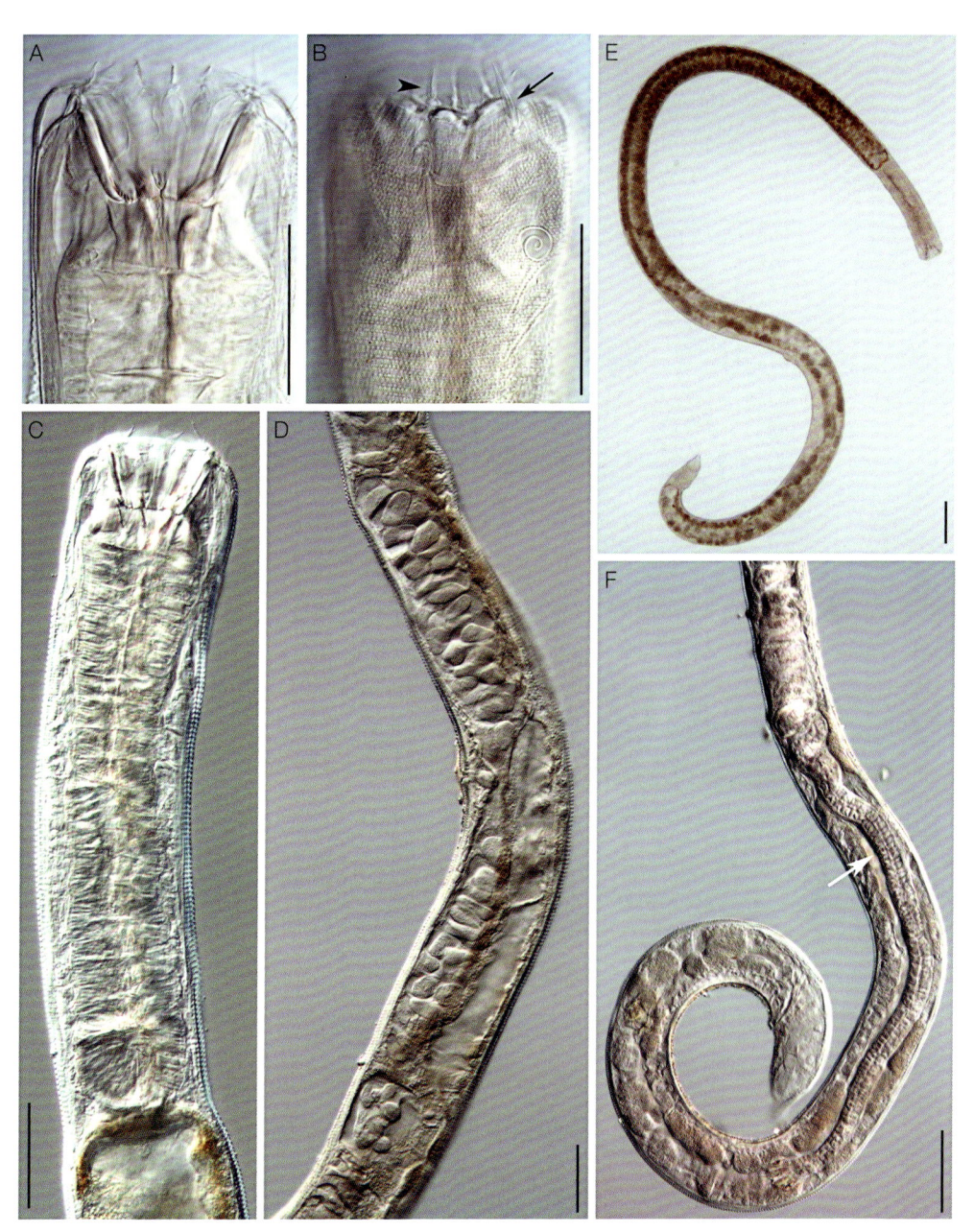

图 64-3　大伽马线虫 *Gammanema magnum* Shi & Xu, 2018（引自 Shi and Xu, 2018b）

A、B. 雌性头部侧面观，示小的多螺旋化感器，叶片状的头刚毛（黑箭头），横排装饰点及口腔；
C. 雌性体前部侧面观，示柱状的食道周围有很多细胞，前端膨大但未形成食道球；D. 雌性体中部侧面观，
示具有球形至卵圆形精细胞的储精囊；E. 雌性整体侧面观，示细长的身体和锥形尾；F. 雌性体后部侧面观，
示肠道中包含 1 条被捕食的表刺线虫属 *Epacanthion* 线虫（白箭头）

比例尺：50μm

共齿线虫属 *Synonchium* Cobb, 1920

尾管共齿线虫
Synonchium caudatubatum Shi & Xu, 2018

标本采集地： 浙江温州南麂列岛大沙岙砂质滩。

形态特征： 体长 2.2～2.8mm，最大体宽 71～103μm（$a=27$～36）；头前端截平，具 12 片唇和 6 对薄膜状的角皮延伸；唇上有 6 个小锥形的内唇乳突，6 个外唇乳突和 6 个头乳突大，锥形；角皮厚，环纹明显，具侧角皮孔；每条环纹具横排的装饰点，无侧分化；化感器多螺旋具 3 环，横椭圆形；口腔分两室，前室具 12 个角质化杆状齿，后室被咽组织包围，具 3 个颚齿，每个颚齿有 1 个大齿，两边各具 3 枚小齿；食道柱状，前端膨大；肠细胞大，其中充满许多颗粒；肠管不规则，可见被捕食线虫的交接刺和颚齿残余；尾钝圆，具 3 个尾腺、末端吐丝器和突出的尾管。雄性具 2 个相对的短而宽的精巢；交接刺硬而直，近端略呈头状，远端尖，稍弯向腹面；无引带和肛前附器。雌性具前后 2 个反折的卵巢；阴孔位于距体前端约 60% 体长处。

生态习性： 粗砂质潮间带表层沉积物。

地理分布： 东海。

参考文献： Shi and Xu，2018b。

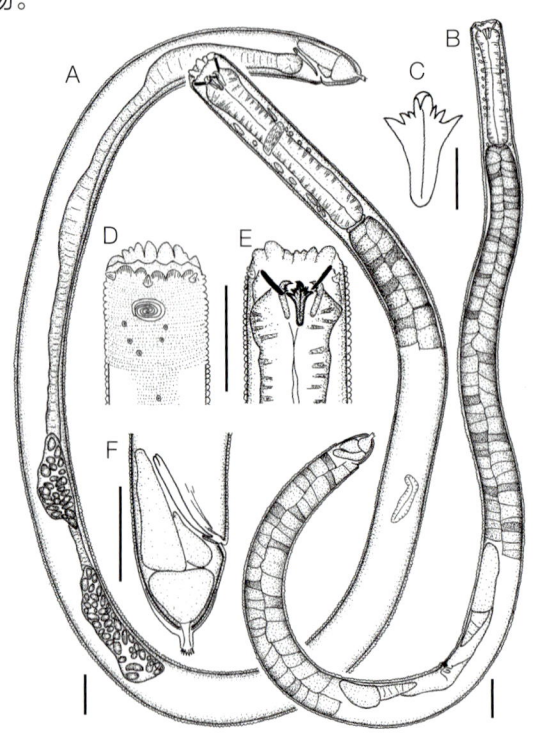

图 65-1 尾管共齿线虫 *Synonchium caudatubatum* Shi & Xu, 2018（引自 Shi and Xu, 2018b）

A. 雄性整体侧面观，示细长虫体；B. 雌性整体侧面观，示 2 个反折的卵巢和阴孔；C. 颚齿有 1 个大齿，两边各具 3 枚小齿；D. 雄性头部表面观，示乳突状头感器、横椭圆形多螺旋化感器、角皮装饰点和侧角皮孔；E. 雄性头部侧面观，示宽的前口腔、窄的后口腔及其中的 3 枚颚齿；F. 雄性尾部侧面观，示直的交接刺，钝圆的尾具 3 个尾腺、末端吐丝器和突出的尾管

比例尺：50μm

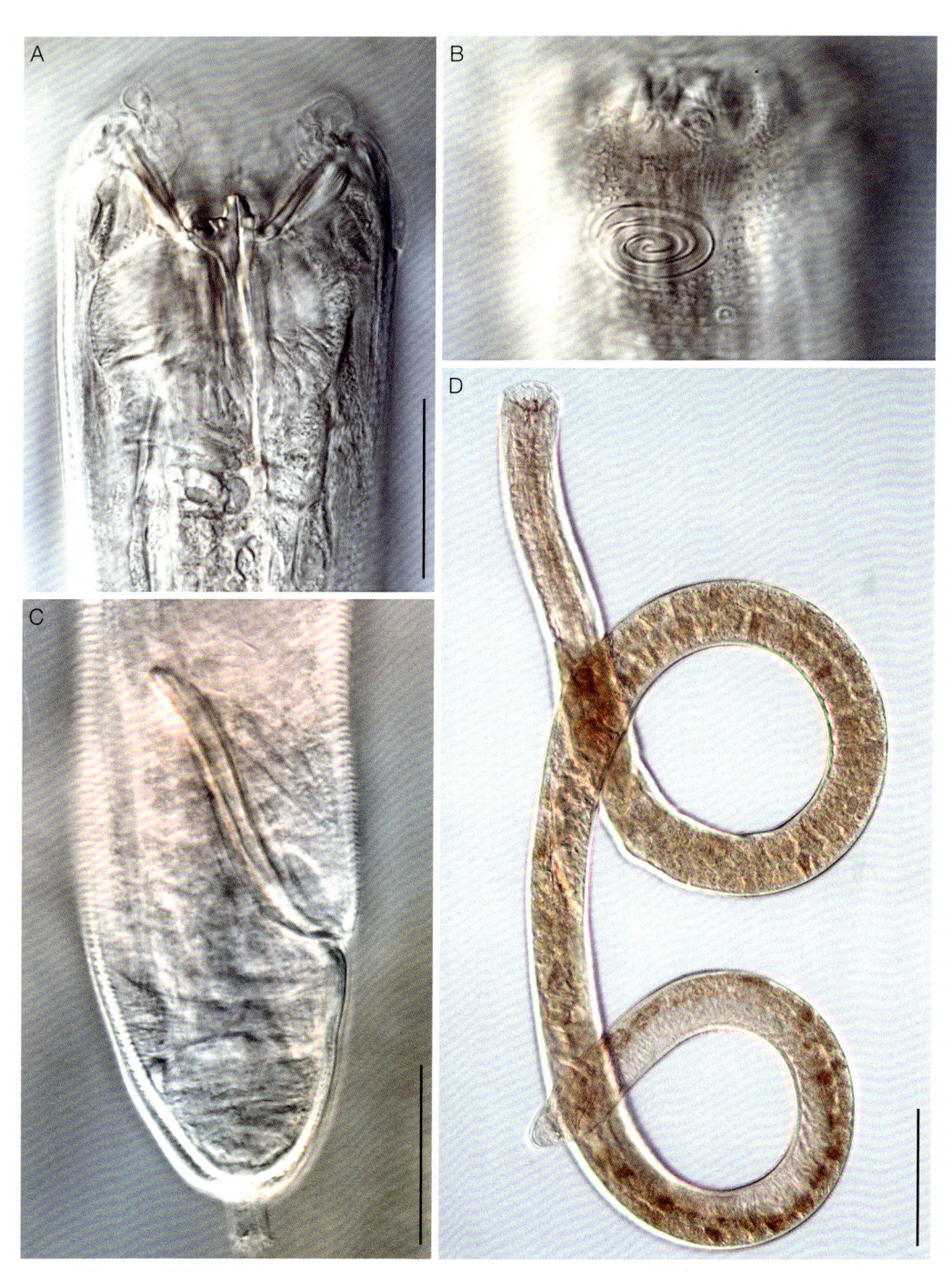

图 65-2　尾管共齿线虫 *Synonchium caudatubatum* Shi & Xu, 2018（引自 Shi and Xu, 2018b）
A、B. 雄性头部侧面观，示乳突状头感器、椭圆形化感器、横排装饰点、体侧的角皮孔、宽大的口腔前室、略窄的口腔后室具3枚颚齿、食道前端膨大；C. 雄性尾部侧面观，示几乎直的交接刺无引带、3个尾腺细胞具吐丝器、钝圆尾具突出的尾管；D. 雄体整体观，示细长虫体
比例尺：A～C = 30μm；D = 100μm

疏毛目 Araeolaimida
轴线虫科 Axonolaimidae Filipjev, 1918
拟齿线虫属 Parodontophora Timm, 1963

长化感器拟齿线虫
Parodontophora longiamphidata Wang & Huang, 2016

标本采集地： 福建厦门岛泥滩。

形态特征： 体长 1.2～1.4mm，最大体宽 50～59μm（a=22～25）；角皮具细横纹；6 个唇乳突围绕着唇；4 根头刚毛，长 4μm；无颈刚毛，体刚毛未见；口腔包括略呈锥形的前部和长柱形的后部，后部口腔壁平行，角质化，长 29μm，宽 8μm；柱状口的顶部有 6 个螯样齿；食道柱状，基部加宽，但无真正的食道球；化感器钩状，具长梯状（具横纹）分支，从柱状口的顶部延伸至食道基部和腹腺的水平，长 280μm（长为口腔长度的 10 倍），宽 5μm；尾圆锥 - 圆柱形，长 125μm，4 倍肛门相应直径；短而稀疏的尾刚毛。雄性具 2 个精巢，相对外展；交接刺弧长 36μm，近端稍呈球形，远端尖；引带三角形具指向后背方向的龙骨突，长 13μm；尾的锥形部有 4～5 对短的亚腹刚毛。雌性尾稍长于雄性，但锥形部缺乏亚腹刚毛；2 个相对外展的卵巢；阴孔大致位于体中部。

生态习性： 潮间带泥质表层沉积物。

地理分布： 东海。

参考文献： Wang and Huang，2016a。

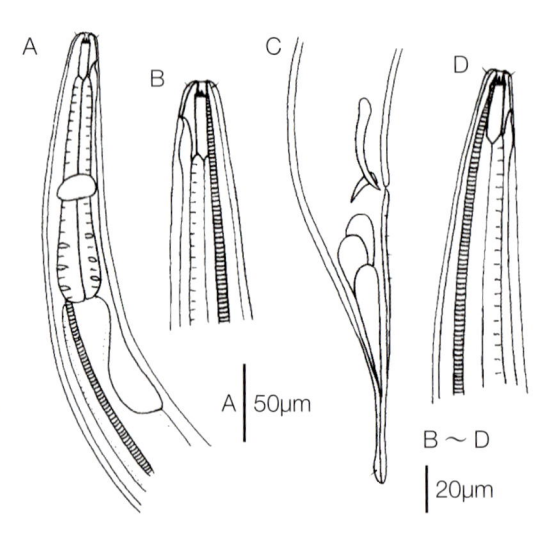

图66-1 长化感器拟齿线虫 *Parodontophora longiamphidata* Wang & Huang, 2016（引自 Wang and Huang, 2016a）
A. 雄性体前部侧面观，示口腔、食道、腹腺和化感器分支；B. 雌性体前端侧面观，示口腔、齿、排泄孔和化感器分支；C. 雄性体后部侧面观，示交接刺、引带龙骨突、尾腺和亚腹侧尾刚毛；D. 雄性体前端侧面观，示口腔、齿、排泄孔和化感器分支

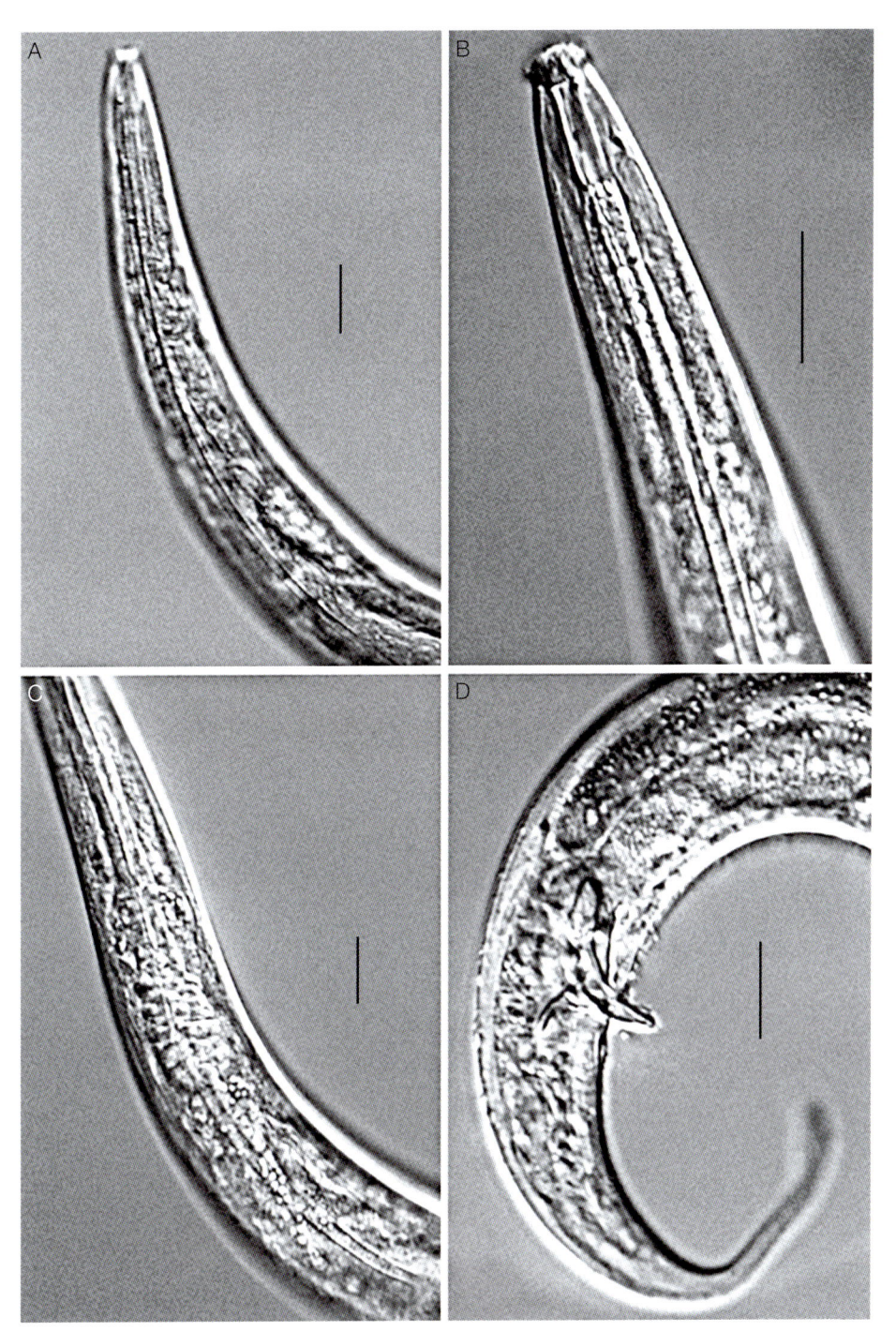

图 66-2 长化感器拟齿线虫 Parodontophora longiamphidata Wang & Huang, 2016（引自 Wang and Huang, 2016a）
A. 雄性体前部侧面观，示化感器分支；B. 雄性体前部侧面观，示口腔、齿和化感器分支；C. 雌性体前端侧面观，
示加宽的食道基部及化感器分支；D. 雄性尾部侧面观，示交接刺和引带龙骨突
比例尺：20μm

假拟齿线虫属 *Pseudolella* Cobb, 1920

大假拟齿线虫
Pseudolella major Wang & Huang, 2016

标本采集地： 温州西门岛泥滩。

形态特征： 体长 1.2～1.4mm，最大体宽 36～46μm（a=32~35）；角皮具细纹；4 根头刚毛，长 2μm；4 纵排长 2μm 的颈刚毛，在亚背侧和亚腹侧各有 1 组，每组包括 2～3 根；化感器环状，靠近体前端，其中 1 个短支接近咽齿的水平，1 个长支向后延伸 50μm，达口腔基部水平；口腔柱状，长 40μm，具平行且角质化的壁；口腔前部有 3 个外弯的咽齿，尖端钝；食道短，具后食道球；尾长 4.6 倍肛门相应直径，圆锥-圆柱形，柱状部占尾长的 1/3；3 个尾腺开口于吐丝器。雄性具前后 2 个精巢，外展；交接刺弯，具双头状的近端和尖的远端，长 35μm；引带长 15μm，其腹面中央具指向背面的龙骨突；无肛前附器。雌性生殖系统具前后伸展的双卵巢，阴孔位于体中部。

生态习性： 潮间带泥质沉积物表层（0～2cm）。

地理分布： 东海。

参考文献： Wang and Huang，2016b。

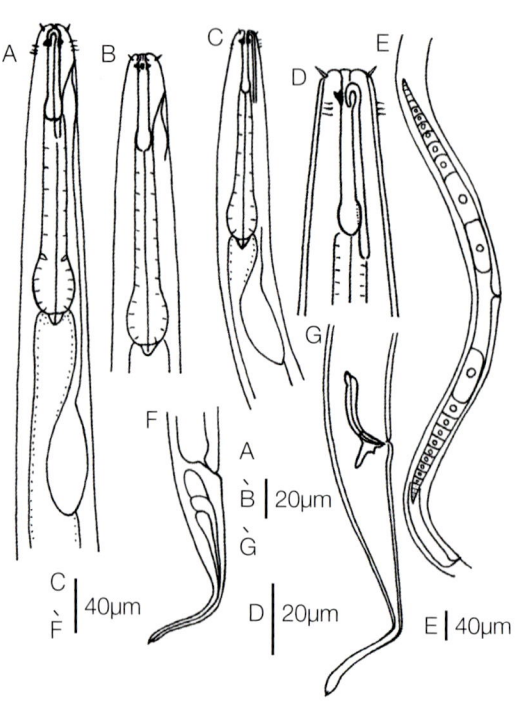

图 67-1 大假拟齿线虫 *Pseudolella major* Wang & Huang, 2016（引自 Wang and Huang, 2016b）
A. 雄性体前部侧面观，示口腔和咽齿、化感器、食道与食道球、腹腺和排泄孔；
B、C. 雌性体前部侧面观，示口腔和咽齿、化感器、食道与食道球、腹腺和排泄孔；
D. 雄性体前端侧面观，示口腔、化感器和颈刚毛；E. 雌性体中部侧面观，示阴孔和卵巢；F. 雌性尾部侧面观，示尾腺；G. 雄性体后部侧面观，示交接刺和引带龙骨突

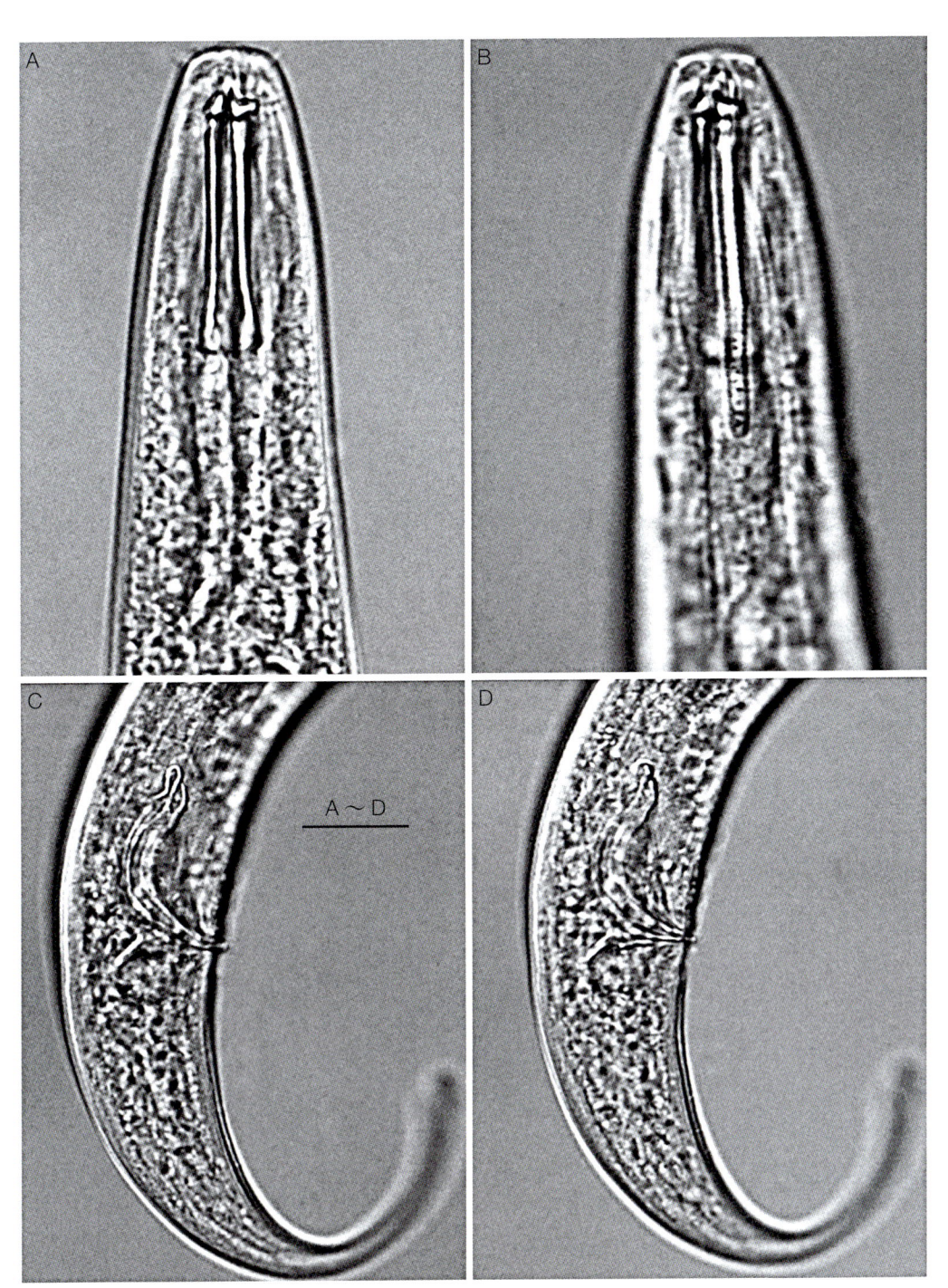

图 67-2　大假拟齿线虫 *Pseudolella major* Wang & Huang, 2016（引自 Wang and Huang, 2016b）
A. 雄性体前部侧面观，示口腔和咽齿；B. 雄性体前部侧面观，示口腔和化感器；C. 雄性体后部侧面观，示交接刺；
D. 雄性体后部侧面观，示引带龙骨突
比例尺：A～D = 20μm

联体线虫科 Comesomatidae Filipjev, 1918

霍帕线虫属 *Hopperia* Vitiello, 1969

大化感器霍帕线虫
Hopperia macramphida Sun, Huang & Huang, 2018

标本采集地： 东海潮下带。

形态特征： 体长 1.2mm，最大体宽 39μm（*a*=32）；角皮自化感器至近尾尖具装饰点；侧分化为排列不规则的大点；头在头刚毛的水平由 1 凹陷与体部分离；唇乳突未见，6 个头乳突和 4 根头刚毛排成两圈；化感器螺旋形，5 环，直径 22μm 或 96% 相应体宽，位于头刚毛之后；口腔前部杯状，后部柱状，角质化，宽 5μm，深 30μm；口腔前后部交接处具 3 枚强烈角质化的齿；食道柱状，具后食道球；腹腺大，位于贲门之后，排泄孔距体前端 110μm；尾长 122μm，圆锥 - 圆柱形，末端棒状，具几根短的尾刚毛和 3 根末端刚毛，3 个明显的尾腺。雄性具前后 2 个伸展的精巢；1 对交接刺，等长，弯曲，长 1.4 倍肛门相应直径，近端膨大，内部中央有 1 角质化的薄片从近端延伸至交接刺的 1/3 位置；引带具弯曲的背后指向的龙骨突，长 14.5μm；6 个乳突状的肛前附器。雌性未见。

生态习性： 潮下带泥质沉积物表层，水深 43m。

地理分布： 东海。

参考文献： Sun et al., 2018。

图 68-1 大化感器霍帕线虫 *Hopperia macramphida* Sun, Huang & Huang, 2018（引自 Sun et al., 2018）A. 雄性体前部侧面观，示口腔、头刚毛、化感器、食道球和腹腺；B. 雄性体后部侧面观，示交接刺、引带龙骨突、乳突状肛前附器和尾腺；C. 雄性肛区侧面观，示交接刺和引带龙骨突

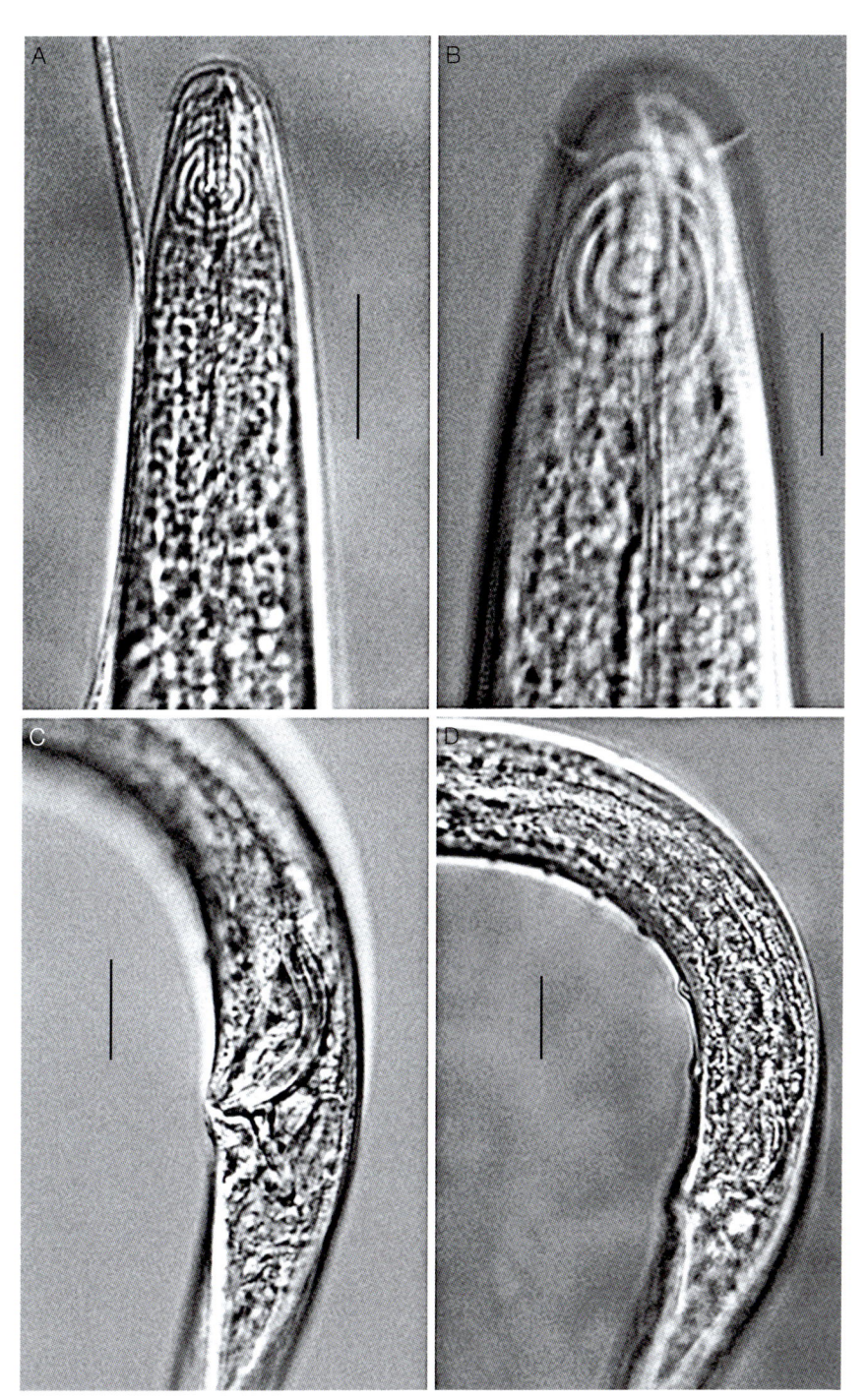

图 68-2　大化感器霍帕线虫 *Hopperia macramphida* Sun, Huang & Huang, 2018（引自 Sun et al., 2018）
A. 雄性体前部侧面观，示口腔和齿；B. 雄性体前部侧面观，示头刚毛和化感器；C. 雄性肛门区侧面观，示交接刺和引带；
E. 雄性体后部侧面观，示肛前附器
比例尺：20μm

中华霍帕线虫
Hopperia sinensis Guo, Chang, Chen, Li & Liu, 2015

标本采集地： 福建泉州洛阳江口红树林。

形态特征： 体长 1.8～2.1mm，最大体宽 39～56μm（a=37～44）；角皮自化感器基部至尾尖端具明显的细横排装饰点；侧分化为化感器之后从第 3～5 横排点开始的不规则的大点，这些点主要分布于食道区和尾区，身体其余部分的点扩大，并排列成规则的横排；体侧面具有短的锥形体刚毛；头感器呈 3 圈排列：6 个唇乳突，6 根较短的头刚毛，长 2μm，4 根较长的头刚毛，长 2.4～2.8μm；螺旋形化感器，2.25～2.50 环，位于头刚毛基部，占 53%～61% 相应体宽；口腔前部杯状，后部柱状，具强烈角质化的壁，深 18～21μm，由咽肌包围；3 个角质化的等大的尖齿位于口腔前后两室的连接处；无后食道球；尾圆锥-圆柱形，长 162～173μm，末端尖细；尾腺未见，有数根尾刚毛，但无末端刚毛。雄性具 2 个平行的精巢，交接刺近端头状，远端尖，弯曲，弧长 41～45μm，1.3～1.5 倍肛门相应直径，近端具宽带状的缘膜及短而明显的中央条；引带具明显的侧导片，包括 1 个中间的弱角质化的管状片，以及长 11～16μm、背后指向的龙骨突；1 根小的肛前刚毛及 13～14 个细管状的肛前附器。雌性整体和尾部较雄性更长；前后 1 对卵巢，不反折；阴孔与体前端距离占体长的 44%～47%。

生态习性： 红树林潮间带泥质沉积物表层。

地理分布： 东海。

参考文献： Guo et al., 2015a。

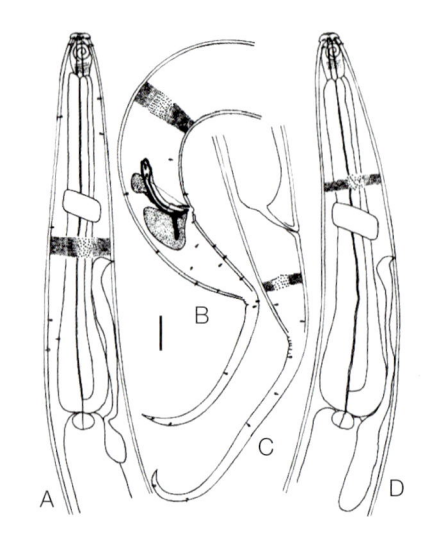

图69-1 中华霍帕线虫 *Hopperia sinensis* Guo, Chang, Chen, Li & Liu, 2015（引自 Guo et al., 2015a）
A. 雄性体前部侧面观，示口腔和化感器、食道、腹腺、角皮侧分化和横排装饰点；B. 雄性体后部侧面观，示交接刺、引带龙骨突、肛前刚毛和细管状肛前附器；C. 雌性体后部侧面观；D. 雌性体前部侧面观
比例尺：20μm

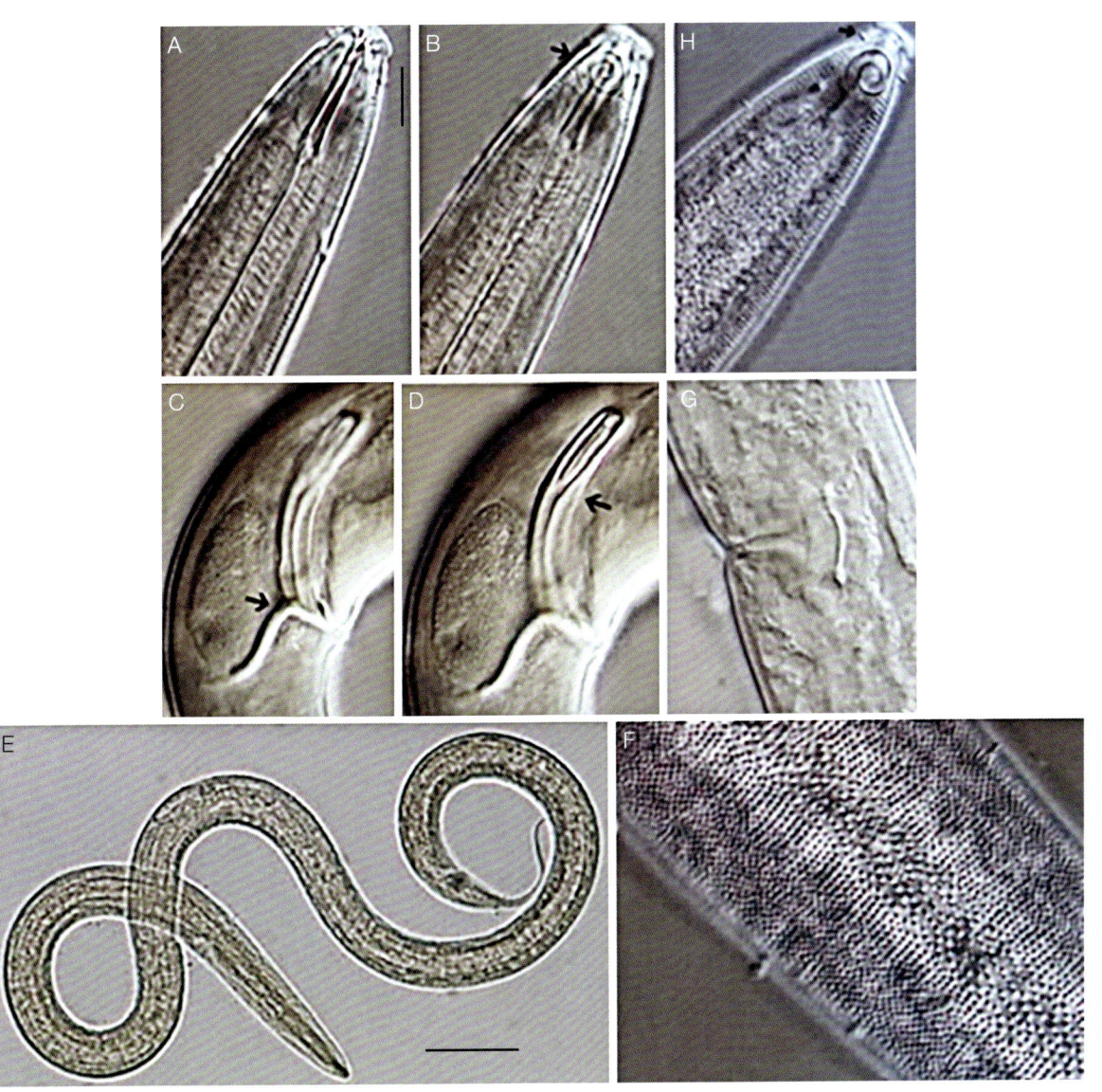

图 69-2 中华霍帕线虫 *Hopperia sinensis* Guo, Chang, Chen, Li & Liu, 2015（引自 Guo et al., 2015a）
A. 雄性体前部侧面观，示口腔；B. 雄性体前部侧面观，示化感器；C、D. 雄性尾部侧面观，示交接器；E. 雌性整体观；
F. 雌性体中部侧面观，示侧分化；G. 雌性体中部侧面观，示阴孔；H. 雌性体前部侧面观，示头刚毛
比例尺：A～D，F～H = 10μm；E = 100μm

后联体线虫属 *Metacomesoma* Wieser, 1954

大化感器后联体线虫
Metacomesoma macramphida Huang & Huang, 2018

标本采集地： 东海潮下带。

形态特征： 体长 1.3mm，最大体宽 34μm（a=32）；角皮具横排细装饰点，自化感器前缘延伸至尾端；侧分化不存在；多螺旋大化感器，4.5 环，直径 12μm，86% 相应体宽，化感器前缘距体前端 10μm；口腔很小，无齿；头感器按 6+6+4 式排列，内唇感器和外唇感器乳突状，4 根短的头刚毛，长 1.5μm；食道柱状，无后食道球；排泄孔距体前端 140μm；尾圆锥-圆柱形，长 118μm，4.1 倍肛门相应直径，后 1/2 呈柱状；腹侧有几根尾刚毛和 3 根长 2μm 的末端刚毛。雄性具 2 个平行而伸展的精巢；交接刺细长而弯曲，长 136μm，4.7 倍肛门相应直径，近端头状，远端尖指状；引带长 18μm，板状，无龙骨突；无肛前附器。雌性未见。

生态习性： 潮下带泥质沉积物表层，水深 16m。

地理分布： 东海。

参考文献： Huang and Huang, 2018。

图 70-1 大化感器后联体线虫 *Metacomesoma macramphida* Huang & Huang, 2018（引自 Huang and Huang, 2018）
A. 雄性体前部侧面观，示头刚毛、大化感器和排泄孔；B. 雄性体后部侧面观，示交接刺和引带、尾腹侧刚毛和尾端刚毛；C. 雄性体中部侧面观，示 2 个充满精子的精巢

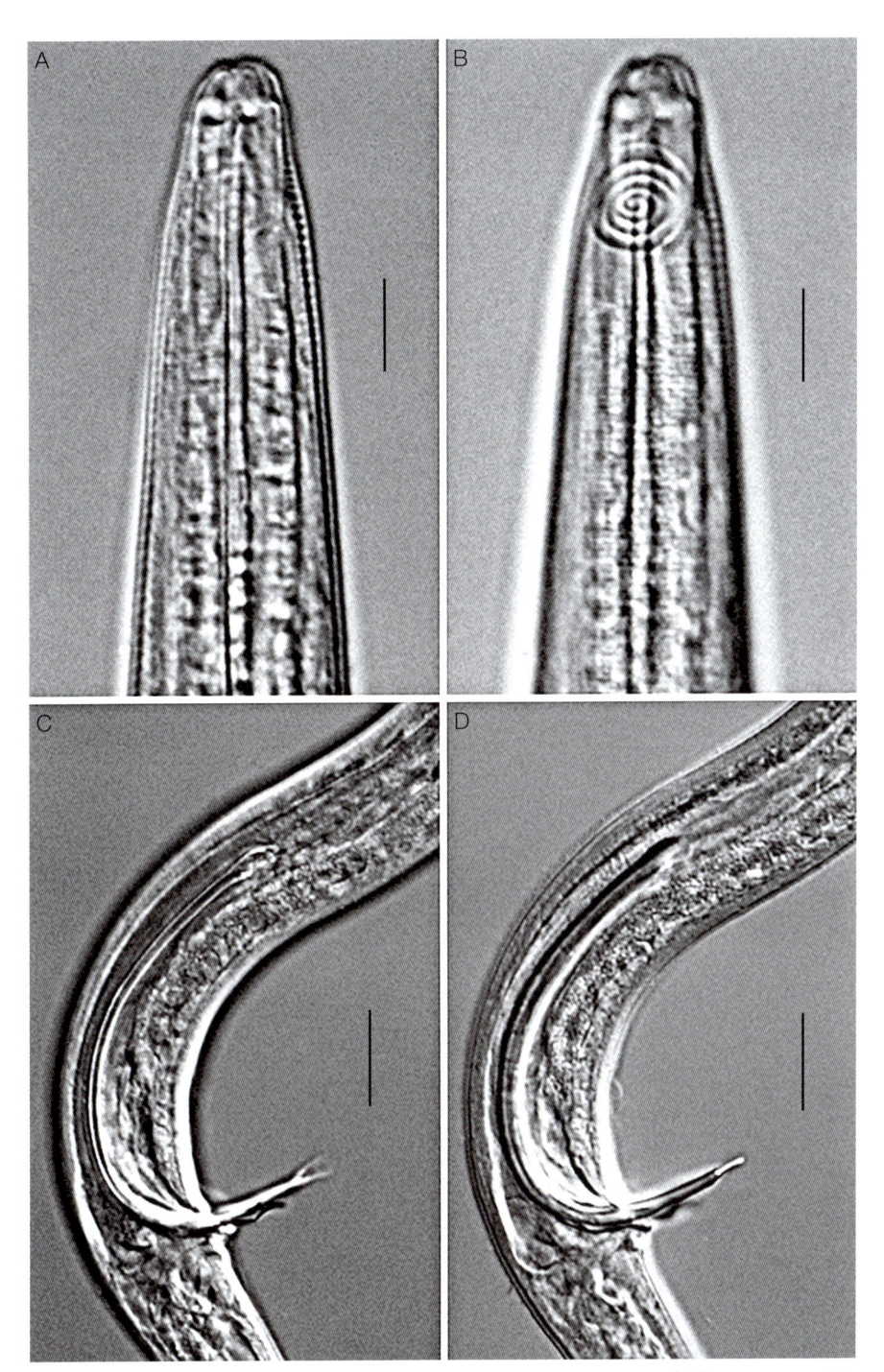

图 70-2 大化感器后联体线虫 Metacomesoma macramphida Huang & Huang, 2018（引自 Huang and Huang, 2018）
A. 雄性体前部侧面观，示口腔和齿；B. 雄性体前部侧面观，示化感器；C. 雄性肛门区侧面观，示交接刺；
E. 雄性肛区侧面观，示交接刺和引带
比例尺：A、B = 10μm；C、D = 20μm

拟联体线虫属 *Paracomesoma* Schuurmans Stekhoven, 1950

张氏拟联体线虫
Paracomesoma zhangi Huang & Huang, 2018

标本采集地： 东海潮下带。

形态特征： 体长 1.9mm，最大体宽 44μm（*a*=43）；角皮具横排细装饰点，侧分化不存在；头在头刚毛水平上通过 1 收缩部与体部分离；口腔长 14μm，由 2 部分组成，前部杯状，具 3 个小齿，后部角质化管状，长大约与唇区体宽相等；头感器排列式为 6+6+4：唇感器乳突状，6 根较短的头刚毛长 3.5μm，4 根较长的头刚毛长 13.5μm，距体前端 0.5 倍头直径；体刚毛很多，长约 4μm，散布于全身；多螺旋化感器具 3 环，位于头刚毛之后，化感器前缘距体前端 8μm，直径 10μm，占 67% 相应体宽；食道柱状，无后食道球；排泄管具明显的壶腹，开口于神经环之前，距体前端 132μm；尾圆锥 - 圆柱形，长 188μm，5.4 倍肛门相应直径，具吐丝器和 1 根长 2μm 的亚末端刚毛。雄性具 2 个相对而伸展的精巢；交接刺细长，近端粗而角质化，弧长 152μm，4.3 倍肛门相应直径；引带板状，无龙骨突，长 26μm；肛前腹面角皮加厚，具 1 根短的肛前刚毛；26 个小的管状肛前附器。雌性未见。

生态习性： 潮下带泥质沉积物表层，水深 64m。

地理分布： 东海。

参考文献： Huang and Huang，2018。

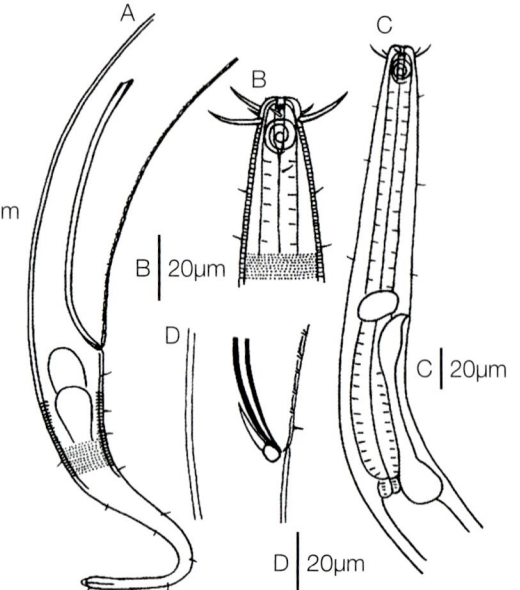

图 71-1 张氏拟联体线虫 *Paracomesoma zhangi* Huang & Huang, 2018（引自 Huang and Huang, 2018）
A. 雄性体后部侧面观，示交接刺、引带和肛前附器；B. 雄性体前端侧面观，示口腔、头刚毛和化感器；C. 雄性体前部侧面观，示食道和排泄系统；D. 雄性肛区侧面观，示交接刺、引带、肛前刚毛和肛前附器

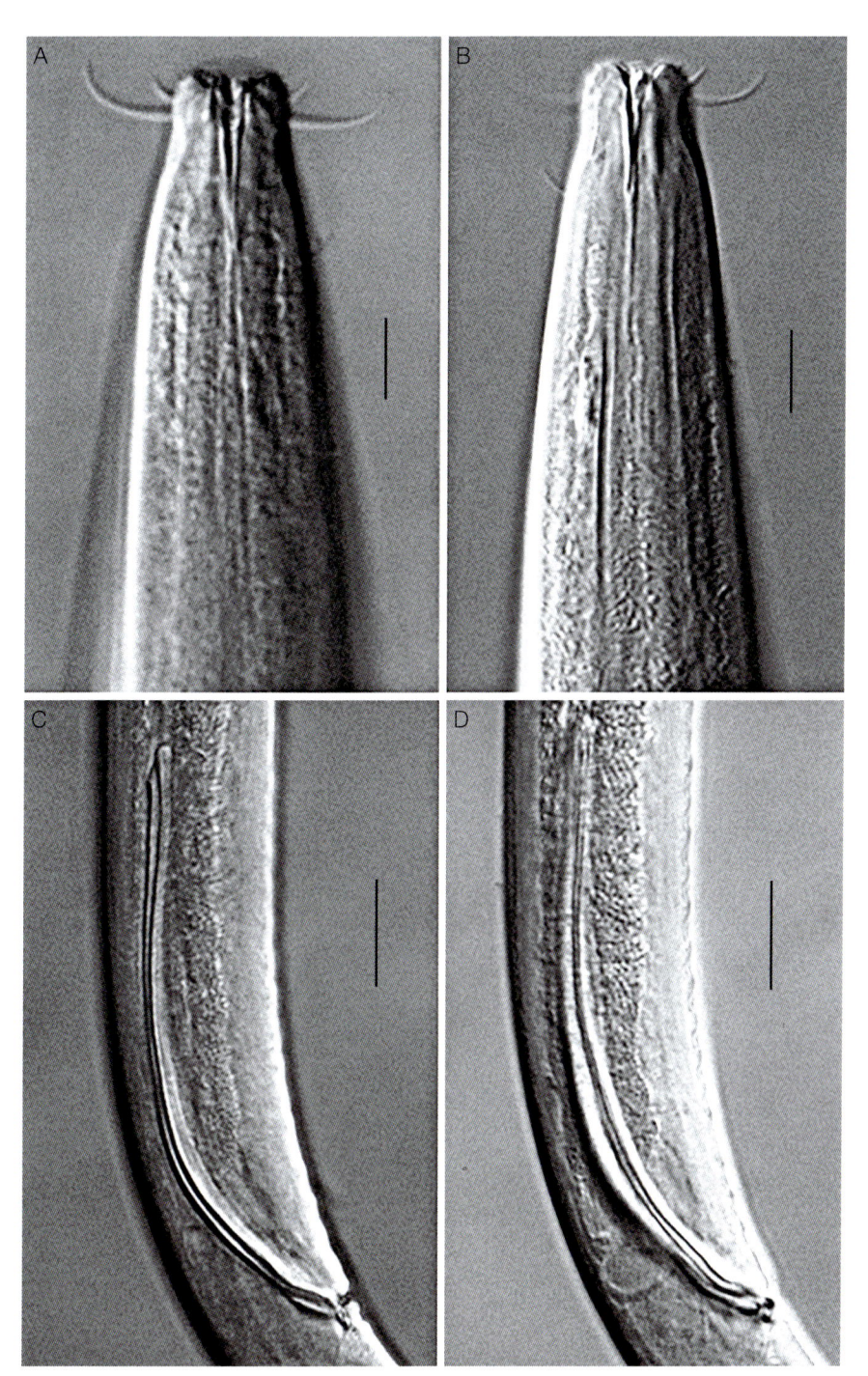

图 71-2　张氏拟联体线虫 *Paracomesoma zhangi* Huang & Huang, 2018（引自 Huang and Huang, 2018）
A. 雄性体前部侧面观，示口腔和齿；B. 雄性体前部侧面观，示头刚毛和化感器；C. 雄性肛门区侧面观，示交接刺和肛前附器；
E. 雄性肛区侧面观，示交接刺和引带
比例尺：A、B = 20μm；C、D = 30μm

毛萨巴线虫属 *Setosabatieria* Platt, 1985

长引带毛萨巴线虫
Setosabatieria longiapophysis Guo, Huang, Chen, Wang & Lin, 2015

标本采集地： 福建厦门鼓浪屿砂质滩。

形态特征： 体长 2.4～2.8mm，最大体宽 42～58μm（*a*=45～58）；角皮无装饰点但整体布满细横纹；头部由于在化感器水平有收缩，因此比身体其余部分窄；口腔杯状；唇感器未见，6 根短的头刚毛长 2μm，4 根长的头刚毛长 16～19μm；颈刚毛的长度与头刚毛接近，呈 4 纵排排列，每排 7～9 根；化感器螺旋形，2.75～3 环，直径 15～17μm，占 49%～69% 相应体宽；食道向后加宽，但无食道球；排泄孔位于神经环之后；尾圆锥-圆柱形，长 5.3～6.0 倍肛门相应直径，具数根尾刚毛；尾末端变粗，具 3 根长 12μm 的末端刚毛；尾腺和吐丝器均十分发达。雄性具 2 个相对的精巢，不反折；1 对等长的弯曲的交接刺，近端略呈头状，中间具角质化的隔膜；引带具长（31～37μm）而直的、背后指向的龙骨突；15～16 个不发达的小乳突状肛前附器。雌性化感器直径小于雄性；阴孔大致位于体中部，但未见发达的生殖系统。

生态习性： 砂质潮间带表层沉积物。

地理分布： 东海。

参考文献： Guo et al., 2015b。

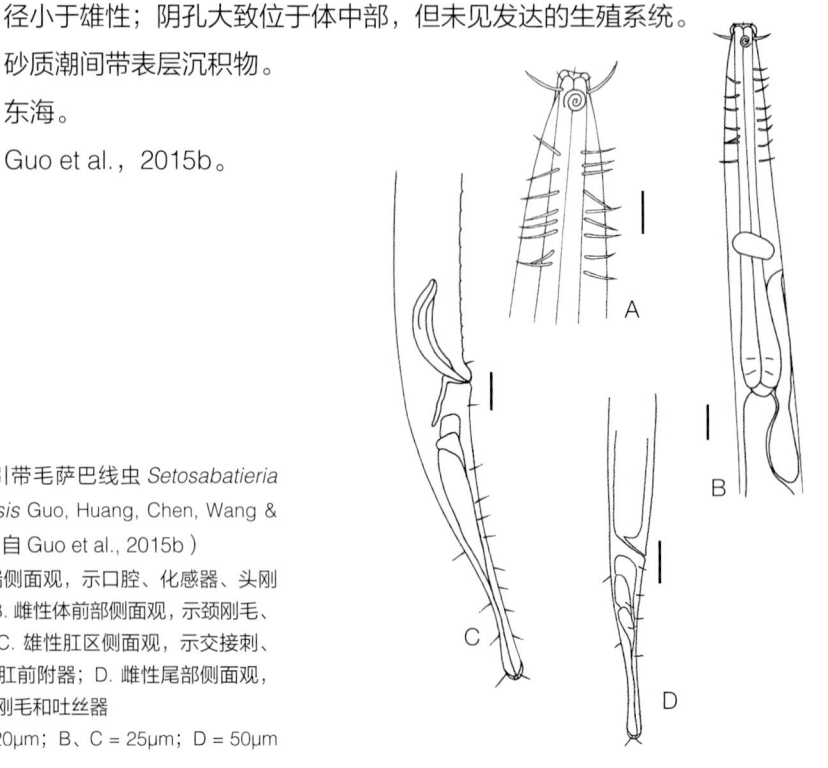

图 72-1　长引带毛萨巴线虫 *Setosabatieria longiapophysis* Guo, Huang, Chen, Wang & Lin, 2015（引自 Guo et al., 2015b）
A. 雄性体前端侧面观，示口腔、化感器、头刚毛和颈刚毛；B. 雌性体前部侧面观，示颈刚毛、食道和腹腺；C. 雄性肛区侧面观，示交接刺、引带龙骨突和肛前附器；D. 雌性尾部侧面观，示尾腺、尾端刚毛和吐丝器
比例尺：A = 20μm；B、C = 25μm；D = 50μm

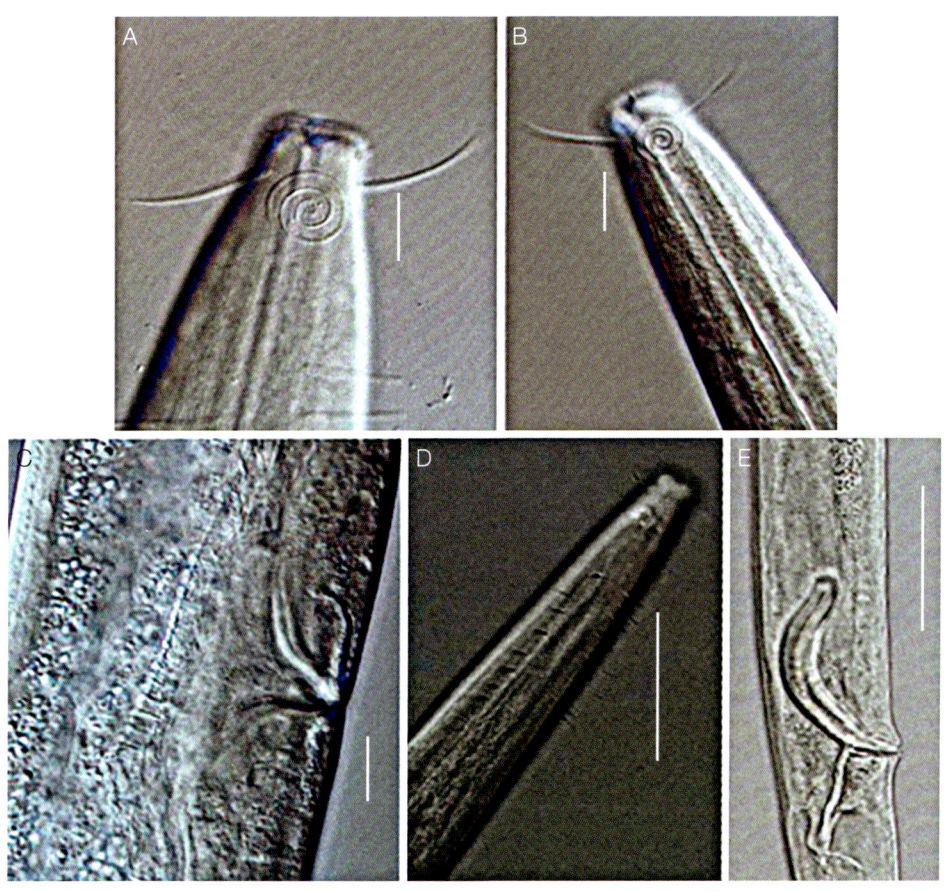

图 72-2 长引带毛萨巴线虫 *Setosabatieria longiapophysis* Guo, Huang, Chen, Wang & Lin, 2015
（引自 Guo et al., 2015b）
A. 雄性头部侧面观，示化感器和头刚毛；B. 雌性头部侧面观；C. 雌性体中部侧面观，示阴孔；
D. 雄性体前部侧面观，示颈刚毛；E. 雄性体后部侧面观，示交接刺、引带和肛前附器
比例尺：A～C = 10μm；D、E = 50μm

联体线虫科分属检索表

1. 口腔深，柱状 .... 霍帕线虫属 *Hopperia*
- 口腔浅，杯状 2
2. 食道区亚侧面具 4 纵排长颈刚毛 .... 毛萨巴线虫属 *Setosabatieria*
- 食道区亚侧面不具纵排长颈刚毛 3
3. 口腔具 3 个齿，有肛前附器 .... 拟联体线虫属 *Paracomesoma*
- 口腔不具齿，无肛前附器 .... 后联体线虫属 *Metacomesoma*

链环目 Desmodorida

微咽线虫科 Microlaimidae Micoletzky, 1922

螺旋球咽线虫属 *Spirobolbolaimus* Soetaert & Vincx, 1988

波形螺旋球咽线虫
Spirobolbolaimus undulatus Shi & Xu, 2017

标本采集地： 浙江温州南麂列岛大沙岙砂质滩。

形态特征： 体长 2.0～2.6mm，最大体宽 40～48μm（a=49～58）；除头和尾尖之外，角皮具细环纹；头钝，稍与体部分离；头感器分 3 圈排列：6 个唇乳突，长 2μm；6 根较长的头刚毛粗并且分节，长 10～15μm；4 根较短而细的头刚毛，长 8～9μm；12 个有皱褶的前庭；口腔强烈角质化，有 1 个稍大的背齿、1 对亚腹齿和在侧面排成 2 排的 8 个小齿；多螺旋化感器 3 环，强烈角质化，腹面不完整，直径 13μm，39%～43% 相应身体直径；化感器位于头刚毛水平，其前缘与体前端距离为 0.3 倍头直径，其后缘被角皮环纹所围绕；8 纵排颈刚毛，每排 6～9 根，长 8～10μm，始于化感器后方 13～17μm 处；体刚毛长 3μm，在亚腹侧和亚背侧各有 2 排，尾区侧面也有 1 排；角皮孔位于体侧面；食道具前食道球和膨大的后食道球，食道管壁角质化；尾锥形，无末端刚毛。雄性具 2 个相对的精巢，不反折，前精巢长于后精巢；精细胞大而长，香蕉形，长 48～52μm；交接刺角质化，近端头状；引带龙骨突弯曲，指向背后方；18～19 个肛前附器，小丘形，顶端具孔，排列成波浪图案。雌性双宫，具前后 2 个外展的卵巢；在卵巢和阴道之间有 1 大的储精囊，其中充满细长的精子，子宫内有 1 个大的卵子。

生态习性： 粗砂质潮间带表层沉积物。

地理分布： 东海。

参考文献： Shi and Xu, 2017。

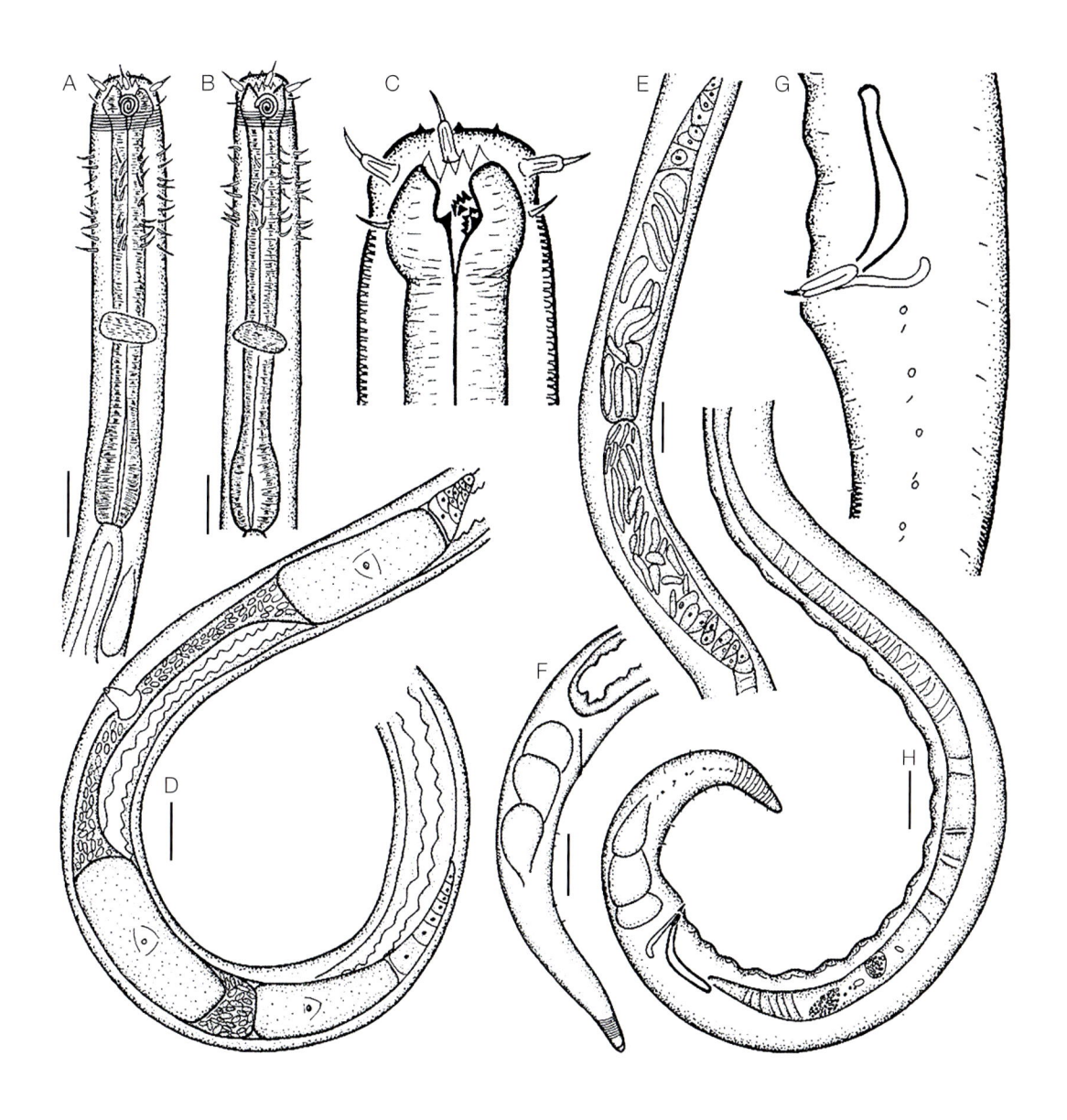

图 73-1　波形螺旋球咽线虫 Spirobolbolaimus undulatus Shi & Xu, 2017（引自 Shi and Xu, 2017）

A. 雄性体前部侧面观，示颈刚毛、后食道球和腹腺；B. 雌性体前部侧面观，示化感器、颈刚毛和后食道球；C. 雄性头部侧面观，示唇乳突、头刚毛、口腔、齿和前食道球；D. 雌性体中部侧面观，示卵巢、阴孔和储精囊；E. 雄性体中部侧面观，示 2 个精巢；F. 雌性尾部侧面观，示尾腺；G. 雄性肛区侧面观，示交接刺、引带龙骨突和短的体刚毛；H. 雄性体后部侧面观，示波形的肛前附器

比例尺：30μm

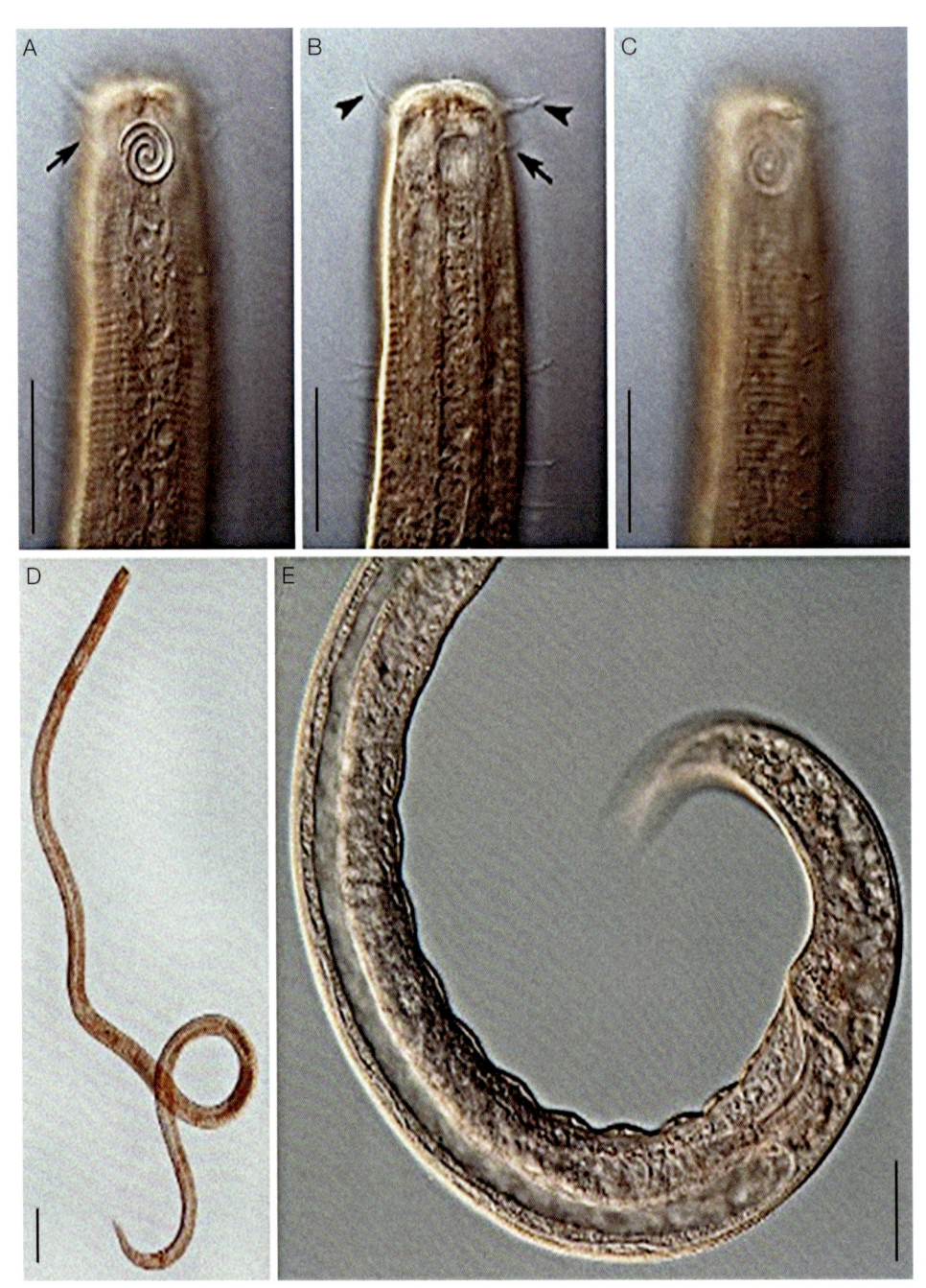

图 73-2 波形螺旋球咽线虫 *Spirobolbolaimus undulatus* Shi & Xu, 2017（引自 Shi and Xu, 2017）
A～C. 雄性头部侧面观，示角质化的多螺旋化感器，分节的头刚毛（短箭头），
稍短且纤细的头刚毛（长箭头）和成列的颈刚毛；D. 雌性整体观，示细长的体型；
E. 雄性体后部侧面观，示很多肛前附器呈波浪形以及交接刺和引带龙骨突
比例尺：A～C，E = 30μm；D = 100μm

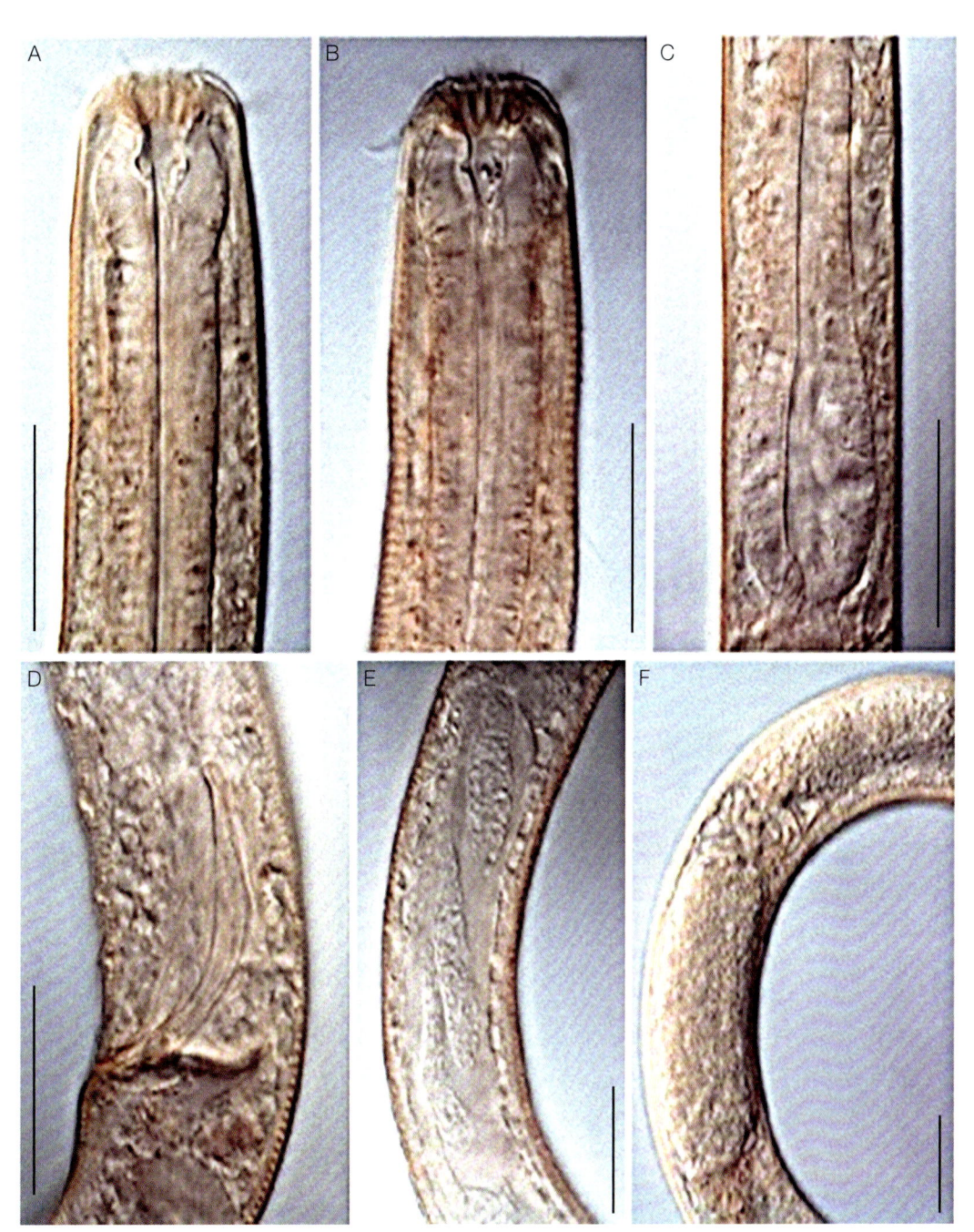

图 73-3　波形螺旋球咽线虫 Spirobolbolaimus undulatus Shi & Xu, 2017（引自 Shi and Xu, 2017）
A～C. 雄性头部侧面观，示前后食道球和强烈角质化的口腔，具1个背齿、2个亚腹齿和8个小齿；
D. 雄性肛区侧面观，示交接刺、引带龙骨突和呈波浪形的肛前附器；E. 雄性体中部侧面观，
示精巢具细长的精子；F. 雌性体中侧面观，示卵巢和充满精子的储精囊与1个大卵子
比例尺：30μm

单宫目 Monhysterida
隆唇线虫科 Xyalidae Chitwood, 1951
库氏线虫属 *Cobbia* de Man, 190

异刺库氏线虫
Cobbia heterospicula Wang, An & Huang, 2018

标本采集地： 东海潮下带。

形态特征： 体长 1.0～1.2mm，最大体宽 16～21μm（a=57～67）；体前部截形，后部丝状；口腔锥形，具 1 个轻微角质化的背齿和 2 个亚腹齿；6 个唇感器刚毛状，6 根较长（7～9μm）和 4 根较短（4～5μm）的头刚毛围成 1 圈；无体刚毛；化感器圆形，宽 5～7μm（41%～60% 相应体宽），距体前端 21～29μm（5～7 倍头直径）；食道后部加宽，但无明显的后食道球；尾圆锥-圆柱形，长 227～307μm（13～18 倍肛门相应直径），柱状部丝状，长度占尾长的 74%～80%。雄性具 1 对弯曲的交接刺，长度不等，右交接刺弧长 27～33μm，左交接刺弧长 15～20μm；引带与交接刺远端平行，具变细的背侧龙骨突；肛前附器不存在。雌性尾较雄性更长，生殖系统单宫，具 1 个前伸的卵巢；阴孔大约位于体中部。

生态习性： 栖息于潮下带泥质（含少量砂）沉积物中，水深 69～79m。

地理分布： 黄海，东海。

参考文献： Wang et al., 2018。

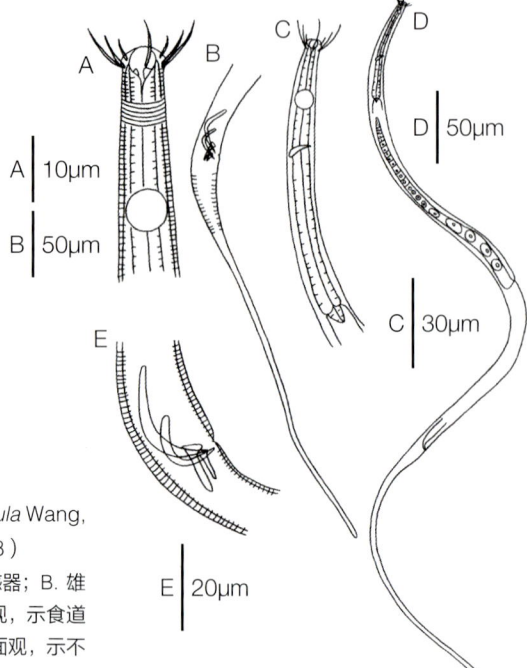

图 74-1 异刺库氏线虫 *Cobbia heterospicula* Wang, An & Huang, 2018（引自 Wang et al., 2018）
A. 雄性体前端侧面观，示头刚毛、口腔和化感器；B. 雄性体后部侧面观，示尾；C. 雄性体前部侧面观，示食道区；D. 雌性整体观，示阴孔；E. 雄性肛区侧面观，示不等长的交接刺和引带

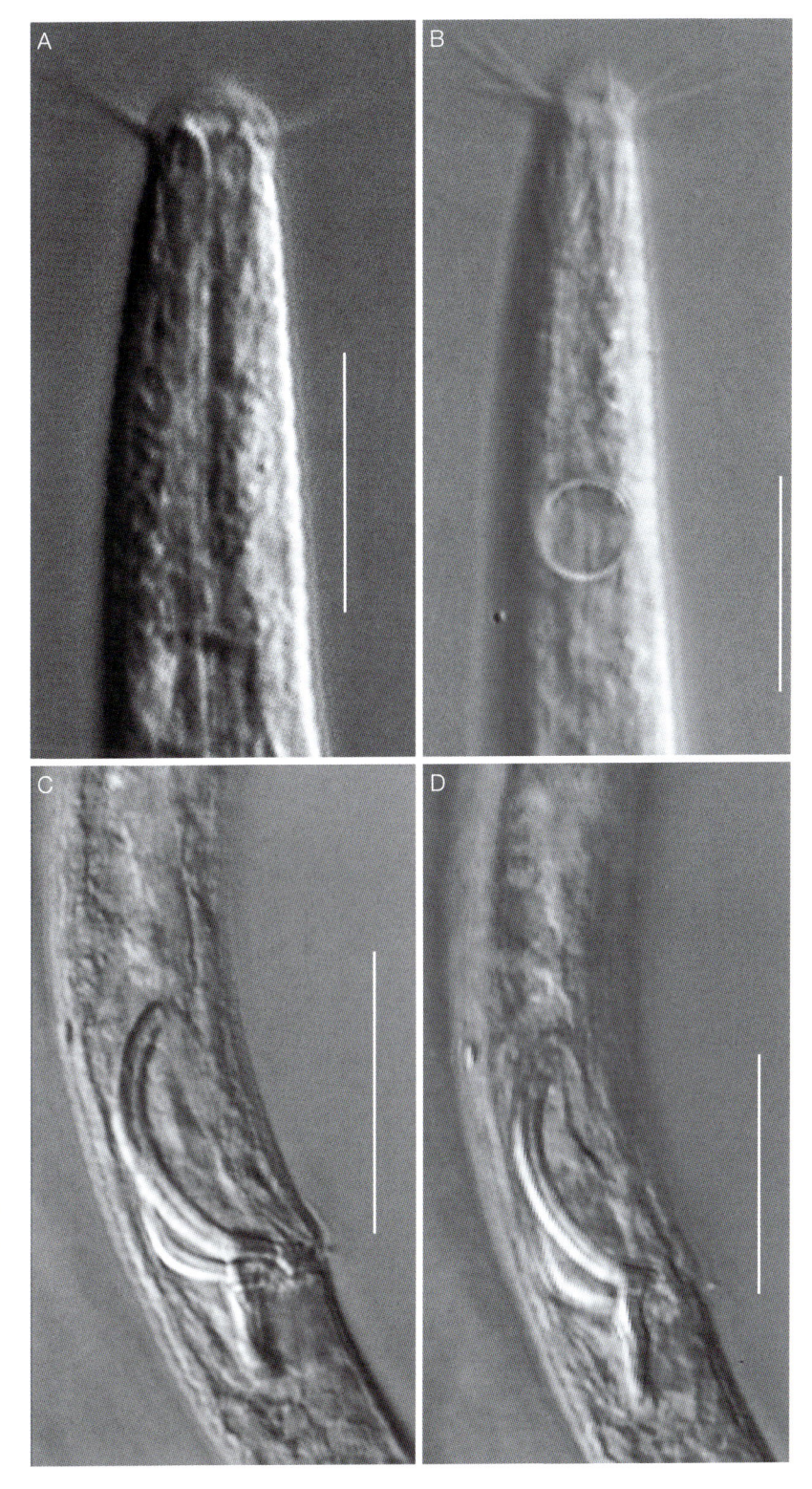

图 74-2 异刺库氏线虫 *Cobbia heterospicula* Wang, An & Huang, 2018（引自 Wang et al., 2018）
A. 雄性体前端侧面观，示口腔；B. 雄性体前侧面观，示头刚毛和化感器；C. 雄性体后部侧面观，示不等长的交接刺；D. 雄性体后部侧面观，示引带龙骨突
比例尺：20μm

吞咽线虫属 *Daptonema* Cobb, 1920

东海吞咽线虫
Daptonema donghaiensis Wang, An & Huang, 2018

标本采集地： 东海潮下带。

形态特征： 体长 0.8～1.0mm，最大体宽 27～35μm（a=25～32）；角皮具细环纹；体中前部，特别是在食道区的背面、腹面和侧面具有由透明细胞组成的表皮索；口腔锥形；6 个唇感器乳突状；6 根较长（9μm）和 4 根较短（6～7μm）的头刚毛围成 1 圈；无体刚毛；化感器圆形，宽 7μm（44%～47% 相应体宽），距体前端 13～16μm（2 倍头直径）；食道不具后食道球；尾圆锥 - 圆柱形，长 113～136μm（5～7 倍肛门相应直径），柱状部占尾长的 46%～54%；3 个尾腺，2 根末端刚毛长 7～8μm。雄性交接刺 L 形，弧长 26～31μm（1.3～1.5 倍肛门相应直径），近端头状；引带管状，与交接刺远部平行，长 10μm。雌性生殖系统单宫，具 1 个前伸的卵巢；阴孔位于体中部偏后，与体前端距离占体长的 64%。

生态习性： 潮下带泥质（含少量砂）沉积物表层，水深 61～70m。

地理分布： 东海。

参考文献： Wang et al., 2018。

图 75-1 东海吞咽线虫 *Daptonema donghaiensis* Wang, An & Huang, 2018（引自 Wang et al., 2018）
A. 雄性体前端侧面观，示口腔和透明细胞；B. 雄性体前部侧面观，示食道区；
C. 雄性体后部侧面观，示交接刺和引带；
D. 雌性整体侧面观，示阴孔和卵巢
比例尺：A～C = 20μm；D = 50μm

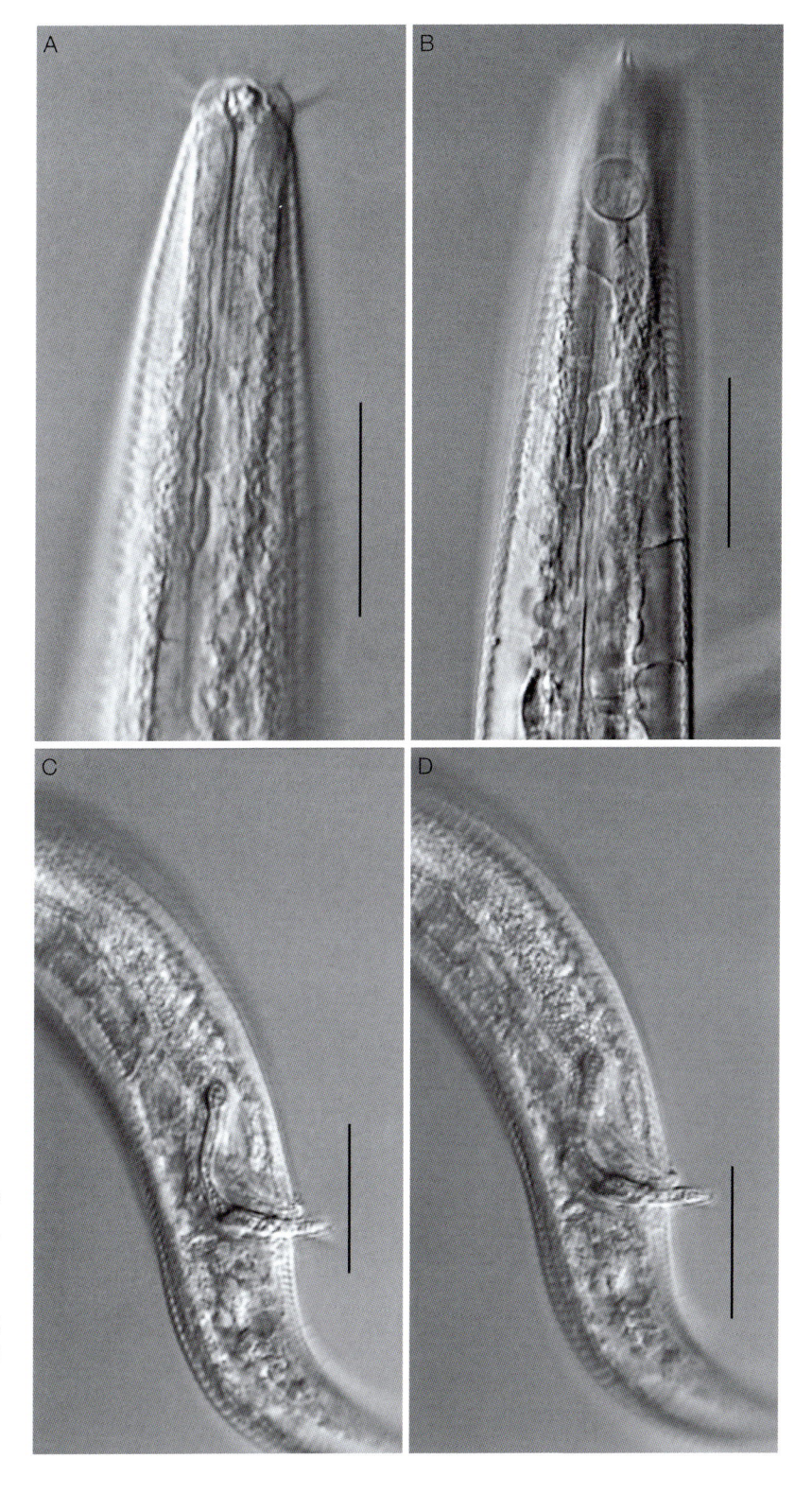

图75-2 东海吞咽线虫 Daptonema donghaiensis Wang, An & Huang, 2018（引自 Wang et al., 2018）
A. 雄性体前端侧面观，示口腔；B. 雄性体前端侧面观，示头刚毛、化感器和透明细胞；C. 雄性体后部侧面观，示交接刺；D. 雄性体后部侧面观，示引带
比例尺：20μm

埃尔杂里线虫属 *Elzalia* Gerlach, 1957

双叉埃尔杂里线虫
Elzalia bifurcata Sun & Huang, 2017

标本采集地： 东海潮下带。

形态特征： 体长 0.6～0.8mm，最大体宽 20～26μm（a=24～33）；角皮具细环纹；无亚头刚毛和体刚毛；唇乳突未见；6 根长 7μm 的头刚毛和 4 根长 6μm 的头刚毛排成 1 圈；口腔柱状，轻微角质化，深 12～13μm，宽 5μm；化感器圆形，宽 8μm，位于口腔基部；食道无明显的后食道球；尾圆锥 - 圆柱形，长 5 倍肛门相应直径，末端具小吐丝器；3 个连续的尾腺具有共同开口，3 根末端刚毛长 6μm。雄性具 1 对等长的交接刺，长 5 倍肛门相应直径，近端强烈角质化，远端分叉呈 Y 形；引带管状，简单，无龙骨突；肛前附器不存在。雌性生殖系统单宫，具 1 个向前伸展的卵巢；阴孔大约位于体中部。

生态习性： 潮下带泥质沉积物表层，水深 74～116m。

地理分布： 东海。

参考文献： Sun and Huang，2017。

图 76-1 双叉埃尔杂里线虫 *Elzalia bifurcata* Sun & Huang, 2017（引自 Sun and Huang, 2017）
A. 雌性整体侧面观，示阴孔和卵巢；B. 雄性体前部侧面观，示口腔、头刚毛和食道；
C. 雌性体前部侧面观，示口腔和化感器；
D. 雄性体后部侧面观，示远端分叉的交接刺、引带、尾腺和尾端刚毛

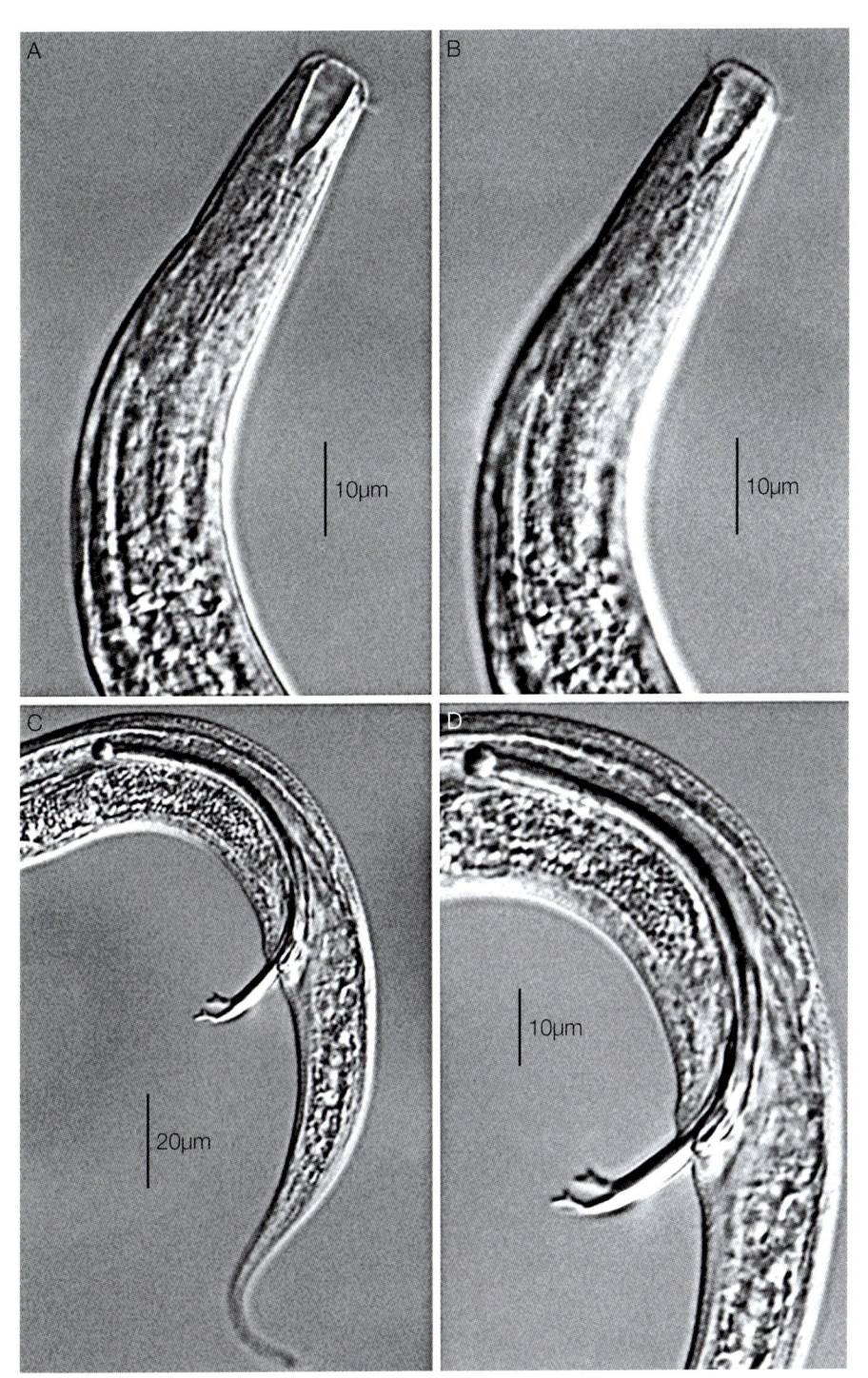

图 76-2 双叉埃尔杂里线虫 *Elzalia bifurcata* Sun & Huang, 2017（引自 Sun and Huang, 2017）
A、B. 雌性体前部侧面观；C. 雄性尾部侧面观，示远端分叉的交接刺；D. 雄性肛门区侧面观，示远端分叉的交接刺和引带

线宫线虫属 *Linhystera* Juario, 1974

短引带线宫线虫
Linhystera breviapophysis Yu, Huang & Xu, 2014

标本采集地： 东海潮下带。

形态特征： 体长 0.6～0.8mm，最大体宽 13～16μm（a=43～59）；体柱状，向头部逐渐变细（头宽 5μm）；全身角皮具弱横纹，间距约 1μm；10 根头刚毛形成 1 环，长 3～4μm；体刚毛长 4μm，主要分布于颈区：其中 6～8 根在颈区的前 1/4 处形成 1 环，其余 4～6 根分散在身体其他部位；口腔小，裂缝状；化感器圆形，直径 3～4μm（53%～59% 相应体直径），距离体前端 5～6μm（1.1 倍头直径）；无食道球；排泄孔和腹腺未见；尾短丝状，长 150～156μm（14～16 倍相应肛门直径），柱状部占尾长的 71%，具 3 个尾腺和 3 根长 9μm 的末端刚毛。雄性仅见 1 个外展的精巢，交接刺 1 对，长 17～18μm（1.7 倍肛门相应直径），近端头状；引带具 1 短的背后指向的龙骨突，长 3μm；无肛前附器。雌性个体稍小于雄性，具 1 个前伸的卵巢；阴孔与体前端的距离占体长的 51%～56%。

生态习性： 潮下带泥质沉积物，水深 30m。

地理分布： 东海。

参考文献： Yu et al., 2014。

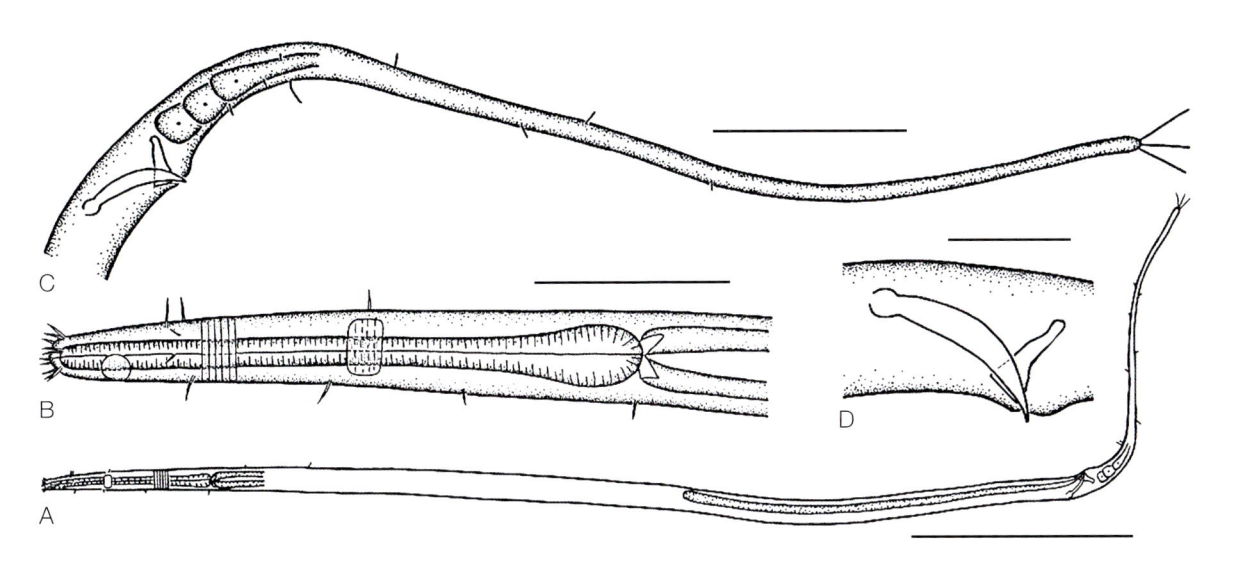

图 77-1　短引带线宫线虫 Linhystera breviapophysis Yu, Huang & Xu, 2014（引自 Yu et al., 2014）
A. 雄性整体侧面观，示食道、单精巢和丝状尾；B. 雄性体前部侧面观，示头刚毛和颈刚毛、口腔与化感器；C. 雄性体后部侧面观，示交接刺、引带龙骨突、尾腺和丝状尾；D. 雄性肛区侧面观，示交接刺和引带龙骨突

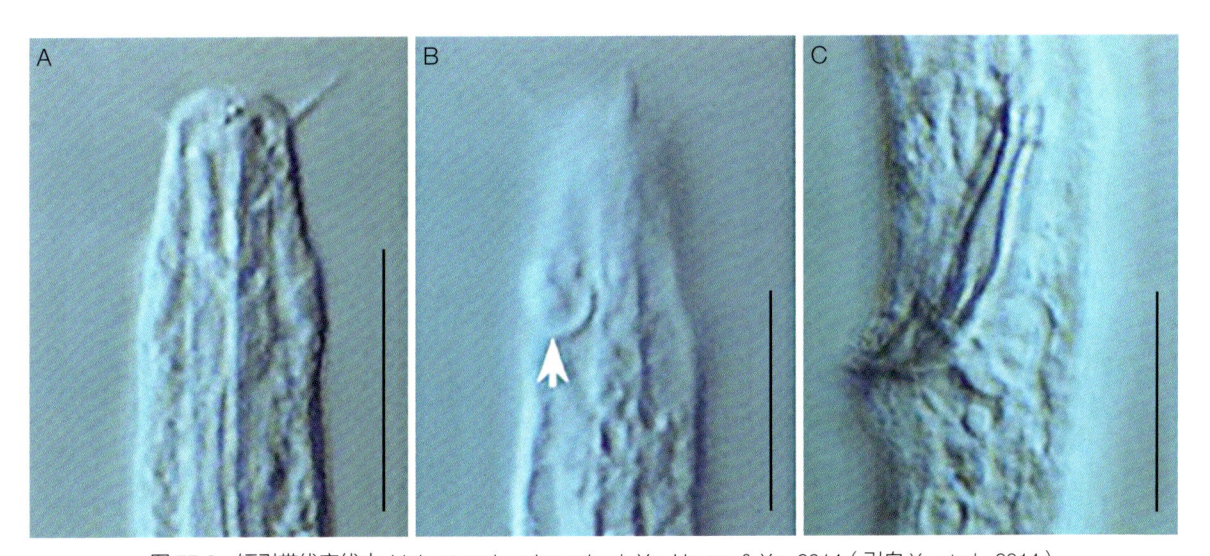

图 77-2　短引带线宫线虫 Linhystera breviapophysis Yu, Huang & Xu, 2014（引自 Yu et al., 2014）
A、B. 雄性体前端侧面观，示头刚毛和化感器（箭头）；C. 雄性肛门区侧面观，示交接刺和引带龙骨突
比例尺：10μm

长引带线宫线虫
Linhystera longiapophysis Yu, Huang & Xu, 2014

标本采集地： 东海潮下带。

形态特征： 体长 1.2mm，最大体宽 23μm（a=54）；体柱状，向头部逐渐变细（头宽 7μm）；全身角皮具细横纹，间距约 2μm；10 根头刚毛形成 1 环，长 6μm；口腔小，裂缝状；化感器椭圆形，不明显，长 9μm，宽 5μm（44% 相应体直径），距离体前端 20μm（3 倍头直径）；食道柱状，具 1 长 123μm 的后食道球，为总体长的 10%；排泄孔和腹腺未见；尾长，丝状，长 276μm（18 倍相应肛门直径），柱状部占尾长的 3/4，具 3 个尾腺和 3 根长 1μm 的末端刚毛。雄性仅见 1 个外展的精巢，交接刺 1 对，细而弯曲，长 24μm（1.6 倍肛门相应直径），近端头状；引带具 1 明显的背后指向的长龙骨突，长 10μm，与交接刺垂直；无肛前附器。雌性未见。

生态习性： 潮下带泥质沉积物，水深 50m。

地理分布： 东海。

参考文献： Yu et al., 2014。

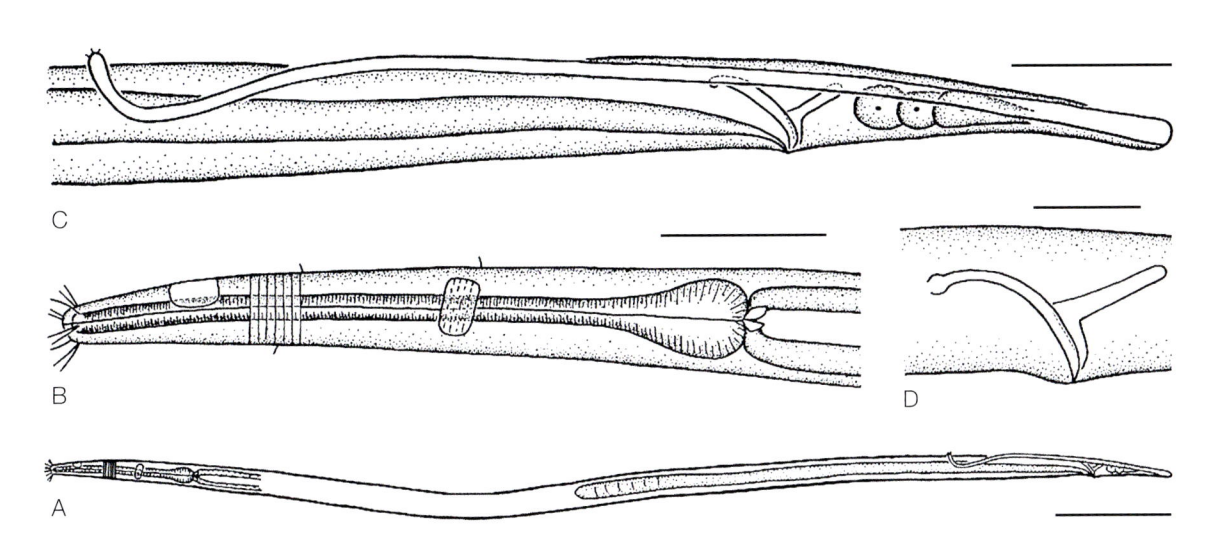

图 78-1　长引带线宫线虫 *Linhystera longiapophysis* Yu, Huang & Xu, 2014（引自 Yu et al., 2014）
A. 雄性整体侧面观，示食道、单精巢和丝状尾（向上折叠）；B. 雄性体前部侧面观，示头刚毛、口腔、化感器和后食道球；C. 雄性体后部侧面观，示交接刺、引带龙骨突、尾腺和丝状尾（向上折叠）；D. 雄性肛区侧面观，示交接刺和引带龙骨突
比例尺：A = 100μm；B、C = 30μm；D = 10μm

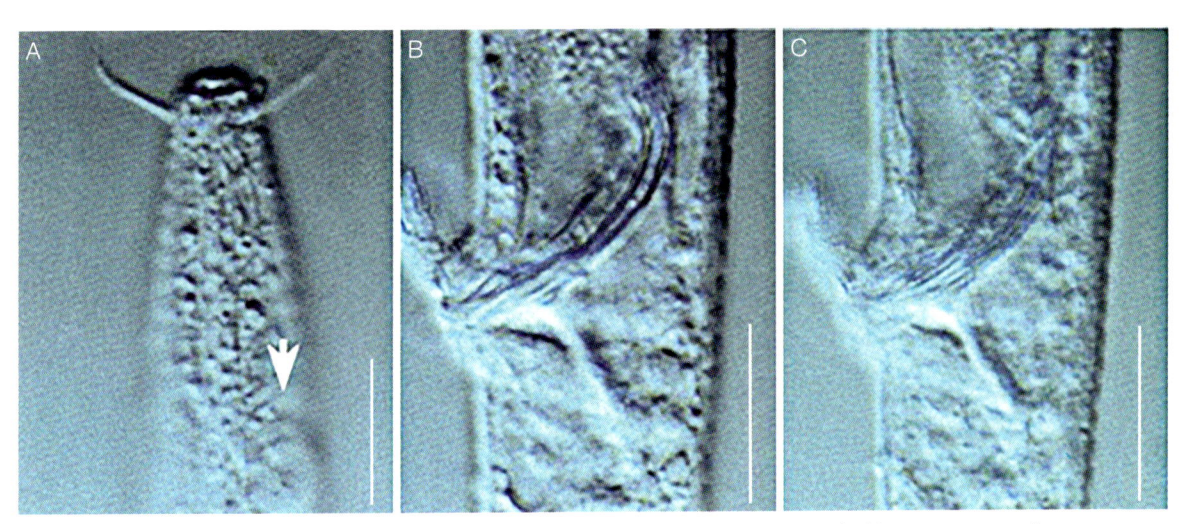

图 78-2　长引带线宫线虫 *Linhystera longiapophysis* Yu, Huang & Xu, 2014（引自 Yu et al., 2014）
A. 雄性体前端侧面观，示头刚毛和化感器（箭头）；B、C. 雄性肛门区侧面观，示交接刺和引带龙骨突
比例尺：10μm

后合咽线虫属 *Metadesmolaimus* Schuurmans Stekhoven, 1935

张氏后合咽线虫
Metadesmolaimus zhanggi Guo, Chen & Liu, 2016

标本采集地： 福建漳州东山岛砂质滩。

形态特征： 体长 0.9～1.0mm，最大体宽 31～38μm（a=26～31）；体柱状，棕黄色；角皮具粗环纹，体前部每 10μm 6.5 环，体后部每 10μm 7～8 环；头与身体其余部分显著分离；唇高，具 6 根锥形的唇刚毛，长 3～4μm，似分节；6 根较长的（14～17μm）头刚毛粗而分节，与 4 根较短（12～13μm）、细而不分节的头刚毛形成 1 环；唇刚毛和头刚毛之间的腹侧似存在 1～2 根刚毛形结构；口腔漏斗形，具扩展的柱状前部，深 15～17μm，宽 11～12μm；食道区有很多体刚毛，长 4～25μm；身体其余部分有短的不规则排列的体刚毛，长 5～11μm；化感器圆形或卵圆形，雄性长 0.3～0.4 倍相应体直径，雌性长 0.2～0.3 倍相应体直径，距体前端分别为 14～16μm 和 17～18μm；两对亚侧刚毛，长 3～4μm，位于化感器的前缘；尾圆锥-圆柱形，长 4.3～5.3 倍肛门相应直径，有几根短刚毛和长 12～17μm 的末端刚毛。雄性具 2 个相对的精巢，交接刺 1 对，L 形，长 1.0～1.4 倍肛门相应直径，近端膨大呈卵圆形并指向远端；引带具 2 个窄的侧片，包围着每根交接刺的远端，无龙骨突；无肛前附器。雌性口腔较雄性更大，化感器较小且靠后，尾更长，末端刚毛较短；生殖系统单宫，具 1 个前伸的卵巢，阴孔大致位于体中部。

生态习性： 砂质潮间带表层沉积物。

地理分布： 东海。

参考文献： Guo et al., 2016。

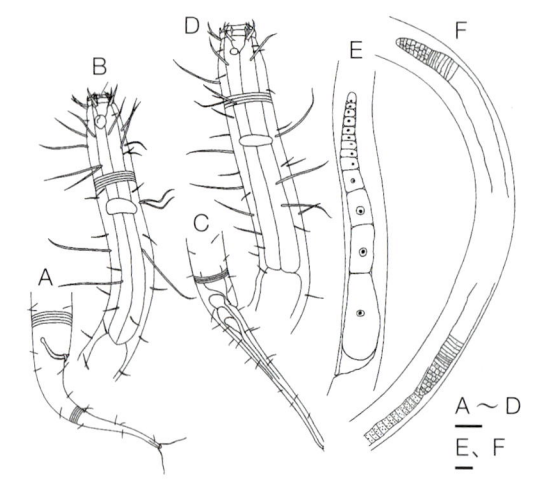

图 79-1 张氏后合咽线虫 *Metadesmolaimus zhanggi* Guo, Chen & Liu, 2016（引自 Guo et al., 2016）
A. 雄性体后部侧面观，示 L 形交接刺和尾末端刚毛；B. 雄性体前部侧面观，示唇刚毛、头刚毛和食道区体刚毛、口腔与化感器；C. 雌性尾部侧面观，示尾腺；D. 雌性体前部侧面观，示唇刚毛、头刚毛和食道区体刚毛、口腔与较小的化感器；E. 雌性体中部侧面观，示阴孔和单卵巢；F. 雄性体中部侧面观，示 2 个相对的精巢
比例尺：A～D = 20μm；E、F = 8.5μm

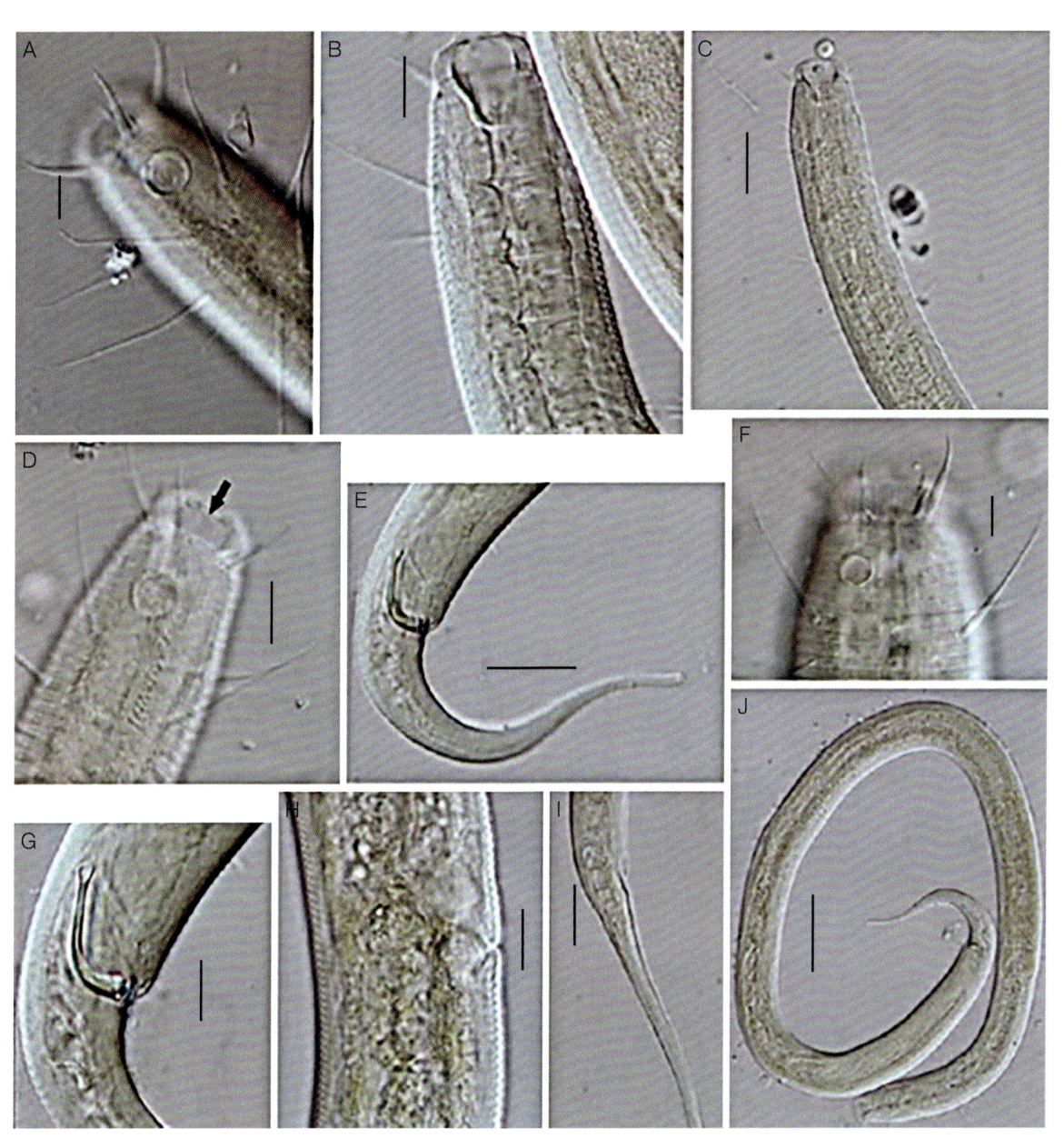

图 79-2 张氏后合咽线虫 *Metadesmolaimus zhanggi* Guo, Chen & Liu, 2016（引自 Guo et al., 2016）

A. 雄性头部侧面观，示化感器和头刚毛；B. 雄性头部侧面观，示口腔；C. 雄性体前部侧面观，示体刚毛；D. 雄性头部侧面观，示口腔向前扩展的部分（箭头）；E. 雄性尾部侧面观；F. 雌性头部侧面观，示化感器和头刚毛；G. 雄性肛门区侧面观，示交接刺；H. 雌性体中部侧面观，示阴孔；I. 雌性尾部侧面观；J. 雄性整体观

比例尺：A、B、D、F～H = 10μm；C，E～I = 25μm；J = 50μm

拟格莱线虫属 *Paragnomoxyala* Jiang & Huang, 2015

短毛拟格莱线虫
Paragnomoxyala breviseta Jiang & Huang, 2015

标本采集地： 东海潮下带。

形态特征： 体长 0.7～1.1mm，最大体宽 21～55μm（a=19～34）；角皮具横纹，始于口腔基部，止于尾尖；唇很高，唇感器未见，只有 4 根头刚毛，长 3～4μm；无亚头刚毛；口腔大，漏斗形，深 11～26μm（1.6～1.8 倍头直径），宽 5～11μm（63%～79% 相应体宽）；口腔壁角质化，向前扩展，缺乏齿，也未有咽组织包围；化感器圆形，直径 4～9μm（50% 相应体宽），位于口腔基部；无食道球；尾圆锥 - 圆柱形，远端 1/3 柱状，长 5.0～6.3 倍肛门相应直径，具吐丝器、3 个尾腺和 3 根末端刚毛；雄性精巢未见；交接刺直，仅在近端和远端稍弯，长 15～30μm；引带和肛前附器不存在。雌性生殖系统单宫，具 1 个向前伸展的卵巢；阴孔与体前端距离占体长的 66%～69%。

生态习性： 潮下带泥质沉积物表层，水深 51m。

地理分布： 东海。

参考文献： Jiang and Huang，2015。

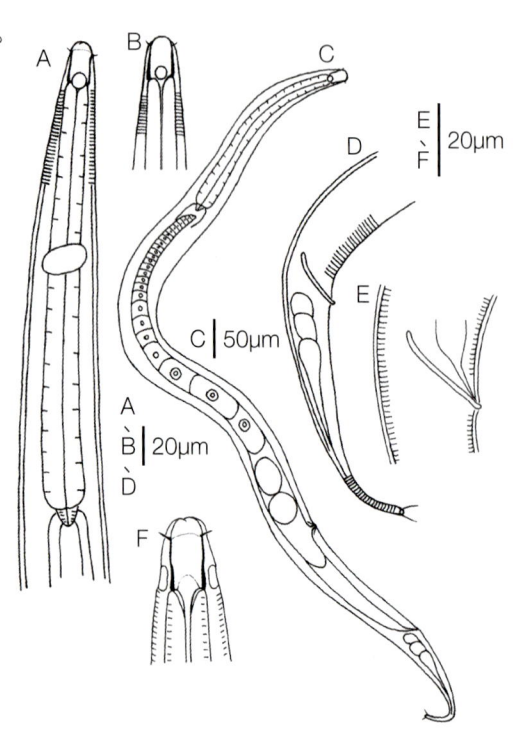

图 80-1　短毛拟格莱线虫 *Paragnomoxyala breviseta* Jiang & Huang, 2015（引自 Jiang and Huang, 2015）
A. 雄性体前部侧面观，示口腔、头刚毛、化感器和食道；B. 雌性头部侧面观，示口腔、头刚毛和化感器；C. 雌性整体侧面观，示阴孔和卵巢；D. 雄性体后部侧面观，示交接刺、尾腺和尾端刚毛；E. 雄性肛区侧面观，示交接刺；F. 雄性头部背面观，示口腔、头刚毛和化感器

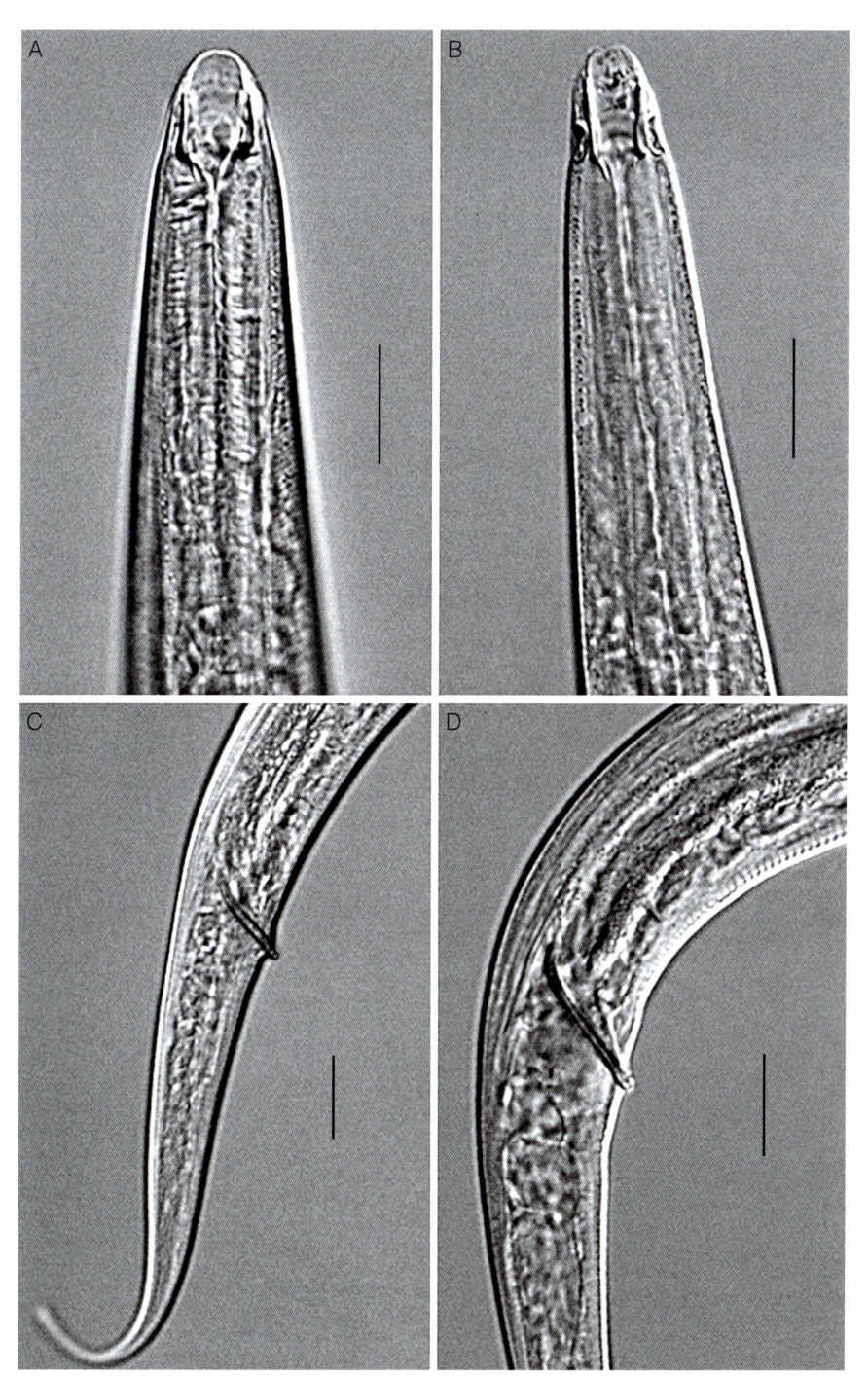

图 80-2　短毛拟格莱线虫 *Paragnomoxyala breviseta* Jiang & Huang, 2015（引自 Jiang and Huang, 2015）
A. 雌性体前部侧面观，示口腔和头刚毛；B. 雄性体前部背面观，示化感器；C. 雄性体后部侧面观；
D. 雄性肛门区侧面观，示交接刺和尾腺
比例尺：20μm

大口拟格莱线虫
Paragnomoxyala macrostoma (Huang & Xu, 2013)

同物异名： 大口吞咽线虫 *Daptonema macrostoma* Huang & Xu, 2013
标本采集地： 东海和黄海南部潮下带。
形态特征： 体长 1.1～1.3mm，最大体宽 42～59μm；角皮具粗环纹，始于口腔基部，止于尾端；6个唇感器乳突状，4根短的头刚毛，3～4μm长，体刚毛短而稀疏；口腔很大，宽 15μm，正方形-圆形，由半球形的口唇和正方形的咽口组成；化感器圆形，直径 8μm（36% 相应体直径），离体前端 15μm；尾圆锥-圆柱形，长 5.3 倍相应肛门直径，远端 1/3 为柱状，具 3 个尾腺和 3 根末端刚毛。雄性交接刺"S"形，弧长 28μm，远端细而尖，具 1 钩；引带未见，无肛前附器。雌性个体较雄性更大，有 1 个前伸的卵巢；阴孔与体前端的距离约占体长的 69%。
生态习性： 潮下带泥质沉积物种，水深 21～48m。
地理分布： 黄海，东海。
参考文献： Huang and Xu, 2013；Sun and Huang, 2017。

图81-1 大口拟格莱线虫 *Paragnomoxyala macrostoma* (Huang & Xu, 2013)（引自 Sun and Huang, 2017）
A. 雄性体前部侧面观，示口腔、化感器、头刚毛和食道；B. 雌性整体侧面观，示阴孔、卵巢和卵；C. 雄性体后部侧面观，示交接刺和尾腺；D. 雄性头部侧面观，示口腔和头刚毛；E. 雄性肛区侧面观，示交接刺

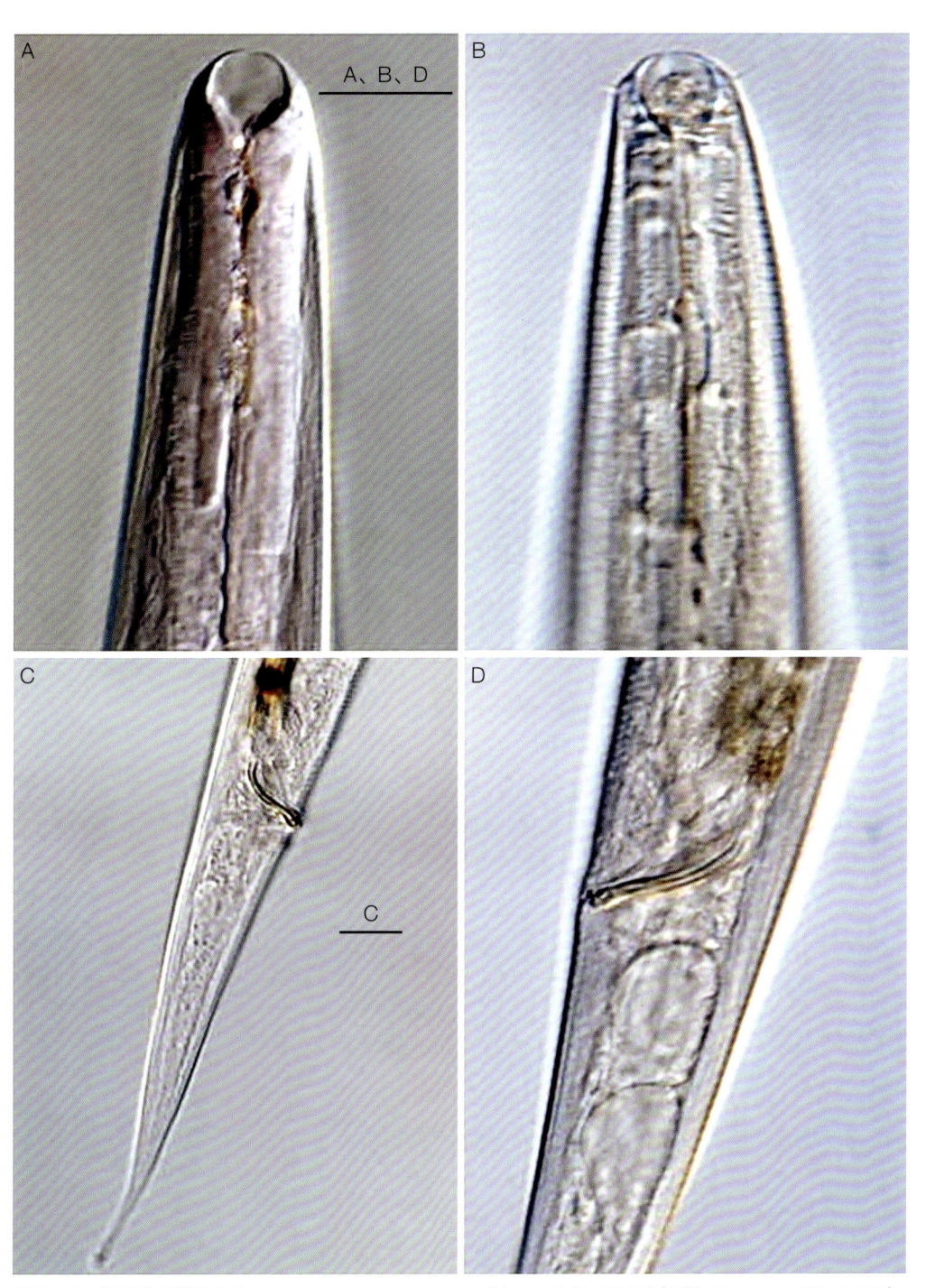

图 81-2 大口拟格莱线虫 *Paragnomoxyala macrostoma* (Huang & Xu, 2013)（引自 Huang and Xu, 2013）
A. 雌性体前端侧面观，示口腔；B. 雄性体前端侧面观，示口腔和头刚毛；C. 雄性体后部侧面观，示交接刺和尾；
D. 雄性肛门区侧面观，示交接刺和尾腺
比例尺：20μm

拟单宫线虫属 *Paramonohystera* Steiner, 1916

中华拟单宫线虫
Paramonohystera sinica Yu & Xu, 2015

标本采集地： 东海潮下带。

形态特征： 体长 0.9～1.0mm，最大体宽 29～34μm（a=28～32）；体柱状，向头部逐渐变细（头宽 13～16μm）；全身角皮具粗横纹，间距 2～3μm；许多体刚毛散布于全身，在颈区稍密集，最长 14μm；口腔大，具半圆形的唇口和锥形的食道口，宽 7～10μm，长 6～11μm；头感器排成两圈：前面 1 圈为 6 个唇乳突，往往难以观察，后面 1 圈为 12 根头刚毛，分为 6 对，每对由 1 长 1 短两根刚毛组成，短刚毛长 5～7μm，长刚毛长 7～9μm；化感器圆，直径 6～7μm（33%～46% 相应体直径），其前缘距体前端 6～10μm；食道柱状，基部稍宽；排泄孔和腹腺未见；尾圆锥-圆柱形，长 114～130μm（5.7～6.6 倍相应肛门直径），柱状部占尾长的 1/3，具 3 个尾腺和 3 根长 7μm 的末端刚毛。雄性有 2 个相对并伸展的精巢；交接刺 1 对，细而弯曲，长 79～88μm（4.0～4.4 倍肛门相应直径）；引带复杂：成对的大片细，近端尖，长 20～24μm，成对的小片粗，远端钩状，近端尖，中间具腹龙骨突，长 8～11μm；无肛前附器。雌性体型稍大于雄性，化感器较小，口腔较宽，颈刚毛更稀疏；阴孔位于体长后 1/3 处。

生态习性： 潮下带泥质沉积物表层，水深 71m。

地理分布： 东海。

参考文献： Yu and Xu，2015。

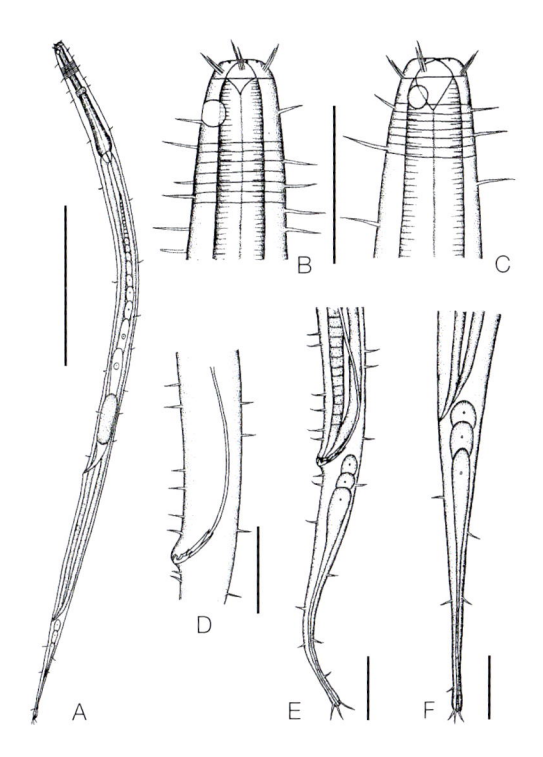

图 82-1 中华拟单宫线虫 Paramonohystera sinica Yu & Xu, 2015（引自 Yu and Xu, 2015）
A. 雌性整体侧面观，示卵巢、卵和阴孔；B. 雄性体前端侧面观，示头刚毛、体刚毛、口腔和化感器；C. 雌性体前端侧面观，示头刚毛、体刚毛、口腔和化感器；D. 雄性肛区侧面观，示细的交接刺和复杂的引带；E. 雄性体后部侧面观，示交接刺、引带、尾腺和尾末端刚毛；F. 雌性体后部侧面观，示尾腺和尾末端刚毛
比例尺：A = 200μm；B～F = 30μm

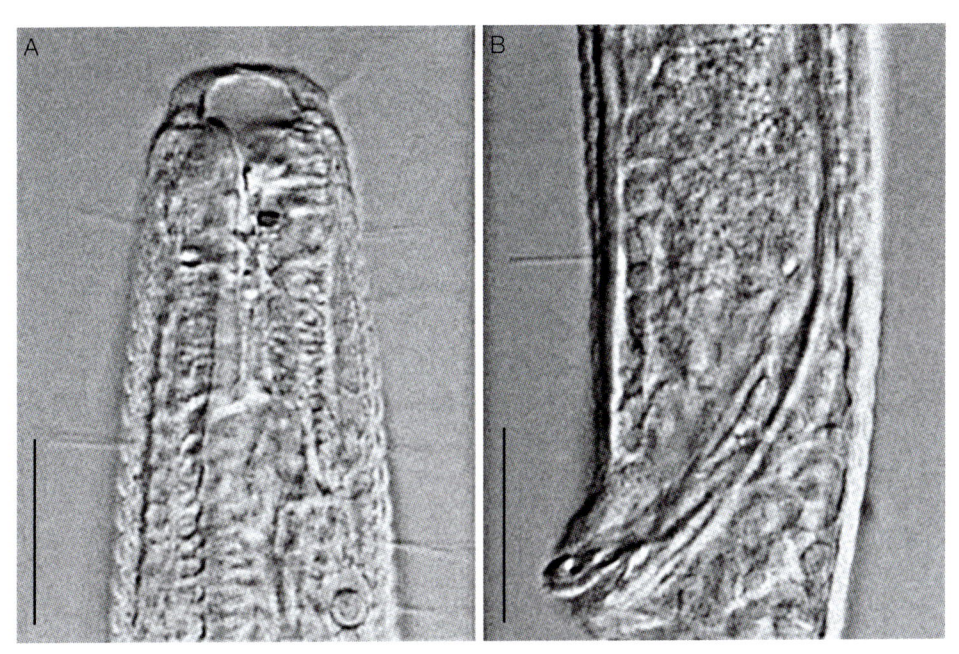

图 82-2 中华拟单宫线虫 Paramonohystera sinica Yu & Xu, 2015（引自 Yu and Xu, 2015）
A. 雄性体前部侧面观，示口腔、头刚毛和体刚毛；B. 雄性肛门区侧面观，示长交接刺
比例尺：15μm

拟双单宫线虫属 *Paramphimonhystrella* Huang & Zhang, 2006

真口拟双单宫线虫
Paramphimonhystrella eurystoma Shi, Yu & Xu, 2017

标本采集地： 东海潮下带。

形态特征： 体较细，体长 1.2～1.3mm，最大体宽 31～36μm（*a*=35～39），向尾端逐渐变窄，头部窄于躯干部；角皮具环纹，每 10 个环纹长 17μm；口腔柱-锥形，无齿但角质化，深 14～23μm，宽 9～12μm；6 根唇刚毛长 3～4μm；6 根长 7～8μm、分节的头刚毛与 4 根长 4～5μm、稍分节的头刚毛形成 1 圈；化感器略呈卵圆形，强烈角质化，双环；颈刚毛大致分 2 圈，前圈长 8～11μm，后圈长 12～18μm，2 圈相距大约 1.5 倍相应体宽；尾锥-柱形，长 9～10 倍肛门相应直径，柱状部占尾长的 1/2，2 根粗壮的末端刚毛长 23～31μm。雄性角皮右侧有 1 条纵线，长 292～326μm，稍有扭曲；具 2 个伸展的精巢；交接刺细长，64～71μm（2.4～2.8 倍肛门相应直径）；引带短，强烈角质化，近端具 2 个头状柄，长 25～28μm（1 倍肛门相应直径）；无肛前附器。雌性具 1 个前伸的卵巢；紧靠阴道后方有 1 锤子形的角质化片；阴孔位于体中部。

生态习性： 潮下带泥质沉积物表层，水深 55～64m。

地理分布： 东海。

参考文献： Shi et al., 2017。

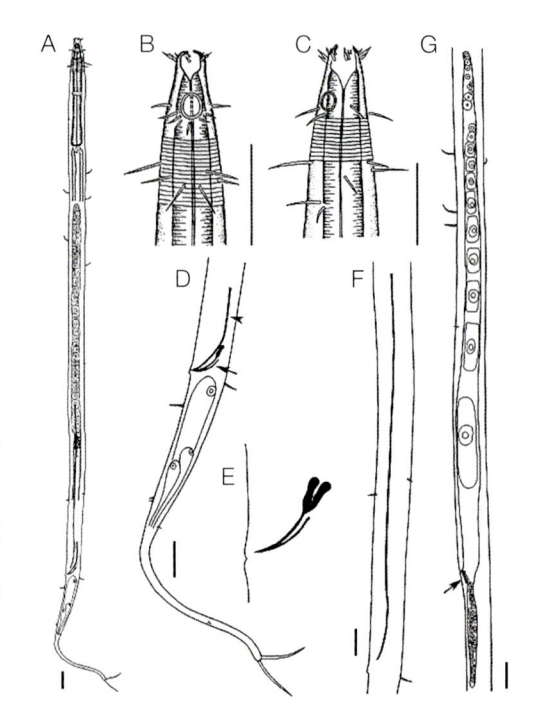

图 83-1 真口拟双单宫线虫
Paramphimonhystrella eurystoma Shi, Yu & Xu, 2017（引自 Shi et al., 2017）
A. 雄性整体侧面观，示 2 个精巢；B、C. 雄性体前部侧面观，示柱-锥形口腔、双环化感器及 2 圈颈刚毛；D. 雄性体后部侧面观，示细长的交接刺和角质化的引带（箭头）、尾腺与末端刚毛；E. 雄性肛区侧面观，示强烈角质化的引带，近端具 2 个头状柄；F. 雄性体后部侧面观，示角皮右侧的 1 条纵线；G. 雌性生殖系统侧面观，示单前卵巢、锤子形的角质化片（箭头）
比例尺：30μm

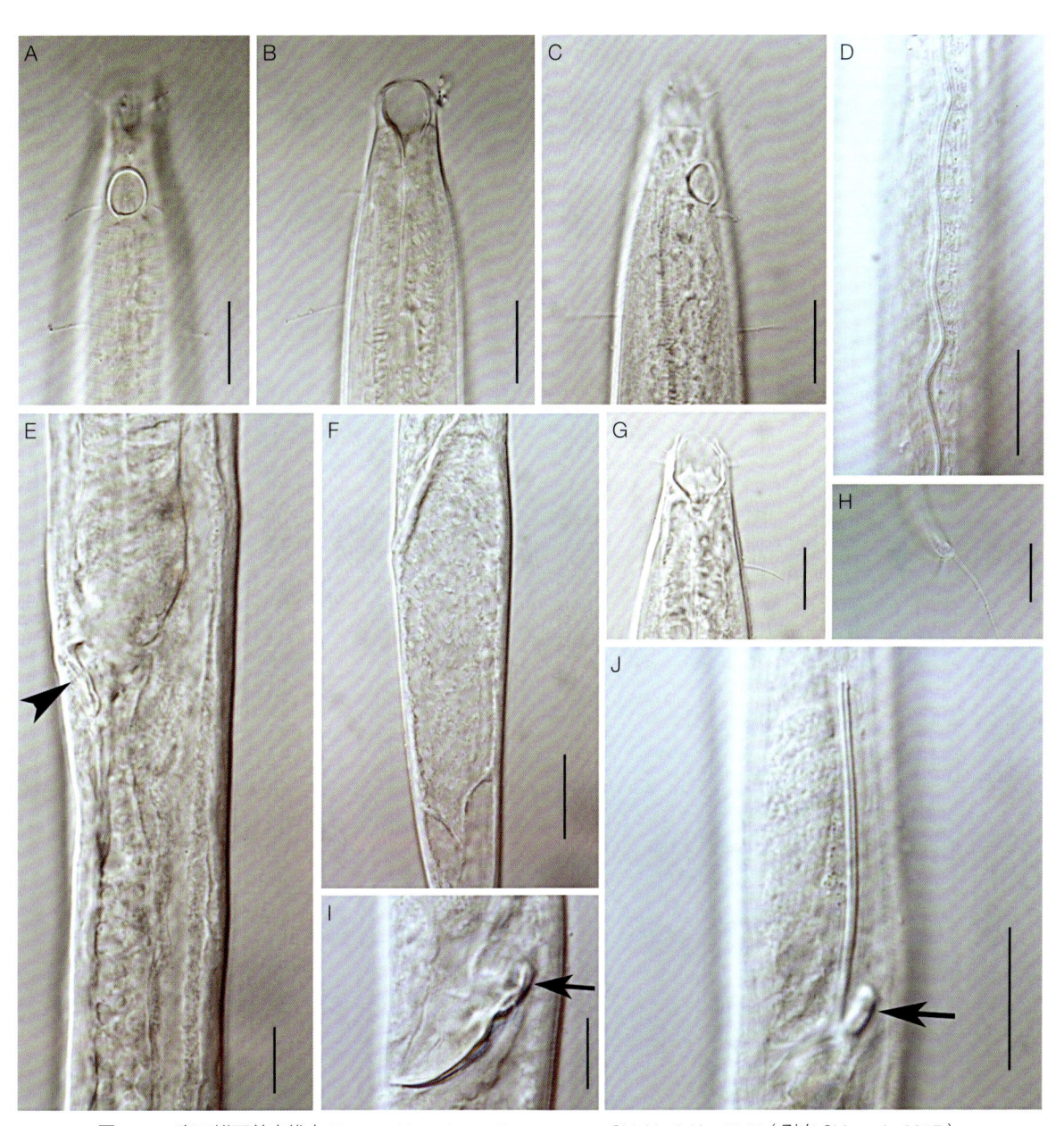

图 83-2　真口拟双单宫线虫 Paramphimonhystrella eurystoma Shi, Yu & Xu, 2017（引自 Shi et al., 2017）
A、B. 雄性体前部侧面观，示柱 - 锥形口腔、卵圆形化感器、头刚毛及两圈颈刚毛；C、G. 雌性体前部侧面观，柱 - 锥形口腔、卵圆形化感器、头刚毛及两圈颈刚毛；D. 雄性体后部的右侧，示角皮上的纵线；E. 雌性体中部侧面观，示阴孔、锤子形角质化片（箭头）和后储精囊；F. 雌性尾部侧面观，示尾腺细胞；H. 雄性尾末端，示两根长刚毛；I. 雄性肛区侧面观，示角质化的引带具两个骨柄；J. 雄性肛区侧面观，示长交接刺和引带骨柄（箭头）
比例尺：30μm

伪埃尔杂里线虫属 *Pseudelzalia* Yu & Xu, 2015

长毛伪埃尔杂里线虫
Pseudelzalia longiseta Yu & Xu, 2015

标本采集地： 东海潮下带。

形态特征： 体长 0.6～0.9mm，最大体宽 13～17μm（a=46～55）；体柱状，头部略窄于躯干部（头宽 7～9μm）；全身角皮具细横纹；有许多体刚毛，分布于颈区者长 7～8μm，尾区体刚毛稍粗，长 11～14μm；口腔柱状，壁角质化，深 6.3μm，宽 3.8μm，约为头直径的一半；6 个唇乳突，10 根头刚毛形成 1 圈，长度相等，长 3～4μm；化感器圆形，直径 5～6μm（52%～60% 相应体宽），其前缘距离体前端 8～13μm；食道柱状，排泄孔和腹腺未见；尾圆锥-圆柱形，长 103～121μm（8～10 倍相应肛门直径），柱状部占尾长的 1/3，具 3 个尾腺，但缺乏末端刚毛。雄性具 1 个前伸的精巢；交接刺 1 对，细而弯曲，长 25～41μm（2.1～2.7 倍肛门相应直径）；引带由 4 部分组成：1 个细腹片，长 11μm，1 个细长的背片，长 18μm，1 个短而细的背片，长 14μm，以及 1 个腹侧的主片，上具数个锥形突起；无肛前附器。雌性体型小于雄性；具 1 个前伸的卵巢；阴孔位于体长后 2/5 处。

生态习性： 潮下带泥质沉积物表层，水深 42～84m。

地理分布： 东海。

参考文献： Yu and Xu，2015。

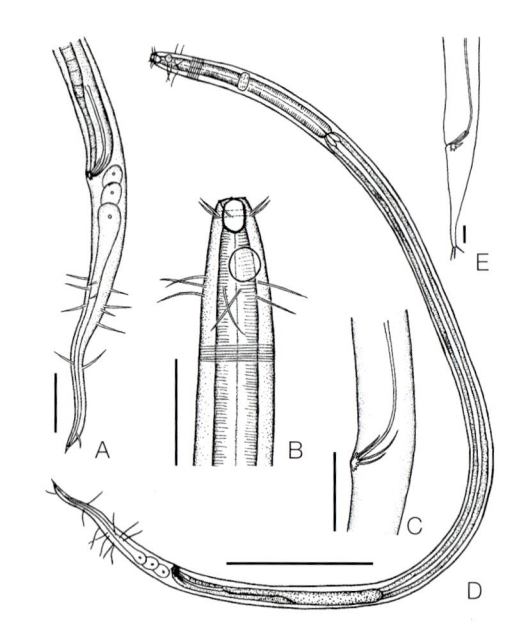

图 84-1 长毛伪埃尔杂里线虫 *Pseudelzalia longiseta* Yu & Xu, 2015（引自 Yu and Xu, 2015）
A. 雄性体后部侧面观，示交接刺、引带、尾腺和尾刚毛；B. 雄性体前端侧面观，示头刚毛、颈区体刚毛、口腔和化感器；C. 雄性肛区侧面观，示细的交接刺和复杂的引带；D. 雄性整体侧面观，示单后精巢；E. 埃尔杂里线虫属模式种（*Elzalia floresi* Gerlach，1957）雄性尾部侧面观，示尾具 3 根末端刚毛
比例尺：A～C，E = 20μm；D = 100μm

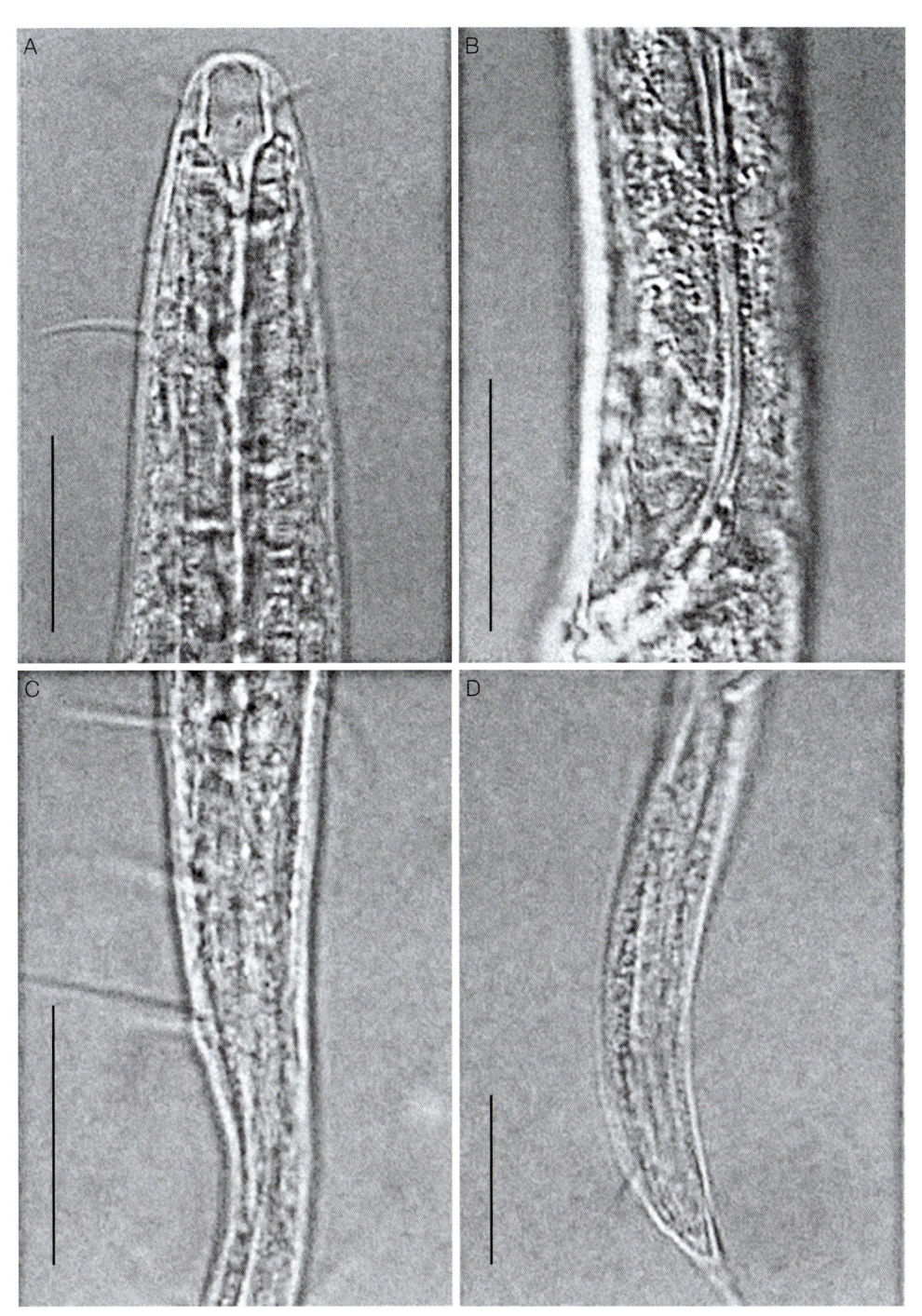

图 84-2 长毛伪埃尔杂里线虫 *Pseudelzalia longiseta* Yu & Xu, 2015（引自 Yu and Xu, 2015）
A. 雄性体前部侧面观，示口腔、头刚毛和体刚毛；B. 雄性肛门区侧面观，示长交接刺；
C、D. 雄性尾部侧面观，示圆锥 - 圆柱形的尾，尾刚毛长，缺乏末端刚毛
比例尺：15μm

吻腔线虫属 *Rhynchonema* Cobb, 1920

装饰吻腔线虫
Rhynchonema ornatum Lorenzen, 1975

标本采集地： 浙江温州南麂列岛大沙岙砂质滩。

形态特征： 体长 0.5 ～ 0.6mm，最大体宽 19 ～ 22μm（*a*=27 ～ 32）；角皮具明显的环纹；口腔细长，食道前 1/3 处急速收缩；化感器位于收缩部后方；6 个唇乳突，10 根头刚毛形成 1 圈，长度相等，长 3 ～ 4μm；化感器圆形，直径 5 ～ 6μm（52% ～ 60% 相应体宽），其前缘距离体前端 8 ～ 13μm；食道柱状，排泄孔和腹腺未见；尾锥形。雄性具 2 个伸展的精巢；交接刺 1 对，细而弯曲，长 22μm；引带呈弯曲的槽状，近端具有 1 小的柄状突起；无肛前附器。雌性体型大于雄性；具 1 个前伸的卵巢；阴孔与体前端的距离约占体长的 70%。

生态习性： 砂质潮间带表层沉积物。

地理分布： 东海；南美洲沿岸。

参考文献： Lorenzen，1975。

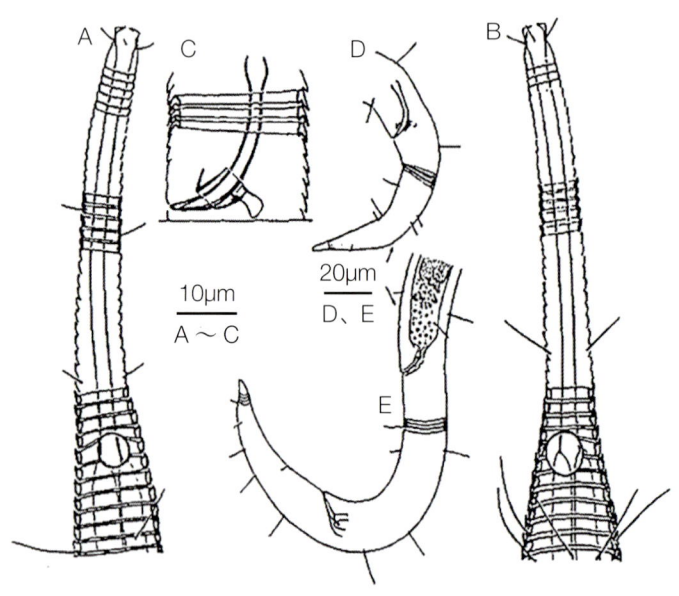

图 85-1 装饰吻腔线虫 *Rhynchonema ornatum* Lorenzen, 1975（引自 Lorenzen, 1975）
A. 雄性体前端侧面观，示头刚毛、颈区体刚毛、口腔和化感器；B. 雌性体前部侧面观，示头刚毛、颈区体刚毛、口腔和化感器；C. 雄性肛区侧面观，示交接刺和引带龙骨突；D. 雄性体后部侧面观，示交接刺、引带龙骨突和尾刚毛；E. 雌性体后部侧面观，示阴孔和部分卵巢

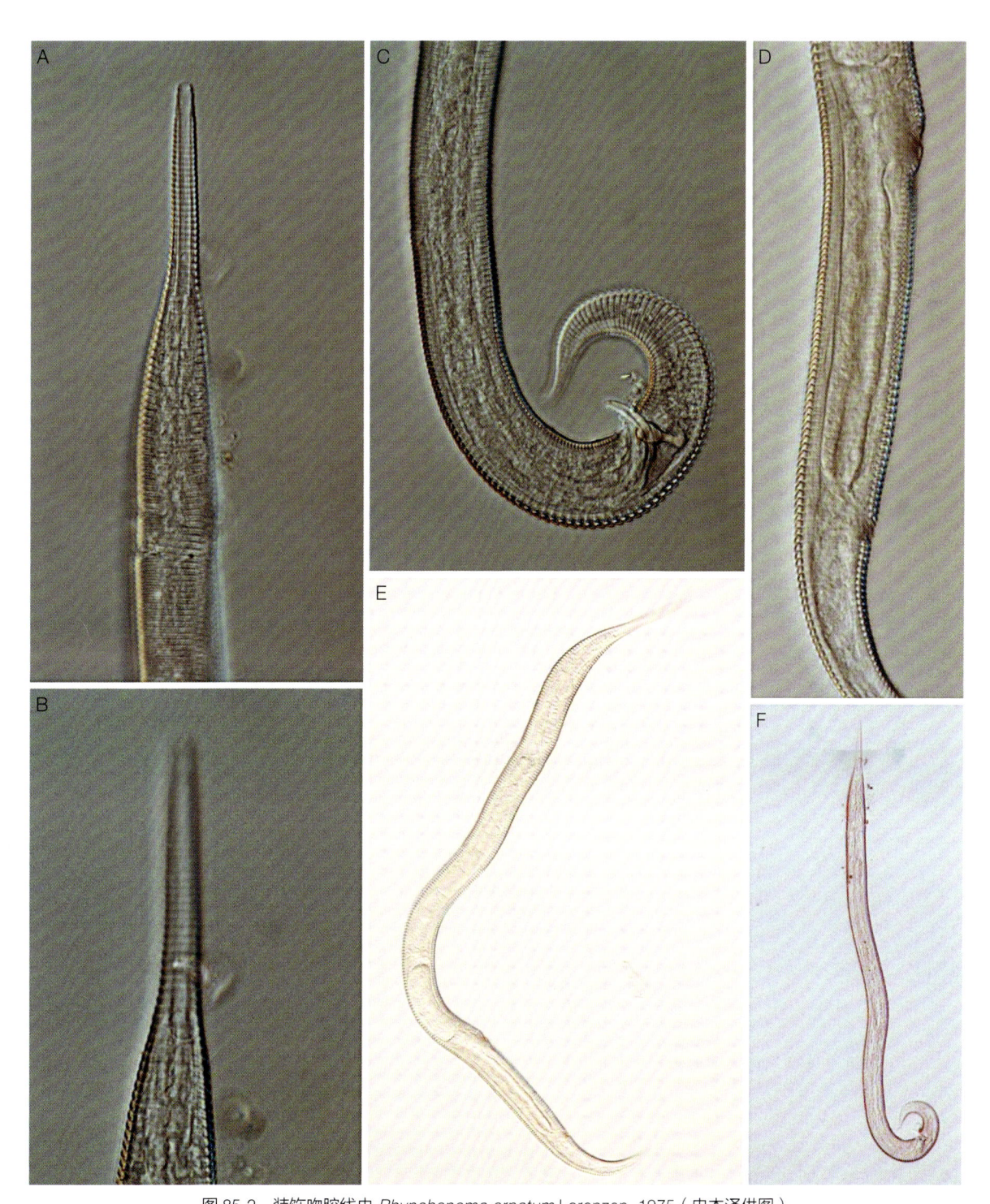

图 85-2 装饰吻腔线虫 *Rhynchonema ornatum* Lorenzen, 1975（史本泽供图）

A、B. 雄性体前部和头部侧面观，示细小的头部、极深的柱形口腔、位于收缩部的圆形化感器；C. 雄性体后部侧面观，示交接刺和引带龙骨突；D. 雌性体中后部侧面观，示阴孔；E、F. 雌性和雄性整体观

隆唇线虫属 *Xyala* Cobb, 1920

环纹隆唇线虫
Xyala striata Cobb, 1920

标本采集地： 浙江温州南麂列岛大沙岙砂质滩。

形态特征： 体长 1.3 ～ 1.4mm，最大体宽 29 ～ 46μm（a=29 ～ 46）；角皮具纵脊，头区 24 ～ 30 列，体中部 18 ～ 26 列；唇刚毛长 9 ～ 10μm（0.4 ～ 0.5 倍头直径）；6 根较长（19 ～ 22μm，1.0 倍头宽）、4 根较短（14 ～ 15μm，0.7 倍头宽）的头刚毛。体刚毛在颈区很多（约 1.0 倍相应体宽），在体中部变得稀疏，在尾部数量又增多；化感器通常位于第 3 角皮环和第 4 角皮环之间，直径 4 ～ 6μm（0.2 倍相应体宽）；唇区前伸，口腔前部方形，后部为小锥形；尾长锥形，长 4.3 ～ 5.7 倍相应肛门直径，末端截形。雄性交接刺长 34 ～ 37μm（1.2 ～ 1.4 倍肛门相应直径），近端头状，中间急剧弯曲；引带具 1 对短圆的背侧龙骨突。雌性阴孔与体口腔端的距离为体长的 80% ～ 81%。

生态习性： 砂质潮间带或潮下带表层沉积物。

地理分布： 东海，南海；墨西哥湾，地中海，北海（比利时），北大西洋。

参考文献： Warwick et al., 1998。

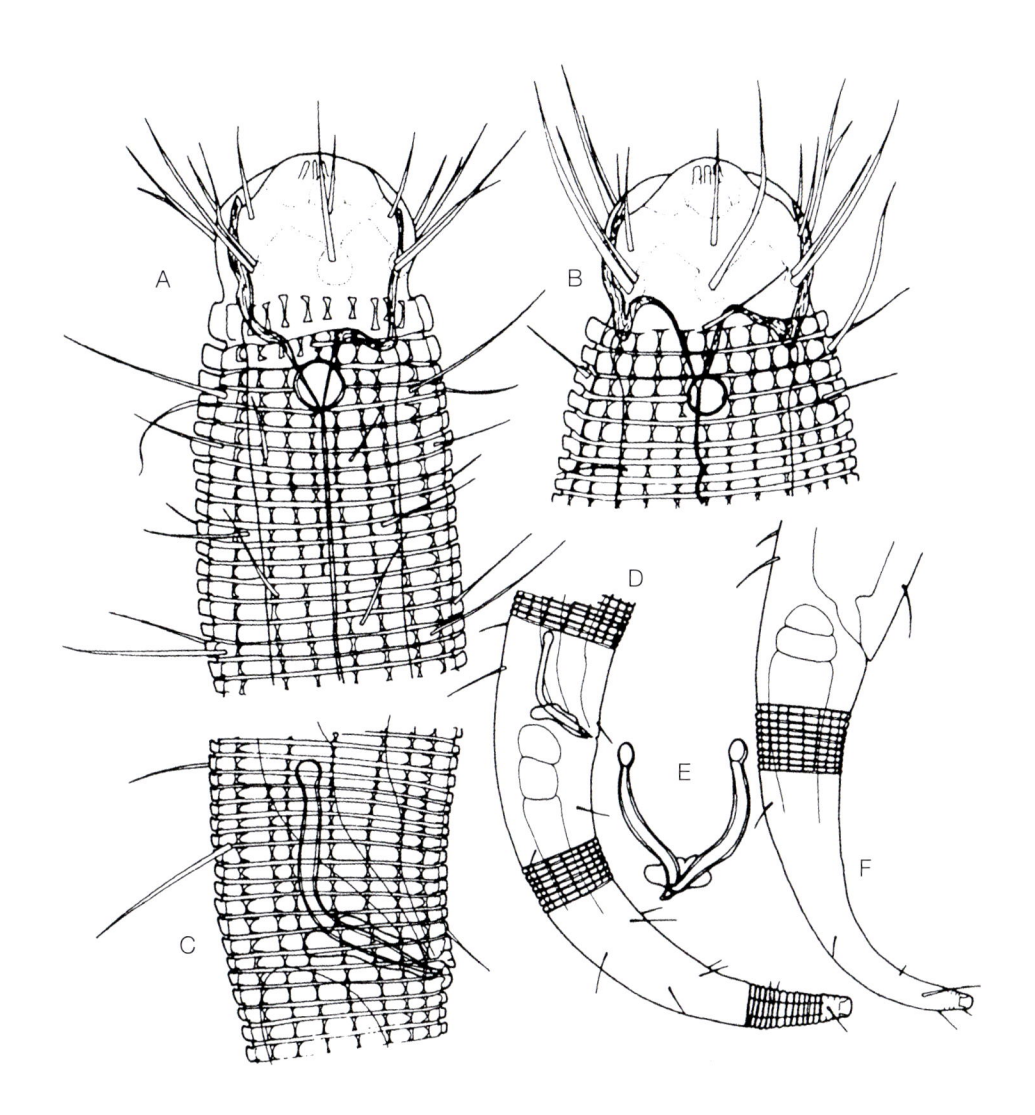

图 86-1 环纹隆唇线虫 *Xyala striata* Cobb, 1920（引自 Warwick et al., 1998）
A. 雄性体前端侧面观，示唇刚毛、头刚毛、颈区体刚毛、口腔和化感器；B. 雌性头部侧面观，示唇刚毛、头刚毛、口腔和化感器；C. 雄性肛区侧面观，示交接刺和引带龙骨突；D. 雄性尾部侧面观，示交接刺、引带龙骨突和尾腺；E. 雄性交接器腹面观；F. 雌性尾部侧面观，示尾腺

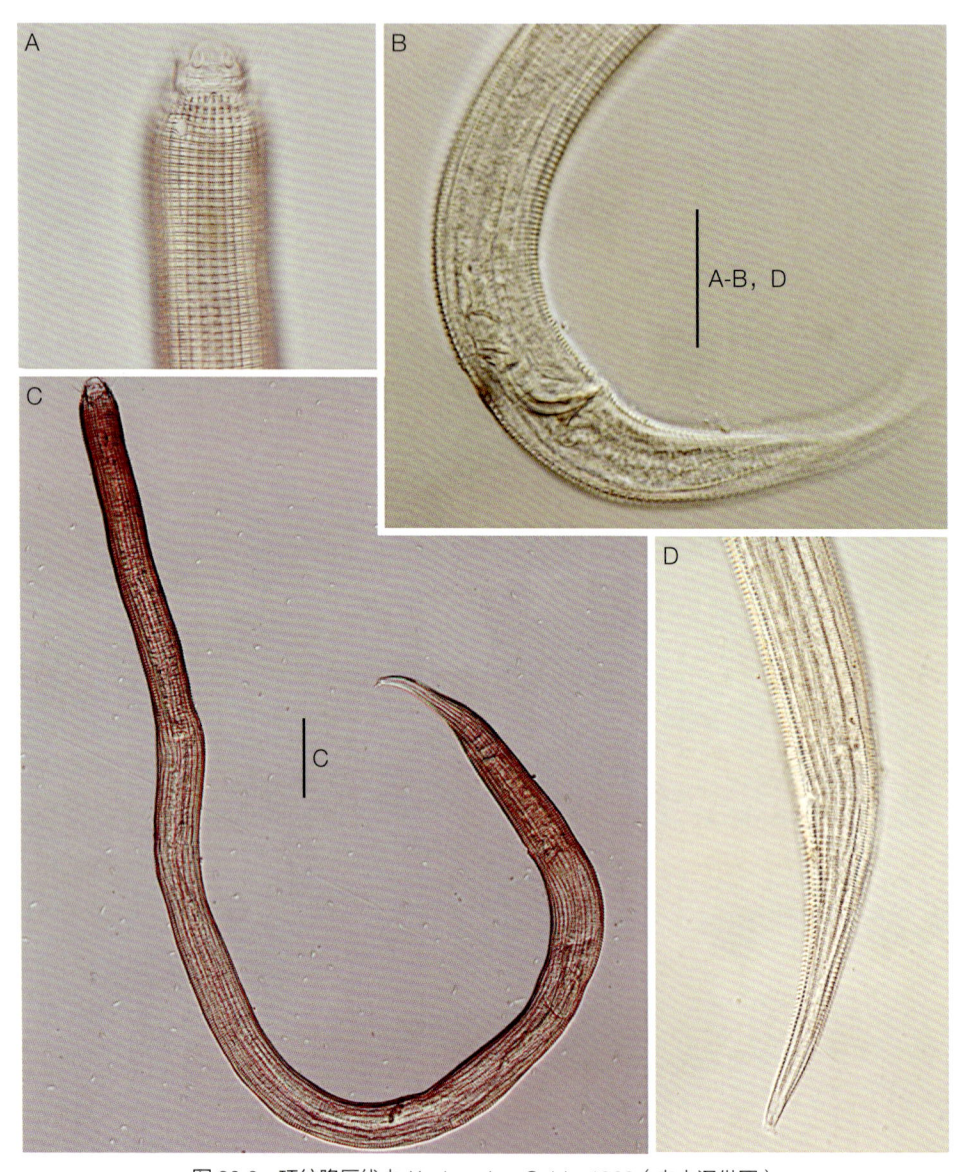

图 86-2　环纹隆唇线虫 *Xyala striata* Cobb, 1920（史本泽供图）

A. 雌性头部侧面观，示小的圆形化感器、角皮纵脊、前伸的唇区和头刚毛；B. 雄性体后部侧面观，示交接刺和短圆的引带龙骨突；C. 雌性整体侧面观，示细长虫体，靠后的阴孔和卵细胞；D. 长锥形尾，末端截形

比例尺：50μm

隆唇线虫科分属检索表

1. 角皮具明显环纹，食道前 1/3 处急速收缩变细 .... 吻腔线虫属 *Rhynchonema*
 - 角皮环纹不明显，食道前 1/3 未变细 2
2. 角皮具纵脊 .... 隆唇线虫属 *Xyala*
 - 角皮无纵脊 3
3. 口腔小，裂缝状 .... 线宫线虫属 *Linhystera*
 - 口腔较大，柱形或锥形 4
4. 口腔锥形 5
 - 口腔柱形并角质化 8
5. 唇感器刚毛状 6
 - 唇感器乳突状 7
6. 口腔具 3 齿，尾柱状部呈丝状 .... 库氏线虫属 *Cobbia*
 - 口腔不具齿，尾柱状部不呈丝状 .... 后合咽线虫属 *Metadesmolaimus*
7. 交接刺较长 .... 拟单宫线虫属 *Paramonohystera*
 - 交接刺长度一般 .... 吞咽线虫属 *Daptonema*
8. 化感器卵圆形，双环 .... 拟双单宫线虫属 *Paramphimonhystrella*
 - 化感器圆形 9
9. 无引带 .... 拟格莱线虫属 *Paragnomoxyala*
 - 具引带 10
10. 尾具末端刚毛 .... 埃尔杂里线虫属 *Elzalia*
 - 尾不具末端刚毛 .... 伪埃尔杂里线虫属 *Pseudelzalia*

条形线虫科 Linhomoeidae Filipjev, 1922
微口线虫属 Terschellingia de Man, 1888

丝尾微口线虫
Terschellingia filicaudata Wang, An & Huang, 2017

标本采集地： 东海潮下带。

形态特征： 体型较大，体长 2.0～2.4mm，最大体宽 49～58μm（a=38～45）；头前端呈截形；唇感器不存在；4 根头刚毛位于亚侧位，长 2～4μm；在化感器水平上有 4 根亚头刚毛，长 3～6μm；化感器圆形，直径 8～10μm 或 31% 相应体宽，距离体前端 3～4μm；口腔小，浅杯形，未角质化；食道柱状，向后稍加宽，但未有真正的后食道球；腹腺位于食道和肠的交界处，排泄孔位于神经环之后，距体前端 102μm；尾细长，长 12～13 倍肛门相应直径，由锥形部和长的丝状部组成，后者占尾总长的 70%，尾的锥形部腹面有 1 排 16～20 根 5～7μm 长的刚毛。雄性具 1 对细而弯曲的交接刺，弧长 1.8 倍肛门相应直径，近端头状并向腹面弯曲；引带具 1 对长 17μm 背后指向的龙骨突；无肛前附器。雌性尾的锥形部缺乏腹侧刚毛；生殖系统双宫，具 2 个相对而伸展的卵巢；阴孔与体前端距离为体长的 41%。

生态习性： 潮下带泥质沉积物表层，水深 43m。

地理分布： 东海。

参考文献： Wang et al., 2017。

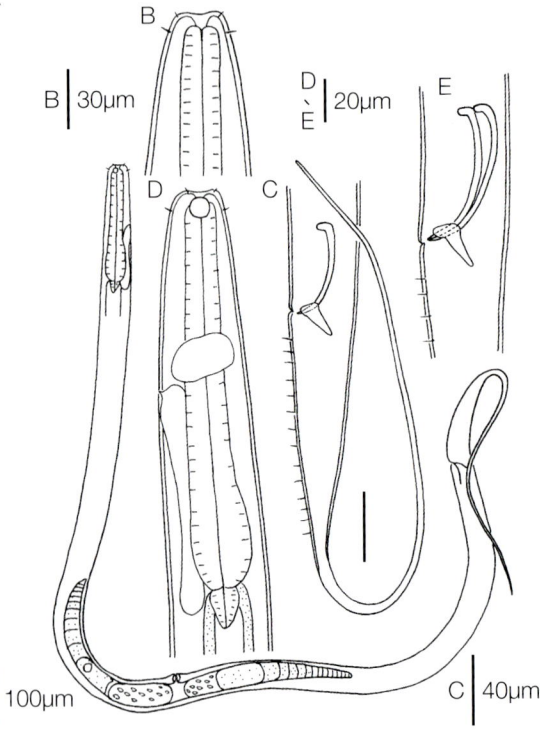

图87-1 丝尾微口线虫 *Terschellingia filicaudata* Wang, An & Huang, 2017（引自 Wang et al., 2017）
A. 雌性整体侧面观，示阴孔和卵巢；
B. 雄性体前端侧面观，示头刚毛和口腔；
C. 雄性体后部侧面观，示交接刺、引带龙骨突、腹侧尾刚毛和丝状尾；
D. 雄性体前部侧面观，示化感器、食道、腹腺和排泄孔；
E. 雄性肛区侧面观，示交接刺、引带龙骨突和腹侧尾刚毛

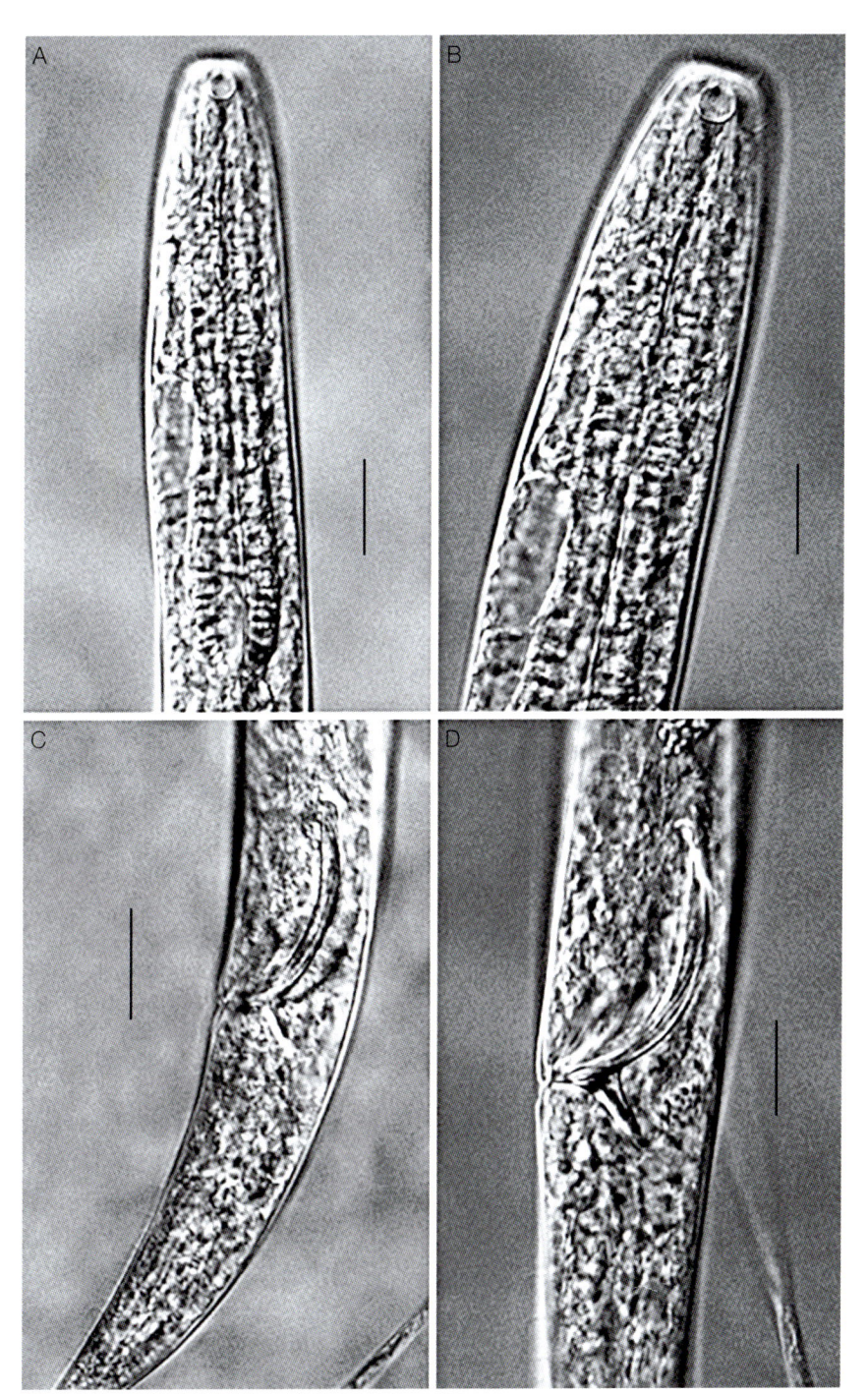

图 87-2　丝尾微口线虫 *Terschellingia filicaudata* Wang, An & Huang, 2017（引自 Wang et al., 2017）
A. 雌性体前部侧面观，示化感器和食道；B. 雄性体前部侧面观，示头刚毛和化感器；C. 雄性尾部侧面观，示交接刺和锥形部腹面刚毛；
D. 雄性肛区侧面观，示交接刺和引带龙骨突
比例尺：A、C = 30μm；B、D = 20μm

尖头微口线虫
Terschellingia stenocephala Wang, An & Huang, 2017

标本采集地： 东海潮下带。

形态特征： 体型中等大小，体长 1.0～1.3mm，最大体宽 30～38μm（a=28～39）；身体向前端逐渐变窄，因此头尖，直径 2μm（1/6 食道基部相应体宽）；角皮光滑具细横纹；唇感器不存在；4 根头刚毛位于亚侧位，长 5μm；无亚头刚毛；化感器圆形，直径 6～9μm 或 53%～67% 相应体宽，距离体前端 15～16μm；口腔小，漏斗形；食道柱状，具发达的圆形后食道球；腹腺大，位于食道球之后，排泄孔位于神经环之后，距体前端 77μm；尾细长，长 8.8 倍肛门相应直径，由锥形部和 1 长的丝状部组成，后者占尾总长的 70%～80%。雄性交接刺宽，弯曲，具中央薄片，近端头状，弧长 1.5 倍肛门相应直径；引带具 1 对长 12μm 背后指向的龙骨突；无肛前附器。雌性尾较雄性更长；生殖系统双宫，具 2 个相对而伸展的卵巢；阴孔与体前端距离为体长的 42%。

生态习性： 潮下带泥质沉积物表层，水深 43m。

地理分布： 东海。

参考文献： Wang et al., 2017。

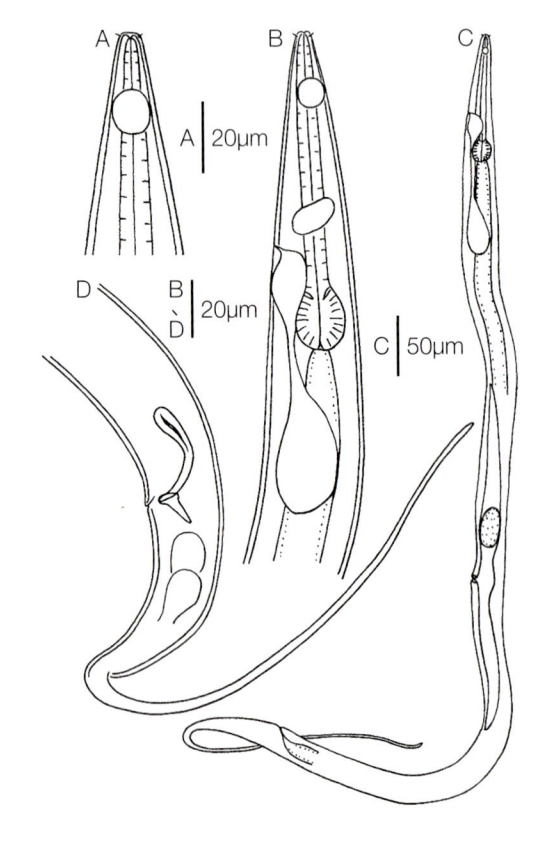

图 88-1 尖头微口线虫 *Terschellingia stenocephala* Wang, An & Huang, 2017（引自 Wang et al., 2017）
A. 雄性体前端侧面观，示头刚毛、口腔和化感器；B. 雄性体前部侧面观，示化感器、食道球、腹腺和排泄孔；C. 雌性整体侧面观，示阴孔和卵巢；D. 雄性体后部侧面观，示交接刺、引带龙骨突、尾腺和细长的尾

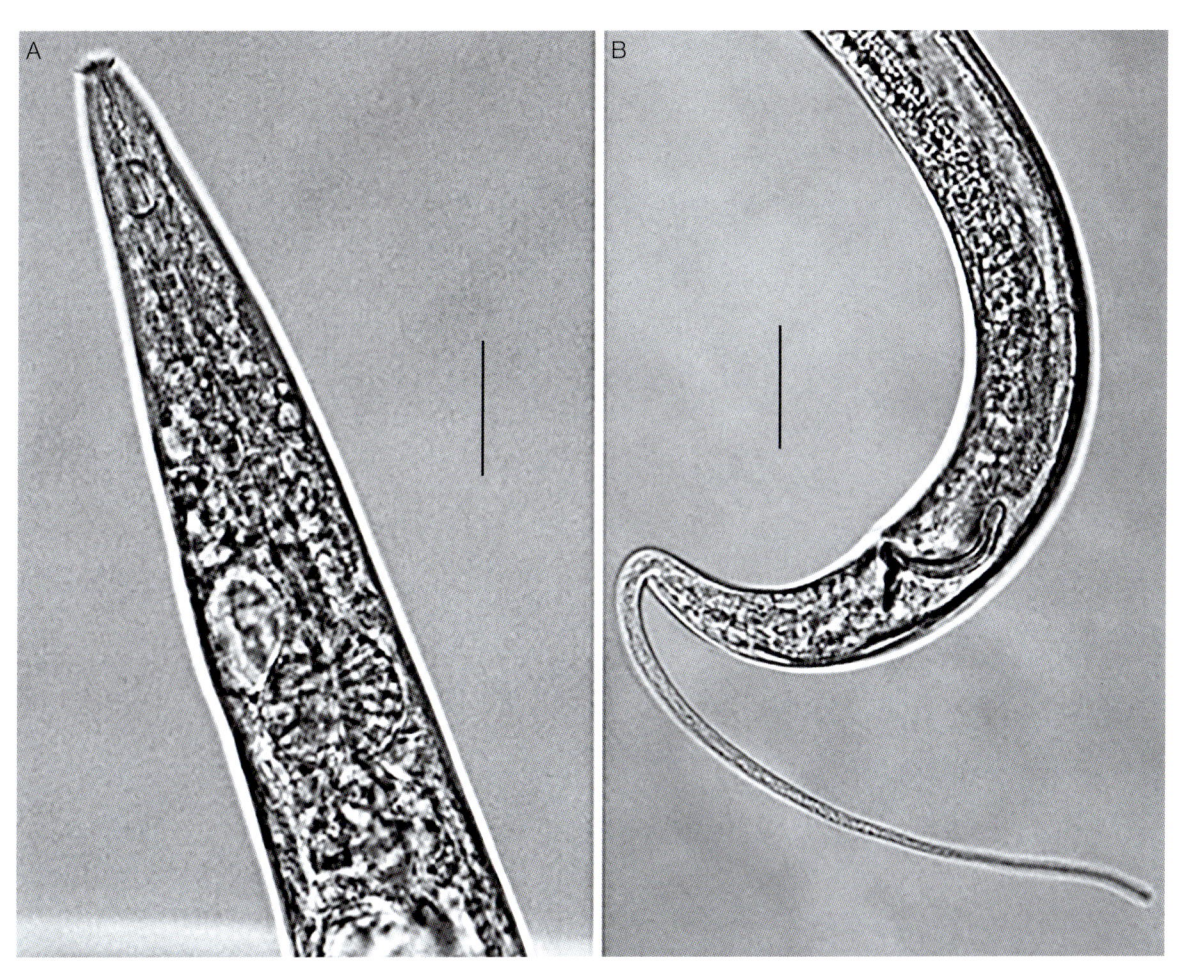

图 88-2 尖头微口线虫 *Terschellingia stenocephala* Wang, An & Huang, 2017（引自 Wang et al., 2017）
A. 雄性体前部侧面观，示化感器和排泄孔；B. 雄性尾部侧面观，示交接刺和引带龙骨突
比例尺：A = 20μm；B = 30μm

线虫动物门参考文献

Boucher G. 1977. Nématodes des sables fins infralittoraux de la Pierre Noire (Manche Occidentale). IV. Enoplida. Bulletin du Muséum National d' Histoire Naturelle, Zoologie 325: 733-752.

Chen Y Z, Guo Y Q. 2015a. Two new species of *Lauratonema* (Nematoda: Lauratonematidae) from the intertidal zone of the East China Sea. Journal of Natural History, 49: 1777-1788.

Chen Y Z, Guo Y Q. 2015b. Three new and two known free-living marine nematode species of the family Ironidae from the East China Sea. Zootaxa, 4018(2): 151-175.

Ditlevsen H. 1918. Marine freeliving nematodes from Danish waters. Vidensk Meddr Dansk Naturh Foren, 70(7): 147-214.

Ditlevsen H. 1936. Marine free-living nematodes from New Zealand. (Papers from Dr. Th. Mortensen's Pacific Expedition 1914 - 1916). Vidensk Medd Fra Dansk Naturh Foren Bd, 87: 201-242.

Fu S J, Zeng J L, Zhou X P, et al. 2018. Two new species of free-living nematodes of genus *Tripyloides* (Nematoda: Enoplida: Tripyloididae) from mangrove wetlands in the Xiamen Bay, China. Acta Oceanologica Sinica, 37(10): 168-174.

Gao Q, Huang Y. 2017. *Oncholaimus zhangi* sp. nov. (Oncholaimidae, Nematoda) from the intertidal zone of the East China Sea. Chinese Journal of Oceanology and Limnology, 35(5): 1212-1217.

Guo Y, Chang Y, Chen Y, et al. 2015a. Description of a marine nematode *Hopperia sinensis* sp. nov. (Comesomatidae) from mangrove forests of Quanzhou, China, with a pictorial key to *Hopperia* species. Journal of Ocean University of China, 14(6): 1111-1115.

Guo Y Q, Chen Y Z, Liu M D. 2016. *Metadesmolaimus zhanggi* sp. nov. (Nematoda: Xyalidae) from East China Sea, with a pictorial key to *Metadesmolaimus* species. Cahiers de Biologie Marine, 57(1): 73-79.

Guo Y Q, Huang D Y, Chen Y Z, et al. 2015b. Two new free-living nematode species of *Setosabatieria* (Comesomatidea) from the East China Sea and the Chukchi Sea. Journal of Natural History, 49(33-34): 2021-2033.

Huang M, Huang Y. 2018. Two new species of Comesomatidae (Nematoda) from the East China Sea. Zootaxa, 4407(4): 573-581.

Huang M, Sun Y, Huang Y. 2017. Two new species of the family Oxystominidae (Nematoda: Enoplaida) from the East China Sea. Cah Biol Mar, 58: 475-483.

Huang Y, Cheng B. 2011. Three new free-living marine nematode species of the genus *Micoletzkyia* (Phanodermatidae) from China Sea. Journal of the Marine Biological Association of the United Kingdom, 92(05): 941-946.

Huang Y, Gao Q. 2016. Two new species of Chromadoridae (Chromadorida: Nematoda) from the East China Sea. Zootaxa, 4144(1): 89.

Huang Y, Xu K D. 2013. A new species of free-living nematode of *Daptonema* (Monohysterida: Xyalidae) from the Yellow Sea, China. Aquatic Science and Technology, 1(1): 1-8.

Huang Y, Zhang Z N. 2014. Review of *Pomponema* Cobb (Nematoda: Cyatholaimidae) with description of a new species from China Sea. Cahiers de Biologie Marine, 55(2): 267-273.

Jiang W, Wang J, Huang Y. 2015. Two new free-living marine nematode species of Enchelidiidae from China Sea. Cahiers de Biologie Marine, 56: 31-37.

Jiang W J, Huang Y. 2015. *Paragnomoxyala* gen. nov. (Xyalidae, Monhysterida, Nematoda) from the East China Sea. Zootaxa, 4039(3): 467-474.

Li Y X, Guo Y Q. 2016. Two new free-living marine nematode species of the genus *Anoplostoma* (Anoplostomatidae) from the mangrove habitats of Xiamen Bay, East China Sea. Journal of Ocean University of China, 15(1): 11-18.

Lorenzen S. 1975. Species of *Rhynchonerna* (Nematodes, Monhysteridae) from South America and Europe. Mikrofauna Meeresboden, 55: 1-29.

Mawson P M. 1956. Free-living nematodes. Section I: Enoploidea from Antarctic stations. B. A. N. Z. Antarctic Research Expedition Reports, Series B, 6(3): 37-74.

Platt H M, Warwick R M. 1983. Free-living Marine Nematodes. Part I: British Enoplids. Synopses of the British Fauna (New series) No. 28. Cambridge: Cambridge University Press: 307.

Platt H M, Warwick R M. 1988. Free-living Marine Nematodes. Part II: British Chromadorids. Synopses of the British Fauna (New Series) No. 38. New York: E.J. Brill/Dr. W. Backhuys: 501.

Shi B, Xu K. 2016a. Four new species of *Epacanthion* Wieser, 1953 (Nematoda: Thoracostomopsidae) in intertidal sediments of the Nanji Islands from the East China Sea. Zootaxa, 4085(4): 557-574.

Shi B, Xu K. 2016b. *Paroctonchus nanjiensis* gen. nov. sp. nov. (Nematoda, Enoplida, Oncholaimidae) from intertidal sediment in the East China Sea. Zootaxa, 4126(1): 97-106.

Shi B, Xu K. 2017. *Spirobolbolaimus undulatus* sp. nov. in intertidal sediment from the East China Sea, with transfer of two *Microlaimus* species to *Molgolaimus* (Nematoda, Desmodorida). Journal of the Marine Biological Association of the United Kingdom, 97(6): 1335-1342.

Shi B, Xu K. 2018a. Morphological and molecular characterizations of *Africanema multipapillatum* sp. nov. (Nematoda, Enoplida) in intertidal sediment from the East China Sea. Marine Biodiversity, 48(1): 281-288.

Shi B, Xu K. 2018b. Two new rapacious nematodes from intertidal sediments, *Gammanema magnum* sp. nov. and *Synonchium caudatubatum* sp. nov. (Nematoda, Selachinematidae). European Journal of Taxonomy, 405: 1-17.

Shi B, Yu T, Xu K. 2017. Two new species of *Paramphimonhystrella* (Nematoda, Monhysterida, Xyalidae) from the deep-sea sediments in the Western Pacific Ocean and adjacent shelf seafloor. Zootaxa, 4344(2): 308-320.

Shi B, Yu T, Xu K. 2018. A new free-living nematode, *Actinonema falciforme* sp. nov. (Nematoda, Chromadoridae), from the continental shelf of the East China Sea. Acta Oceanologia Sinica, 37(10): 152-156.

Sun Y, Huang M, Huang Y. 2018. Two new species of free-living marine nematodes from the East China Sea. Acta Oceanologica Sinica, 37(10): 148-151.

Sun Y, Huang Y. 2017. One new species and one new combination of the family Xyalidae (Nematoda: Monhysterida) from the East China Sea. Zootaxa, 4306(3): 401-410.

Wang C M, An L G, Huang Y. 2015. A new species of free-living marine nematode (Nematoda: Chromadoridae). Zootaxa, 3947(2): 289-295.

Wang C M, An L G, Huang Y. 2017. Two new species of *Terschellingia* (Nematoda: Monhysterida: Linhomoeidae) from the East China Sea. Cah Biol Mar, 58: 33-41.

Wang C M, An L G, Huang Y. 2018. Two new species of Xyalidae (Monhysterida, Nematoda) from the East China Sea. Zootaxa, 4514(4): 583-592.

Wang C M, Huang Y. 2016b. *Pseudolella major* sp. nov. (Axonolaimidae, Nematoda) from the intertidal zone of the East China Sea. Chinese Journal of Oceanology and Limnology, 34(2): 295-300.

Wang H, Huang Y. 2016a. A new species of *Parodontophora* (Nematoda: Axonolaimidae) from the intertidal zone of the East China Sea. Journal of Ocean University of China, 15(1): 28-32.

Warwick R M, Platt H M, Somerfield P J. 1998. Free-living Marine Nematodes. Part III: Monhysterids. Synopses of the British Fauna (New series No. 53). Shrewsbury: Field Studies Council: 296.

Wieser W. 1959. Free-living nematodes and other small invertebrates of Puget Sound beaches. University of Washington Publications in Biology (University of Washington Press, Seattle), 19: 1-179.

Yu T, Huang Y, Xu K. 2014. Two new nematode species, *Linhystera breviapophysis* and

L. longiapophysis (Xyalidae, Nematoda), from the East China Sea. Journal of the Marine Biological Association of the United Kingdom, 94(3): 515-520.

Yu T, Xu K. 2015. Two new nematodes, *Pseudelzalia longiseta* gen. nov., sp. nov. and *Paramonohystera sinica* sp. nov. (Monhysterida: Xyalidae), from sediment in the East China Sea. Journal of Natural History, 49(9-10): 509-526.

Zhang Y, Zhang Z N. 2010. A new species and a new record of the genus *Siphonolaimus* (Nematoda, Monhysterida) from the Yellow Sea and the East China Sea, China. Acta Zootaxonomica Sinica, 35(1): 16-19.

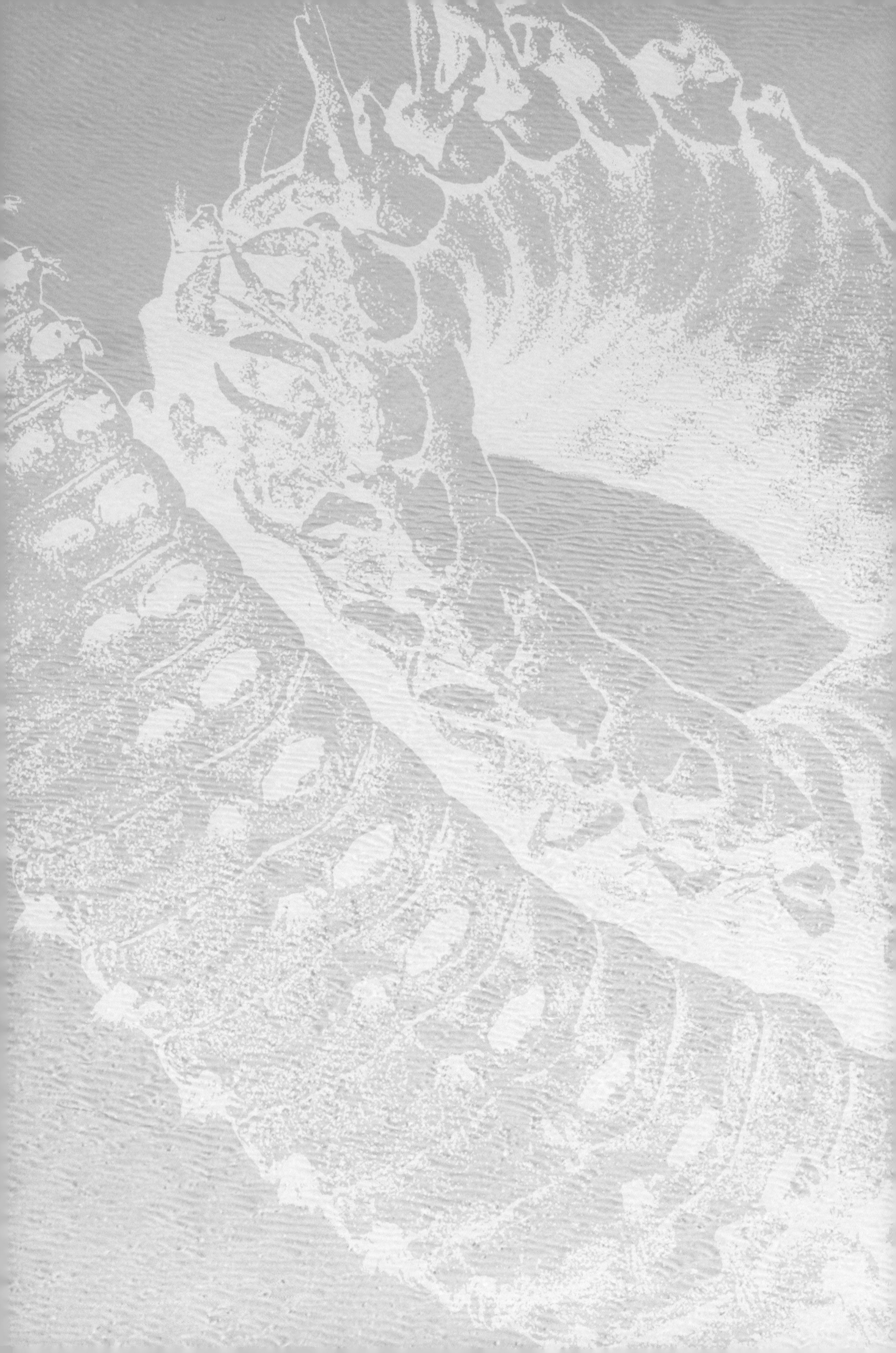

环节动物门
Annelida

绿蜒科 Thalassematidae Forbes & Goodsir, 1841
管口蜒属 *Ochetostoma* Rüppell & Leuckart, 1828

绛体管口蜒
Ochetostoma erythrogrammon Leuckart & Ruppell, 1828

标本采集地： 海南三亚，台湾澎湖。

形态特征： 身体圆筒状，两端略细。体长可达 190mm。活体紫红色，中部体壁较薄，内部器官隐约可见，两端体壁增厚，不透明。体表具大量乳突，中部小而分散，两端大而密集。体表可见 14～18 条灰白色纵肌束。吻乳白色或乳黄色，或略显绿色，末端截平，整体略向腹面凹陷。口位于吻基部腹面。腹刚毛一对。

生态习性： 栖息于潮间带中、低潮区至 20m 深的岩礁间或砾石间。

地理分布： 东海，南海；日本，朝鲜半岛，琉球群岛，雅浦群岛，伯劳群岛，印度尼西亚，尼科巴群岛，安达曼群岛，马尔代夫群岛，红海，坦桑尼亚，毛里求斯，留尼汪岛，几内亚，摩洛哥。

参考文献： 冈田要等，1960；周红等，2007；Goto，2017。

图 89　绛体管口蜒 *Ochetostoma erythrogrammon* Leuckart & Ruppell, 1828

小头虫科 Capitellidae Grube, 1862
小头虫属 *Capitella* Blainville, 1828

小头虫
Capitella capitata (Fabricius, 1780)

标本采集地： 黄海。

形态特征： 口前叶圆锥形。胸部9刚节，第1体节有刚毛，每节皆双环轮，并有细皱纹。雄体前7刚节背、腹足叶仅具毛状刚毛；第8～9刚节背面各具两束黄色的生殖刺状刚毛，每束2～4根、对生。生殖孔在两束生殖刺状刚毛之间。腹足叶仍具巾钩刚毛。雌体第8～9刚节背、腹足叶具巾钩刚毛。后腹部无鳃。腹部较光滑，每个刚节背、腹足叶均具巾钩刚毛，巾钩刚毛具3～4个小齿和1个大的主齿。生活时为鲜红色，酒精标本浅黄色或乳白色。体长几毫米至40mm，大标本长56mm，宽2mm。常有薄碎的泥质栖管。

生态习性： 污浊海域的优势种，常栖息于黑泥底质。

地理分布： 渤海，黄海，东海；世界性分布。

参考文献： 刘瑞玉，2008；杨德渐和孙瑞平，1988；孙瑞平和杨德渐，2004。

图90 小头虫 *Capitella capitata* (Fabricius, 1780)
A. 整体；B. 体前端侧面观；C. 体前端腹面观；D. 毛状刚毛、巾钩刚毛

单指虫科 Cossuridae Day, 1963

单指虫属 *Cossura* Webster & Benedict, 1887

足刺单指虫
Cossura aciculata (Wu & Chen, 1977)

同物异名： *Cossurella aciculata* Wu & Chen, 1977

标本采集地： 山东胶州湾。

形态特征： 口前叶钝圆锥形，无眼点。口节2节，较短无附肢。1根细长的鳃丝在第3刚节背前缘深处。疣足叶退化，仅具刚毛，体前区第1刚节具1束毛状刚毛，第2～21刚节具2束有侧齿的毛状刚毛，体中后区仅具2根粗足刺状刚毛。最大体长约75mm，体宽约2mm，具112个刚节。

生态习性： 栖息于潮下带。

地理分布： 黄海，东海；莫桑比克海峡。

参考文献： 刘瑞玉，2008；杨德渐和孙瑞平，1988；孙瑞平和杨德渐，2004。

图 91 足刺单指虫 *Cossura aciculata* (Wu & Chen, 1977)
A. 整体背面观；B. 体前端背面观；C. 体前端侧面观；D. 体前端腹面观；E. 疣足；F. 毛状刚毛

竹节虫科 Maldanidae Malmgren, 1867

新短脊虫属 Metasychis Light, 1991

五岛新短脊虫
Metasychis gotoi (Izuka, 1902)

同物异名： 五岛短脊虫 *Asychis gotoi* (Izuka, 1921)

标本采集地： 东海。

形态特征： 19 个刚节，1 个肛前节。第 1 刚节的腹面具 1 个短领，领状结构在侧面形成前伸的小突起，有时不明显。头板椭圆形，头缘膜侧叶具 5～7 个长指状须，后叶具 14～20 个不规则锯齿，中央缺刻小。头脊宽短、低扁，项裂宽短弯曲，呈"J"形，前端向前延伸至口前叶前突与头板缘膜侧叶的交界处，形成小缺刻。围口节和第 1 刚节边界分明。肛板背面扩张为喇叭状，边缘有 6～13 根长肛须，肛板腹面边缘稍内凹，肛门位于背面。背刚毛翅毛状和细毛状，腹鸟嘴状刚毛始于第 2 刚节，有 6～8 根且排成一横排。鸟嘴状刚毛具一主齿，其上有 3 排小齿，有束毛，其后刚节腹鸟嘴状刚毛数目增加至 30 余个。体长 20～60mm，宽 2～3mm，具 19 个刚节。虫体部分常被附着泥沙的膜质栖管包裹。

生态习性： 栖息于褐色沙泥或沙质泥等中，22～58m 水深。

地理分布： 渤海，黄海，东海，南海；印度洋-西太平洋，日本，美国加利福尼亚。

参考文献： 刘瑞玉，2008；杨德渐和孙瑞平，1988；孙瑞平和杨德渐，2004；王跃云，2017。

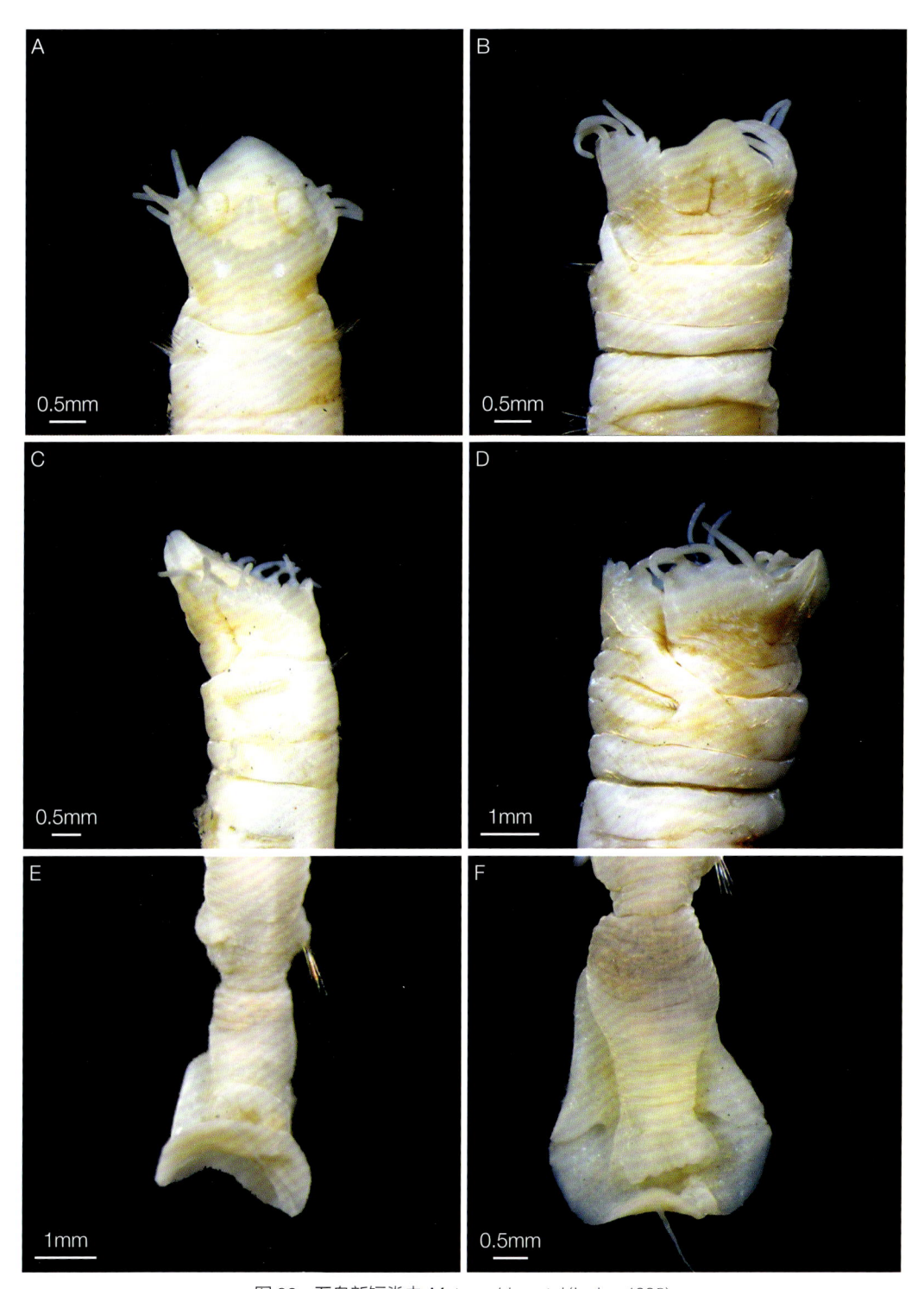

图92 五岛新短脊虫 *Metasychis gotoi* (Izuka, 1902)
A. 体前端背面观；B. 体前端腹面观；C. 体前端侧面观；D. 体后端背面观；E、F. 体后端腹面观

海蛹科 Opheliidae Malmgren, 1867

角海蛹属 *Ophelina* Örsted, 1843

华丽角海蛹
Ophelina grandis (Pillai, 1961)

标本采集地： 广东大亚湾。

形态特征： 体长约 55mm，具 63～65 刚节，第 2 刚节至尾部均具鳃，肛漏斗匙状，肛漏斗两侧扁。口前叶圆锥状，端部具口前叶前突，前突与口前叶的分界有时不明显，前突稍膨大，口前叶后缘具项器，项器前后两侧具侧叶。吻具乳突，在口环上具 7～8 个须状乳突。鳃起始于第 2 刚节直到肛部，鳃须状，鳃背面具浓密的纤毛，腹面微弱或无，鳃可达虫体背面最顶端。第 1 刚节不具鳃，前刚叶较随后刚节的前刚叶长，约是第 2 对鳃的 1/3。疣足具前刚叶和腹须，刚毛两束，刚毛简单毛状。虫体具深的腹侧沟，从口向后贯穿整个虫体。肛部匙状，开口向下，侧面扁平，边缘有许多小乳突，每侧约有 30 个，1 根长的中腹须和两个较短的腹侧须。

生态习性： 多栖于泥质或泥沙底中。

地理分布： 台湾海峡，厦门海域潮下带，鳄鱼屿潮间带，大亚湾，香港海域潮下带。

参考文献： Pillai, 1961。

图 93 华丽角海蛹 *Ophelina grandis* (Pillai, 1961)（杨德援和蔡立哲供图）
A. 个体 1 整体；B. 个体 2 整体；C. 体前部侧面观；D. 尾部侧面观；E. 体前部侧面观；F. 疣足观

锥头虫科 Orbiniidae Hartman, 1942

刺尖锥虫属 *Leodamas* Kinberg, 1866

红刺尖锥虫
Leodamas rubrus (Webster, 1879)

标本采集地： 南海。

形态特征： 虫体细长扁平，胸区通常具 14～24 个刚节。口前叶尖锥形，长大于宽，基部两边到围口节前缘背侧具 1 对项器，狭缝状。鳃始于第 6 刚节，舌状、末端尖细，有缘须。胸区背疣足后刚叶指状，始于第 1 刚节，腹区背疣足后刚叶类似。胸区腹疣足后刚叶呈长的扁平枕状，腹区腹疣足叶末端分为两叶，近背侧者钝圆、较短，近腹侧者细长、须状。腹疣足腹叶腹侧无凸缘及腹面乳突，无间须。胸区背疣足具细齿毛刚毛，腹区背刚毛具细齿毛刚毛和 2～3 根二叉刚毛，前腹区体节具 3～4 根背足刺，包被，其后多为 2 根。酒精标本棕黄色或黄色。体长 15～42mm、宽约 1.5mm，具 100 多刚节。

生态习性： 水深 33～42m，细砂或泥。

地理分布： 黄海，东海，南海；墨西哥湾，大西洋。

参考文献： 刘瑞玉，2008；杨德渐和孙瑞平，1988；孙瑞平和杨德渐，2004。

图94　红刺尖锥虫 *Leodamas rubrus* (Webster, 1879)
A. 整体背面（缺损）；B. 整体腹面；C. 整体侧面；D. 体前端背面观；E. 体前端腹面观；F. 胸部疣足；G. 腹部疣足

锥头虫属 *Orbinia* Quatrefages, 1866

叉毛锥头虫
Orbinia dicrochaeta Wu, 1962

标本采集地：山东青岛。

形态特征：胸区扁平，24～27节，腹区圆柱状，节间体节明显，始于第1刚节。后胸区及腹区节间体节中部前缘具一卵圆形突起，两侧具缘须。鳃始于第11～13体节，开始较小，后急剧变大，腹区中后部体节鳃具缘须。口前叶锥状，末端较尖，无眼点，围口节前缘背侧缘具1对项器，狭缝状。胸区背疣足后刚叶指状，始于第1刚节，腹区背疣足后刚叶类似、短小。胸区腹疣足扁平枕状，前13～17刚节后刚叶仅具1个中乳突，后逐渐增长至3个。腹疣足刚叶末端分为两叶，内叶大于外叶。腹疣足刚叶腹侧具凸缘。腹面乳突始于第21～25刚节，具1～2个，后逐渐增长，后5～8体节增长至每侧11个，几乎在腹中线相连，后逐渐减少至消失。间须始于胸区后第3～5刚节，分布至腹区第7～13刚节。胸区背疣足具成束细齿毛刚毛。腹区背疣足具细齿毛刚毛和1～3根二叉刚毛，具3根足刺。胸区腹疣足具3～4排亚钩刚毛、1短排钩刚毛及2排细齿毛刚毛，钩刚毛位于腹疣足后刚叶中乳突腹侧，并向腹侧延伸。亚钩刚毛基部粗壮，约10横排锯齿，锯齿非常明显，毛状延伸部分中间稍凹陷，横排锯齿不明显。钩刚毛末端较钝，具巾包绕，具数排不明显锯齿。腹区腹疣足具4～6根细齿毛刚毛和1根细足刺。

生态习性：常栖息于潮间带和潮下带泥质与软泥底质。

地理分布：黄海，东海，南海。

参考文献：刘瑞玉，2008；杨德渐和孙瑞平，1988；孙瑞平和杨德渐，2004；孙悦，2018。

图 95-1 叉毛锥头虫 *Orbinia dicrochaeta* Wu, 1962 体前端背面观（引自孙悦，2018）

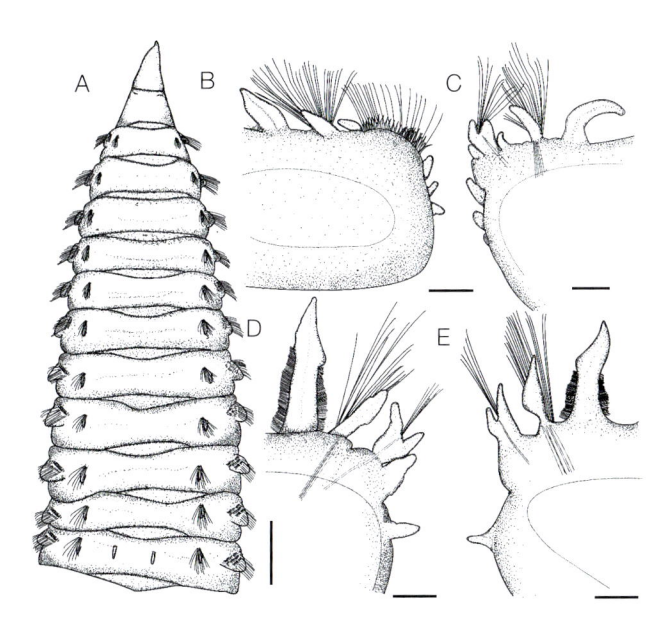

图 95-2 叉毛锥头虫 *Orbinia dicrochaeta* Wu, 1962（引自孙悦，2018）
A. 前部体节背视图；B. 前胸区疣足；C. 前腹区疣足；D. 中腹区疣足；E. 后腹区疣足
比例尺：A = 0.5mm；B ~ E = 0.2mm

异毛虫科 Paraonidae Cerruti, 1909
卷须虫属 Cirrophorus Ehlers, 1908

鳃卷须虫
Cirrophorus branchiatus Ehlers, 1908

标本采集地： 北部湾。

形态特征： 口前叶卵圆形，前端圆钝。无眼。项器近乎垂直分布，向后至口前叶后缘。口前叶背面有中触手，短棒状，向后不超过口前叶后缘。鳃始于第 5 刚节，柳叶状，鳃 15～25 对，数目随着个体大小而变化，缘具纤毛，具鳃体节明显宽扁。疣足背叶刚毛后叶在第 1～2 刚节上几乎不可见，在第 4～5 刚节上呈结节状，鳃区上最发达，指状或纺锤状，从第 18 刚节开始逐步退化。疣足背叶刚毛前叶不发达，不可见。疣足腹叶刚毛后叶为宽突起，仅分布于体前部，体后部刚节上缺失。疣足腹叶刚毛前叶不发达，不可见。体前部皆为毛状刚毛，在前 2 刚节疣足叶上排列成 2 排，在鳃区的疣足叶上排列成 3 排；腹部疣足叶上刚毛的数量少于背部疣足叶，变形刚毛始于第 8～18 刚节疣足背叶，基部粗壮，近端处有一根足刺，足刺基部有细齿，2～7 根每束。

生态习性： 栖息于泥质或细沙底质，水深 25～1500m。

地理分布： 黄海，东海，长江口；南非沿岸，地中海，红海，爱尔兰海，巴伦支海，鄂霍次克海，日本，加拿大，美国。

参考文献： 刘瑞玉，2008；杨德渐和孙瑞平，1988；孙瑞平和杨德渐，2004；周进，2008。

图 96　鳃卷须虫 *Cirrophorus branchiatus* Ehlers, 1908
A. 整体（不完整）；B. 疣足；C. 体前端侧面观；D. 体前端腹面观

梯额虫科 Scalibregmatidae Malmgren, 1867
梯额虫属 *Scalibregma* Rathke, 1843

梯额虫
Scalibregma inflatum Rathke, 1843

标本采集地： 上海，长江口。

形态特征： 体沙蝎型。口前叶苍白色、"T"形。围口节无刚毛，体表有棋盘状方格。体前几节为3个环轮，其后为4个环轮。鳃灌木丛状，位于第2～5刚节的背足上。前部体节的背、腹须为钝圆锥形，自第16～18刚节开始为圆锥状。刚毛简单型毛状和两臂不等长的叉状，无足刺状刚毛。具5根细长的肛须。

生态习性： 从北极到南极广分布种。在热带分布至100m、在冷水区分布于几米以下的潮下带，穴居于泥沙中。在中国东海（33～57m泥质）、南海（15～43m沙质泥）、北部湾（17m泥质细粉砂）分布。

地理分布： 东海，南海，北部湾；世界性分布。

参考文献： 刘瑞玉，2008；杨德渐和孙瑞平，1988；孙瑞平和杨德渐，2004。

图 97 梯额虫 Scalibregma inflatum Rathke, 1843
A. 整体背面观；B. 整体腹面观；C. 体前端背面观；D. 毛状刚毛

龙介虫科 Serpulidae Rafinesque, 1815

盘管虫属 Hydroides Gunnerus, 1768

白色盘管虫
Hydroides albiceps (Grube, 1870)

标本采集地： 南海。

形态特征： 鳃冠为 2 个半圆形的鳃叶，鳃叶各具 14～17 根放射状的鳃丝，无鳃膜，每根鳃丝具 40～50 条鳃羽枝。壳盖柄光滑、圆柱状。壳盖为两层，壳盖下层为壳盖漏斗，壳盖漏斗边缘有 28～34 个放射状排列锯齿；壳盖上层为壳盖冠的棘刺，具 1 根背大棘刺和 8～12 根不同形、不等大的细棘刺，且无各种小刺。背大棘刺刺囊状，前端无钩、半环状。胸区有 7 个胸刚节。虫管白色，表面具 2 条或 3 条纵脊和许多不规则的横纹，虫管横切面呈四边形。体长 7～30mm，体宽 0.5～1.6mm，具 80～160 个刚节。虫管长 10～18mm，管口直径约 3mm。

生态习性： 52m，附在珊瑚上或潮间带岩石上。

地理分布： 东海，南海；红海，斯里兰卡，昆士兰，日本南部。

参考文献： 刘瑞玉，2008；杨德渐和孙瑞平，1988；孙瑞平和杨德渐，2004。

图 98 白色盘管虫 *Hydroides albiceps* (Grube, 1870)
A. 整体（带栖管）；B、C. 壳盖

班达盘管虫
Hydroides bandaensis Zibrowius, 1972

标本采集地： 东海。

形态特征： 鳃冠为 2 个半圆形的鳃叶，鳃叶各具 10 根鳃丝。壳盖柄光滑、圆柱状，与壳盖漏斗间具几丁质加厚的收缩部。壳盖为两层，壳盖漏斗具 16～25 个末端钝的缘齿。壳盖冠具 9～11 根等大、同形、无小刺的瓶棒状棘刺，无中央齿。胸区具 7 个胸刚节。领刚节（第 1 刚节）的领 3 叶。毛状领刚毛细长光滑，枪刺状领刚毛的基部具 3 个或 4 个钝的齿。具胸膜。胸区其余 6 个胸刚节，具翅毛状背刚毛和 6 个齿的锯状腹齿片。腹区刚节数多于胸区。腹区具锯状背齿片和喇叭状腹刚毛，虫管为盘状。不完整标本体长 10mm，体宽 0.5mm，具 50 多个刚节。

生态习性： 固着生活，以贝壳等为附着基。

地理分布： 东海，南海；印度尼西亚。

参考文献： Zibrowius，1972。

图 99　班达盘管虫 *Hydroides bandaensis* Zibrowius, 1972
A. 整体；B. 壳盖

基刺盘管虫
Hydroides basispinosa Straughan, 1967

标本采集地： 辽宁大连。

形态特征： 鳃冠为 2 个半圆形的鳃叶，鳃叶上各具 8～12 根末端尖细的放射状鳃丝，鳃丝具很多鳃羽枝。壳盖柄光滑，圆柱状。壳盖为两层，下层壳盖漏斗前缘具 30～40 个锥形的缘齿；上层壳盖冠具 7～9 根近等大、形状相似的棘刺，其中 1～3 个棘刺向冠内弯曲。胸区具 7 个胸刚节。第 1 刚节的领 3 叶，包括 1 对较小的背侧叶、1 个较宽大的腹叶。具细长的毛状领刚毛和光滑且基部具 2 个大齿的枪刺状领刚毛。胸膜延伸至最后 1 个胸刚节。胸区其余的 6 个胸刚节，具单翅毛状背刚毛和 5～7 个齿的锯状腹齿片。腹区刚节数多于胸区。腹区的锯状腹齿片与胸区相似，但较小，具 7 个或 8 个齿。腹区喇叭状刚毛具 10 多个小齿，侧边 1 个齿较大。虫管白色、圆柱状，长 10～15mm，表面具 2 条或 3 条纵脊和许多不规则的横纹。体长 10～35mm，体宽 1.2～1.5mm。

生态习性： 常固着在尼龙绳及试板上。

地理分布： 黄海，东海，南海；澳大利亚。

参考文献： 刘瑞玉，2008；杨德渐和孙瑞平，1988；孙瑞平和杨德渐，2004。

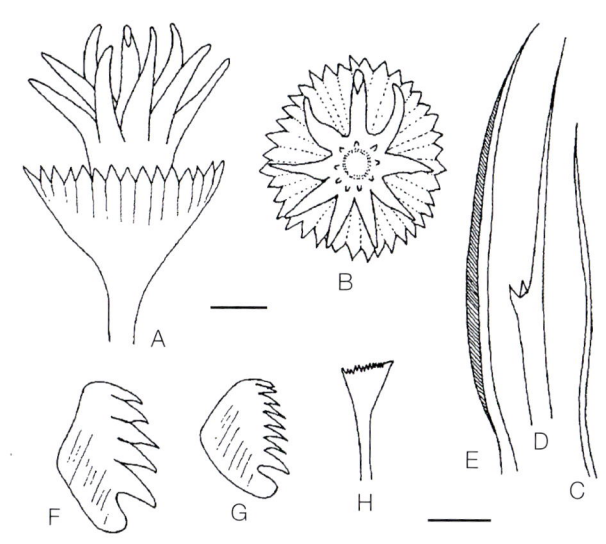

图100-1　基刺盘管虫 *Hydroides basispinosa* Straughan, 1967（引自孙瑞平和杨德渐，2014）
A. 壳盖侧面观；B. 壳盖顶面观；C. 毛状领刚毛；D. 枪刺状领刚毛；E. 胸区翅毛状背刚毛；
F. 胸区锯齿状腹齿片；G. 腹区锯齿状背齿片；H. 腹区喇叭状腹刚毛
比例尺：A、B = 0.25mm；C～H = 0.05mm

图100-2　基刺盘管虫 *Hydroides basispinosa* Straughan, 1967
A. 整体；B. 体前端侧面观；C. 鳃冠；D. 壳盖

华美盘管虫
Hydroides elegans (Haswell, 1883)

标本采集地： 辽宁大连。

形态特征： 鳃冠为无色斑的 2 个半圆形鳃叶，鳃叶上各具 8～19 根鳃丝，鳃丝羽枝较长，鳃丝裸露的末端为鳃丝全长的 1/5。具壳盖。与壳盖漏斗间不具收缩部。壳盖柄光滑，圆柱状。壳盖为 2 层结构。壳盖漏斗具 30～42 根放射状辐，缘齿尖锥形。壳盖冠具 14～17 根等大且同形的棘刺，每个棘刺具 2～5 对侧小刺和 1～4 个内小刺，无外小刺。壳盖冠无中央齿或仅呈小突起状。领刚毛为毛状领刚毛和枪刺状领刚毛，基部有几个大齿及许多小齿向下纵排成齿带。胸区具 7 个胸刚节，胸部背刚毛单翅毛状。腹部腹刚毛喇叭状。胸部、腹部齿片刚毛有 7～8 个齿。虫管白色、圆柱状，管壁较薄，管口近圆形，管表面具很多宽窄不等的生长横纹和 2 条明显或不明显的纵脊，壳管常盘绕成丛。体长 8～20mm，体宽 1.0～1.5mm，具 65～80 个刚节。

生态习性： 附着生长，水深 0～42m。

地理分布： 渤海，黄海，东海，南海；广布于温带、亚热带和热带的内湾海域。

参考文献： 刘瑞玉，2008；杨德渐和孙瑞平，1988；孙瑞平和杨德渐，2004。

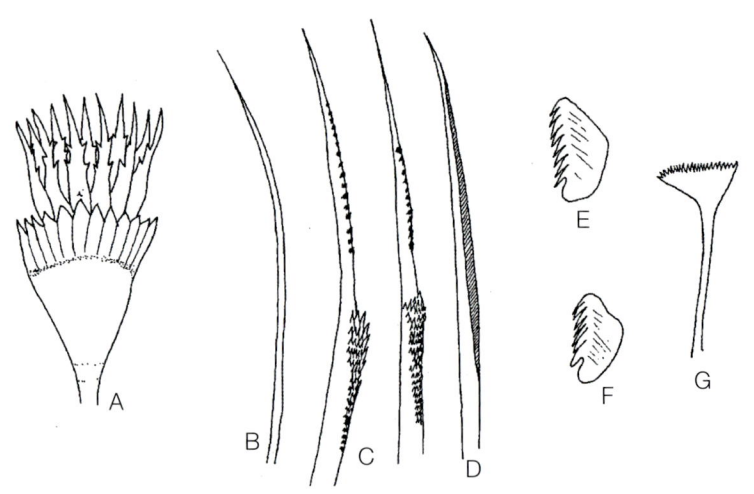

图 101-1　华美盘管虫 *Hydroides elegans* (Haswell, 1883)（引自孙瑞平和杨德渐，2014）
A. 壳盖；B. 毛状领刚毛；C. 枪刺状领刚毛；D. 胸区翅毛状背刚毛；E. 胸区锯齿腹齿片；F. 腹区锯齿背齿片；G. 腹区喇叭状腹刚毛

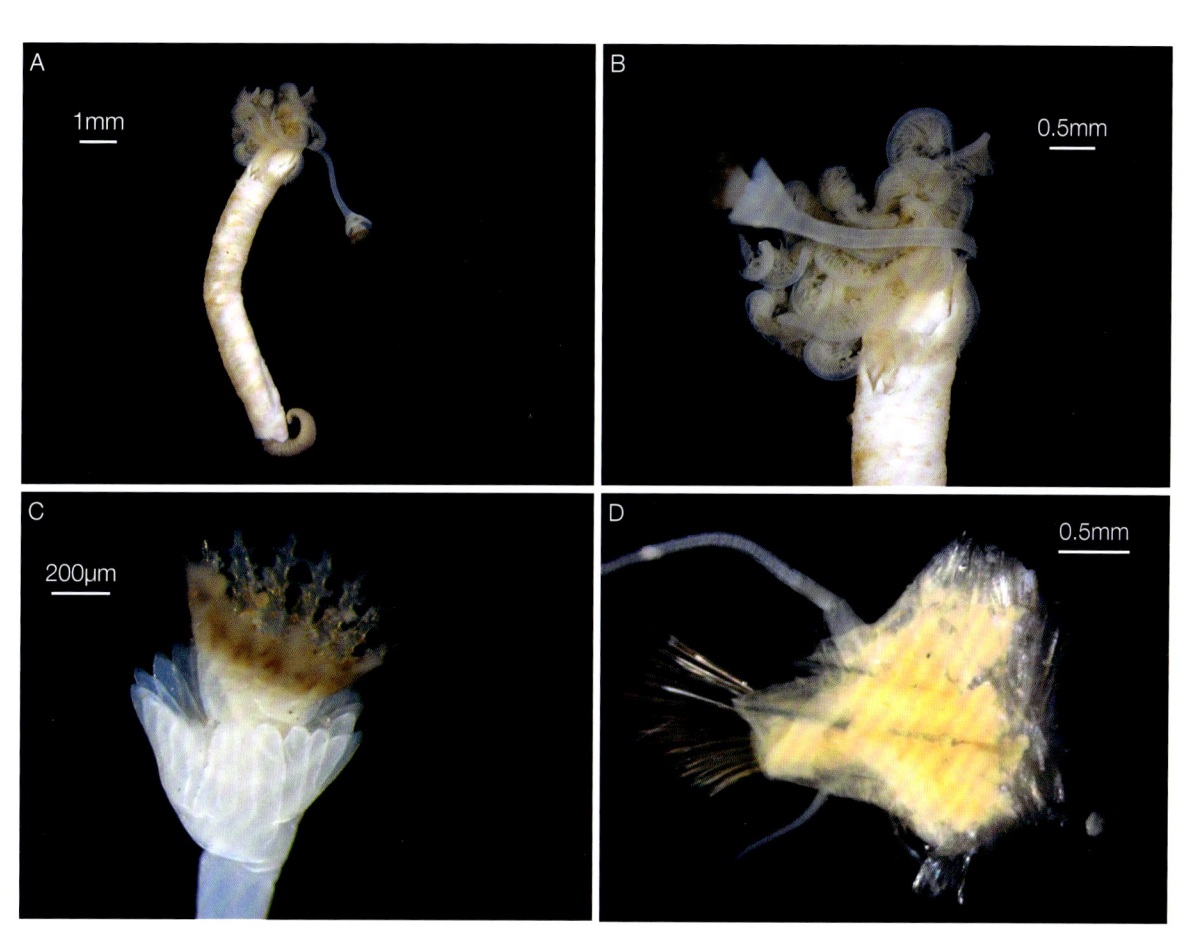

图 101-2　华美盘管虫 *Hydroides elegans* (Haswell, 1883)
A. 整体；B. 鳃冠；C. 壳盖；D. 疣足

高盘管虫
Hydroides exaltata (Marenzeller, 1884)

标本采集地： 海南陵水。

形态特征： 鳃冠为2个半圆形的鳃叶，鳃叶上各具12～15根鳃丝，鳃丝间无鳃膜。壳盖柄光滑、圆柱状，与壳盖漏斗间具加厚的收缩部。壳盖两层，下层为壳盖漏斗，具18～30个末端稍外弯的尖缘齿，上层壳盖冠具6～9根末端黄褐色、近基部内侧具1个无色小刺的棘刺，尤以中背面的1根棘刺最大，为镰刀状且末端向内弯曲，其余棘刺末端向外弯曲。胸区具7个胸刚节，具胸膜。领刚节的领3叶，具光滑或稍具细刺的毛状领刚毛，基部具2个大齿的枪刺状领刚毛。胸区的其余6个胸刚节，具翅毛状背刚毛和近三角形、6个或7个齿的锯状腹齿片。腹区刚节数多于胸区。腹区锯状背齿片与胸区相似，但较小，具5个或6个齿。腹区喇叭状腹刚毛具25个齿且一侧光滑。虫管白色，较厚，表面具3条较低的纵脊和很多不规则的生长横纹。虫管的横切面为近四边形，管口直径3.0～3.5mm。体长20～30mm，体宽1.5～2.5mm，具100多个刚节。

生态习性： 固着生活。

地理分布： 东海，南海；澳大利亚，斯里兰卡，日本，红海。

参考文献： 刘瑞玉，2008；杨德渐和孙瑞平，1988；孙瑞平和杨德渐，2004。

图 102　高盘管虫 *Hydroides exaltata* (Marenzeller, 1884)
A、B. 整体；C. 体前端侧面观；D. 鳃冠；E. 壳盖；F. 尾部

内刺盘管虫
Hydroides ezoensis Okuda, 1934

标本采集地： 辽宁大连。

形态特征： 鳃冠为 2 个半圆形的鳃叶，鳃叶上各具 19～23 对放射状的鳃丝。壳盖柄光滑、圆柱状。壳盖两层，均为黄色几丁质漏斗状，下层漏斗缘有 45～50 个锯齿，上层壳冠有 21～30 个尖锥状棘刺，大小形状相同，每个棘刺的里面有 4～6 个小内刺。常具伪壳盖。胸区具 7 个胸刚节，具胸膜。领刚毛细毛状和枪刺状，其基部有两个刺突。胸部背刚毛单翅毛状。腹部腹刚毛喇叭状，有 20 多个小齿。胸部齿片和腹部齿片相似，有 6～7 个齿。壳管白色、厚，互相不规则地盘绕。每个管上常有两条平行纵脊，但不很明显，管口近圆形。体长可达 28～40mm，体宽 1.5～2.0mm，具 100 多个刚节。

生态习性： 附着生长。

地理分布： 渤海，黄海，东海，南海；俄罗斯，日本。

参考文献： 刘瑞玉，2008；杨德渐和孙瑞平，1988；孙瑞平和杨德渐，2004。

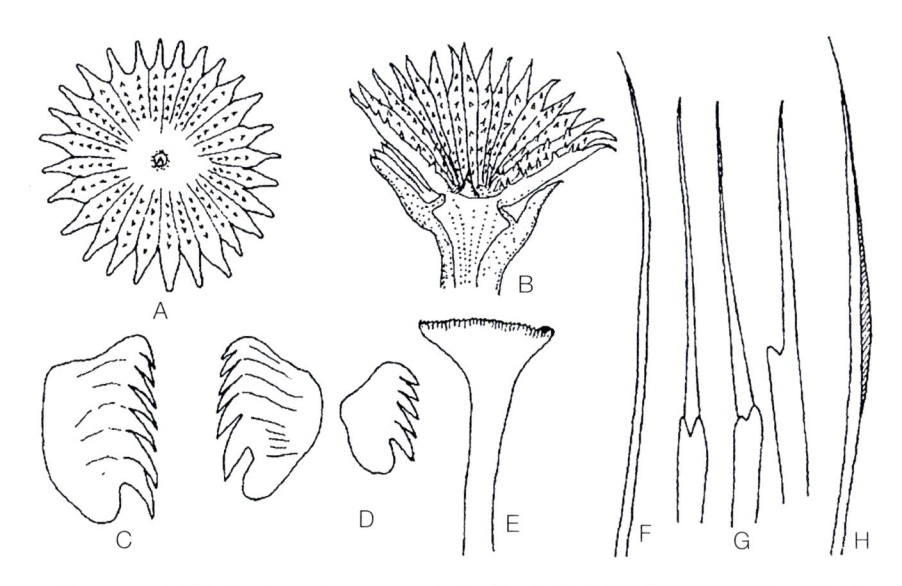

图 103-1 内刺盘管虫 *Hydroides ezoensis* Okuda, 1934（引自孙瑞平和杨德渐, 2014）
A. 壳盖冠顶面观；B. 壳盖剖面观；C. 胸区锯状腹齿片；D. 腹区锯状背齿片；E. 腹区喇叭状腹刚毛；
F. 毛状领刚毛；G. 枪刺状领刚毛；H. 胸区翅毛状背刚毛

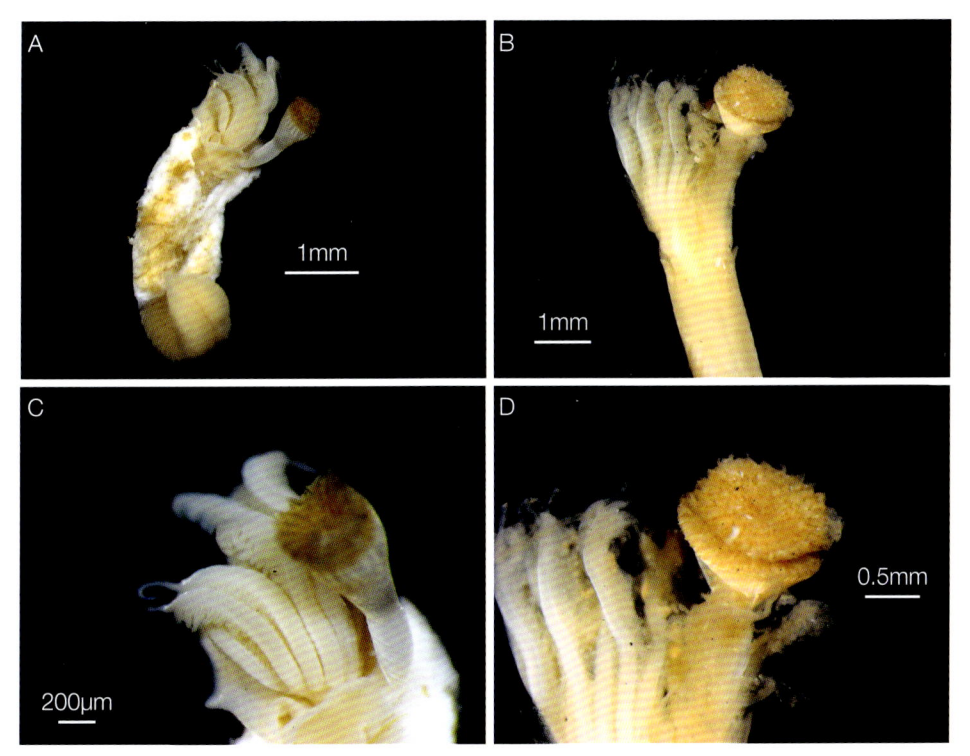

图 103-2 内刺盘管虫 *Hydroides ezoensis* Okuda, 1934
A. 整体；B. 体前端背面观；C. 鳃冠；D. 壳盖

207

格氏盘管虫
Hydroides grubei Pillai, 1965

标本采集地：福建湄洲岛。

形态特征：鳃冠为2个半圆形的鳃叶，鳃叶各具6根或7根鳃丝。壳盖柄光滑、圆柱状。靠近漏斗处具棕色几丁质的紧缩部。壳盖两层。壳盖漏斗具14～24个锥状或钝锥状的缘齿。壳盖冠具5～8根末端向外伸的钝锥状或瓶棒状棘刺，其中1个背棘刺最大。胸区具7个胸刚节。具胸膜。领为3叶。具毛状领刚毛和具2个大齿的枪刺状领刚毛，毛状领刚毛细长具细齿，枪刺状领刚毛前段光滑、基部具2个大齿。胸区其余6个胸刚节，具翅毛状背刚毛和近四边形、具7个或8个齿的锯状腹齿片。腹区刚节数多于胸区。腹区锯状背齿片与胸区的锯状腹齿片相似，但较小，具6个或7个齿。腹区喇叭状腹刚毛具20多个近等大的小齿。虫管白色，盘状或盘成1～2圈，表面具2条纵脊和很多不规则的生长横纹。体长（包括鳃冠）6～12mm，体宽（胸区最宽处）0.8～1.0mm。

生态习性：底质泥质沙或软泥，固着于贝壳上。

地理分布：东海，南海；斯里兰卡。

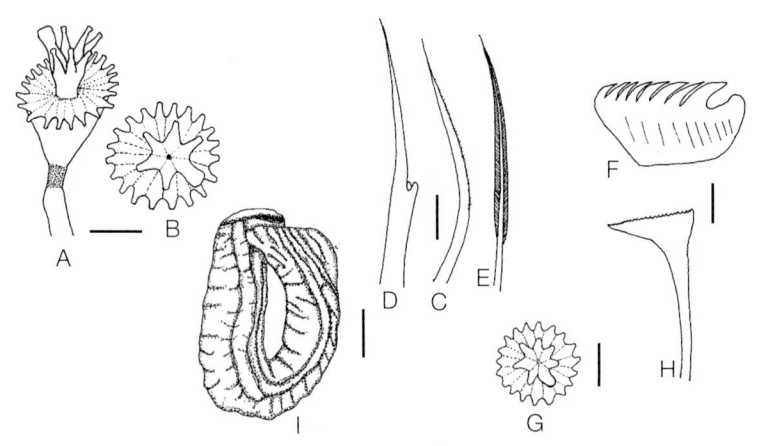

参考文献：刘瑞玉，2008；杨德渐和孙瑞平，1988；孙瑞平和杨德渐，2004。

图 104-1　格氏盘管虫 *Hydroides grubei* Pillai, 1965（引自孙瑞平和杨德渐，2014）
A. 壳盖（顶侧面观）；B. 壳盖（顶面观）；C. 毛状领刚毛；D. 枪刺状领刚毛；E. 胸区翅毛状背刚毛；F. 胸区锯状腹齿片（侧面观）；G. 壳盖（另一个个体，顶面观）；H. 腹区喇叭状腹刚毛；I. 虫管
A、B、G = 0.25mm；C～E = 0.05mm；F、H = 0.02mm；I = 1mm

图 104-2　格氏盘管虫 *Hydroides grubei* Pillai, 1965
A. 整体；B. 壳盖

突出盘管虫
Hydroides minax (Grube, 1878)

标本采集地： 广西北海涠洲岛。

形态特征： 鳃冠为 2 个半圆形的鳃叶，鳃叶上各具 12～18 根鳃丝，鳃丝末端细短，具很多鳃羽枝。壳盖柄光滑、柱状，与壳盖漏斗间具有较宽且较厚的收缩部。壳盖为两层结构，壳盖漏斗卵圆形，具由背面向腹面逐渐增大的 20～28 个锥形缘齿；壳盖冠具 7～9 根光滑的不同形且不等大的黄褐色棘刺，其中 1 根背棘刺粗大且长，末端向冠中央弯成弯钩状，两侧还各具 1 个侧钩。常具伪壳盖。胸区具 7 个胸刚节，具胸膜。领刚节（第 1 刚节）的领 3 叶，领刚毛为单翅毛状和基部具 2 个锥状齿、端片光滑或具翅的枪刺状。其余 6 个胸刚节，具单翅毛状背刚毛和三角形、具 6 个或 7 个齿的锯状腹齿片。腹区刚节数多于胸区。腹区锯状背齿片与胸区相似，但较小，具 4 个或 5 个齿。腹区喇叭状腹刚毛具 16～20 个小齿。虫管白色，管壁厚且为不规则的盘状，上具 2 条或 3 条纵脊和不规则的生长横纹。管口近三角形或圆形，管口背面具 1 突起。体长（包括鳃冠）17～40mm，体宽（胸区最宽处）0.8～3.0mm，具 100 多个刚节。

生态习性： 固着生活。

地理分布： 东海，台湾岛，南海；印度洋，澳大利亚，日本。

参考文献： 刘瑞玉，2008；杨德渐和孙瑞平，1988；孙瑞平和杨德渐，2004。

图 105　突出盘管虫 *Hydroides minax* (Grube, 1878)
A. 整体；B. 体前端侧面观；C. 鳃冠；D. 壳盖

中华盘管虫
Hydroides sinensis Zibrowius, 1972

标本采集地： 连云港鸽岛。

形态特征： 鳃冠为 2 个半圆形的鳃叶，鳃叶上各具 14～16 根放射状的鳃丝。壳盖柄光滑，圆柱状。壳盖为两层结构，下层漏斗具 30～45 个钝锥形或尖锥形的黄色缘齿；上层壳盖冠具 8～10 根等大且同形、末端钝的瓶棒状棘刺，每个棘刺 1/3～1/2 处还具 3～5 个从大到小的内小刺，棘刺和内小刺均为棕色或深黄色，常具伪壳盖。胸区具胸膜和 7 个胸刚节。第 1 刚节的领 3 叶，具光滑的细毛状领刚毛和有 2 个锥状齿的枪刺状领刚毛。胸区其余 6 个胸刚节，具翅毛状背刚毛和近三角形、具 6 个或 7 个齿的锯状腹齿片。腹区刚节数多于胸区，腹刚毛喇叭状，腹区锯状背齿片与胸区相似，但较小，具 6 个齿。虫管白色或灰白色，呈不规则的盘状，表面具 2 条平行的纵脊和不规则的生长横纹，管口近圆形。体长（包括鳃冠）15～30mm，体宽（胸区最宽处）1.0～1.5mm，具 100 多个刚节。

生态习性： 栖息于软泥和泥沙中。

地理分布： 渤海，黄海，东海，南海；地中海。

参考文献： 刘瑞玉，2008；杨德渐和孙瑞平，1988；孙瑞平和杨德渐，2004。

图 106-1 中华盘管虫 *Hydroides sinensis* Zibrowius, 1972（引自孙瑞平和杨德渐，2014）

A. 壳盖侧面观；B. 壳盖顶面观；C. 壳盖漏斗的缘齿形状的变化；D. 壳盖冠的棘刺（形状和数目的变化）；E. 毛状领刚毛；F. 枪刺状领刚毛；G. 胸区锯状腹齿片；H. 虫管（部分）

比例尺：A、B = 0.2mm；C、D = 0.6mm；E、F = 0.1mm；G = 0.01mm；H = 1mm

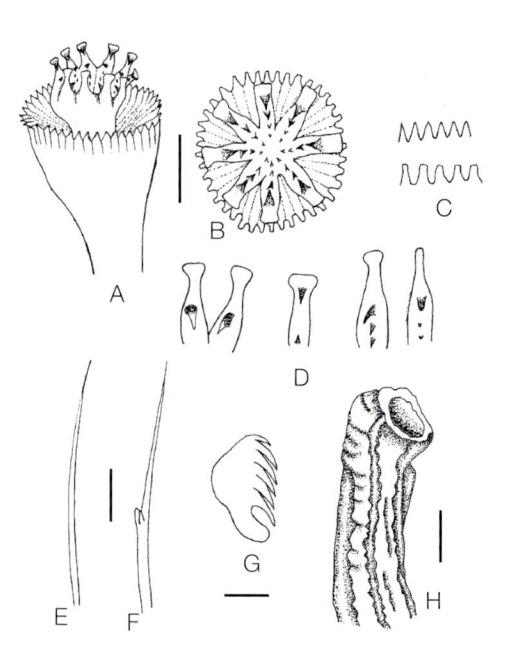

图 106-2　中华盘管虫 *Hydroides sinensis* Zibrowius, 1972
A. 整体；B. 鳃冠；C. 壳盖

无殖盘管虫
Hydroides tambalagamensis Pillai, 1961

标本采集地： 福建东山。

形态特征： 鳃冠为 2 个半圆形的鳃叶，鳃叶上各具 10～12 根鳃丝。壳盖柄光滑、圆柱状，与壳盖漏斗间具加厚的收缩部。壳盖为两层，壳盖漏斗肉质，具 22～24 个棕褐色向外弯的几丁质尖锥状缘齿。壳盖冠具 6～8 根近等大、末端棕褐色向外弯的尖锥状棘刺，每根棘刺的 1/2 处具 1 对与棘刺垂直生长的棕褐色侧小刺和 1 个内小刺，每个棘刺近基部内侧还具 1 个棕褐色的基小刺。常具伪壳盖。胸区具 7 个胸刚节，胸膜可达胸区最后 1 个胸刚节；领刚节的领 3 叶，具弯曲的细毛状领刚毛及基部具 2 个圆锥状大齿和几个基小刺的枪刺状领刚毛；其余 6 个胸刚节具翅毛状背刚毛和近三角形、具 6 个齿的锯状腹齿片。腹区刚节数多于胸区。腹区锯状背齿片与胸区相似，但较小，具 5 个齿。腹区喇叭状腹刚毛具 20 多个齿，一侧齿较大。虫管白色，其上具 2 条不很明显的纵脊和一些生长横纹环，横切面为近四边形。体长 7～13mm，体宽 0.5～1.0mm，具近 100 个刚节。

生态习性： 固着生活。

地理分布： 东海，南海；澳大利亚，斯里兰卡，印度尼西亚，日本。

参考文献： 刘瑞玉，2008；杨德渐和孙瑞平，1988；孙瑞平和杨德渐，2004。

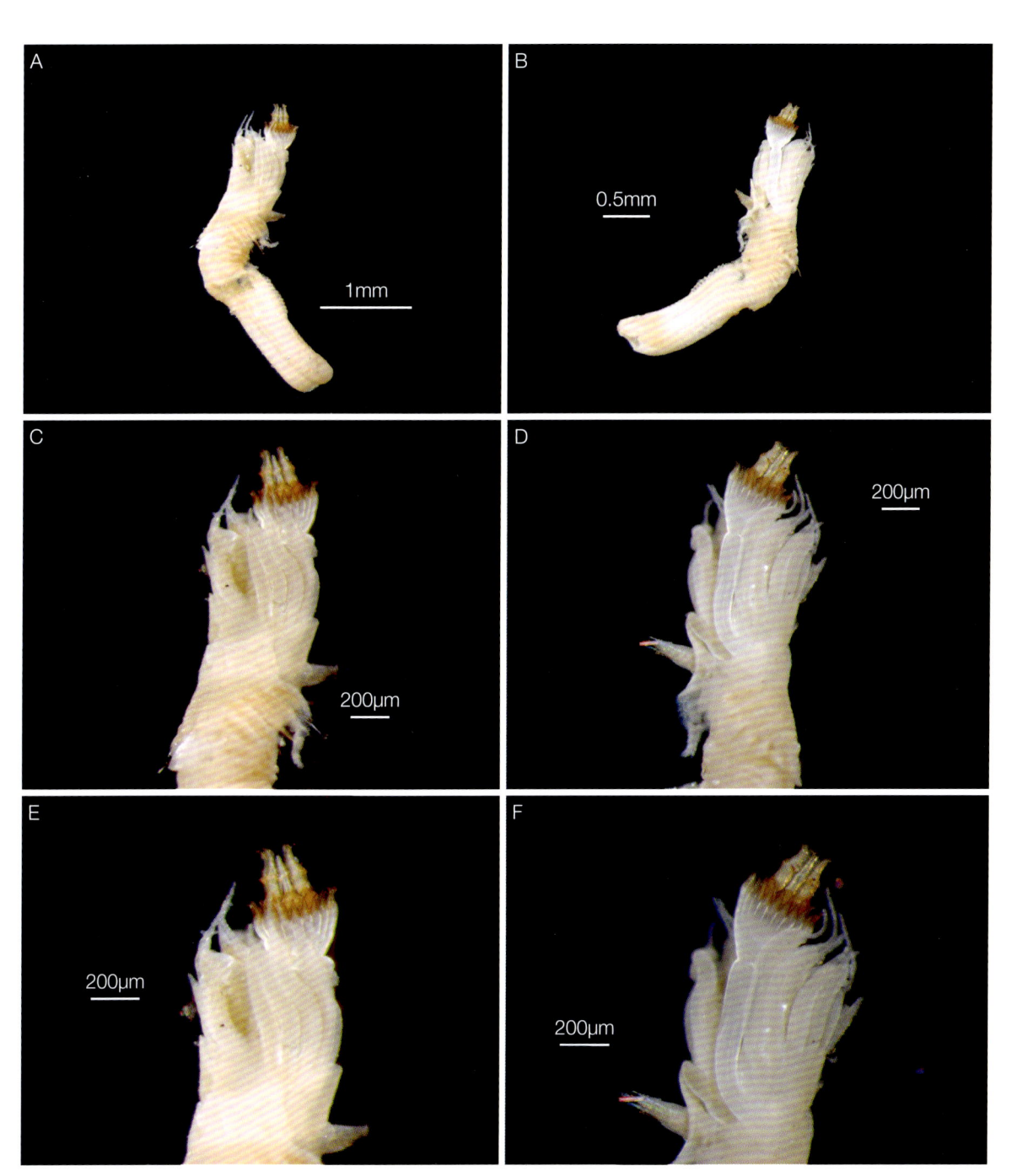

图107 无殖盘管虫 *Hydroides tambalagamensis* Pillai, 1961
A、B. 整体图；C、D. 体前端侧面观；E、F. 壳冠

盘管虫属分种检索表

1. 壳盖冠棘刺具小刺（内小刺、基小刺、侧小刺或外小刺）..2
 - 壳盖冠棘刺无小刺（内小刺、基小刺、侧小刺或外小刺）或仅背大棘刺..................................7
2. 壳盖冠棘刺无侧小刺或外小刺、具内小刺或基小刺..3
 - 壳盖冠棘刺具侧小刺、外小刺或内小刺或基小刺..6
3. 壳盖冠棘刺具多根内小刺或基小刺..4
 - 壳盖冠棘刺仅具 1 根内小刺或基小刺..5
4. 壳盖冠棘刺尖锥状...内刺盘管虫 *H. ezoensis*
 - 壳盖冠棘刺瓶棒状...中华盘管虫 *H. sinensis*
5. 壳盖冠棘刺等大；棘刺非黑褐色、仅 1～3 根内弯..................基刺盘管虫 *H. basispinosa*
 - 壳盖冠棘刺不等大；棘刺末端褐黄色、具 1 根内弯大棘刺..........高盘管虫 *H. exaltata*
6. 壳盖冠棘刺皆具 1 对外（侧）小刺..........................无殖盘管虫 *H. tambalagamensis*
 - 壳盖冠棘刺具 2～5 对外（侧）小刺；壳盖冠中央齿无或仅呈小突起..
 ....华美盘管虫 *H. elegans*
7. 壳盖冠棘刺同形..8
 - 壳盖冠棘刺不同形..9
8. 壳盖冠棘刺等大、瓶棒状，壳盖冠无中央齿..........................班达盘管虫 *H. bandaensis*
 - 壳盖冠棘刺不等大、瓶棒状、非 T 形..................................格氏盘管虫 *H. grubei*
9. 壳盖冠背大棘刺前端无钩、非圆棒状且不外弯..........................白色盘管虫 *H. albiceps*
 - 壳盖冠背大棘刺前端具钩、呈弯钩状、两侧具侧钩....................突出盘管虫 *H. minax*

缨鳃虫科 Sabellidae Latreille, 1825
分歧管缨虫属 *Dialychone* Claparède, 1868

白环分歧管缨虫
Dialychone albocincta (Banse, 1971)

标本采集地： 山东烟台。

形态特征： 鳃冠为2个半圆形的鳃叶，各具9对或10对鳃丝。鳃丝细长，游离的末端突然变尖而细长，鳃丝间的鳃膜可达鳃丝长的5/6。胸区具8个胸刚节，无腹腺盾。第1胸刚节具翅毛状背刚毛的领刚毛束。其余胸刚节，背足叶上部具单翅毛状背刚毛，背足叶下部具短尖端的抹刀状背刚毛和细长的毛状刚毛。胸区的腹齿片枕上，柄和主齿约呈直角，主齿上有具5个小齿的具巾长柄钩状齿片。腹区刚节较多。前腹区背齿片为具5～7个小齿、主齿长于近四边形的齿片基部、无柄C形的锉刀状。中腹区具4纵排齿片，每排7～9个齿。后腹区的齿片较小，具9个或10个齿、齿冠较高、主齿长于齿片基部。体长16～30mm，体宽约1.5mm，具49～58个刚节。

生态习性： 底质泥沙和碎贝壳。

地理分布： 渤海，东海；东北太平洋。

参考文献： 刘瑞玉，2008；杨德渐和孙瑞平，1988；孙瑞平和杨德渐，2004。

图108　白环分歧管缨虫 *Dialychone albocincta* (Banse, 1971)
A. 整体；B. 体前端侧面观；C. 尾部；D. 疣足

伪刺缨虫属 *Pseudopotamilla* Bush, 1905

欧伪刺缨虫
Pseudopotamilla occelata Moore, 1905

标本采集地： 山东烟台北岛。

形态特征： 鳃冠为 2 个半圆形的鳃叶，背面基部愈合，两鳃叶近基部背内侧具凹裂。鳃叶上各具 17～20 对鳃丝，鳃丝无鳃膜、外突起和鳃丝镶边。几乎每根鳃丝外侧均具不成对而大的复眼 2 个。胸区和腹区的腹面具腺盾。疣足基部无内肢眼点。胸区具 7～8 刚节。除胸区领的腹腺盾前缘具凹裂外，其余的腹腺盾皆为矩形。领的背、腹面中央均具凹裂，领背叶较低，为 2 个半圆形叶，领腹叶较高，为 2 个钝三角形叶。领刚毛为双翅毛状和单翅毛状。胸区的其余刚节，背上刚毛与领刚毛相似，背下刚毛为具细尖顶的稃片状。胸区腹齿片枕上具 2 排腹刚毛，一排为 S 形鸟头状腹齿片，另一排为掘斧状的伴随腹刚毛。腹区的刚节多。腹区背齿片与胸区类似，但较小而柄长。腹区腹刚毛为弯曲的双翅毛状。虫管为角质，其上附有粗沙。体长 17～108mm，体宽 2～6mm，具 100 多刚节。有的鳃丝上具有 2～7 条浅紫色或棕色斑带。

生态习性： 潮间带，泥沙质。

地理分布： 黄海，东海；日本，加拿大西部，美国加利福尼亚州到阿拉斯加州，巴拿马。

参考文献： 刘瑞玉，2008；杨德渐和孙瑞平，1988；孙瑞平和杨德渐，2004。

图 109-1 欧伪刺缨虫 *Pseudopotamilla occelata* Moore, 1905（引自孙瑞平和杨德渐，2014）
A. 双翅毛状领刚毛；B. 单翅毛状领刚毛；C. 胸区双翅毛状背上刚毛；D. 胸区单翅毛状背上刚毛；E. 胸区稃片状背下刚毛；F. 胸区鸟头状腹齿片；G. 胸区伴随腹刚毛；H. 腹区双翅毛状腹刚毛

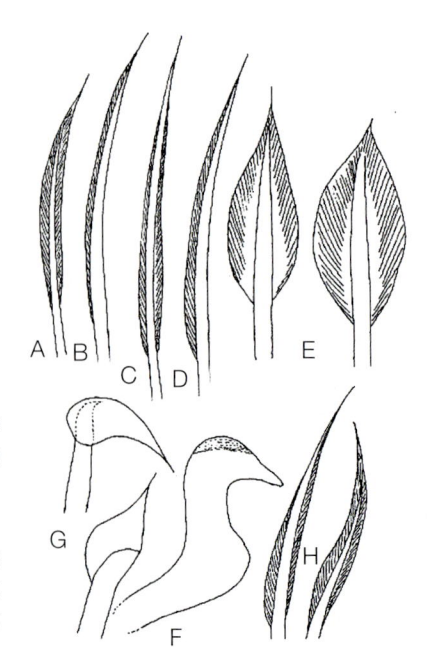

图 109-2　欧伪刺缨虫 *Pseudopotamilla occelata* Moore, 1905
A. 体前端腹面观；B. 栖管；C. 鳃；D. 疣足

杂毛虫科 Poecilochaetidae Hannerz, 1956

杂毛虫属 Poecilochaetus Claparède in Ehlers, 1875

蛇杂毛虫
Poecilochaetus serpens Allen, 1904

标本采集地： 广西防城港。

形态特征： 口前叶圆，具前伸的指状触手和两对眼，3个指状项器向后延伸至第3～4刚节。第1刚节疣足的背须小，腹须须状，简单毛状刚毛前伸形成头笼；第2～3刚节疣足背、腹须为圆锥状，具毛状背刚毛和稍向前伸的2～4根粗弯足刺刚毛；第4～6刚节背、腹须仍为圆锥状，腹须常长于背须，乳突状的侧感觉器位于背、腹须之间；第7～13刚节疣足背、腹须瓶状；第14刚节后，背、腹须仍为圆锥状。鳃出现于后区疣足背面，线头状，2～4对。刚毛有光滑毛状、羽毛状、刺状、弯足刺状、具瘤锯齿状。体长7～55mm，宽2～5mm，具44～110刚节。

生态习性： 软泥。

地理分布： 渤海，黄海，东海；太平洋，美国。

参考文献： 刘瑞玉，2008；杨德渐和孙瑞平，1988；孙瑞平和杨德渐，2004。

图 110　蛇杂毛虫 *Poecilochaetus serpens* Allen，1904
A. 体前端背面观；B. 体前端腹面观；C. 疣足；D. 毛状刚毛

海稚虫科 Spionidae Grube, 1850
后稚虫属 Laonice Malmgren, 1867

后稚虫
Laonice cirrata (M. Sars, 1851)

标本采集地： 厦门海域、香港。

形态特征： 口前叶前缘钝，后伸为脑后脊，上具一个后头触手，脑后脊后伸达第 9～10 刚节。鳃 34～41 对，始于第 2 刚节，第 2～4 刚节鳃不发达，不与背足叶相连；从第 5 刚节开始鳃长于背足叶，有鳃的背足叶很大、叶片状，以后慢慢变小，腹足叶椭圆形。腹巾钩刚毛始于第 35～43 刚节，双齿。肛须 8 对。

生态习性： 栖息于泥沙或碎贝壳沉积物中。

地理分布： 渤海，黄海，东海，南海；世界性分布。

参考文献： 杨德渐和孙瑞平，1988。

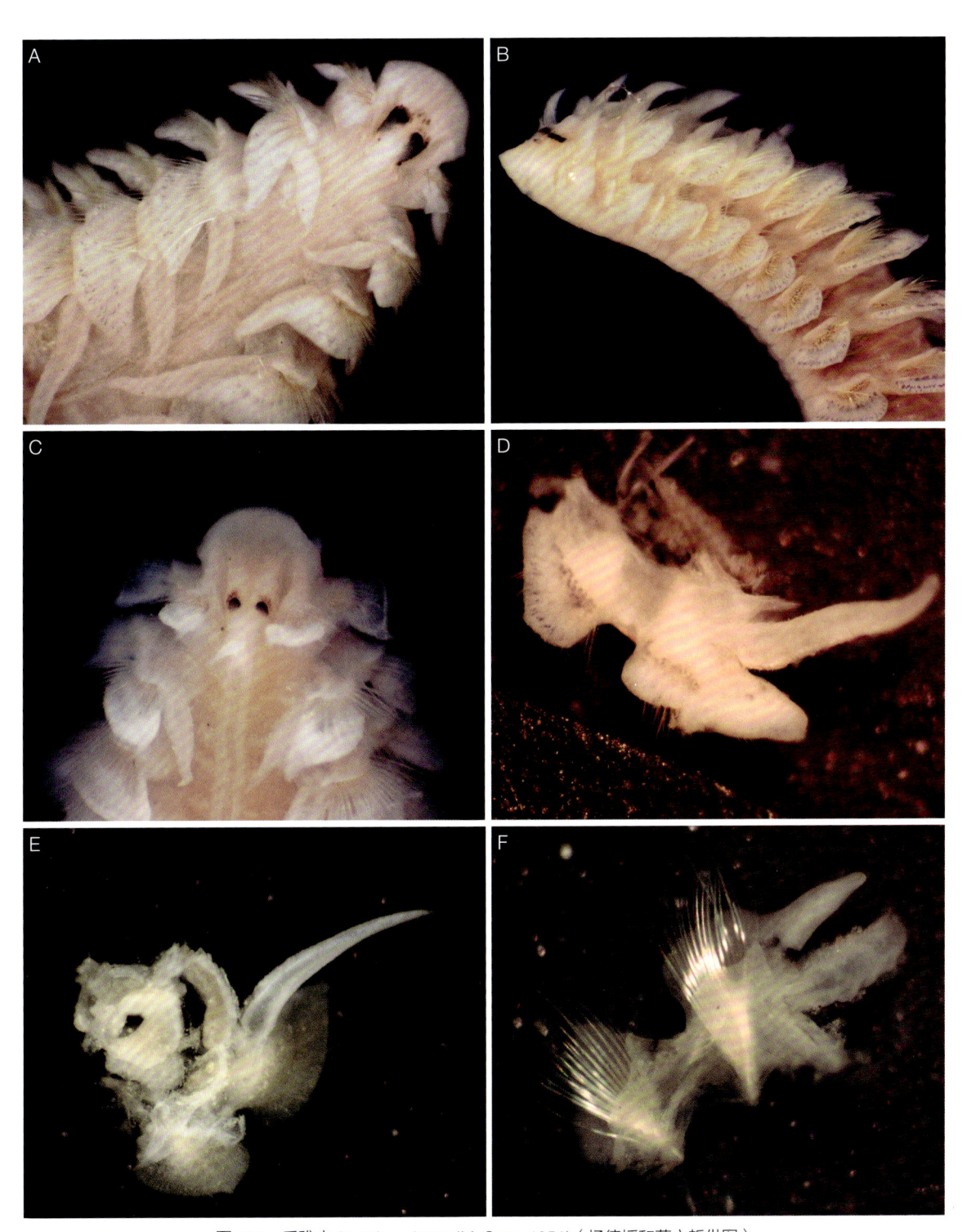

图 111　后稚虫 *Laonice cirrata* (M. Sars, 1851)（杨德援和蔡立哲供图）
A. 体前部背面观；B. 体前部侧面观；C. 口前叶；D. 第 10 刚节疣足；E. 第 22 刚节疣足；F. 第 40 刚节疣足

奇异稚齿虫属 *Paraprionospio* Caullery, 1914

冠奇异稚齿虫
Paraprionospio cristata Zhou, Yokoyama & Li, 2008

标本采集地： 厦门海域、广东大亚湾。

形态特征： 口前叶前端圆钝，向后形成不明显的脑后脊至第 1 刚节。2 对眼，等大，梯形排列，前对眼常被围口节遮盖，之间的间距宽。围口节发达，在两侧侧翼状包围着口前叶，两侧后缘无乳突。触手表面有沟槽，基部有鞘，常脱落。鳃 3 对，始于第 1 刚节，皆羽状。前两对鳃较长，向后至第 9 刚节；第 3 对鳃较短，向后至第 6 刚节。鳃表面有很多羽片，几乎覆盖整个鳃，鳃前侧和基部裸露，基部羽片为双叶型，中部、端部羽片为扇形。第 1 对鳃基部无附加羽片，第 3 对鳃的基部各有 1 根细长的附属鳃。前 4 刚节上疣足背叶刚毛后叶发达，长三角形，顶端尖，随后刚节上疣足背叶刚毛后叶变小，圆钝，从第 22 刚节以后，疣足背叶刚毛后叶毛状。第 1 刚节疣足背叶刚毛后叶基部连接成横脊，第 1～3 刚节上疣足腹叶刚毛后叶矛形，第 4～8 刚节上逐渐宽圆、横脊状，随后刚节的疣足腹叶刚毛后叶逐步退化，第 21～29 刚节上背前刚叶基部相互连接，形成明显的腹褶结构。

生态习性： 常见于泥沙沉积环境。

地理分布： 黄海，东海，南海；安哥拉，美国，智利。

参考文献： 周进，2008。

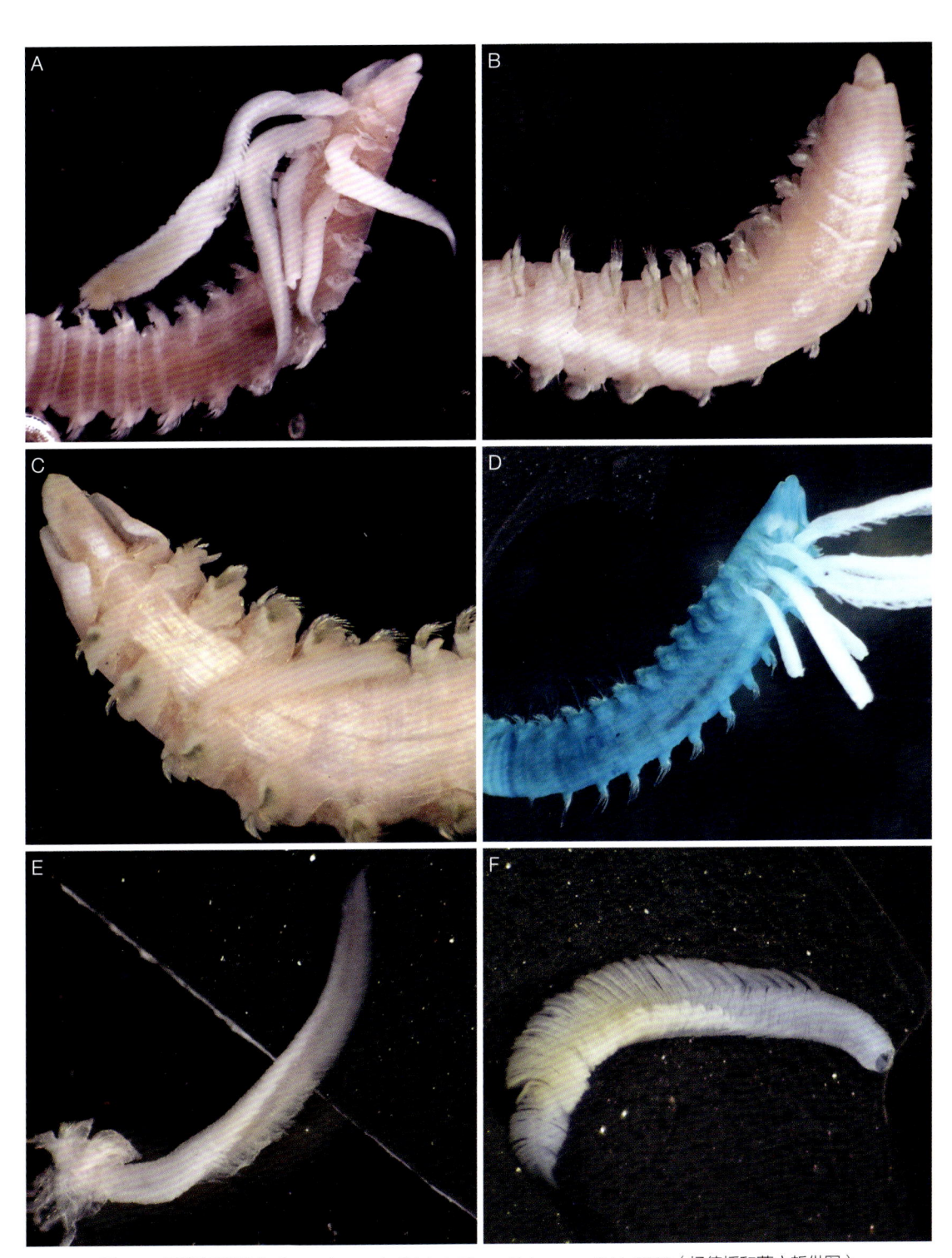

图 112　冠奇异稚齿虫 *Paraprionospio Cristata* Zhou, Yokoyama & Li, 2008（杨德援和蔡立哲供图）
A. 体前部侧面观；B. 体前部腹面观；C. 体前部背面观；D. 体前部背面观（染色）；E、F. 第 2 对鳃

225

丝鳃虫科 Cirratulidae Ryckholt, 1851
双指虫属 Aphelochaeta Blake, 1991

细双指虫
Aphelochaeta filiformis (Keferstein, 1862)

标本采集地： 东海外海潮下带。

形态特征： 体细长。口前叶圆锥形、无眼点。围口节3环、稍膨大。触角2～8对，始于第1刚节。鳃丝直达体后部。体中部鳃丝与背刚叶的距离为背、腹刚叶间距的一半。背、腹刚叶稍突起，皆具毛状刚毛，无足刺刚毛。体长约50mm，宽7～8mm。

生态习性： 水深13.6～46m，软泥底质。

地理分布： 黄海，东海，南海；大西洋，地中海，波斯湾，印度洋。

参考文献： 刘瑞玉，2008；杨德渐和孙瑞平，1988；孙瑞平和杨德渐，2004。

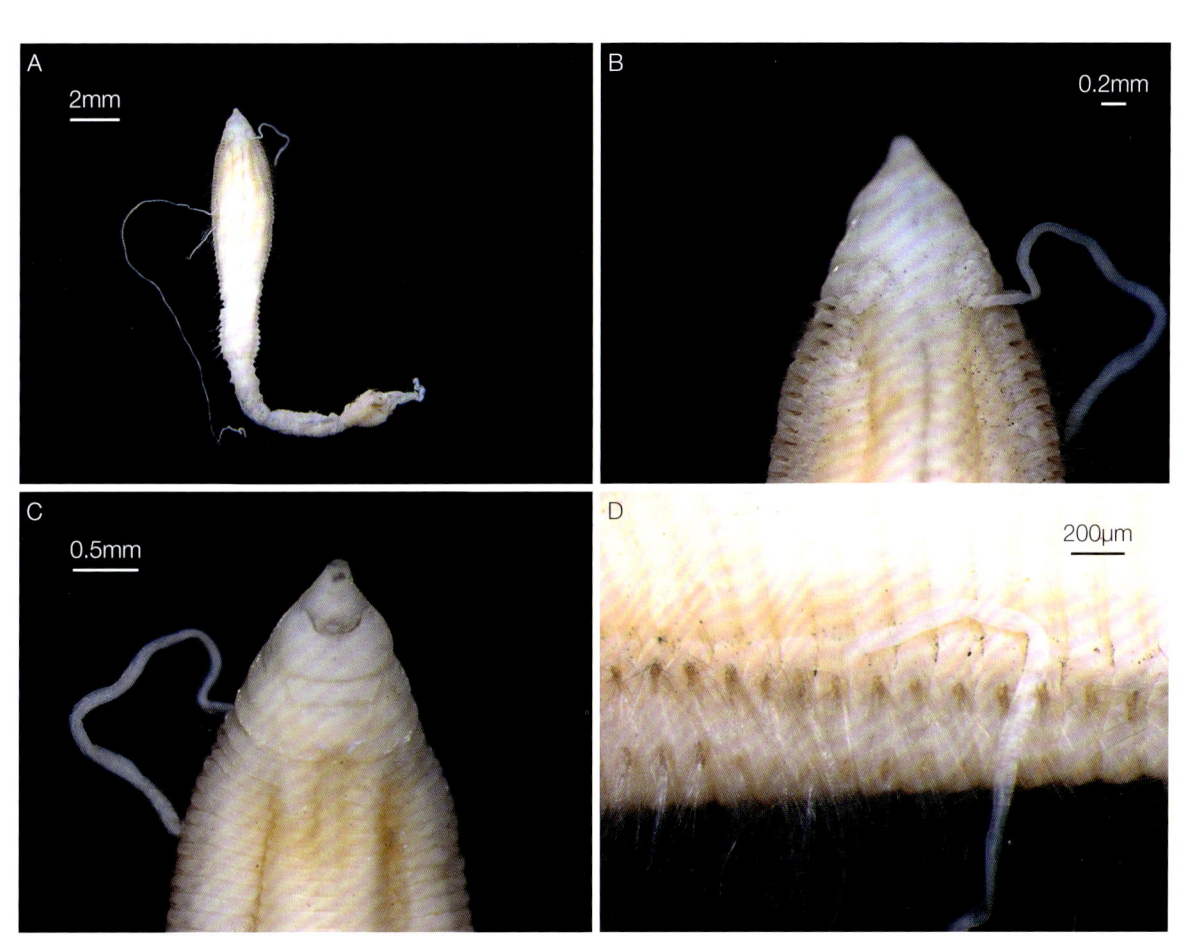

图 113 细双指虫 *Aphelochaeta filiformis* (Keferstein, 1862)
A. 整体；B. 体前端背面观；C. 体前端腹面观；D. 疣足

须鳃虫属 *Cirriformia* Hartman, 1936

须鳃虫
Cirriformia tentaculata (Montagu, 1808)

标本采集地： 山东青岛汇泉浴场大坝附近。

形态特征： 口前叶圆锥形，围口节具3个环轮。有沟的细触角密集成两束，位于第5或第6、第7刚节背面，且在背中线相遇。圆柱形的细长鳃丝始于第1刚节，一直延续到体后，鳃丝紧靠背刚叶，鳃丝与背刚叶的间距短于背、腹刚叶的间距。体节多窄细。毛状刚毛分布于所有刚节的背、腹刚叶上；4～5根背、腹足刺刚毛始于第40～50刚节。尾部尖锥形，肛门位于背面。触须和鳃丝均为浅黄色。体长20～98mm，宽4～7mm，具约300个刚节。

生态习性： 潮间带，穴居于低潮区结实的底质或岩石中。

地理分布： 黄海，东海，南海；加拿大西海岸以南至美国南加利福尼亚。

参考文献： 刘瑞玉，2008；杨德渐和孙瑞平，1988；孙瑞平和杨德渐，2004。

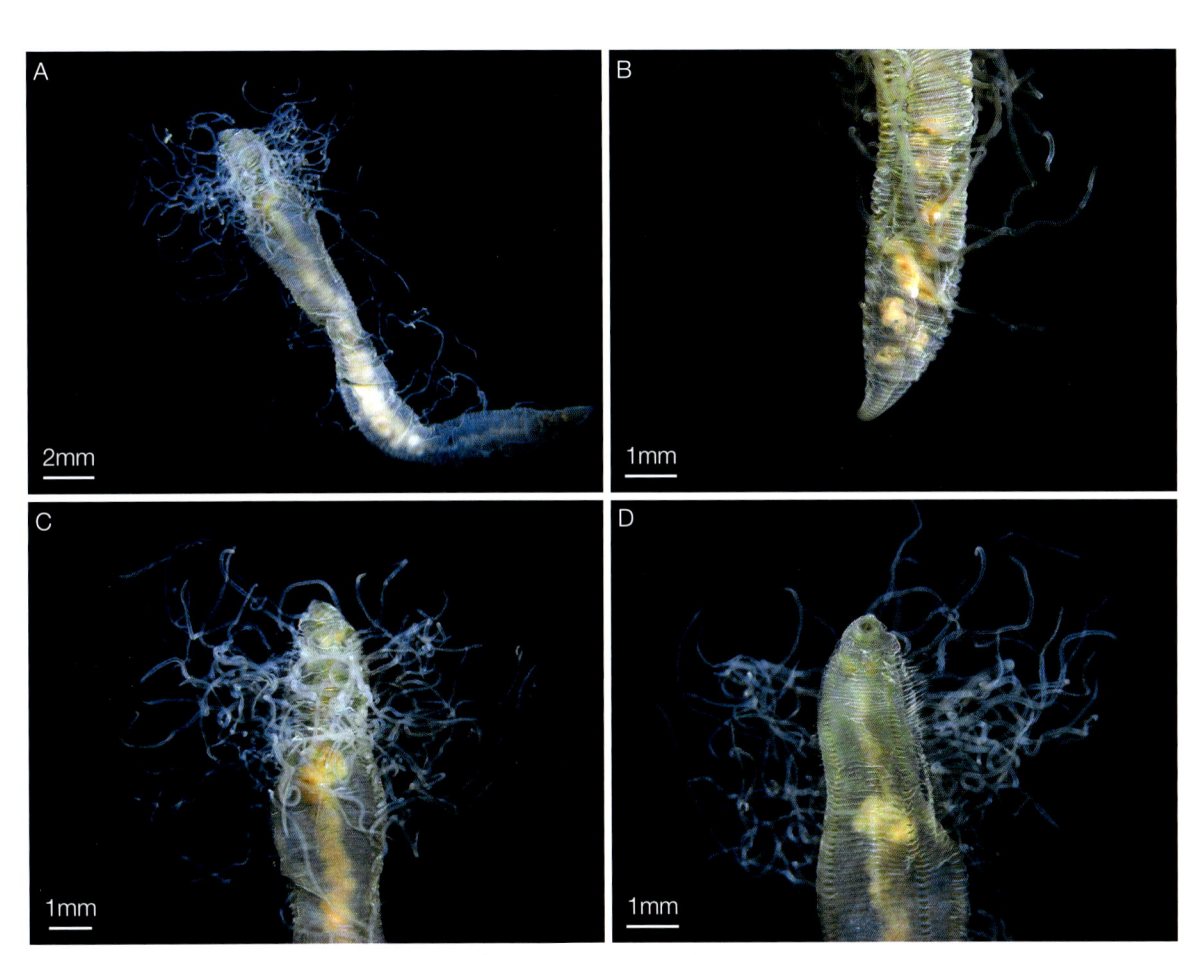

图 114 须鳃虫 *Cirriformia tentaculata* (Montagu, 1808)
A. 整体；B. 尾部；C. 体前端背面观；D. 体前端腹面观

扇毛虫科 Flabelligeridae de Saint-Joseph, 1894

足丝肾扇虫属 *Bradabyssa* Hartman, 1867

绒毛足丝肾扇虫
Bradabyssa villosa (Rathke, 1843)

标本采集地： 江苏盐城。

形态特征： 体无花纹，头笼不发达。具多对鳃，口前叶鳃内收，少膜。无领。体表多小乳突。疣足基部常具乳突环轮。腹刚毛简单型，具横纹，腹刚毛稍比背刚毛粗。第3刚节具成束腹刺刚毛。体长达15mm或更大，宽大于6mm，一般虫体的大小是该尺寸的一半。身体发白。通过身体的左右摇摆扭动来快速地挖洞或者游泳。当其被捕获时，体后部容易断裂，之后重新长出。

生态习性： 潮下带穴居。

地理分布： 黄海，东海，南海。

参考文献： 刘瑞玉，2008；杨德渐和孙瑞平，1988；孙瑞平和杨德渐，2004。

图 115　绒毛足丝肾扇虫 *Bradabyssa villosa* (Rathke, 1843)
A. 体前端侧面观；B. 疣足；C. 头部背面观；D. 头部腹面观

海扇虫属 *Pherusa* Oken, 1807

孟加拉海扇虫
Pherusa bengalensis (Fauvel, 1932)

标本采集地： 山东青岛沧口。

形态特征： 体前部粗圆柱状，体后部突然变细成向前弯曲的尾部。鳃丝螺旋地排列成数排，位于膜状鳃叶上，两个有沟触角具波状边缘，口开于背、腹唇之间。前 2 刚节的刚毛粗毛状，具美丽虹彩及横纹，数目很多且排成环状，前伸形成头笼，第 3 刚节刚毛较前 2 刚节的刚毛细、短，5～7 根，第 4～5 刚节背、腹刚毛为细毛状、数目少，约第 6 刚节始背刚毛为细毛状、上具横纹，腹刚毛 3～5 根、镰刀状、棕色、有稀疏横纹。体前部分节不明显，体表乳突少；以后分节明显，体表布满铁锈色球状乳突，且黏附有不牢固的砂粒。尾部无疣足突起和刚毛。体长 60～90mm，宽 7～12mm，尾长 25～32mm，具 60～130 个刚节。

生态习性： 水深 40m 的软泥中。

地理分布： 黄海，东海；印度沿海。

参考文献： 刘瑞玉，2008；杨德渐和孙瑞平，1988；孙瑞平和杨德渐，2004。

图 116 孟加拉海扇虫 *Pherusa bengalensis* (Fauvel, 1932) 头部

双栉虫科 Ampharetidae Malmgren, 1866
扇栉虫属 Amphicteis Grube, 1850

扇栉虫
Amphicteis gunneri (M. Sars, 1835)

标本采集地： 上海长江口。

形态特征： 口前叶有腺脊，口触手短、光滑，常部分缩入口中。4对光滑棒状鳃，末端稍细，2对在前、2对在后。稃刚毛发达，位于第3体节。第4～6刚节仅具翅毛状刚毛。有14个胸齿片枕节，胸枕齿片始于第7刚节（第4刚节，不包括稃刚毛节），齿片具5～6个齿，排成一排。腹区约有15个腹齿片节，具原始的乳突状背须。尾节具1对细肛须。体长15～46mm，宽3～5mm。泥沙栖管，管外常有碎贝壳。

生态习性： 灰色泥沙有贝壳或泥质沙。

地理分布： 黄海，东海，南海；大西洋。

参考文献： 刘瑞玉，2008；杨德渐和孙瑞平，1988；孙瑞平和杨德渐，2004。

图 117 扇栉虫 *Amphicteis gunneri* (M. Sars, 1835)
A. 整体；B. 体前端背面观；C. 头部背面观；D. 体前端腹面观；E. 疣足；F. 齿片侧面观和正面观

似蛰虫属 *Amaeana* Hartman, 1959

西方似蛰虫
Amaeana occidentalis (Hartman, 1944)

标本采集地： 山东青岛。

形态特征： 身体背面突起，腹面具一纵沟，内具按刚节分开的小横沟。口前叶分3叶，中间叶最大，为圆形叶片状。围口节在腹面形成低唇，其背面有很多触手，触手2种，为细长的须状和末端突然变粗的柳叶状。无鳃，无侧瓣。背疣足始于第3刚节，共12对。疣足圆柱状，非常长，具很短的背刚毛，背刚毛刺毛状。胸、腹区之间具5～6个无刚毛节。腹区不少于33个刚节，疣足不明显，仅具圆头状内足刺，无齿片。肾乳突位于胸区腹足基部，前1对最大，之后很小，一直分布到后胸区。体最长约50mm，宽6mm。胸区有乳突状花斑，之后体表光滑。在胸、腹区之间第5～6刚节常无疣足突起。

生态习性： 栖息于潮间带、朝下带岩石上。

地理分布： 黄海，东海；美国加利福尼亚。

参考文献： 刘瑞玉，2008；杨德渐和孙瑞平，1988；孙瑞平和杨德渐，2004；隋吉星，2013。

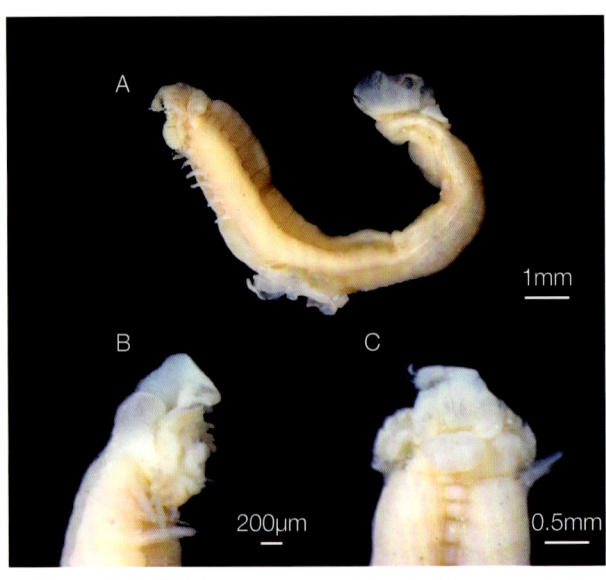

图118 西方似蛰虫 *Amaeana occidentalis* (Hartman, 1944)
A. 整体；B. 体前端侧面观；C. 体前端腹面观

蛰龙介科 Terebellidae Johnston, 1846

树蛰虫属 *Pista* Malmgren, 1866

长鳃树蛰虫
Pista brevibranchia Caullery, 1915

标本采集地： 东海外海潮下带。

形态特征： 口前叶触手多、细长，前几节有侧瓣，第3刚节侧瓣大且覆盖着第2刚节的大部分，以致第2刚节只看到小的腹侧瓣。两对大小约相等的鳃，每个鳃具粗短的柄和长于柄的鳃束，其上鳃丝似螺旋状排列。17个胸刚节，背刚毛翅毛状，第1齿片枕始于第2刚节，仅前胸齿片具长柄，以后齿片具短柄，齿片为鸟嘴状，一个大齿上有数个小齿排成数排。体长20～80mm，宽2～5mm，具50～100刚节。栖管为泥沙膜质管。

生态习性： 泥沙潮间带、潮下带。

地理分布： 黄海，东海；印度尼西亚。

参考文献： 刘瑞玉，2008；杨德渐和孙瑞平，1988；孙瑞平和杨德渐，2004。

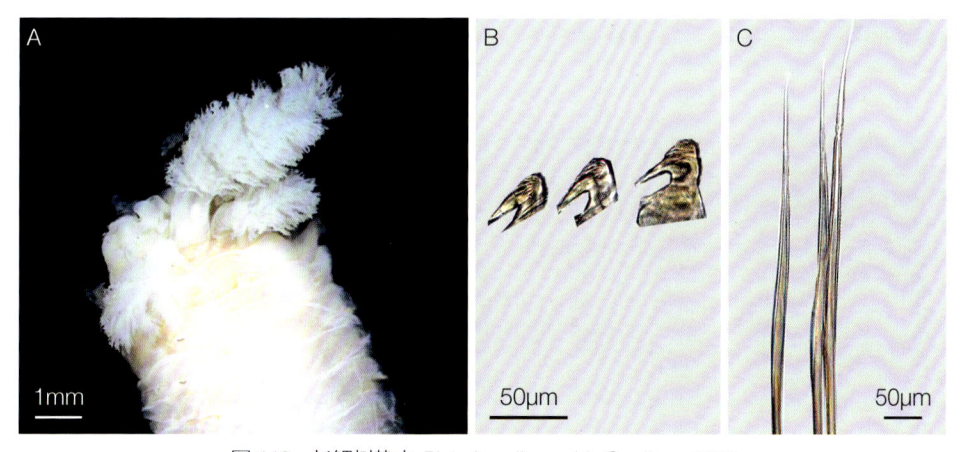

图119 长鳃树蛰虫 *Pista brevibranchia* Caullery, 1915
A. 体前端背面观；B. 鸟嘴状齿片；C. 翅毛状背刚毛

不倒翁虫科 Sternaspidae Carus, 1863
不倒翁虫属 Sternaspis Otto, 1821

中华不倒翁虫
Sternaspis chinensis Wu, Salazar-Vallejo & Xu, 2015

标本采集地： 黄海。

形态特征： 体色苍白或淡黄色，体中部收缩，第 7 刚节和第 8 刚节之间有 2 个生殖乳突，体前部可外翻的部分大多是光滑的，腹部有微小乳突。口前叶为白色半球状突起，口前叶后是一个倒"U"形的边界。围口节圆形，没有乳突，向侧面和腹面几乎延伸至第 1 刚节。口圆形，比口前叶更宽，有微小乳突。前 3 刚节每节有 14～16 根镰刀状内钩刚毛，内钩刚毛在腹侧变得非常短小，刚毛末端没有黑色区域。腹侧盾板为红橙色或砖红色，中央区域颜色更深，有环状同心带，肋条明显；前边缘有角或稍圆，前部凹陷深，前端龙骨被一层半透明的表皮覆盖。侧边缘稍圆、光滑，后侧角明显；缝明显贯穿盾板或左右 2 块盾板在后部愈合；扇面达到或略超过后侧角，扇面边缘具小齿，有宽浅的中央缺刻。不同大小的不倒翁虫盾板的颜色和形状存在差别。随个体增大，盾板颜色由红橙色变为砖红色或红棕色，在相对较小的个体中，同心环带不明显，缝贯通整个盾板，前端凹陷深，龙骨暴露，扇面边缘明显超过后侧角，扇面中央缺刻相对深。每块盾板边缘有 10 束侧刚毛和 5 束后刚毛。鳃丝丰富，细长卷曲，着生在 2 块分开的鳃盘上，鳃盘上的鳃间乳突长、卷曲。鳃盘长，两个鳃盘呈"V"形，末端扩展为圆形。

生态习性： 水深 7m，常分布在潮下带。

地理分布： 渤海，黄海，东海。

参考文献： Wu et al., 2015。

图 120　中华不倒翁虫 Sternaspis chinensis Wu, Salazar-Vallejo & Xu, 2015
A1～A6. 整体腹面观；B. 体前部；C. 刚毛；D. 鳃盘；E～J. A1～A6 的盾板

仙虫科 Amphinomidae Lamarck, 1818
海毛虫属 *Chloeia* Lamarck, 1818

梯斑海毛虫
Chloeia parva Baird, 1868

标本采集地： 福建东山。

形态特征： 口前叶近矩形，前侧面具一对细长触角；前缘具一对侧触手，须状，与触角近等长，均无色素。具两对眼点，矩形排列，深紫色，前对约为后对的2倍大。中触手位于肉瘤前缘，约有16个侧褶边，在前2体节上固着，其后游离。口由前3体节和裂片围成。中触手紫红色，侧触手与触角无色。肉瘤中央背脊紫红色。疣足全为双叶型，背、腹叶分开较大。前2体节退化，腹面不连续。所有体节均具背、腹须，第1～3体节具一条鳃须。背须位于背刚毛束后侧，与背刚毛束近等长，具须基，基端粗短，须端细长须状，紫红色。腹须位于腹刚毛束腹侧，无色素，与背须近等长。鳃须无须基，位于背须背侧。体背每体节具紫红色至紫黑色"T"形色斑。背刚毛白色，较粗，较腹刚毛少。背刚毛共4种类型，前5体节仅具二叉刚毛，锯齿状刚毛出现于第6体节，第6体节开始出现二叉锯齿状刚毛，并逐步取代二叉刚毛，后部体节上二叉锯齿状刚毛短叉退化成刺，最终消失，到第20体节时具锯齿状刚毛和少量足刺状刚毛。腹刚毛在全部体节上为二叉刚毛。鳃羽状分枝，始于第4体节，鳃主支紫红色。主枝具8～12个分枝，并分出次级羽支，中部体节上鳃发育最为完善，在后部体节上逐步变小。肛须1对，指状，肛孔位于最后体节的背部。每体节紫红色至紫黑色。

生态习性： 常栖息于潮间带岩石海岸，潮下带沙质泥。

地理分布： 东海，南海，北部湾，广东，广西，福建；新几内亚岛，安达曼群岛，印度尼西亚。

参考文献： 杨德渐和孙瑞平，1988；孙悦，2018。

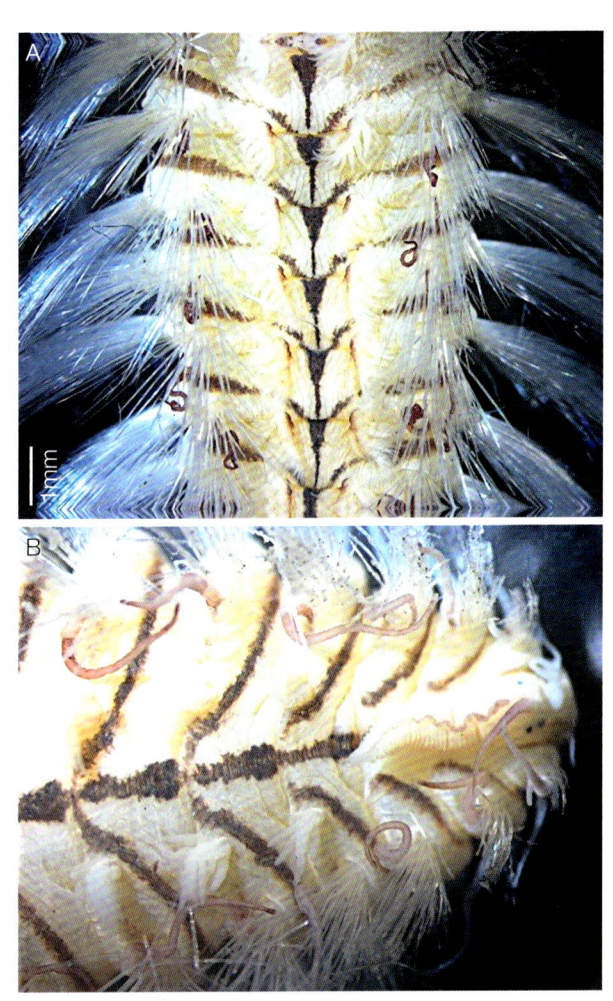

图 121-1　梯斑海毛虫 *Chloeia parva* Baird, 1868
A. 部分刚节背面观；B. 体前端背面观

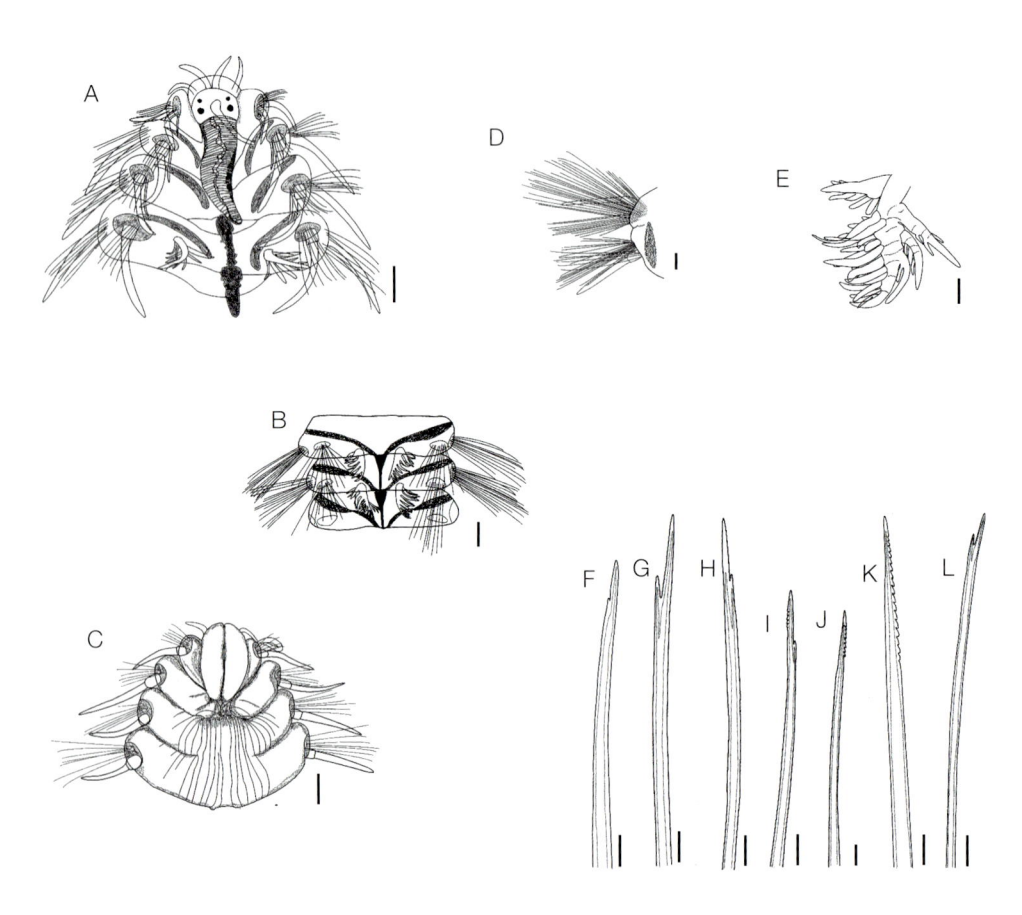

图 121-2　梯斑海毛虫 *Chloeia parva* Baird, 1868
A. 体前端背面观；B. 体后部体节背面观；C. 体前端腹面观；D. 第 11 体节疣足后面观；E. 第 11 体节鳃；
F、G. 第 3 体节二叉背刚毛；H、I. 第 6 体节二叉背刚毛；J. 第 7 体节锯齿背刚毛；K. 第 20 体节锯齿状背刚毛；
L. 第 3 体节叉状腹刚毛

拟刺虫属 *Linopherus* Quatrefages, 1866

含糊拟刺虫
Linopherus ambigua (Monro, 1933)

标本采集地： 山东青岛。

形态特征： 口前叶由 2 部分组成，前叶圆形，后叶近方形，具 2 对红色眼点。中触手位于后叶中后区，较侧触手稍长。肉瘤方形，显著，位于口前叶后侧，中央具有一退化的不明显脊。所有疣足为双叶型，疣足发达，刚毛囊形成一个低的圆形叶，前 2 体节背、腹须较后部体节更长。鳃始于第 3 刚节，位于背疣足叶后侧，成束，枝状分支，分布至体中后区（30～70 对）。背刚毛具 3 种类型：粗壮锯齿状刚毛，细长毛状刚毛，具细锯齿，无基部刺；腹刚毛二叉，具细长和粗短 2 种类型，长叉内缘具细锯齿。

生态习性： 常栖息于软泥底质。

地理分布： 渤海，黄海，东海，南海；巴拿马，墨西哥湾。

参考文献： 孙悦，2018。

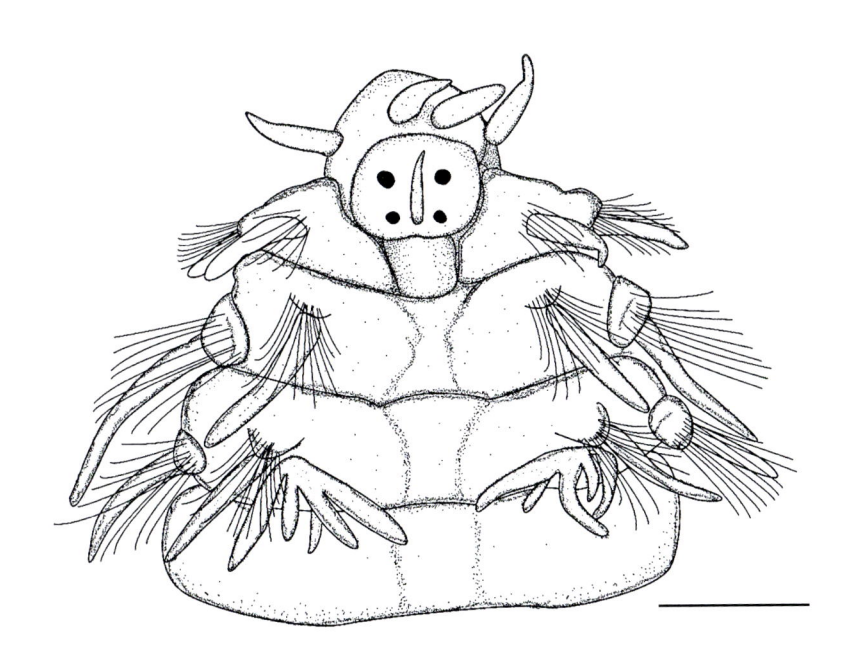

图 122　含糊拟刺虫 *Linopherus ambigua* (Monro, 1933) 体前端背面观（引自孙悦，2018）

矶沙蚕科 Eunicidae Berthold, 1827
矶沙蚕属 *Eunice* Cuvier, 1817

滑指矶沙蚕
Eunice indica Kinberg, 1865

标本采集地： 大亚湾、厦门海域。

形态特征： 口前叶双叶型，5 个后头触手排成新月形，具不清楚的环轮，中央触手后伸可达第 17 刚节，内侧触手后伸达第 10 刚节。触须 1 对，后伸可达第 5 刚节。疣足单叶型，鳃始于第 3 刚节（1 根或 2 根鳃丝）止于第 26～28 刚节（1 根或 4 根鳃丝），鳃丝最多达 13 根。每个疣足具亚足刺钩状刚毛 3 根。

生态习性： 虫体易断、再生能力强，活体具鲜艳的虹彩。常栖息于较硬的泥沙底质中，潮间带和潮下带大型底栖动物群落常见种。

地理分布： 东海，南海；红海，印度洋，太平洋，日本。

参考文献： Wu et al., 2013a, 2013b。

图 123 滑指矶沙蚕 *Eunice indica* Kinberg, 1865（杨德援和蔡立哲供图）
A. 整体图；B. 体前部背面观；C. 体前部腹面观；D. 第 3 刚节疣足；E. 第 17 刚节疣足；F. 第 17 刚节疣足刚毛

哥城矶沙蚕
Eunice kobiensis (McIntosh, 1885)

标本采集地： 广东大亚湾。

形态特征： 口前叶宽大于长，前端具缺刻。5个后头触手具环轮，但非念珠状，中央触手后伸可达第8刚节，内侧触手后伸达第6刚节。眼位于触角和侧触手之间稍后的位置。第1围口节宽约为第2围口节的2倍，2根触须位于第2围口节的后缘，具5～6个环轮。疣足背须在体前部为指状，至体后部细长；腹须在前6刚节为圆锥形，其后腹须膨大为卵圆形，端部具明显较细的短锥形；至第4～5刚节恢复为圆锥形。鳃始于第3刚节，具鳃丝1根，至第15刚节鳃丝达13根，约在第44刚节消失。亚足刺钩状刚毛黄色，始于第30刚节，每个疣足仅具1根；刷状刚毛具6个内齿，外齿不对称；复型镰刀状刚毛双齿、具巾；毛状刚毛一侧具细齿。

生态习性： 常栖息于软泥底质。

地理分布： 黄海，东海；美国阿拉斯加，日本。

参考文献： Wu et al., 2013a, 2013b。

图 124　哥城矶沙蚕 *Eunice kobiensis* (McIntosh, 1885)（杨德援和蔡立哲供图）
A. 整体图；B. 体前部背面观；C. 体前部腹面观；D. 第 18 刚节疣足

岩虫属 *Marphysa* Quatrefages, 1865

岩虫
Marphysa sanguinea (Montagu, 1813)

标本采集地： 山东青岛。

形态特征： 围口节和前部体节为圆柱形，体后部背、腹面逐渐扁平，横截面为卵圆形。两个围口节分界明显，第二围口节长为第一围口节的 2～3 倍。体表颜色多样，具虹彩。口前叶双叶型，前端圆，中央沟明显。具 5 个后头触手，以中央者最长，长为口前叶的 2 倍。上颚齿式：1+1，3+3，5+0，5+6，1+1。体前部疣足具发达的后叶、稍长的指状背须和稍短的圆锥形腹须。随后背、腹须皆减小为突指状。鳃始于第 14～27 刚节，止于体后端。最初鳃为一结节状突起，至体中部最发达，每束达 4～7 根鳃丝，体后部减少为 1 根。足刺上方具毛状刚毛、梳状刚毛，足刺下方具复型刺状刚毛。亚足刺状刚毛始于第 20～76 刚节，每疣足 1 根，体后端某些疣足可能具 2 根或缺失。亚足刺钩状刚毛双齿、具巾，明显较足刺细。远端齿指向末端，近端齿圆钝、指向侧面。

生态习性： 栖息于岩岸潮间带、潮下带。

地理分布： 渤海，黄海，东海，南海。

参考文献： 孙瑞平和杨德渐，2004；吴旭文，2013。

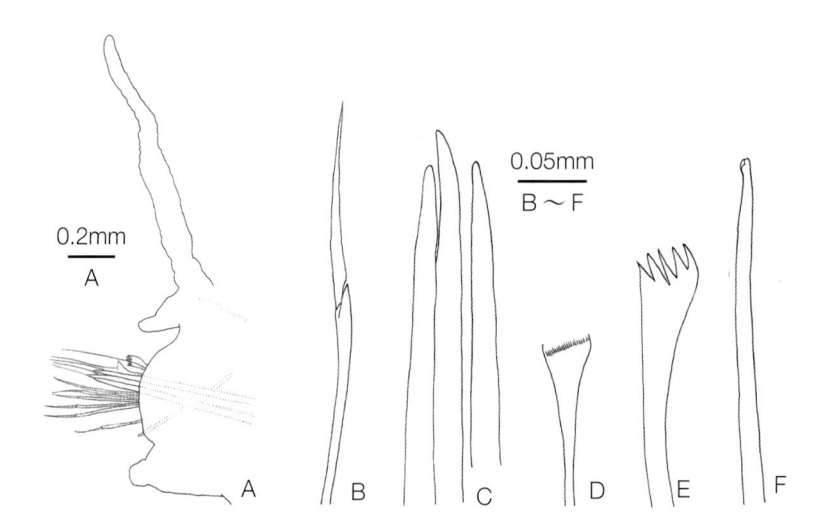

图 125-1　岩虫 *Marphysa sanguinea* (Montagu, 1813)（引自吴旭文，2013）
A. 体后部疣足；B. 复型刺状刚毛；C. 足刺；D. 细齿梳状刚毛；E. 粗齿梳状刚毛；F. 亚足刺钩状刚毛

图 125-2　岩虫 *Marphysa sanguinea* (Montagu, 1813)（引自吴旭文，2013）
A. 头部背面观；B. 头部腹面观；C. 体后部背面观；D. 尾部

索沙蚕科 Lumbrineridae Schmarda, 1861

科索沙蚕属 *Kuwaita* Mohammad, 1973

异足科索沙蚕
Kuwaita heteropoda (Marenzeller, 1879)

同物异名： 异足索沙蚕 *Lumbrineris heteropoda* (Marenzeller, 1879)

标本采集地： 山东青岛。

形态特征： 口前叶圆锥形，长稍大于宽。前围口节稍长于后围口节。下颚黑褐色，前端切断缘宽直，后端细长。上颚基长且宽，基部稍尖具侧缺刻，上颚齿式为：1-4-2-1。体前几节疣足小，具圆形或斜截形的前叶和稍大的圆锥形后叶，体中部疣足前后叶皆发达、几乎等大，体后部疣足后叶变长、叶状向上斜伸。体中后部疣足背部近体壁处具乳突状突起。体前 35 刚节仅具翅毛状刚毛，简单多齿巾钩刚毛始于第 36 个刚节，足刺淡黄色。体后端 30 余个刚节密集变小，肛节具 4 根肛须。体黄褐色，体长可达 295mm，宽 7mm，约具 330 刚节。

生态习性： 栖息于潮间带及潮下带泥沙滩。

地理分布： 渤海，黄海，东海，南海；世界性分布。

参考文献： 刘瑞玉，2008；杨德渐和孙瑞平，1988；孙瑞平和杨德渐，2004。

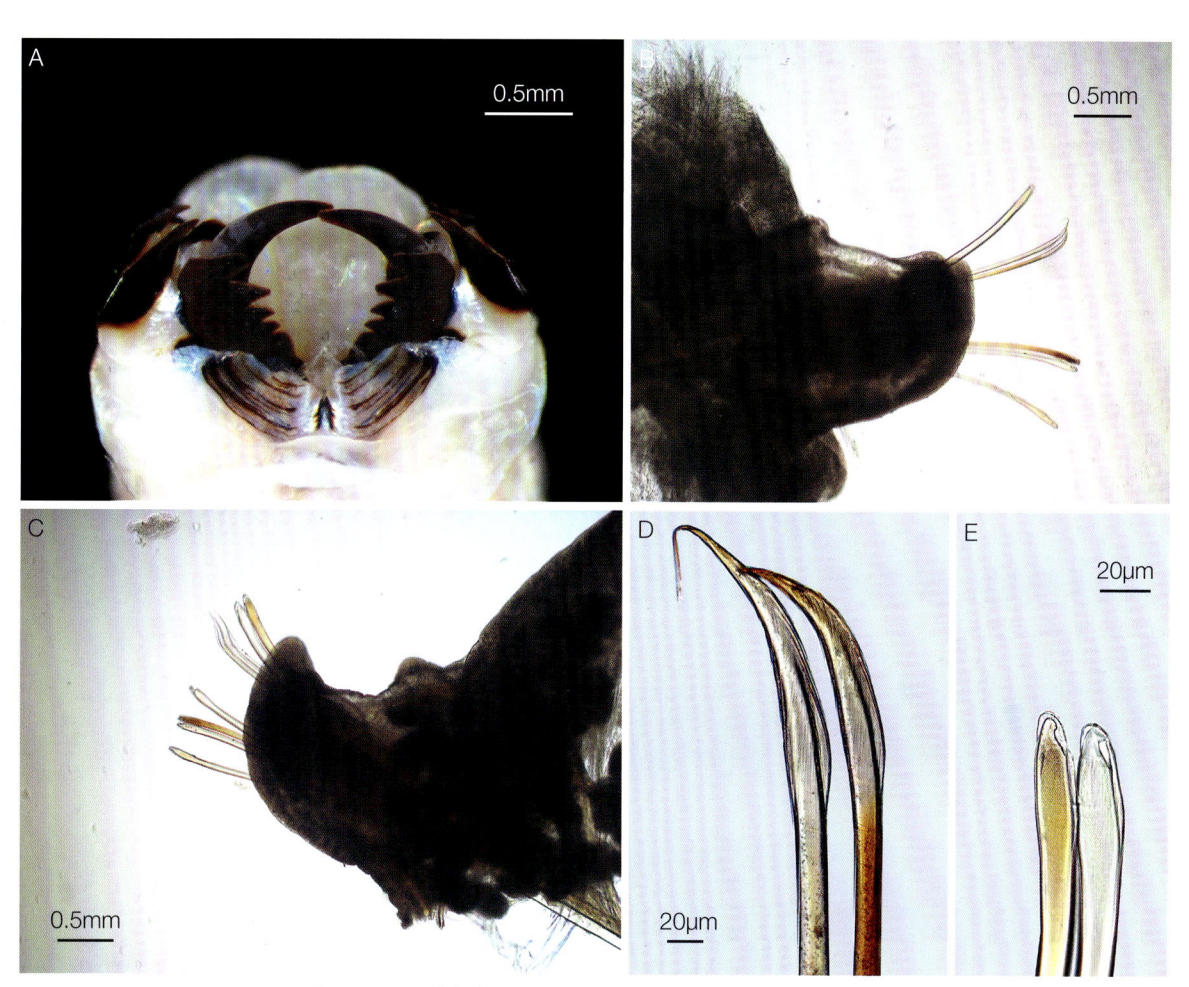

图126 异足科索沙蚕 *Kuwaita heteropoda* (Marenzeller, 1879)
A. 颚齿；B. 体前部疣足；C. 体后部疣足；D. 翅毛状刚毛；E. 巾钩刚毛

索沙蚕属 *Lumbrineris* Blainville, 1828

日本索沙蚕
Lumbrineris japonica (Marenzeller, 1879)

标本采集地： 山东胶州湾。

形态特征： 口前叶圆形，长与宽等长，具一对项器，腹面具一对发达的颊唇。围口节短于口前叶，前围口节是后围口节的 2 倍长。疣足发达，前 5 对疣足小于后面的疣足。所有疣足的前刚叶均不明显。后刚叶从第 1 刚节起发达，均为指状。第 5～11 对疣足的后刚叶最发达。所有疣足均具短圆的背须，具背足刺。复型多齿巾钩刚毛分布于第 1～15 刚节，巾短，7 个齿，近端齿最大。简单多齿巾钩刚毛始于第 16 刚节，巾短，11 个齿，近端齿最大，钝状。背翅毛状刚毛分布于第 1～24 刚节，腹翅毛状刚毛分布于第 1～10 刚节。足刺黑色，刺状，前部疣足 3 根，后部疣足 2 根。

生态习性： 潮间带、潮下带均有分布，栖息于各类底质类型中。

地理分布： 黄海，东海。

参考文献： 刘瑞玉，2008；杨德渐和孙瑞平，1988；孙瑞平和杨德渐，2004。

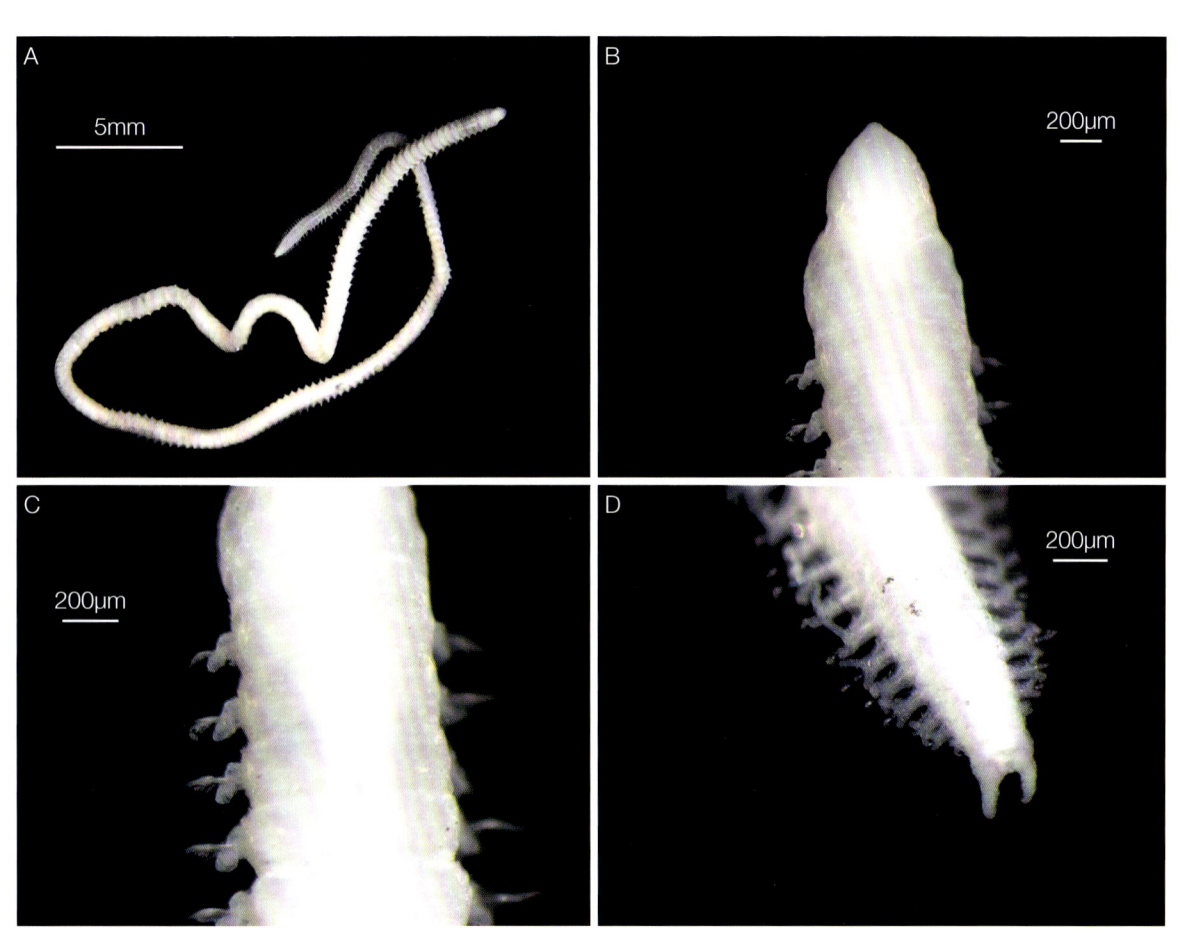

图 127　日本索沙蚕 *Lumbrineris japonica* (Marenzeller, 1879)
A. 整体；B. 体前端背面观；C. 疣足；D. 尾部

短叶索沙蚕
Lumbrineris latreilli Audouin & Milne Edwards, 1833

标本采集地： 山东青岛沧口。

形态特征： 口前叶圆锥形，长大于宽。第 1 围口节长于第 2 围口节。上颚基稍长，具缺刻，上颚齿式为：1-4(5)-2-1；下颚具宽扁的前端和稍细的后部。体前后疣足同形，后叶圆锥形，稍长于前叶，唯体中部疣足后叶稍小。复型巾钩刚毛始于第 1 刚节，止于第 21 刚节，随后由简单巾钩刚毛替代，复型巾钩刚毛端片长为宽的 6～7 倍，具 1 主齿和 4～6 个小齿。简单巾钩刚毛约具 9 个逐渐增大的小齿。翅毛状刚毛始于第 1 刚节，止于第 50 刚节。足刺黑色，2～3 根。活标本呈橘黄色，体长 7mm，宽 3mm，具 200 个刚节。

生态习性： 栖息于潮下带砾石下。

地理分布： 黄海，东海；大西洋，太平洋，印度洋，地中海，日本。

参考文献： 刘瑞玉，2008；杨德渐和孙瑞平，1988；孙瑞平和杨德渐，2004。

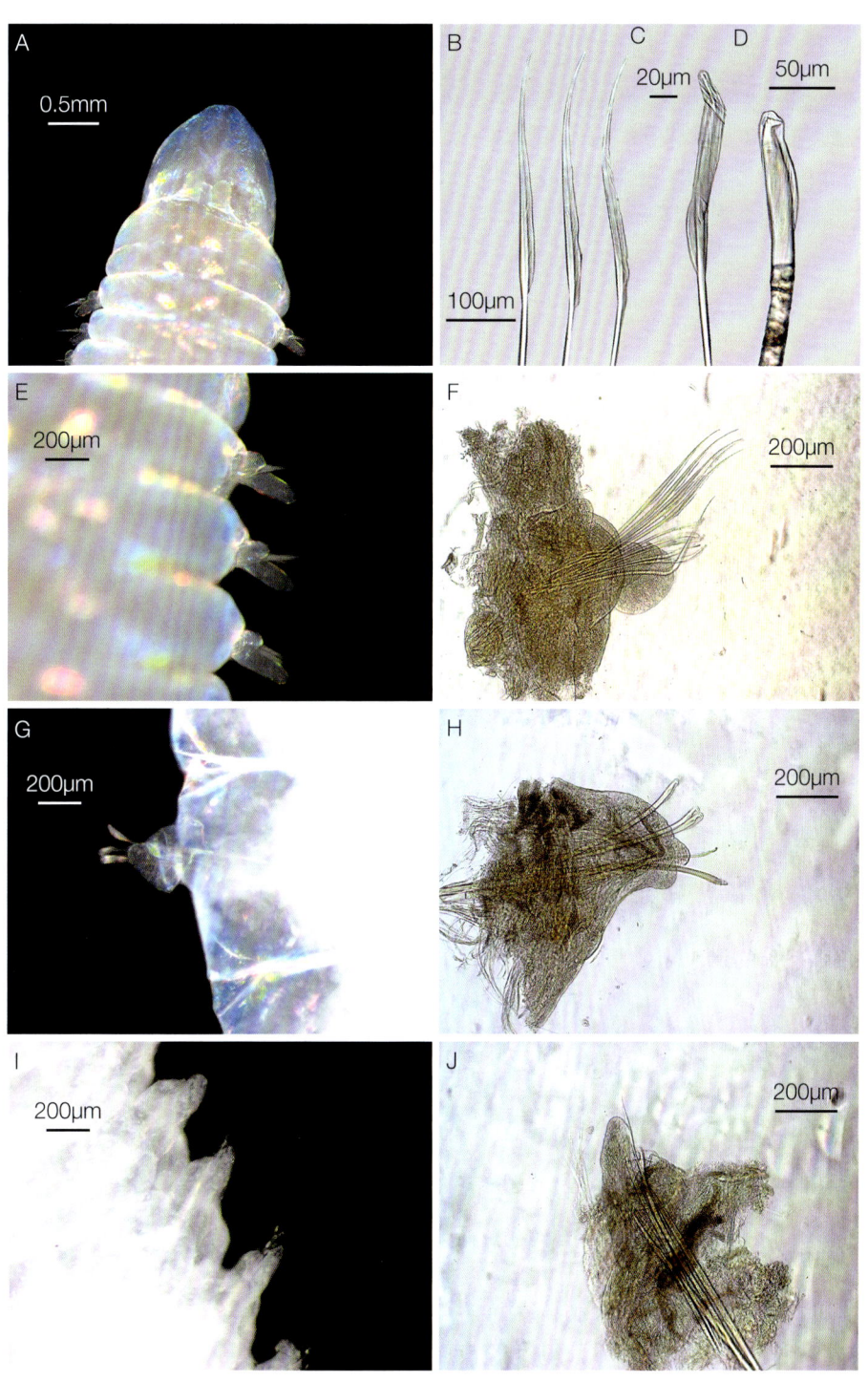

图 128　短叶索沙蚕 *Lumbrineris latreilli* Audouin & Milne Edwards, 1833
A. 体前端背面观；B. 翅毛状刚毛；C. 体前部巾钩刚毛；D. 体后部巾钩刚毛；E、F. 体前部疣足；
G、H. 体中部疣足；I、J. 体后部疣足

鳃索沙蚕属 *Ninoe* Kinberg, 1865

掌鳃索沙蚕
Ninoe palmata Moore, 1903

标本采集地： 黄海。

形态特征： 口前叶钝圆，锥形，其长与其基部最宽处近等长。具两个无附肢的围口节，前节宽于后节。上颚齿式为：1-6(5)-1-1，M Ⅳ除具一大齿外还具排成一排的14余个细小齿。第一对疣足前叶稍圆，后叶长矛形，无鳃。鳃始于第4刚节，为一短叶，至第12刚节增多，具4个分枝，第32刚节减少为一短叶，鳃消失于第36刚节。第62刚节疣足前、后两叶指状，唯后叶稍细长。疣足具翅毛状刚毛和巾钩刚毛，巾钩刚毛简单，始于第1刚节，体前端巾部窄长，5～8个小齿，体中后部巾钩刚毛巾部稍短而宽，约具10个小齿，足刺黑色。标本长30mm，宽2mm，约具76个刚节。

生态习性： 栖息于潮下带、泥质沙碎壳。

地理分布： 黄海，东海。

参考文献： 刘瑞玉，2008；杨德渐和孙瑞平，1988；孙瑞平和杨德渐，2004。

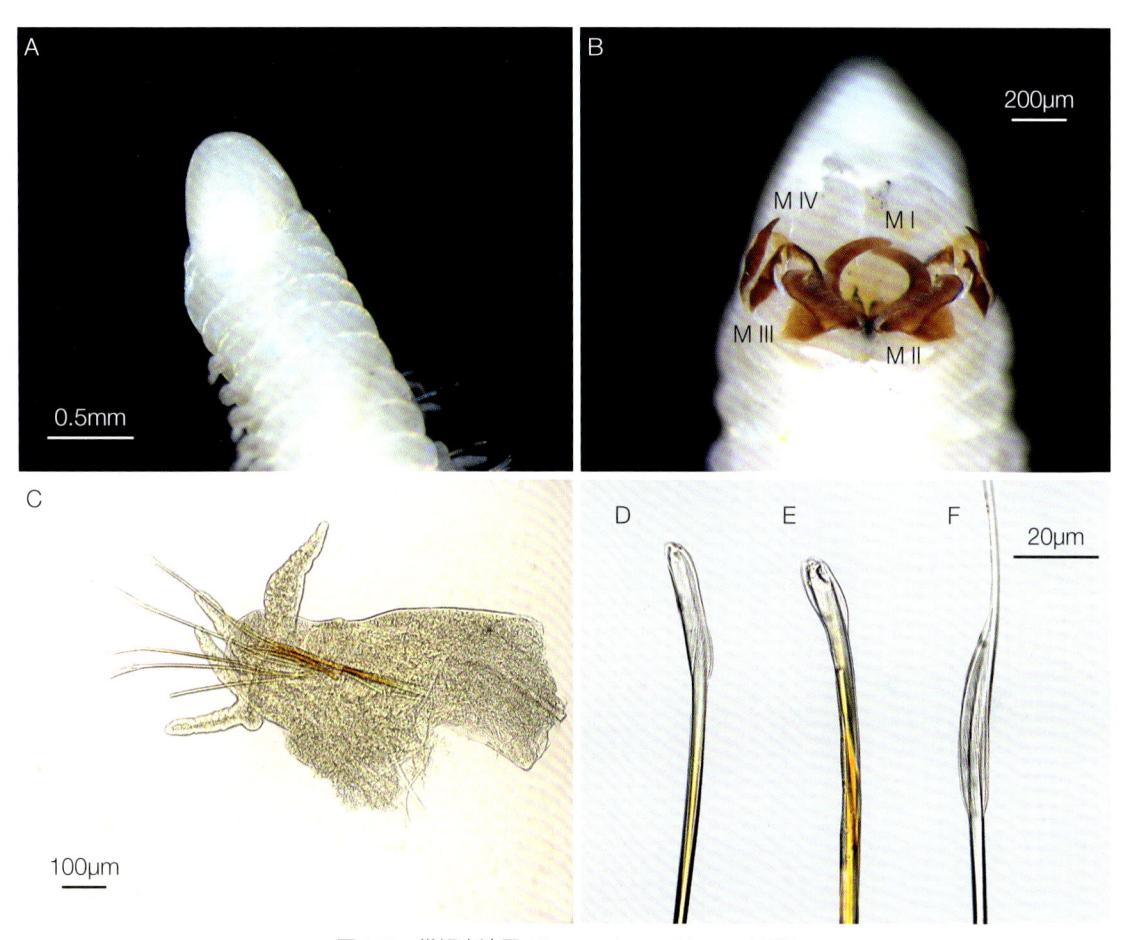

图 129 掌鳃索沙蚕 *Ninoe palmata* (Moore, 1903)
A. 体前端背面观；B. 颚齿；C. 疣足；D. 体前部巾钩刚毛；E. 体中后部巾钩刚毛；F. 体前部翅毛状刚毛

索沙蚕科分属检索表

1. 体前部疣足后叶具鳃 .... 鳃索沙蚕属 *Ninoe*
- 体前部疣足后叶无鳃 2
2. 项触手 0～2 根；M Ⅱ 与 M Ⅰ 等长 .... 索沙蚕属 *Lumbrineris*
- 项触手 3 根；M Ⅱ 长度是 M Ⅰ 的 1/2 .... 科索沙蚕属 *Kuwaita*

欧努菲虫科 Onuphidae Kinberg, 1865
巢沙蚕属 Diopatra Audouin & Milne Edwards, 1833

智利巢沙蚕
Diopatra chiliensis Quatrefages, 1866

标本采集地： 黄海北部。

形态特征： 体前端圆柱状，中后部扁平。口前叶具 2 个短的圆锥形前触手和 5 根长的、基部具环轮的后头触手，其中央触手后伸达第 7～14 刚节，具 8～12 个环轮。1 对短的触须位于围口节后侧缘。前 5～6 对疣足发达，具 1 个圆锥形有缺刻的前刚叶和 2 个指状后刚叶，前刚叶为后刚叶的 2 倍长。鳃始于第 4～5 刚节，止于第 47～56 刚节。鳃丝螺旋状排列，以第 6～10 刚节最多。腹须在第 6～7 刚节前为指状，其后为短指状，再后为垫状突。体前部几刚节具伪复型刚毛、单齿或具小的第 2 齿，巾有或无。刷状刚毛具 20 余个细齿，多位于鳃较少或无鳃疣足上。足刺刚毛棕色，始于第 12～18 刚节，双齿、无巾。体长达 250mm，宽 10mm。

生态习性： 牛皮纸样的栖管直埋于泥沙中，外露部分具碎贝壳和碎海藻片，管下段具粗沙。栖息于潮间带沙滩中下区，常为区域优势种。

地理分布： 黄海，东海，南海；智利。

参考文献： 刘瑞玉，2008；杨德渐和孙瑞平，1988；孙瑞平和杨德渐，2004。

图 130　智利巢沙蚕 *Diopatra chiliensis* Quatrefages, 1866
A. 体前端背面观；B. 体前端腹面观；C. 疣足；D. 鳃；E. 刷状刚毛；F. 伪复型钩状刚毛

铜色巢沙蚕
Diopatra cuprea (Bosc, 1802)

标本采集地： 东海外海。

形态特征： 体表深褐色。口前叶前唇锥形。触手和触角基节具 11～14 个环轮。短节从基部到末端逐渐变细，触手和触角具 16～18 组乳突，每组包括 1 列大乳突和 2～3 列小乳突。项器弯曲呈 3/4 圆。体前部疣足仅具一个后刚叶，其前刚叶具一缺刻。须状腹须位于前 5 刚节。背须锥形，在体后部细长。鳃始于第 3～5 刚节，在体前部较发达，其鳃丝围绕鳃茎排列成螺旋状。伪复型钩状刚毛位于前 4 刚节，双齿、具巾。第 2～3 刚节具位于背侧的翅毛状刚毛和位于腹侧的伪复型钩状刚毛。梳状刚毛端片具 18 个小齿，末端平直。亚足刺钩状刚毛始于第 16～20 刚节。

生态习性： 近海软泥底质。

地理分布： 东海，南海；印度洋热带海域，美国佛罗里达至墨西哥湾，巴西，非洲西岸热带海域，加纳至安哥拉。

参考文献： 刘瑞玉，2008；杨德渐和孙瑞平，1988；孙瑞平和杨德渐，2004。

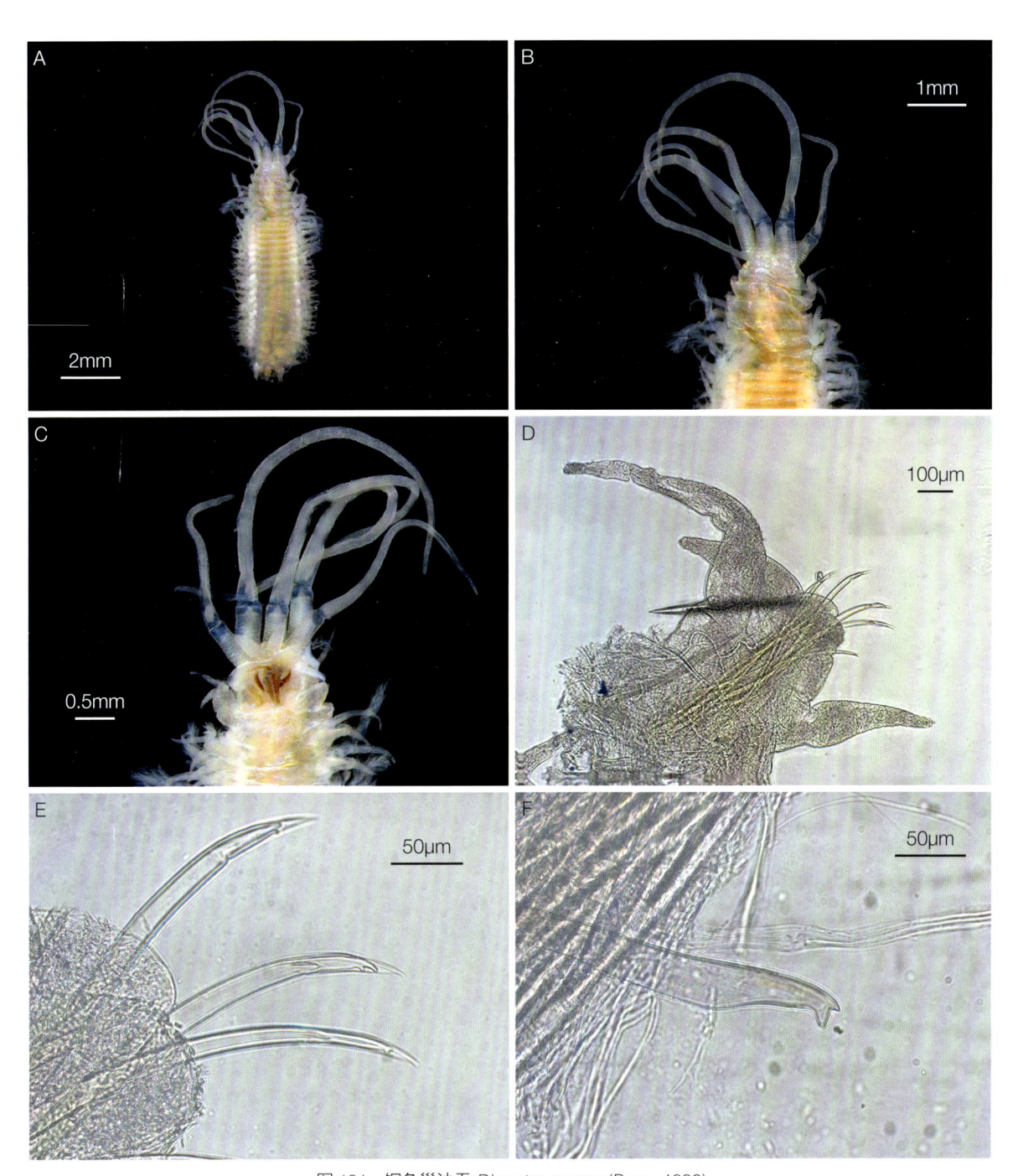

图 131 铜色巢沙蚕 *Diopatra cuprea* (Bosc, 1802)
A. 整体；B. 体前端背面观；C. 体前端腹面观；D. 疣足；E. 伪复型钩状刚毛；F. 亚足刺钩状刚毛

欧努菲虫属 *Onuphis* Audouin & Milne Edwards, 1833

欧努菲虫
Onuphis eremita Audouin & Milne Edwards, 1833

标本采集地： 东海潮下带。

形态特征： 口前叶小，腹面具有两个球状触角，5个后头触手的基节明显长于口前叶，尤以侧触手最长，后伸达第4刚节，具9个环轮。前部疣足具长须状背须、腹须和一尖叶状后刚叶。须状腹须位于第1～6刚节。鳃始于第1刚节，至第30刚节，6个鳃丝呈梳状。亚足刺钩刚毛双齿，始于第8～11刚节，伪复型巾钩刚毛3齿，始于第1刚节，梳状刚毛稍扁斜。体具黄褐色色斑。

生态习性： 潮下带软泥。

地理分布： 黄海，东海，南海；地中海，大西洋，美国加利福尼亚州，印度。

参考文献： 刘瑞玉，2008；杨德渐和孙瑞平，1988；孙瑞平和杨德渐，2004。

图 132　欧努菲虫 *Onuphis eremita* Audouin & Milne Edwards, 1833
A. 整体（带栖管）；B. 整体（不带栖管）；C. 体前端背面观；D. 体前端腹面观；E. 疣足；F. 亚足刺钩刚毛

微细欧努菲虫
Onuphis eremita parva Berkeley & Berkeley, 1941

标本采集地： 渤海。

形态特征： 口前叶近三角形，前端圆，前唇锥形。未观察到眼。触角基节具 25 个环轮；侧触手具 26 个环轮，向后可伸至第 18 节；中央触手具 17 个环轮，可伸至第 10 节。触角的端节较短，长为基节的 1/2。围口节短，长为第 1 刚节的 2/3。一对触须位于围口节前缘，稍长于围口节。下颚柄部细长，切割板钙质化。上颚齿式：1+1，7+10，11+0，7+11，1+1。前 3 刚节为变形疣足，伸向前方，稍大于其后疣足。腹须在前 6 刚节为须状，从第 7 刚节始为腺垫状。背须在体前部为须状，较后刚叶长；其后逐渐变细，至体后部为丝状。疣足后刚叶在体前部 15 刚节明显较长，须状，其后逐渐缩短为短锥形。鳃始于第 1 刚节，前 23 刚节具简单鳃丝，其后鳃出现分枝，至第 29 刚节排列成梳状，最大鳃丝数 4 根。伪复型钩状刚毛具 3 个齿、钝巾，分布于前 4 刚节。梳状刚毛端片具 8～9 个小齿，排成一斜排。亚足刺钩状刚毛双齿、具巾，始于第 12 刚节。

生态习性： 栖息于砂泥、砂质底。

地理分布： 渤海、黄海（水深 19～42m），东海（34～89m）；日本土佐湾，美国加利福尼亚州。

参考文献： 吴旭文，2013。

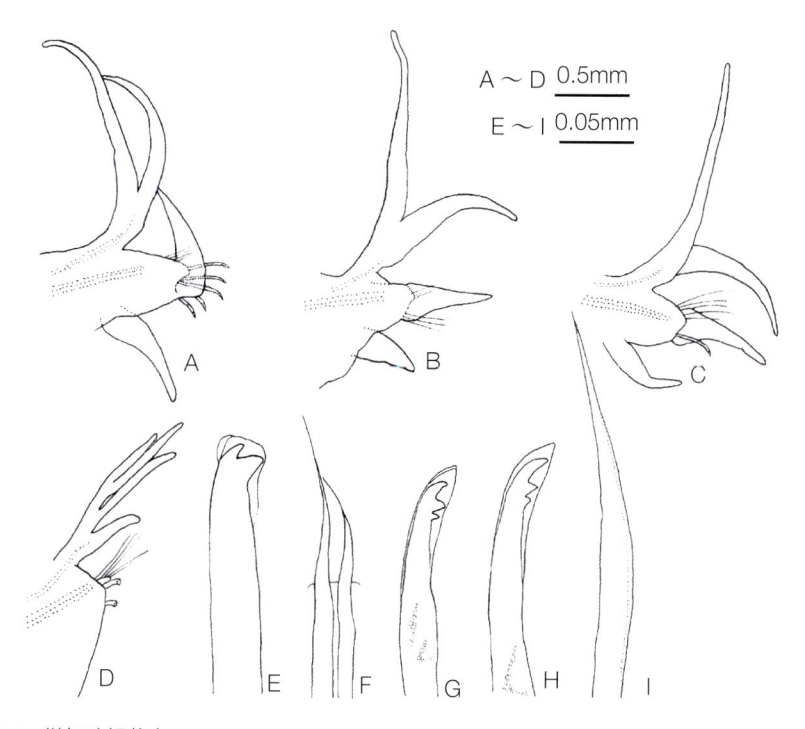

图 133-1　微细欧努菲虫 Onuphis eremita parva Berkeley & Berkeley, 1941（引自吴旭文, 2013）
A. 第 1 疣足后面观; B. 第 5 疣足后面观; C. 第 4 疣足前面观; D. 第 39 疣足前面观; E. 第 39 疣足亚足刺钩状刚毛; F. 第 39 疣足足刺; G. 第 1 疣足最下方的伪复型钩状刚毛; H. 第 2 疣足中间的伪复型钩状刚毛; I. 第 5 疣足下方翅毛状刚毛

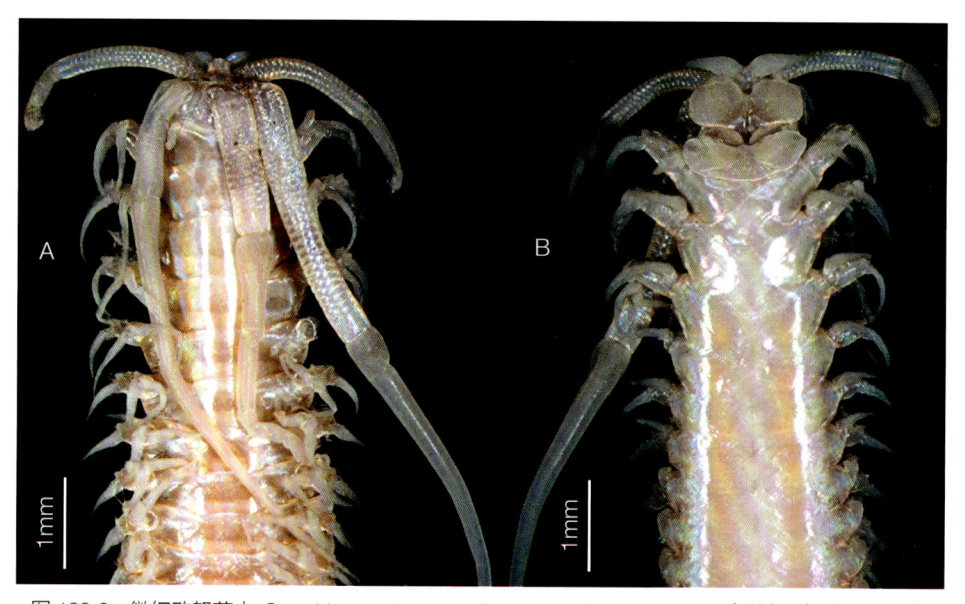

图 133-2　微细欧努菲虫 Onuphis eremita parva Berkeley & Berkeley, 1941（引自吴旭文, 2013）
A. 体前部背面观; B. 体前部腹面观

265

四齿欧努菲虫
Onuphis tetradentata Imajima, 1986

标本采集地： 东海。

形态特征： 口前叶近三角形，前端圆，前唇卵圆形。未观察到眼点。触角基节具8个环轮，向后可伸至第1刚节；侧触手具8个环轮，可伸至第12刚节；中央触手具6个环轮，可伸至第5刚节。围口节短于第1刚节。一对触须位于围口节前缘，与围口节等长。下颚柄部细长，切割板钙质化。上颚齿式：1+1，9+8，9+0，8+9，1+1。前3刚节为变形疣足，伸向前方，大小与其后疣足相等。腹须在前5刚节为须状，经过第6刚节和第7刚节过渡后，变为腺垫状。背须在体前部为须状，较后刚叶长，其后逐渐变细，至体后部为丝状。疣足后刚叶至少在体前10刚节较长，为须状，其后缩短为短锥形。鳃始于第4刚节，简单，仅具一根鳃丝；鳃丝带状，在第4刚节稍长于背须，其后逐渐变长，至第10刚节达到最大长度。伪复型钩状刚毛具3齿和4齿，巾末端钝，分布于前4刚节；某些个体的第4齿甚至分裂出第5齿。梳状刚毛端片扁平，约具15个小齿，排成一斜排。亚足刺钩状刚毛双齿、具巾，始于第12刚节。

生态习性： 栖息于泥沙底质。

地理分布： 渤海（水深13.5~25m），黄海（18~83m），东海（16~98m）；日本东北部沿岸。

参考文献： 吴旭文，2013。

欧努菲虫属分种检索表

1. 鳃简单，仅具1根鳃丝，鳃始于第4刚节或其后；前4个刚节具3齿和3齿伪复型钩状刚毛……………………………………………………………………………………四齿欧努菲虫 *O. tetradentata*

- 鳃丝2根或2根以上排列成梳状，始于第1刚节；仅具3齿伪复型钩状刚毛……………………2

2. 伪复型钩状刚毛位于前3刚节……………………………………………………欧努菲虫 *O. eremita*

- 伪复型钩状刚毛位于前4刚节……………………………………………微细欧努菲虫 *O. eremita parva*

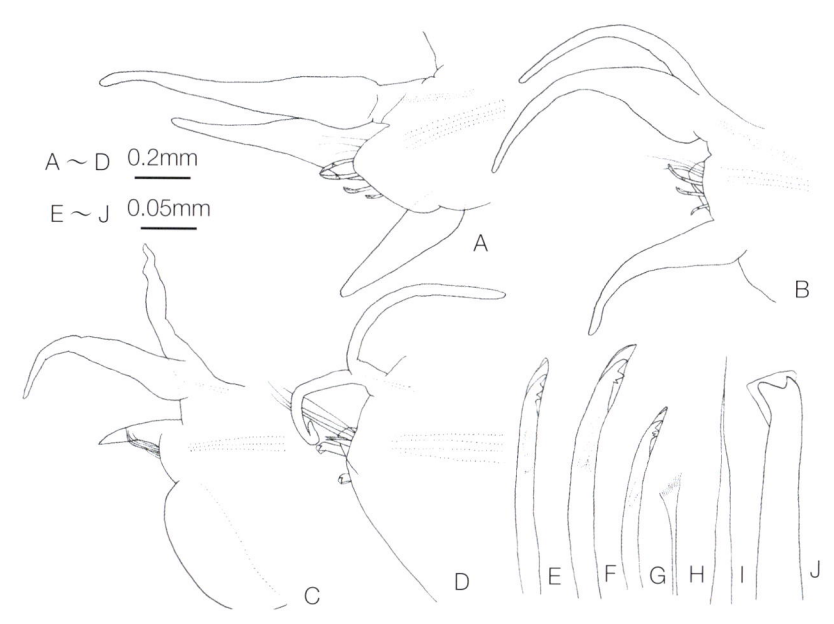

图 134-1　四齿欧努菲虫 Onuphis tetradentata Imajima, 1986（引自吴旭文，2013）
A. 第 1 疣足背面观；B. 第 4 疣足前面观；C. 第 40 疣足前面观；D. 第 40 疣足背面观；
E. 第 3 疣足 3 齿伪复型钩状刚毛；F. 第 4 疣足 3 齿伪复型钩状刚毛；G. 第 1 疣足 4 齿伪复型钩状刚毛；
H. 第 21 疣足梳状刚毛；I. 第 24 疣足足刺；J. 第 24 疣足亚足刺钩状刚毛

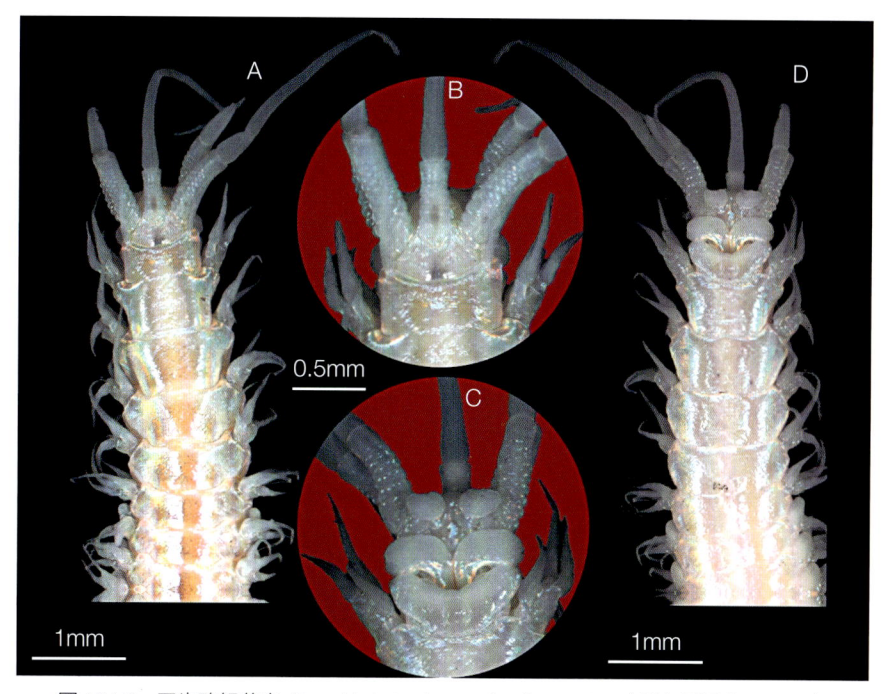

图 134-2　四齿欧努菲虫 Onuphis tetradentata Imajima, 1986（引自吴旭文，2013）
A. 体前端背面观；B. 头部背面观；C. 头部腹面观；D. 体前端腹面观

267

蠕鳞虫科 Acoetidae Kinberg, 1856

蠕鳞虫属 Acoetes Audouin & Milne Edwards, 1832

黑斑蠕鳞虫
Acoetes melanonota (Grube, 1876)

标本采集地： 厦门海域、广东大亚湾。

形态特征： 口前叶两叶，具眼两对，前对眼大豆形、具眼柄，后对眼小、无柄。中央触手位于口前叶缺刻处，与口前叶近等长；侧触手位于眼柄下方、稍短。触手和触角皆具黑色斑。鳞片褐色，平滑卵圆形，外侧卷曲成小袋，在体中部不相连。第1刚节疣足具2根足刺，背、腹须比中央触手粗而长。第2刚节具第1对鳞片，腹须与第1刚节类相似。疣足大于后面刚节的疣足，锥状背叶具成束的毛状刚毛，腹叶呈三角形，较宽大，具带锯齿的毛状刚毛。第3刚节具1对背须，背叶具成束的毛状刚毛；腹叶除具毛状刚毛外，还有带芒刺的粗足刺状刚毛。第3～8刚节与第2刚节类似。从第9刚节起，疣足背叶变的宽而圆，具足刺、纺织腺和1排短刚毛；腹叶上部刚毛有2种，一种是带锯齿的长毛状刚毛，另一种为较粗短的足刺状刚毛。中部和下部刚毛与前几节相似。体后部疣足具简单指状囊鳃。肛节具1对杠须，肛门位于肛节末端。

生态习性： 栖息于浅水至深水区。

地理分布： 黄海，东海，浙江沿岸，台湾岛，福建沿岸，南海，北部湾；菲律宾，泰国，印度尼西亚，印度洋。

参考文献： 杨德渐和孙瑞平，1988；吴宝玲等，1997。

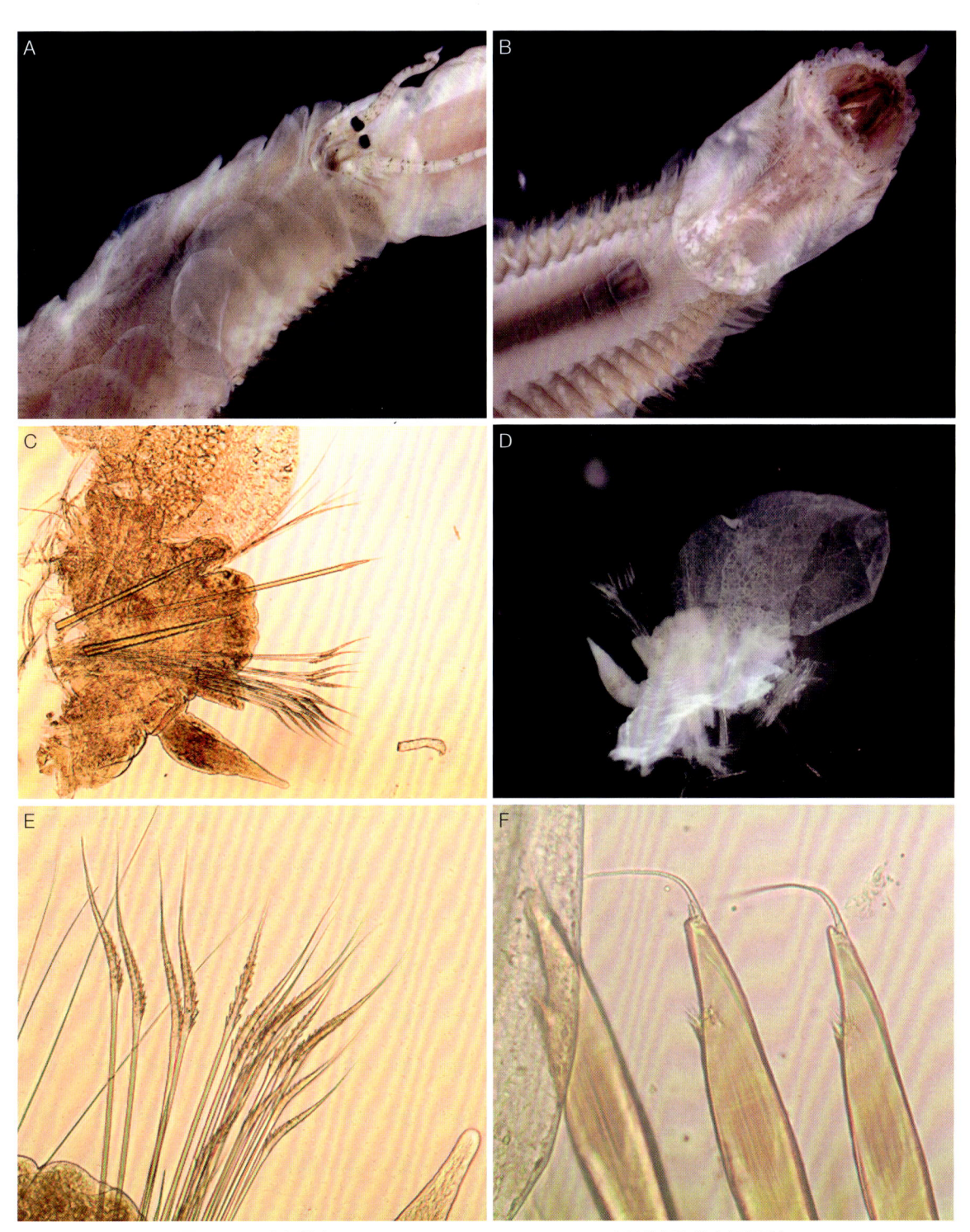

图 135 黑斑蠕鳞虫 *Acoetes melanonota* (Grube, 1876)（杨德援和蔡立哲供图）
A. 体前部背面观；B. 体前部腹面观；C. 第 2 刚节疣足；D. 第 2 刚节疣足鳞片；E. 第 2 刚节疣足腹刚毛；F. 体后部刚毛

鳞沙蚕科 Aphroditidae Malmgren, 1867

鳞沙蚕属 *Aphrodita* Linnaeus, 1758

鳞沙蚕
Aphrodita aculeata Linnaeus, 1758

标本采集地：东海外海。

形态特征：口前叶与中央触手近等长，中央触手亚端部稍膨胀，端部尖，触角长度约为口前叶长的5倍，具小乳突。鳞片光滑，呈半透明状。背足刺状刚毛近黑色，短而直，不能盖住背面。背毡毛厚，呈灰色，覆盖住整个背面。体侧有明显强虹彩色的毛状刚毛。腹刚毛近黑色而粗，末端钝直或稍弯；其上光滑，无侧毛，短绒毛仅见于幼体标本的下层腹刚毛末端。腹刚毛排列成3层，上层2～3根，中层3～5根，下层10多根。前2疣足背叶具细羽状刚毛，最后几节具较长的带芒刺刚毛。体长可达10cm，体宽5cm，约具40体节。

生态习性：自由生活。

地理分布：东海，台湾海峡，福建沿岸；地中海，大西洋东北部，太平洋东北部，日本。

参考文献：刘瑞玉，2008；杨德渐和孙瑞平，1988；孙瑞平和杨德渐，2004。

图 136　鳞沙蚕 *Aphrodita aculeata* Linnaeus, 1758
A. 整体；B. 体前端背面观；C. 体前端腹面观；D. 疣足；E. 刚毛

镖毛鳞虫属 *Laetmonice* Kinberg, 1856

日本镖毛鳞虫
Laetmonice japonica McIntosh, 1885

标本采集地： 东海外海。

形态特征： 口前叶前端宽圆。中央触手长约为口前叶长的 4 倍，触角长为中央触手长的 2～3 倍。眼柄球状，眼点不明显。触须比触手短。具半透明的鳞片 15 对，其上有少量黑点。背叶鱼叉状刚毛黑褐色，端部具 3～4 对齿；毛状刚毛形成少量的背毡毛，不能完全覆盖体表面。腹刚毛具一排硬的长毛状缘，但无马刺。体长 35mm，体宽 14mm，具 32～46 个刚节。

生态习性： 栖息于潮下带。

地理分布： 黄海，东海，台湾岛；日本东西岸。

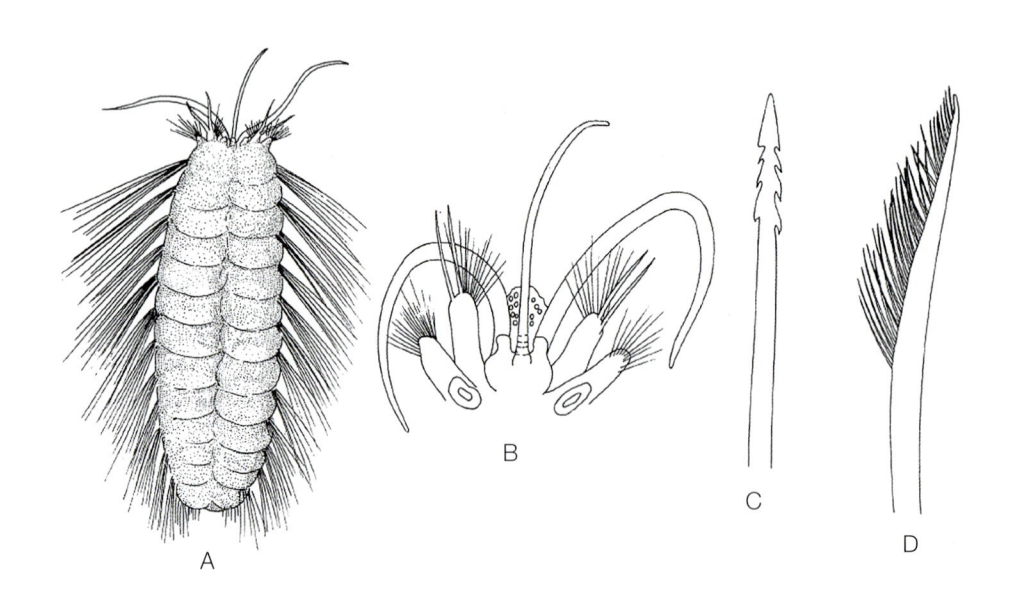

参考文献： 刘瑞玉，2008；杨德渐和孙瑞平，1988；孙瑞平和杨德渐，2004。

图 137-1　日本镖毛鳞虫 *Laetmonice japonica* McIntosh, 1885（引自吴宝铃等，1997）
A. 整体背面观；B. 头部背面观；C. 背面鱼叉状刚毛；D. 腹刚毛

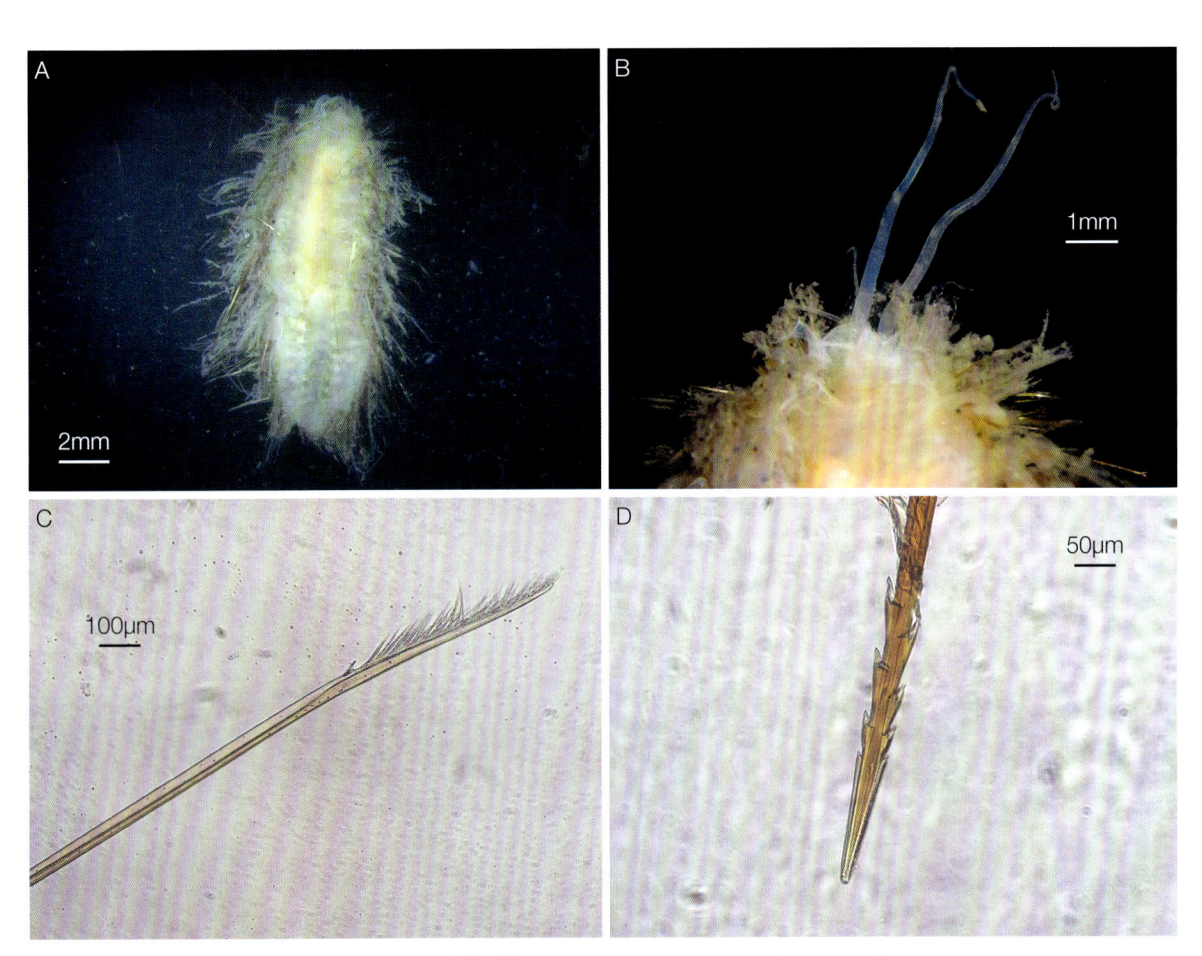

图 137-2　日本镖毛鳞虫 *Laetmonice japonica* McIntosh, 1885
A. 整体；B. 体前端背面观；C. 具毛状缘腹刚毛；D. 鱼叉状背刚毛

多鳞虫科 Polynoidae Kinberg, 1856
伪格鳞虫属 Gaudichaudius Pettibone, 1986

臭伪格鳞虫
Gaudichaudius cimex (Quatrefages, 1866)

标本采集地： 东海外海。

形态特征： 头部哈鳞虫型，具小的圆形额角。中央触手位于1个大的基节上。触角粗短。触须基部具1小束长刚毛。头部附肢除触角外其上都覆有小毛。背鳞15对，相邻交叠，呈黄色、平滑，表面具很多小的六角形结构，似蜂窝状。靠近每个背鳞的后缘处有1个较大的小胞，沿此后缘还有1行长方形的小胞。背鳞的前缘凹入，边缘薄而软，不具任何胞状结构。背鳞侧缘的表面具小的缘穗。疣足双叶型。带有触须的疣足在背须上方具1个大而长的突起，此长突起的内缘具长的纤毛。背须平滑，位于比较膨大的基节上面。腹须小，具数目不多的长纤毛。刚毛数目很多，背刚毛为细毛状，末端细而长为丝形；腹刚毛较短，末端具1圆形端齿。体长16mm，体宽6mm，具36个体节。

生态习性： 栖息于软泥底质、砂质泥中。

地理分布： 黄海，东海浅海；印度沿岸，孟加拉湾。

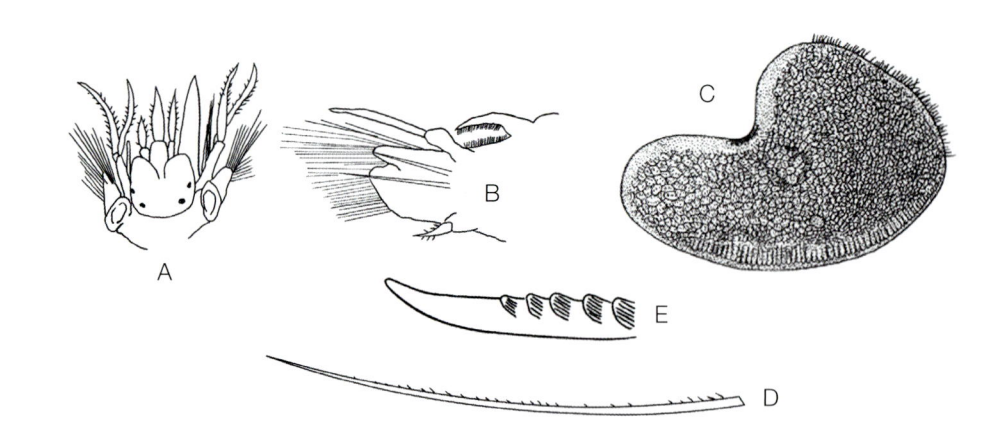

参考文献： 刘瑞玉，2008；杨德渐和孙瑞平，1988；孙瑞平和杨德渐，2004。

图138-1 臭伪格鳞虫 *Gaudichaudius cimex* (Quatrefages, 1866)（引自吴宝铃等，1997）
A. 头部背面观；B. 疣足；C. 鳞片；D. 背刚毛；E. 腹刚毛

图 138-2　臭伪格鳞虫 *Gaudichaudius cimex* (Quatrefages, 1866)
A. 整体；B. 体前端背面观；C. 体前端腹面观；D. 鳞片；E. 疣足（双叶型）；F. 细毛状背刚毛

哈鳞虫属 *Harmothoe* Kinberg, 1856

亚洲哈鳞虫
Harmothoe asiatica Uschakov & Wu, 1962

标本采集地： 山东青岛胶州湾。

形态特征： 口前叶哈鳞虫型，具明显的额角。前1对眼比后1对眼大，位于头部中央最宽处的两侧；后1对眼相距较近，位于头部后缘，并且部分被第2节的半圆形突起掩盖。头触手和触须有长的乳突，末端光滑且很长。背鳞在体前部为圆形，其后变为肾圆形，背鳞外侧缘和后面具长丝状突起，这种突起末端稍膨胀。背鳞结实，前端光滑、半透明，背鳞的其他部分则有小刺，小刺的基部为圆形，顶端大多数分叉，位于背鳞外侧的刺最大。背鳞表面分成许多小的多角形部分，似蜂窝状，这种小的多角形部分在背鳞的后缘最为显著，在每一个小的多角形上面都有1根或数根小刺；多角形的边缘部分具有极其显著的颜色。疣足双叶型，背须具长丝状突起，背刚毛数目多，具侧锯齿；腹刚毛比背刚毛长，末端双齿。大型的背突位于具背须节上。腹须尖锐，短于疣足叶，上面具短的乳突。体长约10mm，标本失去体后端。

生态习性： 栖息于泥沙底质（水深38.5m）。

地理分布： 黄海，东海。

参考文献： 刘瑞玉，2008；杨德渐和孙瑞平，1988；孙瑞平和杨德渐，2004。

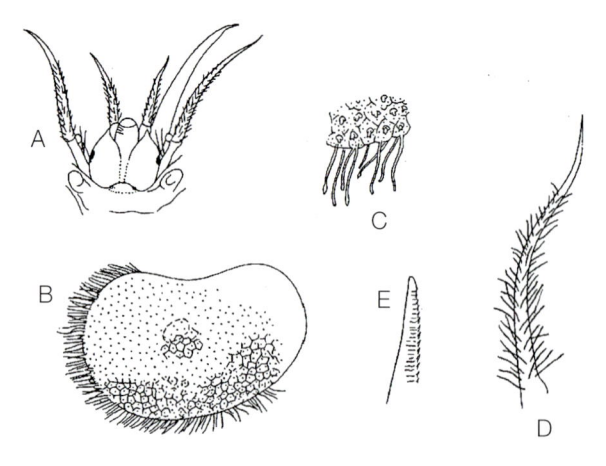

图139-1 亚洲哈鳞虫 *Harmothoe asiatica* Uschakov & Wu, 1962（引自吴宝铃等，1997）
A. 头部背面观；B. 背鳞片；C. 背鳞片边缘放大；D. 背须；E. 背刚毛

图 139-2 亚洲哈鳞虫 *Harmothoe asiatica* Uschakov & Wu, 1962
A. 体前端背面观；B. 头部背面观；C. 头部腹面观；D. 疣足

网纹哈鳞虫
Harmothoe dictyophora (Grube, 1878)

标本采集地： 东海。

形态特征： 口前叶哈鳞虫型，具额角。触手短于触角，尤以中央触手最短。触手、触角皆具丝状乳突。鳞片 15 对，其表面具多角形的网纹，每个网纹上有分叉或不分叉的几丁质刺和丝状乳突，侧缘具缘穗。疣足末端双齿，背刚毛具轮生的锯齿，腹刚毛末端具明显双齿。体长 20～25mm。

生态习性： 潮下带 5～18m。

地理分布： 东海，台湾岛浅海，南海，大亚湾，海南岛，广分布的热带种；红海，伊朗湾，澳大利亚，越南。

参考文献： 刘瑞玉，2008；杨德渐和孙瑞平，1988；孙瑞平和杨德渐，2004。

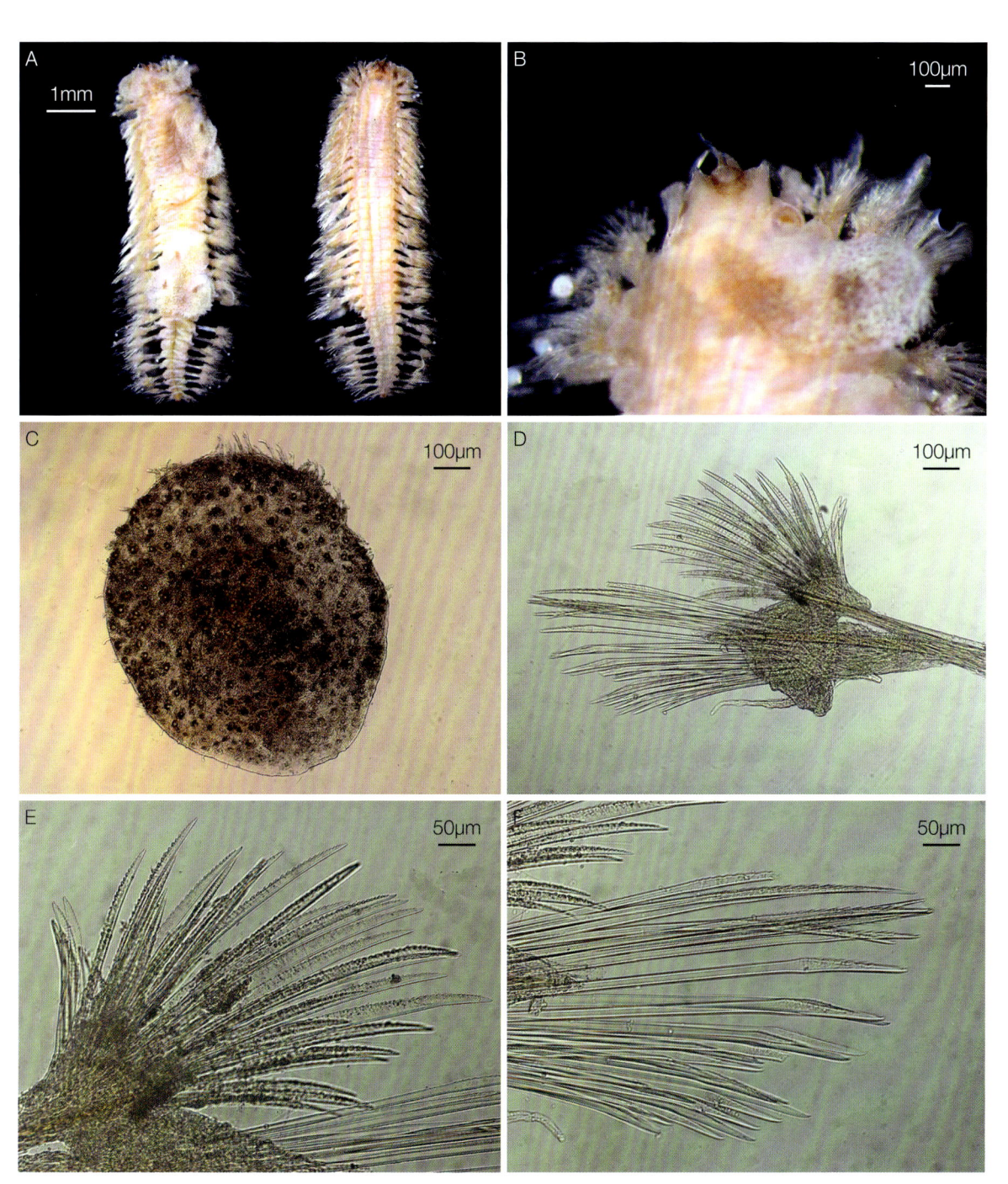

图 140 网纹哈鳞虫 *Harmothoe dictyophora* (Grube, 1878)
A. 整体（背面、腹面）；B. 体前端背面观；C. 鳞片；D. 疣足；E. 背刚毛；F. 腹刚毛

覆瓦哈鳞虫
Harmothoe imbricata (Linnaeus, 1767)

标本采集地： 黄海外海。

形态特征： 口前叶哈鳞虫型，前对眼部分位于口前叶额角下方腹面，后对眼位于口前叶后侧缘。中央触手长约为侧触手的 2 倍。触手、触角、触须和背须皆具稀疏排列的丝状乳突。鳞片 15 对，位于第 2、4、5、7～19、23、27、29 和 32 节上。鳞片肾形或椭圆形，具锥形结节、稀疏的缘穗和不同颜色的色斑。疣足双叶型，背刚毛稍粗，具侧锯齿，腹刚毛浅黄色，末端具 2 个小齿。

生态习性： 栖息于渤海（水深 16～32m），黄海潮间带和潮下带（水深 0～60m），东海潮间带石块下或海藻间泥沙底和碎贝壳内，海星纲海盘车步带沟内。

地理分布： 渤海，黄海，东海；北冰洋，英吉利海峡，大西洋，地中海，北太平洋。

参考文献： 刘瑞玉，2008；杨德渐和孙瑞平，1988；孙瑞平和杨德渐，2004。

哈鳞虫属分种检索表

1. 鳞片无多角形网纹 .... 覆瓦哈鳞虫 *H. imbricata*
   - 鳞片具多角形网纹 2
2. 鳞片表面具分叉或不分叉的几丁质刺 .... 网纹哈鳞虫 *H. dictyophora*
   - 鳞片表面仅具短的小刺 .... 亚洲哈鳞虫 *H. asiatica*

图 141　覆瓦哈鳞虫 *Harmothoe imbricata* (Linnaeus, 1767)
A. 整体背面观；B. 整体腹面观；C. 头部背面观；D. 头部腹面观；E. 尾部；F. 鳞片；G. 疣足；H. 背刚毛；I. 腹刚毛

281

伪囊鳞虫属 *Paradyte* Pettibone, 1969

百合伪囊鳞虫
Paradyte crinoidicola (Potts, 1910)

同物异名： *Scalisetosus longicirrus* Day, 1962

标本采集地： 海南西沙群岛。

形态特征： 口前叶哈鳞虫型。眼2对。鳞片15对，圆形，极易脱落，表面较平滑，仅具细小的疣，无缘穗。疣足三角形，背、腹足刺部具2个长唇。背须细长，远超出刚毛束之外。刚毛佩刀形、宽、稍弯曲，在端齿之下具3个锯齿，这种锯齿有的很大、明显，有的小、不明显。腹刚毛有2种，位于下部的较宽，顶端尖，其下有1个由1个大刺和若干小刺排成一排的杯状体；位于上部的顶端具1小齿，齿下有1小豁口，半月形杯状体离顶端远；腹刚毛为单齿型。不完整标本体长约10mm，体宽2.5mm。

生态习性： 本种常与械海星和海羊齿共栖。

地理分布： 东海，南海西沙永兴岛；日本，斯里兰卡，印度洋。

参考文献： 刘瑞玉，2008；杨德渐和孙瑞平，1988；孙瑞平和杨德渐，2004。

多鳞虫科分属检索表

1. 背刚毛具细毛状端；腹刚毛单齿 .... 伪格鳞虫属 *Gaudichaudius*
 - 背刚毛无细毛状端；无叉状腹刚毛 2
2. 腹刚毛亚末端1大刺和若干小刺排成1排 .... 伪囊鳞虫属 *Paradyte*
 - 腹刚毛亚末端无明显大刺 .... 哈鳞虫属 *Harmothoe*

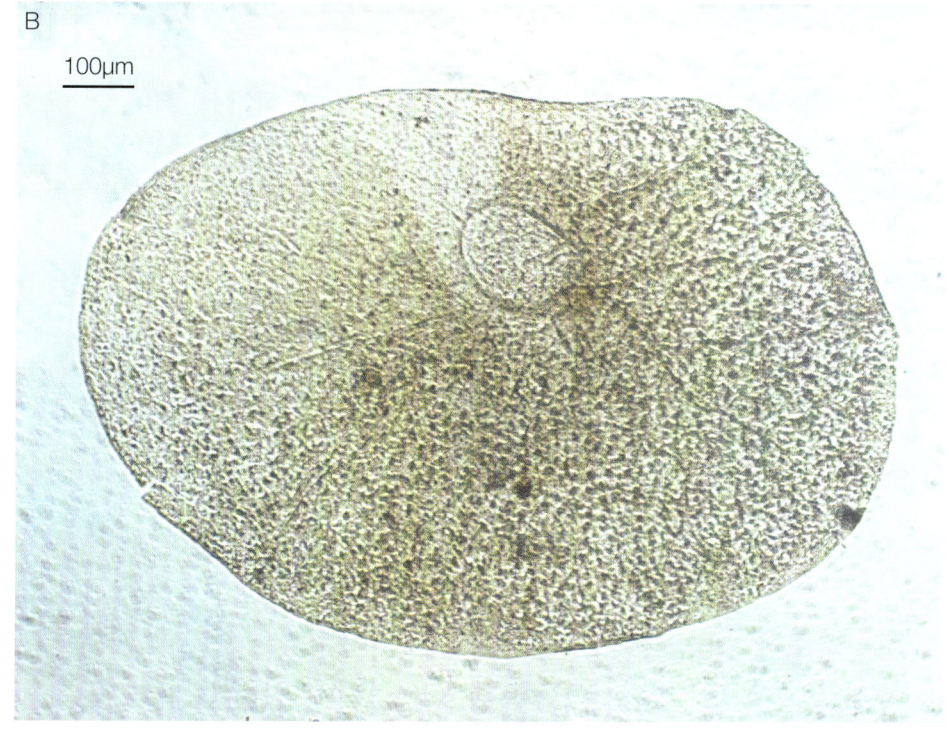

图 142　百合伪囊鳞虫 *Paradyte crinoidicola* (Potts, 1910)
A. 体前端背面观；B. 鳞片

锡鳞虫科 Sigalionidae Kinberg, 1856

埃刺梳鳞虫属 *Ehlersileanira* Pettibone, 1970

黄海刺梳鳞虫
Ehlersileanira incisa hwanghaiensis (Uschakov & Wu, 1962)

标本采集地： 东海。

形态特征： 口前叶卵圆形，与第 1 对疣足部分愈合。中央触手基节短，游离部分长可达头部长的近 4 倍，基节两侧具耳状突。2 对眼，前 1 对眼位于头部前缘，从背面看不见。项器不明显。触角可延伸至约第 20 刚节。鳃丝状，开始于第 13～17 刚节，开始很小，以后变大。疣足双叶型，末端唇叶具多个光滑的茎状突，第 3 对疣足无背须和背瘤。背刚毛为简单刺毛状；腹刚毛为复型刺状，端片稍弯，上具横纹。背鳞椭圆形，光滑，不具缘穗。鳞片无色至浅黄色。

生态习性： 栖息于潮下带，浅海。

地理分布： 黄海，东海。

参考文献： 刘瑞玉，2008；杨德渐和孙瑞平，1988；孙瑞平和杨德渐，2004。

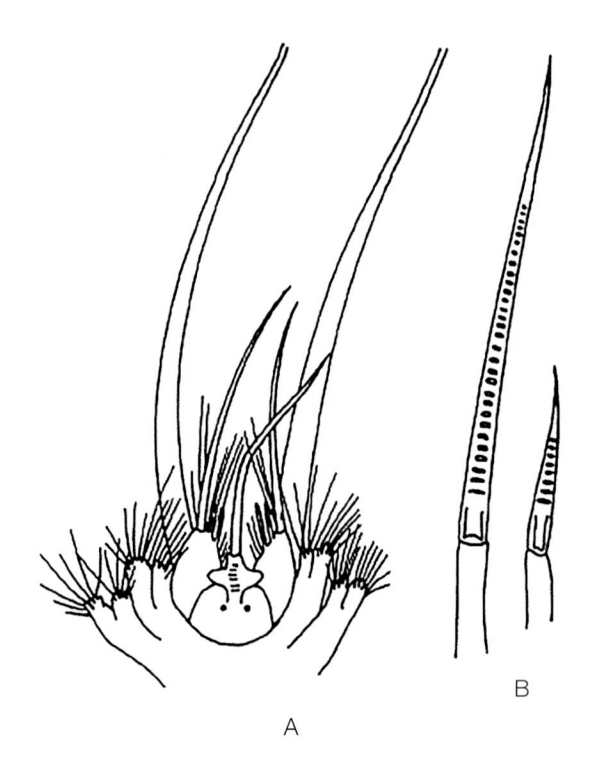

图 143-1 黄海刺梳鳞虫 *Ehlersileanira incisa hwanghaiensis* (Uschakov & Wu, 1962)（引自吴宝铃等，1997）
A. 头部背面观；B. 腹刚毛

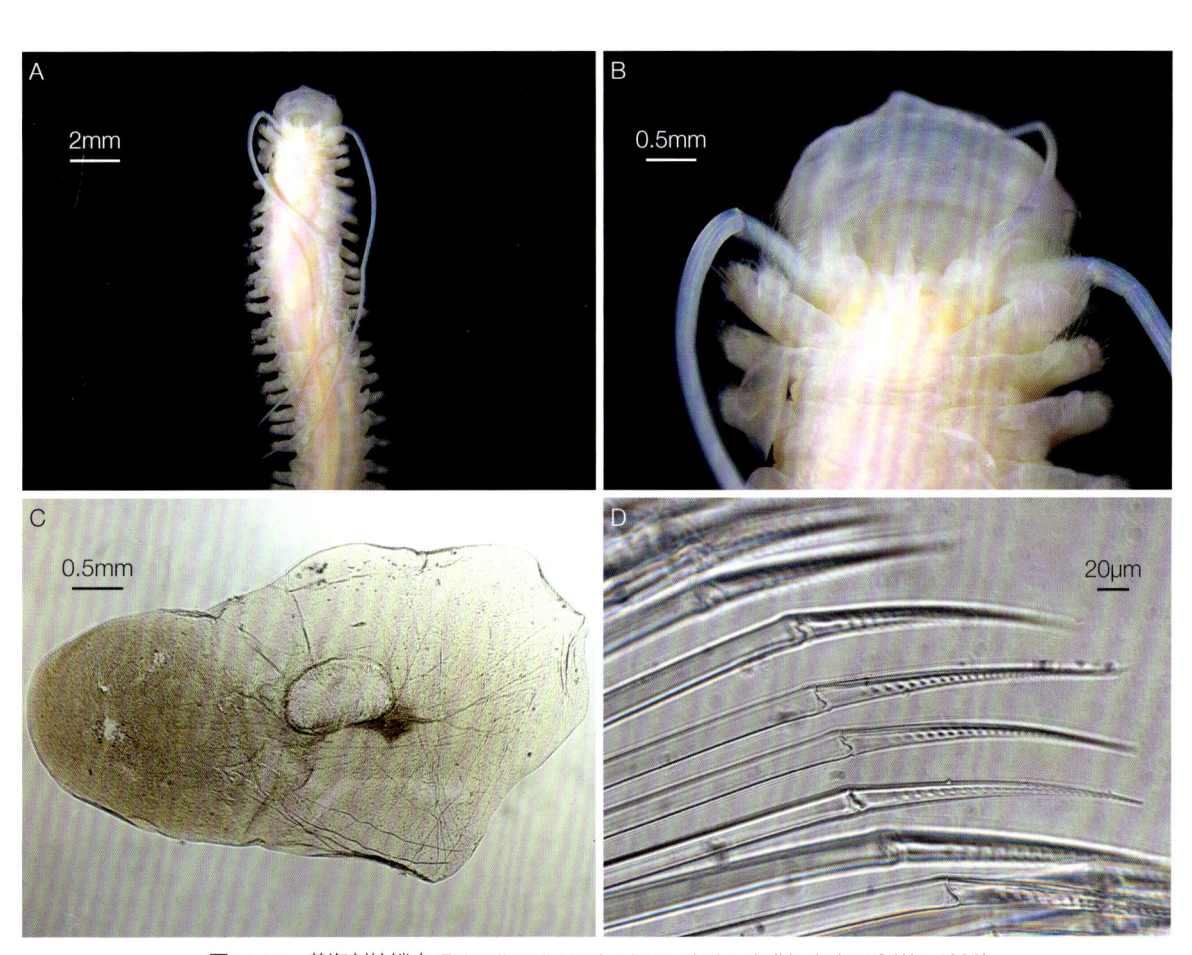

图 143-2　黄海刺梳鳞虫 *Ehlersileanira incisa hwanghaiensis* (Uschakov & Wu, 1962)
A. 体前端背面观；B. 头部背面观；C. 鳞片；D. 复型刺状腹刚毛

埃刺梳鳞虫
Ehlersileanira incisa (Grube, 1877)

标本采集地： 东海外海。

形态特征： 口前叶卵圆形，与第 1 对疣足部分愈合，中央触手基节较长，游离部分短，基节具耳状突，侧触手位于第 1 疣足的内背侧。眼有或无。半圆形的项器常常较明显。触角可延伸至大约第 16 刚节。鳃开始于第 13～30 刚节，开始很小，以后变大。疣足双叶型，末端唇叶具多个光滑的茎状突，第 3 对疣足无背须和背瘤。背刚毛为简单刺毛状；腹刚毛为简单刺状，端片稍弯，上具横纹。腹须为指状，较疣足叶短，具短的外基节，基节中部无乳突。鳞片光滑，不透明，不具缘穗，开始为卵圆形，以后增大为梨形，体中部鳞片一侧有凹裂，约第 27 刚节后每节皆有，在与鳞茎接触处有 1 个黑斑。

生态习性： 栖息于黄海潮下带、东海浅海处。

地理分布： 黄海，东海。

参考文献： 刘瑞玉，2008；杨德渐和孙瑞平，1988；孙瑞平和杨德渐，2004。

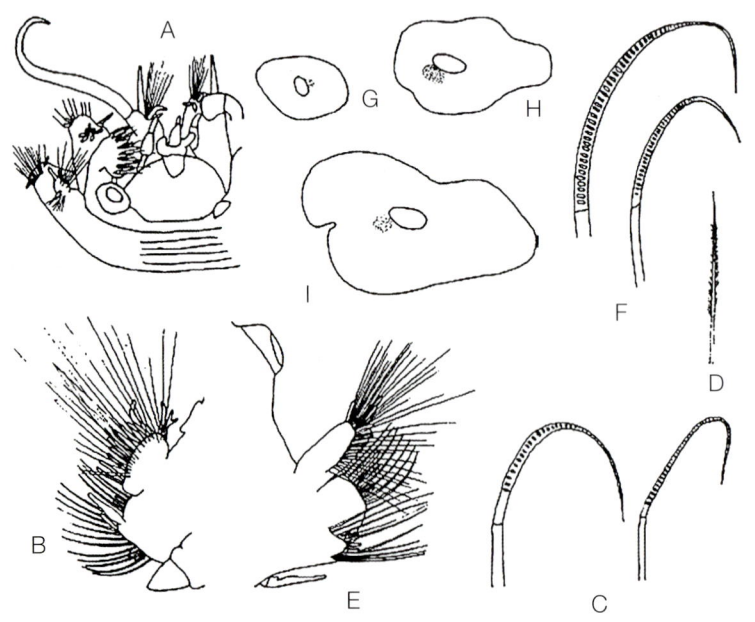

图 144-1　埃刺梳鳞虫 *Ehlersileanira incisa* (Grube, 1877)（引自吴宝铃等，1997）
A. 头部；B. 第 2 疣足背面观；C. 第 2 疣足腹刚毛；D. 体前部疣足简单型腹刚毛；E. 体前部疣足；F. 体前部疣足腹刚毛；G. 右侧第 2 个鳞片；H. 左侧第 4 个鳞片；I. 左侧体中部鳞片

图 144-2　埃刺梳鳞虫 *Ehlersileanira incisa* (Grube, 1877)
A. 体前端背面观；B. 头部背面观；C. 体前端腹面观；D. 疣足；E. 体中部鳞片；F. 复型刺状腹刚毛

怪鳞虫属 *Pholoe* Johnston, 1839

微怪鳞虫
Pholoe minuta (Fabricius, 1780)

标本采集地： 山东青岛胶州湾。

形态特征： 体小，背、腹扁平，疣足及虫体腹面具乳突，上常黏有碎屑。鳞片多对，圆形到椭圆，边缘和鳞片表面具锥状乳突。口前叶略呈圆形，眼2对，位于口前叶两侧。中央触手1个，从口前叶前部伸出；1对触角较粗大，呈削尖状，从第1刚节的腹面向前伸出。第1刚节具触须2对，位于口前叶腹面，背、腹触须和中央触手近等长。疣足双叶型，无背、腹须，各节疣足皆具腹须，无鳃。背刚毛刺毛状，具明显弯曲；腹刚毛复型镰刀状，端片长短不一。

生态习性： 常栖息于潮下带泥、砂、岩相海底。

地理分布： 黄海，东海，南海；北冰洋，大西洋，太平洋。

参考文献： 刘瑞玉，2008；杨德渐和孙瑞平，1988；孙瑞平和杨德渐，2004。

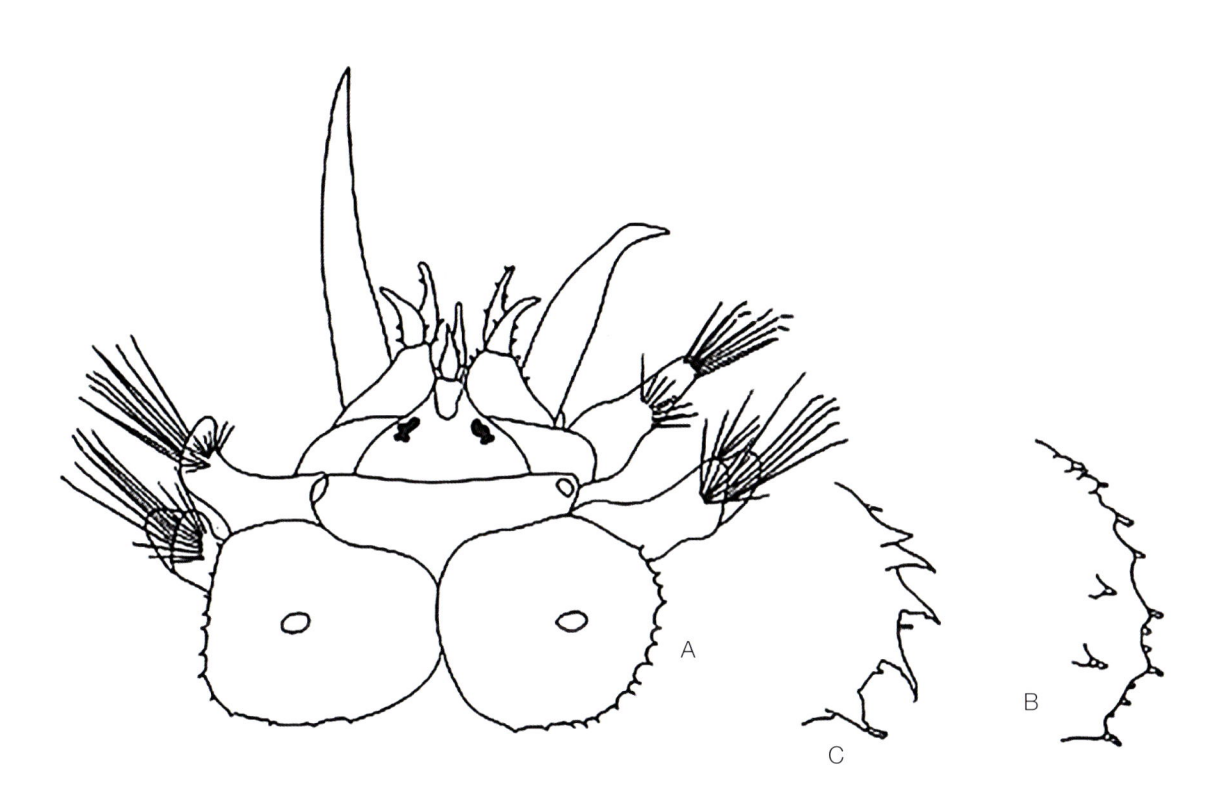

图 145　微怪鳞虫 *Pholoe minuta* (Fabricius, 1780)
A. 体前部背面观；B、C. 鳞片外缘穗

强鳞虫属 *Sthenolepis* Willey, 1905

日本强鳞虫
Sthenolepis japonica (McIntosh, 1885)

标本采集地： 山东青岛胶州湾。
形态特征： 虫体较长，呈蠕虫型。鳞片透明且具黄锈色块，覆盖于背面。口前叶圆，黄锈色，2对眼等大且呈四方形排列，前对眼位于中央触手基节的前下方，从背面仅见一部分。中央触手基部具耳状突；侧触手位于第 1 疣足的内背侧。项器不明显。疣足双叶型，背部有 3 个栉状突，端部唇叶上有数个茎状突。背刚毛刺毛状；腹刚毛为复型长刺状，常伴有少量的双面简单锯齿状简单刚毛和短刺状复型刚毛。
生态习性： 栖息于潮下带。
地理分布： 渤海，黄海，东海，南海；印度洋 - 太平洋，孟加拉湾，阿拉伯海，日本沿岸。
参考文献： 刘瑞玉，2008；杨德渐和孙瑞平，1988；孙瑞平和杨德渐，2004。

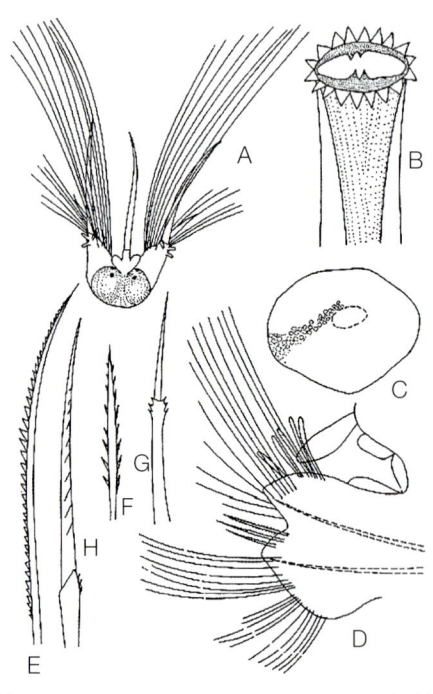

图 146-1 日本强鳞虫 *Sthenolepis japonica* (McIntosh, 1885)（引自吴宝铃等，1997）
A. 头部背面观；B. 吻前部背面观；C. 左侧第 6 个鳞片；D. 体中部疣足；E. 具锯齿的背刚毛；F. 双面锯齿腹刚毛；G. 等齿复型短刺状腹刚毛；H. 异齿复型长刺状腹刚毛

图 146-2　日本强鳞虫 Sthenolepis japonica (McIntosh, 1885)
A. 体前端背面观；B. 头部背面观；C. 吻；D. 鳞片；E. 疣足；F. 复型刺状腹刚毛

锡鳞虫科分属检索表

1. 1 个头触手 .... 怪鳞虫属 Pholoe
- 至少 2 个头触手 2
2. 3 个头触手；第 3 刚节无背须、无背瘤 .... 埃刺梳鳞虫属 Ehlersileanira
- 3 个头触手；第 3 刚节无背须、具背瘤 .... 强鳞虫属 Sthenolepis

吻沙蚕科 Glyceridae Grube, 1850
吻沙蚕属 Glycera Lamarck, 1818

白色吻沙蚕
Glycera alba (O. F. Müller, 1776)

标本采集地： 山东烟台。

形态特征： 体前端宽，后端较细。每刚节都具双环轮。口前叶圆锥形，有8个明显的环轮。吻上的乳突长，具足。鳃位于疣足的背面，为指状，比疣足稍短，不能伸缩。疣足具2个前刚叶和2个后刚叶，后背刚叶长圆锥形，具尖端，后腹刚叶短圆钝。体长56～75mm，体宽4mm，具80～100个刚节。

生态习性： 栖息于泥质底质。

地理分布： 渤海，黄海，东海；日本沿岸，印度洋，大西洋。

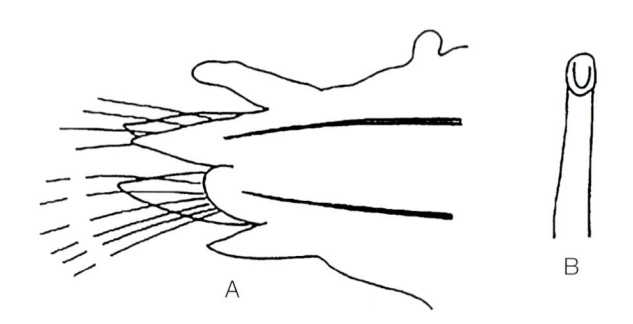

参考文献： 刘瑞玉，2008；杨德渐和孙瑞平，1988；孙瑞平和杨德渐，2004。

图 147-1　白色吻沙蚕 *Glycera alba* (O. F. Müller, 1776)（引自吴宝铃等，1997）
A. 疣足后面观；B. 吻上乳突

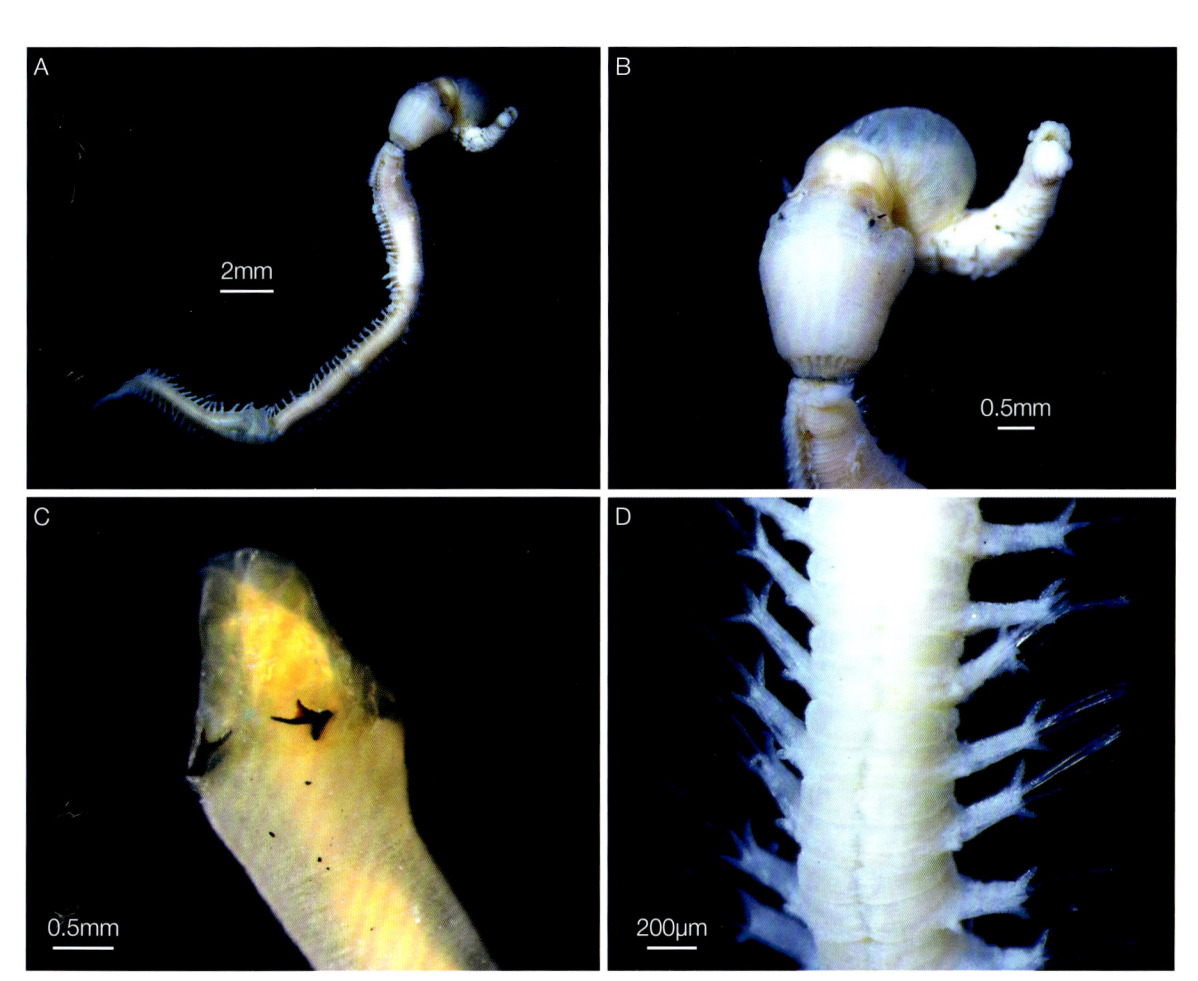

图 147-2　白色吻沙蚕 *Glycera alba* (O. F. Müller, 1776)
A. 整体；B. 体前端背面观；C. 颚齿；D. 疣足

长吻沙蚕
Glycera chirori Izuka, 1912

标本采集地： 黄海外海。

形态特征： 体大而粗，每1刚节具2个环轮。口前叶短，呈圆锥形，具10个环轮，末端有4个短而小的触手。吻部短而粗，上具稀疏的叶状和圆锥状乳突。疣足具2个前刚叶和2个后刚叶，2个前刚叶近等长，基部宽圆，前端突然收缩；后背刚叶与前刚叶相似但稍短，而后腹刚叶短而圆。背须瘤状，位于疣足基部上方。鳃细长，位于疣足前唇的前壁中部，能伸缩。最大的标本长达350mm以上，刚节数目为200个左右。

生态习性： 潮间带至130m陆架区的泥质沙或砂质泥海底。

地理分布： 渤海，黄海，东海，南海；中国和日本沿岸的特有地方种。

参考文献： 刘瑞玉，2008；杨德渐和孙瑞平，1988；孙瑞平和杨德渐，2004。

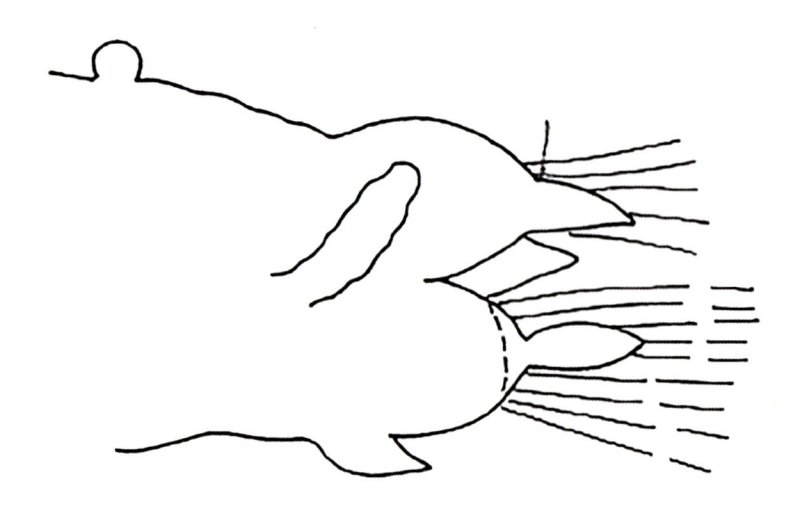

图148-1　长吻沙蚕 *Glycera chirori* Izuka, 1912 疣足背面观（引自吴宝铃等，1997）

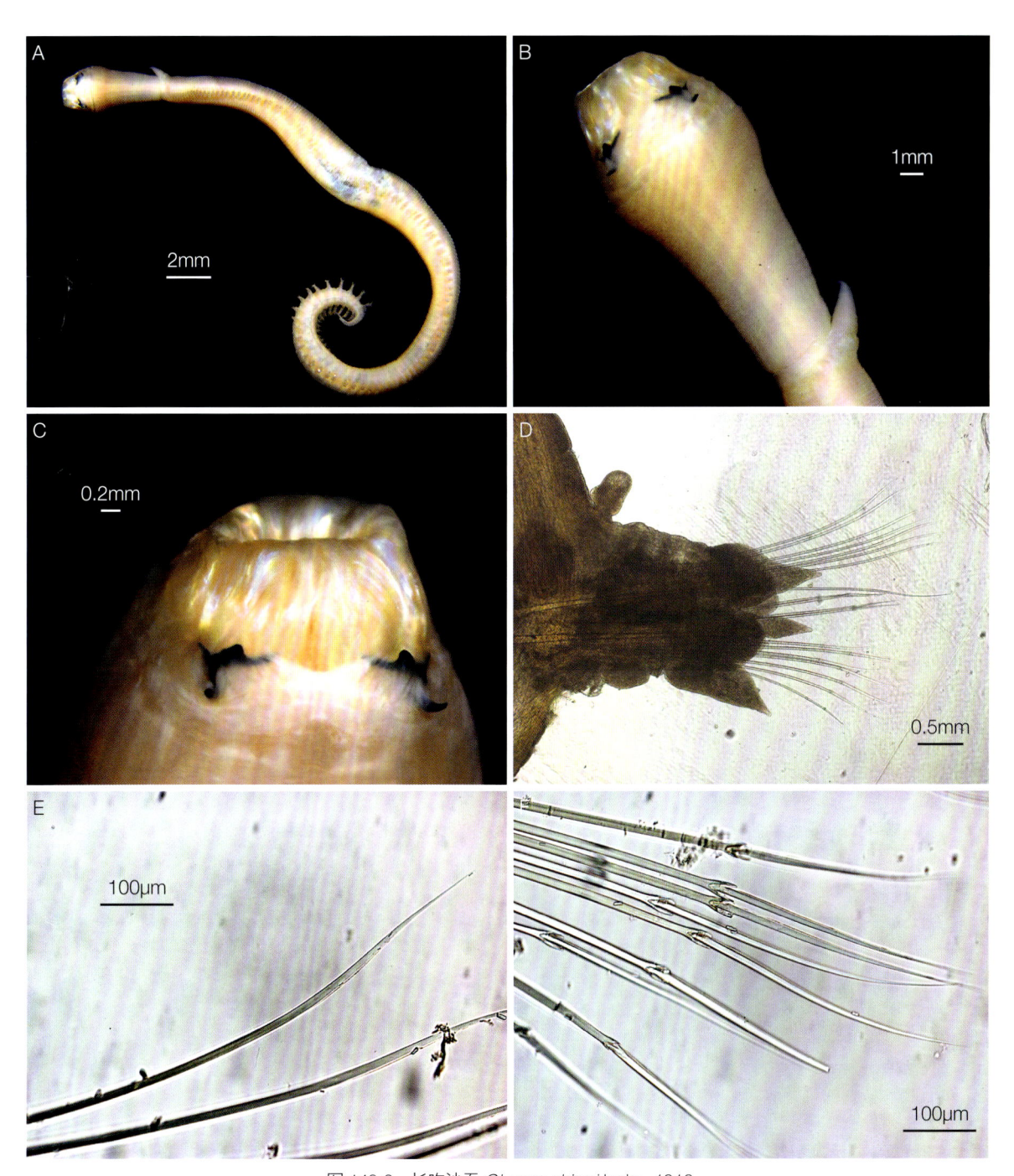

图 148-2　长吻沙蚕 *Glycera chirori* Izuka, 1912

A. 整体；B. 体前端侧面观（吻翻出）；C. 颚齿；D. 疣足；E. 毛状刚毛；F. 等齿刺状刚毛

锥唇吻沙蚕
Glycera onomichiensis Izuka, 1912

标本采集地： 黄海外海。

形态特征： 口前叶圆锥形，具 10 个环轮。吻器有 2 种乳突：一种为细小，且末端钝，呈截板状；另一种较大，为圆锥状。疣足具 2 个圆锥形的前刚叶和 2 个稍短的圆锥形后刚叶。背须圆锥状，位于疣足基部上方；腹须很发达，与疣足刚叶等大。无鳃。体长约为 80mm，体宽约为 5mm，刚节具双环轮，约 130 节。

生态习性： 栖息于中国海区潮下带泥质砂、砂质泥底质。

地理分布： 渤海，黄海，东海；鄂霍茨克海，俄罗斯萨哈林岛（库页岛），南千岛群岛，日本海，日本太平洋沿岸。

参考文献： 刘瑞玉，2008；杨德渐和孙瑞平，1988；孙瑞平和杨德渐，2004。

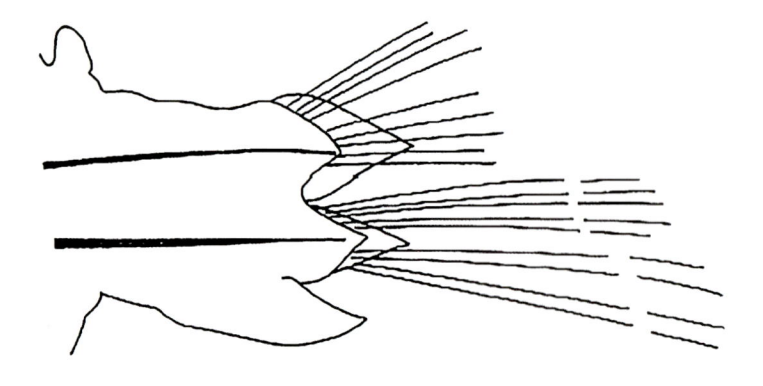

图 149-1 锥唇吻沙蚕 *Glycera onomichiensis* Izuka, 1912 疣足后面观（引自吴宝铃等，1997）

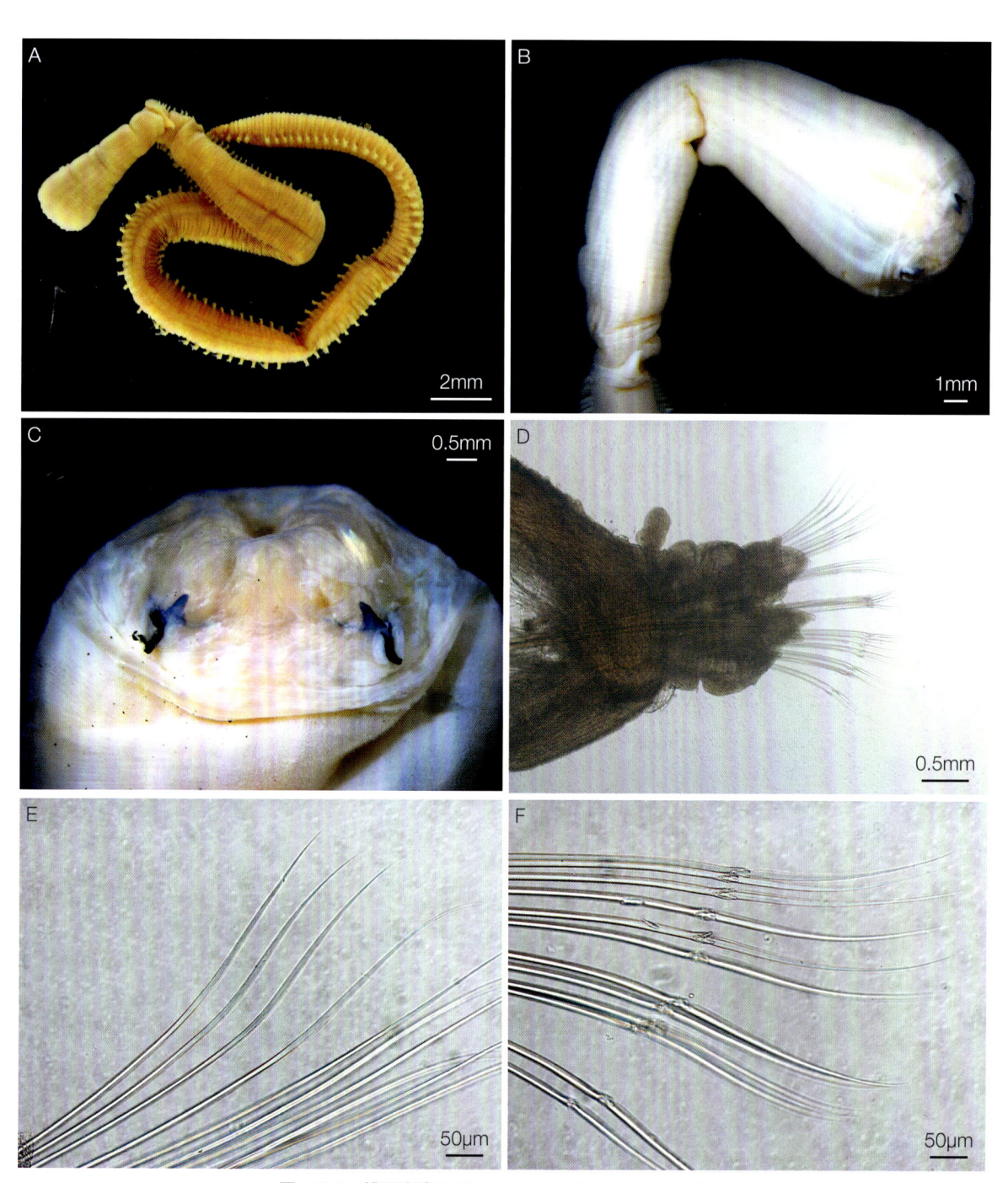

图 149-2 锥唇吻沙蚕 *Glycera onomichiensis* Izuka, 1912
A. 整体；B. 体前端背面观；C. 颚齿；D. 疣足；E. 毛状刚毛；F. 等齿刺状刚毛

箭鳃吻沙蚕
Glycera sagittariae McIntosh, 1885

标本采集地： 东海外海。

形态特征： 鳃简单型，位于疣足近背缘，能伸缩。疣足具有 2 个长直的前刚叶和 2 个很短的后刚叶。腹前刚叶长于背前刚叶。2 个后刚叶很短，仅在一些标本中稍能辨认。吻部乳突有 2 种：一种为粗囊形或卵形；另一种细长，为指形，但其末端缺指甲状附属物。体长约 110mm 以上。

生态习性： 软泥和泥质砂底质。

地理分布： 东海，平潭，台湾岛；印度洋阿鲁群岛，印度沿岸，夏威夷群岛。

参考文献： 刘瑞玉，2008；杨德渐和孙瑞平，1988；孙瑞平和杨德渐，2004。

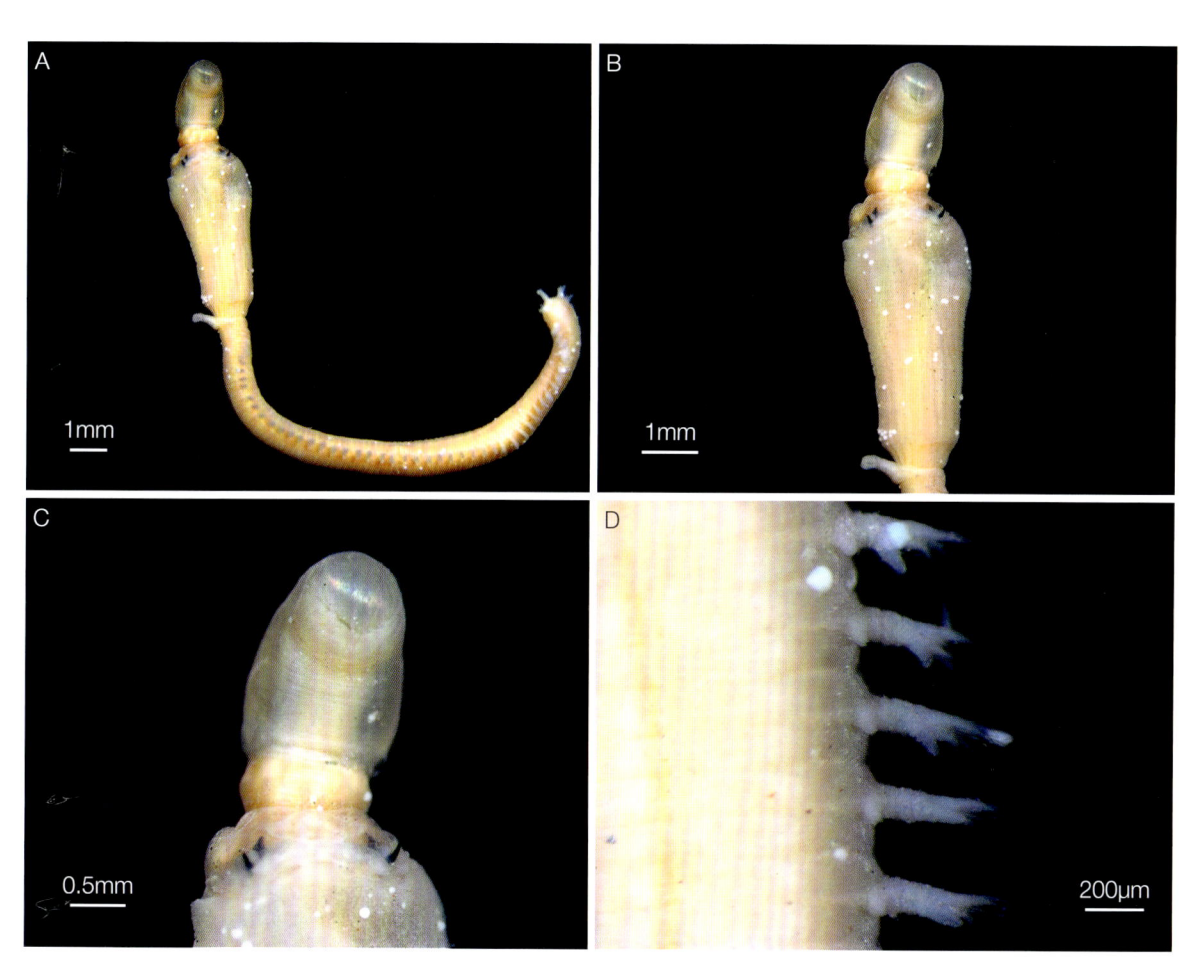

图 150 箭鳃吻沙蚕 *Glycera sagittariae* McIntosh, 1885
A. 整体（有破损）；B. 体前端侧面观；C. 颚齿；D. 疣足

浅古铜吻沙蚕
Glycera subaenea Grube, 1878

标本采集地： 山东虎头崖。

形态特征： 口前叶长，圆锥状，具 10 个环轮。吻上的乳突圆锥形，不具足。疣足具 2 个前刚叶和 2 个后刚叶，2 个前刚叶近等长，圆锥形；后背刚叶与前刚叶相似，后腹刚叶短具圆端。鳃大，位于疣足的前壁，约开始于体前部第 30 体节，能伸缩，具 2～4 个指状分枝，完全伸展时常超出疣足之外。一般体长 60～70mm，最大标本长达 160mm，体宽 6mm。具 135～150 个体节，每个体节具 2 个环轮。

生态习性： 黄海水深 0～10m 泥质底，潮间带和潮下带。

地理分布： 黄海，东海，海南岛；马达加斯加，菲律宾，日本。

参考文献： 刘瑞玉，2008；杨德渐和孙瑞平，1988；孙瑞平和杨德渐，2004。

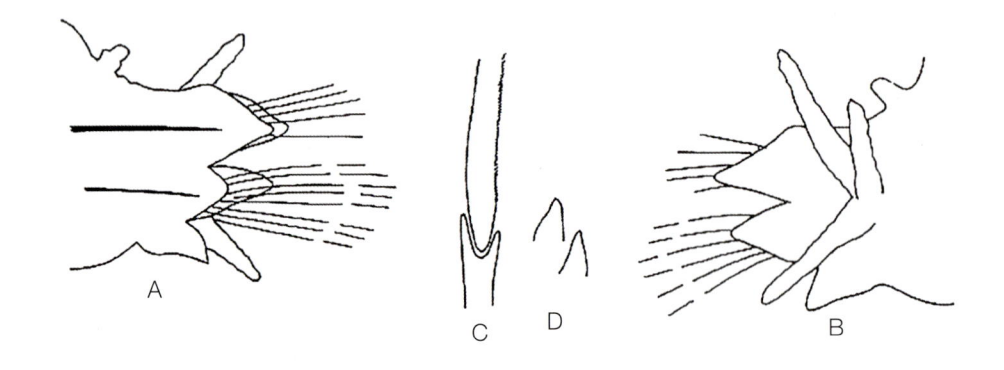

图 151-1 浅古铜吻沙蚕 *Glycera subaenea* Grube, 1878（引自吴宝铃等，1997）
A. 疣足后面观；B. 疣足前面观；C. 腹刚毛；D. 吻部上的乳突

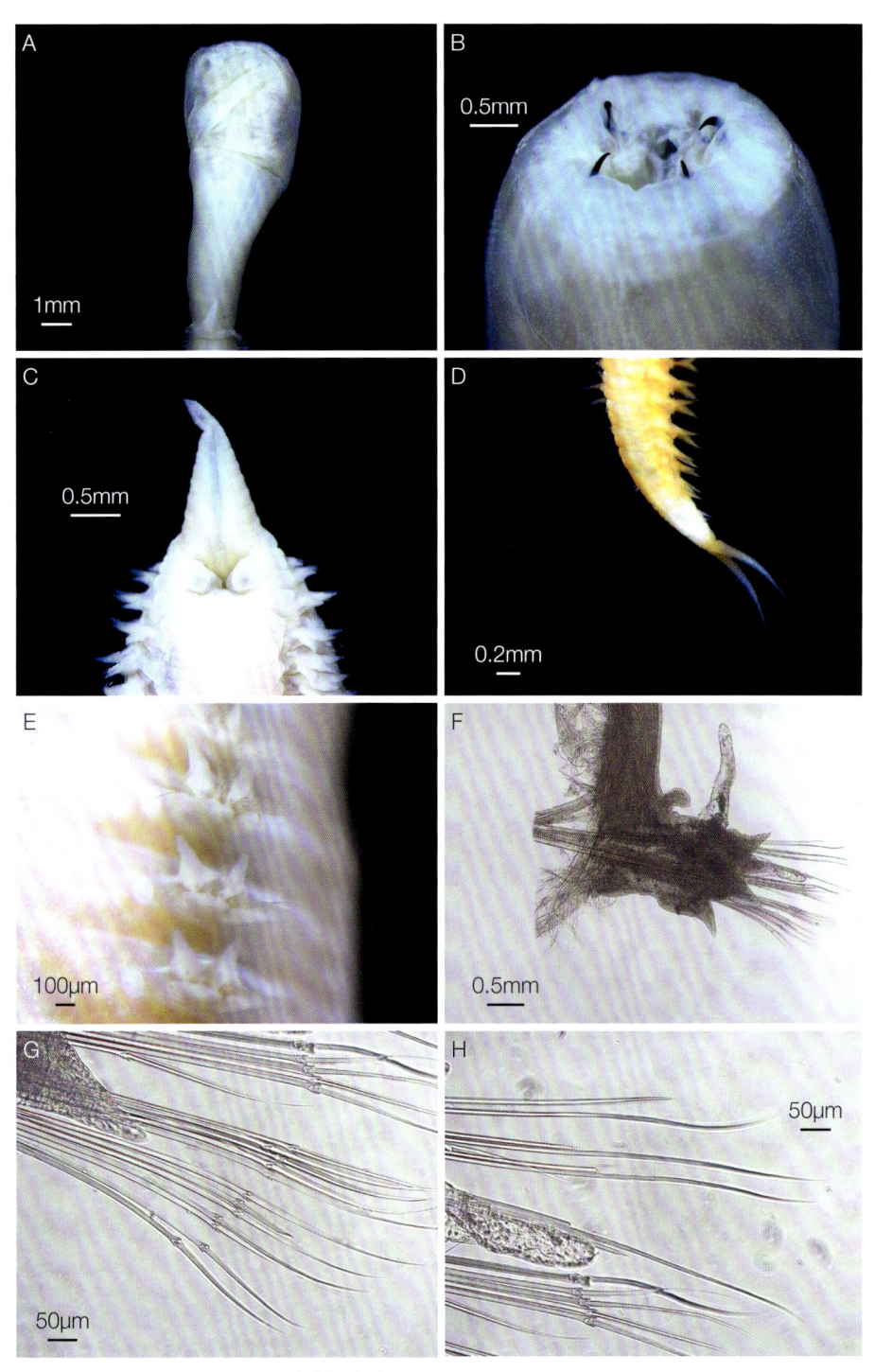

图 151-2　浅古铜吻沙蚕 *Glycera subaenea* Grube, 1878
A. 体前端背面观（吻翻出）；B. 颚齿；C. 体前端腹面观；D. 尾部；E、F. 疣足；G. 等齿刺状刚毛；H. 毛状刚毛

吻沙蚕
Glycera unicornis Lamarck, 1818

同物异名： 中锐吻沙蚕 *Glycera rouxii* Audouin & Milne Edwards, 1833

标本采集地： 山东烟台芝罘湾。

形态特征： 口前叶具 10 个环轮。吻部上覆盖有不具足的圆锥状或球状的乳突。疣足具 2 个前刚叶和 2 个后刚叶，2 个前刚叶近等长，末端渐变尖细。在体中部 2 个后刚叶明显具尖端，稍短，近等长。但在体后部背后刚叶变长具尖端，腹后刚叶短圆。背须卵圆形，位于疣足基部，腹须长具尖端。疣足的前壁具单一能伸缩的小鳃。背叶上具简单型刚毛；腹叶具有复型刚毛，其端节上带有细锯齿。体长 125～170mm，体宽约 4mm。刚节 150～200 个，每刚节有 2 个环轮。

生态习性： 常栖于潮间带泥砂滩，在潮下带水深 30m 处也可采到，底质为砂质泥或泥质砂，垂直分布可达 100m 以上。

地理分布： 渤海，黄海，东海，南海，汕头，大亚湾；日本沿岸，日本海，美国加利福尼亚沿岸，大西洋北部，地中海，波斯湾，印度沿岸。

参考文献： 刘瑞玉，2008；杨德渐和孙瑞平，1988；孙瑞平和杨德渐，2004。

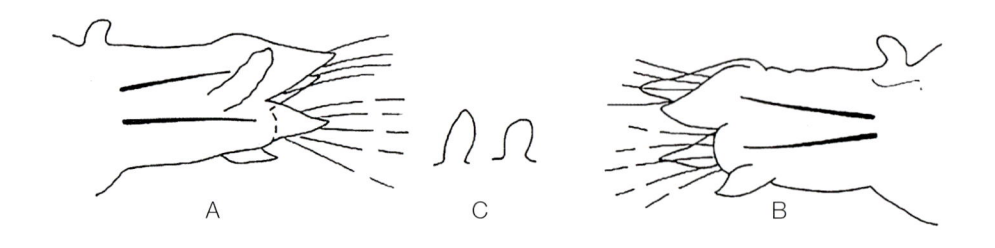

图 152-1 吻沙蚕 *Glycera unicornis* Lamarck, 1818（引自吴宝铃等，1997）
A. 疣足前面观；B. 疣足后面观；C. 吻部上的乳突

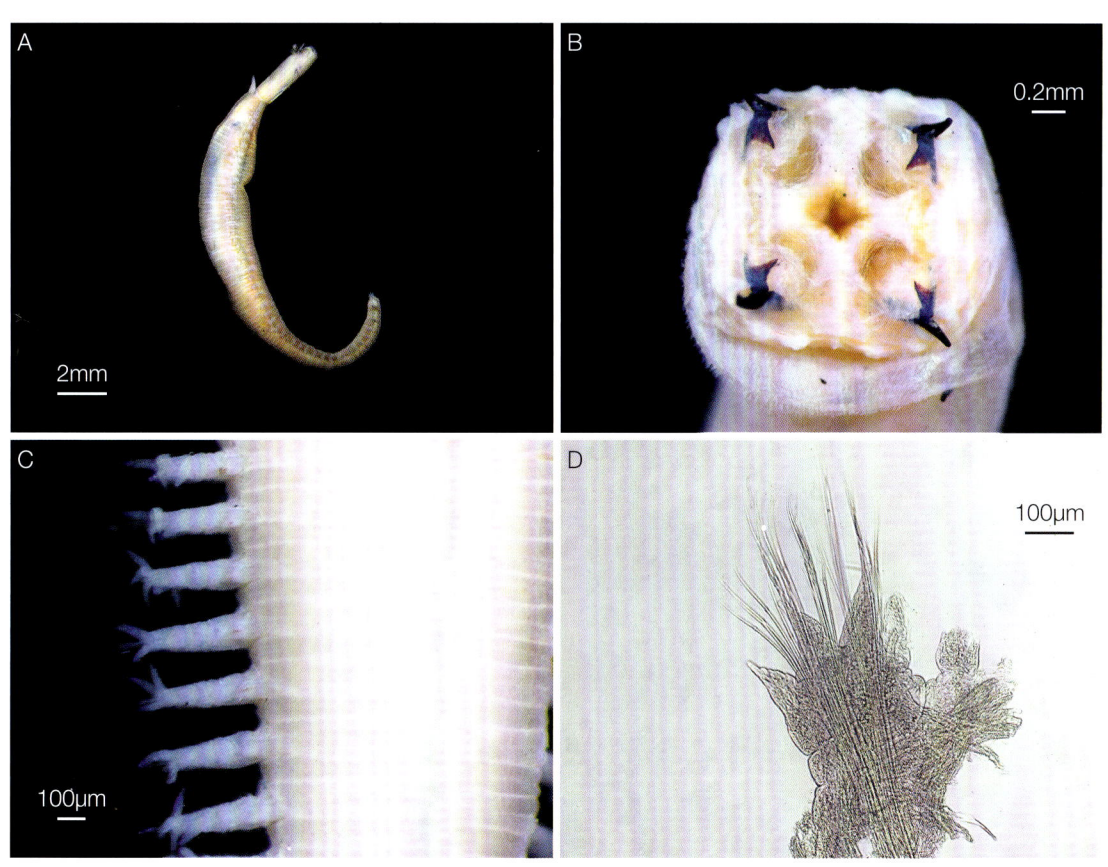

图 152-2 吻沙蚕 *Glycera unicornis* Lamarck, 1818
A. 整体；B. 颚齿；C、D. 疣足

吻沙蚕属分种检索表

1. 无鳃；前刚叶略长于后刚叶 .... 锥唇吻沙蚕 *G. onomichiensis*
 - 具鳃 2
2. 鳃指状、不能收缩 3
 - 鳃指状、能收缩 4
3. 2 个后刚叶很小 .... 箭鳃吻沙蚕 *G. sagittariae*
 - 2 个后刚叶不很小；鳃不比疣足长 .... 白色吻沙蚕 *G. alba*
4. 鳃分枝 2～4 个；后背刚叶短尖，后腹刚叶短圆 .... 浅古铜吻沙蚕 *G. subaenea*
 - 鳃不分枝 5
5. 疣足后背刚叶、前刚叶具收缩部，后腹刚叶短圆 .... 长吻沙蚕 *G. chirori*
 - 疣足刚叶渐变尖、无收缩部 .... 吻沙蚕 *G. unicornis*

303

角吻沙蚕科 Goniadidae Kinberg, 1866

角吻沙蚕属 *Goniada* Audouin & H Milne Edwards, 1833

日本角吻沙蚕
Goniada japonica Izuka, 1912

标本采集地： 山东青岛胶州湾。

形态特征： 口前叶圆锥形，具 9 个环轮和 4 个小触手，其中腹触手稍短于背触手。吻器心形，基部两侧具 13～22 个 "V" 形齿片，吻前端具 16～18 个软乳突、两个大颚（有 2 个大齿、2 个小齿）、16 个背小颚和 11 个腹小颚（皆 2 齿形）。体前部 76～80 个刚节具单叶型疣足；体后部具双叶型疣足：上背舌叶三角形，长为腹叶的一半，腹叶具 2 个前刚叶和 1 个后刚叶。背须三角形，腹须指状。疣足具 2～3 根粗刺状背刚毛和 1 束复型刺状腹刚毛。体黄褐色或深棕色，具珠光。最大标本 178mm，宽 3mm，具约 200 刚节。

生态习性： 潮下带水深 23m 软泥碎壳，黄海潮间带，东海潮下带水深 47～54m，砂质泥。

地理分布： 渤海，黄海，东海；日本。

参考文献： 刘瑞玉，2008；杨德渐和孙瑞平，1988；孙瑞平和杨德渐，2004。

图 153-1　日本角吻沙蚕 *Goniada japonica* Izuka, 1912（引自吴宝铃等，1997）
A. 体前部疣足；B. 体后部第 145 节疣足；C. 吻上乳突；D. 吻上齿片

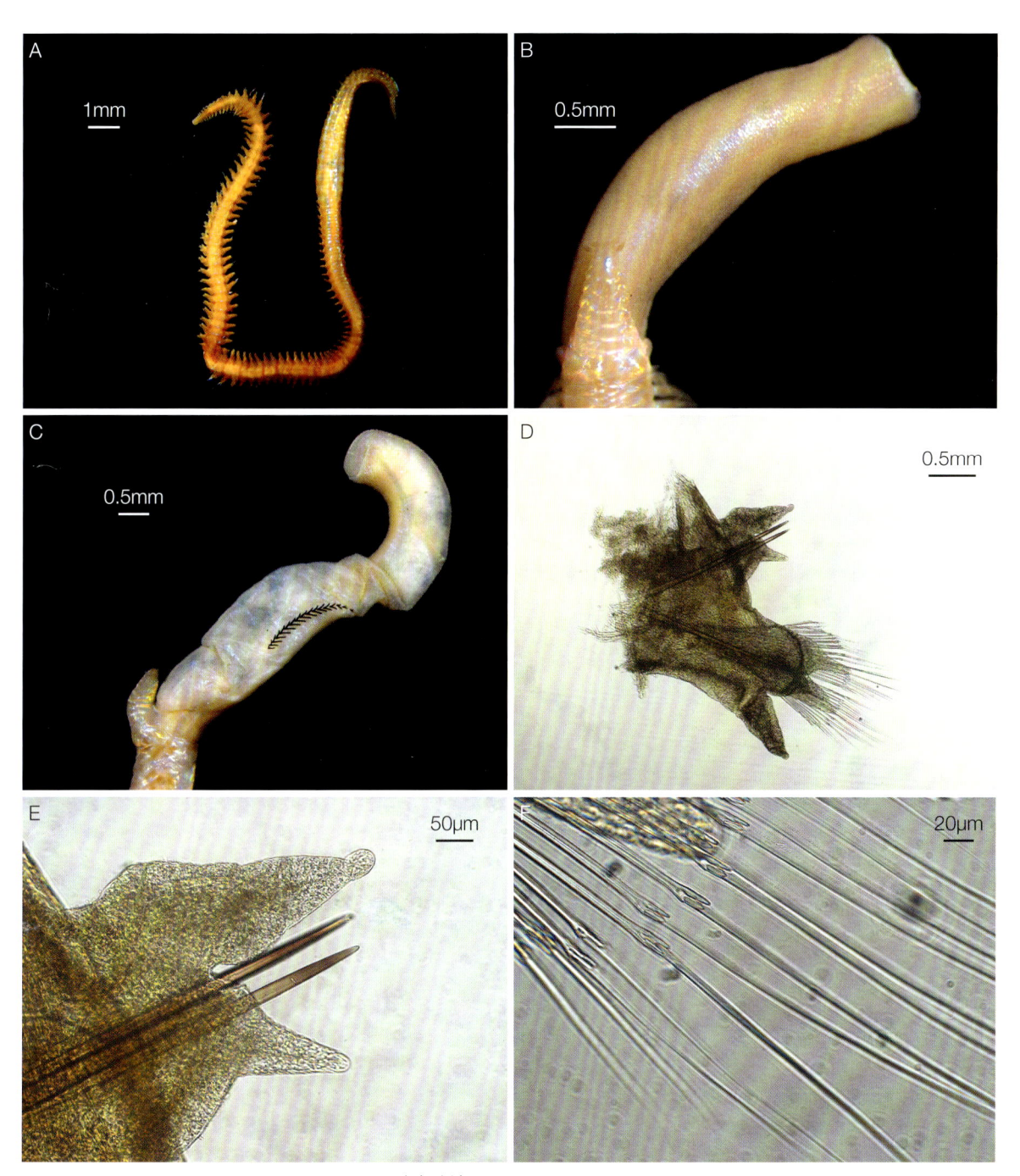

图 153-2　日本角吻沙蚕 *Goniada japonica* Izuka, 1912
A. 整体；B. 头部背面观（带翻吻）；C. 头部侧面观（带翻吻）；D. 体后部疣足；E. 粗刺状背刚毛；F. 复刺状腹刚毛

色斑角吻沙蚕
Goniada maculata Örsted, 1843

标本采集地： 黄海南部。

形态特征： 口前叶锥形，约具 10 个环轮。吻器矮小、心形，其基部两侧各具 9～12 个"V"形小齿片，吻前端侧面具 2 个大颚（4～8 个侧齿）、4 个背小颚和 3 个腹小颚。体前部 41～43 个刚节疣足为单叶型，疣足节、背须叶片状，腹须指状；体后部双叶型疣足扁平，其腹叶具 2 个指状前刚叶和 1 个宽大稍短的后刚叶。腹须指状，背须与上背叶舌之间具 1 束毛状刚毛，腹刚毛复型刺状。体长 21～30mm，体宽 1～1.8mm。

生态习性： 栖息于软泥和砂质泥底质。

地理分布： 渤海，黄海，东海，南海；西欧，北美洲东北部，北太平洋。

参考文献： 刘瑞玉，2008；杨德渐和孙瑞平，1988；孙瑞平和杨德渐，2004。

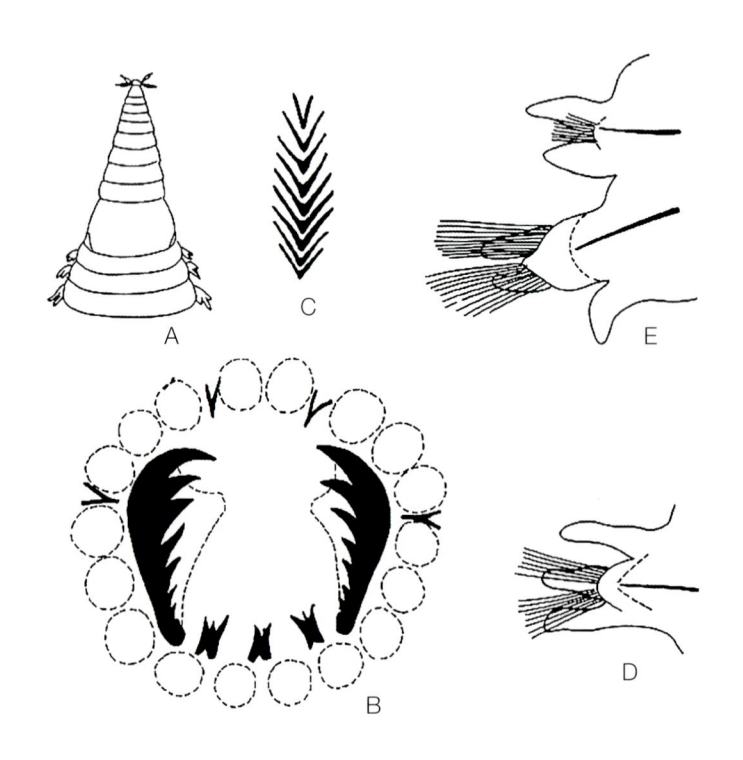

图 154-1　色斑角吻沙蚕 *Goniada maculata* Örsted, 1843（引自吴宝铃等，1997）
A. 头部；B. 颚齿及其排列；C. 吻上的齿片；D. 体前部疣足；E. 体后部疣足

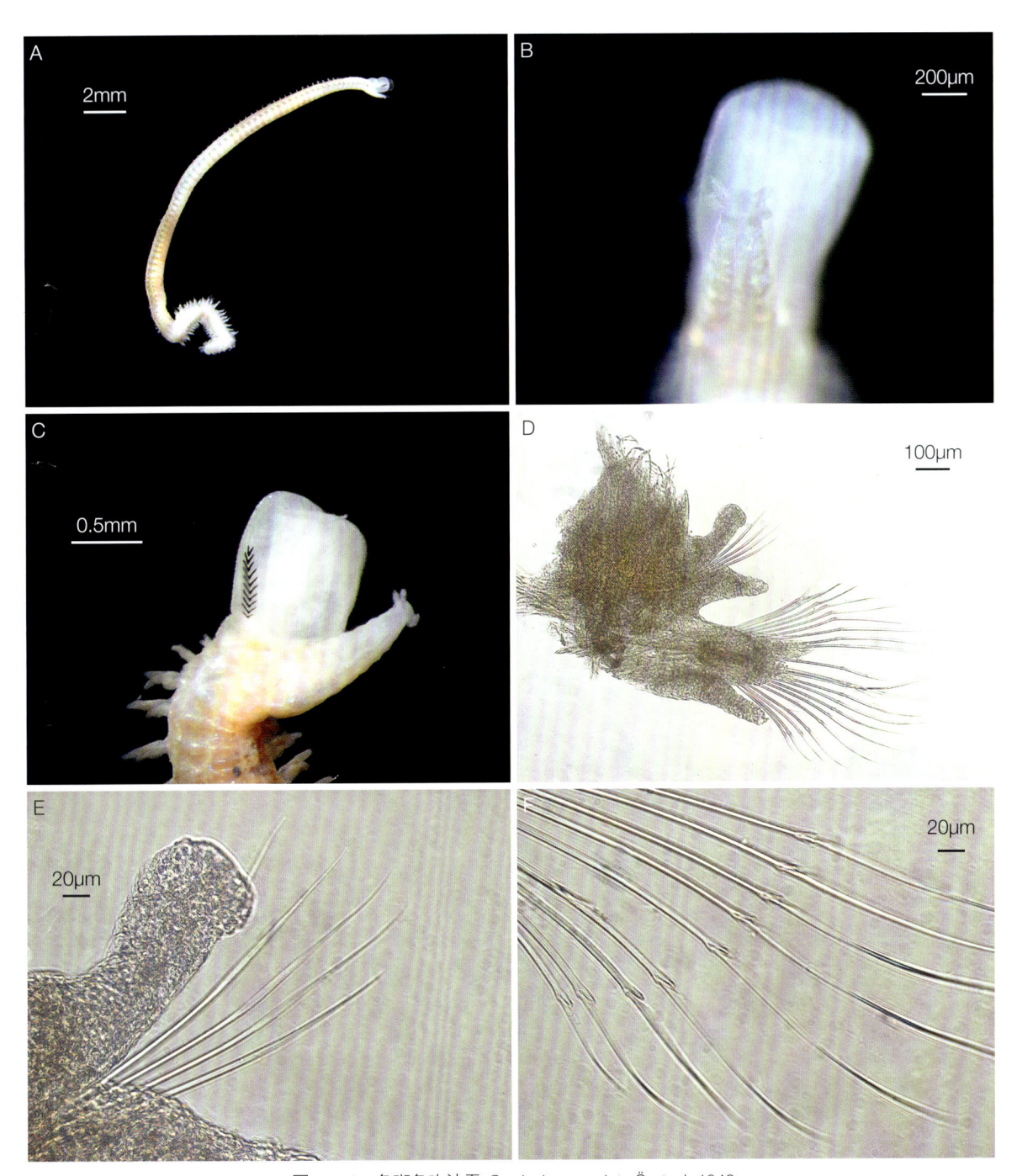

图 154-2 色斑角吻沙蚕 *Goniada maculata* Örsted, 1843

A. 整体；B. 体前端背面观；C. 体前端侧面观（带翻吻）；D. 体后部疣足；E. 毛状背刚毛；F. 复型刺状腹刚毛

拟特须虫科 Paralacydoniidae Pettibone, 1963

拟特须虫属 Paralacydonia Fauvel, 1913

拟特须虫
Paralacydonia paradoxa Fauvel, 1913

标本采集地： 山东青岛胶州湾。

形态特征： 口前叶椭圆形，长为宽的 2 倍。口前叶背面有 2 条纵沟，无眼。吻短，光滑，无乳突；末端有两片厚唇，外缘有 4 个长的侧乳突，厚唇前后各有 1 个短乳突。头触手分为柄部和端片两部分。第 1 刚节无疣足，第 2 刚节疣足单叶型，具 1 束刚毛，其余疣足皆为双叶型，背、腹须间距宽。背、腹前刚叶椭圆形，足刺位于缺刻内；背、腹后刚叶圆形。背刚毛为短的简单型刚毛；腹刚毛复型，下方有 1～2 根简单型刚毛。尾部呈桶状，具 1 对肛须，有的标本肛叶上具小黑点。体长 15mm，体宽（含疣足）1.5mm，具 60 个刚节。

生态习性： 广分布种，水深为 7～25m。

地理分布： 渤海，黄海，东海，台湾岛，南海；地中海，摩洛哥，南非，北美洲大西洋，太平洋，印度，印度尼西亚，新西兰北部。

参考文献： 刘瑞玉，2008；杨德渐和孙瑞平，1988；孙瑞平和杨德渐，2004。

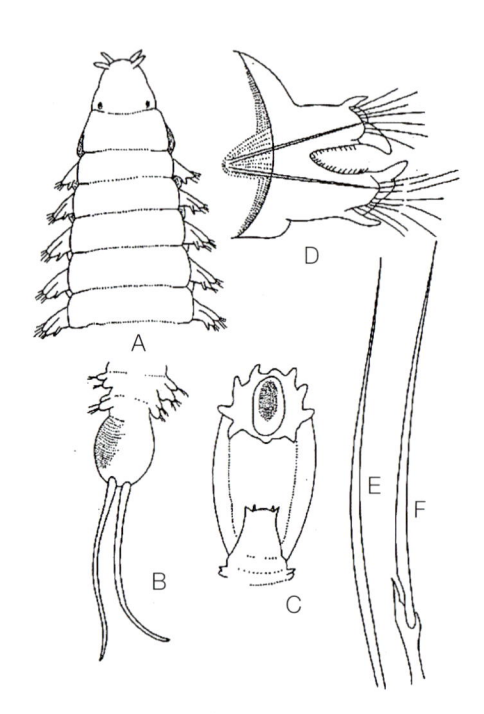

图 155-1 拟特须虫 *Paralacydonia paradoxa* Fauvel, 1913（引自吴宝铃等，1997）
A. 头部；B. 体后部；C. 吻背面观；D. 疣足前面观；E. 简单型刚毛；F. 复型刚毛

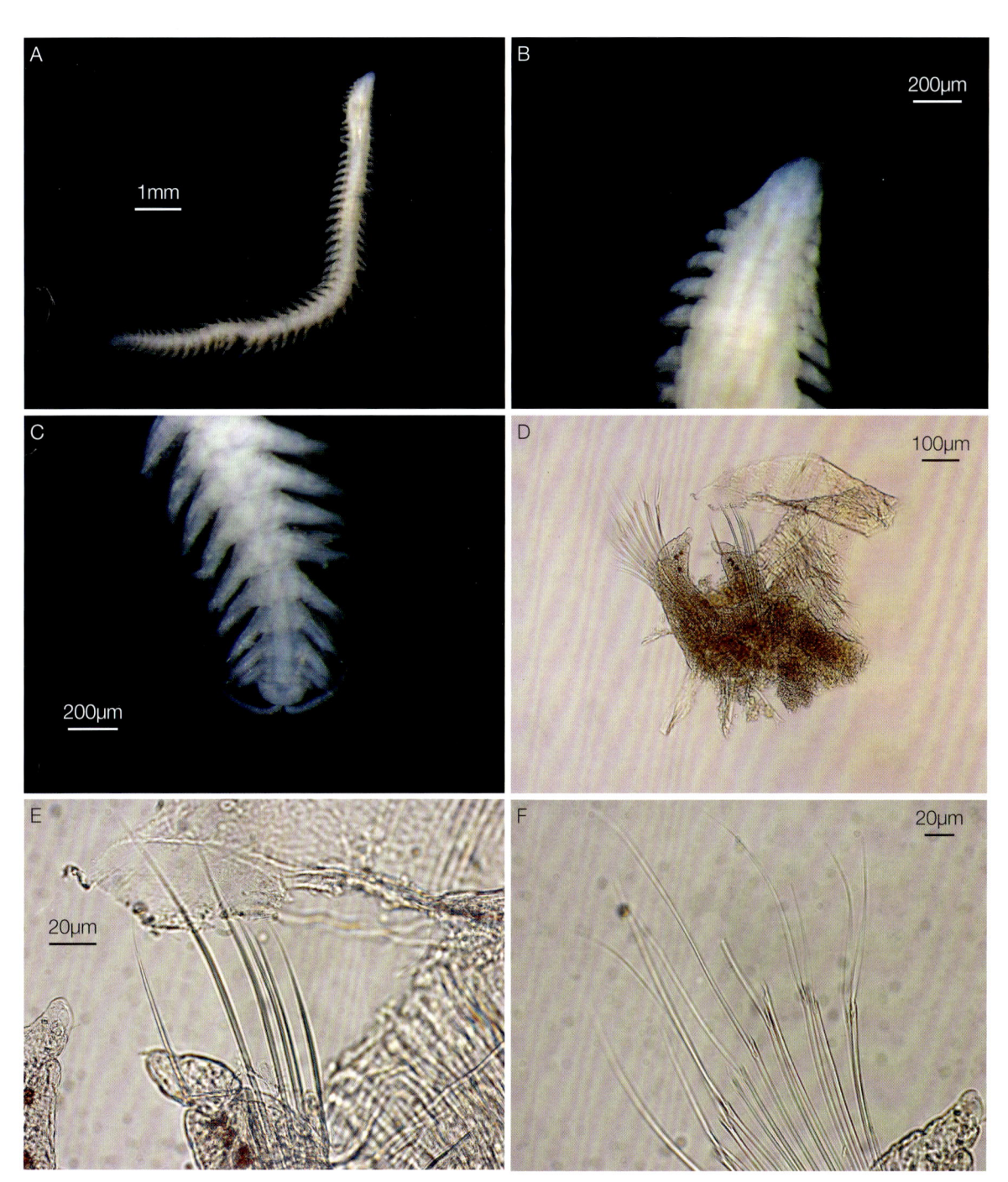

图 155-2 拟特须虫 *Paralacydonia paradoxa* Fauvel, 1913
A. 整体；B. 体前端背面观；C. 尾部；D. 疣足；E. 背刚毛（毛状刚毛）；F. 腹刚毛（异齿刺状刚毛）

金扇虫科 Chrysopetalidae Ehlers, 1864

金扇虫属 *Chrysopetalum* Ehlers, 1864

西方金扇虫
Chrysopetalum occidentale (Johnson, 1897)

标本采集地： 山东青岛胶州湾。

形态特征： 虫体很小，标本固定后易断成碎块。体长椭圆形，约40多个刚节。口前叶具2对红褐色大眼，3个触手，其基都较宽大，中央触手长为侧触手的1/2，口前叶腹面具1对粗大触角。口前叶后具1个球状肉瘤。2对触须较长。背稃刚毛横排成束，宽叶状，上具5～6条纵纹，端刺尖而弯，具侧齿。腹刚叶锥状，具复型异齿镰刀状刚毛。背、腹须指状。标本不完整，体长6～7mm，宽1mm。

生态习性： 附生于珊瑚藻和马尾藻上。

地理分布： 黄海，东海，南海；美国加利福尼亚州沿岸，日本海，澳大利亚西南沿岸。

参考文献： 刘瑞玉，2008；杨德渐和孙瑞平，1988；孙瑞平和杨德渐，2004。

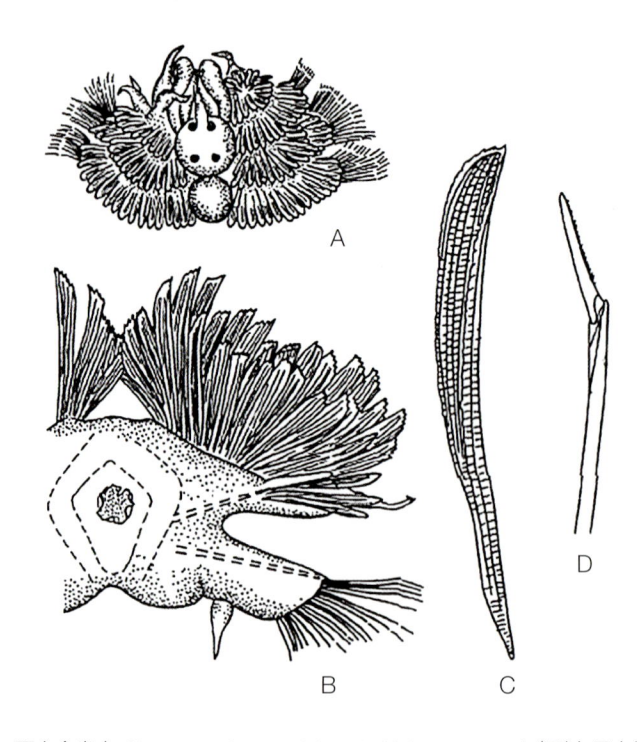

图 156-1　西方金扇虫 *Chrysopetalum occidentale* (Johnson, 1897)（引自吴宝铃等，1997）
A. 体前部背面观；B. 中部体节横切面；C. 体中部背稃刚毛；D. 腹刚毛

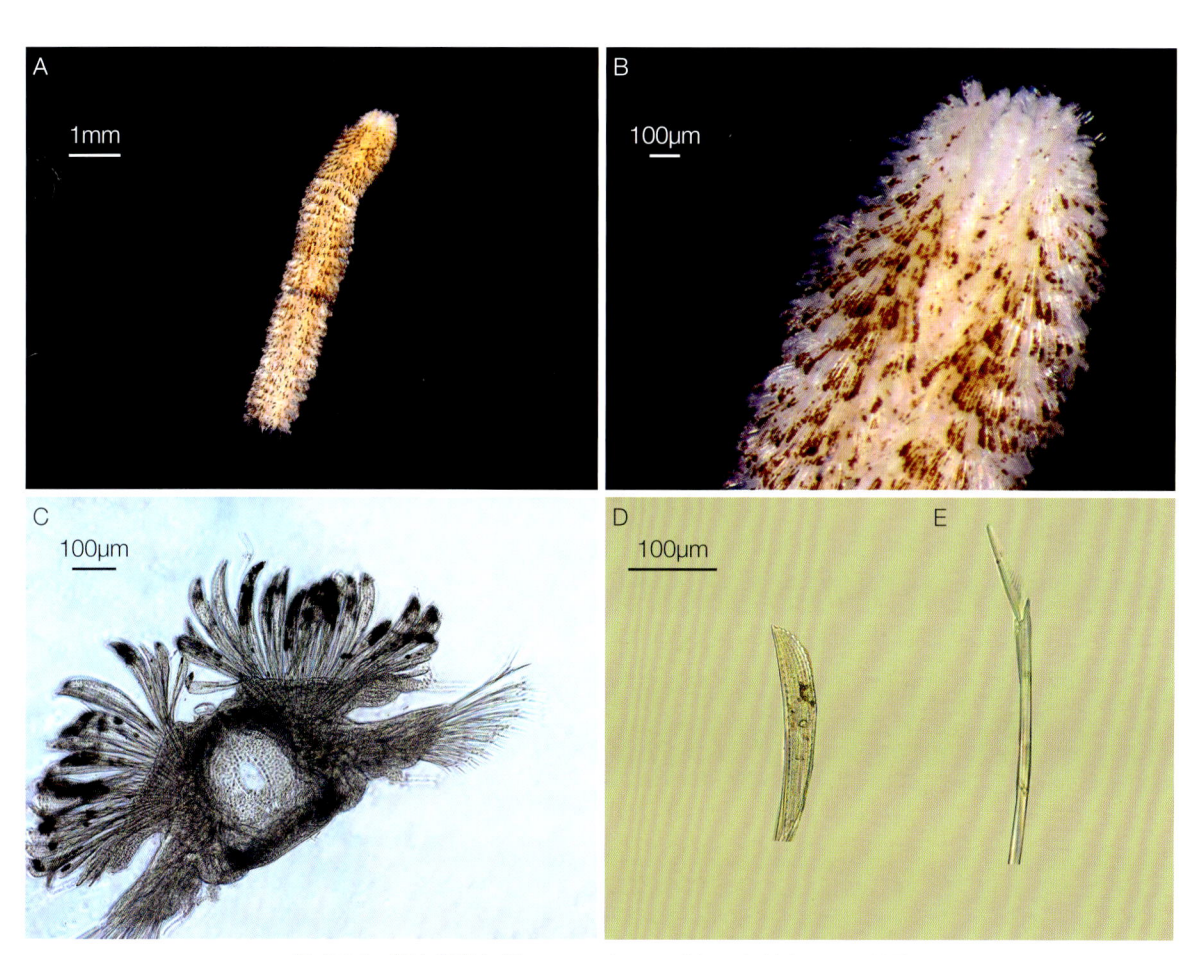

图 156-2　西方金扇虫 Chrysopetalum occidentala (Johnson, 1897)
A. 整体；B. 体前端背面观；C. 疣足；D. 背稃刚毛；E. 复型镰刀状刚毛

海女虫科 Hesionidae Grube, 1850

海女虫属 *Hesione* Lamarck, 1818

纵纹海女虫
Hesione intertexta Grube, 1878

标本采集地： 浙江南麂列岛。

形态特征： 体圆柱状，后端圆锥状。口前叶后缘具凹裂和窄的项脊，前缘具一对乳突状前触手，无触角。2对圆形眼，似矩形排列，前对稍大于后对。翻吻圆柱状，末端光滑，无颚齿，其背面中央具1个大的乳突。8对触须细长具环纹，内有细足刺。刚叶圆柱状，其末端具一大一小两个指状突起（很小，有时不易见）。疣足具复型镰刀状刚毛，端片有长有短，末端具2齿，端片刺与第1端齿相接。尾部具3对肛须，两侧各1对，末端1对、须状有环纹。活标本色彩鲜艳有金属光泽，有明显棕色细纵条纹，固定标本有时褪色。体长40～70mm，宽5～10mm，具16刚节。

生态习性： 潮间带、潮下带硬质底质。

地理分布： 东海，南海；菲律宾，澳大利亚，新西兰，太平洋，印度洋，巴拿马，新喀里多尼亚。

参考文献： 刘瑞玉，2008；杨德渐和孙瑞平，1988；孙瑞平和杨德渐，2004。

图 157 纵纹海女虫 *Hesione intertexta* Grube, 1878
A. 体前端背面观；B. 尾部；C. 疣足；D. 复型双齿镰刀状刚毛

海结虫属 *Leocrates* Kinberg, 1866

中华海结虫
Leocrates chinensis Kinberg, 1866

标本采集地： 海南西沙群岛。

形态特征： 体较短，为柱状，口前叶具 2 对眼，前对肾形，后对小圆形；触角 1 对，分 2 节；3 个触手，中触手位于口前叶后缘。翻吻圆柱状，末端背、腹各具一个锥状颚齿，吻两侧各具一球状乳突，吻的背面近口前叶前具一小乳突。触须 8 对，须状具细环纹。前 4 对疣足为单叶型，背须具环纹，基部仅具足刺。从第 5 对疣足开始为双叶型，背足叶具足刺和双侧或单侧有锯齿状的毛状刚毛；腹足叶圆柱状，具复型双齿镰刀状刚毛，端片刺仅达第 2 端齿。尾部锥状，具 1 对端肛须和 2 对侧肛须，均有环纹。标本长 15～55mm，宽 4～10mm，具 15～16 个刚节。

生态习性： 潮间带、潮下带硬质底质。

地理分布： 东海，南海；日本本州岛中部和南部，南太平洋，澳大利亚，新西兰，夏威夷群岛，所罗门群岛，地中海。

参考文献： 刘瑞玉，2008；杨德渐和孙瑞平，1988；孙瑞平和杨德渐，2004。

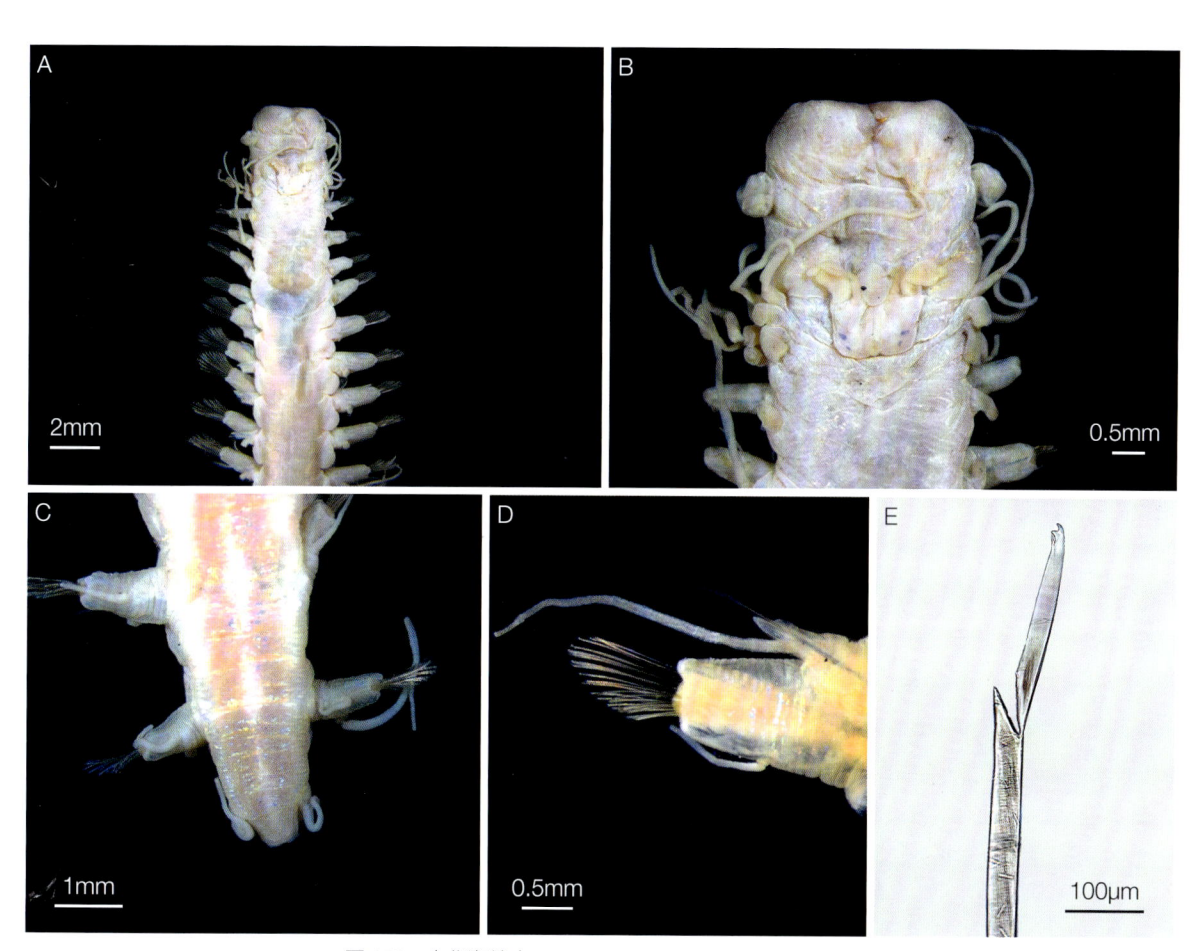

图 158　中华海结虫 *Leocrates chinensis* Kinberg, 1866
A. 体前端背面观；B. 头部；C. 尾部；D. 疣足；E. 复型镰刀状刚毛

无疣海结虫
Leocrates claparedii (Costa in Claparède, 1868)

标本采集地： 海南三亚小东海。

形态特征： 体短、圆柱形，后端圆锥形。口前叶心形，宽稍大于长。2对眼近倒梯形排列，前对椭圆形，稍大于圆形的后对。1对触角，分节、具环轮。3个触手，中央触手位于口前叶后缘，2个侧触手位于口前叶前缘。8对触须细长，具短的环轮。翻吻圆柱状，前端背、腹面各具1锥状颚齿，两侧无球状乳突，1个大的乳突位于吻的背面、口前叶前缘。前4对疣足亚双叶型，背叶仅具足刺、无刚毛，背须细长、具短的环轮。从第5刚节开始疣足为双叶型，背刚叶圆锥状，除具足刺外还具刚毛，腹须细小、指状无环轮，腹刚叶为圆柱状，前腹刚叶稍短于后腹刚叶。背刚毛简单型单侧有锯齿。腹刚毛为复型双齿镰刀状，端片细长，端片刺在第2端齿下方。尾部具3对须状、有短环轮的肛须，两侧各1对，末端1对。酒精固定标本肉色或浅棕色。体长20～25mm，体宽（含疣足）5～6mm，具16～17个刚节。

生态习性： 水深25～48m，底质软泥和珊瑚；中国浙江、广西潮间带、泥沙滩、岩石。

地理分布： 东海，南海；日本，印度，地中海，红海。

参考文献： 刘瑞玉，2008；杨德渐和孙瑞平，1988；孙瑞平和杨德渐，2004。

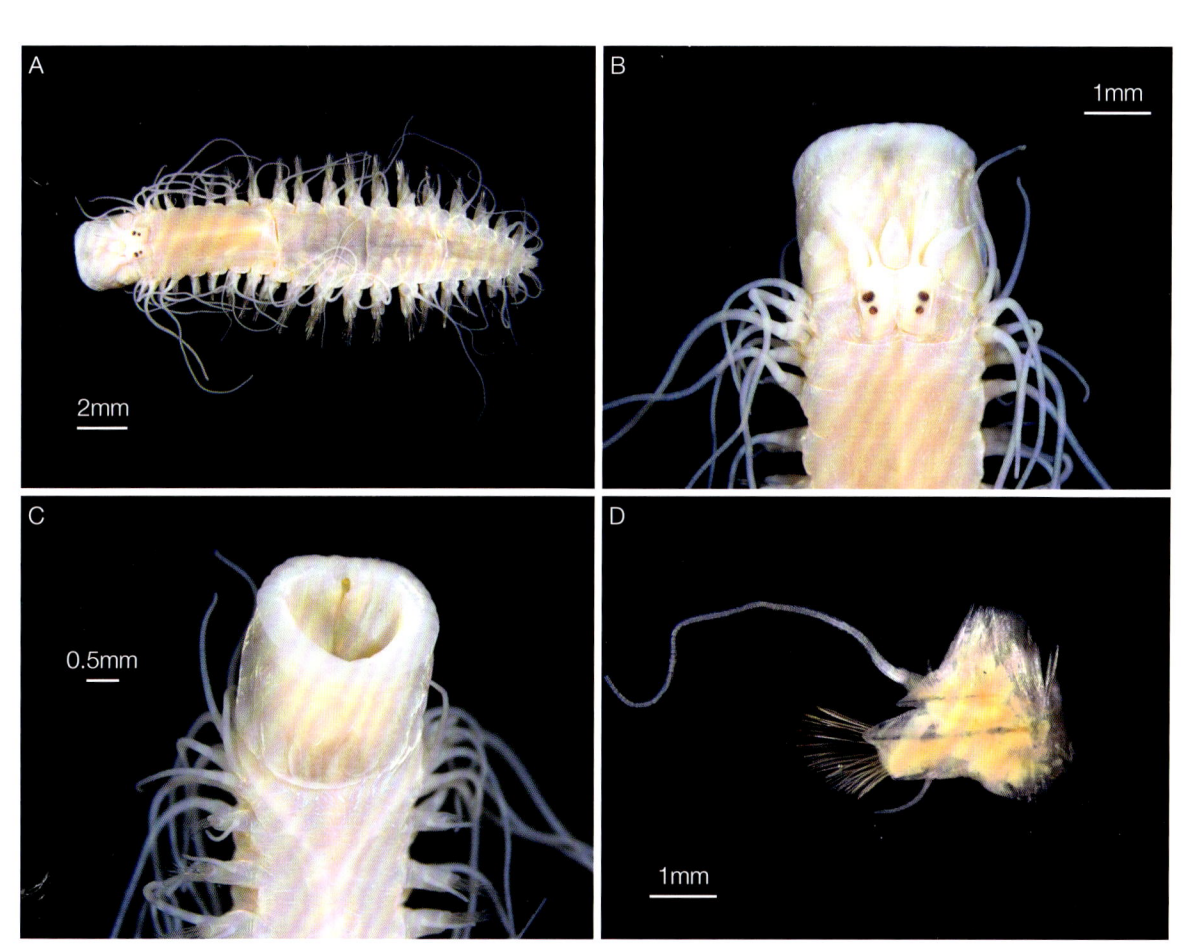

图 159 无疣海结虫 Leocrates claparedii (Costa in Claparède, 1868)
A. 整体；B. 体前端背面观；C. 体前端腹面观；D. 疣足

小健足虫属 *Micropodarke* Okuda, 1938

双小健足虫
Micropodarke dubia (Hessle, 1925)

标本采集地： 香港，广东大亚湾。

形态特征： 口前叶为横长方形，前缘平滑，后缘稍凹。2 对红眼，彼此相距较近，前对豆瓣形，后对椭圆形。1 对触角分节，位于口前叶腹面的两侧。2 个侧触手位于口前叶前缘背面两边，与触角近等长。6 对触须位于前 3 个刚节上。吻末端具 20 ～ 21 个乳突，无颚齿。疣足亚双叶型，背须细长有皱褶且基部具 1 ～ 2 根内足刺，腹须短小指状，腹刚叶圆锥状，后刚叶稍大于前刚叶。腹刚叶具多根复型双齿镰刀状刚毛，端片长短不一，刚毛束中部具 1 ～ 2 根端片，基部有具 3 ～ 4 个长侧齿的刚毛。该种 Pleijel 和 Rouse（2007）有过系统的研究，将 *Micropodarke trilobata* Hartmann-Schröder，1983 视为双小健足虫新的同物异名。

生态习性： 在潮间带和潮下带泥沙底质或岩石底质迅速爬行。

地理分布： 黄海，东海，南海。

参考文献： 杨德渐和孙瑞平，1988；孙瑞平和杨德渐，2004。

海女虫科分属检索表

1. 无触角（具 2 个触手和 8 对触须） .... 海女虫属 *Hesione*
 - 具触角，触角具环轮或环轮不完整 2
2. 具 3 个触手；中央触手位于口前叶后缘；口前叶后缘无项器 .... 海结虫属 *Leocrates*
 - 具 2 个触手；吻仅具端乳突无大颚 .... 小健足虫属 *Micropodarke*

图 160 双小健足虫 *Micropodarke dubia* (Hessle, 1925)（杨德援和蔡立哲供图）
A. 整体背面观；B. 体前部背面观；C. 体前部腹面观；D. 体前部背面观；E. 第 13 刚节疣足；F. 第 13 刚节刚毛

沙蚕科 Nereididae Blainville, 1818
突齿沙蚕属 Leonnates Kinberg, 1865

粗突齿沙蚕
Leonnates decipiens Fauvel, 1929

标本采集地： 广东徐闻。

形态特征： 口前叶五边形，前缘无深裂，2对眼梯形排列，最长触须后伸可达第4～5刚节。吻的口环上具软乳突，颚环上具小齿：Ⅰ区无附属物，Ⅱ区5～6个颚齿排成两斜排，Ⅲ区18～22个颚齿排成两横排，Ⅳ区8～12个颚齿为2～3斜排，Ⅴ区无，Ⅵ区每边一个乳突，Ⅶ、Ⅷ区7～8个乳突排成一横排。大颚无侧齿。前部疣足的背叶有两个背舌叶，中间有1个小足刺叶，腹叶具前后刚叶和腹舌叶。背须须状，超过2个背舌叶长。体中部疣足1个背舌叶变小为突起。背刚毛皆为等齿刺状，腹刚毛为等齿、异齿刺状和等齿、异齿镰刀形，镰刀形刚毛端片具粗长锯齿。标本不完整，体长25mm，宽2mm，具70刚节。

生态习性： 潮间带至潮下带水深40m，泥砂或褐色黏泥质底。

地理分布： 东海，南海；印度洋，阿拉伯海，马纳尔湾，苏伊士运河，西非塞内加尔。

参考文献： 刘瑞玉，2008；杨德渐和孙瑞平，1988；孙瑞平和杨德渐，2004。

图 161 粗突齿沙蚕 *Leonnates decipiens* Fauvel, 1929
A. 整体；B. 体前端背面观；C. 体前端腹面观；D. 异齿镰刀形刚毛；E. 等齿镰刀形刚毛；F. 第 15 对疣足；G. 体中部疣足

刺沙蚕属 *Neanthes* Kinberg, 1865

腺带刺沙蚕
Neanthes glandicincta (Southern, 1921)

标本采集地： 台湾台北。

形态特征： 口前叶近似梨形，触手短于触角，触角基节大、端节圆纽扣状，2对圆眼呈梯形排列于口前叶后部。触须4对，最长者后伸可达第6～10刚节。吻口环无颚齿，颚环具圆锥形颚齿，数目和排列：Ⅰ区0～5个齿，Ⅱ区有斜堆4～8个，Ⅲ区16～18个为3个交错的横排，Ⅳ区1堆计5～7个。吻端具金黄色透明的大颚，具侧齿11个。除前两对疣足单叶型外，其余皆双叶型。体前部双叶型疣足，具3个背舌叶（含背刚叶），背须指状、末端稍尖且长于上背舌叶，腹叶具2个腹前刚叶和1个腹后刚叶，腹须细短须状。体后部疣足，背刚毛叶变小为1突起，背须端，上背舌叶为锥状，小于三角形的下背舌叶，腹刚叶锥形，下腹舌叶小、指状，腹须更短，为须状。疣足背刚毛皆为复型等齿刺状。腹刚毛在腹足刺上方者为复型等齿刺状刚毛，下方者为端片较短的复型刺状刚毛。仅体中部和体后部具复型等齿或复型异齿镰刀形刚毛。活标本呈土黄色，体后部呈橘黄色。酒精标本体前部体节背面具褐色斑点，肛节深褐色。大标本体长40mm，宽（含疣足）2.5mm，具71刚节。

生态习性： 为热带种，常栖于中国海潮间带泥砂滩中区或泥滩下部石块下的泥砂里。

地理分布： 东海，南海，海南岛，广西，台湾岛；印度沿岸，缅甸，越南，澳大利亚，新西兰。

参考文献： 刘瑞玉，2008；杨德渐和孙瑞平，1988；孙瑞平和杨德渐，2004。

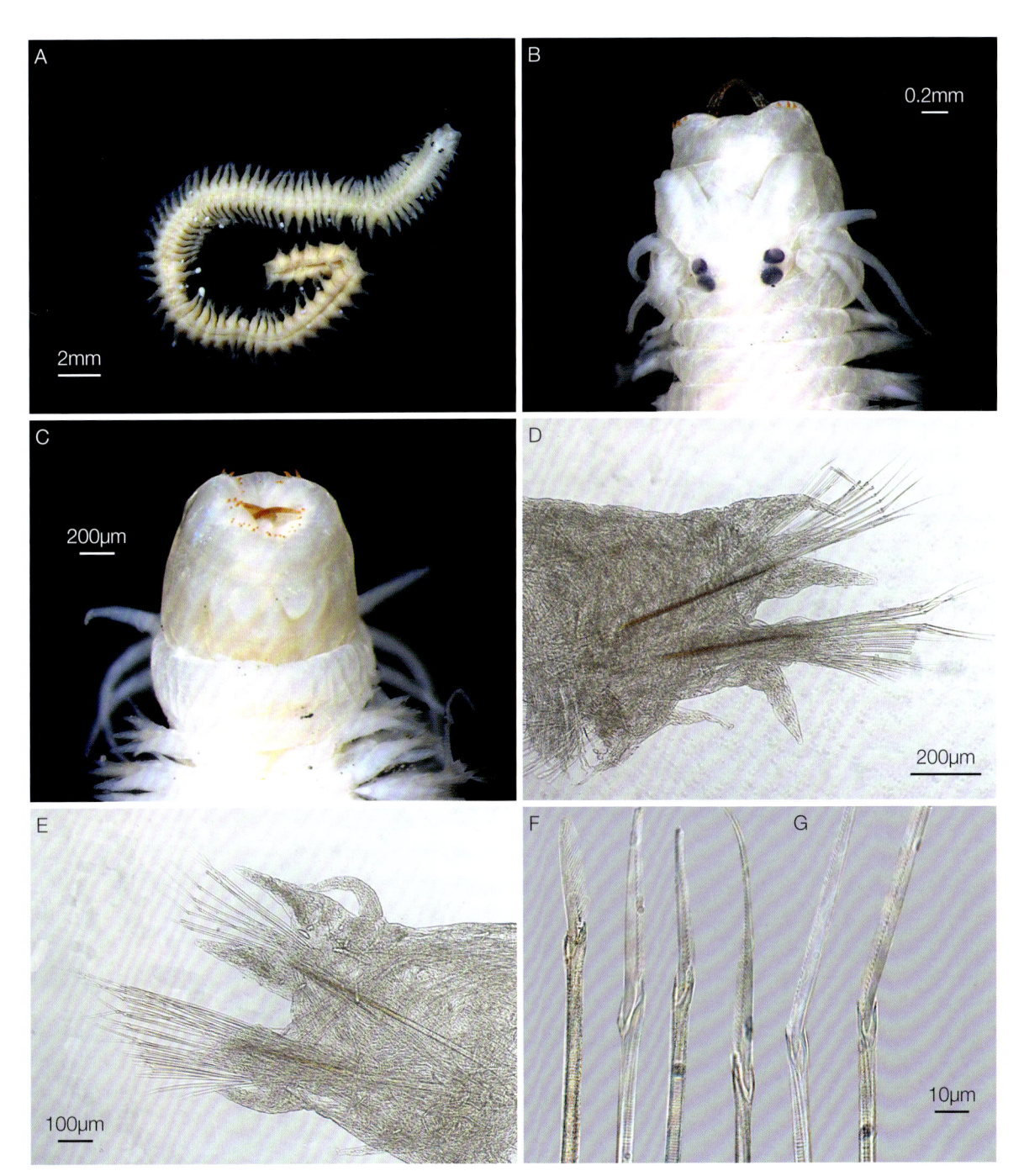

图 162　腺带刺沙蚕 *Neanthes glandicincta* (Southern, 1921)
A. 整体；B. 体前端背面观（吻翻出）；C. 体前端腹面观（吻翻出）；D. 体前部疣足；
E. 体后部疣足；F. 复型异齿镰刀形刚毛；G. 复型等齿镰刀形刚毛

全刺沙蚕属 *Nectoneanthes* Imajima, 1972

全刺沙蚕
Nectoneanthes oxypoda (Marenzeller, 1879)

同物异名： 饭岛全刺沙蚕 *Nectoneanthes ijimai* (Izuka, 1912)

标本采集地： 河北北戴河。

形态特征： 口前叶三角形，触手短小，触角蘋果形。2对近等大的眼，矩形排列于口前叶后半部。触须4对，其中最长1对后伸可达第4～5刚节。吻各区皆具圆锥形颚齿：Ⅰ区1～5个纵排，Ⅱ区26～34个排成3～4斜排，Ⅲ区10～20个聚成一堆，Ⅳ区29～34个聚成三角形堆，Ⅴ区1～2个，Ⅵ区11～16个聚成一椭圆形堆，Ⅶ、Ⅷ区竖排小齿不规则地排成宽的横带，部分颚齿可延伸至Ⅵ区。大颚褐色，具侧齿8～12个。除前2对疣足单叶型外，余皆为双叶型。单叶型疣足背、腹须和舌叶末端尖细、指状。体前部双叶型疣足背须长但不超过疣足叶，具3个尖锥形背舌叶（含背刚叶）。从第14对疣足开始，上背舌叶膨大伸长，中部具凹陷，背须位于其中。体中部疣足上背舌叶增大变宽为具凹陷叶片状，背须位于其中。体后部疣足上背舌叶逐渐变小为椭圆形，背须位于其顶端。背、腹刚毛均为复型等齿刺状和非典型的异齿刺状刚毛。肛门位于肛节的背面，具1对细长的肛须。大标本体长260mm，宽10mm，具180个刚节。

生态习性： 广盐性种，可生活于海水、半盐水和河口区，潮间带中区、下区和潮下带水深0～20m，底质主要为泥沙。

地理分布： 渤海，黄海，东海，南海；日本，朝鲜半岛，澳大利亚，新西兰。

参考文献： 刘瑞玉，2008；杨德渐和孙瑞平，1988；孙瑞平和杨德渐，2004。

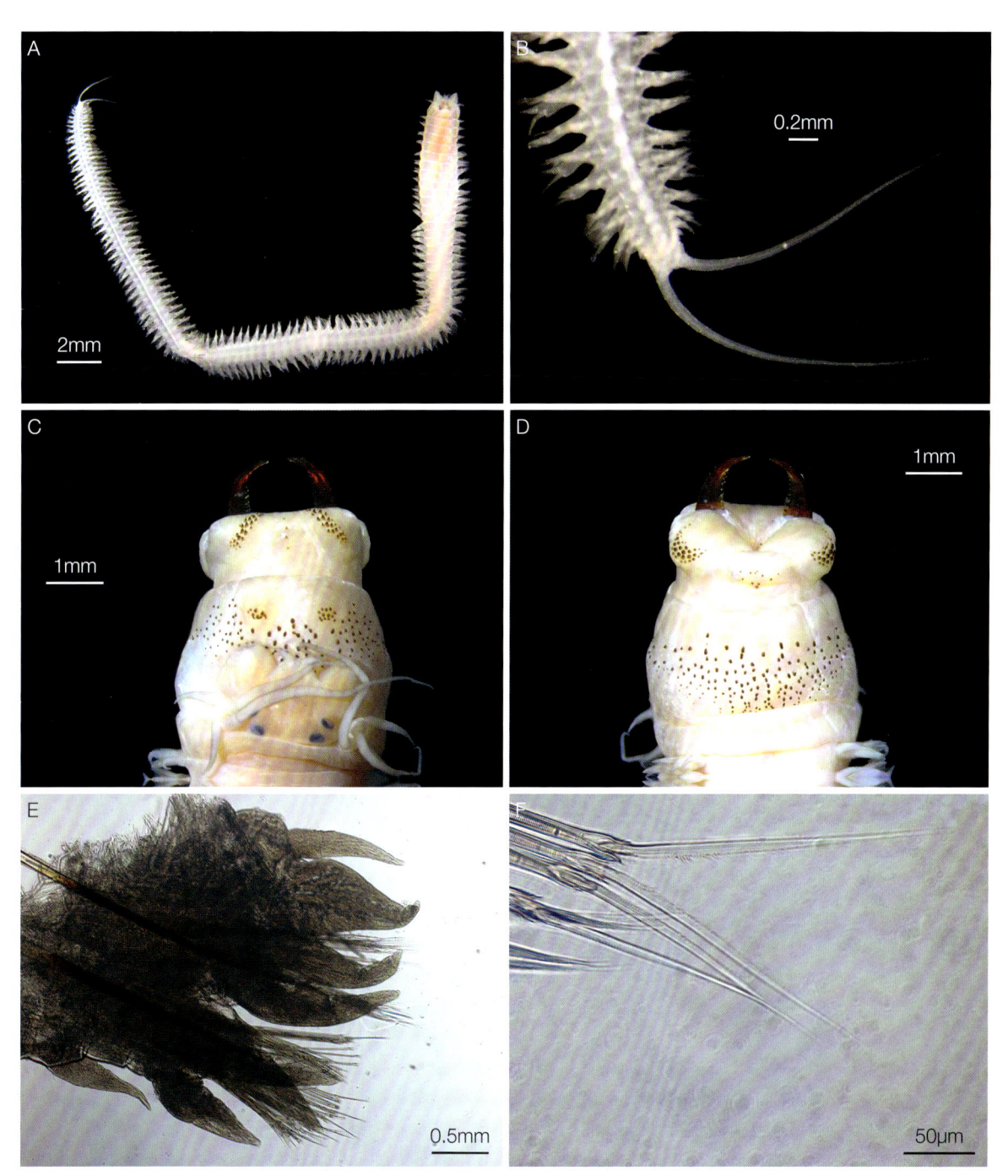

图 163 全刺沙蚕 *Nectoneanthes oxypoda* (Marenzeller, 1879)
A. 整体；B. 尾部；C. 体前端背面观；D. 体前端腹面观；E. 体前部疣足；F. 等齿刺状刚毛

沙蚕属 *Nereis* Linnaeus, 1758

滑镰沙蚕
Nereis coutieri Gravier, 1899

标本采集地： 广东东山珠贝场。

形态特征： 口前叶宽大于长，触手稍短于触角，2对圆眼呈矩形排列于口前叶后半部。围口节触须4对，最长者后伸可达第2~3刚节。吻上颚齿较少，除Ⅴ区无颚齿外，圆锥形颚齿的数目和排列如下：Ⅰ区1个，Ⅱ区3~5个聚成1堆，Ⅲ区3个为一横排，Ⅳ区6~8个聚成1堆，Ⅵ区2~3个聚成1堆，Ⅶ、Ⅷ区6~9个为一横排。吻端大颚具4~5个侧齿。除前2对疣足单叶型外，其余皆为双叶型。体前部和体中部双叶型疣足，背、腹须其余皆为指状，背须长于腹须，背舌叶圆锥形、末端尖细，上背舌叶稍短于下背舌叶。体后部疣足，上背舌叶背面隆起，背须细且远长于疣足叶。体前部和体中部的背刚毛为复型等齿刺状，在体中后部则被1~2根端片梭形、一侧无细齿的复型等齿镰刀状刚毛替代。腹足刺上方腹刚毛为复型等齿刺状和异齿镰刀状，下方为复型异齿刺状和异齿镰刀状。标本体长25mm，宽（含疣足）2mm，具73个刚节。

生态习性： 栖息于海绵、牡蛎、海藻及石珊瑚间，或在石块下的细砂底潜居。

地理分布： 东海，南海；印度洋-西太平洋，越南沿海，苏伊士运河，红海，波斯湾印度洋，南非。

参考文献： 刘瑞玉，2008；杨德渐和孙瑞平，1988；孙瑞平和杨德渐，2004。

图 164　滑镰沙蚕 *Nereis coutieri* Gravier, 1899
A. 整体；B. 体前端背面观；C. 体前端腹面观；D. 疣足

异须沙蚕
Nereis heterocirrata Treadwell, 1931

标本采集地： 山东蓬莱。

形态特征： 口前叶梨形，触手长为口前叶的一半，2对眼靠近，位于口前叶中后部。围口节触须4对，仅腹面的1对短，为粗指状，其他触须为长须状，最长者后伸可达第3~4刚节。吻端大，仅具圆锥形颚齿：Ⅰ区2~3个纵列，Ⅱ区26~29个聚成一新月形丛，Ⅲ区约40个排成4~5个不规则的横排，Ⅳ区约40个成4斜排，Ⅴ区无，Ⅳ区3~4个大锥形齿，Ⅶ、Ⅷ区具不规则排列的大齿3~4排，在Ⅶ区大齿间还具许多小齿，并稍向Ⅷ区扩散。颚具侧齿。除前2对疣足单叶型外，其余皆为双叶型。体前部双叶型疣足，背、腹舌叶皆呈大小相似的圆锥形，背、腹须为须状。体中部疣足，舌叶变细，上背舌叶稍长于下背舌叶。体后部疣足，上背舌叶变大增长为矩形，背须位于其顶端，背须基部附近具1突起。体前部疣足背刚毛均为复型等齿刺状，体中后部疣足背刚毛被2~4根端片具侧齿的复型等齿镰刀状刚毛替代。腹刚毛在腹足刺上方者为复型等齿刺状和异齿镰刀状，下方者为复型异齿刺状和异齿镰刀状。大标本体长100mm，宽（含疣足）8mm，具85~100个刚节。

生态习性： 东海岩岸潮间带中区和下区的优势种，栖息于牡蛎带和珊瑚藻属 *Corallina*、马尾藻属 *Sargassum* 和粘膜藻属 *Leathesia* 群落。

地理分布： 黄海，东海；日本沿海。

参考文献： 刘瑞玉，2008；杨德渐和孙瑞平，1988；孙瑞平和杨德渐，2004。

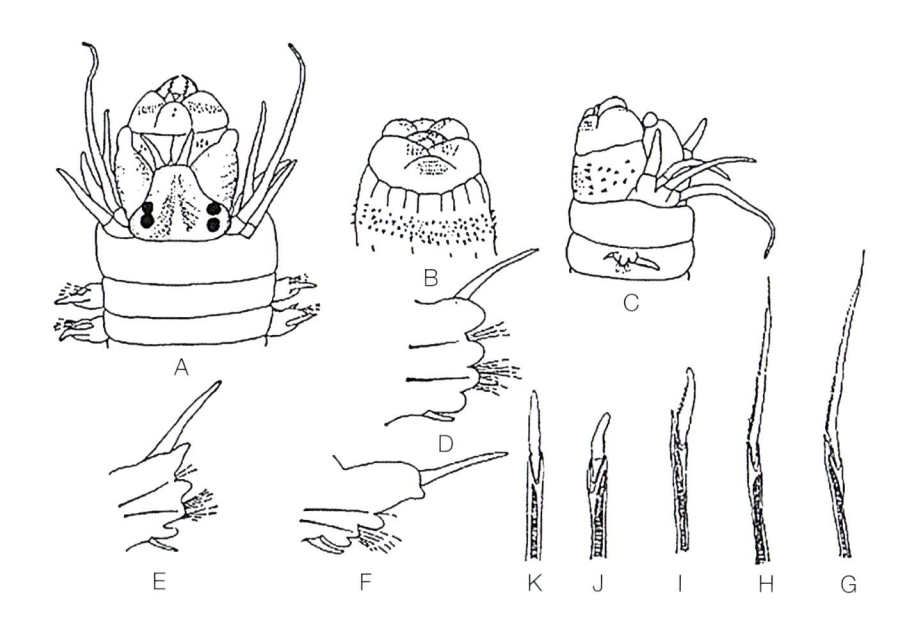

图 165-1　异须沙蚕 *Nereis heterocirrata* Treadwell, 1931（引自孙瑞平和杨德渐，2004）
A. 体前端背面观；B. 吻腹面观；C. 体前端侧面观；D. 体前部疣足；E. 体中部疣足；F. 体后部疣足；
G. 复型异齿刺状刚毛；H. 复型等齿刺状刚毛；I. 复型异齿镰刀状刚毛；J、K. 复型等齿镰刀状刚毛

图 165-2　异须沙蚕 *Nereis heterocirrata* Treadwell, 1931
A. 整体；B. 尾部；C. 吻腹面观；D. 体前端背面观；E. 疣足

环带沙蚕
Nereis zonata Malmgren, 1867

标本采集地： 山东青岛。

形态特征： 口前叶梨形，前部窄、后部宽，触手短于触角，2对眼呈矩形排列于口前叶后半部，后对较小。围口节触须4对，最长者后伸可达第2～3刚节。吻端大，除Ⅴ区外皆具圆锥形的颚齿：Ⅰ区0～2个，Ⅱ区10～15个排成2斜排，Ⅲ区13～15个排成3～4横排，Ⅳ区15～18个排成2～3弯曲排，Ⅵ区一堆4～6个，Ⅶ、Ⅷ区近颚环处具一排6～11个大齿和2～3排不规则的小齿。颚具6～9个侧齿。除前2对疣足单叶型外，余皆为双叶型。体前部双叶型疣足背、腹须须状近等长，背舌叶和腹刚叶近三角形，腹舌叶钝圆。体中部和体后部疣足也皆为尖锥形，背须细长，腹须短。体前部疣足背刚毛为复型等齿刺状，体中部除具复型等齿刺状刚毛外，还具1～3根端片梭形、一侧具锯齿的复型等齿镰刀状刚毛，体后部刚毛全为复型等齿镰刀状。腹刚毛在腹足刺上方者为复型等齿刺状和异齿镰刀状，下方者为复型异齿刺状和异齿镰刀状。

生态习性： 北极北温带种，垂直分布可达水深850m。在水温低的海区常分布于潮间带岩岸下区和潮下带上区的海带、马尾藻和大叶藻群落中。潮下带拖网多采自碎石、贝壳、粗砂或砾石底中。

地理分布： 黄海，东海；日本海，太平洋北部海域，俄罗斯远东海域，北美洲大西洋，英吉利海峡，斯匹次卑尔根岛，格陵兰岛，丹麦。

参考文献： 刘瑞玉，2008；杨德渐和孙瑞平，1988；孙瑞平和杨德渐，2004。

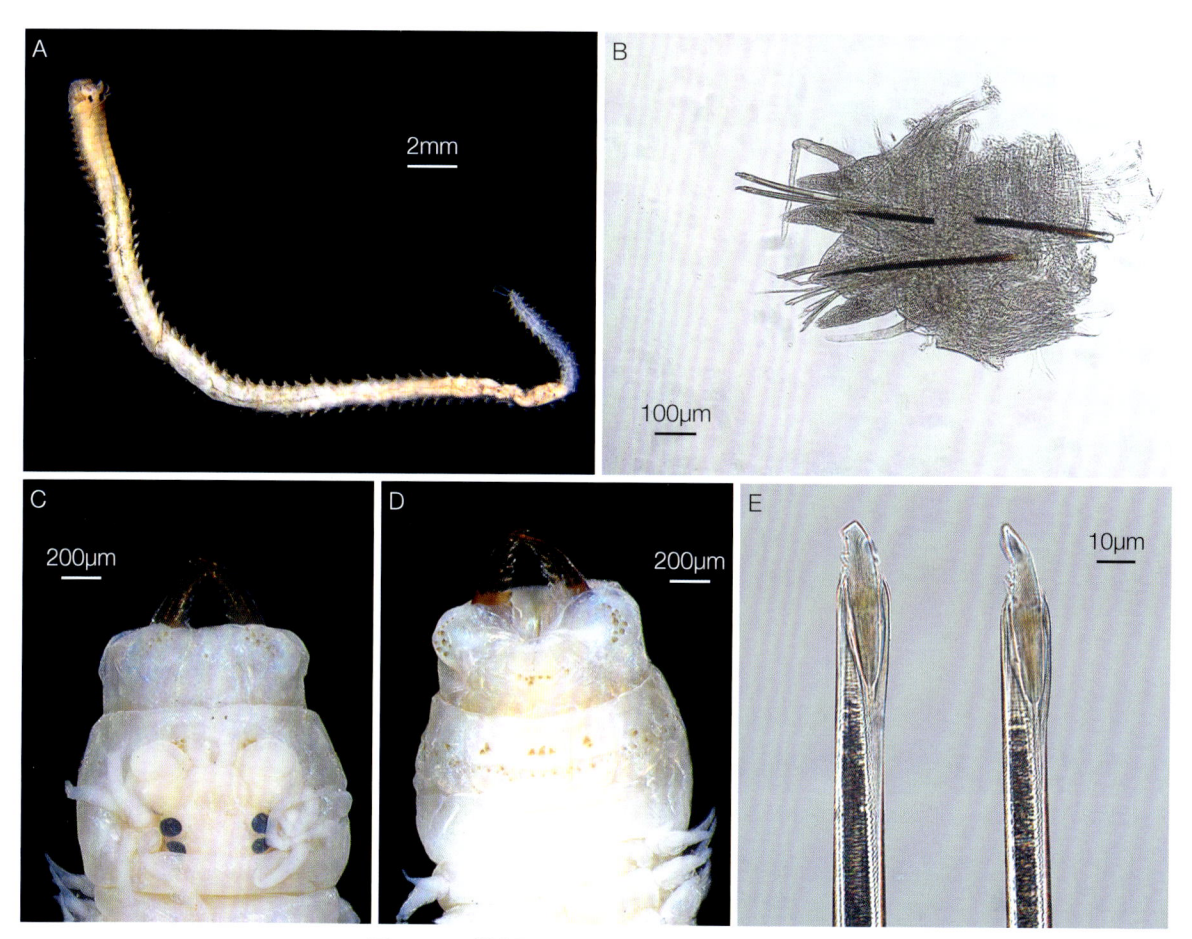

图 166 环带沙蚕 *Nereis zonata* Malmgren, 1867
A. 整体；B. 疣足；C. 体前端背面观；D. 吻腹面观；E. 等齿镰刀形刚毛

沙蚕属分种检索表

1. 吻Ⅶ、Ⅷ区具一横排颚齿，颚齿 6～9 个 .... 滑镰沙蚕 *N. coutieri*
 - 吻Ⅶ、Ⅷ区具多排颚齿活颚齿密集成横带 2
2. 吻Ⅶ、Ⅷ区多排颚齿间杂有细齿 .... 异须沙蚕 *N. heterocirrata*
 - 吻Ⅶ、Ⅷ区多排颚齿间不杂有细齿 .... 环带沙蚕 *N. zonata*

拟突齿沙蚕属 *Paraleonnates* Chlebovitsch & Wu, 1962

拟突齿沙蚕
Paraleonnates uschakovi Chlebovitsch & Wu, 1962

标本采集地： 山东青岛沧口。

形态特征： 口前叶前缘中央具深裂，位于口前叶后缘的前后 2 对眼很靠近，触手和触角近等长。围口节触须 4 对，最长者后伸可达第 11～17 刚节。吻大，颚环具 2 圈基部软、前部坚硬的圆锥形角皮化颚齿，前圈仅在吻的两侧断开，后圈则稀疏得多，且颚齿仅前 1/5 坚硬；吻口环乳突约排成 2 圈，上圈细长须状，下圈宽三角形，且上下乳突一一相对，在各区的排列如下：Ⅴ区无，Ⅵ区 2 排共 4 个，Ⅶ、Ⅷ区乳突 2 排共 8 个。吻端大颚具侧齿 10～13 个。除前 1 对疣足为单叶型外，余均为双叶型。体前部双叶型疣足背须为长须状，2 个背舌叶圆锥状、末端变细。体中部疣足腹须变小，背须变短，基部膨大且末端尖细。体后部疣足腹舌叶变小，腹后刚叶仍具 2 个突起，有时体后部疣足的腹刚叶和腹舌叶退化。刚毛均为复型异齿刺状，无复型镰刀形刚毛。通常标本体长 150mm，宽 11mm，具 97 个刚节。

生态习性： 栖息于潮间带下区泥滩和红树林中的底泥内。

地理分布： 黄海，东海，南海；朝鲜半岛。

参考文献： 刘瑞玉，2008；杨德渐和孙瑞平，1988；孙瑞平和杨德渐，2004。

图 167　拟突齿沙蚕 *Paraleonnates uschakovi* Chlebovitsch & Wu, 1962
A. 体前端背面观；B. 等齿刺状刚毛；C. 吻腹面观；D. 头部背面观；E. 第 15 对疣足；F. 体中部疣足

围沙蚕属 *Perinereis* Kinberg, 1865

双齿围沙蚕
Perinereis aibuhitensis (Grube, 1878)

标本采集地： 辽宁旅顺。

形态特征： 口前叶似梨形，前部窄、后部宽。触手稍短于触角。2对眼呈倒梯形，排列于口前叶中后部，前对眼稍大。触须4对，最长者后伸可达第6～8刚节。吻各区具颚齿：Ⅰ区2～4个圆锥状颚齿纵列或成堆，Ⅱ区12～18个圆锥状颚齿排成2～3弯曲排，Ⅲ区30～54个圆锥状颚齿聚成椭圆形堆，Ⅳ区18～25个圆锥状颚齿排成3～4斜排，Ⅴ区2～4个圆锥状齿（3个时排成三角形），Ⅵ区2～3个平直的扁棒状颚齿排成1排或4个扁棒状颚齿排成2排，Ⅶ、Ⅷ区40～50个圆锥状颚齿为2横排，Ⅰ、Ⅴ、Ⅵ区颚齿数和排列方式常有变化，大颚具侧齿6～7个。除前2对疣足为单叶型外，余皆为双叶型。体前部双叶型疣足上背舌叶近三角形，背、腹须为须状，背须与上背舌叶约等长，腹须短，仅为下腹舌叶的一半。体中部疣足背须短于上背舌叶，上背舌叶尖细，下背舌叶稍短且钝，2个腹前刚叶和1个腹后刚叶与下腹舌叶近等长，腹须短。体后部疣足明显变小，上下背舌叶和腹舌叶变小为指状。疣足背刚毛皆为复型等齿刺状。疣足腹刚毛在腹足刺上方者为复型等齿刺状和异齿镰刀形，在腹足刺下方者为复型异齿刺状和异齿镰刀形。大标本体长270mm，宽（含疣足）10mm，具230个刚节。

生态习性： 喜栖于潮间带泥砂滩中，是高中潮带的优势种，亦见于红树林群落中。

地理分布： 渤海，黄海，东海，南海；朝鲜半岛，泰国，菲律宾，印度，印度尼西亚。

参考文献： 刘瑞玉，2008；杨德渐和孙瑞平，1988；孙瑞平和杨德渐，2004。

图 168 双齿围沙蚕 *Perinereis aibuhitensis* (Grube, 1878)
A. 整体；B. 疣足；C. 体前端背面观；D. 体前端腹面观

弯齿围沙蚕
Perinereis camiguinoides (Augener, 1922)

标本采集地： 山东青岛。

形态特征： 口前叶长与宽近相等，2 对眼呈矩形排列于口前叶后半部。触手短，触角大而长。触须 4 对，最长者后伸可达第 3～4 刚节。吻端大，各区均具深褐色颚齿：Ⅰ区 2～3 个圆锥状颚齿，Ⅱ区圆锥状颚齿排成 2～3 弯曲排，Ⅲ区 14～16 个圆锥状颚齿不规则地排在一起，Ⅳ区圆锥状颚齿排成 3～4 斜排，Ⅴ区 3～4 个圆锥状颚齿排成一横排，Ⅵ区 2 个弯扁棒状颚齿横排，Ⅶ、Ⅷ区 40～50 个圆锥状颚齿排成 2～3 横排。颚琥珀色，具 5～6 个侧齿。除前 2 对疣足为单叶型外，余皆为双叶型。体前部的双叶型疣足背须指状、末端渐细，背、腹舌叶均为圆锥形，上背舌叶末端稍尖且稍长于下背舌叶，前腹刚叶 2 片且稍长于后腹刚叶，下腹舌叶末端钝圆，腹须短指状且稍短于下腹舌叶。第 15 对疣足背须长且超过背舌叶，上、下背舌叶末端圆且较前端粗钝，下腹舌叶变短而钝，腹须细而短。体中部疣足（约第 30 对）背须粗短且比上背舌叶长，上、下背舌叶均为末端较细的锥形，上背舌叶基部膨大、具色斑，腹刚叶变大且宽而圆，下腹舌叶小指状，腹须短。体后部疣足上背舌叶膨大为叶片状，上具 1 块色斑，长指状背须位于上背舌叶背部的亚前段；下背舌叶小，为上背舌叶宽的 1/3，腹刚叶较短、末端圆，腹舌叶短指状、末端钝，腹须小、末端细。疣足背刚毛皆为复型等齿刺状。腹刚毛在腹足刺上方者为复型等齿刺状和异齿镰刀形，在腹足刺下方者为复型异齿刺状和异齿镰刀形。大标本体长 45mm，宽（含疣足）3mm，具 94 个刚节。

生态习性： 栖息于潮间带岩岸中区、小型海藻和褶牡蛎壳下，同栖的有绿巧岩虫、裂虫和雾海鳞虫。

地理分布： 黄海，东海，南海；新西兰，智利。

参考文献： 刘瑞玉，2008；杨德渐和孙瑞平，1988；孙瑞平和杨德渐，2004。

图 169 弯齿围沙蚕 *Perinereis camiguinoides* (Augener, 1922)
A. 整体；B. 体前端背面观；C. 吻腹面观；D. 尾部

独齿围沙蚕
Perinereis cultrifera (Grube, 1840)

标本采集地： 辽宁大连。

形态特征： 口前叶似梨形，2 对黑色眼呈倒梯形，排列于口前叶中后部。触手短指状，触角粗大，基节长圆柱状、端节乳突状。围口节触须 4 对，最长者后伸可达第 5～6 刚节。吻各区均具颚齿：Ⅰ区 1～2 个纵列的圆锥状颚齿，Ⅱ区 10～26 个圆锥状颚齿排成 2～3 斜排，Ⅲ区 10～15 个圆锥状颚齿排成 3～4 横排，Ⅵ区 20～30 个圆锥状颚齿排成 2～4 斜排，Ⅴ区 3 个圆锥状颚齿呈三角形排列，Ⅵ区 1 个扁棒状颚齿，Ⅶ、Ⅷ区 2 排大的圆锥状颚齿。大颚具 4～6 个侧齿。除前 2 对疣足为单叶型外，余皆为双叶型。单叶型疣足背、腹须和腹舌叶为粗指状，背舌叶最大为钝圆叶形，背须稍长于背舌叶，腹须稍短于腹舌叶。体前部双叶型疣足（第 15 对）为单叶型疣足的 1 倍大，背须指状、末端尖细且位于背舌叶背面，上背腹舌叶最宽大，为末端稍钝的叶片状，下背舌叶小、末端钝圆，背刚叶乳突状、末端钝圆，腹前刚叶 2 片、下片稍长、末端锥形，腹舌叶与下背舌叶近等大，腹须短、末端尖。体中部疣足上背舌叶伸长、末端钝锥状，末端渐细的背须与上背舌叶等长且位于其上方，似灯泡状的下背舌叶较前小且末端钝圆，腹刚叶增宽，腹舌叶同前但稍小，腹须小且位于腹舌叶基部。体后部疣足变小，背须似一小旗竖立于大而长、末端尖细的上背舌叶上，下背舌叶小、末端钝圆，下腹舌叶亦变细，腹须末端细、短指状。背刚毛皆为复型等齿刺状。腹刚毛在腹足刺上方者为复型等齿刺状和异齿镰刀形，在腹足下方者为复型异齿刺状和异齿镰刀形。大标本体长 90mm，宽（含疣足）5mm，具 96 个刚节。

生态习性： 岩岸潮间带中区褶牡蛎带的优势种。

地理分布： 渤海，黄海，东海，南海；日本，朝鲜半岛，太平洋，印度洋，地中海，大西洋。

参考文献： 刘瑞玉，2008；杨德渐和孙瑞平，1988；孙瑞平和杨德渐，2004。

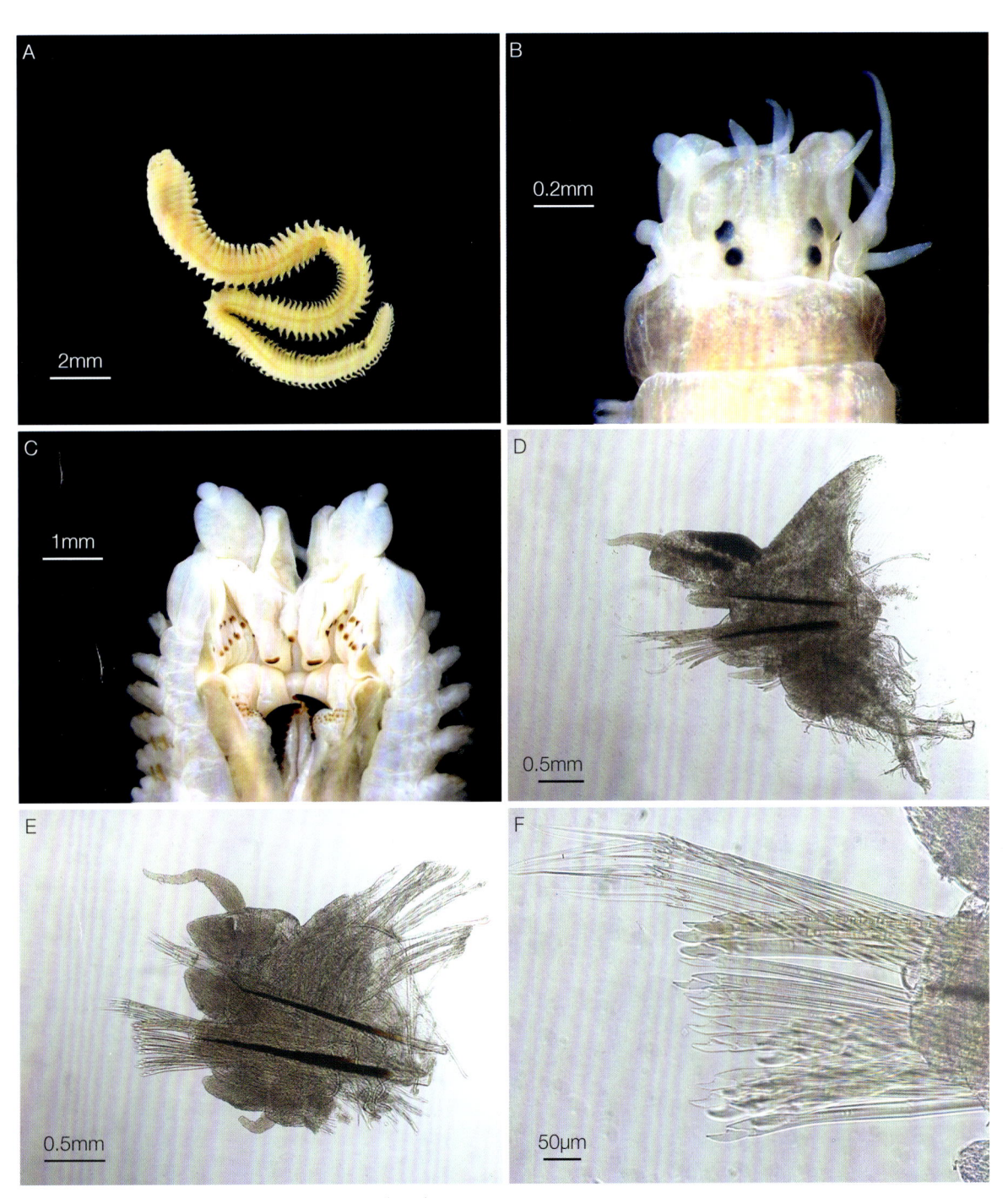

图 170　独齿围沙蚕 *Perinereis cultrifera* (Grube, 1840)
A. 整体；B. 体前端背面观；C. 吻；D. 体后部疣足；E. 体前部疣足；F. 腹刚毛（等齿刺状刚毛、异齿镰刀形刚毛）

枕围沙蚕
Perinereis vallata (Grube, 1857)

标本采集地： 辽宁大连。

形态特征： 口前叶卵圆梨形。触手短于触角。2对眼呈倒梯形，排列于口前叶后部，前对眼稍大。触须4对，最长者后伸可达第6～8刚节。吻各区具颚齿：Ⅰ区1～3个圆锥状颚齿排成纵列，Ⅱ区20多个圆锥状颚齿排成2～3斜排，Ⅲ区20～30个圆锥状颚齿聚成椭圆形堆，两侧外还有2～4个小颚齿，Ⅳ区30～40个圆锥状颚齿排成2～3月牙形斜排，近大颚处还具几个扁棒状颚齿，Ⅴ区1个圆锥状颚齿，Ⅵ区5～8个扁棒状和圆锥状齿排成一排，Ⅶ、Ⅷ区具2～3排较大的圆锥状颚齿。大颚具侧齿5～7个。除前2对疣足为单叶型外，余皆为双叶型。单叶型疣足背、腹须指状，背、腹舌叶圆锥形，腹舌叶稍长且末端钝，刚叶短，为圆锥形。体前部双叶型疣足增大，长约为前2对的1倍，背须细长、长于背舌叶、末端钝圆，前腹刚叶2片、稍长，后腹刚叶1片、末端圆，下腹舌叶同背舌叶但稍小，短而细的指状腹须位于腹舌叶的基部。体中部疣足背须长指状，上背舌叶延伸为三角形、末端尖，下背舌叶稍短于上背舌叶，腹后刚叶增大为圆形，腹舌叶变小、末端钝圆，腹须短、末端细。体后部疣足明显变小，上背舌叶大、末端尖细，较短的下背舌叶末端钝圆，但仍比钝指状的腹舌叶大，腹刚叶同前，腹须指状、末端稍细、与腹舌叶等长。疣足背刚毛皆为复型等齿刺状。腹刚毛在腹足上方者为复型等齿刺状和异齿镰刀形，腹足刺下方者为复型异齿刺状和异齿镰刀形。大标本体长105mm，宽（含疣足）6.4mm，具112个刚节。

生态习性： 潮间带中区牡蛎带的优势种，分布至潮间带上区藤壶、偏顶蛤带，喜栖于石块下的泥沙中。

地理分布： 渤海，黄海，东海，南海；日本，印度，澳大利亚，新西兰，所罗门群岛，红海，西南非洲，智利。

参考文献： 刘瑞玉，2008；杨德渐和孙瑞平，1988；孙瑞平和杨德渐，2004。

图 171　枕围沙蚕 *Perinereis vallata* (Grube, 1857)
A. 整体；B. 尾部；C. 体前端背面观；D. 吻腹面观；E. 体中部疣足；F. 异齿镰刀形刚毛

扁齿围沙蚕
Perinereis vancaurica (Ehlers, 1868)

标本采集地： 辽宁大连。

形态特征： 口前叶前窄后宽。2 对眼呈矩形排列，前对豆瓣状，后对圆形。触手短，与触角近等大。触须 4 对，最长者后伸可达第 4～5 刚节。吻各区均具颚齿：Ⅰ区 2～3 个圆锥状颚齿（具 2 颚齿时横列，具 3 颚齿时呈三角形），Ⅱ区 25～36 个圆锥状颚齿排成弯曲的堆，Ⅲ区 30～50 个圆锥状颚齿聚成椭圆形堆，此外在两边还各具一堆计 10～15 个圆锥状颚齿，Ⅳ区 40～50 个圆锥状颚齿排列成楔形，Ⅴ区 3 个圆锥形颚齿排成三角形或一横排，Ⅵ区 2 个宽扁的棒状齿，其外侧还具 1～2 个圆锥形颚齿，Ⅶ、Ⅷ区两排大的圆锥状颚齿，近颚环的一排大颚齿间杂有一些小颚齿。吻端大，颚宽扁、琥珀色，具浅沟状侧齿。除前 2 对疣足为单叶型外，余皆为双叶型。单叶型疣足背、腹须指状，背须长于腹须，但均短于背、腹舌叶，背、腹舌叶为末端圆钝的圆锥状，具缺刻的前刚叶大于后刚叶，具一根足刺。体前部的双叶型疣足，背须指状，约与上、下背舌叶等长，下背舌叶末端稍尖，前腹刚叶约呈三角形且稍长于钝圆的后腹刚叶，腹舌叶粗钝指状且与腹刚叶等长，腹须短指状，短于腹舌叶。体中部疣足，上背舌叶圆锥形，下背舌叶末端钝圆，其余形状同体前部。体后部疣足，细的背须长于上背舌叶，其余形状同体前部。疣足背刚毛皆为复型等齿刺状。体前部和体中部的腹刚毛，腹足刺上方者为复型等齿刺状和端片细短的异齿镰刀形，腹足刺下方者为复型异齿刺状和端片较粗长的异齿镰刀形。体后部疣足腹足刺下方仅见复型异齿镰刀形刚毛。大标本体长 110mm，宽（含疣足）3mm，具 118 个刚节。

生态习性： 岩岸潮间带海藻丛中、石块下、石缝间和牡蛎壳下。

地理分布： 东海；日本，朝鲜半岛，越南，菲律宾，印度，新西兰，澳大利亚南岸，新喀里多尼亚群岛，圭亚那，非洲东南，红海，墨吉和尼科巴群岛。

参考文献： 刘瑞玉，2008；杨德渐和孙瑞平，1988；孙瑞平和杨德渐，2004。

图 172　扁齿围沙蚕 *Perinereis vancaurica* (Ehlers, 1868)
A. 整体；B. 体前端背面观；C. 吻腹面观；D. 体前部疣足；E. 体后部疣足；
F. 等齿刺状刚毛；G. 异齿刺状刚毛；H. 异齿镰刀形刚毛

围沙蚕属分种检索表

1. 吻Ⅵ区 1 个扁棒状颚齿，Ⅴ区具 1～3 个颚齿 ....独齿围沙蚕 *P. cultrifera*
 - 吻Ⅵ区 2 个或多于 2 个扁棒状颚齿 2
2. 吻Ⅵ区具 5～8 个扁棒状颚齿，Ⅳ区具圆锥状颚齿和扁棒状颚齿 ....
　..枕围沙蚕 *P. vallata*
 - 吻Ⅵ区具 2～4 个扁棒状颚齿 3
3. 吻Ⅶ、Ⅷ区 2 排颚齿间掺有小齿 ....扁齿围沙蚕 *P. vancaurica*
 - 吻Ⅶ、Ⅷ区 2 排颚齿间不掺有小齿 4
4. 吻Ⅵ区扁棒状颚齿平直 ....双齿围沙蚕 *P. aibuhitensis*
 - 吻Ⅵ区扁棒状颚齿弯曲 ....弯齿围沙蚕 *P. camiguinoides*

阔沙蚕属 *Platynereis* Kinberg, 1865

双管阔沙蚕
Platynereis bicanaliculata (Baird, 1863)

标本采集地： 辽宁旅顺。

形态特征： 口前叶似六边形，后缘中央稍向内凹进。触手短于触角。2对圆眼呈矩形排列于口前叶中后部，前对稍大于后对。触须4对，最长者后伸可达第11～16刚节。吻各区除Ⅰ、Ⅱ、Ⅴ区无颚齿外，其余具梳状颚齿。颚齿在各区的数目和排列为：Ⅲ区3～6堆梳棒状颚齿排成一横排，Ⅳ区4～5排梳棒状颚齿密集成月牙状，Ⅵ区2～3排梳棒状颚齿整齐排成长方形，Ⅶ、Ⅷ区4～5堆梳棒状颚齿排成一直线。大颚琥珀色，具侧齿8～9个。前2对单叶型疣足具2个背舌叶，背、腹须长度均超过疣足叶。体前部双叶型疣足背、腹须细长须状，背、腹舌叶圆锥状、末端钝圆。体中部疣足上背舌叶加长，其长稍超过下背舌叶。体后部疣足指状，末端稍细的上背舌叶更长。前部疣足的背刚毛为复型等齿刺状，约从第10刚节以后的背刚毛中具1～3根琥珀色、鸟嘴状简单型刚毛。疣足的腹刚毛为复型等齿刺状、异齿刺状和异齿镰刀形。大标本体长100mm，宽（含疣足）9mm，具130个刚节。

生态习性： 岩岸潮间带中区的优势种。

地理分布： 渤海，黄海，东海，南海；日本，朝鲜半岛，澳大利亚，新西兰，夏威夷群岛，太平洋东岸的加拿大不列颠哥伦比亚，美国加利福尼亚，墨西哥湾。

参考文献： 刘瑞玉，2008；杨德渐和孙瑞平，1988；孙瑞平和杨德渐，2004。

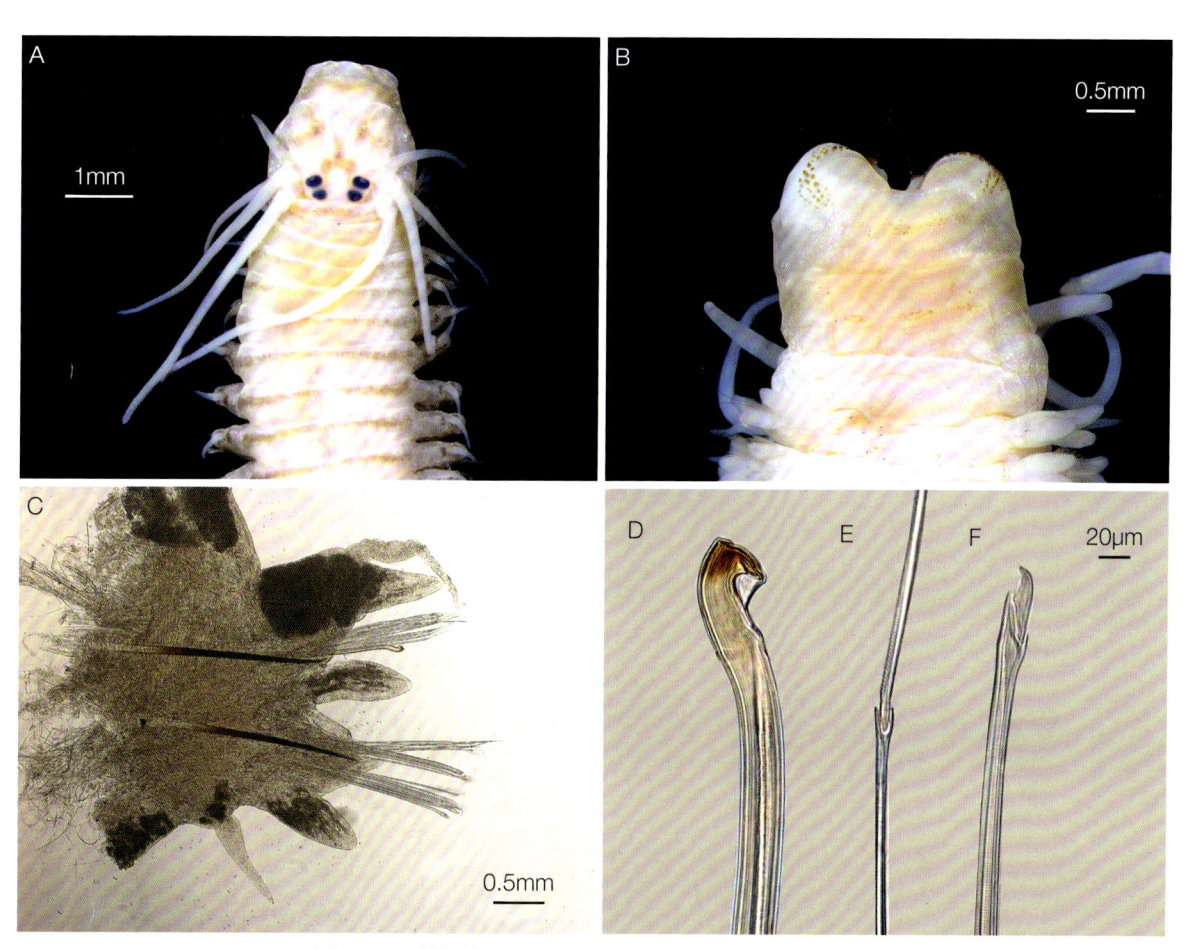

图 173　双管阔沙蚕 *Platynereis bicanaliculata* (Baird, 1863)
A. 体前端背面观；B. 吻腹面观；C. 体中部疣足；D. 鸟嘴状简单型刚毛；E. 等齿刺状刚毛；F. 异齿镰刀形刚毛

杜氏阔沙蚕
Platynereis dumerilii (Audouin & Milne Edwards, 1833)

标本采集地： 台湾台北石门。

形态特征： 口前叶似倒置的心形，后缘中央具凹陷，2对晶体眼呈矩形排列于口前叶中后部。触手和触角近等长。围口节触须4对，最长者后伸可达第8～10刚节。吻具梳棒状颚齿：Ⅰ、Ⅱ、Ⅴ区无，Ⅲ区排成3个间断的横排，Ⅳ区3～5个排成中间稍间断的横排，Ⅵ区2～3个弯曲的排，Ⅵ、Ⅶ区5～7排且每排2个。吻端大颚具5个侧齿。仅前2对疣足为单叶型。前几对双叶型疣足较小，随后疣足变粗大，背、腹须为细指状，远长于圆锥形的背、腹舌叶。第15对疣足的下背舌叶稍宽。体中部疣足上背舌叶变长为三角形，且长于粗指状的下背舌叶。体后部疣足上背舌叶变细长。第14～20对疣足的背刚毛均为复型等齿刺状，其后的疣足背刚叶还具1～2根黄褐色或咖啡色、端片弯曲的复型等齿镰刀形刚毛。腹刚毛为复型异齿刺状和异齿镰刀形。自体中部以后，刚毛数大大减少。足刺在体前部和体中部为棕黑色，至体后部变浅。生活时具闪烁的浅绿色珠光，体背面具橘红色斑点，幼小个体几乎为白色透明。酒精标本体背面和疣足舌叶具咖啡色色斑。标本体长30mm，宽（含疣足）3mm，具78刚节。

生态习性： 潮间带，浅海。

地理分布： 东海，南海；日本，朝鲜半岛，太平洋，大西洋，印度洋。

参考文献： 刘瑞玉，2008；杨德渐和孙瑞平，1988；孙瑞平和杨德渐，2004。

图 174 杜氏阔沙蚕 *Platynereis dumerilii* (Audouin & Milne Edwards, 1833)
A. 整体；B. 体前端背面观；C、D. 吻腹面观

伪沙蚕属 *Pseudonereis* Kinberg, 1865

异形伪沙蚕
Pseudonereis anomala Gravier, 1899

标本采集地： 台湾屏东。

形态特征： 口前叶近似六边形。触手很小，触角大、似保龄球形。2 对眼呈矩形排列于口前叶中后部。触须 4 对，最长者后伸可达第 5～6 刚节。吻大且长，具颚齿：I 区 2～3 个圆锥状颚齿纵排，II 区圆锥状颚齿密集排成 3～4 个梳形排，III 区圆锥状颚齿密集排成 4 个梳形排，IV 区圆锥状颚齿密集排成 4～5 个斜梳形排，V 区无颚齿，VI 区 10～12 个扁锥状颚齿密集排成 2 个梳形排，VII、VIII 区 10～14 个扁三角形颚齿排成一整齐的横排。除前 2 对疣足为单叶型外，其余皆为双叶型。单叶型疣足，背、腹须细指状、近等长，背、腹舌叶指状，后刚叶稍长于前刚叶。体前部双叶型疣足上下背舌叶近等长、三角形，腹刚叶圆钝且短于背舌叶，下腹舌叶与腹刚叶等长但稍细，背须远长于上背舌叶，细指状的腹须与腹舌叶等长。从体中部开始上背舌叶延长且末端尖，背须位于上背舌叶的背前方，下背舌叶稍短、末端尖细，腹舌叶短、末端钝圆，腹须末端尖且与腹舌叶等长。体后部疣足上背舌叶变长，背须位于上背舌叶的顶端，下背舌叶指状且短于上背舌叶，腹刚叶末端尖，腹舌叶圆钝，腹须细长且长于腹舌叶。疣足背刚毛，体前部者皆为复型等齿刺状，体中部者为 2 根复型等齿镰刀形刚毛，体后部者仅为 1 根端片细直的复型等齿镰刀形刚毛。疣足的腹刚毛在腹足刺上方为复型等齿刺状和异齿镰刀形，在腹足刺下方为复型异等齿刺状和异齿镰刀形。标本体长 32mm，宽（含疣足）2.5mm，具 64 个刚节。

生态习性： 栖于礁坪的石珊瑚间，在海藻丛和石块下洁净的砂里较多。

地理分布： 东海，南海；越南，泰国，马来西亚，夏威夷群岛，所罗门群岛，新喀里多尼亚，澳大利亚，斯里兰卡，印度，马达加斯加，波斯湾，红海，西奈半岛，地中海。

参考文献： 刘瑞玉，2008；杨德渐和孙瑞平，1988；孙瑞平和杨德渐，2004。

图 175　异形伪沙蚕 *Pseudonereis anomala* Gravier, 1899
A. 体前端背面观；B. 尾部；C. 疣足；D. 异齿镰刀形刚毛

软疣沙蚕属 *Tylonereis* Fauvel, 1911

软疣沙蚕
Tylonereis bogoyawlenskyi Fauvel, 1911

标本采集地： 海南文昌。

形态特征： 口前叶宽稍大于长，其前缘具一浅的纵裂，具 2 对圆形眼。口前叶具触手和触角各 1 对。围口节触须 4 对，最长者后伸可达第 3～4 刚节。吻表面无颚齿，颚环和口环皆具软乳突：Ⅰ区 1～3 个细长或半圆形的乳突，Ⅱ、Ⅳ区 4～8 个细长的乳突且密集成束，Ⅲ区一排 7～9 个细长的乳突，Ⅴ区无，Ⅵ区 1 个细长的乳突且基部具乳突垫，Ⅶ、Ⅷ区一排 9～12 个细长的乳突。吻端大颚侧齿不明显。前 2 对疣足单叶型，背、腹须短小，长度不超过疣足叶，上背舌叶膨大为叶片状，腹刚叶具 1 个腹前刚叶和 2 个腹后刚叶。体中部和体后部的疣足相似，短小的背须卷曲在上背舌叶的基部，上背舌叶远大于其他疣足叶，腹须很小。背、腹刚毛皆为复型等齿刺状。活标本为浅红色，疣足上背舌叶具深铁褐色斑，体前部背面亦具相同颜色的横带。酒精固定标本色彩大多褪去。大标本体长 110m，宽（含疣足）5mm，具 160 个刚节。

生态习性： 栖于泥砂滩，常在河口区密集。

地理分布： 东海，南海；波斯湾，印度沿海。

参考文献： 刘瑞玉，2008；杨德渐和孙瑞平，1988；孙瑞平和杨德渐，2004。

图 176　软疣沙蚕 *Tylonereis bogoyawlenskyi* Fauvel, 1911
A. 整体；B. 体前端背面观；C. 复型等齿刺状刚毛；D. 疣足

疣吻沙蚕属 *Tylorrhynchus* Grube, 1866

疣吻沙蚕
Tylorrhynchus heterochetus (Quatrefages, 1866)

标本采集地： 上海黄浦江复兴岛。

形态特征： 口前叶前缘具纵裂缝，2对近等大的圆形眼呈倒梯形位于口前叶的后中部。围口节触须4对，最长者后伸可达第2刚节（吻外翻后可达第4～5刚节）。吻表面口环和颚环具乳头状或圆乳状的软乳突，其排列如下：Ⅰ区2个圆乳状乳突，Ⅱ区不明显，Ⅲ～Ⅳ区10～12个大小不等的圆乳状乳突排成2横排。吻端2个大颚，各具侧齿7～9个。前2对疣足单叶型，背、腹须和上背舌叶均为指状，且前者长于后者。体前部双叶型疣足上背舌叶膨大，背须位其上，具指状的下背舌叶。体中部疣足背须细短且基部无膨大部分，下背舌叶末端尖细。体后部疣足同体中部者。疣足皆无腹舌叶。背刚毛全为复型等齿和异齿刺状。体前部疣足的腹刚毛为复型等齿、异齿刺状和异齿镰刀形，其端片长者具长锯齿，短者平滑。大标本体长100mm，宽（含疣足）4mm，具140个刚节。

生态习性： 栖于泥或泥沙底内，属于广分布的暖温带和亚热带种。

地理分布： 东海，南海；印度尼西亚，越南，日本，俄罗斯。

参考文献： 刘瑞玉，2008；杨德渐和孙瑞平，1988；孙瑞平和杨德渐，2004。

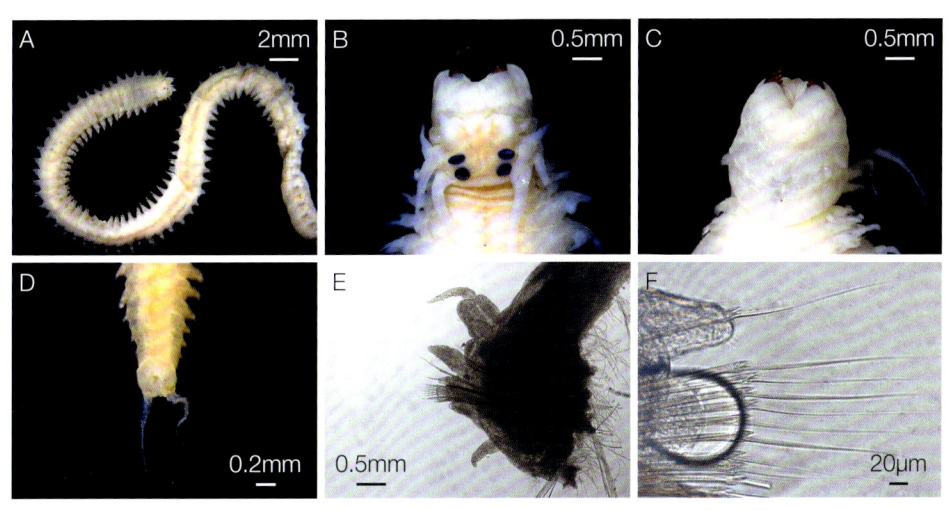

图 177 疣吻沙蚕 Tylorrhynchus heterochetus (Quatrefages, 1866)
A. 体前端背面观；B. 头部背面观；C. 头部腹面观；D. 尾部；E. 疣足；F. 异齿镰刀形刚毛

沙蚕科分属检索表

1. 吻无颚齿 2
 - 吻具颚齿 3
2. 无鳃，吻具乳突；背须不位于背舌叶上 .... 软疣沙蚕属 Tylonereis
 - 无鳃，吻具乳突；背须位于背舌叶上 .... 疣吻沙蚕属 Tylorrhynchus
3. 吻具乳突 4
 - 吻无乳突 5
4. 具3个背舌叶，具复型刺状刚毛、复型镰刀状刚毛 .... 突齿沙蚕属 Leonnates
 - 具2个背舌叶，仅具复型刺状刚毛 .... 拟突齿沙蚕属 Paraleonnates
5. 仅具梳状齿 .... 阔沙蚕属 Platynereis
 - 颚齿圆锥形或扁平 6
6. 仅颚环具颚齿 .... 刺沙蚕属 Neanthes
 - 口环、颚环皆具颚齿 7
7. 仅Ⅵ区具棒状或扁平状颚齿 8
 - 吻各区皆具圆锥形齿 9
8. 体后部疣足背须不位于背舌叶末端 .... 围沙蚕属 Perinereis
 - 体后部疣足背须位于背舌叶末端 .... 伪沙蚕属 Pseudonereis
9. 体前部背刚毛复型刺状、体后部背刚毛复型镰刀状 .... 沙蚕属 Nereis
 - 体前、后部背刚毛和腹刚毛皆为复型刺状 .... 全刺沙蚕属 Nectoneanthes

白毛虫科 Pilargidae Saint-Joseph, 1899
白毛虫属 Pilargis Saint-Joseph, 1899

贝氏白毛虫
Pilargis berkeleyae Monro, 1933

标本采集地： 东海。

形态特征： 体扁细带状。体表具很多分散的小乳突。口前叶前缘中间具凹裂，似双叶型。无眼，具 2 个小触手，无中央触手，1 对触角具乳突状端节。2 对突锥状的围口节触须，背对稍大于腹对。疣足为亚双叶型，与体侧之间具收缩部，背须突锥状，腹须细指状，背须大于腹须。前部疣足，背须基部具背足刺，前缘钝的前刚叶短于锥状的后刚叶。体中部疣足，钝圆锥状腹刚叶的前后刚叶约等长，除具 1 根足刺外，还具数根具细侧齿的简单型双齿毛状刚毛。尾部近半圆形，具 2 根突锥状的肛须。

生态习性： 栖息于砂质泥。

地理分布： 东海；日本海，日本本州中部和南部，加拿大不列颠哥伦比亚，美国华盛顿-加利福尼亚南部，西非。

参考文献： 孙瑞平和杨德渐，2004。

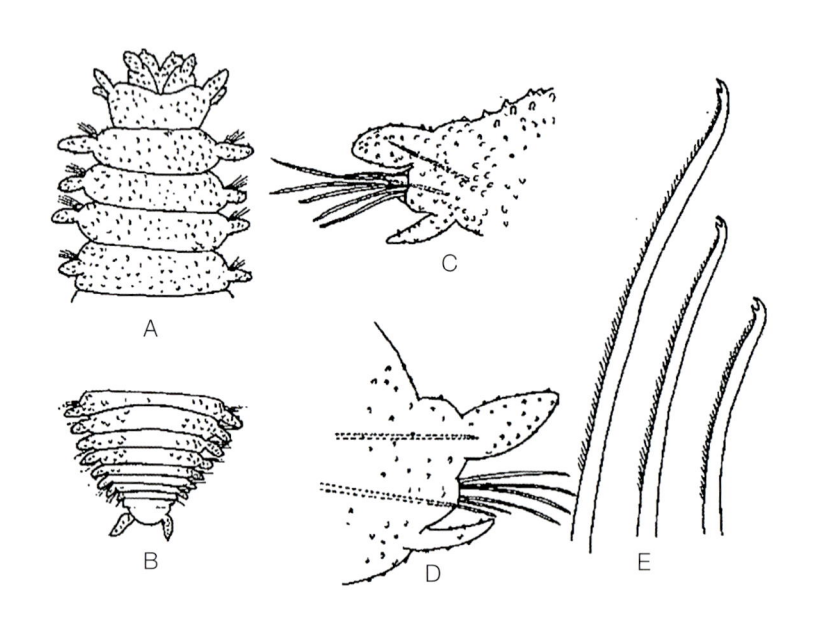

图 178　贝氏白毛虫 *Pilargis berkeleyae* Monro, 1933（引自孙瑞平和杨德渐，2004）
A. 体前部背面观；B. 体后部背面观；C. 第 9 刚节疣足前面观；
D. 第 38 刚节疣足后面观；E. 简单型双齿毛状刚毛

刺毛虫属 *Synelmis* Chamberlin, 1919

阿氏刺毛虫
Synelmis albini (Langerhans, 1881)

标本采集地： 山东青岛。

形态特征： 体细长线状，圆筒形，体表光滑。口前叶前端圆钝。具1对弯月形的眼。3个须状触手，中央触手长为口前叶的4/5，位于口前叶后缘的中央触手稍长于位于口前叶前缘的侧触手。1对触角大、长三角形，具乳突状的端节。2对须状围口节触须，背对稍长于腹对。触手、触须均为须状。翻吻光滑、无附属物。背须基部具收缩部。体前部亚双叶型疣足背、腹须突锥状，背须稍大于腹须，背须基部仅具背足刺。体中后部的双叶型疣足背须基部除具足刺外，还具足刺刚毛。简单型粗且直的足刺背刚毛外伸始于第5～20刚节。腹刚叶钝圆柱状，除具1根足刺外，还具数根有细侧齿的简单型毛状刚毛，未见叉状刚毛。

生态习性： 为广布的热带和亚热带种，常栖息于潮下带泥沙底质。

地理分布： 黄海，东海，南海；越南南部，日本本州中部和南部，大西洋中部，印度洋中部，美国加利福尼亚，巴拿马。

参考文献： 孙瑞平和杨德渐，2004。

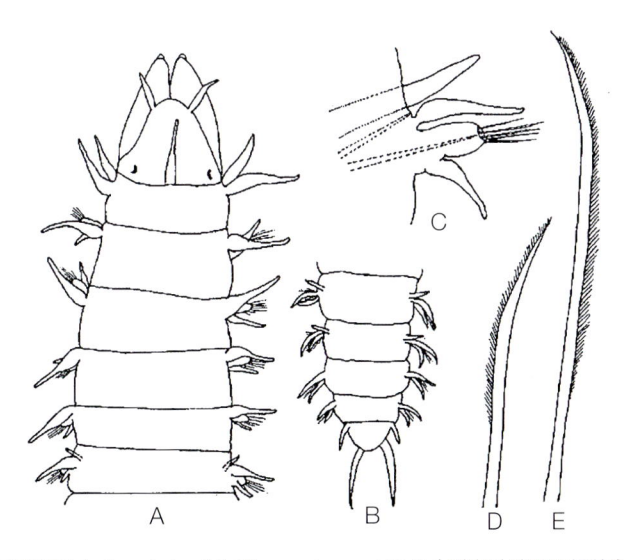

图 179　阿氏刺毛虫 *Synelmis albini* (Langerhans, 1881)（引自孙瑞平和杨德渐，2004）
A. 体前部背面观；B. 体后部背面观；C. 第10刚节疣足背面观（粗且直的足刺刚毛外伸）；
D、E. 简单型毛状腹刚毛

裂虫科 *Syllidae* Grube, 1850
裂虫属 *Syllis* Lamarck, 1818

轮替裂虫
Syllis alternata Moore, 1908

同物异名： *Typosyllis alternata* (Moore, 1908)
标本采集地： 浙江舟山群岛。
形态特征： 口前叶钝三角形，宽大于长。2对红眼，呈倒梯形排列，豆瓣状的前对大于圆形的后对。触角三角形，基部愈合。3个触手，中央触手位于前对眼之间，具26～30个环轮；侧触手位于口前叶前缘，比中央触手短，具18～22个环轮。2对围口节触须，背触须具18～20个环轮，腹触须具14～16个环轮。咽位于第1～8（9）刚节，前端第2刚节具1中背齿。前胃位于第11～17个刚节。疣足为单叶型。第1刚节背须最长，具32～34个环轮，其后几个刚节背须具20～29个环轮，体中部背须长短轮替排列，分别为14个或10个环轮，体后部背须环轮更少。腹须指状，刚毛叶圆锥状具缺刻。复型双齿镰刀状刚毛、端片具锯齿，体前部复型刚毛的端片比中、后部的长。2根简单型双齿刚毛分别位于刚毛束的上下方，一侧具锯齿。足刺1～3根，末端尖。酒精固定标本浅黄色，无色斑。体长9～25mm，宽（含疣足）0.9～1.2mm，具120～140个刚节。
生态习性： 岩岸海藻基部以及泥沙底质。
地理分布： 东海，南海；日本，美国阿拉斯加、加利福尼亚，加拿大温哥华岛，所罗门群岛。
参考文献： 刘瑞玉，2008；杨德渐和孙瑞平，1988；孙瑞平和杨德渐，2004。

图 180　轮替裂虫 *Syllis alternata* Moore, 1908
A. 整体；B. 体前端背面观；C. 体前端腹面观；D. 尾部；E. 疣足；F. 复型镰刀状刚毛

粗毛裂虫
Syllis amica Quatrefages, 1866

标本采集地： 山东青岛。

形态特征： 口前叶亚球形，宽大于长。2对红眼呈倒梯形排列，豆瓣状的前对稍大于圆形的后对。触角亚三角形，基部愈合。中央触手位于后对眼间，具22～28个环轮，侧触手位于口前叶前缘，比中央触手稍短，具16～20个环轮。2对围口节触须，背对具16～20个环轮，腹对具13～15个环轮。咽具10个软乳突，中背齿位于第3刚节。前胃位于第（10～13）～（17～24）刚节。疣足单叶型。第1对背须较长，具26～28个环轮，之后背须长短轮替排列，长的约18个环轮，短的约13个环轮。近尾部背须短小，具1～4个环轮，腹须指状，刚毛叶圆锥状。体前部疣足具端片长短不一且具锯齿的复型双齿镰刀状刚毛和端片有锯齿的伪复型单齿刚毛。体中部疣足除具复型双齿镰刀状刚毛外，还具1根简单型粗棒状刚毛，另外刚毛束上方还具1根简单型针状刚毛、下方还具1根简单型双齿细刚毛。足刺2～3根，末端圆头状。尾部除具1对肛须外，中间还具1个乳突状小肛须。雌性生殖个体：雌性生殖匐枝在亲体的第95或第115刚节处断裂，为具38个刚节的雌性生殖个体。头部背、腹各具1对红色圆形大眼，腹对大于背对，1对触手具8～10个环轮，1对光滑棒状触角完全分离，体前部疣足背须较长，具15～18个环轮，体后部疣足背须较短，具6～15个环轮，肛须1对，具9～10个环轮。体内充满紫色卵，消化道为黄色。除具正常刚毛外，还具游泳的毛状刚毛。雄性生殖匐枝在亲体的第112刚节处断裂，为具33～36刚节的雄性生殖个体。头部背、腹各具1对红色圆形大眼，1对触手具3个环轮，1对光滑棒状角完全分离，疣足背须具5～12个环轮，肛须1对，具3个环轮。体内充满精子，为橘红色。除具正常刚毛外，还具游泳的毛状刚毛。体长15～32mm，宽（含疣足）1～2mm，具100～130个刚节。

生态习性： 栖息于潮间带岩岸。

地理分布： 黄海，东海，南海；日本，印度，大西洋，地中海，法国。

参考文献： 刘瑞玉，2008；杨德渐和孙瑞平，1988；孙瑞平和杨德渐，2004。

图 181 粗毛裂虫 *Syllis amica* Quatrefages, 1866
A. 整体；B. 体前端背面观；C. 尾部；D. 体前端腹面观；E、F. 疣足

叉毛裂虫
Syllis gracilis Grube, 1840

标本采集地： 海南南沙群岛。

形态特征： 口前叶卵圆形，宽大于长。2 对红眼呈倒梯形排列，豆瓣状的前对大于圆形的后对。触角亚三角形，基部愈合。中央触手位于后对眼之间，具 18～22 个环轮，侧触手位于口前叶前缘，比中央触手稍短，具 13～15 个环轮。2 对围口节触须，背对具 19～25 个环轮，腹对具 15～20 个环轮。咽具 10 个软乳突和 1 个中背齿。前胃长筒形，位于第 10～16 个刚节。疣足为单叶型。体前部背须较长，具 18～25 个环轮，体中部背须具 8～13 个环轮，体后部背须具 6～8 个环轮，以后背须更短。腹须指状，刚毛叶钝圆锥状。前部疣足具复型双齿镰刀状刚毛，端片有锯齿。体中部除具复型双齿镰刀状刚毛外，还具 1～3 根简单型双齿叉状粗刚毛，凹面光滑或有细齿和端片光滑的伪复型单齿刚毛。体后部刚毛同体中部，但附加 1～2 根简单型双齿细刚毛。足刺 2～4 根，末端稍弯曲。尾部肛须 1 对，具 16～18 个环轮。体长 7～60mm，宽 0.5～1.5mm，具 100～200 个刚节。

生态习性： 潮间带。

地理分布： 东海，南海；日本，澳大利亚，新西兰，所罗门群岛，马绍尔群岛，印度洋，地中海，红海，非洲，加拿大不列颠哥伦比亚，美国南加利福尼亚，巴拿马。

参考文献： 刘瑞玉，2008；杨德渐和孙瑞平，1988；孙瑞平和杨德渐，2004。

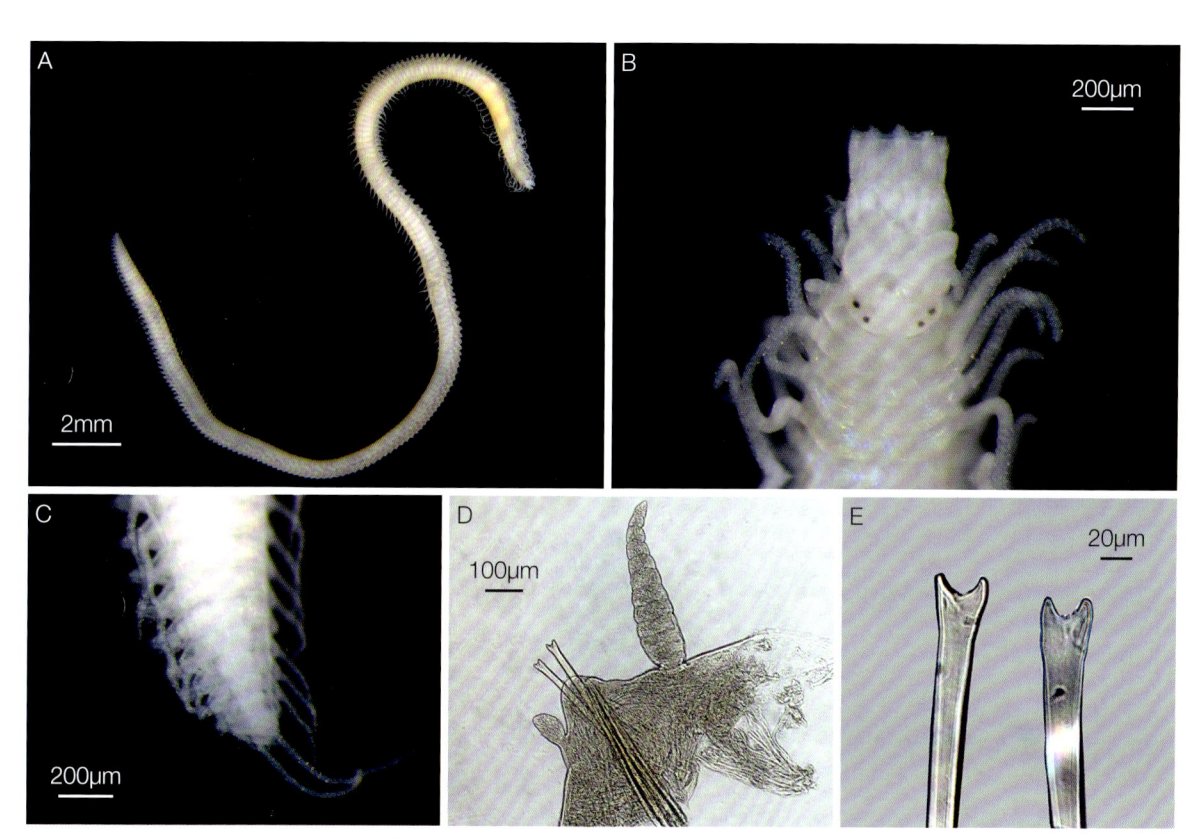

图 182　叉毛裂虫 *Syllis gracilis* Grube, 1840
A. 整体；B. 体前端背面观；C. 尾部；D. 体中部疣足；E. 叉状刚毛

裂虫属分种检索表

1. 体中部疣足背须长短轮替，体中部具复型双齿镰刀状刚毛和简单型双齿刚毛 ·· 轮替裂虫 *S. alternate*
 - 体中部疣足背须无长短轮替，体中部具复型双齿镰刀状刚毛和简单型粗刚毛 ·································· 2
2. 体中部简单型粗刚毛双齿叉状 ··· 叉毛裂虫 *S. gracilis*
 - 体中部简单型粗刚毛单齿棒状 ·· 粗毛裂虫 *S. amica*

361

钻穿裂虫属 *Trypanosyllis* Claparède, 1864

带形条钻穿裂虫
Trypanosyllis taeniaeformis (Haswell, 1886)

标本采集地： 海南南沙群岛。

形态特征： 口前叶后缘具凹裂，宽稍大于长。2对圆形红眼呈倒梯形排列，前对稍大于后对。触角亚三角形，完全分离。3个触手皆位于口前叶的前缘，中央触手长为口前叶长的5～6倍，具35～40个环轮，侧触手长为中央触手的2/3，具20～25个环轮。2对围口节触须，背对为中央触手长的2/3，腹对稍短于背对。咽位于第1～12个刚节，末端具10个齿的圆锯，无中背齿。前胃位于第13～32个刚节（解剖观察）。疣足为单叶型。第1对背须约与中央触手等长，以后的背须长为中央触手的1/2，至体后部背须逐渐变短、环轮减少，腹须指状且长于刚毛叶，刚毛叶钝圆锥状。疣足具复型双齿镰刀状刚毛，端片有长和短，切割面具锯齿或光滑。足刺1～2根，棒状，末端锥状。体后部约第124刚节具2个14～16刚节的生殖匍枝，第1个生殖匍枝具2对圆形眼，后对大于前对，背须具环轮，第2个生殖匍枝尚不具眼，尾部具2根30～35个环轮的肛须。酒精固定标本不透明黄色，体前部背面每节有一条棕紫色横带，至体中部消失。体长12～40mm，宽（含疣足）0.8～2mm，具90～200个刚节。

生态习性： 与海藻、海绵等共栖，或在珊瑚礁内。

地理分布： 东海，南海；日本，澳大利亚，新西兰，波斯湾，地中海，红海，印度洋，巴拿马。

参考文献： 刘瑞玉，2008；杨德渐和孙瑞平，1988；孙瑞平和杨德渐，2004。

图 183 带形条钻穿裂虫 *Trypanosyllis taeniaeformis* (Haswell, 1886)
A. 体前端背面观；B. 头部背面观；C. 体前端腹面观；D. 尾部；E. 疣足；F. 复型镰刀状双齿刚毛

齿吻沙蚕科 Nephtyidae Grube, 1850
内卷齿蚕属 Aglaophamus Kinberg, 1865

杰氏内卷齿蚕
Aglaophamus jeffreysii (McIntosh, 1885)

标本采集地： 江苏盐城。

形态特征： 口前叶为近四边形，陷入第 1 刚节，前缘较平直，后缘半圆形。1 对明显的黑眼位于口前叶后部，约近第 1 刚节。具 2 对触手，前对位于口前叶前缘，后对位于口前叶的前部两侧。翻吻末端具 22 个分叉的端乳突，亚末端具 22 纵排亚端乳突，每排具乳突 4～7 个，无中背乳突。内须始于第 3 刚节，约第 10 刚节前为指状，以后内卷且近内须基部还具 1 小乳突。疣足双叶型，背、腹足相距很宽。约第 10 刚节疣足背、腹足的前足刺叶均为半圆形，并小于其足刺叶，背足的后足刺叶为叶片状，稍短于其足刺叶，腹足的后足刺叶为叶片状，长于其足刺叶，在腹足的上部具 1 细指状的上腹须，并与内须相对，背须短指状，位于内须的基部，稍长于指状的内须，腹须位于腹足的基部且为圆锥状。约第 40 刚节疣足背、腹足的前足刺叶和足刺叶与前部疣足相似，背、腹足的后足刺叶变大、似叶状，腹足上部的指状上腹须变长，内卷的内须变长且远长于背须，近内须基部还具 1 乳突状突起，背、腹须长指状、近基部稍膨大。刚毛 3 种：横纹毛状刚毛位于前足刺叶上，小刺毛状刚毛和竖琴状刚毛位于后足刺叶上。不完整标本体长 54mm，宽（含疣足）2mm，具 54 刚节。

生态习性： 底质细砂及底质软泥。

地理分布： 东海南部，南海，海南岛南部；日本本州中部和南部。

参考文献： 刘瑞玉，2008；杨德渐和孙瑞平，1988；孙瑞平和杨德渐，2004。

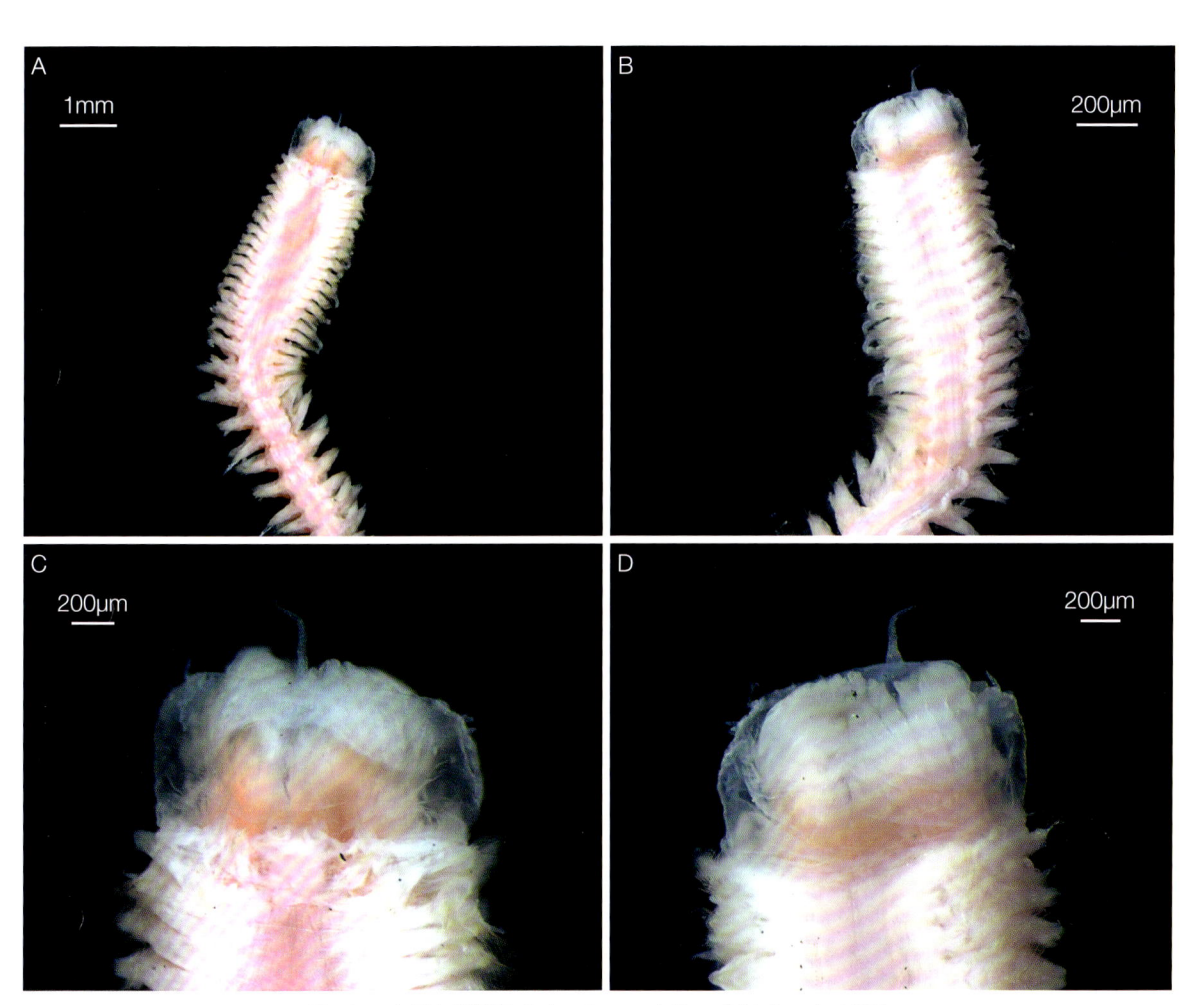

图 184　杰氏内卷齿蚕 *Aglaophamus jeffreysii* (McIntosh, 1885)
A. 体前端背面观；B. 体前端腹面观；C. 头部背面观；D. 头部腹面观

中华内卷齿蚕
Aglaophamus sinensis (Fauvel, 1932)

标本采集地： 山东青岛。

形态特征： 口前叶稍宽，近卵圆形，背面具人字形色斑，无眼。2对触手，前对位于口前叶前缘，后对位于口前叶腹面前两侧，稍大于前对。1对乳突状项器位于口前叶后缘两侧。翻吻末端具22个端乳突，背、腹各10个且分叉，背中线2个较小且不分叉；亚末端具14纵排亚端乳突，每排具20～30个（吻前部乳突较大，后逐渐变小，且每排变为3～4个密集的小乳突），无中背乳突。第1刚节疣足前伸，足刺叶短圆，前、后刚叶短小，无背须，具发达纤细的腹须。间须始于第2刚节，较长且内卷。近基部具1小乳突。体中部疣足背须长叶状，间须位于其基部，背足刺叶圆三角形，具一大的指状突起，背前刚叶小，为2个圆叶，背后刚叶与其类似，上叶较大；腹足刺叶斜圆形，具一指状上叶，腹前刚叶小，为2个圆叶，腹后刚叶很长，为足刺叶2倍，舌叶状向外直伸。腹须与背须同形但稍长。具刚毛2种：横纹（梯形）毛状刚毛位于前足刺叶上，小刺毛状刚毛位于后足刺叶上。无竖琴状刚毛。最大体长140mm，宽（含疣足）11mm，具180多个刚节。一般体长20～60mm，具50～80个刚节。

生态习性： 潮间带泥沙滩中，潮下带泥沙质底。

地理分布： 渤海，黄海，东海，南海；日本本州中部和九州，越南，泰国。

参考文献： 刘瑞玉，2008；杨德渐和孙瑞平，1988；孙瑞平和杨德渐，2004。

图 185　中华内卷齿蚕 *Aglaophamus sinensis* (Fauvel, 1932)
A. 体前端腹面观；B. 头部背面观（吻翻出）；C. 头部腹面观；D. 疣足；E. 刚毛

无疣齿吻沙蚕属 *Inermonephtys* Fauchald, 1968

无疣齿吻沙蚕
Inermonephtys inermis (Ehlers, 1887)

标本采集地： 山东青岛。

形态特征： 体细长，腹中线具一浅的纵沟，背中线少突起。口前叶圆五边形，具一明显的向后延长部，具竖的色斑。无眼。1 对乳突状触手位于口前叶前缘腹面，1 对指状项器位于口前叶后缘两侧。翻吻不具任何乳突。内须始于第 3～4 刚节，前 15 个刚节的内须为指状，近基部具乳突，之后变长内卷，至体后部又为指状。第 1 刚节的足刺叶圆锥形，前刚叶小，背后刚叶很发达、四边形，腹后刚叶小，具背、腹须。体中部典型的疣足双叶型，背足刺叶圆锥形，背前刚叶圆，稍短于背足刺叶，背后刚叶三角形，长为足刺叶的 2 倍，背须指状；腹足刺叶圆锥形，具钝端，腹前刚叶圆，短于腹足刺叶，腹后刚叶几乎退化，腹须指状。疣足具梯形刚毛和侧缘有锯齿的短毛状刚毛，后刚叶多数刚毛侧缘锯齿细，背、腹足叶皆具叉状刚毛。第 20 刚节疣足背叶的前足刺叶圆锥形，中央稍具浅凹，小于钝圆锥状的足刺叶，后足刺叶圆叶形，大于足刺叶；腹足的前足刺叶半圆形，小于其钝圆锥状足刺叶，后足刺叶圆锥形，近等长于其足刺叶；内须发达，内卷，近基部具一小乳突；背须位于内须的基部；腹须位于腹足的基部，长指状。第 80 刚节疣足背叶的前足刺叶和足刺叶均为圆锥状，前足刺叶小于其足刺叶，后足刺叶为尖叶形，长于其足刺叶；腹足的前足刺叶圆钝形，前足刺叶短于其圆锥形足刺叶，后足刺叶等长于其足刺叶；内须稍内卷，近基部仍具一小乳突；背、腹须指状，腹须紧靠足刺叶。刚毛 3 种：横纹（梯形）毛状刚毛位于前足刺叶上，小刺毛状刚毛位于后足刺叶上，竖琴状刚毛位于背、腹足的后足刺叶上。一般体长 40～60mm，宽（含疣足）5mm，具 120～150 个刚节。大标本体长 165mm，宽 5mm，具 220 个刚节。

生态习性： 潮间带、底质砂质泥或泥质砂中。

地理分布： 黄海，东海，南海；朝鲜半岛，越南，泰国，印度，地中海，苏伊士湾，马尔代夫群岛，美国加利福尼亚，巴拿马沿岸，墨西哥湾。

参考文献： 刘瑞玉，2008；杨德渐和孙瑞平，1988；孙瑞平和杨德渐，2004。

图 186 无疣齿吻沙蚕 *Inermonephtys inermis* (Ehlers, 1887)
A. 体前端背面观；B. 体前端腹面观；C. 头部背面观（吻翻出）；D. 头部腹面观；E. 疣足；F. 毛状刚毛

微齿吻沙蚕属 *Micronephthys* Friedrich, 1939

寡鳃微齿吻沙蚕
Micronephthys oligobranchia (Southern,1921)

标本采集地： 山东胶州湾。

形态特征： 口前叶长方形，前缘平直，后部缩入第 2 刚节。1 对眼，位于口前叶后缘、第 2 刚节前部。2 对大小相等的触手，前对位于口前叶前缘并前伸，后对前伸于口前叶腹面前两侧。乳突状的项器，位于口前叶中部两侧。翻吻具 22 对分叉的端乳突，22 纵排亚端乳突（每排乳突 6～9 个从大到小排列），1 个中背乳突。疣足双叶型。内须始于第 6～8 刚节，开始很小，之后变大为不外弯的囊状，至第 15～18 刚节变小，至第 16～27 刚节后消失。第 7 刚节疣足，背、腹足的前足刺叶、足刺叶和后足刺叶均为钝圆锥形，足刺叶长于前、后足刺叶；内须指状，稍大于背须；背须位于内须的基部，为小指状；腹须位于腹足的基部，为细指状。体中部第 14 刚节疣足背、腹足的前足刺叶钝圆锥形，稍短于其圆锥形的足刺叶；背足后足刺叶为圆锥形，稍短于圆锥形的背足刺叶，腹足后足刺叶亦为圆锥形，但稍短于圆锥形的腹足刺叶；内须囊状，远大于背须；背须短指状，腹须细指状。体后部第 50 刚节疣足背、腹足的前、后足刺叶皆为圆锥形，均短于其锥状的足刺叶，内须消失；背须乳突状，腹须为细指状。具 2 种刚毛：横纹（梯形）毛状刚毛位于前足刺叶上，小刺毛状刚毛位于背、腹足的后足刺叶上，无竖琴状刚毛。体长 14～17mm，宽（含疣足）1～1.5mm，具 50～60 个刚节。

生态习性： 栖息于潮下带、潮间带的细砂中。

地理分布： 渤海，黄海，东海，南海；日本，朝鲜半岛，越南，泰国，印度。

参考文献： 刘瑞玉，2008；杨德渐和孙瑞平，1988；孙瑞平和杨德渐，2004。

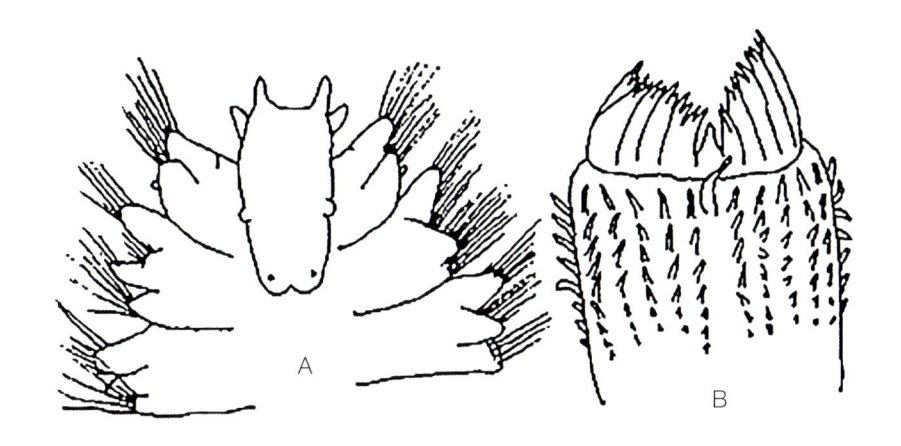

图 187-1 寡鳃微齿吻沙蚕 *Micronephthys oligobranchia* (Southern, 1921)（引自孙瑞平和杨德渐，2004）
A. 体前部背面观；B. 翻吻背面观

图 187-2 寡鳃微齿吻沙蚕 *Micronephthys oligobranchia* (Southern, 1921)
A. 整体背面观；B. 体前端背面观；C. 体前端腹面观；D. 尾部背面观

齿吻沙蚕属 *Nephtys* Cuvier, 1817

加州齿吻沙蚕
Nephtys californiensis Hartman, 1938

标本采集地： 江苏连云港。

形态特征： 口前叶为长方形，前缘稍圆，后端稍窄且陷入第 1 刚节。无眼。2 对触手，前对位于口前叶前缘，后对稍长，位于口前叶腹面两侧。口前叶中部有一红色斑点，后缘似展翅翔鹰状。口前叶近后缘两侧各具 1 个乳突状的项器。翻吻具 22 对分叉的端乳突和 22 纵排亚端乳突（每纵排乳突 6～8 个且从大到小排列），无中背乳突。疣足双叶型。指状内须始于第 3 刚节，约第 10 刚节后皆外弯为镰刀状。背须细长且位于内须旁，基部常见一膨大突起。疣足足刺叶前端具缺刻，呈 2 叶瓣，后刚叶比足刺叶大，前刚叶比足刺叶小。足刺后的刚毛细毛、具细侧齿，足刺前具较短的梯形刚毛。第 30 刚节疣足背、腹足的前足刺叶为半圆形，均短于其 2 个半圆形叶的足刺叶，后足刺叶为半圆形并长于足刺叶；内须外弯，远大于背须；背须位于内须基部，细指状；腹须位于腹足基部，指状。体中部第 80 刚节疣足背、腹足的前足刺叶仍为半圆形，均短于其足刺叶（背足的足刺叶仍为 2 个半圆形叶，腹足的足刺叶为圆锥状）；背、腹足的后足刺叶为圆叶形，近等长于其足刺叶；内须稍外弯；背须细指状；指状腹须位于腹足的基部。具刚毛 2 种：横纹（梯形）毛状刚毛位于前足刺叶上，小刺毛状刚毛位于背、腹后足刺叶上，无竖琴状刚毛。活标本为浅黄色，并具闪烁的珠光。酒精保存的标本为灰白色。体长 40～100mm，宽（含疣足）3～6mm，具 90～140 个刚节。

生态习性： 栖息于潮间带底质砂中。

地理分布： 渤海，黄海，东海，南海；朝鲜半岛，日本北海道、本州，美国加利福尼亚，澳大利亚昆士兰，北大西洋。

参考文献： 刘瑞玉，2008；杨德渐和孙瑞平，1988；孙瑞平和杨德渐，2004。

图 188　加州齿吻沙蚕 Nephtys californiensis Hartman, 1938
A. 整体腹面观；B. 头部腹面观；C. 头部背面观；D. 疣足；E. 毛状刚毛

多鳃齿吻沙蚕
Nephtys polybranchia Southern, 1921

标本采集地： 江苏南京。

形态特征： 口前叶为长大于宽的长方形，前缘平直，后端凹裂且缩入第 3 刚节。1 对眼，位于口前叶后部约第 3 刚节处。具 2 对触手，前对位于口前叶前缘，后对位于口前叶腹面前两侧。口前叶后部两侧各具 1 个乳突状的项器。翻吻具 22 对分叉的端乳突和 22 纵排亚端乳突（每排乳突 6～7 个从大到小排列），无中背乳突。疣足双叶型。内须始于第 5 刚节，为乳突状，从第 8～10 刚节开始为囊状，至体后部为指状，接近尾部时消失。第 15 刚节疣足背足的前足刺叶小于其足刺叶、后足刺叶，皆为钝圆锥形；腹足的前足刺叶为斜三角形，小于末端具尖部的腹足刺叶和圆叶形的后足刺叶；内须囊状，远大于背须；背须位于内须基部，为小指状；腹须位于腹足基部，为细指状。中后部第 75 刚节疣足背、腹足的前足刺叶为三角形且均与其钝圆锥形的足刺叶等长，背足的后足刺叶为半圆形且短于背足刺叶，腹足的后足刺叶则稍长于腹足刺叶；内须消失；背、腹须细指状。具 2 种刚毛：横纹（梯形）毛状刚毛位于前足刺叶上，小刺毛状刚毛位于背、腹后足刺叶上，无竖琴状刚毛。体长 14～20mm，宽（含疣足）1～2mm，具 50～90 个刚节。

生态习性： 潮下带、潮间带泥砂滩。

地理分布： 渤海，黄海，东海，南海；日本，朝鲜半岛，越南，泰国，印度。

参考文献： 刘瑞玉，2008；杨德渐和孙瑞平，1988；孙瑞平和杨德渐，2004。

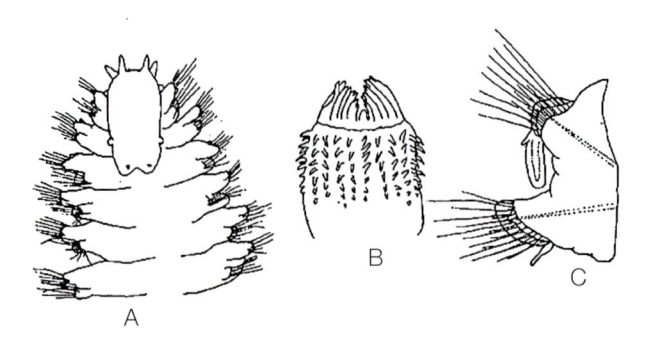

图 189-1　多鳃齿吻沙蚕 *Nephtys polybranchia* Southern, 1921（引自孙瑞平和杨德渐，2004）
A. 体前部背面观；B. 翻吻背面观；C. 第 15 刚节疣足前面观

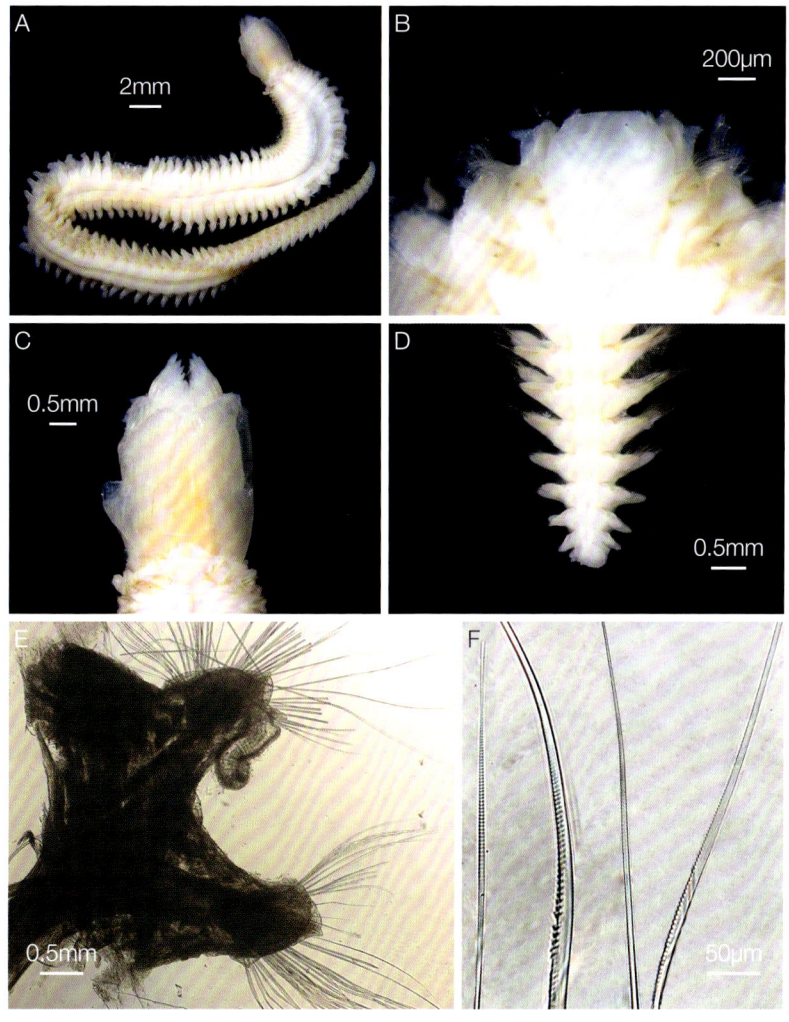

图 189-2　多鳃齿吻沙蚕 *Nephtys polybranchia* Southern, 1921
A. 整体；B. 头部背面观；C. 头部背面观（吻翻出）；D. 尾部背面观；E. 疣足；F. 毛状刚毛

齿吻沙蚕科分属检索表

1. 疣足无内须 ·· 微齿吻沙蚕属 *Micronephthys*
- 疣足具内须 ··· 2
2. 翻吻无乳突；具 1 对触手 ·· 无疣齿吻沙蚕属 *Inermanephtys*
- 翻吻具乳突；具 2 对触手 ·· 3
3. 内须小叶状或镰状外弯 ··· 齿吻沙蚕属 *Nephtys*
- 内须须状内卷 ·· 内卷齿蚕属 *Aglaophamus*

叶须虫科 Phyllodocidae Örsted, 1843
双须虫属 *Eteone* Savigny, 1822

三角洲双须虫
Eteone delta Wu & Chen, 1963

标本采集地： 上海复兴岛。

形态特征： 体扁长，背面隆起，腹面扁平。口前叶为梯形，前缘窄，上有 2 对具基节的小触手，前 1 对较大；口前叶后缘较宽，其中部有 1 小型脑后项乳突。黑色小眼 1 对，位于口前叶后半部。吻为长圆形，表面具很多横向皱褶，没有任何乳突，吻末端前缘有 12 个大的圆形项乳突围成一圈。触须短，第 1 体节上具 2 对触须，背面的 1 对较短小。第 2 体节疣足叶具刚毛。背须很小，稍呈椭圆形，长比宽稍大；前面体节背须比疣足叶短，后面体节背须比疣足叶大。疣足刚毛叶由大小几乎相等的前后两瓣构成，前瓣为圆形，后瓣稍窄、前端较尖。腹须略似长方形，体前部和体中部的腹须都比刚毛叶小，体后部的腹须变大，与刚毛叶等大，有时伸出刚毛叶之外。刚毛全部为复型刚毛。刚毛束由 12～15 根刚毛构成，在足刺上下排成扇形。刚毛端节为长刀形，一边具细齿；刚毛基节顶端斜，有 2 个顶齿，其下具 5 个小齿。体后端具圆球形的肛须。由最后 1 对疣足的背须变为圆球形，覆于体后面形成肛叶，肛节无刚毛，肛门位于腹面。体长 27mm，宽 2mm，最大的标本具 109 体节。

生态习性： 栖息于中国东海沿岸河口咸淡水区和淡水区。

地理分布： 东海。

参考文献： 刘瑞玉，2008；杨德渐和孙瑞平，1988；孙瑞平和杨德渐，2004。

图 190　三角洲双须虫 *Eteone delta* Wu & Chen, 1963
A. 整体；B. 体前端背面观；C. 体前端腹面；D. 尾部

巧言虫属 *Eulalia* Savigny, 1822

巧言虫
Eulalia viridis (Linnaeus, 1767)

标本采集地： 山东蓬莱。

形态特征： 口前叶稍细长。具5个头触手，单个头触手比成对的稍长。具2个大黑眼，有时在眼的边缘上附加2个色斑。吻上分散着许多颗粒状的小乳突，有时在吻基部无乳突，吻的前端具14～17个或更多个大缘突。触须圆柱状、具锥形的尖端，仅第2体节的腹须最短且稍扁。第2、第3体节的背须后伸可达第10～12刚节。通常第2体节无刚毛。疣足背须长叶片形，末端尖；腹须小，卵形或稍尖，长不超刚毛叶。疣足刚毛叶具等大的上、下唇。刚毛喙部具大刺，端片具细齿。肛须长而尖，长为宽的4倍。体长达150mm，宽2～3mm，体节数150～200个。

生态习性： 潮间带岩岸。

地理分布： 黄海，东海，南海；白海，俄罗斯诺沃西比尔斯克，白令海，千岛群岛，堪察加半岛，鄂霍次克海，日本海。

参考文献： 刘瑞玉，2008；杨德渐和孙瑞平，1988；孙瑞平和杨德渐，2004。

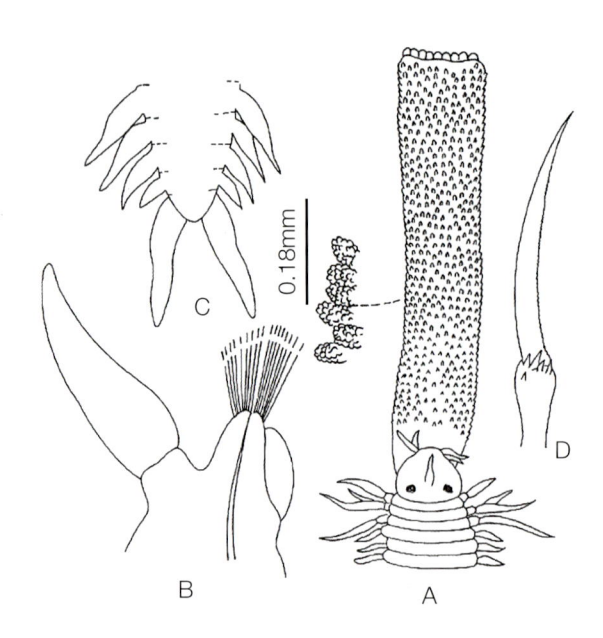

图 191-1　巧言虫 *Eulalia viridis* (Linnaeus, 1767)（引自吴宝铃等，1997）
A. 口前叶及吻外翻出背面观及吻上乳突；B. 第25体节疣足；C. 体后部背面观；D. 刚毛

图 191-2　巧言虫 *Eulalia viridis* (Linnaeus, 1767)
A. 整体；B. 头部；C. 尾部；D. 疣足

神须虫属 *Mysta* Malmgren, 1865

张氏神须虫
Mysta tchangsii (Uschakov & Wu, 1959)

同物异名： *Eteone* (*Mysta*) *tchangsii* Uschakov & Wu, 1959

标本采集地： 山东青岛丁字湾。

形态特征： 口前叶宽圆锥形，头触手短，具眼，有小的项乳突。具2对相对较短的触须，上须比下须稍长，后伸可达第4刚节。第2刚节具刚毛。吻很大，长15mm，吻前部特别膨大，上面具一个大的背乳突；吻的两侧各具一行大而软的乳突；吻上除具有显著的横褶皱外，还覆有黑色几丁质的小刺。接近吻顶端周围有一圈软而细长的指状突起，腹面的最长。疣足背须为椭圆形，位于1个粗大的长柱形须基上，腹须小而钝。具复型异齿刺状刚毛，每一束刚毛约有30根，在每根刚毛柄部的喙端有2个大小不等的关节齿，齿的基部具有很多小刺。体长160mm，宽8mm，刚节大约300个。

生态习性： 潮间带砂滩。

地理分布： 黄海，东海，南海；印度沿岸。

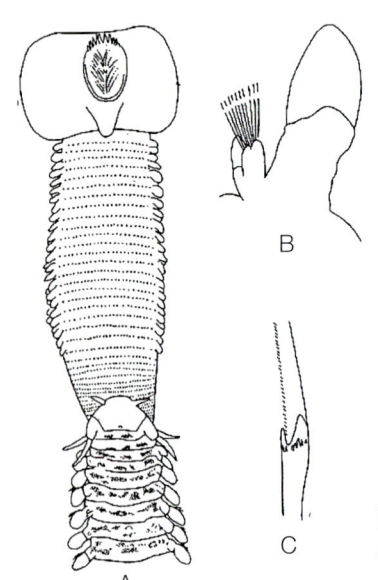

参考文献： 刘瑞玉，2008；杨德渐和孙瑞平，1988；孙瑞平和杨德渐，2004。

图192-1 张氏神须虫 *Mysta tchangsii* (Uschakov & Wu, 1959)（引自吴宝铃等，1997）
A. 口前叶及吻翻出背面观；B. 体中部疣足；C. 刚毛

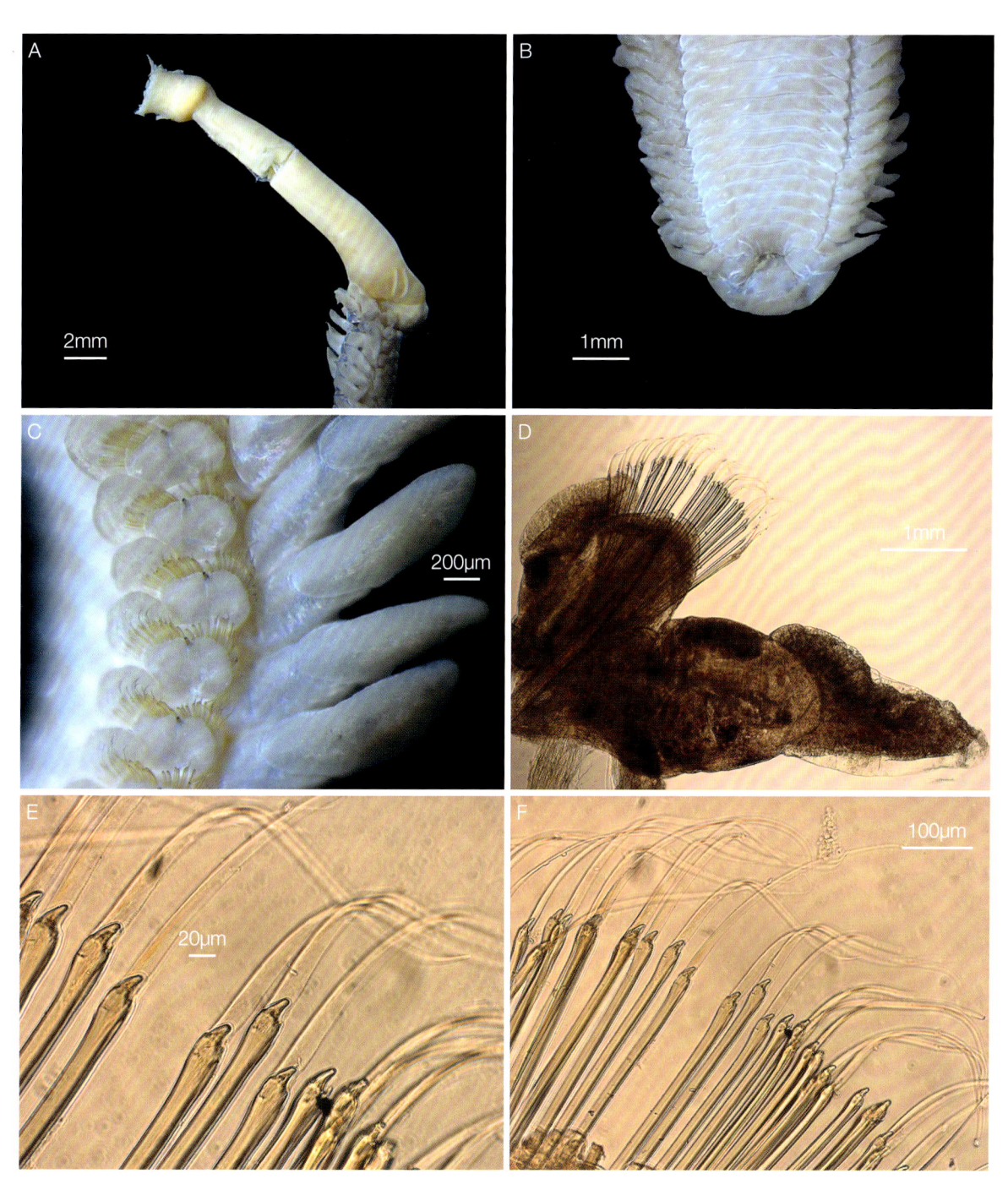

图 192-2　张氏神须虫 *Mysta tchangsii* (Uschakov & Wu, 1959)
A. 体前端侧面观；B. 尾部；C、D. 疣足；E、F. 复型刺状刚毛

锦绣神须虫
Mysta ornata (Grube, 1878)

同物异名： Eteone (*Mysta*) *ornata* (Grube, 1878)

标本采集地： 东海外海。

形态特征： 口前叶近似三角形，具 4 个前触手，眼明显。吻具 2 纵行侧乳突。触须 2 对，背触须长可达第 5 体节，腹触须稍短。第 2 体节具刚毛。疣足背须位于短而宽的须基上，接近对称，为卵圆形；体前部背须稍短，体后部的较长。腹须细长，稍比疣足叶大。具等齿复型刺状刚毛。肛须大，长为宽的 2 倍。体呈淡黄色，背面具 3 条深褐紫色纵带，疣足基部具 2 条侧带，腹面具 3 条色带，但较背面浅。体长 35mm，宽 1.2～3mm，约具 150 个体节。

生态习性： 近岸砂质自由生活。

地理分布： 南海，北部湾，东海；日本北部，菲律宾。

参考文献： 刘瑞玉，2008；杨德渐和孙瑞平，1988；孙瑞平和杨德渐，2004。

图 193 锦绣神须虫 *Mysta ornata* (Grube, 1878)
A. 整体；B. 体前端背面观；C. 体前端腹面观（示翻吻）；D、E. 疣足；F. 复型刺状刚毛

383

背叶虫属 *Notophyllum* Örsted, 1843

华彩背叶虫
Notophyllum splendens (Schmarda, 1861)

标本采集地： 山东烟台潮间带。

形态特征： 体短而粗。口前叶圆，具 5 个头触手，均为纺锤形，两头尖。在两个大眼间向前伸出 1 个中央触手。口前叶后缘两侧具掌状大项器，大项器上各具 2～4 个指状突起。吻粗大，背面与腹面均具横脊，侧面具 2 纵列密集的叶片突。第 1 体节背面退化，触须 4 对都较短。疣足背叶退化，具一足刺，但不具毛状刚毛。疣足背须大、肾形，覆盖虫体大部分；腹叶较小，具复型刺状刚毛，刚毛柄部喙端具小刺，端片具锯齿状细齿。体长 15～50mm，宽 1～4mm。

生态习性： 岩相潮间带。

地理分布： 黄海，东海，南海；日本，美国阿拉斯加，新西兰，红海，南非，斯里兰卡，菲律宾，澳大利亚。

参考文献： 刘瑞玉，2008；杨德渐和孙瑞平，1988；孙瑞平和杨德渐，2004。

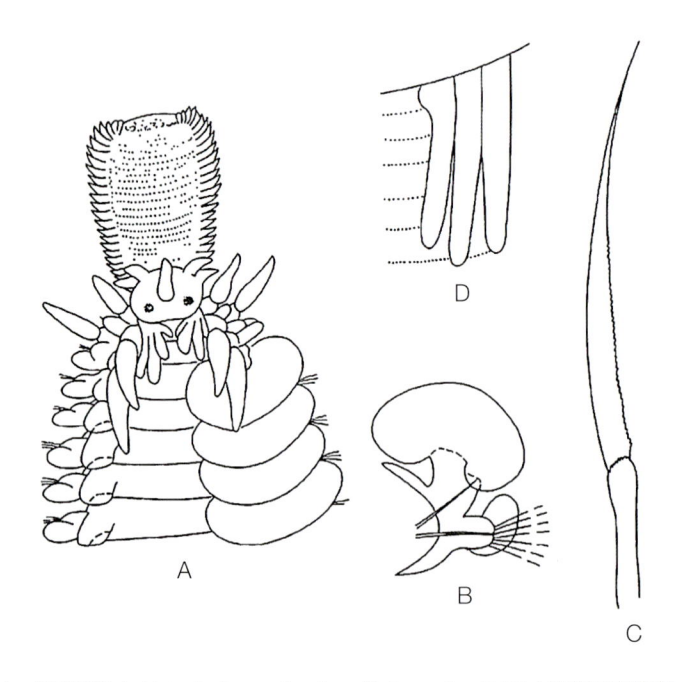

图 194-1 华彩背叶虫 *Notophyllum splendens* (Schmarda, 1861)（引自吴宝铃等，1997）
A. 体前部及吻部分翻出背面观；B. 疣足；C. 刚毛；D. 项器

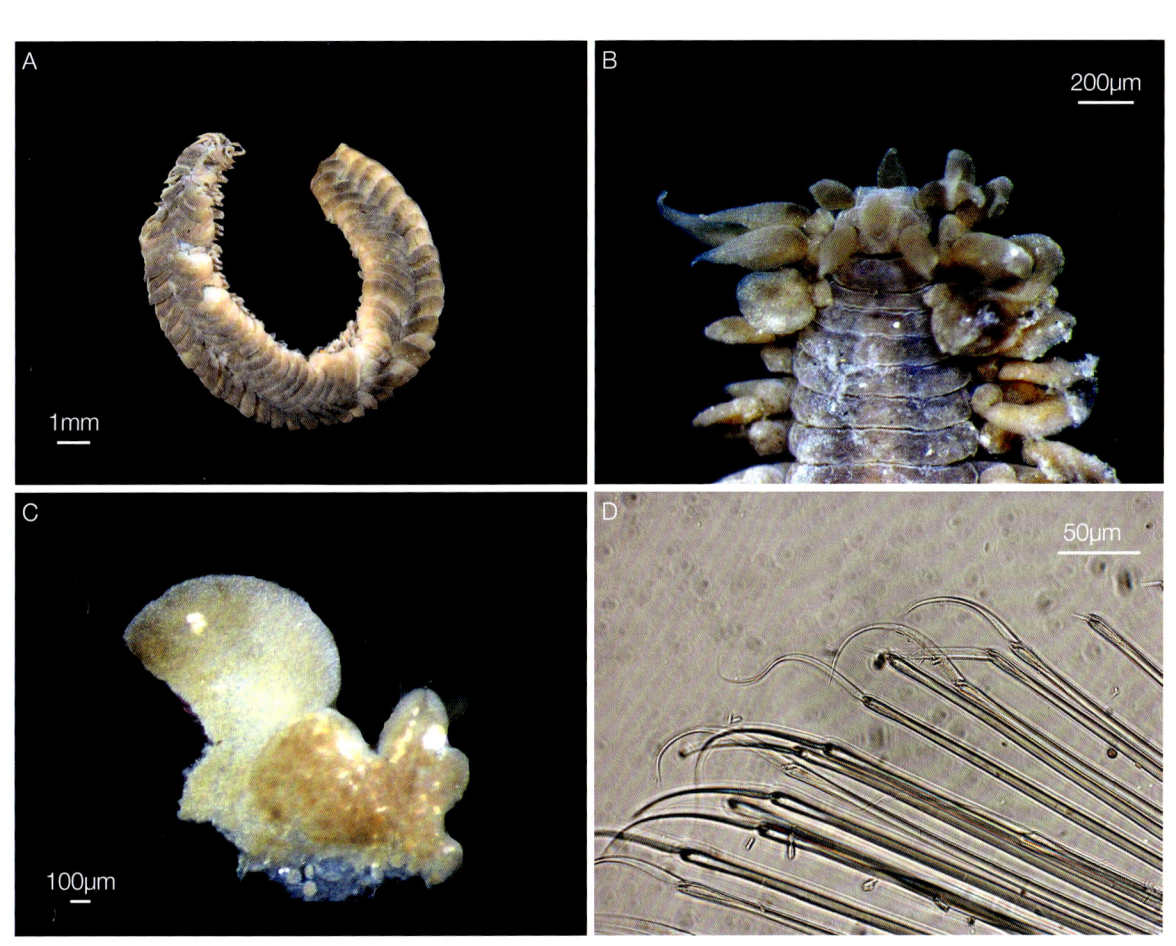

图 194-2　华彩背叶虫 *Notophyllum splendens* (Schmarda, 1861)
A. 整体；B. 体前端背面观；C. 疣足；D. 复型刺状刚毛

叶须虫属 *Phyllodoce* Lamarck, 1818

乳突半突虫
Phyllodoce papillosa (Uschakov & Wu, 1959)

标本采集地： 山东青岛。

形态特征： 口前叶心脏形，具脑后凹陷和一个小的项乳突。吻完全翻出以后，在口前叶两侧可以看到很显著的侧项乳突；缩入吻的标本就见不到这种乳突。吻可以分为前后两部分：吻的前部整个覆盖有大型的乳突，其排列无规则似毛发蓬松的样子；吻的后部具12纵列有色素的乳突（每侧各具6列）。第2和第3刚节的背须最长，向后伸可达第9刚节。第2和第3刚节不具刚毛。疣足背须为不规则的椭圆形（长大于宽），位于一个高的柱形须托上。腹须尖叶形，稍比腹叶长。性成熟雌性标本的腹面和疣足内充满卵，其背须比一般的标本宽。酒精标本体色很均匀，为由浅而深的黄褐色，第3～5刚节最黑，体中部的背须有时色较深。体长可达130mm，宽（含疣足）2.5mm，刚节一般在270个左右。

生态习性： 栖息于潮间带、潮下带。

地理分布： 黄海，东海，南海；太平洋西北部至热带水域的特有种。

参考文献： 刘瑞玉，2008；杨德渐和孙瑞平，1988；孙瑞平和杨德渐，2004。

叶须虫科分属检索表

1. 触须2对；吻平滑或具分散的乳突 2
- 触须4对 3
2. 吻两侧无乳头状大突起 .... 双须虫属 *Eteone*
- 吻两侧具大的乳头状突起 .... 神须虫属 *Mysta*
3. 疣足伪双叶型、背须指状；第1、第2体节愈合，第1体节具1对触须、无刚毛 .... 背叶虫属 *Notophyllum*
- 疣足单叶型 4
4. 4个头触手；第1、第2体节背部愈合 .... 叶须虫属 *Phyllodoce*
- 5个头触手；第1、第2体节不愈合 .... 巧言虫属 *Eulalia*

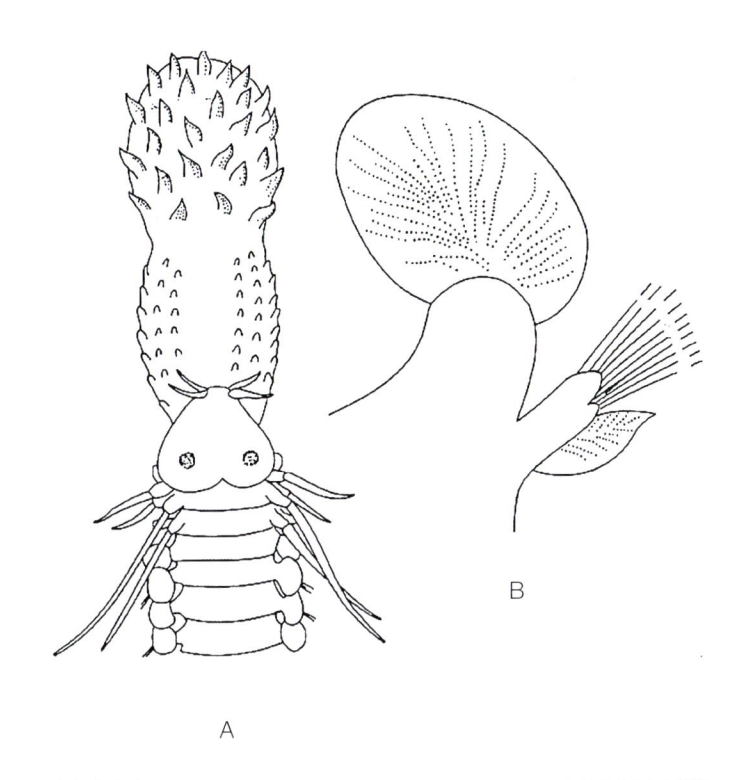

图 195-1　乳突半突虫 *Phyllodoce papillosa* (Uschakov & Wu, 1959)（引自吴宝铃等，1997）
A. 口前叶及吻外翻出背面观；B. 体中部疣足

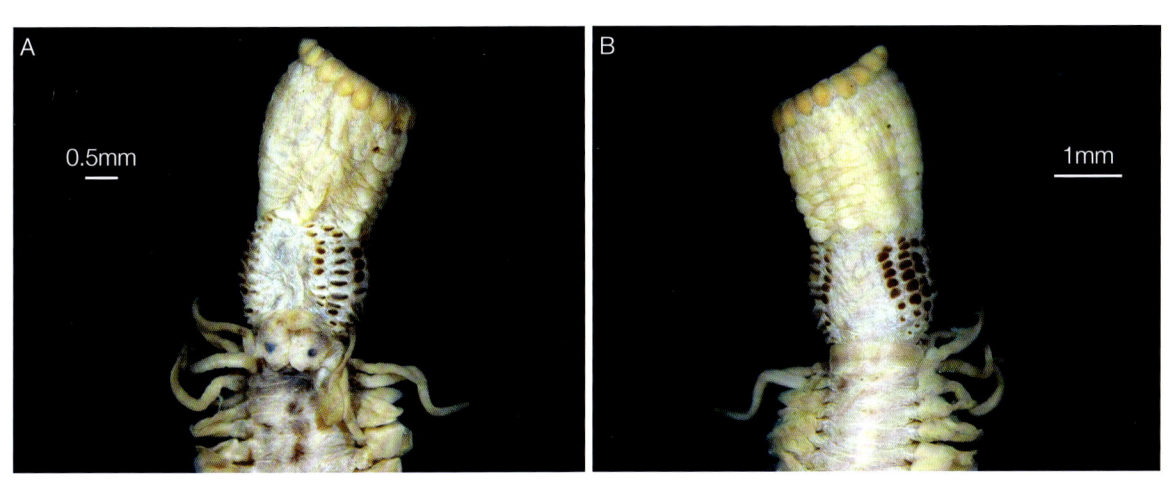

图 195-2　乳突半突虫 *Phyllodoce papillosa* (Uschakov & Wu, 1959)
A. 体前端背面观；B. 体前端腹面观

长手沙蚕科 Magelonidae Cunningham & Ramage, 1888
长手沙蚕属 Magelona F. Müller, 1858

尖叶长手沙蚕
Magelona cincta Ehlers, 1908

标本采集地： 香港、厦门潮下带。

形态特征： 体细线状，口前叶大，呈扁平近三角形，具前侧角，长宽约相等。第5～8刚节具有红色色斑。前区第1～9刚节的疣足背、腹刚叶尖叶状，无背、腹须（有的学者称刚叶为背、腹须），均无前刚叶，具细翅毛状刚毛。第9刚节较短，与第8刚节相似，均具翅毛状刚毛。后区背、腹两刚叶亦为尖叶状、等大或一个刚叶稍大，具6～12根双齿巾钩刚毛。

生态习性： 穴居于潮下带泥沙沉积物中。

地理分布： 黄海，东海，南海。

参考文献： Mortimer and Mackie, 2009；Zhou and Mortimer, 2013。

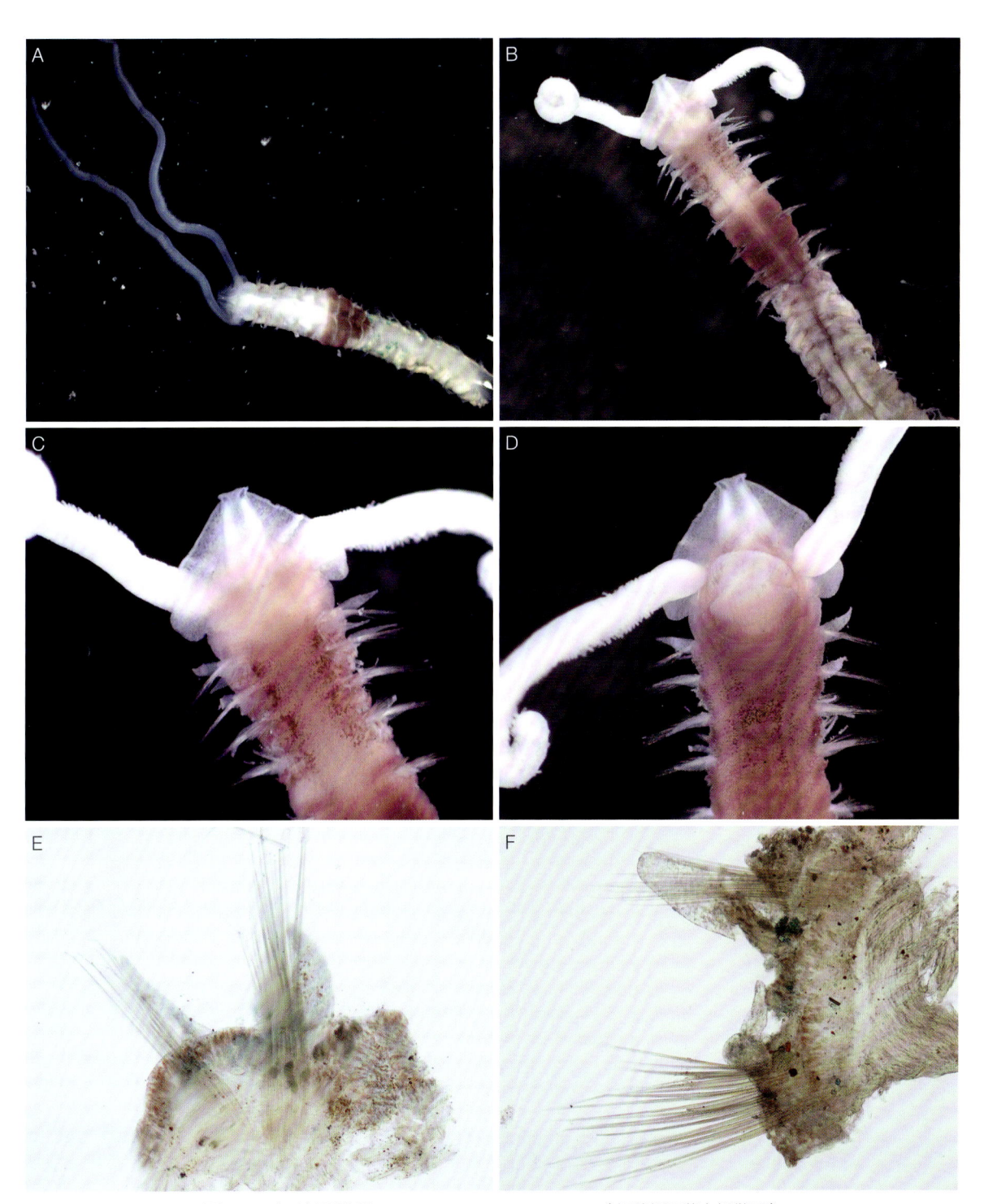

图 196　尖叶长手沙蚕 *Magelona cincta* Ehlers, 1908（杨德援和蔡立哲供图）
A. 整体图；B. 体前、中部背面观；C. 体前部背面观；D. 体前部腹面观；E. 第 5 刚节疣足；F. 第 9 刚节疣足

栉状长手沙蚕
Magelona crenulifrons Gallardo, 1968

标本采集地： 香港、厦门潮下带。

形态特征： 口前叶长稍大于宽，竹片状，具明显的前侧角，前缘细圆。前区第 1～8 刚节的疣足背刚叶尖叶状，有细长的背须；腹刚叶具细长的腹须。第 9 刚节具耳状薄片，末端尖，无背刚叶；腹刚叶短三角形。胸区刚节具翅毛状刚毛。

生态习性： 穴居于潮下带泥沙沉积物中。

地理分布： 东海，南海。

参考文献： Mortimer and Mackie, 2009；Zhou and Mortimer, 2013。

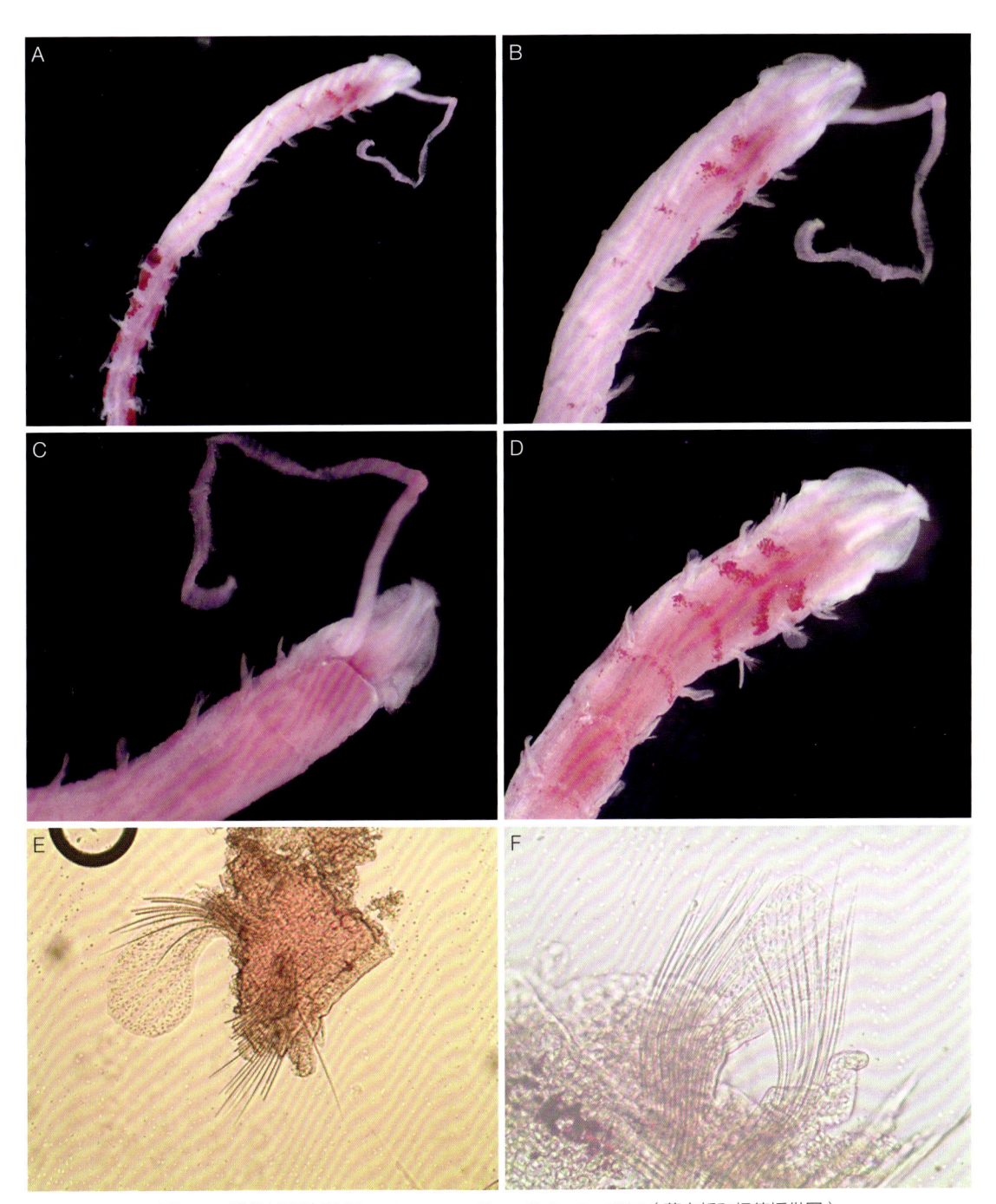

图 197 栉状长手沙蚕 *Magelona crenulifrons* Gallardo, 1968（蔡立哲和杨德援供图）
A. 体前、中部背面观；B. 体前部背面观；C. 体前部腹面观；D. 无长触手体前部背面观；E. 第 8 刚节疣足；F. 第 3 刚节疣足

欧文虫科 Oweniidae Rioja, 1917
欧文虫属 *Owenia* Delle Chiaje, 1844

欧文虫
Owenia fusiformis Delle Chiaje, 1841

标本采集地： 渤海。

形态特征： 体前部圆柱状，体后部渐细变为圆锥状。触手冠每叶各具3对或4对主枝，每个主枝又分出4个或5个分枝。触手冠和前3刚节具浅棕色的色斑。触手冠背面基部的膜状领不明显。触手冠基部侧面常见浅色斑。胸区的3个刚节较短，前端腹面具1短的裂隙。胸区疣足为单叶型，前2个刚节的背刚毛位于体两侧，第3刚节的背刚毛稍位于体背中间，仅具刺毛状背刚毛。自第4刚节起为腹区，腹区疣足为双叶型，具长而窄的腹足枕，其中第4～9刚节的腹足枕几乎环绕身体。腹区背刚毛刺毛状。腹区齿片横排于齿片枕上，齿片为长柄、双齿、近等大且呈近平行线排列的钩状。从第8刚节起节间距渐短，后端的5～7刚节最密。尾节圆锥状，肛叶不明显。栖管为棕黑色、两端稍细的长纺锤状，外面黏有粗沙粒和碎贝壳并有规则地排列成瓦状。活标本为银珠色，固定标本为苍白色或浅灰色。体长25～50mm，宽（胸区最宽处）0.9～2.5mm，具20～23刚节，第5～8刚节最长。

生态习性： 泥沙滩，大型海藻基部。

地理分布： 渤海，黄海，东海，南海；格陵兰岛，瑞典，墨西哥湾，非洲沿岸，地中海，红海，印度洋，北太平洋，日本。

参考文献： 刘瑞玉，2008；杨德渐和孙瑞平，1988；孙瑞平和杨德渐，2004。

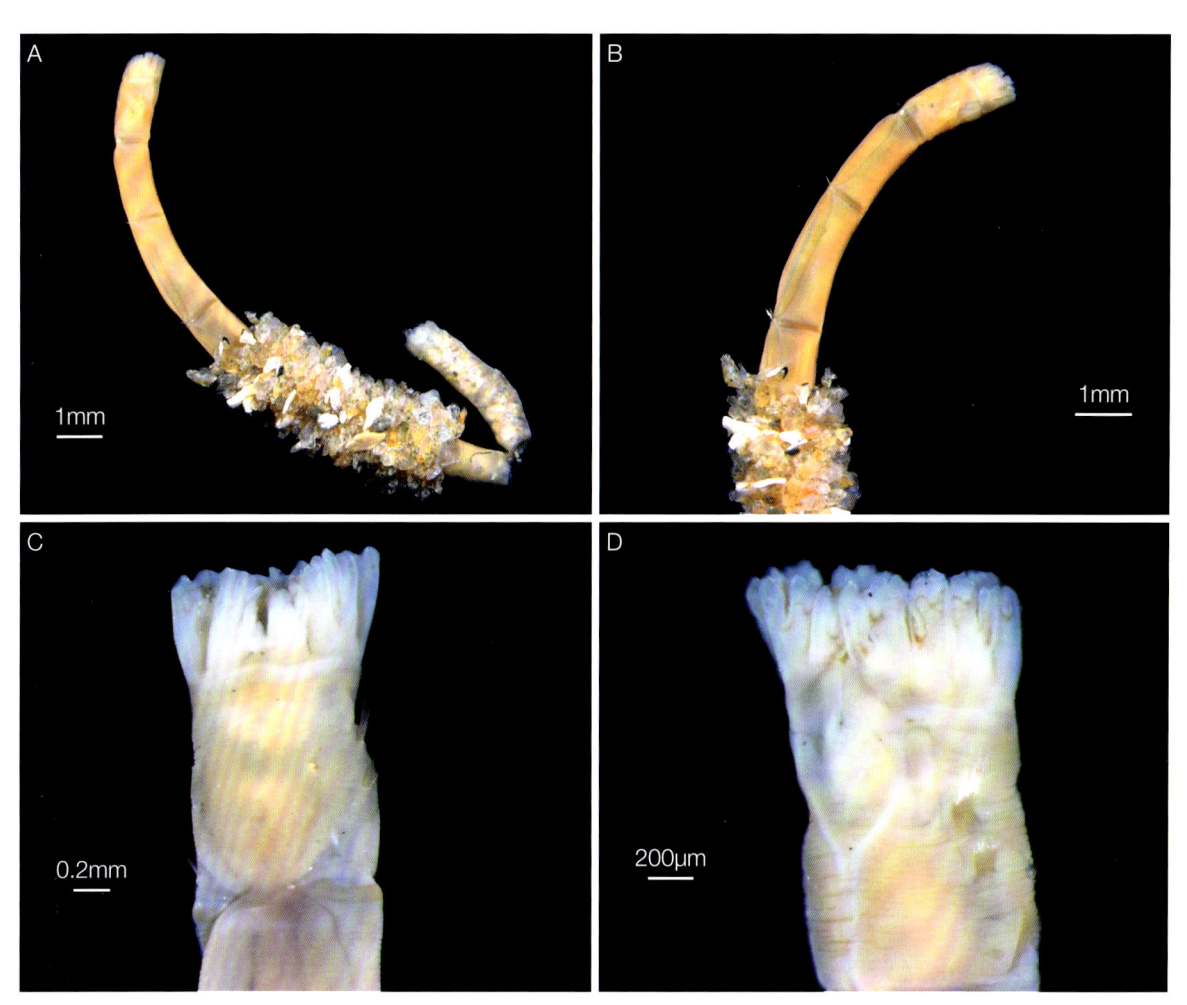

图 198　欧文虫 *Owenia fusiformis* Delle Chiaje, 1841
A. 整体侧面观（不完整）；B. 体前端侧面观；C. 体前端腹面观；D. 头部侧面观

环节动物门参考文献

刘瑞玉. 2008. 中国海洋生物名录. 北京：科学出版社：405-452.

孙瑞平，杨德渐. 2004. 中国动物志：无脊椎动物 第三十三卷，环节动物门，多毛纲（二），沙蚕目. 北京：科学出版社：1-520.

孙瑞平，杨德渐. 2014. 中国动物志：无脊椎动物 第五十四卷，环节动物门，多毛纲（三），缨鳃虫目. 北京：科学出版社：1-493.

孙悦. 2018. 中国海多毛纲仙虫科和锥头虫科的分类学研究. 中国科学院海洋研究所博士学位论文.

王跃云，2017. 中国海多毛纲鳞虫科和竹节虫科的分类研究. 青岛：中国科学院海洋研究所.

吴宝铃，吴启泉，邱健文，等. 1997. 中国动物志：环节动物门，多毛纲，叶须虫目. 北京：科学出版社：1-329.

吴旭文. 2013. 中国海矶沙蚕科和欧努菲虫科的分类学和地理分布研究. 中国科学院大学博士学位论文.

杨德渐，孙瑞平. 1988. 中国近海多毛环节动物. 北京：农业出版社：1-352.

周红，李凤鲁，王玮. 2007. 中国动物志 无脊椎动物 第四十六卷. 星虫动物门、螠虫动物门. 北京：科学出版社.

周进. 2008. 中国海异毛虫科和海锥虫科分类学和地理分布研究. 中国科学院海洋所博士学位论文.

冈田要，内田亨，等. 1960. 原色动物大圖鑑，IV. 东京：北隆馆.

Goto R. 2017. The Echiura of Japan: diversity, classification, phylogeny, and their associated Fauna //Motokawa M, Kajihara H. Species Diversity of Animals in Japan. Tokyo: Springer: 513-542.

Mortimer K, Mackie A S Y. 2009. Magelonidae (Polychaeta) from Hong Kong, China, with discussions on related species and redescriptions of three species. Zoosymposia, 2(1): 179-199.

Pillai T G. 1961. Annelida polychaeta of tambalagam lake, ceylon. Ceylon Journal of Science (Biological Sciences), 4(1): 1-40.

Wu X W, Salazar-Vallejo S I, Xu K D. 2015. Two new species of *Sternaspis* Otto, 1821 (Polychaeta: Sternaspidae) from China seas. Zootaxa, 4052(3): 373.

Wu X W, Sun R P, Liu RY. 2013a. A new species of Eunice (Polychaeta: Eunicidae) from Hainan Island, South China Sea. Chinese Journal of Oceanology and Limnology, 31(1): 134-139.

Wu X W, Sun R P, Liu R Y, et al. 2013b. Two new species of Eunice Cuvier, 1817 (Polychaeta, Eunicidae) from the coral reefs of Hainan Island with a key to 16 species of Eunice from China seas. Zootaxa, 3652(2): 249-264.

Zhou J, Mortimer K. 2013. A new species of Magelona (Polychaeta: Magelonidae) from Chinese coastal waters (Article). Journal of the Marine Biological Association of the United Kingdom, 93(6): 1503-1510.

Zibrowius H. 1972. Two new species of the genus *Hydroides* (Polychaeta, Serpulidae) from the Yellow Sea and from Banda Islands. Extrait du bullandiion de la Sociande Zoologique de France, 97(1): 89-93.

星虫动物门
Sipuncula

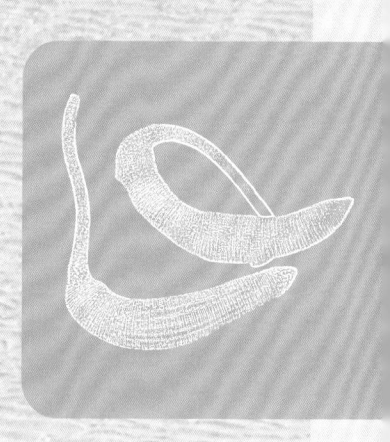

革囊星虫目 Phascolosomatida
革囊星虫科 Phascolosomatidae Stephen & Edmonds, 1972
革囊星虫属 *Phascolosoma* Leuckart, 1828

弓形革囊星虫
Phascolosoma arcuatum (Gray, 1828)

标本采集地： 浙江南田岛。

形态特征： 体呈圆筒状，后端较小，呈圆锥状。前端自肛门以前逐渐变小，至吻基部骤变细。吻细长如管，约为体长的 1 倍以上。吻前端口背面及侧面具马蹄形排列的触手，通常 10 条。在口后约 2mm 处，吻上具环状排列的小钩 40～72 圈或更多，每圈约有钩 150 个。肛门位于体前端背面，距吻基部约 10mm，在一疣状突起上呈直裂缝状。肾孔位于肛门前。体表多乳突，其形态、色泽在体各部位差别较大。躯干两端的乳突粗大稠密，呈棕黑色粗粒，突出体表，体中央部和陷入吻上的乳突小，呈椭圆形，多为棕黄色。体壁纵肌束 18～19 条，偶见分支。收吻肌两对，大部分融合，背、腹两对相距较远。纺锤肌粗大。无固肠肌。消化道很长，肠螺旋 60～85 圈。

生态习性： 栖息于潮间带高、中潮区，多见于半咸水海区或红树林泥滩。营穴居生活，穴深约 10cm。

地理分布： 东海，南海；印度，越南，菲律宾，马来西亚，印度尼西亚，爪哇岛，安达曼群岛，澳大利亚。

经济意义： 可食用及药用。已开始人工养殖，但多采用天然苗种。

参考文献： 李凤鲁，1989；连江县地方志编纂委员会，2001；周红等，2007。

图 199　弓形革囊星虫 *Phascolosoma arcuatum* (Gray, 1828)

盾管星虫目 Aspidosiphonida
反体星虫科 Antillesomatidae Kawauchi, Sharma & Giribet, 2012
反体星虫属 *Antillesoma* Stephen & Edmonds, 1972

安岛反体星虫
Antillesoma antillarum (Grube, 1858)

标本采集地： 山东青岛。

形态特征： 体呈圆筒状，后部最宽，末端稍尖，缩成圆锥形。最大个体体长可达 100mm，宽 6～13mm。吻长约为体长的一半，无钩，无棘，有锥形乳突。吻前端具丝状触手一圈，数目众多，200～300 个，最多达 360 个。体色棕黄，吻乳白色。全体表面分布有褐色、扁圆形乳突。体末端和肛门前方的乳突高大而密集，呈黑褐色。吻上乳突多细小。肛门位于体前端背面，距吻基部约 10mm，在一椭圆形突起上呈横裂缝状。肾孔一对，和肛门同高度，亦呈横裂缝状。纵肌成束，在体前部 10～18 束，后部每束分为 2～3 个支。环肌不分离成束。收吻肌 1 对（背对退化）。纺锤肌始于肛门前体壁，进入肠螺旋后分出一个长支和 2～3 个短支，肠螺旋 30～60 圈。无固肠肌。脑神经节上具 1 对眼点。

生态习性： 主要栖息于潮间带泥沙底质，也有的生活于砾石下或礁石缝隙中，但数量较少。

地理分布： 黄海，东海，南海；日本，朝鲜半岛，菲律宾群岛，加罗林群岛，夏威夷群岛，新喀里多尼亚岛，巴拿马，哥斯达黎加，美国加利福尼亚、佛罗里达，安的列斯群岛，古巴，委内瑞拉，巴西，几内亚湾，南非，莫桑比克，马尔代夫群岛，拉克代夫群岛，斯里兰卡。

参考文献： 陈义和叶正昌，1958；李凤鲁，1989；周红等，2007。

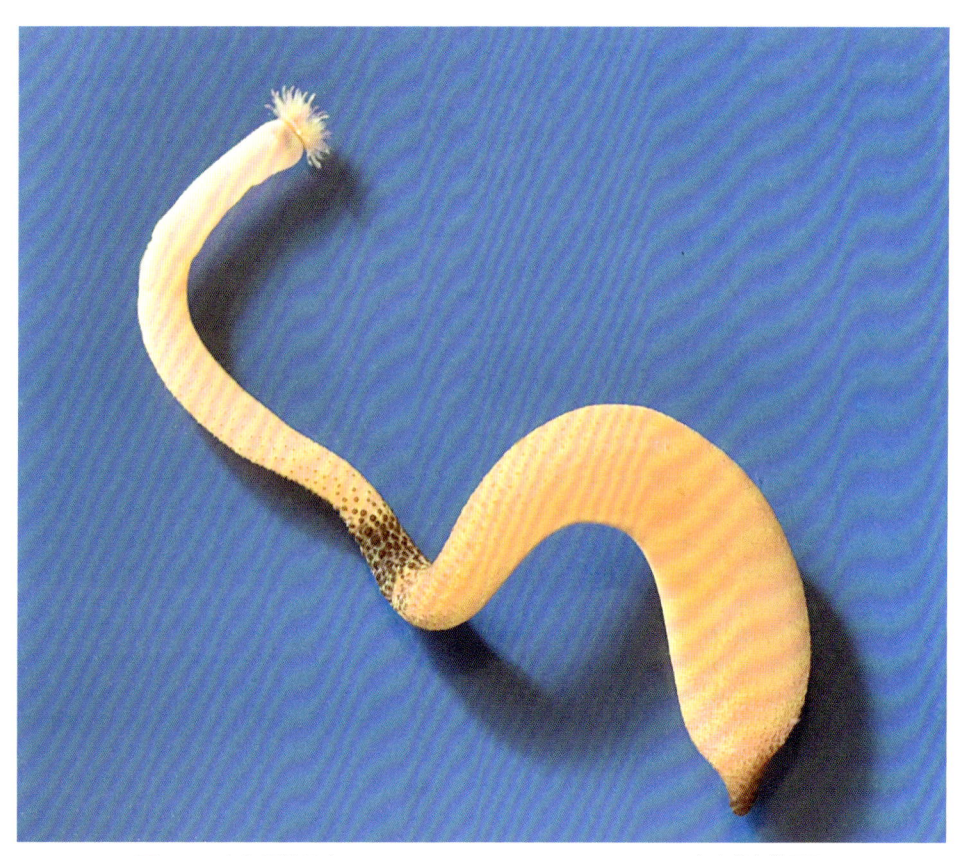

图 200　安岛反体星虫 *Antillesoma antillarum* (Grube, 1858)（孙世春供图）

戈芬星虫目 Golfingiida
方格星虫科 Sipunculidae Rafinesque, 1814
方格星虫属 *Sipunculus* Linnaeus, 1766

裸体方格星虫
Sipunculus nudus Linnaeus, 1766

标本采集地： 广西北海。

形态特征： 体长圆筒状，体长 50～250mm。体色浅黄、橘黄、浅紫、乳白或略带淡红色。体壁厚或较厚，不透明或半透明（个体小的标本）。体壁纵肌成束，27～34 条。体表面由于纵肌与环肌交错排列而呈方格状纹饰。吻长 15～35mm，覆盖有大型三角形乳突，顶尖向后，呈鳞状排列。吻前部光滑，前端有 1 圈触手，伸张时呈星状，收缩时成皱褶，吻前端中央具口。消化道细长，约为体长的 2 倍，肠螺旋 20～30 圈。固肠肌数目甚多。肾孔 1 对，位于肛门前方腹面。脑神经节前沿有短小的指状突起。本种的个体大小、形态常因产地等不同而有差异。山东标本体长可达 200～250mm，个体大，体壁厚，体色深，纵肌束通常 27～28 条，吻部三角乳突大而钝；福建、广西标本体长 150～200mm，与山东标本近似；广东、海南标本一般只有 100～150mm，吻部三角形乳突小而尖，体色浅，体壁薄，纵肌束通常 30～32 条，海南有的标本纵肌束达 34 条。

生态习性： 主要栖息于潮间带或浅海泥沙质、沙质海底，营穴居生活，穴深 20～40cm。最大分布水深 2275m。

地理分布： 黄海，东海，南海；大西洋，太平洋，印度洋沿岸。

经济意义： 肉可供食用及药用。北方沿海产量小，南方产量大，是福建、广东、广西等地的重要经济种类和养殖品种。

参考文献： 陈义和叶正昌，1958；李凤鲁，1985，1989；周红等，2007；Pagola-Carte and Saiz-Salinas, 2000。

图 201　裸体方格星虫 *Sipunculus nudus* Linnaeus, 1766（孙世春供图）

星虫动物门参考文献

陈义, 叶正昌. 1958. 我国沿海桥虫类调查志略. 动物学报, 10(3): 265-278.

李凤鲁. 1985. 广东大鹏湾星虫类的初步研究. 山东海洋学院学报, 15(3): 59-66.

李凤鲁. 1989. 中国沿海革囊星虫属(星虫动物门)的研究. 青岛海洋大学学报, 19(3): 78-90.

连江县地方志编纂委员会. 2001. 连江县志. 北京: 方志出版社.

周红, 李凤鲁, 王玮. 2007. 中国动物志 无脊椎动物 第四十六卷 星虫动物门 螠虫动物门. 北京: 科学出版社.

Pagola-Carte S, Saiz-Salinas J I. 2000. Sipuncula from Hainan Island (China). Journal of Natural History, 34: 2187-2207.

中文名索引

A

阿氏刺毛虫	355
埃刺梳鳞虫	286
埃刺梳鳞虫属	284
埃尔杂里线虫属	146
安岛反体星虫	400
奥达克斯棘尾线虫	70

B

巴里轭山海绵	4
白环分歧管缨虫	217
白毛虫科	354
白毛虫属	354
白色盘管虫	196
白色吻沙蚕	292
百合伪囊鳞虫	282
班达盘管虫	198
斑荚海女螅	17
棒海鳃科	20
贝氏白毛虫	354
背叶虫属	384
扁齿围沙蚕	342
辫螅科	18
辫螅属	18
镖毛鳞虫属	272
表刺线虫属	62
滨海葵科	28
波形螺旋球咽线虫	138
不倒翁虫科	238
不倒翁虫属	238

C

侧花海葵属	22
叉毛裂虫	360
叉毛锥头虫	190
长化感器拟齿线虫	124
长毛伪埃尔杂里线虫	162
长鳃树蛰虫	237
长手沙蚕科	388
长手沙蚕属	388
长尾表刺线虫	68
长尾线虫科	104
长吻沙蚕	294
长咽球折咽线虫	114
长引带毛萨巴线虫	136
长引带线宫线虫	150
巢沙蚕属	258
齿吻沙蚕科	364
齿吻沙蚕属	372
臭伪格鳞虫	274
刺尖锥虫属	188
刺毛虫属	355
刺沙蚕属	322
粗毛裂虫	358
粗突齿沙蚕	320
粗尾海咽线虫	92
簇毛表刺线虫	62
锉海绵属	6

D

大伽马线虫	118
大化感器后联体线虫	132
大化感器霍帕线虫	128
大假拟齿线虫	126
大口花冠线虫	108
大口拟格莱线虫	156
大盘泥涡虫	36
大蠕形海葵	29
带形条钻穿裂虫	362
单指虫科	182
单指虫属	182
德氏类嘴刺线虫	58

等指海葵	21
东海费氏线虫	80
东海吞咽线虫	144
东山花冠线虫	106
洞球海葵	24
洞球海葵属	24
独齿围沙蚕	338
杜氏阔沙蚕	346
短毛拟格莱线虫	154
短叶索沙蚕	254
短引带线宫线虫	148
多鳞虫科	274
多毛表刺线虫	66
多乳突非洲线虫	104
多鳃齿吻沙蚕	374
多胃球线虫属	98

E

额孔属	54

F

反体星虫科	400
反体星虫属	400
方格星虫科	402
方格星虫属	402
非洲线虫属	104
费氏线虫属	80
分歧管缨虫属	217
浮体线虫属	88
浮游拟脑纽虫	46
腹口线虫科	58
腹突弯齿线虫	112
覆瓦哈鳞虫	280

G

伽马线虫属	118

405

高盘管虫	204	花冠线虫科	106	卷须虫属	192
哥城矶沙蚕	246	花冠线虫属	106		
革囊星虫科	398	华彩背叶虫	384	**K**	
革囊星虫属	398	华丽角海蛹	186	柯尼丽线虫属	78
格氏盘管虫	208	华美盘管虫	202	科索沙蚕属	250
根茎螠属	11	滑镰沙蚕	326	库氏线虫属	142
弓形革囊星虫	398	滑指矶沙蚕	244	宽刺三齿线虫	84
共齿线虫属	122	环带沙蚕	330	阔沙蚕属	344
寡鳃微齿吻沙蚕	370	环纹隆唇线虫	166		
怪鳞虫属	288	黄海刺梳鳞虫	284	**L**	
管口螠属	180	黄外肋筒螠	19	蓝带伪角涡虫	38
冠奇异稚齿虫	224	霍帕线虫属	128	蓝纹伪角涡虫	37
光线虫属	110			烙线虫科	78
龟壳锉海绵	6	**J**		类嘴刺线虫属	58
		矶海葵科	26	梨形折咽线虫	116
H		矶海葵属	26	联体线虫科	128
桧叶螅科	16	矶沙蚕科	244	镰刀光线虫	110
哈鳞虫属	276	矶沙蚕属	244	链索海葵科	30
海结虫属	314	基刺盘管虫	200	裂虫科	356
海葵科	21	棘尾线虫属	70	裂虫属	356
海葵属	21	加州齿吻沙蚕	372	鳞沙蚕	270
海毛虫属	240	假拟齿线虫属	126	鳞沙蚕科	270
海女虫科	312	尖齿小桧叶螅	12	鳞沙蚕属	270
海女虫属	312	尖口线虫科	88	瘤线虫科	94
海女螅属	17	尖头微口线虫	172	瘤线虫属	94
海扇虫属	232	尖叶长手沙蚕	388	龙介虫属	196
海咽线虫属	92	箭鳃吻沙蚕	298	隆唇线虫科	142
海洋三齿线虫	86	绛体管口螠	180	隆唇线虫属	166
海蛹科	186	椒斑岩田纽虫	47	轮替裂虫	356
海稚虫科	222	角海蛹属	186	螺旋球咽线虫属	138
含糊拟刺虫	243	角吻沙蚕科	304	裸口线虫科	74
黑斑蠕鳞虫	268	角吻沙蚕属	304	裸口线虫属	74
亨氏近瘤海葵	23	杰氏内卷齿蚕	364	裸体方格星虫	402
亨氏无沟纽虫	52	金扇虫科	310	绿侧花海葵	22
红刺尖锥虫	188	金扇虫属	310	绿螠科	180
红树三孔线虫	102	锦绣神须虫	382		
后合咽线虫属	152	近丽海葵属	31	**M**	
后联体线虫属	132	近瘤海葵属	23	毛萨巴线虫属	136
后稚虫	222	九球多胃球线虫	98	矛线虫科	98
后稚虫属	222	锯形特异螠	16	美丽海葵属	30

中文名索引

| 孟加拉海扇虫 | 232 |
| 莫顿额孔纽虫 | 54 |

N

南鹿异八齿线虫	96
内刺盘管虫	206
内卷齿蚕属	364
泥平科	36
泥涡属	36
拟齿线虫属	124
拟刺虫属	243
拟单宫线虫属	158
拟格莱线虫属	154
拟联体线虫属	134
拟脑纽属	46
拟双单宫线虫属	160
拟胎生裸口线虫	74
拟特须虫	308
拟特须虫科	308
拟特须虫属	308
拟突齿沙蚕	332
拟突齿沙蚕属	332

O

欧努菲虫	262
欧努菲虫科	258
欧努菲虫属	262
欧伪刺缨虫	218
欧文虫	392
欧文虫科	392
欧文虫属	392

P

| 盘管虫属 | 196 |
| 膨大裸口线虫 | 76 |

Q

奇异小桧叶螅	14
奇异稚齿虫属	224
浅古铜吻沙蚕	300

强鳞虫属	290
强壮仙人掌海鳃	20
巧言虫	378
巧言虫属	378
清晰小桧叶螅	13
全刺沙蚕	324
全刺沙蚕属	324

R

日本镖毛鳞虫	272
日本角吻沙蚕	304
日本美丽海葵	30
日本强鳞虫	290
日本索沙蚕	252
绒毛足丝肾扇虫	230
蠕鳞虫科	268
蠕鳞虫属	268
蠕形海葵科	29
蠕形海葵属	29
乳突半突虫	386
乳突三齿线虫	82
软疣沙蚕	350
软疣沙蚕属	350

S

鳃卷须虫	192
鳃索沙蚕属	256
三齿辫螅	18
三齿线虫属	82
三角洲双须虫	376
三孔线虫科	100
三孔线虫属	100
色斑角吻沙蚕	306
色拉支线虫科	118
色矛线虫科	110
沙蚕科	320
沙蚕属	326
山海绵科	2
山海绵属	2
扇毛虫科	230

扇栉虫	234
扇栉虫属	234
蛇杂毛虫	220
神须虫属	380
石海绵科	6
似蛰虫属	236
疏毛表刺线虫	64
树蛰虫属	237
双叉埃尔杂里线虫	146
双齿围沙蚕	334
双管阔沙蚕	344
双小健足虫	318
双须虫属	376
双指虫属	226
双栉虫科	234
丝鳃虫科	226
丝尾微口线虫	170
四齿欧努菲虫	266
薮枝螅属	10
索沙蚕科	250
索沙蚕属	252

T

特异螅属	16
梯斑海毛虫	240
梯额虫	194
梯额虫科	194
梯额虫属	194
条形线虫科	170
铜色巢沙蚕	260
筒螅水母科	19
突齿沙蚕属	320
突出盘管虫	210
吞咽线虫属	144

W

外肋筒螅属	19
外伪角涡虫	40
弯齿围沙蚕	336
弯齿线虫属	112

407

网纹哈鳞虫	278	腺带刺沙蚕	322	张氏瘤线虫	94
微齿吻沙蚕属	370	香港细首纽虫	44	张氏拟联体线虫	134
微怪鳞虫	288	小桧叶螅科	12	张氏神须虫	380
微口线虫属	170	小桧叶螅属	12	掌鳃索沙蚕	256
微细欧努菲虫	264	小健足虫属	318	折咽线虫属	114
微咽线虫科	138	小头虫	181	蛰龙介科	237
围沙蚕属	334	小头虫科	181	真口拟双单宫线虫	160
伪埃尔杂里线虫属	162	小头虫属	181	枕围沙蚕	340
伪刺缨虫属	218	小细嘴咽线虫	60	植形海葵属	28
伪格鳞虫属	274	小线形线虫	90	栉状长手沙蚕	390
伪角科	37	笑纽科	54	智利巢沙蚕	258
伪角属	37	新短脊虫属	184	中国根茎螅	11
伪囊鳞虫属	282	须鳃虫	228	中华不倒翁虫	238
伪沙蚕属	348	须鳃虫属	228	中华海结虫	314
尾管共齿线虫	122	血色纵沟纽虫	48	中华霍帕线虫	130
吻腔线虫属	164			中华近丽海葵	31
吻沙蚕	302	**Y**		中华柯尼丽线虫	78
吻沙蚕科	292	亚洲哈鳞虫	276	中华内卷齿蚕	366
吻沙蚕属	292	岩虫	248	中华拟单宫线虫	158
无沟属	52	岩虫属	248	中华盘管虫	212
无疣齿吻沙蚕	368	岩田属	47	中华植形海葵	28
无疣齿吻沙蚕属	368	叶片山海绵	2	钟螅科	10
无疣海结虫	316	叶须虫科	376	轴线虫科	124
无殖盘管虫	214	叶须虫属	386	竹节虫科	184
五岛新短脊虫	184	异八齿线虫属	96	装饰吻腔线虫	164
		异刺库氏线虫	142	壮体科	52
X		异毛虫科	192	锥唇吻沙蚕	296
西方金扇虫	310	异形伪沙蚕	348	锥头虫科	188
西方似蛰虫	236	异须沙蚕	328	锥头虫属	190
锡鳞虫科	284	异足科索沙蚕	250	锥尾浮体线虫	88
膝状薮枝螅	10	尹氏属	50	纵沟科	46
喜草尹氏纽虫	50	缨鳃虫科	217	纵沟属	48
细首科	44	疣吻沙蚕	352	纵条矶海葵	26
细首属	44	疣吻沙蚕属	352	纵纹海女虫	312
细双指虫	226	幼稚棘尾线虫	72	足刺单指虫	182
厦门三孔线虫	100			足丝肾扇虫属	230
仙虫科	240	**Z**		钻穿裂虫属	362
仙人掌海鳃属	20	杂毛虫科	220	嘴咽线虫属	60
线宫线虫属	148	杂毛虫属	220		
线形线虫属	90	张氏后合咽线虫	152		

拉丁名索引

A

Acoetes	268
Acoetes melanonota	268
Acoetidae	268
Actinia	21
Actinia equina	21
Actiniidae	21
Actinonema	110
Actinonema falciforme	110
Africanema	104
Africanema multipapillatum	104
Aglaophamus	364
Aglaophamus jeffreysii	364
Aglaophamus sinensis	366
Amaeana	236
Amaeana occidentalis	236
Ampharetidae	234
Amphicteis	234
Amphicteis gunneri	234
Amphinomidae	240
Anoplostoma	74
Anoplostoma paraviviparum	74
Anoplostoma tumidum	76
Anoplostomatidae	74
Anthopleura	22
Anthopleura fuscoviridis	22
Antillesoma	400
Antillesoma antillarum	400
Antillesomatidae	400
Aphelochaeta	226
Aphelochaeta filiformis	226
Aphrodita	270
Aphrodita aculeata	270
Aphroditidae	270
Axonolaimidae	124

B

Baseodiscus	52
Baseodiscus hemprichii	52
Bradabyssa	230
Bradabyssa villosa	230

C

Calliactis	30
Calliactis japonica	30
Campanulariidae	10
Capitella	181
Capitella capitata	181
Capitellidae	181
Cavernularia	20
Cavernularia obesa	20
Cephalothrix	44
Cephalothrix hongkongiensis	44
Cephalotrichidae	44
Cerebratulina	46
Cerebratulina natans	46
Chloeia	240
Chloeia parva	240
Chromadoridae	110
Chrysopetalidae	310
Chrysopetalum	310
Chrysopetalum occidentale	310
Cirratulidae	226
Cirriformia	228
Cirriformia tentaculata	228
Cirrophorus	192
Cirrophorus branchiatus	192
Cobbia	142
Cobbia heterospicula	142
Comesomatidae	128
Conilia	78
Conilia sinensis	78
Cossura	182
Cossura aciculata	182
Cossuridae	182

D

Daptonema	144
Daptonema donghaiensis	144
Diadumene	26
Diadumene lineata	26
Diadumenidae	26
Dialychone	217
Dialychone albocincta	217
Diopatra	258
Diopatra chiliensis	258
Diopatra cuprea	260

E

Ectopleura	19
Ectopleura crocea	19
Ehlersileanira	284
Ehlersileanira incisa	286
Ehlersileanira incisa hwanghaiensis	284
Elzalia	146
Elzalia bifurcata	146
Enchelidiidae	98
Enoploides	58
Enoploides delamarei	58
Enoplolaimus	60
Enoplolaimus lenunculus	60
Epacanthion	62
Epacanthion fasciculatum	62
Epacanthion hirsutum	66
Epacanthion longicaudatum	68
Epacanthion sparsisetae	64
Eteone	376
Eteone delta	376
Eulalia	378
Eulalia viridis	378
Eunice	244
Eunice indica	244
Eunice kobiensis	246

Eunicidae	244	Hydroides bandaensis	198	Leocrates claparedii	316
		Hydroides basispinosa	200	Leodamas	188
F		Hydroides elegans	202	Leodamas rubrus	188
Flabelligeridae	230	Hydroides exaltata	204	Leonnates	320
		Hydroides ezoensis	206	Leonnates decipiens	320
G		Hydroides grubei	208	Lineidae	46
Gammanema	118	Hydroides minax	210	Lineus	48
Gammanema magnum	118	Hydroides sinensis	212	Lineus sanguineus	48
Gaudichaudius	274	Hydroides tambalagamensis		Linhomoeidae	170
Gaudichaudius cimex	274		214	Linhystera	148
Glycera	292	Hypodontolaimus	112	Linhystera breviapophysis	148
Glycera alba	292	Hypodontolaimus		Linhystera longiapophysis	150
Glycera chirori	294	ventrapophyses	112	Linopherus	243
Glycera onomichiensis	296			Linopherus ambigua	243
Glycera sagittariae	298	**I**		Litinium	88
Glycera subaenea	300	Idiellana	16	Litinium conicaudatum	88
Glycera unicornis	302	Idiellana pristis	16	Lumbrineridae	250
Glyceridae	292	Ilyella	36	Lumbrineris	252
Goniada	304	Ilyella gigas	36	Lumbrineris japonica	252
Goniada japonica	304	Ilyplanidae	36	Lumbrineris latreilli	254
Goniada maculata	306	Inermonephtys	368		
Goniadidae	304	Inermonephtys inermis	368	**M**	
		Ironidae	78	Magelona	388
H		Iwatanemertes	47	Magelona cincta	388
Halcampella	29	Iwatanemertes piperata	47	Magelona crenulifrons	390
Halcampella maxima	29			Magelonidae	388
Halcampoididae	29	**K**		Maldanidae	184
Haliactinidae	28	Kuwaita	250	Marphysa	248
Harmothoe	276	Kuwaita heteropoda	250	Marphysa sanguinea	248
Harmothoe asiatica	276			Mesacanthion	70
Harmothoe dictyophora	278	**L**		Mesacanthion audax	70
Harmothoe imbricata	280	Laetmonice	272	Mesacanthion infantile	72
Hesione	312	Laetmonice japonica	272	Metacomesoma	132
Hesione intertexta	312	Laonice	222	Metacomesoma macramphida	
Hesionidae	312	Laonice cirrata	222		132
Hopperia	128	Lauratonema	106	Metadesmolaimus	152
Hopperia macramphida	128	Lauratonema dongshanense	106	Metadesmolaimus zhanggi	152
Hopperia sinensis	130	Lauratonema macrostoma	108	Metasychis	184
Hormathiidae	30	Lauratonematidae	106	Metasychis gotoi	184
Hydroides	196	Leocrates	314	Microlaimidae	138
Hydroides albiceps	196	Leocrates chinensis	314	Micronephthys	370

拉丁名索引

Micronephthys oligobranchia	370	*Oncholaimus zhangi*	94	*Paraprionospio*	224
Micropodarke	318	Onuphidae	258	*Paraprionospio cristata*	224
Micropodarke dubia	318	*Onuphis*	262	*Paroctonchus*	96
Mycale	2	*Onuphis eremita*	262	*Paroctonchus nanjiensis*	96
Mycale (Carmia) phyllophila	2	*Onuphis eremita parva*	264	*Parodontophora*	124
Mycale (Zygomycale) parishii	4	*Onuphis tetradentata*	266	*Parodontophora longiamphidata*	124
Mycalidae	2	Opheliidae	186	*Perinereis*	334
Mysta	380	*Ophelina*	186	*Perinereis aibuhitensis*	334
Mysta ornata	382	*Ophelina grandis*	186	*Perinereis camiguinoides*	336
Mysta tchangsii	380	*Orbinia*	190	*Perinereis cultrifera*	338
		Orbinia dicrochaeta	190	*Perinereis vallata*	340
N		Orbiniidae	188	*Perinereis vancaurica*	342
Neanthes	322	*Owenia*	392	Petrosiidae	6
Neanthes glandicincta	322	*Owenia fusiformis*	392	*Phascolosoma*	398
Nectoneanthes	324	Oweniidae	392	*Phascolosoma arcuatum*	398
Nectoneanthes oxypoda	324	Oxystominidae	88	Phascolosomatidae	398
Nemanema	90			*Pheronous*	80
Nemanema minutum	90	**P**		*Pheronous donghaiensis*	80
Nephtyidae	364	*Paracalliactis*	31	*Pherusa*	232
Nephtys	372	*Paracalliactis sinica*	31	*Pherusa bengalensis*	232
Nephtys californiensis	372	*Paracomesoma*	134	*Pholoe*	288
Nephtys polybranchia	374	*Paracomesoma zhangi*	134	*Pholoe minuta*	288
Nereididae	320	*Paracondylactis*	23	*Phyllodoce*	386
Nereis	326	*Paracondylactis hertwigi*	23	*Phyllodoce papillosa*	386
Nereis coutieri	326	*Paradyte*	282	Phyllodocidae	376
Nereis heterocirrata	328	*Paradyte crinoidicola*	282	*Phytocoetes*	28
Nereis zonata	330	*Paragnomoxyala*	154	*Phytocoetes sinensis*	28
Ninoe	256	*Paragnomoxyala breviseta*	154	Pilargidae	354
Ninoe palmata	256	*Paragnomoxyala macrostoma*	156	*Pilargis*	354
Notophyllum	384			*Pilargis berkeleyae*	354
Notophyllum splendens	384	*Paralacydonia*	308	*Pista*	237
		Paralacydonia paradoxa	308	*Pista brevibranchia*	237
O		Paralacydoniidae	308	*Platynereis*	344
Obelia	10	*Paraleonnates*	332	*Platynereis bicanaliculata*	344
Obelia geniculata	10	*Paraleonnates uschakovi*	332	*Platynereis dumerilii*	346
Ochetostoma	180	*Paramonohystera*	158	Poecilochaetidae	220
Ochetostoma erythrogrammon	180	*Paramonohystera sinica*	158	*Poecilochaetus*	220
		Paramphimonhystrella	160	*Poecilochaetus serpens*	220
Oncholaimidae	94	*Paramphimonhystrella eurystoma*	160	*Polygastrophora*	98
Oncholaimus	94	Paraonidae	192	*Polygastrophora novenbulba*	98

411

Polynoidae	274	*Sertularella diaphana*	13	*Terschellingia filicaudata*	170
Prosadenoporus	54	*Sertularella mirabilis*	14	*Terschellingia stenocephala*	172
Prosadenoporus mortoni	54	Sertularellidae	12	Thalassematidae	180
Prosorhochmidae	54	*Sertulariidae*	16	*Thalassoalaimus*	92
Pseudelzalia	162	*Setosabatieria*	136	*Thalassoalaimus crassicaudatus*	92
Pseudelzalia longiseta	162	*Setosabatieria longiapophysis*	136	Thoracostomopsidae	58
Pseudoceros	37	Sigalionidae	284	Trefusiidae	104
Pseudoceros concinnus	38	Sipunculidae	402	*Tripyloides*	100
Pseudoceros exoptatus	40	*Sipunculus*	402	*Tripyloides amoyanus*	100
Pseudoceros indicus	37	*Sipunculus nudus*	402	*Tripyloides mangrovensis*	102
Pseudocerotidae	37	*Spheractis*	24	Tripyloididae	100
Pseudolella	126	*Spheractis cheungae*	24	*Trissonchulus*	82
Pseudolella major	126	Spionidae	222	*Trissonchulus benepapillosus*	82
Pseudonereis	348	*Spirobolbolaimus*	138	*Trissonchulus latispiculum*	84
Pseudonereis anomala	348	*Spirobolbolaimus undulatus*	138	*Trissonchulus oceanus*	86
Pseudopotamilla	218	Sternaspidae	238	*Trypanosyllis*	362
Pseudopotamilla occelata	218	*Sternaspis*	238	*Trypanosyllis taeniaeformis*	362
Ptycholaimellus	114	*Sternaspis chinensis*	238	Tubulariidae	19
Ptycholaimellus longibulbus	114	*Sthenolepis*	290	*Tylonereis*	350
Ptycholaimellus pirus	116	*Sthenolepis japonica*	290	*Tylonereis bogoyawlenskyi*	350
		Syllidae	356	*Tylorrhynchus*	352
R		*Syllis*	356	*Tylorrhynchus heterochetus*	352
Rhizocaulus	11	*Syllis alternata*	356		
Rhizocaulus chinensis	11	*Syllis amica*	358	**V**	
Rhynchonema	164	*Syllis gracilis*	360	Valenciniidae	52
Rhynchonema ornatum	164	Symplectoscyphidae	18	Veretillidae	20
		Symplectoscyphus	18		
S		*Symplectoscyphus tricuspidatus*	18	**X**	
Sabellidae	217	*Synelmis*	355	*Xestospongia*	6
Salacia	17	*Synelmis albini*	355	*Xestospongia testudinaria*	6
Salacia punctagonangia	17	*Synonchium*	122	*Xyala*	166
Scalibregma	194	*Synonchium caudatubatum*	122	*Xyala striata*	166
Scalibregma inflatum	194			Xyalidae	142
Scalibregmatidae	194	**T**			
Selachinematidae	118	Terebellidae	237	**Y**	
Serpulidae	196	*Terschellingia*	170	*Yininemertes*	50
Sertularella	12			*Yininemertes pratensis*	50
Sertularella acutidentata	12				

中国近海底栖动物多样性丛书

丛书主编　王春生

东海底栖动物常见种形态分类图谱

下册

寿　鹿　主编

科学出版社

北京

内 容 简 介

本书作者在团队研究成果的基础上，根据历年来搜集的东海海域常见的底栖动物标本，收录并整理鉴定了东海常见底栖动物共13门229科522种，在详细描述了各物种的标本采集地、形态特征、生态习性和地理分布等鉴定资料基础上，同时附有每个物种的图片及参考文献。

本书对于我国东海海域底栖动物的鉴定及分类工作具有指导作用，可供从事海洋学研究、海洋底栖动物研究、环境保护等专业的教学人员和研究人员使用。

图书在版编目（CIP）数据

东海底栖动物常见种形态分类图谱：全2册 / 寿鹿主编. — 北京：科学出版社，2024.3

（中国近海底栖动物多样性丛书 / 王春生主编）

ISBN 978-7-03-073731-1

Ⅰ. ①东… Ⅱ. ①寿… Ⅲ. ①东海 - 底栖动物 - 动物形态学 - 分类 - 图谱 Ⅳ. ①Q958.8-64

中国版本图书馆CIP数据核字(2022)第206010号

责任编辑：李 悦 田明霞 / 责任校对：郑金红 / 责任印制：肖 兴
封面设计：刘新新 / 装帧设计：北京美光设计制版有限公司

科学出版社 出版
北京东黄城根北街16号
邮政编码：100717
http://www.sciencep.com

北京华联印刷有限公司 印刷
科学出版社发行 各地新华书店经销

*

2024年3月第 一 版　开本：787×1092　1/16
2024年3月第一次印刷　印张：60 3/4
字数：1 440 000

定价（上、下册）：988.00元
（如有印装质量问题，我社负责调换）

"中国近海底栖动物多样性丛书"
编辑委员会

丛书主编　王春生

丛书副主编（以姓氏笔画为序）
　　　　王建军　寿　鹿　李新正　张东声　张学雷　周　红
　　　　蔡立哲

编　　　委（以姓氏笔画为序）
　　　　王小谷　王宗兴　王建军　王春生　王跃云　甘志彬
　　　　史本泽　刘　坤　刘材材　刘清河　汤雁滨　许　鹏
　　　　孙　栋　孙世春　寿　鹿　李　阳　李新正　邱建文
　　　　沈程程　宋希坤　张东声　张学雷　张睿妍　林施泉
　　　　周　红　周亚东　倪　智　徐勤增　郭玉清　黄　勇
　　　　黄雅琴　龚　琳　鹿　博　葛美玲　蒋　维　傅素晶
　　　　曾晓起　温若冰　蔡立哲　廖一波　翟红昌

审稿专家　张志南　蔡如星　林　茂　徐奎栋　江锦祥　刘镇盛
　　　　张敬怀　肖　宁　郑凤武　李荣冠　陈　宏　张均龙

《东海底栖动物常见种形态分类图谱》（上、下册）编辑委员会

主　　编　寿　鹿
副 主 编（以姓氏笔画为序）
　　　　　王建军　汤雁滨　张学雷　周　红
编　　委（以姓氏笔画为序）
　　　　　王宗兴　王建军　王春生　叶文建　史本泽　刘　坤
　　　　　刘材材　刘清河　汤雁滨　孙世春　寿　鹿　李　阳
　　　　　何鎏臻　宋希坤　张东声　张均龙　张学雷　陈　健
　　　　　周　红　赵盛龙　徐勤增　郭玉清　黄雅琴　龚　琳
　　　　　葛美玲　曾晓起　廖一波　翟红昌

丛书序

海洋底栖动物是海洋生物中种类最多、生态学关系最复杂的生态类群，包括大多数的海洋动物门类，在已有记录的海洋动物种类中，60%以上是底栖动物。它们大多生活在有氧和有机质丰富的沉积物表层，是组成海洋食物网的重要环节。底栖动物对海底的生物扰动作用在沉积物－水界面生物地球化学过程研究中具有十分重要的科学意义。

海洋底栖动物区域性强，迁移能力弱，且可通过生物富集或生物降解等作用调节体内的污染物浓度，有些种类对污染物反应极为敏感，而有些种类则对污染物具有很强的耐受能力。因此，海洋底栖动物在海洋污染监测等方面具有良好的指示作用，是海洋环境监测和生态系统健康评估体系的重要指标。

海洋底栖动物与人类的关系也十分密切，一些底栖动物是重要的水产资源，经济价值高；有些种类又是医药和多种工业原料的宝贵资源；有些种类能促进污染物降解与转化，发挥环境修复作用；还有一些污损生物破坏水下设施，严重危害港务建设、交通航运等。因此，海洋底栖动物在海洋科学研究、环境监测与保护、保障海洋经济和社会发展中具有重要的地位与作用。

但目前对我国海洋底栖动物的研究步伐远跟不上我国社会经济的发展速度。尤其是近些年来，从事分类研究的老专家陆续退休或离世，生物分类研究队伍不断萎缩，人才青黄不接，严重影响了海洋底栖动物物种的准确鉴定。另外，缺乏规范的分类体系，无系统的底栖动物形态鉴定图谱和检索表等分类工具书，也造成种类鉴定不准确，甚至混乱。

在海洋公益性行业科研专项"我国近海常见底栖动物分类鉴定与信息提取及应用研究"的资助下，结合形态分类和分子生物学最新研究成果，我们组织专家开展了我国近海常见底栖动物分类体系研究，并采用新鲜样品进行图像等信息的采集，编制完成了"中国近海底栖动物多样性丛书"，共10册，其中《中国近海底栖动物分类体系》1册包含18个动物门771个科；《中国近海底栖动物常见种名录》1册共收录了18个动物门4585个种；渤海、黄海（上、下册）、东海（上、下册）和南海（上、中、下册）形态分类图谱分别包含了12门151科260种、13门219科484种、13门229科522种和13门282科680种。

在本丛书编写过程中，得到了项目咨询专家中国海洋大学张志南教授、浙江大学蔡如星教授和自然资源部第三海洋研究所林茂研究员的指导。中国科学院海洋研究所徐奎栋研究员、肖宁博士和张均龙博士，自然资源部第二海洋研究所刘镇盛研究员，自然资源部第三海洋研究所江锦祥研究员、郑凤武研究员和李荣冠研究员，自然资源部南海局张敬怀研究员，海南南海热带海洋研究所陈宏研究员审阅了书稿，并提出了宝贵意见，在此一并表示感谢。

同时本丛书得以出版与原国家海洋局科学技术司雷波司长和辛红梅副司长的支持分不开。在实施方案论证过程中，原国家海洋局相关业务司领导及评审专家提出了很多有益的意见和建议，笔者深表谢意！

　　在丛书编写过程中我们尽可能采用了 WoRMS 等最新资料，但由于有些门类的分类系统在不断更新，有些成果还未被吸纳进来，为了弥补不足，项目组注册并开通了"中国近海底栖动物数据库"，将不定期对相关研究成果进行在线更新。

　　虽然我们采取了十分严谨的态度，但限于业务水平和现有技术，书中仍不免会出现一些疏漏和不妥之处，诚恳希望得到国内外同行的批评指正，并请将相关意见与建议上传至"中国近海底栖动物数据库"，便于编写组及时更正。

"中国近海底栖动物多样性丛书"编辑委员会
2021 年 8 月 15 日于杭州

前　言

东海是一个比较开阔的边缘海，西北接黄海，东北以韩国济州岛东南端至日本福江岛与长崎半岛野母崎角连线，与朝鲜海峡为界，并经朝鲜海峡与日本海沟通；东以日本九州、我国台湾省以及琉球群岛连线，与太平洋相隔；西滨我国上海市、浙江省和福建省；南以我国广东省南澳岛与台湾省南端猫鼻头和南海相通。东海在我国各海区中大陆架最为宽阔延伸，面积约77万 km^2，平均水深349m，平均水温 20~24℃，为海洋生物生存提供了良好的栖息场所。由于受长江、钱塘江、闽江等径流输入，以及黑潮暖流入侵的影响，东海的生源要素极为丰富，初级生产力旺盛，孕育了我国著名的渔场——舟山渔场，同时也为数量众多、物种极为丰富的底栖动物的生存创造了理想环境。

本书作者根据908专项调查报告，统计了东海海域内大型底栖动物1300种，远高于渤海（413种）和黄海（853种）种类数，其中多毛类环节动物428种、软体动物291种、甲壳动物283种、棘皮动物80种、其他动物218种。这其中多毛类环节动物、软体动物和甲壳动物构成了东海大型底栖动物的主要类群，三者占总种数的77%；统计了小型底栖动物类群35个，其中线虫和桡足类为绝对优势类群，二者占据了小型底栖动物总丰度的90%以上。

我国对东海底栖生物生态学和生物多样性研究相对较早，从1958年便开展了系统的调查，为了解我国海洋生物资源与生态系统特征积累了大量的数据和资料，取得了丰富的成果。本图册根据国内历次大规模海洋底栖生物调查研究成果，参考《中国动物志　无脊椎动物》、《中国海洋生物种类与分布（增订版）》（黄宗国主编，2008年）、《中国海洋生物名录》（刘瑞玉主编，2008年）、《中国海洋物种和图集》（黄宗国、林茂主编，2012年），以及国内外相关分类学文献，对13个门类522种东海常见底栖动物进行了整理汇编，进一步更新、完善了其分类学地位，汇总了物种的主要鉴别特征和生态学信息，可作为在常规底栖生态调查中对底栖动物进行快速、准确鉴定的参考图册，以满足科研人员对我国海洋底栖生态学调查研究的需要。

参与编写本书的单位有自然资源部第二海洋研究所、自然资源部第一海洋研究所、自然资源部第三海洋研究所、中国海洋大学和中国科学院海洋研究所等。本书的出版得到了海洋公益性行业科研专项"我国近海常见底栖动物分类鉴定与信息提取及应用研究"（201505004）的资助。本书还参考了国内众多分类学前辈编写的资料，并在撰写过程中当面请教了多位同行专家，在此一并致谢。

作　者

2023年12月

目 录

下册

软体动物门 Mollusca

掘足纲 Scaphopoda
角贝目 Dentaliida
角贝科 Dentaliidae Children, 1834
绣花角贝属 Pictodentalium Habe, 1963
大角贝 Pictodentalium vernedei (Hanley in G. B. Sowerby II, 1860).. 414

腹足纲 Gastropoda / 帽杯亚纲 Patellogastropoda
帽贝总科 Patelloidea
花帽贝科 Nacellidae Thiele, 1891
嫁蝛属 Cellana H. Adams, 1869
嫁蝛 Cellana toreuma (Reeve, 1854).. 415
青螺总科 Lottioidea
青螺科 Lottiidae Gray, 1840
拟帽贝属 Patelloida Quoy & Gaimard, 1834
矮拟帽贝 Patelloida pygmaea (Dunker, 1860).. 416
日本笠贝属 Nipponacmea Sasaki & Okutani, 1993
史氏日本笠贝 Nipponacmea schrenckii (Lischke, 1868).. 418
青螺属 Lottia Gray, 1833
背肋青螺 Lottia dorsuosa (Gould, 1859).. 419

腹足纲 Gastropoda / 古腹足亚纲 Vetigastropoda
小笠螺目 Lepetellida
鲍科 Haliotidae Rafinesque, 1815
鲍属 Haliotis Linnaeus, 1758
皱纹盘鲍 Haliotis discus Reeve, 1846.. 420
马蹄螺目 Trochida
瓦螺科 Tegulidae Kuroda, Habe & Oyama, 1971
瓦螺属 Tegula Lesson, 1832
银口瓦螺 Tegula argyrostoma (Gmelin, 1791).. 421
黑瓦螺 Tegula nigerrimus (Gmelin, 1791).. 422
锈瓦螺 Tegula rustica (Gmelin, 1791).. 423

马蹄螺科 Trochidae Rafinesque, 1815
  单齿螺属 *Monodonta* Lamarck, 1799
    单齿螺 *Monodonta labio* (Linnaeus, 1758) 424
  蜑螺属 *Umbonium* Link, 1807
    托氏蜑螺 *Umbonium thomasi* (Crosse, 1863) 425
蝾螺科 Turbinidae Rafinesque, 1815
  小月螺属 *Lunella* Röding, 1798
    粒花冠小月螺 *Lunella coronata* (Gmelin, 1791) 426
  蝾螺属 *Turbo* Linnaeus, 1758
    节蝾螺 *Turbo bruneus* (Röding, 1798) 427
    角蝾螺 *Turbo cornutus* Lightfoot, 1786 428
    蝾螺 *Turbo petholatus* Linnaeus, 1758 429

腹足纲 Gastropoda / 蜑形亚纲 Neritimorpha
蜑螺目 Cycloneritida
蜑螺科 Neritidae Rafinesque, 1815
  蜑螺属 *Nerita* Linnaeus, 1758
    齿纹蜑螺 *Nerita yoldii* Récluz, 1841 430

腹足纲 Gastropoda / 新进腹足亚纲 Caenogastropoda
蟹守螺总科 Cerithioidea J. Fleming, 1822
锥螺科 Turritellidae Lovén, 1847
  锥螺属 *Turritella* Lamarck, 1799
    棒锥螺 *Turritella bacillum* Kiener, 1843 431
汇螺科 Potamididae H. Adams & A. Adams, 1854
  小汇螺属 *Pirenella* Gray, 1847
    珠带小汇螺 *Pirenella cingulata* (Gmelin, 1791) 432
    小翼小汇螺 *Pirenella microptera* (Kiener, 1841) 433
蟹守螺科 Cerithiidae J. Fleming, 1822
  蟹守螺属 *Cerithium* Bruguière, 1789
    结节蟹守螺 *Cerithium nodulosum* Bruguière, 1792 434
  锉棒螺属 *Rhinoclavis* Swainson, 1840
    普通锉棒螺 *Rhinoclavis vertagus* (Linnaeus, 1767) 436
梯螺总科 Epitonioidea Berry, 1910 (1812)
梯螺科 Epitoniidae Berry, 1910 (1812)
  梯螺属 *Epitonium* Röding, 1798
    耳梯螺 *Epitonium auritum* (G. B. Sowerby II, 1844) 437

目 录

  宽带梯螺 *Epitonium clementinum* (Grateloup, 1840) 438
  小梯螺 *Epitonium scalare* (Linnaeus, 1758) 439

滨螺形目 Littorinimorpha
 鹑螺科 Tonnidae Suter, 1913 (1825)
  鹑螺属 *Tonna* Brünnich, 1771
   沟鹑螺 *Tonna sulcosa* (Born, 1778) 440
   带鹑螺 *Tonna galea* (Linnaeus, 1758) 441
 滨螺科 Littorinidae Children, 1834
  滨螺属 *Littorina* Férussac, 1822
   短滨螺 *Littorina brevicula* (Philippi, 1844) 442
  结节滨螺属 *Echinolittorina* Habe, 1956
   粒结节滨螺 *Echinolittorina radiata* (Souleyet, 1852) 443
  拟滨螺属 *Littoraria* Gray, 1833
   粗糙拟滨螺 *Littoraria articulata* (Philippi, 1846) 444
 蛇螺科 Vermetidae Rafinesque, 1815
  布袋蛇螺属 *Thylacodes* Guettard, 1770
   覆瓦布袋蛇螺 *Thylacodes adamsii* (Mörch, 1859) 445
 衣笠螺科 Xenophoridae Troschel, 1852 (1840)
  缀螺属 *Onustus* Swainson, 1840
   光衣缀螺 *Onustus exutus* (Reeve, 1842) 446
 凤螺科 Strombidae Rafinesque, 1815
  松果螺属 *Conomurex* P. Fischer, 1884
   篱松果螺 *Conomurex luhuanus* (Linnaeus, 1758) 447
 玉螺科 Naticidae Guilding, 1834
  镰玉螺属 *Euspira* Agassiz, 1837
   微黄镰玉螺 *Euspira gilva* (Philippi, 1851) 448
  扁玉螺属 *Neverita* Risso, 1826
   扁玉螺 *Neverita didyma* (Röding, 1798) 449
  无脐玉螺属 *Polinices* Montfort, 1810
   蛋白无脐玉螺 *Polinices albumen* (Linnaeus, 1758) 450
  窦螺属 *Sinum* Röding, 1798
   雕刻窦螺 *Sinum incisum* (Reeve, 1864) 451
 梭螺科 Ovulidae J. Fleming, 1822
  钝梭螺属 *Volva* Röding, 1798
   钝梭螺 *Volva volva* (Linnaeus, 1758) 452

履螺属 *Sandalia* C. N. Cate, 1973
　　　玫瑰履螺 *Sandalia triticea* (Lamarck, 1810) 453
冠螺科 Cassidae Latreille, 1825
　　缨鬘螺属 *Semicassis* Mörch, 1852
　　　双沟鬘螺 *Semicassis bisulcata* (Schubert & J. A. Wagner, 1829) 454
琵琶螺科 Ficidae Meek, 1864 (1840)
　　琵琶螺属 *Ficus* Röding, 1798
　　　白带琵琶螺 *Ficus ficus* (Linnaeus, 1758) 455
　　　杂色琵琶螺 *Ficus variegata* Röding, 1798 456
嵌线螺科 Cymatiidae Iredale, 1913
　　蝌蚪螺属 *Gyrineum* Link, 1807
　　　粒蝌蚪螺 *Gyrineum natator* (Röding, 1798) 457
蛙螺科 Bursidae Thiele, 1925
　　赤蛙螺属 *Bufonaria* Schumacher, 1817
　　　习见赤蛙螺 *Bufonaria rana* (Linnaeus, 175 8) 458
　　土发螺属 *Tutufa* Jousseaume, 1881
　　　蟾蜍土发螺 *Tutufa bufo* (Röding, 1798) 459
扭螺科 Personidae Gray, 1854
　　扭螺属 *Distorsio* Röding, 1798
　　　网纹扭螺 *Distorsio reticularis* (Linnaeus, 1758) 460

新腹足目 Neogastropoda
骨螺科 Muricidae Rafinesque, 1815
　　棘螺属 *Chicoreus* Montfort, 1810
　　　焦棘螺 *Chicoreus torrefactus* (G. B. Sowerby II, 1841) 461
　　骨螺属 *Murex* Linnaeus, 1758
　　　浅缝骨螺 *Murex trapa* Röding, 1798 462
　　红螺属 *Rapana* Schumacher, 1817
　　　红螺 *Rapana bezoar* (Linnaeus, 1767) 464
　　瑞荔枝螺属 *Reishia* Kuroda & Habe, 1971
　　　瘤瑞荔枝螺 *Reishia bronni* (Dunker, 1860) 465
　　　疣瑞荔枝螺 *Reishia clavigera* (Küster, 1860) 466
　　　黄口瑞荔枝螺 *Reishia luteostoma* (Holten, 1803) 467
核螺科 Columbellidae Swainson, 1840
　　小笔螺属 *Mitrella* Risso, 1826
　　　白小笔螺 *Mitrella albuginosa* (Reeve, 1859) 469

目 录

  布尔小笔螺 *Mitrella burchardi* (Dunker, 1877) 470
蛾螺科 Buccinidae Rafinesque, 1815
  东风螺属 *Babylonia* Schlüter, 1838
    方斑东风螺 *Babylonia areolata* (Link, 1807) 471
    泥东风螺 *Babylonia lutosa* (Lamarck, 1816) 472
  甲虫螺属 *Cantharus* Röding, 1798
    甲虫螺 *Cantharus cecillei* (Philippi, 1844) 473
  香螺属 *Neptunea* Röding, 1798
    香螺 *Neptunea cumingii* Crosse, 1862 474
  管蛾螺属 *Siphonalia* A. Adams, 1863
    褐管蛾螺 *Siphonalia spadicea* (Reeve, 1847) 475
盔螺科 Melongenidae Gill, 1871 (1854)
  角螺属 *Hemifusus* Swainson, 1840
    管角螺 *Hemifusus tuba* (Gmelin, 1791) 476
织纹螺科 Nassariidae Iredale, 1916 (1835)
  织纹螺属 *Nassarius* Duméril, 1805
    方格织纹螺 *Nassarius conoidalis* (Deshayes, 1833) 477
    纵肋织纹螺 *Nassarius variciferus* (A. Adams, 1852) 478
    西格织纹螺 *Nassarius siquijorensis* (A. Adams, 1852) 479
    红带织纹螺 *Nassarius succinctus* (A. Adams, 1852) 480
    半褶织纹螺 *Nassarius sinarum* (Philippi, 1851) 481
榧螺科 Olividae Latreille, 1825
  榧螺属 *Oliva* Bruguière, 1789
    红口榧螺 *Oliva miniacea* (Röding, 1798) 483
笔螺科 Mitridae Swainson, 1831
  焰笔螺属 *Strigatella* Swainson, 1840
    褐焰笔螺 *Strigatella coffea* (Schubert & J. W. Wagner, 1829) 484
  格纹笔螺属 *Cancilla* Swainson, 1840
    淡黄笔螺 *Cancilla isabella* (Swainson, 1831) 485
细带螺科 Fasciolariidae Gray, 1853
  纺锤螺属 *Fusinus* Rafinesque, 1815
    柱形纺锤螺 *Fusinus colus* (Linnaeus, 1758) 486
    长纺锤螺 *Fusinus salisburyi* Fulton, 1930 487
衲螺科 Cancellariidae Forbes & Hanley, 1851
  衲螺属 *Cancellaria* Lamarck, 1799

金刚衲螺 *Cancellaria spengleriana* Deshayes, 1830 488
塔螺科 Turridae H. Adams & A. Adams, 1853 (1838)
　乐飞螺属 *Lophiotoma* T. L. Casey, 1904
　　白龙骨乐飞螺 *Lophiotoma leucotropis* (A. Adams & Reeve, 1850) 489
棒塔螺科 Drillidae Olsson, 1964
　格纹棒塔螺属 *Clathrodrillia* Dall, 1918
　　黄格纹棒塔螺 *Clathrodrillia flavidula* (Lamarck, 1822) 490
涡螺科 Volutidae Rafinesque, 1815
　电光螺属 *Fulgoraria* Schumacher, 1817
　　电光螺 *Fulgoraria rupestris* (Gmelin, 1791) 491
　瓜螺属 *Melo* Broderip, 1826
　　瓜螺 *Melo melo* (Lightfoot, 1786) 492

腹足纲 Gastropoda / 异鳃亚纲 Heterobranchia

轮螺总科 Architectonicoidea Gray, 1850
　轮螺科 Architectonicidae Gray, 1850
　　轮螺属 *Architectonica* Röding, 1798
　　　大轮螺 *Architectonica maxima* (Philippi, 1849) 493

头楯目 Cephalaspidea
长葡萄螺科 Haminoeidae Pilsbry, 1895
　泥螺属 *Bullacta* Bergh, 1901
　　泥螺 *Bullacta caurina* (Benson, 1842) 494
三叉螺科 Cylichnidae H. Adams & A. Adams, 1854
　盒螺属 *Cylichna* Lovén, 1846
　　圆筒盒螺 *Cylichna biplicata* (A. Adams in Sowerby, 1850) 495
　半囊螺属 *Semiretusa* Thiele, 1925
　　婆罗半囊螺 *Semiretusa borneensis* (A. Adams, 1850) 496

海兔目 Aplysiida
海兔科 Aplysiidae Lamarck, 1809
　海兔属 *Aplysia* Linnaeus, 1767
　　黑斑海兔 *Aplysia kurodai* Baba, 1937 498

侧鳃目 Pleurobranchida
无壳侧鳃科 Pleurobranchaeidae Pilsbry, 1896
　无壳侧鳃属 *Pleurobranchaea* Leue, 1813
　　斑纹无壳侧鳃 *Pleurobranchaea maculata* (Quoy & Gaimard, 1832) 500

目 录

裸鳃目 Nudibranchia
 片鳃科 Arminidae Iredale & O`Donoghue, 1923 (1841)
  片鳃属 *Armina* Rafinesque, 1814
   微点舌片鳃 *Armina punctilucens* (Bergh, 1874) 502

菊花螺目 Siphonariida
 菊花螺科 Siphonariidae Gray, 1827
  菊花螺属 *Siphonaria* G. B. Sowerby I, 1823
   黑菊花螺 *Siphonaria atra* Quoy & Gaimard, 1833 504

双壳纲 Bivalvia / 复鳃亚纲 Autobranchia

吻状蛤目 Nuculanida
 吻状蛤科 Nuculanidae H. Adams & A. Adams, 1858 (1854)
  小囊蛤属 *Saccella* Woodring, 1925
   小囊蛤 *Saccella gordonis* (Yokoyama, 1920) 506

蚶目 Arcida
 蚶科 Arcidae Lamarck, 1809
  粗饰蚶属 *Anadara* Gray, 1847
   毛蚶 *Anadara kagoshimensis* (Tokunaga, 1906) 508
  泥蚶属 *Tegillarca* Iredale, 1939
   泥蚶 *Tegillarca granosa* (Linnaeus, 1758) 510

贻贝目 Mytilida
 贻贝科 Mytilidae Rafinesque, 1815
  贻贝属 *Mytilus* Linnaeus, 1758
   厚壳贻贝 *Mytilus unguiculatus* Valenciennes, 1858 512
  股贻贝属 *Perna* Philipsson, 1788
   翡翠股贻贝 *Perna viridis* (Linnaeus, 1758) 514
  围贻贝属 *Mytilisepta* Habe, 1951
   条纹围贻贝 *Mytilisepta virgata* (Wiegmann, 1837) 516
  滑竹蛏属 *Leiosolenus* Carpenter, 1857
   短滑竹蛏 *Leiosolenus lischkei* M. Huber, 2010 518

牡蛎目 Ostreida
 江珧科 Pinnidae Leach, 1819
  江珧属 *Atrina* Gray, 1842
   栉江珧 *Atrina pectinata* (Linnaeus, 1767) 520

牡蛎科 Ostreidae Rafinesque, 1815
  巨牡蛎属 *Crassostrea* Sacco, 1897
    近江巨牡蛎 *Crassostrea ariakensis* (Fujita, 1913) 521
  囊牡蛎属 *Saccostrea* Dollfus & Dautzenberg, 1920
    棘刺牡蛎 *Saccostrea echinata* (Quoy & Gaimard, 1835) 522
扇贝目 Pectinida
  扇贝科 Pectinidae Rafinesque, 1815
    东方扇贝属 *Azumapecten* Habe, 1977
      栉孔扇贝 *Azumapecten farreri* (Jones & Preston, 1904) 524
    海湾扇贝属 *Argopecten* Monterosato, 1889
      海湾扇贝 *Argopecten irradians* (Lamarck, 1819) 525

总异齿下纲 Heteroconchia
帘蛤目 Venerida
  帘蛤科 Veneridae Rafinesque, 1815
    布目蛤属 *Leukoma* Römer, 1857
      江户布目蛤 *Leukoma jedoensis* (Lischke, 1874) 526
    加夫蛤属 *Gafrarium* Röding, 1798
      歧脊加夫蛤 *Gafrarium divaricatum* (Gmelin, 1791) 527
    凸卵蛤属 *Pelecyora* Dall, 1902
      三角凸卵蛤 *Pelecyora trigona* (Reeve, 1850) 528
    镜蛤属 *Dosinia* Scopoli, 1777
      日本镜蛤 *Dosinia japonica* (Reeve, 1850) 529
    蛤仔属 *Ruditapes* Chiamenti, 1900
      菲律宾蛤仔 *Ruditapes philippinarum* (Adams & Reeve, 1850) 530
    薄盘蛤属 *Macridiscus* Dall, 1902
      等边薄盘蛤 *Macridiscus aequilatera* (G. B. Sowerby I, 1825) 532
    文蛤属 *Meretrix* Lamarck, 1799
      文蛤 *Meretrix meretrix* (Linnaeus, 1758) 534
      斧文蛤 *Meretrix lamarckii* Deshayes, 1853 536
      丽文蛤 *Meretrix lusoria* (Röding, 1798) 537
      紫文蛤 *Meretrix casta* (Gmelin, 1791) 538
  蛤蜊科 Mactridae Lamarck, 1809
    蛤蜊属 *Mactra* Linnaeus, 1767
      四角蛤蜊 *Mactra quadrangularis* Reeve, 1854 540

鸟蛤目 Cardiida
　斧蛤科 Donacidae J. Fleming, 1828
　　斧蛤属 *Donax* Linnaeus, 1758
　　　紫藤斧蛤 *Donax semigranosus* Dunker, 1877 542
　樱蛤科 Tellinidae Blainville, 1814
　　韩瑞蛤属 *Hanleyanus* M. Huber, Langleit & Kreipl, 2015
　　　衣韩瑞蛤 *Hanleyanus vestalis* (Hanley, 1844) 544
　　明樱蛤属 *Moerella* P. Fischer, 1887
　　　欢喜明樱蛤 *Moerella hilaris* (Hanley, 1844) 545
　　彩虹樱蛤属 *Iridona* M. Huber, Langleit & Kreipl, 2015
　　　彩虹樱蛤 *Iridona iridescens* (Benson, 1842) 546
　　植樱蛤属 *Sylvanus* M. Huber, Langleit & Kreipl, 2015
　　　淡路植樱蛤 *Sylvanus lilium* (Hanley, 1844) 548

贫齿目 Adapedonta
　灯塔蛤科 Pharidae H. Adams & A. Adams, 1856
　　刀蛏属 *Cultellus* Schumacher, 1817
　　　小刀蛏 *Cultellus attenuatus* Dunker, 1862 550

海螂目 Myida
　篮蛤科 Corbulidae Lamarck, 1818
　　河篮蛤属 *Potamocorbula* Habe, 1955
　　　焦河蓝蛤 *Potamocorbula nimbosa* (Hanley, 1843) 551

头足纲 Cephalopoda / 鞘亚纲 Coleoidea

闭眼目 Myopsida
　枪乌贼科 Loliginidae Lesueur, 1821
　　拟枪乌贼属 *Loliolus* Steenstrup, 1856
　　　日本枪乌贼 *Loliolus* (*Nipponololigo*) *japonica* (Hoyle, 1885) 552
　　　火枪乌贼 *Loliolus* (*Nipponololigo*) *beka* (Sasaki, 1929) 554
　　　伍氏枪乌贼 *Loliolus* (*Nipponololigo*) *uyii* (Wakiya & Ishikawa, 1921) 556

乌贼目 Sepiida
　乌贼科 Sepiidae Keferstein, 1866
　　乌贼属 *Sepia* Linnaeus, 1758
　　　罗氏乌贼 *Sepia robsoni* (Massy, 1927) 558
　　无针乌贼属 *Sepiella* Gray, 1849
　　　无针乌贼 *Sepiella inermis* (Van Hasselt [in Férussac & d'Orbigny], 1835) 560

耳乌贼科 Sepiolidae Leach, 1817
　　耳乌贼属 Sepiola Leach, 1817
　　　双喙耳乌贼 Sepiola birostrata Sasaki, 1918 562
八腕目 Octopoda
　蛸科 Octopodidae d'Orbigny, 1840
　　蛸属 Octopus Cuvier, 1798
　　　长蛸 Octopus minor (Sasaki, 1920) 564
　　　真蛸 Octopus vulgaris Cuvier, 1797 566
　　双蛸属 Amphioctopus Fischer, 1882
　　　短双蛸 Amphioctopus fangsiao (d'Orbigny, 1839-1841) 568

软体动物门参考文献 570

节肢动物门 Arthropoda

六蜕纲 Hexanauplia
指茗荷目 Pollicipedomorpha
　指茗荷科 Pollicipedidae Leach, 1817
　　龟足属 Capitulum Gray, 1825
　　　龟足 Capitulum mitella (Linnaeus, 1758) 578
藤壶目 Balanomorpha
　藤壶科 Balanidae Leach, 1806
　　巨藤壶属 Megabalanus Hoek, 1913
　　　红巨藤壶 Megabalanus rosa Pilsbry, 1916 579
　小藤壶科 Chthamalidae Darwin, 1854
　　小藤壶属 Chthamalus Ranzani, 1817
　　　中华小藤壶 Chthamalus sinensis Ren, 1984 580

软甲纲 Malacostraca
口足目 Stomatopoda
　虾蛄科 Squillidae Latreille, 1802
　　拟绿虾蛄属 Cloridopsis Manning, 1968
　　　蝎形拟绿虾蛄 Cloridopsis scorpio (Latreille, 1828) 581
　　糙虾蛄属 Kempella Low & Ahyong, 2010

尖刺糙虾蛄 *Kempella mikado* (Kemp & Chopra, 1921) 582
褶虾蛄属 *Lophosquilla* Manning, 1968
　　脊条褶虾蛄 *Lophosquilla costata* (De Haan, 1844) 583
口虾蛄属 *Oratosquilla* Manning, 1968
　　口虾蛄 *Oratosquilla oratoria* (De Haan, 1844) 584
小口虾蛄属 *Oratosquillina* Manning, 1995
　　无刺小口虾蛄 *Oratosquillina inornata* (Tate, 1883) 586
沃氏虾蛄属 *Vossquilla* Van Der Wal & Ahyong, 2017
　　黑斑沃氏虾蛄 *Vossquilla kempi* (Schmitt, 1931) 587

端足目 Amphipoda
双眼钩虾科 Ampeliscidae Krøyer, 1842
　双眼钩虾属 *Ampelisca* Krøyer, 1842
　　美原双眼钩虾 *Ampelisca miharaensis* Nagata, 1959 589
毛钩虾科 Eriopisidae Lowry & Myers, 2013
　泥钩虾属 *Eriopisella* Chevreux, 1920
　　塞切尔泥钩虾 *Eriopisella sechellensis* (Chevreux, 1901) 590

等足目 Isopoda
盖鳃水虱科 Idoteidae Samouelle, 1819
　节鞭水虱属 *Synidotea* Harger, 1878
　　光背节鞭水虱 *Synidotea laevidorsalis* (Miers, 1881) 591

十足目 Decapoda
管鞭虾科 Solenoceridae Wood-Mason in Wood-Mason & Alcock, 1891
　管鞭虾属 *Solenocera* Lucas, 1849
　　高脊管鞭虾 *Solenocera alticarinata* Kubo, 1949 592
　　中华管鞭虾 *Solenocera crassicornis* (H. Milne Edwards, 1837) 594
　　凹管鞭虾 *Solenocera koelbeli* de Man, 1911 596
对虾科 Penaeidae Rafinesque, 1815
　赤虾属 *Metapenaeopsis* Bouvier, 1905
　　须赤虾 *Metapenaeopsis barbata* (De Haan, 1844) 598
　新对虾属 *Metapenaeus* Wood-Mason, 1891
　　周氏新对虾 *Metapenaeus joyneri* (Miers, 1880) 600
　米氏对虾属 *Mierspenaeopsis* K. Sakai & Shinomiya, 2011
　　哈氏米氏对虾 *Mierspenaeopsis hardwickii* (Miers, 1878) 602
　贝特对虾属 *Batepenaeopsis* K. Sakai & Shinomiya, 2011
　　细巧贝特对虾 *Batepenaeopsis tenella* (Spence Bate, 1888) 604

对虾属 *Penaeus* Fabricius, 1798
  中国对虾 *Penaeus chinensis* (Osbeck, 1765) 606
  日本对虾 *Penaeus japonicus* Spence Bate, 1888 608
鹰爪虾属 *Trachysalambria* Burkenroad, 1934
  鹰爪虾 *Trachysalambria curvirostris* (Stimpson, 1860) 610

鼓虾科 Alpheidae Rafinesque, 1815
鼓虾属 *Alpheus* Fabricius, 1798
  刺螯鼓虾 *Alpheus hoplocheles* Coutière, 1897 612
  日本鼓虾 *Alpheus japonicus* Miers, 1879 614

藻虾科 Hippolytidae Spence Bate, 1888
船形虾属 *Tozeuma* Stimpson, 1860
  多齿船形虾 *Tozeuma lanceolatum* Stimpson, 1860 616

托虾科 Thoridae Kingsley, 1879
七腕虾属 *Heptacarpus* Holmes, 1900
  长足七腕虾 *Heptacarpus futilirostris* (Spence Bate, 1888) 617

褐虾科 Crangonidae Haworth, 1825
褐虾属 *Crangon* Fabricius, 1798
  脊腹褐虾 *Crangon affinis* De Haan, 1849 618

长臂虾科 Palaemonidae Rafinesque, 1815
长臂虾属 *Palaemon* Weber, 1795
  安氏长臂虾 *Palaemon annandalei* (Kemp, 1917) 619
  脊尾长臂虾 *Palaemon carinicauda* Holthuis, 1950 620
  长角长臂虾 *Palaemon debilis* Dana, 1852 622
  葛氏长臂虾 *Palaemon gravieri* (Yu, 1930) 624
  广东长臂虾 *Palaemon guangdongensis* Liu, Liang & Yan, 1990 626
  巨指长臂虾 *Palaemon macrodactylus* Rathbun, 1902 627
  秀丽长臂虾 *Palaemon modestus* (Heller, 1862) 628
  东方长臂虾 *Palaemon orientis* Holthuis, 1950 629
  太平长臂虾 *Palaemon pacificus* (Stimpson, 1860) 630
  锯齿长臂虾 *Palaemon serrifer* (Stimpson, 1860) 632

长额虾科 Pandalidae Haworth, 1825
等腕虾属 *Procletes* Spence Bate, 1888
  滑脊等腕虾 *Procletes levicarina* (Spence Bate, 1888) 635

海螯虾科 Nephropidae Dana, 1852
后海螯虾属 *Metanephrops* Jenkins, 1972

红斑后海螯虾 *Metanephrops thomsoni* (Spence Bate, 1888) ·· 636
龙虾科 Palinuridae Latreille, 1802
　　龙虾属 *Panulirus* White, 1847
　　　锦绣龙虾 *Panulirus ornatus* (Fabricius, 1798) ··· 637
蝉虾科 Scyllaridae Latreille, 1825
　　扇虾属 *Ibacus* Leach, 1815
　　　九齿扇虾 *Ibacus novemdentatus* Gibbes, 1850 ·· 638
瓷蟹科 Porcellanidae Haworth, 1825
　　细足蟹属 *Raphidopus* Stimpson, 1858
　　　绒毛细足蟹 *Raphidopus ciliatus* Stimpson, 1858 ··· 640
绵蟹科 Dromiidae De Haan, 1833
　　平壳蟹属 *Conchoecetes* Stimpson, 1858
　　　干练平壳蟹 *Conchoecetes artificiosus* (Fabricius, 1798) ·· 641
　　劳绵蟹属 *Lauridromia* McLay, 1993
　　　德汉劳绵蟹 *Lauridromia dehaani* (Rathbun, 1923) ·· 642
蛙蟹科 Raninidae De Haan, 1839
　　蛙蟹属 *Ranina* Lamarck, 1801
　　　蛙蟹 *Ranina ranina* (Linnaeus, 1758) ·· 644
馒头蟹科 Calappidae De Haan, 1833
　　馒头蟹属 *Calappa* Weber, 1795
　　　卷折馒头蟹 *Calappa lophos* (Herbst, 1782) ··· 646
　　　逍遥馒头蟹 *Calappa philargius* (Linnaeus, 1758) ··· 647
　　筐形蟹属 *Mursia* Desmarest, 1823
　　　武装筐形蟹 *Mursia armata* De Haan, 1837 ·· 648
黎明蟹科 Matutidae De Haan, 1835
　　黎明蟹属 *Matuta* Weber, 1795
　　　红线黎明蟹 *Matuta planipes* Fabricius, 1798 ·· 650
黄道蟹科 Cancridae Latreille, 1802
　　土块蟹属 *Glebocarcinus* Nations, 1975
　　　两栖土块蟹 *Glebocarcinus amphioetus* (Rathbun, 1898) ·· 652
盔蟹科 Corystidae Samouelle, 1819
　　琼娜蟹属 *Jonas* Hombron & Jacquinot, 1846
　　　显著琼娜蟹 *Jonas distinctus* (De Haan, 1835) ·· 654
关公蟹科 Dorippidae MacLeay, 1838
　　拟平家蟹属 *Heikeopsis* Ng, Guinot & Davie, 2008

日本拟平家蟹 *Heikeopsis japonica* (von Siebold, 1824) 656
　拟关公蟹属 *Paradorippe* Serène & Romimohtarto, 1969
　　颗粒拟关公蟹 *Paradorippe granulata* (De Haan, 1841) 658
哲扇蟹科 Menippidae Ortmann, 1893
　圆扇蟹属 *Sphaerozius* Stimpson, 1858
　　光辉圆扇蟹 *Sphaerozius nitidus* Stimpson, 1858 660
宽背蟹科 Euryplacidae Stimpson, 1871
　强蟹属 *Eucrate* De Haan, 1835
　　阿氏强蟹 *Eucrate alcocki* Serène in Serène & Lohavanijaya, 1973 662
　　隆线强蟹 *Eucrate crenata* (De Haan, 1835) 664
宽甲蟹科 Chasmocarcinidae Serène, 1964
　相机蟹属 *Camatopsis* Alcock & Anderson, 1899
　　红色相机蟹 *Camatopsis rubida* Alcock & Anderson, 1899 666
长脚蟹科 Goneplacidae MacLeay, 1838
　隆背蟹属 *Carcinoplax* H. Milne Edwards, 1852
　　长手隆背蟹 *Carcinoplax longimanus* (De Haan, 1833) 668
　　紫隆背蟹 *Carcinoplax purpurea* Rathbun, 1914 670
　毛隆背蟹属 *Entricoplax* Castro, 2007
　　泥脚毛隆背蟹 *Entricoplax vestita* (De Haan, 1835) 671
玉蟹科 Leucosiidae Samouelle, 1819
　栗壳蟹属 *Arcania* Leach, 1817
　　十一刺栗壳蟹 *Arcania undecimspinosa* De Haan, 1841 672
　拳蟹属 *Philyra* Leach, 1817
　　橄榄拳蟹 *Philyra olivacea* (Rathbun, 1909) 674
　豆形拳蟹属 *Pyrhila* Galil, 2009
　　豆形拳蟹 *Pyrhila pisum* (De Haan, 1841) 676
卧蜘蛛蟹科 Epialtidae MacLeay, 1838
　矶蟹属 *Pugettia* Dana, 1851
　　四齿矶蟹 *Pugettia quadridens* (De Haan, 1839) 678
尖头蟹科 Inachidae MacLeay, 1838
　英雄蟹属 *Achaeus* Leach, 1817
　　有疣英雄蟹 *Achaeus tuberculatus* Miers, 1879 679
突眼蟹科 Oregoniidae Garth, 1958
　突眼蟹属 *Oregonia* Dana, 1851
　　枯瘦突眼蟹 *Oregonia gracilis* Dana, 1851 680

目 录

虎头蟹科 Orithyiidae Dana, 1852
 虎头蟹属 *Orithyia* Fabricius, 1798
  中华虎头蟹 *Orithyia sinica* (Linnaeus, 1771) 681
静蟹科 Galenidae Alcock, 1898
 精武蟹属 *Parapanope* de Man, 1895
  贪精武蟹 *Parapanope euagora* de Man, 1895 682
毛刺蟹科 Pilumnidae Samouelle, 1819
 毛粒蟹属 *Pilumnopeus* A. Milne-Edwards, 1867
  马氏毛粒蟹 *Pilumnopeus makianus* (Rathbun, 1931) 683
 拟盲蟹属 *Typhlocarcinops* Rathbun, 1909
  沟纹拟盲蟹 *Typhlocarcinops canaliculatus* Rathbun, 1909 684
 盲蟹属 *Typhlocarcinus* Stimpson, 1858
  裸盲蟹 *Typhlocarcinus nudus* Stimpson, 1858 686
圆趾蟹科 Ovalipidae Spiridonov, Neretina & Schepetov, 2014
 圆趾蟹属 *Ovalipes* Rathbun, 1898
  细点圆趾蟹 *Ovalipes punctatus* (De Haan, 1833) 688
梭子蟹科 Portunidae Rafinesque, 1815
 狼梭蟹属 *Lupocycloporus* Alcock, 1899
  纤手狼梭蟹 *Lupocycloporus gracilimanus* (Stimpson, 1858) 690
 单梭蟹属 *Monomia* Gistel, 1848
  银光单梭蟹 *Monomia argentata* (A. Milne Edwards, 1861) 692
 剑梭蟹属 *Xiphonectes* A. Milne-Edwards, 1873
  矛形剑梭蟹 *Xiphonectes hastatoides* (Fabricius, 1798) 694
 梭子蟹属 *Portunus* Weber, 1795
  远海梭子蟹 *Portunus pelagicus* (Linnaeus, 1758) 696
  红星梭子蟹 *Portunus sanguinolentus* (Herbst, 1783) 698
  三疣梭子蟹 *Portunus trituberculatus* (Miers, 1876) 700
 青蟹属 *Scylla* De Haan, 1833
  拟穴青蟹 *Scylla paramamosain* Estampador, 1950 702
 蟳属 *Charybdis* De Haan, 1833
  锐齿蟳 *Charybdis* (*Charybdis*) *acuta* (A. Milne-Edwards, 1869) 704
  美人蟳 *Charybdis* (*Charybdis*) *callianassa* (Herbst, 1789) 706
  锈斑蟳 *Charybdis* (*Charybdis*) *feriata* (Linnaeus, 1758) 708
  日本蟳 *Charybdis* (*Charybdis*) *japonica* (A. Milne-Edwards, 1861) 710
  武士蟳 *Charybdis* (*Charybdis*) *miles* (de Haan, 1835) 712

  双斑蟳 *Charybdis* (*Gioneptunus*) *bimaculata* (Miers, 1886) 714

  直额蟳 *Charybdis* (*Goniohellenus*) *truncata* (Fabricius, 1798) 716

扇蟹科 Xanthidae MacLeay, 1838

 银杏蟹属 *Actaea* De Hann, 1833

  菜花银杏蟹 *Actaea savignii* (H. Milne Edwards, 1834) 718

 仿银杏蟹属 *Actaeodes* Dana, 1851

  绒毛仿银杏蟹 *Actaeodes tomentosus* (H. Milne Edwards, 1834) 719

 斗蟹属 *Liagore* De Haan, 1833

  红斑斗蟹 *Liagore rubromaculata* (De Haan, 1835) 720

猴面蟹科 Camptandriidae Stimpson, 1858

 猴面蟹属 *Camptandrium* Stimpson, 1858

  六齿猴面蟹 *Camptandrium sexdentatum* Stimpson, 1858 722

 闭口蟹属 *Cleistostoma* De Haan, 1833

  宽身闭口蟹 *Cleistostoma dilatatum* (De Haan, 1833) 723

大眼蟹科 Macrophthalmidae Dana, 1851

 大眼蟹属 *Macrophthalmus* Latreille, 1829

  悦目大眼蟹 *Macrophthalmus* (*Paramareotis*) *erato* de Man, 1887 724

  日本大眼蟹 *Macrophthalmus* (*Mareotis*) *japonicus* (De Haan, 1835) 726

沙蟹科 Ocypodidae Rafinesque, 1815

 沙蟹属 *Ocypode* Weber, 1795

  痕掌沙蟹 *Ocypode stimpsoni* Ortmann, 1897 727

 管招潮属 *Tubuca* Bott, 1973

  弧边管招潮 *Tubuca arcuata* (De Haan, 1853) 728

方蟹科 Grapsidae MacLeay, 1838

 大额蟹属 *Metopograpsus* H. Milne Edwards, 1853

  四齿大额蟹 *Metopograpsus quadridentatus* Stimpson, 1858 730

 厚纹蟹属 *Pachygrapsus* Randall, 1840

  粗腿厚纹蟹 *Pachygrapsus crassipes* Randall, 1840 732

弓蟹科 Varunidae H. Milne Edwards, 1853

 拟厚蟹属 *Helicana* Sakai & Yatsuzuka, 1980

  伍氏拟厚蟹 *Helicana wuana* (Rathbun, 1931) 734

 厚蟹属 *Helice* De Haan, 1835

  侧足厚蟹 *Helice latimera* Parisi, 1918 735

  天津厚蟹 *Helice tientsinensis* Rathbun, 1931 736

 蜞属 *Gaetice* Gistel, 1848

平背蜞 *Gaetice depressus* (De Haan, 1833) 737
近方蟹属 *Hemigrapsus* Dana, 1851
绒螯近方蟹 *Hemigrapsus penicillatus* (De Haan, 1835) 738
肉球近方蟹 *Hemigrapsus sanguineus* (De Haan, 1835) 740
相手蟹科 Sesarmidae Dana, 1851
拟相手蟹属 *Parasesarma* De Man, 1895
斑点拟相手蟹 *Parasesarma pictum* (De Haan, 1835) 742
新绒螯蟹属 *Neoeriocheir* Sakai, 1893
狭颚新绒螯蟹 *Neoeriocheir leptognathus* (Rathbun, 1913) 744

节肢动物门参考文献 746

苔藓动物门 Bryozoa

裸唇纲 Gymnolaemata
栉口目 Ctenostomatida
软苔虫科 Alcyonidiidae Johnston, 1837
似软苔虫属 *Alcyonidioides* d'Hondt, 2001
迈氏似软苔虫 *Alcyonidioides mytili* (Dalyell, 1848) 752
唇口目 Cheilostomatida
膜孔苔虫科 Membraniporidae Busk, 1852
别藻苔虫属 *Biflustra* d'Orbigny, 1852
大室别藻苔虫 *Biflustra grandicella* (Canu & Bassler, 1929) 753
草苔虫科 Bugulidae Gray, 1848
草苔虫属 *Bugula* Oken, 1815
多室草苔虫 *Bugula neritina* (Linnaeus, 1758) 754
环管苔虫科 Candidae d'Orbigny, 1851
三胞苔虫属 *Tricellaria* Fleming, 1828
西方三胞苔虫 *Tricellaria occidentalis* (Trask, 1857) 755
血苔虫科 Watersiporidae Vigneaux, 1949
血苔虫属 *Watersipora* Neviani, 1896
颈链血苔虫 *Watersipora subtorquata* (d'Orbigny, 1852) 756

苔藓动物门参考文献 757

腕足动物门 Brachiopoda

海豆芽纲 Lingulata
海豆芽目 Lingulida
海豆芽科 Lingulidae Menke, 1828
海豆芽属 *Lingula* Bruguière, 1791
鸭嘴海豆芽 *Lingula anatina* Lamarck, 1801 760
亚氏海豆芽 *Lingula adamsi* Dall, 1873 761

腕足动物门参考文献 761

棘皮动物门 Echinodermata

海百合纲 Crinoidea
栉羽枝目 Comatulida
海羊齿科 Antedonidae Norman, 1865
海羊齿属 *Antedon* de Fréminville, 1811
锯羽丽海羊齿 *Antedon serrata* AH Clark, 1908 764
栉羽枝科 Comasteridae A. H. Clark, 1908
卷海齿花属 *Anneissia* Summers, Messing & Rouse, 2014
日本尖海齿花 *Anneissia japonica* (Müller, 1841) 766
海齿花属 *Comanthus* (AH Clark, 1908)
小卷海齿花 *Comanthus parvicirrus* (Müller, 1841) 768

蛇尾纲 Ophiuroidea
蔓蛇尾目 Euryalida
蔓蛇尾科 Euryalidae Gray, 1840
枝蛇尾属 *Trichaster* L. Agassiz, 1836
鞭枝蛇尾 *Trichaster flagellifer* von Martens, 1866 770
真蛇尾目 Ophiurida
刺蛇尾科 Ophiotrichidae Ljungman, 1867
瘤蛇尾属 *Ophiocnemis* Müller & Troschel, 1842
斑瘤蛇尾 *Ophiocnemis marmorata* (Lamarck, 1816) 772

刺蛇尾属 *Ophiothrix* Müller & Troschel, 1840
  马氏刺蛇尾 *Ophiothrix* (*Ophiothrix*) *marenzelleri* Koehler, 1904 774
  朝鲜刺蛇尾 *Ophiothrix* (*Ophiothrix*) *koreana* Duncan, 1879 776
板蛇尾属 *Ophiomaza* Lyman, 1871
  棕板蛇尾 *Ophiomaza cacaotica* Lyman, 1871 778
大刺蛇尾属 *Macrophiothrix* H. L. Clark, 1938
  条纹大刺蛇尾 *Macrophiothrix striolata* (Grube, 1868) 780
阳遂足科 Amphiuridae Ljungman, 1867
  倍棘蛇尾属 *Amphioplus* Verrill, 1899
    中华倍棘蛇尾 *Amphioplus sinicus* Liao, 2004 784
    光滑倍棘蛇尾 *Amphioplus* (*Lymanella*) *laevis* (Lyman, 1874) 786
    洼颚倍棘蛇尾 *Amphioplus* (*Lymanella*) *depressus* (Ljungman, 1867) 788
    日本倍棘蛇尾 *Amphioplus* (*Lymanella*) *japonicus* (Matsumoto, 1915) 790
  阳遂足属 *Amphiura* Forbes, 1843
    滩栖阳遂足 *Amphiura* (*Fellaria*) *vadicola* Matsumoto, 1915 792
  盘棘蛇尾属 *Ophiocentrus* Ljungman, 1867
    异常盘棘蛇尾 *Ophiocentrus anomalus* Liao, 1983 794
  四齿蛇尾属 *Paramphichondrius* Guille & Wolff, 1984
    四齿蛇尾 *Paramphichondrius tetradontus* (Guille & Wolff, 1984) 796
辐蛇尾科 Ophiactidae Matsumoto, 1915
  辐蛇尾属 *Ophiactis* Lütken, 1856
    辐蛇尾 *Ophiactis savignyi* (Müller & Troschel,1842) 798
    近辐蛇尾 *Ophiactis affinis* Duncan, 1879 800
蜒蛇尾科 Ophionereididae Ljungman, 1867
  蜒蛇尾属 *Ophionereis* Lütken, 1859
    厦门蜒蛇尾 *Ophionereis dubia amoyensis* A. M. Clark, 1953 802
真蛇尾科 Ophiuridae Müller & Troschel, 1840
  真蛇尾属 *Ophiura* Lamarck, 1801
    金氏真蛇尾 *Ophiura kinbergi* Ljungman, 1866 804
    小棘真蛇尾 *Ophiura micracantha* H. L. Clark, 1911 806

海星纲 Asteroidea
瓣棘目 Valvatida
瘤海星科 Oreasteridae Fisher, 1908

五角海星属 *Anthenea* Gray, 1840

    中华五角海星 *Anthenea pentagonula* (Lamarck, 1816) 808

海胆纲 Echinoidea

拱齿目 Camarodonta

刻肋海胆科 Temnopleuridae A. Agassiz, 1872

  刻肋海胆属 *Temnopleurus* L. Agassiz, 1841

    芮氏刻肋海胆 *Temnopleurus reevesii* (Gray, 1855) 810

    哈氏刻肋海胆 *Temnopleurus hardwickii* (Gray, 1855) 811

球海胆科 Strongylocentrotidae Gregory, 1900

  棘球海胆属 *Mesocenrotus*, Tatarenko & Poltaraus, 1993

    马粪海胆 *Hemicentrotus pulcherrimus* (A. Agassiz, 1864) 812

长海胆科 Echinometridae Gray, 1855

  紫海胆属 *Heliocidaris* L. Agassiz & Desor, 1846

    紫海胆 *Heliocidaris crassispina* (A. Agassiz, 1864) 813

盾形目 Clypeasteroida

饼干海胆科 Laganidae Desor, 1857

  饼海胆属 *Peronella* Gray, 1855

    雷氏饼海胆 *Peronella lesueuri* (L. Agassiz, 1841) 814

猥团目 Spatangoida

裂星海胆科 Schizasteridae Lambert, 1905

  裂星海胆属 *Schizaster* L. Agassiz, 1835

    凹裂星海胆 *Schizaster lacunosus* (Linnaeus, 1758) 816

海参纲 Holothuroidea

枝手目 Dendrochirotida

瓜参科 Cucumariidae Ludwig, 1894

  翼手参属 *Colochirus* Troschel, 1846

    方柱翼手参 *Colochirus quadrangularis* Troschel, 1846 818

  尾翼手参属 *Cercodemas* Selenka, 1867

    可疑尾翼手参 *Cercodemas anceps* Selenka, 1867 819

  细五角瓜参属 *Leptopentacta* Clark, 1938

    细五角瓜参 *Leptopentacta imbricata* (Semper, 1867) 820

  桌片参属 *Mensamaria* Clark,1946

    二色桌片参 *Mensamaria intercedens* (Lampert, 1885) 822

   辐瓜参属 *Actinocucumis* Ludwig, 1875
    模式辐瓜参 *Actinocucumis typica* Ludwig, 1875 ·· 824
  沙鸡子科 Phyllophoridae Östergren, 1907
   囊皮参属 *Stolus* Selenka, 1867
    黑囊皮参 *Stolus buccalis* (Stimpson, 1855) ·· 826
楯手目 Aspidochirotida
  海参科 Holothuriidae Burmeister, 1837
   海参属 *Holothuria* Linnaeus, 1767
    独特海参 *Holothuria* (*Lessonothuria*) *insignis* Ludwig, 1875 ··································· 828
芋参目 Molpadida
  芋参科 Molpadiidae J. Müller, 1850
   芋参属 *Molpadia* Cuvier, 1817
    张氏芋参 *Molpadia changi* Pawson & Liao, 1992 ··· 829
  尻参科 Caudinidae Heding, 1931
   海地瓜属 *Acaudina* Clark, 1908
    海地瓜 *Acaudina molpadioides* (Semper, 1867) ·· 830
无足目 Apodida
  锚参科 Synaptidae Burmeister, 1837
   刺锚参属 *Protankyra* Östergren, 1898
    伪指刺锚参 *Protankyra pseudodigitata* (Semper, 1867) ·· 832
    棘刺锚参 *Protankyra bidentata* (Woodward & Barrett, 1858) ···································· 834
    苏氏刺锚参 *Protankyra suensoni* Heding, 1928 ·· 836

棘皮动物门参考文献 ·· 837

脊索动物门 Chordata

海鞘纲 Ascidiacea
 扁鳃目 Phlebobranchia
  玻璃海鞘科 Cionidae Lahille, 1887
   玻璃海鞘属 *Ciona* Fleming, 1822
    玻璃海鞘 *Ciona intestinalis* (Linnaeus, 1767) ·· 840
 复鳃目 Stolidobranchia
  柄海鞘科 Styelidae Sluiter, 1895

菊海鞘属 *Botryllus* Gaertner, 1774
　　史氏菊海鞘 *Botryllus schlosseri* (Pallas, 1766) 841

狭心纲 Leptocardii
文昌鱼科 Branchiostomatidae Bonaparte, 1846
　文昌鱼属 *Branchiostoma* Costa, 1834
　　日本文昌鱼 *Branchiostoma japonicum* (Willey, 1897) 842

板鳃纲 Elasmobranchii
电鳐目 Torpediniformes
双鳍电鳐科 Narcinidae Gill, 1862
　双鳍电鳐属 *Genus Narcine* Henle, 1834
　　舌形双鳍电鳐 *Narcine lingula* Richardson, 1846 843
单鳍电鳐科 Narkidae Fowler, 1934
　单鳍电鳐属 *Genus Narke* Kaup, 1826
　　日本单鳍电鳐 *Narke japonica* (Temminck & Schlegel, 1850) 844

鳐形目 Rajiformes
犁头鳐科 Rhinobatidae Bonaparte, 1835
　团扇鳐属 *Platyrhina* Müller & Henle, 1838
　　林氏团扇鳐 *Platyrhina limboonkengi* Tang, 1933 845
鳐科 Rajidae de Blainville, 1816
　瓮鳐属 *Okamejei* Ishiyama, 1958
　　斑瓮鳐 *Okamejei kenojei* (Müller & Henle, 1841) 846
　　麦氏瓮鳐 *Okamejei meerdervoortii* (Bleeker, 1860) 848
　　何氏瓮鳐 *Okamejei hollandi* (Jordan & Richardson, 1909) 850

鲼目 Myliobatiformes
魟科 Dasyatidae Jordan & Gilbert, 1879
　魟属 *Hemitrygon* Müller & Henle, 1838
　　光魟 *Hemitrygon laevigata* (Chu, 1960) 852

辐鳍鱼纲 Actinopterygii
鮟鱇目 Lophiiformes
鮟鱇科 Lophiidae Rafinesque, 1810
　黄鮟鱇属 *Lophius* Linnaeus, 1758
　　黄鮟鱇 *Lophius litulon* (Jordan, 1902) 853

鲉形目 Scorpaeniformes

鲉科 Sebastidae kaup, 1873
平鲉属 *Sebastes* Cuvier, 1829
许氏平鲉 *Sebastes schlegelii* Hilgendorf, 1880 854
菖鲉属 *Sebastiscus* Jordan & Starks, 1904
褐菖鲉 *Sebastiscus marmoratus* (Cuvier, 1829) 855

毒鲉科 Synanceiidae Gill, 1904
虎鲉属 *Minous* Cuvier, 1829
单指虎鲉 *Minous monodactylus* (Bloch & Schneider, 1801) 856

鲂鮄科 Triglidae Rafinesque, 1815
绿鳍鱼属 *Chelidonichthys* Kaup, 1873
棘绿鳍鱼 *Chelidonichthys spinosus* (McClelland, 1844) 857

杜父鱼科 Cottidae Bonaparte, 1831
松江鲈属 *Trachidermus* Heckel, 1839
松江鲈 *Trachidermus fasciatus* Heckel, 1837 858

鲬科 Platycephalidae Swainson, 1839
鲬属 *Platycephalus* Bloch, 1795
鲬 *Platycephalus indicus* (Linnaeus, 1758) 860

海龙目 Syngnathiformes

海龙科 Syngnathidae Bonaparte, 1831
海龙属 *Syngnathus* Linnaeus, 1758
舒氏海龙 *Syngnathus schlegeli* Kaup, 1856 861
海马属 *Hippocampus* Rafinesque, 1810
日本海马 *Hippocampus mohnikei* Bleeker, 1853 862

鲈形目 Perciformes

鳚科 Blenniidae Rafinesque, 1810
鳚属 *Parablennius* Miranda Ribeiro, 1915
矶鳚 *Parablennius yatabei* (Jordan & Snyder, 1900) 863

䲢科 Uranoscopidae Bonaparte, 1831
䲢属 *Uranoscopus* Linnaeus, 1758
项鳞䲢 *Uranoscopus tosae* (Jordan & Hubbs, 1925) 864
披肩䲢属 *Ichthyscopus* Swainson, 1839
披肩䲢 *Ichthyscopus sannio* Whitley, 1936 865

鲔科 Callionymidae Bonaparte, 1831
鲔属 *Callionymus* Linnaeus, 1758

　　　　斑鳍䱛 *Callionymus octostigmatus* Fricke, 1981 866
　虾虎鱼科 Gobiidae Cuvier, 1816
　　刺虾虎鱼属 *Acanthogobius* Gill, 1859
　　　黄鳍刺虎鱼 *Acanthogobius flavimanus* (Temminck & Schlegel, 1845) 867
　　　斑尾刺虾虎鱼 *Acanthogobius hasta* (Temminck & Schlegel, 1845) 868
　　细棘虾虎鱼属 *Acentrogobius* Bleeker, 1874
　　　普氏细棘虾虎鱼 *Acentrogobius pflaumii* (Bleeker, 1853) 869
　　矛尾虾虎鱼属 *Chaeturichthys* Richardson, 1844
　　　矛尾虾虎鱼 *Chaeturichthys stigmatias* Richardson, 1844 870
　　缟虾虎鱼属 *Tridentiger* Gill, 1859
　　　纹缟虾虎鱼 *Tridentiger trigonocephalus* (Gill, 1859) 871
　　　髭缟虾虎鱼 *Tridentiger barbatus* (Günther, 1861) 872
　　竿虾虎鱼属 *Luciogobius* Gill, 1859
　　　竿虾虎鱼 *Luciogobius guttatus* Gill, 1859 873
　　大弹涂鱼属 *Boleophthalmus* Valenciennes, 1837
　　　大弹涂鱼 *Boleophthalmus pectinirostris* (Linnaeus, 1758) 874
　　弹涂鱼属 *Periophthalmus* Bloch & Schneider, 1801
　　　大鳍弹涂鱼 *Periophthalmus magnuspinnatus* Lee, Choi & Ryu, 1995 875
　　蜂巢虾虎鱼属 *Favonigobius* Whitley, 1930
　　　裸项蜂巢虾虎鱼 *Favonigobius gymnauchen* (Bleeker, 1860) 876
　　狼牙虾虎鱼属 *Odontamblyopus* Bleeker, 1874
　　　拉氏狼牙虾虎鱼 *Odontamblyopus lacepedii* (Temminck & Schlegel, 1845) 877
　　副孔虾虎鱼属 *Paratrypauchen* Murdy, 2008
　　　小头副孔虾虎鱼 *Paratrypauchen microcephalus* (Bleeker, 1860) 878

鲽形目 Pleuronectiformes

　牙鲆科 Paralichthyidae Regan, 1910
　　牙鲆属 *Paralichthys* Girard, 1858
　　　褐牙鲆 *Paralichthys olivaceus* (Temminck & Schlegel, 1846) 880
　　斑鲆属 *Pseudorhombus* Bleeker, 1862
　　　桂皮斑鲆 *Pseudorhombus cinnamoneus* (Temminck & Schlegel, 1846) 881
　　　高体斑鲆 *Pseudorhombus elevatus* Ogilby, 1912 882
　鲆科 Bothidae Smitt, 1892
　　鲆属 *Bothus* Rafinesque, 1810
　　　凹吻鲆 *Bothus mancus* (Broussonet, 1782) 883
　鲽科 Pleuronectidae Rafinesque, 1815

石鲽属 *Kareius* Jordan & Snyder, 1900
 石鲽 *Kareius bicoloratus* (Basilewsky, 1855) 884
高眼鲽属 *Cleisthenes* Jordan & Starks, 1904
 高眼鲽 *Cleisthenes herzensteini* (Schmidt, 1904) 886
木叶鲽属 *Pleuronichthys* Girard, 1854
 角木叶鲽 *Pleuronichthys cornutus* (Temminck & Schlegel, 1846) 888
鳎科 Soleidae Bonaparte, 1833
 豹鳎属 *Pardachirus* Günther, 1862
  眼斑豹鳎 *Pardachirus pavoninus* (Lacepède, 1802) 890
 条鳎属 *Zebrias* Jordan & Snyder, 1900
  带纹条鳎 *Zebrias zebra* (Bloch, 1787) 892
舌鳎科 Cynoglossidae Jordan, 1888
 须鳎属 Genus *Paraplagusia* Bleeker, 1865
  短钩须鳎 *Paraplagusia blochii* (Bleeker, 1851) 893
 舌鳎属 *Cynoglossus* Hamilton, 1822
  半滑舌鳎 *Cynoglossus semilaevis* Günther, 1873 894
  斑头舌鳎 *Cynoglossus puncticeps* (Richardson, 1846) 896
  短吻红舌鳎 *Cynoglossus joyneri* Günther, 1878 897

脊索动物门参考文献 898

中文名索引 899

拉丁名索引 907

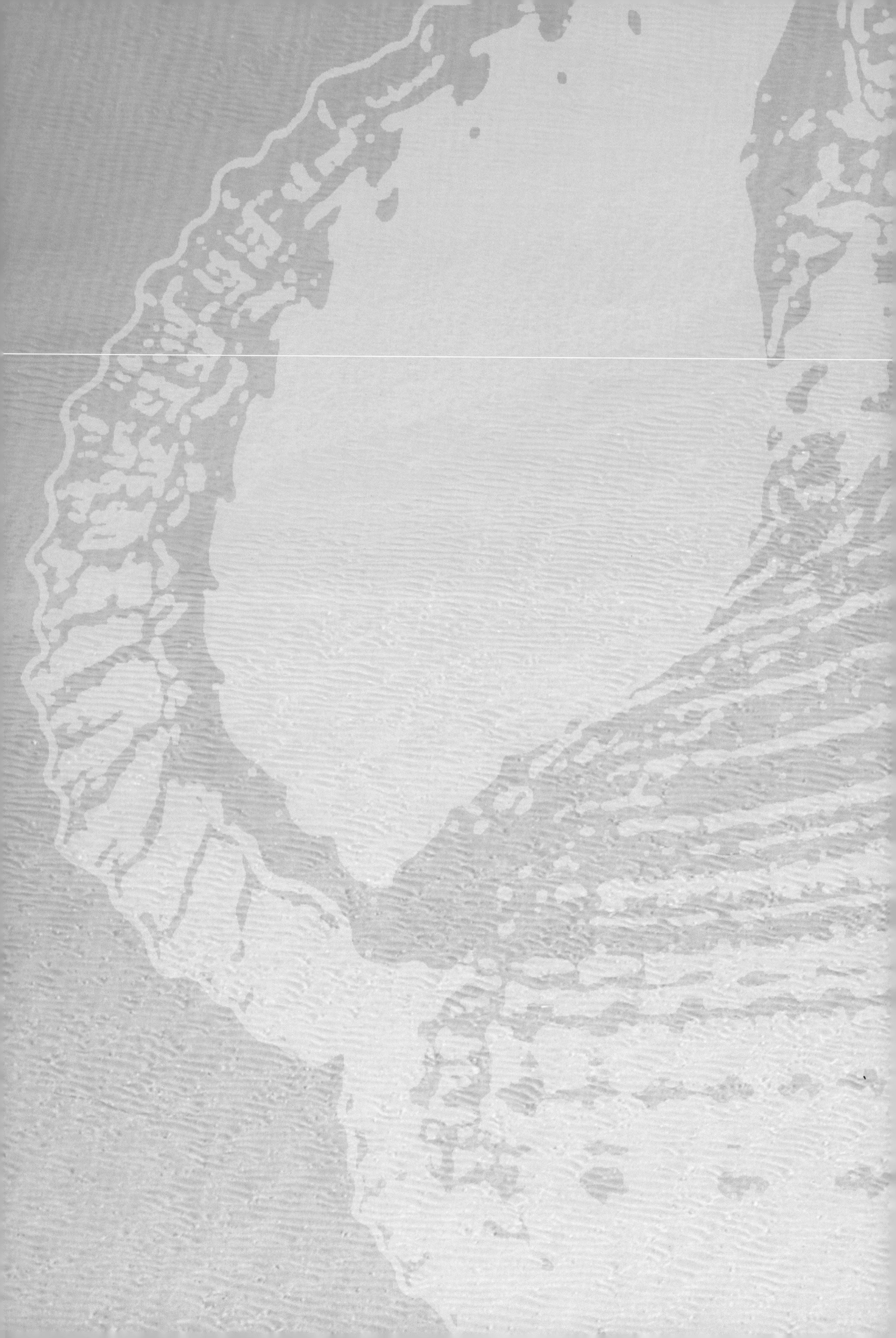

软体动物门
Mollusca

角贝目 Dentaliida
角贝科 Dentaliidae Children, 1834
绣花角贝属 *Pictodentalium* Habe, 1963

大角贝
Pictodentalium vernedei (Hanley in G. B. Sowerby Ⅱ, 1860)

标本采集地：浙江象山港。

形态特征：贝壳呈象牙状，大型，是角贝类中个体最大的。贝壳长一般在 10cm 以上。壳质坚厚。前壳口直径最大，由前向后逐渐缩小，形成略有弧度的圆锥形的壳形。壳表具有细密的纵肋 40 条左右。前端与后端壳口均圆。前端壳口大，边缘甚薄，微倾斜。后端壳口甚小，边缘厚。后端腹面有一条深而稍宽的裂缝。壳表面黄白色，具有褐色色带，后端颜色渐渐加深。贝壳横断面近似圆形，壳壁较厚，壳内壁光滑。

生态习性：生活在泥沙或软泥沙质的海底，在水深 50～130m 处都曾发现。

地理分布：黄海，东海，南海；日本。

经济意义：壳可作烟嘴或装饰品。

参考文献：李海燕和舒琥，2008。

图 202　大角贝 *Pictodentalium vernedei* (Hanley in G. B. Sowerby II, 1860)

帽贝总科 Patelloidea
花帽贝科 Nacellidae Thiele, 1891
嫁䗩属 *Cellana* H. Adams, 1869

嫁䗩
Cellana toreuma (Reeve, 1854)

标本采集地： 浙江南田岛。

形态特征： 贝壳呈斗笠形，较低平，壳高相当于壳长的1/3，壳质较薄，近于半透明。前部稍瘦，周缘呈长卵圆形，壳顶近前方略向前弯曲，常磨损。壳表面有众多细小而密集的放射肋，至壳边缘具相应的细齿缺刻。生长线稍隆起。壳面颜色多变，通常为锈黄色，并分布有不规则的棕色或紫色带状斑纹。壳内面银灰色，光亮。约于壳顶至壳缘的中部有1圈棕褐色或淡蓝色的肌痕。

生态习性： 栖息于潮间带高、中潮区岩礁上。

地理分布： 渤海，黄海，东海，南海；西太平洋。

经济意义： 肉可供食用。

参考文献： 钱伟等，2011。

图203　嫁䗩 *Cellana toreuma* (Reeve, 1854)
A. 侧面观；B. 顶面观；C. 腹面观

青螺总科 Lottioidea
青螺科 Lottiidae Gray, 1840
拟帽贝属 *Patelloida* Quoy & Gaimard, 1834

矮拟帽贝
Patelloida pygmaea (Dunker, 1860)

同物异名： *Acmaea testudinalis* var. *minor* Grabau & S. G. King, 1928

标本采集地： 浙江舟山岛。

形态特征： 贝壳小而薄，笠状。壳顶突起，位于中央略靠前方，常被磨损。壳面具细弱的褐、白两色相间的放射肋，不甚明显，周缘处略清楚，生长纹不显著。壳表呈青灰色，边缘有褐色带。壳内面白色，或有棕色斑块，边缘也有 1 圈与壳表周缘相应的褐、白两色相间的镶边。

生态习性： 栖息于潮间带高、中潮区的岩礁上。

地理分布： 渤海，黄海，台湾岛北部；日本。

参考文献： 林炜等，2002；施时迪，1999。

图 204　矮拟帽贝 *Patelloida pygmaea* (Dunker, 1860)
A. 侧面观；B. 顶面观；C. 腹面观

日本笠贝属 *Nipponacmea* Sasaki & Okutani, 1993

史氏日本笠贝
Nipponacmea schrenckii (Lischke, 1868)

同物异名： *Nipponacmea schrenkii*；*Notoacmea schrenckii* (Lischke, 1868)；*Patella schrenckii* Lischke, 1868

标本采集地： 浙江舟山。

形态特征： 贝壳椭圆形或近圆形，笠状，低平。壳质较薄，半透明。壳顶近前端，尖端略低于壳的高度。壳表面绿褐色，有褐色放射状色带或斑纹。放射肋细密，肋上有粒状结节，致使放射肋呈串珠状。壳内面灰青色，周缘呈棕色并有褐色放射状色带。无外套鳃，楯状游离本鳃大而明显。

生态习性： 栖息于潮间带高、中潮区的岩礁上。

地理分布： 渤海，黄海，东海，南海；日本。

参考文献： 林炜等，2002。

图205 史氏日本笠贝 *Nipponacmea schrenckii* (Lischke, 1868)
A. 侧面观；B. 顶面观；C. 腹面观

青螺属 *Lottia* Gray, 1833

背肋青螺
Lottia dorsuosa (Gould, 1859)

同物异名： *Acmaea dorsuosa* Gould, 1859；*Patelloida dorsuosa* (Gould, 1859)

标本采集地： 浙江嵊泗。

形态特征： 贝壳呈笠状，周缘卵圆形。壳质坚厚。壳顶位于前方，高起。壳前部窄，后部宽。贝壳表面具明显的放射肋，肋间常有细肋。壳表常被腐蚀，呈白色。壳内面乳白色，有光泽，边缘有1圈窄的洁白色镶边。壳缘有齿状缺刻。

生态习性： 栖息于潮间带岩礁间。

地理分布： 山东以北沿海；西太平洋。

参考文献： 赵云龙等，2011。

图 206　背肋青螺 *Lottia dorsuosa* (Gould, 1859)
A. 背面观；B. 腹面观

小笠螺目 Lepetellida
鲍科 Haliotidae Rafinesque, 1815
鲍属 *Haliotis* Linnaeus, 1758

皱纹盘鲍
Haliotis discus Reeve, 1846

标本采集地： 浙江舟山。

形态特征： 贝壳大而坚厚，椭圆形，呈耳状。螺层约3层。壳顶钝，稍突出于壳面，有的低于贝壳最高部分。螺旋部小而低，位于壳的右后方，仅呈隆起状。体螺层极大，几乎占贝壳的全部，其上有1列由小渐大、沿右至左螺旋式排列的突起，靠近体螺层末端边缘有4～5个与外界相通的较大壳孔。壳面被这列突起和小孔组成的螺肋分成左、右两部分，左壳狭长而较平滑，右壳宽大、粗糙，多有瘤状或波状隆起。生长纹明显。壳口大，卵圆形，与体螺层大小近相等。外唇薄，内唇厚，边缘呈刃状。厣在幼体时一度存在，成体后消失。壳面深绿褐色，常附生于藻类或石灰虫等上。壳内面银白色，有青绿红蓝色珍珠光泽。

生态习性： 栖息于潮流畅通、水质清洁、盐度较高、海藻繁茂、水深20m以内的岩礁质浅海海底，以足附着在岩礁上生活。喜潜居于岩礁的隙缝中，有时也生活在杂藻丛中的海藻根基处。

地理分布： 渤海，黄海，东海。

经济意义： 皱纹盘鲍是我国所产鲍中个体最大者。鲍肉肥美，为海产中的珍品，多供应高级宾馆和出口。除鲜食外，亦可加工成罐头或鲍鱼干，售价均昂贵。

参考文献： 王如才，1988。

图207 皱纹盘鲍 *Haliotis discus* Reeve, 1846
A. 背面观；B. 腹面观

马蹄螺目 Trochida
瓦螺科 Tegulidae Kuroda, Habe & Oyama, 1971
瓦螺属 *Tegula* Lesson, 1832

银口瓦螺
Tegula argyrostoma (Gmelin, 1791)

同物异名： *Chlorostoma argyrostoma* (Gmelin, 1791)；*Trochus argyrostomus* Gmelin, 1791

标本采集地： 浙江舟山。

形态特征： 贝壳坚厚，呈塔形，高度不及宽度。螺层6层。壳顶钝，常被磨损，螺旋部中等高，体螺层较为膨胀，缝合线不陷入，但很明显。生长线细密，呈细波纹状，除顶端3层外，基部各层表面均具有与生长线相交叉的、排列整齐的纵肋。壳面黑灰色，无斑纹，壳底略平，颜色较壳面稍淡，在螺轴左下面有较明显的环形肋纹。壳口大、斜，内面银灰色，有珍珠光泽，外唇薄，镶有黑色边缘；内唇下部厚，有一微弱的齿状突。脐孔部呈翠绿色或淡黄色，被厚而有光泽的胼胝掩盖，仅留有一个极浅的凹陷。厣圆形，紫褐色，核位于中央。

生态习性： 生活在潮间带低潮区及其基准面上下的岩石上，多栖息在岩石缝隙之间。

地理分布： 福建，广东沿海；西太平洋。

经济意义： 肉供食用。

参考文献： 董正之，2002。

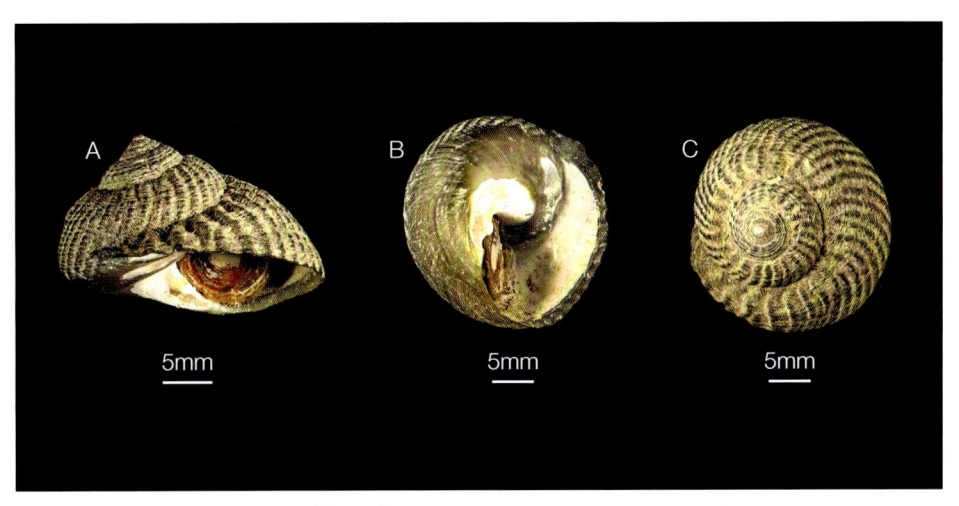

图208 银口瓦螺 *Tegula argyrostoma* (Gmelin, 1791)
A. 侧面观；B. 腹面观；C. 顶面观

黑瓦螺
Tegula nigerrimus (Gmelin, 1791)

同物异名：*Omphalius nigerrima*；*Chlorostoma nigerrima* (Gmelin, 1791)；*Tegula nigerrima* (Gmelin, 1791)；*Trochus nigerrimus* Gmelin, 1791

标本采集地：浙江温州。

形态特征：贝壳呈塔状，壳质厚，壳长与壳宽相差不大。螺层 6 层，螺层不膨胀，壳顶 3 层相当小，下面 3 层骤然增大，贝壳基部较平整。壳色灰黑或棕黑，有纵走的黑色花纹和自壳面延伸出的肋痕，壳口斜，内面有珍珠光泽和环形细纹数条。脐孔深。

生态习性：生活在中、低潮区的岩石间。

地理分布：台湾岛，福建，广东沿海；西太平洋。

经济意义：壳平肝潜阳，肉可食。

参考文献：董正之，2002。

图 209 黑瓦螺 *Tegula nigerrimus* (Gmelin, 1791)
A. 腹面观；B. 侧面观

锈瓦螺
Tegula rustica (Gmelin, 1791)

同物异名： *Omphalius rustica* (Gmelin, 1791); *Chlorostoma rustica* (Gmelin, 1791); *Trochus* (*Livona*) *ephebocostalis* Grabau & S. G. King, 1928; *Trochus ephebocostalis* Grabau & S. G. King, 1928; *Trochus rusticus* Gmelin, 1791

标本采集地： 浙江南田岛。

形态特征： 壳体中小型，呈圆锥形，壳质坚厚。螺层约6层，体螺层周缘较膨胀。壳面布满细密的螺旋肋和粗大的斜行放射肋。底面有细环纹和纵纹相交。壳面呈黄褐色，具铁锈色斑纹。壳口马蹄形，内面为灰白色，具珍珠光泽。外唇薄，内唇厚。轴唇生有1个小齿。脐孔大而深。厣角质。

生态习性： 栖息于潮间带中、低潮区及潮下带的岩石间。

地理分布： 渤海，黄海，东海，南海；西太平洋。

经济意义： 锈瓦螺是一种高蛋白、低脂肪的优良食品，具有开发、利用价值。

参考文献： 王一农等，1995。

图 210　锈瓦螺 *Tegula rustica* (Gmelin, 1791)
A. 侧面观；B. 顶面观；C. 腹面观

瓦螺属分种检索表

1. 无脐孔 ··· 银口瓦螺 *T. argyrostoma*
- 脐孔圆而深 ·· 2
2. 壳表纵肋粗而疏 ··· 锈瓦螺 *T. rustica*
- 壳表纵肋细而密 ··· 黑瓦螺 *T. nigerrimus*

马蹄螺科 Trochidae Rafinesque, 1815
单齿螺属 *Monodonta* Lamarck, 1799

单齿螺
Monodonta labio (Linnaeus, 1758)

标本采集地： 浙江象山港。

形态特征： 壳呈圆锥形，小型，壳质坚厚。一般高 1～2cm。壳表螺旋形肋明显，与生长线相互交结成许多方块形颗粒。壳面多为暗绿色，夹以杂色。壳内面白色，具有珍珠光泽。壳口稍斜，略呈桃形，外唇边缘薄，向内增厚，形成半环形的齿列，具 8～9 个弱齿状突起。内唇厚，顶部形成滑层遮盖脐孔，基部形成 1 个强尖齿，具有珍珠光泽。厣角质，圆形，棕褐色，多螺旋形，核位于中央。

生态习性： 生活于潮间带中、低潮区的岩石缝间或石块下，喜群集栖息，喜食褐藻和红藻。繁殖季节从低潮线向高潮线移动，在 6 月性腺发育成熟，7～8 月为繁殖季节，至 9 月性腺已退化。

地理分布： 中国南北沿海；日本。

经济意义： 肉可食用。

参考文献： 王一农和魏月芬，1994。

图 211　单齿螺 *Monodonta labio* (Linnaeus, 1758)
A. 背面观；B. 腹面观

蝘螺属 *Umbonium* Link, 1807

托氏蝘螺
Umbonium thomasi (Crosse, 1863)

标本采集地： 浙江舟山。

形态特征： 贝壳圆锥形。壳面平滑，螺层 7 层，缝合线浅，呈细线状。壳面通常为淡棕色，具紫色或紫棕色波纹或右旋的放射状花纹。花纹细密，色泽及花纹种类常有变化。壳口内面有珍珠光泽。壳口近四方形，外唇薄、简单。内唇短、厚、倾斜，具齿状的小结节。脐部被白色胼胝掩盖。厣近圆形、角质。

生态习性： 生活在潮间带中、下区沙滩或泥沙滩上。

地理分布： 渤海，黄海，东海。

经济意义： 食用，贝雕工艺品。

参考文献： 王一农和魏月芬，1994；董正之，2002。

图 212　托氏蝘螺 *Umbonium thomasi* (Crosse, 1863)
A. 背面观；B. 腹面观

蝾螺科 Turbinidae Rafinesque, 1815

小月螺属 *Lunella* Röding, 1798

粒花冠小月螺
Lunella coronata (Gmelin, 1791)

同物异名： *Turbo coronatus* Gmelin, 1791
标本采集地： 浙江温岭。
形态特征： 壳体中小型，近球形，周缘膨圆。壳体黄褐色或棕褐色，色较均匀。螺层5层，壳面有许多由小颗粒组成的螺肋，缝合线下方的螺肋具极发达的近圆形瘤状结节。体螺层有5条粗螺肋。壳口卵圆形，轴唇向下形成宽头突起，内壁浅黄色，有亮泽。脐部甚大，内凹，内缘滑层甚光亮，脐部中央有斜开口，其内形成脐孔。
生态习性： 栖息于潮间带中、低潮区的岩石间。
地理分布： 浙江以南至海南岛海域；印度洋-西太平洋。
参考文献： 丁景尧等，1983。

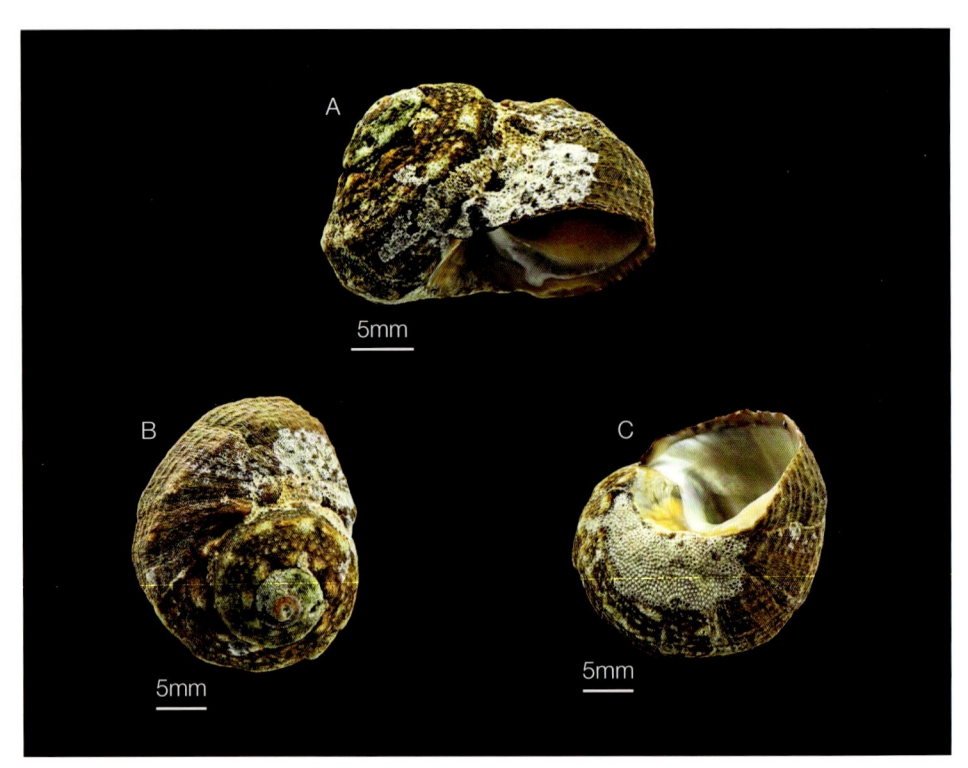

图213 粒花冠小月螺 *Lunella coronata* (Gmelin, 1791)
A. 侧面观；B. 顶面观；C. 腹面观

蝾螺属 *Turbo* Linnaeus, 1758

节蝾螺
Turbo bruneus (Röding, 1798)

标本采集地： 浙江平阳。

形态特征： 壳质坚实而厚。螺层6层，缝合线明显。壳顶尖，螺旋部具有微弱的念珠状螺肋。体螺层宽大而斜。壳表灰绿色或灰黄色，有紫色放射状色带，并具粗大的宽肋，宽肋间密布多数螺肋。壳口圆，内具珍珠光泽。内唇厚而简单，外唇有齿状缺刻及镶边。厣石灰质。

生态习性： 生活在中、低潮区岩礁间。

地理分布： 福建，广东，广西，海南沿海；印度洋-西太平洋。

参考文献： 董正之，2002。

图214 节蝾螺 *Turbo bruneus* (Röding, 1798)
A. 背面观；B. 腹面观

角蝾螺
Turbo cornutus Lightfoot, 1786

标本采集地： 浙江舟山。

形态特征： 贝壳较大，结实。缝合线明显，壳顶较高，体螺层较膨圆，各层宽度增加均匀。表面具有发达的螺肋，肋间尚具有细肋，在体螺层通常有2列棘，每列棘10～11个，但有的个体这种棘不发达或完全没有。壳口大，圆形，内具珍珠光泽。外唇简单，内唇向下方扩展并加厚。无脐。厣石灰质，外面灰绿色和灰黄色，具密集的小粒状突起，中央偏内下方有一旋涡状雕刻纹，内面稍平，有螺纹数条，核略偏下方。

生态习性： 生活在水质清澈、潮流畅通、盐度较高、藻类丰富的岩礁底质。

地理分布： 东南沿海。

经济意义： 食用，药用。

参考文献： 徐梅英和秦小凯，2008。

图 215　角蝾螺 *Turbo cornutus* Lightfoot, 1786
A. 背面观；B. 腹面观

蝾螺
Turbo petholatus Linnaeus, 1758

标本采集地： 台湾海峡。

形态特征： 壳中等大，圆锥形。宽与高几乎相等。壳质结实，螺层5层，缝合线明显。壳面膨胀、光滑，生长纹纤细。壳顶粉红色或紫红色，贝壳通常为淡黄色或褐色底，配有棕色或绿色螺带，螺带上具有黄白色斑纹。壳口圆，内面白色，具珍珠光泽。外唇简单，内唇厚。厣石灰质。无脐孔。

生态习性： 暖水性强，生长在水深 5～45m 的岩礁和珊瑚礁间。

地理分布： 东海，台湾岛，西沙群岛，南沙群岛；印度洋-西太平洋。

参考文献： 董正之，2002。

图 216　蝾螺 *Turbo petholatus* Linnaeus, 1758
A. 腹面观；B. 背面观

蝾螺属分种检索表

1. 体螺层上具有2列强大的半管状棘 ··· 角蝾螺 *T. cornutus*
 - 体螺层无棘 ·· 2
2. 壳面具有念珠状螺肋 ·· 节蝾螺 *T. bruneus*
 - 壳面光滑 ·· 蝾螺 *T. petholatus*

蜑螺目 Cycloneritida
蜑螺科 Neritidae Rafinesque, 1815
蜑螺属 Nerita Linnaeus, 1758

齿纹蜑螺
Nerita yoldii Récluz, 1841

标本采集地： 浙江洞头。

形态特征： 贝壳较小，近半球形，壳质坚厚。螺层约4层，缝合线明显。壳顶钝，常被磨损，螺旋部小，体螺层较膨大，几乎占贝壳的全部。壳面有低而稀的螺肋，部分的老贝螺肋多而不明显。壳表面为黄白色或白色底，具黑色的"Z"字形或云斑状花纹。壳口半月形，内面灰绿色或黄绿色，外唇缘具黑白色相间的镶边，内部有一列齿，内唇不十分广阔，倾斜度稍大，表面微显褶皱，内缘中央凹陷部有细齿2～3枚。厣棕色，半月形，表面有细小的颗粒突起，内缘有不发达的关节2个。

生态习性： 生活在潮间带高、中潮区的岩石间，喜栖息于盐度较低的海水中。

地理分布： 浙江以南沿海，海南。

参考文献： 柒壮林等，2011。

图217 齿纹蜑螺 *Nerita yoldii* Récluz, 1841
A. 背面观；B. 腹面观

蟹守螺总科 Cerithioidea J. Fleming, 1822
锥螺科 Turritellidae Lovén, 1847
锥螺属 *Turritella* Lamarck, 1799

棒锥螺
Turritella bacillum Kiener, 1843

标本采集地：浙江瓯江口。

形态特征：贝壳高，呈尖锥形，结实，黄褐色或紫红色。壳顶尖，螺旋部高，体螺层短。螺层约23层，每一螺层的上半部平直，下半部较膨胀。螺旋部的每一螺层有5～7条排列不匀的螺肋，肋间还夹有细肋。壳口卵圆形。

生态习性：栖息于潮间带低潮区至数十米水深的泥沙质底。

地理分布：渤海，长江口，福建沿海，珠江口，香港，台湾岛，浙江中南部海域，南麂列岛。

经济意义：数量很多，肉可供食用，贝壳可烧石灰，所烧的石灰质量很好。

参考文献：王如才，1988。

图 218 棒锥螺 *Turritella bacillum* Kiener, 1843

汇螺科 Potamididae H. Adams & A. Adams, 1854

小汇螺属 *Pirenella* Gray, 1847

珠带小汇螺
Pirenella cingulata (Gmelin, 1791)

同物异名：*Cerithidea cingulata* (Gmelin, 1791)；*Cerithidea fluviatilis* (Potiez & Michaud, 1838)；*Cerithideopsilla cingulata* (Gmelin, 1791)；*Murex cingulatus* Gmelin, 1791

标本采集地：浙江三门湾。

形态特征：贝壳尖锥形，壳顶尖，螺旋部高，体螺层短，螺层约15层。壳顶1～2层光滑，其余螺层有3条念珠状螺肋。体螺层上约有9条螺肋，靠缝合线的1条螺肋呈念珠状，其余平滑。壳口左侧常有纵胀肋。壳面呈黄褐色或褐色，螺肋间呈紫褐色，螺层中部有1条紫褐色的色带。壳口近圆形，内面具有紫褐色线纹。外唇扩张，前沟短。厣角质。

生态习性：栖息于潮间带中、低潮区的泥滩上。

地理分布：中国沿海；日本。

经济意义：肉可供食用，贝壳可烧石灰。

参考文献：蔡立哲等，1997；孙启梦等，2014。

图219 珠带小汇螺 *Pirenella cingulata* (Gmelin, 1791)
A. 背面观；B. 腹面观

小翼小汇螺
Pirenella microptera (Kiener, 1841)

同物异名： *Cerithidea microptera* (Kiener, 1841)； *Cerithideopsilla microptera* (Kiener, 1841)； *Tympanotonos microptera* (Kiener, 1841)

标本采集地： 广东汕头。

形态特征： 贝壳长锥形，螺层约16层，缝合线较浅，中间有1条细弱的螺纹。螺旋部高，各螺层宽度增加均匀；体螺层短，稍膨大，其基部多少收窄。每层壳面有发达的螺肋3条和排列整齐的纵走细肋多条，两种肋相交形成串珠状的结节。壳基部稍平，有螺肋约11条。壳口略呈菱形，内面白色染有红褐色色带。外唇稍厚，外缘扩张呈翼状，内唇轻度扭曲成"S"形。前沟明显，后沟不发达。脐被内唇掩盖或留有小的缝隙。具角质厣。

生态习性： 一般生活在潮间带有淡水注入的泥砂滩中、低潮区。

地理分布： 浙江省镇海、三门，福建以南沿海；西太平洋。

参考文献： 李荣冠和江锦祥，1997；孙启梦等，2014。

图220　小翼小汇螺 *Pirenella microptera* (Kiener, 1841)
A. 背面观；B. 腹面观

蟹守螺科 Cerithiidae J. Fleming, 1822
蟹守螺属 *Cerithium* Bruguière, 1789

结节蟹守螺
Cerithium nodulosum Bruguière, 1792

同物异名： *Cerithium adansonii* Bruguière, 1792；*Cerithium curvirostra* Perry, 1811；*Cerithium erythraeonense* Lamarck, 1822；*Cerithium omissum* Bayle, 1880

标本采集地： 台湾海峡。

形态特征： 贝壳大而厚重，锥形，灰白色杂有紫褐色斑点。螺层约 14 层，中部隆起。每一螺层缝合线上方环生 7 个大突起，在体螺层背部的突起特别大。贝壳基部急速收窄，上面布有较粗的螺肋。壳口卵圆形，内面白色。外唇前端向左方延伸至钩状，边缘有花瓣状缺刻；内唇近后沟具 1 条肋状褶皱，近前沟处有 1 个结节。前沟半管状，后沟较宽。厣角质。

生态习性： 栖息于浅海珊瑚礁。

地理分布： 东海，台湾岛，海南岛，西沙群岛；印度洋 - 西太平洋。

参考文献： 孙启梦等，2014。

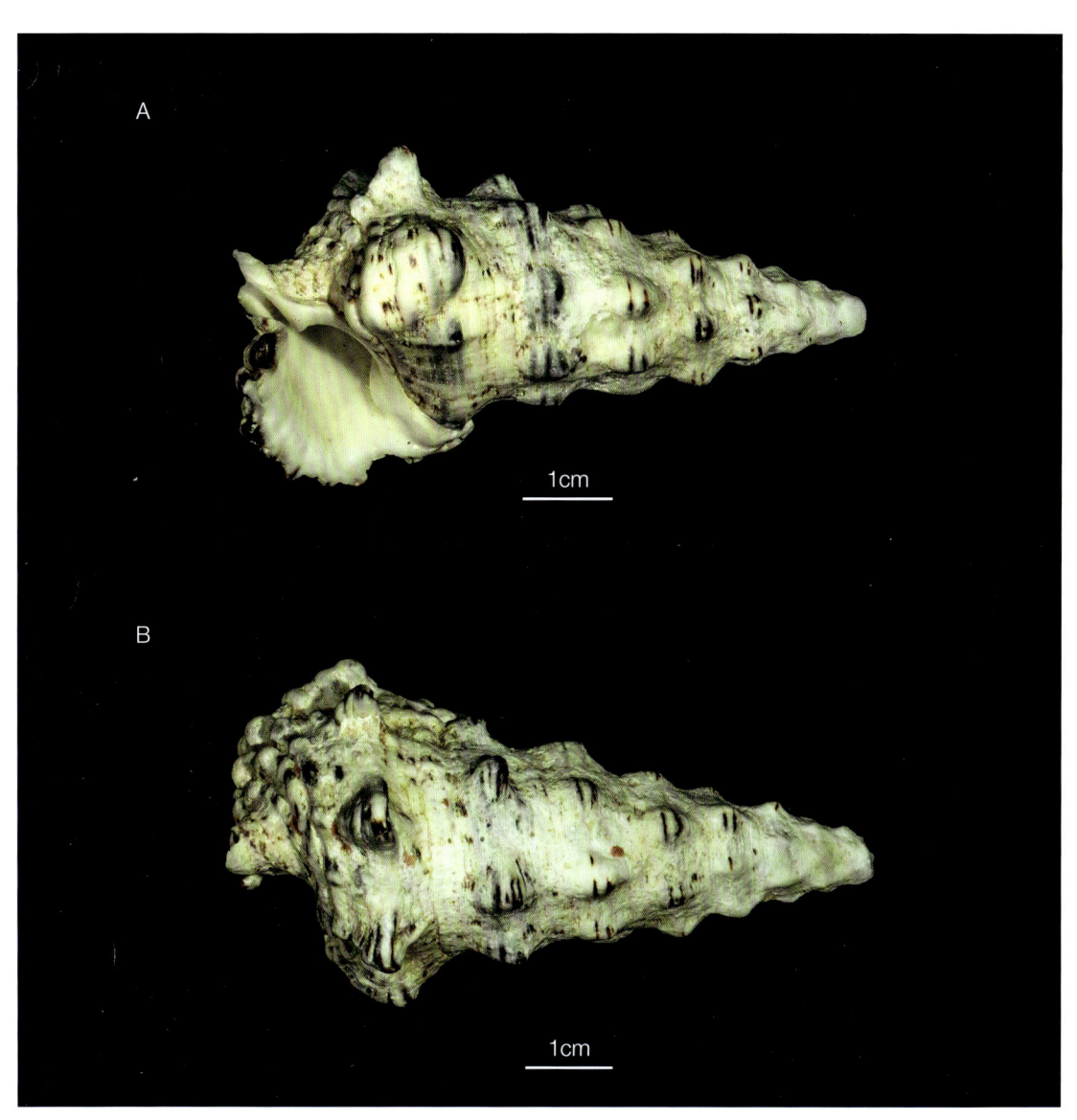

图 221　结节蟹守螺 *Cerithium nodulosum* Bruguière, 1792
A. 腹面观；B. 背面观

锉棒螺属 *Rhinoclavis* Swainson, 1840

普通锉棒螺
Rhinoclavis vertagus (Linnaeus, 1767)

同物异名：Cerithium (Rhinoclavis) vertagus (Linnaeus, 1767); Cerithium despectum Perry, 1811; Cerithium vertagus (Linnaeus, 1767); Clava vertagus (Linnaeus, 1767); Murex vertagus Linnaeus, 1767; Vertagus vertagus (Linnaeus, 1767)

标本采集地：台湾海峡。
形态特征：螺塔高，缝合线浅，各螺层有纵肋。壳表白色或棕褐色。
生态习性：栖息于13m以下的沙质海底。
地理分布：东海，台湾海峡；菲律宾，印度洋-太平洋。
参考文献：孙启梦等，2014。

图222 普通锉棒螺 *Rhinoclavis vertagus* (Linnaeus, 1767)
A. 腹面观；B. 背面观

梯螺总科 Epitonioidea Berry, 1910 (1812)
梯螺科 Epitoniidae Berry, 1910 (1812)
梯螺属 Epitonium Röding, 1798

耳梯螺
Epitonium auritum (G. B. Sowerby II, 1844)

同物异名： *Depressiscala aurita* (Sowerby II, 1844); *Scalaria aurita* Sowerby II, 1844

标本采集地： 浙江温州。

形态特征： 壳小而薄脆，褐色、淡棕色或白色。缝合线深，沟状。螺旋部高。壳面膨胀，生有较细弱的片状纵肋。壳口近圆形，内唇与外唇均呈弧形，脐孔几乎被体螺层的片状肋所掩盖，不明显。厣角质。

生态习性： 生活在潮间带至浅海砂质或泥砂质的海底。

地理分布： 渤海，黄海至广东沿海；日本。

参考文献： 富惠光，1983。

图223　耳梯螺 *Epitonium auritum* (G. B. Sowerby II, 1844)
A. 背面观；B. 腹面观

宽带梯螺
Epitonium clementinum (Grateloup, 1840)

同物异名： *Epitonium grateloupeanum* (Nyst, 1871); *Epitonium trifasciatum* (G. B. Sowerby II, 1844); *Papyriscala clementina* (Grateloup, 1840); *Papyriscala tricincta* Golikov, 1967; *Scalaria clementina* Grateloup, 1840

标本采集地： 浙江舟山。

形态特征： 贝壳小型，呈低锥状。螺层约7层，缝合线深，螺层膨圆。壳顶尖小。壳面具有排列整齐而低细的片状纵肋，各螺层纵肋上下不对齐也不连接，体螺层有20余条，纵肋间无明显雕刻纹。壳表呈淡黄褐色，体螺层上有3条较宽的环形深棕色色带，其余螺层有2条色带。壳口卵圆形，外唇薄，内唇下缘有反折。脐孔深，厣角质。

生态习性： 栖息于低潮线及浅海的沙质底。

地理分布： 渤海，黄海至广东沿海；日本。

参考文献： 程济民等，1989。

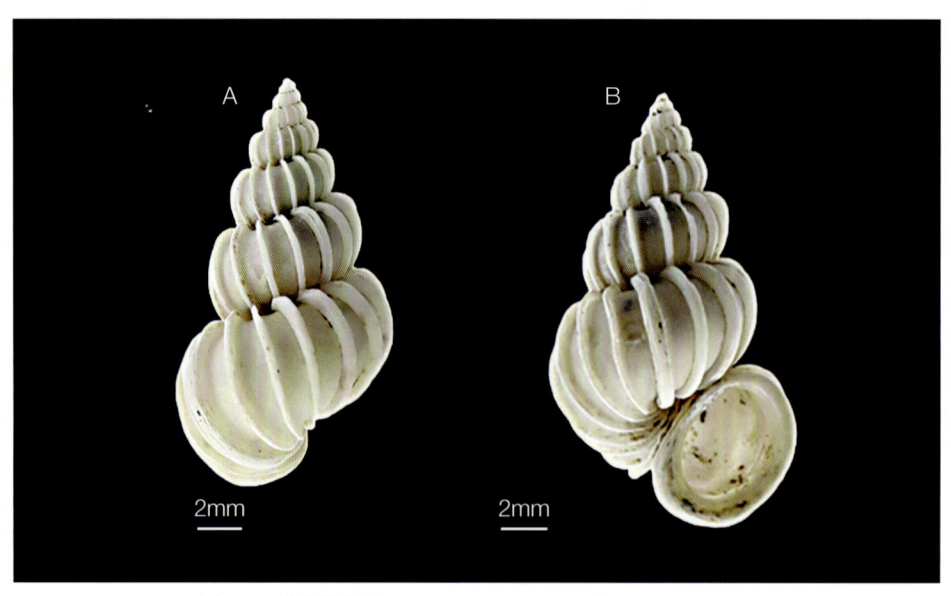

图224 宽带梯螺 *Epitonium clementinum* (Grateloup, 1840)
A. 背面观；B. 腹面观

小梯螺
Epitonium scalare (Linnaeus, 1758)

同物异名： *Epitonium breve* Röding, 1798；*Scalaria scalaris* (Linnaeus, 1758)；*Turbo scalaris* Linnaeus, 1758

标本采集地： 浙江温州。

形态特征： 壳锥形，洁白或带棕色。缝合线深，沟状，各螺层呈游离状态。壳面具发达的片状肋。体螺层的片状肋约有 11～14 条。壳口近圆形，内、外唇均稍加厚。脐孔广而深。厣角质。

生态习性： 生活在浅海泥砂质海底。

地理分布： 台湾岛，广东以南沿海；西太平洋沿岸。

参考文献： 富惠光，1983。

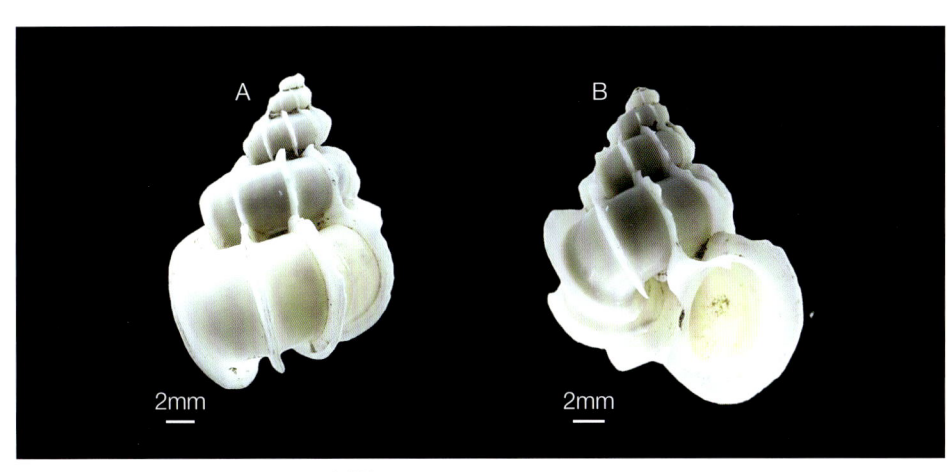

图 225　小梯螺 *Epitonium scalare* (Linnaeus, 1758)
A. 背面观；B. 腹面观

梯螺属分种检索表

1. 螺层约 11 层 .... 耳梯螺 *E. auritum*
 - 螺层约 7 层 2
2. 体螺层有片状纵肋 20 余条 .... 宽带梯螺 *E. clementinum*
 - 体螺层有片状纵肋 11～14 条 .... 小梯螺 *E. scalare*

滨螺形目 Littorinimorpha
鹑螺科 Tonnidae Suter, 1913 (1825)
鹑螺属 *Tonna* Brünnich, 1771

沟鹑螺
Tonna sulcosa (Born, 1778)

标本采集地： 浙江象山。

形态特征： 贝壳较大，近球形。壳质稍微厚且坚固。螺层约 7 层，膨圆，缝合线浅沟状。螺旋部低小，体螺层膨大。壳顶 2.5 层深紫色，光滑无肋。其余各螺层均有较低平的粗螺肋，体螺层上有螺肋 17～20 条，有的个体还具有 1 条细的间肋，生长线细密。壳表被有 1 层黄的薄壳皮。壳白色或黄白色，近壳顶的两层为淡褐色。在次体螺层上有 1 条、体螺层上有 4 条宽而明显的褐色条带。壳口大，内白色。外唇厚，向外翻卷，边缘具缺刻，内缘具成对排列的肋状齿，内唇上部滑层薄，下部的稍薄。

生态习性： 生活于潮下带水深 10～60m 的泥、沙质海底，暖水种。

地理分布： 东海，南海；日本，菲律宾，越南，印度尼西亚，印度，澳大利亚东部，斯里兰卡。

经济意义： 个体大，肉多，可食用；贝壳供观赏，销售。

参考文献： 陈道海等，2000。

图 226　沟鹑螺 *Tonna sulcosa* (Born, 1778)
A. 背面观；B. 腹面观

带鹑螺
Tonna galea (Linnaeus, 1758)

标本采集地： 浙江象山。

形态特征： 鹑螺科中最大的种类。贝壳近球形，壳质薄，易破损。螺层约6层，膨圆。缝合线稍深，呈沟状。螺旋部低，体螺层大而膨圆。壳顶约2.5层光滑无肋，其余各螺层均有较宽或较低平的螺肋，体螺层上有17条主螺肋，两肋间具有两条细的间肋。生长纹细密，壳表面被有黄褐色的壳皮。胚层紫褐色，其余壳面为褐色或黄褐色，螺肋的颜色较深，围绕缝合线处为白色。壳口大，半圆形，内白色，略带紫色。外唇薄，边缘栗色，不整齐；内唇后部滑层薄，前部较厚，向外翻卷。前沟短而宽，翻向后背。

生态习性： 生活于潮下带水深20～160m的泥沙、软泥质海底。

地理分布： 东海，南海；日本，菲律宾，马尔代夫，印度尼西亚。

经济意义： 肉多可食用；贝壳供观赏，销售。

参考文献： 陈道海等，2000。

图227 带鹑螺 *Tonna galea* (Linnaeus, 1758)
A. 背面观；B. 腹面观

滨螺科 Littorinidae Children, 1834

滨螺属 *Littorina* Férussac, 1822

短滨螺
Littorina brevicula (Philippi, 1844)

标本采集地： 浙江象山。

形态特征： 贝壳较小，球形，壳质结实。螺层约6层，缝合线细，明显。螺旋部短小，呈圆锥状，体螺层膨大。螺层中部扩张形成一明显肩部。壳面生长纹细密，具有粗、细距离不等的螺肋，肋间有数目不等的细肋纹。体螺层的螺肋约10条，其中3~4条较强。壳顶紫褐色，壳面黄绿色，杂有褐色、白色、黄色云状斑和斑点，壳的颜色有变化。壳口圆，简单，内面褐色，有光泽。外唇有一条褐色、白色相间的镶边。内唇厚，宽大，下端前部扩张成反折面，内中凹，无脐。厣角质，褐色，少旋，核位于近中央靠内侧。

生态习性： 生活在高潮线附近的岩石上。

地理分布： 渤海，黄海，东海；西太平洋。

参考文献： 尤仲杰，1990。

图228　短滨螺 *Littorina brevicula* (Philippi, 1844)
A. 顶面观；B. 腹面观

结节滨螺属 *Echinolittorina* Habe, 1956

粒结节滨螺
Echinolittorina radiata (Souleyet, 1852)

同物异名： *Litorina exigua* Dunker, 1860; *Littorina radiata* Souleyet, 1852; *Nodilittorina exigua* (Dunker, 1860); *Nodilittorina radiata* (Souleyet, 1852)

标本采集地： 浙江舟山岛。

形态特征： 贝壳小，近球形。螺层6层，缝合线明显，壳顶尖，体螺层宽大，壳面布满小的颗粒状突起，在体螺层上的突起常较弱。壳面密生螺肋，肋被生长纹横切，即形成颗粒状突起，壳顶部黑灰色，光滑无肋，其余壳面灰黄色，有的杂有青色斑纹。壳口广，桃形，内面褐色、有光泽，具有与壳面螺肋相应的沟纹。外唇薄，简单，内唇较厚，略扩张，多少向下方反折，脐孔被滑层遮盖。具角质厣。

生态习性： 生活在潮间带高潮区的岩石上，能耐长时间的干旱。

地理分布： 中国沿海；日本。

参考文献： 尤仲杰，1990。

图229 粒结节滨螺 *Echinolittorina radiata* (Souleyet, 1852)
A. 背面观；B. 腹面观

拟滨螺属 *Littoraria* Gray, 1833

粗糙拟滨螺
Littoraria articulata (Philippi, 1846)

标本采集地： 浙江象山。

形态特征： 贝壳小而薄，呈低锥形。螺层约6层，缝合线明显。壳顶稍尖，螺旋部突出，体螺层较宽大。壳面微显膨圆，具许多细的螺旋沟纹。生长纹粗糙，壳黄灰色，杂有放射状棕色色带和斑纹。壳基部微膨胀，雕刻纹细弱，具有与壳面相同的色彩和肋纹。外唇薄、简单，内唇稍扩张，多少向外反折，无脐。厣褐色、角质、薄。

生态习性： 生活于高潮区附近的岩石上。

地理分布： 中国沿海；日本，菲律宾，新西兰，红海。

参考文献： 王如才，1988。

图230　粗糙拟滨螺 *Littoraria articulata* (Philippi, 1846)
A. 背面观；B. 腹面观

滨螺科分属检索表

1. 壳表面粗糙，有3条以上粗大的螺旋肋 ··· 滨螺属 *Littorina*
 - 壳表螺纹较细，或呈颗粒状外观 ··· 2
2. 壳表具光泽，并有放射状的棕色色带或斑纹，壳表无颗粒状突起 ················ 拟滨螺属 *Littoraria*
 - 壳表暗淡无光泽，呈颗粒状外观 ····································· 结节滨螺属 *Echinolittorina*

蛇螺科 Vermetidae Rafinesque, 1815
布袋蛇螺属 *Thylacodes* Guettard, 1770

覆瓦布袋蛇螺
Thylacodes adamsii (Mörch, 1859)

同物异名： *Serpulorbis imbricatus* (Dunker, 1860)；*Siphonium adamsii* Mörch, 1859；*Vermetus imbricatus* Dunker, 1860

标本采集地： 浙江大陈岛。

形态特征： 贝壳呈管状，通常以水平的方位逐步向外盘卷，如蛇卧。全壳大部分固着在岩石上或其他物体上，仅壳口部稍游离。壳口圆形或卵圆形，直径1cm，壳面粗糙，具有数条粗的螺肋，粗肋间还密布3～5条细肋，这些肋上均被有不明显的覆瓦状鳞片。生长纹粗糙，有的在粗肋上相交形成小的结节。壳灰黄色或褐色，壳内面褐色，有珍珠光泽。

生态习性： 暖海产，生活在潮间带的岩石上。它和牡蛎一样用贝壳的下部固着在岩石上。

地理分布： 嵊山以南沿海；日本，菲律宾。

参考文献： 焦海峰等，2011。

图231 覆瓦布袋蛇螺 *Thylacodes adamsii* (Mörch, 1859)
A. 背面观；B. 侧面观

衣笠螺科 Xenophoridae Troschel, 1852 (1840)
缀螺属 Onustus Swainson, 1840

光衣缀螺
Onustus exutus (Reeve, 1842)

同物异名： *Phorus exutus* Reeve, 1842; *Xenophora* (*Onustus*) *exuta* (Reeve, 1842)

标本采集地： 东海外海。

形态特征： 贝壳较大，呈低圆锥状，壳质薄脆。螺层约 9 层，各螺层宽度增大。缝合线浅，壳顶尖。壳面呈黄褐色。壳表具斜行波状纹，每一螺层周缘有凸出的齿状薄片。壳底呈蝶状，基部中凹，有以脐孔为中心的放射状皱纹。

生态习性： 生活在数十米至百余米水深的泥沙质海底。一般以水深 20～50m 处栖息的居多。

地理分布： 东海，南海；印度洋-西太平洋。

经济意义： 贝壳可作工艺品。

参考文献： Xu et al., 2019。

图 232　光衣缀螺 *Onustus exutus* (Reeve, 1842)
A. 侧面观；B. 顶面观；C. 腹面观

凤螺科 Strombidae Rafinesque, 1815
松果螺属 *Conomurex* P. Fischer, 1884

篱松果螺
Conomurex luhuanus (Linnaeus, 1758)

同物异名： *Strombus* (*Conomurex*) *luhuanus* Linnaeus, 1758；*Strombus luhuanus* Linnaeus, 1758

标本采集地： 台湾海峡。

形态特征： 贝壳较小，结实。螺层约8层。各螺层上部扩张成肩角，并具有结节突起和纵肋。壳面具有紫褐色断续的色带和花纹。壳口菱形，内呈橘黄色并具紫褐色线纹。外唇扩张，前后端缺刻浅。前沟短小。厣角质。

生态习性： 栖息于低潮线附近砂泥质海底。

地理分布： 台湾岛，海南岛沿海；印度洋-西太平洋。

参考文献： Irwin et al., 2022。

图233 篱松果螺 *Conomurex luhuanus* (Linnaeus, 1758)
A. 壳面观；B. 口面观

447

玉螺科 Naticidae Guilding, 1834

镰玉螺属 *Euspira* Agassiz, 1837

微黄镰玉螺
Euspira gilva (Philippi, 1851)

同物异名： *Euspira fortunei* (Reeve, 1855)；*Lunatia gilva* (Philippi, 1851)；*Natica fortunei* Reeve, 1855；*Natica gilva* Philippi, 1851；*Natica tenuis* Philippi, 1852

标本采集地： 浙江南田岛。

形态特征： 贝壳近球形，壳质薄而坚。壳高 40.0mm，壳宽 32.5mm，螺层约 7 层，缝合线明显。壳面膨凸。螺旋部高起，呈圆锥形，各螺层宽度增长均匀。体螺层大而膨圆。壳面光滑，有时在体螺层上形成纵的褶纹。壳面黄褐或灰黄色，螺旋部颜色通常较深，多呈青灰色，愈向壳顶色愈浓，为黑褐色。壳口卵圆形，外唇弧形、薄。内唇滑层上部厚，接近脐部形成 1 个小的结节状滑层。脐孔深。厣角质、栗色，核位于基部的内侧。

生态习性： 适应性强。通常在软泥质的海底生活，但在沙及泥沙质的滩涂也有栖息，多数在潮间带的浅海滩活动，在夏秋季产卵。因是肉食性动物，常猎食其他贝类，故对养殖贝类有害。

地理分布： 渤海，黄海，东海至广东北部；日本，朝鲜半岛。

经济意义： 肉可供食用。

参考文献： 黄贤克等，2017。

图 234　微黄镰玉螺 *Euspira gilva* (Philippi, 1851)
A. 侧面观；B. 腹面观

扁玉螺属 *Neverita* Risso, 1826

扁玉螺
Neverita didyma (Röding, 1798)

同物异名： *Glossaulax didyma* (Röding, 1798)

标本采集地： 浙江南麂列岛。

形态特征： 贝壳呈半球形，背腹扁，壳宽大于壳高，壳高 61.0mm，壳宽 67.0mm，壳质较厚。螺层约 5 层。壳顶小，螺旋部较低平，体螺层宽度突然增大而膨胀。壳表光滑无肋，生长纹明显。壳面呈淡黄褐色，壳顶为紫褐色，基部为白色。在每一螺层的缝合线下方有 1 条彩虹式样的紫褐色螺带。壳口卵圆形，外唇薄、弧形；内唇滑层较厚，中部形成 1 个大的深褐色滑层结节，其上有一明显的沟痕。脐孔大而深，部分被脐部结节遮盖。厣角质、黄褐色，核位于近内侧下缘。

生态习性： 栖息于潮间带低潮区至浅海的砂质或泥砂质海底。

地理分布： 渤海，黄海，东海，南海；印度洋 - 西太平洋。

经济意义： 肉可供食用。

参考文献： 刘庆等，2009。

图 235　扁玉螺 *Neverita didyma* (Röding, 1798)
A. 顶面观；B. 腹面观；C. 侧面观

449

无脐玉螺属 *Polinices* Montfort, 1810

蛋白无脐玉螺
Polinices albumen (Linnaeus, 1758)

同物异名： *Nerita albumen* Linnaeus, 1758；*Neverita albumen* (Linnaeus, 1758)

标本采集地： 台湾海峡。

形态特征： 贝壳背、腹扁平，卵圆形，壳质坚厚。壳高 20.0mm，壳宽 39.0mm，螺层约 5 层，缝合线浅，不明显。壳顶小而平，螺旋部极低，体螺层极宽大，几乎占贝壳的全部。壳面光滑无肋，生长纹明显，呈放射状。壳表为橘黄色，贝壳的基部呈白色。壳口稍斜，半圆形，内面为淡褐色，外唇简单，呈弧形；内唇稍弯曲。脐部宽大，被内唇中部 1 个发达的半月形滑层结节所填塞，仅在上部留有 1 个很深的小孔。厣角质、黄褐色。

生态习性： 暖水产，生活在低潮线至十余米水深的沙或泥沙质海底。

地理分布： 台湾海峡，海南岛沿海；西太平洋。

参考文献： 张素萍，2003。

图 236　蛋白无脐玉螺 *Polinices albumen* (Linnaeus, 1758)

窦螺属 *Sinum* Röding, 1798

雕刻窦螺
Sinum incisum (Reeve, 1864)

标本采集地： 浙江南麂列岛。

形态特征： 贝壳耳形、扁平、薄。壳表密布低平的螺肋和略粗糙的生长纹。

生态习性： 暖水种。生活在潮下带浅海水区沙、泥沙或软泥沙质海底，水深12～109m。

地理分布： 东海，南海；马六甲海峡，马来西亚。

参考文献： 张素萍，1995，2001。

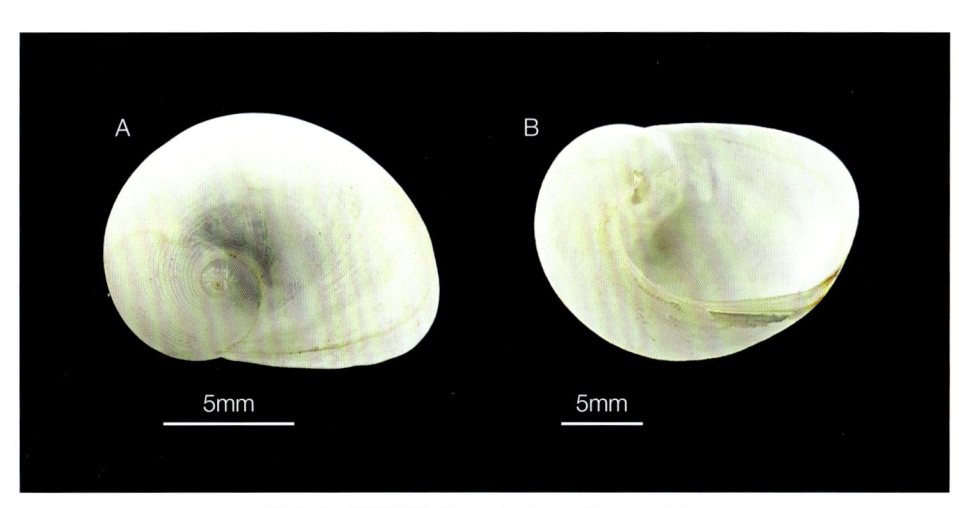

图 237　雕刻窦螺 *Sinum incisum* (Reeve, 1864)
A. 侧面观；B. 腹面观

玉螺科分属检索表

1. 壳面不平滑，具螺肋 .... 窦螺属 *Sinum*
 - 壳面平滑，无螺肋 2
2. 贝壳较宽而扁，脐滑层上有1沟痕 .... 扁玉螺属 *Neverita*
 - 贝壳圆或卵圆，脐滑层上无沟痕 3
3. 贝壳近圆形，螺旋部低圆锥形 .... 镰玉螺属 *Euspira*
 - 贝壳卵近圆形或扁圆形，螺旋部低小 .... 无脐玉螺属 *Polinices*

梭螺科 Ovulidae J. Fleming, 1822
钝梭螺属 *Volva* Röding, 1798

钝梭螺
Volva volva (Linnaeus, 1758)

标本采集地： 浙江象山。

形态特征： 贝壳纺锤形，前后两端延伸呈剑状，中部卵圆形。壳呈肉色，富有光泽。壳面具环形沟纹，在两端剑状突起部的环纹较明显。壳口狭长，下方稍宽。外唇较厚，弧形；内唇薄，中部膨圆。前、后沟极长，呈半管状，尖端部稍向背方翘起。

生态习性： 栖息在潮下带水深 25～194m 的粗沙、碎贝壳、泥沙质及软泥质的海底。

地理分布： 浙江，台湾岛，广东，海南岛，南沙群岛沿海。

参考文献： 黄一鸣和王方平，1993。

图 238　钝梭螺 *Volva volva* (Linnaeus, 1758)
A. 背面观；B. 腹面观

履螺属 *Sandalia* C. N. Cate, 1973

玫瑰履螺
Sandalia triticea (Lamarck, 1810)

同物异名： *Amphiperas rhodia* A. Adams, 1855；*Ovula rhodia* (A. Adams, 1854)；*Ovula triticea* Lamarck, 1810；*Primovula* (*Primovula*) *rhodia* (A. Adams, 1854)；*Sandalia rhodia* (A. Adams, 1854)

标本采集地： 浙江象山。

形态特征： 贝壳卵圆形，玫瑰色或粉红色，有光泽。壳面膨圆，具有丝状环形沟纹。贝壳后端有1个小的凹陷，在凹陷后方具小结节。壳口狭长，下方稍宽大。外唇厚，弧形，边缘有齿状缺刻；内唇中部较膨胀，接近上端有1个发达的结节。前、后沟均短小。

生态习性： 生活在低潮线附近至浅海。

地理分布： 山东青岛以南沿海；西太平洋。

参考文献： 林龙山等，1999。

图239 玫瑰履螺 *Sandalia triticea* (Lamarck, 1810)

冠螺科 Cassidae Latreille, 1825
缨鬘螺属 *Semicassis* Mörch, 1852

双沟鬘螺
Semicassis bisulcata (Schubert & J. A. Wagner, 1829)

标本采集地： 浙江瓯江口。

形态特征： 贝壳近球形，较小，螺层约8层，螺旋部稍高，体螺层膨圆。壳顶尖，约3层光滑无沟纹，其余有低平的螺旋肋纹，螺旋部螺纹具小突起，体螺层通常有4～5列方形黄褐色斑块。壳内面为白色或淡褐色。外唇向背外翻卷，内缘具肋状齿列；内唇下部延伸成片状，螺轴前部具褶襞。前沟宽短，向后方扭曲。脐孔小，厣角质。

生态习性： 栖息于潮下带浅海砂质或泥砂质海底。

地理分布： 江苏沿海至南沙群岛；印度洋-西太平洋。

参考文献： 丁景尧，1983；齐钟彦，1979。

图240 双沟鬘螺 *Semicassis bisulcata* (Schubert & J. A. Wagner, 1829)

琵琶螺科 Ficidae Meek, 1864 (1840)
琵琶螺属 *Ficus* Röding, 1798

白带琵琶螺
Ficus ficus (Linnaeus, 1758)

标本采集地： 杭州湾外海。

形态特征： 贝壳形似琵琶，质薄而坚。螺层约5层，缝合线浅。螺旋部低而小，体螺层特别膨大，贝壳高度几乎全为体螺层所有，高度约为宽度的两倍。体螺层前端尖瘦，后部膨圆。胚壳黄白色，光滑无肋，其他螺层各表面具有明显的纵肋及横肋，二者交叉形成排列相当规则的网状方格。壳表被有薄的黄褐色壳皮。壳面黄褐色，在体螺层上具5~6条横的黄白色螺带和许多大小不等、距离不均匀的褐色斑块或斑点。壳口大而长，几乎相当于贝壳的长度。壳口内呈淡紫色，有珍珠光泽。外唇较厚，边缘完整，内唇较薄贴于体螺层上。前沟很长，无厣。

生态习性： 生活于潮下带水深20~160m的泥沙、软泥质海底。

地理分布： 东海，南海；日本，菲律宾，斐济群岛，印度尼西亚，澳大利亚。

经济意义： 肉可食用；贝壳供观赏，也可制成器皿销售。

参考文献： 陈道海等，2000。

图241 白带琵琶螺 *Ficus ficus* (Linnaeus, 1758)
A. 侧面观；B. 背面观；C. 腹面观

杂色琵琶螺
Ficus variegata Röding, 1798

标本采集地： 浙江瓯江口。

形态特征： 贝壳呈梨形，上部膨圆，下部窄细，淡褐色，具黄褐色细斑点。螺层约6层。螺旋部低矮。体螺层膨大，几乎占贝壳的全部。壳面光滑，有低平较粗的螺肋和细弱的纵肋。体螺层上有5～6条黄白色的螺带。壳口宽长，内面呈淡紫色（图中所用标本保存时间较长，已褪色）。外唇薄，内唇弯曲。前沟长。无厣。

生态习性： 生活在浅海泥砂质海底。

地理分布： 台湾岛，浙江以南沿海；印度洋-西太平洋。

参考文献： 陈道海等，2000。

图242 杂色琵琶螺 *Ficus variegata* Röding, 1798
A. 背面观；B. 腹面观

嵌线螺科 Cymatiidae Iredale, 1913
蝌蚪螺属 *Gyrineum* Link, 1807

粒蝌蚪螺
Gyrineum natator (Röding, 1798)

标本采集地： 浙江象山。

形态特征： 贝壳略呈三角形。贝壳两侧具纵肋，螺层表面具纵横螺肋，二者交叉点为颗粒状突起。体螺层和次体螺层中具两条发达的螺肋。壳表为黄褐色或紫色，颗粒突起部呈黑褐色，壳表被有黄褐色带茸毛的壳皮。壳口卵圆形。外唇厚，内缘具 6～8 枚齿。前沟较短，半管状。厣角质。

生态习性： 栖息于中、低潮区潮间带及潮下带岩礁。

地理分布： 广泛分布于中国沿海；印度洋-西太平洋。

参考文献： 马绣同，1988。

图 243 粒蝌蚪螺 *Gyrineum natator* (Röding, 1798)

蛙螺科 Bursidae Thiele, 1925
赤蛙螺属 *Bufonaria* Schumacher, 1817

习见赤蛙螺
Bufonaria rana (Linnaeus, 1758)

同物异名： *Bufonaria albivaricosa* (Reeve, 1844)；*Bufonaria subgranosa* (Sowerby II, 1836)；*Bursa rana* (Linnaeus, 1758)；*Murex rana* Linnaeus, 1758；*Ranella albivaricosa* Reeve, 1844；*Ranella beckii* Kiener, 1841；*Ranella subgranosa* Sowerby II, 1836

标本采集地： 浙江象山。

形态特征： 贝壳呈卵圆形，黄白色并杂有紫褐色火焰状条纹。壳面有细的螺肋，肋上具颗粒状结节。壳口橄榄形，内面黄白色。外唇厚，边缘具齿；内唇边缘具褶襞及粒状突起。前沟半管状，后沟内侧有时具肋突。厣角质。

生态习性： 生活于浅海软泥、砂泥或细砂质底。

地理分布： 东海，南海，台湾岛；印度洋-西太平洋。

参考文献： 王柱，2015。

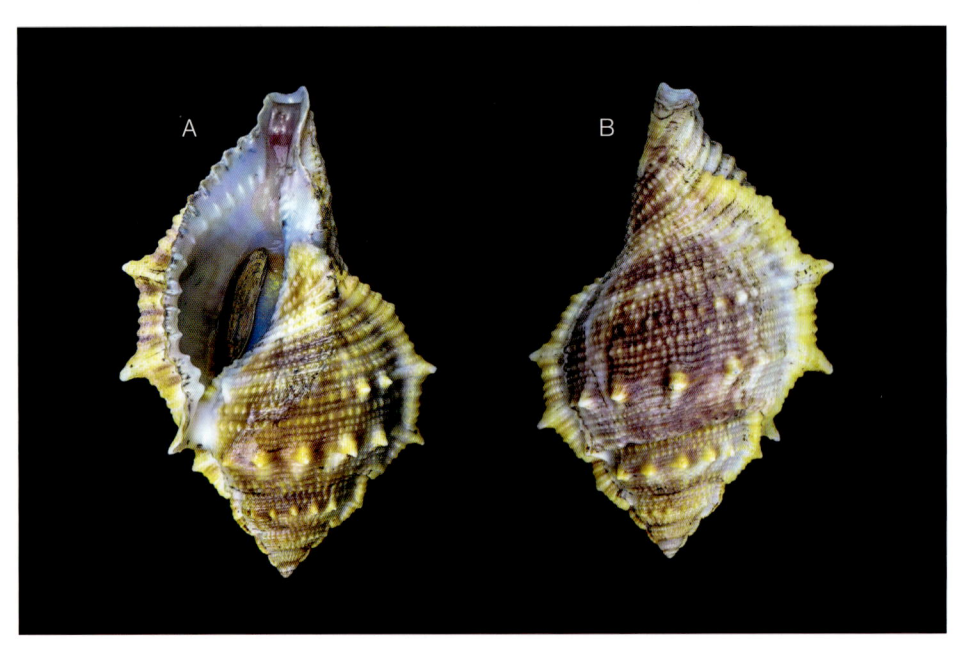

图244 习见赤蛙螺 *Bufonaria rana* (Linnaeus, 1758)
A. 腹面观；B. 背面观

履螺属 *Sandalia* C. N. Cate, 1973

玫瑰履螺
Sandalia triticea (Lamarck, 1810)

同物异名： *Amphiperas rhodia* A. Adams, 1855；*Ovula rhodia* (A. Adams, 1854)；*Ovula triticea* Lamarck, 1810；*Primovula* (*Primovula*) *rhodia* (A. Adams, 1854)；*Sandalia rhodia* (A. Adams, 1854)

标本采集地： 浙江象山。

形态特征： 贝壳卵圆形，玫瑰色或粉红色，有光泽。壳面膨圆，具有丝状环形沟纹。贝壳后端有1个小的凹陷，在凹陷后方具小结节。壳口狭长，下方稍宽大。外唇厚，弧形，边缘有齿状缺刻；内唇中部较膨胀，接近上端有1个发达的结节。前、后沟均短小。

生态习性： 生活在低潮线附近至浅海。

地理分布： 山东青岛以南沿海；西太平洋。

参考文献： 林龙山等，1999。

图 239 玫瑰履螺 *Sandalia triticea* (Lamarck, 1810)

冠螺科 Cassidae Latreille, 1825
缨鬘螺属 *Semicassis* Mörch, 1852

双沟鬘螺
Semicassis bisulcata (Schubert & J. A. Wagner, 1829)

标本采集地： 浙江瓯江口。

形态特征： 贝壳近球形，较小，螺层约 8 层，螺旋部稍高，体螺层膨圆。壳顶尖，约 3 层光滑无沟纹，其余有低平的螺旋肋纹，螺旋部螺纹具小突起，体螺层通常有 4～5 列方形黄褐色斑块。壳内面为白色或淡褐色。外唇向背外翻卷，内缘具肋状齿列；内唇下部延伸成片状，螺轴前部具褶襞。前沟宽短，向后方扭曲。脐孔小，厣角质。

生态习性： 栖息于潮下带浅海砂质或泥砂质海底。

地理分布： 江苏沿海至南沙群岛；印度洋-西太平洋。

参考文献： 丁景尧，1983；齐钟彦，1979。

图 240 双沟鬘螺 *Semicassis bisulcata* (Schubert & J. A. Wagner, 1829)

琵琶螺科 Ficidae Meek, 1864 (1840)
琵琶螺属 *Ficus* Röding, 1798

白带琵琶螺
Ficus ficus (Linnaeus, 1758)

标本采集地： 杭州湾外海。

形态特征： 贝壳形似琵琶，质薄而坚。螺层约 5 层，缝合线浅。螺旋部低而小，体螺层特别膨大，贝壳高度几乎全为体螺层所有，高度约为宽度的两倍。体螺层前端尖瘦，后部膨圆。胚壳黄白色，光滑无肋，其他螺层各表面具有明显的纵肋及横肋，二者交叉形成排列相当规则的网状方格。壳表被有薄的黄褐色壳皮。壳面黄褐色，在体螺层上具 5～6 条横的黄白色螺带和许多大小不等、距离不均匀的褐色斑块或斑点。壳口大而长，几乎相当于贝壳的长度。壳口内呈淡紫色，有珍珠光泽。外唇较厚，边缘完整，内唇较薄贴于体螺层上。前沟很长，无厣。

生态习性： 生活于潮下带水深 20～160m 的泥沙、软泥质海底。

地理分布： 东海，南海；日本，菲律宾，斐济群岛，印度尼西亚，澳大利亚。

经济意义： 肉可食用；贝壳供观赏，也可制成器皿销售。

参考文献： 陈道海等，2000。

图 241　白带琵琶螺 *Ficus ficus* (Linnaeus, 1758)
A. 侧面观；B. 背面观；C. 腹面观

杂色琵琶螺
Ficus variegata Röding, 1798

标本采集地： 浙江瓯江口。

形态特征： 贝壳呈梨形，上部膨圆，下部窄细，淡褐色，具黄褐色细斑点。螺层约6层。螺旋部低矮。体螺层膨大，几乎占贝壳的全部。壳面光滑，有低平较粗的螺肋和细弱的纵肋。体螺层上有5～6条黄白色的螺带。壳口宽长，内面呈淡紫色（图中所用标本保存时间较长，已褪色）。外唇薄，内唇弯曲。前沟长。无厣。

生态习性： 生活在浅海泥砂质海底。

地理分布： 台湾岛，浙江以南沿海；印度洋-西太平洋。

参考文献： 陈道海等，2000。

图 242　杂色琵琶螺 *Ficus variegata* Röding, 1798
A. 背面观；B. 腹面观

嵌线螺科 Cymatiidae Iredale, 1913
蝌蚪螺属 *Gyrineum* Link, 1807

粒蝌蚪螺
Gyrineum natator (Röding, 1798)

标本采集地： 浙江象山。

形态特征： 贝壳略呈三角形。贝壳两侧具纵肋，螺层表面具纵横螺肋，二者交叉点为颗粒状突起。体螺层和次体螺层中具两条发达的螺肋。壳表为黄褐色或紫色，颗粒突起部呈黑褐色，壳表被有黄褐色带茸毛的壳皮。壳口卵圆形。外唇厚，内缘具 6～8 枚齿。前沟较短，半管状。厣角质。

生态习性： 栖息于中、低潮区潮间带及潮下带岩礁。

地理分布： 广泛分布于中国沿海；印度洋-西太平洋。

参考文献： 马绣同，1988。

图 243　粒蝌蚪螺 *Gyrineum natator* (Röding, 1798)

蛙螺科 Bursidae Thiele, 1925

赤蛙螺属 *Bufonaria* Schumacher, 1817

习见赤蛙螺
Bufonaria rana (Linnaeus, 1758)

同物异名：*Bufonaria albivaricosa* (Reeve, 1844)；*Bufonaria subgranosa* (Sowerby II, 1836)；*Bursa rana* (Linnaeus, 1758)；*Murex rana* Linnaeus, 1758；*Ranella albivaricosa* Reeve, 1844；*Ranella beckii* Kiener, 1841；*Ranella subgranosa* Sowerby II, 1836

标本采集地：浙江象山。

形态特征：贝壳呈卵圆形，黄白色并杂有紫褐色火焰状条纹。壳面有细的螺肋，肋上具颗粒状结节。壳口橄榄形，内面黄白色。外唇厚，边缘具齿；内唇边缘具褶襞及粒状突起。前沟半管状，后沟内侧有时具肋突。厣角质。

生态习性：生活于浅海软泥、砂泥或细砂质底。

地理分布：东海，南海，台湾岛；印度洋-西太平洋。

参考文献：王柱，2015。

图 244　习见赤蛙螺 *Bufonaria rana* (Linnaeus, 1758)
A. 腹面观；B. 背面观

土发螺属 *Tutufa* Jousseaume, 1881

蟾蜍土发螺
Tutufa bufo (Röding, 1798)

标本采集地： 东海外海。

形态特征： 壳质坚实。螺层约 8 层，缝合线浅沟状。螺旋部呈尖塔形，体螺层大。壳表具细的念珠状螺肋，在每一螺层的中部和体螺层上具较强的角状突起，以体螺层上部的 1 列角状突起最强大，往下渐渐减弱，纵胀肋排列不规则，以体螺层腹面左侧的 1 条较粗壮。壳面黄褐色。壳口卵圆形，内黄白色，具有 1 圈红色的带。内外唇扩张，外唇内缘有 1 列小齿，边缘具缺刻；内唇滑层较厚，具光泽，上部滑层紧贴于体螺层上，轴唇上具细弱的褶襞。前、后水管沟均呈半管状，前沟稍扭曲。厣角质。

生态习性： 暖水性种类，栖息于浅海岩礁或珊瑚礁间。

地理分布： 台湾岛东北海域；印度洋 - 西太平洋暖水区域。

经济意义： 肉可食；贝壳美丽可供观赏。

参考文献： 张素萍和马绣同，2004。

图 245　蟾蜍土发螺 *Tutufa bufo* (Röding, 1798)

扭螺科 Personidae Gray, 1854

扭螺属 *Distorsio* Röding, 1798

网纹扭螺
Distorsio reticularis (Linnaeus, 1758)

标本采集地： 浙江瓯江口。

形态特征： 壳近似菱形。螺层约9层。缝合线浅，螺旋部较高，背方膨胀犹如驼背，腹方压平。壳表黄褐色或灰白色，具纵横行走肋形成网纹。壳口扩张，形成片状红棕楯面。外唇内侧具大小不等的齿，内唇有方格状雕刻和颗粒状齿。前沟半管状，后沟内侧具两枚突起。

生态习性： 栖息于浅海软泥或泥沙质海底。

地理分布： 东海，南海，台湾岛；印度洋 - 西太平洋。

参考文献： 张素萍和马绣同，2004。

图246 网纹扭螺 *Distorsio reticularis* (Linnaeus, 1758)
A. 背面观；B. 腹面观

新腹足目 Neogastropoda
骨螺科 Muricidae Rafinesque, 1815
棘螺属 *Chicoreus* Montfort, 1810

焦棘螺
Chicoreus torrefactus (G. B. Sowerby II, 1841)

同物异名： *Chicoreus* (*Chicoreus*) *kilburni* Houart & Pain, 1982；*Chicoreus rubiginosus* (Reeve, 1845)；*Murex affinis* Reeve, 1846；*Murex benedictinus* Lobbecke, 1879；*Murex rochebruni* Poirier, 1883；*Murex rubiginosus* Reeve, 1845；*Murex torrefactus* G. B. Sowerby II, 1841；*Murex tubulatus* Mörch, 1852

标本采集地： 东海外海。

形态特征： 壳略呈纺锤形。壳高 80.1mm，壳宽 41.0mm。壳面紫褐色或灰褐色。螺层约 8 层。纵胀肋 3 条。纵胀肋间有 1～2 个结节。壳面有细密的螺旋肋及螺旋纹。壳口卵圆形。外唇外侧具 5 个粗壮的枝棘；枝棘间有小棘。浅沟前端向背方弯曲，外侧有 3 条枝棘；后沟呈缺刻状。厣卵圆形，角质。

生态习性： 栖息在潮下带至百米水深的泥砂质海底。

地理分布： 东海，台湾岛，南海；印度洋 - 西太平洋。

参考文献： 杨文等，2013。

图 247　焦棘螺 *Chicoreus torrefactus* (G. B. Sowerby II, 1841)
A. 背面观；B. 腹面观

骨螺属 *Murex* Linnaeus, 1758

浅缝骨螺
Murex trapa Röding, 1798

同物异名： Murex duplicatus Pusch, 1837； Murex martinianus Reeve, 1845； Murex rarispina Lamarck, 1822； Murex unidentatus G. B. Sowerby II, 1834

标本采集地： 浙江洞头。

形态特征： 壳形奇特，壳表具有许多短小的棘，壳质坚硬。螺层约8层，缝合线浅，呈线状，肩角明显，肩部斜平。每一螺层有3条纵胀肋，中间生有一尖刺。在体螺层上，纵胀肋之间生有4～7条细弱的纵肋，纵肋越接近壳顶部越明显，而数目逐渐减少。壳面上的螺肋细而突出，较明显，在各螺层中部和体螺层上部的肩角上有一条螺肋比较发达。壳口卵圆形，内面褐色。外唇边缘形成大的缺刻，在其中下部有一发达的脊状突起。内唇上半部薄，下半部较厚，向外翻卷，略直。前沟较长，像封闭的管子，在管壁后面生有3列尖刺，尖刺生长的高度不超过前沟长度的1/2，壳表黄灰色或黄褐色。具角质厣。

生态习性： 生活于10m深的砂泥质海底、浅海，暖海产种类。

地理分布： 浙江以南沿海；日本。

经济意义： 肉可食用；贝壳可作为工艺品。

参考文献： 佘书生和孙颉，2017。

图 248　浅缝骨螺 *Murex trapa* Röding, 1798
A. 侧面观；B. 背面观；C. 腹面观

红螺属 *Rapana* Schumacher, 1817

红螺
Rapana bezoar (Linnaeus, 1767)

同物异名： *Rapana foliacea* Schumacher, 1817； *Volema plicata* Röding, 1798

标本采集地： 浙江瓯江口。

形态特征： 贝壳大，略呈四方形。螺层约 6 层。螺旋部稍高起，体螺层膨大。壳面密生细而稍突出的螺肋。体螺层下部有 3～4 条略粗的肋，有短的角状突起。

生态习性： 栖息于浅海软泥或泥沙质海底。

地理分布： 东海，南海；印度洋 - 西太平洋。

参考文献： 杨建敏等，2010。

图 249　红螺 *Rapana bezoar* (Linnaeus, 1767)
A. 腹面观；B. 背面观

瑞荔枝螺属 *Reishia* Kuroda & Habe, 1971

瘤瑞荔枝螺
Reishia bronni (Dunker, 1860)

同物异名： *Purpura bronni* Dunker, 1860； *Purpura suppressus* Grabau & S. G. King, 1928； *Thais bronni* (Dunker, 1860)

标本采集地： 浙江南田岛。

形态特征： 贝壳中等大，呈纺锤形。螺层约6层。螺旋部高起，约为壳高的1/2。壳表具有较大的瘤状突起，体螺层有4列瘤状突起。壳面密生细微的螺纹及明显的纵走生长纹。壳面为淡黄色或带黑紫色，无褐色斑块。壳口长卵圆形，内为黄色。外唇外缘随壳面的雕刻形成缺刻，内唇较直、光滑。厣角质。

生态习性： 栖息于潮间带中、低潮区的岩石间。

地理分布： 东海；日本。

经济意义： 肉可供食用。

参考文献： 张素萍和张福绥，2005；尤仲杰和陈志云，2010。

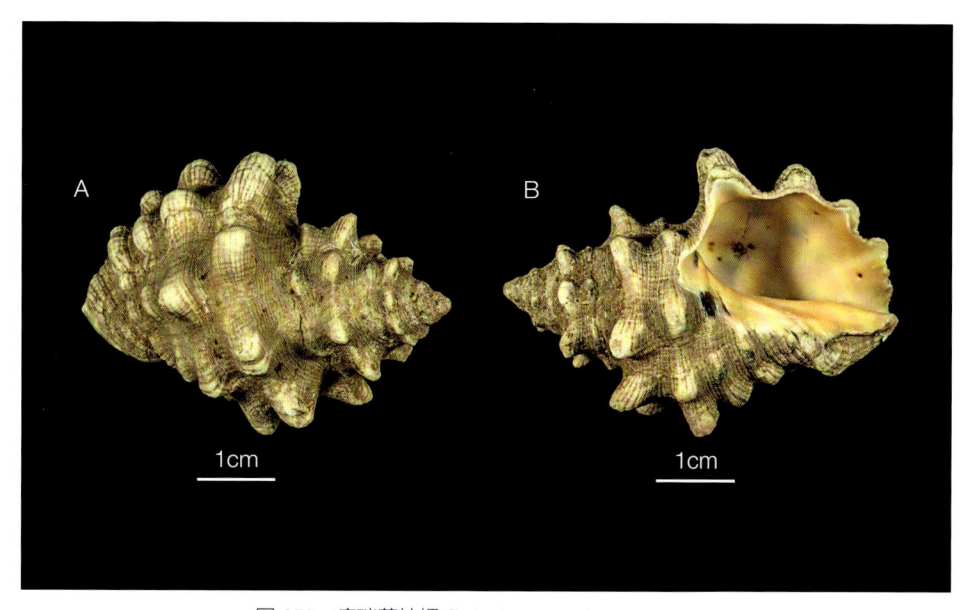

图250 瘤瑞荔枝螺 *Reishia bronni* (Dunker, 1860)
A. 背面观；B. 腹面观

疣瑞荔枝螺
Reishia clavigera (Küster, 1860)

同物异名：*Purpura altispiralis* Grabau & S. G. King, 1928；*Purpura alveolata* var. *pechiliensis* Grabau & S. G. King, 1928；*Thais clavigera* (Küster, 1860)

标本采集地：浙江宁波。

形态特征：壳椭圆形，灰白色，常带一些绿色。壳表具螺旋疣肋，具棕褐色疣肋或突起。壳口卵圆形。外缘具缺刻，内缘具胼胝。厣角质。

生态习性：生活于潮间带至潮下带的岩石间，肉食性的种类。

地理分布：广泛分布于东海近岸岩礁潮间带；日本。

参考文献：尤仲杰和陈志云，2010；王旭，2013。

图 251 疣瑞荔枝螺 *Reishia clavigera* (Küster, 1860)
A. 腹面观；B. 背面观

黄口瑞荔枝螺
Reishia luteostoma (Holten, 1803)

同物异名： *Buccinum luteostoma* Holten, 1803; *Purpura bronni* var. *suppressa* Grabau & S. G. King, 1928; *Purpura chusani* Souleyet, 1852; *Thais* (*Thaisella*) *luteostoma* (Holten, 1803); T*haisella luteostoma* (Holten, 1803)

标本采集地： 浙江南田岛。

形态特征： 贝壳中等大小，呈纺锤形；螺层约 7 层。螺旋部尖，长度约为壳高的 1/2。体螺层较膨大，每一螺层中部突出形成肩部，在肩角上有 1 列角状或鸭嘴状突起。通常在螺旋部有 1 条、体螺层上有 4 条角状突起。壳面密生细螺纹和生长纹。壳面呈灰黄色或黄紫色，角状突起呈土黄色。壳口长卵圆形，壳口和内唇通常为黄色。外唇外缘有细的缺刻。内唇略直，光滑。前沟短，末端稍弯向背方。厣角质。

生态习性： 栖息于潮间带中、低潮区至深 20m 的岩礁间或砾石间。

地理分布： 渤海，黄海，东海，南海；日本。

经济意义： 肉可供食用。

参考文献： 尤仲杰和陈志云，2010；王旭，2013。

图 252　黄口瑞荔枝螺 *Reishia luteostoma* (Holten, 1803)
A. 侧面观；B. 腹面观

瑞荔枝螺属分种检索表

1. 壳表的突起呈瘤状 ··· 瘤瑞荔枝螺 *R. bronni*
- 壳表的突起不呈瘤状 ··· 2
2. 贝壳较狭长，疣突较锐利 ··· 黄口瑞荔枝螺 *R. luteostoma*
- 贝壳较矮短，疣突较钝 ·· 疣瑞荔枝螺 *R. clavigera*

骨螺科分属检索表

1. 螺层纵肋上生有粗强的分枝状的棘 ··· 棘螺属 *Chicoreus*
- 螺层纵肋上没有分枝的棘 ··· 2
2. 壳口的前沟多延长成水管 ·· 骨螺属 *Murex*
- 壳口的前沟不延长成水管 ··· 3
3. 贝壳大，略呈方形，体螺层明显膨大 ·· 红螺属 *Rapana*
- 贝壳中等大，略呈纺锤形，体螺层不明显膨大 ································ 瑞荔枝螺属 *Reishia*

核螺科 Columbellidae Swainson, 1840
小笔螺属 *Mitrella* Risso, 1826

白小笔螺
Mitrella albuginosa (Reeve, 1859)

同物异名：*Columbella albuginosa* Reeve, 1859；*Columbella albuginosa* var. *major* W. H. Turton, 1932；*Mitrella bella* (Reeve, 1859)；*Pyrene albuginosa* (Reeve, 1859)；*Pyrene bella* (Reeve, 1859)

标本采集地：浙江洞头。

形态特征：壳小，纺锤形，黄白色，有褐色或紫褐色火焰状纵走的斑纹。缝合线明显。螺旋部较高。体螺层基部具 1 条环带。壳口小，外唇薄，内缘具小齿 5 个，内唇稍扭曲。厣角质。

生态习性：栖息于潮间带岩石区或泥砂质海底的海藻上，肉食性。

地理分布：渤海，黄海，东海，南海；印度洋 - 西太平洋。

参考文献：李宝泉，2002。

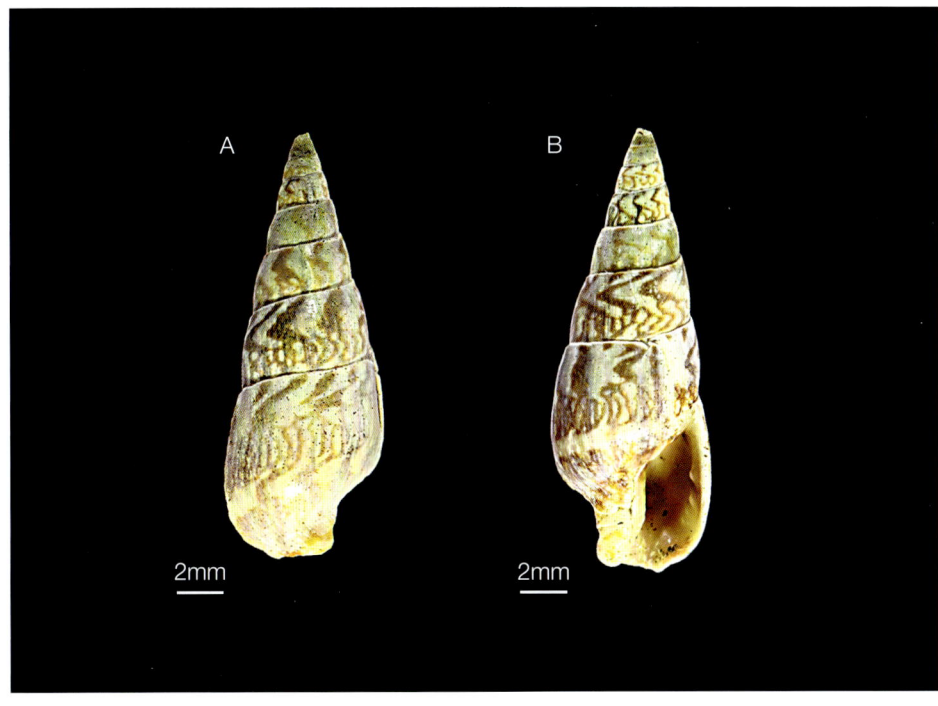

图 253　白小笔螺 *Mitrella albuginosa* (Reeve, 1859)
A. 背面观；B. 腹面观

布尔小笔螺
Mitrella burchardi (Dunker, 1877)

同物异名： *Amycla burchardti* Dunker, 1877； *Columbella tenuis* Gaskoin, 1852

标本采集地： 浙江舟山。

形态特征： 壳面光滑，灰黄色，有不规则的网状或波纹状花纹。螺旋部圆锥形。壳口长卵圆形，内淡紫色或黄褐色，有数条放射状的肋纹。前沟宽短。厣角质。

生态习性： 栖息于潮间带至水深 20m 泥砂滩或岩石区。

地理分布： 渤海，黄海，东海；日本，朝鲜半岛。

参考文献： 李宝泉，2002；李宝泉和李新正，2005。

图 254 布尔小笔螺 *Mitrella burchardi* (Dunker, 1877)
A. 腹面观；B. 背面观

蛾螺科 Buccinidae Rafinesque, 1815
东风螺属 *Babylonia* Schlüter, 1838

方斑东风螺
Babylonia areolata (Link, 1807)

同物异名： *Babylonia lani* Gittenberger & Goud, 2003；*Babylonia magnifica* Fraussen & Stratmann, 2005

标本采集地： 浙江平阳。

形态特征： 贝壳呈长卵形，壳质稍薄，尚坚硬。螺层约8.5层，缝合线明显，呈浅沟状。各螺层壳面较膨圆，在缝合线的近下方形成一狭而平坦的肩部。壳表光滑，生长纹细密。壳面被黄褐色壳皮，壳皮下面为黄白色，具有长方形的紫褐色斑块，斑块在体螺层有3横列，以上方的横列最大。壳口半圆形，内面白色并印出壳表色彩。外唇薄，弧形，内唇光滑，紧贴于壳轴上。脐孔半月形，大而深。绷带扁平，紧绕脐缘，上面覆有鳞状生长纹。厣厚，棕色，角质，核位于前端内侧。

生态习性： 生活于数米至数十米深的砂泥质海底。

地理分布： 渤海，黄海，东海，南海；日本，斯里兰卡。

经济意义： 肉肥味美，可食用。

参考文献： 柯才焕，2011。

图 255 方斑东风螺 *Babylonia areolata* (Link, 1807)
A. 背面观；B. 顶面观；C. 腹面观

泥东风螺
Babylonia lutosa (Lamarck, 1816)

同物异名： *Eburna lutosa* Lamarck, 1816；*Eburna pacifica* Swainson, 1822；*Eburna troschelii* Kobelt, 1881

标本采集地： 浙江洞头。

形态特征： 贝壳呈长卵形，壳质坚硬。螺层约9.5层，缝合线明显。壳顶各螺层壳面较膨圆，基部3、4螺层各在上方形成肩角，肩角的下半部略直。壳表光滑，生长纹细而明显。壳面被黄褐色薄壳皮。壳口长卵形，内面瓷白色。外唇薄，弧形内唇稍向外反折。前沟短而深，呈"V"形；后沟为一小而明显的缺刻。绷带宽而低平，环绕壳底。脐孔明显，不深，部分被内唇遮盖。厣坚厚，褐色，角质，核位于前端。

生态习性： 生活于数米至十米深的砂泥质海底。

地理分布： 渤海，黄海，东海，南海；日本。

经济意义： 肉可食用；贝壳可烧石灰或药用。

参考文献： 秦溱，2014。

图256　泥东风螺 *Babylonia lutosa* (Lamarck, 1816)
A. 背面观；B. 顶面观；C. 腹面观

甲虫螺属 *Cantharus* Röding, 1798

甲虫螺
Cantharus cecillei (Philippi, 1844)

同物异名： *Turbinella cecillii* Philippi, 1844

标本采集地： 浙江南田岛。

形态特征： 贝壳呈纺锤形。螺层约 8 层。壳面具粗纵肋和细螺肋。体螺层常有 6～10 条纵肋，壳面较粗糙。壳表呈黄褐色，有断续的紫褐色色带。壳口较小，卵圆形，内面为白色。外唇内缘具有齿列，内唇基部有一些褶纹。前沟较短，呈半管状。厣角质。

生态习性： 栖息于潮间带中、低潮区至潮下带岩石岸、石块下、碎贝壳、砂泥或泥底。

地理分布： 渤海，黄海，东海，南海；日本。

参考文献： 李凤兰和林民玉，2000。

图 257 甲虫螺 *Cantharus cecillei* (Philippi, 1844)
A. 背面观；B. 腹面观

香螺属 *Neptunea* Röding, 1798

香螺
Neptunea cumingii Crosse, 1862

同物异名： *Fusus taeniatus* G. B. Sowerby II, 1880；*Neptunea taeniata* (G. B. Sowerby II, 1880)

标本采集地： 浙江舟山。

形态特征： 壳大，纺锤形。壳表黄褐色，被有褐色壳皮。每螺层壳面中部和体螺层上部扩张形成肩角。基部各螺层的肩角具发达的棘状或鳞片状突起。壳口大，卵圆形。外唇弧形，简单；内唇略扭曲。前沟短宽。厣角质。

生态习性： 栖息于数米至百米水深的砂泥质或岩礁海底。

地理分布： 渤海，黄海，东海；日本，朝鲜。

参考文献： 董长永，2008。

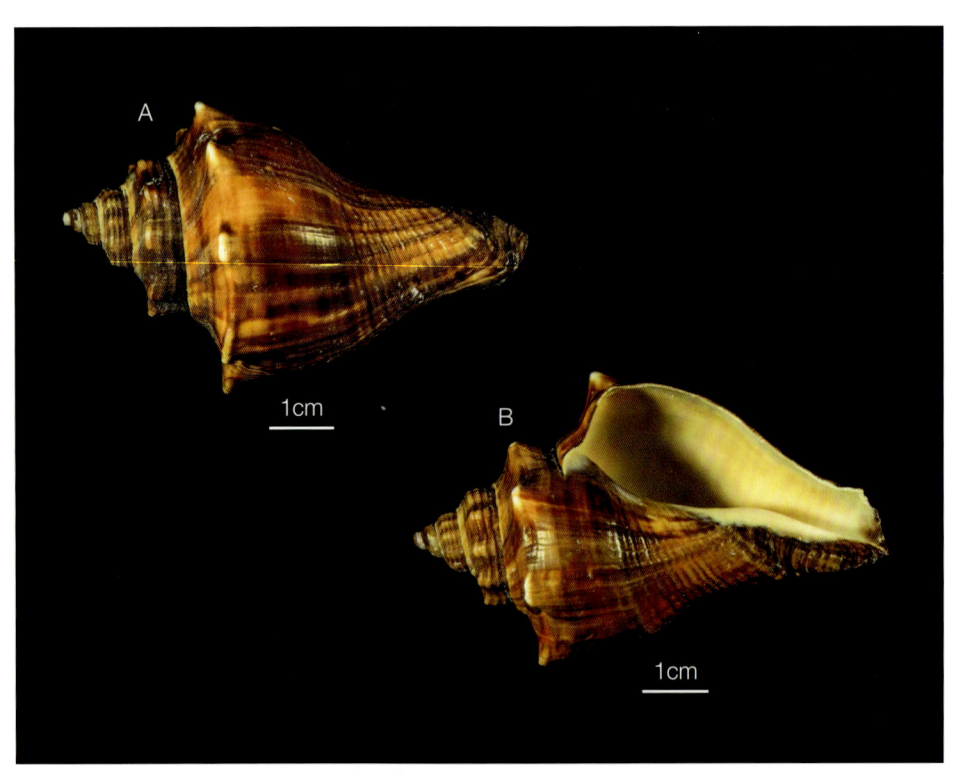

图 258　香螺 *Neptunea cumingii* Crosse, 1862
A. 背面观；B. 腹面观

管蛾螺属 *Siphonalia* A. Adams, 1863

褐管蛾螺
Siphonalia spadicea (Reeve, 1847)

标本采集地： 浙江舟山。

形态特征： 贝壳呈长纺锤形，壳质坚实。螺层约9层，缝合线浅。每一螺层的中部和体螺层的上部向外膨凸，形成钝的肩部，肩部的纵肋明显，体螺层腹面的纵肋较弱，背面的纵肋多数不明显或者消失。整个表面密布细密的螺肋，有的螺肋间夹有细的肋纹。壳口卵圆形，内面淡黄色，也具有细的肋纹。外唇简单，内唇具有不明显的肋纹。前水管沟稍有延长，前端向背方扭曲，绷带明显。贝壳灰白色，每隔1条或3条螺肋即有1条红褐色的螺肋。全壳被有薄的褐色壳皮。具角质厣。

生态习性： 生活在浅海，从十余米至百余米水深的软泥或泥质沙的海底都曾发现。以水深50m处栖息较多，其贝壳上绝大多数都附生海葵。

地理分布： 东海；日本。

经济意义： 肉可供食用，但产量太低，经济价值不大。

参考文献： 董长永，2008。

图259 褐管蛾螺 *Siphonalia spadicea* (Reeve, 1847)
A. 背面观；B. 腹面观

盔螺科 Melongenidae Gill, 1871 (1854)
角螺属 *Hemifusus* Swainson, 1840

管角螺
Hemifusus tuba (Gmelin, 1791)

同物异名： *Fusus trompeta* Röding, 1798; *Murex tuba* Gmelin, 1791
标本采集地： 东海陆架。
形态特征： 贝壳大型，呈长纺锤形。壳表被有带茸毛的褐色外皮。缝合线深，呈不整齐的沟状。螺旋部每螺层中部扩张形成肩角。肩角上约有角状突起10个。体螺层膨大。壳口大，外唇较薄，内唇紧贴于壳轴上。前沟较长。厣角质。
生态习性： 栖息于潮下带浅海软泥或泥砂质海底。
地理分布： 东海，南海；西太平洋。
经济意义： 管角螺的厣可以入药。
参考文献： 罗福广等，2010。

图 260　管角螺 *Hemifusus tuba* (Gmelin, 1791)
A. 背面观；B. 腹面观；C. 顶面观

织纹螺科 Nassariidae Iredale, 1916 (1835)
织纹螺属 *Nassarius* Duméril, 1805

方格织纹螺
Nassarius conoidalis (Deshayes, 1833)

同物异名：*Nassa* (*Niotha*) *gemmulata* (Lamarck, 1822)；*Nassarius* (*Niotha*) *conoidalis* (Deshayes, 1832)；*Nassarius* (*Niotha*) *clathratus* (Lamarck, 1822)；*Niotha clathrata* (Lamarck, 1816)

标本采集地：浙江平阳。

形态特征：壳近球形，壳面灰白色或灰褐色。壳面有纵横交叉的深沟，形成发达的近方形的结节突起。体螺层膨大，背面具1条白色螺带。壳口内淡褐色。外唇缘具小尖齿约10个，内面有10条强肋；内唇上有许多颗粒突起。

生态习性：生活在浅海砂或泥砂质底。

地理分布：台湾岛，东海，南海；印度洋-西太平洋。

参考文献：杨静文，2010；尤仲杰和张爱菊，2008。

图261 方格织纹螺 *Nassarius conoidalis* (Deshayes, 1833)
A. 腹面观；B. 背面观

纵肋织纹螺
Nassarius variciferus (A. Adams, 1852)

同物异名：*Nassa (Zeuxis) varicifera* A. Adams, 1852；*Nassarius (Varicinassa) variciferus* (A. Adams, 1852)；*Nassarius (Zeuxis) variciferus* (A. Adams, 1852)；*Tritia (Varicinassa) variciferus* (A. Adams, 1852)；*Varicinassa varicifera* (A. Adams, 1852)；*Zeuxis varicifera* (A. Adams, 1852)

标本采集地：浙江瓯江口。

形态特征：壳短尖锥形。壳表淡黄色，混有褐色云斑，具有纵肋和细密的螺纹，相互交织成布纹状。螺旋部高，缝合线深，每个螺层上生有1～2条粗大的纵肿脉。壳口外唇边缘有厚的镶边，内缘通常有6个齿状突起；内唇薄。前沟短而深，后沟有缺刻。

生态习性：栖息于潮间带低潮区至水深40m的砂或泥沙质底。

地理分布：渤海，黄海，东海，南海；日本，朝鲜半岛。

参考文献：尤仲杰和张爱菊，2008。

图262 纵肋织纹螺 *Nassarius variciferus* (A. Adams, 1852)
A. 背面观；B. 腹面观

西格织纹螺
Nassarius siquijorensis (A. Adams, 1852)

同物异名： *Nassa* (*Hinia*) *siquijorensis* A. Adams, 1852；*Nassa* (*Zeuxis*) *canaliculata* (Lamarck, 1822)；*Nassa cingenda* Marrat, 1880；*Nassa siquijorensis* A. Adams, 1852；*Nassarius canaliculatus* (Lamarck, 1822)

标本采集地： 长江口。

形态特征： 壳面黄白色，杂有褐色斑，具有较发达的纵肋和细弱的螺旋纹。螺层呈阶梯状，体螺层具褐色带3条。壳口外唇具肋纹10余条，内唇紧贴壳轴。绷带明显。厣角质。

生态习性： 生活在浅海砂质或泥砂质海底。

地理分布： 东海，南海；西太平洋。

参考文献： 赵倩，2013。

图263 西格织纹螺 *Nassarius siquijorensis* (A. Adams, 1852)
A. 腹面观；B. 背面观

红带织纹螺
Nassarius succinctus (A. Adams, 1852)

同物异名：Nassa pusilla Marrat, 1880；Nassa succincta A. Adams, 1852；Nassarius (Zeuxis) succinctus (A. Adams, 1852)；Zeuxis succinctus (A. Adams, 1852)

标本采集地：浙江象山港。

形态特征：贝壳呈长卵圆形，螺层约9层。仅胚壳数螺层有明显的纵肋和极细的螺肋；其他螺层壳面较光滑，通常在缝合线近下方有1条和体螺层基部有10余条螺旋形沟纹。壳面呈黄白色，体螺层上有3条红褐色色带，其余螺层上为2条。壳口卵圆形，内面为淡黄褐色，有红褐色色带。外唇内缘具6～8枚齿状突起；内唇后端具齿状突起。前沟宽短，后沟窄。厣角质。

生态习性：栖息于潮间带中潮区至数十米内水深的泥砂或泥质海底。

地理分布：东海，南海；西太平洋。

参考文献：刘炜明，2006。

图264 红带织纹螺 *Nassarius succinctus* (A. Adams, 1852)
A. 背面观；B. 腹面观

半褶织纹螺
Nassarius sinarum (Philippi, 1851)

同物异名: *Buccinum sinarum* Philippi, 1851; *Nassa* (*Niotha*) *sinarus* (Philippi, 1851); *Nassa semiplicata* A. Adams, 1852; *Nassarius* (*Tritonella*) *semiplicatus* (A. Adams, 1852); *Nassarius* (*Zeuxis*) *semiplicatus* (A. Adams, 1852); *Nassarius semiplicatus* (A. Adams, 1852); *Zeuxis semiplicata* (A. Adams, 1852)

标本采集地: 长江口。

形态特征: 壳长卵圆形。壳面黄白色,具明显的纵螺肋和细螺纹。体螺层具褐色螺带3条。壳口卵圆形,外唇内侧具齿状肋。前沟短,厣角质。

生态习性: 栖息于潮间带中、低潮区至浅海的泥质或泥沙质海底。

地理分布: 黄海,东海。

参考文献: 张素萍和杨静文,2010。

图265 半褶织纹螺 *Nassarius sinarum* (Philippi, 1851)
A. 背面观; B. 腹面观

织纹螺属分种检索表

1. 仅胚壳数螺层有明显纵肋，其余体螺层表面光滑..................红带织纹螺 *N. succinctus*
- 体螺层具有较发达的纵肋...2
2. 壳面有纵横交叉的深沟，形成发达的近方形的结节突起...............方格织纹螺 *N. conoidalis*
- 壳面具有纵肋和细密的螺纹..3
3. 每个螺层上生有 1～2 条粗大的纵肿脉..................................纵肋织纹螺 *N. variciferus*
- 体螺层具褐色螺带 3 条..4
4. 壳口卵圆形，外唇内侧具齿状肋...半褶织纹螺 *N. sinarum*
- 壳口外唇具肋纹 10 余条，内唇紧贴壳轴..................................西格织纹螺 *N. siquijorensis*

榧螺科 Olividae Latreille, 1825

榧螺属 *Oliva* Bruguière, 1789

红口榧螺
Oliva miniacea (Röding, 1798)

同物异名：*Miniaceoliva miniacea* (Röding, 1798)；*Oliva* (*Miniaceoliva*) *miniacea* (Röding, 1798)；*Oliva azemula* Duclos, 1840；*Oliva masaris* Duclos, 1840；*Oliva miniacea miniacea* (Röding, 1798)；*Oliva sylvia* Duclos, 1844；*Porphyria miniacea* Röding, 1798

标本采集地：浙江南麂列岛。

形态特征：贝壳圆筒状。壳面光滑，色泽和花纹多变化，通常呈淡黄色或黄褐色。螺层约8层，缝合线呈沟状。体螺层高度约为螺旋部的18倍，光滑，有瓷光，有时微呈淡蓝绿色或有褐色斑点及斑块。体螺层通常具3条栗褐色横带及锯齿状或波状花纹，亦有极个别壳表全为黑褐色而无花纹。壳口狭长，前部较宽，边缘色淡；内面为橘红色。外唇厚，略向内曲；内唇薄，近前沟处有较粗横肋。前沟宽短，后沟小，无厣。

生态习性：生活在低潮线下至数米水深的细砂质海底。

地理分布：浙江沿海，台湾岛，南海；印度洋-西太平洋。

参考文献：肖汉洪等，2002。

图266 红口榧螺 *Oliva miniacea* (Röding, 1798)
A. 背面观；B. 腹面观

笔螺科 Mitridae Swainson, 1831

焰笔螺属 *Strigatella* Swainson, 1840

褐焰笔螺
Strigatella coffea (Schubert & J. W. Wagner, 1829)

同物异名： *Mitra* (*Mitra*) *coffea* Schubert & Wagner, 1829; *Mitra coffea* Schubert & J. A. Wagner, 1829; *Mitra fulva* Swainson, 1831; *Nebularia coffea* (Schubert & Wagner, 1829)

标本采集地： 浙江南麂列岛。

形态特征： 贝壳中型大小。贝壳纺锤形或梭形，壳高可达 40～60mm，壳质厚，螺层 5～6 层，胚壳白色，各螺层均膨胀，体螺层向壳口相对面显著膨胀；缝合线明显，边缘呈弱锯齿状；壳表光滑，刻有浅的针孔状螺旋纹及细的生长纹，螺旋纹数目在次体螺层约为 10 条，在体螺层约 30 条；壳口向前沟处增宽，外唇厚，边缘具 10 余个间隔较宽的白色小齿；壳轴具滑层及 5～7 条白色褶襞；贝壳呈均一的黄棕色，缝合线下隐约可见 1 深棕色色带，有的个体体螺层下部散布白色小斑点，壳口内部呈深棕色。壳皮薄，黄棕色，半透明。

生态习性： 栖息于岩石下和珊瑚礁缝隙中，从潮间带至水深约 25m 处均有分布。

地理分布： 东海，南海；广分布种，印度洋-西太平洋，马来群岛，夏威夷群岛，马达加斯加，澳大利亚北部，新喀里多尼亚，新几内亚岛，菲律宾，日本本州。

参考文献： 李宝泉，2002。

图 267　褐焰笔螺 *Strigatella coffea* (Schubert & J. W. Wagner, 1829)
A. 背面观；B. 腹面观

格纹笔螺属 *Cancilla* Swainson, 1840

淡黄笔螺
Cancilla isabella (Swainson, 1831)

同物异名：Mitra (Scabricola) yokoyamai Nomura, 1935；Mitra isabella (Swainson, 1831)；Mitra yokoyamai Nomura, 1935；Tiara isabella Swainson, 1831

标本采集地：浙江南麂列岛。

形态特征：贝壳呈长纺锤形。螺层约 11 层。螺旋部较高，体螺层狭长。各螺层上刻有明显的螺肋。纵走的生长纹与螺肋相交形成结节突起。缝合线明显。壳口狭长。外唇薄，内缘有细齿状缺刻；内唇中部有 5 条肋状齿。前沟长，前端向背方弯曲。

生态习性：生活在潮间带以及浅海的泥砂质底。

地理分布：浙江，台湾岛，广东，海南沿海；日本，朝鲜半岛，菲律宾。

参考文献：李宝泉，2002。

图 268　淡黄笔螺 *Cancilla isabella* (Swainson, 1831)
A. 背面观；B. 腹面观

细带螺科 Fasciolariidae Gray, 1853

纺锤螺属 *Fusinus* Rafinesque, 1815

柱形纺锤螺
Fusinus colus (Linnaeus, 1758)

同物异名： *Colus boardmani* Iredale, 1930；*Colus longicauda* (Lamarck, 1801)；*Fusinus longicauda* (Lamarck, 1801)；*Fusus colus* (Linnaeus, 1758)；*Fusus longicauda* Lamarck, 1801；*Fusus longicaudus* Lamarck, 1801

标本采集地： 浙江温州。

形态特征： 壳长纺锤形。壳面黄褐色，混有黄白色斑纹，具粗细相间螺肋。螺旋部尖而高，具肩角，肩角上有发达的角状突起。壳口卵圆形，内褐色。外唇薄，内唇轴上有3条肋状齿。前沟延长，呈管状。

生态习性： 生活在潮间带低潮区附近或稍深的珊瑚礁间。

地理分布： 东海，台湾岛，西沙群岛，南沙群岛；印度洋-西太平洋。

参考文献： 李海涛等，2010。

图 269　柱形纺锤螺 *Fusinus colus* (Linnaeus, 1758)

长纺锤螺
Fusinus salisburyi Fulton, 1930

同物异名： *Fusinus forceps salisburyi* Fulton, 1930

标本采集地： 浙江舟山。

形态特征： 贝壳呈长纺锤形，两端尖细，螺旋部高，呈尖塔形，体螺层的前部延伸至细长的接近封闭的前沟，其高度约占全壳高的 1/2。螺层约 12 层，缝合线深，呈沟形。每一螺层中部的壳面膨圆。整个壳面的螺肋有规则的粗细间隔排列。螺旋部上的纵肋明显，与螺肋交叉成结节状突起。体螺层上的纵肋较弱，与螺肋交叉的结节状突起也不明显。壳顶卵圆形，内面白色，具有与壳面螺肋相应的肋纹。外唇边缘略有缺刻，内唇呈片状。前沟直，后沟略向背方弯曲。壳表灰白色，被有带绒毛的黄褐色壳皮，具角质厣。

生态习性： 生活在数十米水深的泥和泥沙质海底。

地理分布： 渤海，黄海，东海，南海；日本本州以南的浅海。

参考文献： 李海涛等，2010。

图 270　长纺锤螺 *Fusinus salisburyi* Fulton, 1930
A. 背面观；B. 腹面观

衲螺科 Cancellariidae Forbes & Hanley, 1851
衲螺属 Cancellaria Lamarck, 1799

金刚衲螺
Cancellaria spengleriana Deshayes, 1830

同物异名： *Cancellaria tritonis* G. B. Sowerby I, 1832
标本采集地： 长江口。
形态特征： 贝壳长卵圆形。螺层约 8 层，螺旋部较高，体螺层膨大。每一螺层的上方形成肩角。壳面具螺肋和纵肋，纵肋在肩角上形成短角状棘。壳表为褐色或淡褐色，杂有紫褐色的斑块。壳口长卵圆形，外唇边缘有细齿状缺刻，内面有与螺肋相对应的沟。内齿有 3 个褶襞。绷带发达。前沟短。厣角质。
生态习性： 栖息于低潮线至水深 20m 的泥沙质底。
地理分布： 渤海，黄海，东海，南海；日本，菲律宾。
参考文献： Nekhaev，2018。

图 271　金刚衲螺 *Cancellaria spengleriana* Deshayes, 1830
A. 背面观；B. 腹面观

塔螺科 Turridae H. Adams & A. Adams, 1853 (1838)

乐飞螺属 *Lophiotoma* T. L. Casey, 1904

白龙骨乐飞螺
Lophiotoma leucotropis (A. Adams & Reeve, 1850)

同物异名： *Lophioturris leucotropis* (A. Adams & Reeve, 1850)；*Pleurotoma leucotropis* A. Adams & Reeve, 1850

标本采集地： 浙江嵊泗。

形态特征： 贝壳呈长纺锤形，壳质较坚硬，螺层约14层。缝合线较浅。螺旋部似尖塔状，各螺层宽度均匀增加。整个壳面有细的螺肋，在缝合线近下方有一条螺肋比较发达。在每一螺层的中部有一条发达的螺旋形龙骨，把壳面分为上、下两部分，上部壳面略为内凹，下部壳面较为平直。在体螺层和次体螺层壳面的下半部常有数条比较发达的螺肋。壳口卵圆形，内面淡黄色。内、外唇均薄。外唇在接近后部边缘处有一较深的缺刻。前沟较长似管状。壳表面淡黄褐色，较发达的螺肋和龙骨颜色均很淡。

生态习性： 生活在水深10m至数百米的海底，底质为沙和泥沙质。

地理分布： 东海，南海。

参考文献： 李宝泉，2007。

图272 白龙骨乐飞螺 *Lophiotoma leucotropis* (A. Adams & Reeve, 1850)

棒塔螺科 Drillidae Olsson, 1964
格纹棒塔螺属 *Clathrodrillia* Dall, 1918

黄格纹棒塔螺
Clathrodrillia flavidula (Lamarck, 1822)

同物异名：*Clavatula flavidula* (Lamarck, 1822)；*Clavus flavidulus* (Lamarck, 1822)；*Drillia flavidula* (Lamarck, 1822)；*Funa flavidula* (Lamarck, 1822)；*Inquisitor flavidulus* (Lamarck, 1822)；*Pleurotoma flavidula* Lamarck, 1822；P*tychobela flavidula* (Lamarck, 1822)

标本采集地：长江口。

形态特征：贝壳较细长，塔形。壳顶尖细，螺层中部膨圆。贝壳表面具排列稀的纵肋和细密的螺肋。贝壳呈黄色或黄褐色。壳口长卵形，外唇薄，具细小的齿状缺刻，后端边缘处有一较深的缺刻。内唇紧贴于壳轴上。前沟较短。

生态习性：栖息于潮下带数 10m 水深的泥沙质海底。

地理分布：渤海，黄海，东海，南海；日本。

参考文献：Li et al., 2010。

图 273　黄格纹棒塔螺 *Clathrodrillia flavidula* (Lamarck, 1822)

涡螺科 Volutidae Rafinesque, 1815
电光螺属 *Fulgoraria* Schumacher, 1817

电光螺
Fulgoraria rupestris (Gmelin, 1791)

同物异名： *Fulgoraria rupestris* f. *aurantia* Shikama & Kosuge, 1970；*Fulgoraria chinensis* Schumacher, 1817；*Voluta capitata* Perry, 1811；*Voluta fulminata* Lamarck, 1811；*Voluta rupestris* Gmelin, 1791

标本采集地： 浙江南麂列岛。

形态特征： 贝壳狭长，呈梭形。螺层约8层，胚壳呈乳头状。螺旋部短，体螺层大。螺旋部纵肋明显，体螺层上纵肋弱或消失，有细的螺沟。生长纹明显。壳表为土黄色，有深褐色的纵行闪电状花纹。壳口大。轴唇上有8～10个大小不等的肋状褶襞。前沟稍长。

生态习性： 生活在潮间带以及浅海的泥砂质底。

地理分布： 浙江，台湾岛，广东，海南沿海；日本，朝鲜半岛，菲律宾。

参考文献： 李宝泉，2002。

图274 电光螺 *Fulgoraria rupestris* (Gmelin, 1791)
A. 背面观；B. 腹面观

瓜螺属 *Melo* Broderip, 1826

瓜螺
Melo melo (Lightfoot, 1786)

同物异名：*Cymbium indicum* (Gmelin, 1791)；*Cymbium maculatum* Röding, 1798；*Cymbium melo* (Lightfoot, 1786)；*Voluta anguria* Lightfoot, 1786；*Voluta citrina* Fischer, 1807；*Voluta indica* Gmelin, 1791；*Voluta melo* Lightfoot, 1786

标本采集地：浙江南麂列岛。

形态特征：贝壳大，近圆球状。螺旋部低小，在成体时几乎完全沉没于体螺层中，体螺层极膨大。壳面较光滑，有细的生长纹。全壳橘黄色，在幼体时常具明显的大型的红褐色斑块。壳面被有薄的污褐色壳皮。壳口大，卵圆形，内面亦为橘黄色，极光滑美丽。外唇弧形、薄，易破损。内唇扭曲，下部具4个强大的褶叠，滑唇紧贴于体螺层上。前沟极短宽。足大，具美丽的花纹。无厣。

生态习性：暖水种。生活在近海泥沙质的海底，4～5月产卵，每囊1卵，卵囊黏合成1粒状体。卵子孵化成幼贝后破囊外出。

地理分布：东海，南海，台湾岛；日本。

参考文献：黎跃成，2010。

图 275　瓜螺 *Melo melo* (Lightfoot, 1786)
A. 背面观；B. 腹面观

轮螺总科 Architectonicoidea Gray, 1850
轮螺科 Architectonicidae Gray, 1850
轮螺属 Architectonica Röding, 1798

大轮螺
Architectonica maxima (Philippi, 1849)

同物异名： *Architectonica maxima* Philippi, 1849

标本采集地： 台湾海峡。

形态特征： 壳低圆锥形，结实。壳面黄褐色或青灰色，具淡黄褐色壳皮，并具念珠状螺肋，肋上具红褐色和白色相间的斑点。缝合线深，沟状。脐孔大而深，周缘具齿状缺刻的螺肋。厣角质。

生态习性： 生活于浅海泥砂质海底。

地理分布： 台湾岛，广东，海南沿海；印度洋-西太平洋。

参考文献： 李海涛等，2016。

图 276　大轮螺 *Architectonica maxima* (Philippi, 1849)
A. 顶面观；B. 腹面观

头楯目 Cephalaspidea
长葡萄螺科 Haminoeidae Pilsbry, 1895
泥螺属 *Bullacta* Bergh, 1901

泥螺
Bullacta caurina (Benson, 1842)

同物异名：*Bulla sinensis* A. Adams, 1850；*Bullacta exarata* (Philippi, 1849)；*Bullaea exarata* Philippi, 1849；*Sinohaminea tsangkouensis* Tchang, 1933

标本采集地：江苏大丰。

形态特征：外壳呈卵圆形，壳薄脆，黄色，不能完全包裹身体。身体长方形，拖鞋状，头盘大，无触角。眼退化，埋藏于头盘的皮肤中，外壳不发达，被侧足包被，其后变成肥厚的叶片，游离。侧足发达，遮盖贝壳两侧的一部分。无螺塔和脐，开口广阔。无厣，螺轴平滑。

生态习性：栖息于泥沙质海湾的潮间带，以底栖硅藻为食。不适于风浪大、潮流急的海区生活。适应性极强。

地理分布：渤海，黄海，东海，南海；日本。

经济意义：肉可供食用，为珍贵的海味，也可以加工成罐头远销海外。

参考文献：刘童等，2018。

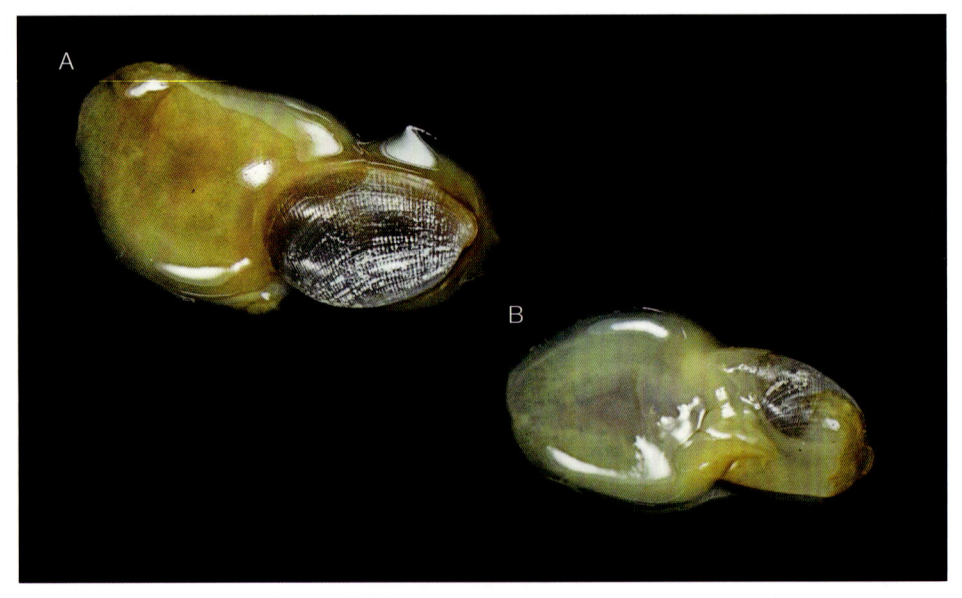

图 277 泥螺 *Bullacta caurina* (Benson, 1842)
A. 背面观；B. 腹面观

三叉螺科 Cylichnidae H. Adams & A. Adams, 1854
盒螺属 *Cylichna* Lovén, 1846

圆筒盒螺
Cylichna biplicata (A. Adams in Sowerby, 1850)

同物异名： *Bulla biplicata* A. Adams in Sowerby, 1850; *Bulla strigella* A. Adams, 1850; *Cylichna arthuri* Dautzenberg, 1929; *Cylichna braunsi* Yokoyama, 1920; *Cylichna javanica* Schepman, 1913; *Cylichna koryusyoensis* Nomura, 1935; *Cylichna strigella* (A. Adams, 1850); *Cylichna sundaica* Thiele, 1925; *Eocylichna braunsi* (Yokoyama, 1920)

标本采集地： 浙江舟山。

形态特征： 贝壳中小型，呈长圆柱形，白色、有光泽、稍厚，相当坚固。螺旋部卷旋入体螺层内。壳顶部狭，深开口，呈斜截断状，顶缘圆，突起低而宽。体螺层膨胀，中部微凹，为贝壳之全长。壳表被有黄褐色的壳皮，整个壳表有波纹状的螺旋沟，近两端的螺旋沟深而宽，略呈格子状。生长线明显。壳口狭长，上部稍狭，底部扩张。外唇薄，上部圆、弯曲、低凹，不超过壳顶部，中部微凹，底部呈截断状。内唇上部深凹，石灰质层宽而厚。轴唇稍直、厚，底部有1个弱的褶襞。壳口内面白色。

生态习性： 生活在潮下带浅水区至深海底的细砂质底。

地理分布： 渤海，黄海，东海，南海；菲律宾，日本等。

参考文献： 刘婧，2012。

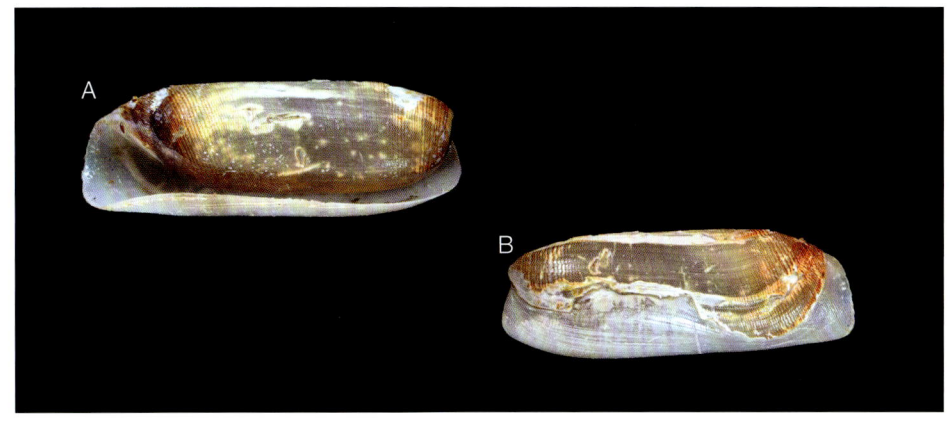

图278　圆筒盒螺 *Cylichna biplicata* (A. Adams in Sowerby, 1850)
A. 腹面观；B. 背面观

半囊螺属 *Semiretusa* Thiele, 1925

婆罗半囊螺
Semiretusa borneensis (A. Adams, 1850)

同物异名： *Bulla borneensis* A. Adams, 1850；*Retusa borneensis* (A. Adams, 1850)

标本采集地： 浙江南麂列岛。

形态特征： 贝壳小型，呈短圆柱形。壳质薄而稍坚固，有光泽。螺旋部小，占3螺层，稍沉入壳顶部，仅露出次体螺层，或与体螺层同在水平线上，呈截断状。胚壳小，呈乳头状突起，沉入壳顶中央，宛如核。壳表被覆有铁锈色的壳皮，常部分脱落，可透见内脏囊。4螺层。缝合线清楚，呈波浪沟状。体螺层膨胀，几乎占贝壳之绝大部分。壳表平滑，没有螺旋沟。生长线精细，常集聚形成细弱的褶襞。次体螺层小，稍突出或不超出壳顶部。壳口开口狭长，几乎与贝壳同长。上部狭圆，底部扩张，呈半圆形。外唇简单，上部圆弯曲自体螺层肩部稍下方升起，中部直、稍向内弯曲，底部圆形。内唇石灰质层宽而薄、平滑。轴唇短、弯曲，基部有1个反褶缘覆盖脐区。壳口内面白色。

生态习性： 暖水性种类，栖息于低潮线附近至数米水深的砂质海底。

地理分布： 台湾岛，海南沿海，西沙群岛；印度洋-西太平洋。

参考文献： 马绣同，1997。

图 279 婆罗半囊螺 *Semiretusa borneensis* (A. Adams, 1850)

海兔目 Aplysiida
海兔科 Aplysiidae Lamarck, 1809
海兔属 *Aplysia* Linnaeus, 1767

黑斑海兔
Aplysia kurodai Baba, 1937

标本采集地： 浙江外海。

形态特征： 身体大型，体长可达 200mm，身体肥厚，胴部膨胀，前后端稍狭，头颈部长，头触角大，上侧卷曲成裂沟。嗅角小，上侧有裂沟，收缩时呈短柱形。侧足发达，宽而薄，遮盖外套，前端和后端分离，形成开放式背裂缝。足宽大，前端截形，后端形成 1 个钝的短尾。贝壳卵圆形，薄，背面凸，顶部小，有弱的喙状突，向背部反曲缘小，外套稍小。外套孔呈乳头状突起。外套水管短。有紫汁腺。鳃下腺有许多小开口，本鳃小。生殖孔呈新月形，在本鳃的前面、外套的下方。输精沟明显。底色常为褐色至紫褐色，但有变化。散布有不规则的灰白色至青灰色的斑点，有时密集成大斑纹。

生态习性： 生活在低潮带及其以下岩礁底质的藻类丛中。

地理分布： 浙江嵊山以南海域，台湾岛，海南；日本，太平洋沿岸。

经济意义： 其卵有清热、滋阴、软坚、消磨的功效。

参考文献： 林光宇，1997。

图 280 黑斑海兔 *Aplysia kurodai* Baba, 1937

侧鳃目 Pleurobranchida

无壳侧鳃科 Pleurobranchaeidae Pilsbry, 1896

无壳侧鳃属 *Pleurobranchaea* Leue, 1813

斑纹无壳侧鳃
Pleurobranchaea maculata (Quoy & Gaimard, 1832)

同物异名： *Pleurobranchaea novaezealandiae* Cheeseman, 1878；*Pleurobranchidium maculatum* Quoy & Gairmard, 1832

标本采集地： 浙江舟山。

形态特征： 动物中型，呈椭圆形，相当肥厚。头幕大，呈扇形，前缘有许多圆锥形小突起，形似锯齿状。前两侧角隅呈触角状。嗅角圆锥形，位于头幕基部的两侧，外侧有裂沟，彼此相距较远。无口幕，吻大，能翻出体外。外套掩盖背部约2/3，平滑，前端和头幕相愈合，后端和足相愈合，两侧游离，右侧缘仅掩盖部分鳃。足前端圆形，由沟和口分界，后端尖圆。足腺呈三角形。鳃羽状，位于体右侧，约占体长的1/3，向后伸出外套后缘。鳃轴具有颗粒状突起。肛门位于鳃的正上方。贝壳消失。体呈淡灰色，体表装饰有紫色网纹。鳃轴黑色。足底褐色。

生态习性： 生活于潮间带岩石、浅海到水深90m的泥沙质底。

地理分布： 渤海，黄海，东海；日本，新西兰，澳大利亚。

经济意义： 肉可供食用，为珍贵的海味，也可以加工成罐头远销海外。

参考文献： 尤仲杰和林光宇，2006。

图 281　斑纹无壳侧鳃 *Pleurobranchaea maculata* (Quoy & Gaimard, 1832)

裸鳃目 Nudibranchia

片鳃科 Arminidae Iredale & O'Donoghue, 1923 (1841)

片鳃属 *Armina* Rafinesque, 1814

微点舌片鳃
Armina punctilucens (Bergh, 1874)

同物异名： *Linguella punctilucens* Bergh, 1874

标本采集地： 浙江舟山。

形态特征： 动物中型，呈舌形，相当肥厚。头幕呈半圆形，平滑。嗅角呈棍棒状，上部具有褶叶，位于头幕的后中部，彼此相距较远。头幕和外套之间没有明显的界线。外套稍宽，前端匙形，后端钝尖。外套背面有许多排列成纵长行的大小不等的乳头状突起。外套缘的前后鳃之间有1个富有乳状腺体的边缘片。肾孔位于生殖孔和肛门之间。足比外套稍狭，前端半圆形，两侧隅角状，后端钝尖。足底的后中部有纵狭沟，即为足腺，占足长的1/2。体呈黄色，头幕褐色。嗅角褶叶部橙黄色，顶端黄色，外套背面乳头状突起淡黄色，中央白色。后鳃片褐色。足底橙黄色。足腺黄白色。

生态习性： 海产，生活在潮间带至潮下带浅水区的泥沙质底。

地理分布： 渤海，黄海，东海，南海；日本。

参考文献： 尤仲杰，2004。

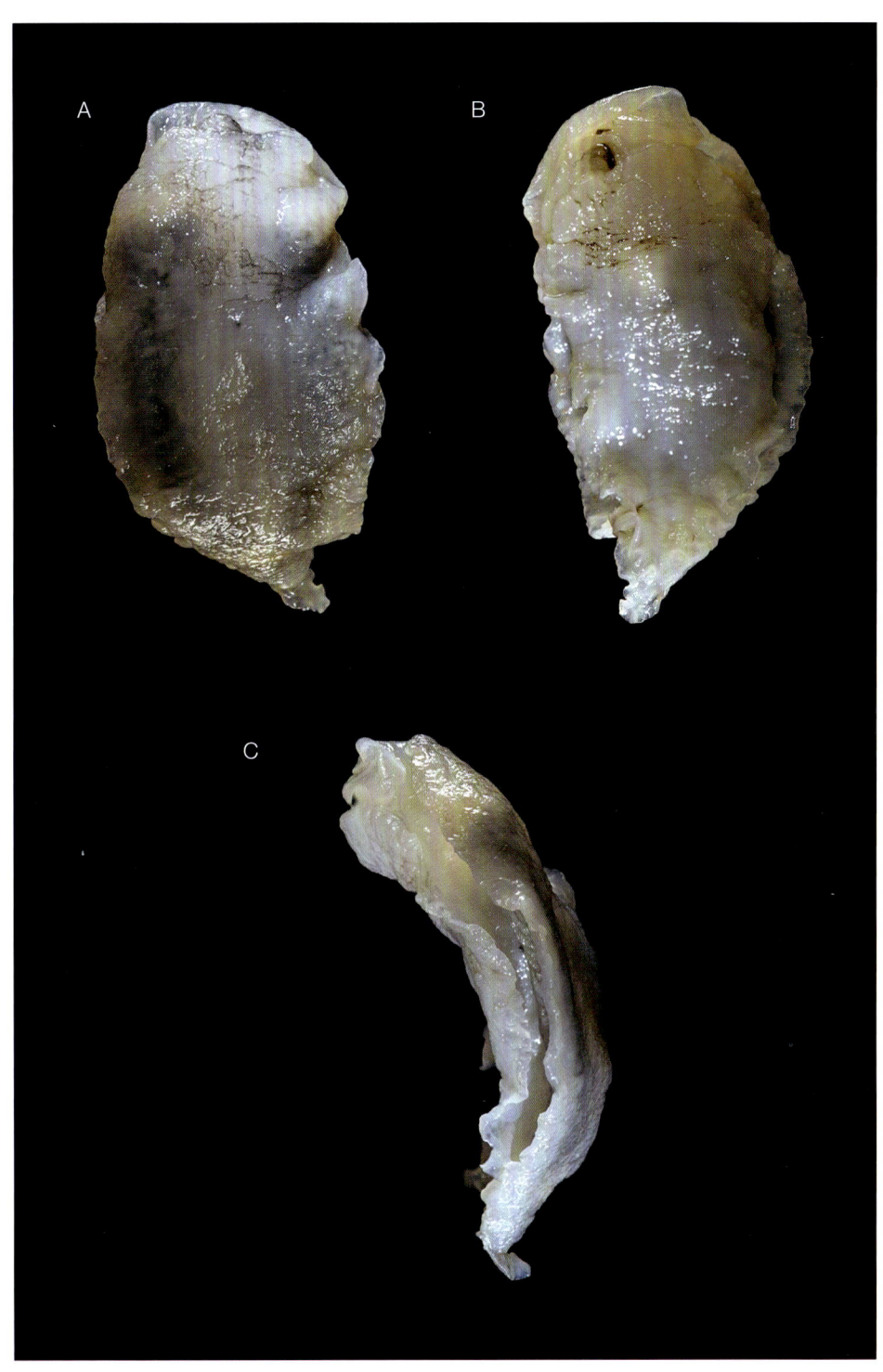

图 282　微点舌片鳃 *Armina punctilucens* (Bergh, 1874)
A. 背面观；B. 腹面观；C. 侧面观

菊花螺目 Siphonariida

菊花螺科 Siphonariidae Gray, 1827

菊花螺属 *Siphonaria* G. B. Sowerby I, 1823

黑菊花螺
Siphonaria atra Quoy & Gaimard, 1833

标本采集地： 浙江温州。

形态特征： 壳低平，卵圆形，笠状。壳顶位于中央稍偏后方，常被腐蚀。壳表黑褐色，有自壳顶向四周的放射肋，放射肋隆起，粗肋间尚有细肋，肋的末端超出贝壳的边缘，致使壳的周缘参差不齐。壳内面黑褐色，有与壳表放射肋相对应的放射沟，沟内为淡褐色。

生态习性： 栖息于高潮区的岩石上。

地理分布： 黄海，东海，南海；西太平洋。

参考文献： 姚泊等，1995。

图 283 黑菊花螺 *Siphonaria atra* Quoy & Gaimard, 1833
A. 背面观；B. 腹面观

吻状蛤目 Nuculanida
吻状蛤科 Nuculanidae H. Adams & A. Adams, 1858 (1854)
小囊蛤属 Saccella Woodring, 1925

小囊蛤
Saccella gordonis (Yokoyama, 1920)

同物异名：*Leda gordonis* Yokoyama, 1920；*Nuculana* (*Saccella*) *gordonis* (Yokoyama, 1920)；*Nuculana gordonis* (Yokoyama, 1920)

标本采集地：黄海南部。

形态特征：贝壳小型，壳质较厚，两壳较侧扁；壳顶较低，位于背部近中央处；小月面细长，楯面占据了整个后背缘，其中部突出，近边缘处下陷，腹缘弓形；自壳顶到后腹缘有两条放射状脊，其中前面的一条极不明显；壳皮薄，淡黄色，在边缘处颜色更浓，壳表的同心肋粗壮，肋间沟狭窄。壳内白色，前、后闭壳肌痕圆形，但是前者较大；外套窦较狭窄，指状，末端圆并指向前背缘。前列齿18～22个，后列齿14～16个；内韧带黄色，位于壳顶之下的韧带槽内。

生态习性：栖息于水深62～82m处，主要生活在含沙量较多的沉积物中，黄海南部是其主要分布区。

地理分布：黄海南部，东海；日本本州、九州、四国。

参考文献：马绣同，1997。

图 284 小囊蛤 *Saccella gordonis* (Yokoyama, 1920)
A. 侧面观；B. 顶面观；C. 内面观

蚶目 Arcida

蚶科 Arcidae Lamarck, 1809

粗饰蚶属 *Anadara* Gray, 1847

毛蚶
Anadara kagoshimensis (Tokunaga, 1906)

同物异名：*Anadara sativa* (F. R. Bernard, Cai & B. Morton, 1993); *Arca (Scapharca) peitaihoensis* Grabau & S. G. King, 1928; *Scapharca sativa* F. R. Bernard, Cai & B. Morton, 1993; *Scapharca subcrenata* (Lischke, 1869)

标本采集地：浙江舟山。

形态特征：壳质坚厚，膨胀，呈长卵圆形。两壳稍不等大，右壳稍小，背侧两端略具棱角，腹缘前端圆，后端稍延长。壳顶突出，向内卷曲，两壳壳顶距离不是很远。壳面放射肋突出且密，共33～35条，肋上显出方形的小结节，此种结节在右壳面上尤为明显。壳面白色，被有褐色绒毛状表皮，生长轮廓在腹侧极为明显。韧带面不宽，稍倾斜，韧带黑褐色。壳内面白色或灰黄色，壳缘具有与表面放射肋相应的或深或浅的小沟。铰合部直，两端较宽。铰合齿小而密，两侧的较大。

生态习性：喜生活在低潮线以下至水深20m处有淡水流入的泥或泥沙质海底，主要分布在4～5m处，对温度的适应范围较广。

地理分布：渤海，黄海，东海，南海；日本。

经济意义：该种贝类肉味鲜美，产量大，经济价值很高，山东、浙江和福建等地都有养殖。

参考文献：梁超等，2011。

图 285 毛蚶 *Anadara kagoshimensis* (Tokunaga, 1906)
A. 侧面观；B. 内面观

泥蚶属 *Tegillarca* Iredale, 1939

泥蚶
Tegillarca granosa (Linnaeus, 1758)

同物异名： *Anadara granosa* (Linnaeus, 1758)；*Anomalocardia pulchella* Dunker, 1868；*Arca granosa* Linnaeus, 1758；*Arca granosa kamakuraensis* Noda, 1966；*Tegillarca granosa bessalis* Iredale, 1939

标本采集地： 浙江乐清。

形态特征： 贝壳坚厚，卵圆形，两壳相等，很膨胀。壳顶突出，尖端向内卷曲，位置偏于前方，两壳顶间的距离远。表面放射肋发达，约20条，同心生长纹与放射肋相交结在肋上，形成极显著的颗粒状结节，此种结节在成体壳的边缘较弱。壳表白色，边缘具有与壳面放射肋相对应的条沟。壳表被有棕褐色的薄壳皮。铰合部直，齿细密。前闭壳肌痕较小，呈三角形，后闭壳肌痕大，四方形。

生态习性： 喜栖息于风平浪静、潮流畅通、有淡水注入的内湾及河口附近的中、低潮带软泥滩中。对温度和盐度的适应能力较强。

地理分布： 渤海，黄海，东海，南海，乐清湾滩涂重要养殖品种；印度洋，太平洋。

经济意义： 肉味鲜美，人人喜食，又因其血为红色，被视为滋补佳品。

参考文献： 刘春芳，2014。

图 286 泥蚶 *Tegillarca granosa* (Linnaeus, 1758)
A. 侧面观；B. 顶面观；C. 内面观

贻贝目 Mytilida

贻贝科 Mytilidae Rafinesque, 1815

贻贝属 *Mytilus* Linnaeus, 1758

厚壳贻贝
Mytilus unguiculatus Valenciennes, 1858

同物异名： *Mytilus coruscus* Gould, 1861；*Mytilus crassitesta* Lischke, 1868；*Mytilus latus* Nordmann, 1862

标本采集地： 浙江嵊泗。

形态特征： 贝壳大，呈楔形，壳质极重厚、坚韧。贝壳前端细，后端宽圆，一般老个体壳形较长，小个体壳短而高。壳顶尖细，小个体较弯。壳表较粗糙，被有棕色或栗褐色壳皮。壳内面多呈浅灰蓝色，而近壳缘处色深；肌痕极明显，铰合部有2个极不发达的小齿；韧带细长，韧带脊不明显。足丝粗，呈淡黄褐色，极发达。前闭壳肌痕极小，后闭壳肌痕大、椭圆形。外套痕与闭壳痕明显。

生态习性： 营固着生活，多附着于浪击带的外海岩石上。

地理分布： 渤海、黄海、东海，舟山嵊山海域主要养殖品种；日本，朝鲜半岛。

经济意义： 个体大，肉鲜味美，可作为美食和滋补品；重要经济贝类；贝壳大，可以作贝雕原料；可入药，也可制成饵料和工业原料。

参考文献： Evseev et al., 2005。

图 287　厚壳贻贝 *Mytilus unguiculatus* Valenciennes, 1858
A. 侧面观；B. 内面观

股贻贝属 *Perna* Philipsson, 1788

翡翠股贻贝
Perna viridis (Linnaeus, 1758)

同物异名： *Mytilus opalus* Lamarck, 1819；*Mytilus smaragdinus* Gmelin, 1791；*Mytilus viridis* Linnaeus, 1758

标本采集地： 福建平潭。

形态特征： 贝壳薄，壳表光滑，通常为翠绿色或绿褐色。壳顶尖，位于贝壳最前端。腹缘多略弯。后缘宽圆。壳面前端具有隆起肋。生长纹细密。壳内面呈白瓷色，无前闭壳肌痕，后闭壳肌痕及外套痕明显。铰合齿左壳2枚，右壳1枚。

生态习性： 为热带和亚热带种，对水温要求较高，20～30℃生长最佳，盐度生长范围为22.20‰～31.50‰；营附着生活，多以足丝附着在水流通畅的岩石上。一般自低潮线附近至水深20m左右皆有分布，但以水深5～6m处生长较密集。

地理分布： 福建连江以南沿海；东南亚，印度洋。

经济意义： 这种贻贝是我国南部沿海生长快、产量大的重要经济种。近年来，由于其捕捞供不应求，已在我国南部沿海开展了此贝的人工养殖。此贝个体大，为贻贝亚科中个体较大的种类，一般壳长都在100mm以上。其肉嫩、味极鲜美，营养价值高，是宴席上的美味佳肴。此外，它又是一种极好的补品，有养脾补肾的功能，它的壳被用来代替石决明，故自古以来这种贻贝一直被人们开发和利用。此外，其肉除鲜食外，也可制罐和做贻贝油等调味品；其干制品在我国南方称作"冬菜"或"淡菜"，也较名贵。它的贝壳过去用于烧石灰，做扣子和附着基等。由于它壳色美丽、具光彩，又是制作高级贝雕的好材料。

参考文献： 王祯瑞，1997。

图 288　翡翠股贻贝 *Perna viridis* (Linnaeus, 1758)
A. 侧面观；B. 内面观

围贻贝属 *Mytilisepta* Habe, 1951

条纹围贻贝
Mytilisepta virgata (Wiegmann, 1837)

同物异名： *Dreissena purpurascens* Benson in Cantor, 1842；*Septifer crassus* Dunker, 1853；*Septifer herrmannseni* Dunker, 1853；*Septifer virgatus* (Wiegmann, 1837)；*Tichogonia virgata* Wiegmann, 1837

标本采集地： 浙江舟山。

形态特征： 壳较薄，呈楔形。壳顶尖，位于贝壳的最前端，腹缘直或略凹，背缘呈弓形，后缘圆。壳面在前段近腹缘处凸，向背缘逐渐狭缩。放射肋较平。壳表呈紫褐色，顶部常呈淡紫色。足丝夹明显，生长纹较细。贝壳内面呈灰蓝色，而略带粉红色，具光泽。铰合齿有1～2个。壳顶下方的隔板呈三角形。壳边缘的细密小齿不明显，肌痕略显。外套缘薄，具有小褶，生殖腺成熟时多伸入外套膜内。后闭壳肌呈弯月形，被后足丝收缩肌插入。

生态习性： 暖水种，多以足丝固着在岩石缝内生活。因栖息场所不同，其形态变化较大。从中潮带到水深8m左右处都可采到。自然生长数量极多。

地理分布： 东海，南海；日本，非洲。

经济意义： 肉可供食用，亦可做干制品——淡菜。

参考文献： 张义浩，2009。

图 289　条纹围贻贝 *Mytilisepta virgata* (Wiegmann, 1837)

滑竹蛏属 *Leiosolenus* Carpenter, 1857

短滑竹蛏
Leiosolenus lischkei M. Huber, 2010

同物异名： *Lithophagus curtus* Lischke, 1874

标本采集地： 福建连江。

形态特征： 贝壳较小或近中等大，一般成体多在 50mm 以下，壳质薄、易碎，多呈短圆柱形。两壳相等，壳两侧不等。壳前端呈圆柱状，后端稍细、较扁。壳顶略凸，近壳前端腹缘直或略凸；背缘沿韧带自壳顶向后至壳中部直而稍斜，较长；自壳中部至后缘直而较短。壳表具有浅褐色或褐色角质壳皮，壳皮外被有一层极薄的石灰质外膜；外膜光滑，呈灰白色，在壳前部的较薄且极易脱落，至壳后端逐渐加厚变粗糙；一般外膜不超出或稍超出壳后缘。贝壳内面色浅，略具红、绿、蓝等珍珠光泽；外套痕及闭壳肌痕不明显；壳缘光滑，无细缺刻；铰合部也不发达，无铰齿或任何小突起；韧带细长，一般大于壳长的 1/2，多呈浅褐色；韧带脊细，呈白色，较明显。足丝孔位于腹缘，不明显；足丝不很发达。两闭壳肌不等，前闭壳肌呈长条状，稍大，位于前腹缘；后闭壳肌稍小，近圆形，位于体后端稍近背缘；足丝收缩肌较发达，与后闭壳肌相连接。

生态习性： 此贝主要栖息在潮间带低潮线附近。营穴居生活，多穴居于石灰石、珊瑚礁及珍珠贝和牡蛎等的贝壳中。其穴居的洞口多呈不规则的圆形，水管伸至洞口排泄和摄食。此贝繁殖力较强。

地理分布： 东南沿海分布较为普遍；日本。

经济意义： 繁殖力较强，故对某些海港中石灰石建筑和设施等以及一些经济贝类的养殖可能会造成一些危害。此贝也和其他贝类一样，肉嫩，味较鲜美，营养也较丰富，可供人们食用；但采捕不便，食用价值不大。

参考文献： 王祯瑞，1959。

图 290　短滑竹蛏 *Leiosolenus lischkei* M. Huber, 2010

贻贝科分属检索表

1. 壳形细长，呈柱状 .... 滑竹蛏属 *Leiosolenus*
 - 壳较短粗，不呈柱状 2
2. 壳表具有细放射肋 .... 围贻贝属 *Mytilisepta*
 - 壳表光滑，无细放射肋 3
3. 壳表呈翠绿色或绿褐色，无前闭壳肌 .... 股贻贝属 *Perna*
 - 壳表不呈翠绿色或绿褐色，呈栗褐色，有前闭壳肌 .... 贻贝属 *Mytilus*

牡蛎目 Ostreida
江珧科 Pinnidae Leach, 1819
江珧属 *Atrina* Gray, 1842

栉江珧
Atrina pectinata (Linnaeus, 1767)

同物异名： *Pinna hanleyi* Reeve, 1858；*Pinna pectinata* Linnaeus, 1767

标本采集地： 浙江嵊泗。

形态特征： 贝壳大，略呈三角形或扇形。壳顶尖细，背缘直线略凹，腹缘前半部略直，后半部则逐渐突出，后缘直或呈弓形。无中央裂缝。壳表有10余条放射肋，肋上具有三角形略斜向后方的小棘，年老个体无或不明显，此棘状突起在背缘最后一行多变成强大的锯齿状。壳表颜色：幼小个体呈淡褐色；成体多呈黑褐色。生长轮脉细密，至腹缘者呈褶状。壳内面与壳表颜色相同，壳前半部具珍珠光泽。前闭壳肌痕椭圆形，位于壳顶内面；后闭壳肌痕马蹄形，位于壳中部。外套痕略显，与壳缘相距甚远。外套腺粗大，末端呈球形。足丝褐色，细密，极发达。

生态习性： 生活在泥沙质海底，从低潮线附近至数十米水深的海底都有栖息。生活时，贝壳的前段插入泥沙中，仅后端小部分露出地面。从前段两壳之间伸出来的足丝附着于砂砾上以固定位置。雌雄异体，繁殖期在5～9月。

地理分布： 渤海，黄海，东海，南海；印度洋 - 西太平洋。

经济意义： 本种肉柱大，约占体重的1/5，且味美，营养丰富，除鲜食外，可加工制成瑶柱或罐头等食品。贝壳可作附着基或烧石灰用，足丝可作纺织品的原料。

参考文献： 薛东秀等，2009。

图291 栉江珧 *Atrina pectinata* (Linnaeus, 1767)

牡蛎科 Ostreidae Rafinesque, 1815
巨牡蛎属 *Crassostrea* Sacco, 1897

近江巨牡蛎
Crassostrea ariakensis (Fujita, 1913)

同物异名： *Ostrea rivularis* Gould, 1861
标本采集地： 浙江舟山。
形态特征： 贝壳大，呈圆形或卵圆形。外壳为黄褐色或灰色，边缘呈黄色或褐色。壳顶腔浅，韧带槽短。两壳不等，左壳较厚大，右壳上的同心生长纹明显。南方（如北海）群体闭壳肌痕呈紫色或褐色，北方（如潍坊）群体闭壳肌痕为白色。
生态习性： 本种有群居习性，生活于潮间带至浅海。
地理分布： 渤海，黄海，东海，南海；日本。
经济意义： 该种个体大，肉量大，适宜在河口及其附近养殖。浙江、广东、福建、山东都有养殖。蚝豉和蚝油是我国传统的出口商品之一，往往供不应求，主要远销东南亚。
参考文献： 王海艳，2004。

图 292　近江巨牡蛎 *Crassostrea ariakensis* (Fujita, 1913)

囊牡蛎属 *Saccostrea* Dollfus & Dautzenberg, 1920

棘刺牡蛎
Saccostrea echinata (Quoy & Gaimard, 1835)

同物异名： *Crassostrea echinata* (Quoy & Gaimard, 1835); *Ostraea arakanensis* G. B. Sowerby II, 1871; *Ostraea nigromarginata* G. B. Sowerby II, 1871; *Ostrea echinata* Quoy & Gaimard, 1835; *Ostrea mytiloides* Lamarck, 1819; *Ostrea spinosa* Deshayes, 1836; *Saxostrea gradiva* Iredale, 1939

标本采集地： 浙江嵊泗。

形态特征： 贝壳小型，扁平，圆形或卵圆形，两壳大小几乎相等。右壳稍凸，放射肋不明显。壳面的鳞片卷曲形成管状棘。棘长可达 10mm，直径有 2mm。除壳顶部外，管状棘密布壳面。壳面深紫色或灰紫色，壳内面为黄、黑、棕的混合色。壳顶两侧有明显的单行小齿数个至十余个。闭壳肌痕明显，肾脏形，位于中部背侧，韧带黄褐色，左壳较右壳平坦，全面固着在岩石上，其游离边缘部分也有管状棘。壳内面前凹陷，铰合部不明显，韧带槽仅留痕迹。铰合齿小，左壳闭壳肌痕和色泽如右壳。肉质部淡绿色，闭壳肌淡黄色。外套膜黑绿色，色素很深，触手两行，常带黄色。

生态习性： 暖水性种，生活在盐度较高的外海隐蔽海岸。常密集成群栖息于岩岸潮间带的中、低潮区。

地理分布： 浙江舟山以南沿海；西太平洋。

经济意义： 肉可供食用。

参考文献： 王海艳，2004。

图 293　棘刺牡蛎 *Saccostrea echinata* (Quoy & Gaimard, 1835)

扇贝目 Pectinida
扇贝科 Pectinidae Rafinesque, 1815
东方扇贝属 Azumapecten Habe, 1977

栉孔扇贝
Azumapecten farreri (Jones & Preston, 1904)

同物异名：*Chlamys farreri* (K. H. Jones & Preston, 1904)；*Pecten laetus* Gould, 1861

标本采集地：浙江舟山。

形态特征：贝壳圆扇形，壳高略大于壳长。壳表颜色有变化，多呈浅褐色、紫褐色、橙黄色、红色和灰白色。右壳较平，左壳略凸。铰合部直。左壳有粗肋10条左右，右壳有20余条较粗的肋。两壳肋上均有不规则的生长小棘。前耳大于后耳。外韧带薄，内韧带发达。足丝孔位于右壳前耳腹面，具6~10枚细栉状齿。

生态习性：栖息于自低潮线至水深60余米或更深的海底。以足丝附着在岩石或贝壳上。

地理分布：渤海，黄海，东海；日本，朝鲜。

参考文献：杜美荣等，2017。

图294 栉孔扇贝 *Azumapecten farreri* (Jones & Preston, 1904)

海湾扇贝属 *Argopecten* Monterosato, 1889

海湾扇贝
Argopecten irradians (Lamarck, 1819)

同物异名： *Pecten irradians* Lamarck, 1819

标本采集地： 浙江舟山。

形态特征： 贝壳呈圆形，壳面较凸，壳色有变化，多呈紫褐色、灰褐色或红色，常有紫褐色云状斑。两壳大小不等，放射肋多而粗，同心生长鳞片明显。两壳有放射肋18条左右，肋上有生长小棘。壳内近白色，闭壳肌痕略显。铰合部细长。足丝孔较小。

生态习性： 生活在浅海泥沙质的海底。

地理分布： 渤海，黄海，东海；大西洋沿岸。

经济意义： 经济贝类。

参考文献： 徐凤山和张素萍，2008。

图 295　海湾扇贝 *Argopecten irradians* (Lamarck, 1819)
A. 背面观；B. 内面观

帘蛤目 Venerida

帘蛤科 Veneridae Rafinesque, 1815

布目蛤属 *Leukoma* Römer, 1857

江户布目蛤
Leukoma jedoensis (Lischke, 1874)

标本采集地： 浙江南麂列岛。

形态特征： 贝壳略呈卵圆形，壳质坚厚，长度略大于宽度。壳顶突起，先端尖，向前弯曲，位于贝壳背部稍靠前方。小月面呈长心脏形，界线明显，楯面狭。韧带长，铁锈色，不突出壳面。壳表面膨胀，自壳顶至腹面具有很多条放射肋和同心环状的生长轮脉，放射肋在壳顶部细弱或不甚显著，至腹面渐粗壮，肋间沟的宽度稍次于放射肋的宽度，同心轮脉较放射肋弱，随放射肋的突起而呈波纹状，放射肋与同心轮脉交织成布纹或帘子状。壳面灰褐色，带有深棕色斑点或条纹。壳内面灰白色，略具光泽，壳的周缘具有与放射肋相当的凹凸不平的锯齿。铰合部宽，左右壳各具 3 个主齿，中央的主齿二分叉，无侧齿。2 个闭壳肌痕约等大，前闭壳肌痕卵圆形，后闭壳肌痕上端尖，略呈梨形。外套痕明显，外套窦不甚深，呈三角形。水管短，末端愈合，足舌状。

生态习性： 暖温性种。潮间带至深 20m 的泥沙底质。

地理分布： 中国浙江南麂列岛以北海区；俄罗斯，日本，朝鲜半岛。

经济意义： 肉可供食用，但产量不大。

参考文献： 张素萍等，2012。

图 296　江户布目蛤 *Leukoma jedoensis* (Lischke, 1874)

加夫蛤属 *Gafrarium* Röding, 1798

歧脊加夫蛤
Gafrarium divaricatum (Gmelin, 1791)

同物异名：*Circe divaricata* (Gmelin, 1791)；*Cytherea testudinalis* Lamarck, 1818；*Venus divaricata* Gmelin, 1791

标本采集地：浙江南麂列岛。

形态特征：贝壳中等大小，卵圆形。壳质坚厚。前端圆，后端呈斜截形。壳表面具由中线向两侧分支的放射肋，有时具3条棕色的放射色带，有时具棕黑色的山水状色斑。同心生长纹细密。壳内面白色，在壳顶区和后缘通常深紫色，膜缘具细齿。闭壳肌和外套痕清晰，外套窦极浅。

生态习性：生活于潮间带至水深20m浅海砂砾底质。

地理分布：浙江南麂列岛以南沿海；印度洋-西太平洋。

经济意义：肉可供食用。数量不多，经济价值不大。

参考文献：张素萍等，2012。

图297 歧脊加夫蛤 *Gafrarium divaricatum* (Gmelin, 1791)

凸卵蛤属 *Pelecyora* Dall, 1902

三角凸卵蛤
Pelecyora trigona (Reeve, 1850)

标本采集地： 浙江象山。

形态特征： 壳卵圆三角形，两壳膨胀，壳表具同心肋，很粗；小月面不下陷。壳质厚，壳顶尖。

生态习性： 栖息于垂直深度 60m 以内。

地理分布： 渤海，黄海，东海，南海；巴基斯坦，印度，泰国湾，马六甲海峡。

经济意义： 肉可食用。

参考文献： 徐凤山和张素萍，2008。

图 298　三角凸卵蛤 *Pelecyora trigona* (Reeve, 1850)
A. 侧面观；B. 顶面观；C. 内面观

镜蛤属 *Dosinia* Scopoli, 1777

日本镜蛤
Dosinia japonica (Reeve, 1850)

标本采集地： 浙江象山、三门。

形态特征： 壳质坚厚，呈近圆形，较扁平。长度略大于高度。小月面呈心脏形，其周围形成很深的凹沟。楯面狭长，呈披针状。壳背缘前端凹入，后面略呈截状，腹缘圆。韧带棕黄色，陷入两壳之间。壳表面略突起，无放射肋，同心生长轮脉极明显，轮脉间形成浅的沟纹。壳内表面白色或淡黄色，具光泽。铰合部宽，右壳有主齿3个，前端2个较小，呈"八"字形排列。左壳主齿3个：前主齿薄，中齿粗，后主齿长。前闭壳肌痕较狭长，呈半圆状，后闭壳肌痕较大，呈卵圆状。外套痕明显，外套窦深，其尖端约伸展到壳中部，呈锥状。

生态习性： 生活于潮间带中潮区的浅海泥沙滩中，栖息深度10cm。

地理分布： 渤海，黄海，东海，南海；日本，朝鲜。

经济意义： 肉可食用。

参考文献： 刘泽浩，2009。

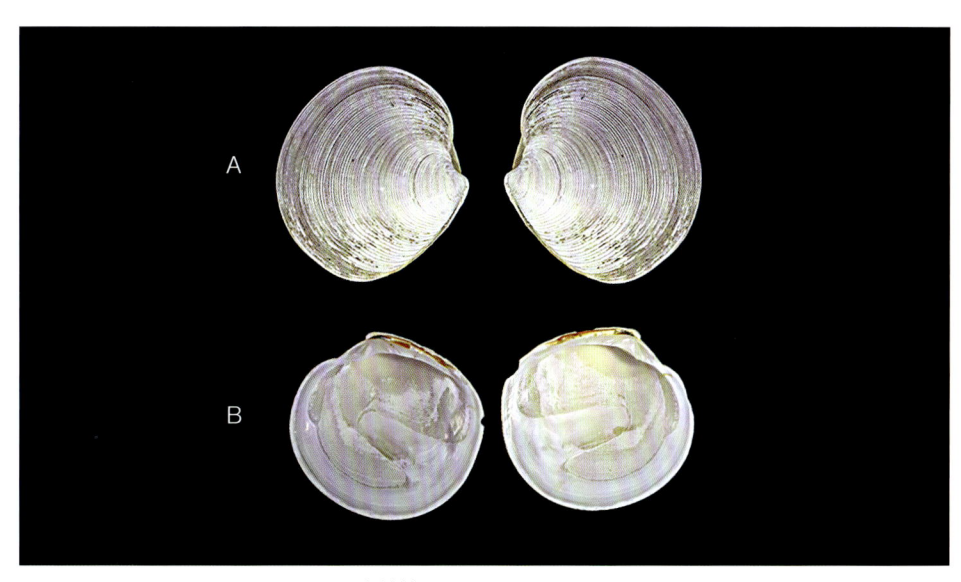

图299　日本镜蛤 *Dosinia japonica* (Reeve, 1850)
A. 侧面观；B. 内面观

蛤仔属 *Ruditapes* Chiamenti, 1900

菲律宾蛤仔
Ruditapes philippinarum (Adams & Reeve, 1850)

标本采集地：浙江舟山。

形态特征：壳卵圆形，壳质坚厚，膨胀。壳顶稍凸出，先端尖，稍向前方弯曲，位于背缘的靠前方，由壳顶至贝壳前端的距离约等于壳全长的 1/3。小月面宽，椭圆形或略呈梭形，楯面呈梭形，韧带长，突出。壳前端边缘椭圆，后端边缘略呈截状。壳表面灰黄色或灰白色，有的具有带状花纹或褐色斑点。壳面有细密的放射肋，此肋与自壳顶同心排列的生长轮脉交错形成布纹状，顶端放射肋极细弱，至腹面逐渐加粗。壳内面淡灰色或肉红色。铰合部每壳各具主齿 3 个，左壳中央主齿与右壳前主齿分叉。前闭壳肌痕半圆形，后闭壳肌痕圆形。外套痕明显，外套窦深，前端圆形。

生态习性：生活在靠近河口沿岸的潮间带泥沙滩中。

地理分布：渤海，黄海，东海，南海；日本，菲律宾。

经济意义：肉味美，供食用，是养殖对象。

参考文献：张素萍等，2012。

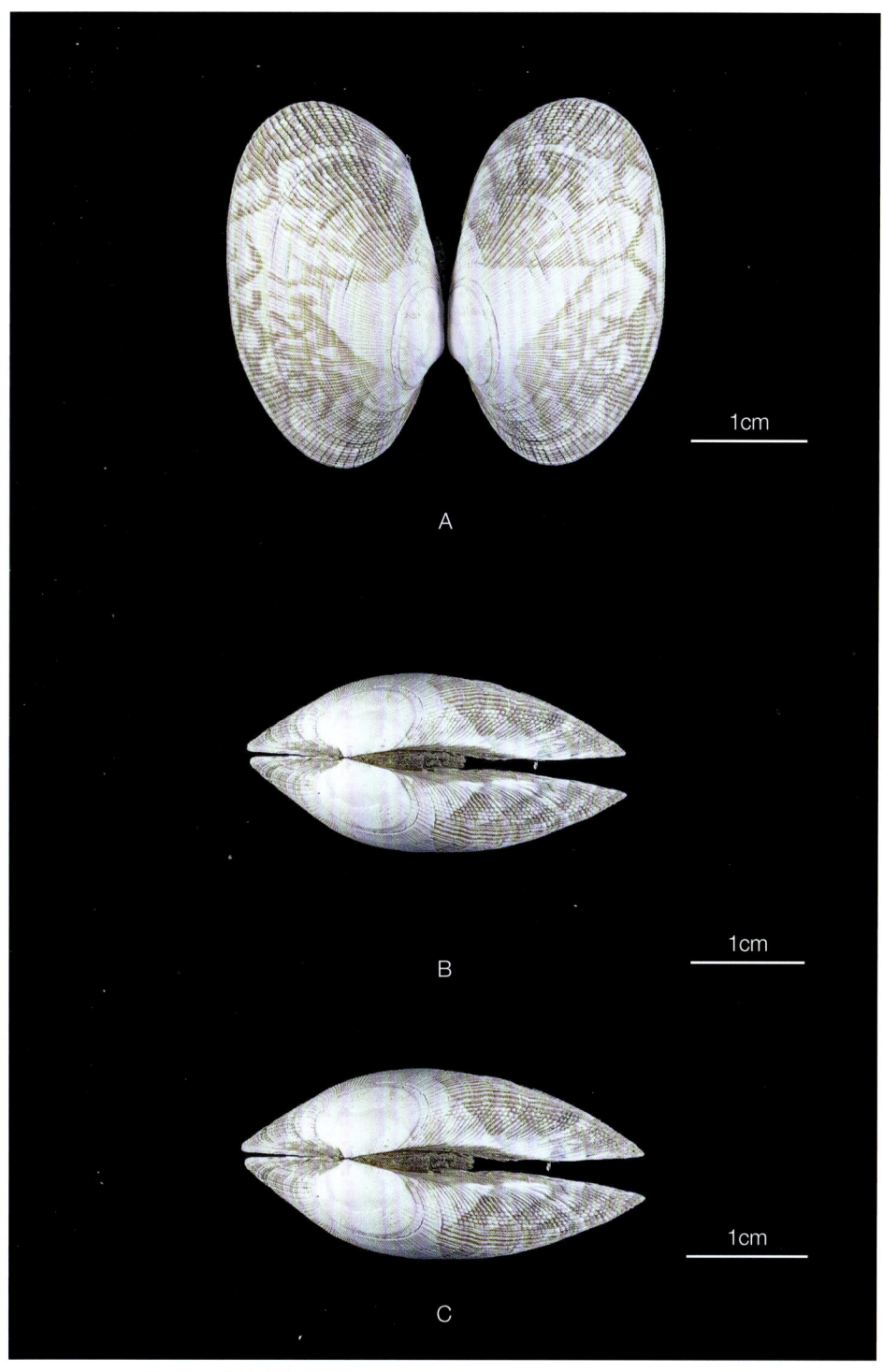

图 300　菲律宾蛤仔 *Ruditapes philippinarum* (Adams & Reeve, 1850)
A. 侧面观；B. 内面观；C. 顶面观

薄盘蛤属 *Macridiscus* Dall, 1902

等边薄盘蛤
Macridiscus aequilatera (G. B. Sowerby I, 1825)

同物异名： *Donax aequilatera* G. B. Sowerby I, 1825；*Gomphina aequilatera* (G. B. Sowerby I, 1825)；*Gomphina melanaegis* (Römer, 1860)；*Macridiscus melanaegis* (Römer, 1860)；V*enus* (*Gomphina*) *melanaegis* Römer, 1860

标本采集地： 浙江舟山。

形态特征： 贝壳坚厚，背侧呈等边三角形，腹侧凸出，呈圆形。壳高约为壳宽的2倍。壳顶尖，稍凸出，位于贝壳背缘的中央，顶角约为120°，由壳顶向前、后的边缘直。小月面狭长，呈披针状，楯面不显著。韧带短而粗，黄褐色，凸出壳面。壳表面不甚膨胀，无放射肋，同心生长纹明显，有时呈现沟纹。壳面为灰白色或灰黄色，具锯齿或斑点状的褐色斑纹，通常具有放射状色带3～4条，变化很大。壳内面白色或浅肉色，具珍珠光泽。铰合部狭，三角形。左右两壳各具主齿3个，前端2个大，后端1个与韧带平行不甚明显。前闭壳肌痕小，呈卵圆形，后闭壳肌痕稍大，近于圆形。

生态习性： 生活在潮间带及其以下数米深的沙质海底。

地理分布： 渤海，黄海，东海；日本。

经济意义： 肉可供食用。

参考文献： 张素萍等，2012。

图 301　等边薄盘蛤 *Macridiscus aequilatera* (G. B. Sowerby I, 1825)
A. 侧面观；B. 内面观

文蛤属 *Meretrix* Lamarck, 1799

文蛤
Meretrix meretrix (Linnaeus, 1758)

标本采集地： 浙江舟山。

形态特征： 壳背缘略呈三角形，腹缘呈卵圆形，两壳相等，壳长略大于壳高，壳质坚厚。壳顶突出，位于背面稍靠前方，两壳壳顶紧接，并微向腹面弯曲。小月面狭长，呈矛头状；楯面宽大，呈卵圆形。韧带黑褐色，粗短，突出表面。壳表面膨胀，光滑，被有一层黄褐色似漆的壳皮。同心生长轮脉清晰，由壳顶开始常有环形的褐色带。壳面花纹随个体差异变化甚大，小型个体花纹丰富，变化多端；大型个体则较为恒定，通常在壳近背缘部分有锯齿或波纹状的褐色花纹。壳皮在壳中部及边缘部分常磨损脱落，使壳面呈白色。壳内面白色，前、后壳缘有时略呈紫色。铰合部宽，右壳具3个主齿及1个前侧齿，2个前主齿略呈三角形。前闭壳肌痕小，略呈半圆形，后闭壳肌痕大，呈卵圆形。外套痕明显，外套窦短，呈半圆形。

生态习性： 生活在潮间带以及浅海区的细砂表层。温暖时伸缩其足部做活泼运动，寒冷时则隐入沙中。文蛤因水温改变而有移动的习性，通常分泌胶质带或囊状物使身体悬浮于水中，借潮流之力迁移。

地理分布： 渤海，黄海，东海，南海；日本，朝鲜。

经济意义： 文蛤为蛤中上品，肉美。中药称文蛤壳，可清热利湿、化痰软坚，肉有润五脏、止烦温、开脾胃、软坚散肿等功效。

参考文献： 张素萍等，2012。

图 302 文蛤 *Meretrix meretrix* (Linnaeus, 1758)
A. 侧面观；B. 顶面观；C. 内面观

斧文蛤
Meretrix lamarckii Deshayes, 1853

标本采集地： 舟山嵊泗。

形态特征： 贝壳中型，韧带外在，位于后方。主齿加上前侧齿有3个。双闭壳肌。套线弯三角形或圆形或缺乏。贝壳轮廓向左右明显拉长，呈亚三角形。前壳缘比后壳缘为厚，但壳腹带特别肥厚，这是该种的最大特征之一。套线弯很深，外套线很宽，看似一条宽的发亮带。壳面颜色单纯，幼贝约5cm时，壳面有时有两条宽带放射纹，成贝约10cm后变单纯褐色。

生态习性： 面对外洋的沿岸、潮下带到水深22m，沙底。

地理分布： 渤海，黄海，东海，南海；日本沿岸。

参考文献： 张素萍等，2012。

图303　斧文蛤 *Meretrix lamarckii* Deshayes, 1853

丽文蛤
Meretrix lusoria (Röding, 1798)

标本采集地： 浙江温州洞头。

形态特征： 两壳相等，两侧不等。壳顶位于背缘中央偏前方。壳前端圆，后端微显尖瘦，腹缘圆。小月面不明显，楯面宽大，边缘呈淡紫色。韧带棕色凸出壳面，壳表光滑，被有 1 层乳黄色外皮。生长线细密。壳内白色，具光泽，后部边缘呈紫褐色。左右壳各具主齿 3 枚，右壳具并列的前侧齿 2 枚，左壳具前侧齿 1 枚。

生态习性： 生活在潮间带和浅海沙质海底。

地理分布： 浙江以南沿海；日本，朝鲜。

经济意义： 肉可供食用。

参考文献： 张素萍等，2012。

图 304　丽文蛤 *Meretrix lusoria* (Röding, 1798)

紫文蛤
Meretrix casta (Gmelin, 1791)

标本采集地： 浙江温州洞头。

形态特征： 两壳膨胀，壳高大于壳长。壳顶钝，十分突出。壳表颜色单调，多为紫色或深褐色。外套窦浅，呈弧形。

生态习性： 潮间带至潮下带砂泥滩。

地理分布： 东海，南海。

经济意义： 肉可食用。

参考文献： 张素萍等，2012。

图 305　紫文蛤 *Meretrix casta* (Gmelin, 1791)

文蛤属分种检索表

1. 壳三角卵圆形、斧形，腹缘略成直线，壳长大于壳高，前后侧缘均尖，突出 ·· 斧文蛤 *M. lamarckii*
 - 壳三角卵圆形，腹缘呈圆形，壳长略大于壳高，前侧缘圆 ··· 2
2. 壳长度明显大于高度，壳后缘大于前缘，后侧缘末端尖 ······················· 丽文蛤 *M. lusoria*
 - 壳长与高略相近，前、后缘等长，后侧缘末端圆 ··· 3
3. 壳表呈白色，多具有褐色或黄褐色斑纹 ··· 文蛤 *M. meretrix*
 - 壳表颜色单调，多紫色或深褐色 ·· 紫文蛤 *M. casta*

帘蛤科分属检索表

1. 小月面、楯面不明显 ··· 文蛤属 *Meretrix*
 - 小月面、楯面明显 ··· 2
2. 外套窦弯入深 ··· 镜蛤属 *Dosinia*
 - 外套窦弯入浅 ·· 3
3. 壳面光滑或具同心生长纹 ··· 薄盘蛤属 *Macridiscus*
 - 壳面明显的同心生长纹或放射肋 ··· 4
4. 壳面具放射状结节的肋 ·· 加夫蛤属 *Gafrarium*
 - 壳面同心生长纹和外放射肋交叉呈格状 ··· 5
5. 中央主齿分叉 ·· 蛤仔属 *Ruditapes*
 - 中央主齿不分叉 ·· 6
6. 壳面具有强的放射肋，与同心生长纹交织成布目格 ················· 布目蛤属 *Leukoma*
 - 壳面具有较粗的同心肋 ·· 凸卵蛤属 *Pelecyora*

蛤蜊科 Mactridae Lamarck, 1809

蛤蜊属 *Mactra* Linnaeus, 1767

四角蛤蜊
Mactra quadrangularis Reeve, 1854

同物异名：*Mactra bonneauii* Bernardi, 1858；*Mactra gibbosula* Reeve, 1854；*Mactra veneriformis* Reeve, 1854；*Mactra zonata* Lischke, 1871；*Trigonella quadrangularis* (Reeve, 1854)；*Trigonella quadrangularis* var. *ventricosa* Grabau & S. G. King, 1928

标本采集地：浙江象山、南麂列岛。

形态特征：壳质坚厚，略呈四角形。两壳极膨胀，贝壳宽度几乎与高度相等，壳顶突出，位于背缘中央略靠前方，尖端向前弯。贝壳具壳皮，顶部白色，幼小个体呈淡紫色，近腹缘为黄褐色，腹面常有1条很浅的边缘。壳面中部膨胀，生长线明显且粗大，形成凹凸不平的同心环纹。壳内面白色，铰合部宽大，左壳具1个分叉的主齿，两壳前后侧齿发达，均呈片状，左壳单片，右壳双片。外韧带小，淡黄色，内韧带大，黄褐色。闭壳肌痕明显，前闭壳肌痕稍小，呈卵圆形，后闭壳肌痕稍大，近圆形。外套痕清楚，接近腹缘，外套窦不深，末端钝圆。足部发达，侧扁呈斧状，足孔大，外套膜具2层边缘，两水管愈合，淡黄色，末端具触手。

生态习性：生活于河口潮间带中、低潮区及浅海泥沙质海域，栖息深度5～10cm。

地理分布：渤海，黄海，东海，南海；日本，朝鲜半岛。

经济意义：肉可食用，产量大。

参考文献：赵匠，1992。

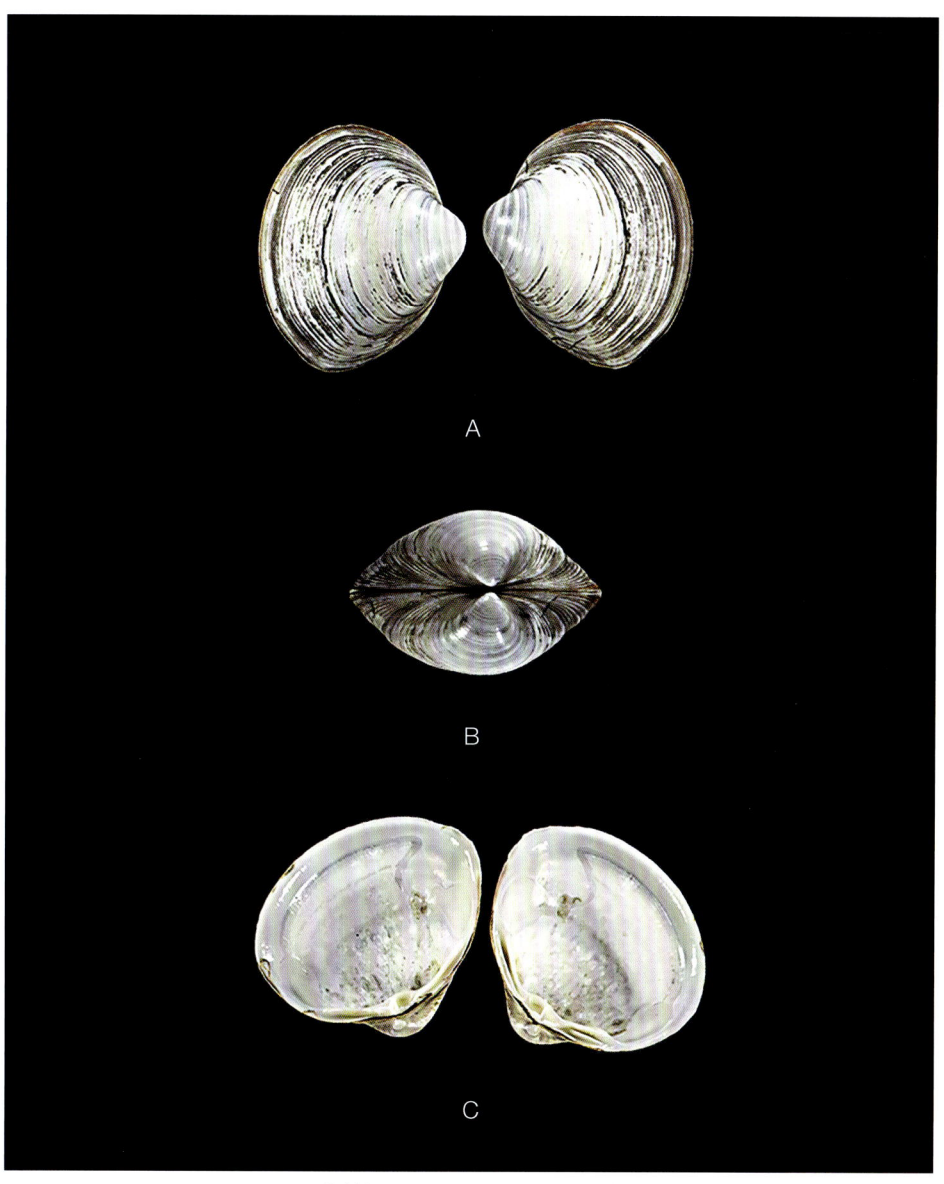

图 306　四角蛤蜊 *Mactra quadrangularis* Reeve, 1854
A. 侧面观；B. 顶面观；C. 内面观

鸟蛤目 Cardiida
斧蛤科 Donacidae J. Fleming, 1828
斧蛤属 *Donax* Linnaeus, 1758

紫藤斧蛤
Donax semigranosus Dunker, 1877

标本采集地： 浙江温州洞头。

形态特征： 贝壳小，略呈三角形或楔形，壳高为长度的 2/3，两壳大小相等，两侧不等。壳顶靠近后方，约位于壳长 1/3 处，壳顶前、后边缘相交成 90°角。壳前缘瘦弱，后端截形，具角。韧带棕褐色、短，突出壳面。壳表面微具光泽，生长轮脉细密、明显，后端具细密的放射肋，放射肋和生长轮脉交叉形成肋上的许多细微颗粒状突起。壳表面颜色有变化，为淡黄色或黄褐色，微带青灰色，并有自壳顶直达腹缘和后缘的放射状褐色的色带和细微渐深的褐色浅纹，此浅纹在接近腹部部分比较清楚。壳内面为灰白色和紫色，铰合部狭。左壳具主齿 2 枚，略分叉，侧齿 2 枚，前侧齿极微弱。右壳具主齿 1 枚，略分叉，前、后侧齿各 1 枚。前闭壳肌痕小，近似三角形，后闭壳肌痕大，近马蹄形；外套痕清楚，外套窦宽而深，略呈椭圆形。

生态习性： 暖水性种。生活在潮间带的砂质海滩，可以随着潮汐涨落作上下迁移。涨潮时达潮间带高潮区，潜入砂内，常较深，约达 5cm，栖息密度较低，在海口附近砂滩，常是每平方米遇不到 1 个。

地理分布： 浙江以南至海南岛沿海；日本。

经济意义： 肉可食用。

参考文献： 徐凤山和张素萍，2008。

图 307　紫藤斧蛤 *Donax semigranosus* Dunker, 1877
A. 侧面观；B. 内面观

樱蛤科 Tellinidae Blainville, 1814

韩瑞蛤属 *Hanleyanus* M. Huber, Langleit & Kreipl, 2015

衣韩瑞蛤
Hanleyanus vestalis (Hanley, 1844)

同物异名：*Angulus vestalis* (Hanley, 1844)；*Psammobia tenella* Gould, 1861；*Psammotreta solenella* (Deshayes, 1855)；*Tellina* (*Angulus*) *vestalis* Hanley, 1844；*Tellina solenella* Deshayes, 1855；*Tellina vestalis* Hanley, 1844

标本采集地：东海、南海。

形态特征：壳质薄，壳形细长，后部有放射褶；壳顶位于背部中央或中央之后，外套窦较长、深，但不能触及前闭壳肌痕，其腹缘约有一半长度与外套痕愈合，两壳各具两个主齿，前侧齿特别长，前端与前主齿相连。

生态习性：多栖息于水深 0～90m 的水区。

地理分布：东海，南海；菲律宾，泰国，巴基斯坦，毛里求斯。

参考文献：徐凤山和张素萍，2008。

图 308　衣韩瑞蛤 *Angulus vestalis* (Hanley, 1844)
A. 侧面观；B. 顶面观；C. 内面观

明樱蛤属 *Moerella* P. Fischer, 1887

欢喜明樱蛤
Moerella hilaris (Hanley, 1844)

标本采集地： 东海。

形态特征： 贝壳前部圆，后部细，稍开口，后端偏向右；外套窦深，不能触及前闭壳肌痕，其腹缘与外套线全部愈合或部分愈合。两壳各有 2 个主齿，右壳前侧齿壮，左壳无侧齿。壳表白色或红色，前后端微开口，壳顶低，位于背部中央之后；前缘圆，前背缘微凸；后部短而细，末端尖；壳表面被有薄的淡黄色壳皮，生长纹细，壳后放射褶不明显。右壳前侧齿离主齿较远。

生态习性： 多栖息于水深 30m 以内的近岸水区。

地理分布： 渤海，东海，南海；日本。

稀有程度： 习见种。

参考文献： 徐凤山和张素萍，2008。

图 309　欢喜明樱蛤 *Moerella hilaris* (Hanley, 1844)
A. 侧面观；B. 顶面观；C. 内面观

彩虹樱蛤属 *Iridona* M. Huber, Langleit & Kreipl, 2015

彩虹樱蛤
Iridona iridescens (Benson, 1842)

同物异名： *Moerella iridescens* (Benson, 1842)；*Sanguinolaria iridescens* Benson, 1842；*Tellina carnea* Philippi, 1844；*Tellina iridescens* (Benson, 1842)

标本采集地： 浙江舟山。

形态特征： 壳小，呈三角椭圆形。壳表白色或粉红色，具光泽。壳顶位于中央偏后，有放射状脊。韧带黄褐色。生长线细密，有放射状色带。壳内具主齿2枚，仅右壳有弱小的侧齿。前闭壳肌痕卵圆形，后闭壳肌痕马蹄状。外套窦先端与前闭壳肌痕相接。

生态习性： 生活于潮间带至浅海砂或砂泥底。

地理分布： 浙江舟山以北海区，台湾岛；印度洋 - 西太平洋。

参考文献： 徐凤山和张素萍，2008。

图 310 彩虹樱蛤 *Iridona iridescens* (Benson, 1842)
A. 侧面观；B. 内面观；C. 顶面观

植樱蛤属 *Sylvanus* M. Huber, Langleit & Kreipl, 2015

淡路植樱蛤
Sylvanus lilium (Hanley, 1844)

同物异名： *Exotica donaciformis* (Deshayes, 1855)；*Macoma awajiensis* G. B. Sowerby III, 1914；*Macoma moretonensis* (Deshayes, 1855)；*Semelangulus lilium* (Hanley, 1844)

标本采集地： 东海。

形态特征： 壳质较坚厚，壳形较小，长椭圆形，壳顶位于背部中央之后，壳的前部长、后部短、末端截形，前后端微开口。壳表有生长线和较深颜色的同心线，并具有十分微弱的放射线，有斜行刻纹与生长线相交。右壳自顶壳到腹缘有一浅的缢沟，左壳不明显。外套窦深，背缘有隆起，腹缘与外套线愈合。两壳的外套窦相似，右壳者较短。

生态习性： 生活在软泥沉积环境中，水深 24～82m。

地理分布： 东海，南海；越南，澳大利亚。

参考文献： 徐凤山和张素萍，2008。

图 311 淡路植樱蛤 *Sylvanus lilium* (Hanley, 1844)
A. 侧面观；B. 顶面观；C. 内面观

樱蛤科分属检索表

1. 2 片壳上均无侧齿 .... 植樱蛤属 *Sylvanus*
 - 至少 1 片壳上有侧齿或退化的侧齿 2
2. 除具有外韧带外，还具有内韧带 .... 明樱蛤属 *Moerella*
 - 仅具有外韧带 3
3. 两壳后部内陷在后腹缘形成浅窦 .... 彩虹樱蛤属 *Iridona*
 - 两壳后腹缘没有壳面内陷形成的浅窦 .... 韩瑞蛤属 *Hanleyanus*

贫齿目 Adapedonta
灯塔蛤科 Pharidae H. Adams & A. Adams, 1856
刀蛏属 Cultellus Schumacher, 1817

小刀蛏
Cultellus attenuatus Dunker, 1862

标本采集地： 浙江象山。

形态特征： 贝壳侧扁长形，后端逐收窄，形如刀状，壳质脆薄。壳长度约为高度的 3 倍，是宽度的 6 倍。壳顶位于背面近前方。韧带黑色、突出。壳背缘近平直，腹缘稍呈弧形，前、后端均呈圆形，后端略狭。两壳闭合时，前、后两端开口。壳表光滑，具有微细的丝状生长纹，具有光泽壳皮，灰黄色。由壳顶至前腹缘有一斜缢痕。从壳顶斜向后腹缘有 1 条斜线，线的上部色淡，下部色深。铰合部狭小，左壳有主齿 3 枚，右壳有主齿 2 枚。外套痕明显，外套窦浅。前闭壳肌痕小，圆形，后闭壳肌痕大，长卵圆形。足发达，水管短，周围触手多。壳内面灰白色，壳缘有灰黄色壳皮边。

生态习性： 沿海广分布种，生活于数米至数十米水深的浅海中，其底质一般为泥、泥沙等。

地理分布： 黄海，东海，南海。

经济意义： 肉可食用，鲜美。

参考文献： 徐凤山和张素萍，2008。

图 312　小刀蛏 *Cultellus attenuatus* Dunker, 1862

海螂目 Myida
篮蛤科 Corbulidae Lamarck, 1818
河篮蛤属 *Potamocorbula* Habe, 1955

焦河蓝蛤
Potamocorbula nimbosa (Hanley, 1843)

标本采集地： 浙江舟山。

形态特征： 贝壳中小型，右壳大于左壳；壳表平滑，被以壳皮，壳皮较厚。右壳铰合部在齿槽之前有一强壮突出的齿，左壳着带板上有一纵脊。同心纹刻更粗糙；壳表无放射状刻纹，外套窦浅。生长线较弱。

生态习性： 常栖息在潮间带至潮下带。

地理分布： 东海，南海；新加坡。

经济意义： 养殖对虾的优质鲜活饵料。

参考文献： 张新峰等，2005。

图 313　焦河蓝蛤 *Potamocorbula nimbosa* (Hanley, 1843)
A. 侧面观；B. 顶面观；C. 内面观

闭眼目 Myopsida

枪乌贼科 Loliginidae Lesueur, 1821

拟枪乌贼属 *Loliolus* Steenstrup, 1856

日本枪乌贼
Loliolus (*Nipponololigo*) *japonica* (Hoyle, 1885)

标本采集地： 浙江舟山。

形态特征： 胴部细长，长度约为宽度的 4 倍。肉鳍位于胴后部两侧，其长度稍大于胴长的 1/2，呈三角形，外侧顶角圆形，两肉鳍相接近似菱形。腕的长度不等，顺序一般为 3>4>2>1，吸盘 2 行，各腕吸盘大小不一，第 2、第 3 对腕上的吸盘最大，其角质环外缘具有方形小齿，小齿一般是中部吸盘上的多，10 余个，基部吸盘上较少，顶部吸盘上最少。雄性左侧第 4 腕茎化，特征是顶部约 1/2 部分特化成 2 行肉刺。触腕超过胴长，穗为菱形，长度约占触腕长的 1/4，吸盘 4 行，大小不一，中间者大，两边者小，中间的大吸盘角质环外缘具有方形小齿，颇整齐，顶端小吸盘角质环外缘具尖锥形小齿，不整齐。生活时，身体灰白色，背部具褐色斑点，浸制后为灰黄色，背部斑点变为紫褐色。内壳角质，薄而透明。中央有一纵肋，由纵肋向两侧发出细微的放射纹，呈羽毛状。

生态习性： 为近海种类，游泳能力较弱。春季由深海向沿海洄游。5～6 月产卵，卵子包被于白色透明的胶质鞘中。卵鞘呈棒状。主要以小型虾类为食。

地理分布： 中国北部沿海数量较多；日本，朝鲜。

经济意义： 柔嫩味美，多用于鲜食。

参考文献： 金岳和陈新军，2017。

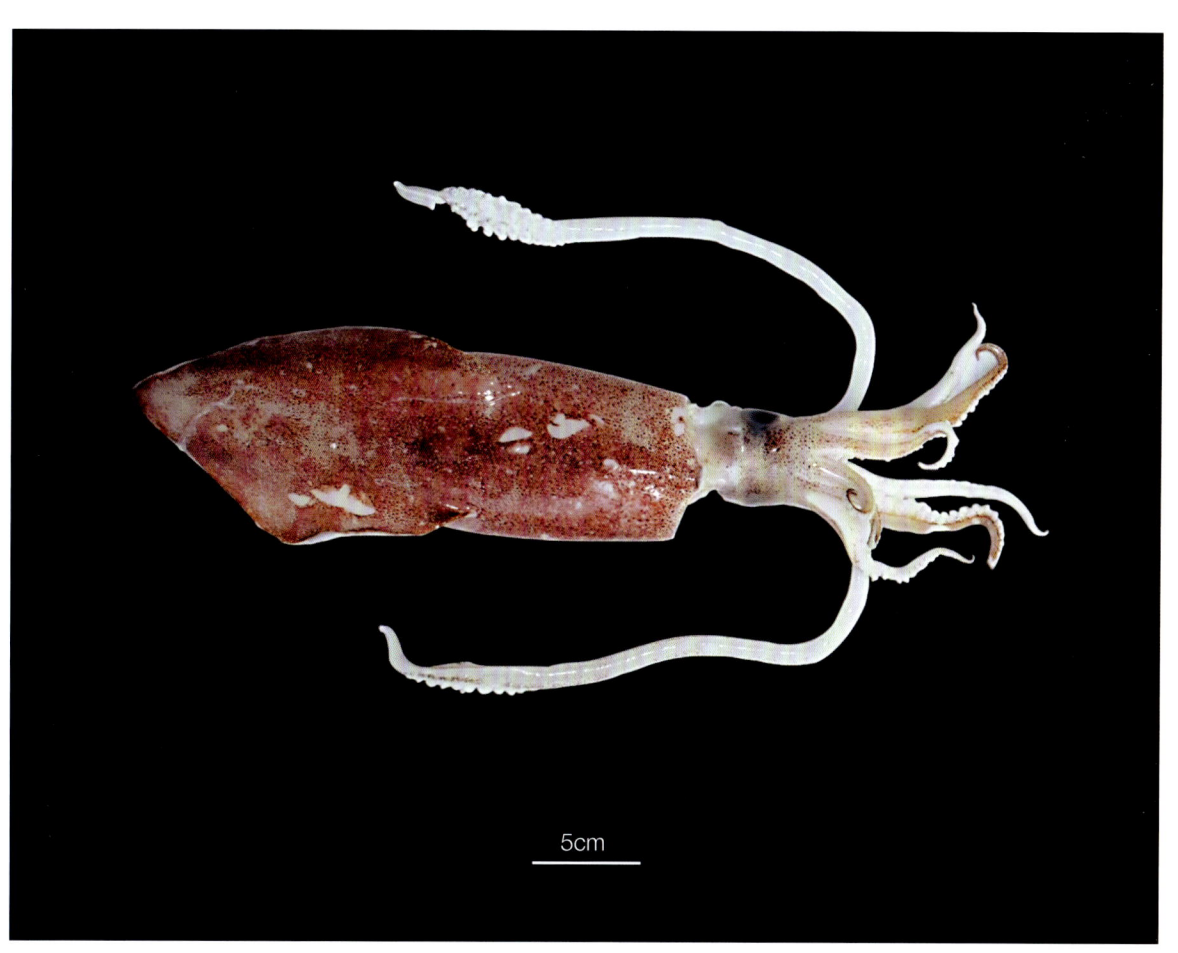

图 314　日本枪乌贼 Loliolus (Nipponololigo) japonica (Hoyle, 1885)

火枪乌贼
Loliolus (*Nipponololigo*) *beka* (Sasaki, 1929)

标本采集地： 浙江舟山。

形态特征： 胴部细长，后端尖，长度约为宽度的 4 倍。肉鳍较大，列于胴后部两侧，长度约为胴长的 1/2。腕的长度不等，吸盘 2 行，各腕吸盘大小不一，以第 2、第 3 对腕上的较大，其角质环外缘具 3～5 个长方形齿。雄性左侧第 4 腕茎化，特征是顶端 2/3 部分特化为 2 行肉刺。触腕一般超过胴长，穗菱形，长度约为触腕全长的 1/4，吸盘 4 行，大小不一，中间的大，两边的小，吸盘角质环外缘均具尖锥形小齿。生活时，体呈灰白色，背部有褐色斑点，浸制后体呈黄白色，斑点变为紫褐色。内壳角质，薄而透明，呈披针叶形，中央有 1 纵肋。

生态习性： 生活在近海，游泳能力弱，随海流和季节变化作短距离洄游。

地理分布： 渤海，黄海，东海，南海；日本海南部。

经济意义： 鱼类饵料；肉质鲜美。

参考文献： 杨林林等，2012。

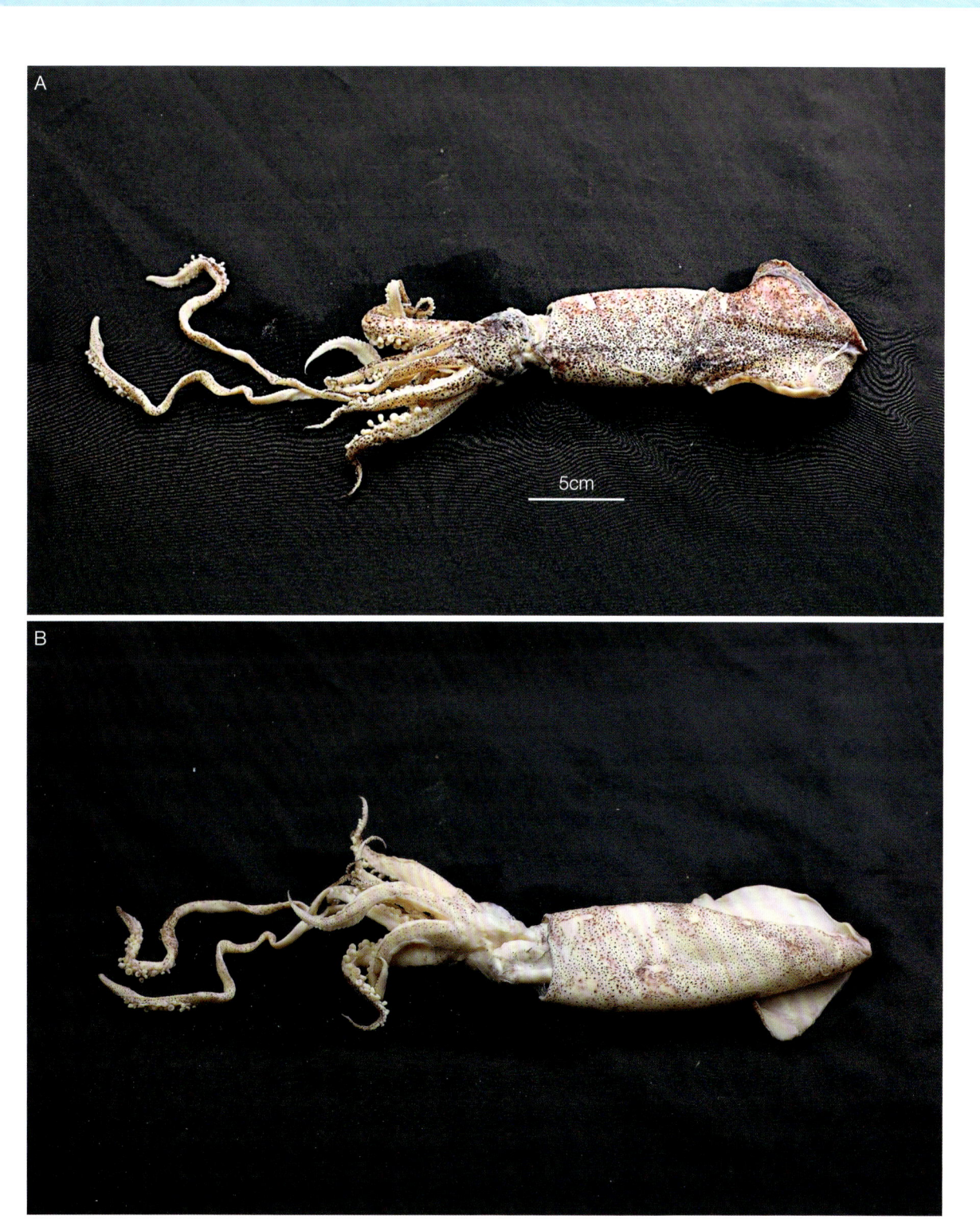

图 315 火枪乌贼 *Loliolus* (*Nippanololigo*) *beka* (Sasaki, 1929)
A. 背面观；B. 腹面观

伍氏枪乌贼
Loliolus (*Nipponololigo*) *uyii* (Wakiya & Ishikawa, 1921)

标本采集地： 浙江舟山。

形态特征： 胴部圆锥形，胴宽约为胴长 1/4，体表具大小相间的色素斑。鳍长超过胴长 1/2，两鳍相接略呈纵菱形。无柄腕腕式由大到小依次为 3、4、2、1，吸盘 2 行，第 2、第 3 对腕吸盘较大，吸盘角质环具 4～5 个宽板齿，雄性左侧第 4 腕茎化，从顶端向后约占全腕长 2/3 的吸盘特化为两行尖形尖起。触腕穗吸盘 4 行，中间 2 行大，边缘和两端者小，大吸盘角质环不具齿，小吸盘角质环具尖齿。内壳角质，中轴粗壮，边缘细弱。

生态习性： 浅海性种类，主要生活于大陆架以内，但在水深 150～200m 的陆架边缘也有密集群体。白天多活动于中下层，夜间常上升至中上层，垂直移动的范围从表层至百余米。其为凶猛性肉食性动物，食物大多为小公鱼、沙丁鱼、鲹和磷虾等小型中上层种类，也大量捕食其同类。

地理分布： 东海，南海；日本南部海域。

参考文献： 林龙山等，2013。

图 316 伍氏枪乌贼 *Loliolus* (*Nipponololigo*) *uyii* (Wakiya & Ishikawa, 1921)

拟枪乌贼属分种检索表

1. 触腕穗大，吸盘角质环不具齿 .... 伍氏枪乌贼 *L.* (*N.*) *uyii*
- 触腕穗大，吸盘角质环具齿 2
2. 触腕穗大，吸盘角质环具方形齿 .... 日本枪乌贼 *L.* (*N.*) *japonica*
- 触腕穗大，吸盘角质环具尖锥形齿 .... 火枪乌贼 *L.* (*N.*) *beka*

乌贼目 Sepiida

乌贼科 Sepiidae Keferstein, 1866

乌贼属 *Sepia* Linnaeus, 1758

罗氏乌贼
Sepia robsoni (Massy, 1927)

标本采集地： 浙江嵊泗。

形态特征： 胴部盾形，胴长约为胴宽的 2 倍；胴背具致密的细点斑，褐色素比较明显。肉鳍甚狭，位于胴部两侧全缘，在末端分离。无柄腕长度略有差异，腕式一般为 4>3>2>1，吸盘 4 行，各腕吸盘大小相近，吸盘角质环不具齿，雄性左侧第 4 腕茎化，全腕中部的吸盘骤然变小并稀疏；触腕穗肾形，约为全腕长度的 1/7，吸盘约 10 行，大小相近，吸盘角质环具小钝齿。内壳椭圆形，长度约为宽度的 2.5 倍，背面具同心环状排列的石灰质颗粒，有 3 条纵肋，中央者明显，腹面的横纹面呈单峰型，峰顶较圆，线条平整，壳的后端骨针粗壮。

生态习性： 暖水性，主要栖居于南海的较近岸海域。体较小，肉鳍狭，游泳力较弱，是底栖生物拖网中最常见的一种乌贼。

地理分布： 东海，南海；日本群岛南部，马来群岛海域。

经济意义： 肉可供食用。

参考文献： 郑小东，2002。

图 317 罗氏乌贼 *Sepia robsoni* (Massy, 1927)

无针乌贼属 *Sepiella* Gray, 1849

无针乌贼
Sepiella inermis (Van Hasselt [in Férussac & d'Orbigny], 1835)

标本采集地： 浙江嵊泗。

形态特征： 个体中型。胴部卵圆形，稍瘦，长度约为宽度的 2 倍。胴后腹面有 1 个明显的腺孔，常流出近红色、带腥臭味的浓汁。肉鳍前端较狭，向后端渐宽，位于胴部两侧，全缘，左右两鳍在末端分离。腕长度相近，长度顺序一般为 4>1>3>2，吸盘 4 行，各腕吸盘大小相近，其角质环外缘具尖锥形小齿，雄性左侧第 4 腕茎化。特征是基部约占全腕 1/3 处的吸盘特别小，中部和顶部吸盘正常。触腕穗狭小，其长度约为触腕全长的 1/4，吸盘小而密，约 20 行，大小相近，其角质环外缘具方圆形小齿。生活时，背部白花斑点甚明显，雄性斑大，雌性斑小，浸制后，背部呈浓密紫斑。内壳长椭圆形，长度约为宽度的 3 倍。角质缘发达。末端形成 1 个角质板。横纹面水波状，后端无骨针。

生态习性： 本种为沿海种类，每年春夏之际，由越冬的深水区向岛屿附近的浅水区洄游，此时适温为 16～19℃，适盐为 30‰以上。卵子多产在厚丛柳珊瑚、海藻体及其他枝状物体上，有黑色胶膜包被，似葡萄状，长径 6～7mm，刚孵出的稚仔与成体特征相近。背斑明显，活动性强。肉食性，以甲壳类、小鱼为食。

地理分布： 渤海，黄海，东海，南海；日本，朝鲜，东南亚。

经济意义： 本种在我国沿海，特别是在南部近海种群密集，产量最大，约占全国乌贼科总产量的 90%，是我国四大海洋渔业之一。在浙江其俗称目鱼，肉质鲜美，是菜肴佳品。

参考文献： 郑小东，2002。

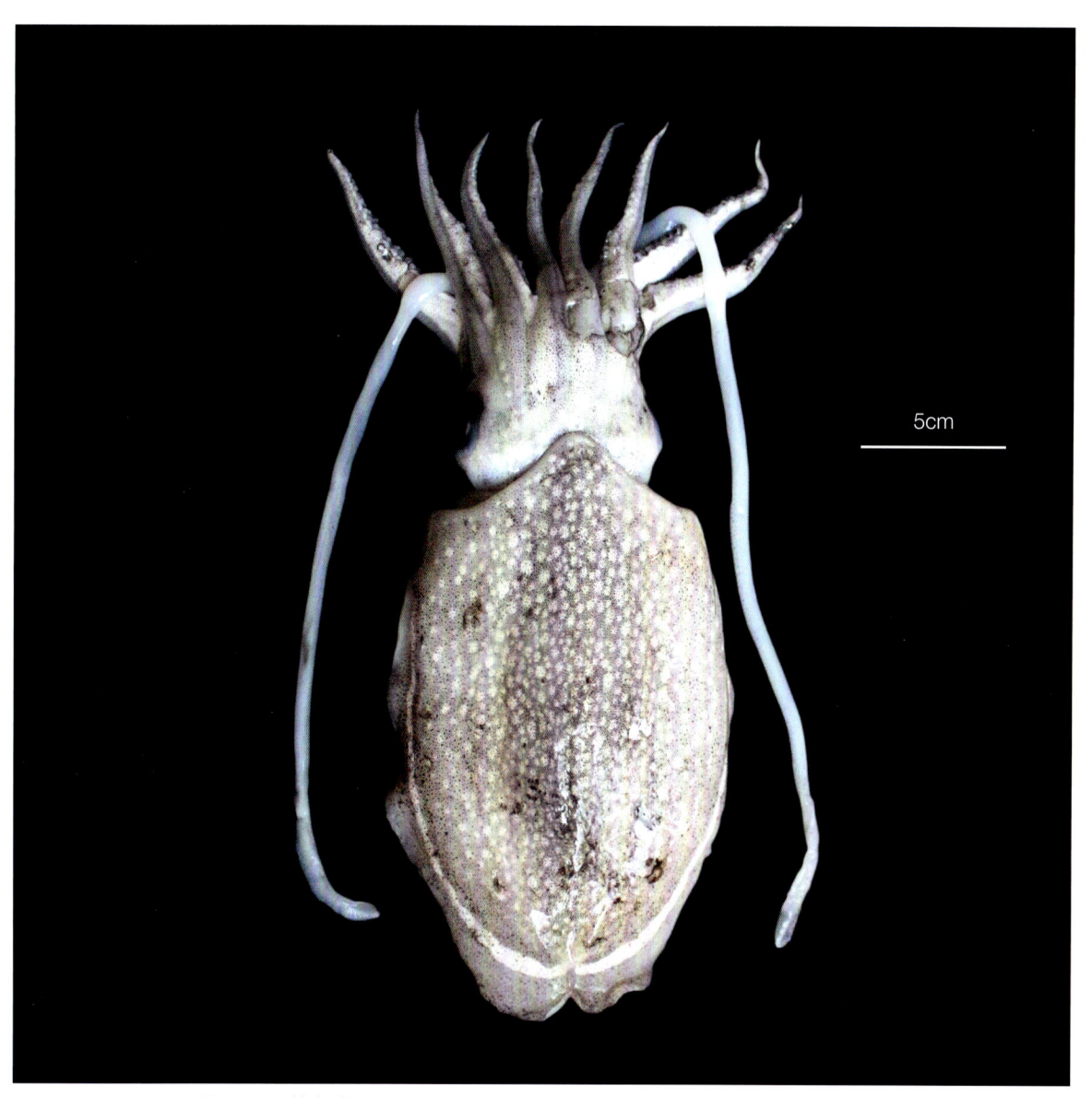

图 318　无针乌贼 *Sepiella inermis* (Van Hasselt [in Férussac & d'Orbigny], 1835)

耳乌贼科 Sepiolidae Leach, 1817

耳乌贼属 *Sepiola* Leach, 1817

双喙耳乌贼
Sepiola birostrata Sasaki, 1918

标本采集地： 浙江舟山。

形态特征： 为一种小型耳乌贼，胴部袋形，长宽之比约为 7 ∶ 5，胴背部和头部相连。肉鳍大，相当于胴长的 2/3 左右，位于胴部中段稍偏后的两侧，状如两耳。腕的长度约相等，顺序一般为 2=3>1=4。吸盘 2 行，角质环外缘无齿。雄性左侧第 1 腕茎化，特征是较粗短，约为右侧第 1 腕长度的 4/5，基部有 4～5 个小吸盘，向上靠外侧边缘生有大小不等的 2 个弯曲的喙状肉刺，其中上面的 1 个较大，顶部 2/3 处密生 2 行三棱形的突起，突起尖端有小吸盘。触腕细长，约为胴长的 2 倍，穗小，约为全腕长度的 1/6，吸盘较小，大小相近，基部 4 行，向上可达 16 行，触腕吸盘角质环外缘具尖形小齿。生活时，体色浅，浸制后体稍黄，除肉鳍及漏斗外，遍布紫褐色斑点，胴背部斑点最密。内壳退化。

生态习性： 为小型底栖种类，多在海底营穴居生活，游泳能力很弱，常随潮流浮游在浅海中。

地理分布： 中国南北沿海；日本，朝鲜。

经济意义： 肉可供食用。

参考文献： 金岳和陈新军，2017。

图 319　双喙耳乌贼 *Sepiola birostrata* Sasaki, 1918

八腕目 Octopoda
蛸科 Octopodidae d'Orbigny, 1840
蛸属 *Octopus* Cuvier, 1798

长蛸
Octopus minor (Sasaki, 1920)

标本采集地： 舟山普陀。

形态特征： 胴部长椭圆形，表面光滑。两眼间无斑块、无金圈。漏斗器呈"几"形，各腕均较长，长短相差悬殊，顺序为 1>2>3>4，第 1 对腕长约为第 4 对腕长的 2 倍，约为头部和胴部总长的 6 倍，吸盘 2 行。雄性右侧第 3 腕茎化，长度仅为左侧第 3 腕的 1/2。端器大而明显，匙形，约为全腕长度的 1/5，为两边皮肤向内侧卷曲而成的一个长型深槽，槽侧具 10 条小纵沟，腕侧膜极发达，形成输精沟。

生态习性： 沿岸底栖生物，营挖穴栖居生活。

地理分布： 渤海，黄海，东海，南海。

经济意义： 鱼类饵料；肉质鲜美。

参考文献： 孙同秋等，2008。

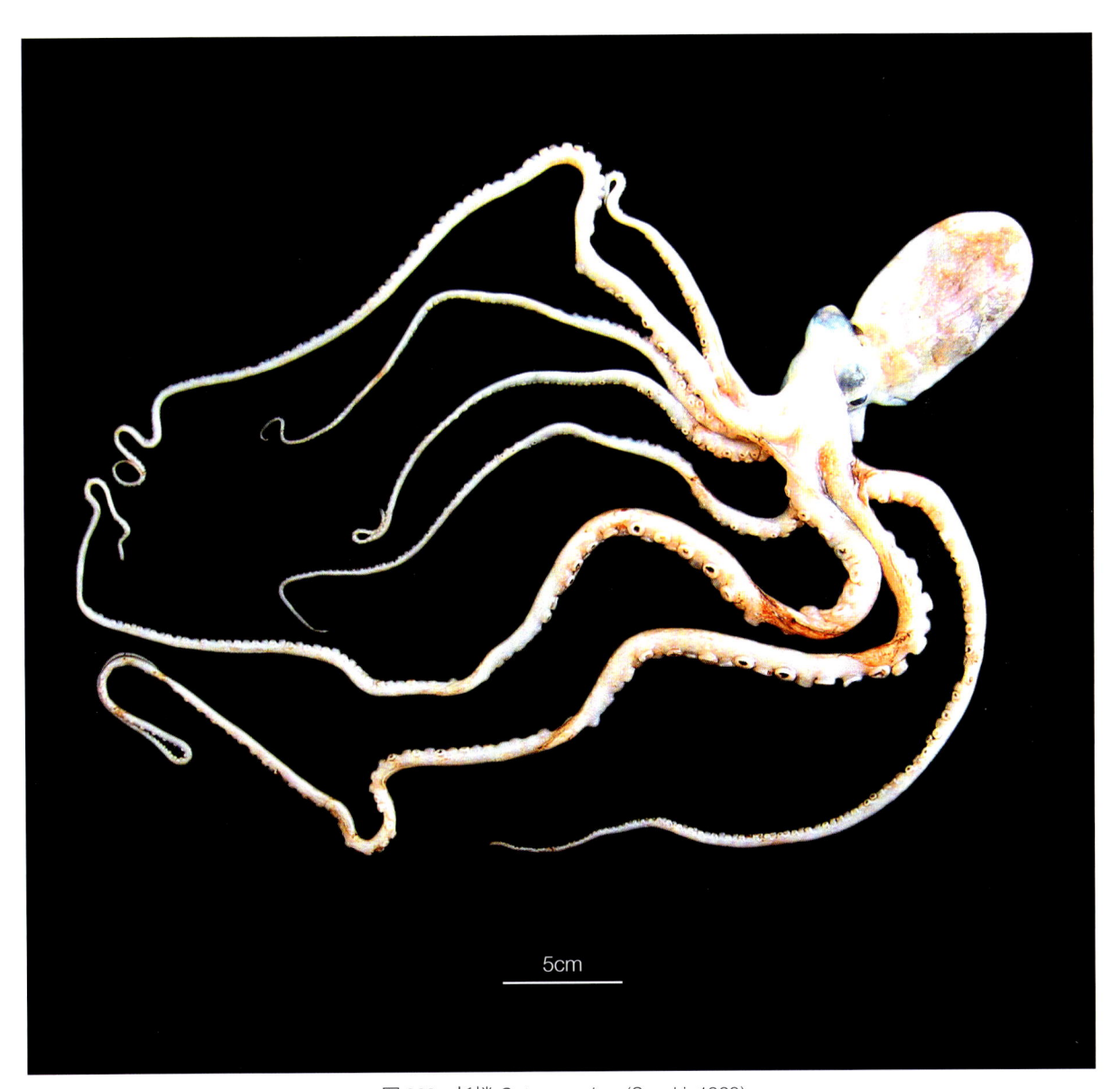

图 320　长蛸 *Octopus minor* (Sasaki, 1920)

真蛸
Octopus vulgaris Cuvier, 1797

标本采集地： 浙江乐清。

形态特征： 胴部椭圆形，背部表面有稀疏疣突。两眼间无斑块、无金圈。漏斗器呈"W"形，各腕稍长，长短相近，侧腕较长，腹腕较短，顺序为2=3>1>4，吸盘4行。雄性右侧第3腕茎化，端器很小，不明显，略呈尖锥形，由两边皮肤向腹面卷曲而成，纵沟不清晰，腕侧膜较发达，形成输精沟。生活时体褐色，浸制后，体多为深褐色，胴背具十分明显的灰白色斑点。内壳退化。

生态习性： 沿岸底栖生物，白天长期潜伏在砂泥海底或岩礁裂缝中，晚间出来觅食。有短距离游泳习性。

地理分布： 东海，南海。

经济意义： 肉质鲜美。

参考文献： 刘兆胜，2013。

图 321　真蛸 *Octopus vulgaris* Cuvier, 1797

双蛸属 *Amphioctopus* Fischer, 1882

短双蛸
Amphioctopus fangsiao (d'Orbigny, 1839-1841)

标本采集地： 浙江舟山。

形态特征： 短蛸是一种小型的章鱼。胴卵圆形或球形，胴背部表面粒状突起密集，在背部两眼的皮肤表面有浅色纺锤形或半月形的斑块，在眼的前方，第2～4对腕的区域内，有一对椭圆形的金圈。漏斗器呈"W"形。腕短，各腕长度相近，其中腹腕略长，侧腕略短，顺序一般为 4>3>2>1，吸盘2行。雄性右侧第3腕茎化，端器较小，圆锥形，由两边皮肤向腹面卷曲而成。有纵沟，腕侧膜较发达，形成输精沟。生活时，体黄褐色。浸制后，体变紫褐色，背面浓，腹面淡。内壳退化。

生态习性： 为沿岸底栖种类，体小腕短，游泳能力较弱。靠漏斗器射水的作用进行短距离游泳，或以吸盘吸着其他物爬行。有钻沙隐蔽的习性。以蟹类或贝类为食物。卵生，分批产卵。产卵期3～5月，4月最盛。卵大，米粒状，长径4.5～6.3mm。产于海底洞穴、海藻或空贝壳内。适温15～20℃，适宜盐度29～35‰，经过40余天的孵化期，稚仔孵出为10mm左右。

地理分布： 渤海，黄海，东海，南海。

经济意义： 肉质鲜美，在北方是主要海产品之一。

参考文献： 王卫军等，2013。

图 322 短蛸 *Amphioctopus fangsiao* (d'Orbigny, 1839-1841)

软体动物门参考文献

蔡立哲,黄玉山,谭凤仪. 1997. 香港红树林区软体动物生态研究. 海洋科学集刊, (2): 103-114.

蔡英亚,刘桂茂. 2004. 中国南沙群岛的双壳纲贝类. 湛江海洋大学学报, (1): 1-8.

陈道海,王爱兰,陈青荷. 2000. 湛江市硇洲岛滩涂腹足类初步调查. 湛江师范学院学报(自然科学版), (1): 25-29.

陈世杰. 1995. 鲍的形态类别及种名辑录. 福建水产, (2): 71-75, 82.

陈新军. 1997. 浅析日本海中南部海域太平洋褶柔鱼的一些生物学特性. 中国水产科学, (5): 29-32.

陈志云,张素萍. 2011. 小塔螺科系统分类学研究现状与展望. 海洋科学, 35(10): 123-127.

程济民,李国华,王秋雨,等. 1989. 渤海贝类调查报告. 东北师大学报(自然科学版), (2): 97-104.

丁景尧,潘贤渠,张忠如,等. 1983. 北海附近海区腹足类、瓣鳃类初报——系统名录. 广西师范大学学报(自然科学版), (1): 92-97, 85.

董长永. 2008. 中国沿海蛾螺科5属10种的系统学分析. 辽宁师范大学硕士学位论文.

董正之. 2002. 中国动物志 无脊椎动物 第二十九卷 软体动物门 腹足纲 原始腹目 马蹄螺总科. 北京: 科学出版社.

杜美荣,方建光,高亚平,等. 2017. 不同贝龄栉孔扇贝数量性状的相关性和通径分析. 水产学报, (4): 103-110.

富惠光. 1983. 辽宁兴城沿海腹足类的研究. 东北师大学报(自然科学版), (1): 85-91.

黄贤克,肖国强,张鹏,等. 2017. 微黄镰玉螺壳形态性状对体质量性状的影响. 水产养殖, 38(1): 25-29.

黄一鸣,王方平. 1993. 福建钝梭螺——新亚种(腹足纲,钝梭螺科). 武夷科学: 52-54.

焦海峰,施慧雄,刘红丹,等. 2011. 渔山列岛潮间带大型底栖动物的群落结构. 水生态学杂志, 32(3): 48-52.

金岳,陈新军. 2017. 中国近海头足类基础生物学研究进展. 海洋渔业, 39(6): 696-712.

柯才焕. 2011. 东风螺属的系统发育与分类问题研究. 中国动物学会·中国海洋湖沼学会贝类学分会第九次会员代表大会暨第十五次学术讨论会论文集. 广州: 中国动物学会贝类学分会,中国海洋湖沼学会贝类学分会:中国海洋湖沼学会.

黎跃成. 2010. 中国药用动物原色图鉴. 上海: 上海科学技术出版社.

李宝泉. 2002. 中国海笔螺科的分类学研究. 中国海洋大学硕士学位论文.

李宝泉. 2007. 中国海塔螺科系统分类学和动物地理学研究. 中国科学院研究生院(海洋研究所)博士学位论文.

李宝泉,李新正. 2005. 中国海笔螺属(腹足纲,新腹足目,笔螺科)记述. 动物分类学报, (2): 330-343.

李凤兰,林民玉. 2000. 中国近海蛾螺科的初步研究 I. 唇齿螺属及甲虫螺属. 海洋科学集刊, (1): 108-115.

李海涛, 舒琥. 2008. 大亚湾水生贝类原色图集. 广州: 华南理工大学出版社.

李海涛, 周鹏, 何静, 等. 2019. 基于形态学和 16S rRNA 基因序列的轮螺科面盘幼虫物种鉴定. 海洋与湖沼, 5(1): 228-235.

李海涛, 朱艾嘉, 方宏达, 等. 2010. 蛾螺科、织纹螺科和细带螺科腹足类齿舌的形态学研究. 海洋与湖沼, 41(4): 495-499.

李荣冠, 江锦祥. 1997. 大亚湾核电站邻近埔渔洲红树林区软体动物生态研究. 海洋科学集刊, (2): 115-122.

梁超, 杨爱国, 刘志鸿, 等. 2011. 4 个地理群体魁蚶 (Scapharca broughtonii) 的形态差异与判别分析. 海洋科学, 35(11): 108-113.

林光宇. 1997. 中国海兔科的区系研究. 中国动物学会、中国海洋湖沼学会贝类学分会第八次学术讨论会暨张玺教授诞辰 100 周年纪念会论文集. 平阳: 中国动物学会贝类学分会, 中国海洋湖沼学会贝类学分会: 中国海洋湖沼学会.

林龙山, 陶康华, 袁峻峰. 1999. 南麂列岛贝藻生物的调查. 海洋渔业, (1): 20-22.

林龙山, 张静, 宋普庆, 等. 2013. 东山湾及其邻近海域常见游泳动物. 北京: 海洋出版社.

林炜, 唐以杰, 钟莲华. 2002. 大亚湾潮间带软体动物分布和区系分类研究. 广东教育学院学报, (2): 63-72.

刘春芳. 2014. 中国近海蚶总科 (Arcoidea) 贝类的系统发育及泥蚶 (Tegillarca granosa) 不同群体遗传多样性研究. 中国科学院研究生院 (海洋研究所) 硕士学位论文.

刘婧. 2012. 长江河口大型底栖动物生态学研究. 上海海洋大学硕士学位论文.

刘庆, 徐兴华, 陈燕妮. 2009. 扁玉螺的形态以及行为与繁殖生物学的初步研究. 齐鲁渔业, 26(2): 14-16.

刘童, 刘元文, 王英俊, 等. 2018. 黄河口三角洲潮间带泥螺群体的生物学特性研究. 水产科技情报, 45(6): 347-351.

刘炜明. 2006. 福建沿海织纹螺形态分类和分子系统发育研究. 厦门大学硕士学位论文.

刘泽浩. 2009. 中国沿海典型海区常见镜蛤的分类研究. 中国动物学会、中国海洋湖沼学会贝类学会分会第十四次学会研讨会论文摘要汇编. 南昌: 中国动物学会贝类学分会, 中国海洋湖沼学会贝类学分会: 中国海洋湖沼学会.

刘兆胜. 2013. 真蛸基础生物学和繁育技术研究. 中国海洋大学硕士学位论文.

罗福广, 李斌, 罗平秀, 等. 2010. 中国沿海管角螺 4 个自然群体形态差异的比较. 中国海洋大学学报 (自然科学版), 40(3): 65-70.

马绣同. 1988. 中国近海玉螺科的研究I. 玉螺亚科和四新种. 中国动物学会、中国海洋湖沼学会贝类学分会第三次代表大会暨第四次学术讨论会论文集. 黄山: 中国动物学会贝类学分会, 中国海洋湖沼学会贝类学分会: 中国海洋湖沼学会.

马绣同. 1997. 中国动物志 无脊椎动物 第七卷 腹足纲 中腹足目 宝贝总科. 北京: 科学出版社.

柒壮林, 王一农, 陈德云, 等. 2011. 齿纹蜒螺的形态性状对体质量的影响分析. 水产科学, 30(8): 505-508.

齐钟彦. 1979. 西沙群岛的海洋生物考察. 海洋科学, (S1): 58-61.

钱伟, 王一农, 陆开宏, 等. 2011. 嫁𧏮属 2 种的齿舌形态差异分析. 动物学杂志, 46(1): 76-85.

秦溱. 2014. 泥东风螺形态及遗传多样性分析. 湖南农业大学硕士学位论文.

佘书生, 孙颉. 2017. 珠江口香港海域底拖网贝类资源研究. 海洋科学, 41(11): 119-124.

施时迪. 1999. 大陈岛软体动物资源. 台州师专学报, (6): 57-60.

孙林臣, 孙喜红. 1990. 大连沿海蚶科的研究. 辽宁师范大学学报(自然科学版), (4): 47-50.

孙启梦, 张树乾, 张素萍. 2014. 中国近海蟹守螺科(Cerithiidae) 两新纪录种及常见种名修订. 海洋与湖沼, 45(4): 902-906.

孙同秋, 曾海祥, 柴晓贞, 等. 2008. 长蛸的生物学特性和室内暂养技术. 齐鲁渔业, (4): 33-34.

王海艳. 2004. 中国近海常见牡蛎分子系统演化和分类的研究. 中国科学院研究生院(海洋研究所)博士学位论文.

王如才. 1988. 中国水生贝类原色图鉴. 杭州: 浙江科学技术出版社.

王卫军, 杨建敏, 周全利, 等. 2013. 短蛸繁殖行为及胚胎发育过程. 中国水产科学, 17(6): 1157-1165.

王旭. 2013. 黄口荔枝螺和疣荔枝螺遗传多样性研究. 浙江海洋学院硕士学位论文.

王一农, 魏月芬. 1994. 舟山沿海马蹄螺科的生态调查. 浙江水产学院学报, (1): 38-44.

王一农, 曾国权, 魏月芬. 1995. 锈凹螺 Chlorostoma rusticum 的实验生态与环境分布. 浙江水产学院学报, (2): 111-117.

王一农, 张永普, 王旭华. 1994. 浙江洞头岛潮间带软体动物的生态调查. 浙江水产学院学报, (3): 179-182.

王祯瑞. 1959. 贻具的形态习性和我国习见的种类. 动物学杂志, (2): 18-24.

王祯瑞. 1997. 中国动物志 软体动物门 双壳纲 贻贝目. 北京: 科学出版社.

王柱. 2015. 习见赤蛙螺生物与生态学特性的初步研究. 广东海洋大学硕士学位论文.

肖汉洪, 徐锦海, 何耀明, 等. 2002. 广东硇洲岛的软体动物(Ⅰ)腹足类. 海南师范学院学报(自然科学版), (2): 75-80.

徐凤山. 1999. 中国动物志 无脊椎动物 第二十卷 软体动物门 双壳纲 原鳃亚纲 异韧带亚纲. 北京: 科学出版社.

徐凤山, 张素萍. 2008. 中国海产双壳类图志. 北京: 科学出版社.

徐梅英, 秦小凯. 2008. 角蝾螺的生物学特性及营养成分分析. 浙江海洋学院学报(自然科学版), 27(3): 271-276.

薛东秀, 张涛, 王海艳. 2009. 中国近海"栉江珧"分类的初步研究. 中国动物学会、中国海洋湖沼学会贝类学会分会学会研讨会．

杨建敏，郑小东，李琪，等．2010．基于mtDNA 16S rRNA序列的脉红螺(*Rapana venosa*)与红螺(*R. bezoar*)的分类学研究．海洋与湖沼，41(5): 748-755．

杨静文．2010．中国海域织纹螺科Nassariidae（Mollusca：Gastropoda）系统分类学和动物地理学研究．中国科学院研究生院（海洋研究所）硕士学位论文．

杨林林，姜亚洲，刘尊雷，等．2012．东海火枪乌贼角质颚的形态特征．中国水产科学，19(4): 586-593．

姚泊，叶成仁，王平，等．1995．海南省洋浦及三亚南滨地区腹足类常见种类．广州师院学报（自然科学版），(2): 88-93．

尤仲杰．1990．浙江沿海滨螺科的生态学研究．动物学杂志，(4): 1-6．

尤仲杰．2004．浙江近海后鳃类软体动物的分布及其区系．动物学杂志，(4): 11-15．

尤仲杰，陈志云．2010．浙江沿海荔枝螺属（腹足纲：骨螺科）分类学研究．浙江海洋学院学报（自然科学版），29(4): 306-317．

尤仲杰，林光宇．2006．中国近海背楯目、囊舌目（软体动物）区系的研究．宁波大学学报（理工版），(1): 40-43．

尤仲杰，张爱菊．2008．浙江沿海织纹螺科的分类学研究．浙江海洋学院学报（自然科学版），27(3): 253-265．

曾陇梅，杨东波，符雄，等．1992．日本菊花螺*Siphonaria japonia*化学成分的研究(I)．高等学校化学学报，(10): 1265-1267．

张素萍．1995．中国近海玉螺科的研究Ⅱ．窦螺亚科．中国动物学会、中国海洋湖沼学会贝类学分会第五次代表大会暨第七次学术讨论会论文集．宁波：中国动物学会贝类学分会，中国海洋湖沼学会贝类学分会：中国海洋湖沼学会．

张素萍．2001．中国近海玉螺科研究Ⅲ．乳玉螺亚科．中国动物学会、中国海洋湖沼学会贝类学分会第十次学术讨论会论文集．无锡：中国动物学会贝类学分会，中国海洋湖沼学会贝类学分会：中国海洋湖沼学会．

张素萍．2003．中国近海玉螺科研究Ⅲ．乳玉螺亚科．动物学杂志，38(4): 101-110．

张素萍．2004．南沙群岛鹑螺总科新记录和新种的记述．海洋与湖沼，(2): 156-158．

张素萍，马绣同．2004．中国动物志 无脊椎动物 第三十四卷 软体动物门 腹足纲 鹑螺总科．北京：科学出版社．

张素萍，王鸿霞，徐凤山．2012．中国近海文蛤属（双壳纲，帘蛤科）的系统分类学研究．动物分类学报，37(3): 473-479．

张素萍，杨静文．2010．中国沿海几种重要织纹螺种名修订．海洋与湖沼，41(5): 791-795．

张素萍，张福绥．2005．中国近海荔枝螺属的研究（腹足纲：骨螺科）．海洋科学，(8): 77-85．

张新峰, 李金明, 王立群, 等. 2005. 焦河蓝蛤生长特性的初步观察. 水产科技情报, 32(1): 25-27.

张义浩. 2009. 浙江沿海贻贝种类形态比较研究. 农业经济与管理, (2): 14-20.

赵匠. 1992. 四角蛤蜊的形态和习性. 松辽学刊 (自然科学版), (1): 41-44.

赵倩. 2013. 温度和盐度对两种潮下带织纹螺 (西格织纹螺和方格织纹螺) 幼体存活率的影响. 杭州师范大学学报 (自然科学版), 12(5): 452-455.

赵云龙, 赵文, 闫喜武, 等. 2011. 渤海辽东湾高家滩沿海滩涂贝类资源调查. 大连海洋大学学报, 26(5): 471-474.

郑小东. 2002. 中国沿海九种头足类齿舌的形态学. 水产学报, 26(5): 417-421.

郑小东, 王如才. 2002. 华南沿海曼氏无针乌贼 Sepiella maindroni 表型变异研究. 中国海洋大学学报 (自然科学版), 32(5): 713-719.

Evseev G A, Semenikhina O Y, Kolotukhina N K. 2005. 早期形态发生：一种解决贻贝科 (软体动物门：双壳纲) 分类、系统发育和进化问题的方法. 动物学报, 51(6): 1130-1140.

Irwin A R, Williams S T, Speiser D I, et al. 2022. The marine gastropod *Conomurex luhuanus* (Strombidae) has high-resolution spatial vision and eyes with complex retinas. Journal of Experimental Biology, 225(16): jeb243927.

Li B Q, Kilburn R N, Li X Z. 2010. Report on Crassispirinae Morrison, 1966 (Mollusca: Neogastropoda: Turridae) from the China Seas. Journal of Natural History, 44(11-12): 699-740.

Nekhaev I O. 2018. Redescription of Admete sadko Gorbunov, 1946 (Gastropoda: Cancellariidae). Zootaxa, 4508(3): 427.

Oskars T R, Too C C, Rees D, et al. 2019. A molecular phylogeny of the gastropod family Haminoeidae sensu lato (Heterobranchia: Cephalaspidea): a generic revision. Invertebrate Systematics, 33: 426-472.

Xu M, Ye Y, Yang H, et al. 2019. The complete mitochondrial genome of *Onustus exutus* (Gastropoda: Xenophoridae). Mitochondrial DNA Part B, 4(1): 989-990.

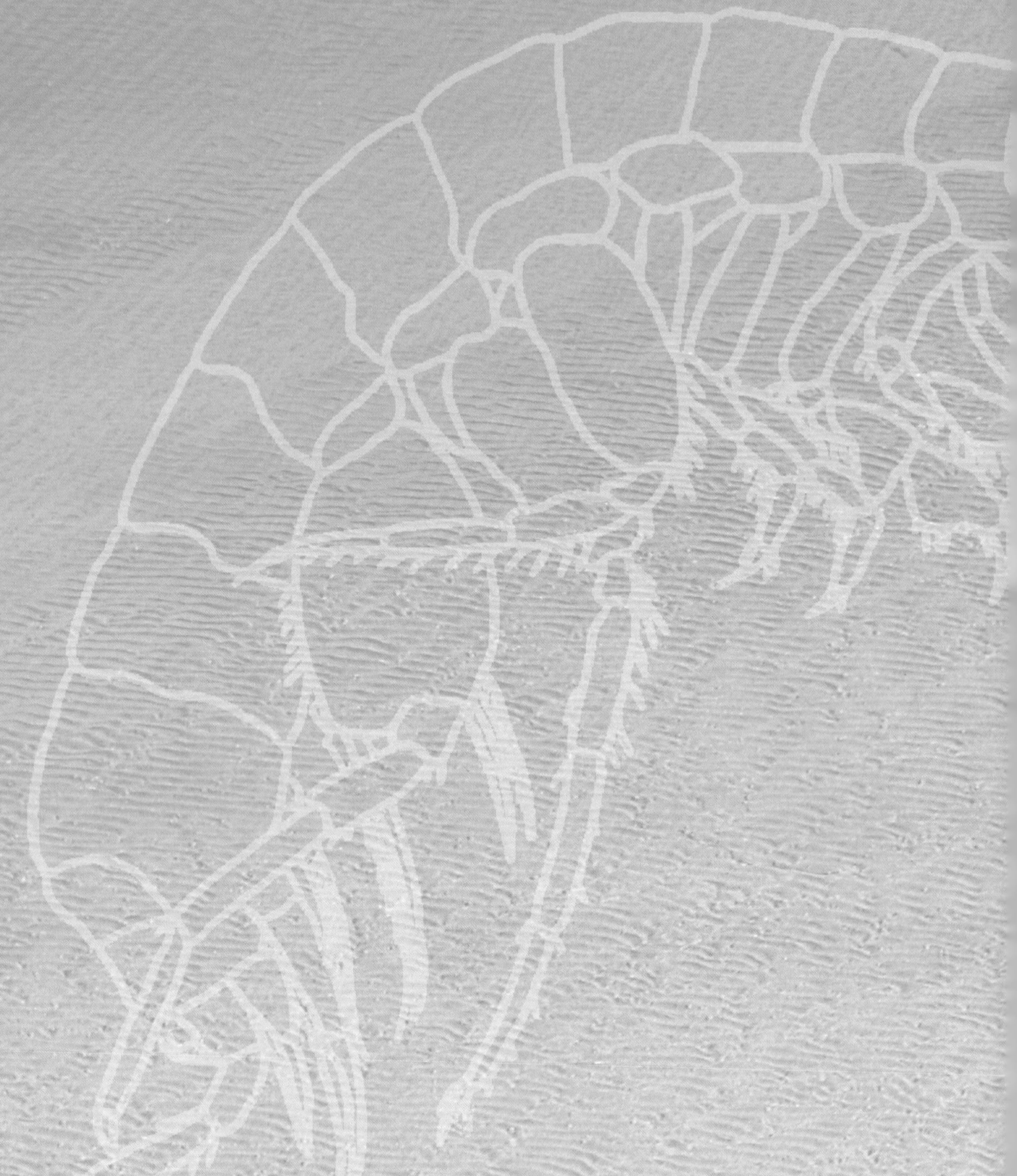

节肢动物门
Arthropoda

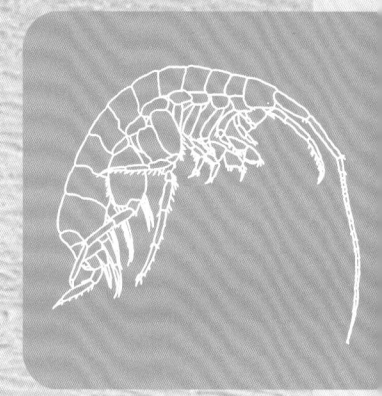

指茗荷目 Pollicipedomorpha
指茗荷科 Pollicipedidae Leach, 1817
龟足属 *Capitulum* Gray, 1825

六蜕纲 Hexanauplia

龟足
Capitulum mitella (Linnaeus, 1758)

同物异名： *Mitella mitella* (Linnaeus, 1758)； *Pollicipes mitella* (Linnaeus, 1758)； *Pollicipes sinensis* Chenu, 1843

标本采集地： 浙江舟山。

形态特征： 头部侧扁，由楯板、背板、上侧板、峰板、吻板等8个大壳板形成壳室，基部有一排小侧壳板轮生；柄部略短于头部，完全被小鳞片有规则地覆盖；上唇脊缘无齿，大颚5齿，小颚切缘具小缺刻，小颚叶瘤状，第2蔓足基部节内面有锯齿刚毛；尾附肢4～8节；交接器无背突；无补充雄。

生态习性： 栖息于热带和亚热带海域潮间带。

地理分布： 东海，南海；日本，朝鲜，越南，柬埔寨，菲律宾。

参考文献： Buckeridge and Newman，2006；刘瑞玉和任先秋，2007。

图323　龟足 *Capitulum mitella* (Linnaeus, 1758)

藤壶目 Balanomorpha
藤壶科 Balanidae Leach, 1806
巨藤壶属 Megabalanus Hoek, 1913

红巨藤壶
Megabalanus rosa Pilsbry, 1916

同物异名： *Balanus tintinnabulum* rosa Pilsby, 1916

标本采集地： 浙江温州。

形态特征： 壳圆筒形到筒锥形，表面光滑，壳板白色、粉红色到玫瑰色，有的个体带有较暗的玫瑰色细纵条纹，壁板上部和吻板及侧板往往色淡。幅部宽阔，顶缘平行于基底，深玫瑰紫色，有细的管道横贯。壳口大，圆三角形。

生态习性： 栖息于热带、亚热带甚至温带开阔海域低潮线以下。

地理分布： 东海，南海；日本，太平洋热带、亚热带海近岸。

参考文献： 刘瑞玉和任先秋，2007。

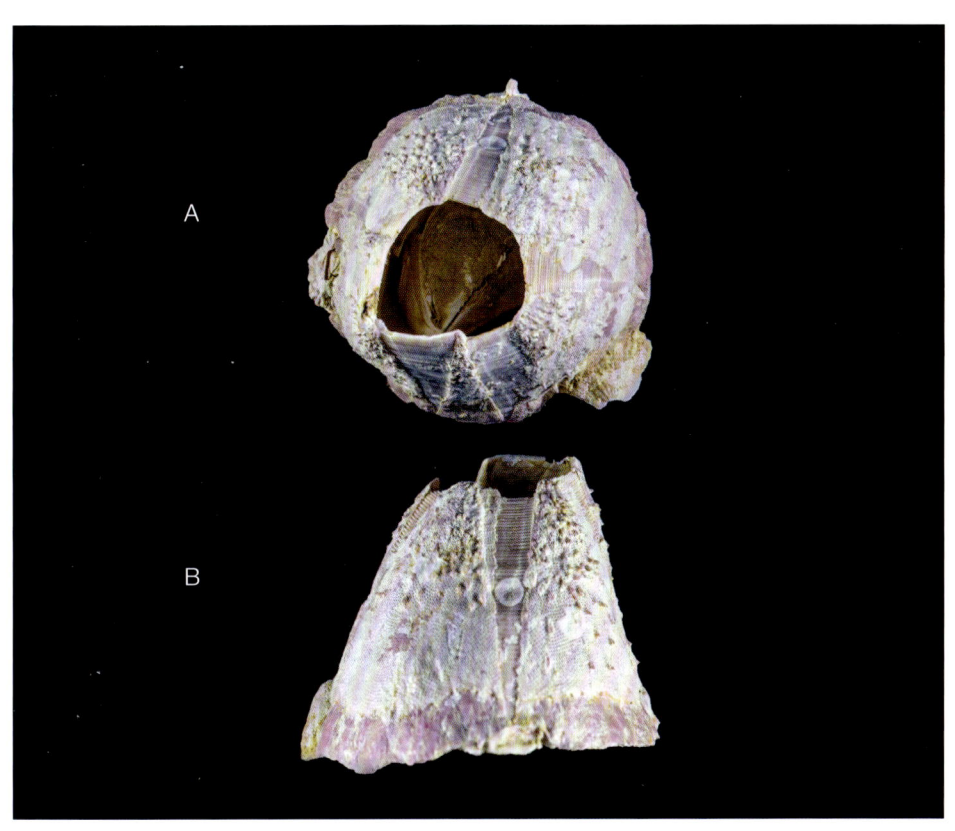

图 324　红巨藤壶 *Megabalanus rosa* Pilsbry, 1916
A. 顶面观；B. 侧面观

小藤壶科 Chthamalidae Darwin, 1854
小藤壶属 Chthamalus Ranzani, 1817

中华小藤壶
Chthamalus sinensis Ren, 1984

同物异名： *Chthamalus neglectus* Yan & Chan, 2004

标本采集地： 浙江舟山。

形态特征： 壳白色或淡灰色，圆锥形，光滑，基部多有肋，板缝清楚；楯板光滑，背缘直，关节脊直，超过背缘之半，不突出背缘，闭壳肌脊不清楚，侧压肌窝深，内有1～3条压肌脊；背板宽阔，中央沟处较凹，矩宽阔而钝圆，基缘稍凹，压肌脊3～4条；上唇深凹；大颚栉齿部粗糙较短，下角有2～3个较大齿，触须方形，下缘有长刚毛，第2蔓足末节有双排栉状刚毛，第1、2蔓足基部节后缘无爪状齿。

生态习性： 栖息于热带和温带海域潮间带与潮下带。

地理分布： 东海，南海。

参考文献： 刘瑞玉和任先秋，2007。

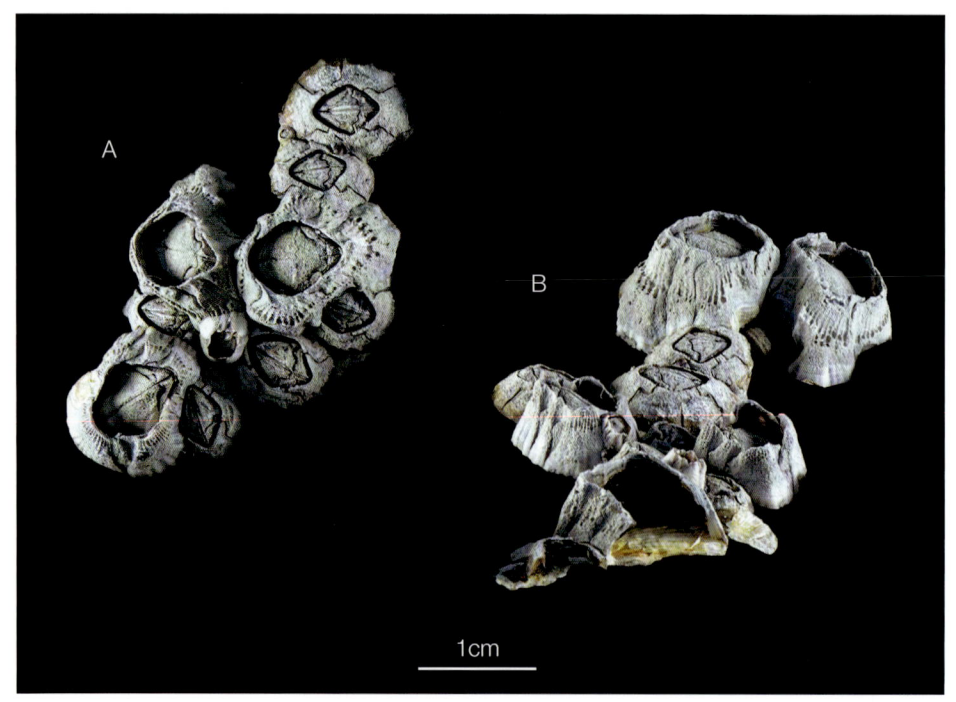

图 325　中华小藤壶 *Chthamalus sinensis* Ren, 1984
A. 顶面观；B. 侧面观

口足目 Stomatopoda
虾蛄科 Squillidae Latreille, 1802
拟绿虾蛄属 *Cloridopsis* Manning, 1968

蝎形拟绿虾蛄
Cloridopsis scorpio (Latreille, 1828)

同物异名： *Squilla scorpio* Latreille, 1828；*Cloridopsis aquilonaris* Manning, 1978
标本采集地： 浙江乐清（朴头）、普陀（沈家门）。
形态特征： 头胸甲前狭后宽，中央脊明显，前部无叉状部。额末端稍狭，眼较小，眼宽比眼角稍大。腕节的背缘无瘤齿。第5胸节有单一粗大的侧突起，曲向前侧方，基部有黑斑，末端尖，基部下内侧有1个三角形小突起，是该种的主要特征。第6、7胸节的侧突起各有1向后的圆瓣。第6腹节有3对纵隆起，末端呈尖刺。尾肢的叉状突起的内肢的外缘近末端处有1凹陷。尾节的宽大于长，中央脊发达，边缘有3对刺及前侧角附近有1对边缘齿，在亚中央刺之间有2齿；亚中央刺与中间刺之间普遍有5～6齿；侧刺之下有1齿。
生态习性： 常穴居于潮间带滩涂的泥沙中，前后有两洞口相通。
地理分布： 中国舟山群岛以南的海区。
经济意义： 肉可供食用或作虾酱。
参考文献： 董聿茂等，1983；宋海棠等，2006a；刘瑞玉，2008。

图326 蝎形拟绿虾蛄 *Cloridopsis scorpio* (Latreille, 1828)

糙虾蛄属 *Kempella* Low & Ahyong, 2010

尖刺糙虾蛄
Kempella mikado (Kemp & Chopra, 1921)

同物异名： *Kempina mikado* (Kemp & Chopra, 1921); *Squilla mikado* Kemp & Chopra, 1921

标本采集地： 浙江温州外海，台州湾和三门湾以东的远海，深 100m 左右。

形态特征： 头胸甲狭长，额角长大于宽，前部圆，前部具中央脊，雌性比雄性明显。腕节的背缘有一小微凸。第 5 胸节侧突狭小分成两瓣，末端均尖；第 6、7 胸节的侧缘均呈深凹，前后分成 2 个狭长的棘。各胸节与腹节有亚中央脊。尾节的宽以侧齿的末端为最大，尾节的中央脊显著，尾肢的叉状突起细长，叉的内肢外缘中部有 1 小齿状圆突，在内缘有不显的微小齿。腹部背面第 2 节的中央和第 5 节亚中央脊的两侧，均有黑色大斑纹。

生态习性： 主要栖息于水深 50～360m 深度的砂泥质海底。

地理分布： 东海外海。

经济意义： 经济虾蟹类。

参考文献： 宋海棠等，2006；刘瑞玉，2008a；Low and Ahyong, 2010。

图 327　尖刺糙虾蛄 *Kempella mikado* (Kemp & Chopra, 1921)

褶虾蛄属 *Lophosquilla* Manning, 1968

脊条褶虾蛄
Lophosquilla costata (De Haan, 1844)

同物异名： *Squilla costata* De Haan, 1844
标本采集地： 浙江省温州外海，台州湾和三门湾以东的远海，深 100 米左右。
形态特征： 头胸甲较长，额角长大于宽，额顶圆，两侧缘隆起。前侧角尖锐，头胸甲的中央脊在前端分叉处不间断。第 5～8 胸节和各腹节及尾部都密布纵行脊起及长短不等的颗粒状突起。捕肢的指节 6～7 齿，尾节缘刺都很长。
生态习性： 栖息于海底泥沙中，暖水种。
地理分布： 东海，南海。
经济意义： 可以食用，但是产量小。
参考文献： 董聿茂等，1983；宋海棠等，2006a；刘瑞玉，2008。

图 328　脊条褶虾蛄 *Lophosquilla costata* (De Haan, 1844)

口虾蛄属 *Oratosquilla* Manning, 1968

口虾蛄
Oratosquilla oratoria (De Haan, 1844)

同物异名： *Squilla oratoria* De Haan, 1844
标本采集地： 浙江省象山。
形态特征： 身体背面浅灰色或浅褐色，头胸甲的脊和沟，以及亚中央脊和间脊深红色，体节的后缘深绿色。头胸甲背面中央脊前端分叉明显，基部不中断，额板长方形，宽大于长，背面中央具三角形或近圆形突起。眼大。第1触角发达，第2触角鳞片大。胸部各节亚中央脊、间脊明显，第5～7节侧缘皆具2个侧突：第5节前侧突尖锐，向前侧方斜伸，后侧突较钝，侧伸；第6节前侧突狭而微弯，末端钝，后侧突较钝，侧伸。第2胸肢强大，称为掠肢，其长节下角具一刺，腕节背缘具3～5个不规则的齿状突，掌节基部有3个可动齿，指节具6个齿。腹部第2～5节中线具甚短而中断的小脊。尾节宽大于长，中央脊、边缘刺和瘤突背隆线深褐绿色，边缘刺末端红色，中央脊及腹面肛门后脊皆具十分隆起的脊。尾肢原肢的端刺红色，外肢基节末端深蓝色，末节黄色且内缘黑色。
生态习性： 温带和热带种。穴居于海底泥沙砾的洞中，游泳能力强，肉食性，多捕食小型无脊椎动物（如贝类、螃蟹、海胆等）。栖息于水深5～60m处。
地理分布： 渤海至南海北部沿岸；俄罗斯到夏威夷群岛沿岸海域。
经济意义： 经济种，供食用。
参考文献： 杨德渐等，1996；董聿茂等，1991；Ahyong et al.，2008。

图 329 口虾蛄 *Oratosquilla oratoria* (De Haan, 1844)
A. 腹面观；B. 背面观

小口虾蛄属 *Oratosquillina* Manning, 1995

无刺小口虾蛄
Oratosquillina inornata (Tate, 1883)

同物异名：*Squilla inornata* Tate, 1883；*Oratosquilla hindustanica* Manning, 1978；*Oratosquilla solicitans* Manning, 1978；*Oratosquilla megalops* Manning, 1980；*Oratosquillina megalops* Manning, 1980

标本采集地：浙江省外海海域。

形态特征：形似口虾蛄的幼小体。体表具有细点刻。额近方形，前缘略呈截切状。头胸甲狭长，它的中央脊在前部分叉处中断。捕肢（掠肢）腕节的背缘呈单一的脊起，第5胸节的侧缘突起的前部曲向前方。其他部分与口虾蛄同。捕肢长节下缘前端呈尖刺。

生态习性：一般生活在水深30～60m，拖网中平均出现率达15%左右，是软泥海底所常见的种类，数量也比较多。

地理分布：浙江近海外缘很普遍，数量也较大，但近沿岸极少见，分布于长江口以南中国海区。

经济意义：食用，亦是经济鱼类的天然饵料。

参考文献：董聿茂等，1983；宋海棠等，2006a；刘瑞玉，2008。

图330　无刺小口虾蛄 *Oratosquillina inornata* (Tate, 1883)

沃氏虾蛄属 *Vossquilla* Van Der Wal & Ahyong, 2017

黑斑沃氏虾蛄
Vossquilla kempi (Schmitt, 1931)

同物异名： *Chloridella kempi* Schmitt, 1931；*Oratosquilla kempi* (Schmitt, 1931)

标本采集地： 浙江省乐清、洞头海域。

形态特征： 体较宽阔，与口虾蛄主要的不同点为：第 2 及第 5 腹节背中部各有一黑斑纹；体较强壮，尾肢外肢第 2 节的后部也有黑斑。这些黑斑久浸福尔马林液中，除第 5 腹节易褪色外，仍可辨认其色斑；第 5 胸节的前部侧突狭而曲向前方；第 7 胸节的侧突前部不发达，仅现微凸；第 8 胸节的前侧突比较短。于乐清采得的标本中捕肢（掠肢）的腕节背缘有 2～3 疣状齿；捕肢长节的前下角不尖锐而钝圆。

生态习性： 穴居于海底泥砂砾的洞穴中，常摇动腹部的鳃肢，以扩大水的接触面而呼吸。

地理分布： 黄海，东海，南海；日本，越南。

经济意义： 身体肥胖，可食用，经济虾蟹类。

参考文献： 刘瑞玉，2008；Van Der Wal and Ahyong，2017。

图 331　黑斑沃氏虾蛄 *Vossquilla kempi* (Schmitt, 1931)

虾蛄科分属检索表

1. 尾肢外肢第 2 节具有黑斑 ·· 沃氏虾蛄属 *Vossquilla*
- 尾肢外肢第 2 节不具黑斑 ··· 2
2. 腹部背面第 2 节中央和第 5 节中央两侧具黑斑 ··································· 糙虾蛄属 *Kempella*
- 腹部背面不具黑斑 ··· 3
3. 第 5 胸节具单一粗大侧突起，内侧有三角形小突起 ··························· 拟绿虾蛄属 *Cloridopsis*
- 第 5 胸节不具粗大侧突 ··· 4
4. 额角长大于宽，胸节和腹节背面具长短不等的颗粒突起 ····················· 褶虾蛄属 *Lophosquilla*
- 额角长不大于宽 ··· 5
5. 额角板长小于宽，胸部具 2 对纵脊，腹部 1～5 节具 4 对纵脊 ················ 口虾蛄属 *Oratosquilla*
- 额角近方形，头胸甲狭长 ··· 小口虾蛄属 *Oratosquillina*

端足目 Amphipoda
双眼钩虾科 Ampeliscidae Krøyer, 1842
双眼钩虾属 Ampelisca Krøyer, 1842

美原双眼钩虾
Ampelisca miharaensis Nagata, 1959

标本采集地： 东海外海。

形态特征： 头部前缘深凹，底前缘直而斜；上对眼在第1触角之后，低对眼在前底角。第3腹节后缘稍拱，后腹角具小钝齿，第4腹节后背面稍突出。尾节长为宽的2倍，末端尖或者钝尖，具2刺，每叶背表面具几个小刺，裂刻达整个长度的5/6。第1鳃足掌节为腕节长度的2/3，第2鳃足掌节约为腕节长度的1/2。第3、4步足指节长于腕与掌节长度之和。第7步足基节后叶的底后缘斜圆、稍直，长节短于座节，腕节略长于长节，掌节为腕节长度的2倍，指节稍短。第3尾肢外肢细，几乎等于内肢，内肢内边具几根刚毛，外肢两边具小刺。雌雄体触角不同，雄体第2触角细长，柄具短毛丛，并且第4腹节后背部稍抬高。

生态习性： 栖息水深为8～100m，底质为软泥或泥沙。密度较小，5～15个/m^2。

地理分布： 渤海，黄海，东海，南海；日本。

参考文献： 任先秋，2006。

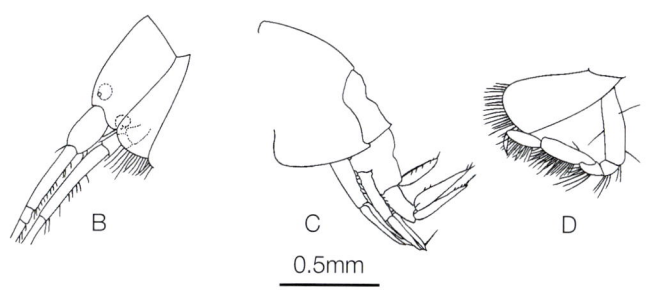

图332 美原双眼钩虾 *Ampelisca miharaensis* Nagata, 1959
A. 整体图；B. 头部；C. 尾部；D. 第1鳃足

毛钩虾科 Eriopisidae Lowry & Myers, 2013

泥钩虾属 *Eriopisella* Chevreux, 1920

塞切尔泥钩虾
Eriopisella sechellensis (Chevreux, 1901)

标本采集地： 东海外海。

形态特征： 体躯细长，略侧扁。头部稍长，额角小，侧叶突出，无眼或仅存在一个小红点。底节板较窄小，彼此不联结。第3腹节后下角似钩状弯突。尾节裂刻深，两叶为圆三角形。第1触角细长，长于第2触角，相当于体长的5/6。柄为鞭长之半，第1柄节略粗短，第2柄节细长，为第3柄节长度的3.5倍。鞭21节或22节，副鞭细而短，1节。第2触角细短，为第1触角长度的2/5，鞭很短，3～6节。第1、2步足简单，细弱，基节长，指节爪状。第3、4步足几乎同形，基节卵圆。第5步足基节较宽阔。第1尾肢略长于第2尾肢，基节前末端具1活动刺。第3尾肢延长，超过其他2尾肢，外肢长，2节，内肢短小，鳞片状。

生态习性： 本种栖息于暖水浅海。为底栖常见优势种之一，也是栖息于软泥底质的典型种。本种周年都可以出现，春季出现数量最多，4～5月为抱卵期。

地理分布： 渤海，黄海，东海；日本，泰国，印度，马达加斯加。

参考文献： 任先秋，2012。

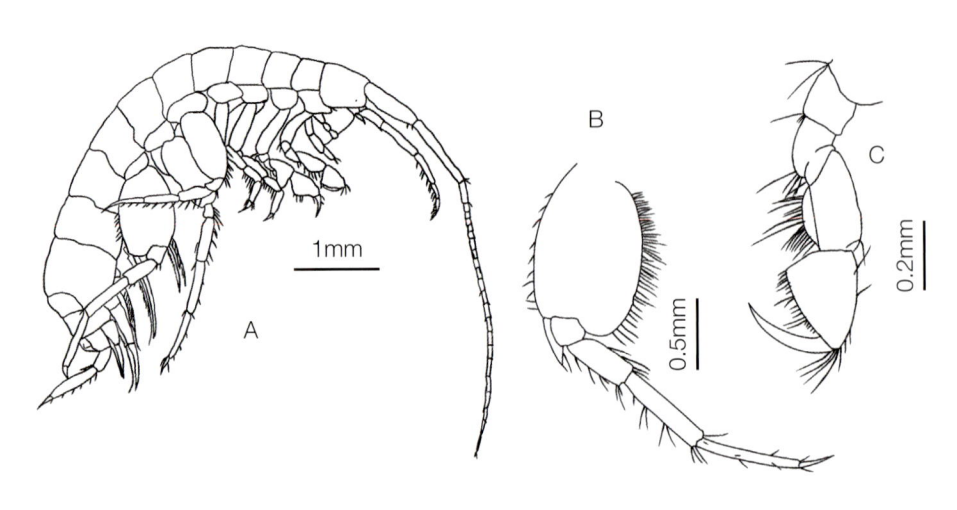

图333 塞切尔泥钩虾 *Eriopisella sechellensis* (Chevreux, 1901)
A. 整体图；B. 第7步足；C. 第1鳃足（雄性）

等足目 Isopoda
盖鳃水虱科 Idoteidae Samouelle, 1819
节鞭水虱属 *Synidotea* Harger, 1878

光背节鞭水虱
Synidotea laevidorsalis (Miers, 1881)

同物异名： *Edotia laevidorsalis* Miers, 1881
标本采集地： 浙江普陀、镇海。
形态特征： 体呈长筒形。头部的宽度约为头长的1.8倍，其前缘平直，侧缘不突出，背部中央稍微隆起。眼位于侧缘后半部，胸部各节同形，前4节逐渐向后增长，后3节较前4节短，其中第4节最宽。腹部近于长圆，合成1节，长约为宽的1.5倍，末缘向内凹。大颚无触须，颚肢的内叶较外叶小，内叶的内缘上具有1指状突起，外叶内缘具刚毛。胸肢大致同形，多刚毛，各肢的掌节狭长，指节均呈钩状，尾肢呈片状。
生态习性： 浅海海底，有时也能浮游，晚间常游到水面。
地理分布： 江苏，浙江近海；日本东京湾、相模湾。
参考文献： 于海燕，2002。

图334　光背节鞭水虱 *Synidotea laevidorsalis* (Miers, 1881)

十足目 Decapoda

管鞭虾科 Solenoceridae Wood-Mason in Wood-Mason & Alcock, 1891

管鞭虾属 *Solenocera* Lucas, 1849

高脊管鞭虾
Solenocera alticarinata Kubo, 1949

标本采集地：浙江海区。

形态特征：额角短而平直，两侧密生绒毛，上缘7～8齿（包括胃上刺），其中5齿位于头胸甲上。额后脊突出甚高而锐，呈片状，伸至头胸甲后缘，末端陡然变低，额后脊在胃上刺后方有1缺刻，位于颈沟上方。头胸甲具触角刺、眼眶刺、肝刺及眼后刺；颈沟宽而深，其上端不达额后脊的缺刻；眼后刺至肝刺间的横沟较浅；肝沟深；心鳃沟明显；在眼眶刺后方有一深凹。第3～6腹节背面具纵脊，其中第6腹节的纵脊末端突出成刺。尾节近末端具1对固定刺。眼较大。雄性交接器中叶与背侧叶末端相齐，中叶末端中央凹下，呈"V"字形；侧叶腹缘的匙状突起末端向外侧弯垂。雌性交接器在最末胸节腹板上。

生态习性：栖息于水深50～100m处。

地理分布：东海，南海；日本。

经济意义：肉质鲜美，经济种。

参考文献：宋海棠等，2006a；刘瑞玉，2008。

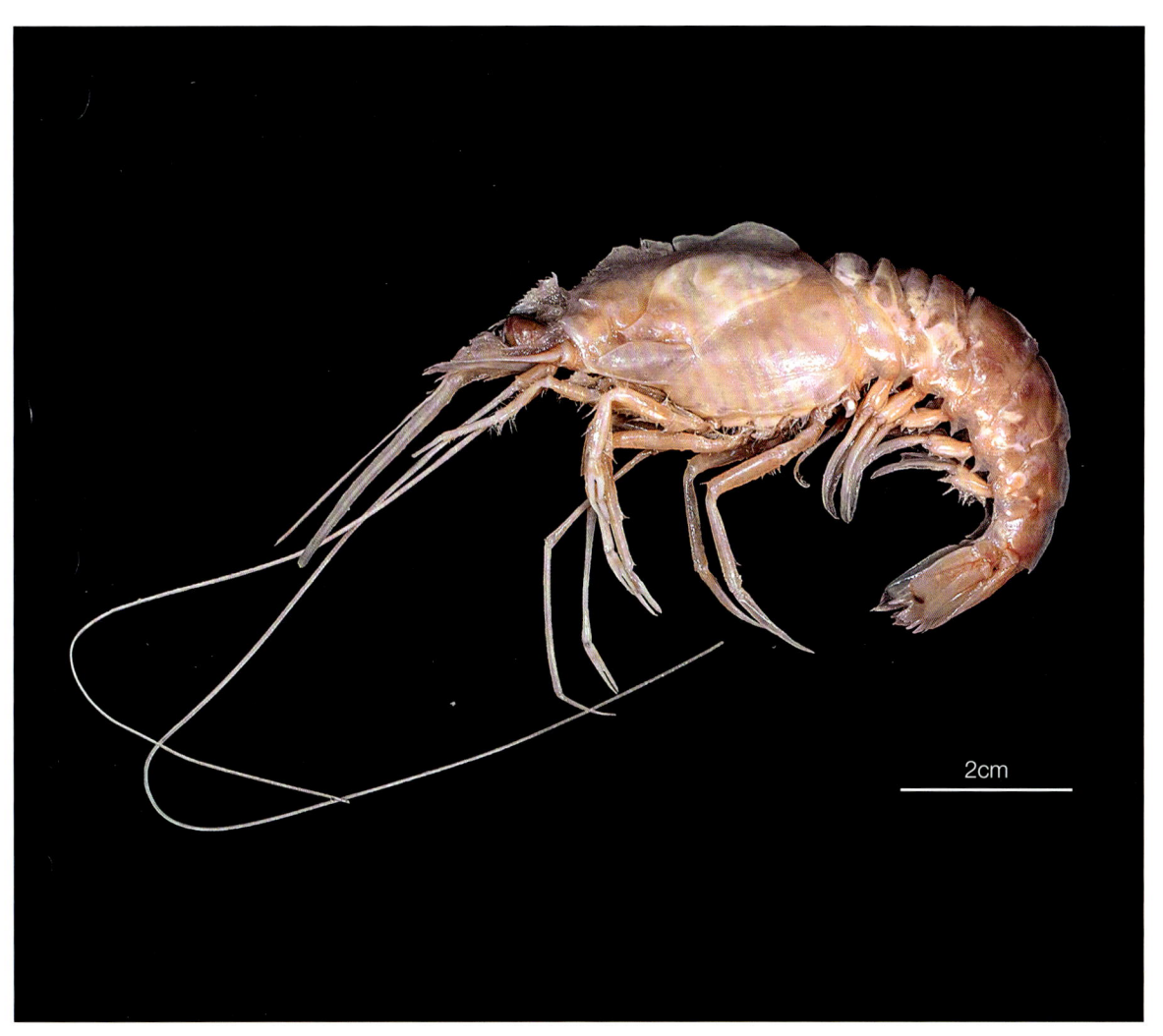

图 335　高脊管鞭虾 *Solenocera alticarinata* Kubo, 1949

中华管鞭虾
Solenocera crassicornis (H. Milne Edwards, 1837)

同物异名： *Penaeus crassicornis* H. Milne Edwards, 1837

标本采集地： 浙江象山、洞头。

形态特征： 身体红棕色，甲壳薄而光滑。额角短，平直，末端伸至眼末，上缘具8～11齿。头胸甲具眼上刺、眼后刺、触角刺、胃上刺和肝刺；颈沟深而宽，上端斜伸至背部；肝沟和心鳃沟显著。腹部第3～6节背中部脊突起。尾节长约为第6腹节的1.5倍，侧缘一般无刺。眼大，眼柄粗短。第1触角上鞭狭长，下鞭扁宽，均向内侧纵曲，上下两鞭合为半纵管，其基部与第2触角鳞片相接合成为通水路；第2触角鳞片超过第1触角柄。第1步足最短，具基节刺和座节刺；第3步足细长，指节长约为掌节的1.5倍，末端尖直；5对步足均具外肢。雄性交接器背侧叶末缘具许多微小刺，雌性交接器具一长椭圆形突起，上生有毛，后部稍狭。

生态习性： 温带和热带种。栖息于泥质或泥沙质的浅水区中。食性较广，除摄食底栖生物外，也摄食少量的底层游泳动物和浮游生物。

地理分布： 黄海，东海，南海；日本，印度，波斯湾，巴基斯坦，新加坡，马来西亚，印度尼西亚。

经济意义： 壳薄肉嫩，可食用，亦是经济鱼类重要的饵料。

参考文献： 董聿茂等，1991；宋海棠等，2006b。

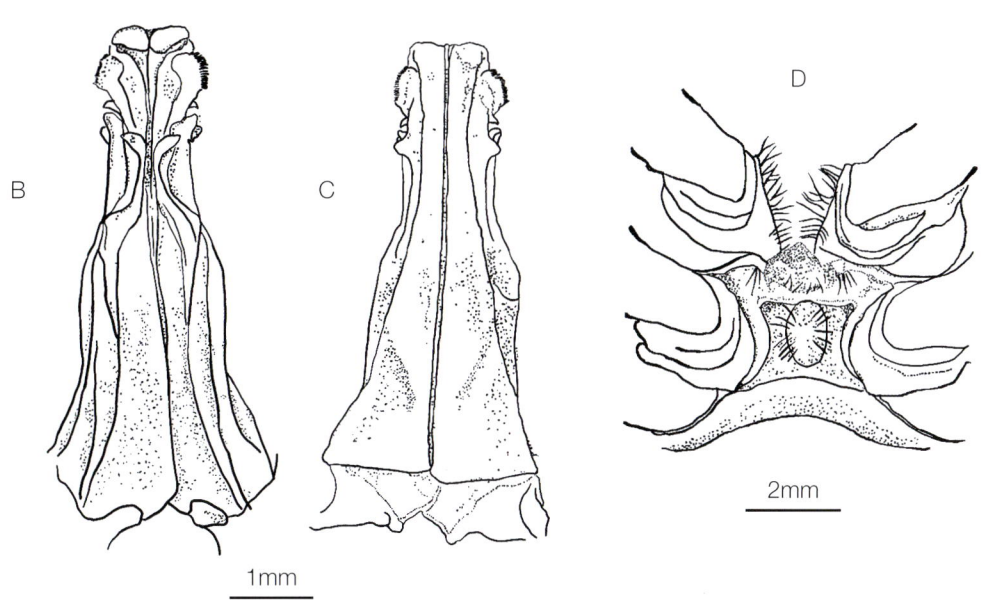

图336 中华管鞭虾 *Solenocera crassicornis* (H. Milne Edwards, 1837)
A. 整体图；B. 雄性交接器腹面；C. 雄性交接器背面；D. 雌性交接器

凹管鞭虾
Solenocera koelbeli de Man, 1911

同物异名： *Solenocera vietnamensis* Starobogatov, 1972

标本采集地： 浙江海域。

形态特征： 体长 67mm。额角较短，不达眼的末端，上缘具 6～8 齿（不包括胃上刺），其中 3～5 齿位于头胸甲上。额角后脊延伸至头胸甲后缘，未呈显著薄片状高突。头胸甲具触角刺、眼眶刺、眼后刺、肝刺及胃上刺。颈沟自肝刺起斜伸至头胸甲背面中部，在额角后脊处形成明显的缺刻；肝脊在肝刺以前部分较明显，向下前方斜伸，然后呈弧形弯曲接近前侧角；眼眶触角沟自眼后刺下方向后下方斜伸，与肝刺前方向上的纵沟汇合；肝沟在肝刺之后窄而直；心鳃沟明显。腹部第 3～6 节背面具纵脊，第 6 节纵脊末端突出成刺。尾节近末端有 1 对固定刺。眼大，肾形。头胸甲表面光滑，呈淡橙红色。

生态习性： 栖息于水深 21～210m 处。

地理分布： 东海，南海；日本，朝鲜半岛，菲律宾，马来西亚。

经济意义： 是近几年浙江中南部渔场兴起的桁杆拖虾作业的主要捕捞对象。用凹管鞭虾加工成的虾仁、凤尾虾，色泽艳红，肉味鲜美，深受国内外消费者的喜爱。

参考文献： 宋海棠等，2006a，2006b；刘瑞玉，2008。

图 337　凹管鞭虾 Solenocera koelbeli de Man, 1911

管鞭虾属分种检索表

1. 额角短平直，后脊不延伸 .... 中华管鞭虾 S. crassicornis
- 额后脊延至头胸甲后缘 2
2. 额后脊呈片状高突 .... 高脊管鞭虾 S. alticarinata
- 额后脊不呈片状高突，额后脊与颈沟交汇处形成一凹下部分 .... 凹管鞭虾 S. koelbeli

对虾科 Penaeidae Rafinesque, 1815

赤虾属 *Metapenaeopsis* Bouvier, 1905

须赤虾
Metapenaeopsis barbata (De Haan, 1844)

同物异名： *Parapenaeus akayebi* Rathbun, 1902

标本采集地： 浙江舟山群岛、镇海（穿山）、象山（岙山）、洞头。

形态特征： 体表被短毛，甲壳厚而粗糙。额角达到第1触角顶端，上缘具有6～7齿。头胸甲上具有触角刺、颊刺、肝刺及胃上刺，眼上刺甚微小。腹部自第2～6腹节背面中央具纵脊，尤以第3腹节的最为明显。眼大，眼柄短。雄性交接器左右不对称，左叶高出于右叶，其末端有5～7个刺状突起；右叶末端有2个刺状突起。雌性交接器前板略呈四方形，前缘密生细毛，在前缘中央有一低小的突起，侧角圆，后板两侧呈弧形，稍向外前方弯。

生态习性： 栖息于水深40m以上的外侧海区，底质为粉沙质软泥及黏土质软泥。为暖水性种类。

地理分布： 东海，南海；日本东南部，朝鲜，马来西亚，菲律宾，印度尼西亚。

经济意义： 肉质鲜美，经济种类。

参考文献： 宋海棠等，2006a；刘瑞玉，2008。

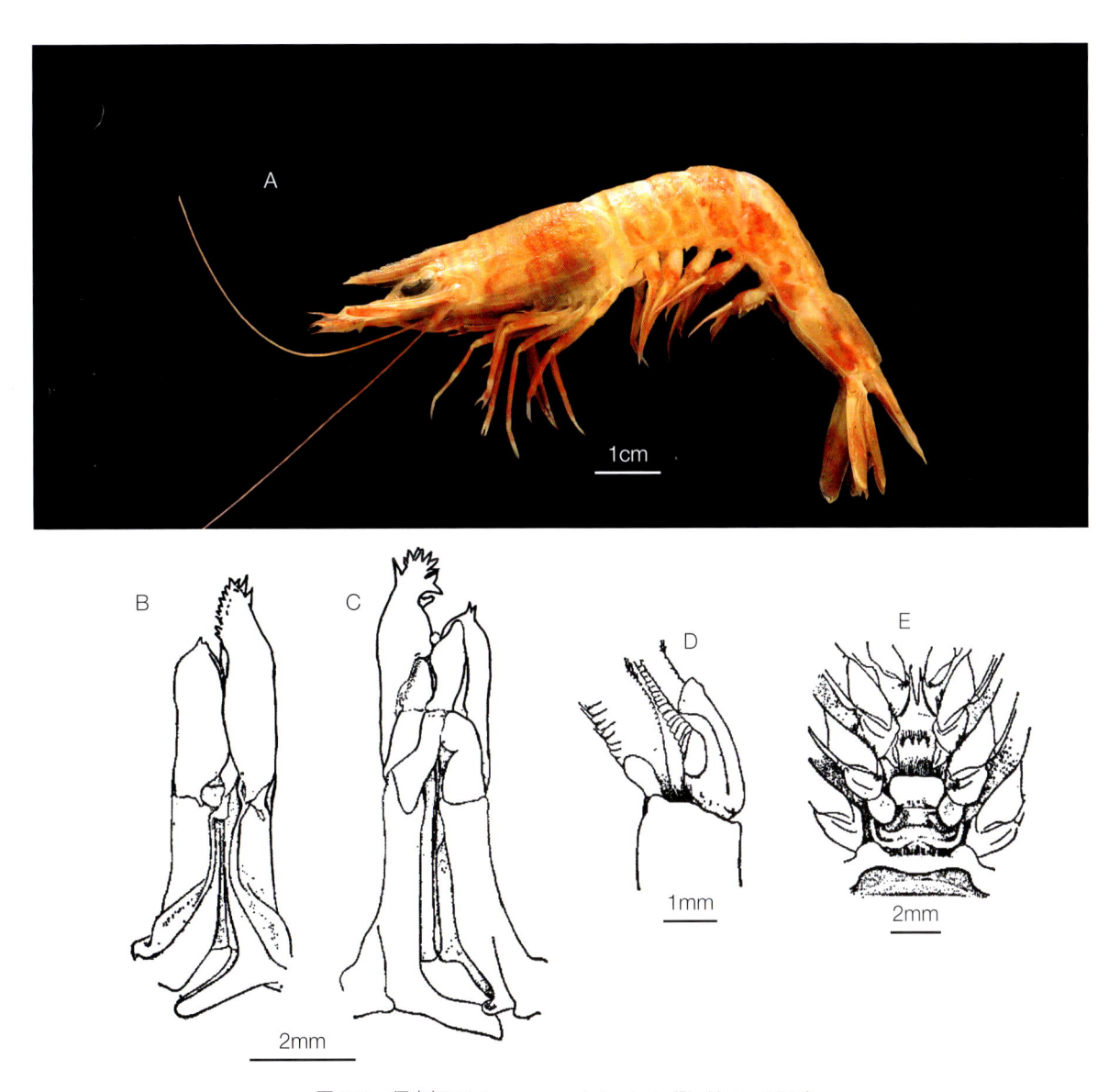

图 338　须赤虾 *Metapenaeopsis barbata* (De Haan, 1844)
A. 整体图；B、C. 雄性交接器腹面、背面；D. 雄性附肢；E. 雌性交接器

新对虾属 *Metapenaeus* Wood-Mason, 1891

周氏新对虾
Metapenaeus joyneri (Miers, 1880)

同物异名： *Metapenaeus joyneri formosus* Lee & Yu, 1977

标本采集地： 浙江杭州湾。

形态特征： 身体具棕灰色斑点。甲壳薄而半透明，表面具许多凹陷，其上密生短毛。额角比头胸甲短，伸至第1触角柄第2节（雄性）或第3节（雌性）的末端附近，上缘基部具6～8齿，末端略向上升起，下缘无齿。头胸甲上具颈沟、肝沟、心鳃沟和脊，具肝刺和触角刺。腹部各节背面均具纵脊。尾节末端尖细，无侧刺。第1～3步足各具一基节刺，第1步足不具座节刺；雄性第3步足基节刺延长成棒状，顶端扁平宽大，状如慈姑叶。第5步足细长，不具外肢，雄性在长节腹缘基部有一小突起。雄性交接器略呈长方形，中央突起细长，基部粗圆，末部宽扁而尖，呈树叶状，向背面卷曲。雌性交接器中央板呈匙形，后端中央凹下；两侧板为半月形，包于中央板两侧及后端。

生态习性： 栖息于河口以外的沿岸海域，并常生活于港湾内，成群游泳。夏季出现比较多，6～7月产卵。

地理分布： 黄海，东海，南海；日本，朝鲜半岛。

经济意义： 壳薄肉嫩，鲜品、干品均为可口的食用虾。

参考文献： 王兴强等，2005a；刘瑞玉，2008。

图 339　周氏新对虾 *Metapenaeus joyneri* (Miers, 1880)

米氏对虾属 *Mierspenaeopsis* K. Sakai & Shinomiya, 2011

哈氏米氏对虾
Mierspenaeopsis hardwickii (Miers, 1878)

同物异名： *Penaeus hardwickii* Miers, 1878
标本采集地： 浙江象山。
形态特征： 甲壳较厚而坚硬，表面仅深陷的沟处有较长的软毛。额角呈弧形，比头胸甲稍长，基部上缘微隆起，中部向下弯曲，顶端尖、向上升，上缘仅后部具8齿，额角侧沟伸至胃上刺下方；额角后脊延伸至头胸甲后缘附近。头胸甲上具眼上刺、触角刺、肝刺及胃上刺，在触角刺上方有一细长的纵缝自眼眶边缘向后延伸至头胸甲3/4处；有较深的颈沟和肝沟；头胸甲下缘有两条平行的纵缝，在上面1条纵缝上有1条短的横缝，位于第3步足上方。背中央具深沟。眼大，眼柄粗短。内侧附肢仅伸至第1触角柄第1节的中部。
生态习性： 生活于沿岸水深20～60m区域，可栖息于不同底质的海底。
地理分布： 黄海南部，东海，南海；印度，新加坡，马来西亚。
经济意义： 可食用或制成虾米，重要经济种，出口海外。
参考文献： 李明云等，2000；宋海棠等，2006a；刘瑞玉，2008。

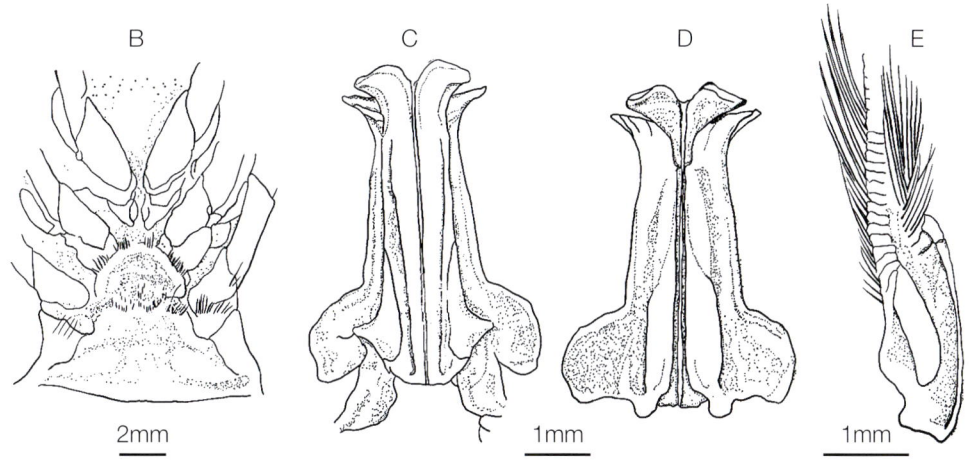

图 340 哈氏米氏对虾 *Mierspenaeopsis hardwickii* (Miers, 1878)
A. 整体图；B. 雌性交接器；C. 雄性交接器背面；D. 雄性交接器腹面；E. 雄性附肢

贝特对虾属 *Batepenaeopsis* K. Sakai & Shinomiya, 2011

细巧贝特对虾
Batepenaeopsis tenella (Spence Bate, 1888)

同物异名： *Penaeus tenellus* Spence Bate, 1888

标本采集地： 乐清湾、舟山群岛。

形态特征： 甲壳薄而平滑。身体上具棕红色斑点。额角短而直，伸至第1触角柄第2节中部附近；上缘基部微凸，具6～8齿；额角侧脊达额角第1齿后方；不具额角后脊。眼上刺甚小；眼眶触角沟极浅；肝沟深而短，触角刺发达，其上方有一狭而细长的纵缝向后延伸。鳃区中部有一短横缝，伸至头胸甲侧缘。头胸甲不具胃上刺。第4～6腹节背面有较弱的纵脊。第1、第2步足具基节刺，不具上肢；第5步足最长；步足均具外肢，第5步足外肢较小。雄性交接器呈锚状，侧叶中部甚宽，两端稍窄，末端向两侧后方斜伸出较尖细的突起。雌性交接器前板大而宽，中央具较深的纵沟。

生态习性： 能适应各种不同的底质，对温度、盐度的适应范围较广，多在水深10m或更浅的水区栖息。

地理分布： 黄海，东海，南海；印度洋-西太平洋热带区。

经济意义： 可食用，为大黄鱼、小黄鱼及带鱼的天然饵料。

参考文献： 宋海棠等，2006a；刘瑞玉，2008。

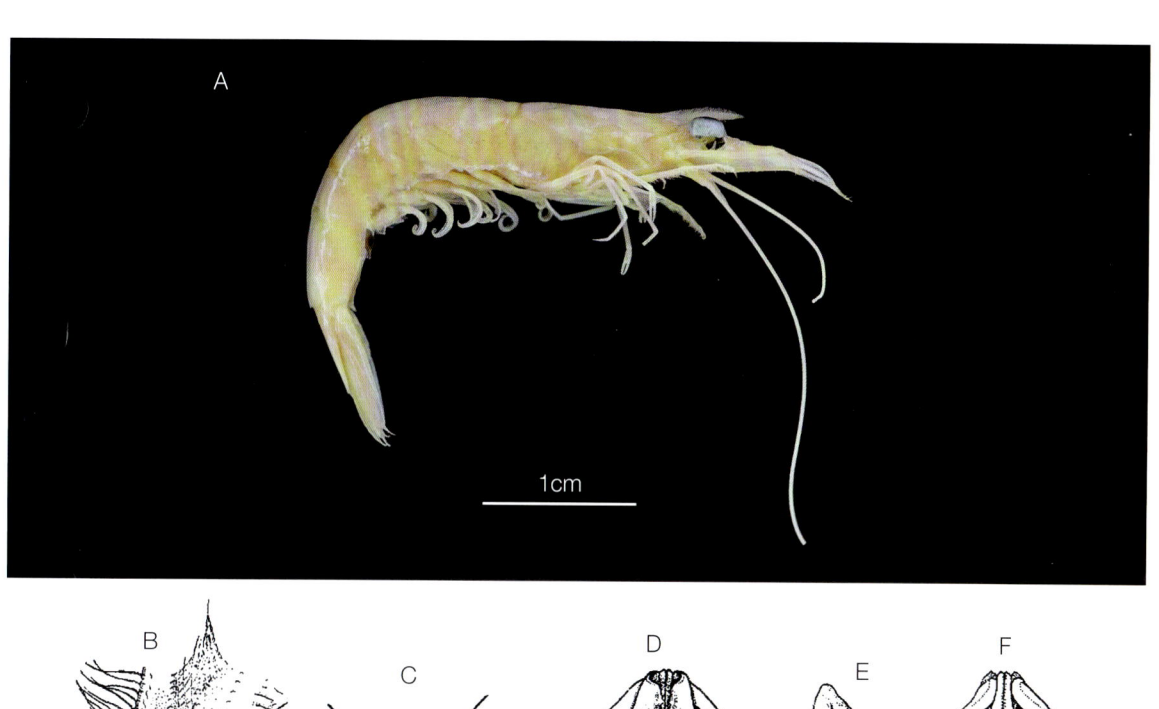

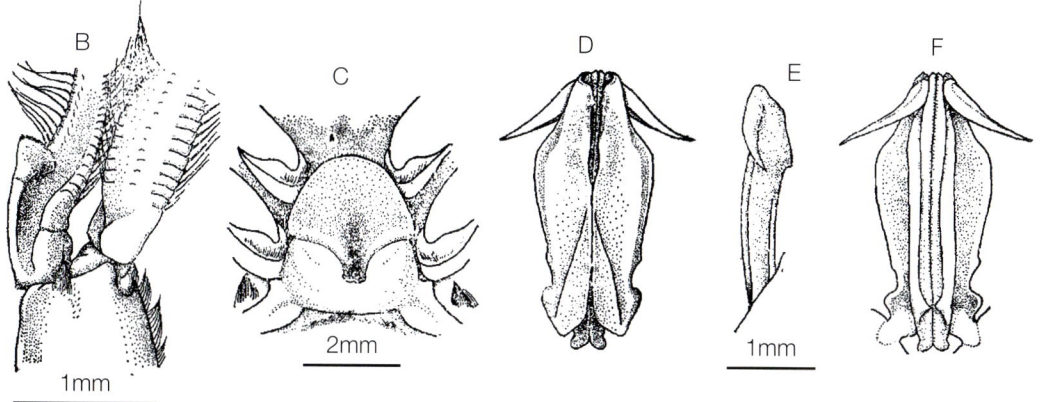

图 341　细巧贝特对虾 *Batepenaeopsis tenella* (Spence Bate, 1888)
A. 整体观；B. 雄性附肢；C. 雌性交接器；D～F. 雄性交接器腹面、侧面、背面

对虾属 *Penaeus* Fabricius, 1798

中国对虾
Penaeus chinensis (Osbeck, 1765)

同物异名：*Fenneropenaeus chinensis* (Osbeck, 1765)；*Penaeus orientalis* Kishinouye, 1917

标本采集地：浙江嵊泗。

形态特征：个体大，甲壳薄、透明，雌性青蓝色，雄性棕黄色。额角平直，上缘具7齿，下缘具3～4齿，额角侧脊伸至胃上刺附近，额角后脊达头胸甲中部。头胸甲具明显的肝沟和眼胃脊。第1触角柄第1节外缘末端具一小刺，触角鞭上鞭长度大于头胸甲。第4～6腹节背中央具纵脊。尾节略短于第6腹节，背中央具一深沟，两侧无活动刺。第1步足具基节刺和座节刺；第2和第3步足具基节刺；5对步足均具短小的外肢。雌性交接器呈圆盘状，中央具纵行裂口；雄性交接器呈钟形。

生态习性：温带种。栖息于浅海泥沙质底，白天潜伏于泥沙内，夜晚在水层下部捕食底栖多毛类、小型甲壳类和双壳类等。每年3月生殖洄游，冬季向黄海南部避寒。雄性每年在10～11月交尾，雌虾至第2年4月成熟。

地理分布：渤海，黄海，东海北部；朝鲜。

经济意义：经济种，肉鲜美，中国重要的养殖对象。

参考文献：宋海棠等，2006a；刘瑞玉，2008。

图 342　中国对虾 *Penaeus chinensis* (Osbeck, 1765)

日本对虾
Penaeus japonicus Spence Bate, 1888

同物异名： Marsupenaeus japonicus (Spence Bate, 1888); Penaeus canaliculatus japonicus Spence Bate, 1888

标本采集地： 舟山群岛。

形态特征： 身体具鲜明的暗棕色和土黄色相间的横斑纹，附肢黄色，尾肢末端为鲜艳的蓝色，缘毛红色。额角上缘具8～10齿，下缘具1～2齿；侧沟长，伸至头胸甲后缘附近；额角后脊伸至头胸甲后缘，具中央沟。头胸甲具明显的肝脊、额胃沟和额胃脊，额胃沟后端分叉。第1触角柄刺不超过柄部第1节末端。第1、第2步足具基节刺，第3步足最长；5对步足均具外肢。第4～6腹节具背脊；尾节长于第6腹节，具中央沟。雄性交接器中叶突出，位于侧叶之上；雌性交接器呈圆筒状。

生态习性： 温带和热带种。少量养殖，生活于砂、泥沙质底。摄食底栖生物，如双壳类、多毛类、小型甲壳动物等，也摄食底层浮游生物和自游生物。幼体多分布在盐度较低的河口和港湾。栖息于水深几米至100m。

地理分布： 黄海，东海，南海；日本北海道以南，朝鲜半岛，菲律宾，泰国，印度尼西亚，新加坡，马来西亚，非洲东部，马达加斯加，红海，澳大利亚北部，斐济附近海域。

经济意义： 养殖经济种，肉鲜美，鲜食或做虾仁。

参考文献： 董聿茂等，1991。

图 343　日本对虾 *Penaeus japonicus* Spence Bate, 1888

鹰爪虾属 *Trachysalambria* Burkenroad, 1934

鹰爪虾
Trachysalambria curvirostris (Stimpson, 1860)

同物异名： *Penaeus curvirostris* Stimpson, 1860
标本采集地： 浙江省嵊泗。
形态特征： 身体棕红色，体表粗糙，甲壳较厚，因其腹部弯曲、形如鹰爪而得名。额角上缘具7齿，下缘无齿；雄性额角平直前伸，而雌性额角末端向上弯曲，额角侧脊伸至额角第1齿基部，额角后脊延伸至头胸甲后缘附近。头胸甲具眼上刺、触角刺、胃上刺及肝刺；触角脊明显；眼眶触角沟及颈沟较浅；肝沟宽而深；触角刺上方有一较短的纵缝，自头胸甲前缘延伸至肝刺上方。雄性交接器呈"T"字形。雌性交接器前板略呈半圆形，其前端稍尖，后部中间小凹，后板左右相合，前缘覆于中央板之上，其中部向后深凹。
生态习性： 生活于比较深的近海泥沙质海底。
地理分布： 黄海，东海；日本，东非，红海，阿拉伯海，印度，新加坡，马来西亚，菲律宾，澳大利亚等。
经济意义： 可食用或制成虾米，重要经济种，产量大。
参考文献： 宋海棠等，2004；刘瑞玉，2008；叶孙忠等，2012。

对虾科分属检索表

1. 甲壳薄呈半透明状，体表散布小斑点 2
 - 甲壳厚而坚硬 3
2. 体表具凹陷，其上密生短毛 .... 新对虾属 *Metapenaeus*
 - 甲壳薄而平滑，不具短毛 .... 贝特对虾属 *Batepenaeopsis*
3. 额角上、下缘均具有刺，体形大 .... 对虾属 *Penaeus*
 - 额角仅上缘有齿，下缘无齿 4
4. 额角上缘7齿，腹部弯曲呈爪状 .... 鹰爪虾属 *Trachysalambria*
 - 腹部不呈爪状 5
5. 体表光滑，个体小，额角稍尖但不呈刺状 .... 米氏对虾属 *Mierspenaeopsis*
 - 体表粗糙，体被短毛，体形大 .... 赤虾属 *Metapenaeopsis*

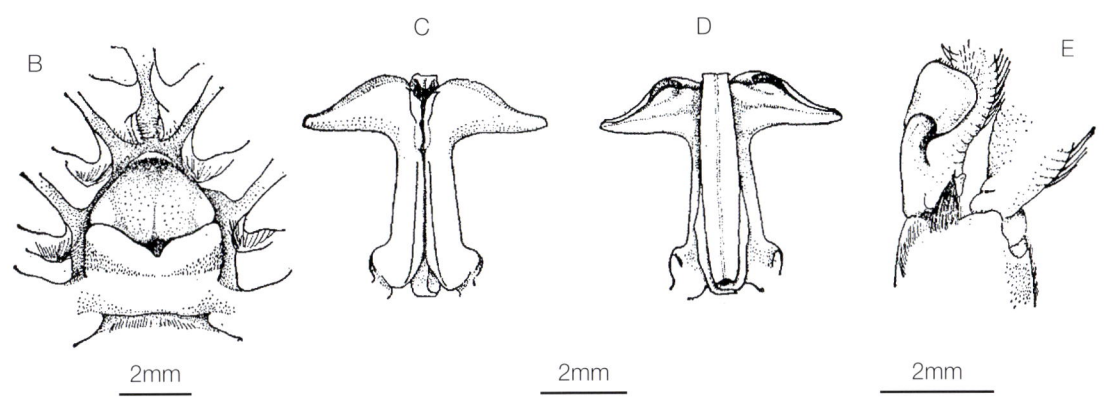

图 344 鹰爪虾 *Trachysalambria curvirostris* (Stimpson, 1860)
A. 整体侧面观；B. 雌性交接器；C、D. 雄性交接器腹面、背面；E. 雄性附肢

鼓虾科 Alpheidae Rafinesque, 1815

鼓虾属 *Alpheus* Fabricius, 1798

刺螯鼓虾
Alpheus hoplocheles Coutière, 1897

标本采集地： 浙江舟山群岛。

形态特征： 额角短，额角后脊短但明显，两侧的沟较深。尾节较宽，背面中央有窄而明显的纵沟。掌部较指部稍宽，内外缘的缺刻较深，外缘缺刻在背面延向后方，形成一个三角形的凹沟，在腹面向中部延伸成一横沟，内缘缺刻在背面延伸成一较窄的纵沟，指节与掌部长度相等，掌部内、外缘的缺刻及背、腹面的刺均明显，雌、雄指部形状有异，雄性指部背、腹皆有隆起，隆起脊的内缘生有密毛，而雌性指部较圆，无隆起与密毛。

生态习性： 常潜伏于潮浅附近的沙泥中或石块下。繁殖时期多在秋季。

地理分布： 渤海，黄海，东海。

经济意义： 肉可食，但产量较小。

参考文献： 刘瑞玉等，2008；崔冬玲和沙忠利，2015。

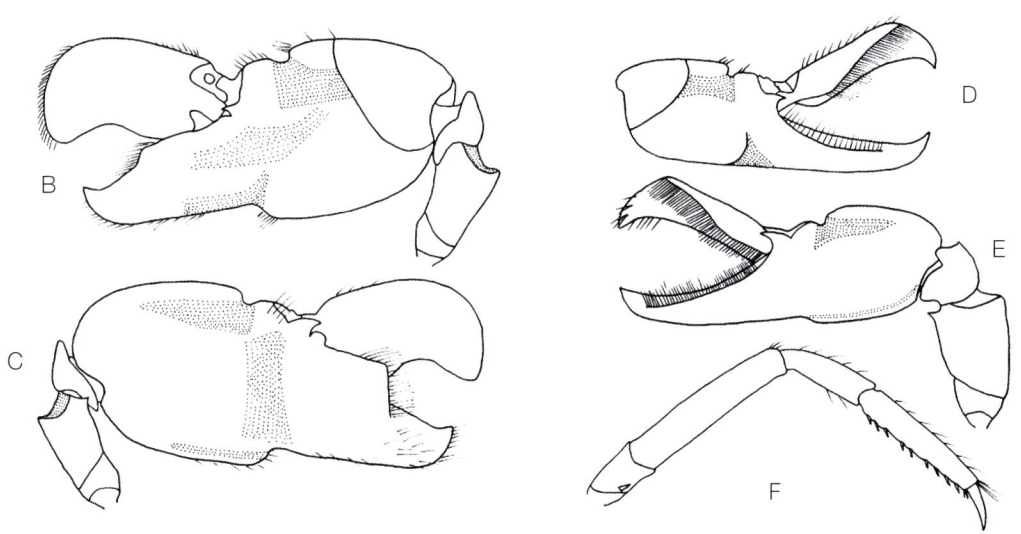

图 345　刺螯鼓虾 *Alpheus hoplocheles* Coutière, 1897
A. 整体图；B. 大螯外侧面观；C. 大螯内侧面观；D、E. 小螯；F. 第 3 步足

613

日本鼓虾
Alpheus japonicus Miers, 1879

同物异名： *Alpheus longimanus* Spence Bate, 1888

标本采集地： 浙江象山（岙山）。

形态特征： 身体的颜色不鲜艳，呈棕红色或绿褐色。额角稍长而尖细，脊达第 1 触角柄第 1 节的末端；额角后脊不明显，较宽而短，两侧的沟较浅，仅至眼的基部。尾节背面圆滑无纵沟，具两对可动刺，尾节后缘呈弧形，后侧角各具两可动小刺。大螯细长，长为宽的 3～4 倍，掌部为指长的两倍左右，掌部的内外边缘在可动指基部的后方各有一极深的缺刻；小螯细长，其长度与大螯相等，指节稍短于掌部，掌部近圆筒状，在外缘近可动指基部处，背腹面各具 1 刺，侧缘的缺刻极浅。

生态习性： 生活于泥沙底的浅海。

地理分布： 渤海，黄海，东海；日本，朝鲜半岛，俄罗斯。

经济意义： 可鲜食或制成虾米，也是经济鱼类的天然饵料。

参考文献： 刘瑞玉，2008；崔冬玲和沙忠利，2015。

图 346　日本鼓虾 *Alpheus japonicus* Miers, 1879
A. 背面观；B. 侧面观

藻虾科 Hippolytidae Spence Bate, 1888
船形虾属 *Tozeuma* Stimpson, 1860

多齿船形虾
Tozeuma lanceolatum Stimpson, 1860

标本采集地： 浙江海区。

形态特征： 额角特别细长，上缘无齿，下缘3～8齿，靠近末端齿间距较大，额角近基部处，其下缘扩展成三角形。第3腹节背面末端向后下方突出；第4～5腹节末端突出成刺，尾节超过尾肢，有3对侧刺。第2触角鳞片超过第1触角柄末端，第1步足粗壮。

生态习性： 栖息于沙质、软泥质海底。

地理分布： 东海，南海。

参考文献： 董聿茂，1991；刘瑞玉，2008；许鹏，2014。

图347　多齿船形虾 *Tozeuma lanceolatum* Stimpson, 1860

托虾科 Thoridae Kingsley, 1879
七腕虾属 *Heptacarpus* Holmes, 1900

长足七腕虾
Heptacarpus futilirostris (Spence Bate, 1888)

同物异名： *Hippolyte rectirostris* Stimpson, 1860
标本采集地： 浙江舟山群岛。
形态特征： 额角侧扁，稍短于头胸甲，上缘具 4～7 齿，下缘末部具 2～3 齿。头胸甲具触角刺和颊刺。腹部弯曲，第 4～6 腹节侧甲的后侧角呈尖刺状。尾节细长，背面有 4 对活动小刺，末端具一钝齿，两侧有 2 对活动刺；尾肢的内、外肢皆长于尾节，外肢外缘近末端处有一裂缝，其外侧刺的内侧有一活动刺。第 1 触角柄短，各节末缘背面具一尖刺，触角鞭上鞭略超过第 2 触角鳞片末端，下鞭长于上鞭。第 2 触角鳞片末端宽阔，外缘末端刺与末缘齐。大颚门齿部末端具 4 个小齿，臼齿部粗大，与门齿部分离。大颚须 2 节。第 3 颚足分 4 节，不具外肢，雄性粗大，长于体长，背面及边缘具 6 或 7 个硬刺，雌性其长度仅为体长的一半。雄性第 1 步足特别粗大，约与体长相等，掌部为指长的 3 倍，两指的尖端呈弯爪状，其两侧各有 1 或 2 个小刺，雌性第 1 步足短小，长不到体长的 1/2。第 2 步足细长，腕节分 7 小节，钳小；后 3 对步足同形。第 3 颚足与前 3 对步足具钩状肢鳃。
生态习性： 温带种。常在海藻间攀爬，在底表活动，有时仅做短暂的游泳运动，通常不做长距离快速游泳运动。
地理分布： 渤海，黄海，东海；日本。
参考文献： 刘瑞玉，2008；甘志彬等，2016。

图 348　长足七腕虾 *Heptacarpus futilirostris* (Spence Bate, 1888)

褐虾科 Crangonidae Haworth, 1825

褐虾属 Crangon Fabricius, 1798

脊腹褐虾
Crangon affinis De Haan, 1849

标本采集地： 浙江岱山。

形态特征： 体表粗糙不平，具有短毛，体型较细长。额角狭长，末端几乎到达眼端。头胸甲具有触角刺、颊刺、肝刺和胃上刺。腹部第3～5节背中央具纵脊，第6腹节背中央下陷成沟，其腹面亦具有深沟，并在该深沟两侧各生有1列细毛。尾节长而尖细。第1步足强大并且呈半钳状，第2步足钳小，腕不分节，其基部间的腹甲刺较长、大且尖。抱卵期的雌性，第1、第2步足的腹甲刺并无变化，但是第3、第4、第5步足的腹甲刺消失。

生态习性： 生活于沙底、泥沙底的浅海，喜潜入海底的沙子中。

地理分布： 黄海，东海北部；日本，朝鲜。

经济意义： 可干制虾米，卵可制成"虾籽"。

参考文献： 刘瑞玉，2008；韩庆喜，2009。

图349 脊腹褐虾 *Crangon affinis* De Haan, 1849
A. 背面观；B. 侧面观

长臂虾科 Palaemonidae Rafinesque, 1815

长臂虾属 *Palaemon* Weber, 1795

安氏长臂虾
Palaemon annandalei (Kemp, 1917)

同物异名： *Exopalaemon annandalei* (Kemp, 1917)；*Leander annandalei* Kemp, 1917

标本采集地： 浙江洞头南麂列岛。

形态特征： 体长30～50mm，卵比较大。额角甚细长，其长度为头胸甲长的1.5～2倍，末端向上翘，基部具有一短鸡冠状隆起，上缘具有4～6齿，末端常具1附加齿，下缘具4～6齿。触角刺甚小，鳃甲刺甚大。腹部各节圆滑，无纵脊，尾节的背面具2对背刺，尾节后端中央呈尖刺状，后侧角有两对刺，外侧刺甚短。第1触角基节外缘稍凸，柄刺细尖，从基节的外侧中部附近伸出；第1步足伸至超出鳞片的末端，指节稍短于掌部，腕节比螯长，长节长于腕节。

生态习性： 多生活于江河下游河段的淡水区和出海口附近，或河口的半咸水域，游泳生活，无爬行附肢，杂食性，繁殖季节晚。

地理分布： 渤海，黄海，东海；朝鲜半岛西岸。

经济意义： 重要的经济虾类，肉食性鱼的主要饵料。

参考文献： 刘瑞玉，2008；De Grave and Ashelby，2013；甘志彬，2014。

图350　安氏长臂虾 *Palaemon annandalei* (Kemp, 1917)

脊尾长臂虾
Palaemon carinicauda Holthuis, 1950

同物异名： *Exopalaemon carinicauda* (Holthuis, 1950)；*Palaemon* (*Exopalaemon*) *carinicauda* Holthuis, 1950

标本采集地： 浙江洞头南麂列岛。

形态特征： 体透明，带蓝色或红棕色小斑点，腹部各节后缘颜色较深。抱卵雌性第1～5腹节两侧均有蓝色大圆斑。额角甚细长，为头胸甲长的1.2～1.5倍，末部1/3～1/4超出鳞片末端，基部1/3具一鸡冠状隆起，上缘具6～9齿。中部及末端甚细，末部稍向上扬起，末端具1个附加小刺，下缘具3～6齿。触角甚小，鳃甲刺较大，其上方有一明显的鳃甲沟。腹部自第3～6腹节起背面中央有明显的纵脊。第6腹节约为头胸甲长的1/2。尾节长约为第6腹节的1.4倍，背面圆滑无脊，具2对活动刺。第1步足较短小，指节稍短于掌部，腕节长约为指节的3.5倍，长节短于腕节，约为腕节长的0.9倍，约为座节长的1.5倍。第2步足较第1步足显著粗大，掌部稍超出鳞片末端，指节细长，两指切缘光滑无齿突，两边有梳状短毛，指节长约为掌部的1.9倍，腕节长约为指节的0.5倍。第3步足约伸至第1触角柄的末端，掌节长约为指节的1.2倍。第5步足约伸至鳞片末端或稍出，掌节长约为指节的2.2倍，长节长为座节的2倍。

生态习性： 温带和热带种。生活在近岸的浅水中，一般水深15～20m，盐度不超过29‰的海域或河口等半咸淡水域均可发现。

地理分布： 黄海，东海，南海。

经济意义： 重要的经济虾类，可食用，也可加工成虾米。

参考文献： 王兴强等，2005b；李新正等，2007；刘瑞玉，2008；De Grave and Ashelby，2013；甘志彬，2014。

图 351　脊尾长臂虾 *Palaemon carinicauda* Holthuis, 1950

长角长臂虾
Palaemon debilis Dana, 1852

同物异名： *Palaemonetes pacificus* Gurney, 1939

标本采集地： 海南三亚。

形态特征： 额角很长而纤细，末部显著上扬；约一半长度超过鳞片，但有时达不到鳞片末端。额角背缘基部具 2～8 齿（一般为 5 齿），第 1 齿在眼眶后，第 2 齿在眼眶稍前。各齿间相隔距离大，第 2、第 3 齿间紧邻。前 3 齿能活动。上缘末半端完整，但具一明显的亚末端齿。下缘具 3～10（多为 6）齿，均匀散布于下缘末部 3/4 处，基部齿间较末部齿间距离小。额角上缘有 1 排刚毛，而下缘则具 2 排。鳃甲刺小于触角刺，在头胸甲前缘上，紧靠在鳃甲刺下。

生态习性： 半咸水、淡水、浅海海水。

地理分布： 东海南部，南海。

经济意义： 可食用品种。

参考文献： 李新正等，2003，2007；刘瑞玉，2008；甘志彬，2014。

图 352　长角长臂虾 *Palaemon debilis* Dana, 1852

葛氏长臂虾
Palaemon gravieri (Yu, 1930)

同物异名： *Leander gravieri* Yu, 1930

标本采集地： 浙江象山港。

形态特征： 体长 40～60mm，身体透明，微带淡黄色，具棕红色斑纹。体型较短，步足细长。额角长度等于或稍大于头胸甲长度，上缘基部平直，无鸡冠状隆起，末端 1/3 极细，稍向上前方伸起。头胸甲具有较大触角刺及鳃甲刺，前侧角圆形无刺，鳃颊沟极明显，长度约为头胸甲的 1/3，腹部、背部中央有不明显的纵脊。眼甚宽，眼柄粗短，角膜与眼柄长度相等，钳极小，掌部稍长于指，掌节后缘不具小刺。卵较小，为棕绿色。

生态习性： 生活于泥沙底的浅海、河口附近，距离岸边较远处比较多。

地理分布： 渤海，黄海，东海；朝鲜近海。

经济意义： 可鲜食或干制成虾米。

参考文献： 丁天明和宋海棠，2002；李新正等，2003，2007；刘瑞玉，2008；甘志彬，2014。

图 353 葛氏长臂虾 *Palaemon gravieri* (Yu, 1930)
A. 侧面观；B. 背面观

广东长臂虾
Palaemon guangdongensis Liu, Liang & Yan, 1990

标本采集地： 浙江舟山群岛。

形态特征： 额角长于头胸甲，上缘基半部平直，末半部向上扬起，具 10～12 齿，眼上方的齿排列紧密，基部有 3 齿位于头胸甲上眼眶缘后，末端约有一小半无齿，尖端具一小的附加齿。下缘具 4 齿，分布于下缘的中部。头胸甲的鳃甲刺稍短于触角刺，两者均稍超出头胸甲的前缘。鳃甲沟明显。腹部各节均光滑，第 6 腹节背面具 2 对活动小刺，前对位于尾节的中部附近，后对位于前对与尾节末端之间，末端呈尖刺状，后侧角具 2 对刺，在两内刺间具 1 对羽状刚毛。眼甚宽，眼柄粗短，角膜稍宽于眼柄。第 1 触角柄刺约伸至第 1 节的中部附近。体透明，略带淡红色不清楚的条纹。胸肢基部稍带红色。

地理分布： 东海，南海。

参考文献： 刘瑞玉等，1990；李新正等，2003，2007；刘瑞玉，2008；甘志彬，2014。

图 354　广东长臂虾 *Palaemon guangdongensis* Liu, Liang & Yan, 1990

巨指长臂虾
Palaemon macrodactylus Rathbun, 1902

标本采集地： 浙江舟山群岛。

形态特征： 体半透明，稍带黄褐色及棕褐色斑纹，背面条纹较模糊，卵呈棕绿色。额角基部平直，末部向上弯曲，超出第 2 触角鳞片末端，上缘具 10～13 齿，有 3 齿位于眼眶缘后方的头胸甲上，下缘具 3～4 齿。腹部各节圆滑无脊，仅在第 3 腹节后部稍隆起。第 1 步足细小，指节超出第 2 触角鳞片的末端，掌部明显长于指节，腕节长为掌节的 2.6～2.8 倍，长节短于腕节，为腕节长的 0.89～0.90 倍，为座节长的 1.5～1.6 倍，腕节为掌节长的 1.3～1.4 倍，长节稍长于腕节，约为座节长的 1.2 倍。后 3 对步足的指节细长。第 3 步足指节长约为宽的 5 倍，掌节为指节长的 2～2.5 倍，腕节等于或稍长于指节，长节为腕节长的 2 倍，为座节长的 2.3～2.5 倍。第 5 步足指节长为宽的 6 倍，掌节为指节长的 2.8～3.1 倍，为腕节长的 1.8～1.9 倍，长节稍微短于掌节，为座节长的 2.4～2.5 倍。

生态习性： 温带种。生活于泥沙底或沙质底的浅海，有时河口也能捕到。

地理分布： 渤海，黄海，东海；朝鲜半岛，日本，美洲太平洋沿岸，波罗的海。

经济意义： 肉可供食用，量较少。

参考文献： 李新正等，2007；董聿茂等，1991；Janas and Tutak，2014。

图 355　巨指长臂虾 *Palaemon macrodactylus* Rathbun, 1902

秀丽长臂虾
Palaemon modestus (Heller, 1862)

同物异名： *Exopalaemon modestus* (Heller, 1862)；*Leander modestus* Heller, 1862

标本采集地： 浙江杭州湾。

形态特征： 体光滑，长 30～50mm，额角较短，长度小于头胸甲，末端稍超出第 2 触角的鳞片，上缘基部的鸡冠状隆起长于末端尖细部位，尖细部位稍向上扬，上缘隆起部位具 7～11 齿，下缘中部具 2～4 齿，上下缘末端附近均无附加齿。腹部各节背面圆滑无脊。第 2 步足的指节长度与掌部相等或微长于掌部，腕节极长，长度约为指节和掌部长度的 2 倍。卵较大。体色透明，有明显的棕色斑点。

生态习性： 主要生活于淡水湖泊及河流中，河口湾内也有分布。

地理分布： 东海，杭州湾。

经济意义： 肉可食用，普通的经济虾类。

参考文献： 胡廷尖和周志明，2001；李新正等，2007；刘瑞玉，2008；De Grave and Ashelby, 2013；甘志彬，2014。

图 356　秀丽长臂虾 *Palaemon modestus* (Heller, 1862)

东方长臂虾
Palaemon orientis Holthuis, 1950

同物异名： *Exopalaemon orientis* (Holthuis, 1950)；*Palaemon* (*Exopalaemon*) *orientis* Holthuis, 1950

标本采集地： 浙江南部沿岸。

形态特征： 额角细长，约为头胸甲长的 1.4 倍，末端 2/5 超出鳞片末缘，鸡冠状隆起占基部 1/3 长，中部及末部甚细，末端向上扬起，上缘具 6～7 齿，尖端具 1 附加小齿；下缘具 6～7 齿。触角刺较鳃甲刺小，鳃甲刺上方有一明显的鳃甲沟。腹部第 3～6 节背面圆，无纵脊。第 6 腹节长约为头胸甲的 1/2，约为第 5 腹节的 1.9 倍，尾节长为第 6 腹节的 1.6 倍，其背面圆滑无脊，上具 2 对活动刺。第 1 步足细小，约伸至第 1 触角柄的末端或稍微超出。指节细长，明显地较脊尾长臂虾短。

生态习性： 栖息于沿岸低盐浅水区。

地理分布： 东海南部沿岸；日本，朝鲜半岛南岸。

经济意义： 东南沿海经济种。

参考文献： 李新正等，2007；刘瑞玉，2008；De Grave and Ashelby，2013；甘志彬，2014。

图 357　东方长臂虾 *Palaemon orientis* Holthuis, 1950

太平长臂虾
Palaemon pacificus (Stimpson, 1860)

同物异名： Leander pacificus Stimpson, 1860；Leander okiensis Kamita, 1950

标本采集地： 浙江象山。

形态特征： 头胸甲上散布许多不规则黑褐色条纹，腹部均以点条密布，尾节及尾肢背面呈现相同的色彩。甲壳较尖硬粗糙。额角与头胸甲等长或稍长，前半部急向上弯曲，上缘具7～8齿，末端有1附加齿，形成叉状，后方的3齿位于头胸甲上。头胸甲仅具有触角刺和鳃甲刺。腹部背面圆滑无脊，但是粗糙。

生态习性： 岩礁间、石隙内或泥沙质的浅海。

地理分布： 东海；日本。

参考文献： 李新正等，2003，2007；刘瑞玉，2008；甘志彬，2014。

图 358　太平长臂虾 *Palaemon pacificus* (Stimpson, 1860)

锯齿长臂虾
Palaemon serrifer (Stimpson, 1860)

同物异名： Leander serrifer Stimpson, 1860； Leander fagei Yu, 1930

标本采集地： 浙江舟山群岛。

形态特征： 体无色透明，头胸甲有纵行排列的棕色细纹，腹部各节有同样的横纹及纵纹，数目较少。额角约伸至第 2 触角鳞片的末端附近，末端平直，侧面观较宽阔，上缘具 9～11 齿，末端有 1～2 附加小齿，下缘具 3～4 齿。腹部各节光滑无脊，仅第 3 节的末部中央稍微隆起。尾节较短，为第 6 腹节长的 1.2～1.4 倍。第 1 步足细小，掌、指约等长，腕节为指节长的 2.7～2.9 倍，长节稍短于腕节。第 2 步足较粗长，可动指切缘的基部具 2 个小的突起齿，不动指的基部为 1 个，掌部为指节长的 1.3～1.5 倍，腕节为掌部长的 1/3～1/5，超出鳞片末端，腕节明显长于指节，长节短于腕节长的 2 倍，为座节长的 2.1～2.3 倍。第 5 步足掌节约 1/3 超出鳞片的末端，指节长为宽的 4.6～5.6 倍，掌节约为指节长的 3.3 倍，为腕节长的 1.7～1.9 倍，长节短于掌节，为掌节长的 0.91～0.97 倍，约为座节长的 2.5 倍。

生态习性： 温带和热带种。生活于沙底或泥沙底的浅海，多在低潮线附近浅水中的石隙间隐藏。渤海、黄海 4～9 月繁殖。

地理分布： 从渤海至南海北部沿岸；印度，缅甸，泰国，印度尼西亚，北澳大利亚，朝鲜半岛，日本至南西伯利亚。

经济意义： 肉可供鲜食，量少。

参考文献： 李新正等，2003，2007；刘瑞玉，2008；甘志彬，2014。

图359　锯齿长臂虾 *Palaemon serrifer* (Stimpson, 1860)

长臂虾属分种检索表

1. 额角基部具带锯齿的鸡冠状突起 2
- 额角基部不具带锯齿的鸡冠状突起 5
2. 额角上缘末端无附加小齿，鸡冠状突起长于末端尖细部分 .... 秀丽长臂虾 *P. modestus*
- 额角上缘末端有附加小齿，鸡冠状突起短于末端尖细部分 3
3. 第 2 步足腕节极短，第 4、第 5 步足指节特别细长 .... 安氏长臂虾 *P. annandalei*
- 第 2 步足腕节等于或长于掌节，第 4、第 5 步足指节正常，呈爪状 4
4. 腹部第 3～6 节背面具明显纵脊 .... 脊尾长臂虾 *P. carinicauda*
- 第 3～6 腹节背面无纵脊 .... 东方长臂虾 *P. orientis*
5. 额角长而纤细，末端显著上扬，超出鳞片末端 .... 长角长臂虾 *P. debilis*
- 额角不显著细长，末端上扬不明显 6
6. 第 2 步足腕节与螯等长 .... 广东长臂虾 *P. guangdongensis*
- 第 2 步足腕节短于螯长 7
7. 额角上缘齿少于 10 个 .... 太平长臂虾 *P. pacificus*
- 额角上缘齿超过 10 个 8
8. 额角细长，下缘齿超过 5 个 .... 葛氏长臂虾 *P. gravieri*
- 额角短，下缘齿少于 5 个 9
9. 额角末端平直，第 3～5 步足指节较宽短 .... 锯齿长臂虾 *P. serrifer*
- 额角末端上扬，第 3～5 步足指节较窄长 .... 巨指长臂虾 *P. macrodactylus*

长额虾科 Pandalidae Haworth, 1825
等腕虾属 *Procletes* Spence Bate, 1888

滑脊等腕虾
Procletes levicarina (Spence Bate, 1888)

同物异名： *Heterocarpoides levicarina* (Spence Bate, 1888)
标本采集地： 浙江普陀山。
形态特征： 额角稍长于头胸甲，末端尖，超过第 2 触角鳞片，上缘与头胸甲几乎相平，中部微向下曲，背面约具 10 齿，后方有 4 齿位于头胸甲上，腹面约具 5 齿。头胸甲背正中线具有纵脊，头胸甲具触角刺、颊刺，两刺后均具纵脊。第 1～5 腹节背面具纵脊，其中第 3～5 腹节的纵脊向后突出成末端刺。尾节背面具浅纵沟，两侧各具 3 对刺，尾节与尾肢略等长。第 2 触角鳞片超过第 1 触角柄。第 1 步足短而简单；第 2 步足左右相称，腕节由 6 小节构成；后 3 对步足同形；步足无外肢。
生态习性： 温带和热带种。生活于较深水域的外海。
地理分布： 黄海，东海，南海；日本，印度尼西亚，菲律宾，红海，印度洋。
参考文献： 董聿茂，1991；Li and Liu，2004；刘瑞玉，2008。

图 360　滑脊等腕虾 *Procletes levicarina* (Spence Bate, 1888)

海螯虾科 Nephropidae Dana, 1852

后海螯虾属 *Metanephrops* Jenkins, 1972

红斑后海螯虾
Metanephrops thomsoni (Spence Bate, 1888)

同物异名： *Nephrops thomsoni* Spence Bate, 1888
标本采集地： 钱塘江下游。
形态特征： 甲壳坚厚，头胸甲上密布颗粒。额角末端尖锐，前半部显著向上弯曲，从弯曲处向后形成中间凹下而两侧棱起，延伸至颈沟附近，额角上缘具2对尖刺，其后在头胸甲上有2对尖刺，额角下缘仅有1个刺；头胸甲上触角刺十分粗大，其后方有1个短刺，其间有浅横沟；眼后方有前后排列的3个小刺。颈沟较深，颈沟的前部长于后部，颈沟后缘上有微小的8个刺，每刺与向后行的纵脊相连；颈沟后部沿背中线有2纵行小刺。第2～5腹节背甲上有一横沟，在背中部处中断。第2～6腹节的侧甲均向后弯曲，末端尖锐，尾节呈方形，短于尾肢，前半部的背面正中有1对并列的刺，后侧角各有1个刺。
生态习性： 多生活于水深150～200m的沙泥底质。
地理分布： 东海，南海；日本，菲律宾。
参考文献： 刘瑞玉，2008；刘文亮，2010。

图361　红斑后海螯虾 *Metanephrops thomsoni* (Spence Bate, 1888)

龙虾科 Palinuridae Latreille, 1802
龙虾属 *Panulirus* White, 1847

锦绣龙虾
Panulirus ornatus (Fabricius, 1798)

同物异名： *Palinurus ornatus* Fabricius, 1798
标本采集地： 浙江舟山海域。
形态特征： 触角板上有 2 对大刺，中间还有 1 对小刺，腹面前缘有 3 齿。腹节背板光滑无横沟，体长 395mm，头胸甲宽 95mm。头胸甲呈圆筒形，无毛，刺少且短小，眼上刺粗，尾节比尾肢长，散有细小点刻，各侧甲末端除一大棘外，尚有不明显的数个锯齿。尾节呈长方形，末缘圆弧。无眼眶。大须 3 节。第 2 颚足外肢无鞭，第 3 颚足无外肢，内缘密布刚毛。第 1 步足粗短，其余 4 对步足稍细长，各步足指节腹侧列生刚毛。头胸甲前部背面有美丽的五彩花纹，腹部背面有棕色斑，步足呈棕紫色，上有黄白色圆环。
生态习性： 栖息于沿岸浅海多岩礁地带或在泥沙质的浅海底活动。
地理分布： 浙江舟山群岛以南，东海，南海；日本，东非、印度尼西亚，印度，新加坡，菲律宾，澳大利亚。
经济意义： 可食用，另有药用价值，外壳可作装饰品，但产量不大。
参考文献： 刘瑞玉，2008；梁华芳和何建国，2012。

图 362　锦绣龙虾 *Panulirus ornatus* (Fabricius, 1798)

蝉虾科 Scyllaridae Latreille, 1825

扇虾属 *Ibacus* Leach, 1815

九齿扇虾
Ibacus novemdentatus Gibbes, 1850

标本采集地： 东海。

形态特征： 头胸甲前侧甲宽 88mm，头胸甲长 55mm。头胸甲中间脊上有 4 个明显的突起，前侧齿简单，后侧缘具 7～8 齿；眼眶后部的缺刻小而浅，头胸甲前缘中间呈一棘状突起。前额板的前缘呈 1 对三角形。各腹节侧甲呈刀形。尾节宽大于长。胸部腹甲在各步足基部内侧的脊状突起比较缓和，后缘中间无瘤突。口前板腹面有 3 个锐齿，前缘的 2 齿直接向前，其后面的单个中间齿指向腹面，该齿后缘还有 2 个小的附属齿，第 2 触角第 4 节背面绒毛不明显。

生态习性： 生活于水深 70～250m 的沙泥底质。

地理分布： 东海，南海；日本，泰国，菲律宾，东非。

经济意义： 味道鲜美，制成冷冻小包装很受欢迎。

参考文献： 刘瑞玉，2008；董聿茂，1991。

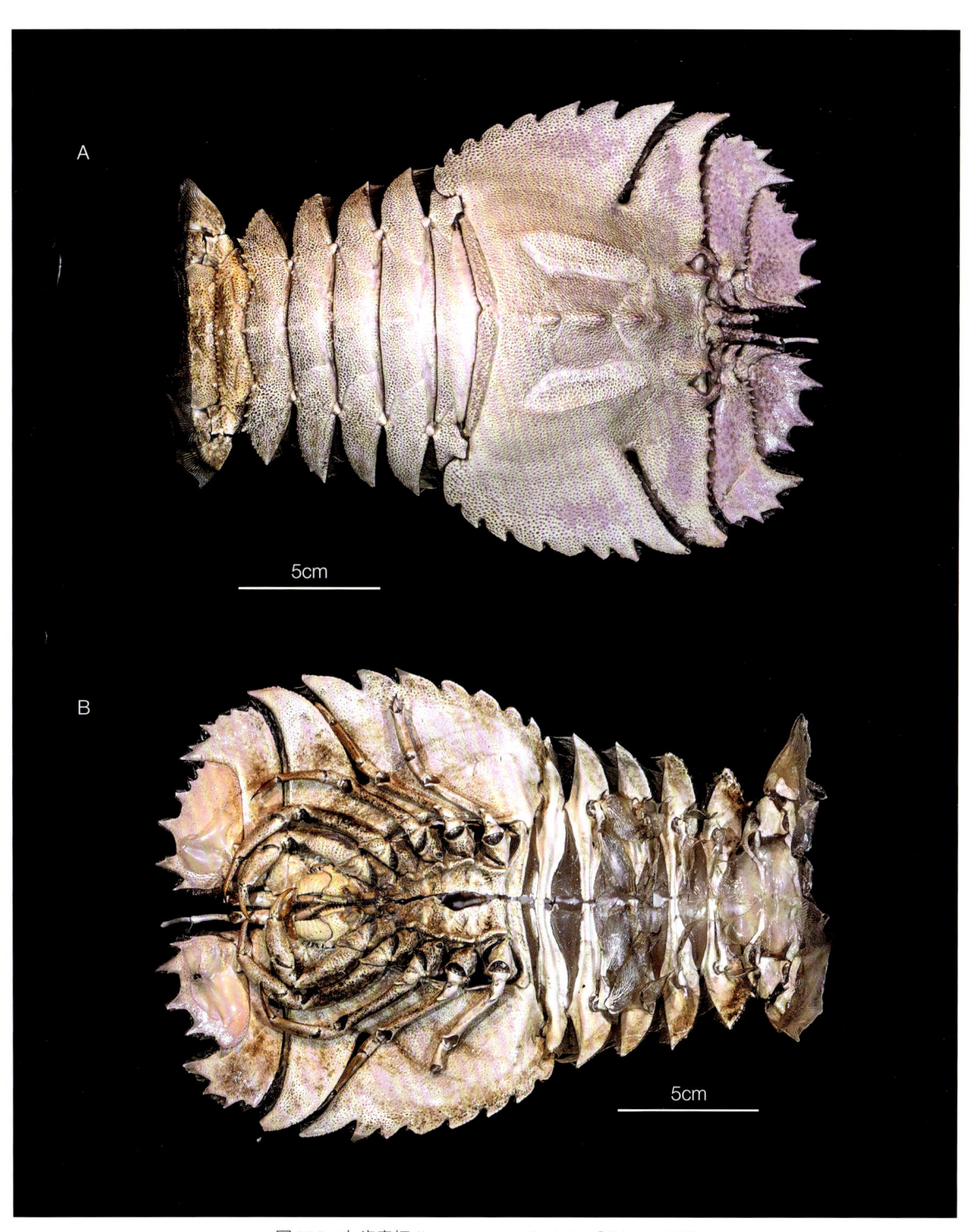

图 363　九齿扇虾 *Ibacus novemdentatus* Gibbes, 1850
A. 背面观；B. 腹面观

瓷蟹科 Porcellanidae Haworth, 1825
细足蟹属 *Raphidopus* Stimpson, 1858

绒毛细足蟹
Raphidopus ciliatus Stimpson, 1858

标本采集地： 普陀（蚂蚁岛）。

形态特征： 体旁及各胸足边缘有长绒毛。头胸甲有短毛，并有网状空隙，前端有3小齿，中间齿最明显，前缘只眼眶区略弯，侧缘很凸。第2触角基部后有1裂缝。第1触角第1节上端散布疣突，前缘直，第2触角柄圆柱形，表面有毛，鞭很长。第3颚足长节平坦，腹面略有斑点，叶状顶端呈圆形。左螯足掌不长，表面有小锯齿或小刺，指节比掌部长，尖端较弯，互相交错，柄缘无裂隙，呈小锯齿状；不动指内缘略扩展。右螯足的可动指上面呈亚鸡冠状。步足细小，稍扁平，长节略扩展，指节与掌节等长。尾节7片，后侧片大，宽大于长，特别是雄性的。体白色，毛灰黄褐色。

生态习性： 在低潮区砂泥上。

地理分布： 黄海，东海，南海；日本，西澳大利亚海岸。

参考文献： 刘瑞玉，2008；董栋，2011。

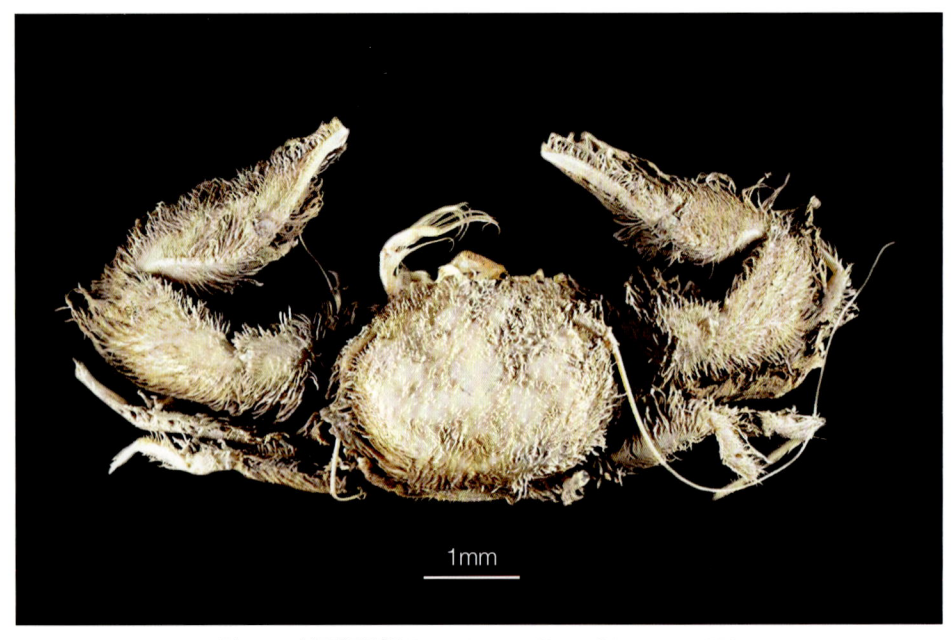

图364　绒毛细足蟹 *Raphidopus ciliatus* Stimpson, 1858

绵蟹科 Dromiidae De Haan, 1833
平壳蟹属 Conchoecetes Stimpson, 1858

干练平壳蟹
Conchoecetes artificiosus (Fabricius, 1798)

同物异名： *Dromia artificiosus* Fabricius, 1798；*Conchoeodromia alcocki* Chopra, 1934

标本采集地： 浙江舟山群岛。

形态特征： 体扁平，近五角形，宽度稍大于长度。头胸甲长 28mm，宽 30mm。额狭，分为 3 钝齿，中央齿较小且低。侧缘在颈沟外端之后有 1 钝齿。螯足粗大，长节棱柱状，末端具 1 疣状突起，腕节、掌节末端各具 2 突起，内侧具较长的毛。前 2 对步足相似，长节瘦长，节末端具 1 突起，第 3 步足指节呈钩爪状，第 4 步足最小，在背侧位置。

生态习性： 生活于水深 30～130m 泥沙质海底，末对步足常背负贝壳或海绵以保护自己。

地理分布： 东海，南海；日本，澳大利亚，印度，非洲。

参考文献： 陈惠莲和孙海宝，2002；沈长春等，2014。

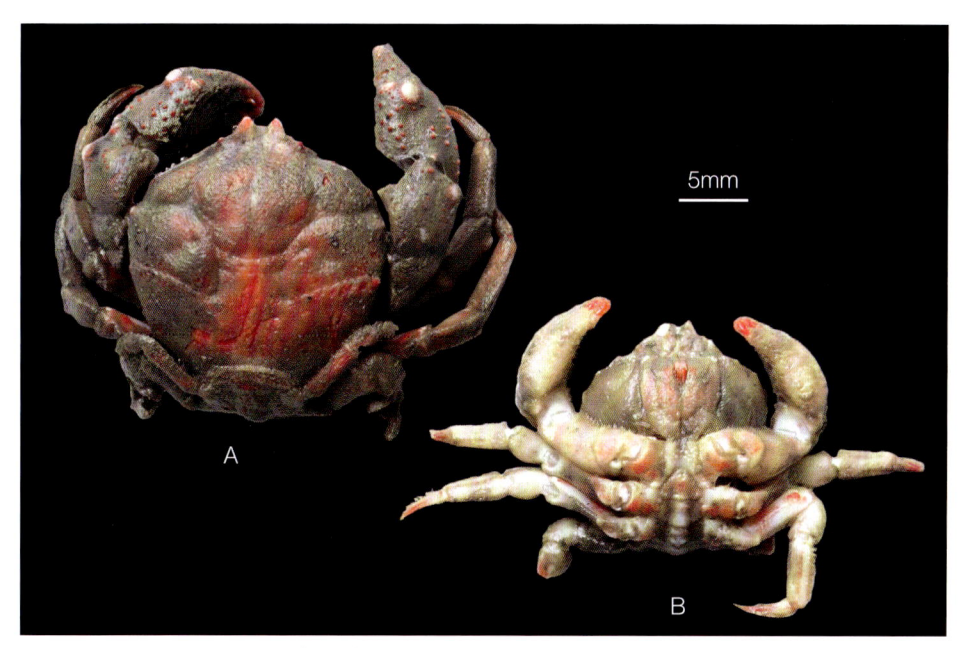

图 365 干练平壳蟹 *Conchoecetes artificiosus* (Fabricius, 1798)
A. 背面观；B. 腹面观

劳绵蟹属 *Lauridromia* McLay, 1993

德汉劳绵蟹
Lauridromia dehaani (Rathbun, 1923)

同物异名： *Lauridromia dehaani* Rathbun, 1923

标本采集地： 东海外海。

形态特征： 体大，头胸甲甚宽，表面密布短软毛和成簇硬刚毛，分区可辨，鳃心沟和鳃沟明显，胃、心区具一"H"形沟。额具3齿，中央齿较侧齿小且低位，背面可见。上眼窝齿很小，下眼窝齿大，额后及侧缘附近低洼。前侧缘具4齿，末两齿间距小。后侧缘斜直，具1齿，以此引入斜行沟。后缘横直。足粗壮、等大，长节呈三棱形，前宽后窄，背缘甚隆，具4齿，内、外缘具不明显小齿。腕节外末缘具2个疣状突起。掌节粗壮，宽大于长。背缘基半部具1齿及2枚细颗粒。

生态习性： 生活于水深8～150m处细沙、泥沙碎壳底。

地理分布： 东海，南海；日本，韩国，印度尼西亚，印度，马达加斯加，南非，红海，亚丁湾。

参考文献： 陈惠莲和孙海宝，2002；刘瑞玉，2008。

图 366　德汉劳绵蟹 *Lauridromia dehaani* (Rathbun, 1923)

蛙蟹科 Raninidae De Haan, 1839
蛙蟹属 *Ranina* Lamarck, 1801

蛙蟹
Ranina ranina (Linnaeus, 1758)

同物异名： *Cancer ranina* Linnaeus, 1758； *Albunea scabra* Weber, 1795

标本采集地： 浙江舟山。

形态特征： 头胸甲呈蛙形，长度大于宽度，前半部宽于后半部。表面隆起，除额区及其附近具软毛外，均密布指向前方的鳞状突起。前侧缘有 2 个各分 3 齿的叶状突起，侧缘具细锯齿，后半部的锯齿形成颗粒状。头胸甲的侧面密盖长毛。额分 3 个三角形齿。眼窝深，背缘具 3 个锐齿，眼柄长、大而伸出。第 3 颚足甚窄长，长节表面具齿，其顶叶向前突出。螯足壮大、对称，长节前缘末端具 1 个锐齿；腕节的末缘具 2 个锐齿；掌节扁平，背缘及其末端各具 1 个锐齿，腹缘具 5 个三角形齿；两指扁平，不动指内缘具 7～8 个三角形齿，可动指背缘具刺状齿数枚，其内缘约具 5 个三角形齿。步足的指节均扁平，呈铲状，第 3、第 4 步足各节的边缘均具毛。两性腹部不完全折叠在腹甲之下。

生态习性： 栖息于深 10～50m 处的沙底上，用桨片状的步足游泳或挖掘而潜伏沙中。

地理分布： 东海，南海；印度洋-西太平洋。

参考文献： 沈嘉瑞和戴爱云，1964；刘瑞玉，2008。

图 367　蛙蟹 *Ranina ranina* (Linnaeus, 1758)

馒头蟹科 Calappidae De Haan, 1833
馒头蟹属 Calappa Weber, 1795

卷折馒头蟹
Calappa lophos (Herbst, 1782)

同物异名： *Cancer lophos* Herbst, 1782

标本采集地： 浙江舟山。

形态特征： 头胸甲平滑，长60mm，宽90mm。表面为淡红色，中部有2条纵沟。前侧缘呈锯齿状，后侧缘突出，分为不等大的4枚锐齿，齿间带浓紫色，后缘有7枚钝齿，齿缘具颗粒，沿边缘具短绒毛。螯足强大，不对称，带有深紫色虎斑，幼体头胸甲带有4条浓紫色斑纹。

生态习性： 栖息于水深30～50m浅海沙质海底。

地理分布： 东海，南海；日本，泰国，印度尼西亚，澳大利亚，印度，斯里兰卡，伊朗，非洲。

参考文献： 陈惠莲和孙海宝，2002；刘瑞玉，2008。

图368 卷折馒头蟹 *Calappa lophos* (Herbst, 1782)

逍遥馒头蟹
Calappa philargius (Linnaeus, 1758)

同物异名： *Cancer philargius* Linnaeus, 1758；*Cancer inconspectus* Herbst, 1794；*Calappa cristata* Fabricius, 1798

标本采集地： 浙江舟山。

形态特征： 头胸甲的宽度大于长度，长65mm，宽90mm。背眼缘具1棕色环，具5条纵列疣状突起，侧面具软毛。前侧缘具锯齿约12枚，后缘及后侧缘共具15个三角形锐齿。螯足大，长节、腕节外各具1红斑。

生态习性： 生活于水深30～100m含大量贝壳碎屑的砂质海底。

地理分布： 东海，南海；日本，朝鲜，印度尼西亚，新加坡，波斯湾，红海。

参考文献： 陈惠莲和孙海宝，2002；刘瑞玉，2008。

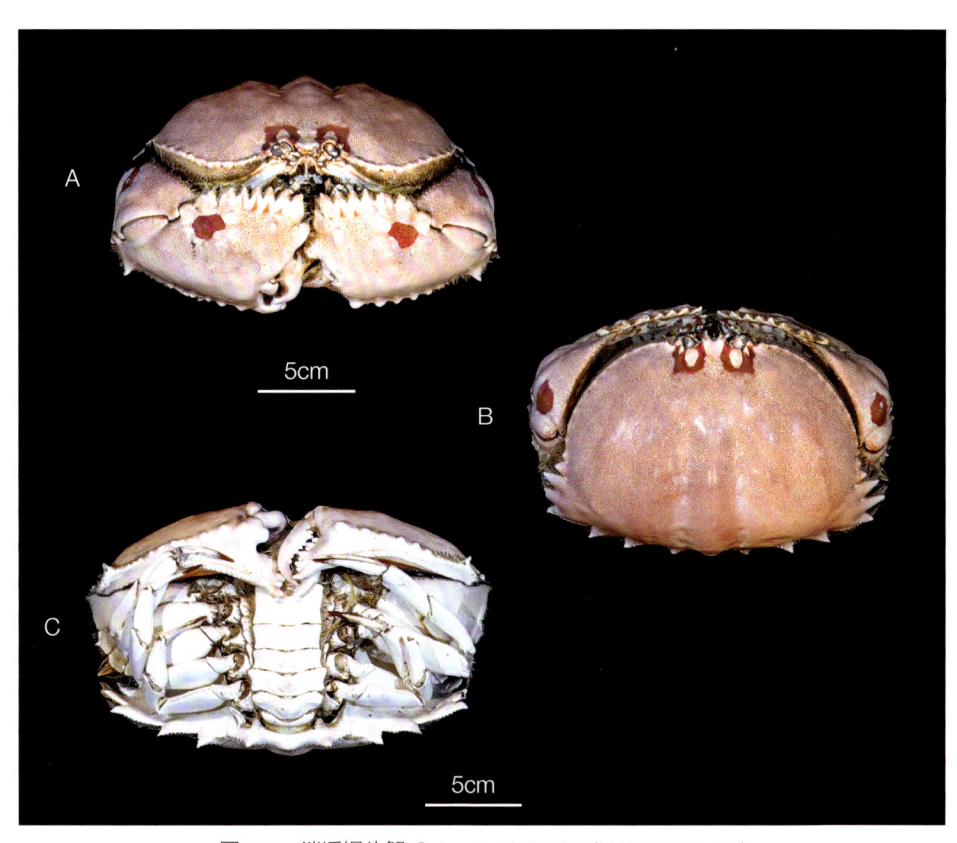

图369 逍遥馒头蟹 *Calappa philargius* (Linnaeus, 1758)
A. 正面观；B. 背面观；C. 腹面观

筐形蟹属 *Mursia* Desmarest, 1823

武装筐形蟹
Mursia armata De Haan, 1837

同物异名： *Thealia acanthophora* Lucas, 1839；*Mursia armata typica* Doflein, 1904

标本采集地： 东海、南沙群岛、南海。

形态特征： 头胸甲呈横卵圆形，宽为长的1.2倍，背部密布颗粒及不明显的5纵列突起，中部各区两侧均有纵沟隔开。额突出，具3齿。眼窝大，上眼窝缘具一缝，下眼窝缘具一深的缺刻，下内眼窝齿大。前侧缘稍拱，具颗粒和小突起，中部有几枚较大侧齿，长而直，表面密布颗粒，后侧缘几乎是平直。后缘很窄，有3枚突起，充分发育雄性个体只有2枚突起，位于两侧，中间有细颗粒。螯足形状如馒头蟹，左右稍不对称。长节三角形，末端有一锐刺，外侧近末端具2枚刺，一枚小，一枚锐长。腕节背缘末端有一小齿。掌节侧扁，背缘有8个突起，外侧面具3横列约10个扁平突起，内侧面低洼，但较光滑。

生态习性： 水深47～195m、泥沙质、软泥及砂质泥海底。

地理分布： 东海，南海；日本，韩国，新喀里多尼亚。

参考文献： 陈惠莲和孙海宝，2002；刘瑞玉，2008。

图 370　武装筐形蟹 *Mursia armata* De Haan, 1837

黎明蟹科 Matutidae De Haan, 1835

黎明蟹属 Matuta Weber, 1795

红线黎明蟹
Matuta planipes Fabricius, 1798

同物异名：*Matuta appendiculata* Bosc, 1830；*Matuta lineifera* Miers, 1877；*Matuta rubrolineata* Miers, 1877；*Matuta laevidactyla* Miers, 1880；*Matuta flagra* Shen, 1936

标本采集地：浙江舟山群岛。

形态特征：头胸甲近圆形，背面中部有6个小凸起，表面有细颗粒，尤以鳃区颗粒较密，表面有红色斑点连成的红线，前半部的红线形成不明显的圆环，后半部呈狭长的纵行圈套。额稍宽于眼窝，中部突起，前缘由一"V"形缺刻分成两小齿。前侧缘有不等大的小齿，侧齿壮，末端尖。第3颚足背面光滑无颗粒，外肢及内肢座节外侧密具短绒毛，长节窄三角。颊区表面密具短绒毛、突起及1列响脊。螯粗壮对称，长节呈三棱形，内外侧面光滑，有绒毛。雄性腹部呈三角形，分5节；雌性呈长卵圆形，分7节。新鲜标本为浅黄绿色，头胸甲背面由紫红色点连成红线圈。浸泡50年后为黄色，红线花纹依旧清晰。

生态习性：栖息于潮间带及水深16～40m的砂、碎壳及泥质砂底，善游泳、掘砂。

地理分布：渤海，黄海，东海，南海；印度洋-西太平洋。

参考文献：刘瑞玉，2008；郑献之等，2012。

图 371　红线黎明蟹 *Matuta planipes* Fabricius, 1798

黄道蟹科 Cancridae Latreille, 1802

土块蟹属 *Glebocarcinus* Nations, 1975

两栖土块蟹
Glebocarcinus amphioetus (Rathbun, 1898)

同物异名：*Cancer pygmaeus* Ortmann, 1893；*Cancer amphioetus* Rathbun, 1898；*Cancer bullatus* Balss, 1922

标本采集地：东海外海。

形态特征：头胸甲呈圆菱形，表面覆以短毛及颗粒，各区均隆起，唯肝区低平，其中部亦稍隆起。额具3颗锯齿形钝齿。眼窝背缘2缝之间有一齿突，内眼窝齿呈宽三角形，眼柄短而粗，近顶端处具一小齿，顶端有一小突起，具毛。螯足对称，长节甚短，背缘锐，末端及近末端处各具一小齿，外侧面较为平滑，内侧面具短毛。腕节具颗粒，背面有2疣状突起。掌节背面有不规则的2列锐齿，外侧面有5条纵行隆起，具短毛及颗粒，内侧面有微细颗粒，两指内均具3～4钝齿，可动指背面基半部具2列颗粒隆起。步足短小，具短毛。雄性腹部呈窄三角形，第7腹节末缘具长刚毛，雌性腹部呈宽三角形，第7腹节末缘亦具长刚毛。

生态习性：生活在低潮区、水草丛中，栖息于水深30～100m泥沙海底。

地理分布：渤海，黄海，东海。

参考文献：董聿茂，1991；刘瑞玉，2008。

图 372　两栖土块蟹 *Glebocarcinus amphioetus* (Rathbun, 1898)
A. 背面观；B. 腹面观；C. 正面观

盔蟹科 Corystidae Samouelle, 1819

琼娜蟹属 *Jonas* Hombron & Jacquinot, 1846

显著琼娜蟹
Jonas distinctus (De Haan, 1835)

同物异名： *Corystes distinctus* De Haan, 1835

标本采集地： 浙江北部外海。

形态特征： 头胸甲长 30mm，宽 18mm，呈长椭圆形，前半部较后半部为宽，分区明显，左右对称，有 5～6 个成堆小齿，正中线有 8 个成堆小齿排列。额突出，末端分叉，呈锐齿状，眼窝下缘内齿长与眼窝上缘内齿平行突出。侧缘自外眼窝 3 齿到后缘的侧角共 10 个锐齿，自前向后逐渐缩小，但最后 1 个较大。第 2 触角的柄部粗壮，鞭部很长，超过头胸甲长度的一半，羽状绒毛，左右相合用作呼吸通道。螯足短，密生短毛。步足各节前后缘亦密生较长刚毛。

生态习性： 生活于水深 30～120m 沙质、细沙、泥沙海底。

地理分布： 东海、南海；日本。

参考文献： 董聿茂，1991；刘瑞玉，2008。

图 373　显著琼娜蟹 *Jonas distinctus* (De Haan, 1835)
A. 背面观；B. 腹面观

关公蟹科 Dorippidae MacLeay, 1838

拟平家蟹属 *Heikeopsis* Ng, Guinot & Davie, 2008

日本拟平家蟹
Heikeopsis japonica (von Siebold, 1824)

同物异名： *Dorippe japonica* von Siebold, 1824；*Neodorippe* (*Neodorippe*) *japonicum* var. *taiwanensis* Serène & Romimohtarto, 1969

标本采集地： 东海。

形态特征： 头胸甲宽稍大于长，中等隆起，表面较光滑，但密覆短毛，分区显著。前鳃区周围具深沟，中、后鳃区隆起。中胃区两侧各具一深斑点状凹陷和细沟。尾胃区小而明显。心区凸，前缘具一"V"形缺刻。额窄，由一"V"形缺刻分成两齿。内眼窝齿钝，外眼窝齿呈三角形，下内眼窝齿短，齿端指向外方。雌性螯足较小，对称；长节呈三棱形，略弯曲；腕节短小而隆起，掌不膨大，指为掌长的2.5倍。前2对步足瘦长，第2步足长于第1步足，长节边缘具细颗粒和短毛；腕节前缘近末端有毛；掌节边缘及指节前、后缘的基半部有刚毛。末2对步足短小，位于背面，具短绒毛。第4步足比第3步足瘦长，掌节后缘基部突出，具一撮短毛，指节呈钩状。雌性腹部呈长卵圆形，第2～5腹节愈合，但节线可辨；第3～5腹节中部各具1条横行隆脊。第6腹节略呈半圆形，中部隆起，两侧具纵沟。尾节呈钝三角形。

生态习性： 温带和热带种。生活于潮间带和近岸水深20～130m的泥沙底。

地理分布： 从渤海至南海北部沿岸；日本，朝鲜半岛，越南。

参考文献： 沈嘉瑞和戴爱云，1964；刘瑞玉，2008。

图 374　日本拟平家蟹 *Heikeopsis japonica* (von Siebold, 1824)

拟关公蟹属 *Paradorippe* Serène & Romimohtarto, 1969

颗粒拟关公蟹
Paradorippe granulata (De Haan, 1841)

同物异名： *Dorippe granulata* De Haan, 1841
标本采集地： 浙江嵊泗。
形态特征： 活体标本头胸甲背面呈淡红色，腹面呈白色。全身除指节外密具颗粒。头胸甲宽大于长，前半部比后半部窄，各区隆起不明显，分区明显，鳃区背部颗粒最稠密。额密具软毛，稍突出，前缘凹陷，分为2个三角形齿。内眼窝齿钝，外眼窝齿锐长，达额齿末端，下内眼窝齿呈三角形，短于额齿。雌性螯足对称，雄性螯足常不对称，除指节外密具颗粒。较大螯足掌部膨大，最大宽度为长度的2倍；背缘及外侧面上部有颗粒，边缘有长毛；内侧面光滑，具短绒毛；不动指短，螯指内缘有钝齿。较小的螯足掌部不膨肿，螯指内缘也有钝齿。第2步足最长，长节和腕节具粗颗粒与短毛；前节扁平，较光滑，长约为宽的4倍；指节光滑无毛。后2对步足短小，位于近背面，第3对最短（座节和长节均短于末对步足）。雄性第1腹肢基部粗壮，近中部收缩，末部膨胀，末端具几个几丁质突起，中央1个较长，形如榔头，近末端的2个突起如指状或叶状，另2个较短小。
生态习性： 温带种。生活于泥沙底的浅海。
地理分布： 渤海，黄海，东海；日本，朝鲜，俄罗斯远东海域。
参考文献： 董聿茂，1991；刘瑞玉，2008。

图 375 颗粒拟关公蟹 *Paradorippe granulata* (De Haan, 1841)
A. 背面观；B. 腹面观

哲扇蟹科 Menippidae Ortmann, 1893
圆扇蟹属 *Sphaerozius* Stimpson, 1858

光辉圆扇蟹
Sphaerozius nitidus Stimpson, 1858

同物异名： *Actumnus nudus* A. Milne-Edwards, 1867；*Menippe convexa* Rathbun, 1894；*Menippe ortmanni* de Man, 1899；*Sphaerozius oeschi* Ward, 1941

标本采集地： 普陀、椒江（大陈）。

形态特征： 头胸甲背部隆起，表面光滑，分区不甚明显。额的宽度小于头胸甲宽度的 1/3，前缘中部具一"V"形缺刻而分为两叶，各叶前缘向内眼窝角倾斜，额区中部具一纵沟。额后的隆起显著，心区与肠区的两侧均有八字形浅痕。前侧缘除外眼窝角外具 4 齿，第 1、第 2 两齿呈宽三角形，但第 1 齿较第 2 齿小，第 3、第 4 两齿呈锐三角形，唯第 3 齿较第 4 齿大且突出，第 3 齿与第 4 齿之间有 1 条隆线，斜向背部内后方。后侧缘平直，后缘中部略向后突出。螯足左右不对称，外侧面有微细凹点，尤以掌节为密，长节短，边缘具短毛，腕节表面隆起，内侧缘具短毛。步足各节亦具短刚毛，前节与指节的前、后缘除密具刚毛外，又有成束的刷状刚毛。雄性腹部呈长条状，尾节末缘呈半圆形。

生态习性： 常栖息于低潮带的岩石缝隙中。

地理分布： 黄海，东海，南海；印度洋 - 西太平洋。

参考文献： 董聿茂，1991；刘瑞玉，2008。

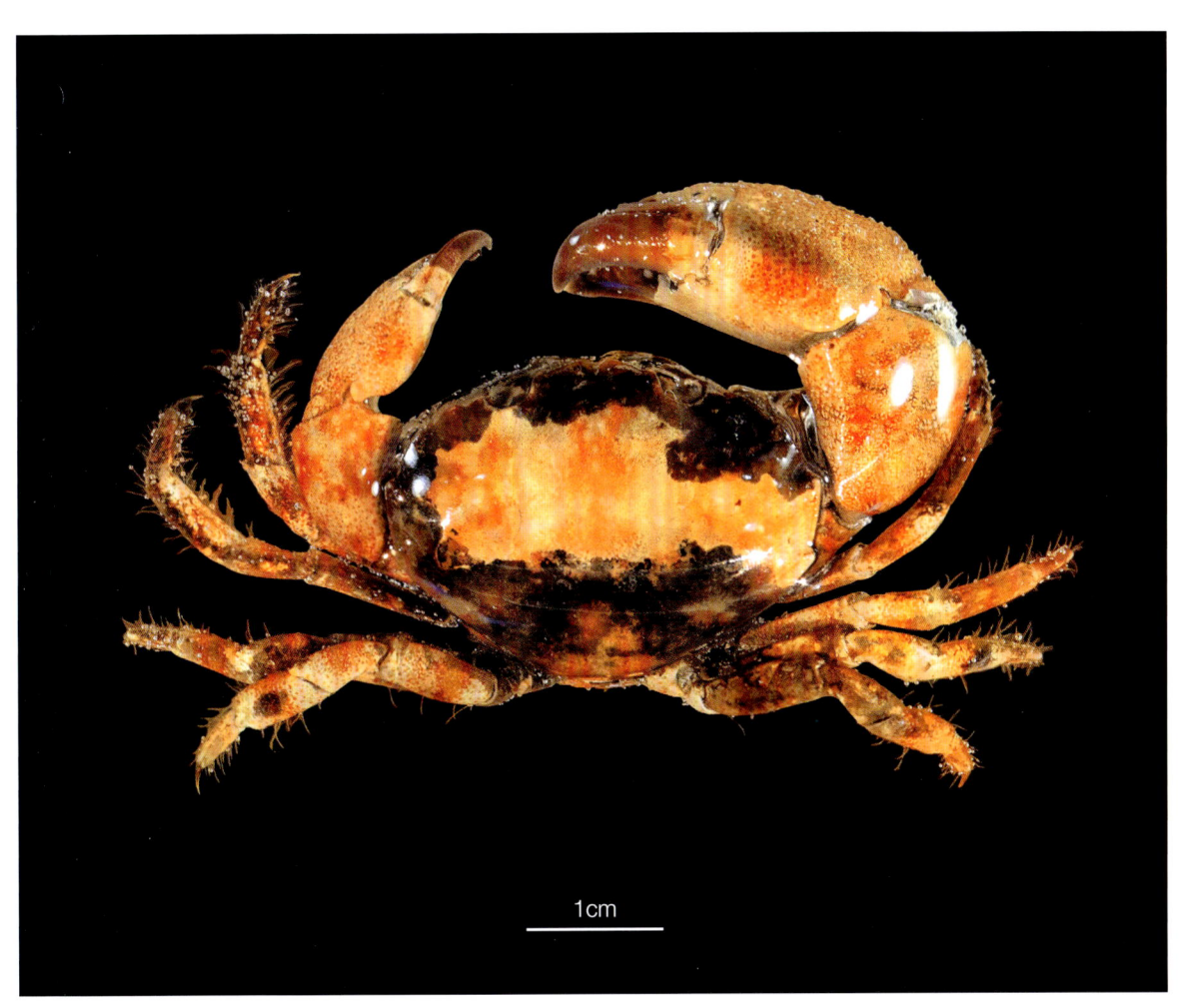

图 376　光辉圆扇蟹 *Sphaerozius nitidus* Stimpson, 1858

宽背蟹科 Euryplacidae Stimpson, 1871
强蟹属 Eucrate De Haan, 1835

阿氏强蟹
Eucrate alcocki Serène in Serène & Lohavanijaya, 1973

同物异名： *Eucrate maculata* Yang & Sun, 1979

标本采集地： 浙江舟山群岛。

形态特征： 头胸甲近圆方形，表面隆起、光滑，除具微细颗粒及凹点外，中部具1块较大的红色斑块或数个碎斑块，头胸甲的前半部分散有大小不等的红色斑点，分区甚明显。眼窝大，内眼窝角锐三角形，末端向下弯，外眼窝角钝三角形，背眼窝缘极不明显，腹眼窝缘隆脊状，腹内眼窝角圆钝而突出，表面具细颗粒。两性螯足稍不对称，表面具分散的红斑。长节背缘近末端具1三角形齿。腕节内末角突出，齿状，外末部具一层绒毛。掌节光滑，背面向内侧突出1隆脊，腹面具皱褶，指节粗壮。步足细长，各节均具长刚毛，长节背腹面具颗粒，指节长而尖。雄性第一腹肢稍弯向外方，向末部趋细，具锥形小刺，末端稍阔，腹部长三角形。雌性腹部三角形。

生态习性： 栖息于水深6～50m的泥沙质或碎贝壳海底。

地理分布： 东海，南海；日本，越南，印度。

参考文献： 戴爱云等，1986；蒋维，2009；刘瑞玉，2008。

图 377 阿氏强蟹 *Eucrate alcocki* Serène in Serène & Lohavanijaya, 1973
A. 背面观；B. 腹面观；C. 正面观

隆线强蟹
Eucrate crenata (De Haan, 1835)

同物异名： Cancer (*Eucrate*) *crenata* De Haan, 1835；*Eucrate sulcatifrons* (Stimpson, 1858)

标本采集地： 浙江玉环。

形态特征： 生活时体呈紫褐色，额及前侧缘边缘色较淡。头胸甲呈近圆方形，两侧具深红色小斑点和小颗粒，前半部较后半部宽，表面隆起而光滑。额分成2叶，前缘横切，中央有缺刻。眼窝大，内眼窝齿下弯而尖锐，外眼窝齿呈钝三角形。前侧缘较短，连外眼窝齿在内共具4齿，末齿小。螯足左右不对称，长节光滑，腕节隆起，背面末部具有一簇绒毛，掌节有斑点，指节较掌节为长，螯指间有大的空隙。步足略光滑，第1～3步足依次渐长，末对步足最短，长节前缘具颗粒和短毛，其他各节也具短毛。雄性腹部呈锐三角形，第6节宽大于长，尾节较长，约为其宽的2倍；雌性腹部呈宽三角形。

生态习性： 温带和热带种。栖息于水深30～100m的泥沙质海底，也有的藏匿于低潮区的石块下。

地理分布： 从渤海至南海北部沿岸；朝鲜海峡，日本，泰国，印度，红海。

参考文献： 刘瑞玉，2008；蒋维，2009；贾胜华等，2017。

图 378　隆线强蟹 *Eucrate crenata* (De Haan, 1835) 背面观

宽甲蟹科 Chasmocarcinidae Serène, 1964

相机蟹属 Camatopsis Alcock & Anderson, 1899

红色相机蟹
Camatopsis rubida Alcock & Anderson, 1899

标本采集地： 浙江洞头。

形态特征： 头胸甲前半部圆弧形，后部渐宽，最大宽度位于后侧缘，后缘中部平直。体表密覆短绒毛，表面去毛后，密具细颗粒，分区不明显。额窄，向下弯。中央由1小缺刻分成2叶。眼窝大而薄，眼柄粗短、膨肿，几乎固定在眼窝内，不能活动，角膜无色。第3颚足长节呈扁圆形，外缘大于内缘，座节长于长节，内末角突出。螯足不对称，雄性尤其明显。长节长而弯，呈三棱形，不具齿但有短毛，腕节长，表面有短毛和细颗粒，末端呈刺状。较大螯足掌稍膨肿，两指合拢具小钝齿；较小螯足掌长约等于宽，合拢时两指间没有空隙，内缘具细齿，不动指末半部具2～3枚锐齿，基半部有梳状毛。步足细长，末3节边缘有短毛，第3对为最长，第1对最短，前3对指节笔尖状，末对步足指节向内弯曲。雄性腹部分为5节，第3～5节愈合，前2节很细小，第3节粗大，基部两侧圆钝并向末端趋窄，第6节两侧稍向外扩大呈肩状，呈圆弧状。尾节略呈三角形。雌性腹部分为7节，卵圆形。雄性第1腹肢基部粗，向末端逐渐变细，并向内弯曲呈鸟喙状；第2腹肢细小，约为第1腹肢长度的2/3。

生态习性： 栖息于水深70～500m的沙质或泥质杂有贝壳的海底。

地理分布： 东海，南海；印度洋-西太平洋。

参考文献： 刘瑞玉，2008；蒋维，2009。

图 379　红色相机蟹 *Camatopsis rubida* Alcock & Anderson, 1899

长脚蟹科 Goneplacidae MacLeay, 1838

隆背蟹属 *Carcinoplax* H. Milne Edwards, 1852

长手隆背蟹
Carcinoplax longimanus (De Haan, 1833)

同物异名：Cancer (*Curtonotus*) *longimana* De Haan, 1833；*Carcinoplax longimanus japonicus* Doflein, 1904

标本采集地：浙江洞头。

形态特征：头胸甲呈横卵圆方形，宽约为长的 1.5 倍。胃、心区两侧有浅沟。额宽，前缘横截，两侧角突出呈齿状。背眼窝缘具颗粒，外眼窝角呈钝三角形，大而突出。前侧缘向外圆突，具 2 齿，幼年个体前侧齿大而尖锐，年长个体因磨损而不明显。后侧缘较前侧缘长，后缘平。雄性个体螯足较强壮，在成长个体其长度为头胸甲长度的 4 倍以上，而雌性的则较短。右螯常大于左螯，外缘附近表面起皱。掌节背缘圆钝，两指内缘具不等大的钝齿。步足细长，第 4 步足的前节和指节较扁平。雄性腹部近三角形，尾节钝三角形。雌性腹部近三角形。在生活时体色为深红色。

生态习性：栖息于水深 30～100m 的泥质、沙质或碎贝壳质海底。

地理分布：东海，南海；日本，朝鲜海峡，安达曼海，印度，南非。

参考文献：刘瑞玉，2008；蒋维，2009。

图 380　长手隆背蟹 *Carcinoplax longimanus* (De Haan, 1833)
A. 雄性背面观；B. 雄性腹面观；C. 雌性背面观；D. 雌性腹面观

紫隆背蟹
Carcinoplax purpurea Rathbun, 1914

标本采集地： 浙江舟山海域。

形态特征： 头胸甲呈横卵圆形，胃、心区两侧有浅沟。额宽。前缘横截，两侧角突出成齿状。背眼窝缘具颗粒，外眼窝角呈钝角形，大而突出。前侧缘向外圆突，具有2齿，幼年个体前侧齿大而尖锐，年长个体因磨损而不显，第3步足的长节短于座节，其末缘较平直，外末角稍突出。后侧缘较前侧缘长，后缘平。雄性个体足较强壮，尾节钝三角形。雌性腹部近三角形。在生活时体色呈深红色。

生态习性： 栖息于水深30～100m的泥质、沙质或碎贝壳质海底。在浙江近海拖网渔获物中常见。

地理分布： 东海，南海；日本，朝鲜海峡，安达曼海，印度，南非。

参考文献： 陈惠莲，1984；刘瑞玉，2008；蒋维，2009。

图381　紫隆背蟹 *Carcinoplax purpurea* Rathbun, 1914

毛隆背蟹属 *Entricoplax* Castro, 2007

泥脚毛隆背蟹
Entricoplax vestita (De Haan, 1835)

同物异名： Cancer (*Curtonotus*) *vestita* De Haan, 1835；*Carcinoplax vestita* (De Haan, 1835)

标本采集地： 浙江嵊泗（嵊山、泗礁）。

形态特征： 头胸甲呈宽椭圆形，表面密具绒毛，前后隆起；表面裸露时较光滑。额稍宽，向前下方稍倾斜。眼窝背缘具有微细颗粒，外眼窝齿钝，腹缘具粗糙颗粒，内眼窝齿圆钝而不突出。前侧缘较后侧缘短，除外眼窝齿外，具有间隔较远的2齿，末齿较大、突出。后侧缘直，略向内后方斜，底缘宽，中部微凹。螯足左右不对称，长节呈棱柱形，腕节内、外末角各具一刺突；掌节扁平，外侧面具有浓密短毛，内侧面光秃，中部隆起，背、腹缘均具较粗颗粒，螯指末端尖锐，内缘具不等大的齿，可动指外侧面基半部密具短毛。各对步足均细长，各节均密具短毛；第3步足较长，腕节前末角呈角状突出，末对步足的前节及指节较侧扁。雄性腹部呈三角形，雌性腹部呈长卵形。

生态习性： 温带种。栖息于水深30～100m泥沙海底。

地理分布： 渤海，黄海，东海；日本，朝鲜，澳大利亚，南非。

参考文献： 陈惠莲，1984；刘瑞玉，2008；蒋维，2009。

图382　泥脚毛隆背蟹 *Entricoplax vestita* (De Haan, 1835)

玉蟹科 Leucosiidae Samouelle, 1819
栗壳蟹属 Arcania Leach, 1817

十一刺栗壳蟹
Arcania undecimspinosa De Haan, 1841

同物异名： *Arcania granulosa* Miers, 1877

标本采集地： 浙江近海。

形态特征： 头胸甲近似球形，长度略大于宽度。表面均匀地密布着大小不等的颗粒。外眼窝齿尖锐，与额角齐平。头胸甲边缘具不等大的 11 个锐刺，前侧 2 个较小，后侧较大，后缘 3 个居中但较突出，在较高位置。螯足瘦长，除指节末部外，均具颗粒，长节呈圆柱形，掌节基部较末部为宽，两指内缘均具短刚毛及细锯齿。步足指节扁平，较光滑，前后缘均具短刚毛。胸、腹部描述"两性腹部及胸部腹甲均密具尖颗粒。雄性腹部长三角形，表面密具细尖颗粒，分 5 节（第 3～5 节愈合）。雌性腹部呈圆形，也分为 5 节（第 4～5 腹节愈合）。

生态习性： 生活于 30～130m 泥、泥沙或贝壳沙海底。

地理分布： 东海，南海；日本，朝鲜，泰国，菲律宾，澳大利亚，印度，塞舌尔群岛。

参考文献： 沈嘉瑞和戴爱云，1964。

图 383　十一刺栗壳蟹 *Arcania undecimspinosa* De Haan, 1841 背面观

拳蟹属 *Philyra* Leach, 1817

橄榄拳蟹
Philyra olivacea (Rathbun, 1909)

标本采集地： 浙江平阳。

形态特征： 头胸甲长大于宽，呈橄榄形，表面光滑，但在镜下可见背面有小麻点及细颗粒，额后中线具1条纵行细颗粒脊，背面稍隆起，尤以肝区、心区、肠区及鳃较明显，心区、肠区两侧有细沟。额突出于口前板。步足瘦长，较光滑（除边缘有细颗粒外），末2节具短毛。雄性腹部窄长，分为5节（第3～5节愈合），第6节近中部具一突起。尾节三角形。雌性腹部长卵圆形，表面具麻点，分为4节（第3～6节愈合）。雄性第1腹肢甚长，末部弯向腹面，近末端分2支，内支长，弯向内方，外支短，指向外方。

生态习性： 栖息于低潮线至潮下带没水的泥砂或泥底。

地理分布： 东海，南海；泰国。

参考文献： 董聿茂，1991；刘瑞玉，2008。

图 384　橄榄拳蟹 *Philyra olivacea* (Rathbun, 1909)
A. 背面观；B. 腹面观

豆形拳蟹属 *Pyrhila* Galil, 2009

豆形拳蟹
Pyrhila pisum (De Haan, 1841)

同物异名： *Philyra pisum* De Haan, 1841

标本采集地： 浙江平阳。

形态特征： 头胸甲近圆形，长略大于宽，表面隆起，具颗粒。额窄而短，前缘平直。螯足粗壮，长节呈圆柱形，背面基半部近中线有颗粒脊，近边缘密具细颗粒，指节长于掌节。雄性掌部长宽相等，螯指内缘具细齿，不动指内缘中部稍隆起；雌性掌中部不隆起。步足光滑，长节圆柱形，掌节的前缘具光滑隆脊，后缘具细颗粒，指节呈披针状。雄性腹部呈锐三角形，分3节，愈合节基部中间向后呈钝圆形突出，两端隆起，表面密具细颗粒，两侧向末端收窄，尾节小。雌性腹部长卵形，分4节，第1节短，表面具细颗粒，第2节中部向后突出，两端较平坦，具一横列颗粒脊，大部分表面光滑。雄性第1腹肢呈棒状，末端具长指状突起，外侧有刚毛。

生态习性： 温带和热带种。栖息于浅水及低潮线的泥沙滩。4月为繁殖期，其行动非常缓慢，接近求偶对象10cm的距离需3～4天，求偶成功时会看到双双对对的豆形拳蟹。

地理分布： 从渤海至南海北部沿岸；太平洋海区。

参考文献： 董聿茂，1991；刘瑞玉，2008。

玉蟹科分属检索表

1. 头胸甲密具大小不等颗粒，边缘具大小不等的锐刺	栗壳蟹属 *Arcania*
- 头胸甲光滑或具小的颗粒，边缘无锐刺	2
2. 头胸长大于宽，表面光滑	拳蟹属 *Philyra*
3. 头胸甲近球形，长稍大于宽，表面具小颗粒	豆形拳蟹属 *Pyrhila*

图 385 豆形拳蟹 *Pyrhila pisum* (De Haan, 1841)
A. 背面观；B. 腹面观

卧蜘蛛蟹科 Epialtidae MacLeay, 1838
矶蟹属 *Pugettia* Dana, 1851

四齿矶蟹
Pugettia quadridens (De Haan, 1839)

同物异名：*Pisa* (*Menoethius*) *quadridens* De Haan, 1839
标本采集地：浙江普陀（青浜）。
形态特征：头胸甲呈菱形，表面具大头棒形刚毛，有时密布短绒毛。肝区边缘向前后各伸出一齿，与后眼窝齿中间以凹陷相隔，前眼窝齿显著，后眼窝齿极小，额角约为头胸甲长的 1/5。螯足对称，长节背内缘具 4 个疣状突起，长节、腕节、掌节的前后缘向外突起，掌节略长于指节。步足常具软毛，第 1 步足最长，其后依次变短。第 1 步足长节背面光滑，腕节背面具凹陷，前节长，腹面中部及末端具 2 簇刚毛，指节腹节具刷状刚毛，末端角质且锐，向下弯曲。
生态习性：温带和热带种。栖息于低潮线泥沙质、碎贝壳砂质海底。
地理分布：渤海，黄海，东海，南海；日本，朝鲜。
参考文献：沈嘉瑞和戴爱云，1964；刘瑞玉，2008。

图 386 四齿矶蟹 *Pugettia quadridens* (De Haan, 1839)

尖头蟹科 Inachidae MacLeay, 1838
英雄蟹属 *Achaeus* Leach, 1817

有疣英雄蟹
Achaeus tuberculatus Miers, 1879

标本采集地： 浙江普陀（青浜）。
形态特征： 头胸甲呈梨形，长 8mm，宽 5mm。甲前窄后圆，胃区、心区及鳃区均隆起，互为浅沟所分隔，胃区及心区中央各具 1 疣状突起。额被中间"V"形缺刻分为 2 尖齿。肝区隆起，顶端突出 2～3 个颗粒，沿后侧缘各有 1 条浅沟与沿后缘内侧的 1 条浅沟相连接。螯足粗壮，有弯曲短毛。步足很细长，各节具稀疏的长刚毛。第 3、第 4 步足的指节呈镰刀状。
生态习性： 生活在水深 30～200m 泥沙、碎贝壳质海底。
地理分布： 黄海，东海；日本，朝鲜。
参考文献： 沈嘉瑞和戴爱云，1964；刘瑞玉，2008。

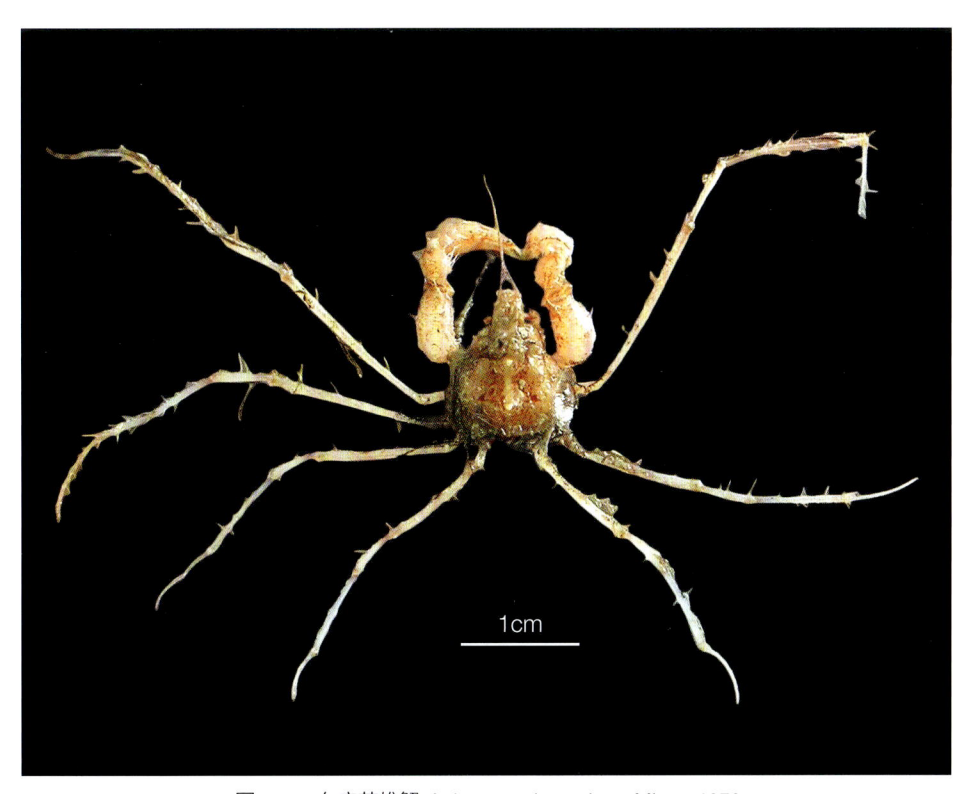

图 387　有疣英雄蟹 *Achaeus tuberculatus* Miers, 1879

突眼蟹科 Oregoniidae Garth, 1958
突眼蟹属 Oregonia Dana, 1851

枯瘦突眼蟹
Oregonia gracilis Dana, 1851

同物异名： *Oregonia hirta* Dana, 1851；*Oregonia longimana* Spence Bate, 1865；*Oregonia mutsuensis* Yokoya, 1928

标本采集地： 东海外海。

形态特征： 头胸甲呈梨形，具疣状突起，大突起上常覆弯曲刚毛。额突出，具2个细长且并行的角状刺，末端分离。后眼窝刺锐长。眼柄伸出，长度与后眼窝刺几乎等长。雄性螯足粗壮，长节圆柱形，表面具疣状突起，掌节长度为可动指的1.5～2倍。步足圆柱形，具软毛，第1步足最长，向后依次变短。雄性第1腹肢基部粗壮，末部棒状，弯向腹外侧，末端具细刺。雄性腹部长方形，第6节呈梯形，基缘比末缘窄，尾节末端平钝。雌性腹部呈圆形。

生态习性： 温带种。栖息于浅水至水深370m的泥沙质底，经常用藻类、海绵、水螅虫伪装自己。

地理分布： 渤海，黄海，东海；日本，朝鲜，北太平洋。

参考文献： 沈嘉瑞和戴爱云，1964；刘瑞玉，2008。

图388 枯瘦突眼蟹 *Oregonia gracilis* Dana, 1851
A. 背面观；B. 腹面观

虎头蟹科 Orithyiidae Dana, 1852
虎头蟹属 Orithyia Fabricius, 1798

中华虎头蟹
Orithyia sinica (Linnaeus, 1771)

同物异名： *Cancer sinica* Linnaeus, 1771
标本采集地： 浙江钱塘江下游。
形态特征： 头胸甲呈圆形，长度大于宽度，甲长 91mm，宽 78mm。表面隆起，鳃区各有一个深紫色圆斑，似虎眼。额部窄，具 3 锐齿，居中者较大而突出。前侧缘具 2 疣状突起及 1 根壮刺，后侧缘具 2 个壮刺；螯足不对称，长节背缘中部具 1 刺，外腹缘中部也具 1 刺，末端具 1 齿，掌节背缘近基部处有 1 钝齿，内缘有 2 刺，内侧面有 1 暗红色圆斑。第 3 步足后缘具毛，前缘末端具 1 锐齿，第 4 步足桨状。
生态习性： 生活于浅海泥沙海底。
地理分布： 渤海，黄海，东海，南海；朝鲜，菲律宾。
参考文献： 沈嘉瑞和戴爱云，1964；刘瑞玉，2008；魏国庆等，2012。

图 389　中华虎头蟹 *Orithyia sinica* (Linnaeus, 1771)

静蟹科 Galenidae Alcock, 1898
精武蟹属 Parapanope de Man, 1895

贪精武蟹
Parapanope euagora de Man, 1895

同物异名： Hoploxanthus hextii Alcock, 1898；Parapanope singaporensis Ng & Guinot in Guinot, 1985

标本采集地： 浙江嵊泗。

形态特征： 头胸甲呈六角形。分区明显，各区均隆起，并有集群的颗粒。头胸甲、腹部及步足均具软毛。额突出，被中央缺刻分成2叶，每叶的前缘稍内凹，与内眼窝角之角有1浅凹。眼窝背缘具2浅缝，外眼窝角低小。前侧缘锋锐，分4齿，各齿呈三角形。额缘、眼窝缘及各侧齿的边缘均具细微颗粒。后侧缘斜直，具颗粒，后侧方表面倾斜，具1斜行颗粒隆脊。后缘平直。螯足不对称，有时呈钝齿状。步足细长，具绒毛，前节及指节的前、后缘均具长刚毛，指节侧扁，末端角质。雄性腹部呈长条状，分7节，尾节锐三角形。

生态习性： 生活于沙质、具贝壳的浅水中。

地理分布： 黄海，东海，南海；日本，印度尼西亚，尼科巴群岛，印度东岸。

参考文献： 戴爱云等，1986；刘瑞玉，2008。

图390　贪精武蟹 *Parapanope euagora* de Man, 1895

毛刺蟹科 Pilumnidae Samouelle, 1819
毛粒蟹属 Pilumnopeus A. Milne-Edwards, 1867

马氏毛粒蟹
Pilumnopeus makianus (Rathbun, 1931)

同物异名： *Heteropanope makianus* Rathbun, 1931

标本采集地： 浙江舟山普陀。

形态特征： 头胸甲长 10mm，宽 14mm。头胸甲呈横卵圆形，表面稍隆，通常被有短毛及长刚毛，甲面前半部有横行颗粒棱线，在棱线上密具刚毛，甲面中部有分散的成束长刚毛，后半部略光滑。额前突，向前下方倾斜。眼深，背缘具有颗粒，腹缘有小刺，眼柄粗短，外眼窝齿低而小。前侧缘除具外眼窝齿外，还有 4 齿，各齿大小不等，呈三角形，边缘具细锯齿。后侧缘平直，后缘略向外曲。螯足不对称，长节粗短。后缘密具绒毛。雄性腹部呈窄条形，尾节三角形，两性腹部呈长卵圆形，两性腹部均为 7 节。

生态习性： 生活于潮间带石块下或石缝间，或有泥、草的水底。

地理分布： 渤海，黄海，东海；日本。

参考文献： 戴爱云等，1986；董聿茂，1991；刘瑞玉，2008。

图 391　马氏毛粒蟹 *Pilumnopeus makianus* (Rathbun, 1931)

拟盲蟹属 *Typhlocarcinops* Rathbun, 1909

沟纹拟盲蟹
Typhlocarcinops canaliculatus Rathbun, 1909

标本采集地： 浙江外海。

形态特征： 头胸甲长 5mm，宽 7mm，宽约为长的 1.4 倍。头胸甲表面前后呈弓形隆起，分区不甚明显。额缘稍隆，弯向下方，中部具一浅凹，分成不太显著的 2 叶。额 - 眼窝的宽度约为头胸甲宽的 3/5。眼窝小而扁圆，眼具模糊的黑色。第 3 颚足的外末角不向外突出。前侧缘拱曲，具颗粒及长绒毛，不分叶，后侧缘平行，后缘宽，稍向下突。螯足不甚对称，各节边缘被有细绒毛，长节较短；腕节内末角不突出，附近表面具有颗粒；掌节侧扁，背、腹缘具有薄板状的隆脊；两指外侧面中部具 1 纵行隆脊，内缘具不规则的齿。雄性腹部分 7 节，第 1 节很宽，两端抵达末对步足底节，尾节呈钝圆三角形。

生态习性： 栖居于水深 30～50m 的泥沙质海底。

地理分布： 黄海，东海；日本，泰国湾。

参考文献： 戴爱云等，1986；刘瑞玉，2008。

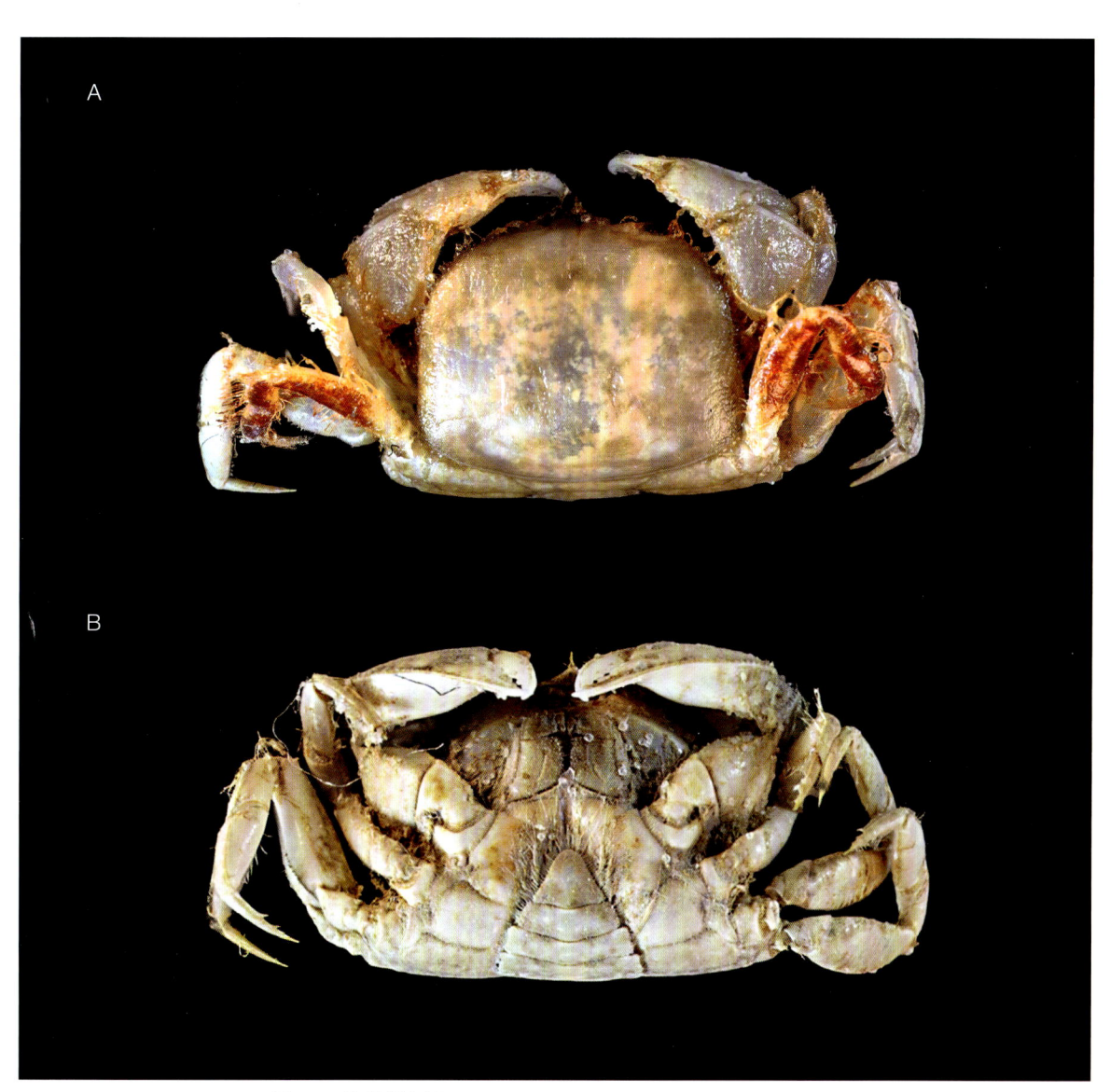

图 392　沟纹拟盲蟹 *Typhlocarcinops canaliculatus* Rathbun, 1909
A. 背面观；B. 腹面观

盲蟹属 *Typhlocarcinus* Stimpson, 1858

裸盲蟹
Typhlocarcinus nudus Stimpson, 1858

标本采集地： 浙江中部外海。

形态特征： 体型较小，头胸甲呈横圆长方形，宽约为长的 1.5 倍。表面隆起而光滑，心区、肠区之间具有 "H" 形细沟。额的前缘中部内凹，分成两叶，表面具一细纵沟，其后端与胃区、心区上的箭头形印记相连。眼窝小，眼柄短。第 3 颚足长节呈四方形，外末角钝圆。螯足左右稍不对称，长节呈短三棱形，腕节内末角呈三角形，具有 1 簇绒毛；掌节扁平圆滑，背、腹缘具颗粒，两指扁平，内缘具大小不等的三角形齿。步足瘦长，末对步足指节呈棒状，末半部稍向后弯。雄性腹部呈窄三角形，雌性腹部呈卵形。

生态习性： 栖息于水深 30～50m 的软泥沙质海底。

地理分布： 黄海，东海，南海；新加坡，日本，泰国，印度。

参考文献： 戴爱云等，1986；刘瑞玉，2008。

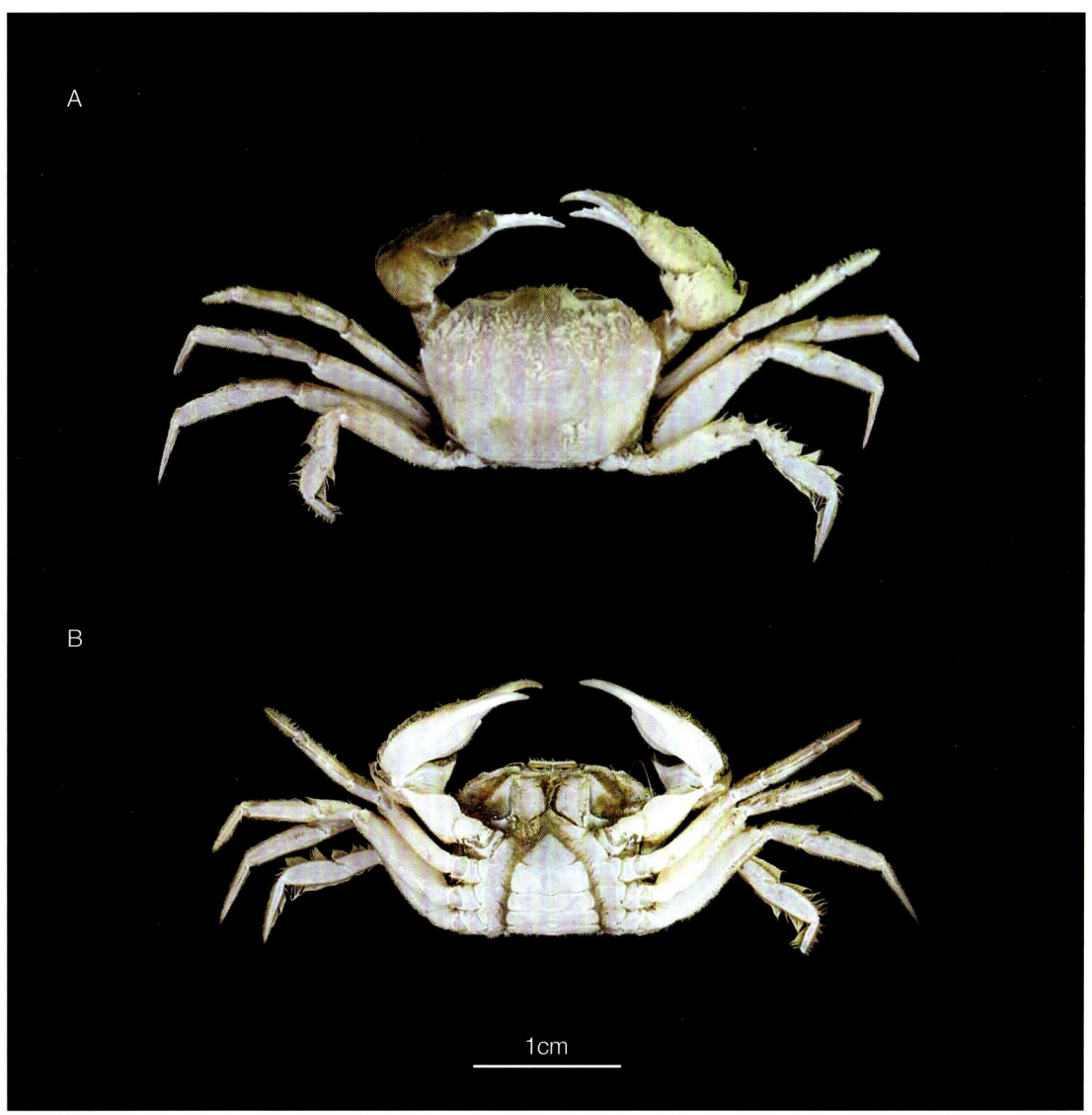

图 393　裸盲蟹 Typhlocarcinus nudus Stimpson, 1858
A. 背面观；B. 腹面观

毛刺蟹科分属检索表

1. 头胸甲横卵圆形，前侧缘通常短语后侧缘，螯足比不足粗大......................毛粒蟹属 Pilumnopeus
   - 头胸甲近长方形，额甚向下弯曲，头胸甲侧缘圆拱...2
2. 头胸甲前后呈弓形隆起，前侧缘圆滑，分区不明显...............................拟盲蟹属 Typhlocarcinops
   - 头胸甲由前向后隆起，分区明显..盲蟹属 Typhlocarcinus

圆趾蟹科 Ovalipidae Spiridonov, Neretina & Schepetov, 2014
圆趾蟹属 *Ovalipes* Rathbun, 1898

细点圆趾蟹
Ovalipes punctatus (De Haan, 1833)

同物异名： *Corystes* (*Anisopus*) *punctatus* De Haan, 1833；*Platyonichus bipustulatus* H. Milne Edwards, 1834

标本采集地： 浙江东海外海。

形态特征： 头胸甲宽大于长，表面隆起，分区不明显，胃、心区间具"H"形深沟。额具4个齿，尖突，中间的1对较两侧的细窄。眼窝背缘具一缺刻，其外侧具一锐齿。前侧缘具5个齿（包含外眼窝齿），第1齿最大，依次渐小，各齿内缘内凹，外缘基部拱曲，外缘长于内缘。螯足近等，粗壮，长节内侧面和背面的末缘均具颗粒及短毛；腕节内齿明显且大，表面有细颗粒及2条不明显的颗粒脊；掌节背面与外侧面共有5条颗粒脊，内侧面中部具2条颗粒脊，腹面有20～30条横行颗粒脊，可与第1步足长节末缘环状角质隆脊相摩擦而发出声响。螯指均具明显颗粒棱线，可动指背面具3列纵行细刺，螯指内缘具不等大齿。步足宽，后3节扁平，第4步足的掌节、指节扁平而大，指节边缘有短毛，呈卵圆形，以适于游泳。雄性腹部分5节（第3～5节愈合，节线明显），第2、第3节各具一横脊，第6节近梯形，宽大于长，尾节三角形。

生态习性： 温带种。栖息于水深10～130m的细沙、泥沙质或碎贝壳质海底。

地理分布： 黄海，东海；太平洋，大西洋沿岸。

经济意义： 食用蟹类。

参考文献： 戴爱云等，1986；俞存根等，2004；刘瑞玉，2008。

图 394　细点圆趾蟹 *Ovalipes punctatus* (De Haan, 1833)

梭子蟹科 Portunidae Rafinesque, 1815

狼梭蟹属 *Lupocycloporus* Alcock, 1899

纤手狼梭蟹
Lupocycloporus gracilimanus (Stimpson, 1858)

同物异名：*Achelous whitei* A. Milne-Edwards, 1861；*Amphitrite gracilimanus* Stimpson, 1858；*Portunus* (*Lupocycloporus*) *gracilimanus* (Stimpson, 1858)

标本采集地：浙江南部外海。

形态特征：小型梭子蟹类。头胸甲表面隆起，具有细毛，有明显的横行隆脊，胃区共有3条，心区有2条，左右并立，中鳃区有2条，斜向排列。额分4齿，大小相近似，中间的2齿较突出。内眼窝角钝切，背眼窝缘具有2条短裂，外眼窝齿大而尖。前缘具有9齿，各齿较尖锐，末齿最大，指向前侧方。后侧缘与后缘连接处略钝。第3步足的长节外末角略向外侧突出。步足较扁平。末对步足成游泳足，其长节的后缘末端具1刺，前节后缘无刺。雄性腹部为锐三角形，第6节长大于宽，长约为基缘宽的2/3，尾节锐三角形。

生态习性：生活于沙质或沙泥质的浅海底。

地理分布：东海，南海；澳大利亚，新西兰，菲律宾，马来西亚，安达曼群岛。

参考文献：董聿茂，1991；刘瑞玉，2008；杨思谅等，2012。

图 395 纤手狼梭蟹 *Lupocycloporus gracilimanus* (Stimpson, 1858)

单梭蟹属 *Monomia* Gistel, 1848

银光单梭蟹
Monomia argentata (A. Milne Edwards, 1861)

同物异名: Amphitrite argentata White, 1847; Portunus (Monomia) argentatus (A. Milne-Edwards, 1861); Neptunus argentatus A. Milne-Edwards, 1861

标本采集地: 浙江舟山。

形态特征: 小型种类。头胸甲长 16mm,宽 31mm。头胸甲扁平,表面分区明显,覆有细绒毛,各区有显著的颗粒团。侧胃区的颗粒团较大,并与中胃区、后胃区连接在一起,心区有 5 处小团,2 处在前,3 处在后,额区、眼窝区和前后侧缘的都显著,前鳃区的明显,且有分散的颗粒在颗粒团前,中鳃区有 3 小团颗粒群。额分 4 齿,中间的 2 齿较小。眼窝背缘具有 1 小锐齿,腹缘也具 1 小齿。雄性腹部第 6 节长稍大于宽,两侧缘末部向末缘收拢,尾节呈钝三角形;雌性尾节三角形,末端钝圆。

生态习性: 生活于水深 30 ~ 100m 的泥沙质海底。在沿海张网渔获物中偶见。

地理分布: 东海,南海;日本,夏威夷群岛,澳大利亚西部,波利尼西亚,菲律宾,新加坡,印度洋,马达加斯加,红海,东非。

参考文献: 董聿茂,1991;刘瑞玉,2008;杨思谅等,2012。

图 396 银光单梭蟹 *Monomia argentata* (A. Milne Edwards, 1861)

剑梭蟹属 *Xiphonectes* A. Milne-Edwards, 1873

矛形剑梭蟹
Xiphonectes hastatoides (Fabricius, 1798)

同物异名：*Portunus hastatoides* Weber, 1795; *Portunus* (*Xiphonectes*) *hastatoides* Fabricius, 1798; *Neptunus* (*Hellenus*) *hastatoides* var. *unidens* Laurie, 1906

标本采集地：浙江嵊泗。

形态特征：小型种。头胸甲扁平，分区清楚。甲面密覆细线毛，并有成群的小颗粒。侧胃区和中胃区的颗粒团彼此连接，之后具 1 条颗粒隆脊。后胃区及心区各有 1 颗粒团，中鳃区各有 3 团颗粒，凡有颗粒团处均较隆起。额具有 4 齿，中间 2 齿较小。内眼窝齿钝，背眼缘有 2 条短缝，腹内眼窝齿突出而钝。前侧缘连外眼窝齿在内共有 9 齿，外眼窝齿较随后各齿为大，末齿最为长、大，成棘状横向突出。前 3 对步足长，各节边缘具毛，第 4 步足成游泳足，长节末缘具细锯齿，后末角的锯齿较大，前节边缘也列生有小齿，指节末部有时具 1 黑色斑点。雄性腹部呈圆锥形。

生态习性：生活于水深 30～100m 的海底。

地理分布：东海，南海；日本，泰国，澳大利亚，菲律宾，东非，印度尼西亚，安达曼群岛，印度。

参考文献：董聿茂，1991；刘瑞玉，2008；杨思谅等，2012。

图 397　矛形剑梭蟹 *Xiphonectes hastatoides* (Fabricius, 1798)

梭子蟹属 *Portunus* Weber, 1795

远海梭子蟹
Portunus pelagicus (Linnaeus, 1758)

同物异名： *Cancer pelagicus* Linnaeus, 1758；*Cancer cedonulli* Herbst, 1794

标本采集地： 舟山群岛。

形态特征： 头胸甲呈横卵圆形，表面具有粗糙颗粒，颗粒之间具有软毛，整个表面具有明显的花白云纹。在中胃区、前鳃区各具1对颗粒隆起，后区有1条不太显著的隆脊，心区及中鳃区有低的颗粒隆脊。额具有4齿，中间的1对比较小。前侧缘具有9齿，齿端尖，末齿较其他齿大，向两侧突出，但较三疣梭子蟹和红星梭子蟹短。雄性个体深蓝色，腹部三角形，第6节呈梯形，侧缘基部稍隆起，末部较平直。雌性深紫色。

生态习性： 栖息于水深10～30m的泥质或沙质海底，在河口或沿岸可以捕获到。

地理分布： 东海，南海；日本，菲律宾，澳大利亚，泰国，马来群岛，印度洋，东非。

经济意义： 重要经济蟹类之一，在我国南方沿海常有捕获，捕获量较红星梭子蟹多。

参考文献： 董聿茂，1991；刘瑞玉，2008；杨思谅等，2012。

图 398　远海梭子蟹 *Portunus pelagicus* (Linnaeus, 1758) 背面观

红星梭子蟹
Portunus sanguinolentus (Herbst, 1783)

同物异名： *Cancer sanguinolentus* Herbst, 1783；*Callinectes alexandri* Rathbun, 1907；*Cancer gladiator* Fabricius, 1793；*Cancer raihoae* Curtiss, 1938

标本采集地： 浙江舟山。

形态特征： 大型蟹类。头胸甲呈梭形，表面前部具有微细颗粒及白色云纹，后部几乎光滑。在中胃区有一对隆脊，向后突出呈弧状，中间几乎相接；前鳃区和后胃区各有一对隆脊，在头胸甲后半部的心区和鳃区上具有3个血红色卵圆形斑。额具4锐齿，幼体的齿较钝，侧齿比中央的两齿较大。内眼窝齿较额齿大。前侧缘呈弯弓状突，具有9齿。螯足十分壮大，长度为头胸甲长度的2倍多，略大于甲宽。可动指基半部具有1个血红的斑点。末对步足呈桨状，适合游泳。雄性腹部三角形，尾节末端钝圆，长约等于宽。

生态习性： 栖息于水深10～30m的泥、沙质海底。每年2～3月为繁殖高峰期，幼体常在近岸、河口生活。

地理分布： 东海，南海；菲律宾，日本，澳大利亚，夏威夷群岛，新西兰，马来群岛，印度洋直至南非沿海的整个印度洋-太平洋暖水区。

经济意义： 为食用蟹类之一。

参考文献： 董聿茂，1991；刘瑞玉，2008；杨思谅等，2012。

图 399　红星梭子蟹 *Portunus sanguinolentus* (Herbst, 1783)
A. 背面观；B. 腹面观；C. 正面观

三疣梭子蟹
Portunus trituberculatus (Miers, 1876)

同物异名： *Neptunus trituberculatus* Miers, 1876

标本采集地： 浙江舟山。

形态特征： 头胸甲梭形，表面稍隆起，具分散的细颗粒，鳃区颗粒较粗，胃区、鳃区各具2条颗粒隆线。中胃区和心区分别具1个、2个疣状突起。额具2个锐刺。眼窝背缘凹陷，具2条裂缝，腹内眼窝刺锐长。颊区具毛。前侧缘包含外眼窝齿在内共具9个锐齿，末齿最长大。螯足粗壮，长节棱柱形，雄性较雌性长且细，前缘具4个锐刺，腕节内、外缘各具1个刺，后侧面具颗粒隆线，掌节背面及外侧面各具2条隆脊，背面隆脊末端具刺；指节与掌部等长，内缘均具钝齿。步足扁平，形状、大小相近，第4步足长节、腕节宽短，末2节宽扁、呈桨状，各节边缘均具短毛。雄性第1腹肢细长，弯曲，末端针形。雄性腹部三角形，第3～6节愈合，第6节长大于宽，呈梯形，尾节圆钝形，末缘钝圆。雌性腹部宽扁，近圆形。

生态习性： 温带和热带种。通常栖息于水深8～100m的泥质砂、碎壳或软泥海底，食性广，在春夏季洄游繁殖季节，会聚集至近岸或河口附近产卵，冬季迁居于较深海区过冬。

地理分布： 从渤海至南海北部沿岸；日本，朝鲜半岛，越南，马来群岛，红海。

经济意义： 肉质细嫩，可食用，是我国重要的经济蟹类；目前已普遍开展人工育苗和养殖。

参考文献： 戴爱云等，1986；董聿茂等，1991；杨思谅等，2012。

图 400　三疣梭子蟹 Portunus trituberculatus (Miers, 1876) 背面观

梭子蟹属分种检索表

1. 头胸甲后部具 3 个大的血红色斑 .... 红星梭子蟹 P. sanguinolentus
- 头胸甲后部无大的血红色斑 2
2. 额具 2 齿，头胸甲背面具 3 个疣状突起 .... 三疣梭子蟹 P. trituberculatus
- 额具 4 齿，头胸甲背面无疣状突起 .... 远海梭子蟹 P. pelagicus

701

青蟹属 *Scylla* De Haan, 1833

拟穴青蟹
Scylla paramamosain Estampador, 1950

标本采集地： 浙江宁波。

形态特征： 头胸甲光滑，无小突起及白色斑点。颜色因环境不同而呈黄绿色或橄榄绿色。头胸甲额缘 4 个齿长度较长，呈 "U" 字形，中间 1 对比两边的稍微伸长，齿间空隙呈三角形。螯足粗壮，不对称，右螯大于左螯，长节前缘具 3 弯齿，外缘中部向外膨大，末 1/3 处具 1 小齿，末外缘具 1 更小的齿。腕节外缘的 2 个刺通常大小不等，腕节外刺较发达，腕节内刺在多数个体中退化为 1 个圆形突起，但也有少数个体仍较发达。未成年蟹则有较多的个体两刺均发达。掌节靠指节基部具 2 个刺，外侧 1 个比内侧的小；在一些个体中，特别是大的雄性个体中，外侧的刺变得退化。螯足及步足上的网格状斑纹较少，斑纹颜色也较淡。

生态习性： 暖水广盐性，善于挖穴、适于游泳。多栖息于河口、内湾、红树林等低盐度泥沼中。

地理分布： 东海，南海；美国，日本，泰国，菲律宾，红海和南非。

经济意义： 重要经济养殖种类。

参考文献： 董聿茂，1991；林琪，2008；刘瑞玉，2008；杨思谅等，2012。

图 401　拟穴青蟹 *Scylla paramamosain* Estampador, 1950
A. 背面观；B. 腹面观

蟳属 *Charybdis* De Haan, 1833

锐齿蟳
Charybdis (*Charybdis*) *acuta* (A. Milne-Edwards, 1869)

同物异名：*Goniosoma acutum* A. Milne-Edwards, 1869

标本采集地：浙江舟山群岛。

形态特征：头胸甲呈钝六角形，表面布有绒毛，具有明显的横行隆脊，额区的 1 对隆脊颗粒小、短。眼窝区后有 1 个不具有绒毛的短沟。前侧缘具 6 齿，体中部的 1 对最大，第 1 齿即外眼窝齿最小，各齿向两侧突出；后侧缘较窄，后缘小于额宽。额部各齿均尖锐，内眼窝齿锐突。螯足粗壮，两螯不等大，末对步足成游泳足。雄性腹部呈三角形，第 6 节宽稍大于长，两侧缘基半部略平行，末半部稍曲凸，尾节三角形。活时体呈红色。

生态习性：栖息于近岸水深 10～20m 的水草中。

地理分布：东海，南海；日本。

参考文献：董聿茂，1991；刘瑞玉，2008；杨思谅等，2012。

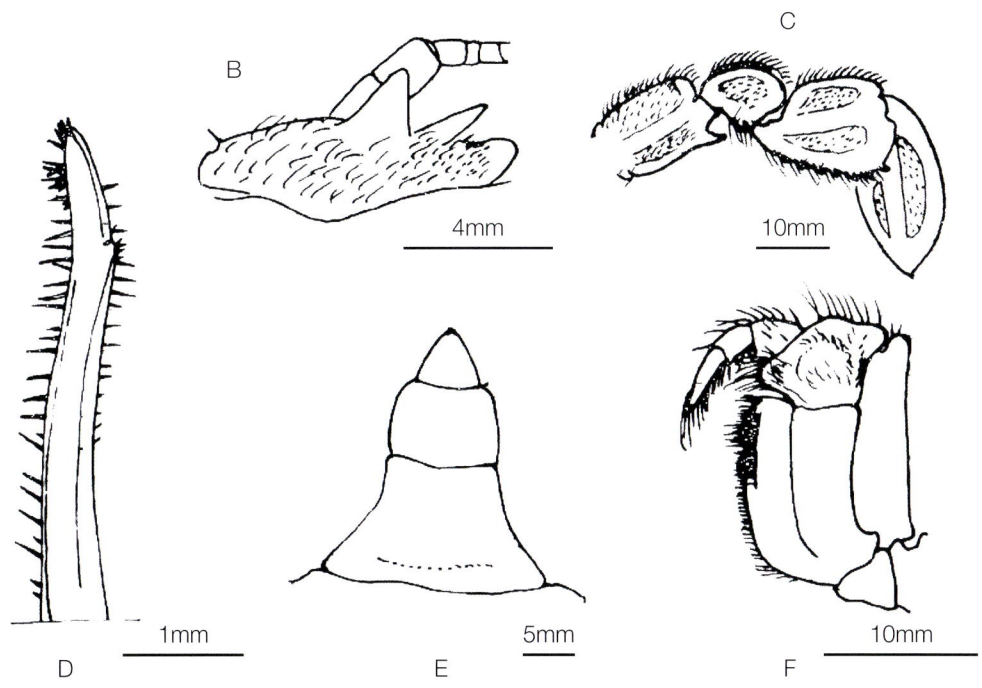

图 402 锐齿蟳 Charybdis (Charybdis) acuta (A. Milne-Edwards, 1869)
A. 整体图背面观；B. 第 2 触角基节；C. 游泳足；D. 雄性第 1 附肢；E. 雄性腹部；F. 第 3 颚足

美人蟳
Charybdis (*Charybdis*) *callianassa* (Herbst, 1789)

同物异名： *Cancer callianassa* Herbst, 1789
标本采集地： 浙江南部外海。
形态特征： 甲面有横行隆线，额钝三角形，第2侧齿小而尖，与第1侧齿之间具1窄的深沟，与内眼窝齿之间有1浅宽的缺刻。前侧缘有6齿，第1齿的外缘拱曲，第6齿的前缘具细锯齿，其他各齿的外侧缘均具有细锯齿，最后1齿呈尖锐刺状。螯足左右不对称，腕节内末角尖锐。游泳足长节后缘的末端具1锐刺，前节后缘光滑。雄性腹部第2～3节各具1光滑的隆脊，第3～5节愈合，第6节的宽大于长，侧缘末部呈弧形，尾节三角形，基缘圆突。
生态习性： 栖息于浅海。
地理分布： 东海，南海；澳大利亚，泰国湾，马来群岛，印度，巴基斯坦(卡拉奇)。
参考文献： 董聿茂，1991；刘瑞玉，2008；杨思谅等，2012。

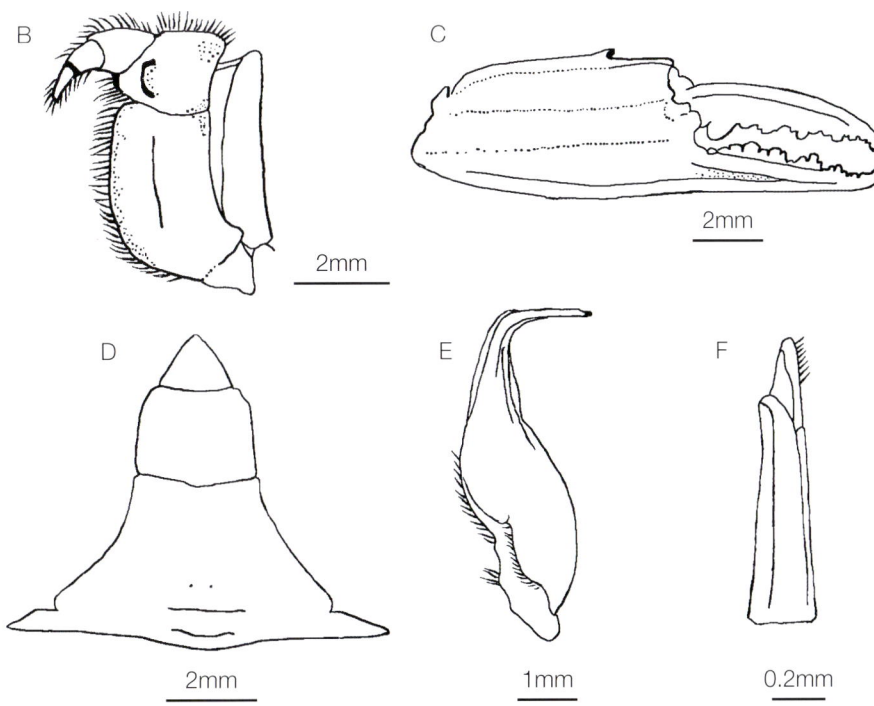

图 403　美人蟳 Charybdis (Charybdis) callianassa (Herbst, 1789)
A. 整体图背面观；B. 第 3 颚足；C. 雄性右螯；D. 雄性腹部；E. 雄性第 1 附肢；F. 雄性第 1 附肢末端放大

锈斑蟳
Charybdis (*Charybdis*) *feriata* (Linnaeus, 1758)

同物异名： *Cancer feriata* Linnaeus, 1758；*Cancer crucifer* Fabricius, 1792；*Cancer cruciata* Herbst, 1794

标本采集地： 浙江舟山。

形态特征： 头胸甲呈横椭圆形，表面光滑，分区不明显。中胃区、心区及中鳃区隆起，中胃区和后胃区各有1对模糊的隆线，胃心区具有模糊的"H"形沟，在前鳃区有1对伸至前侧末齿的横行隆线。额具6齿，各齿大小相等。内眼窝齿呈钝三角形，外眼窝齿短小、平钝，背眼窝缘具两条浅缝。螯足粗壮，左右不对称，长节前缘末半部具3大刺，基部具小齿，腕节内末角具1尖刺，掌节背面具有两条隆线，指节与掌部略等长，表面具深沟，内缘具不等大齿。末对步足成游泳足，长节的宽略小于长，后末角具1刺。头胸甲前半部具1条橘黄色的纵斑，从额后延伸至心区，在前胃区也常有1条橘黄色的横斑，两者呈十字交叉，在甲面的其他部分也有红黄相间的斑纹。螯足紫色带有黄斑，两螯尖端粉红并带有淡紫色。

生态习性： 栖息于近岸浅海底，水深10～30m。

地理分布： 东海，南海；澳大利亚，日本，泰国，菲律宾，印度，马来群岛，坦桑尼亚，东非，南非，马达加斯加。

经济意义： 为一种食用蟹类，有一定产量。

参考文献： 董聿茂，1991；刘瑞玉，2008；杨思谅等，2012。

图 404　锈斑蟳 Charybdis (Charybdis) feriata (Linnaeus, 1758)

日本蟳
Charybdis (*Charybdis*) *japonica* (A. Milne-Edwards, 1861)

同物异名： *Goniosoma japonicum* A. Milne-Edwards, 1861；*Charybdis sowerbyi* Rathbun, 1931；*Charybdis peitchihiliensis* Shen, 1932

标本采集地： 浙江嵊泗。

形态特征： 头胸甲横卵圆形，表面隆起，幼小个体表面具绒毛，成熟个体后半部光滑无毛。胃、鳃区常具微细的颗粒隆脊。额稍突，具6个锐齿，中央2个齿较突出，第1侧齿稍指向外侧，第2侧齿较窄。额齿前缘随生长逐渐趋尖。内眼窝齿比各额齿大。眼窝背缘具2缝，腹缘具1缝。前侧缘拱起，具6个齿，尖锐突出，腹面具绒毛。第2触角鞭位于眼窝外。两螯粗壮，不对称，长节前缘具3个稍大的棘刺，腕节内末角具1个棘刺，外侧面具3个小刺，掌节厚实，内、外侧面隆起，背面具5个齿，指节长于掌节，表面具纵沟，内缘有大小不等的钝齿。步足背、腹缘均具刚毛，末对步足长节后缘近末端处具1个锐刺。雄性第1腹肢末部细长，弯曲并指向外方，末段两侧均具刚毛。雄性腹部三角形，尾节三角形，末缘圆钝；雌性腹部长圆形，密具软毛。

生态习性： 温带和热带种。生活于低潮线附近，栖息于有水草、泥沙或石块的浅海底。

地理分布： 从渤海至南海北部沿岸；日本，朝鲜半岛，马来西亚，红海。

经济意义： 一种重要的食用蟹类。

参考文献： 董聿茂，1991；刘瑞玉，2008；杨思凉等，2012。

图 405　日本蟳 Charybdis (Charybdis) japonica (A. Milne-Edwards, 1861)
A. 背面观；B. 腹面观

武士蟳
Charybdis (*Charybdis*) *miles* (de Haan, 1835)

同物异名：*Charybdis* (*Gonioneptunus*) *investigatoris* Alcock, 1899；*Portunus* (*Charybdis*) *miles* de Haan, 1835

标本采集地：浙江镇海。

形态特征：头胸甲呈卵圆形，表面密具绒毛，稍微隆起，分区不清晰，具有通常的几对隆线，1条在左右两侧刺之间，但在中部及颈沟处被折断，1条在中胃区也在中部被切断，额区和前胃区左右各1条，在横行隆线之间多少具颗粒，中鳃区的后缘附近具1对浅黄色的眼斑。额分6齿，尖锐，中间的2齿较突出。内眼窝齿尖锐而小，前侧缘具6锐齿。螯足长大，长节前缘列生4～5齿，齿长向末端递增，表面具颗粒；腕节、掌节具有3条颗粒隆脊，腹面具有明显的鳞状突起，指节较掌节长，末端尖锐。末对步足成游泳足。雄性腹部第2、第3节具横行隆脊，尾节三角形。

生态习性：栖息于水深10～200m的泥、沙质海底。

地理分布：东海，南海；澳大利亚，日本，新加坡，菲律宾，阿曼湾，印度。

参考文献：戴爱云等，1986；董聿茂，1991；刘瑞玉，2008；杨思谅等，2012。

图 406　武士蟳 *Charybdis* (*Charybdis*) *miles* (de Haan, 1835)

双斑蟳
Charybdis (*Gonioneptunus*) *bimaculata* (Miers, 1886)

同物异名：*Goniosoma bimaculata* Miers, 1886；*Charybdis* (*Gonioneptunus*) *subornata* Ortmann, 1894；*Gonioneptunus whiteleggei* Ward, 1933

标本采集地：浙江嵊泗（黄龙、泗礁）。

形态特征：头胸甲表面密布短绒毛和分散的低圆锥形颗粒；心区与中鳃区具颗粒群；中鳃区两侧各具 1 个圆形小红点。额分 6 齿，中间的 1 对较第 1 侧齿稍突出，第 2 侧齿小，几乎与内眼窝齿相合。眼窝背缘具 2 条短裂缝，内眼窝齿钝，腹眼窝缘外侧具细锯齿，内侧光滑。第 2 触角位于眼窝缝中。前侧缘分 6 齿，第 1 齿最大，第 2 齿最小，第 3～5 齿逐次减小，末齿尖长。螯足粗壮，左右不对称，长节前缘具 3 个刺，后缘末端具 1 个小刺，背面末半部覆有鳞状颗粒；腕节内末角具 1 个长锐刺，外侧面具 3 个小刺；掌节背面具 2 条颗粒隆线，近末端处各具 1 个齿，外基角有 1 个较大的齿；指节细，向内弯曲，内缘具大小不等的壮齿。末对步足长节后缘近末端具 1 个尖刺，前节后缘光滑。雄性第 1 腹肢粗壮，末梢外侧具长刺，内侧具小刺。雄性腹部呈宽三角形，第 3～5 节愈合，第 6 节侧缘稍凸，尾节近三角形。

生态习性：温带和热带种。栖息于近岸浅海，或水深 20～430m 的泥质、砂质或泥沙混合的多碎贝壳的海底。

地理分布：黄海，东海，南海；印度洋 - 西太平洋。

经济意义：个体小，经济价值未被发现，如能解决加工问题，未来可开发为食用品种。

参考文献：董聿茂，1991；刘瑞玉，2008；杨思谅等，2012。

图 407　双斑蟳 Charybdis (Gonioneptunus) bimaculata (Miers, 1886)

直额蟳
Charybdis (*Goniohellenus*) *truncata* (Fabricius, 1798)

同物异名： *Portunus truncatus* Weber, 1795；*Portunus truncata* Fabricius, 1798

标本采集地： 浙江南部外海。

形态特征： 表面密被绒毛，分区清晰，中部隆起，额后区与侧胃区各有1对颗粒隆线，在中胃区、后胃区及前鳃区均具颗粒隆线，中鳃区及心区各有颗粒群。额具有6锐齿，具颗粒，中间的两齿被一浅缺刻相隔，第1齿近乎与中央齿相合，宽钝，与较小的第2侧齿有较深的缺刻。背眼窝缘有2～3条短裂缝，前齿缘具6齿，第1齿斜截状，各齿的外缘及表面多少具有颗粒。后缘平直而宽，螯足长、大、不对称，表面被有大小均匀的疣状突起，长节前缘具3刺，掌节背面具3刺，大螯指节与掌部等长。雄性腹部三角形，第3～5节愈合，第4节表面具有一隆脊，第6节两侧缘极拱，尾节呈三角形，三边近于等长。生活时外表呈青绿色。

生态习性： 栖息于水深10～100m的泥沙质海底。

地理分布： 东海，南海；澳大利亚，日本，马达加斯加，印度尼西亚，菲律宾，马来群岛，新加坡，印度，斯里兰卡。

参考文献： 戴爱云等，1986；董聿茂，1991；刘瑞玉，2008；杨思谅等，2012。

图408　直额蟳 *Charybdis* (*Goniohellenus*) *truncata* (Fabricius, 1798) 背面观

梭子蟹科分属检索表

1. 第 2 触角基节宽，第 2 触角鞭被挤出眼窝缝，螯足腕节外侧面具 3 刺 .... 蟳属 Charybdis
- 第 2 触角基节窄，第 2 触角鞭不被挤出眼窝缝，螯足腕节外侧面具 1 或 2 刺 2
2. 头胸甲分区不明显，螯足掌部膨大而光滑，不具隆脊 .... 青蟹属 Scylla
- 头胸甲分区明显，螯足掌部不膨大，具隆脊 3
3. 头胸甲后侧角呈弧形 4
- 头胸甲后侧角呈直角或具刺、疣凸 .... 剑梭蟹属 Xiphonectes
4. 螯足掌节极端瘦长，比长节明显细窄 .... 狼梭蟹属 Lupocycloporus
- 螯足掌节粗壮，如瘦长则仅比长节稍细窄 5
5. 螯足长节后缘具 2 刺，雄性腹部第 6 节侧缘近半部平行，雄性第 1 腹肢末端宽大，呈拇指状 ...... 单梭蟹属 Monomia
- 螯足长节后缘具 1～2 刺，雄性腹部第 6 节侧缘的大部分平行 .... 梭子蟹属 Portunus

蟳属分种检索表

1. 头胸甲的后缘值，与后侧缘连接处呈角状或耳状突出 .... 直额蟳 C. (G.) truncata
- 头胸甲的后缘与后侧缘链接处呈弧形 2
2. 头胸甲前侧缘具 5 大齿，2～3 小齿 .... 双斑蟳 C. (G.) bimaculata
- 头胸甲前侧缘具 6 个前侧齿，5～6 个大齿，0～1 个小齿 3
3. 前鳃脊之后头胸甲上具明显的隆脊或成堆颗粒 .... 美人蟳 C. (C.) callianassa
- 前鳃脊之后头胸甲上不具明显隆脊 4
4. 第 2 触角基节具 2 锐刺 .... 锐齿蟳 C. (C.) acuta
- 第 2 触角基节不具锐刺 5
5. 头胸甲的表面具显著的黄色十字色斑，第 1 前侧齿前缘中部具 1 缺刻 .... 锈斑蟳 C. (C.) feriata
- 头胸甲的表面不具显著的黄色十字色斑，第 1 前侧齿前缘中部不具缺刻 6
6. 螯足掌节上具 4 刺，头胸甲背面密覆刚毛，螯足掌节的负面鳞片状 .... 武士蟳 C. (C.) miles
- 螯足掌节上具 5 刺 .... 日本蟳 C. (C.) japonica

扇蟹科 Xanthidae MacLeay, 1838

银杏蟹属 *Actaea* De Hann, 1833

菜花银杏蟹
Actaea savignii (H. Milne Edwards, 1834)

同物异名： *Actaea granulata* Audouin, 1826；*Cancer granulatus* Audouin, 1826；*Actaea savignyi* (H. Milne Edwards, 1834)；*Cancer savignii* H. Milne Edwards, 1834

标本采集地： 浙江椒江（大陈）。

形态特征： 头胸甲呈横卵圆形，甲长18mm，宽23.5mm。表面稍隆，密具颗粒。分区明显，各区之间以浅沟相隔，各区又分为数小区，表面有成团的颗粒。额稍下弯，因前缘中部有1个"V"形缺刻而分成2叶，各叶前缘中部稍外突，近眼窝处稍凹。眼窝小，眼柄近角膜处有数个小颗粒。后侧缘稍内凹，稍短于前侧缘，后缘也稍内凹。螯足对称，长节短小；腕节、掌节的背面及掌节的外侧面均具有颗粒团；两指粗壮，内缘齿突不甚明显。雌性腹部呈窄长卵圆形，分节。活时体呈茶褐色至紫红色，螯足指节呈黑色。

生态习性： 生活于潮间带岩石缝中或石块下，有时也能在水深300m处发现。

地理分布： 东海，南海；日本，新喀里多尼亚，澳大利亚，红海，非洲东南沿岸。

参考文献： 戴爱云等，1986；董聿茂，1991；刘瑞玉，2008。

图409 菜花银杏蟹
Actaea savignii
(H. Milne Edwards, 1834)

仿银杏蟹属 *Actaeodes* Dana, 1851

绒毛仿银杏蟹
Actaeodes tomentosus (H. Milne Edwards, 1834)

同物异名：*Actaea tomentosa* (H. Milne Edwards, 1834)；*Zozymus tomentosus* H. Milne Edwards, 1834

标本采集地：浙江椒江（大陈）。

形态特征：头胸甲呈横卵圆形，其长度约当于其宽度的 2/3，表面密盖短绒毛和泡状颗粒，此种颗粒都在各区的隆起部分。前半部共有 8 个纵行小分区，后半部约有 10 个好像横行的小分区，各区或小分区之间有宽沟相隔，尤以胃区、肝区与心鳃区之间的横行界沟最为显著，可将头胸甲表面清楚地分为前、后两半部分。额向下方垂直，几乎可分 4 叶。眼窝背缘隆起而具颗粒。前侧缘较长，呈弧形，去毛后可以分成很浅的 4 叶，大小不等，分界也不明显。后侧缘较短，向内凹。全身腹面的各部分也盖有绒毛和颗粒。第 2 触角基节很宽，其外末角与眼窝内角很接近。螯足与步足密盖绒毛和颗粒，步足各节短而宽，在边缘上特别是在前缘上都具成簇的刚毛。

生态习性：生活于沿岸带的岩石缝中或珊瑚礁的浅水中。

地理分布：东海，南海；印度洋 - 西太平洋，红海，塞舌尔群岛，莫桑比克，坦桑尼亚，南非，南太平洋。

参考文献：戴爱云等，1986；刘瑞玉，2008。

图 410 绒毛仿银杏蟹
Actaeodes tomentosus (H. Milne Edwards, 1834)

斗蟹属 *Liagore* De Haan, 1833

红斑斗蟹
Liagore rubromaculata (De Haan, 1835)

同物异名：*Cancer* (*Liagore*) *rubromaculata* De Haan, 1835；*Carpilius praetermissus* Gibbes, 1850

标本采集地：浙江嵊泗。

形态特征：头胸甲呈横宽卵圆形，表面光滑，呈淡红色。头胸甲上具有30个左右的红色圆斑，左右对称排列，各斑点边缘颜色较淡，接近白色。甲面分区不明显，间有微细凹点，在胃区、心区之间有显著的"H"形细沟。前侧缘光滑无齿，后侧缘长于前侧缘，两者相交汇处具有不太显著的棱角，前后侧缘连成外凸的弧形。额宽，中间被一浅凹分成2叶，各叶前缘靠近内窝齿处稍凹入。眼窝小，眼柄粗短，头胸甲后缘中部内凹。螯足对称，长节、腕节、掌节表面均光滑并有红色圆斑，步足瘦长，以第1对为最长，以后各对依次变短。雄性腹部呈长三角形，尾节末端钝圆，边缘具短毛。

生态习性：栖息于水深15～30m深的岩石岸边或细沙质海底。

地理分布：东海，南海；红海，日本，印度，夏威夷群岛，东非。

参考文献：董聿茂，1991；陈海燕等，2002；刘瑞玉，2008。

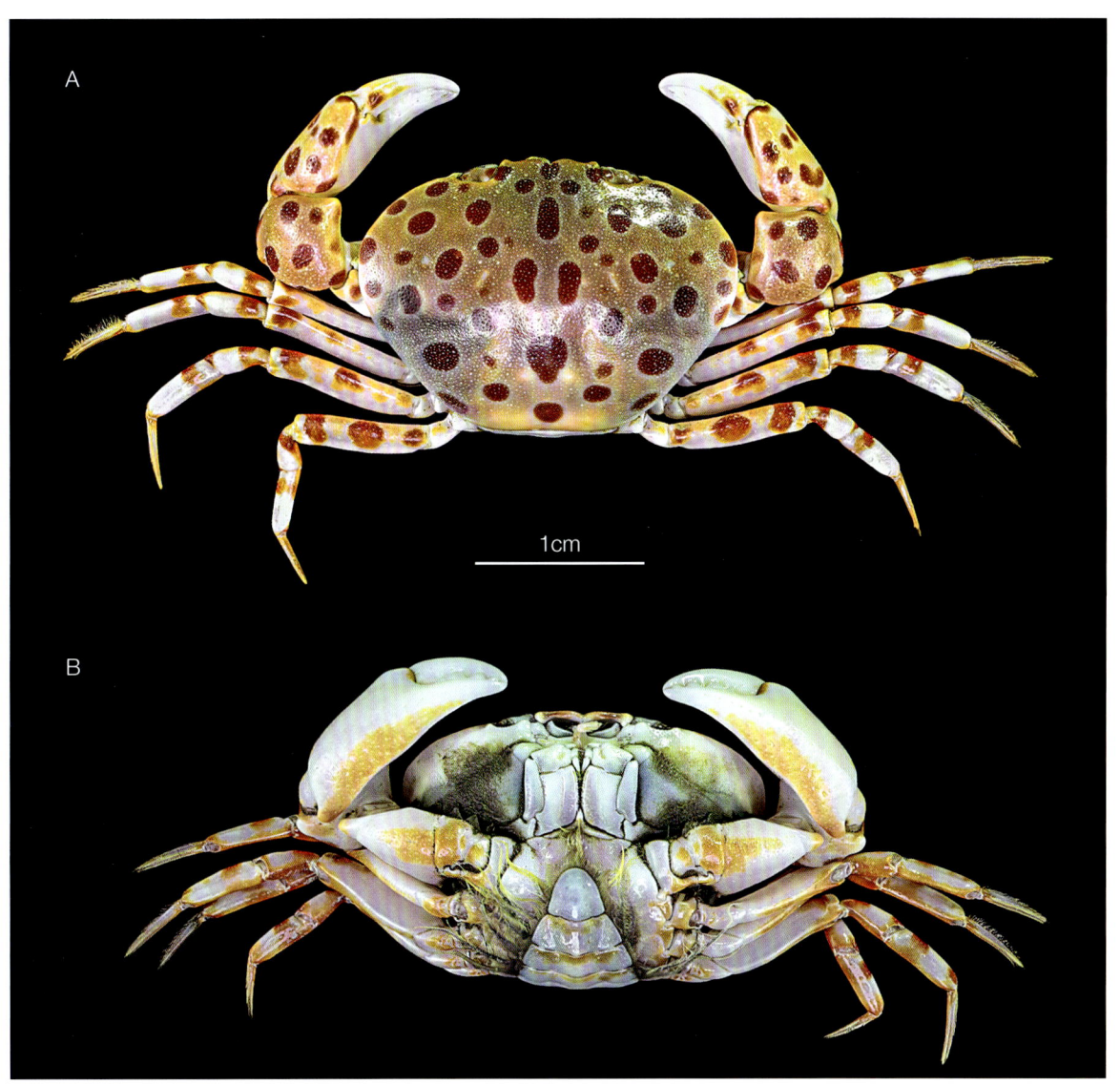

图 411 红斑斗蟹 *Liagore rubromaculata* (De Haan, 1835)
A. 背面观；B. 腹面观

扇蟹科分属检索表

1. 头胸甲一般分成众多的大区与小区，额宽约为头胸甲宽度的 1/3 左右..2
- 头胸甲不明显分区，额窄约占头胸甲宽度的 1/3～1/5...斗蟹属 *Liagore*
2. 额部不甚突出，步足上无明显的颗粒隆块..银杏蟹属 *Actaea*
- 额部较突出或稍隆，步足上具颗粒隆块...仿银杏蟹属 *Actaeodes*

猴面蟹科 Camptandriidae Stimpson, 1858

猴面蟹属 Camptandrium Stimpson, 1858

六齿猴面蟹
Camptandrium sexdentatum Stimpson, 1858

标本采集地： 浙江洞头。

形态特征： 头胸甲呈三角形，表面具有左右堆成的隆块，被覆颗粒和绒毛，肝区低平，中胃区小，呈三角形而突出。心区两侧及肠区各有1条横隆起。额后有隆脊状突起。眼窝宽而深，背缘中部稍突起，腹缘内齿呈钝三角形。眼柄粗短。后侧缘稍突，后缘较平。雄螯比雌螯壮大，长节边缘具微细颗粒及短毛。腕节背面呈圆形，表面隆起，具有颗粒。步足细长，密具绒毛及颗粒。尾节末缘圆钝，雌性腹部圆大。

生态习性： 穴居于潮间带泥涂。

地理分布： 渤海，黄海，东海，南海；日本，印度尼西亚，泰国，印度。

参考文献： 董聿茂，1991；陈海燕等，2002；刘瑞玉，2008。

图412 六齿猴面蟹 *Camptandrium sexdentatum* Stimpson, 1858

闭口蟹属 *Cleistostoma* De Haan, 1833

宽身闭口蟹
Cleistostoma dilatatum (De Haan, 1833)

同物异名： *Ocypode* (*Cleistostoma*) *dilatatum* De Haan, 1833
标本采集地： 椒江海涂。
形态特征： 额后区稍隆起，肝区低平，中胃区较小，心区较宽。背面中部隆起，表面具有绒毛并间以刚毛。额后区宽而深，背缘中部稍凸，外眼窝角呈三角形。头胸甲前侧缘除外眼窝角外无齿，侧缘稍拱，具绒毛及刚毛，裸露时可见有颗粒。后缘平直而宽。步足以第2、第3对较长、大，各步足的长节宽大，腹面光滑，除第1步足长节外，各步足长节背面均密生绒毛，背面的前半部有1弧形隆线。第3步足的腕节和前节密生绒毛与刚毛，指节较前节稍长，具有6条浅沟。雄性腹部窄长，雌性腹部圆大。
生态习性： 穴居于河口中的泥涂上。
地理分布： 渤海，黄海，东海，南海；日本，朝鲜。
参考文献： 董聿茂，1991；陈海燕等，2002；刘瑞玉，2008。

图 413　宽身闭口蟹 *Cleistostoma dilatatum* (De Haan, 1833)

大眼蟹科 Macrophthalmidae Dana, 1851
大眼蟹属 Macrophthalmus Latreille, 1829

悦目大眼蟹
Macrophthalmus (*Paramareotis*) *erato* de Man, 1887

标本采集地： 福建厦门。

形态特征： 头胸甲的长度约相当于宽度的 2/3，呈横长方形，分区可辨，胃区、心区均有较深的沟，鳃区的沟很细。额表面中央具细纵沟。眼窝背缘稍斜，中部拱起，具细锯齿。眼柄的长度不及眼窝的宽度。雄性眼窝腹缘内末端具锯齿，外末角具小叶，中部具 3 叶状突起。雌性眼窝腹缘稍拱起。前侧缘包括外眼窝齿在内共分为 3 齿，第 1 齿最大，边缘具锯齿，与较小的第 2 齿之间有很深的缺刻，第 3 齿很小，仅为一痕迹。螯足长节的边缘均具锯齿，腕节内末角具细齿，掌节较长节为长，内侧面有短毛，不动指内缘具一很宽的横切状钝齿，可动指内缘基部 1/3 处具一较窄的横切形钝齿。雄性腹部窄长，尾节呈方形。

生态习性： 穴居于近海或河口的泥滩上。

地理分布： 山东半岛（胶州湾），浙江，海南岛，福建。

参考文献： 董聿茂，1991；陈海燕等，2002；刘瑞玉，2008。

图 414 悦目大眼蟹 *Macrophthalmus* (*Paramareotis*) *erato* de Man, 1887
A. 背面观；B. 腹面观；C. 正面观

日本大眼蟹
Macrophthalmus (*Mareotis*) *japonicus* (De Haan, 1835)

同物异名： *Ocypode japonicus* De Haan, 1835

标本采集地： 浙江舟山。

形态特征： 头胸甲表面具有颗粒及软毛，尤以雄性较为明显。分区明显，鳃区有2条平行的横行浅沟，心区、肠区连接成"T"字形。额很窄，稍向下弯，表面中部有1纵痕。眼窝宽，占据除额以外的头胸甲前缘，背、腹缘具锯齿。眼柄细长，其末端的角膜部不超出外眼窝齿之外。外眼窝齿呈三角形。侧缘较直，后侧缘有颗粒突起。口前板中部内凹。螯足左右对称，雄性腹部呈长三角形，尾节末缘半圆形；雌性腹部圆大。

生态习性： 穴居于近海潮间带或河口处的泥沙滩上。

地理分布： 渤海，黄海，东海，南海；日本，朝鲜，新加坡，澳大利亚。

经济意义： 浙江沿海居民多以这种蟹类佐餐，味鲜，也有盐渍而食的。

参考文献： 董聿茂，1991；陈海燕等，2002；刘瑞玉，2008。

图 415　日本大眼蟹 *Macrophthalmus* (*Mareotis*) *japonicus* (De Haan, 1835)

沙蟹科 Ocypodidae Rafinesque, 1815

沙蟹属 *Ocypode* Weber, 1795

痕掌沙蟹
Ocypode stimpsoni Ortmann, 1897

标本采集地： 浙江沿海沙滩。

形态特征： 头胸甲宽大于长，呈方形，背面隆起，密生细微颗粒，分区不太明显，胃区两旁有细纵沟，心区呈六角形。额窄而下弯，眼窝深而大，内眼窝锐突，外眼窝齿尖锐，斜向外上方，背眼窝缘向外侧倾斜。在外眼窝齿后的外侧缘稍凹。后侧方具有1斜行颗粒隆线。大螯的掌节较扁平，背、腹缘具细锯齿，外侧面末部具有1条由细刻纹组成的纵行发音隆脊；两指约与掌部等长，内缘具细齿。步足细长，以第2步足为最长，除指节外，每对步足各节均有颗粒及横皱襞。雄性腹部窄长，尾节末缘圆钝，雌性腹部圆大。体色一般呈沙黄色，但体色常因气候、昼夜而有变化。

生态习性： 穴居于高潮区的沙滩上，穴道斜而深，受惊后迅速遁入洞内。白天常藏匿洞中，出洞后迅速在沙滩上爬行，动作十分迅捷。

地理分布： 渤海，黄海，东海，南海；日本，朝鲜东岸。

参考文献： 董聿茂，1991；陈海燕等，2002；刘瑞玉，2008。

图416 痕掌沙蟹 *Ocypode stimpsoni* Ortmann, 1897
A. 背面观；B. 腹面观

管招潮属 *Tubuca* Bott, 1973

弧边管招潮
Tubuca arcuata (De Haan, 1853)

同物异名： *Ocypode* (*Gelasimus*) *arcuata* De Haan, 1835；*Uca* (*Tubuca*) *arcuata* (De Haan, 1835)；*Gelasimus brevipes* H. Milne Edwards, 1852

标本采集地： 山东青岛。

形态特征： 头胸甲似菱角，前宽后窄，表面光滑，中部和侧区间有浅沟，中部各区分界明显。额窄，呈圆形。眼柄细长。眼窝宽而深，背缘中部突出，侧部凹入。前侧缘具一隆线。雄性螯足极不对称，大螯长节背缘甚隆，颗粒稀少，内腹缘具锯齿；腕节背面观呈长方形，与掌节背面均具粗糙颗粒；两指间隙大，有时稍小，两指侧扁，其长度为掌节的 1.5～2 倍，内缘具不规则锯齿。小螯长节除腹缘外，边缘均具颗粒，内、外侧面具分散刚毛，两指间距离小，内缘具细齿，末端宽扁呈匙形。雌性螯足小，对称。各对步足的长节宽扁，前缘具细锯齿，腕节前面有 2 条平行的颗粒隆线。雄性腹部略呈长方形，窄长，尾节半圆形；雌性腹部卵圆形，尾节末缘半圆形。

生态习性： 温带和热带种。多穴居于沼泽泥滩中，会筑烟囱状的洞口，生性喜隐秘。其活动随潮水的涨落有一定的规律，高潮时停于洞底，退潮后则到海滩上活动、取食。以沉积物为食，能吞食泥沙，摄取其中的藻类和有机物，将不可食的部分吐出。雄性个体常以大螯竖立招引雌性或威吓其他动物。

地理分布： 黄海，东海，南海；日本，朝鲜，新加坡，菲律宾群岛，加里曼丹岛，澳大利亚，法属新喀里多尼亚。

参考文献： 沈嘉瑞和戴爱云，1964；戴爱云等，1986。

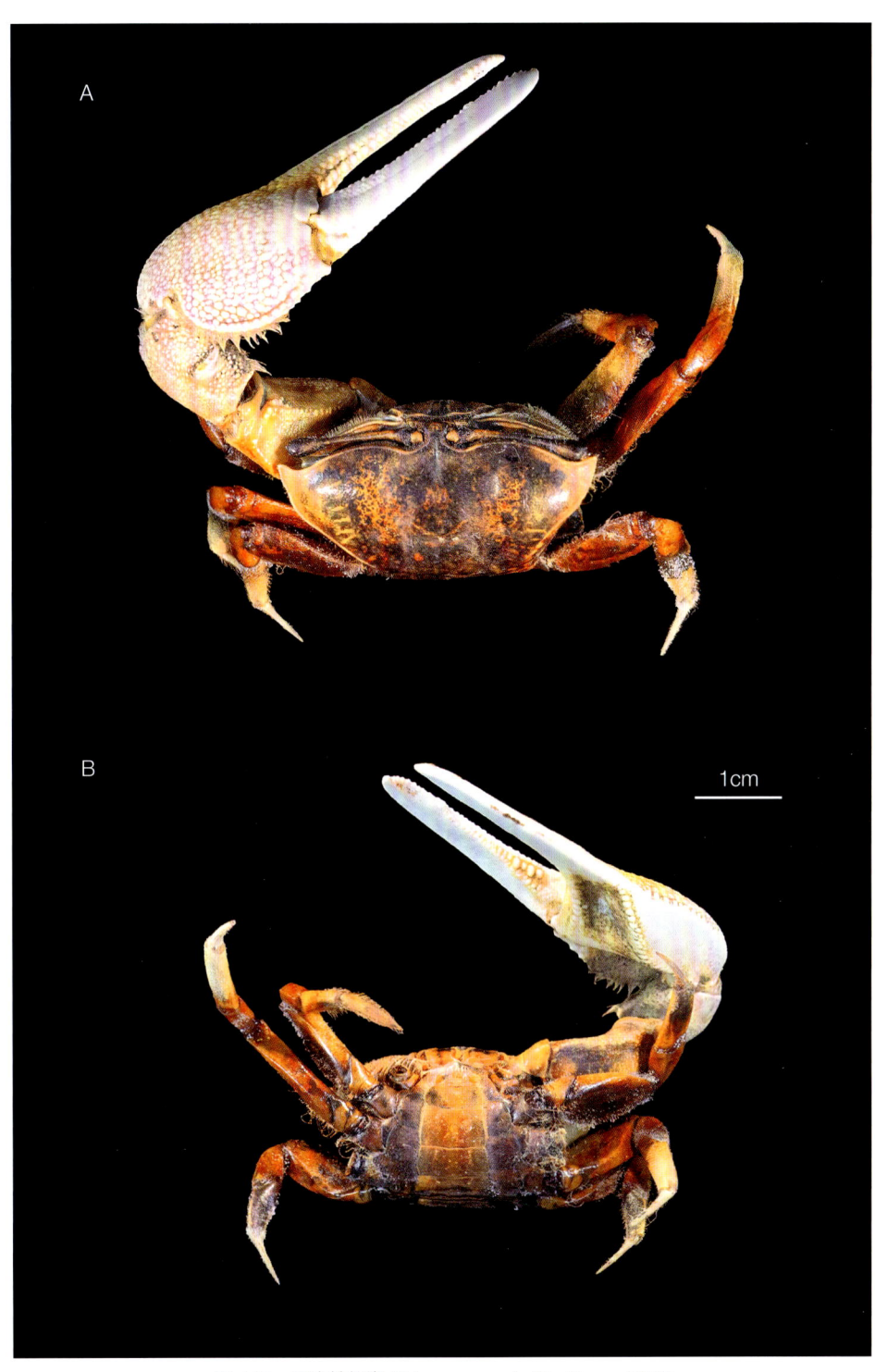

图 417 弧边管招潮 *Tubuca arcuata* (De Haan, 1853)
A. 背面观；B. 腹面观

方蟹科 Grapsidae MacLeay, 1838

大额蟹属 Metopograpsus H. Milne Edwards, 1853

四齿大额蟹
Metopograpsus quadridentatus Stimpson, 1858

同物异名： *Grapsus* (*Grapsus*) *plicatus* Herklots, 1861; *Pachygrapsus quadratus* Tweedie, 1936

标本采集地： 象山、洞头。

形态特征： 头胸甲的宽度大于长度，前半部较后半部稍宽，表面较平滑，分区不明显。额宽约为头胸甲宽度的 3/5，前缘较平直，具细颗粒，额后隆脊分 4 叶，各叶表面具横行皱纹。外眼窝角锐，眼窝腹缘内侧部具细锯齿。两侧缘近平直，其上具斜行隆起，其前端具一小锐齿。螯足长节内腹缘上具 3～4 锯齿，末部突出呈叶状，具 3 大锐齿及 1～2 小齿，外腹缘上也具锯齿，其末端具一锐刺。腕节背面具皱襞，内末角具 2 小齿。掌节背面具斜行皱襞及颗粒，内、外侧面均光滑，两指内缘具大小不等的钝齿。步足扁平，长节较宽，背面具横行皱纹，前缘近末端处具一刺，后缘近末部处突出，呈叶状，具 3～4 小刺，末 3 节具长、短不一的刚毛，前节后缘末端具一锐刺，指节前、后缘均具小刺，共 4 列。

生态习性： 生活在低潮线的岩石缝中或石块下。

地理分布： 东海，黄海。

参考文献： 董聿茂，1991；刘瑞玉，2008。

图 418 四齿大额蟹 *Metopograpsus quadridentatus* Stimpson, 1858

厚纹蟹属 *Pachygrapsus* Randall, 1840

粗腿厚纹蟹
Pachygrapsus crassipes Randall, 1840

同物异名： *Grapsus eydouxi* H. Milne Edwards, 1853； *Leptograpsus gonagrus* H. Milne Edwards, 1853

标本采集地： 浙江沿海各地沿岸潮间带。

形态特征： 头胸甲呈方形，表面隆起，头胸甲长 30mm，宽 34mm。表面除心区、肠区外，具有横行或斜行的皱纹。额前缘近平直，并向头胸甲水平延伸，形成不甚宽的额板；额宽约为头胸甲宽的 1/2，表面具颗粒，近内眼窝角处内凹；额后有 4 个隆突，以中间的 1 对较为显著。背眼窝缘光滑，稍向后斜，腹眼窝缘具锯齿；外眼窝角大而尖锐，前侧缘向内倾斜，在外眼窝角之后，具 1 齿，它与外眼窝角间隔一"V"字形缺刻。螯足腕节内末角呈锯齿状，掌节较为平滑，仅背面具有颗粒，指节背面基部具颗粒，两指内缘具不规则齿。4 对步足中以第 2 步足最长，雄性腹部呈三角形，雌性腹部呈四方形。

生态习性： 常见于潮间带海藻丛及岩石缝隙内，爬行迅速。

地理分布： 东海，南海；朝鲜，日本，美国，太平洋。

参考文献： 董聿茂，1991；刘瑞玉，2008。

图 419　粗腿厚纹蟹 *Pachygrapsus crassipes* Randall, 1840 背面观

弓蟹科 Varunidae H. Milne Edwards, 1853

拟厚蟹属 *Helicana* Sakai & Yatsuzuka, 1980

伍氏拟厚蟹
Helicana wuana (Rathbun, 1931)

同物异名： Helice tridens sheni Sakai, 1939；*Helice wuana* Rathbun, 1931

标本采集地： 浙江象山港。

形态特征： 头胸甲近方形，甲面具有细凹点和短刚毛。分区明显。各区间隔以细沟。额稍下弯，中央内凹，眼窝背缘略向外斜。中部隆起。外眼窝齿呈三角形，指向前方。雄性眼窝腹缘下隆脊具有10～12个珠状突，均延长而相互连接，最内的1个较长且具纵纹，最外侧的2～3个较中部的为小；雌性具13～15个细小颗粒，近长圆形。螯足长节内腹缘末部具有1较长的发音隆脊；掌节的长度大于高度，背缘的隆脊不甚锋锐；不动指基部亦不甚凹入。第1～3步足的腕节及前节的前面均具绒毛，但第3步足的较稀少。雄性及雌性腹部与天津厚蟹略同。

生态习性： 穴居于泥滩或泥岸上。

地理分布： 黄海，东海；日本，朝鲜。

参考文献： 董聿茂，1991；刘瑞玉，2008。

图420 伍氏拟厚蟹 *Helicana wuana* (Rathbun, 1931)

厚蟹属 *Helice* De Haan, 1835

侧足厚蟹
Helice latimera Parisi, 1918

同物异名： *Helice tridens pingi* Rathbun, 1931
标本采集地： 镇海（白峰）。
形态特征： 体呈方形，头胸甲长 28.5mm，宽 33mm。表面隆起，具有均匀分散的短刚毛。额稍向下倾斜，中央具有宽沟，约分 2 叶。背眼缘中部稍隆。前侧缘连外眼窝角在内共具 4 齿，第 1 齿呈锐三角形，略向内倾，第 2 齿较小而锐，第 3 齿很小，末齿仅成痕迹，被纵沟分成 50～67 个突起，两端趋窄，中部纵长，突起上均有纵线。雌性的隆脊为分开的圆形突起，36～41 个。雄螯大于雌螯，长节腹缘内侧末部具 1 纵行发音隆脊；掌部很高，光滑，背缘具隆脊。步足细长，第 1 步足前节及腕节末端的腹面具有短绒毛。雄性腹部三角形，第 6 节两侧缘近末部 1/2 处急剧靠拢，尾节具 1 横列绒毛。雌性腹部圆大，尾节嵌入第 6 节内。
生态习性： 生活于潮间带泥滩上。
地理分布： 东海，南海。
参考文献： 董聿茂，1991；刘瑞玉，2008。

图 421　侧足厚蟹 *Helice latimera* Parisi, 1918

天津厚蟹
Helice tientsinensis Rathbun, 1931

标本采集地： 舟山、镇海、椒江、鳌江口。

形态特征： 头胸甲呈四方形。体厚，表面隆起具凹点，分区可辨，各区之间均有细沟相隔。额稍下弯，中部稍凹。背眼窝缘隆起，向外倾斜。雌性眼窝下隆脊中部不膨大，共有34～39个颗粒。前侧缘连外眼窝齿在内共具4齿，外眼窝齿呈锐三角形，第2齿也呈锐三角形，第3齿小而锐，第4齿仅呈痕迹状，引入1条斜行隆线。雄螯大于雌螯，长节内腹缘末部具有发音隆脊；掌节甚高，光滑，背缘呈锋锐的隆脊；可动指的背缘一般平直。雄性腹部第6节两侧缘末部较靠拢，尾节呈圆方形；雌性腹部圆大。

生态习性： 穴居于河口的泥滩或通海河流的泥岸上，4～5月抱卵繁殖。

地理分布： 渤海，黄海，东海，南海；朝鲜。

经济意义： 沿海居民常捕之为食。

参考文献： 董聿茂，1991；刘瑞玉，2008。

图422 天津厚蟹 *Helice tientsinensis* Rathbun, 1931

蜞属 *Gaetice* Gistel, 1848

平背蜞
Gaetice depressus (De Haan, 1833)

同物异名： Grapsus (Platynotus) depressus De Haan, 1833；Platygrapsus convexiusculus Stimpson, 1858

标本采集地： 浙江舟山群岛。

形态特征： 头胸甲近圆方形。甲面扁平，表面光滑，前半部宽于后半部。前胃区和侧胃区略为突出，中胃区与心区间隔有 1 条横沟。额宽稍小于头胸甲宽度的 1/2，前缘中部有较宽的凹陷。第 3 颚足长节与座节间有斜的节缝。前侧缘连外眼窝齿在内共有 3 齿，第 1、第 2 齿之间有 1 较深的缺刻，第 1 齿大，外缘拱曲，第 2 齿锐，末齿极小，不太显著。螯足对称，有时略不对称，雄螯大于雌螯，长节短，外侧面具有细粒，内侧面具稀疏刚毛，近内腹缘的末部具有 1 发音隆脊，腕节内末角钝圆不成齿，掌节光滑。雄性腹部窄三角形，雌性腹部呈圆形。

生态习性： 常见于潮间带的岩石块下。

地理分布： 渤海，东海，南海；日本，朝鲜。

参考文献： 董聿茂，1991；刘瑞玉，2008。

图 423　平背蜞 *Gaetice depressus* (De Haan, 1833)

近方蟹属 *Hemigrapsus* Dana, 1851

绒螯近方蟹
Hemigrapsus penicillatus (De Haan, 1835)

同物异名： *Grapsus* (*Eriocheir*) *penicillatus* De Haan, 1835；*Brachynotus brevidigitatus* Yokoya, 1928

标本采集地： 舟山群岛。

形态特征： 头胸甲呈方形。前半部略宽于后半部，具点，前半部各区均具颗粒，肝区低，胃区及侧区隆起，被1纵沟相隔。胃区、心区间具有"H"形沟。额较宽，前额中部。内、外面近两指的基部具有1丛绒毛，尤以内面的较密，雌体及雄性幼体无此绒毛，两指比掌部长，内缘具有不规则的钝齿。腕节背面具2条颗粒隆线。前节背面中间具沟，指节有多列短刚毛，末端尖锐而呈角质。雄性腹部呈三角形，雌性呈圆形。

生态习性： 常见于海边石下或者石缝中，有时还发现于河口上。

地理分布： 渤海，黄海，东海，南海；日本，朝鲜。

参考文献： 董聿茂，1991；刘瑞玉，2008。

图 424　绒螯近方蟹 *Hemigrapsus penicillatus* (De Haan, 1835)

肉球近方蟹
Hemigrapsus sanguineus (De Haan, 1835)

同物异名： *Grapsus* (*Grapsus*) *sanguineus* De Haan, 1835；*Heterograpsus maculatus* H. Milne Edwards, 1853

标本采集地： 浙江平阳。

形态特征： 头胸甲呈方形，前半部稍隆，表面有颗粒及紫色或血红色的斑点，甲面呈黄绿色或青褐色，步足有深浅相间的色斑。后半部较平坦，色较淡。前胃区及侧胃区隆起，前鳃区前缘具有4个小而浅的凹点，胃区、心区以"H"形沟相隔。额宽约为头胸甲宽的1/2，前缘平直，中间稍凹。前侧缘具有3锐齿。眼窝腹缘隆脊细长，内侧部具有5～6个较粗颗粒，此隆脊越到外侧越细，向后延伸到前侧缘第2齿腹面基部之下。雄性腹部呈三角形，雌性腹部圆形。

生态习性： 常见于海边石下或者石缝中。

地理分布： 渤海，黄海，东海，南海；日本，朝鲜，澳大利亚，新西兰，萨哈林岛（库页岛）。

参考文献： 董聿茂，1991；刘瑞玉，2008。

弓蟹科分属检索表

1. 第3颚足之间有明显的斜方形空隙	2
- 第3颚足之间无斜方形空隙	3
2. 下眼窝缘隆脊具18个以上的突起	厚蟹属 *Helice*
- 下眼窝缘隆脊具11～14个突起	拟厚蟹属 *Helicana*
3. 第3颚足须位于长节前缘的中部	近方蟹属 *Hemigrapsus*
- 第3颚足须位于长节的外末角	蜞属 *Gaetice*

图 425　肉球近方蟹 *Hemigrapsus sanguineus* (De Haan, 1835)
A. 背面观；B. 腹面观

相手蟹科 Sesarmidae Dana, 1851

拟相手蟹属 Parasesarma De Man, 1895

斑点拟相手蟹
Parasesarma pictum (De Haan, 1835)

同物异名：Grapsus (Pachysoma) pictum De Haan, 1835；Sesarma rupicola Stimpson, 1858

标本采集地：镇海（白峰）。

形态特征：体型小，头胸甲呈四边形，扁平，分区明显，前半部具颗粒和横行的隆脊，鳃区具有斜行的隆脊。侧缘几乎平行，前侧缘仅具眼窝外齿，呈锐三角形，眼柄极短。前额分为2叶，呈宽广的半圆形，后方有4个隆起，额宽、向下弯，额缘中部略凹。螯足左右约等大，雄性螯足较大且成体的腕节与掌部膨大，掌部上面具有2条棱脊，掌部背缘具有1～2列梳状毛，可动指上面具有10～20个卵圆形颗粒，两指的内缘有大小不一的锐齿。步足宽扁，掌节和指节具很多长刚毛，第1和第2步足间及第2和第3步足间各具有一毛囊。身体呈墨绿色、黄棕色至黄褐色，掺杂有许多细点与斑纹，螯足呈橘黄色、红棕色至红褐色，不动指淡色至红褐色，步足呈棕色至红褐色，有些夹杂着较深色的斑纹。

生态习性：常栖息于岩礁海岸及河口、红树林沼泽的高潮线附近的砾石下或林木叶片等堆积物间。

地理分布：渤海，黄海，东海；日本，韩国，俄罗斯远东。

参考文献：董聿茂，1991；刘瑞玉，2008。

图 426 斑点拟相手蟹 *Parasesarma pictum* (De Haan, 1835)

新绒螯蟹属 *Neoeriocheir* Sakai,1893

狭颚新绒螯蟹
Neoeriocheir leptognathus (Rathbun, 1913)

同物异名： *Eriocheir leptognathus* Rathbun, 1913； *Utica sinensis* Parisi, 1918

标本采集地： 象山、洞头。

形态特征： 头胸甲呈圆方形，个体较小，甲长 20mm，宽 22mm。表面平滑，具小凸点，肝区低平，中鳃区具 1 条颗粒隆线，向后方倾斜。额窄，前缘分成不明显的 4 齿，中央缺刻较浅。背眼窝缘凹入，腹眼窝缘下形成隆脊，上具颗粒，延伸至外眼窝齿的腹面。雄螯大于雌螯，长节内侧面末半部具有软毛，腕节内末角较尖锐，下面有长软毛，掌节外侧面具有微细颗粒，有一颗粒隆线延伸至不动指的末端，内侧面及两指内侧面的基部密具绒毛，雌性此处的毛较稀疏。雄性腹部呈三角形，雌性腹部呈圆形。

生态习性： 栖居于积有海水的泥坑中或在河口的泥滩上及近海河口地带。

地理分布： 渤海，黄海，东海，南海；朝鲜半岛西海岸。

参考文献： 董聿茂，1991；唐伯平，2003；刘瑞玉，2008。

图 427 狭颚新绒螯蟹 *Neoeriocheir leptognathus* (Rathbun, 1913)

节肢动物门参考文献

陈海燕, 阮庆元, 张福明, 等. 2002. 浙江省温岭海区蟹类资源的初步调查. 丽水学院学报, 24(5): 57-58.

陈惠莲. 1984. 中国近海隆背蟹属的研究. 海洋与湖沼, 15(2): 188-202.

陈惠莲, 孙海宝. 2002. 中国动物志 无脊椎动物 第三十卷 节肢动物门 甲壳动物亚门 短尾次目 海洋低等蟹类. 北京: 科学出版社.

陈伟峰, 彭欣, 叶深, 等. 2018. 浙南近海虾类群落结构及其多样性分析. 海洋科学, (3): 37-45.

程济生. 2005. 黄海无脊椎动物资源结构及多样性. 中国水产科学, 12(1): 68-75.

程娇, 王永良, 沙忠利. 2015. 口足目系统分类学研究进展. 海洋科学, 39(12): 173-177.

崔冬玲, 沙忠利. 2015. 鼓虾科分类学研究进展. 海洋科学, 39(8): 110-115.

戴爱云. 1986. 关于蟹类的分类系统. 动物学杂志, (4): 47-54.

戴爱云, 杨思谅, 宋玉枝, 等. 1986. 中国海洋蟹类. 北京: 海洋出版社.

丁天明, 宋海棠. 2002. 东海葛氏长臂虾 Palaemon gravieri 生物学特征研究. 浙江海洋学院学报(自然科学版), 21(1): 1-5.

董栋. 2011. 中国海域瓷蟹科（Porcellanidae）的系统分类学和动物地理学研究. 中国科学院研究生院（海洋研究所）.

董聿茂. 1991. 浙江动物志甲壳类. 杭州: 浙江科学技术出版社.

董聿茂, 陈永寿, 黄立强. 1983. 中国东海口足类（甲壳纲）报告. 海洋学研究, (1): 82-98.

甘志彬. 2014. 长臂虾科（甲壳动物亚门: 十足目: 真虾下目: 长臂虾总科）分子系统学研究. 中国科学院研究生院（海洋研究所）.

甘志彬, 王亚琴, 李新正. 2016. 玻璃虾总科系统分类学研究概况及我国玻璃虾总科研究展望. 海洋科学, 40(4): 156-161.

郭靖, 姜亚洲, 林楠, 等. 2013. 象山港水域虾类群聚结构特征. 海洋渔业, 35(2): 143-151.

韩庆喜. 2009. 中国及相关海域褐虾总科系统分类学和动物地理学研究. 中国科学院研究生院（海洋研究所）.

胡廷尖, 周志明. 2001. 秀丽白虾生物学特性及资源开发的初探. 水生态学杂志, 21(2): 7-8.

黄梓荣. 2009. 南海北部陆架区蟹类的种类组成和数量分布. 大连海洋大学学报, 24(6): 553-558.

蒋维. 2009. 中国海长脚蟹总科（甲壳动物亚门: 十足目）分类和地理分布特点. 中国科学院研究生院博士学位论文.

李明云, 倪海儿, 竺俊全. 2000. 东海北部哈氏仿对虾的种群动态及其最高持续渔获量. 水产学报, 24(4): 364-369.

李新正, 梁象秋, 刘瑞玉. 2003. 中国长臂虾总科的动物地理学特点. 生物多样性, 11(5): 393-406.

梁华芳, 何建国. 2012. 锦绣龙虾人工繁殖和胚胎发育的研究. 水生生物学报, 36(2): 236-245.

林琪. 2008. 中国青蟹属种类组成和拟穴青蟹群体遗传多样性的研究. 厦门大学博士学位论文.

刘录三, 李新正. 2002. 长额虾总科分类系统学研究概况及我国长额虾总科研究展望. 海洋科学, 26(2): 30-32.

刘瑞玉. 2008. 中国海洋生物名录. 北京: 科学出版社.

刘瑞玉, 梁象秋, 严生良. 1990. 中国长臂虾亚科的研究II. 长臂虾属、白虾属、小长臂虾属、细腕虾属. 海洋科学集刊, 31: 229-265.

刘瑞玉, 任先秋. 2007. 中国动物志 无脊椎动物 第四十二卷 甲壳动物亚门 蔓足下纲 围胸总目. 北京: 科学出版社.

刘文亮. 2002. 中国海域螯虾类和海蛄虾类分类及地理分布特点. 中国科学院研究生院(海洋研究所)博士学位论文.

刘文亮. 2010. 中国海域螯虾类和海蛄虾类分类及地理分布特点. 中国科学院研究生院（海洋研究所）.

逢志伟. 2014. 胶州湾虾蟹类群落结构及主要种类渔业生物学特征. 中国海洋大学硕士学位论文.

任先秋. 2006. 中国动物志: 无脊椎动物. 第四十一卷, 甲壳动物亚门. 北京: 科学出版社.

任先秋. 2012. 中国动物志: 无脊椎动物. 第四十三卷, 甲壳动物亚门. 北京: 科学出版社.

申世常, 陈融斌, 黄良敏, 等. 2018. 厦门海域蟹类的群落结构特征. 动物学杂志, 53(6): 39-48.

沈嘉瑞, 戴爱云. 1964. 中国动物图谱甲壳动物（第二册）. 北京: 科学出版社.

宋海棠, 俞存根, 薛利建, 等. 2006b. 东海经济虾蟹类. 北京: 海洋出版社.

宋海棠, 俞存根, 姚光展. 2004. 东海鹰爪虾的数量分布和变动. 海洋渔业, 26(3): 184-188.

宋海棠, 俞存根, 姚光展. 2006a. 东海凹管鞭虾的渔业生物学特性. 水产学报, 30(2): 219-224.

孙成波, 邓先余, 李镇泉. 2008. 北部湾野生日本囊对虾（*Marsupenaeus japonicus*）体重和形态性状的关系. 海洋与湖沼, 39(3): 263-268.

孙秀敏. 1999. 南沙群岛口足类（软甲纲）初步研究: II. 指虾蛄科、卓虾蛄科、蝎虾蛄科. 中国动物科学研究——中国动物学会第十四届会员代表大会暨中国动物学会65周年年会论文集. 郑州: 中国动物学会.

唐伯平. 2003. 中华绒螯蟹触角的形态发育学及绒螯蟹的分类学和方蟹总科的分子系统学研究. 华东师范大学博士学位论文.

王红勇, 王子武. 2001. 远海梭子蟹渔业生物学的初步调查. 海洋科学, 25(1): 36-39.

王兴强, 阎斌伦, 马甡. 2005b. 脊尾白虾生物学及养殖生态学研究进展. 齐鲁渔业, (8): 21-23.

王兴强, 阎斌伦, 马甡, 等. 2005a. 周氏新对虾研究进展. 河北渔业, (3): 10-11.

王迎宾, 俞存根, 郑基, 等. 2011. 舟山渔场细点圆趾蟹（*Ovalipes punctatus*）生物学特性及其季节变化. 海洋与湖沼, 42(2): 274-278.

魏国庆, 曹琛, 蔡恒辉, 等. 2012. 中华虎头蟹生活习性、繁殖习性及幼体形态的初步观察. 中国水产,

(4): 67-69.

吴强, 李忠义, 戴芳群, 等. 2016. 黄渤海甲壳类的分类多样性. 生物多样性, 24(11): 1306-1314.

谢旭, 俞存根, 郑基, 等. 2017. 琼州海峡虾类群落结构特征研究. 浙江海洋学院学报（自然科学版）, (2): 137-143.

徐捷, 陈佳杰, 徐兆礼. 2014. 吕泗渔场沿岸海域春夏季虾类群落特征. 水产学报, 38(8): 1097-1105.

许鹏. 2014. 中国海域藻虾科（Hippolytidae）系统分类学和动物地理学研究. 中国科学院研究生院（海洋研究所）博士学位论文.

杨德渐. 1996. 中国北部海洋无脊椎动物. 高等教育出版社.

杨思谅, 陈惠莲, 戴爱云. 2012. 中国动物志 无脊椎动物 第四十九卷 甲壳动物门 十足目 梭子蟹科. 北京: 科学出版社.

叶孙忠, 张壮丽, 叶泉土. 2012. 闽东北外海中华管鞭虾的数量分布及其生物学特征. 南方水产科学, 8(1): 24-29.

于海燕. 2002. 中国扇肢亚目（甲壳动物：等足目）的系统分类学研究. 中国科学院海洋研究所博士学位论文.

俞存根, 宋海棠, 姚光展. 2005a. 东海日本蟳的数量分布和生物学特性. 上海海洋大学学报, 14(1): 40-45.

俞存根, 宋海棠, 姚光展. 2005b. 东海中南部海域锈斑蟳渔业生物学和数量分布. 湛江海洋大学学报, 25(3): 24-28.

Ahyong S T, Chan T Y, Liao Y C. 2008. A Catalog of the mantis shrimps (Stomatopoda) of Taiwan, First edn. Taiwan Ocean University, Keelung.

Buckeridge J S, Newman W A. 2006. A revision of the Iblidae and the stalked barnacles (Crustacea: Cirripedia: Thoracica), including new ordinal, familial and generic taxa, and two new species from New Zealand and Tasmanian waters. Zootaxa, 1136(1): 1-38.

De Grave S, Ashelby C W. 2013. A re-appraisal of the systematic status of selected genera in Palaemoninae (Crustacea: Decapoda: Palaemonidae). Zootaxa, 3734(3): 331-344.

Francesc M, Pere A, Paolo S. 2004. A review of the fisheries biology of the mantis shrimp, *Squilla mantis* (L., 1758) (Stomatopoda, Squillidae) in the Mediterranean. Malacostracana, 77 (9): 1081-1099.

Huan P, Zhang X, Li F, et al. 2010. Chromosomal localization of 5S rDNA in Chinese shrimp (*Fenneropenaeus chinensis*): a chromosome-specific marker for chromosome identification. Chinese Journal of Oceanology and Limnology, 28(2): 233-238.

Janas U, Tutak B. 2014. First record of the oriental shrimp *Palaemon macrodactylus* MJ Rathbun,

1902 in the Baltic Sea. Oceanological and Hydrobiological Studies, 43: 431-435.

Li X Z, Liu R Y. 2004. Report on Pontoniinae shrimps (Crustacea: Decapoda) collected by Joint Chinese-German Marine Biology Expeditions to Hainan Island, South China Sea Ⅱ Ⅰ. Peridimenes. Chinese Journal of Oceanology and Limnology, 22(1):89-100.

Low M E Y, Ahyong S T. 2010. *Kempella* nom. nov., a replacement name for Kempina Manning, 1978 (Crustacea: Stomatopoda: Squillidae), preoccupied by Kempina Roewer, 1911, a junior synonym of Zaleptus Thorell, 1877 (Arachnida: Opiliones: Sclerosomatidae). Zootaxa, 2642(1): 68.

Van Der Wal C, Ahyong S T. 2017. Expanding diversity in the mantis shrimps: two new genera from the eastern and western Pacific (Crustacea: Stomatopoda: Squillidae). Nauplius, 25. DOI: 10.1590/2358 - 2936e2017012.

苔藓动物门
Bryozoa

栉口目 Ctenostomatida
软苔虫科 Alcyonidiidae Johnston, 1837
似软苔虫属 Alcyonidioides d'Hondt, 2001

迈氏似软苔虫
Alcyonidioides mytili (Dalyell, 1848)

标本采集地： 山东青岛。

形态特征： 群体棕色、淡绿色或乳白色，在基质上形成单层胶状膜，有时覆盖在线状物体表面形成中空管状。自个虫通常六角形，也呈其他多边形。发育早期个体透明，晚期个体半透明。室口亚端位，亚圆形。虫体大，触手14～20条。食道细长，直肠盲囊大，球形。胚胎粉红色，在口前腔内孵育。

生态习性： 固着于岩礁、石块、动植物体表等各种海洋基质上。

地理分布： 渤海，黄海，东海，南海；各大洋均有分布。

经济意义： 污损生物，对贝类养殖有危害。

参考文献： 刘锡兴等，2001；刘锡兴和刘会莲，2008；曹善茂等，2017。

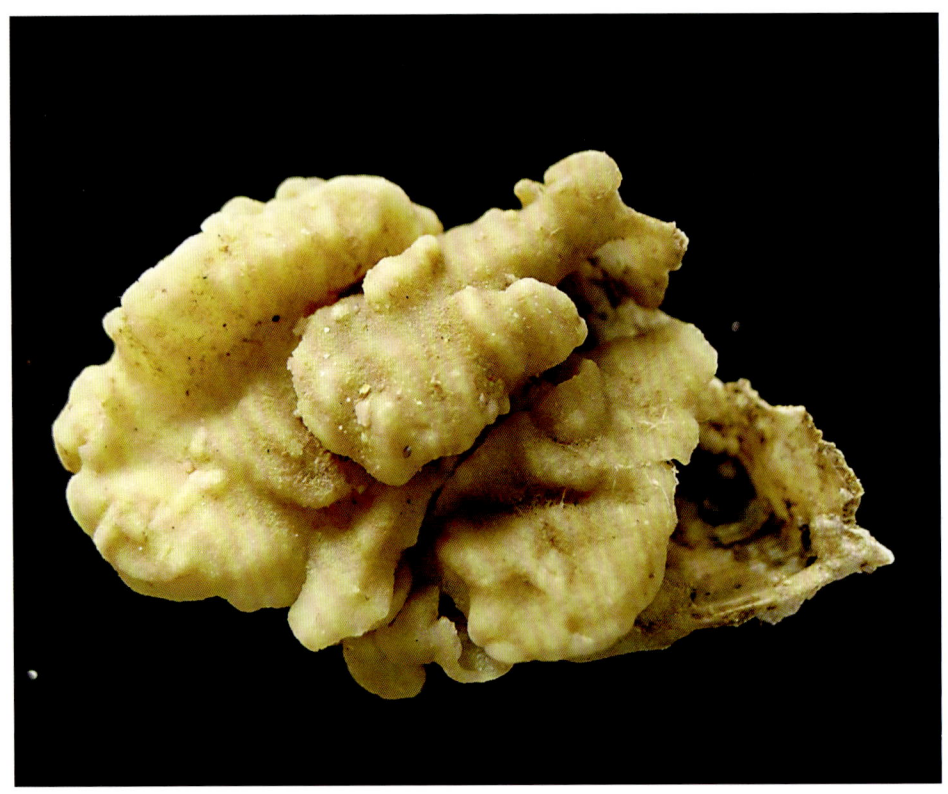

图428　迈氏似软苔虫 *Alcyonidioides mytili* (Dalyell, 1848)（刘会莲供图）

唇口目 Cheilostomatida
膜孔苔虫科 Membraniporidae Busk, 1852
别藻苔虫属 *Biflustra* d'Orbigny, 1852

大室别藻苔虫
Biflustra grandicella (Canu & Bassler, 1929)

标本采集地： 山东威海。

形态特征： 群体呈牡丹花状，"花瓣"由个虫背向排列构成，常卷曲成木耳状。个虫近长方形，相邻个体界限清楚，墙缘薄而隆起，表面呈锯齿状，前膜大，卵圆形或椭圆形，占虫体前区大部分。室口新月形，无卵胞，无鸟头体。

生态习性： 固着于岩礁、石块、柱桩等基质上，在养殖网笼等人工养殖设施上较为常见。

地理分布： 渤海，黄海，东海，南海；新西兰。

参考文献： 杨德渐等，1996；刘锡兴等，2001；刘锡兴和刘会莲，2008；曹善茂等，2017。

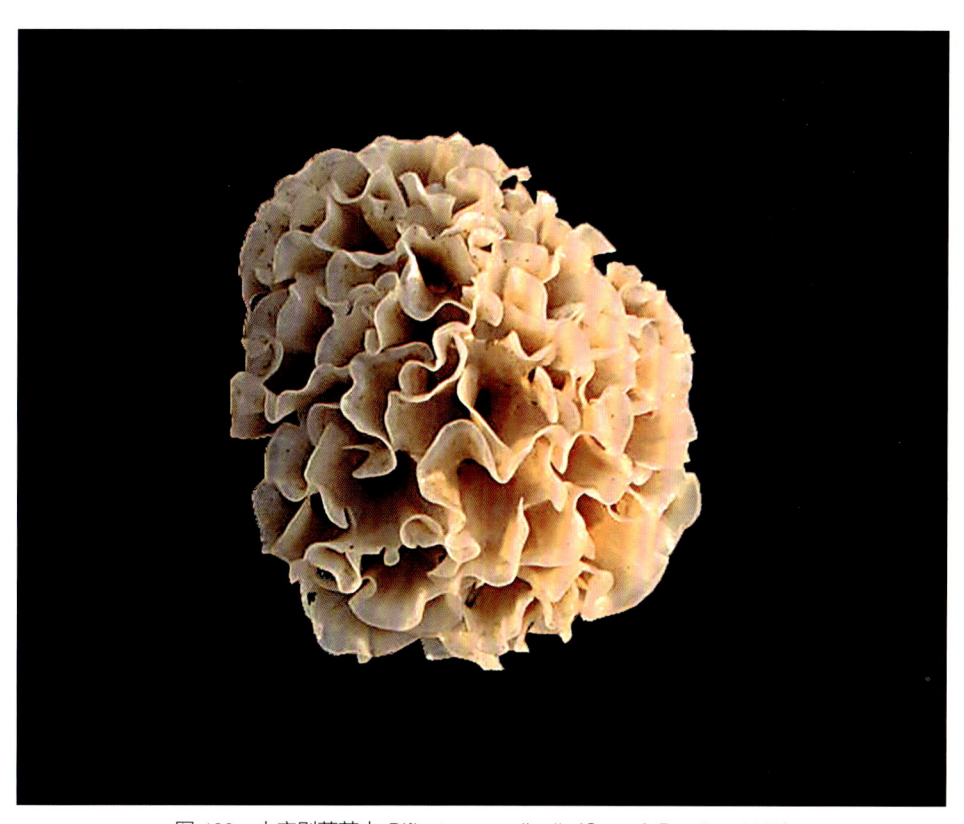

图 429　大室别藻苔虫 *Biflustra grandicella* (Canu & Bassler, 1929)

草苔虫科 Bugulidae Gray, 1848
草苔虫属 *Bugula* Oken, 1815

多室草苔虫
Bugula neritina (Linnaeus, 1758)

标本采集地：黄海。

形态特征：群体粗壮、直立。幼小群体红棕色，呈扇形；老成群体红棕色、紫褐色或黑褐色，呈树枝状。分枝由双列个虫交互排列而成。个虫略呈长方形，始端比末端稍狭。前膜几乎占满整个前区。无口盖，无鸟头体。卵胞球形，白色，附于个虫末端背面内顶角。

生态习性：于潮间带及浅水区固着生活。

地理分布：渤海，黄海，东海，南海；除两极外，广泛分布于世界各地。

参考文献：杨德渐等，1996；刘锡兴和刘会莲，2008。

图 430　多室草苔虫 *Bugula neritina* (Linnaeus, 1758)

环管苔虫科 Candidae d'Orbigny, 1851
三胞苔虫属 *Tricellaria* Fleming, 1828

西方三胞苔虫
Tricellaria occidentalis (Trask, 1857)

标本采集地： 黄海。

形态特征： 群体直立，淡黄色，高15～30cm。个虫双列排列，分枝繁茂，绕中轴向内螺旋生长。节间部一般有3～5个个虫，群体先端节间部较长，个虫数可达6～9个或更多。个虫细长，自始端至末端逐渐变粗。前膜小，不超过个虫前区的1/2。口盖端位，半圆形。盖刺小，形状多变。隐壁狭。前鸟头体付缺，侧鸟头体发达。卵胞球形，具很多小孔。

生态习性： 栖息于潮间带及浅海，固着于岩礁、石块、贝壳等基质上。

地理分布： 渤海，黄海，东海，南海；北太平洋两岸广布。

经济意义： 污损生物，对海水养殖有危害。

参考文献： 杨德渐等，1996；刘锡兴等，2001；曹善茂等，2017。

图431　西方三胞苔虫 *Tricellaria occidentalis* (Trask, 1857)（刘会莲供图）

血苔虫科 Watersiporidae Vigneaux, 1949
血苔虫属 Watersipora Neviani, 1896

颈链血苔虫
Watersipora subtorquata (d'Orbigny, 1852)

标本采集地： 山东青岛。

形态特征： 群体圆盘状或扇状，边缘常脱离附着基质而直立生长呈褶皱状，有时可呈牡丹花状。体色血红、暗红或黑褐，有时褪色至灰白色。个虫长方形，交互排列成五点形，个虫界限分明。前壁稍凸，具很多圆形小孔，孔缘凸，小孔排列使前壁呈网目状。室口半圆形，周围隆起成口围，光滑无刺。口盖与室口同形，始端两侧各具一圆形暗纹。无鸟头体，无卵胞。

生态习性： 栖息于潮间带及浅海，固着于岩礁、石块、贝壳、藻类等基质上。

地理分布： 渤海，黄海，东海，南海；西太平洋，大西洋。

参考文献： 杨德渐等，1996；刘锡兴和刘会莲，2008；曹善茂等，2017。

图 432　颈链血苔虫 *Watersipora subtorquata* (d'Orbigny, 1852)

苔藓动物门参考文献

曹善茂, 印明昊, 姜玉声, 等. 2017. 大连近海无脊椎动物. 沈阳: 辽宁科学技术出版社.

刘锡兴, 刘会莲. 2008. 苔藓动物门 Phylum Bryozoa Ehrenberg, 1831 // 刘瑞玉. 中国海洋生物名录. 北京: 科学出版社: 812-840.

刘锡兴, 尹学明, 马江虎. 2001. 中国海洋污损苔虫生物学. 北京: 科学出版社.

杨德渐, 王永良, 等. 1996. 中国北部海洋无脊椎动物. 北京: 高等教育出版社.

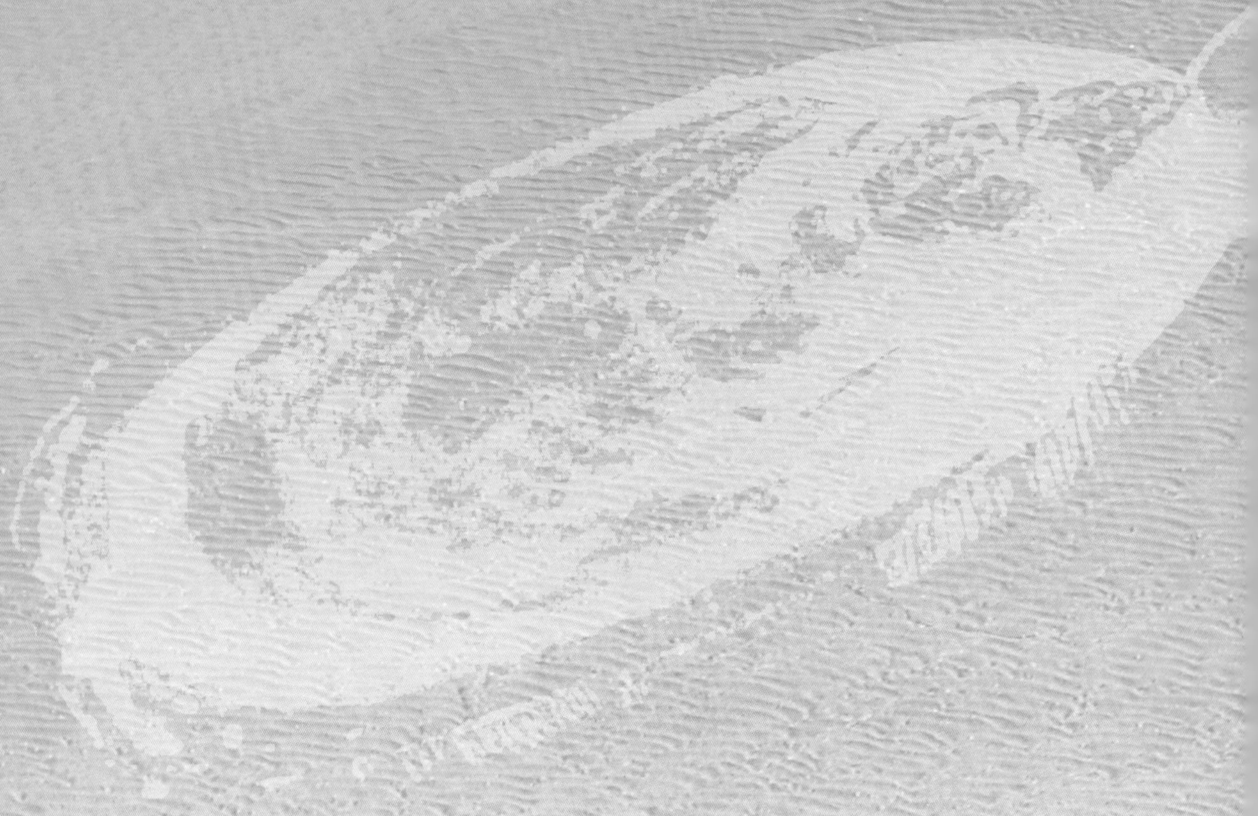

腕足动物门
Brachiopoda

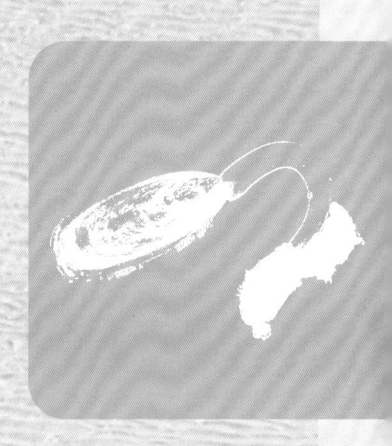

海豆芽目 Lingulida
海豆芽科 Lingulidae Menke, 1828
海豆芽属 *Lingula* Bruguière, 1791

鸭嘴海豆芽
Lingula anatina Lamarck, 1801

标本采集地： 山东青岛。

形态特征： 触手冠裂冠型，双叶状。背腹两壳呈扁平鸭嘴形，带绿色。背壳较小，后部较圆；腹壳较大，后部较尖。壳表光滑，生长线明显，壳缘外套生有刚毛，伸出壳外。肉茎粗而长，圆柱形，由壳后端伸出。角质层半透明，具环纹。肌肉层肌肉丰富，收缩能力强。壳质为磷酸钙。

生态习性： 栖息于潮间带、潮下带泥沙滩中。

地理分布： 渤海，黄海，东海，南海；印度洋-西太平洋，非洲。

参考文献： 杨德渐等，1996；曹善茂等，2017；Richardson et al., 1989。

图 433 鸭嘴海豆芽 *Lingula anatina* Lamarck, 1801

亚氏海豆芽
Lingula adamsi Dall, 1873

标本采集地： 山东青岛。

形态特征： 背腹两壳扁平，铲形，末端平截，棕褐色或红棕色。腹壳稍长于背壳，背壳后部较圆，腹壳后部稍尖。壳表稍粗糙，生长线明显。壳缘外套生有刚毛，伸出壳外。肉茎圆柱形，粗而长，表面具环纹。

生态习性： 栖息于潮间带及浅海泥沙或沙质滩涂中。

地理分布： 黄海，东海，南海；西太平洋。

经济意义： 肉可供食用。

参考文献： 杨德渐等，1996；曹善茂等，2017；Richardson et al.，1989。

图 434 亚氏海豆芽 *Lingula adamsi* Dall, 1873

腕足动物门参考文献

曹善茂, 印明昊, 姜玉声, 等. 2017. 大连近海无脊椎动物. 沈阳: 辽宁科学技术出版社.

黄宗国, 陈小银. 2012. 苔藓动物门Phylum Bryozoa // 黄宗国, 林茂. 中国海洋物种和图集 上卷 中国海洋物种多样性. 北京: 海洋出版社: 861-881.

刘锡兴, 刘会莲. 2008. 苔藓动物门Phylum Bryozoa Ehrenberg, 1831 // 刘瑞玉. 中国海洋生物名录. 北京: 科学出版社: 812-840.

刘锡兴, 尹学明, 马江虎. 2001. 中国海洋污损苔虫生物学. 北京: 科学出版社.

杨德渐, 王永良, 等. 1996. 中国北部海洋无脊椎动物. 北京: 高等教育出版社.

棘皮动物门
Echinodermata

栉羽枝目 Comatulida

海羊齿科 Antedonidae Norman, 1865

海羊齿属 *Antedon* de Fréminville, 1811

锯羽丽海羊齿
Antedon serrata AH Clark, 1908

同物异名： *Compsometra serrata* (AH Clark, 1908)

标本采集地： 福建海域。

形态特征： 中背板为半球形，背棘很小。卷枝窝密挤，呈不规则的2～3圈排列。卷枝为XL～LV，各有10～14节，长8mm。峙棘小，不明显。端爪狭窄，其长略等于前一节。卷枝节的背面滑，无背棘。辐板隐蔽。IBr$_1$短，宽为长的3倍，侧缘完全游离。IBr$_2$为分歧轴，呈三角形，宽为长的2倍。腕数为10个，长30～65mm。第1～2腕板为楔状，外边长，第3～4腕板也为楔状，里边长。以后4块腕板呈盘状。腕板外缘皆光滑，不突出，带细刺。不动关节在（3+4）、（9+10）、（14+15）和（18+19）腕板间。P$_1$最为长大，有18～25节，长为10～12mm，起首2节很短，以后各节的长为宽的2～3倍，各节的外端膨大，向外突出，且具细刺，呈锯齿状。P$_2$短，长仅3～4mm，有8～10节。P$_3$比P$_2$略长，有10～12节。腕中部和远端的羽枝都很细。酒精标本为黄褐色，腕上常有深色斑纹。

生态习性： 多生活在潮下带、岩石底或带贝壳的石砾底。

地理分布： 黄海，东海。

参考文献： 张凤瀛，1964。

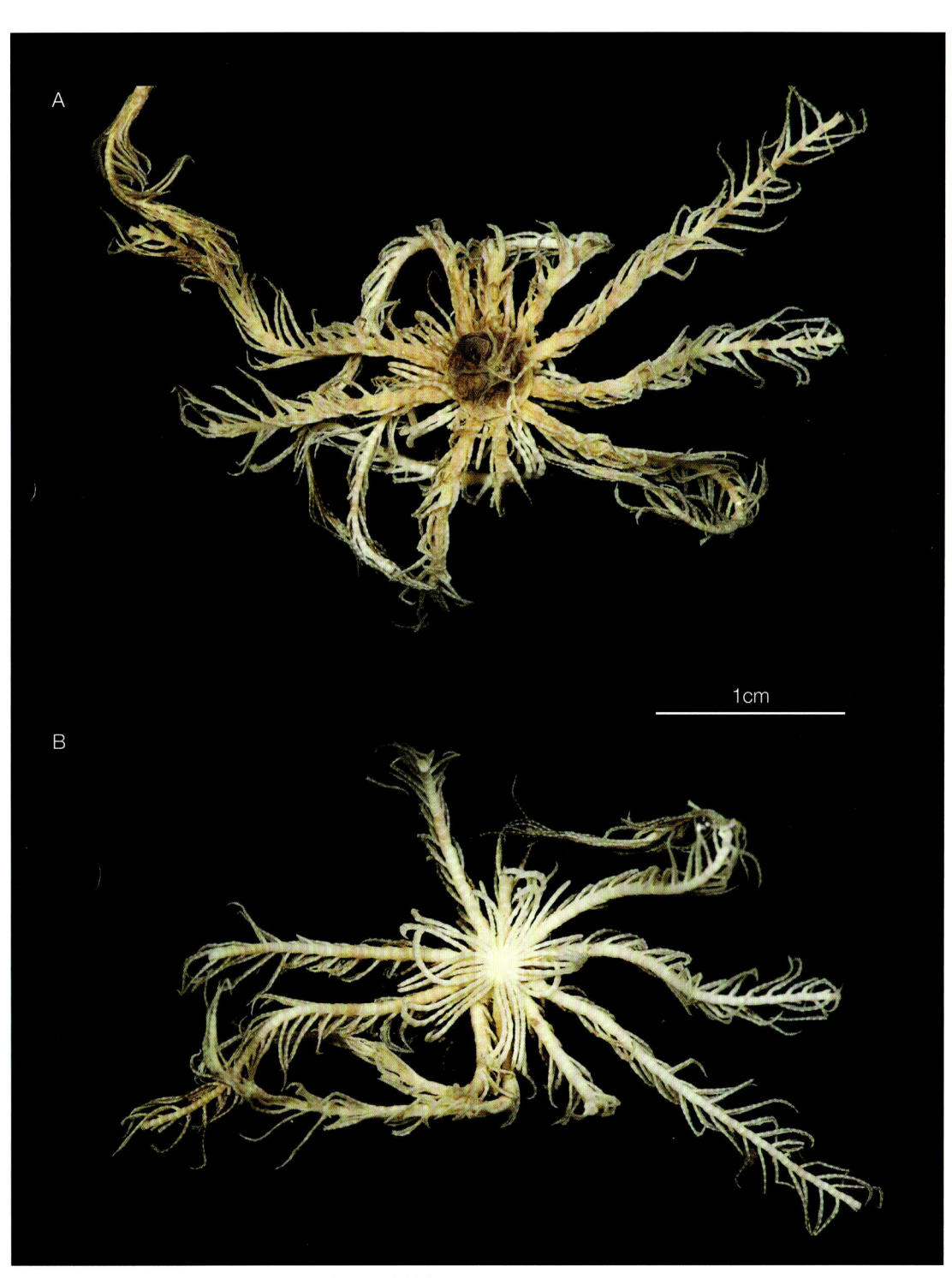

图 435 锯羽丽海羊齿 *Antedon serrata* AH Clark, 1908
A. 口面；B. 反口面

栉羽枝科 Comasteridae A. H. Clark, 1908

卷海齿花属 *Anneissia* Summers, Messing & Rouse, 2014

日本尖海齿花
Anneissia japonica (Müller, 1841)

标本采集地： 东海近岸海域。

形态特征： 中背板大，稍呈半球形。背棘平坦或稍凹进，直径为 4～6mm。卷枝窝成不规则的 2 圈排列。卷枝 XX～L 个，普通为 XX～XXX 个，各卷枝由 19～36 节构成，普通由 30 节构成；长 17～23mm。卷枝粗壮，内半段为圆柱状，外半段侧扁，第 1 节短，第 2 节较长，第 3 节长和宽相等，第 5～7 节长为宽的 2 倍，以后的节慢慢地变短，最外 8 节或 10 节宽为长的 4/3 至 2 倍。第 7 或第 8 节为过渡节，以后各节的背侧外缘增厚形成小背疣。峙棘低。端爪细，稍弯曲。辐板被中背板所掩盖。IBr 和分歧轴后的 2 块腕板由不动关节中的合关节相连。IBr$_1$ 宽为长的 4 倍，侧缘分离。IBr$_2$ 为三角形，宽为长的 2 倍，外角尖锐。IBr$_1$ 和 IBr$_2$ 皆为 4（3+4）板。腕数 40 条，长 80～120mm。分枝腕狭细，背面凸出，彼此充分分开。不动关节在（3+4）、（14+15）和（17+18）腕板间。P$_D$ 长 20～25mm，基部粗，末端细，起首几节扩大并具脊起。栉状体有 12～15 个圆形和充分分离的齿。生活时暗褐色。

生态习性： 生活于水深 0～256m 处。

地理分布： 东海；日本南部，朝鲜海峡。

参考文献： 张凤瀛，1964。

图 436　日本尖海齿花 *Anneissia japonica* (Müller, 1841)
A. 口面；B. 反口面

海齿花属 *Comanthus* (AH Clark, 1908)

小卷海齿花
Comanthus parvicirrus (Müller, 1841)

同物异名： Actinometra parvicirra (Müller, 1841); Actinometra polymorpha Carpenter, 1879; Actinometra annulata Bell, 1882; Actinometra elongata Carpenter, 1888

标本采集地： 厦门海域。

形态特征： 中背板小而薄扁，呈不规则的五角形，或近乎圆形。卷枝弱小，发育完全者长 7～8mm，发育不全者长仅 3～4mm。卷枝窝不规则地生在中背板的边缘，或仅生在间辐部。卷枝的数目很少，最多者不过 X～XV 个，少者仅有 Ⅲ～Ⅴ 个，还有不具卷枝的。发育完全的卷枝由 12～13 节构成，第 1 节较短，宽为长的 2 倍，以后逐渐增长，到第 6～7 节为最长，长为宽的 2 倍，再向后又急剧变短，最外 4 节长和宽几乎相等。卷枝没有背棘，峙棘也不发达，端爪细，略弯曲。辐板仅露出其外缘。ⅡBr 为 4（3+4）板，偶然有 2 板的。ⅢBr 多数为 4（3+4）板，少数为 2 板。腕数标准的为 20 条，最多不超过 30 条。腕的长短和粗细变化都很大，前边的腕或靠近口侧的腕常较后边的长大。不动关节在（3+4）和（11+12）腕板。羽枝中以 P_D 为最长。栉状体的形状和数目也常不一定。生活时体色变化很大，多为黄褐色或灰褐色，并夹有白色和红色斑点；酒精标本为黄褐色。其为福建和广东沿岸最普通的海羊齿之一。

生态习性： 滤食性生物，生活于水深 1～110m 的海域。

地理分布： 东海，南海；印度洋 - 西太平洋。

参考文献： 张凤瀛，1964。

图 437　小卷海齿花 Comanthus parvicirrus (Müller, 1841)
A. 口面；B. 反口面

蔓蛇尾目 Euryalida

蔓蛇尾科 Euryalidae Gray, 1840

枝蛇尾属 Trichaster L. Agassiz, 1836

鞭枝蛇尾
Trichaster flagellifer von Martens, 1866

同物异名：*Trichaster elegans* Ludwig, 1878；*Trichaster flageriffera* (misspelling)

标本采集地：台湾海峡。

形态特征：盘圆，直径为 20～30mm。腕较细，徐徐并入盘中；整个动物显得较细、长大和秀丽。体外被有平滑裸出的皮肤。辐盾狭长，但很低平，伸及盘的中心。盘上各间辐部有 2 个大型骨板，是其生殖鳞。生殖鳞的下端连于生殖板。腕的横切面为方形，腕背中线有一浅凹槽。腕基部宽度大致为盘直径的一半。腕在末端分枝 4～5 次。第一次分枝前的节数为 39～53 节，一般为 45 节。口盾常缺。侧口板大而发达，彼此很宽地相接。齿上下重叠成单行排列。齿棘不发达。口棘 6～7 个，甚小，不规则地生于颚的两侧。间腕部不很狭窄，2 个生殖裂口彼此分开。背腕板移到腕的侧面。腕背面完全没有疣。侧腕板位于腹面，但在腹中线不连接。腹腕板为方形，常分裂为几块小板。腕棘 2 个，开始于第 2 触手孔，到腕末端变为钩状。酒精标本盘背中央和腕背中线为灰色，其余部分为灰黄色。

生态习性：生活于水深 65～140m 的泥沙或沙带贝壳底。

地理分布：江苏，浙江，福建；孟加拉湾，日本南部，菲律宾，澳大利亚。

参考文献：廖玉麟，2004。

图 438 鞭枝蛇尾 *Trichaster flagellifer* von Martens, 1866
A. 背面；B. 腹面

真蛇尾目 Ophiurida
刺蛇尾科 Ophiotrichidae Ljungman, 1867
瘤蛇尾属 Ophiocnemis Müller & Troschel, 1842

斑瘤蛇尾
Ophiocnemis marmorata (Lamarck, 1816)

同物异名：*Ophiura marmorata* Lamarck, 1816；*Ophiothrix clypeata* Ljungman, 1866

标本采集地：广东。

形态特征：盘直径 15～20mm，腕长约为盘直径的 6 倍；盘背面盖有鳞片，鳞片上具有颗粒状小瘤；辐盾特大，呈三角形，全部裸出；盘中央的小瘤呈圆形排列，向辐部和间辐部射出 10 条带，伸及盘的边缘；盘缘另有一圈小瘤；口盾三角形，略宽，外缘钝圆，内角尖锐；侧口板也为三角形，位于口盾前方；齿棘很多，常排列成不规则的 4～5 行；腹面间辐部完全裸出，仅盖有平滑的皮膜；生殖裂口较大；背腕板特别宽，宽约为长的 3.5 倍；腹腕板呈哑铃状，宽约为长的 3 倍；腕棘 4～5 个，呈细圆锥形，背面第 1 个大小变化不定，第 2 个最长。腹面第 1 腕棘到腕中部变为钩状，具有 2 个小钩；触手孔大。

生态习性：生活于潮间带到水深 256m 的沙底。

地理分布：北部湾，东海；菲律宾，斯里兰卡，澳大利亚。

参考文献：廖玉麟，2004。

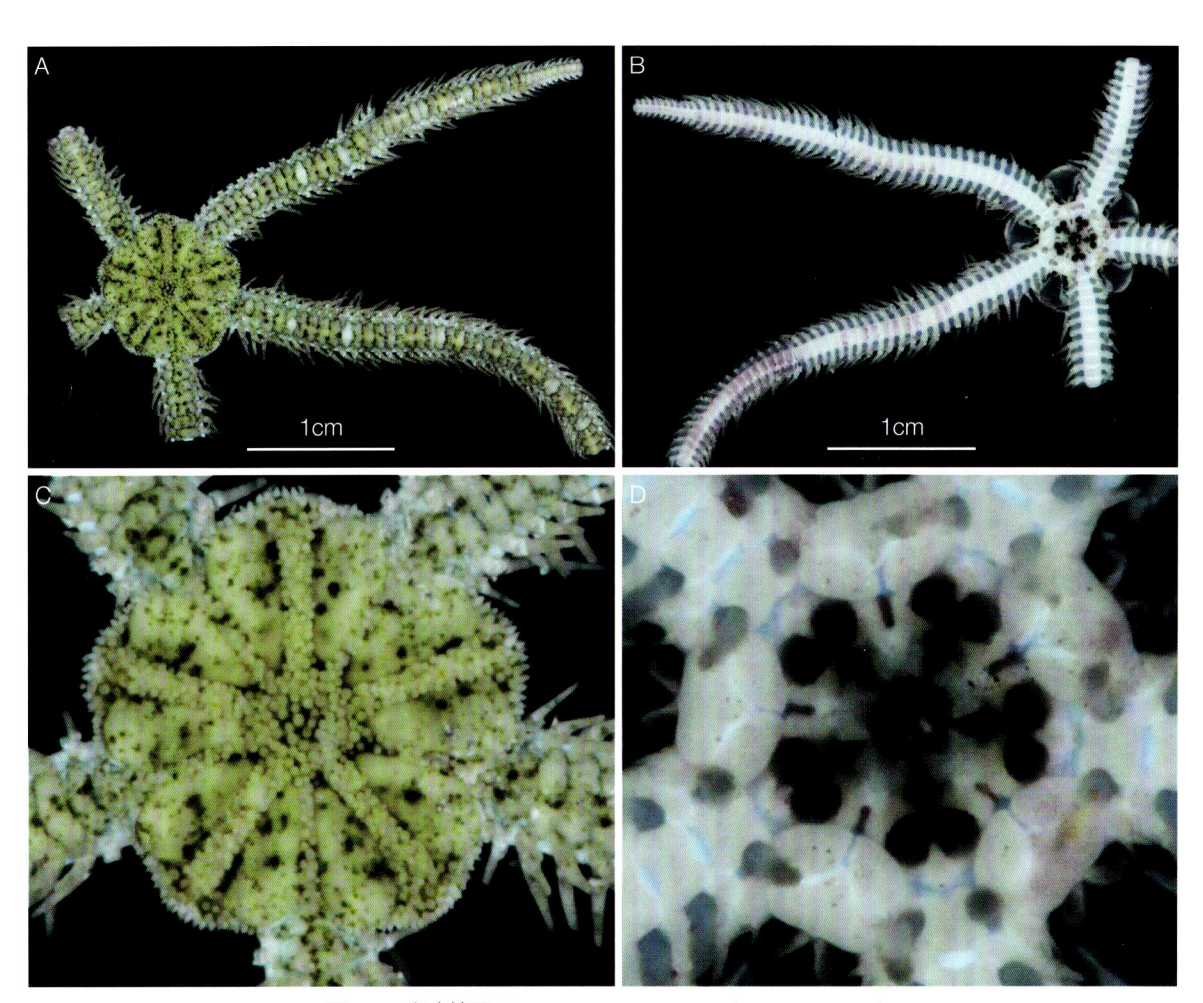

图 439 斑瘤蛇尾 *Ophiocnemis marmorata* (Lamarck, 1816)
A、C. 背面；B、D. 腹面

刺蛇尾属 *Ophiothrix* Müller & Troschel, 1840

马氏刺蛇尾
Ophiothrix (*Ophiothrix*) *marenzelleri* Koehler, 1904

标本采集地： 福建。

形态特征： 盘五叶状，直径 10～12mm，腕长为盘直径的 4～5 倍。背面密布粗短的棒状棘，顶端有小刺 3～5 个。辐盾大，三角形，外缘凹进，彼此分开；上面也密布有棒状棘，其轮廓常被掩盖。口盾菱形，角圆，外侧与生殖鳞相接。侧口板三角形，内端尖，彼此不相接。腹面间辐部大部分裸出，仅边缘具棒状棘。背腕板菱形，略宽，具突出的外缘，彼此相接。第 1 腹腕板很小，内缘凹进；第 2、第 3 腹腕板长方形，以后各板变短，呈六角形或椭圆形，外缘凹进，板间有空隙相隔。腕基部腕棘为 7～9 个，长而略扁，透明且带锯齿，末端钝，且较宽大，腹面第 1 腕棘呈钩状，具小钩 2～3 个。体色变化很多，有绿、蓝、褐、紫等，并常夹杂有黑色和白色斑纹，腕上常有深浅不同的环纹。

生态习性： 生活于潮间带岩石下、海藻间或石缝中。

地理分布： 渤海，黄海，东海，南海；日本。

参考文献： 廖玉麟，2004。

图 440 马氏刺蛇尾 Ophiothrix (Ophiothrix) marenzelleri Koehler, 1904
A. 背面；B. 腹面

朝鲜刺蛇尾
Ophiothrix (*Ophiothrix*) *koreana* Duncan, 1879

同物异名： *Ophiothrix koreana* Duncan, 1879；*Ophiothrix eusteira* H.L. Clark, 1911

标本采集地： 广西北海。

形态特征： 盘直径为 5～20mm，腕长为盘直径的 4～5 倍；盘上饰物变化很大，有的具棒状棘，有的具带刺的颗粒，有的还夹有真棘；腹面间辐部盖有和背面一样的饰物，但数量和长短也有变化；口盾形状变化也很大，多为菱形，或椭圆形、扇形；侧口板细，彼此分离；背腕板呈菱形或扇形，宽略大于长，外缘有明显的中央突出角，并且形成显著的中央脊，第 1 背腕板较小；起首的 1～3 块腹腕板较小，长大于宽，以后的腹腕板变成宽大于长，具有直或凹进的外缘，板间空隙也较大，腕基部腕棘通常为 8～10 个，以后减为 5～7 个；棘透明，边缘具细锯齿，但棘的粗细、形状和长短均变化很大，但绝不呈棒状；背面 3～5 个腕棘为最长，长相当于 2～3.5 个腕节；腹面第 1 腕棘呈钩状。

生态习性： 生活于水深 50～395m 的沙底、沙砾和贝壳底。

地理分布： 东海，南海；日本，朝鲜，俄罗斯。

参考文献： 廖玉麟，2004。

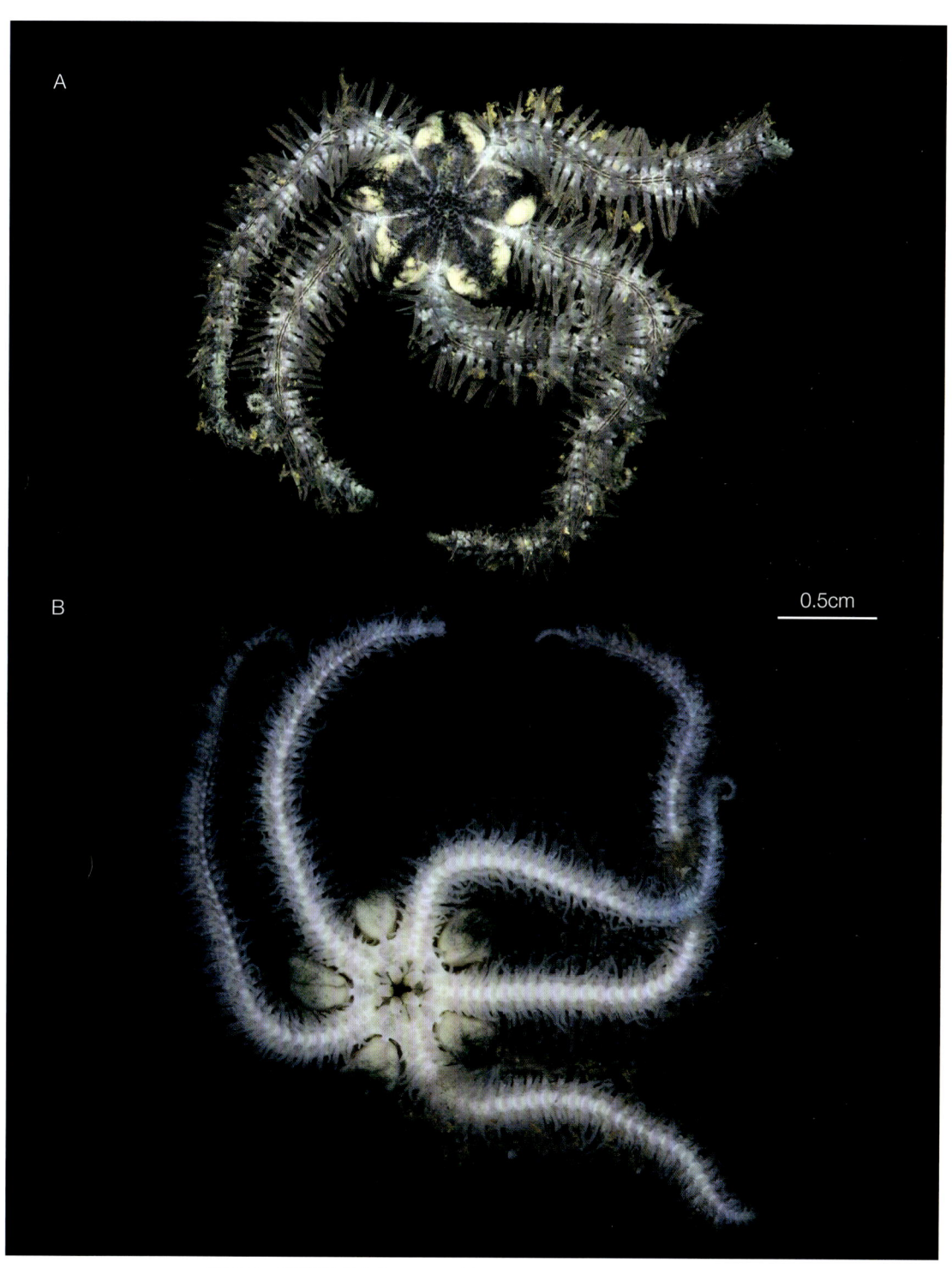

图 441　朝鲜刺蛇尾 *Ophiothrix* (*Ophiothrix*) *koreana* Duncan, 1879
A. 背面；B. 腹面

板蛇尾属 *Ophiomaza* Lyman, 1871

棕板蛇尾
Ophiomaza cacaotica Lyman, 1871

同物异名：*Ophiomaza cacaotica picta* Koehler, 1895；*Ophiomaza kanekoi* Matsumoto, 1917

标本采集地：广东。

形态特征：盘直径一般为10mm，大者可达23mm；腕短，长约为盘直径的3倍；盘圆，其上盖有大型板状鳞片，板面光滑，无任何饰物；中背板和辐板较明显，间辐部仅有1行3～4个长形大板；辐盾大，呈三角形，彼此不相接，中间夹有3～4个狭长的鳞片；腹面间辐部除边缘附近有一些多角形鳞片外，大部分为裸出的皱皮；口盾小，呈五角形，内角大而尖锐；侧口板为圆的三角形；口盾和侧口板板面粗糙，呈细颗粒状；腕圆，略隆起；背腕板呈六角形，宽略大于长；第1腹腕板为圆的三角形，其余的为长方形，宽大于长；腕棘5个，粗而呈圆筒形，末端较尖，背面第2棘最长，腹面第1棘呈钩状；体色变化很大，一般为黑褐色或紫褐色，腕背面中央有白色纵条。

生态习性：本种为著名的寄生种，寄生于海羊齿的盘部，水深0～80m。

地理分布：福建平潭至西沙群岛；东非，菲律宾，日本，澳大利亚。

参考文献：廖玉麟，2004。

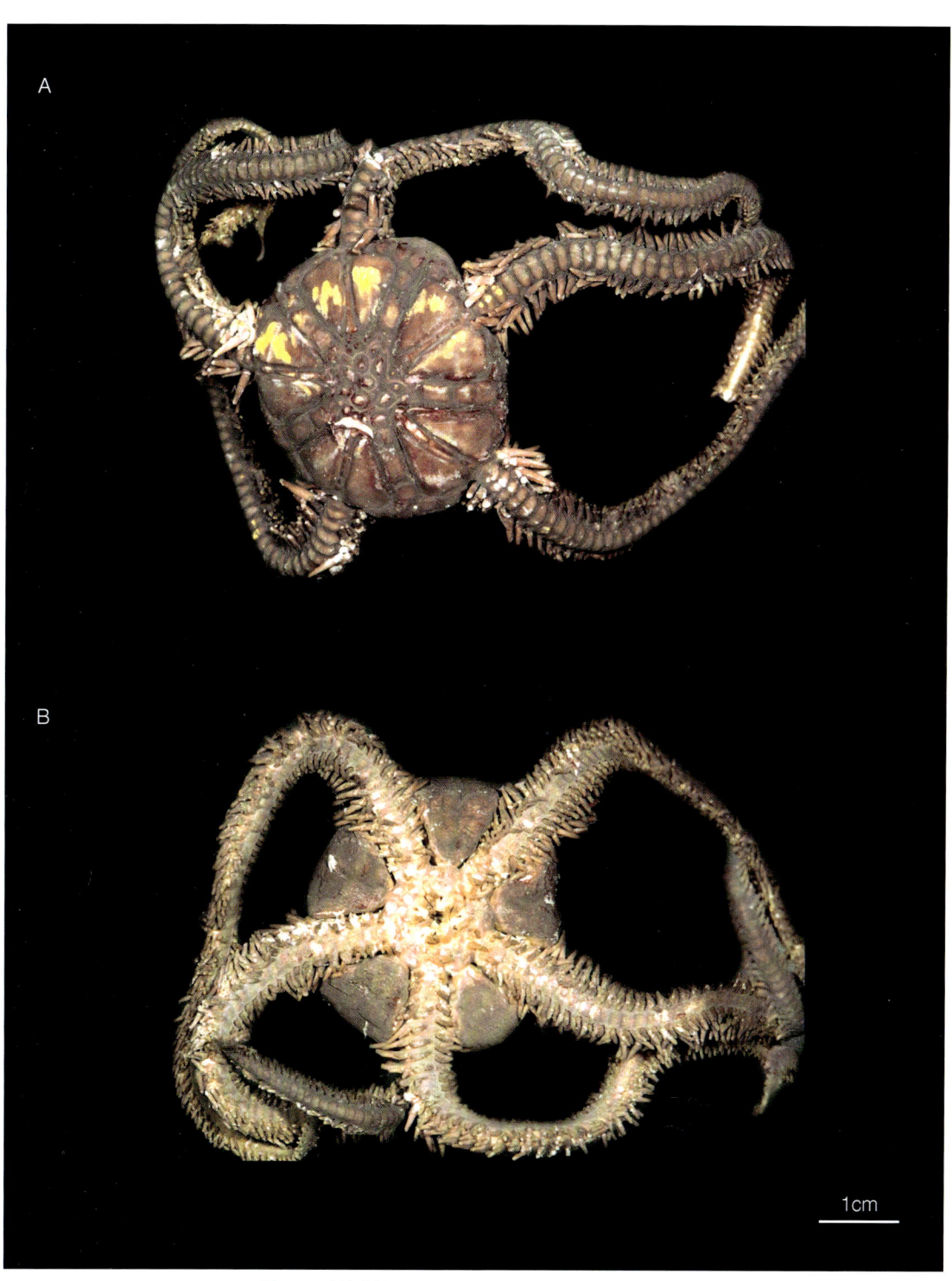

图 442　棕板蛇尾 *Ophiomaza cacaotica* Lyman, 1871
A. 背面；B. 腹面

大刺蛇尾属 *Macrophiothrix* H. L. Clark, 1938

条纹大刺蛇尾
Macrophiothrix striolata (Grube, 1868)

标本采集地： 台湾海峡。

形态特征： 盘的直径一般为 10～13mm，腕长为 70～80mm。盘圆，中央和间辐部覆有鳞片，鳞片上有多数长形棒状棘；但棘的多寡和粗细常有变化。辐盾很大，为三角形，占据盘的大部分；外缘稍弯曲，彼此靠近，仅外端相接，中间夹有 3 个狭长的鳞片。腹面间辐部大半裸出，仅边缘附近有少数长形棒状棘。口盾为菱形，宽大于长。侧口板形长，彼此相接。背腕板为四角形，稍宽，外缘略弯出。腹腕板起首的 2～3 个小，中央低陷，以后的为六角形，长宽大致相等，彼此充分相接。腕棘 6 个，背面第 2 个最长。触手鳞 1 个，圆，末端尖。体色很特别：酒精标本底子为灰白色，辐盾上点缀着几个深蓝色斑点，辐盾间有 1 块或 2 块浅蓝色大斑。腕背面有浅蓝色横带，还有由长短蓝色斑点相间排列所构成的 2 个纵条纹；其中短斑点色淡，呈细条状；长斑点色深，浸没于蓝横带的上下。腕腹面也有蓝色横带，但纵条纹不明显。5 个口盾也为蓝色。

生活习性： 生活于水深 45～89m 的沙底、粗砂底等。

地理分布： 北部湾海域到台湾海峡；印度洋-西太平洋。

参考文献： 张凤瀛，1964。

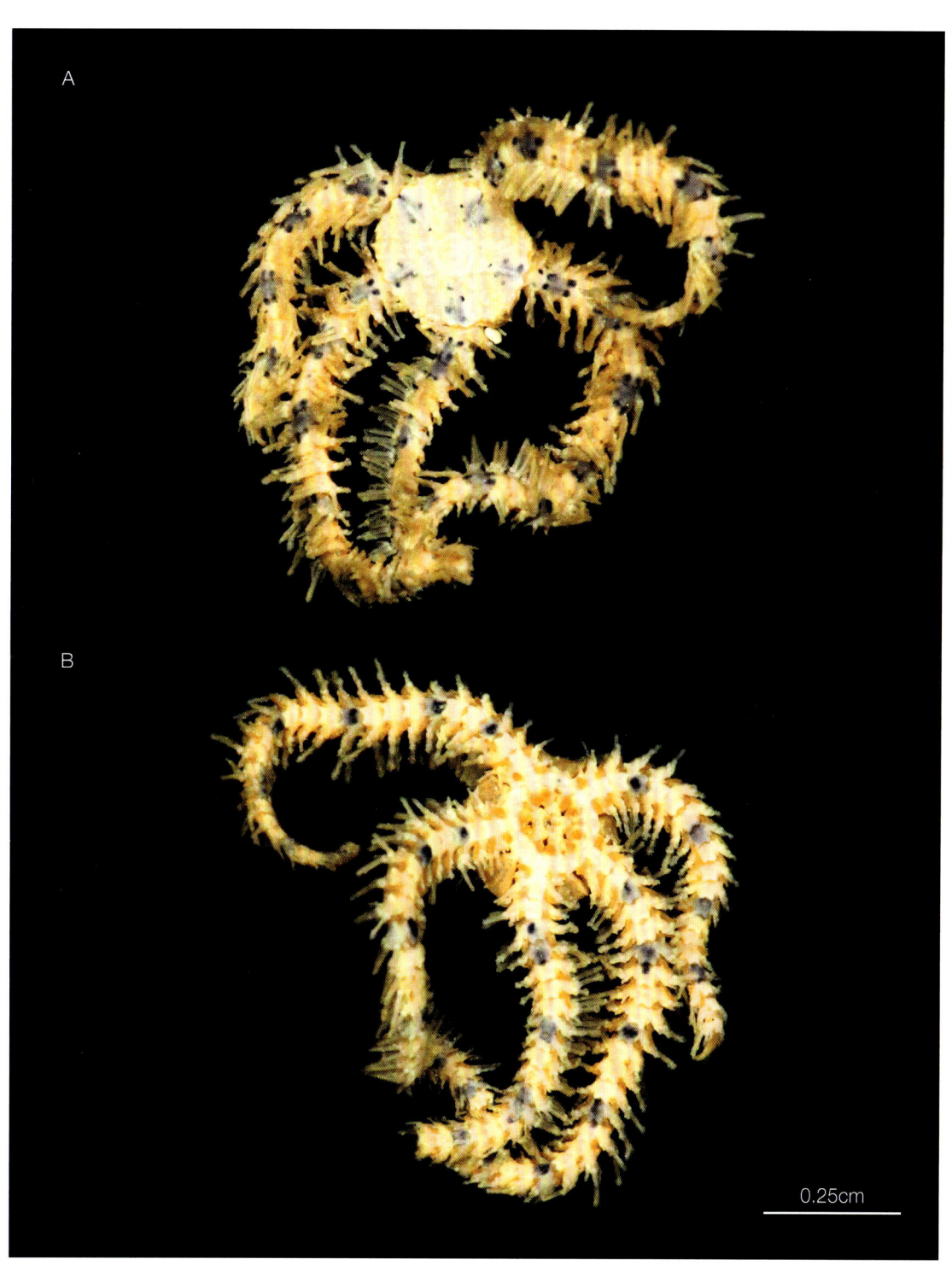

图 443　条纹大刺蛇尾 *Macrophiothrix striolata* (Grube, 1868)
A. 背面；B. 腹面

刺蛇尾科分属检索表

1. 腕只能做水平弯曲，背、腹腕板发达，常完整，界限分明，表面几乎裸出，偶尔有分散的小棘或不明显的颗粒；自由生活，不作体表生活 ………………………………………………………………… 2
- 腕能做背腹弯曲，特别是腕末端，盘平滑，既无饰物，也不具厚皮把辐盾及鳞片盖住，体表生活甚至寄生 ………………………………………………………………… 板蛇尾属 *Ophiomaza*
2. 盘背面盖有巨大的辐盾，辐盾被一行具颗粒的鳞片分隔；盘腹面间辐部裸出 ……… 瘤蛇尾属 *Ophiocnemis*
- 盘背面鳞片饰以棘、小棘和棒状棘，以替代裸出的鳞片；辐盾从小到大，长度不超过盘半径的 2/3，表面生有棒状棘或颗粒，或裸出；盘腹面最多是部分裸出 ………………………………… 3
3. 背腕板扇形或菱形，成熟个体盘直径很少超过 12mm；背腕板宽大于长；盘背面常有鳞片饰以棘、小棘和棒状棘，辐盾稀疏地饰以短的棒状棘，或裸出 ………………………… 刺蛇尾属 *Ophiothrix*
- 背腕板通常宽为长的 2 倍，或者更宽，彼此广泛相接，成熟个体常较大，许多种盘直径超过 15mm 或 20mm 以上；腕长起码为盘直径的 10 倍，甚至可达 20 倍；辐盾有时裸出，但常具有一些或很多的带刺颗粒或棒状棘 ………………………………………………… 大刺蛇尾属 *Macrophiothrix*

阳遂足科 Amphiuridae Ljungman, 1867
倍棘蛇尾属 Amphioplus Verrill, 1899

中华倍棘蛇尾
Amphioplus sinicus Liao, 2004

标本采集地： 福建。

形态特征： 盘直径 10mm，腕长 120mm，盘圆，极易缺失，间辐部稍凹进；盘背面全部盖有中等大小的鳞片；盘上下面均平滑；辐盾长为宽的 3 倍，大部分分离，仅外端相接；辐盾长小于盘半径的 1/2；各辐盾外端有指状突出，突起末端有细刺；腹面间辐部裸出；口盾略呈矛头形，长大于宽，内角和侧角皆圆，有一突出的外叶；侧口板为三角形；口板小，高大于宽。颚的两侧有 4 个口棘，齿下口棘明显成对，厚而钝，其他口棘小而呈鳞片状；第 3 口棘较大，第 4 口棘最小，第 3 口棘和第 4 口棘有空隙。背腕板大，几乎把腕背面全部盖满，呈椭圆形；第 1 腹腕板很小，呈三角形，长大于宽，以后的腹腕板呈四方形，侧缘凹进，长大于宽，或长宽相近；侧腕板上下均不相接；腕棘在腕基部为 6～7 个，以后多为 5 个；棘小而细长，接近等长，所有腕棘末端钝尖，不带任何钩刺。

生态习性： 生活于水深 7～86m 的泥底。

地理分布： 渤海，黄海，东海，南海。

参考文献： 肖宁，2015。

图 444　中华倍棘蛇尾 *Amphioplus sinicus* Liao, 2004
A. 背面；B. 腹面

光滑倍棘蛇尾
Amphioplus (*Lymanella*) *laevis* (Lyman, 1874)

同物异名：*Amphioplus laevis* (Lyman, 1874)；*Amphiura laevis* Lyman, 1874；*Amphiura* (*Amphioplus*) *praestans* Koehler, 1905；*Amphiura praestans* Koehler, 1905；*Ophiophragmus praestans* (Koehler, 1905)；*Amphioplus* (*Lymanella*) *megapomus* H.L. Clark, 1911；*Amphioplus megapomus* H.L. Clark, 1911；*Amphioplus bocki* Koehler, 1927；*Amphioplus miyadii* Murakami, 1943

标本采集地：上海周边海域。

形态特征：盘直径 10mm，腕长约为盘直径的 8 倍；盘薄而扁平，背面盖有细小而薄的覆瓦状鳞片，盘中央鳞片较大，但初级板不明显。盘边缘附近鳞片小。盘腹面间辐部鳞片较小。背面和腹面的鳞片在盘缘相交处有明显边缘鳞片。辐盾狭长，内端很尖，彼此有 2/3 相接。口盾长，呈矛头形，内角尖锐，外缘中央有一小的突出部。侧口板小，彼此相接。颚短小。口棘 4 个：齿下口棘为长形，垂直于口的深部，其余 3 个为三角形，末端钝，以中央 1 个较大。外侧口棘和内侧 2 个口棘常不连续。腕扁平，背中央有 1 条透明纵线。背腕板很宽，呈半圆形；小个体背腕板外缘平直，大个体背腕板外缘弯曲，中央稍突出。第 1 腹腕板小，长方形；其余的腹腕板为五角形，宽大于长，外缘平直或稍凹进。腕棘 3 个，大致等长，上部渐细；但腕基部 2～3 节的腕棘长扁平，稍弯曲，并且中央 1 个较粗壮。触手鳞 2 个，很发达。

生态习性：生活于水深 7～180m 的泥底。

地理分布：东海，南海；印度洋-西太平洋区域的普通种，马达加斯加，阿拉伯沿岸，日本南部，菲律宾，印度尼西亚，澳大利亚东北部。

参考文献：廖玉麟，2004。

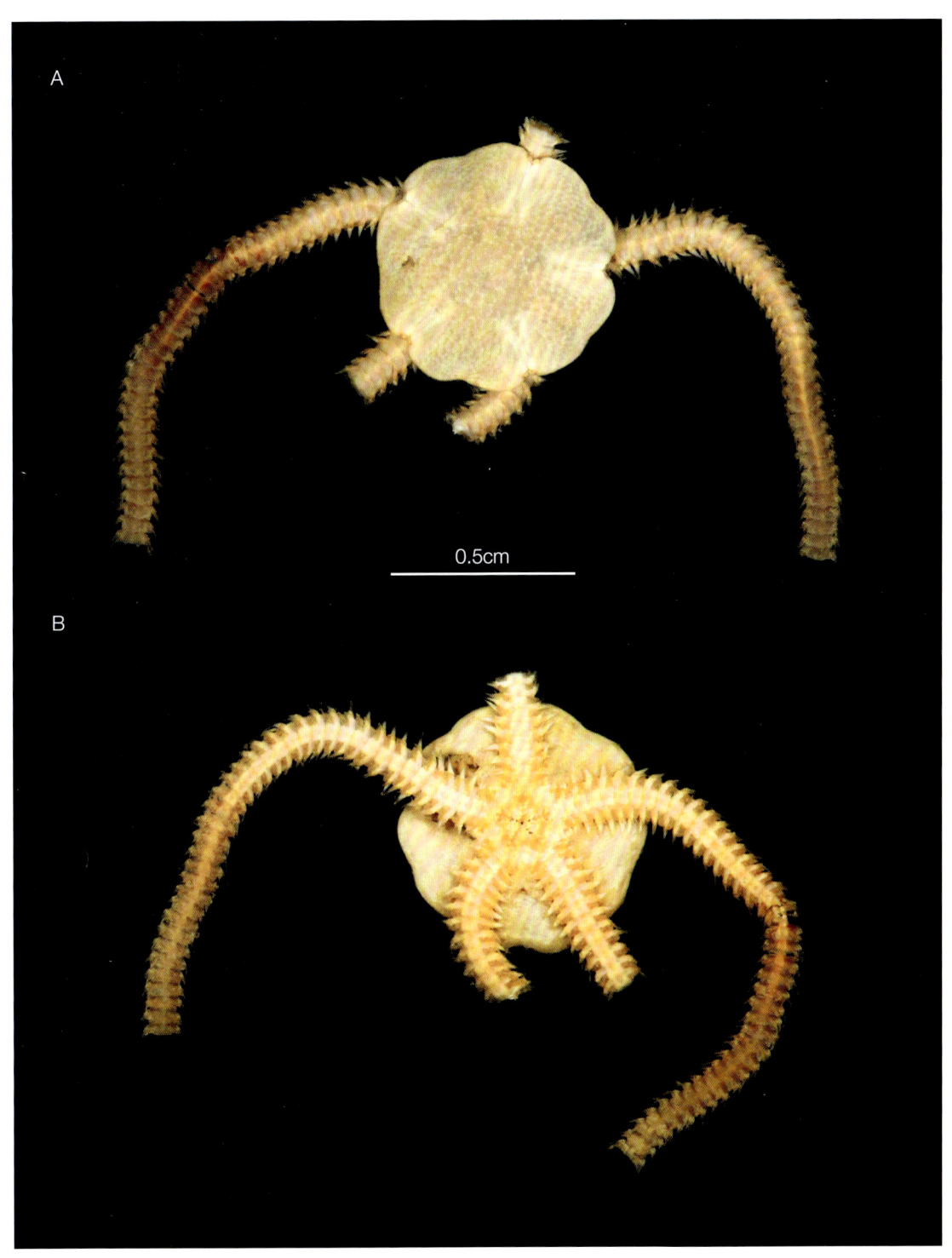

图 445　光滑倍棘蛇尾 Amphioplus (Lymanella) laevis (Lyman, 1874)
A. 背面；B. 腹面

洼颚倍棘蛇尾
Amphioplus (*Lymanella*) *depressus* (Ljungman, 1867)

同物异名：*Amphioplus depressa* (Ljungman, 1867)；*Amphioplus depressus* (Ljungman, 1867)；*Amphipholis depressa* Ljungman, 1867；*Amphiura relicta* Koehler, 1898；*Ophiophragmus affinis* Duncan, 1887；*Amphioplus relictus* (Koehler, 1898)

标本采集地：防城港。

形态特征：盘直径6～10mm，腕长为盘直径的5～6倍；盘厚，辐部弯进，间辐部膨出。盘背面有覆瓦状鳞片，中央的鳞片稍大，盘缘鳞片较小；腹面间辐部也盖有鳞片；背腹面鳞片在边缘有明显的界线。辐盾大，彼此相接。口盾变化大，小个体的口盾很窄，呈菱形，大个体的口盾内半部加宽，呈三角形或矛头形。侧口板为三角形，彼此相接。颚短而低，以侧口板为界，形成一花瓣状凹陷。口棘每侧为4个：齿下口棘较大，为长方形，垂直于口的深部，其余3个口棘以中央1个较大，为三角形，外侧1个较小，为方形。背腕板较宽。第1腹腕板很小，呈梯形，其余腹腕板为五角形，宽大于长。腕棘3个，呈圆柱形，中央1个粗壮；大个体腕基部腹面腕棘常弯曲。触手鳞2个，很大。

生态习性：生活于水深0～160m的沙或泥沙底。

地理分布：东海至北部湾；日本，菲律宾，斯里兰卡，印度尼西亚。

参考文献：廖玉麟，2004。

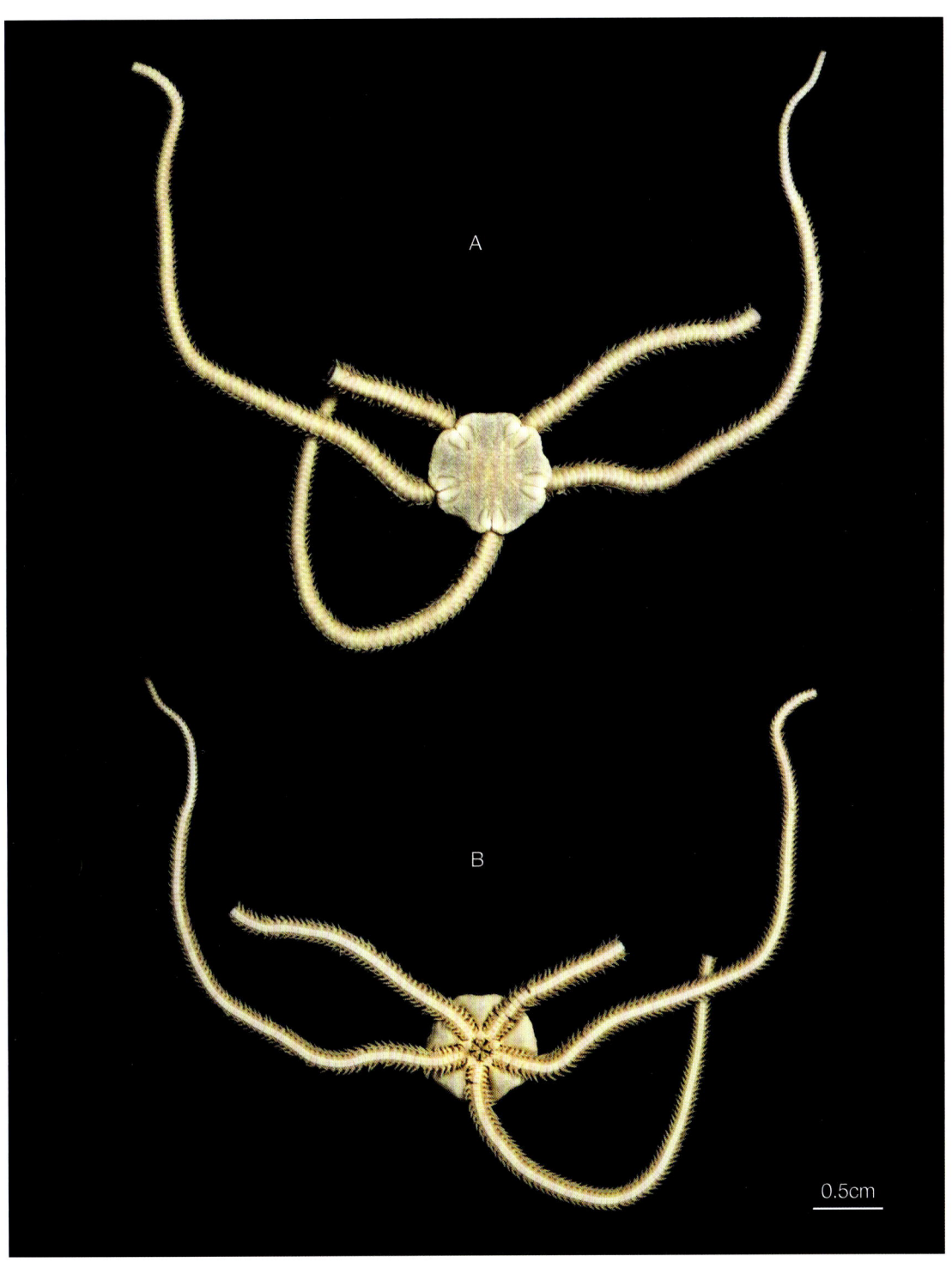

图 446 洼颚倍棘蛇尾 Amphioplus (Lymanella) depressus (Ljungman, 1867)
A. 背面；B. 腹面

日本倍棘蛇尾
Amphioplus (*Lymanella*) *japonicus* (Matsumoto, 1915)

同物异名： *Ophiophragmus japonicus* Matsumoto, 1915
标本采集地： 山东烟台。
形态特征： 盘直径为 5～6mm，腕长 25～35mm，盘形圆，间辐部向外扩张。盘背面密盖细小鳞片，沿着盘缘常有 1 行四角形的边缘鳞片。腹面最上一行和边缘鳞片相交的鳞片常突出，形成盘的栅栏（fence）。辐盾为半月形，长为宽的 2 倍，彼此几乎完全相接。盘腹面间辐部鳞片较背面者为小。生殖裂口明显，从口盾延伸至盘缘。口盾为菱形，长大于宽，内角尖锐，外角略钝圆。侧口板三角形，腹侧缘略凹进，内角彼此相接。口棘 4 个，大小几乎相等，紧密地连成 1 行。齿 5 个，末端锐，上下垂直排列。背腕板宽大，略呈椭圆形，几乎占据腕背面的大部分，板的内缘凸，外缘向外弯，彼此相接。第 1 腹腕板四角形，宽约为长的 2 倍；以后的腹腕板为五角形，宽略大于长，内角宽大，外缘平直或略凹进，彼此略相接。侧腕板在背面充分隔开，在腹面几乎相接。腕棘 3 个，接近等大，其长度约等于 1 个腕棘。触手鳞 2 个，薄而平，辐侧 1 个常大于间辐侧的 1 个。酒精标本黄白色。
生态习性： 生活于水深 10～60m 的沙底。
地理分布： 渤海，黄海，东海北部；日本陆奥湾至鹿儿岛湾。
参考文献： 廖玉麟，2004。

倍棘蛇尾属分种检索表

1. 辐盾分隔；4 个口棘不成行排列，口裂不封闭 .... 中华倍棘蛇尾 *A. sinicus*
2. 辐盾相连；4 个口棘，成行排列，且把口裂封闭 3
3. 盘腹面最上一行鳞片常具突起或小刺，并构成明显的盘缘 .... 日本倍棘蛇尾 *A. japonicus*
   - 盘腹面最上一行鳞片不具突起或小刺，不构成明显盘缘鳞片 4
4. 背腕板薄，外缘中央突出；辐盾狭长，腕长约为盘直径的 8 倍 .... 光滑倍棘蛇尾 *A. laevis*
   - 背腕板厚，外缘均匀地突出或平直；辐盾较宽，腕部特别长，腕长约为盘直径的 5～6 倍 .... 洼颚倍棘蛇尾 *A. depressus*

图 447　日本倍棘蛇尾 Amphioplus (Lymanella) japonicus (Matsumoto, 1915)
A. 背面；B. 腹面

阳遂足属 *Amphiura* Forbes, 1843

滩栖阳遂足
Amphiura (*Fellaria*) *vadicola* Matsumoto, 1915

同物异名： *Amphiura vadicola* Matsumoto, 1915; *Ophionephthys vadicola* (Matsumoto, 1915)

标本采集地： 涠洲岛。

形态特征： 盘直径为 7～11mm，腕长 105～180mm，盘间辐部凹进。盘背面覆以裸出的皮肤，皮肤内有圆形穿孔板骨片。辐盾狭长，外端相接，内端及周围有数行椭圆形鳞片。口盾小，呈五角形，宽大于长。侧口板呈三角形，内缘凹进。口板细长。口棘 2 个，齿下口棘细长，远端口棘位于侧口板前方，呈棘状。齿 5～6 个，呈长方形。腹面间辐部也盖有裸出的皮肤。生殖裂口狭长。背腕板呈卵圆形，在盘下或腕基部的 2～3 个较小，或不规则，以后的宽略大于长，彼此相接。第 1 腹腕板小，呈长方形；第 2 和第 3 腹腕板近乎方形，以后的腹腕板增宽，呈五角形，宽大于长；所有的腹腕板都隔有皮膜。腕棘在腕基部为 6～8 个，中部为 5～6 个，末端为 4 个，形状扁平，腕远端腹面第 2 棘末端明显粗糙，具细刺或带小钩，常具斧状。触手孔大，但缺触手鳞。

生态习性： 穴居于潮间带的泥沙底。

地理分布： 从辽宁至福建沿海均有地理分布；日本。

参考文献： 廖玉麟，2004。

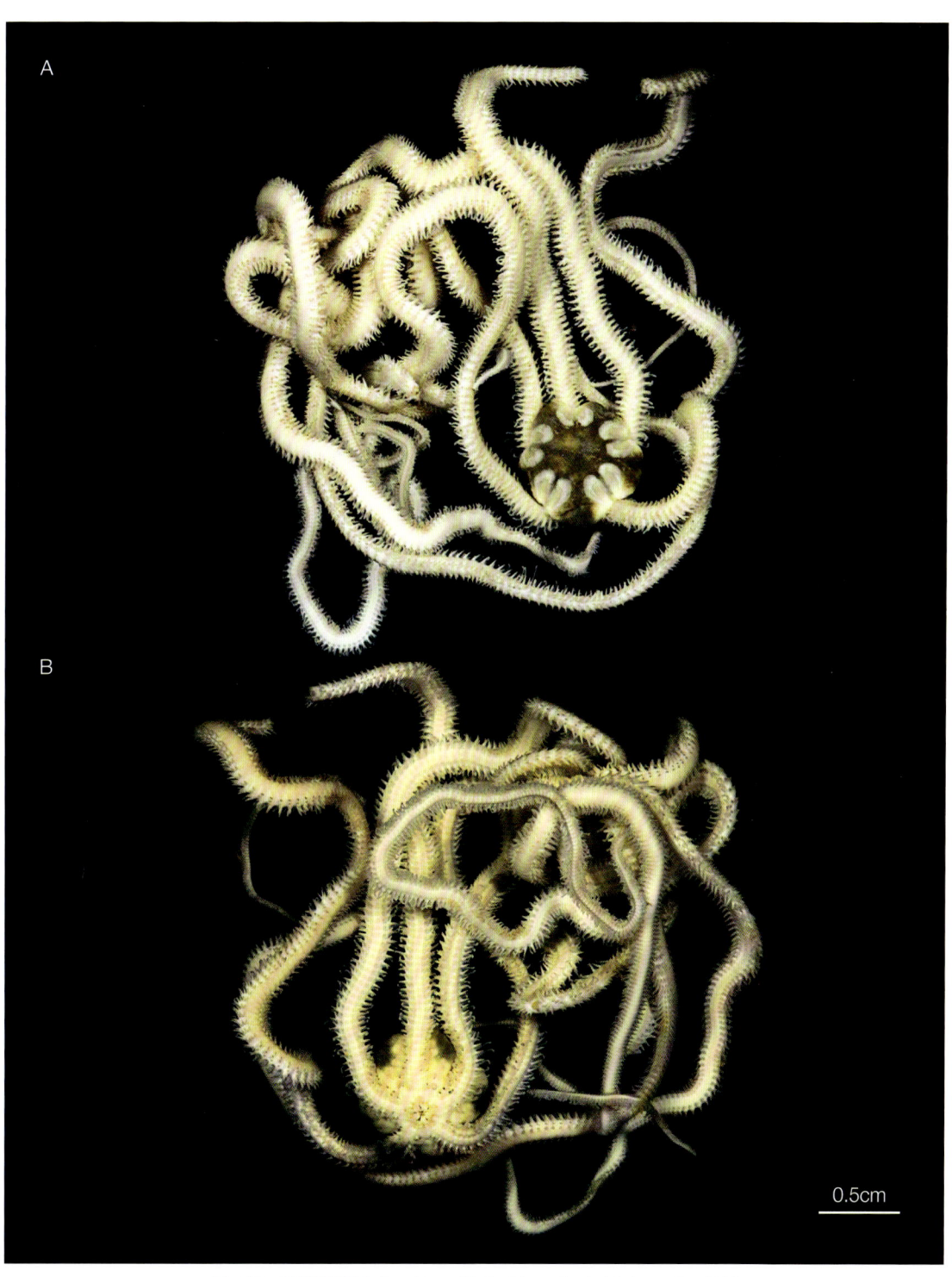

图 448 滩栖阳遂足 Amphiura (Fellaria) vadicola Matsumoto, 1915
A. 背面；B. 腹面

盘棘蛇尾属 *Ophiocentrus* Ljungman, 1867

异常盘棘蛇尾
Ophiocentrus anomalus Liao, 1983

标本采集地： 福建。

形态特征： 体型大，盘直径超过 20mm，腕长约为盘直径的 8 倍，腕基部宽约为 3.5mm。盘稍膨胀，盖有厚皮，有细薄鳞片，明显的鳞片各具有一个延长的小棘。腹面间辐部同背部一样盖有皮膜，内有细小鳞片，有些鳞片生有和背面一样的细棘。盘周围鳞片较为密集；生殖裂口宽，其内缘有 1 行略宽的鳞片。口盾小，长大于宽，邻近角钝，远端具一小叶。侧口板小，呈半圆形，侧口板缺远端口棘或仅留残迹。颚顶成对的齿下口棘明显。背腕板小，腕背面大部分被侧腕板所占据；除起首的 1～2 板外，背腕板呈心形，远端角明显，侧边直，邻近中央凹进，各板重叠。第 1 腹腕板小，宽大于长，以后的板为长方形，长大于宽，角圆，第 4、第 5 板后，板呈五角形或四角形，宽大于长，外缘凹进。侧腕板发达，上下均不相接，各板有 10 个钝尖的腕棘；所有腕棘表面光滑，但腹面的第 2 棘顶端偶尔弯曲，但不形成钩状。触手孔大。

生态习性： 生活于水深 19～62m 的泥沙底。

地理分布： 厦门沿海，北部湾，南沙群岛。

参考文献： 廖玉麟，2004。

图 449　异常盘棘蛇尾 *Ophiocentrus anomalus* Liao, 1983
A. 背面；B. 腹面

四齿蛇尾属 *Paramphichondrius* Guille & Wolff, 1984

四齿蛇尾
Paramphichondrius tetradontus (Guille & Wolff, 1984)

标本采集地： 福建近岸海域。

形态特征： 小型种。盘直径 3～4mm，腕长约为盘直径的 5 倍。盘很平，圆形，盖有少数平滑的大板，中背板和 5 个初级辐板明显可辨，在盘中央形成初级板，各板中央有透明点。辐盾大，稍呈三角形，长约为宽的 2 倍。辐盾彼此完全相接，但邻近端被一楔形小板所分隔。各间辐部有大板和小板各 3 个。腹面间辐部盖有很细的颗粒。生殖裂口明显，生殖鳞呈覆瓦状排列，数目为 10 个。口盾小，略呈菱形，长稍大于宽，具相当尖锐的内角和圆的外角。侧口板三角形，在间辐部中线彼此相接。口棘常为 4 个，少数为 3 个，最内的齿下口棘短而厚，第 2 个略小，第 3 个明显大于第 4 个，第 4 口棘常较小而发育不全。腕狭细。背腕板稍呈三角形，宽大于长，外缘的两侧角稍圆。腹腕板五角形，长稍大于宽或长等于宽，具钝的临近角与直的侧缘和外缘。腕棘 3 个，细，末端钝，中央 1 个略长。触手鳞 2 个，型小。

生态习性： 生活于水深 35～164m 的泥底。

地理分布： 东海，南海。

参考文献： 廖玉麟，2004。

阳遂足科分属检索表

1. 颚的两侧各有 2 个口棘，两者之间有空隙，口裂之内有触手鳞 2
- 颚的两侧各有 3～4 个连续的口棘 3
2. 盘鳞片被皮膜掩盖，生有分散的棘或小棘；无触手鳞 .... 盘棘蛇尾属 *Ophiocentrus*
- 盘鳞片明显，起码是在背面，少数缺鳞片；盘上无棘；1 或 2 个触手鳞，少数缺触手鳞 .... 阳遂足属 *Amphiura*
3. 盘上鳞片特别大，腹面裸出，内含细颗粒；生殖鳞片宽而呈覆瓦状 .... 四齿蛇尾 *Paramphichondrius*
- 盘上鳞片适度大，腹面常具鳞片，少数裸出；生殖鳞片不宽呈覆瓦状 ...... 倍棘蛇尾属 *Amphioplus*

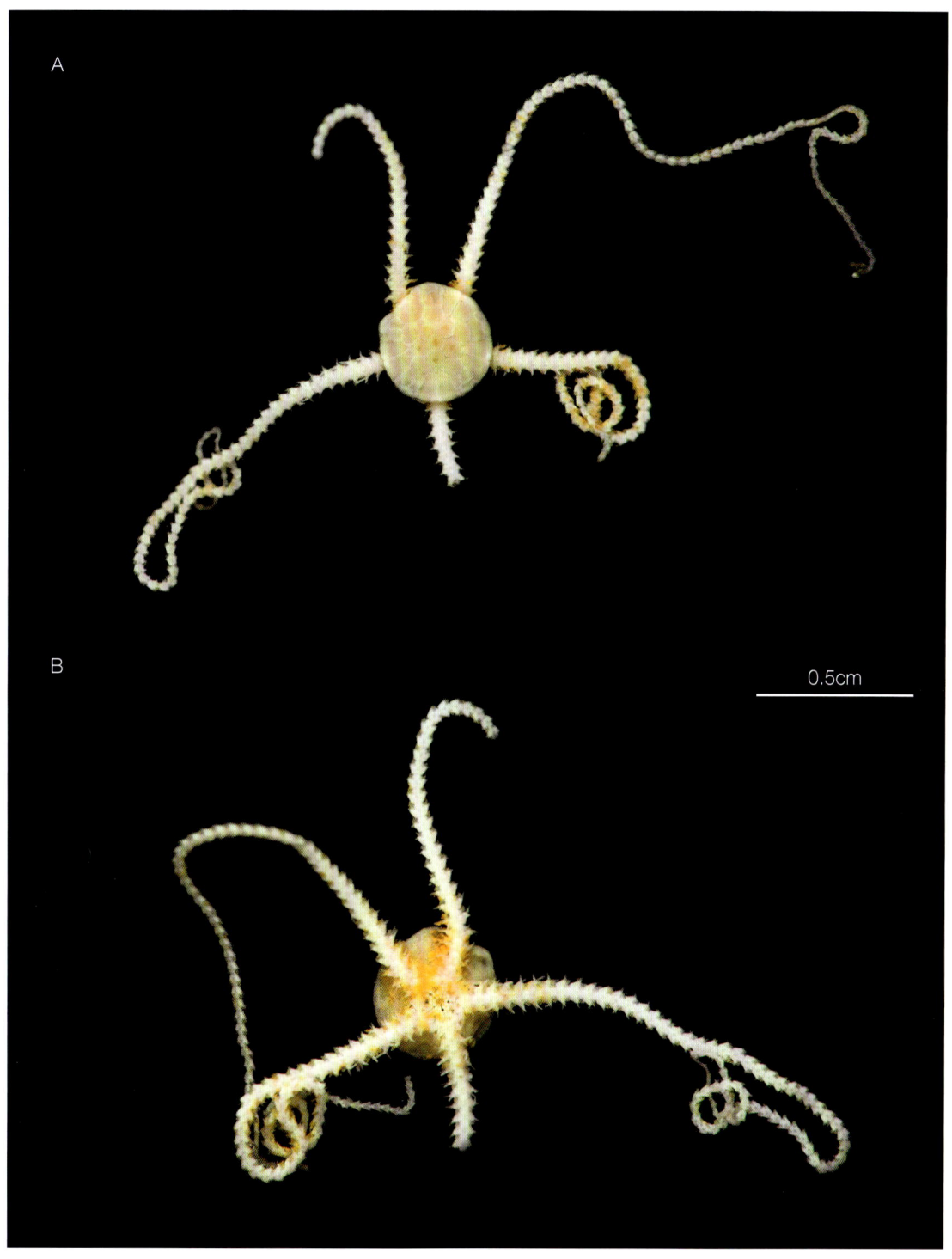

图 450　四齿蛇尾 Paramphichondrius tetradontus (Guille & Wolff, 1984)
A. 背面；B. 腹面

辐蛇尾科 Ophiactidae Matsumoto, 1915
辐蛇尾属 Ophiactis Lütken, 1856

辐蛇尾
Ophiactis savignyi (Müller & Troschel, 1842)

同物异名：*Ophiactis krebsii* Lütken, 1856；*Ophiactis sexradia* (Grube, 1857)；*Ophiactis reinhardti* Lütken, 1859；*Ophiactis reinhardtii* Lütken, 1859；*Ophiactis incisa* v. Martens, 1870；*Ophiactis maculosa* von Martens, 1870；*Ophiactis brocki* de Loriol, 1893；*Ophiactis conferta* Koehler, 1905；*Ophiactis savignyi* var. *lutea* H.L. Clark, 1938

标本采集地：福建。

形态特征：盘直径一般为 3mm，腕长约 10mm。大者盘直径可达 8mm，腕长可达 35mm。腕通常为 6 个，但有时为 5 个。常因裂体繁殖，有的个体 3 腕大、3 腕小，或者仅有半个体盘的个体。盘上盖有圆形或者椭圆形的小鳞片，上生有稀疏的小棘，盘边缘小棘较多。辐盾大，近乎半月形，中间被 3～4 个鳞片所分隔，仅外端相接。口盾近乎圆形。侧口板大，内端彼此相接，外端和邻近的侧口板也相接。远端口棘 2 个，薄片状。齿为方形。腹面间辐部大半裸出，仅边缘有少数鳞片和小棘。生殖裂口明显。背腕板大，宽大于长，外缘中央有一小突出部，板面粗糙，具细的颗粒状突出。腹腕板长宽大致相等，外缘圆。侧腕板上下均不相接。腕棘 5～7 个，短而钝，至腹腕的第 6 或者第 7 节后，变为圆锥状。各棘末端有玻璃状透明小棘。触手鳞 1 个，大片状。生活时背面为灰绿色，腕上有深色横带，酒精标本为黄褐色或草黄色。

生态习性：生活于潮间带到水深 100m 的硬质底。常隐藏在海绵孔间隙内。

地理分布：热带种，福建沿海到西沙群岛和南沙群岛。

参考文献：廖玉麟，2004。

图 451　辐蛇尾 *Ophiactis savignyi* (Müller & Troschel, 1842)
A. 背面；B. 腹面

近辐蛇尾
Ophiactis affinis Duncan, 1879

标本采集地： 浙江温州。

形态特征： 盘直径 3～7mm，腕短，长为盘直径的 4 倍；盘背面盖有大型鳞片，初级板常明显。仅盘缘鳞片具小棘。辐盾适度大，仅外端相接，内端被 2 个大鳞片所分隔。腹面间辐部鳞片很细，少数鳞片具小棘。口盾低矮，宽大于长，三角形，具圆角和小的突出叶。侧口板变化很大，多数标本在腹部和间辐部均不相连，少数标本在辐部相互靠近，远端口棘 1 个，小，位于口板内端。背腕板稍呈椭圆形，宽为长的 2 倍，彼此广泛相接。第一腹腕板很大，为六角形；以后的 4～5 腹腕板五角形，角圆，长和宽相当；从第 6 腹腕板起，呈四角形，角圆，宽大于长，彼此几乎不相接。腕棘 4 个，短而厚，最上一棘最长，但不超过 1 个腕节。触手鳞 1 个，大而圆。保存标本带绿色，混有白色。

生态习性： 生活于水深 0～90m 的沙或碎石底。

地理分布： 从渤海到北部湾；日本南部，朝鲜海峡，菲律宾和印度尼西亚。

参考文献： 廖玉麟，2004。

图 452　近辐蛇尾 *Ophiactis affinis* Duncan, 1879
A. 背面；B. 腹面

蜓蛇尾科 Ophionereididae Ljungman, 1867

蜓蛇尾属 Ophionereis Lütken, 1859

厦门蜓蛇尾
Ophionereis dubia amoyensis A. M. Clark, 1953

标本采集地： 厦门。

形态特征： 盘直径9～10mm，腕长为盘直径的7～8倍。盘背面密布细小的鳞片，鳞片延伸至腕基部的2～3个背腕板。腕基部狭，以后增宽，接近1/3～1/2处尤为明显。辐盾小，三角形，彼此广泛分隔。腹面间辐部也盖有细小鳞片。生殖裂口明显，但缺生殖疣。口盾四角形，长略大于宽，4个角皆钝圆。侧口板三角形，彼此仅略微相接。口棘5个，最外1个较大，最内1个位于齿下，略似齿下口棘。背腕板在腕基部略小，四角形，宽明显大于长，外缘明显突出，内侧缘略凹进，彼此仅略相接。腕最宽处的背腕板特宽，呈横的长方形，宽为长的3倍，而且常有裂缝，彼此广泛相接。第1腹腕板很小，四方形，宽略大于长。以后的腹腕板为四方形，长宽大致相等，彼此广泛相接。腕棘3个，短而钝尖，中央1个略微长而较粗壮。触手鳞1个，大，卵圆形。酒精标本浅褐色，常有深浅不同的斑纹，腕上有深浅不同的横节。

生态习性： 生活潮间带石底，常藏于石下。

地理分布： 仅见于我国厦门和湛江。

参考文献： 廖玉麟，2004。

图 453　厦门蜓蛇尾 *Ophionereis dubia amoyensis* A. M. Clark, 1953
A. 背面；B. 腹面

真蛇尾科 Ophiuridae Müller & Troschel, 1840
真蛇尾属 Ophiura Lamarck, 1801

金氏真蛇尾
Ophiura kinbergi Ljungman, 1866

同物异名： Ophioglypha ferruginea Lyman, 1878；Ophioglypha kinbergi Ljungman, 1866；Ophioglypha sinensis Lyman, 1871；Ophiolepis kinbergi (Ljungman, 1866)；Ophiura (Dictenophiura) kinbergi (Ljungman, 1866)；Ophiura (Ophiuroglypha) kinbergi Ljungman, 1866

标本采集地： 福建。

形态特征： 盘直径一般6～7mm，大者可达12mm；腕长20～40mm，盘扁，背面盖有圆形、光滑和大小不等的鳞片，其中背板、辐板和基板大而明显。辐盾大，呈梨子状；腕栉明显，栉棘细长，从上面可以看见8～12个。腹面间辐部盖有许多半圆形的小鳞片。生殖裂口明显，有1行细的生殖疣。口盾大，呈五角形，长大于宽，内角尖锐，外缘钝圆。侧口板狭长，彼此相接。口棘3～4个，短而尖锐。背腕板发达，腕基部者特宽，外缘略弯出。腕中部和末端者为四角形或多角形。侧腕板稍膨起；腹腕板小，呈三角形，外缘弯出，前后不相接。腕基部几个腹腕板前方各有一圆形的凹陷。腕棘3个，背面者最长，腕末端者中央1个最短。触手鳞薄而圆，在第2触手孔共有8～10个触手鳞，第3触手孔共有4～6个，第4触手孔共有2～4个，第5触手孔以后减为1个。

生态习性： 生活于潮间带到水深约500m的沙底或泥沙底。

地理分布： 渤海，黄海，东海，南海；红海向东到西太平洋。

参考文献： 廖玉麟，2004。

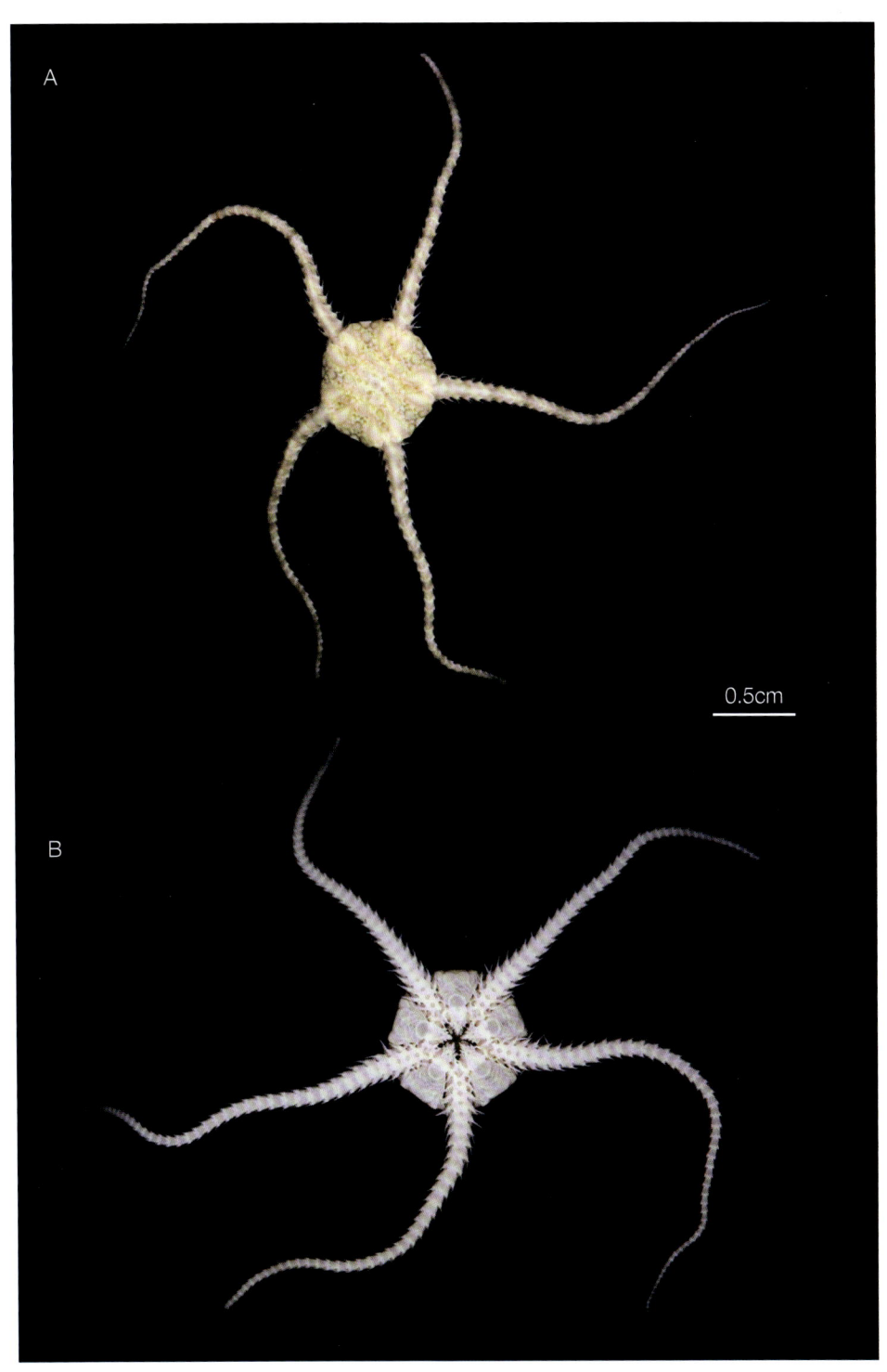

图454　金氏真蛇尾 *Ophiura kinbergi* Ljungman, 1866
A. 背面；B. 腹面

小棘真蛇尾
Ophiura micracantha H. L. Clark, 1911

同物异名： *Gymnophiura micracantha* (H. L. Clark, 1911); *Ophiura (Dictenophiura) micracantha* (H. L. Clark, 1911)

标本采集地： 台湾海峡。

形态特征： 盘直径 12mm，腕长约为盘直径的 4 倍。盘背面盖有大小不同的覆瓦状排列的鳞片，常能区别出中背板和辐板。辐盾短宽，内端尖，外端圆，彼此分隔，或仅中部相接。腕栉明显，从上面能看到 6～8 个细长的栉棘。腹面间辐部也盖鳞片，边缘者常较大。生殖裂口长，但不很明显，生殖疣发达。口盾五角形，稍宽，侧缘凹进，外缘宽平。侧口板狭长，彼此相接。口板短。口棘 3 个，外侧 1 个稍大。腕基部背腕板较宽，四角形，外缘宽且稍突出，彼此相接；以后的背腕板逐渐增长，但内缘越来越窄，到腕中部变为三角形。第 1 腹腕板略宽，外宽内窄。第 2 腹腕板很大，六角形；以后的腹腕板越来越小，变为三角形，彼此分离。腕棘 3 个，很短小，约为腕节的 1/2，下面 1 个略长，中央 1 个最短，还不及下面 1 个的一半。第 2 口触手孔每边具 4～5 个鳞片，以后的 2～3 个触手孔，每边有 3～4 个触手鳞，再后者只有 1 个触手鳞。

生态习性： 生活于水深 116～472m 的沙底，或沙和贝壳底。

地理分布： 东海，南海；日本南部，菲律宾，澳大利亚东北和东南，塔斯曼海。

参考文献： 廖玉麟，2004。

图 455　小棘真蛇尾 *Ophiura micracantha* H. L. Clark, 1911
A. 背面；B. 腹面

瓣棘目 Valvatida
瘤海星科 Oreasteridae Fisher, 1908
五角海星属 *Anthenea* Gray, 1840

中华五角海星
Anthenea pentagonula (Lamarck, 1816)

同物异名： *Asterias pentagonula* Lamarck, 1816；*Goniaster articulatus* (L. Agassiz, MS) Gray, 1866；*Astrogonium articulatum* Valenciennes (MS) in Perrier, 1869

标本采集地： 广东。

形态特征： 体呈坚实的五角星状，腕5个，短宽，末端略翘起向上。最大者R可达120mm，R：r大致为1.6～1.8。皮肤很薄；反口面隆起，硬而粗糙，各间辐中线有一明显的裸出沟。背面骨板结合成网状，板上有平顶和大小不等的疣及小颗粒，并散生着许多小瓣状叉棘。皮鳃区不规则地散布在全体背面。筛板大，略呈椭圆形，靠近盘的中央。上缘板12～19个，呈长方形；各板上有许多球形颗粒，内端者常小而少，外端者大而多，有的板上还有一小型叉棘；下缘板和上缘板大致相当，但略微突出，各板上有许多较小的颗粒和1～2个瓣状叉棘。腹侧板比较整齐，接近步带沟者排列成纵行；各板中央有一狭长的瓣状叉棘，周围有6～18个大小不等的球形颗粒。每个侧步带板有棘3行：内行为5个沟棘，比较短小；中行2棘最粗壮和钝扁；外行3棘与中行2棘相似，但较短小。口板大，呈三角形，各板有小型边缘棘10～12个。口面棘2行，和边缘棘平行，每行有4～6棘。生活时背面为暗褐色，有黄、红、紫或黑绿色斑点。

生态习性： 多栖息于低潮线至水深75m带有碎贝壳和石块的沙泥海底。

地理分布： 福建，广东沿海。

参考文献： 张凤瀛，1964。

图 456 中华五角海星 *Anthenea pentagonula* (Lamarck, 1816)
A、C. 反口面；B、D. 口面

拱齿目 Camarodonta
刻肋海胆科 Temnopleuridae A. Agassiz, 1872
刻肋海胆属 Temnopleurus L. Agassiz, 1841

芮氏刻肋海胆
Temnopleurus reevesii (Gray, 1855)

同物异名：*Temnopleurus* (*Toreumatica*) *reevesii* (Gray, 1855)；*Coptopleura sema* Ikeda, 1940

标本采集地：广东。

形态特征：壳小、薄并且脆，呈低半球形，直径一般为 30mm，最大者可达 45mm。步带较窄，约为间步带的 2/3，各步带板上有一大疣和一中疣，并且在靠近各板上缘外有许多小疣，排列成不规则的弧形，几乎成纵行。赤道部各间步带板上有一大疣和 2 中疣，排列成一横行。壳板缝合线上的凹痕变化很大；间步带板缝合线上左右两侧的凹痕在大疣的下方有一细沟或菱形凹陷彼此相通。顶系的构造比较特殊：肛门靠近右后方，接近第 1 生殖板；围肛部有一大型的肛上板；第 I 眼板常接触围肛部，各眼板的内端常显有 1～2 个凹痕。赤道部的大棘的末端呈截断形，反口面的棘一般为浅绿褐色，口面棘颜色较浅，稍带绿色。壳为淡灰色或褐色。

生态习性：沿岸浅海。

地理分布：东海，南海。

参考文献：张凤瀛，1964。

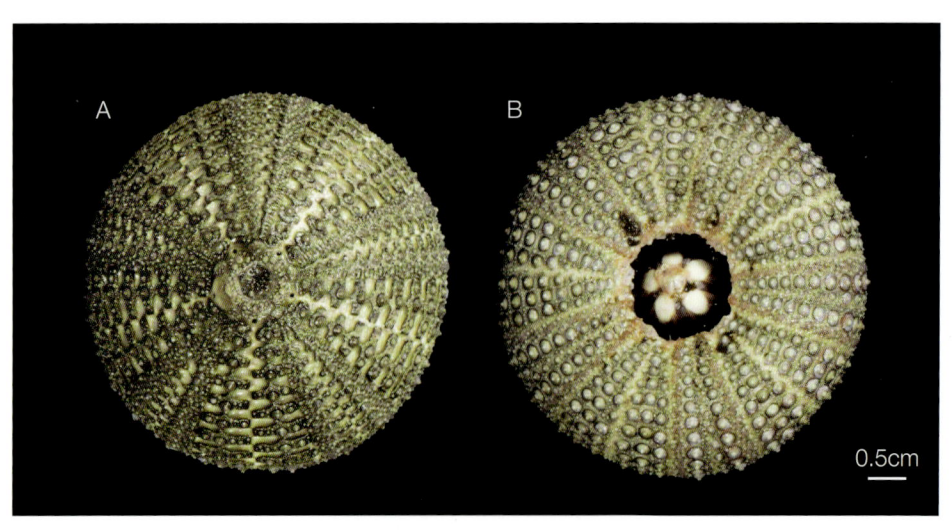

图 457 芮氏刻肋海胆 *Temnopleurus reevesii* (Gray, 1855)
A. 反口面；B. 口面

哈氏刻肋海胆
Temnopleurus hardwickii (Gray, 1855)

同物异名： *Toreumatica hardwickii* Gray, 1855；*Temnopleurus japonicus* von Martens, 1866

标本采集地： 山东招远。

形态特征： 壳中等大，颇坚固，半球形或亚锥形。壳板缝合线的凹陷在反口面颇为明显，但小于并浅于细雕刻肋海胆。大疣明显具锯齿。步带宽约为间步带的 2/3。管足孔对排列为 1 条垂直的行列。各步带板水平缝合线上的凹痕比间步带的小。步带的有孔带很窄，管足孔很小，它们和大疣的中间由数个小疣分开。各间步带水平缝合线上的凹痕大而明显，边缘倾斜，并且内端深陷，呈孔状。顶系显著地隆起，生殖板上有许多小疣。围肛板裸出，肛门靠近中央。齿具脊，齿器桡骨片在齿上方相接。大棘无横斑，基部明显呈黑褐色，或全黑色，远端部分明显为浅褐色。光壳带灰的橄榄绿色，中央区呈白色，反口面并显现为放射状。

生态习性： 栖息于潮间带到水深 230m 的沙底，潜伏在水深 10～20cm 的沙中。

地理分布： 渤海，黄海，东海大陆架，舟山群岛，台湾海峡。

参考文献： 肖宁，2015。

图 458　哈氏刻肋海胆 *Temnopleurus hardwickii* (Gray, 1855)
A. 反口面；B. 口面

球海胆科 Strongylocentrotidae Gregory, 1900

棘球海胆属 *Mesocenrotus*, Tatarenko & Poltaraus, 1993

马粪海胆
Hemicentrotus pulcherrimus (A. Agassiz, 1864)

同物异名：*Sphaerechinus pulcherrimus* (A. Agassiz, 1864)；*Strongylocentrotus pulcherrimus* (A. Agassiz, 1864)

标本采集地：黄海。

形态特征：壳为低半球形，很坚固，最大者壳直径可达 6cm，高度约等于壳的半径。步带在赤道部几乎和间步带等宽。壳板很矮，上边的疣又很密挤，故各壳板的界限很不清楚。赤道部各步带板上有 1 个大疣，其内侧有 2 个、外侧有 3～4 个中疣和其排列成不规则的横行；此外各板上还散生着许多小疣。管足孔每 4 对排列成很斜的弧形，斜的程度几乎成了水平的位置。间步带稍隆起，各间步带板上有 1 个大疣和 5～6 个中疣；另外也散生着若干小疣。顶系稍稍隆起，第 I 和第 V 眼板接触围肛部。生殖板和眼板上都密生着小疣。棘短而尖锐，长仅 5～6mm，密生在壳的表面。有的个体的大棘常歪向外方，使步带和间步带的中线显出 1 条裸出线。棘的颜色变异很大：通常为暗绿色，有的带紫色、灰红色、灰白色、褐色或赤褐色，也有白色的；还有的上端为白色或赤褐色。壳为暗绿色或灰绿色。

生态习性：栖息于潮间带到水深 4m 的砂砾底和海藻繁茂的岩礁间。

地理分布：渤海，黄海，浙江，福建沿海。

参考文献：肖宁，2015；张凤瀛，1964。

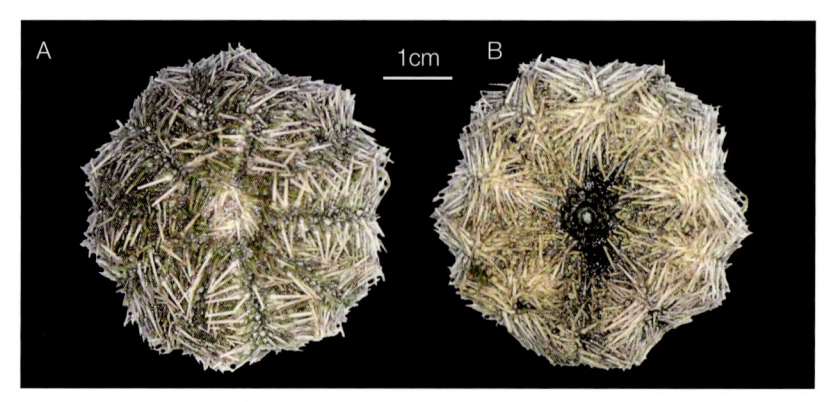

图 459　马粪海胆 *Hemicentrotus pulcherrimus* (A. Agassiz, 1864)
A. 反口面；B. 口面

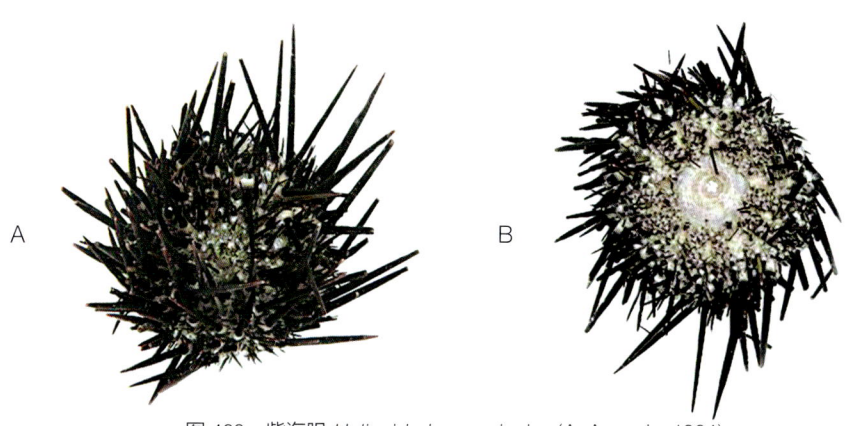

长海胆科 Echinometridae Gray, 1855
紫海胆属 *Heliocidaris* L. Agassiz & Desor, 1846

紫海胆
Heliocidaris crassispina (A. Agassiz, 1864)

同物异名： *Anthocidaris crassispina* (A. Agassiz, 1864)；*Strongylocentrotus globulosus* (A. Agassiz, 1864)；*Toxocidaris crassispina* A. Agassiz, 1864；*Toxocidaris globulosa* A. Agassiz, 1864；*Anthocidaris purpurea* (von Martens, 1886)；*Strongylocentrotus purpureus* (von Martens, 1886)；*Toxocidaris purpurea* von Martens, 1886

标本采集地： 广东。

形态特征： 壳低，为半球形，很坚固，直径为 6～7cm。步带到围口部边缘比间步带略低。步带和间步带各有大疣两纵行，大疣的两侧各有中疣一纵行，此外沿着各步带和间步带的中线还各有交错排列的中疣一纵行。大疣到口面减小。赤道部的管足孔通常是 8 对排列成一斜弧，口面的管足孔对数减少，有孔带展宽成瓣状。顶系较小，第 I 和第 V 眼板接触围肛部。大棘较大，末端尖锐，常发达不均衡：一侧者长，他侧者短。管足内有弓形骨片，它的两端尖细，背面常有 1 个发达的突起，变成三叉状。全体为黑紫色。幼小个体的棘常为灰褐、灰绿、紫或红紫色，口面的棘常带斑纹。

生态习性： 栖息于沿岸潮间带。

地理分布： 浙江，福建，广东沿海。

参考文献： 张凤瀛，1964。

图 460 紫海胆 *Heliocidaris crassispina* (A. Agassiz, 1864)
A. 反口面；B. 口面

盾形目 Clypeasteroida

饼干海胆科 Laganidae Desor, 1857

饼海胆属 Peronella Gray, 1855

雷氏饼海胆
Peronella lesueuri (L. Agassiz, 1841)

同物异名： *Echinodiscus lesueuri* (L. Agassiz, 1841)；*Laganum elongatum* L. Agassiz, 1841；*Laganum lesueuri* L. Agassiz, 1841；*Echinodiscus meijerei* Lambert & Thiéry, 1914

标本采集地： 厦门。

形态特征： 壳的形状变化很大，从椭圆形、圆形到不规则的多角形，后部较窄，边缘较厚。壳长最大者可达 110mm。反口面壳缘以内略显低平，靠近顶端渐渐隆起。生殖孔 4 个，瓣状区域狭长，略超过壳的半径，向前的一瓣常比其他 2 对瓣略长，并且末端开口，其他 2 对瓣的末端几乎闭口。管足孔对的 2 个孔间有细沟相连。间步带狭窄，到壳缘不超过步带的 1/10，口面很平，辐沟浅而短，约为壳半径的 1/2，无分枝。围口部小，凹陷得很深，被大棘所掩盖，围肛部在口面靠近壳后端，凹陷得也很深。壳表面密生绒毛状的短棘，小棘的顶端稍膨大，口面的大棘稍长，围口部的大棘略弯曲。壳表面的大疣散生无规则，各大疣基部周围有清楚的环沟。生活时呈玫瑰红色。

生态习性： 栖息于浅海的沙底，常潜伏在沙内。

地理分布： 福建，广东沿海；澳大利亚，新加坡，日本。

参考文献： 张凤瀛，1964。

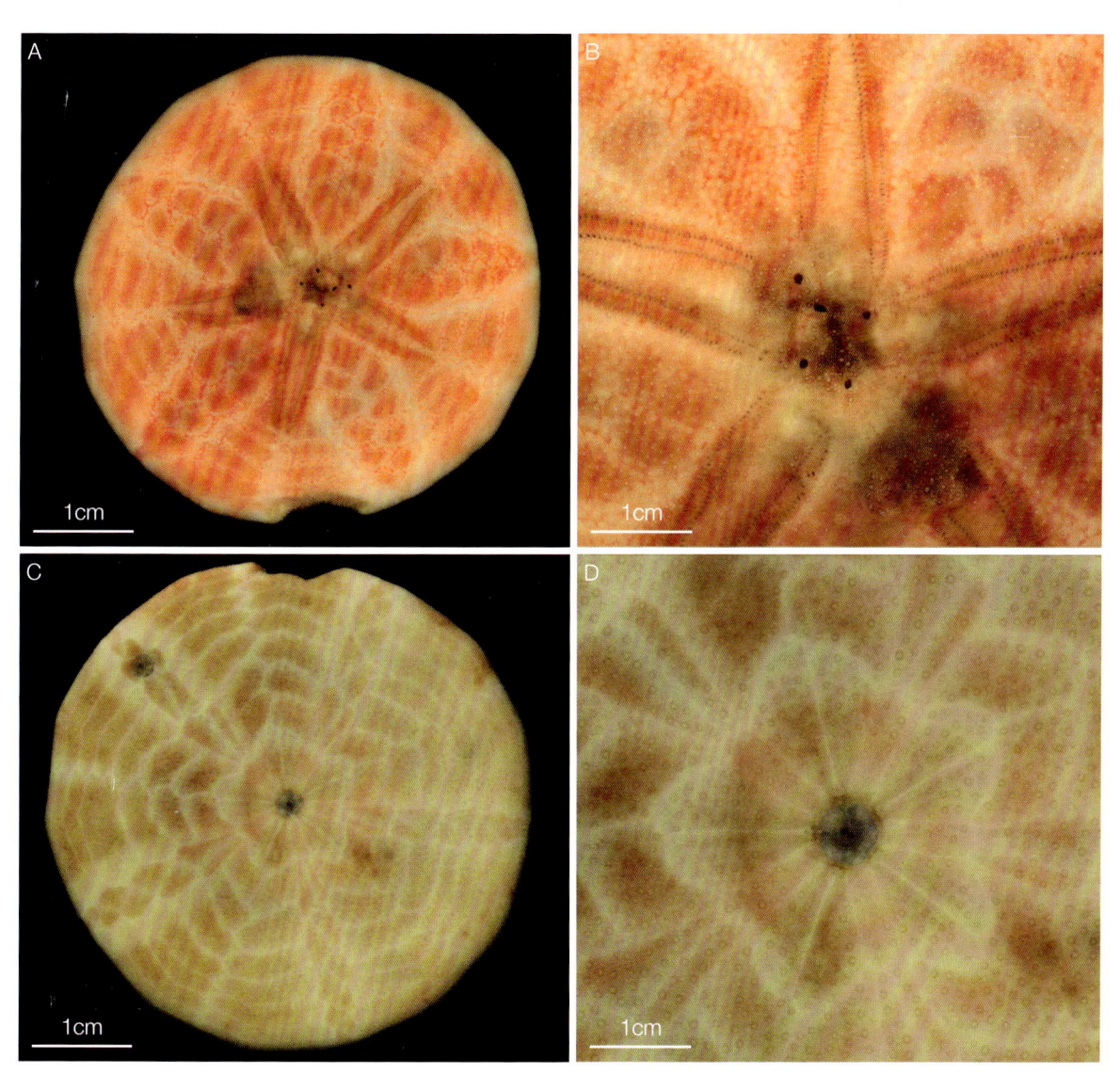

图 461　雷氏饼海胆 *Peronella lesueuri* (L. Agassiz, 1841)
A、B. 反口面；C、D. 口面

猥团目 Spatangoida

裂星海胆科 Schizasteridae Lambert, 1905

裂星海胆属 *Schizaster* L. Agassiz, 1835

凹裂星海胆
Schizaster lacunosus (Linnaeus, 1758)

同物异名：*Echinus lacunosus* Linnaeus, 1758；*Echinus lacunofus* Linnaeus, 1758；*Ova lacunosa* (Linnaeus, 1758)；*Micraster lacunosus* (Lamarck, 1816)；*Brisaster lacunosus* (Lamarck, 1816)；*Schizaster japonicus* A. Agassiz, 1879

标本采集地：舟山群岛外海。

形态特征：壳的轮廓为心脏形，后端稍尖，反口面向后的间步带隆起成龙骨状。顶点在后端，上下直立，从顶系向前渐渐倾斜。瓣状区域凹陷很深，前对瓣较长，末端略向外弯；后对瓣较直，长度约为前对瓣的 1/2。向前的步带宽而深陷，并在壳前缘形成一"V"形凹槽，与凹槽左右相接的 2 个间步带陡然高起，形成 2 个直立的棱角；生在这一步带沟内的管足孔对呈规则的单系列排列。顶系略偏于后方，有 2 个大型生殖孔，另外在左前间步带还有 1 个微小的生殖孔。口面稍凸，围口部靠近前端，略呈肾脏形，不甚凹陷。唇板的边缘较厚且略翻转。周花带线较宽，在各瓣区的外端为三角形的带，并在其两侧中部分出侧带线或侧肛带线绕到围肛部的下方。大棘生长的部位似乎有一定范围，瓣状区域的各瓣被大棘所覆盖，此外在口面中央部、赤道部和肛门的两侧，亦生有较长的大棘。棘为红紫色或暗紫色。

生态习性：生活在沙泥底，垂直地理分布 5～90m。

地理分布：东海，南海；澳大利亚，东非，日本南部。

参考文献：张凤瀛，1964。

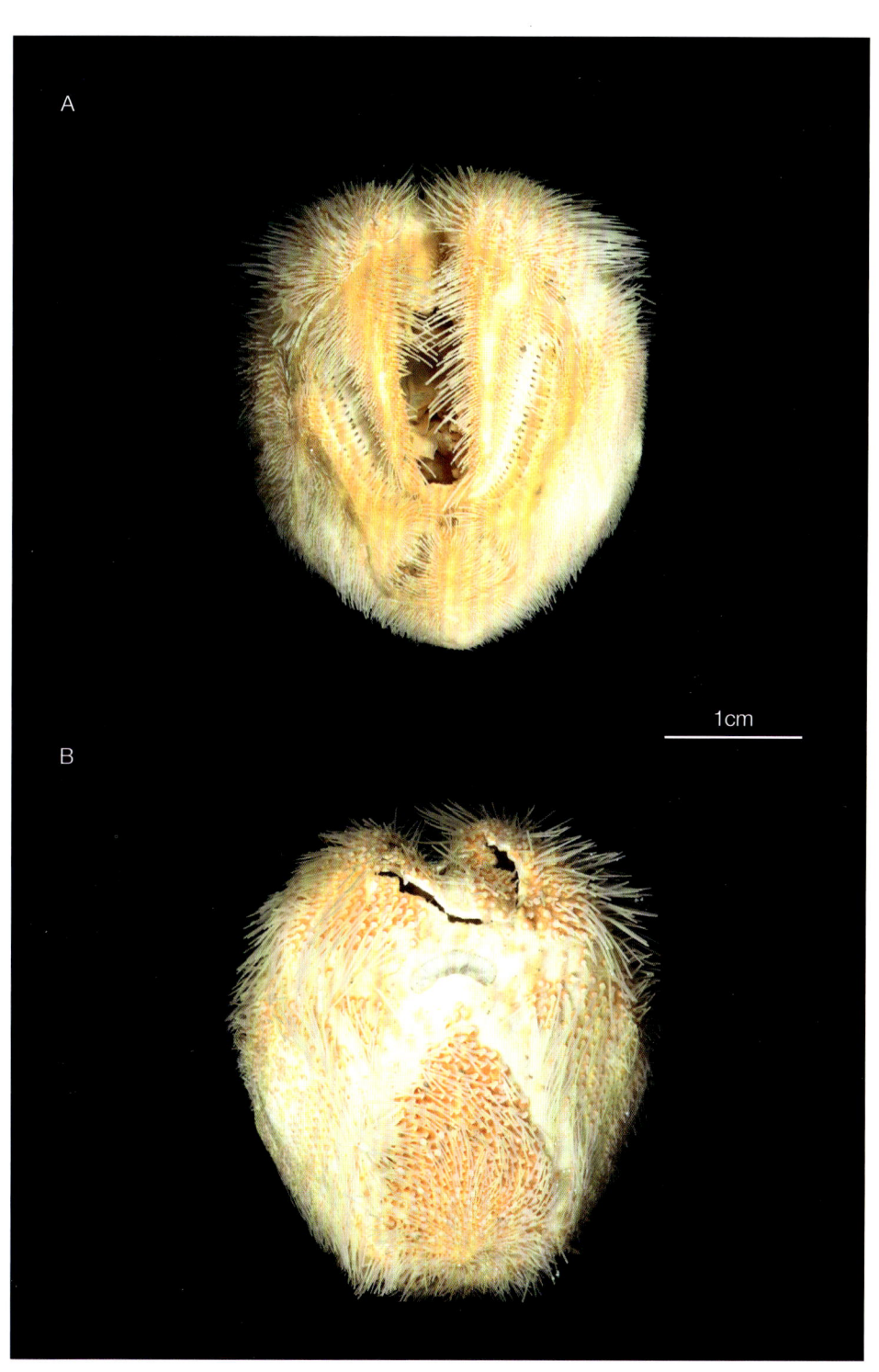

图 462　凹裂星海胆 *Schizaster lacunosus* (Linnaeus, 1758)
A. 反口面；B. 口面

枝手目 Dendrochirotida
瓜参科 Cucumariidae Ludwig, 1894
翼手参属 *Colochirus* Troschel, 1846

方柱翼手参
Colochirus quadrangularis Troschel, 1846

同物异名：*Colochirus coeruleus* Semper, 1867；*Colochirus jagorii* Semper, 1867；*Pentacta jagorii* (Semper, 1867)；*Pentacta coerulea* (Semper, 1868)；*Colochirus tristis* Ludwig, 1875；*Pentacta tristis* (Ludwig, 1875)；*Pentacta coerulea* var. *rubra* Clark, 1938

标本采集地：广东。

形态特征：体长 30～180mm，宽 10～45mm，体呈方柱形。沿着身体的 4 个棱角各有 1 行排列较规则的锥形大疣足，大疣足中间常夹有较钝的小疣足；另外在腹面中央线两端，常有同样的大疣足 1～3 个。腹面平坦，呈足底状，腹面管足很多，排列为 3 纵带，每带有管足 4～6 行。口在身体前端，具触手 10 个，腹面 2 个较小。肛门偏于背面，周围有 5 个齿和 5 个大鳞片。波氏囊 1 个。石管很多，围成一圈。体壁坚实，骨片多而发达。除大鳞片外，还有网状球形体和网状皿形体；皿形体的凹面和开口面有一到数个交叉的横梁，梁的表面光滑或具突起。生活时背面和两侧为灰红色，疣足为红色，触手为灰黄色，分枝为血红色或紫红色，管足为浅红色。

生态习性：生活于潮间带到水深约 100m 的硬质底。

地理分布：福建，广东，广西沿海，北部湾。

参考文献：廖玉麟，2004。

图 463　方柱翼手参 *Colochirus quadrangularis* Troschel, 1846

尾翼手参属 *Cercodemas* Selenka, 1867

可疑尾翼手参
Cercodemas anceps Selenka, 1867

同物异名： *Colochirus anceps* Semper, 1867; *Colochirus cucumis* Semper, 1867

标本采集地： 广东。

形态特征： 体长 40～120mm，直径 10～30mm，呈腊肠形。两端较细而钝圆。背面有很多大小不等、排列不规则的瘤状疣足，每个突起或疣足中央有 1 个能收缩的管足。腹面稍凸，前后端翘起，形如船底。管足很多，在腹面排列成 3 纵带，每带有管足 4～6 行，靠近两端管足数目减少。口和肛门都弯向背面；触手收缩时，口周围有 5 个瓣；触手 10 个。腹面对较小；肛门周围有 5 个小齿；波里氏囊和石管均为 1 个。体壁十分坚硬，骨片丰富，有许多大而复杂的网状球形体和网状皿形体，以及瘤穿孔板或扣状体；体壁深部还有许多大型鳞片，鳞片呈卵形。动物生活时颜色十分鲜艳，背部为淡红色，并带有浅黄色云斑；腹面间步带为浅黄色，步带为淡红色；触手为深红色或紫红色，并具黄色小斑点；管足为红色。

生态习性： 生活于浅海，从潮间带到水深 10m 的泥底或沙底。

地理分布： 福建，广东，广西，海南沿海；印度尼西亚，菲律宾，澳大利亚。

参考文献： 廖玉麟，2004。

图 464 可疑尾翼手参 *Cercodemas anceps* Selenka, 1867
A. 背面和腹面观；B. 网状球形体；C. 皿状体；D. 有瘤穿孔板（D 图引自廖玉麟，1997）

细五角瓜参属 *Leptopentacta* Clark, 1938

细五角瓜参
Leptopentacta imbricata (Semper, 1867)

同物异名： *Ocnus imbricatus* Semper, 1867；*Ocnus javanicus* Sluiter, 1880；*Ocnus typicus* Théel, 1886

标本采集地： 福建海域。

形态特征： 体型很小，最大者体长约 4cm，一般的仅 2～3cm。身体狭窄，呈纺锤形，并且常有 5 条不很明显的纵棱。它的后端较前端尖细，并向背面弯曲。触手 10 个，腹面 2 个较小，无肛门齿。体壁粗硬似革质，表面盖有大小不等圆形或卵圆形的石灰质鳞片。管足僵硬和直立而无收缩力，沿着 5 个辐部各排列为一直行，每行普通有 15～20 个管足，但背面的管足数目较少，排列也比较稀疏。波里氏囊和石管都是 1 个。石灰环的辐片和间辐片的前端都尖而突出，后端呈截断形。皮肤内的骨片主要有 2 种：第 1 种为不规则、圆形或椭圆形的带瘤扣状体，每个扣状体有 4～6 个穿孔，除去中央有 1～2 个瘤状突起外，四周边缘上也有瘤状突起；第 2 种骨片是微小和不规则的花纹样体。酒精标本为黄白色。

生态习性： 生活于沿岸浅海沙底。

地理分布： 广东沿海，北部湾，海南岛。

参考文献： 张凤瀛，1964。

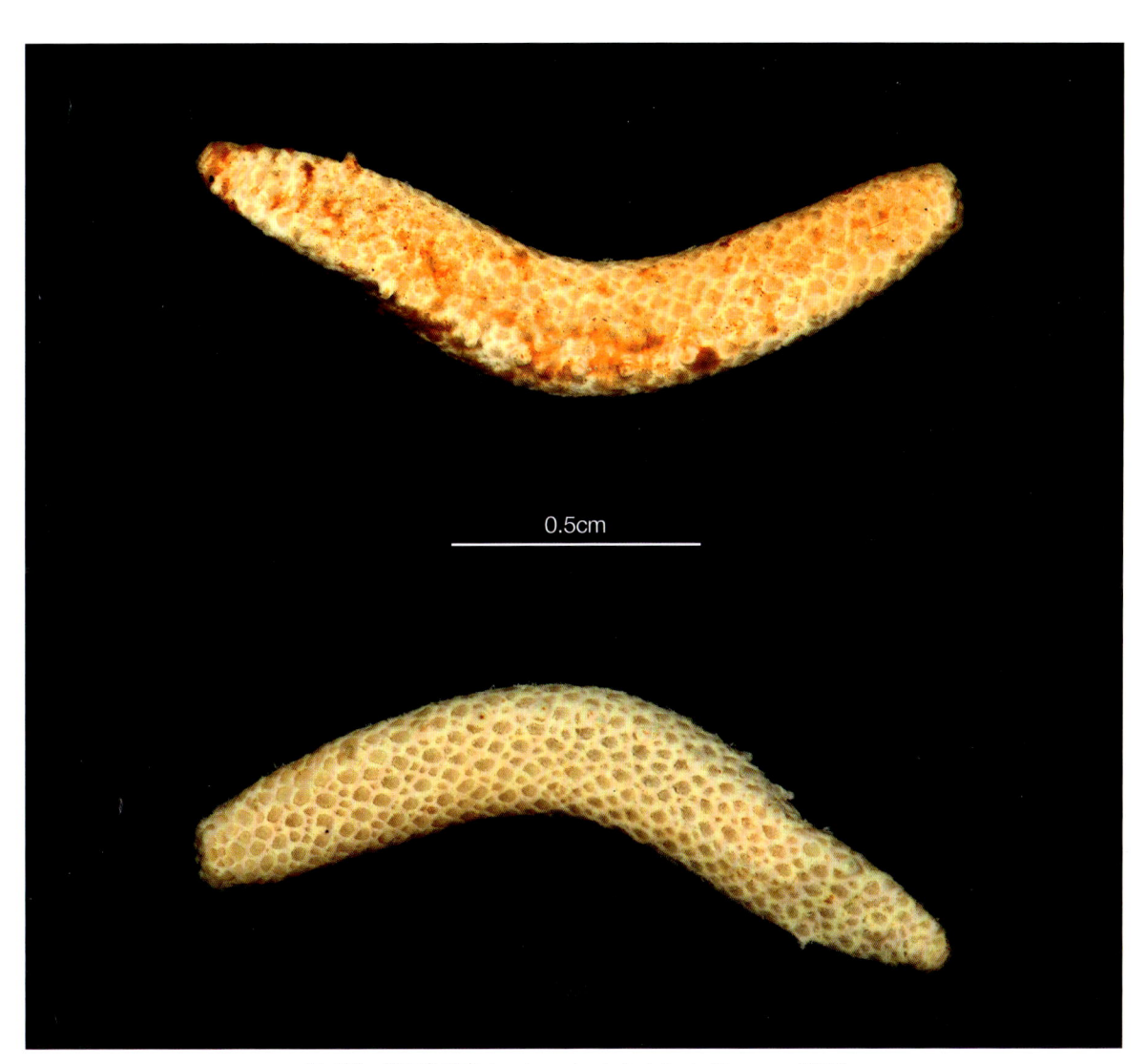

图 465　细五角瓜参 *Leptopentacta imbricata* (Semper, 1867)

桌片参属 *Mensamaria* Clark, 1946

二色桌片参
Mensamaria intercedens (Lampert, 1885)

同物异名：*Pseudocucumis intercedens* Lampert, 1885；*Cucumaria bicolor* Bell, 1887；*Pseudocucumis niger* Sluiter, 1914；*Cucumaria striata* Joshua & Creed, 1915；*Pseudocucumis eurystichus* Clark, 1921

标本采集地：厦门。

形态特征：体呈纺锤形，长3～12cm，直径为1～3cm。口和肛门皆端位。身体表面光滑，管足只沿着5个步带生长，幼小个体每个步带具管足2行，成年个体则具4～6行。间辐部裸出，无管足和疣足。触手25～30个，大小不等，排列为内外2圈。体壁较厚，骨片有桌形体和穿孔板。桌形体形状比较特殊：它的底盘为不规则的圆形或卵圆形，周缘平滑，有4个大孔和4个或4个以上的周缘小孔；它的塔部由2个立柱和2～4个横梁构成，上部渐细，顶上普通有2～3齿。触手内有纤细的杆状体。管足内有和体壁内同样的桌形体，无杆状体。生活时身体和触手为黑色，管足为红色，两种颜色相间排列得很美丽。酒精标本间辐部为黑色，辐部和管足为灰白色。

生态习性：近岸浅水区域。

地理分布：海南岛，广东，福建沿海；澳大利亚西岸。

参考文献：张凤瀛，1964。

图 466　二色桌片参 *Mensamaria intercedens* (Lampert, 1885)

辐瓜参属 *Actinocucumis* Ludwig, 1875

模式辐瓜参
Actinocucumis typica Ludwig, 1875

同物异名：*Actinocucumis difficilis* Bell, 1884；*Pseudocucumis quinquangularis* Sluiter, 1901；*Phyllophorus simplex* Sluiter, 1914；*Phyllophorus cornus* Heding, 1934；*Actinocucumis longipedes* Clark, 1938

标本采集地：福建海域。

形态特征：体为圆柱状，两端较细，长 5～10cm，直径为 1～2.5cm。腹面不很平坦，故背腹面的区别不显著。体壁虽薄，但很涩硬。管足僵硬，收缩性很小，腹面的管足较背面的发达和密挤。5 个辐部各有管足 4～6 行，两端减为 2 行。口和肛门皆端位并略弯向上方。肛门周围有 5 个小齿。触手 20 个，形状和大小都不同，排列也不规则。石灰环各辐片的前后两端都略凹入，呈浅叉状，后端没有延长部。波里氏囊和石管都是 1 个。呼吸树发达。体壁内的骨片有很多小的 "8" 字形体和扣状体。扣状体有 4 个小孔。管足内有大型支持杆状体，其形状很特别，有点像公牛的头骨。生活时身体和管足为褐色或略带红色，触手为黑褐色。

生态习性：潮间带和近岸浅水海域。

地理分布：广东，福建沿海；澳大利亚，印度。

参考文献：张凤瀛，1964。

瓜参科分属检索表

1. 触手 15～30 个 2
   - 触手 10 个；骨片包括复杂的穿孔板和网状球形体 3
2. 触手 20 个；体壁坚硬；背面间步带有疣足；骨片大部分是 "8" 字形体 ... 辐瓜参属 *Actinocucumis*
   - 触手 30 个；体壁柔软；背面间步带无疣足；骨片为桌形体 .... 桌片参属 *Mensamaria*
3. 背面附属物为坚硬的管足；管足沿着 5 个步带成单行排列；身体细长而弯曲，横切面为五角形 .... 细五角瓜参属 *Leptopentacta*
   - 背面附属物为疣足或大瘤状突起；管足仅限于腹面，数目多，每个步带有 4～8 行；身体粗钝，不弯曲，横切面为方形 .... 翼手参属 *Colochirus*

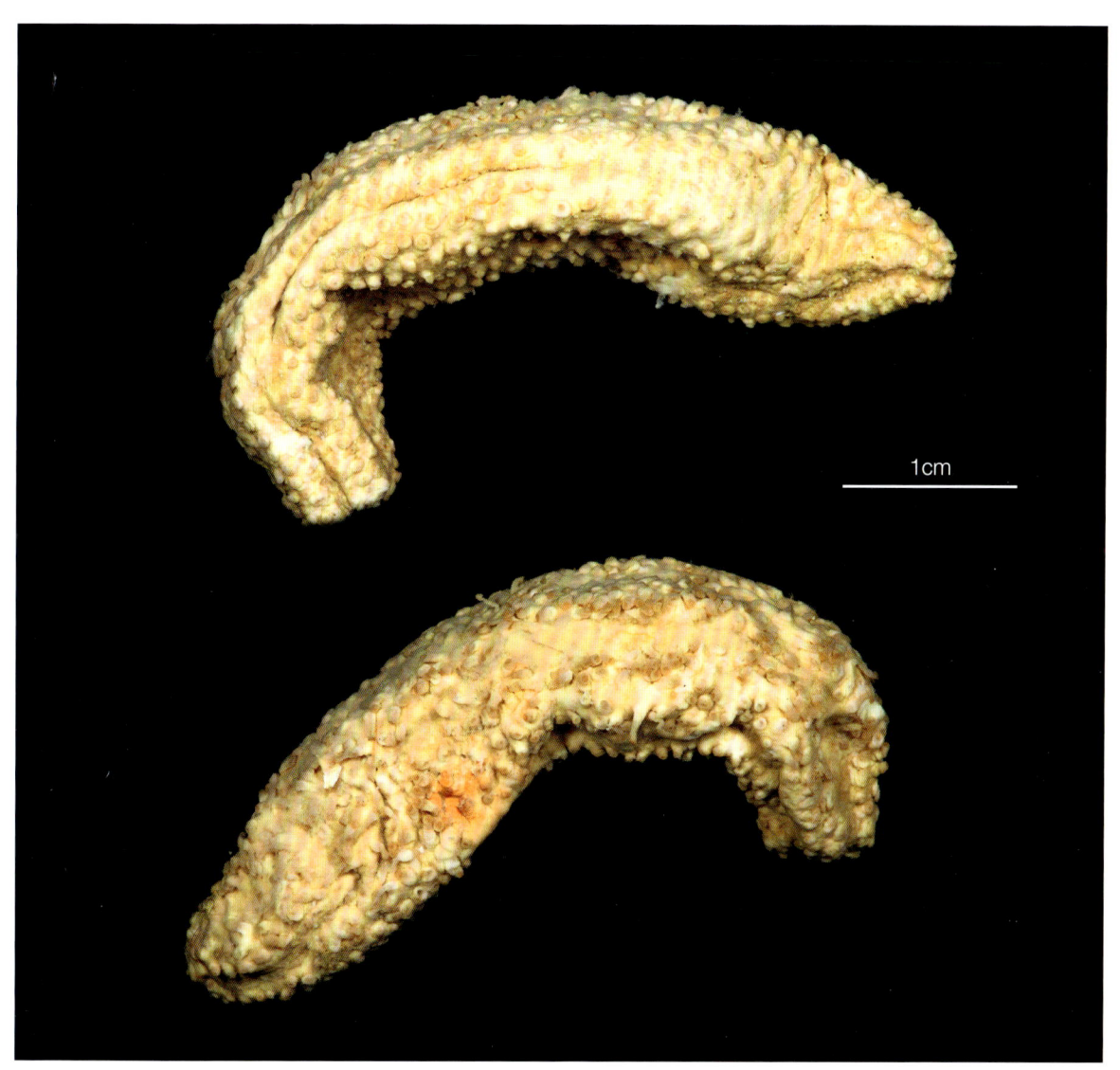

图 467　模式辐瓜参 *Actinocucumis typica* Ludwig, 1875

沙鸡子科 Phyllophoridae Östergren, 1907

囊皮参属 Stolus Selenka, 1867

黑囊皮参
Stolus buccalis (Stimpson, 1855)

同物异名： Thyone buccalis Stimpson, 1855；Stolus sacellus Selenka, 1867；Thyone (Stolus) rigida Semper, 1867；Stereoderma murrayi Bell, 1883；Thyone buccalis var. pallida Clark, 1938；Thyone buccalis bourdesae Domantay, 1962

标本采集地： 广东。

形态特征： 中等大，体长一般为 70～90mm，直径为 25mm，体呈纺锤形，并向背面弯曲，触手 10 个，腹面 2 个显然较小。肛门周围有发育不全的小齿。管足遍布全身，常收缩。背面的管足变成低的疣足。石灰环很大，全部由马赛克小板镶嵌构成，各辐板前端有一突出部，后端有细长分叉后延部。各间辐板前端也有一尖的突出部。波里氏囊通常有 4 个。石管数目很多。体壁厚而粗，有皱纹。骨片非常丰富，形状为椭圆形，有穿孔 4 个，中央穿有 1 个垂直小环，四周有约 12 个瘤。触手内有花纹样体和细小杆状体；管足内的支持杆状体呈板状，形成穿孔板。动物生活时为黄褐色或紫褐色，触手为黑色。

生态习性： 生活在低潮区附近的岩石或珊瑚礁下，有时在水深 30～50m 的海底拖网也能采到。

地理分布： 福建到北部湾近岸海域，海南岛；日本，红海，马达加斯加，孟加拉湾，菲律宾。

参考文献： 廖玉麟，2004。

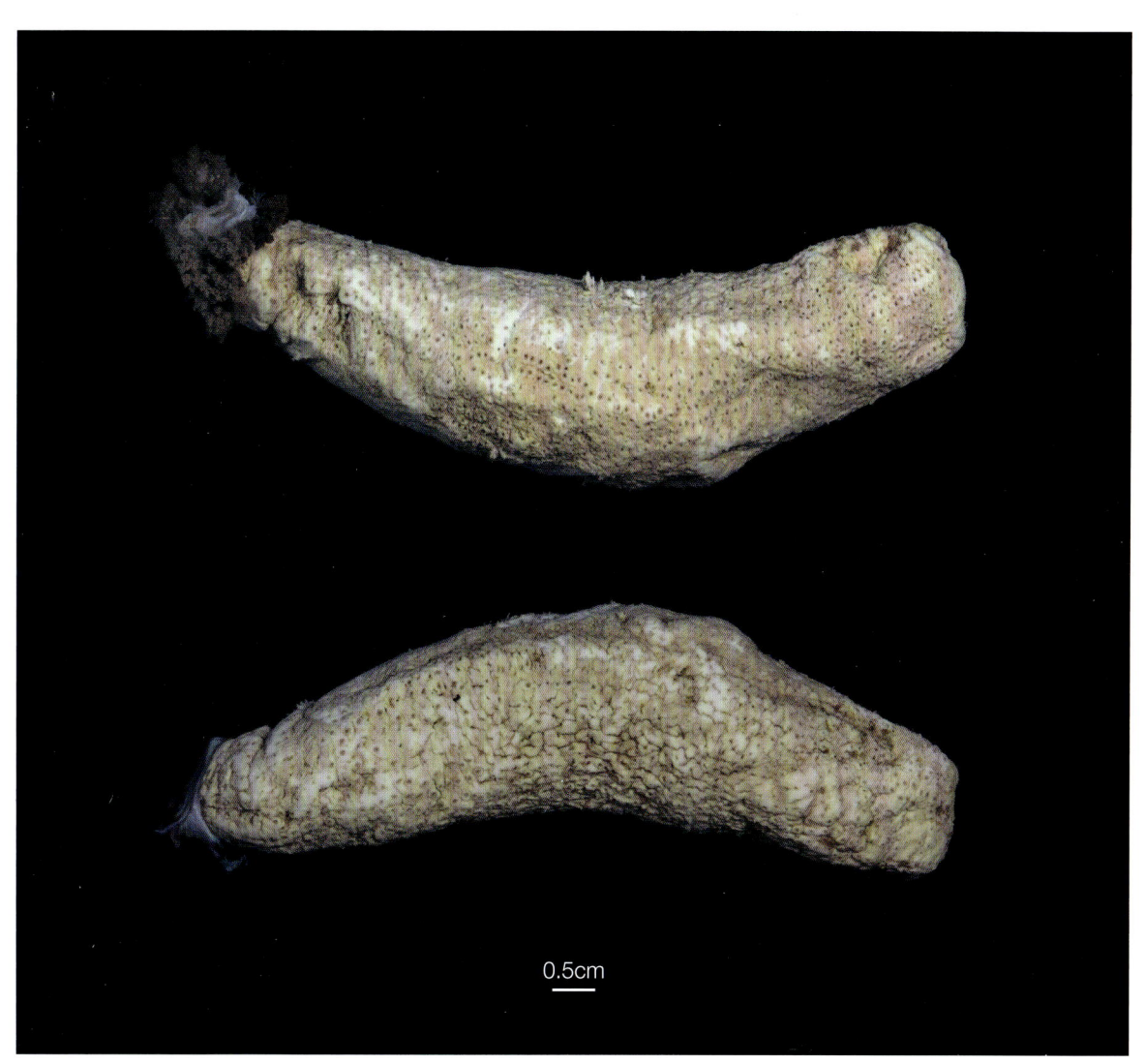

图 468　黑囊皮参 *Stolus buccalis* (Stimpson, 1855)

楯手目 Aspidochirotida
海参科 Holothuriidae Burmeister, 1837
海参属 *Holothuria* Linnaeus, 1767

独特海参
Holothuria (*Lessonothuria*) *insignis* Ludwig, 1875

同物异名： *Holothuria insignis* Ludwig, 1875

标本采集地： 涠洲岛。

形态特征： 体长一般为100mm，直径为30mm，体呈圆筒状，前端常细，后端较粗，口偏于腹面，具触手20个，形小，肛门端位。背面有分散的小疣足，腹面具管足，但两者数目均不多，区别也不明显。体壁骨片明显聚集成堆，桌形体底盘边缘有棘状突出，除中央孔外，还有1行周缘孔。桌体形塔部低，扣状体多数不完整，常减为单行的穿孔板，具穿孔3～4个。生活时体色深，呈褐绿色，背面有两行黑斑，腹面色泽明显较浅。

生态习性： 生活在潮间带石下沙内。

地理分布： 福建，广东沿海；东非，红海，孟加拉湾，日本。

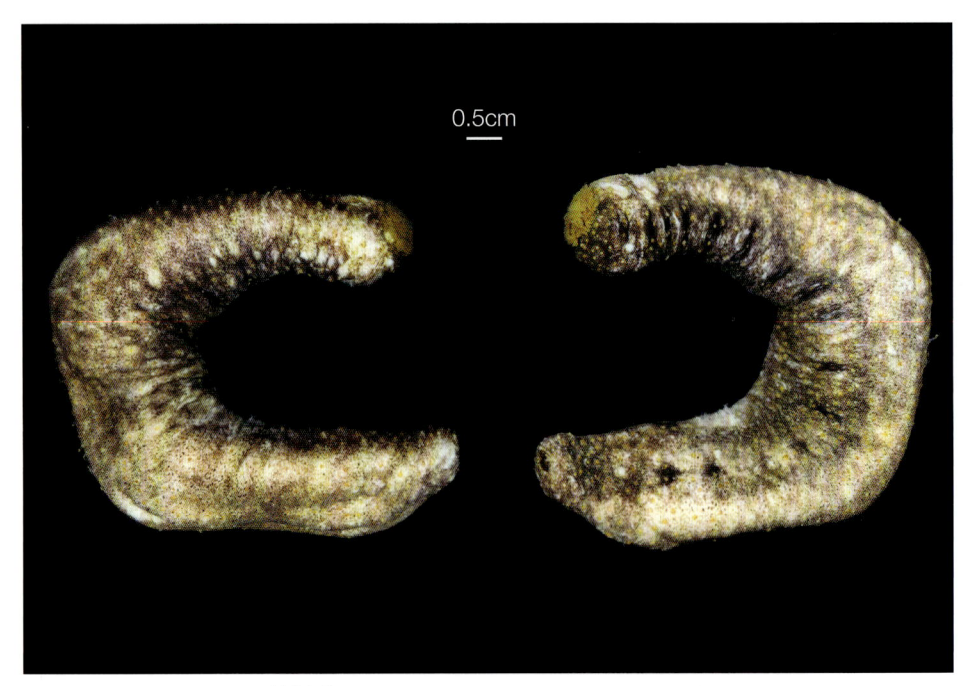

参考文献： 廖玉麟，2004。

图469 独特海参 *Holothuria* (*Lessonothuria*) *insignis* Ludwig, 1875

芋参目 Molpadida

芋参科 Molpadiidae J. Müller, 1850

芋参属 *Molpadia* Cuvier, 1817

张氏芋参
Molpadia changi Pawson & Liao, 1992

标本采集地： 广西。

形态特征： 大型种，体长 80～120mm，直径 28～48mm。体型为典型的芋参型，具细小的尾部，长约 20mm。触手 15 个，各有 1 对侧指。肛门周围有 5 组细疣。体壁薄，触感稍粗涩。石灰环表面有似雕刻状的凹痕，辐板有短而成对的后延部。波里氏囊和石管均为 1 个。体壁骨片全部为桌形体，底盘呈圆形或三角形，周缘呈波状，有穿孔 3～16 个，直径 100～160μm；塔部高，平均高约 160m，由 3 个立柱和 5～6 个横梁构成，立柱在顶端愈合为单尖，各立柱外侧有 2～3 个细齿。少数桌形体比较纤细，底盘平均为 150μm，有 6 个穿孔。磷酸盐小体散布全体。尾部桌形体较小而低，具多数穿孔，塔部顶端带几个小齿。酒精标本为浅褐色，尾部白色。

生态习性： 生活在水深为 35～90m 的泥底。

地理分布： 黄海，东海，南海。

参考文献： 廖玉麟，2004。

图 470　张氏芋参
Molpadia changi Pawson & Liao, 1992

尻参科 Caudinidae Heding, 1931
海地瓜属 Acaudina Clark, 1908

海地瓜
Acaudina molpadioides (Semper, 1867)

同物异名： Haplodactyla australis Semper, 1868；Acaudina hualoeides (Sluiter, 1880)；Haplodactyla andamanensis Bell, 1887；Aphelodactyla delicata Clark, 1938

标本采集地： 福建。

形态特征： 体略呈纺锤形，末端逐渐变细，但没有突然明显缩小的尾部，体长一般为 100mm，大者可达 200mm。触手 15 个，无分枝，但靠近顶端有 1 对小侧指。体壁十分光滑，稍透明。肛门周围有 5 组小疣，每组有 4～6 个疣。波里氏囊和石管均为 1 个。呼吸树发达。石灰环辐板各有 1 对短的后延部。体壁内骨片形态变化很大，但有一定的规律：体长 30～40mm 的小标本，体壁内一般都没有骨片；体长 70～80mm 的标本，体壁内出现的骨片以哑铃体为主，有的标本哑铃体粗短，有的标本哑铃体细长；体长 130～140mm 或更长的标本，体壁内出现较多的星形穿孔板，板面常有突起，还有环形体。体色变化大，小标本体色为白色，半透明；中等大小标本有细小的赭色斑点；老年个体体色深，为暗紫色。

生态习性： 穴居于潮间带到水深 80m 的软泥底，少数生活在泥沙或沙底。

地理分布： 从山东至海南沿海；在孟加拉湾，斯里兰卡，印度尼西亚，菲律宾，澳大利亚。

参考文献： 廖玉麟，2004。

图 471　海地瓜 *Acaudina molpadioides* (Semper, 1867)

无足目 Apodida

锚参科 Synaptidae Burmeister, 1837

刺锚参属 Protankyra Östergren, 1898

伪指刺锚参
Protankyra pseudodigitata (Semper, 1867)

同物异名：*Synapta pseudo-digitata* Semper, 1867；*Synapta innominata* Ludwig, 1875

标本采集地：福建。

形态特征：体呈蠕虫状，长约 100mm，直径约 15mm。体壁薄而粗涩，稍透明。触手 12 个，各有 2 对侧指和 1 个顶端突起。口盘有 12 个眼点，但常模糊不清。波里氏囊 4～6 个，常大小不同。体壁内骨片有 3 种，但每种都有大小的不同。大的锚形骨片仅见于身体后端间步带，锚长 620～650μm，宽 410～430μm。两臂各具锯齿 5～9 个。小的锚形骨片仅见于身体前端和后端步带，其臂光滑，或仅具 2～3 个锯齿，锚顶中央内凹，一般长约 225μm，宽约 170μm，最小的锚长约 150μm，宽约 90μm。大的锚板也仅见于身体后端间步带，长约 500μm，宽约 400μm，它的边缘不整齐，表面有少数突起和很多带锯齿的穿孔，靠近中央的穿孔较大，常有不规则分枝。小型锚板常见于身体前端，略呈卵圆形，中央有几个带锯齿的穿孔，表面有许多突起，长约 180μm，宽约 210μm。酒精标本为白色，或稍带粉红色。

生态习性：穴居于水深 12～32m 的泥底。

地理分布：从福建到北部湾近岸海域。

参考文献：廖玉麟，2004。

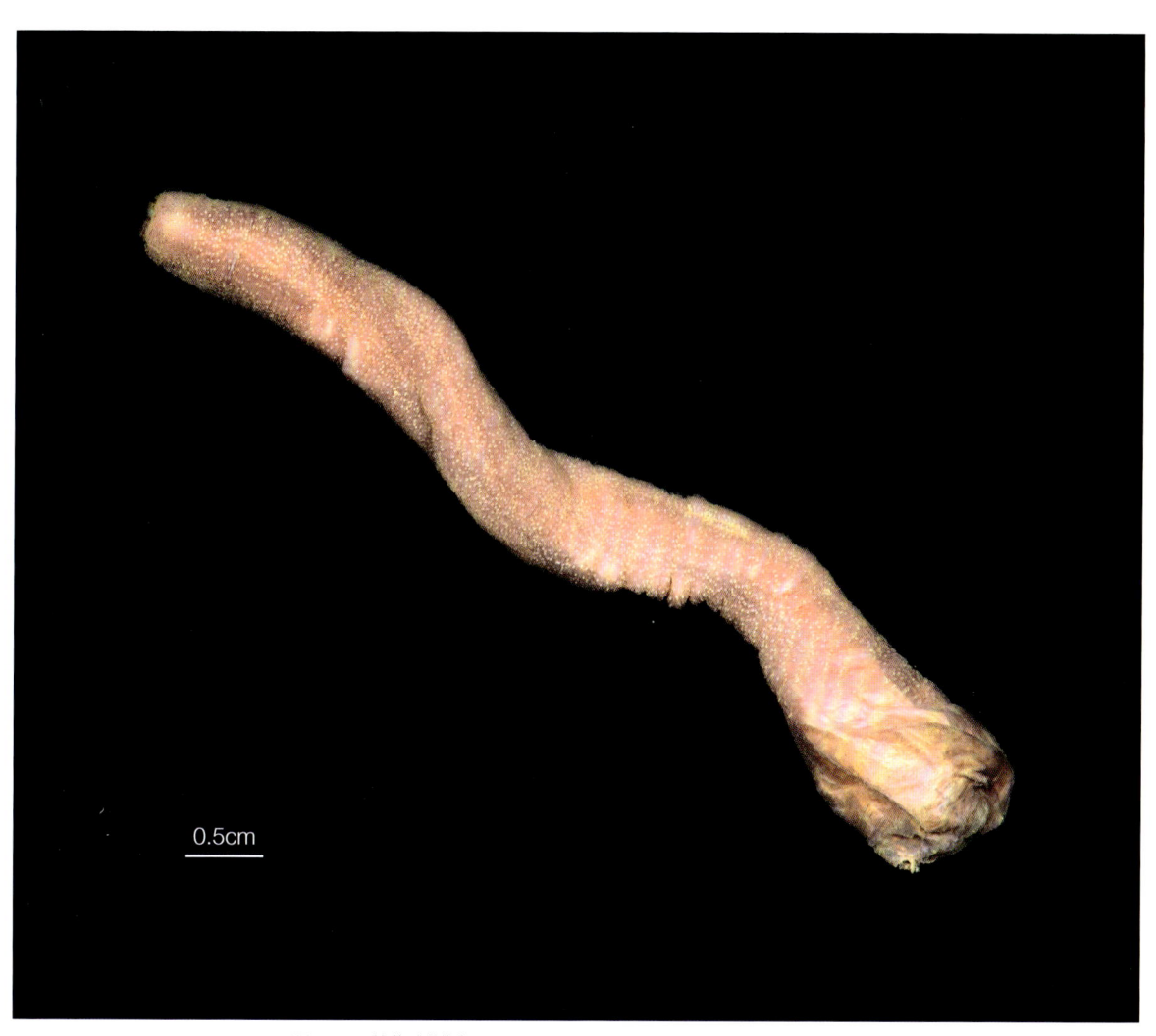

图 472 伪指刺锚参 *Protankyra pseudodigitata* (Semper, 1867)

棘刺锚参
Protankyra bidentata (Woodward & Barrett, 1858)

同物异名： Synapta bidentata Woodward & Barrett, 1858；Synapta molesta Semper, 1867；Synapta distincta Marenzeller von, 1881

标本采集地： 厦门海域。

形态特征： 体呈蠕虫状，一般的体长为 10cm 上下，最大者可达 28cm。体壁薄，半透明，从体外稍能透见其纵肌。触手 12 个，各触手的上端有 4 个指状小枝。间辐部皮肤内有大型的锚和锚板，使体壁变得很粗涩。体后端皮肤内的锚和锚板常比体前端者大。锚臂上有 2～10 个锯齿。锚干的中部稍肥大，锚柄也有锯齿。锚板为卵圆形，周缘不整齐；锚板上的穿孔排列无规则，孔缘平滑或带锯齿。体后端皮肤内有很多"X"形体，它的表面有 4 个或 4 个以上的小突起。体前端皮肤内有各种不同的星形体，每个星形体有 1～2 个中央孔，表面有多数小瘤。辐部皮肤内除"X"形体外，有很多卵圆形光滑的颗粒体。生活时幼小个体为黄白色，成年个体为淡红色或赤紫色。

生态习性： 多栖息于潮间带的沙泥中到水深 15m 的泥底。

地理分布： 渤海，黄海沿岸极普通，福建近岸海域；日本，菲律宾。

参考文献： 张凤瀛，1964。

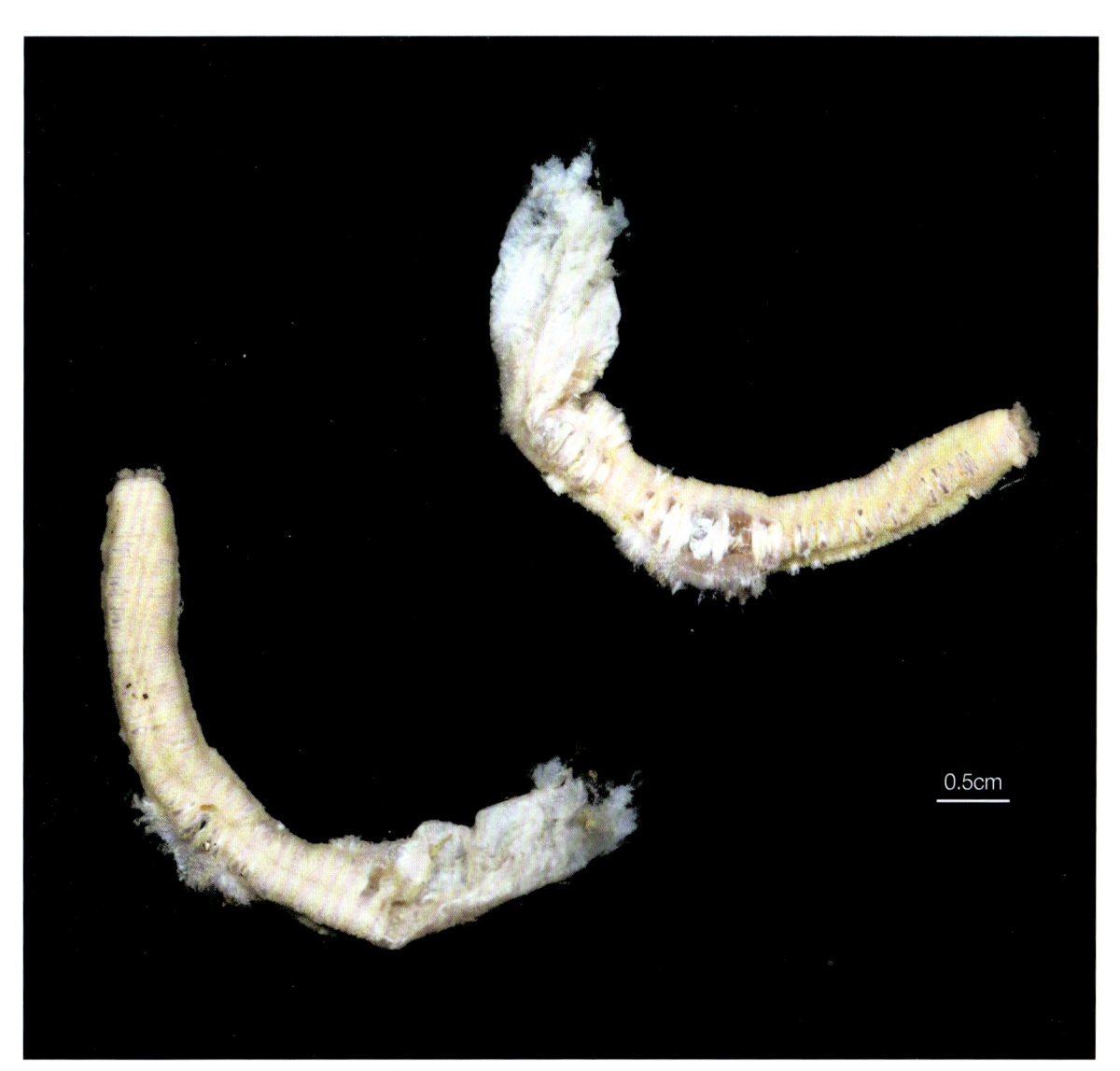

图 473 棘刺锚参 *Protankyra bidentata* (Woodward & Barrett, 1858)

苏氏刺锚参
Protankyra suensoni Heding, 1928

标本采集地： 广西。

形态特征： 直径约为 20mm，触手 12 个，各具两对侧指，并有许多小的感觉杯布满触手口面。波氏囊 6 个，大小几乎一样。石管 1 个，卷曲，末端筛板细小。纤毛漏斗细长，常连成簇状。锚形骨片锚长约 850μm，宽约 500μm，大者长 1000～1150μm，宽约 650μm。锚臂有许多细锯齿，锚柄也具细锯齿。锚板长 700～800μm，宽 650～700μm，形状很特殊，前端不规则，后关节末端呈方形，穿孔很多，并具锯齿，板中部及后端呈网目状。微小颗粒体卵圆形，遍布全体。酒精标本带黄色。

生态习性： 穴居于水深 28～90m 的泥底。

地理分布： 福建到北部湾沿海。

参考文献： 廖玉麟，2004。

图 474　苏氏刺锚参 *Protankyra suensoni* Heding, 1928

棘皮动物门参考文献

黄晖. 2018. 西沙群岛珊瑚礁生物图册. 北京: 科学出版社.

廖玉麟. 1997. 中国动物志 棘皮动物门 海参纲. 北京: 科学出版社.

廖玉麟. 2004. 中国动物志 棘皮动物门 蛇尾纲. 北京: 科学出版社.

肖宁. 2015. 黄渤海的棘皮动物. 北京: 科学出版社.

张凤瀛. 1964. 中国动物图谱: 棘皮动物. 北京: 科学出版社.

脊索动物门
Chordata

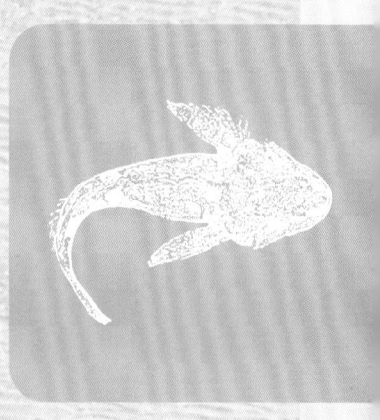

扁鳃目 Phlebobranchia
玻璃海鞘科 Cionidae Lahille, 1887
玻璃海鞘属 *Ciona* Fleming, 1822

玻璃海鞘
Ciona intestinalis (Linnaeus, 1767)

标本采集地： 山东青岛、烟台。

形态特征： 个体背腹伸长，被囊柔软，半透明。高 30～70mm。出入水管较长，位高者为入水孔，周围有 8 个裂瓣；位低者为出水孔，有 6 个裂瓣，瓣上有一红色斑点。幼体白色，成体淡黄色。

生态习性： 于潮间带和浅海附着于礁石等硬质物体上，在扇贝笼等海水养殖设施上常大量出现。

地理分布： 渤海，黄海，东海，南海；日本，新加坡，北极，北欧，英国，地中海，澳大利亚，北美洲。

经济意义： 发育生物学研究的实验动物；对扇贝等海洋动物的人工养殖危害较大。

参考文献： 张玺等，1963；杨德渐等，1996；黄修明，2008；曹善茂等，2017。

图 475　玻璃海鞘 *Ciona intestinalis* (Linnaeus, 1767)

复鳃目 Stolidobranchia
柄海鞘科 Styelidae Sluiter, 1895
菊海鞘属 *Botryllus* Gaertner, 1774

史氏菊海鞘
Botryllus schlosseri (Pallas, 1766)

标本采集地： 山东日照、青岛、长岛。

形态特征： 群体小，体长 1mm 左右，常 5～8 个体聚成星状群体，垂直排列于共生的外皮中。鳃囊具鳃孔 6 列，第 2 列鳃孔达背中线，鳃孔排列为：脊板线 5-6·3·3·4-5 内柱。触指简单，4 大 4 小，相间排列。内柱沟状。胃具 8 个纵褶和一盲囊，肛门周缘平滑。

生态习性： 固着于岩礁、石块、贝壳等物体表面。

地理分布： 黄海，东海，南海；日本，澳大利亚，新西兰，挪威，英国，法国，地中海，非洲。

参考文献： 葛国昌和臧衍蓝，1983；杨德渐等，1996；曹善茂等，2017。

图 476　史氏菊海鞘 *Botryllus schlosseri* (Pallas, 1766)

狭心纲 Leptocardii

文昌鱼科 Branchiostomatidae Bonaparte, 1846
文昌鱼属 Branchiostoma Costa, 1834

日本文昌鱼
Branchiostoma japonicum (Willey, 1897)

标本采集地： 山东青岛。

形态特征： 身体侧扁，两端尖。体长 45～55mm，体高约为体长的 1/10。头部不明显，腹面具一漏斗状凹陷，即口前庭，周围有口须 33～59 条。体背中线有一背鳍，腹面自口向后有 2 条平行、对称的腹褶，向后在腹孔（排泄腔的开孔）前汇合。体末端具尾鳍。体两侧肌节明显，65～69 节，以 67 节最常见。右侧生殖腺 25～30 个，左侧 23～27 个，右侧多于左侧。腹鳍条的数目为 51～73 条，平均 61 条。

生态习性： 栖息于低潮线以下底沙中。

地理分布： 渤海，黄海，东海，南海；日本。

经济意义： 可食用。

参考文献： 张玺等，1963；杨德渐等，1996；徐凤山，2008。

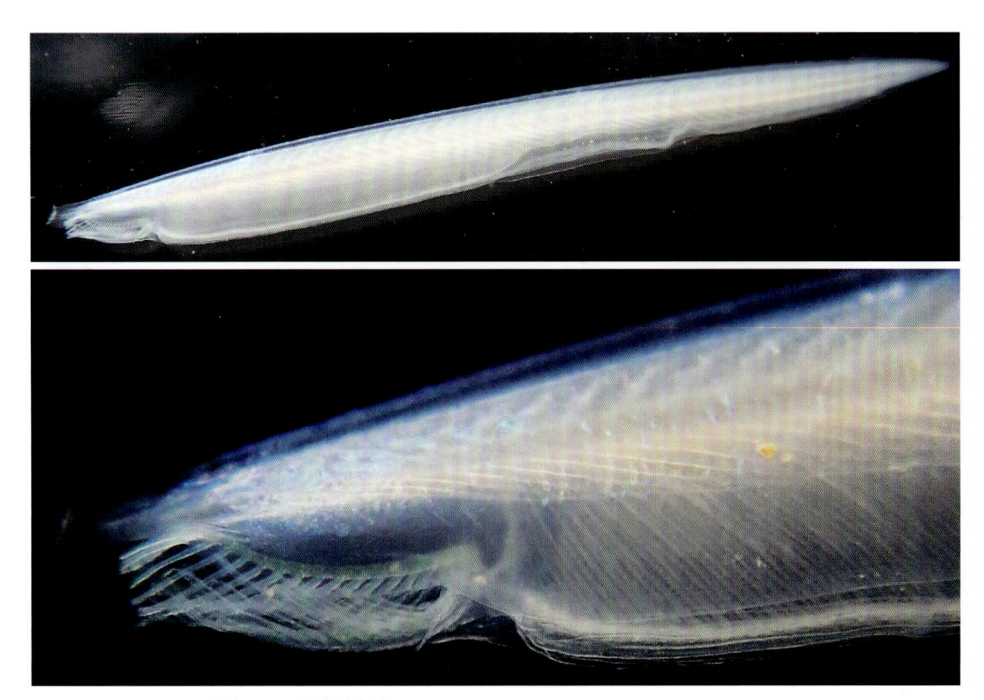

图 477　日本文昌鱼 *Branchiostoma japonicum* (Willey, 1897)

电鳐目 Torpediniformes

双鳍电鳐科 Narcinidae Gill, 1862

双鳍电鳐属 *Genus* Narcine Henle, 1834

舌形双鳍电鳐
Narcine lingula Richardson, 1846

标本采集地： 湛江硇洲岛。

形态特征： 体盘宽大，圆形。眼小。喷水孔比眼稍大。口颇小，平横，能突出。唇较厚。齿细尖，铺石状排列。齿带可外翻。第1背鳍在腹鳍末端上方。体上黑斑大，黑斑外有网状纹。斑纹前亦有大斑。腹面白色。

生态习性： 为暖水性底层鳐类。栖息于深水沙泥质海底。

地理分布： 东海，南海；印度洋-西太平洋。

参考文献： 朱元鼎和孟庆闻，2001；刘敏等，2013；陈大刚和张美昭，2015a。

3cm

图478　舌形双鳍电鳐 *Narcine lingula* Richardson, 1846

单鳍电鳐科 Narkidae Fowler, 1934

单鳍电鳐属 Genus Narke Kaup, 1826

日本单鳍电鳐
Narke japonica (Temminck & Schlegel, 1850)

同物异名： *Torpedo japonica* Temminck et Schlegel, 1850

标本采集地： 汕头南澳岛。

形态特征： 体盘近圆形，宽略大于长。皮肤柔软。吻颇长，吻端广圆。前鼻瓣宽大，可伸达下唇。眼小，眼球突出。喷水孔小，椭圆形边缘隆起，紧邻眼后方外侧。口小，平横，能突出，口前具一深沟。齿细小，平扁，粒状。背鳍1个，中等大，后缘圆弧形，起始于腹鳍基底后上方。胸鳍宽大，后部广圆。腹鳍前角圆钝，不突出。尾宽短，侧褶很发达。尾鳍宽大，后缘圆弧形。体背灰褐色、沙黄色或赤褐色，时有不规则的暗斑散布。各鳍边缘白色。体盘外侧、腹鳍里缘以及尾后部褐色。

生态习性： 为暖温性近海小型底栖鳐类。主食底栖环节动物和甲壳类。栖息于大陆架水域。

地理分布： 黄海，东海，南海；日本南部，朝鲜半岛。

参考文献： 朱元鼎和孟庆闻，2001；刘敏等，2013；陈大刚和张美昭，2015a。

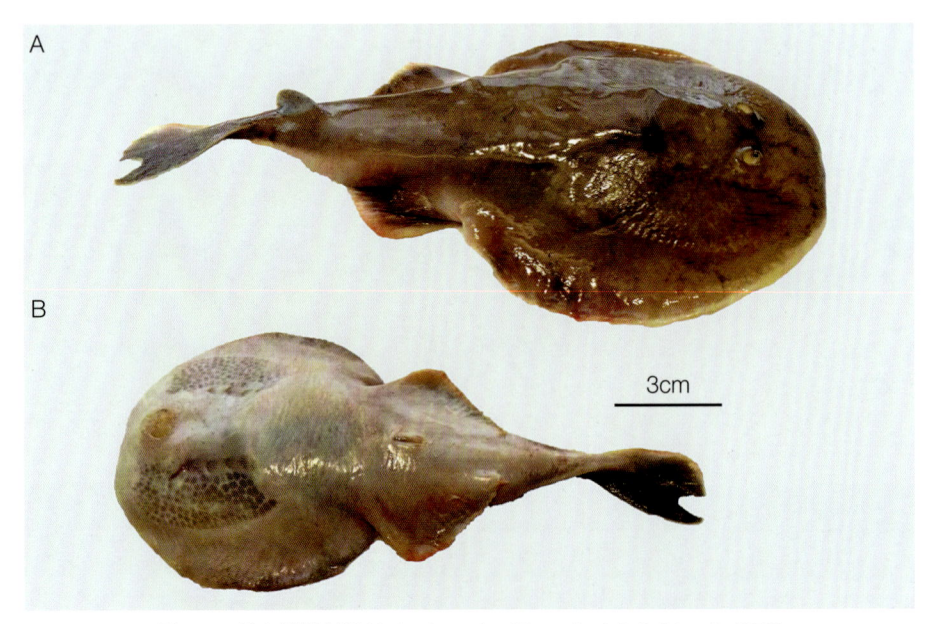

图479　日本单鳍电鳐 *Narke japonica* (Temminck & Schlegel, 1850)
A. 背面；B. 腹面

鲼形目 Rajiformes
犁头鳐科 Rhinobatidae Bonaparte, 1835
团扇鳐属 Platyrhina Müller & Henle, 1838

林氏团扇鳐
Platyrhina limboonkengi Tang, 1933

同物异名： Platyrhina tangi Iwatsuki, Zhang & Nakaya, 2011

标本采集地： 福建厦门。

形态特征： 体盘近圆形。眼近中央内侧。背中线及两侧具较大结刺。吻短，钝圆。尾部粗圆。腹侧具发达皮褶。尾鳍发达，上叶较大。体被细鳞。体棕褐色或灰褐色。体上各鳍刺基底橙黄色，腹面白色。胸鳍外缘、腹鳍缘及尾部常具灰色斑。

生态习性： 为暖水性底栖鳐类。

地理分布： 东海，海南。

经济价值： 肉可供食用。

参考文献： 朱元鼎和孟庆闻，2001；刘敏等，2013；陈大刚和张美昭，2015a。

图480 林氏团扇鳐 Platyrhina limboonkengi Tang, 1933

鳐科 Rajidae de Blainville, 1816
瓮鳐属 *Okamejei* Ishiyama, 1958

斑瓮鳐
Okamejei kenojei (Müller & Henle, 1841)

标本采集地： 汕头南澳岛。

形态特征： 体盘前部斜方形，后部圆形，前缘波曲度大；吻中长，尖突。尾中长，较粗大。体盘宽比长大 1.3～1.4 倍；吻长比眼直径大 3.8～4.3 倍；喷水孔宽约等于眼直径的 2/3。口前吻长比口宽大 1.6～2 倍。前鼻瓣宽大，伸达口隅，与下颌接触。口中大，平横。齿细小量多，铺石状排列。鳃孔 5 个，狭小。眶前、眶后和眶上结刺颇大，连续作半环形排列。头后背板上结刺 1～2 个。尾上结刺粗大。胸鳍前延，达吻侧中部之前。腹鳍分裂很深，前部突出作足趾状。背鳍 2 个，中大，较高。尾鳍下叶退化，侧褶不发达。背、腹面暗褐色，体盘具许多浅色圆斑，大小不一，左右面颇对称。肩区后方及胸鳍里角较大浅色圆斑上有 1～2 个暗色小斑。

生态习性： 冷温性底栖小型鱼类，主要以虾蟹等甲壳动物、软体动物和小鱼等为食。白天里潜伏在沙中，露出眼和喷水孔，晚上则出来活动觅食。

地理分布： 黄海，东海；日本。

经济意义： 肉可供食用。

参考文献： 朱元鼎和孟庆闻，2001；刘敏等，2013；伍汉霖和邵广昭，2017。

图 481　斑瓮鳐 *Okamejei kenojei* (Müller & Henle, 1841)
A. 背面观；B. 腹面观

麦氏瓮鳐
Okamejei meerdervoortii (Bleeker, 1860)

同物异名： *Raja meerdervoortii* Bleeker, 1860；*Raja macrophthalma* Ishiyama, 1950

标本采集地： 海南三亚。

形态特征： 本种雄鱼尾部结刺 3 行，雌鱼尾部结刺 5 行。侧褶明显，几乎达整个尾部。吻中等长，吻端尖突，吻长为眼间距的 2.5 倍以上。眼大，眼间隔窄，眼径也比眼间距长。体盘背面具结刺和小刺，项部有 2～3 个较大结刺。腹面光滑或仅吻端有小刺。背鳍后部尾长等于第 2 背鳍基底长的 1.5 倍。体背褐色，吻部色浅而透明。体盘背面有许多小黄点，胸鳍后方中央有 1 对小白点。腹面除吻端和体盘边缘褐色外，近乎白色。

生态习性： 为近海小型底栖鳐类。栖息水深 80～90m。

地理分布： 东海，南海；日本静冈以南海域。

经济价值： 肉可供食用。

参考文献： 朱元鼎和孟庆闻，2001；刘敏等，2013；伍汉霖和邵广昭，2017。

图 482　麦氏瓮鳐 *Okamejei meerdervoortii* (Bleeker, 1860)

何氏瓮鳐
Okamejei hollandi (Jordan & Richardson, 1909)

同物异名： *Raja hollandi* Jordan & Richardson, 1909

标本采集地： 海南三亚。

形态特征： 两背鳍间距大于第 1 背鳍基底长。体盘背面黄褐色，密布褐色或黑色小斑点，有时斑点集成不规则小群。胸鳍后角上方具 1 对多环层眼状大斑。尾具横纹 8～9 条，尾鳍上叶亦有横纹 2～4 条。腹面灰褐色，具许多暗斑。卵切面呈扁长方形，褐色或黑褐色。

生态习性： 为大陆架底栖鳐类。卵生，产卵期 1～4 月。主食甲壳类，兼食天竺鲷等小型鱼类和头足类。

地理分布： 黄海，东海，南海；日本，朝鲜半岛。

经济价值： 肉可供食用，底拖网渔业兼捕对象。

参考文献： 朱元鼎和孟庆闻，2001；刘敏等，2013；伍汉霖和邵广昭，2017。

瓮鳐属分种检索表

1. 胸鳍后角上方具 1 对眼状大斑 ·· 何氏瓮鳐 *O. hollandi*
 - 胸鳍后角上方不具眼状大斑 ·· 2
2. 体盘无浅色圆斑，眼大 ·· 麦氏瓮鳐 *O. meerdervoortii*
 - 体盘具许多浅色圆斑，眼较小 ··· 斑瓮鳐 *O. kenojei*

图 483　何氏瓮鳐 *Okamejei hollandi* (Jordan & Richardson, 1909)
A. 背面观；B. 腹面观

鲼目 Myliobatiformes

魟科 Dasyatidae Jordan & Gilbert, 1879

魟属 Hemitrygon Müller & Henle, 1838

光魟
Hemitrygon laevigata (Chu, 1960)

标本采集地： 山东青岛。

形态特征： 体盘亚斜方形，前缘斜直，与吻端约成 60°；前角和后角都为圆形。体盘宽比长大 1.2～1.3 倍。吻中长，约为体盘长的 2/9，吻端尖突。眼大，约等于眼间距的 2/3。前鼻瓣联合成一口盖，伸达下颌。口小，平横而波曲。口前吻长比口宽大 2.4～2.7 倍。口底中部具乳突 3 个。齿细小平扁，铺石状排列。喷水孔椭圆带斜方形，靠近眼后。鳃孔 5 个，狭小。腹鳍近长方形或方形。尾较短，尾长比体盘长大 1.4～1.8 倍，具上下皮膜和尾刺。体完全光滑。背面灰褐色带黄色，隐约具不规则暗色斑纹。眼前、眼下及喷水孔上侧新鲜时黄色；腹中央白色，边缘灰褐色带黄色；尾前部灰褐色，后部暗褐色，隐约具浅色横纹，皮膜黑色。

生态习性： 冷温性近海底栖中小型次要经济鱼类。

地理分布： 黄海，东海。

经济意义： 肉可供食用。

参考文献： 朱元鼎和孟庆闻，2001；刘敏等，2013；陈大刚和张美昭，2015a。

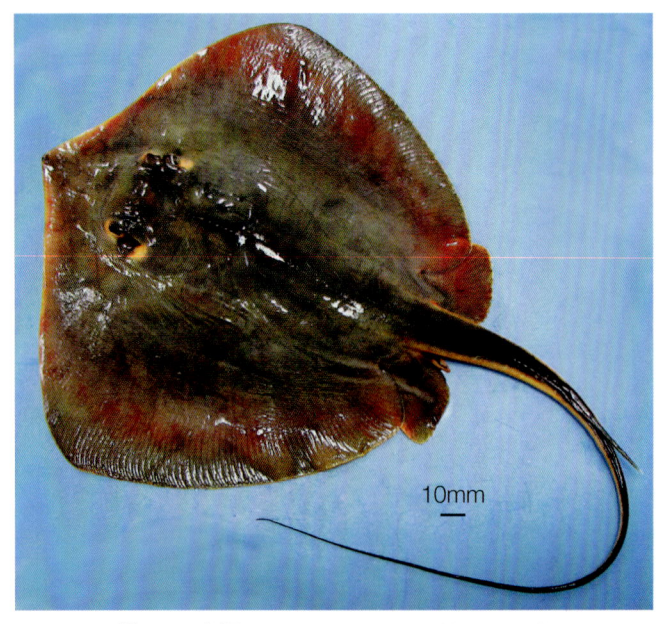

图 484　光魟 *Hemitrygon laevigata* (Chu, 1960)

鮟鱇目 Lophiiformes
鮟鱇科 Lophiidae Rafinesque, 1810
黄鮟鱇属 *Lophius* Linnaeus, 1758

黄鮟鱇
Lophius litulon (Jordan, 1902)

标本采集地： 山东青岛。

形态特征： 背鳍Ⅵ 9～10；臀鳍8～11；胸鳍22～23；腹鳍5；尾鳍8。体前端平扁，呈圆盘状，向后细尖，呈柱形。尾柄短。头大。吻宽阔，平扁，背面无大凹窝。眼较小，位于头背方。眼间隔很宽，稍凸。鼻孔突出。口宽大，下颌较长。上下颌、犁骨、腭骨及舌均有牙，能倒伏。鳃孔宽大，位于胸鳍基下缘后方。头部有不少棘突，顶骨棘长大。方骨具上、下2棘。间鳃盖骨具1棘。关节骨具1棘。肩棘不分叉，上有2或3小棘。体裸露无鳞。头、体上方、两颌周缘均有很多大小不等的皮质突起。有侧线。背鳍2个；第一背鳍具6鳍棘，相互分离，前3鳍棘细长，后3鳍棘细短；第2背鳍和臀鳍位于尾部。胸鳍很宽，侧位，圆形，2块辐状骨在鳍基形成臂状。腹鳍短小，喉位。尾鳍近截形。体背面紫褐色，腹面浅色。体背具有不规则的深棕色网纹。背鳍基底具1深色斑。臀鳍与尾鳍黑色。

生态习性： 暖水性底层鱼类，栖息于25～500m的泥沙底质海域。肉食性。

地理分布： 渤海，黄海，东海；日本，朝鲜半岛。

经济意义： 可食用经济鱼类。

参考文献： 刘静，2008b；陈大刚和张美昭，2015a。

图485 黄鮟鱇 *Lophius litulon* (Jordan, 1902)

鲉形目 Scorpaeniformes
鲉科 Sebastidae kaup, 1873
平鲉属 Sebastes Cuvier, 1829

许氏平鲉
Sebastes schlegelii Hilgendorf, 1880

同物异名： Sebastes (Sebastocles) schlegelii Hilgendorf, 1880

标本采集地： 浙江舟山。

形态特征： 背鳍XIII 11～13；臀鳍III 6～8；胸鳍17～18；腹鳍I 5。侧线鳞37～53。头顶棱较低，眼间隔宽平，约等于眼径。两颌、眶前和鳃盖上无鳞，眶前骨下缘有3个钝棘。两颌及犁骨、腭骨均有细齿带。体灰黑色，腹部白色，散布不规则黑斑；各鳍黑色或灰白色，常具小斑点，尾鳍后缘上、下有白边。

生态习性： 为冷温性近海底层鱼类。栖息于近海岩礁和沙泥底质区域。春季产卵，卵胎生。

地理分布： 渤海，黄海，东海；日本，朝鲜半岛，太平洋中、北部。

经济价值： 肉可供食用，为海洋渔业、海水增养殖重要对象。

参考文献： 金鑫波，2006；刘静，2008b；陈大刚和张美昭，2015b。

图486 许氏平鲉 *Sebastes schlegelii* Hilgendorf, 1880

菖鲉属 *Sebastiscus* Jordan & Starks, 1904

褐菖鲉
Sebastiscus marmoratus (Cuvier, 1829)

同物异名： *Sebastes marmoratus* Cuvier, 1829

标本采集地： 浙江舟山。

形态特征： 背鳍XII 10～12；臀鳍Ⅲ 5；胸鳍17～19；腹鳍Ⅰ5。侧线鳞49～54。鳃耙（7～9）+（12～16）。头背具棘棱，眼间隔有深凹，较窄，仅为眼径的1/2。眶前骨下缘有1个钝棘。上、下颌与犁骨、腭骨均有细齿带。但第2眶下骨无向后小棘。胸鳍鳍条通常18条。体茶褐色或暗红色，有许多浅色斑。胸鳍基底中部有小斑点集成的大暗斑。体色有随水深分布而增红的趋势。

生态习性： 为暖温性岩礁鱼类，栖息于沿岸岩礁藻场。卵胎生，秋、冬受精，冬、春产仔。

地理分布： 黄海，东海，南海；日本，朝鲜半岛，菲律宾，西北太平洋。

经济价值： 肉可供食用，为海水增养殖对象。

参考文献： 金鑫波，2006；刘静，2008b；陈大刚和张美昭，2015b。

图487　褐菖鲉 *Sebastiscus marmoratus* (Cuvier, 1829)

毒鲉科 Synanceiidae Gill, 1904

虎鲉属 *Minous* Cuvier, 1829

单指虎鲉
Minous monodactylus (Bloch & Schneider, 1801)

标本采集地： 浙江洞头。

形态特征： 体小型，体长约 80mm。体中长，长椭圆形，前部粗大，后部稍侧扁，尾部向后渐狭小。眼中大，圆形，上侧位。口中大，亚端位；鼻棱三角形，分叉，位于前鼻孔里侧。鳃耙粗短，鳃丝长等于或稍短于眼径一半，假鳃发达。体光滑无鳞，侧线上侧位。背鳍起点位于鳃盖骨上棘前上方；臀鳍起点位于背鳍鳍条部前端下方，鳍条长约等于背鳍鳍条部。胸鳍颇长大，长圆形；腹鳍胸位；尾鳍后缘圆截形，等于或略短于胸鳍；各鳍鳍条均不分枝。体腔大，腹膜白色，体褐红色，腹面白色，背侧具数条不规则条纹。

生态习性： 暖水性小型海洋鱼类，栖息于近海底层，以甲壳动物等为食，卵生，数量少。

地理分布： 渤海，黄海，东海，南海；日本，印度洋和西太平洋中、北部，大洋洲，印度、菲律宾。

经济意义： 肉可食用。

参考文献： 金鑫波，2006；刘静，2008b；陈大刚和张美昭，2015b。

图 488　单指虎鲉 *Minous monodactylus* (Bloch & Schneider, 1801)

鲂鮄科 Triglidae Rafinesque, 1815
绿鳍鱼属 Chelidonichthys Kaup, 1873

棘绿鳍鱼
Chelidonichthys spinosus (McClelland, 1844)

标本采集地： 山东青岛。

形态特征： 背鳍 IX，I-15；臀鳍 15；胸鳍 11+ⅲ；腹鳍 I5；尾鳍 21～24。体较长，稍侧扁，前部粗壮，后部渐细。头中大，侧面似菱形；头背面及侧面全被骨板。吻较长，前端中央微凹，左右吻突圆形，其上有小棘。眼中大，上侧位。眼间隔宽。口较大，下端位。上颌较下颌突出。上颌骨后端延伸不及眼前缘下方。上、下颌和犁骨有绒毛状牙。鳃孔大。头部背面和侧面骨板联合成宽甲，眶前骨前部形成平扁吻突。无鼻棘。无额棱和额棘。颊部具强棱。吻突较圆短，其上有小棘。眼前上缘有2短棘，后上缘具1小棘。前鳃盖骨具2棘；鳃盖骨具2棘；下鳃盖骨和间鳃盖骨无棘。体被中小圆鳞。头部、胸部及腹部前方均无鳞。背鳍基每侧有1纵行楯板。背鳍2个：第1背鳍起点位于鳃盖骨后缘上方；臀鳍与第2背鳍相对。胸鳍很长，延伸至第2背鳍中间鳍条基底的下方，下部具3条指状延长鳍条。腹鳍胸位。尾鳍浅凹。背部面红色，腹部白色，头部及背侧具蓝褐色网状斑纹。胸鳍的内侧淡蓝色，下部有一大型青黑色的斑块，其周围有许多灰白色斑点。

生态习性： 近海底层鱼类。以甲壳类、软体动物及小鱼等为食。

地理分布： 黄海，东海；印度洋-西太平洋，西起非洲南部，北至中国和日本，南至澳大利亚和新西兰。

经济意义： 可食用经济鱼类。

参考文献： 金鑫波，2006；刘静，2008b；陈大刚和张美昭，2015b。

图 489 棘绿鳍鱼 *Chelidonichthys spinosus* (McClelland, 1844)

杜父鱼科 Cottidae Bonaparte, 1831
松江鲈属 *Trachidermus* Heckel, 1839

松江鲈
Trachidermus fasciatus Heckel, 1837

同物异名： *Cottus uncinatus* (Schlegel, 1843)

标本采集地： 黄海。

形态特征： 背鳍 Ⅷ～Ⅸ 18-19；臀鳍 15-18；胸鳍 16-17；腹鳍 1-4。侧线鳞 33-38。体前部平扁，后部稍侧扁。头平扁，棘、棱均被皮肤包被。口大，端位。两颌及犁骨、腭骨均具绒毛齿群。前鳃盖骨有 4 枚棘，上棘最大，后端向上弯曲。体无鳞，被皮质小突起。背鳍连续具凹刻。胸鳍大，尾鳍后缘截形。体黄褐色，体侧具 5～6 条暗纹。吻侧、眼下、眼间隔和头侧具暗条纹。早春繁殖期左、右鳃盖膜上各有 2 条橘红色斜带，鳃片外露，故称"四鳃鲈"。

生态习性： 为冷温性洄游鱼类。幼鱼早春在淡水中生活，秋后沿海越冬产卵。

地理分布： 渤海，黄海，东海；日本，朝鲜半岛，西北太平洋。

经济价值： 为中国二级濒危保护动物。

参考文献： 金鑫波，2006；刘静，2008b；陈大刚和张美昭，2015b。

图 490 松江鲈 *Trachidermus fasciatus* Heckel, 1837
A. 背面观；B. 腹面观

鲬科 Platycephalidae Swainson, 1839

鲬属 *Platycephalus* Bloch, 1795

鲬
Platycephalus indicus (Linnaeus, 1758)

标本采集地： 浙江台州。

形态特征： 体中型，体长 200～300mm。体延长，平扁，向后渐狭小，背缘斜直，腹缘平直，尾柄稍短。鼻棱低平，无棘。鳞小，栉鳞，覆瓦状排列。眼上侧位，眼间隔宽凹，口大，端位，下颌突出。牙细小，犁骨牙群不分离，呈半月形，鳃孔宽大。鳃盖条 7 个，鳃耙细长，假鳃发达。背鳍 2 个，具黑褐色斑点，相距很近。臀鳍和第 2 背鳍同形相对，具 13 个鳍条；胸鳍宽圆；腹鳍亚胸位；尾鳍截形；背鳍鳍棘和鳍条上具纵列小斑点，臀鳍后部鳍膜上具斑点和斑纹。体腔中大，腹膜白色。体黄褐色，具斑点和斑纹。

生态习性： 暖水性底层海洋鱼类，较少游动，常半埋沙中，以诱饵并御敌。摄食虾类、小鱼和其他无脊椎动物，卵生，浮性卵。

地理分布： 渤海，黄海，东海，南海；日本，朝鲜，印度洋，中太平洋和北太平洋西北部，非洲东南部，红海，大洋洲，印度，印度尼西亚，菲律宾。

经济意义： 可食用经济鱼类。

参考文献： 金鑫波，2006；刘静，2008b；陈大刚和张美昭，2015b。

图 491　鲬 *Platycephalus indicus* (Linnaeus, 1758)

海龙目 Syngnathiformes

海龙科 Syngnathidae Bonaparte, 1831

海龙属 *Syngnathus* Linnaeus, 1758

舒氏海龙
Syngnathus schlegeli Kaup, 1856

标本采集地： 山东长岛。

形态特征： 背鳍 35～41；臀鳍 3～4；胸鳍 12～13；尾鳍 10。体细长，鞭状，尾部后方渐细；躯干部骨环七棱形，尾部骨环四棱形，腹部中央棱微突出。头长而细尖。吻细长，管状，吻长大于眼后头长。眼较大，圆形，眼眶不突出。眼间隔微凹，小于眼直径。口小，前位。上、下颌短小，稍能伸缩。无牙。鳃盖隆起，于前方基部 1/3 处具 1 直线形隆起脊，由此脊向后方有数条放射线纹。鳃孔很小，位于头侧背方。雄性尾部前方腹面具有育儿袋。体无鳞，完全由骨环所包围。骨环数 19+（38～42）。体上棱脊很突出。躯干部与尾部上侧棱不连续，躯干部下侧棱与尾部下侧棱相连续。腹面中央棱终止于肛门前。背鳍较长，始于最末体环，止于第 9 尾环。臀鳍短小，仅位于肛门后方。胸鳍较高，扇形，位低。尾鳍长，后缘圆形。体背部绿黄色，腹部淡黄色，体侧具多条不规则暗色横带。背鳍、臀鳍、胸鳍淡色，尾鳍黑褐色。

生态习性： 生活在沿岸藻类繁茂的海域中，常利用尾部缠在海藻枝上，并以小型浮游生物为饵料，也常食小型甲壳动物。雄海龙尾部腹面有由左右 2 片皮褶形成的育儿袋，交配时雌海龙产卵于雄海龙之"袋"中，卵在袋里受精孵化。

地理分布： 黄海，东海；日本，韩国，西北太平洋。

经济意义： 可作药用。

参考文献： 刘静，2008b；陈大刚和张美昭，2015a。

图 492 舒氏海龙 *Syngnathus schlegeli* Kaup, 1856

海马属 *Hippocampus* Rafinesque, 1810

日本海马
Hippocampus mohnikei Bleeker, 1853

同物异名： *Hippocampus japonicas* Kaup, 1856

标本采集地： 山东日照。

形态特征： 背鳍 16～17；臀鳍 4；胸鳍 13。体环 11+（37～38）。躯干环 11 节。吻短，头长为吻长的 3 倍。头冠甚低，无棘。各体环棘刺亦低、钝。尾显著细长。体褐色或深褐色，布有不规则的带状斑。

生态习性： 为暖温性沿岸鱼种。栖息于近岸内湾藻场海域。

地理分布： 渤海，黄海，东海，南海；日本，朝鲜半岛，越南，西太平洋。

经济价值： 是海马中的习见小型种，为北方药用养殖鱼类。

参考文献： 刘静，2008b；陈大刚和张美昭，2015a。

图 493　日本海马 *Hippocampus mohnikei* Bleeker, 1853（王信供图）

鲈形目 **Perciformes**

鳚科 Blenniidae Rafinesque, 1810

鳚属 *Parablennius* Miranda Ribeiro, 1915

矶鳚
Parablennius yatabei (Jordan & Snyder, 1900)

同物异名： *Blennius yatabai* Jordan & Snyder, 1900

标本采集地： 黄海。

形态特征： 体长约6cm，体延长，侧扁。头顶无冠膜。鼻瓣2条，丝状。眼上缘皮瓣掌状，分枝。项部无皮瓣。两颌皆具1个犬齿。背鳍有缺刻；背鳍、臀鳍以鳍膜与尾柄相连。体浅褐色，密布深褐色小点，体侧有7～8条暗横带。背鳍鳍棘部前部有黑斑。

生态习性： 暖温性岩礁鱼类，栖息于沿岸岩礁海区。

地理分布： 黄海，东海；日本。

参考文献： 刘静，2008b；陈大刚和张美昭，2015c。

图 494　矶鳚 *Parablennius yatabei* (Jordan & Snyder, 1900)

䲢科 Uranoscopidae Bonaparte, 1831

䲢属 *Uranoscopus* Linnaeus, 1758

项鳞䲢
Uranoscopus tosae (Jordan & Hubbs, 1925)

同物异名： *Zalescopus tosae* Jordan & Hubbs, 1925

标本采集地： 东海。

形态特征： 背鳍Ⅳ～Ⅴ 13～15；臀鳍 14～15；胸鳍 18～19；腹鳍 1～5。体较粗短。头大，被骨板。下颌内侧有三角形宽皮瓣。前鳃盖骨下方有 4～5 个尖棘。肱棘 2 个，后棘尖长。项背、侧线前上方无鳞。背鳍 2 个，第 1 背鳍有 4～5 个鳍棘。体背侧绿褐色，有虫斑或白色网状斑；腹侧灰黄色。第 1 背鳍黑色，尾鳍黄色。

生态习性： 为暖温性底层鱼类。栖息于泥沙底质海区。

地理分布： 黄海，东海，南海；西太平洋。

经济价值： 肉可供食用。

参考文献： 刘静，2008b；陈大刚和张美昭，2015c。

图 495　项鳞䲢 *Uranoscopus tosae* (Jordan & Hubbs, 1925)

披肩䲢属 *Ichthyscopus* Swainson, 1839

披肩䲢
Ichthyscopus sannio Whitley, 1936

同物异名： *Ichthyscopus lebeck sannio* Whitley, 1936

标本采集地： 南海。

形态特征： 背鳍Ⅱ 18；臀鳍 16～17；胸鳍 16～17；腹鳍 1～5。体粗短，稍侧扁。头大，吻短。眼甚小，位于头背缘；眼间隔宽长。口较小，口缘具许多皮质突起。鳃盖骨后缘具 1 列小突起。项背有鳞。胸鳍基底上方有羽状皮瓣。背鳍 1 个。尾鳍后缘截形。体背褐色，有许多白色大斑点；腹侧灰白色。背鳍有 1 列白斑。

生态习性： 为暖水性底层鱼类。栖息于沙泥底质浅海。

地理分布： 东海，南海；日本南部海域，澳大利亚。

参考文献： 刘静，2008b；陈大刚和张美昭，2015c。

A

B

图 496　披肩䲢 *Ichthyscopus sannio* Whitley, 1936
A. 侧面观；B. 背面观

鲔科 Callionymidae Bonaparte, 1831

鲔属 *Callionymus* Linnaeus, 1758

斑鳍鲔
Callionymus octostigmatus Fricke, 1981

同物异名： *Repomucenus octostigmatus* (Fricke, 1981)

标本采集地： 东海。

形态特征： 背鳍Ⅳ 9；臀鳍9；胸鳍19～23；腹鳍1～5。体延长，平扁。后头部有1对低骨质突起。鳃孔背位。前鳃盖骨棘末端弯曲，上缘具3～4个弯棘，基部有1个倒棘。雄鱼第1背鳍各鳍棘均呈丝状延长，尾鳍长大，其长度大于体长的1/3。雌鱼尾鳍稍短，后缘圆弧形。体背侧褐色，具许多镶黑缘的白点，体侧具1～2列深褐色斑点。

生态习性： 为暖水性底层鱼类。栖息于沙泥底质海区。

地理分布： 东海，南海；印度洋-西太平洋。

参考文献： 刘静，2008b；陈大刚和张美昭，2015c。

图 497　斑鳍鲔 *Callionymus octostigmatus* Fricke, 1981

虾虎鱼科 Gobiidae Cuvier, 1816
刺虾虎鱼属 *Acanthogobius* Gill, 1859

黄鳍刺虾虎鱼
Acanthogobius flavimanus (Temminck & Schlegel, 1845)

同物异名： *Gobius flavimanus* Temminck & Schlegel, 1845
标本采集地： 浙江温州。
形态特征： 小型鱼类，体长 100～120mm。体延长，前部圆筒形，后部侧扁，背缘浅弧形，腹缘稍平直，尾柄颇长，大于体高。头稍平扁，吻长圆钝，头背稍隆凸，头部具 3 个感觉管孔。眼小，位背侧，微突出于头前半部。鼻孔 2 对，前鼻孔较大、短管状，近上唇，后鼻孔较小、圆形、边缘隆起，紧邻眼前上方。口小、前位、向下斜裂，上下颌约等长，具多行排成带状的尖细齿，外行齿较粗壮。唇厚，舌游离，前端平截形。鳃孔宽大、颊部宽、具假鳃，鳃耙短小。第 1 和第 2 背鳍明显分离，背和尾鳍浅褐色，具节状黑斑。臀鳍与第 2 背鳍相对，同形。胸鳍宽圆，扇形，下侧位，上部无游离丝状鳍条，鳍基具一浅褐斑。腹鳍略短于胸鳍，圆形，左右腹鳍愈合成一圆形大吸盘，黄白色。尾鳍长圆形，短于头长。体被弱栉鳞，胸和腹部被圆鳞，无侧线。体灰褐色，背部色较深，腹部浅棕色。
生态习性： 冷温性近岸底层小型鱼类，栖息于河口、港湾及沿岸砂质或泥地的浅水区；摄食小型无脊椎动物和幼鱼等。
地理分布： 渤海，黄海，东海；日本，朝鲜半岛。
经济意义： 可食用经济鱼类。
参考文献： 刘静，2008b；伍汉霖和钟俊生，2008；陈大刚和张美昭，2015c。

图 498　黄鳍刺虾虎鱼 *Acanthogobius flavimanus* (Temminck & Schlegel, 1845)

斑尾刺虾虎鱼
Acanthogobius hasta (Temminck & Schlegel, 1845)

同物异名： *Acanthogobius ommaturus* (Richardson, 1845)； *Gobius hasta* Temminck & Schlegel, 1845； *Gobius ommaturus* Richardson, 1845

标本采集地： 浙江温州。

形态特征： 体延长，前部呈圆筒形，后部侧扁而细，尾柄粗短。头宽大，稍平扁，头部具3个感觉管孔。吻较长，圆钝。眼小，口大，向前斜裂。背鳍2个，分离；腹鳍小，左右腹鳍愈合成一圆形吸盘；尾鳍尖长。体呈淡黄褐色，中小个体体侧常有数个黑斑。背侧淡褐色。头部有不规则暗色斑纹。胸鳍和腹鳍基部有1个暗色斑块。大个体暗斑不明显。

生态习性： 为暖温性近岸底层中大型虾虎鱼类，生活于沿海、港湾及河口咸、淡水交汇处，也进入淡水。喜栖息于底质为淤泥或泥沙的水域。多穴居。性凶猛，捕食各种虾、蟹和其他小型甲壳动物，也吃鲚、龙头鱼、舌鳎的幼鱼及沙蚕等。

地理分布： 渤海，黄海，东海，南海；日本，朝鲜半岛。

经济意义： 可食用经济鱼类。

参考文献： 刘静，2008b；伍汉霖和钟俊生，2008；陈大刚和张美昭，2015c。

图499　斑尾刺虾虎鱼 *Acanthogobius hasta* (Temminck & Schlegel, 1845)

细棘虾虎鱼属 Acentrogobius Bleeker, 1874

普氏细棘虾虎鱼
Acentrogobius pflaumii (Bleeker, 1853)

同物异名： *Amoya pflaumii* (Bleeker, 1853); *Gobius pflaumii* Bleeker, 1853

标本采集地： 浙江乐清湾。

形态特征： 体长60～70mm，体延长，前部亚圆筒状，后部略侧扁，背缘稍平直，腹缘浅弧形，尾柄较高。头较大，背面圆凸，具6个感觉管孔。眼中大，上侧位，位于头的前半部。口中大，前位，斜裂。鳃盖条5个，具假鳃，鳃耙短钝。体背鳍2个，分离；臀鳍与第2背鳍同形；胸鳍尖圆，下侧位，上部鳍条不游离；腹鳍愈合成吸盘，起点在胸鳍基部下方；尾鳍尖圆。体被大型栉鳞，颊、鳃盖部裸露无鳞，无侧线。液浸标本头、体为灰褐色，体背部及体侧鳞片具暗色边缘，体侧具2～3条褐色点线状纵带，并夹杂4～5个黑斑，鳃盖部下部具1个小黑斑。

生态习性： 暖温性沿岸小型鱼类，生活于河口咸、淡水水域，红树林、砂岸及沿海砂泥地的环境。

地理分布： 黄海，东海，南海；日本，朝鲜半岛，印度洋尼科巴群岛。

经济意义： 可食用鱼类。

参考文献： 刘静，2008b；伍汉霖和钟俊生，2008；陈大刚和张美昭，2015c。

图500 普氏细棘虾虎鱼 *Acentrogobius pflaumii* (Bleeker, 1853)

矛尾虾虎鱼属 *Chaeturichthys* Richardson, 1844

矛尾虾虎鱼
Chaeturichthys stigmatias Richardson, 1844

标本采集地： 浙江洞头。

形态特征： 体长 180～220mm，颇延长，前部亚圆筒形，后部侧扁，背缘、腹缘较平直。头宽扁，具 3 个感觉管孔。吻中长，圆钝。眼间隔宽，和眼径等长；眼小，上侧位。口宽大，前位，斜裂。下颌稍突出，牙细尖，两颌各具牙 2 行。颊部常具短小触须 3 对，鳃盖条 5 个，具假鳃，鳃耙细长，长针状。体被圆鳞，后部者较大。颊部、鳃盖及项部均被细小圆鳞，项部鳞片伸达眼后缘，吻部无鳞。背鳍 2 个，分离，第 2 背鳍基部长；臀鳍基底长，起点在第 2 背鳍第 3 鳍条基下方，平放时不伸达尾鳍基；胸鳍宽圆，肩带内缘具 3 个较小的舌形肉质乳突；左右腹鳍愈合成一吸盘；尾鳍尖长，大于头长。体黄褐色，体背具不规则暗色斑块。第 1 背鳍第 5～8 鳍棘间具一大黑斑；第 2 背鳍和尾鳍均具褐色斑纹。液浸标本体呈灰褐色，头部和背部有不规则暗色斑纹。

生态习性： 暖温性近岸小型底栖鱼类，栖息于河口咸、淡水滩涂淤泥底质、砂泥底质海区，也进入江河下游淡水水体中；摄食桡足类、多毛类、虾类等底栖动物。

地理分布： 渤海，黄海，东海，南海；日本，朝鲜半岛。

经济意义： 可食用经济鱼类。

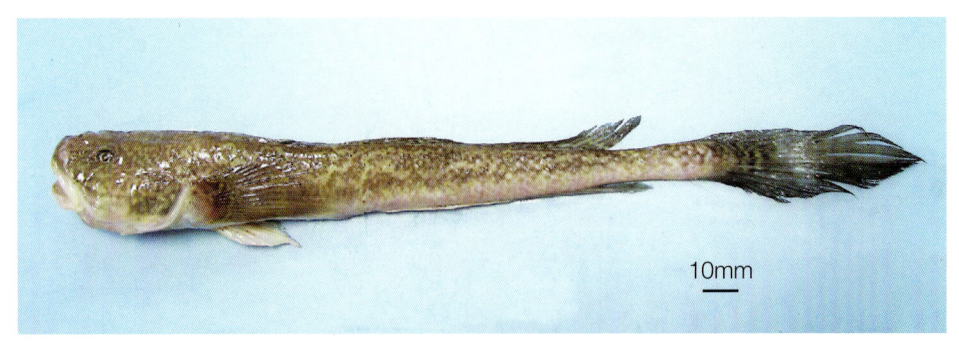

参考文献： 刘静，2008b；伍汉霖和钟俊生，2008；陈大刚和张美昭，2015c。

图 501　矛尾虾虎鱼 *Chaeturichthys stigmatias* Richardson, 1844

缟虾虎鱼属 *Tridentiger* Gill, 1859

纹缟虾虎鱼
Tridentiger trigonocephalus (Gill, 1859)

标本采集地： 杭州湾。

形态特征： 体长 80～110mm，大者可达 130mm，体延长，很粗壮，前部圆筒形，后部略侧扁，背缘、腹缘浅弧形隆起。头中大，略扁平，具 6 个感觉管孔。眼小，位于头的前半部。口中大，前位，稍斜裂。鳃耙短而钝尖。体被中大栉鳞，前部鳞较小，后部鳞较大，头部无鳞，无侧线。背鳍 2 个，分离；臀鳍与第 2 背鳍相对，同形，等高或稍低，起点位于第 2 背鳍第 3 鳍条的下方，平放时不伸达尾鳍基；胸鳍宽圆，下侧位；腹鳍中大，左右腹鳍愈合成一吸盘；尾鳍后缘圆形。液浸标本的体呈灰褐色或浅褐色，腹部浅色，体侧常具 2 条黑褐色纵带，体侧有时还具不规则横带 6～7 条，有时仅具横带，或者仅有云状斑纹。

生态习性： 近岸暖温性底层小型鱼类，栖息于河口咸、淡水水域及近岸浅水处，也进入江河下游淡水中；摄食小型鱼类、幼虾、桡足类、枝角类及其他水生昆虫。在海岸及咸、淡水水域中产卵，产沉黏性卵，产卵后多数亲体死亡。

地理分布： 渤海，黄海，东海，南海；日本，朝鲜半岛。

经济意义： 可食用鱼类。

参考文献： 刘静，2008b；伍汉霖和钟俊生，2008；陈大刚和张美昭，2015c。

图 502　纹缟虾虎鱼 *Tridentiger trigonocephalus* (Gill, 1859)

髭缟虾虎鱼
Tridentiger barbatus (Günther, 1861)

同物异名： *Traenophorichthys barbatus* Günther, 1861

标本采集地： 黄海。

形态特征： 背鳍Ⅵ，Ⅰ 10；臀鳍Ⅰ 9～10；胸鳍21～22；腹鳍Ⅰ 5。纵列鳞36～37；背鳍前鳞17～18，鳃耙2+（5～7）。本种一般特征同属。体粗壮。头背具3个感觉管孔（A′、B、F）；颊部具3～4条水平感觉乳突线。吻短宽，广弧形。口宽大，上、下颌等长。头部具许多触须，呈穗状排列。吻缘有须1行，下颌腹面有须2行，鳃盖上部尚有小须2群。体被中等大栉鳞，项部被小圆鳞。第1背鳍以第2、第3鳍棘最长。头、体黄褐色，腹部色浅，体侧常有5条黑色宽横带。背鳍、尾鳍也有暗带纹。

生态习性： 为暖温性底层鱼类。栖息于河口或近岸海域。

地理分布： 渤海，黄海，东海，南海；日本，朝鲜半岛。

参考文献： 刘静，2008b；伍汉霖和钟俊生，2008；陈大刚和张美昭，2015c。

图503　髭缟虾虎鱼 *Tridentiger barbatus* (Günther, 1861)

竿虾虎鱼属 *Luciogobius* Gill, 1859

竿虾虎鱼
Luciogobius guttatus Gill, 1859

标本采集地： 黄海。

形态特征： 个体小，体长 40 ～ 60mm，大者达 80mm。体细长，竿状，前部圆筒形，后部侧扁，背缘浅弧形，腹缘稍平直，尾柄颇高，长大于体高。头中大，圆钝，前部宽而平扁，背部稍隆起，无感觉管孔。眼较小，圆形，背侧位，位于头的前半部，无游离眼睑。口中大，前位，斜裂。具假鳃，鳃耙短小。体完全裸露无鳞，无侧线。背鳍 1 个，第 1 背鳍消失，第 2 背鳍颇低；臀鳍与背鳍相对，同形，起点约与第 2 背鳍起点相对，前部鳍条较长；腹鳍很小，圆形，短于胸鳍，左右愈合成一吸盘；尾鳍长圆形，短于头长。液浸标本头、体呈淡褐色，密布微细的小黑点，头部及体侧有较大浅色圆斑。

生态习性： 暖温性沿岸及河口小型底栖鱼类，退潮后在沙滩或岩石间残存的水体中常可见；以桡足类、轮虫等浮游动物为食，生长缓慢，冬季产卵。

地理分布： 渤海，黄海，东海，南海；日本，朝鲜半岛。

经济意义： 可食用鱼类。

参考文献： 刘静，2008b；伍汉霖和钟俊生，2008；陈大刚和张美昭，2015c。

图 504　竿虾虎鱼 *Luciogobius guttatus* Gill, 1859

大弹涂鱼属 *Boleophthalmus* Valenciennes, 1837

大弹涂鱼
Boleophthalmus pectinirostris (Linnaeus, 1758)

标本采集地： 东海。

形态特征： 体延长，前部亚圆筒形，后部侧扁。头大，稍侧扁，具2个感觉管孔。眼小，位高，互相靠拢，突出于头顶之上，下眼睑发达。口大、略斜，两颌等长，两颌各有牙1行，上颌牙呈锥状，前方每侧3个牙呈犬牙状，下颌牙斜向外方，呈平卧状。口大，前位，平裂。体及头部被圆鳞，前部鳞细小，后部鳞较大，无侧线。背鳍2个，分离；臀鳍基底长，与第2背鳍同形；胸鳍尖圆，基部具臂状肌柄；左右腹鳍愈合成一吸盘，后缘完善；尾鳍尖圆，下缘斜截形。体背青褐色，腹部浅色。

生态习性： 暖水性近岸小型鱼类，生活于近海沿岸及河口的低潮区滩涂，适温、适盐性广，水陆两栖；通常在白天退潮时依靠发达的胸鳍肌柄在泥涂上爬行、摄食、跳跃，夜间穴居；主食底栖硅藻、蓝藻及泥中的有机质，也食少量桡足类和圆虫等。

地理分布： 渤海，黄海，东海，南海；日本，朝鲜半岛。

经济意义： 可食用经济鱼类。

参考文献： 刘静，2008b；伍汉霖和钟俊生，2008；陈大刚和张美昭，2015c。

图505 大弹涂鱼 *Boleophthalmus pectinirostris* (Linnaeus, 1758)

弹涂鱼属 *Periophthalmus* Bloch & Schneider, 1801

大鳍弹涂鱼
Periophthalmus magnuspinnatus Lee, Choi & Ryu, 1995

标本采集地：东海。

形态特征：背鳍Ⅺ～Ⅻ，Ⅰ12～13；臀鳍Ⅰ11～12；胸鳍13～14；腹鳍Ⅰ5；尾鳍5+16。纵列鳞82～91。鳃耙11～14。椎骨26枚。体延长，侧扁；背缘平直，腹缘浅弧形；尾柄较长。头宽大，略侧扁。吻短而圆钝，斜直隆起。眼中大，位于头的前半部，突出于头的背面。背鳍2个，分离，较接近；第1背鳍高耸，略呈大三角形，起点在胸鳍基后上方，边缘圆弧形；第2背鳍基部长，稍小于或等于头长，上缘白色，其内侧具1条黑色较宽纵带，此带下缘还另具1条白色纵带。

生态习性：为暖温性近岸小型鱼类，栖息于底质为淤泥、泥沙的高潮区或半咸、淡水的河口及沿海岛屿、港湾的滩涂与红树林，亦进入淡水。

地理分布：渤海，黄海，东海，南海；日本，朝鲜半岛。

经济意义：可食用经济鱼类。

参考文献：刘静，2008b；伍汉霖和钟俊生，2008；陈大刚和张美昭，2015c。

图506　大鳍弹涂鱼 *Periophthalmus magnuspinnatus* Lee, Choi & Ryu, 1995

蜂巢虾虎鱼属 *Favonigobius* Whitley, 1930

裸项蜂巢虾虎鱼
Favonigobius gymnauchen (Bleeker, 1860)

同物异名： *Gobius gymnauchen* Bleeker, 1860

标本采集地： 黄海。

形态特征： 背鳍 Ⅵ，Ⅰ9；臀鳍 Ⅰ9；胸鳍 16～17；腹鳍 Ⅰ5。纵列鳞 28～29；背鳍前鳞 0。体延长。头中等大，较尖。头背有 6 个感觉管孔（B、C、D、E、F、G）。眼下有 1 条感觉乳突线，颊部有 3 条乳突线。吻短，突出，吻长约等于眼直径。眼中等大，背侧位。口中等大，前位。下颌长于上颌。齿尖细，上、下颌后部各有 2 行齿。舌宽，游离，前端截形或微凹。前鳃盖后缘具 3 个感觉管孔。体被中等大弱栉鳞。吻部、颊部、项部、鳃盖无鳞。第 1 背鳍以第 1、第 2 鳍棘最长，雄鱼的呈丝状延长。胸鳍宽大。腹鳍愈合成吸盘。头、体黄褐色，腹部色浅。体侧具 4～5 对暗斑。尾鳍具多行黑色斑纹，尾鳍基有一分枝状暗斑。

生态习性： 为暖水性底层鱼类。栖息于近岸浅滩、砾石、岩礁海区和珊瑚礁海区。

地理分布： 渤海，黄海，东海，南海；日本，朝鲜半岛。

参考文献： 刘静，2008b；伍汉霖和钟俊生，2008；陈大刚和张美昭，2015c。

图 507 裸项蜂巢虾虎鱼 *Favonigobius gymnauchen* (Bleeker, 1860)

狼牙虾虎鱼属 *Odontamblyopus* Bleeker, 1874

拉氏狼牙虾虎鱼
Odontamblyopus lacepedii (Temminck & Schlegel, 1845)

同物异名： *Amblyopus lacepedii* Temminck et Schlegel, 1845
标本采集地： 渤海。
形态特征： 背鳍 VI 38～40；臀鳍 I 37～41；胸鳍 31～34；腹鳍 I 5。鳃耙（5～7）+（12～13）。体颇延长，略呈鳗状。头中等大。头部无感觉管孔，但散布有许多不规则排列的感觉乳突。吻短，宽。眼极小，退化，埋于皮下。口大，前位，下颌突出。颌齿 2～3 行；外行齿均扩大，每侧有 4～6 个弯曲犬齿，露出唇外。下颌缝合处有 1 对犬齿。头部无小须，鳃盖上方无凹陷。鳃盖条 5 个。头、体光滑无鳞。背鳍、臀鳍、尾鳍相连。胸鳍尖形。腹鳍愈合成尖长吸盘。尾鳍尖。体淡红色或灰紫色，奇鳍黑褐色。
生态习性： 为暖温性底层鱼类。栖息于河口及近岸滩涂海区。
地理分布： 渤海，黄海，东海，南海；日本明海、八代海，朝鲜半岛海域。
参考文献： 刘静，2008b；伍汉霖和钟俊生，2008；陈大刚和张美昭，2015c。

图 508 拉氏狼牙虾虎鱼 *Odontamblyopus lacepedii* (Temminck & Schlegel, 1845)

副孔虾虎鱼属 *Paratrypauchen* Murdy, 2008

小头副孔虾虎鱼
Paratrypauchen microcephalus (Bleeker, 1860)

同物异名：*Ctenotrypauchen microcephalus* (Bleeker, 1860)；*Trypauchen microcephalus* Bleeker, 1860

标本采集地：黄海。

形态特征：体长 90～120mm，大者可达 160mm，体颇延长，侧扁，背缘、腹缘几乎平直，至尾部渐收敛。头短而高，侧扁，无感觉管孔。眼甚小，上侧位，在头的前半部。口小，前位，斜裂。具假鳃，鳃耙短而尖细。体被细弱圆鳞，头部、项部、胸部及腹部裸露无鳞，无背鳍前鳞，无侧线。背鳍连续，鳍棘部与鳍条部相连；臀鳍起点在背鳍第6、第7鳍条基的下方，与尾鳍相连；胸鳍短小，上部鳍条较长；腹鳍小，左右腹鳍愈合成一吸盘，后缘具一缺刻；尾鳍尖圆。体略呈淡紫红色，幼体呈红色。

生态习性：近岸小型底栖鱼类，栖息于浅海和河口附近，可在泥底中筑穴，以等足类、桡足类、多毛类、小虾苗及小鱼苗为食。

地理分布：渤海，黄海，东海，南海；日本，朝鲜半岛，菲律宾，印度尼西亚，泰国，印度。

参考文献：刘静，2008；伍汉霖和钟俊生，2008；陈大刚和张美昭，2015。

图 509　小头副孔虾虎鱼 *Paratrypauchen microcephalus* (Bleeker, 1860)

虾虎鱼科分属检索表

1. 体光滑无鳞 2
 - 体被圆鳞或栉鳞 3
2. 个体小，体细长，竿状；背鳍1个 .... 竿虾虎鱼属 *Luciogobius*
 - 体颇延长，呈鳗形，背鳍与尾鳍、臀鳍相连 .... 狼牙虾虎鱼属 *Odontamblyopus*
3. 体被圆鳞 4
 - 体被栉鳞，圆鳞若有，仅出现在胸部和腹部 7
4. 体被细弱圆鳞，头部、项部、胸部及腹部无鳞；背鳍连续，鳍棘部与鳍条部相连 ....
   .... 副孔虾虎鱼属 *Paratrypauchen*
 - 体及头部被圆鳞，颊部、项部、鳃盖均被细小圆鳞；背鳍2个，分离 5
5. 尾鳍尖长，大于头长 .... 矛尾虾虎鱼属 *Chaeturichthys*
 - 尾鳍尖圆，不大于头长 6
6. 尾鳍下缘斜截形；眼小位高，互相靠拢，突出于头顶之上 .... 大弹涂鱼属 *Boleophthalmus*
 - 第1背鳍高耸，略呈大三角形；眼中等大，位于头的前半部 .... 弹涂鱼属 *Periophthalmus*
7. 体被细弱栉鳞，仅胸部、腹部被圆鳞；背鳍2个，明显分离；背鳍和尾鳍浅褐色，具节状黑斑 ...
   .... 刺虾虎鱼属 *Acanthogobius*
 - 体被中等大或大型栉鳞 8
8. 项部被小圆鳞 .... 缟虾虎鱼属 *Tridentiger*
 - 项部、颊部、鳃盖裸露无鳞 9
9. 鳃盖下部具1个小黑斑 .... 细棘虾虎鱼属 *Acentrogobius*
 - 前鳃盖后缘具3个感觉管孔 .... 蜂巢虾虎鱼属 *Favonigobius*

鲽形目 Pleuronectiformes

牙鲆科 Paralichthyidae Regan, 1910

牙鲆属 Paralichthys Girard, 1858

褐牙鲆
Paralichthys olivaceus (Temminck & Schlegel, 1846)

标本采集地： 黄海。

形态特征： 背鳍 74～85，臀鳍 59～63，胸鳍 12～13，腹鳍 6，尾鳍 17。体扁，呈长卵圆形。头大，头高大于头长，背缘直线状，尾柄较窄长。两眼略小，稍突起，位于头部左侧，眼间隔小。口大，前位，斜裂。牙尖锐，锥状；上、下颌各具牙 1 行，左右均发达，前部各齿呈犬齿状，犁骨和腭骨均无齿。有眼侧被小栉鳞，无眼侧被圆鳞。左右侧线鳞同样发达，侧线鳞 120～130。背鳍起点偏在无眼侧，约在上眼前缘附近，仅后部约 41 鳍条分支，后端鳍条最细短。腹鳍基底短小。胸鳍不等大，有眼侧略大。尾鳍后缘呈双截形，有眼侧为灰褐色或暗褐色，在侧线直线部中央及前端上、下各有一瞳孔大的亮黑斑，其他各处散有暗色环纹或斑点。背鳍、臀鳍和尾鳍均具暗色斑纹，胸鳍具黄褐色点列或横条纹。无眼侧白色。各鳍淡黄色。

生态习性： 为冷水性底栖鱼类，具有潜砂性，多栖息于靠近沿岸水深 20～50m 处潮流畅通的海域，底质多为砂泥、砂石或岩礁，白天在海底休息，夜间才开始觅食。牙鲆对盐度的适应性较广。牙鲆以鱼类为主要食物。

地理分布： 渤海，黄海，东海，南海；日本，朝鲜半岛，萨哈林（库页岛）沿海。

经济意义： 重要食用经济鱼类。

参考文献： 李思忠和王惠民，1995；刘静，2008b；陈大刚和张美昭，2015c。

图 510　褐牙鲆 *Paralichthys olivaceus* (Temminck & Schlegel, 1846)

斑鲆属 *Pseudorhombus* Bleeker, 1862

桂皮斑鲆
Pseudorhombus cinnamoneus (Temminck & Schlegel, 1846)

标本采集地： 东海。

形态特征： 背鳍 83～84；臀鳍 64～66；胸鳍 10～13(有眼侧)，11(无眼侧)；腹鳍 6；尾鳍 17。体扁，呈长卵圆形，尾柄短高。头中大。吻部略短钝。两眼略小，稍突起，位于头部左侧，眼间隔小，上眼不接近头部背缘。鼻孔每侧 2 个。口大，前位，斜裂。上颌骨后端伸达下眼瞳孔下方。牙小尖锐，上、下颌各具牙 1 行。鳃孔狭长。鳃盖膜不与颊部相连。鳃耙扁，短于鳃丝，内缘有小刺。肛门偏于无眼侧。有眼侧被栉鳞，无眼侧被圆鳞。奇鳍均被小鳞。左右侧线均发达，侧线前部在胸鳍上方形成一弓状弯曲部，有颞上支。背鳍起点约在无眼侧鼻孔上方，后端少数鳍条分支，最后的鳍条最短小。臀鳍与背鳍相对，起点约在胸鳍基底后缘下方。胸鳍不等大，有眼侧略大，左胸鳍尖刀形，中央 7～8 鳍条分支，右胸鳍圆形，鳍条不分支。左右腹鳍对称。尾鳍后缘钝尖。有眼侧为暗褐色，具若干暗色圆斑。奇鳍上具黑褐色小斑点。无眼侧白色。

生态习性： 暖温带中等大小底层海鱼。

地理分布： 渤海，黄海，东海，南海北部沿海；日本，朝鲜半岛。

经济意义： 可食用经济鱼类。

参考文献： 李思忠和王惠民，1995；刘静，2008b；陈大刚和张美昭，2015c。

图 511　桂皮斑鲆 *Pseudorhombus cinnamoneus* (Temminck & Schlegel, 1846)

高体斑鲆
Pseudorhombus elevatus Ogilby, 1912

同物异名： *Pseudorhombus affinis* Weber, 1913

标本采集地： 南海。

形态特征： 背鳍 69～70；臀鳍 53～56；胸鳍 12。侧线鳞 67～74。鳃耙（6～7）+（13～16）。体呈卵圆形，侧扁而高，体长为体高的 1.8～1.9 倍。吻钝短，口前位。齿尖小，右下颌齿 30～38 枚。头、体左侧被栉鳞，右侧被圆鳞。头、体左侧淡灰褐色。侧线直线部前端偏上方有一与眼约等大的黑褐色斑，而侧线中央及尾柄前端各有一较小的黑斑。侧线上、下各有 2 纵行 4～7 个环状或圆弧状暗褐色纹。鳍淡黄色，尾鳍上、下各有一暗斑。头、体右侧乳白色。

生态习性： 为暖水性底层鱼类。栖息于水深 13～200m 的沙泥底质海区。

地理分布： 台湾岛，广西，广东，海南岛沿海；印度洋-太平洋区。

参考文献： 李思忠和王惠民，1995；刘静，2008b；陈大刚和张美昭，2015c。

图 512　高体斑鲆 *Pseudorhombus elevatus* Ogilby, 1912

鲆科 Bothidae Smitt, 1892
鲆属 *Bothus* Rafinesque, 1810

凹吻鲆
Bothus mancus (Broussonet, 1782)

同物异名： *Pleuronectes mancus* Broussonet, 1782

标本采集地： 南海。

形态特征： 背鳍 96～103；臀鳍 74～81；胸鳍 11～13。侧线鳞 76～89。鳃耙 0+（9～11）。体呈长椭圆形，体长为体高的 1.9～2.1 倍。眼间隔宽，中部稍凹。上眼始于下眼的后上方，眼后部常有毛状皮突。口稍大，上颌后端越过下眼前缘下方。头、体左侧被弱栉鳞，右侧被圆鳞。体左侧淡褐色，密布淡蓝色且具褐色缘的环状、弧状斑和针尖状黑褐色点。侧线直线部的前部、中部各有一大黑斑。胸鳍有多条黑褐色横纹。体右侧淡黄白色，头部有灰褐色小斑点。

生态习性： 为暖水性底层鱼类。栖息于潮间带、潟湖。

地理分布： 东海，南海；日本，印度洋-太平洋水域。

参考文献： 李思忠和王惠民，1995；刘静，2008b；陈大刚和张美昭，2015c。

图 513　凹吻鲆 *Bothus mancus* (Broussonet, 1782)

鲽科 Pleuronectidae Rafinesque, 1815

石鲽属 *Kareius* Jordan & Snyder, 1900

石鲽
Kareius bicoloratus (Basilewsky, 1855)

标本采集地： 黄海。

形态特征： 背鳍 72～76；臀鳍 52～57；胸鳍 11；腹鳍 6；尾鳍 17～18。体扁，呈长卵圆形，尾柄短而高。头中大。吻较长，钝尖。眼中大，均位于头部右侧，上眼接近头背缘。眼间隔稍窄。口小，前位，斜裂，左右侧稍对称。下颌略向前突出。牙小而扁，尖端截形，两颌各具牙 1 行，无眼侧较发达。体无鳞。有眼侧头及体侧有大小不等的骨板，分散或成行排列，背鳍基底下方具 1 行较大骨板，侧线上、下各有 1 纵行较大骨板；无眼侧光滑，不具骨板。侧线发达，几呈直线形，颞上支短。背鳍起点偏于无眼侧，稍后于上眼前缘。臀鳍始于胸鳍基底后下方，两鳍近同形，中部鳍条略长。胸鳍两侧不对称，有眼侧小刀形，稍长，无眼侧圆形。腹鳍小，位于胸鳍基部前下方，左右对称。尾鳍后缘圆、截形。有眼侧体为灰褐色，粗骨板微红，体及鳍上散布小暗斑；无眼侧为灰白色。

生态习性： 喜欢栖息于泥沙底质水域的底层。主要食物为双壳类、小型腹足类、甲壳类，生长 2 年开始性成熟，3 龄的石鲽可完全性成熟，进行产卵繁殖，每年在 10～11 月进行繁殖发育。

地理分布： 渤海，黄海，东海；日本，朝鲜半岛。

经济意义： 可食用经济鱼类。

参考文献： 李思忠和王惠民，1995；刘静，2008b；陈大刚和张美昭，2015c。

图 514　石鲽 *Kareius bicoloratus* (Basilewsky, 1855)

高眼鲽属 *Cleisthenes* Jordan & Starks, 1904

高眼鲽
Cleisthenes herzensteini (Schmidt, 1904)

同物异名： *Hippoglossoides herzensteini* Schmidt, 1904

标本采集地： 黄海。

形态特征： 背鳍 64～79；臀鳍 45～61；胸鳍 9～13；腹鳍 6。侧线鳞 70～86。鳃耙（6～9）+（15～23）。体呈长椭圆形。两眼位于头右侧，上眼位很高，越过头背中线。有反常个体。口中等大，近似对称。上颌骨几乎达眼中部下方。两颌齿小，上颌齿 1 行。背鳍始于上眼后部上方的左侧，鳍条不分支。右侧胸鳍较长，中央鳍条分支。腹鳍基短，近似对称。右侧大部分被栉鳞，左侧多被圆鳞。侧线发达，直线形，无颞上支。尾柄长大于高。有眼侧黄褐色，无明显的斑纹，鳍灰黄色，奇鳍外缘色较暗。无眼侧白色。

生态习性： 为冷温性底层鱼类。栖息于水深 100～200m 的沙泥底质海域。

地理分布： 渤海，黄海，东海；日本福岛以北海域，鄂霍次克海，西北太平洋温水域。

经济价值： 为我国黄海和渤海主要捕捞对象。

参考文献： 李思忠和王惠民，1995；刘静，2008b；陈大刚和张美昭，2015c。

图 515　高眼鰈 *Cleisthenes herzensteini* (Schmidt, 1904)

木叶鲽属 *Pleuronichthys* Girard, 1854

角木叶鲽
Pleuronichthys cornutus (Temminck & Schlegel, 1846)

同物异名： *Platessa cornutus* Temminck & Schlegel, 1846

标本采集地： 黄海。

形态特征： 背鳍69～86；臀鳍50～64；胸鳍9～13。侧线鳞（8～9）+（89～100）。鳃耙（2～3）+（5～7）。本种一般特征同属。体呈长卵圆形，体长为体高的1.5～2倍。眼间隔前、后棘角状，锐尖。有眼侧体黄褐色到深褐色，分布有许多大小不等、形状不一的黑褐色斑点。背鳍、臀鳍灰褐色，胸鳍、尾鳍色较深，略带黄边。

生态习性： 为暖温性底层鱼类。栖息于水深100m以内的泥沙底质海区。

地理分布： 渤海，黄海，东海，南海；日本，朝鲜半岛，太平洋。

经济价值： 是我国黄海和渤海底拖网兼捕对象。

参考文献： 李思忠和王惠民，1995；刘静，2008b；陈大刚和张美昭，2015c。

图516 角木叶鲽 *Pleuronichthys cornutus* (Temminck & Schlegel, 1846)

鲽科分属检索表

1. 口大或中等，右上颌长不短于 1/3 头长；两颌两侧牙相似；上眼位很高，越过头背中线；有眼侧体黄褐色，无明显的斑纹 .... 高眼鲽属 *Cleisthenes*
- 口小，有眼侧上颌长不及 1/3 头长；无眼侧两颌牙较发达 2
2. 牙尖小，牙群带状；侧线不在胸鳍上方弯曲，颞上枝沿体背缘向后延伸很远 .... 木叶鲽属 *Pleuronichthys*
- 牙锥状或门牙状，1~2 行；侧线颞上枝短或无；有眼侧（右）无大突起而在侧线上下各有 1 纵行粗骨板；左右下咽骨合为三角形 .... 石鲽属 *Kareius*

鳎科 Soleidae Bonaparte, 1833

豹鳎属 *Pardachirus* Günther, 1862

眼斑豹鳎
Pardachirus pavoninus (Lacepède, 1802)

标本采集地： 南海。

形态特征： 体长圆形，很侧扁。头短高。吻钝圆，向下稍弯曲而不呈钩状。两眼位于头右侧。口稍小，歪形，亚前位；右口裂较长，向后略伸过下眼前缘。两颌仅左侧有小绒毛状牙，牙群窄带状。肛门位于腹鳍之间，微偏左侧，与左腹鳍略相连。头、体两侧被弱栉鳞，头前下缘及前部左侧鳞绒毛状，背鳍、臀鳍无鳞。背鳍始于吻前端背缘；鳍条分枝，基端后缘左右各有一小孔，倒数第 14～15 背鳍条最长，最后鳍条略不连尾鳍。臀鳍始于鳃孔后端稍前下方，形似背鳍。无胸鳍。右腹鳍始于鳃峡后端，第 3 鳍条最长，第 5 鳍条前半部有膜连生殖突起。尾鳍圆形，中央 16 鳍条分枝。鲜鱼头、体右侧淡黄褐色，有许多大小不等的棕黑色细环纹，环纹内较淡且常有 1～4 个棕褐色小点，体长 73mm 小鱼仅有环纹。鳍与体色相似，奇鳍仅有环纹。体左侧淡黄白色。

生态习性： 暖水性稍小型底层海鱼，喜生活于珊瑚礁区。

地理分布： 东海，南海；西达红海，南达澳大利亚昆士兰，东到萨摩亚群岛，北到日本南部。

经济意义： 可食用经济鱼类。

参考文献： 李思忠和王惠民，1995；刘静，2008b；陈大刚和张美昭，2015c。

图 517　眼斑豹鳎 *Pardachirus pavoninus* (Lacepède, 1802)

条鳎属 *Zebrias* Jordan & Snyder, 1900

带纹条鳎
Zebrias zebra (Bloch, 1787)

标本采集地：黄海。

形态特征：背鳍 81～83；臀鳍 73～75；胸鳍 8；腹鳍 4；尾鳍 18。体为长卵圆形。头短小，吻钝圆，头长为吻长的 4.1～5.0 倍。两眼小，位于头部右侧。眼间隔宽。口小，前位，左右不对称。上、下颌约等长，口角后端止于下眼瞳孔前缘下方。无眼侧两颌牙细小，呈带状排列；有眼侧两颌无牙。鳃孔小。左右鳃盖膜相连。鳃耙细针尖状。体两侧均被小栉鳞，鳍基部亦有小鳞。侧线直，颞上支伸向头前。侧线鳞 88～91。背鳍起点约在上眼前缘上方。臀鳍与背鳍相对，起点约在胸鳍基底下方。背鳍与臀鳍均与尾鳍相连，鳍条一般不分支。胸鳍不等，有眼侧略小。腹鳍颇小，左右几乎相等。尾鳍后缘圆形。有眼侧体为浅黄褐色，布满黑色横带，成对平行排列，且延伸至背鳍和臀鳍上。胸鳍和尾鳍黑色，且在尾鳍之上散有黄色斑纹。无眼侧体白色或淡黄色。奇鳍边缘黑色。

生态习性：热带及暖温带浅海小型底层鱼类。喜生活于多泥沙海底处。

地理分布：黄海，东海；日本，朝鲜半岛，印度尼西亚。

经济意义：可食用经济鱼类。

参考文献：李思忠和王惠民，1995；刘静，2008b；陈大刚和张美昭，2015c。

图 518 带纹条鳎 *Zebrias zebra* (Bloch, 1787)

舌鳎科 Cynoglossidae Jordan, 1888
须鳎属 Genus Paraplagusia Bleeker, 1865

短钩须鳎
Paraplagusia blochii (Bleeker, 1851)

同物异名： *Plagusia blochi* Bleeker, 1851

标本采集地： 东海。

形态特征： 背鳍99～104；臀鳍74～79；腹鳍（左）4；尾鳍8。侧线鳍10+（78～83）。椎骨9+40。体长舌状，很侧扁，向后较尖。头长微大于头高。吻钩发达，约达下眼后缘下方。两眼位于头左侧中央，上眼后缘约位于下眼瞳孔前缘正上方。眼间隔微凹，宽较眼径小，有鳞。左鼻孔呈一粗管状，位于下眼前方和上唇中部上缘附近。右鼻孔位于上颌前半部上方附近。前鼻孔粗大管状；后鼻孔斜裂缝状，周缘微凹。口小，下位，口角约达下眼后缘下方。左侧上下唇各有1行须状皮突，下唇须突较长且有小叉枝；右侧唇无须突而有横褶纹，仅右侧有小绒毛状窄牙群。鳃孔稍短，侧下位。无鳃耙。背鳍始于吻前端稍后上方，后端鳍条最长，完全连尾鳍。臀鳍始于鳃孔后端稍后下方，形似背鳍。无胸鳍。腹鳍仅有左腹鳍，始于鳃峡后端，第3鳍条最长，第4鳍条以膜连臀鳍。尾鳍尖形。

生态习性： 为暖水性浅海底层中小型鱼，体长可达230mm。喜生活于多泥沙海底地区。

地理分布： 东海，南海；日本，印度尼西亚，菲律宾，印度，东非。

参考文献： 李思忠和王惠民，1995；刘静，2008b；陈大刚和张美昭，2015c。

图519 短钩须鳎 *Paraplagusia blochii* (Bleeker, 1851)

舌鳎属 *Cynoglossus* Hamilton, 1822

半滑舌鳎
Cynoglossus semilaevis Günther, 1873

标本采集地： 黄海。

形态特征： 背鳍124～127；臀鳍95～99；腹鳍4；尾鳍9。体延长，呈长舌状，侧扁。头较短。吻略短，前端圆钝，吻钩短。头长为吻长的2.4～2.8倍。眼小，两眼约位于头部左侧。眼间隔宽，平坦或微凹。口小，下位，口裂弧形，口角后端伸达下眼后缘下方。有眼侧两颌无齿，无眼侧两颌具绒毛状窄牙带。鳃孔窄长。前鳃盖骨边缘不游离。鳃盖膜不与峡部相连。无鳃耙。有眼侧被栉鳞，无眼侧被圆鳞。除尾鳍外，各鳍上均无鳞。有眼侧有侧线3条，上中侧线间具鳞19～21行，中下侧线间具鳞30～34行。侧线鳞（10～13）+（105～106）。无眼侧无侧线。背鳍起点始于吻前端上缘。臀鳍起点约在鳃盖后缘下方。背鳍与臀鳍均与尾鳍相连，鳍条不分支。无胸鳍。有眼侧腹鳍与臀鳍相连。无眼侧无腹鳍。尾鳍后缘尖形。有眼侧为暗褐色。奇鳍褐色。无眼侧灰白色。

生态习性： 暖温性近海底栖鱼类，喜欢栖息于河口附近浅海区，平时匍匐于泥沙中，只露出头部或两只眼睛，性格孤僻，不太集群，行动缓慢、活动量较小，除觅食游动外，潜伏在海底泥沙中，到了夜晚才游动散开。半滑舌鳎是分批产卵类型，成熟雌鱼排卵在几个星期期间每隔几天排一批卵，雌、雄个体差异较大，雄鱼个体小。

地理分布： 渤海，黄海，东海，南海；日本，朝鲜半岛。

经济意义： 重要的可食用经济鱼类。

参考文献： 李思忠和王惠民，1995；刘静，2008b；陈大刚和张美昭，2015c。

图 520　半滑舌鳎 Cynoglossus semilaevis Günther, 1873

斑头舌鳎
Cynoglossus puncticeps (Richardson, 1846)

标本采集地： 南海。

形态特征： 体长舌状，很侧扁，前端较钝，后部渐尖。头钝短，高大于长。吻短，前端软，吻长较上眼距背鳍基稍短，吻钩略不达左侧前鼻孔下方。两眼位于头左侧中部，上眼较下眼略前。眼间隔很窄，凹形，有鳞。口下位，歪小；左口裂较平直，达下眼后缘稍前方，距鳃孔后端约等于吻长加眼直径。唇光滑。两颌仅右侧有绒毛状牙，牙群窄带状。头、体两侧被栉鳞。左侧上侧线上方鳞至多4～5纵行，上、中侧线间鳞最多14～19纵行，各鳍无鳞，仅尾鳍基附近有鳞。头右侧前端鳞绒毛状。左侧有上、中侧线，除颞上枝相连外，到吻端亦相连，无眼前枝，前鳃盖枝不连下颌鳃盖枝，上侧线伸入倒数第6～8背鳍条间。右侧无侧线。背鳍始于吻端稍后上方，后端鳍条最长，与尾鳍上缘完全相连。臀鳍始于鳃孔稍后下方，形似背鳍。腹鳍仅有左腹鳍，始于鳃峡后端，第4鳍条最长，有膜连臀鳍。尾鳍窄长。头、体左侧淡黄褐色，有许多不规则黑褐色横斑；鳍淡黄色，奇鳍每2～6鳍条有一鳍条为黑褐色细纹状。右侧淡色，鳍色亦较淡。

生态习性： 暖水性浅海稍小型底层鱼。

地理分布： 东海，南海；巴基斯坦，印度尼西亚，菲律宾。

经济意义： 可食用经济鱼类。

参考文献： 李思忠和王惠民，1995；刘静，2008b；陈大刚和张美昭，2015c。

图521　斑头舌鳎 *Cynoglossus puncticeps* (Richardson, 1846)

短吻红舌鳎
Cynoglossus joyneri Günther, 1878

标本采集地： 黄海。

形态特征： 背鳍 107～116；臀鳍 85～90；胸鳍 0；腹鳍 4。侧线鳞 71～78。体呈长舌状，体长为体高的 3.6～4.4 倍。头稍钝短，体长为头长的 4.2～4.9 倍，头长等于或小于头高。吻钝短，较眼后头长为短。吻钩几乎达眼前缘下方。口歪，下位，口角达下眼后下方。眼位于头左侧，眼小，头长为眼直径的 9.8～15.2 倍。眼间隔宽等于瞳孔长，稍凹，有鳞。头、体两侧被栉鳞。有眼侧侧线 3 条，无眼前支；上、下侧线外侧鳞各 4～5 行，上、中侧线间鳞 12～13 纵行。无眼侧无侧线。体左侧淡红褐色，各纵列鳞中央具暗纵纹。腹鳍黄色。背鳍、臀鳍前半部黄色，向后渐变成褐色。体右侧及鳍白色。

生态习性： 为暖温性底层鱼类。栖息于水深 20～70m 的沙泥底质海区。

地理分布： 渤海，黄海，东海，南海；日本，朝鲜半岛，西北太平洋。

参考文献： 李思忠和王惠民，1995；刘静，2008b；陈大刚和张美昭，2015c。

图 522　短吻红舌鳎 *Cynoglossus joyneri* Günther, 1878

舌鳎属分种检索表

1. 体左侧（有眼侧）被栉鳞，体右侧（无眼侧）被圆鳞 ·················· 半滑舌鳎 *C. semilaevis*
- 体两侧均被栉鳞 ··· 2
2. 体左侧淡黄褐色，有很多不规则黑褐色横斑 ······························ 斑头舌鳎 *C. puncticeps*
- 体左侧淡红褐色，不具横斑 ··· 短吻红舌鳎 *C. joyneri*

脊索动物门参考文献

曹善茂, 印明昊, 姜玉声, 等. 2017. 大连近海无脊椎动物. 沈阳: 辽宁科学技术出版社.

陈大刚, 张美昭. 2015a. 中国海洋鱼类(上卷). 青岛: 中国海洋大学出版社: 111-740.

陈大刚, 张美昭. 2015b. 中国海洋鱼类(中卷). 青岛: 中国海洋大学出版社: 745-845.

陈大刚, 张美昭. 2015c. 中国海洋鱼类(下卷). 青岛: 中国海洋大学出版社: 1543-2010.

葛国昌, 臧衍蓝. 1983. 胶州湾海鞘类的调查——Ⅰ. 菊海鞘科. 山东海洋学院学报, 13(2): 93-100.

黄修明. 2008. 海鞘纲 Ascidiacea Blaninville, 1824 // 刘瑞玉. 中国海洋生物名录. 北京: 科学出版社: 882-885.

金鑫波. 2006. 中国动物志 硬骨鱼纲 鲉形目. 北京: 科学出版社: 438-617.

李思忠, 王惠民. 1995. 中国动物志 硬骨鱼纲 鲽形目. 北京: 科学出版社: 99-377.

刘静. 2008a. 软骨鱼纲 Class CHONDRICHTHYES // 刘瑞玉. 中国海洋生物名录. 北京: 科学出版社: 898-900.

刘静. 2008b. 硬骨鱼纲 Class OSTEICHTHYES // 刘瑞玉. 中国海洋生物名录. 北京: 科学出版社: 949-1057.

刘敏, 陈骁, 杨圣云. 2013. 中国福建南部海洋鱼类图鉴. 北京: 海洋出版社: 40-68.

王义权, 单锦城, 黄宗国. 2012 头索动物亚门Cephalochordata // 黄宗国, 林茂. 中国海洋物种和图集. 上卷, 中国海洋物种多样性. 北京: 海洋出版社: 918.

伍汉霖, 邵广昭, 等. 2017. 拉汉世界鱼类名典. 青岛: 中国海洋大学出版社: 10-319.

伍汉霖, 钟俊生. 2008. 中国动物志 硬骨鱼纲 鲈形目(五) 虾虎鱼亚目. 北京: 科学出版社: 196-751.

徐凤山. 2008. 头索动物亚门 Subphylum Cephalochordata Owen, 1846 // 刘瑞玉. 中国海洋生物名录. 北京: 科学出版社: 886.

杨德渐, 王永良, 等. 1996. 中国北部海洋无脊椎动物. 北京: 高等教育出版社.

张玺, 张凤瀛, 吴宝铃, 等. 1963. 中国经济动物志 环节(多毛纲)、棘皮、原索动物. 北京: 科学出版社.

朱元鼎, 孟庆闻. 2001. 中国动物志 圆口纲 软骨鱼纲. 北京: 科学出版社: 329-439.

中文名索引

A
阿氏强蟹	662
矮拟帽贝	416
鲛鲼科	853
安氏长臂虾	619
凹管鞭虾	596
凹裂星海胆	816
凹吻鲆	883

B
白带琵琶螺	455
白龙骨乐飞螺	489
白小笔螺	469
斑点拟相手蟹	742
斑瘤蛇尾	772
斑鲆属	881
斑鳍鲉	866
斑头舌鳎	896
斑尾刺虾虎鱼	868
斑纹无壳侧鳃	500
斑瓮鳐	846
板蛇尾属	778
半滑舌鳎	894
半囊螺属	496
半褶织纹螺	481
棒塔螺科	490
棒锥螺	431
薄盘蛤属	532
豹鳚属	890
鲍科	420
鲍属	420
贝特对虾属	604
背肋青螺	419
倍棘蛇尾属	784
笔螺科	484
闭口蟹属	723
鞭枝蛇尾	770
扁玉螺	449
扁玉螺属	449
别藻苔虫属	753
滨螺科	442
滨螺属	442
柄海鞘科	841
饼干海胆科	814
饼海胆属	814
玻璃海鞘	840
玻璃海鞘科	840
玻璃海鞘属	840
布袋蛇螺属	445
布尔小笔螺	470
布目蛤属	526

C
彩虹樱蛤	546
彩虹樱蛤属	546
菜花银杏蟹	718
糙虾蛄属	582
草苔虫科	754
草苔虫属	754
侧足厚蟹	735
蝉虾科	638
蟾蜍土发螺	459
菖鲉属	855
蝐螺属	425
长臂虾科	619
长臂虾属	619
长额虾科	635
长纺锤螺	487
长海胆科	813
长角长臂虾	622
长脚蟹科	668
长葡萄螺科	494
长蛸	564
长手隆背蟹	668
长足七腕虾	617
朝鲜刺蛇尾	776
齿纹蜑螺	430
赤蛙螺属	458
赤虾属	598
船形虾属	616
鹑螺科	440
鹑螺属	440
瓷蟹科	640
刺螯鼓虾	612
刺锚参属	832
刺蛇尾科	772
刺蛇尾属	774
刺虾虎鱼属	867
粗糙拟滨螺	444
粗饰蚶属	508
粗腿厚纹蟹	732
锉棒螺属	436

D
大刺蛇尾属	780
大弹涂鱼	874
大弹涂鱼属	874
大额蟹属	730
大角贝	414
大轮螺	493
大鳍弹涂鱼	875
大室别藻苔虫	753
大眼蟹科	724
大眼蟹属	724
带鹑螺	441
带纹条鳎	892
单齿螺	424
单齿螺属	424

899

单鳍电鳐科	844	**E**		高眼鲽属	886
单鳍电鳐属	844	蛾螺科	471	缟虾虎鱼属	871
单梭蟹属	692	耳梯螺	437	格纹棒塔螺属	490
单指虎鲉	856	耳乌贼科	562	格纹笔螺属	485
淡黄笔螺	485	耳乌贼属	562	葛氏长臂虾	624
淡路植樱蛤	548	二色桌片参	822	弓蟹科	734
弹涂鱼属	875			沟鹑螺	440
蛋白无脐玉螺	450	**F**		沟纹拟盲蟹	684
蜑螺科	430	方斑东风螺	471	股贻贝属	514
蜑螺属	430	方格织纹螺	477	骨螺科	461
刀蛏属	550	方蟹科	730	骨螺属	462
德汉劳绵蟹	642	方柱翼手参	818	鼓虾科	612
灯塔蛤科	550	鲂鮄科	857	鼓虾属	612
等边薄盘蛤	532	仿银杏蟹属	719	瓜参科	818
等腕虾属	635	纺锤螺属	486	瓜螺	492
电光螺	491	菲律宾蛤仔	530	瓜螺属	492
电光螺属	491	榧螺科	483	关公蟹科	656
雕刻窦螺	451	榧螺属	483	管鞭虾科	592
鲽科	884	翡翠股贻贝	514	管鞭虾属	592
东方扇贝属	524	蜂巢虾虎鱼属	412	管蛾螺属	475
东方长臂虾	629	凤螺科	447	管角螺	476
东风螺属	471	辐瓜参属	824	管招潮属	728
斗蟹属	720	辐蛇尾	798	冠螺科	454
豆形拳蟹	676	辐蛇尾科	798	光背节鞭水虱	591
豆形拳蟹属	676	辐蛇尾属	798	光魟	852
窦螺属	451	斧蛤科	542	光滑倍棘蛇尾	786
毒鲉科	856	斧蛤属	542	光辉圆扇蟹	660
独特海参	828	斧文蛤	536	光衣缀螺	446
杜父鱼科	858	副孔虾虎鱼属	878	广东长臂虾	626
短滨螺	442	覆瓦布袋蛇螺	445	龟足	578
短钩须鳎	893			龟足属	578
短滑竹蛏	518	**G**		桂皮斑鲆	881
短双螵	568	盖鳃水虱科	591		
短吻红舌鳎	897	竿虾虎鱼	873	**H**	
对虾科	598	竿虾虎鱼属	873	哈氏刻肋海胆	811
对虾属	606	橄榄拳蟹	674	哈氏米氏对虾	602
钝梭螺	452	干练平壳蟹	641	蛤蜊科	540
钝梭螺属	452	高脊管鞭虾	592	蛤蜊属	540
多齿船形虾	616	高体斑鲆	882	蛤仔属	530
多室草苔虫	754	高眼鲽	886	海螯虾科	636

中文名索引

海参科	828	红螺属	464	脊尾长臂虾	620
海参属	828	红色相机蟹	666	加夫蛤属	527
海齿花属	768	红线黎明蟹	650	甲虫螺	473
海地瓜	830	红星梭子蟹	698	甲虫螺属	473
海地瓜属	830	魟科	852	嫁䗩	415
海豆芽科	760	魟属	852	嫁䗩属	415
海豆芽属	760	猴面蟹科	722	尖刺糙虾蛄	582
海龙科	861	猴面蟹属	722	尖头蟹科	679
海龙属	861	后海螯虾属	636	剑梭蟹属	694
海马属	862	厚壳贻贝	512	江户布目蛤	526
海兔科	498	厚纹蟹属	732	江珧科	520
海兔属	498	厚蟹属	735	江珧属	520
海湾扇贝	525	弧边管招潮	728	焦河蓝蛤	551
海湾扇贝属	525	虎头蟹科	681	焦棘螺	461
海羊齿科	764	虎头蟹属	681	角贝科	414
海羊齿属	764	虎鲉属	856	角螺属	476
蚶科	508	花帽贝科	415	角木叶鲽	888
韩瑞蛤属	544	滑脊等腕虾	635	角蝾螺	428
何氏瓮鳐	850	滑竹蛏属	518	节鞭水虱属	591
河篮蛤属	551	欢喜明樱蛤	545	节蝾螺	427
核螺科	469	环管苔虫科	755	结节滨螺属	443
盒螺属	495	黄鮟鱇	853	结节蟹守螺	434
褐菖鲉	855	黄鮟鱇属	853	金刚衲螺	488
褐管蛾螺	475	黄道蟹科	652	金氏真蛇尾	804
褐虾科	618	黄格纹棒塔螺	490	锦绣龙虾	637
褐虾属	618	黄口瑞荔枝螺	467	近方蟹属	738
褐牙鲆	880	黄鳍刺虾虎鱼	867	近辐蛇尾	800
褐焰笔螺	484	汇螺科	432	近江巨牡蛎	521
黑斑海兔	498	火枪乌贼	554	精武蟹属	682
黑斑沃氏虾蛄	587			颈链血苔虫	756
黑菊花螺	504	**J**		静蟹科	682
黑囊皮参	826	矶鲷	863	镜蛤属	529
黑瓦螺	422	矶蟹属	678	九齿扇虾	638
痕掌沙蟹	727	棘刺锚参	834	菊海鞘属	841
红斑斗蟹	720	棘刺牡蛎	522	菊花螺科	504
红斑后海螯虾	636	棘螺属	461	菊花螺属	504
红带织纹螺	480	棘绿鳍鱼	857	巨牡蛎属	521
红巨藤壶	579	棘球海胆属	812	巨藤壶属	579
红口榧螺	483	脊腹褐虾	618	巨指长臂虾	627
红螺	464	脊条褶虾蛄	583	锯齿长臂虾	632

901

锯羽丽海羊齿	764	镰玉螺属	448	矛形剑梭蟹	694
卷海齿花属	766	两栖土块蟹	652	锚参科	832
卷折馒头蟹	646	裂星海胆科	816	帽贝总科	415
		裂星海胆属	816	玫瑰履螺	453
K		林氏团扇鳐	845	美人蟳	706
尻参科	830	瘤海星科	808	美原双眼钩虾	589
颗粒拟关公蟹	658	瘤瑞荔枝螺	465	米氏对虾属	602
蝌蚪螺属	457	瘤蛇尾属	772	绵蟹科	641
可疑尾翼手参	819	六齿猴面蟹	722	明樱蛤属	545
刻肋海胆科	810	龙虾科	637	模式辐瓜参	824
刻肋海胆属	810	龙虾属	637	膜孔苔虫科	753
口虾蛄	584	隆背蟹属	668	牡蛎科	521
口虾蛄属	584	隆线强蟹	664	木叶鲽属	888
枯瘦突眼蟹	680	轮螺科	493		
宽背蟹科	662	轮螺属	493	**N**	
宽带梯螺	438	轮螺总科	493	衲螺科	488
宽甲蟹科	666	罗氏乌贼	558	衲螺属	488
宽身闭口蟹	723	裸盲蟹	686	囊牡蛎属	522
筐形蟹属	648	裸项蜂巢虾虎鱼	876	囊皮参属	826
盔螺科	476	履螺属	453	泥东风螺	472
盔蟹科	654	绿鳍鱼属	857	泥钩虾属	590
				泥蚶	510
L		**M**		泥蚶属	510
拉氏狼牙虾虎鱼	877	马粪海胆	812	泥脚毛隆背蟹	671
篮蛤科	551	马氏刺蛇尾	774	泥螺	494
狼梭蟹属	690	马氏毛粒蟹	683	泥螺属	494
狼牙虾虎鱼属	877	马蹄螺科	424	拟滨螺属	444
劳绵蟹属	642	迈氏似软苔虫	752	拟关公蟹属	658
乐飞螺属	489	麦氏鲎鳐	848	拟厚蟹属	734
雷氏饼海胆	814	馒头蟹科	646	拟绿虾蛄属	581
犁头鳐科	845	馒头蟹属	646	拟盲蟹属	684
黎明蟹科	650	蔓蛇尾科	770	拟帽贝属	416
黎明蟹属	650	盲蟹属	686	拟平家蟹属	656
篱松果螺	447	毛刺蟹科	683	拟枪乌贼属	552
丽文蛤	537	毛钩虾科	590	拟相手蟹属	742
栗壳蟹属	672	毛蚶	508	拟穴青蟹	702
粒花冠小月螺	426	毛粒蟹属	683	扭螺科	460
粒结节滨螺	443	毛隆背蟹属	671	扭螺属	460
粒蝌蚪螺	457	矛尾虾虎鱼	870		
帘蛤科	526	矛尾虾虎鱼属	870		

中文名索引

P
盘棘蛇尾属	794
披肩䲢	865
披肩䲢属	866
琵琶螺科	455
琵琶螺属	455
片鳃科	502
片鳃属	502
平背蜞	737
平壳蟹属	641
平鲉属	854
鲆科	883
鲆属	883
婆罗半囊螺	496
普氏细棘虾虎鱼	869
普通锉棒螺	436

Q
七腕虾属	617
歧脊加夫蛤	527
蜞属	737
浅缝骨螺	462
嵌线螺科	457
枪乌贼科	552
强蟹属	662
青螺科	416
青螺属	419
青螺总科	416
青蟹属	702
琼娜蟹属	654
球海胆科	812
拳蟹属	674

R
日本倍棘蛇尾	790
日本大眼蟹	726
日本单鳍电鳐	844
日本对虾	608
日本鼓虾	614
日本海马	862

日本尖海齿花	766
日本镜蛤	529
日本笠贝属	418
日本拟平家蟹	656
日本枪乌贼	552
日本文昌鱼	842
日本蟳	710
绒螯近方蟹	738
绒毛仿银杏蟹	719
绒毛细足蟹	640
蝾螺	429
蝾螺科	426
蝾螺属	427
肉球近方蟹	740
软苔虫科	752
芮氏刻肋海胆	810
锐齿蟳	704
瑞荔枝螺属	465

S
塞切尔泥钩虾	590
三胞苔虫属	755
三叉螺科	495
三角凸卵蛤	528
三疣梭子蟹	700
沙鸡子科	826
沙蟹科	727
沙蟹属	727
厦门蜓蛇尾	802
扇贝科	524
扇虾属	638
扇蟹科	718
蛸科	564
蛸属	564
舌鳎科	893
舌鳎属	894
舌形双鳍电鳐	843
蛇螺科	445
十一刺栗壳蟹	672
石鳖	884

石鳖属	884
史氏菊海鞘	841
史氏日本笠贝	418
似软苔虫属	752
舒氏海龙	861
双斑蟳	714
双沟鬘螺	454
双喙耳乌贼	562
双鳍电鳐科	843
双鳍电鳐属	843
双蛸属	568
双眼钩虾属	589
四齿大额蟹	730
四齿矶蟹	678
四齿蛇尾	796
四齿蛇尾属	796
四角蛤蜊	540
松果螺属	447
松江鲈	858
松江鲈属	858
苏氏刺锚参	836
梭螺科	452
梭子蟹科	690
梭子蟹属	696

T
塔螺科	489
鳎科	890
太平长臂虾	630
贪精武蟹	682
滩栖阳遂足	792
藤壶科	579
䲢科	864
䲢属	864
梯螺科	437
梯螺属	437
梯螺总科	437
天津厚蟹	736
条鳎属	892
条纹大刺蛇尾	780

903

条纹围贻贝	516	无壳侧鳃属	500	小囊蛤	506
凸卵蛤属	528	无脐玉螺属	450	小囊蛤属	506
突眼蟹科	680	无针乌贼	560	小藤壶科	580
突眼蟹属	680	无针乌贼属	560	小藤壶属	580
土发螺属	459	五角海星属	808	小梯螺	439
土块蟹属	652	伍氏拟厚蟹	734	小头副孔虾虎鱼	878
团扇鳐属	845	伍氏枪乌贼	556	小翼小汇螺	433
托氏蜎螺	425	武士蟳	712	小月螺属	426
托虾科	617	武装筐形蟹	648	蝎形拟绿虾蛄	581
				蟹守螺科	434
W				蟹守螺属	434
洼颚倍棘蛇尾	788	**X**		蟹守螺总科	431
蛙螺科	458	西方三胞苔虫	755	新对虾属	600
蛙蟹	644	西格织纹螺	479	新绒螯蟹属	744
蛙蟹科	644	习见赤蛙螺	458	秀丽长臂虾	628
蛙蟹属	644	细带螺科	486	绣花角贝属	414
瓦螺科	421	细点圆趾蟹	688	锈斑蟳	708
瓦螺属	421	细棘虾虎鱼属	869	锈瓦螺	423
网纹扭螺	460	细巧贝特对虾	604	须赤虾	598
微点舌片鳃	502	细五角瓜参	820	须鳗属	893
微黄镰玉螺	448	细五角瓜参属	820	许氏平鲉	854
围贻贝属	516	细足蟹属	640	血苔虫科	756
伪指刺锚参	832	虾蛄科	581	血苔虫属	756
尾翼手参属	819	虾虎鱼科	867	蟳属	704
鳎科	863	狭颚新绒螯蟹	744		
鳎属	863	纤手狼梭蟹	690	**Y**	
文昌鱼科	842	鲉科	866	鸭嘴海豆芽	760
文昌鱼属	842	鲉属	866	牙鲆科	880
文蛤	534	显著琼娜蟹	654	牙鲆属	880
文蛤属	534	相机蟹属	666	亚氏海豆芽	761
纹缟虾虎鱼	871	相手蟹属	742	蜓蛇尾科	802
吻状蛤科	506	香螺	474	蜓蛇尾属	802
瓮鳐属	846	香螺属	474	眼斑豹鳎	890
涡螺科	491	项鳞螣	864	焰笔螺属	484
沃氏虾蛄属	587	逍遥馒头蟹	647	阳遂足科	784
卧蜘蛛蟹科	678	小笔螺属	469	阳遂足属	792
乌贼科	558	小刀蛏	550	鳐科	846
乌贼属	558	小汇螺属	432	衣韩瑞蛤	544
无刺小口虾蛄	586	小棘真蛇尾	806	衣笠螺科	446
无壳侧鳃科	500	小卷海齿花	768	贻贝科	512
		小口虾蛄属	586		

中文名索引

贻贝属	512	圆趾蟹科	688	中国对虾	606
异常盘棘蛇尾	794	圆趾蟹属	688	中华倍棘蛇尾	784
翼手参属	818	远海梭子蟹	696	中华管鞭虾	594
银光单梭蟹	692	悦目大眼蟹	724	中华虎头蟹	681
银口瓦螺	421			中华五角海星	808
银杏蟹属	718	**Z**		中华小藤壶	580
英雄蟹属	679	杂色琵琶螺	456	周氏新对虾	600
缨鬘螺属	454	藻虾科	616	皱纹盘鲍	420
樱蛤科	544	张氏芋参	829	珠带小汇螺	432
鹰爪虾	610	哲扇蟹科	660	柱形纺锤螺	486
鹰爪虾属	610	褶虾蛄属	583	锥螺科	431
鲬	860	真蛸	566	锥螺属	431
鲬科	860	真蛇尾科	804	缀螺属	446
鲬属	860	真蛇尾属	804	桌片参属	822
疣瑞荔枝螺	466	枝蛇尾属	770	髭缟虾虎鱼	872
鲉科	854	织纹螺科	477	紫海胆	813
有疣英雄蟹	679	织纹螺属	477	紫海胆属	813
玉螺科	448	直额蟳	716	紫隆背蟹	670
玉蟹科	672	植樱蛤属	548	紫藤斧蛤	542
芋参科	829	指茗荷科	578	紫文蛤	538
芋参属	829	栉江珧	520	棕板蛇尾	778
圆扇蟹属	660	栉孔扇贝	524	纵肋织纹螺	478
圆筒盒螺	495	栉羽枝科	766		

拉丁名索引

A

Acanthogobius	867
Acanthogobius flavimanus	867
Acanthogobius hasta	868
Acaudina	830
Acaudina molpadioides	830
Acentrogobius	869
Acentrogobius pflaumii	869
Achaeus	679
Achaeus tuberculatus	679
Actaea	718
Actaea savignii	718
Actaeodes	719
Actaeodes tomentosus	719
Actinocucumis	824
Actinocucumis typica	824
Alcyonidiidae	752
Alcyonidioides	752
Alcyonidioides mytili	752
Alpheidae	612
Alpheus	612
Alpheus hoplocheles	612
Alpheus japonicus	614
Ampelisca	589
Ampelisca miharaensis	589
Amphioctopus	568
Amphioctopus fangsiao	568
Amphioplus	784
Amphioplus (Lymanella) depressus	788
Amphioplus (Lymanella) japonicus	790
Amphioplus (Lymanella) laevis	786
Amphioplus sinicus	784
Amphiura	792
Amphiura (Fellaria) vadicola	792
Amphiuridae	784
Anadara	508
Anadara kagoshimensis	508
Anneissia	766
Anneissia japonica	766
Antedon	764
Antedon serrata	764
Antedonidae	764
Anthenea	808
Anthenea pentagonula	808
Aplysia	498
Aplysia kurodai	498
Aplysiidae	498
Arcania	672
Arcania undecimspinosa	672
Architectonica	493
Architectonica maxima	493
Architectonicidae	493
Architectonicoidea	493
Arcidae	508
Argopecten	525
Argopecten irradians	525
Armina	502
Armina punctilucens	502
Arminidae	502
Atrina	520
Atrina pectinata	520
Azumapecten	524
Azumapecten farreri	524

B

Babylonia	471
Babylonia areolata	471
Babylonia lutosa	472
Balanidae	579
Batepenaeopsis	604
Batepenaeopsis tenella	604
Biflustra	753
Biflustra grandicella	753
Blenniidae	863
Boleophthalmus	874
Boleophthalmus pectinirostris	874
Bothidae	883
Bothus	883
Bothus mancus	883
Botryllus	841
Botryllus schlosseri	841
Branchiostoma	842
Branchiostoma japonicum	842
Branchiostomatidae	842
Buccinidae	471
Bufonaria	458
Bufonaria rana	458
Bugula	754
Bugula neritina	754
Bugulidae	754
Bullacta	494
Bullacta caurina	494
Bursidae	458

C

Calappa	646
Calappa lophos	646
Calappa philargius	647
Calappidae	646
Callionymidae	866
Callionymus	866
Callionymus octostigmatus	866
Camatopsis	666
Camatopsis rubida	666
Camptandriidae	722
Camptandrium	722
Camptandrium sexdentatum	722
Cancellaria	488

Cancellaria spengleriana	488	Chasmocarcinidae	666	*Cylichna biplicata*	495
Cancellariidae	488	*Chelidonichthys*	857	Cylichnidae	495
Cancilla	485	*Chelidonichthys spinosus*	857	Cymatiidae	457
Cancilla isabella	485	*Chicoreus*	461	Cynoglossidae	893
Cancridae	652	*Chicoreus torrefactus*	461	*Cynoglossus*	894
Candidae	755	Chthamalidae	580	*Cynoglossus joyneri*	897
Cantharus	473	*Chthamalus*	580	*Cynoglossus puncticeps*	896
Cantharus cecillei	473	*Chthamalus sinensis*	580	*Cynoglossus semilaevis*	894
Capitulum	578	*Ciona*	840		
Capitulum mitella	578	*Ciona intestinalis*	840	**D**	
Carcinoplax	668	Cionidae	840	Dasyatidae	852
Carcinoplax longimanus	668	*Clathrodrillia*	490	Dentaliidae	414
Carcinoplax purpurea	670	*Clathrodrillia flavidula*	490	*Distorsio*	460
Cassidae	454	*Cleisthenes*	886	*Distorsio reticularis*	460
Caudinidae	830	*Cleisthenes herzensteini*	886	Donacidae	542
Cellana	415	*Cleistostoma*	723	*Donax*	542
Cellana toreuma	415	*Cleistostoma dilatatum*	723	*Donax semigranosus*	542
Cercodemas	819	*Cloridopsis*	581	Dorippidae	656
Cercodemas anceps	819	*Cloridopsis scorpio*	581	*Dosinia*	529
Cerithiidae	434	*Colochirus*	818	*Dosinia japonica*	529
Cerithioidea	431	*Colochirus quadrangularis*	818	Drillidae	490
Cerithium	434	Columbellidae	469	Dromiidae	641
Cerithium nodulosum	434	*Comanthus*	768		
Chaeturichthys	870	*Comanthus parvicirrus*	768	**E**	
Chaeturichthys stigmatias		Comasteridae	766	*Echinolittorina*	443
	870	*Conchoecetes*	641	*Echinolittorina radiata*	443
Charybdis	704	*Conchoecetes artificiosus*	641	Echinometridae	813
Charybdis (*Charybdis*)		*Conomurex*	447	*Entricoplax*	671
acuta	704	*Conomurex luhuanus*	447	*Entricoplax vestita*	671
Charybdis (*Charybdis*)		Corbulidae	551	Epialtidae	678
callianassa	706	Corystidae	654	Epitoniidae	437
Charybdis (*Charybdis*) *feriata*		Cottidae	858	*Epitonioidea*	437
	708	*Crangon*	618	*Epitonium*	437
Charybdis (*Charybdis*)		*Crangon affinis*	618	*Epitonium auritum*	437
japonica	710	Crangonidae	618	*Epitonium clementinum*	438
Charybdis (*Charybdis*)		*Crassostrea*	521	*Epitonium scalare*	439
miles	712	*Crassostrea ariakensis*	521	*Eriopisella*	590
Charybdis (*Goniohellenus*)		Cucumariidae	818	*Eriopisella sechellensis*	590
truncata	716	*Cultellus*	550	Eriopisidae	590
Charybdis (*Gonioneptunus*)		*Cultellus attenuatus*	550	*Eucrate*	662
bimaculata	714	*Cylichna*	495	*Eucrate alcocki*	662

拉丁名索引

Eucrate crenata	664	*Haliotis discus*	420	**J**	
Euryalidae	770	Haminoeidae	494	*Jonas*	654
Euryplacidae	662	*Hanleyanus*	544	*Jonas distinctus*	654
Euspira	448	*Hanleyanus vestalis*	544		
Euspira gilva	448	*Heikeopsis*	656	**K**	
		Heikeopsis japonica	656	*Kareius*	884
F		*Helicana*	734	*Kareius bicoloratus*	884
Fasciolariidae	486	*Helicana wuana*	734	*Kempella*	582
Favonigobius	876	*Helice*	735	*Kempella mikado*	582
Favonigobius gymnauchen		*Helice latimera*	735		
	876	*Helice tientsinensis*	736	**L**	
Ficidae	455	*Heliocidaris*	813	Laganidae	814
Ficus	455	*Heliocidaris crassispina*	813	*Lauridromia*	642
Ficus ficus	455	*Hemicentrotus pulcherrimus*		*Lauridromia dehaani*	642
Ficus variegata	456		812	*Leiosolenus*	518
Fulgoraria	491	*Hemifusus*	476	*Leiosolenus lischkei*	518
Fulgoraria rupestris	491	*Hemifusus tuba*	476	*Leptopentacta*	820
Fusinus	486	*Hemigrapsus*	738	*Leptopentacta imbricata*	820
Fusinus colus	486	*Hemigrapsus penicillatus*	738	Leucosiidae	672
Fusinus salisburyi	487	*Hemigrapsus sanguineus*	740	*Leukoma*	526
		Hemitrygon	852	*Leukoma jedoensis*	526
G		*Hemitrygon laevigata*	852	*Liagore*	720
Gaetice	737	*Heptacarpus*	617	*Liagore rubromaculata*	720
Gaetice depressus	737	*Heptacarpus futilirostris*	617	*Lingula*	760
Gafrarium	527	*Hippocampus*	862	*Lingula adamsi*	761
Gafrarium divaricatum	527	*Hippocampus mohnikei*	862	*Lingula anatina*	760
Galenidae	682	Hippolytidae	616	Lingulidae	760
Genus	843	*Holothuria*	828	*Littoraria*	444
Genus	844	*Holothuria* (*Lessonothuria*)		*Littoraria articulata*	444
Genus Paraplagusia	893	*insignis*	828	*Littorina*	442
Glebocarcinus	652	Holothuriidae	828	*Littorina brevicula*	442
Glebocarcinus amphioetus	652			Littorinidae	442
Gobiidae	867	**I**		Loliginidae	552
Goneplacidae	668	*Ibacus*	638	*Loliolus*	552
Grapsidae	730	*Ibacus novemdentatus*	638	*Loliolus* (*Nipponololigo*) *beka*	
Gyrineum	457	*Ichthyscopus*	865		554
Gyrineum natator	457	*Ichthyscopus sannio*	865	*Loliolus* (*Nipponololigo*)	
		Idoteidae	591	*japonica*	552
H		Inachidae	679	*Loliolus* (*Nipponololigo*) *uyii*	
Haliotidae	420	*Iridona*	546		556
Haliotis	420	*Iridona iridescens*	546	Lophiidae	853

909

Lophiotoma	489	*Menippidae*	660	*Mytilisepta*	516
Lophiotoma leucotropis	489	*Mensamaria*	822	*Mytilisepta virgata*	516
Lophius	853	*Mensamaria intercedens*	822	*Mytilus*	512
Lophius litulon	853	*Meretrix*	534	*Mytilus unguiculatus*	512
Lophosquilla	583	*Meretrix casta*	538		
Lophosquilla costata	583	*Meretrix lamarckii*	536	**N**	
Lottia	419	*Meretrix lusoria*	537	Nacellidae	415
Lottia dorsuosa	419	*Meretrix meretrix*	534	*Narcine lingula*	843
Lottiidae	416	*Mesocenrotus*	812	Narcinidae	843
Lottioidea	416	*Metanephrops*	636	*Narke japonica*	844
Luciogobius	873	*Metanephrops thomsoni*	636	Narkidae	844
Luciogobius guttatus	873	*Metapenaeopsis*	598	Nassariidae	477
Lunella	426	*Metapenaeopsis barbata*	598	*Nassarius*	477
Lunella coronata	426	*Metapenaeus*	600	*Nassarius conoidalis*	477
Lupocycloporus	690	*Metapenaeus joyneri*	600	*Nassarius sinarum*	481
Lupocycloporus gracilimanus		*Metopograpsus*	730	*Nassarius siquijorensis*	479
	690	*Metopograpsus quadridentatus*	730	*Nassarius succinctus*	480
		Mierspenaeopsis	602	*Nassarius variciferus*	478
M		*Mierspenaeopsis hardwickii*	602	Naticidae	448
Macridiscus	532	*Minous*	856	*Neoeriocheir*	744
Macridiscus aequilatera	532	*Minous monodactylus*	856	*Neoeriocheir leptognathus*	744
Macrophiothrix	780	*Mitrella*	469	Nephropidae	636
Macrophiothrix striolata	780	*Mitrella albuginosa*	469	*Neptunea*	474
Macrophthalmidae	724	*Mitrella burchardi*	470	*Neptunea cumingii*	474
Macrophthalmus	724	Mitridae	484	*Nerita*	430
Macrophthalmus (*Mareotis*) *japonicus*	726	*Moerella*	545	*Nerita yoldii*	430
Macrophthalmus (*Paramareotis*) *erato*	724	*Moerella hilaris*	545	Neritidae	430
		Molpadia	829	*Neverita*	449
Mactra	540	*Molpadia changi*	829	*Neverita didyma*	449
Mactra quadrangularis	540	Molpadiidae	829	*Nipponacmea*	418
Mactridae	540	*Monodonta*	424	*Nipponacmea schrenckii*	418
Matuta	650	*Monodonta labio*	424	Nuculanidae	506
Matuta planipes	650	*Monomia*	692		
Matutidae	650	*Monomia argentata*	692	**O**	
Megabalanus	579	*Murex*	462	Octopodidae	564
Megabalanus rosa	579	*Murex trapa*	462	*Octopus*	564
Melo	492	Muricidae	461	*Octopus minor*	564
Melo melo	492	*Mursia*	648	*Octopus vulgaris*	566
Melongenidae	476	*Mursia armata*	648	*Ocypode*	727
Membraniporidae	753	Mytilidae	512	*Ocypode stimpsoni*	727
				Ocypodidae	727

拉丁名索引

Odontamblyopus	877	*Oregonia gracilis*	680	*Parapanope*	682
Odontamblyopus lacepedii	877	Oregoniidae	680	*Parapanope euagora*	682
Okamejei	846	*Orithyia*	681	*Paraplagusia blochii*	893
Okamejei hollandi	850	*Orithyia sinica*	681	*Parasesarma*	742
Okamejei kenojei	846	Orithyiidae	681	*Parasesarma pictum*	742
Okamejei meerdervoortii	848	Ostreidae	521	*Paratrypauchen*	878
Oliva	483	*Ovalipes*	688	*Paratrypauchen microcephalus*	878
Oliva miniacea	483	*Ovalipes punctatus*	688		
Olividae	483	Ovalipidae	688	*Pardachirus*	890
Onustus	446	Ovulidae	452	*Pardachirus pavoninus*	890
Onustus exutus	446			*Patelloida*	416
Ophiactidae	798	**P**		*Patelloida pygmaea*	416
Ophiactis	798	*Pachygrapsus*	732	Patelloidea	415
Ophiactis affinis	800	*Pachygrapsus crassipes*	732	Pectinidae	524
Ophiactis savignyi	798	*Palaemon*	619	*Pelecyora*	528
Ophiocentrus	794	*Palaemon annandalei*	619	*Pelecyora trigona*	528
Ophiocentrus anomalus	794	*Palaemon carinicauda*	620	Penaeidae	598
Ophiocnemis	772	*Palaemon debilis*	622	*Penaeus*	606
Ophiocnemis marmorata	772	*Palaemon gravieri*	624	*Penaeus chinensis*	606
Ophiomaza	778	*Palaemon guangdongensis*	626	*Penaeus japonicus*	608
Ophiomaza cacaotica	778			*Periophthalmus*	875
Ophionereididae	802	*Palaemon macrodactylus*	627	*Periophthalmus magnuspinnatus*	875
Ophionereis	802	*Palaemon modestus*	628		
Ophionereis dubia amoyensis	802	*Palaemon orientis*	629	*Perna*	514
		Palaemon pacificus	630	*Perna viridis*	514
Ophiothrix	774	*Palaemon serrifer*	632	*Peronella*	814
Ophiothrix (*Ophiothrix*) *koreana*	776	Palaemonidae	619	*Peronella lesueuri*	814
		Palinuridae	637	Personidae	460
Ophiothrix (*Ophiothrix*) *marenzelleri*	774	Pandalidae	635	Pharidae	550
		Panulirus	637	*Philyra*	674
Ophiotrichidae	772	*Panulirus ornatus*	637	*Philyra olivacea*	674
Ophiura	804	*Parablennius*	863	Phyllophoridae	826
Ophiura kinbergi	804	*Parablennius yatabei*	863	*Pictodentalium*	414
Ophiura micracantha	806	*Paradorippe*	658	*Pictodentalium vernedei*	414
Ophiuridae	804	*Paradorippe granulata*	658	Pilumnidae	683
Oratosquilla	584	Paralichthyidae	880	*Pilumnopeus*	683
Oratosquilla oratoria	584	*Paralichthys*	880	*Pilumnopeus makianus*	683
Oratosquillina	586	*Paralichthys olivaceus*	880	Pinnidae	520
Oratosquillina inornata	586	*Paramphichondrius*	796	*Pirenella*	432
Oreasteridae	808	*Paramphichondrius tetradontus*	796	*Pirenella cingulata*	432
Oregonia	680			*Pirenella microptera*	433

911

Platycephalidae	860	Ranina ranina	644	Sepiella inermis	560
Platycephalus	860	Raninidae	644	Sepiidae	558
Platycephalus indicus	860	Rapana	464	Sepiola	562
Platyrhina	845	Rapana bezoar	464	Sepiola birostrata	562
Platyrhina limboonkengi	845	Raphidopus	640	Sepiolidae	562
Pleurobranchaea	500	Raphidopus ciliatus	640	Sesarmidae	742
Pleurobranchaea maculata	500	Reishia	465	Sinum	451
Pleurobranchaeidae	500	Reishia bronni	465	Sinum incisum	451
Pleuronectidae	884	Reishia clavigera	466	Siphonalia	475
Pleuronichthys	888	Reishia luteostoma	467	Siphonalia spadicea	475
Pleuronichthys cornutus	888	Rhinobatidae	845	Siphonaria	504
Polinices	450	Rhinoclavis	436	Siphonaria atra	504
Polinices albumen	450	Rhinoclavis vertagus	436	Siphonariidae	504
Pollicipedidae	578	Ruditapes	530	Soleidae	890
Porcellanidae	640	Ruditapes philippinarum	530	Solenocera	592
Portunidae	690			Solenocera alticarinata	592
Portunus	696	**S**		Solenocera crassicornis	594
Portunus pelagicus	696	Saccella	506	Solenocera koelbeli	596
Portunus sanguinolentus	698	Saccella gordonis	506	Solenoceridae	592
Portunus trituberculatus	700	Saccostrea	522	Sphaerozius	660
Potamididae	432	Saccostrea echinata	522	Sphaerozius nitidus	660
Potamocorbula	551	Sandalia	453	Squillidae	581
Potamocorbula nimbosa	551	Sandalia triticea	453	Stolus	826
Procletes	635	Schizaster	816	Stolus buccalis	826
Procletes levicarina	635	Schizaster lacunosus	816	Strigatella	484
Protankyra	832	Schizasteridae	816	Strigatella coffea	484
Protankyra bidentata	834	Scylla	702	Strombidae	447
Protankyra pseudodigitata	832	Scylla paramamosain	702	Strongylocentrotidae	812
Protankyra suensoni	836	Scyllaridae	638	Styelidae	841
Pseudorhombus	881	Sebastes	854	Sylvanus	548
Pseudorhombus cinnamoneus	881	Sebastes schlegelii	854	Sylvanus lilium	548
Pseudorhombus elevatus	882	Sebastidae	854	Synanceiidae	856
Pugettia	678	Sebastiscus	855	Synaptidae	832
Pugettia quadridens	678	Sebastiscus marmoratus	855	Syngnathidae	861
Pyrhila	676	Semicassis	454	Syngnathus	861
Pyrhila pisum	676	Semicassis bisulcata	454	Syngnathus schlegeli	861
		Semiretusa	496	Synidotea	591
R		Semiretusa borneensis	496	Synidotea laevidorsalis	591
Rajidae	846	Sepia	558		
Ranina	644	Sepia robsoni	558	**T**	
		Sepiella	560	Tegillarca	510

拉丁名索引

Tegillarca granosa	510	*Tridentiger*	871	*Uranoscopus*	864
Tegula	421	*Tridentiger barbatus*	872	*Uranoscopus tosae*	864
Tegula argyrostoma	421	*Tridentiger trigonocephalus*			
Tegula nigerrimus	422		871	**V**	
Tegula rustica	423	Triglidae	857	Varunidae	734
Tegulidae	421	Trochidae	424	Veneridae	526
Tellinidae	544	*Tubuca*	728	Vermetidae	445
Temnopleuridae	810	*Tubuca arcuata*	728	Volutidae	491
Temnopleurus	810	Turbinidae	426	*Volva*	452
Temnopleurus hardwickii	811	*Turbo*	427	*Volva volva*	452
Temnopleurus reevesii	810	*Turbo bruneus*	427	*Vossquilla*	587
Thoridae	617	*Turbo cornutus*	428	*Vossquilla kempi*	587
Thylacodes	445	*Turbo petholatus*	429		
Thylacodes adamsii	445	Turridae	489	**W**	
Tonna	440	*Turritella*	431	*Watersipora*	756
Tonna galea	441	*Turritella bacillum*	431	*Watersipora subtorquata*	756
Tonna sulcosa	440	Turritellidae	431	Watersiporidae	756
Tonnidae	440	*Tutufa*	459		
Tozeuma	616	*Tutufa bufo*	459	**X**	
Tozeuma lanceolatum	616	*Typhlocarcinops*	684	Xanthidae	718
Trachidermus	858	*Typhlocarcinops canaliculatus*		Xenophoridae	446
Trachidermus fasciatus	858		684	*Xiphonectes*	694
Trachysalambria	610	*Typhlocarcinus*	686	*Xiphonectes hastatoides*	694
Trachysalambria curvirostris		*Typhlocarcinus nudus*	686		
	610			**Z**	
Tricellaria	755	**U**		*Zebrias*	892
Tricellaria occidentalis	755	*Umbonium*	425	*Zebrias zebra*	892
Trichaster	770	*Umbonium thomasi*	425		
Trichaster flagellifer	770	Uranoscopidae	864		